PURIFICAÇÃO DE PRODUTOS BIOTECNOLÓGICOS

Blucher

Coordenadores

Beatriz Vahan Kilikian

Adalberto Pessoa Jr.

PURIFICAÇÃO DE PRODUTOS BIOTECNOLÓGICOS

Operações e processos com aplicação industrial

2ª edição revista e ampliada

Purificação de produtos biotecnológicos: operações e processos com aplicação industrial

Editora Edgard Blücher Ltda.
1ª edição - Manole, 1994
2ª edição - Blucher, 2020

Imagem da capa: elaborada pelos autores

Blucher

Rua Pedroso Alvarenga, 1245, 4º andar
04531-934 - São Paulo - SP - Brasil
Tel.: 55 11 3078-5366
contato@blucher.com.br
www.blucher.com.br

Segundo o Novo Acordo Ortográfico, conforme 5. ed. do *Vocabulário Ortográfico da Língua Portuguesa*, Academia Brasileira de Letras, março de 2009.

Dados Internacionais de Catalogação na Publicação (CIP)
Angélica Ilacqua CRB-8/7057

Purificação de produtos biotecnológicos : operações e processos com aplicação industrial / coordenação Beatriz Vahan Kilikian ; Adalberto Pessoa Jr. - 2. ed. - São Paulo : Blucher, 2020.

760 p. Il.

Bibliografia
ISBN 978-85-212-1946-0 (impresso)
ISBN 978-85-212-1947-7 (eletrônico)

1. Biotecnologia I. Título. II. Kilikian, Beatriz Vahan. III. Pessoa Jr., Adalberto.

20-0277 CDD 620.8

Índices para catálogo sistemático:

1. Biotecnologia

CONTEÚDO

1. INTRODUÇÃO **15**

Nomenclatura 15

Lista de palavras 16

1.1 Introdução 17

1.2 Tipos de biomoléculas e células 17

1.3 Caracterização de biomoléculas e pureza 20

1.4 Estabelecimento do processo de purificação 22

1.5 Custo do processo de purificação 28

1.6 Tendências em processos de purificação de biomoléculas 29

1.7 Organização dos capítulos 31

Referências bibliográficas 32

2. PROCESSO DE PURIFICAÇÃO: MÉTODOS ANALÍTICOS E ESTABILIDADE DE ENZIMAS **33**

Nomenclatura 33

Lista de palavras 34

2.1 Introdução 36

2.2 Métodos de dosagem de proteínas 37

2.3 Aplicações da cromatografia na análise de biomoléculas 38

2.4 Métodos indiretos de dosagem de proteínas 39
2.5 Métodos de dosagem de antibióticos e policetídeos 40
2.6 Cromatografia de adsorção em coluna monolítica 42
2.7 Métodos de dosagem e remoção de endotoxinas 43
2.8 Eletroforese 45
2.9 Determinação de porcentagem de recuperação (η) e fator de purificação (FP) 48
2.10 Caracterização e identidade de biomoléculas 49
2.11 Estabilidade de enzimas 53
2.12 Considerações finais 64
Referências bibliográficas 64

3. ROMPIMENTO CELULAR 67

Nomenclatura 67
Lista de palavras 68
3.1 Introdução 71
3.2 Fatores que afetam o rompimento celular 72
3.3 Rompimento mecânico 77
3.4 Curva de rompimento celular 87
3.5 Rompimento físico ou não mecânico 89
3.6 Rompimento químico 92
3.7 Rompimento com enzimas 95
3.8 Preservação do bioproduto durante operação de rompimento celular 97
Exercícios 100
Referências bibliográficas 103

4. FILTRAÇÃO E CENTRIFUGAÇÃO 105

Nomenclatura 105
Lista de palavras 106
4.1 Introdução 107
4.2 Filtração 107

4.3 Centrifugação 117
4.4 Considerações finais 130
Exercícios 133
Referências bibliográficas 137

5. PROCESSOS DE SEPARAÇÃO POR MEMBRANAS 139

Nomenclatura 139
Abreviações 141
Lista de palavras 141
5.1 Introdução 142
5.2 Processos de separação com membranas 143
5.3 Processos cuja força motriz é a diferença de pressão 157
5.4 Processos cuja força motriz é a diferença de concentração 175
5.5 Processo cuja força motriz é a diferença de potencial elétrico 182
5.6 Exemplos de purificação de produtos biotecnológicos utilizando processos de separação com membranas 183
Exercícios 196
Referências bibliográficas 199

6. PRECIPITAÇÃO DE PROTEÍNAS 201

Nomenclatura 201
Lista de palavras 202
6.1 Introdução 204
6.2 Características gerais das proteínas 205
6.3 Precipitação 210
Exercícios 232
Referências bibliográficas 239

7. EXTRAÇÃO LÍQUIDO-LÍQUIDO EM SISTEMAS DE DUAS FASES AQUOSAS 241

Nomenclatura 241
Lista de palavras 242

7.1 Introdução 244
7.2 Fundamentos 244
7.3 Extrações baseadas em afinidade 256
7.4 Equipamentos de extração empregados em sistemas de duas fases aquosas 268
7.5 Considerações finais 273
Exercícios 275
Referências bibliográficas 277

8. INTRODUÇÃO À CROMATOGRAFIA 281

Nomenclatura 281
Lista de palavras 282
8.1 Introdução 284
8.2 Desempenho do processo cromatográfico 287
8.3 Equilíbrio e cinética de adsorção 290
8.4 Considerações finais 297
Exercícios 298
Referências bibliográficas 303

9. CROMATOGRAFIA DE EXCLUSÃO MOLECULAR 305

Lista de abreviaturas 305
Nomenclatura 305
Lista de palavras 306
9.1 Introdução 307
9.2 Volume, composição e aplicação da amostra na coluna 319
9.3 Seleção do eluente 324
9.4 Aplicações da cromatografia de exclusão molecular 325
9.5 Tendências na cromatografia de exclusão molecular 331
Exercícios 332
Referências bibliográficas 335

10. CROMATOGRAFIA DE TROCA IÔNICA 337

Nomenclatura 337

Lista de palavras 338

10.1 Introdução 340

10.2 Teoria da troca iônica 341

10.3 Seleção das condições de purificação por troca iônica 342

10.4 Procedimentos nas separações por troca iônica 349

10.5 Exemplo de cromatografia por troca iônica 352

10.6 Aplicação industrial 354

10.7 Considerações finais 355

Exercícios 356

Referências bibliográficas 356

11. CROMATOGRAFIA DE INTERAÇÃO HIDROFÓBICA 359

Nomenclatura 359

Lista de palavras 361

11.1 Introdução 363

11.2 Fundamentos da interação hidrofóbica 364

11.3 Condições de operação 366

11.4 Fatores que afetam a CIH 367

11.5 Aplicações 379

Exercícios 385

Referências bibliográficas 403

12. CROMATOGRAFIA DE AFINIDADE 405

Nomenclatura 405

Lista de palavras 406

12.1 Fundamentos 407

12.2 Eluição 418

12.3 Cromatografia de afinidade a metais imobilizados (IMAC) 421

12.4 Cromatografia de imunoafinidade 423

12.5 Interação antígeno-antígeno 424
12.6 Estratégias de eluição 425
12.7 Imunoadsorvente 428
12.8 Suportes de imunoafinidade 428
12.9 Métodos de imobilização do anticorpo 429
12.10 Exemplo prático de aplicação da cromatografia de afinidade 434
12.11 Considerações finais 439
Exercícios 440
Referências bibliográficas 441

13. CROMATOGRAFIA DE ADSORÇÃO EM COLUNA MONOLÍTICA 443

Abreviaturas 443
Lista de palavras 445
13.1 Introdução 446
13.2 Coluna monolítica 447
13.3 Tipos de matriz 448
13.4 Aplicações 451
13.5 Aplicação na indústria 457
Exercícios 458
Referências bibliográficas 460

14. CROMATOGRAFIA: ADSORÇÃO EM LEITO EXPANDIDO (ALE) 463

Nomenclatura 463
Lista de palavras 464
14.1 Introdução 464
14.2 Fundamentos da adsorção em ALE 465
14.3 Aplicações da ALE 477
Exercícios 479
Referências bibliográficas 484

15. CROMATOGRAFIA CONTÍNUA EM LEITO MÓVEL SIMULADO 487

Nomenclatura 487

Subscritos/sobrescritos 488

Lista de palavras 488

15.1 Comparação entre aspectos da cromatografia em coluna descontínua com leito móvel simulado (LMS) 491

15.2 Separação de proteínas com LMS 494

15.3 Separação de moléculas quirais com LMS 510

15.4 Separação de açúcares com LMS 517

15.5 Considerações finais 527

Referências bibliográficas 528

16. CROMATOGRAFIA: AMPLIAÇÃO DE ESCALA 531

Nomenclatura 531

Lista de palavras 532

16.1 Introdução 534

16.2 Fluxo de eluente pela coluna 536

16.3 Sistema de alimentação de eluente 537

16.4 Empacotamento da coluna 538

16.5 Colunas cromatográficas empregadas em larga escala 541

16.6 Exemplo de cálculo na ampliação de escala da cromatografia 543

16.7 Considerações finais 545

Exercícios 546

Referências bibliográficas 548

17. CRISTALIZAÇÃO 549

Nomenclatura 549

Letras gregas 550

Sobrescrito 550

Lista de palavras 550

17.1 Introdução 551
17.2 Supersaturação 552
17.3 Mecanismos e cinética de cristalização 557
17.4 Transformações de fases e polimorfismo 565
17.5 Sistemas industriais de cristalização 569
17.6 Guia para projeto de sistemas industriais de cristalização 576
17.7 Cristalização de biomoléculas 578
Exercício 581
Referências bibliográficas 583

18. DESTILAÇÃO 585

Nomenclatura 585
Lista de palavras 588
18.1 Introdução 589
18.2 Noções de equilíbrio de fases 590
18.3 Coeficientes de fugacidade e de atividade 591
18.4 Modelos simplificados para equilíbrio líquido-vapor 593
18.5 Construção de diagramas de fases T, x e y a pressão constante 594
18.6 Destilação azeotrópica heterogênea 598
18.7 Constante de equilíbrio 600
18.8 Volatilidade relativa 601
18.9 Destilação em batelada 602
18.10 Estágio de equilíbrio em tambor de *flash* 607
18.11 Equacionamento da separação *flash* 608
18.12 Misturas multicomponentes ideais 609
18.13 Roteiros de cálculo 610
18.14 Dispositivos de contato líquido-vapor 612
18.15 Misturas binárias 617
18.16 Destilação de misturas multicomponentes 630
18.17 Componentes-chave 631

18.18 Estimativa da distribuição dos componentes nos produtos separados 632
18.19 Métodos aproximados (*shortcut*) para o cálculo do número de estágios ideais 633
Exercícios 638
Referências bibliográficas 640

19. PURIFICAÇÃO DE PLASMÍDEOS 641

Nomenclatura 641
Lista de palavras 642
19.1 Introdução 645
19.2 Propriedades moleculares, especificações e controle de qualidade 646
19.3 Isolamento primário 649
19.4 Purificação de baixa resolução 654
19.5 Purificação de alta resolução 659
19.6 Síntese de processos de purificação 666
Exercícios 669
Referências bibliográficas 670

20. PURIFICAÇÃO DE ANTICORPOS MONOCLONAIS 673

Nomenclatura 673
Lista de palavras 674
20.1 Introdução 675
20.2 Características estruturais e funcionais dos anticorpos 676
20.3 Tecnologias de purificação 678
20.4 Operações alternativas para purificação de anticorpos monoclonais 686
20.5 Estratégias não cromatográficas 692
Exercícios 695
Referências bibliográficas 697

21. FUNDAMENTOS PARA PRODUÇÃO, PURIFICAÇÃO E CARACTERIZAÇÃO DE PEPTÍDEOS DE INTERESSE BIOTECNOLÓGICO **701**

Nomenclatura 701

Lista de palavras 703

21.1 Peptídeos 703

21.2 Exemplos de produção de peptídeos de interesse biotecnológico 709

21.3 Análise e caracterização de peptídeos 713

Exercícios 724

Referências bibliográficas 725

22. INTEGRAÇÃO DE ETAPAS NA OBTENÇÃO DE PRODUTOS BIOTECNOLÓGICOS **729**

Nomenclatura 729

Lista de palavras 730

22.1 Introdução 731

22.2 Alternativas de integração 734

22.3 Integração das operações de clarificação e purificação 741

22.4 Integração da clarificação com a extração líquido-líquido 743

22.5 Sequência ótima das etapas de purificação de proteínas 746

22.6 Exemplo de síntese ótima: purificação de albumina de soro bovino (BSA) 747

22.7 Considerações finais 749

Exercícios 750

Referências bibliográficas 753

SOBRE OS AUTORES **755**

CAPÍTULO 1
Introdução

Adalberto Pessoa Jr.

Beatriz Vahan Kilikian

NOMENCLATURA

CPC – Cromatografia de partição centrífuga

EMA – *European Medicines Agency*

EP – *European Pharmacopoeia*

FDA – *Food and Drug Administration*

HGF – *Recombinant human hepatocyte growth factor*

LLC – Cromatografia líquido-líquido (*liquid-liquid chromatography*)

LPS – Lipopolissacarídeo

mAbs – Anticorpos monoclonais

p3HB – Poli-3-hidroxibutirato

pHB – Polihidroxibutirato

SUT – *Single use technology*

Tag – Etiqueta

USP – *United States Pharmacopeia*

LISTA DE PALAVRAS

Agências reguladoras

Anvisa

Atividade biológica

Cromatografia

Custo

DNA circular

Endotoxinas

Estabilização

Estrutura de células

Eucarioto

Farmacopeia

FDA

Impurezas

L-asparaginase

Meio de cultivo

Operações Unitárias

Perda

Plasmídeo

Pré-Purificação

Preservação

Princípio Ativo

Procarioto

Processo

Purificação

Recuperação

Rendimento

Rompimento celular

Segurança

Validação de processos

Viabilidade econômica

1.1 INTRODUÇÃO

Células microbianas e células animais, quando adequadamente cultivadas, são capazes de produzir uma gama imensa de produtos de interesse de uso em vários setores, como saúde humana e animal, alimentos, meio ambiente e agrícola, e materiais, como polímeros, combustíveis líquidos e gasosos. Tais produtos, ou bioprodutos, geralmente são obtidos a partir de cultivos em meios líquidos e, com menor frequência, em meios sólidos úmidos. Faz-se necessário segregar o produto do meio de cultivo até que ele atinja tal grau de isolamento que o torne adequado para o uso previsto. Este livro trata das operações unitárias de isolamento dos bioprodutos obtidos em cultivos de células microbianas e animais. Frequentemente as operações unitárias de isolamento são denominadas operações de purificação, denominação discutível, mas que é adotada neste livro por ser amplamente empregada.

1.2 TIPOS DE BIOMOLÉCULAS E CÉLULAS

Microrganismos são capazes de sintetizar moléculas tão simples quanto a molécula de etanol até moléculas tão complexas como hormônios, antibióticos e anticorpos. As próprias células microbianas são, por vezes, o produto do processo, por exemplo, quando se trata de produzir fermento para a indústria de panificação, cervejaria e vinificação. A Figura 1.1 apresenta algumas biomoléculas produzidas em larga escala cujas estruturas químicas variam desde moléculas muito simples, como o ácido cítrico e o etanol, e moléculas de complexidade intermediária, como a dextrana, um polissacarídeo simples, pHB e goma xantana, que constituem heteropolissacarídeos, até moléculas de elevada complexidade, como a penicilina (antibiótico), a lisina (aminoácido), peptídeos (aspartame), e proteínas (hormônio de crescimento humano, HGF, proteínas estruturais – queratina, colágeno – e funcionais – enzimas, anticorpos, antígenos).

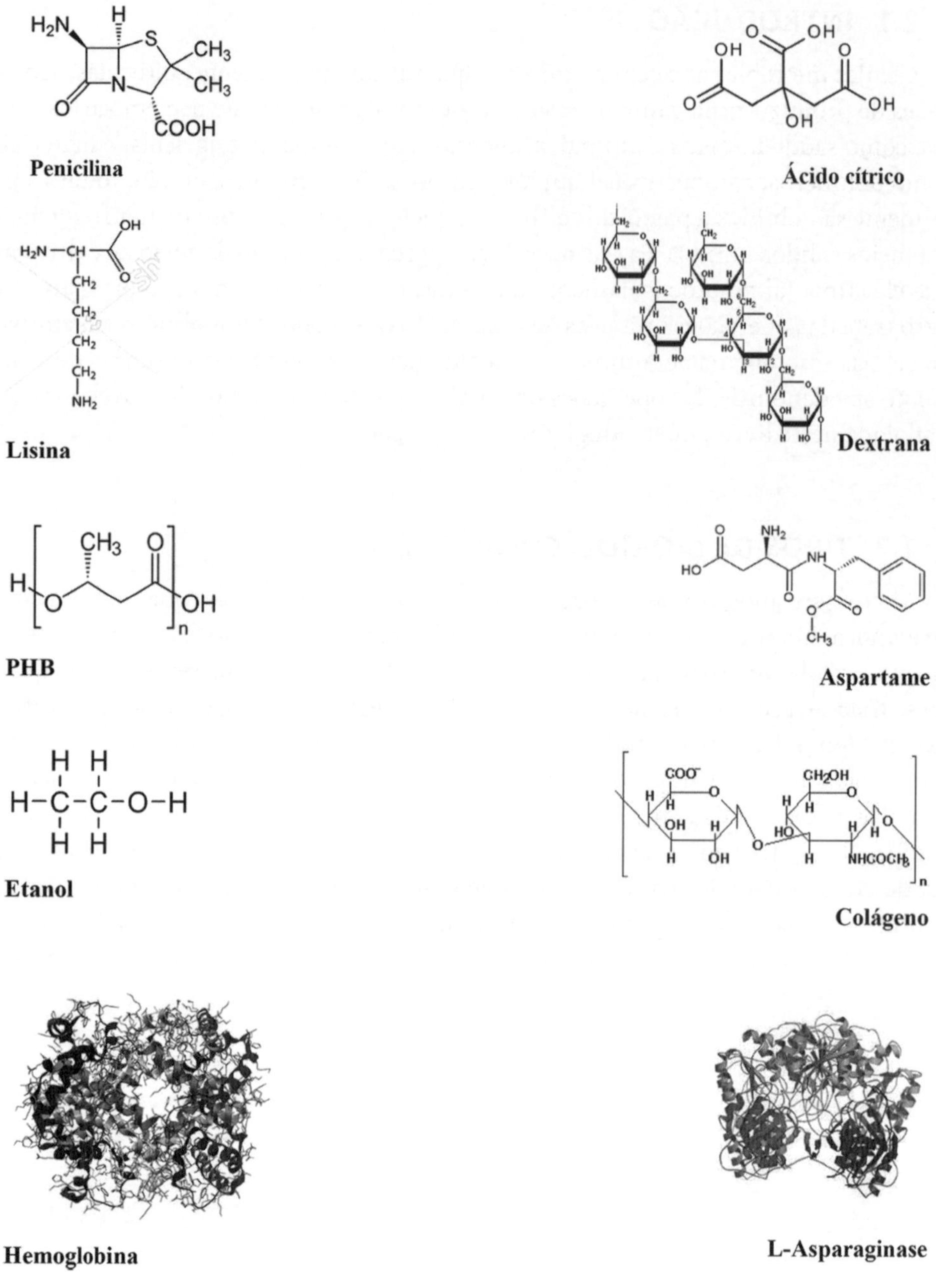

Figura 1.1 Algumas biomoléculas produzidas em larga escala: ácido cítrico, etanol, dextrana, pHB, penicilina, lisina, aspartame, colágeno (proteína estrutural), hemoglobina (proteína funcional dos glóbulos vermelhos do sangue responsável pelo transporte de oxigênio) e L-asparaginase (proteína funcional).

A Figura 1.2 mostra as estruturas de células de procariotos e de eucariotos cujas características influenciam significativamente nos processos de purificação de biomoléculas, com destaque para a operação de rompimento celular.

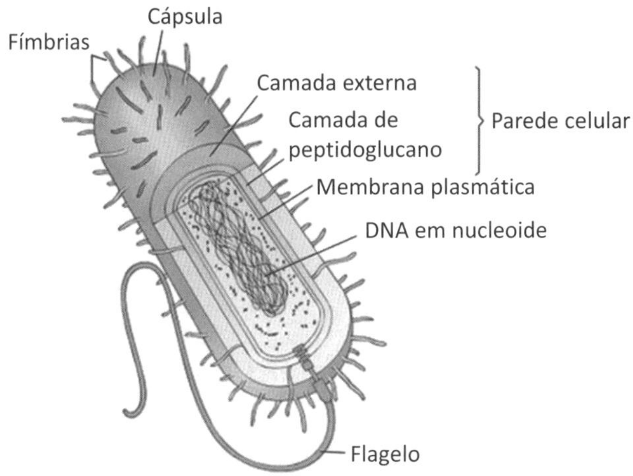

(a)

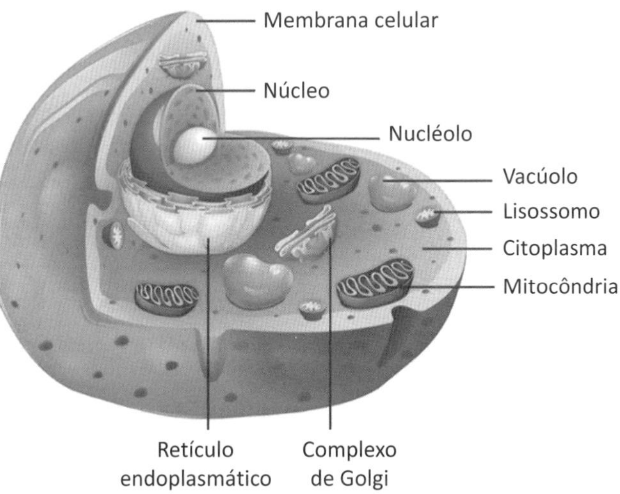

(b)

Figura 1.2 Estrutura de células de procariotos (a) e eucariotos (b).

As células de procariotos, ou procarióticas, constituídas, sobretudo, por bactérias e arqueas, são unicelulares. Como qualquer célula viva, possuem genoma, citoplasma e membrana plasmática, e a maioria das espécies possui, também, parede celular rígida (Figura 3.2), a qual tem como principal função proteger a célula contra agressões externas, como pressão osmótica e força de cisalhamento. No plano morfológico, as bactérias apresentam grande variedade, podendo ser encontradas nas seguintes formas: cocos (relativamente esféricos); esfilococos; estreptococos; sarcinas ou diplococos; bacilos (cocos ligeiramente alongados, com ou sem flagelos); vibriões (bacilos encurvados em forma de arco ou de vírgula, com flagelo numa das extremidades); e espiroquetas (bacilos alongados e helicoidais que podem dispor de vários flagelos). A maioria das células procarióticas apresenta um único cromossomo e, portanto, uma única cópia de seu material genético, mas também podem conter fragmentos menores de DNA, na forma circular, denominados plasmídeos. Os procariotos apresentam metabolismos diversificados, o que é refletido na sua capacidade de colonização de diferentes ambientes, como tratos digestivos de animais e em ambientes vulcânicos, secos, gelados etc. Não possuem organelas celulares e conduzem seus processos metabólicos na membrana celular.

As células eucarióticas são representadas, sobretudo, pelos fungos filamentosos, fungos unicelulares (leveduras), células animais e vegetais e, em sua maioria, são pluricelulares e, portanto, mais complexas. As células eucarióticas apresentam núcleo delimitado por membrana no qual se encontra o DNA, característica que as diferencia dos procariotos. Além disso, os genomas eucarióticos são geralmente maiores do que os procarióticos. Por exemplo, o genoma de *E. coli* (procarioto) possui menos da metade do tamanho do genoma de uma levedura (um eucarioto unicelular simples) e é quase setecentas vezes menor que o genoma humano.

As estruturas celulares influenciam a definição das etapas do processo de purificação em vista das suas estruturas químicas de parede e membrana, dimensões, densidade, agregação de impurezas de organelas e ácidos nucleicos, lipídeos e materiais particulados que elevam a viscosidade e comprometem as operações de isolamento por meio de adsorção, sobretudo quando a molécula-alvo é intracelular.

1.3 CARACTERIZAÇÃO DE BIOMOLÉCULAS E PUREZA

As biomoléculas, como se viu na Figura 1.1, podem ser desde simples álcoois até proteínas, e as estruturas de tais moléculas são decisivas na escolha das operações unitárias para o isolamento delas. Por exemplo, quando a massa molar da biomolécula-alvo é significativamente diferente em relação à maioria das demais moléculas do meio, operações unitárias baseadas em separações por tamanho molar devem ser exploradas. A escolha das metodologias analíticas para quantificação da biomolécula-alvo e das impurezas, fundamental para o monitoramento do processo de purificação, também depende do conhecimento das características físico-químicas das principais biomoléculas do processo em desenvolvimento. Faz-se necessário, portanto, determinar as características físico-químicas da molécula-alvo, bem como das principais impurezas e, ainda, ao final do processo, determinar a identidade química destas moléculas e impurezas que devem atender aos requisitos para a validação do processo. No Capítulo 2, “Processo de purificação: métodos analíticos e estabilidade de enzimas”, o leitor encontrará menção a vários métodos para caracterização de biomoléculas quanto a massa molar, solubilidade e hidrofobicidade, mobilidade eletroforética, estrutura química e atividade biológica. Uma caracterização detalhada de uma molécula complexa e sujeita a alterações de forma requer estudos aprofundados dos métodos citados no Capítulo 2 e até mesmo a contratação de laboratórios especializados, pois, a validação de processos para produtos de uso terapêutico passa pela comprovação da estrutura química e da atividade biológica da molécula-alvo.

No estabelecimento de um processo de purificação deve-se definir o objetivo quanto à pureza da biomolécula-alvo, ou seja, qual o seu teor no produto final, de tal forma a projetar um processo coerente com a aplicação. Quando se tratar de produto com atividade biológica, a relação entre esta atividade e a massa do produto deverá ser estabelecida entre os objetivos. A quantidade que será obtida relativa à quantidade produzida – o rendimento, portanto – é um parâmetro que definirá a viabilidade econômica do processo produtivo.

Frequentemente não é suficiente obter uma proteína a uma pureza elevada, também é necessária uma elevada homogeneidade. Ações de proteases durante a expressão da proteína desejada ou proteólise durante a purificação, formação de oligômeros ou agregados, modificações pós-traducionais como as glicosilações, perda de subunidades, podem resultar em moléculas heterogêneas.

Obter uma proteína a 95% de pureza ou mais não significa que esta se encontra adequada para uso. A aceitabilidade dependerá do conteúdo remanescente nas moléculas que constituem a massa de 5%. Mesmo impurezas menores, biologicamente ativas, são inaceitáveis do ponto de vista das aplicações científicas e terapêuticas. Faz-se importante, portanto, diferenciar as impurezas que precisam ser reduzidas a níveis determinados e aceitáveis e aquelas que devem ser totalmente eliminadas.

Existem produtos cuja aplicação não só requer elevado grau de pureza, mas também quase total isenção de determinadas impurezas, como as endotoxinas. Uma variedade cada vez maior de biomoléculas destinadas à saúde humana e animal é produzida em bactérias geneticamente modificadas, como *Escherichia coli*, o que acarreta contaminação com endotoxinas que, mesmo em concentrações muito baixas (~100 pg), podem ativar o sistema imune, alterar as funções metabólicas, aumentar a temperatura corpórea e levar o indivíduo a óbito. As concentrações limites de endotoxina nas preparações farmacêuticas são estabelecidas por agências reguladoras e são decisivas na liberação do produto para o uso humano e animal. Os limites considerados aceitáveis pela United States Pharmacopeia (USP) e pela Food and Drug Administration (FDA) são definidos em função da dose de medicamento a ser administrada ao paciente.

Por outro lado, há casos de biofármacos para os quais importantes agências reguladoras não estabelecem limites de pureza simplesmente porque não detêm os padrões de segurança, eficácia e qualidade. É o caso do antileucêmico L-asparaginase, um medicamento injetável. As características de pureza desse bioproduto não constam da *Farmacopeia Brasileira*, da *Farmacopeia Americana* (USP) e nem da *Farmacopeia Europeia* (EP, *European Pharmacopoeia*). Também não são padronizadas pela principal agência de controle de medicamentos da União Europeia, a European Medicines Agency (EMA), responsável pela avaliação científica, supervisão e monitoramento de segurança de fármacos presentes nos 28 países membros. Essa indefinição sobre tolerância a tipos e concentrações de impurezas tem gerado questionamentos de diversos setores da sociedade civil brasileira (hospitais, vigilância sanitária, médicos oncologistas, associações de pacientes e cientistas), uma vez que provoca insegurança no seu uso. Por exemplo, comercializam-se no mercado internacional, incluindo o Brasil, diferentes medicamentos contendo o princípio ativo L-asparaginase, todos com qualidade questionável, uma vez que contêm tipos e quantidades de impurezas desconhecidas. Neste caso, o produto vem sendo comercializado com base em padrões genéricos de qualidade, como atividade enzimática, massa molecular por eletroforese em gel de poliacrilamida e concentração de lipopolissacarídeos (LPS, endotoxina bacteriana pelo método de coagulação em gel, um método semiquantitativo). No caso desse biofármaco, é urgente o estabelecimento de padrões de qualidade publicados em monografias confiáveis nas *Farmacopeias*, uma vez que vêm sendo ignorados os efeitos das impurezas presentes.

1.4 ESTABELECIMENTO DO PROCESSO DE PURIFICAÇÃO

Vários são os fatores que devem ser considerados na definição do processo de purificação de uma biomolécula. O sistema de expressão adotado, isto é, a célula e o conjunto de genes de expressão e as características físico-químicas da molécula-alvo e, em grande medida, a aplicação final são determinantes para o processo. Ainda, os componentes do meio de cultura e, sobretudo, as principais impurezas devem ser considerados, o que também depende do sistema de expressão adotado.

Algumas questões que se colocam ante o desenvolvimento de um processo de purificação de uma biomolécula são: qual o uso final da molécula-alvo? Qual a pureza a ser alcançada? Qual a concentração da molécula-alvo no meio de cultivo? Quais as características físico-químicas da molécula-alvo? A molécula-alvo tem atividade biológica? A molécula-alvo será transportada? Qual o tempo estimado de armazenamento da molécula-alvo até o seu efetivo emprego? Há impurezas que devem ser eliminadas? Quais as características de tais impurezas? Qual a concentração de tais impurezas? As respostas a essas perguntas certamente direcionarão o desenvolvimento do processo de purificação.

Antes mesmo da definição das etapas do processo de purificação, é preciso definir as metodologias analíticas para a quantificação da molécula-alvo, incluindo medidas de atividade biológica, quando for pertinente, e medidas da identidade química da molécula-alvo. Este conjunto de ferramentas será fundamental ao desenvolvimento do processo, dado que as operações unitárias selecionadas deverão se mostrar eficientes não somente quanto ao isolamento da molécula-alvo, mas também quanto ao percentual de recuperação em relação à massa e atividade biológica (quando pertinente) inicialmente presente no meio de cultivo. Além disso, o processo de purificação estabelecido deverá ser capaz de processar o volume de meio em um tempo tal que não comprometa a estabilidade da biomolécula resultante do cultivo celular. Resumindo, portanto, tem-se que se iniciam os estudos de purificação com análises de caracterização da biomolécula-alvo e impurezas e o estabelecimento de rotinas analíticas quantitativas e qualitativas (Capítulo 2), pois sem essas ferramentas não há como quantificar o sucesso de cada operação unitária testada.

A despeito da variedade de características de biomoléculas/células/meios e operações unitárias de purificação, o processo pode ser dividido em quatro etapas genéricas, facilitando o desenvolvimento do processo de purificação e também a organização do conteúdo deste livro. Essas quatro etapas são as seguintes: separação de células e seus fragmentos do meio de cultivo (clarificação); concentração e/ou purificação de baixa resolução; purificação de alta resolução; e, finalmente, operações para o acondicionamento final do produto, o que pode incluir sua estabilização. A Figura 1.3 apresenta um fluxograma genérico do processo de purificação baseado nessa divisão do processo em quatro etapas.

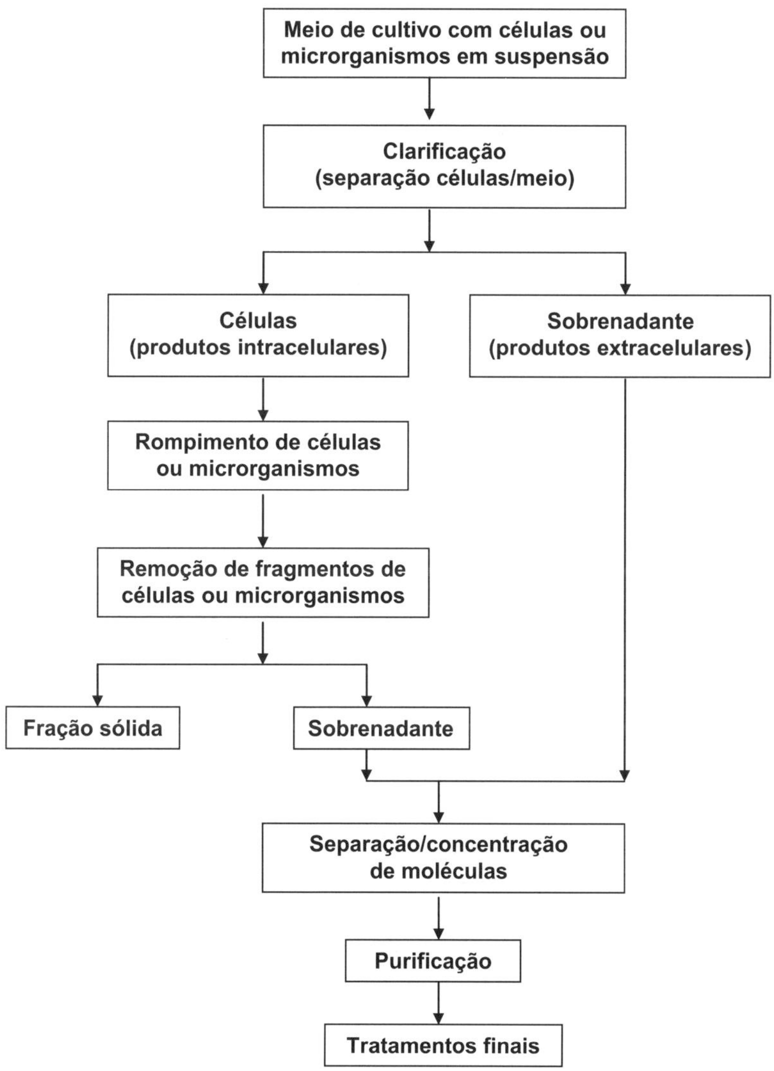

Figura 1.3 Etapas de um processo genérico de purificação de biomoléculas.

A operação de clarificação é assim denominada, pois, a remoção dos sólidos suspensos, constituídos principalmente por células íntegras e seus fragmentos resulta em redução da turbidez do meio. Para produtos associados às células é necessário efetuar o rompimento celular, processo que é efetuado sobre o adensado de células obtido após a clarificação do meio de cultivo. Produtos intracelulares tornam o processo de purificação de biomoléculas mais difícil em comparação a produtos extracelulares, dado que demandam o rompimento das células. Como consequência, ocorre aumento da viscosidade do meio devido à liberação de nucleotídeos, e a molécula-alvo é liberada junto com todas as outras moléculas intracelulares, o que amplia a diversidade de contaminantes.

As operações de concentração e/ou purificação de baixa resolução, ou purificação intermediária, compreendem a separação da molécula-alvo, por exemplo, uma proteína, em relação a moléculas com características físico-químicas significativamente diferentes, como água, íons, pigmentos, ácidos nucleicos, polissacarídeos, lipídeos, vírus e até mesmo proteínas quando estas estão presentes em concentrações elevadas. Dito de uma forma simples, trata-se de promover o isolamento entre a molécula-alvo e a maioria das outras moléculas. A resolução é a capacidade de uma determinada operação em isolar a molécula-alvo em relação a outras moléculas, ou seja, resolver a separação desejada. No Capítulo 8, "Introdução à cromatografia", encontra-se uma definição matemática para o termo "resolução" na separação de moléculas em uma operação de cromatografia.

Já as operações unitárias de purificação de alta resolução geralmente compreendem a separação entre classes de moléculas com características físico-químicas semelhantes, como proteínas, o que de fato ocorre nos estágios finais do processo, quando impurezas de naturezas diversas já foram eliminadas. Na captura da molécula-alvo em operações unitárias de resolução particularmente elevada, a purificação intermediária pode até mesmo ser omitida. São consideradas operações unitárias de elevada resolução as adsorções nas cromatografias em leito fixo ou expandido (Capítulos 10, 11, 12, 13 e 14), a separação baseada na massa molar também em cromatografia em leito fixo (Capítulo 9) ou através de membranas (Capítulo 5). É nas etapas de elevada resolução que em geral a questão da capacidade da operação unitária em processar o volume de meio líquido em intervalo de tempo apropriado pode vir a ser fator crítico, embora a velocidade de processamento geralmente seja decisiva no início do processo, quando proteases não foram eliminadas. A ampliação da escala de colunas de cromatografia, geralmente aplicadas nas separações de elevada resolução, pode significar agregação de custos, resultando em valores proibitivos à comercialização da biomolécula. Não por acaso, busca-se a redução do volume de meio a processar na etapa de purificação de baixa resolução.

Nas operações de polimento, como a cristalização (Capítulo 17), apenas concentrações residuais de contaminantes permanecem com a molécula-alvo e, possivelmente, moléculas similares à molécula-alvo. Nessas operações é possível elevar a concentração da molécula-alvo, estabilizá-la a uma forma passível de transporte e armazenamento e até mesmo eliminar traços de impurezas no caso da cristalização. A estabilização é a preservação do bioproduto em condições tais que este mantenha sua capacidade biológica por amplos intervalos de tempo, de modo a permitir seu transporte e armazenamento.

O Quadro 1.1 apresenta as operações unitárias empregadas nos processos de purificação viáveis em escala industrial, a etapa à qual pertencem e o princípio que rege o isolamento da biomolécula-alvo em relação às demais moléculas.

Quadro 1.1 Operações unitárias do processo de purificação de produtos biotecnológicos

Etapa do processo	Operações unitárias	Princípio
Clarificação	Filtração convencional	Tamanho de partículas
	Centrifugação	Tamanho e densidade de partículas
	Filtração tangencial (membranas)	Tamanho de partículas
	Floculação	Hidrofobicidade de partículas
Rompimento de células	Homegeneização	Cisalhamento
	Ultrassom	Cisalhamento
	Moagem em moinho de bolas	Cisalhamento
	Rompimento químico ou enzimático	Hidrólise, solubilização ou desidratação de moléculas que compõem a parede ou membrana celular
Purificação de baixa resolução	Precipitação	Solubilidade
	Ultrafiltração (membranas)	Massa molar e raio hidrodinâmico de moléculas
	Extração em sistemas de duas fases líquidas	Solubilidade

(*continua*)

Quadro 1.1 Operações unitárias do processo de purificação de produtos biotecnológicos (*continuação*)

Etapa do processo	Operações unitárias	Princípio
Purificação de alta resolução	Cromatografia de troca iônica	Tipo e densidade de carga na superfície da biomolécula
	Cromatografia de afinidade (biológica ou química)	Sítios específicos da superfície de uma proteína (adsorção)
	Cromatografia de imunoafinidade	Sítios específicos da superfície de uma proteína (adsorção antígeno/anticorpo)
	Cromatografia de interação hidrofóbica	Hidrofobicidade
	Cromatografia de exclusão molecular	Massa molar
	Membranas adsortivas	Massa molar e características para adsorção ou sítios específicos da superfície de uma proteína
Tratamentos finais	Cristalização	Solubilidade e características de equilíbrio líquido-sólido
	Liofilização	Características de equilíbrio líquido-sólido
	Secagem	Características de equilíbrio líquido-sólido

Um olhar comparativo sobre as operações unitárias apresentadas no Quadro 1.1 e as obras clássicas sobre as operações unitárias de separação na Engenharia Química revelará a similaridade nas duas grandes áreas. Contudo, um olhar sobre o conteúdo específico de cada uma das operações unitárias apresentadas neste livro revelará que as especificidades físicas e químicas de biomoléculas como antibióticos, peptídeos, aminoácidos e proteínas (tamanho; sensibilidade a temperatura, pH e força iônica; forma que muitas vezes precisa ser preservada sob pena de perda da capacidade biológica) requererá cuidados especiais na condução de tais operações. A molécula de etanol, álcool largamente produzido por via microbiana, é uma exceção, pois seu isolamento a partir do meio clarificado, isto é, isento de células, resume-se a operações de destilação idênticas àquelas adotadas na indústria química convencional.

As características de células e biomoléculas que norteiam a seleção das operações unitárias de purificação, bem como as rotinas analíticas por meio das quais tais características são determinadas, estão apresentadas no Capítulo 2, "Processo de purificação: métodos analíticos e estabilidade de enzimas".

A efetivação de cada etapa não necessariamente compreende a aplicação de uma única operação unitária. Por exemplo, após uma centrifugação pode haver a necessidade de uma filtração tangencial para a total remoção de sólidos suspensos, caso o meio líquido seja dirigido a uma cromatografia em leito empacotado, operação de adsorção que não suporta a inserção de sólidos suspensos. Em outro exemplo, após uma precipitação em ambiente aquoso de elevada concentração salina, uma diafiltração poderá ser necessária (processo de separação através de membranas) para ajuste da força iônica do meio a valores adequados a uma cromatografia por troca iônica.

Moléculas como etanol, por exemplo, são isoladas em processo que basicamente compreende a clarificação para separação da levedura, seguida da destilação (Capítulo 18) para obtenção de uma fração rica em etanol, portanto, não ocorrem os quatro grupos de etapas do processo de purificação. Vários microrganismos são capazes de produzir álcoois como etanol e metanol, substituindo o petróleo, fonte usual de obtenção desses álcoois, por matérias-primas renováveis como a cana de açúcar e o milho, que são as principais fontes de obtenção de etanol por via fermentativa.

Diversas enzimas de uso industrial tampouco necessitam de todas as etapas de purificação. O simples aumento da concentração da molécula-alvo, isto é, a redução do teor de água do meio e sua estabilização, por vezes, são suficientes. Ácidos orgânicos como os ácidos cítrico, lático e acético também constituem classe de moléculas produzidas alternativamente por via microbiana, cuja purificação não é complexa, limitando-se a operações de precipitação e concentração.

Para essas moléculas, que não requerem processos complexos de purificação, frequentemente aplicam-se as seguintes operações unitárias de concentração ou redução do teor de água do meio: precipitação da molécula-alvo seguida de nova solubilização em volume reduzido de solvente (Capítulo 6); filtração do meio através de membrana de porosidade tal que moléculas de água e, geralmente, componentes inorgânicos são separados da molécula-alvo (Capítulo 5); liofilização, que é a remoção de água por meio de sublimação, adequada à natureza biológica dos bioprodutos, e cristalização da biomolécula, que a um só tempo promove o aumento de sua concentração, pureza e estabilidade.

Em contraponto a moléculas de baixa exigência de purificação, têm-se as moléculas de elevada exigência de pureza, para as quais todas as grandes etapas do fluxograma da Figura 1.3 são aplicadas, resultando em um processo de purificação altamente complexo, seja a célula produtora um simples procarioto ou um eucarioto. Para essas moléculas, a completa purificação pode exigir mais de uma etapa cromatográfica, cada uma baseada em um princípio diferente de separação das moléculas, a fim de atingir o grau de pureza necessário. Nesse caso, a ordem de aplicação das separações cromatográficas influirá na pureza alcançada (Capítulo 22).

Agregar etapas ao processo de purificação, seja de separação cromatográfica ou através de membranas, se por um lado acarreta elevação da pureza da molécula-alvo, por outro reduz o rendimento, dado que as perdas são diretamente proporcionais ao número de etapas do processo e são cumulativas. Resulta daí que o estabelecimento da sequência de etapas do processo de purificação deve ser tal que contemple o máximo rendimento da molécula-alvo com o concomitante alcance da pureza necessária à sua aplicação e manutenção da identidade física e química, com o mínimo de etapas.

São regras básicas ao desenvolvimento do processo de purificação: o conhecimento das características da molécula-alvo; o estabelecimento das metodologias analíticas para quantificação da molécula-alvo, incluindo medidas de atividade e identidade; a remoção de impurezas presentes em proporção elevada nos estágios iniciais do processo, sobretudo quando se tratar de proteases que são enzimas; a aplicação sequencial de operações unitárias baseadas em fundamentos diferentes, como tamanho molecular, hidrofobicidade e carga.

1.5 CUSTO DO PROCESSO DE PURIFICAÇÃO

O custo do processo de purificação depende em larga medida do número de etapas e do tipo de operação de elevada resolução na purificação, pois, como já foi dito, a porcentagem de recuperação está inversamente relacionada ao número de etapas, e as operações de elevada resolução são aquelas de maior custo no processo. Resulta daí que a natureza da molécula a ser purificada e seu uso final são, dentre os tantos fatores interferentes no processo, aqueles de maior impacto. Produtos ditos farmacêuticos, que são aqueles aplicados nas análises diagnósticas e, sobretudo, nos tratamentos terapêuticos de humanos e animais, são os que requerem maior grau de pureza e, portanto, a complexidade do processo de purificação para tais produtos é elevada, podendo representar 80% do custo final do produto. No decorrer deste livro, sobretudo nos capítulos dedicados às separações cromatográficas, as dificuldades e a crescente complexidade do processo de purificação serão paulatinamente reveladas.

O custo e as perdas da molécula-alvo no processo de purificação são de fundamental importância na viabilidade do processo. A Figura 1.4 mostra como o aumento do número de etapas do processo de purificação, assim como o rendimento de cada etapa, influencia o rendimento e, consequentemente, o custo do produto final. Por exemplo, se a cada operação unitária o rendimento em produto for de 90%, um rendimento significativamente elevado, a aplicação de nove operações levará a um rendimento final de cerca de apenas 40%. Já para um rendimento de 80% em cada etapa, sete etapas reduziriam a produção celular a pouco mais de 20%. Recuperações usuais da ordem de não mais que 50% da produção de um anticorpo são reportadas, o que dá uma ideia da importância da questão da ordem de grandeza da porcentagem de recuperação.

Pode-se reduzir o número de etapas do processo combinando finalidades diferentes em uma única etapa, por exemplo, clarificando, concentrando e pré-purificando simultaneamente por meio da extração em sistemas de duas fases aquosas (Capítulo 7). A aplicação das etapas cromatográficas em uma ordem ótima também contribui para a redução de etapas e perdas no processo. Por fim, deve-se mencionar a introdução de modificações genéticas no desenvolvimento do microrganismo com o objetivo de aumentar a resolução na purificação, integrando totalmente as etapas de desenvolvimento do processo (Capítulo 22). Uma modificação clássica é aquela em que se introduzem sequências adicionais de histidina em uma proteína ou peptídeo, a fim de torná-la susceptível à adsorção em zinco ou níquel, previamente ligado a um leito cromatográfico (adsorção baseada em afinidade química).

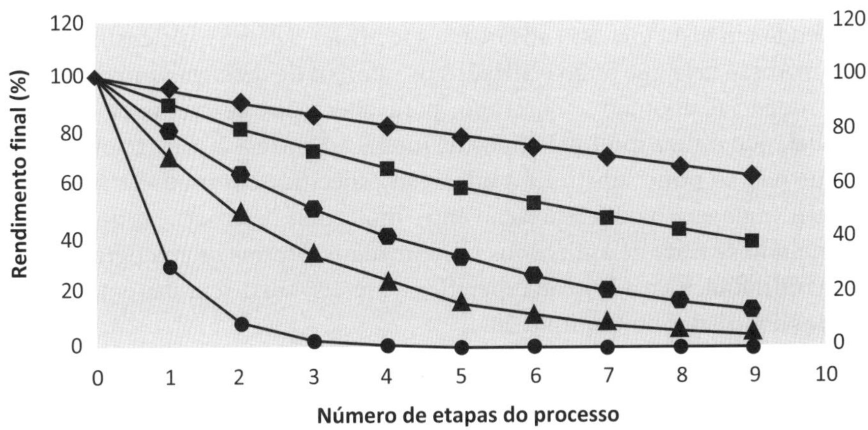

Figura 1.4 Rendimento total (%) em massa na recuperação de uma molécula-alvo a cada etapa de um processo de purificação com um total de nove etapas, cujos rendimentos variam de 70% a 95%.

Há uma tendência em dotar proteínas resultantes de DNAr de sequências específicas de aminoácidos, denominadas etiquetas ou rótulos (*tag*, em inglês), para que sejam eficientemente adsorvidas por meio dessas etiquetas, simplificando o processo de purificação, pois a pureza necessária à aplicação pode ser alcançada em uma só operação de cromatografia de adsorção por afinidade. Por exemplo, anticorpos monoclonais são purificados por meio de etiquetas, *tags*, em operações de adsorção bem desenvolvidas e consolidadas na forma de plataformas, dado que tais biomoléculas constituem importantes fármacos na área de saúde humana (Capítulo 20). Para proteínas de modo geral, sem *tags* específicas, o processo será definido, sobretudo, com base nas características físico-químicas da molécula e poderá contar, dependendo da molécula e da pureza necessária, com várias operações de purificação. Se por um lado as *tags* facilitam o processo, reduzindo o número de etapas, por outro, podem requerer a eliminação da *tag*.

1.6 TENDÊNCIAS EM PROCESSOS DE PURIFICAÇÃO DE BIOMOLÉCULAS

Os processos de purificação têm sido desafiados a tratarem volumes cada vez maiores de meios contendo altas concentrações de produtos de elevado valor agregado. Dentre tais produtos destacam-se os anticorpos monoclonais, mAbs, largamente aplicados no tratamento de câncer e doenças relacionadas ao sistema imunológico como a artrite reumatoide, em face do crescimento da população de idosos em muitos países. Anticorpos monoclonais são as principais moléculas que impulsionam o desenvolvimento dos processos de purificação, pois respondem por 40% do mercado de produtos biotecnológicos. Em vista de sua importância, os anticorpos monoclonais são abordados em um capítulo específico, o Capítulo 20. A purificação de anticorpos monoclonais é geralmente realizada por meio de adsorção por afinidade específica à proteína A, uma proteína da parede celular da bactéria Gram-positiva *Staphylococcus aureus*. Tendo em vista que essa adsorção específica é a etapa mais custosa da purificação de mAbs, é nela que estão centrados os esforços de desenvolvimento de processos. As tendências apontam, sobretudo, para operações de cromatografia do tipo multimodal, que utiliza múltiplos tipos de interação entre a fase estacionária e a fase móvel, que não só pode substituir a adsorção específica em proteína A como pode fazê-lo com vantagem na diferenciação entre moléculas heterogêneas quanto à glicosilação, quando se trata de anticorpos humanizados. Outras cromatografias, como a interação hidrofóbica e a adsorção específica a metais, são discutidas entre as tendências futuras abordadas no Capítulo 20.

O interesse na possibilidade de se estabelecer processos químicos em regime contínuo na escala industrial reside nas vantagens já bem conhecidas em comparação ao regime de batelada, como redução de custos e aumento da produtividade com consequente redução do tamanho da planta, além de proporcionar aumento de qualidade do produto e flexibilidade na operação da planta para mais de um produto, vantagens que também se verificam para os processos bioquímicos, incluindo o processo de purificação. A possibilidade de se obter bioprodutos de melhor qualidade em comparação às operações unitárias de purificação em regime de batelada é um atrativo especial do processo de purificação em regime contínuo.

Nas operações unitárias de clarificação, como a filtração convencional, a centrifugação e as filtrações tangenciais, é perfeitamente possível conduzir o processo em regime contínuo, conforme se verá nos Capítulos 4 e 5. Na purificação intermediária por meio de precipitação e extração em sistemas de duas fases aquosas, também o regime contínuo pode ser aplicado, conforme descrito nos Capítulos 6 e 7. Entretanto, nas operações de cromatografia, tanto as baseadas nas separações por adsorção da molécula-alvo quanto nas separações baseadas no tamanho molar das moléculas, todas as etapas transcorrem de tal modo que sua eficiência está firmemente ligada ao seu modo descontínuo. Além disso, nos largos tempos de retenção das moléculas que ocorrem nas cromatografias em regime de batelada podem ocorrer agregações e desnaturações de proteínas, resultantes de desarranjos espaciais, resultando em perda da molécula-alvo. A possibilidade de aumento da velocidade de separação das moléculas no regime contínuo contribuirá para minimizar tais perdas.

Os maiores desafios para o avanço e o estabelecimento do processo de purificação de biomoléculas no regime contínuo encontram-se, sobretudo, nas operações de cromatografias, as quais são imprescindíveis à purificação das biomoléculas destinadas à área de saúde. No Capítulo 15 descreve-se em detalhes a cromatografia em leito móvel simulado, uma operação em regime contínuo de processos cromatográficos adsortivos aplicados à separação de enantiômeros na indústria farmacêutica. Outras configurações de cromatografias em regime contínuo podem ser encontradas na literatura especializada.

Conduzir a adsorção da molécula-alvo por meio de duas fases móveis líquidas, uma estacionária, assim mantida em função de uma força centrífuga, e a outra em movimento, é uma das novas tendências das operações cromatográficas, denominada CPC, cromatografia de partição centrífuga, ou LLC, cromatografia líquido-líquido. O sistema CPC por ora é empregado em fase preparativa, a fim de gerar massa de produto para o desenvolvimento do processo de purificação e validação de rotinas analíticas de reconhecimento da molécula-alvo, com perspectivas reais de operação em escala industrial. Em comparação à cromatografia convencional, o sistema CPC consome menor volume de fase móvel e não apresenta absorções irreversíveis, o que é importante tendo em vista que as porcentagens de recuperação ainda são gargalo na produção de biomoléculas.

Contribui para a viabilidade do regime contínuo do processo de purificação o aumento dos títulos de biomoléculas nos meios de cultivo. Por exemplo, anticorpos monoclonais chegam a atingir altíssimos cinco g/L, o que leva à viabilidade de se aplicar operações de purificação distintas da cromatografia, como as extrações em duas fases líquidas, as separações através de membranas e as separações magnéticas apresentadas no Capítulo 20, operações unitárias mais facilmente adaptáveis ao regime contínuo.

A tecnologia de uso único (SUT, *Single Use Technology*) é de uso disseminado na produção de fármacos, quando dispositivos descartáveis são empregados em lugar de vasos e equipamentos, substituindo as tradicionais plantas de aço inoxidável, sobretudo para volumes reduzidos e produtos de elevado valor agregado. Esta opção é, em larga medida, beneficiada pela redução de riscos, redução de investimentos de capital e energia e aumento de flexibilidade na operação do processo. Trata-se de técnica consolidada para células animais, manuseio e armazenamento de líquidos, mas apresenta-se mais desafiadora para os processos de purificação de biomoléculas conduzidos em larga escala, sobretudo com relação às resinas cromatográficas e às membranas de filtração tangencial.

1.7 ORGANIZAÇÃO DOS CAPÍTULOS

As operações unitárias que se aplicam aos processos de purificação de produtos microbianos e de células animais são descritas ao longo dos capítulos, ordenados segundo a lógica do fluxograma da Figura 1.3, compreendendo, na sua maioria, uma operação unitária por capítulo, salvo as operações de filtração e centrifugação, reunidas no Capítulo 4, as operações que se aplicam para o rompimento de células, reunidas no Capítulo 3, as várias operações unitárias que aplicam membranas, no Capítulo 5, seja para clarificação, para aumento da concentração de uma solução ou mesmo para isolamento de uma determinada molécula. O Capítulo 2 trata de discorrer sobre as metodologias analíticas na identificação, caracterização e quantificação de biomoléculas, com a devida aplicação nos cálculos de rendimento e fator de purificação alcançado em uma ou mais etapas do processo, os quais são ferramentas para o monitoramento do processo de purificação, isto é, o controle do efetivo progresso no isolamento da molécula-alvo em cada etapa do processo. O Capítulo 2 discorre também sobre a estabilidade de proteínas em face de condições físicas e químicas, aspecto de importância fundamental a qualquer operação unitária.

Os capítulos 19 a 21 tratam da purificação de grupos de moléculas específicas, os plasmídeos, os anticorpos e os peptídeos, cuja importância merece destaque. O Capítulo 22, por fim, trata das possibilidades de integração de propósitos de duas ou mais operações unitárias numa única etapa, bem como da ordenação adequada delas. Com esta publicação, não se pretende esgotar nenhuma das proposições do processo de purificação, quais sejam, de clarificar, concentrar, isolar e estabilizar uma dada biomolécula, e, sim, proporcionar ao estudante informação suficiente para capacitá-lo ao tema e à busca de publicações específicas.

REFERÊNCIAS BIBLIOGRÁFICAS

ALLISON, N.; RICHARDS, J. Current status and future trends for disposable technology in the biopharmaceuthical industry. *Journal of Chemical Technology and Biotechnology*, v. 89, p. 1283-1287, 2014.

FORCINITI, D. Bioseparations: Current and future challenges. *Laboratory Journal – Business Web for Users in Science and Industry*, 28 maio 2013. Disponível em: <https://www.laboratory-journal.com/printpdf/10501>. Acesso em: 29 jun. 2018.

ZYDNEY, A. L. Continuous downstream processing for high value biological products: A Review. *Biotechnology and Bioengineering*, v. 113, n. 3, p. 465-475, 2016.

CAPÍTULO 2

Processo de purificação: métodos analíticos e estabilidade de enzimas

Beatriz Vahan Kilikian

Adalberto Pessoa Jr.

Guillermo Alfredo Picó

Mauricio Javier Braia

NOMENCLATURA

η – Porcentagem de recuperação

ΔG – Energia livre de Gibbs

ΔH – Entalpia

ΔS – Entropia

a – Atividade enzimática (U)

A_e – Atividade específica (U/L) ou (U/mg)

BCA – Ácido bicincrônico

C_X – Concentração da molécula-alvo (mg/L)

CIH – Cromatografia por interação hidrofóbica

RP-HPLC – Cromatografia de adsorção por hidrofobicidade em fase reversa

EC – Eletroforese em zona capilar

ELISA – *Enzyme-linked immunosorbent assay*

ESI-MS – *Electrospray ionization mass spectrometry*

FDA – Food and Drug Administration

FP – Fator de purificação

EP – European Pharmacopoeia

HPLC – *High performance liquid chromatography*

LAL – *Limulus amebocyte lysate*

HPLC-MS – Metodologia com uso de HPLC combinado com espectrometria de massas

LPS – Lipopolissacarídeo

MALDI-MS – *Matrix-assisted laser desorption/ionization mass spectrometry*

MS – Espectrometria de massas

NMR – Ressonância magnética nuclear

R – Grau de pureza

p – Massa de proteínas totais

p_i – Pureza de uma dada molécula na etapa i do processo de purificação

pI – ponto isoelétrico

TLC – Cromatografia em camada delgada

USP – United States Pharmacopeia

V – Volume de meio

LISTA DE PALAVRAS

Adsorção,

por hidrofobicidade em fase reversa

Atividade enzimática

Atividade,

enzimática específica, A_e

Biureto-reagente alcalino de cobre

Bradford

Coomassie Brilliant Blue

Cromatografia

Eletrocromatografia Micelar

Eletroforese,

capilar em gel

em zona capilar

ELISA

Equação de Eyring

Espectrometria de massas

Exclusão molecular

Folin-Ciocalteau

Grupos cromogênicos

Hidrofobicidade

HPLC

Lactato desidrogenase

Lowry-Folin-Ciocalteau

Massa molar

Mobilidade eletroforética

Modelo de Lumry-Eyring

Precipitação

Pureza,

    grau de

    aumento de

Reação de Maillard

Recuperação (porcentagem)

Sistemas de duas fases aquosas

Salting-out

Solubilidade

Titulação eletroforética

Troca iônica,

    cromatografia de

Ultrafiltração

Western blotting

2.1 INTRODUÇÃO

O desenvolvimento do processo de purificação de uma biomolécula deve ser guiado pelo máximo rendimento com o concomitante alcance da pureza necessária à sua aplicação e manutenção da identidade física e química. Neste capítulo, serão apresentados métodos de quantificação e caracterização de biomoléculas os quais são ferramentas para o monitoramento do processo de purificação, isto é, o controle do efetivo progresso no isolamento da molécula-alvo em cada etapa ou cada operação unitária aplicada. A caracterização de biomoléculas é necessária para a seleção das operações unitárias apropriadas à purificação, à eliminação de impurezas específicas e, ao final do processo, à determinação de sua identidade química, requisito para a validação do processo. Além da caracterização e quantificação, é necessário preservar a atividade biológica da biomolécula-alvo durante o processo de purificação, bem como durante o transporte e armazenamento do produto final. Na seção 2.14, "Estabilidade de enzimas", descreve-se a estabilização de proteínas com base em conceitos físico-químicos, enquanto, no Capítulo 17, descreve-se a operação unitária de cristalização, que é uma operação que estabiliza proteínas.

A cada etapa do processo de purificação é de fundamental importância determinar a concentração da molécula-alvo, C_X, bem como das moléculas contaminantes, para viabilizar o cálculo da porcentagem de recuperação, $\eta(\%)$, e do grau de pureza, P, da molécula-alvo, definidos respectivamente nas Equações 2.1 e 2.2.

$$\eta(\%) = \frac{C_{Xn} \times V_n}{C_{X0} \times V_0} \times 100 \tag{2.1}$$

$$P = \frac{C_X}{C_T} \tag{2.2}$$

Na Equação 2.1, C_{Xn} representa a concentração da molécula-alvo em uma determinada etapa – n – do processo de purificação e C_{X0} representa a concentração da mesma molécula no meio inicial. V_0 e V_n representam respectivamente o volume de meio inicial e o volume de meio na etapa n. Assim, desde que se disponha de rotinas que levem à quantificação da molécula-alvo e do volume específico no qual ela se encontra em cada etapa do processo de purificação, pode-se determinar a porcentagem recuperada.

Na Equação 2.2, C_X representa a concentração da molécula-alvo e C_T, a concentração de todas as moléculas presentes na amostra. Frequentemente a molécula-alvo é uma proteína, pois, são proteínas os peptídeos, as enzimas, os antígenos, os anticorpos e os hormônios. Por essa razão, geralmente as variáveis C_X e C_T referem-se a proteínas, o que inclui as principais impurezas. A variável P representa, portanto, uma concentração específica, isto é, a fração da concentração de uma determinada molécula em relação à concentração de um conjunto de moléculas. Caso as concentrações C_X e C_T sejam expressas em termos de massa e refiram-se a moléculas proteicas, P é a fração da massa total de proteínas referente à proteína-alvo, a qual reflete sua pureza.

A eficiência de uma determinada etapa do processo quanto à purificação alcançada em relação à anterior é dada pelo fator de purificação, FP, que é o aumento do valor de P, conforme descreve a Equação 2.3, na qual P_n é a pureza da molécula-alvo no estágio n e P_{n-1} refere-se à pureza da mesma molécula no estágio anterior. Analogamente, para a determinação do aumento de pureza relativa ao processo completo, substitui-se P_{n-1} por P_0 – pureza no meio inicial – na Equação 2.3.

$$FP = \frac{P_n}{P_{n-1}} \tag{2.3}$$

2.2 MÉTODOS DE DOSAGEM DE PROTEÍNAS

Considerando-se a natureza proteica de parte significativa das moléculas de interesse em processos biotecnológicos, é comum aplicarem-se rotinas para a determinação de concentração de proteínas.

O método do Biureto, um dos mais antigos, baseia-se na propriedade que as proteínas têm de reagir com o cobre, em meio alcalino, por meio de suas ligações peptídicas. Aplica-se o reativo de Biureto composto por hidróxido de sódio, cobre e seu estabilizante, tartarato de sódio. A quantificação do produto da reação se dá por medida de absorbância a 540 nm ou 270 nm, esta última mais sujeita a interferência de outras moléculas.

Mais sensível que o método de Biureto e largamente empregado é o método de Lowry-Folin-Ciocalteau, o qual, fazendo uso do reagente fenólico Folin-Ciocalteau, ocorre em duas etapas: reação de Biureto entre proteínas e cobre em meio alcalino e uma reação de redução ácido mista. Grupos cromogênicos de proteínas, como tirosina e triptofano, e, em menor extensão, cisteína e histidina, reduzem o ácido misto a um heteropolimolibdênio de cor azul intensa, por meio da oxidação de aminoácidos aromáticos catalisada pelo cobre. A quantificação é feita indiretamente por espectrofotometria a 750 nm.

A despeito da sensibilidade e precisão do método de Lowry, muitas substâncias presentes em meios de cultura interferem com o resultado obtido ou até mesmo provocam a formação de precipitados. Dentre as moléculas que interferem no método de Lowry encontram-se as seguintes: aminoácidos, aminoácidos derivatizados, sulfato de amônio, detergentes, tampões, EDTA, lipídios, açúcares como glicose e sacarose, ácidos nucleicos, Tris, sais de fosfatos, citratos, potássio e magnésio. Por exemplo, o tampão Tris/HCl 1,0 M a pH 9,0 provoca aumento de 27% no valor da concentração de proteína, enquanto o tampão citrato de sódio a 2M, pH 3,0, reduz a concentração medida em 19%. Algumas publicações apresentam modificações com o objetivo de reduzir o efeito dos interferentes.

Mais simples e altamente sensível, como o método de Lowry, é o método do ácido bicincrônico (BCA 4,4'-dicarboxi-2,2'-biquinolina), no qual as proteínas reagem com cobre (II) em meio alcalino, formando um complexo com o BCA que absorve a 560 nm.

O método de Bradford emprega o corante Coomassie Brilliant Blue G-250 e baseia-se na interação de grupos ácidos e básicos de proteínas com grupos dissociados de corantes orgânicos, formando precipitados coloridos. O corante Coomassie

Brilliant Blue liga-se primariamente aos resíduos de aminoácidos aromáticos e básicos, especialmente arginina, na superfície da proteína. O método de Bradford também sofre interferências de detergentes comerciais como o dodecil sulfato de sódio (SDS), o surfactante Triton X-100, tampões básicos, hidróxido de sódio e Tris (>2,0 M), embora tais interferências ocorram em menor intensidade quando comparadas àquelas sofridas pelo método de Lowry. O método de Bradford, entretanto, não é substituto do método de Lowry, pois depende da massa molar e da composição de aminoácidos da proteína, e as ligações que ocorrem com os resíduos de histidina, lisina, tirosina, triptofano e fenilalanina são fracas. Enquanto o limite inferior de detecção do método de Lowry é de proteínas com massas molares de 3 a 5 kDa, o método de Bradford detecta proteínas com massa molar superior a 10 kDa, razão pela qual, em alguns casos, obtêm-se valores menores de concentração de proteína com o método de Bradford, em relação aos valores obtidos com o método de Lowry. Os dois métodos, entretanto, não detectam aminoácidos e pequenos peptídeos.

Considerando-se que cada um desses métodos baseia-se em princípios diferentes, os resultados obtidos não são iguais e, portanto, não devem ser comparados. Além disso, mesmo que se adote uma única metodologia, o resultado obtido somente expressará a verdadeira concentração de proteínas se a curva de calibração for determinada com solução de proteínas de composição idêntica à solução-alvo.

Os métodos anteriormente descritos para análise de proteínas quantificam a totalidade das moléculas sensíveis ao método empregado presentes numa amostra. Para a quantificação de uma dada proteína em uma mistura de proteínas, é necessário que esta seja previamente isolada. A separação de moléculas de natureza proteica pode ser promovida por meio de uma cromatografia preparativa, descrita a seguir.

2.3 APLICAÇÕES DA CROMATOGRAFIA NA ANÁLISE DE BIOMOLÉCULAS

Na cromatografia, soluções de biomoléculas são aplicadas em um gel constituído por partículas esféricas de sílica porosa, polímeros orgânicos sintéticos ou polímeros de carboidratos embebidos em um solvente. O gel, denominado fase estacionária, é acomodado dentro de uma coluna, em geral, de aço inoxidável. Inicialmente as diferentes moléculas do meio compreendendo a molécula-alvo são retidas na fase estacionária por meio de fenômenos de adsorção química ou física, ou em função do seu tamanho e, a seguir, são gradualmente removidas da coluna pela ação da passagem de um solvente denominado eluente. As diferentes afinidades das proteínas com a fase estacionária, combinadas às condições promovidas para o arraste das moléculas da coluna podem resultar na separação das proteínas, que, portanto, estarão presentes em diferentes frações volumétricas na solução efluente da coluna. Na cromatografia analítica, amostras da ordem de μL são suficientes para a detecção de proteínas, aminoácidos, policetídeos, lipídeos e outras biomoléculas, a qual se dá por meio de medidas de absorbância (UV) em comprimentos de onda definidos: ligações peptídicas são detectadas desde 206 até 215 nm enquanto aminoácidos aromáticos são detectados a 280 nm. Aumento da eficiência de detecção pode ser alcançado pelo uso de detectores baseados na emissão de fluorescência. Açúcares e ácidos orgânicos são detectados por meio de medidas de índice de refração.

Na cromatografia preparativa aplicam-se amostras da ordem de alguns a dezenas de mL, que podem ser, por exemplo, misturas de proteínas a serem separadas. A identificação da fração volumétrica com a proteína-alvo permitirá a quantificação desta por meio dos métodos analíticos anteriormente descritos. O Capítulo 8, "Introdução à cromatografia", apresenta algumas características das cromatografias analítica e preparativa e também a cromatografia aplicada ao processo de purificação, bem como seus resultados típicos em cromatogramas, gráficos (Figuras 8.2 e 8.3) que identificam e quantificam as diferentes moléculas separadas e a partir dos quais se determinam as variáveis e parâmetros que qualificam a operação. Discorre-se também sobre a cinética da adsorção entre a biomolécula e a fase estacionária, os modelos que exprimem essa cinética, a metodologia de determinação dos parâmetros dos modelos e da capacidade de adsorção das colunas, medida importante na aplicação da operação de cromatografia na escala do processo de purificação.

2.4 MÉTODOS INDIRETOS DE DOSAGEM DE PROTEÍNAS

Proteínas com atividade química específica e mensurável podem ser indiretamente quantificadas. No caso das enzimas, por exemplo, sua atividade química é promover a catálise de reações específicas cuja velocidade é proporcional à massa da enzima. Essa medida indireta da massa da enzima é empregada quando a velocidade da reação catalisada é medida com segurança, seja com base no decréscimo da concentração do substrato transformado em produto, seja com base no acréscimo da concentração do produto da reação, em um determinado intervalo de tempo. Proteínas com atividade antigênica também são indiretamente quantificadas por meio da reação de ligação ao anticorpo específico, com a vantagem de serem tais associações altamente específicas.

À velocidade de uma reação enzimática dá-se o nome de atividade enzimática, que é, por definição, a velocidade inicial da reação específica catalisada pela enzima. Tal velocidade deve ser determinada em condições padronizadas de pH, temperatura, força iônica e concentração do substrato da reação, para que a reação possa ser reproduzida e seus resultados comparados. Define-se uma unidade de atividade enzimática, a, como a massa de produto liberado ou substrato consumido (μmol) no intervalo de um minuto, nas condições do ensaio. É frequente expressar a atividade enzimática especificamente em relação a um volume, A (U/L).

Para a quantificação de antígenos e anticorpos, frequentemente emprega-se o método imunoenzimático de ELISA (*enzyme-linked immunosorbent assay*). O método é conduzido em pequenas placas dotadas de dezenas de poços nos quais se promovem as condições necessárias à formação de sanduíches de uma imunoglobulina, IgG, por exemplo, com a molécula que se deseja quantificar (antígeno ou anticorpo) e um conjugado constituído do anticorpo ou antígeno ligado a uma enzima. Finalmente, a agregação do substrato da enzima e a promoção das condições necessárias à efetivação da reação catalisada pela referida enzima levam à quantificação da molécula-alvo com base na quantificação do produto da reação enzimática.

Alternativamente à detecção de antígenos ou anticorpos por ELISA, pode-se empregar o método de *Western blotting*, baseado na associação entre antígenos e anticorpos e reações enzimáticas. A metodologia compreende quatro etapas, a saber: (1) separação das proteínas em uma placa de gel de agarose ou poliacrilamida por meio de uma eletroforese (descrita a seguir); (2) transferência das proteínas da placa de gel a uma membrana de nitrocelulose; (3) promoção de contato entre as proteínas na membrana de nitrocelulose e uma solução contendo o anticorpo específico da proteína (antígeno) associado a (a) uma enzima ou (b) um marcador radioativo; (4) visualização da banda pela exposição do papel de nitrocelulose a raios X ou por meio de uma reação enzimática.

2.5 MÉTODOS DE DOSAGEM DE ANTIBIÓTICOS E POLICETÍDEOS

Moléculas de reduzida massa molar, como antibióticos e policetídeos, podem ser analisadas por cromatografia líquida de alta pressão (*high performance liquid chromatography*, HPLC) desde que se disponha de amostras puras que possam ser aplicadas como padrões, a fim de se estabelecerem as condições de análise e curvas de calibração. Quando as moléculas puras não são comercialmente disponíveis é possível isolá-las a partir de amostras brutas por meio de sucessivas extrações em solventes orgânicos. Para pigmentos, por exemplo, é possível visualizar sua eventual separação por meio da injeção do extrato obtido em solvente, em uma placa de cromatografia em camada delgada (TLC). Posteriormente, camadas específicas da placa de TLC, submetidas a uma nova extração em solvente, permitem a obtenção de extrato para injeção em HPLC.

A Figura 2.1 apresenta a foto de uma placa de TLC preparativo à qual se submeteu um extrato de pigmentos obtido em acetato de etila. As faixas coloridas indicam a separação dos vários pigmentos da amostra – cinza claro, cinza médio, cinza escuro.

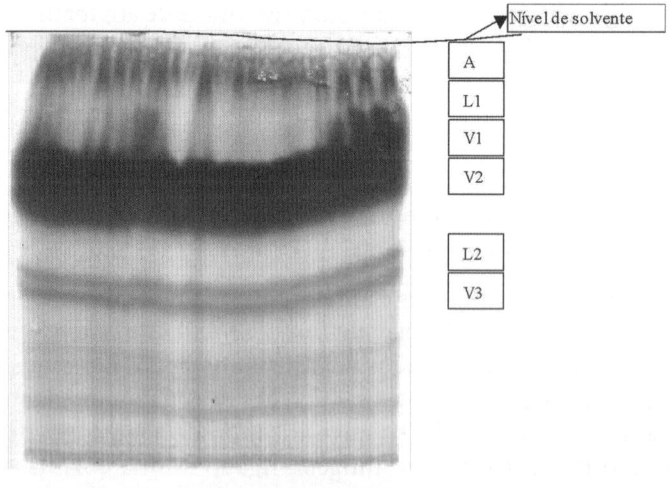

Figura 2.1 TLC preparativo, ao qual foi injetado extrato de pigmentos obtido em acetato de etila. Sistema eluente do TLC: diclorometano:metanol:ácido acético (9:1:1; v:v). Cinza escuro (V1, V2 e V3), cinza médio (L1 e L2) e cinza claro (A).

Os segmentos contendo os pigmentos vermelhos V1 e V2 foram novamente submetidos à extração em acetato de etila, e os dois extratos assim obtidos foram injetados numa coluna do tipo C18 para análise cromatográfica em HPLC. Na coluna do tipo C18 a adsorção se dá por hidrofobicidade em fase reversa, cujos fundamentos da adsorção entre molécula e fase estacionária encontram-se descritos no Capítulo 11.

Os cromatogramas apresentados na Figura 2.2 indicam que provavelmente moléculas puras foram isoladas, o que permite obter curvas de calibração quantitativas mediante uma secagem prévia dos dois extratos.

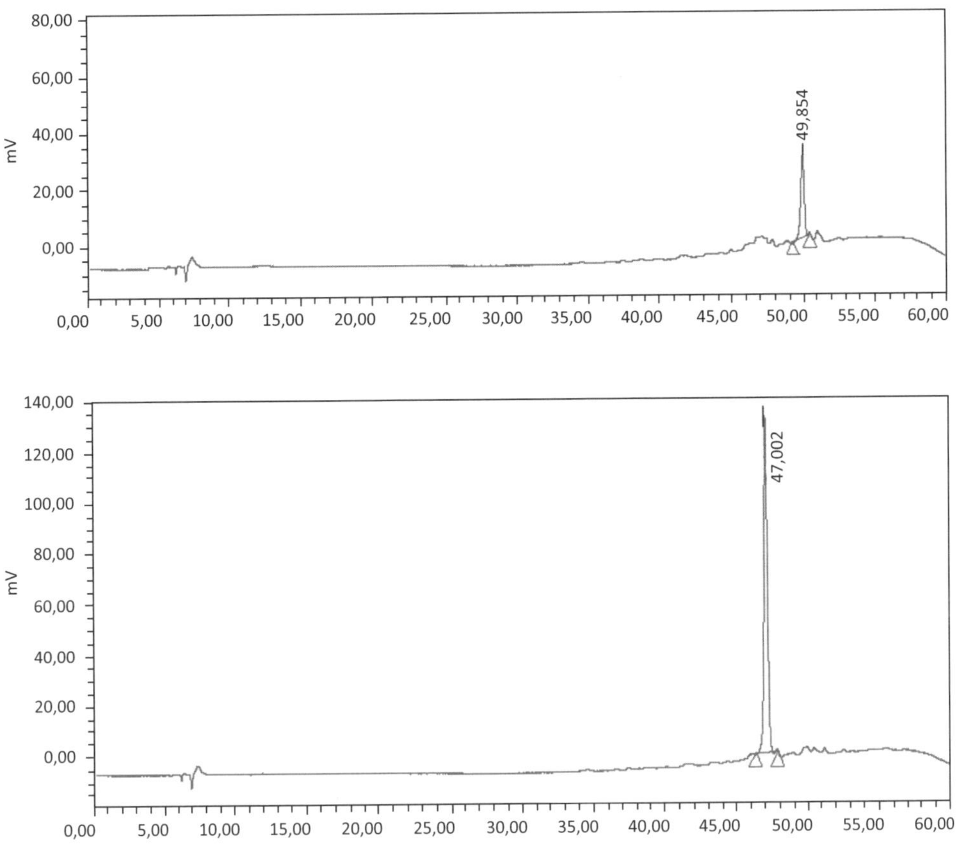

Figura 2.2 Cromatograma das bandas V1 (a) e V2 (b), das substâncias isoladas em TLC preparativo (Figura 2.1).

Menos quantitativo, porém altamente difundido, é o método de estimativa de potência de antibióticos e lantibióticos com base na inibição causada ao crescimento de uma bactéria específica. Um determinado meio solidificado em placa de Petri, previamente inoculado com uma bactéria sensível, recebe um determinado volume da solução contendo o antibiótico e a placa é incubada. Avalia-se a potência do antibiótico ou lantibiótico por meio da medida do diâmetro do halo de inibição formado ao redor da colônia da bactéria. Os halos formados podem ser medidos em quatro direções. A medida do halo de inibição fornece uma estimativa da concentração do antibiótico ou lantibiótico em AU por mL (unidades arbitrárias por mililitro). A Figura 2.3 ilustra este tipo de medida para quantificação de potência de antibióticos.

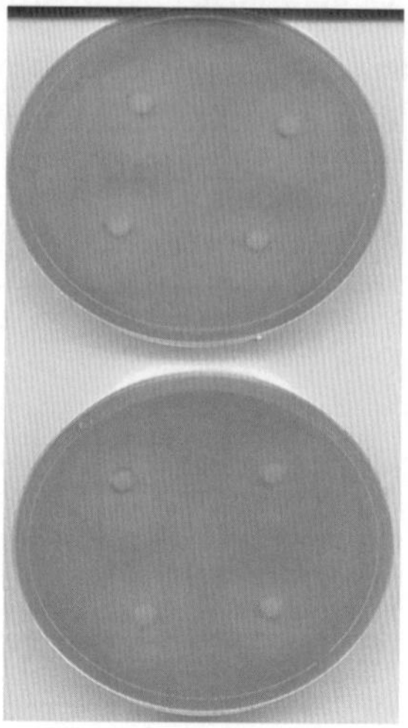

Figura 2.3 Placa com meio solidificado por ágar contendo *Lactobacillus sake*, microrganismo sensível à nisina, lantibiótico cuja potência pode ser quantificada pelo método de difusão em ágar (medida de halo de inibição).

Fonte: Montville; Rogers,1991.

2.6 CROMATOGRAFIA DE ADSORÇÃO EM COLUNA MONOLÍTICA

A adsorção em colunas monolíticas descrita no Capítulo 13, além de constituir operação unitária de purificação, pode ser aplicada na dosagem de moléculas de elevada massa molar, como vírus e DNA. Nesse tipo de coluna a fase estacionária é constituída por um único bloco, de porosidade superior àquela dos sistemas do tipo HPLC, o que o torna uma alternativa à adsorção em colunas cuja fase estacionária é altamente empacotada. Se, por um lado, o elevado grau de empacotamento do HPLC torna elevada a eficiência na separação de moléculas, por outro, torna o método lento, pois este é governado pela difusão da molécula em direção à fase estacionária. Ademais, o tamanho dos poros nas colunas monolíticas é maior que nas colunas de HPLC, o que contribui para a eficiência de adsorção. Como consequência dessas características, nas colunas monolíticas o transporte de massa é governado pela convecção, que promove separações rápidas e maior capacidade de adsorção quando comparada às análises em leitos de HPLC. Além de vírus e moléculas de DNA, as colunas monolíticas analíticas aplicam-se à quantificação de plasmídeos, endotoxinas, proteínas peguiladas (proteínas conjugadas com polietilenoglicol, PEG), RNA e imunoglobulina M. A identificação e quantificação de anticorpos e antígenos em coluna monolítica ocorre em minutos, sendo mais rápida do que no método de ELISA, amplamente empregado.

No caso da dosagem de vírus, embora rápida nas colunas monolíticas, há o inconveniente de não se quantificar a infectividade do vírus, o que requer outras medidas. Plasmídeos, pDNA, são vetores de genes, para terapia gênica e vacinas. Moléculas de RNA (ácido ribonucleico) constituem contaminantes decorrentes da lise celular. De modo semelhante às cromatografias analíticas em HPLC, a quantificação de biomoléculas em colunas monolíticas se dá por meio da comparação da área sob o pico da molécula-alvo com uma correlação previamente estabelecida entre moléculas padrão e a mesma área, isto é, uma curva de calibração.

2.7 MÉTODOS DE DOSAGEM E REMOÇÃO DE ENDOTOXINAS

Endotoxinas são toxinas que integram a membrana externa de algumas bactérias. Nas bactérias Gram-negativas a constituição das endotoxinas é a de lipopolissacarídeo, LPS, e nas bactérias Gram-positivas trata-se de um peptideoglicano. Por causarem febre, as endotoxinas são também denominadas pirogênios.

Uma variedade cada vez maior de biomoléculas destinadas à saúde humana e animal é produzida em bactérias Gram-negativas como a *Escherichia coli*, geneticamente modificada, e, neste caso, frequentemente trata-se de produção associada à célula, o que acarreta contaminação da molécula-alvo com componentes da célula dentre os quais as endotoxinas. Mesmo em concentrações muito baixas (< 1 EU/mL – 1 unidade de endotoxina = ~100 pg de LPS de *E. coli*), as moléculas de endotoxinas podem ativar o sistema imune e alterar as funções metabólicas, resultando em aumento da temperatura corpórea, o que pode levar o indivíduo a óbito.

As concentrações limites de endotoxina nas preparações farmacêuticas são estabelecidas por agências reguladoras e são decisivas na liberação do produto para o uso humano e animal. Os limites considerados aceitáveis pela *United States Pharmacopeia* (*USP*) e pela Food and Drug Administration (FDA) são definidos em função da dose do medicamento que será administrada ao paciente. Por exemplo, o limite de endotoxina permitido na água para injeção é de 0,25 EU/mL, enquanto na água bacteriostática para injeção e na água estéril para inalação é de 0,5 EU/mL.

As técnicas aprovadas pelo FDA para a detecção de endotoxinas são o teste com uso de coelhos e o teste do *Limulus amebocyte lysate* (LAL), sendo este último o mais utilizado para produtos farmacêuticos durante o processo de fabricação.

O teste utilizando coelhos tem como base a estimulação, em vivo, por endotoxina dos monócitos presentes no sangue do animal, os quais causam febre. Injeta-se na veia marginal da orelha dos coelhos uma solução contendo endotoxina e uma solução apirogênica. Como resposta térmica à injeção registra-se, para cada coelho, a diferença entre os valores da temperatura máxima atingida após a injeção e a temperatura inicial do animal. A *Farmacopeia Europeia* (*EP*) considera o teste positivo se cada coelho apresentar elevação da temperatura superior a 0,60 °C e a *Farmacopeia Americana* (USP), superior a 0,50 °C. No entanto, este teste é qualitativo e pode, quando muito, informar se determinado líquido ou substância química é muito ou pouco pirogênica.

O teste de lisado do amebócito de *Limulus* (LAL), denominado de técnica do coágulo, também é qualitativo para pirogênio. Nesse teste, o lisado do amebócito *Limulus*, apresentado sob a forma de liofilizado, deve ser reconstituído com água apirogênica e misturado em partes iguais com a solução a ser analisada, que, após incubação e na presença de endotoxina, resulta na formação de um coágulo ou gel, sendo que na ausência de endotoxina o coágulo não é formado. Esse teste fornece resultados binários, ou seja, positivo ou negativo, portanto é um teste objetivo, apesar de não ser quantitativo. A reação no tubo de ensaio é essencialmente a mesma que ocorre na natureza quando um caranguejo *Limulus* é infectado.

O princípio biológico do teste do LAL decorre da coagulação do sangue do crustáceo *Limulus polyphemus* quando este entra em contato com pirogênio. Durante o desenvolvimento de anticoagulante para o sangue do *Limulus*, identificou-se um indicador extremamente sensível na presença da endotoxina, que é uma proteína coagulável do LAL. Com o aprimoramento do teste *in vitro*, unidades de manufatura de produtos farmacêuticos passaram a incluir no controle de qualidade de seus produtos o teste de endotoxina utilizando LAL, os quais começaram a ser realizados não somente no produto acabado, mas também no início, no meio e no final do processo de produção de alguns fármacos. Outros métodos de dosagem de endotoxina são descritos pela *United States Pharmacopeia* como cinético turbidimétrico e cinético cromogênico, cujos detalhes deverão ser buscados em bibliografia específica.

As moléculas de endotoxinas são mais estáveis à variação de temperatura e pH que grande parte das biomoléculas, sobretudo proteínas, o que torna sua remoção uma tarefa difícil do processo de purificação.

Diferentes operações de purificação como cromatografia por afinidade, ultrafiltração, cromatografia de interação hidrofóbica e cromatografia de troca iônica vêm sendo aplicadas nos processos industriais visando à obtenção de produtos livres de endotoxinas.

Diferentes procedimentos podem ser utilizados para remover endotoxinas, e a escolha dependerá das características particulares de cada proteína. Os procedimentos podem ser o tratamento térmico a temperaturas superiores a 230 °C, a destilação, a radiação ionizante, a cromatografia de troca iônica, a adsorção de afinidade (com L-histidina, poli-L-lisina e polimetil L-glutamato e Polimixina-B), a cromatografia de permeação em gel, a ultrafiltração e a centrifugação. E, como é comum nos processos de purificação de produtos biotecnológicos, por vezes é necessário combinar técnicas para a remoção de endotoxinas de preparações com a eficácia esperada.

Agregados de endotoxinas podem formar compostos supramoleculares contendo grupos fosfato, exibindo carga líquida negativa e favorecendo interações iônicas com adsorvente catiônico. Por outro lado, biomoléculas com carga líquida positiva formam complexos com esses agregados, com consequente diminuição na eficiência de remoção desse contaminante. O uso de Triton X-114 na dissociação entre endotoxinas e proteínas com ponto isoelétrico (pI) acima de 8,5 pode ser eficiente mediante pré-lavagem da solução proteica com esse surfactante neutro e, na sequência, promoção da adsorção das endotoxinas por cromatografia de afinidade com histidina.

Adsorventes hidrofóbicos podem ser aplicados nas operações de purificação com remoção de endotoxina. Essas ligações dependem das propriedades das biomoléculas (carga líquida, hidrofobicidade) e das condições da solução (pH, força iônica). Nos casos em que a proteína está ligada à endotoxina, aplica-se cromatografia de interação hidrofóbica desnaturante (HIC), seguida por eluição com etanol, isopropanol ou detergentes.

Cromatografia de afinidade utilizando sílica como matriz vem sendo aplicada na remoção de endotoxinas e tem proporcionado altos valores de recuperação, pois permite a purificação de biomoléculas com base em funções biológicas específicas, como pode ser visto em detalhes no Capítulo 12 deste livro. O tamanho dos poros e das partículas de sílica gel influencia a eficiência de adsorção, sendo mais indicadas partículas de tamanho aproximado de 200 μm e poros de 12 nm. Embora se trate de operação com várias características positivas, a limpeza da resina de afinidade impregnada com endotoxina nem sempre é possível, mesmo aplicando-se soluções concentradas de ácidos ou bases.

A cromatografia de permeação em gel também vem sendo aplicada na remoção de endotoxinas de soluções contendo biomoléculas, pois, considerando que o tamanho de uma subunidade básica de endotoxina está entre 10 e 20 kDa, o lipopolissacarídeo pode ser separado de produtos de baixa massa molar, como água, glicose e solução salina. Todavia, formas monoméricas de endotoxina desagregadas podem ocasionar problemas para o processo quando encontradas em soluções aquosas.

A ultrafiltração como método para remover endotoxinas tem sido aplicada com sucesso para grande número de fármacos, como na preparação de antibiótico. Soluções contendo moléculas de alta massa molar contaminadas com agregados de endotoxinas de tamanho similar também podem ser purificadas por ultrafiltração, se for realizada prévia desagregação com surfactantes ou agentes quelantes. Embora efetiva na remoção de endotoxinas, a ultrafiltração pode causar danos às biomoléculas por causa das forças de cisalhamento.

2.8 ELETROFORESE

A eletroforese é uma metodologia analítica mandatória na avaliação da pureza de uma proteína com base no número de proteínas que um dado meio apresenta e, embora frequentemente empregada ao final do processo de purificação, deve ser empregada nas etapas intermediárias para produtos sensíveis ao processo.

A eletroforese consiste na separação de proteínas por ação de um campo elétrico que força o movimento das moléculas eletricamente carregadas por meio da malha de uma placa de gel de poliacrilamida ou agarose, que funciona como uma peneira molecular. As proteínas apresentam mobilidade em conformidade com a intensidade do campo elétrico, sua carga total, forma e massa molar, a qual é inversamente proporcional à distância percorrida. A viscosidade do gel bem como a temperatura e pH também exercem influência na mobilidade das proteínas.

À separação das proteínas na placa de gel segue-se a detecção, a qual compreende a coloração das proteínas distribuídas sobre o gel, geralmente com o corante *Coomassie Brilliant Blue*, embora outros corantes possam ser utilizados. O resultado é uma sequência de traços ou bandas azuis, visível a olho nu, e, em geral, supõe-se que a cada banda corresponda uma única proteína. A introdução de padrões de massa molar conhecida permite estimar a massa molar das proteínas da amostra, bem como identificar a banda correspondente à proteína-alvo. O número de bandas obtidas está diretamente relacionado à pureza da amostra, de tal forma que à completa purificação de uma proteína corresponde uma única banda, relativa à molécula-alvo. Todavia, a obtenção de uma única banda não é garantia do total isolamento da molécula-alvo, pois mais de uma molécula podem estar reunidas na banda. Análises de ressonância magnética (RM) ou sequenciamento dos aminoácidos podem ser necessários para a confirmação da pureza. A análise eletroforética da Figura 2.4 representa a evolução da concentração intracelular de uma proteína heteróloga (troponina C) no cultivo de *Escherichia coli*, aqui apresentada a título de ilustração de um resultado de eletroforese.

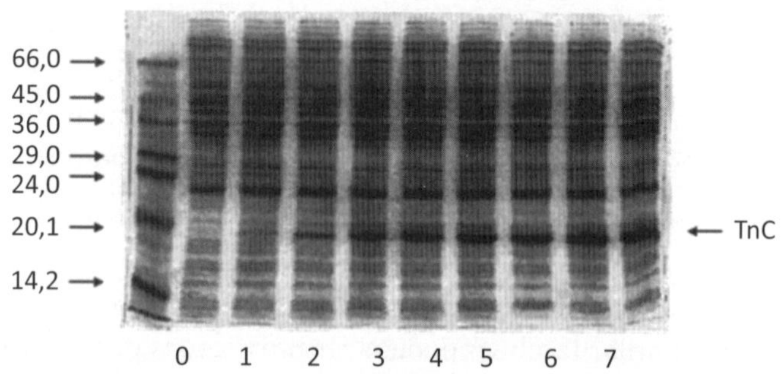

Figura 2.4 Gel de eletroforese típico indicando a evolução do acúmulo da proteína intracelular troponina C (TnC) em *Escherichia coli*. À esquerda do gel estão indicadas as massas molares dos padrões (kDa) e abaixo o tempo de cultivo em horas.

Verifica-se na Figura 2.4 que há diferentes intensidades da cor de cada banda, o que está relacionado à concentração da molécula. Quando as bandas encontram-se nitidamente identificadas e intensas, é possível estimar a concentração das proteínas por meio de uma análise da densidade das bandas associada à dosagem de proteínas totais na amostra.

A realização de análises de eletroforese em etapas intermediárias do processo de purificação permite detectar a presença da molécula-alvo, possíveis alterações da sua massa molar em função do deslocamento de sua banda e o enriquecimento do meio na molécula-alvo com base no destaque de sua banda em comparação às demais bandas.

A pureza de um antígeno ou anticorpo relativa a outras proteínas pode ser estimada de modo similar à eletroforese para proteínas, por meio do método de *Western blotting*, anteriormente descrito.

2.8.1 ELETROFORESE EM ZONA CAPILAR (EC)

A eletroforese em zona capilar é a forma mais simples dentre as variantes dessa técnica e aplica-se à separação de proteínas e peptídeos. Diferentes moléculas, na sua forma ionizada ou não, são separadas com base na sua mobilidade quando submetidas a um campo elétrico de até 50 mil volts. Um tubo capilar é preenchido com uma solução tampão à qual se injeta uma amostra líquida e, em seguida, aplica-se uma diferença de potencial que gera nele uma corrente e um campo elétrico. O capilar típico, de sílica fundida, apresenta 50 a 150 cm de comprimento, diâmetro interno de 25 a 100 μm e externo entre 200 e 400 μm. A velocidade de migração ou mobilidade eletroforética depende da viscosidade do meio, do tamanho, forma e carga das moléculas. Disso resulta a separação entre as moléculas que são detectadas por absorbância em comprimentos de onda na faixa ultravioleta visível ou via medida de fluorescência, podendo também ser quantificadas. A separação entre as moléculas não carregadas é auxiliada pela migração da solução tampão ou eletrólito no capilar, gerando o fluxo eletrosmótico que aumenta a eficiência da análise. A rapidez das análises efetuadas por meio de eletroforese capilar, associada ao uso de reduzidos volumes de amostras e solventes, e elevada reprodutibilidade, torna essa técnica altamente atraente. Na Figura 21.9 (Capítulo 21) encontra-se o diagrama de blocos de um sistema de eletroforese capilar.

2.8.2 ELETROFORESE CAPILAR EM GEL

A eletroforese capilar em gel aplica-se à separação de proteínas com concomitante quantificação e determinação da massa molar, dado que se fundamenta igualmente na separação com base no tamanho das moléculas. Os diferentes solutos percorrem uma determinada distância em tempos distintos e suficientes para a passagem por uma região de detecção.

2.8.3 ELETROCROMATOGRAFIA MICELAR

A eletroforese capilar na modalidade denominada eletrocromatografia micelar pode ser aplicada na separação e identificação de moléculas menores que peptídeos como aminoácidos, ácidos nucleicos, oligonucleotídeos, vitaminas, hormônios, catecolaminas, antibióticos e drogas quirais. Componentes neutros também podem ser separados, pois, além da carga do soluto, concorre para sua mobilidade sua interação com micelas catiônicas ou aniônicas. Ocorre interação entre as moléculas dos solutos e as micelas que revestem o capilar de tal forma que a separação entre os solutos será iniciada pelas moléculas que não interagiram com as micelas, seguida daquelas que interagiram, por exemplo, aquelas cuja carga apresenta sinal oposto em relação às micelas.

2.9 DETERMINAÇÃO DE PORCENTAGEM DE RECUPERAÇÃO (η) E FATOR DE PURIFICAÇÃO (FP)

As equações para determinação da porcentagem de recuperação, η, e do fator de purificação, FP, são a seguir apresentadas, tomando-se por referência uma enzima como a proteína-alvo, indiretamente quantificada com base na velocidade da reação específica por ela catalisada. A operação unitária de purificação é uma cromatografia. Deve-se ressaltar que o roteiro apresentado se aplica a qualquer tipo de cromatografia, seja por meio de exclusão molecular ou adsorção, ou mesmo a outra operação unitária de purificação, com os devidos ajustes aos termos das equações.

Para a determinação da porcentagem de enzima recuperada, η, parte-se de um balanço que considera os valores de atividade enzimática aportada e recuperada de uma coluna de cromatografia. Na Equação 2.4, $V_{inicial}$ (L) refere-se ao volume de meio contendo enzima e impurezas a ser submetido à cromatografia, o termo $a_{inicial}$ (U) representa a atividade enzimática contida no referido meio e a atividade específica em relação ao volume de meio é dada por A (U/L).

$$a_{inicial} = A_{inicial} \times V_{inicial} \tag{2.4}$$

A enzima-alvo inicialmente será retida na coluna de cromatografia e, em seguida, será arrastada para fora da coluna, idealmente numa fração do volume total menor que o volume injetado e com menor variedade de moléculas em comparação ao meio inicial. A Figura 8.3 (Capítulo 8) ilustra hipoteticamente a separação de três proteínas, A, B e C, no fluxo de saída de uma coluna de cromatografia, com total separação da molécula C, um resultado ótimo caso C seja a molécula-alvo. Note-se que a abscissa da Figura 8.3 (Capítulo 8) pode representar o tempo no qual as moléculas deixam a coluna ou mesmo o volume de líquido que sai da coluna, informação necessária ao balanço de atividade enzimática da Equação 2.5, na qual $a_{eluída}$ (U) é a atividade enzimática no volume que contém a molécula-alvo, $V_{eluído}$ (L), e $A_{eluída}$ é a atividade enzimática específica no mesmo volume.

$$a_{eluída} = A_{eluída} \times V_{eluído} \tag{2.5}$$

A porcentagem de enzima recuperada será dada pela Equação 2.6.

$$\eta(\%) = \frac{a_{eluída}}{a_{inicial}} \times 100 \tag{2.6}$$

Eventuais perdas da enzima-alvo, físicas ou por desnaturação, são determinadas por meio da Equação 2.7.

$$a_{perda} = a_{inicial} - a_{eluído} \tag{2.7}$$

A pureza da molécula-alvo – neste exemplo uma enzima – pode ser dada pela razão entre a atividade enzimática, a, e a massa de proteínas totais, P (mg), denominada atividade específica, A_e (Equação 2.8). O fator de purificação, FP, será dado pela variação do valor de A_e, conforme descrito na Equação 2.9:

$$A_e = \frac{a}{P} \tag{2.8}$$

$$FP = \frac{A_{ei}}{A_{e0}} \tag{2.9}$$

na qual: A_{ei} = atividade específica (U/mg) em uma dada etapa i do processo

A_{e0} = atividade específica inicial (U/mg)

2.10 CARACTERIZAÇÃO E IDENTIDADE DE BIOMOLÉCULAS

A determinação das características físicas e químicas de biomoléculas é importante para nortear a seleção adequada das operações unitárias do processo de purificação, de modo que a pureza necessária à molécula-alvo e a eliminação de impurezas específicas sejam alcançadas com o menor número possível de operações. Conforme foi discutido no Capítulo 1, a minimização do custo do processo de purificação e a maximização do rendimento final na recuperação da massa da molécula-alvo obtida na etapa de produção são inversamente proporcionais ao número de operações unitárias do processo de purificação.

Adicionalmente à determinação da pureza de uma molécula, sua exata composição química, ou seja, sua identidade deve ser confirmada, sobretudo no caso de fármacos, para a validação do processo de purificação.

Dado o imperativo da observância de uma estrutura tridimensional e química altamente específica para garantir a ação biológica de biomoléculas, é necessário, por vezes, cercar o processo de purificação de cuidados para que a referida estrutura não seja modificada em resultado do contato da biomolécula-alvo com os componentes adicionados nas operações unitárias realizadas, bem como devido às condições de pH, temperatura e força iônica empregadas. Moléculas mais sujeitas a modificações devem ter sua identidade química confirmada a cada etapa do processo de purificação, e mesmo para nortear a escolha de uma dada operação unitária. Por vezes, proteínas heterólogas a um dado hospedeiro são acrescidas de uma *tag*, isto é, uma etiqueta que é uma sequência de aminoácidos específica que codifica um determinado comportamento, por exemplo, uma enzima, o que facilita a quantificação da molécula-alvo bem como seu isolamento. A presença da *tag*, no entanto, não é suficiente para garantir a correta construção da molécula-alvo, e, portanto, sua efetividade biológica. Analogamente, a quantificação de um antígeno por meio do método de ELISA não garante sua efetividade biológica.

A identificação química mais precisa de uma proteína, peptídeo ou antígeno, é alcançada por meio do sequenciamento de seus aminoácidos, descrito no Capítulo 21, cuja complexidade torna recomendável a aquisição do serviço de análise.

A seguir serão apresentadas algumas metodologias de caracterização física e química de proteínas, úteis à escolha das operações unitárias que comporão o processo de purificação, seguidas de algumas metodologias para a obtenção da identidade química de biomoléculas. Finalmente, discute-se a estabilidade de biomoléculas durante seu armazenamento.

2.10.1 DETERMINAÇÃO DA MASSA MOLAR DE PROTEÍNAS

Molécula-alvo e impurezas de massas molares significativamente distintas podem ser separadas por cromatografia de exclusão molecular (Capítulo 9) ou ultrafiltração (Capítulo 5). A massa molar de uma determinada proteína pode ser estimada por cromatografia de exclusão molecular em grau analítico, sobretudo para proteínas com duas ou mais subunidades, pois na eletroforese as subunidades são separadas no preparo da amostra, enquanto a exclusão molecular analisa proteínas nativas. Na exclusão molecular pode-se verificar eventual desagregação das subunidades, de tal forma que a associação entre eletroforese e exclusão molecular constitui ferramenta poderosa na identificação de biomoléculas com base na massa molar. A estimativa da massa molar se dá a partir de uma curva de calibração com moléculas de massas molares conhecidas cujas variáveis são a massa molar dos padrões e o volume de eluição de cada uma delas. Também é possível realizar essa medida por meio da eletroforese capilar, conforme mencionado anteriormente, e da eletroforese em placa de gel, na qual moléculas de massas molares conhecidas são injetadas e resultam na banda de referência, como a primeira coluna da Figura 2.4, cujas bandas correspondem aos padrões de massa molecular (kDa) conhecida.

Qualquer das metodologias de determinação da massa molecular mencionadas requer o prévio isolamento da molécula-alvo e das principais impurezas, o que pode ser feito, por exemplo, em um sistema de cromatografia de exclusão molecular em escala preparativa, isto é, um sistema capaz de processar volumes da ordem de mililitros. A aplicação de rotinas analíticas específicas para a detecção da molécula-alvo nas diversas frações do volume líquido, coletadas à saída da coluna preparativa pode resultar na identificação, e, a posterior injeção em sistemas de eletroforese em placa de gel, eletroforese capilar ou cromatografia analítica, resultará finalmente na determinação da massa molar. A confirmação do isolamento total de uma dada molécula pode ser obtida por meio da própria eletroforese em caso de obtenção de uma única banda, situação na qual se diz que a amostra é homogênea. Adicionalmente, a associação de uma medida de determinação da concentração de proteína total em cada fração permite determinar a proporção, em massa, das moléculas que constituem impurezas. Geralmente a eliminação das principais impurezas em termos de massa nas primeiras etapas do processo de purificação é adequada.

Na determinação da identidade de uma dada molécula, a massa molar é indicativa de sua correta construção, sem a ocorrência de truncamentos e agregações indesejadas.

2.10.2 DETERMINAÇÃO DE SOLUBILIDADE E HIDROFOBICIDADE DE PROTEÍNAS

Grandes diferenças entre a solubilidade da molécula-alvo e impurezas são um indicativo de que operações unitárias como a extração em sistemas de duas fases aquosas ou precipitação devem ser explorados. Uma forma simples de avaliar a solubilidade de proteínas é submetê-las à precipitação com $(NH_4)_2SO_4$. As proteínas que demandarem menor concentração do sal para precipitarem totalmente serão as de menor solubilidade. Assim, é possível ordenar as moléculas fracionadas na exclusão molecular preparativa em uma ordem de solubilidade.

Também é possível ordenar proteínas em função de sua solubilidade submetendo-as à adsorção por hidrofobicidade em fase reversa, em cromatografia de grau analítico. Na cromatografia por interação hidrofóbica, CIH (Capítulo 11), as estruturas apolares de proteínas em solução salina são adsorvidas por um ligante hidrofóbico imobilizado em um suporte para depois serem eluídas, isto é, arrastadas, por um agente tensoativo.

A intensidade do grau de hidrofobicidade de proteínas depende da quantidade de grupos que lhe conferem hidrofobicidade conforme se apresenta no Capítulo 6, sendo que tais grupos apresentam-se preferencialmente na parte interna da molécula tridimensional, embora também estejam presentes na superfície. A hidrofobicidade é artificialmente ampliada por meio da agregação à solução de sais do tipo *salting-out* como os íons do cloreto de sódio ou sulfato de amônio, que diminuem a disponibilidade de moléculas de água na solução, aumentando a tensão superficial e a tendência às interações hidrofóbicas.

Na adsorção por hidrofobicidade em fase reversa, RP-HPLC, a densidade do ligante hidrofóbico imobilizado no suporte - grau de substituição - é significativamente superior àquela da CIH, resultando na elevação da força das múltiplas interações entre ligante e proteína e na desnaturação desta última, devido à desconformação que também pode ocorrer na eluição subsequente em função das condições drásticas requeridas por meio do emprego de eluentes como solventes orgânicos, detergentes ou agentes caotrópicos. A ordenação das diferentes proteínas no volume eluído da coluna será resultado do grau de interação hidrofóbica, de modo que as moléculas menos hidrófobas serão as primeiras a serem eluídas.

2.10.3 DETERMINAÇÃO DA MOBILIDADE ELETROFORÉTICA DE PROTEÍNAS

A cromatografia de troca iônica é das mais utilizadas, graças ao elevado poder de resolução e capacidade de processamento. A opção por esta cromatografia deve considerar a capacidade de adsorção das moléculas sobre uma determinada resina catiônica ou aniônica. Essa capacidade é determinada com base em curvas de titulação eletroforética por meio das quais também se determina o pI de uma proteína. Na curva de titulação eletroforética determina-se a velocidade de migração de uma proteína, denominada mobilidade, em um campo elétrico sob condições determinadas de temperatura, tampão e composição do gel. Trata-se de uma eletroforese conduzida em um gel que apresenta um gradiente de pH formado entre um catodo e um anodo, estando o catodo sob valor de pH maior em relação ao anodo. As proteínas, por apresentarem caráter anfotérico, terão carga positiva sob valores de pH abaixo de seu ponto isoelétrico e carga negativa sob valores de pH acima do ponto isoelétrico. Dessa forma, onde quer que as proteínas estejam em relação ao gradiente de pH, elas migrarão em direção ao seu ponto isoelétrico em conformidade com sua carga. Proteínas com mobilidades eletroforéticas, isto é, distâncias percorridas muito diferentes na região de valores de pH abaixo do pI provavelmente serão eficientemente separadas em uma resina trocadora de cátions. A discriminação de proteínas com base na sua mobilidade eletroforética também é obtida por meio da eletroforese capilar do tipo focalização isoelétrica.

2.10.4 DETERMINAÇÃO DA ESTRUTURA QUÍMICA DE BIOMOLÉCULAS

Na confirmação da estrutura química de biomoléculas são aplicadas as seguintes técnicas analíticas: eletroforese e cromatografia de exclusão molecular para determinação da massa molar; cromatografia de fase reversa (RP-HPLC) para determinação da hidrofobicidade e da sequência de aminoácidos; eletroforese capilar (EC) para determinação da mobilidade eletroforética; e espectrometria de massas (MS) para determinação da estrutura química. A correta identidade da molécula-alvo também é indiretamente confirmada por meio da técnica de *Western blotting*, pois essa técnica se baseia na atividade biológica da molécula.

A identidade da molécula-alvo purificada pode ainda ser comprovada mediante a avaliação de seu comportamento em ressonância magnética nuclear (*NMR*) de alta resolução, sobretudo de prótons (*^{1}H-NMR*) e de carbono-13 (*^{13}C-NMR*). Mediante a quantificação de interações intermoleculares específicas entre a molécula-alvo e micelas ou membranas determina-se a estrutura tridimensional da biomolécula em solução ou estado sólido, o que inclui a estrutura terciária de proteínas e faz da NMR uma importante análise complementar à determinação da identidade química.

2.10.4.1 Cromatografia de adsorção por hidrofobicidade em fase reversa (RP-HPLC)

A fase reversa é usada para confirmar a identidade da proteína, ao fornecer informações sobre a sequência de aminoácidos primária da molécula.

2.10.4.2 Eletroforese capilar

Conforme se viu anteriormente, a eletroforese capilar em gel aplica-se à separação e quantificação de proteínas e à determinação de sua massa molar. Sua aplicação na determinação da estrutura química de peptídeos encontra-se descrita no Capítulo 21.

Adicionalmente, pode-se determinar a composição química da molécula por meio do acoplamento de um espectrômetro de massas na saída do capilar.

2.10.4.3 Espectrometria de massas (MS)

A *mass spectrometry* (MS), ou espectrometria de massas, é uma técnica de análises químicas que se aplica à identificação da estrutura química de proteínas por meio da combinação da capacidade de separação física da cromatografia líquida (HPLC) com a capacidade de análise de massas da espectrometria de massas (HPLC-MS). No espectrômetro de massas, sob condições ionizantes, a proteína ionizada e vaporizada é eletrostaticamente impulsionada para dentro do analisador de massas. A estrutura primária da proteína é identificada mediante o processamento computacional do conjunto de informações das relações entre massa e carga dos íons (m/z). A Figura 21.10 (Capítulo 21) ilustra as etapas da caracterização química de peptídeos por meio de espectrometria de massas. As modalidades de espectrometria de massas aplicáveis à determinação de massa molar de proteínas são o bombardeamento rápido de átomos por *electrospray* (*electrospray ionization mass spectrometry*, ESI-MS) e a dessorção pelo laser (*matrix-assisted laser desorption/ionization mass spectrometry*, MALDI-MS). O Capítulo 21 descreve algumas metodologias de preparo e processamento de amostras sólidas ou líquidas e a caracterização química de peptídeos e proteínas com e sem a prévia derivatização dos aminoácidos.

Aplicações recentes das técnicas de espectrometria de massas (MS) e ressonância magnética nuclear (*NMR*) na determinação da identidade química de proteínas demonstram até mesmo a identificação de modificações pós-tradução como fosforilação, sulfatação e glicosilação de proteínas.

2.11 ESTABILIDADE DE ENZIMAS

Um dos desafios na produção de enzimas é garantir que o produto obtido retenha sua atividade biológica por longos períodos de tempo, de modo a permitir seu traslado até o local de utilização e armazenamento. Enzimas, em geral, são produzidas em meio aquoso e formuladas em soluções a elevadas concentrações, a valores de pH controlados por tampões. Durante o transporte e o armazenamento, efeitos de temperaturas elevadas ou baixas podem modificar as estruturas secundária, terciária e quaternária, com uma possível perda de atividade biológica. Além disso, as indústrias que requerem enzimas não as empregam de forma imediata, e sim as armazenam, por dias ou meses, até seu emprego; por isso são necessários procedimentos que evitem a perda significativa de atividade biológica. Isto agregou uma nova operação unitária dentro do grupo de operações, denominada de *estabilização de enzimas* (cristalização, desidratação, congelamento). Embora seja um dos procedimentos menos divulgados, é possível descrever uma metodologia básica que permita explicar de forma geral o processo de estabilização de uma proteína com base em conceitos da Físico-química.

2.11.1 DESNATURAÇÃO DE PROTEÍNAS

Uma proteína em solução aquosa possui uma única estrutura compacta e definida, cataliticamente ativa, geralmente denominada *forma nativa* (N). Por ação do calor ou de agentes químicos, denominados desnaturantes, a estrutura nativa sofre mudanças devido à ruptura de ligações por pontes hidrogênio e outras ligações dipolo-dipolo. Isso implica o aparecimento de conformações com baixo conteúdo da estrutura secundária e/ou terciária, denominadas *desnaturadas* (D). Como consequência da alta complexidade da molécula de proteína, existem diferentes formas desnaturalizadas intermediárias (E_i). A conformação N se encontra em equilíbrio com as conformações desnaturadas, as quais podem dar a conformação desnaturada irreversível I, descrita na Equação 2.10.

$$N \leftrightarrow E_1 \leftrightarrow E_2 \leftrightarrow E_{n-i} \leftrightarrow D \rightarrow I \qquad (2.10)$$

A desnaturação de proteínas globulares é, em geral, um processo altamente cooperativo. Algumas proteínas globulares simples de baixa massa molecular e um só domínio podem regenerar a forma N ao se inverterem as condições de desnaturação. Proteínas mais complexas, com vários domínios e elevada massa molecular, se desnaturam sem a possibilidade de regenerar a forma N.

Devido à elevada quantidade de conformações desnaturadas intermediárias que ocorrem na transformação, para simplificar o arranjo matemático, supõe-se que existam somente dois estados possíveis: o nativo e o desnaturado. Os estados N e D são na realidade macroestados formados provavelmente por vários microestados.

$$N \overset{K}{\leftrightarrow} D \overset{k}{\rightarrow} I \qquad (2.11)$$

O modelo descrito pela Equação 2.11 se denomina Lumry-Eyring, o modelo de dois estados. Nesse modelo, a primeira etapa do processo de desnaturação é reversível e está regida por uma constante de equilíbrio (K). A forma N pode transformar-se na D, e vice-versa, por trocas nas condições experimentais. A segunda etapa é um processo irreversível controlado por uma constante cinética (k) que determina quão rápida será a passagem da forma D à forma irreversível desnaturalizada I. Esta última forma não tem atividade biológica, e por inversão das condições experimentais não se pode recuperar a forma D. Em geral, assume-se que o primeiro passo é muito rápido e o segundo é muito lento. Nessa situação, a quantidade de macromoléculas que passa à forma I ao longo do tempo é pequena e, portanto, somente se pode considerar que existem duas populações em equilíbrio N e D, conforme mostra a Equação 2.12.

$$N \overset{K}{\leftrightarrow} D \qquad (2.12)$$

em que a constante de equilíbrio (K) é igual à concentração da forma D dividida pela concentração da forma N.

O modelo de dois estados se aproxima da realidade em muitos casos e pode ser empregado para estudar a estabilidade termodinâmica de uma macromolécula.

Se a concentração das formas N e D ([N] e [D], respectivamente) são proporcionais a uma variável física macroscópica Φ, por exemplo, absorbância a 280 nm ou emissão de fluorescência nativa da proteína a 340 nm, a fração de proteína desnaturada (α) pode ser calculada medindo a propriedade física Φ a partir da Equação 2.13.

$$\alpha = \frac{\phi_i - \phi_N^0}{\phi_D - \phi_N^0} \tag{2.13}$$

em que ϕ_i, ϕ_D *y* ϕ^0_N representam o valor da propriedade física para uma fração de proteína desnaturada, quando toda a proteína está desnaturada e quando está sob sua forma nativa, respectivamente. A constante de equilíbrio K pode relacionar-se com a fração de proteína desnaturada da seguinte forma (Equação 2.14):

$$K = \frac{[D]}{[N]} \rightarrow K = \frac{\alpha}{1-\alpha} \tag{2.14}$$

A Figura 2.5 mostra três curvas hipotéticas, de desnaturação por temperatura, que correspondem a três proteínas.

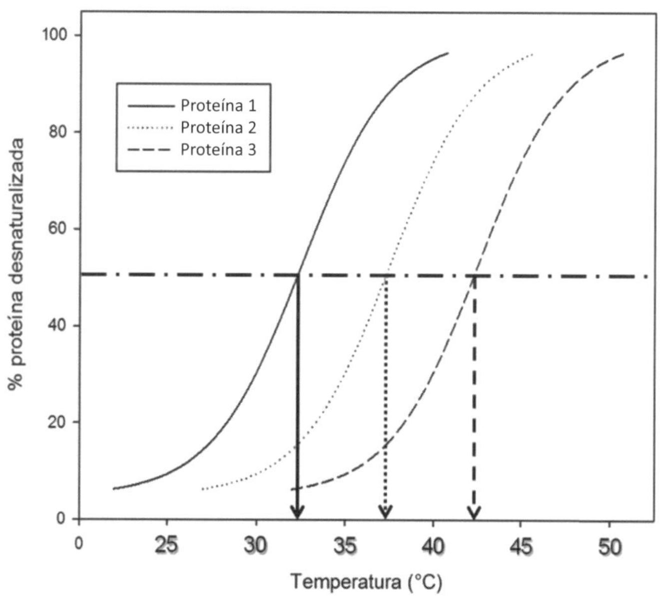

Figura 2.5 Curva hipotética de desnaturação térmica de três proteínas.

As curvas representam a equação matemática de uma função sigmoide, como a seguinte (Equação 2.15):

$$\propto = \frac{a}{1+e^{-\left(\frac{T-T_m}{b}\right)}} \tag{2.15}$$

em que *a* e *b* são constantes de ajuste (valor mínimo e máximo de α) e T_m é a temperatura de transição na qual [N] = [D], se somente existem em equilíbrio as espécies N e D e a forma D não passa da forma irreversível I.

T_m é uma variável valiosa para determinar a estabilidade térmica de uma enzima e especialmente o efeito que o meio onde se encontra exerce sobre sua conformação nativa. Como se pode ver na Figura 2.5, a proteína 1 apresenta o menor valor de T_m, enquanto a proteína 3 apresenta o maior valor, indicando que a proteína 3 apresenta a maior estabilidade térmica nesse meio. A Figura 2.5 também poderia estar apresentando a estabilidade térmica de uma proteína em três condições experimentais diferentes, por exemplo, na presença de distintos cossolutos. Algumas das estratégias utilizadas para estabilizar uma proteína são incorporar ao meio cossolutos que afetem a interação da proteína com o meio e aumentem a T_m.

2.11.2 INTERAÇÃO DE UMA PROTEÍNA COM O SOLVENTE: INTERAÇÃO PREFERENCIAL

A estabilidade de uma proteína em solução depende de sua interação com a água como solvente e, especialmente, do seu grau de hidratação. Existem dois tipos de interações entre a água e as proteínas: interações eletrostáticas e interações hidrofóbicas. As primeiras se devem à presença de grupos hidrofílicos na superfície da proteína (COOH e NH_3), enquanto as segundas envolvem os grupos hidrofóbicos, que interagem com a água formando uma camada de moléculas de água com menor grau de liberdade que no seio da solução denominada água estruturada. A perda da água de hidratação provoca um estado termodinamicamente instável que pode resultar na perda da estrutura secundária e/ou terciária da proteína. A presença de cossolutos altera a interação entre a água e a proteína e, portanto, sua estabilidade.

Pode-se estudar o comportamento de uma proteína em solução e sua interação com cossolutos presentes no meio a partir do ponto de vista da termodinâmica dos sistemas em equilíbrio. Para a análise, considera-se um sistema formado por três componentes:

- **componente 1**: solvente ou tampão;
- **componente 2**: proteína;
- **componente 3**: cossoluto: sal, açúcar, ureia, polímero de cadeia flexível.

O cossoluto e a proteína podem interagir favoravelmente ou desfavoravelmente, modificando, em consequência, a estabilidade da proteína. O parâmetro empregado para avaliar a dita interação é o *parâmetro de união* ou *interação preferencial* (Equação 2.16):

$$\left(\frac{\partial m_3}{\partial m_2}\right)_{p,T,n-1} \tag{2.16}$$

sendo m_2 e m_3 as molalidades de ambos componentes no entorno da macromolécula. Este parâmetro é uma medida da interação de um cossoluto (componente 3) com o domínio de uma macromolécula (componente 2), e se define como a quantidade de cossoluto a agregar ($\partial m_3 > 0$) ou retirar ($\partial m_3 < 0$) de um sistema para restabelecer o equilíbrio termodinâmico ao se agregar a proteína. Nesse aspecto, o parâmetro de interação preferencial pode adquirir valores positivos ou negativos. Um valor positivo indica que o cossoluto interage favoravelmente com o domínio da proteína e se encontra em excesso em relação ao seio da solução. Um valor negativo significa que o cossoluto interage desfavoravelmente com o domínio da proteína e está em excesso no seio da solução. Neste último caso, pode se dizer que o domínio da macromolécula está mais enriquecido no solvente (componente 1) e que ocorre uma hidratação preferencial de tal macromolécula.

A Figura 2.6 apresenta um esquema do significado físico da interação preferencial.

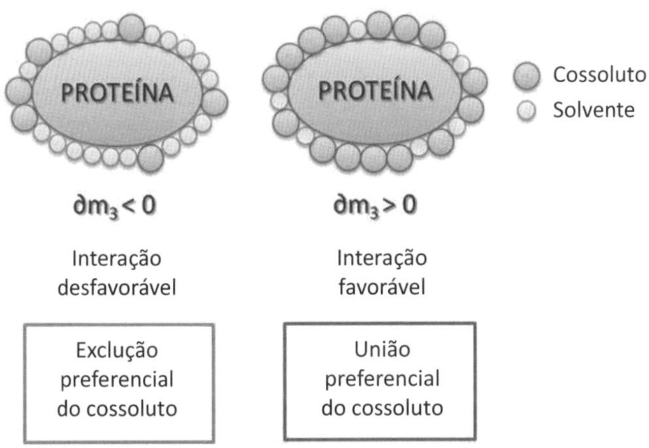

Figura 2.6 Interação proteína-cossoluto.

Os cossolutos que se excluem preferencialmente da superfície da proteína são aqueles que podem atuar como agentes estabilizantes da conformação nativa. Esses cossolutos se caracterizam por interagir favoravelmente com o solvente e/ou por se excluir da superfície da proteína em função do seu tamanho (exclusão estérica). Geralmente são compostos polihidroxilados, altamente solúveis em água, que permitem obter soluções a 40% a 60% (m/V). Alguns sais também podem ser usados como estabilizantes.

2.11.3 ESTABILIZAÇÃO TERMODINÂMICA DE MACROMOLÉCULAS COM SOLUTOS

A termodinâmica dos sistemas em equilíbrio permite inferir o mecanismo molecular mediante o qual os solutos atuam. Para isso devemos recordar a seguinte equação fundamental (2.17):

$$\Delta G = \Delta H - T\Delta S \tag{2.17}$$

em que ΔG é a energia livre; ΔH e ΔS são as variações da entalpia e entropia respectivamente e T a temperatura absoluta. Durante o processo de desnaturação térmica de uma proteína, as trocas de energia entálpica (ΔH) e entrópica (ΔS) associadas ao processo apresentam valores positivos, pois há consumo de energia para rompimento de ligações, seguido de um aumento da desordem como consequência de perda de moléculas de solvente e aumento dos graus de liberdade das cadeias peptídicas. A Figura 2.7 apresenta a variação de energia livre (ΔG) ao se aumentar a temperatura durante a desnaturação de uma proteína hipotética.

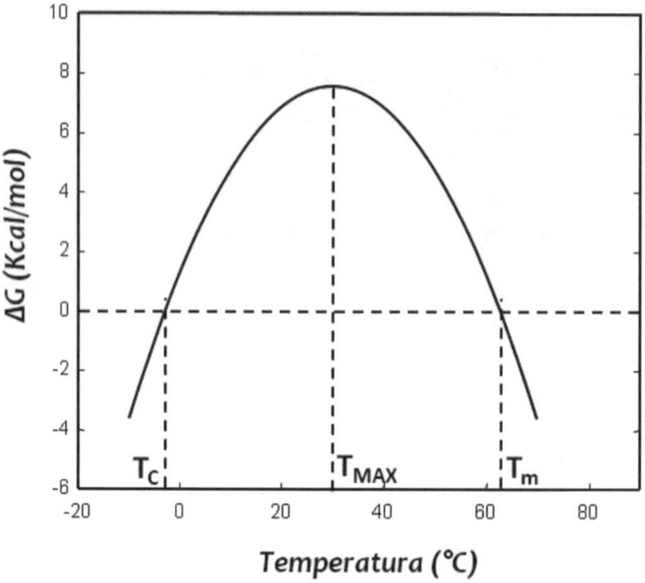

Figura 2.7 Dependência de ΔG com a temperatura supondo um modelo de desnaturação de dois estados.

No gráfico da Figura 2.7 podem-se distinguir vários pontos: a temperatura da qual resulta o máximo valor positivo de ΔG (T_{MAX}), que corresponde à temperatura de equilíbrio N ↔ D deslocada até a forma nativa (N) e a temperatura na qual ΔG inverte seu sinal e corresponde à temperatura de desnaturação (T_m). Uma situação similar ocorre na zona abaixo de 0 °C, correspondente à desnaturação por frio.

Quando a temperatura é igual a T_m, o termo entrópico (–TΔS) se iguala ao termo entálpico (ΔH) e ΔG é igual a zero. Em valores de temperatura superiores a T_m, o termo entrópico supera o termo entálpico, fazendo que ΔG adquira valores negativos. Por fim, a desnaturação ocorrerá por entropia.

Todo fator que contribua para a redução de ΔS e aumento de ΔH contribuirá para a estabilidade termodinâmica da proteína.

A Tabela 2.1 apresenta os valores das funções termodinâmicas obtidas pela estabilização com quimotripsina A em um meio a pH 2,0 na presença de concentrações crescentes de glicerol.

Tabela 2.1 Estabilização de quimotripsina A. Meio pH 2,0

Glicerol (% m/V)	T_m (°C)	ΔH (kcal/mol)	ΔS (cal/mol K)
0	42,9	109	345
10	44,0	112	353
20	44,9	113	355
30	45,7	117	367
40	46,2	126	394

Como se pode observar, a presença de glicerol provoca aumento dos valores de H e ΔS no processo de desnaturação e no valor de T_m. Isto indica que o glicerol aumenta a estabilidade térmica da enzima.

O glicerol se exclui preferencialmente da superfície da proteína e se acumula no seio da solução, o que incrementa significativamente a hidratação da quimotripsina A e, portanto, o número de interações água-proteína, o qual se reflete num aumento da quantidade de calor necessário para desnaturar a proteína. Ao mesmo tempo, o aumento no grau de liberdade (desordem) das moléculas de água induz a um aumento da entropia do processo N ↔ D. Como o termo entálpico é maior que o entrópico, o resultado será um aumento no valor de ΔG do processo.

2.11.4 ESTABILIZAÇÃO CINÉTICA

Outro aspecto que deve ser estudado é a estabilidade cinética de uma proteína em solução, já que a forma desnaturada reversível D pode ser convertida à forma irreversível por meio de um processo governado por uma constante de velocidade (k). Quando k apresenta valores muito baixos, essa etapa pode ser desprezada e adota-se o modelo de dois estados. Entretanto, essa etapa geralmente é importante e depende da complexidade da proteína.

O estudo da estabilidade cinética de uma proteína requer conhecer a energia de ativação do processo de desnaturação (E_a), a qual se relaciona com a constante de velocidade k por meio da Equação 2.18 (equação de Eyring):

$$k = k_0 e^{-\frac{E_a}{R\,T}} \tag{2.18}$$

em que k_0 é o fator de frequência (um parâmetro associado à frequência de colisões), R é a constante dos gases e T é a temperatura absoluta. Se E_a for suficientemente elevada, a velocidade da etapa irreversível será baixa e a proteína se manterá na sua forma nativa por um longo período de tempo.

Naturalmente, um cossoluto que estabilize cineticamente uma proteína deve aumentar a E_a do processo de desnaturação. Uma forma de estudar esse processo é determinando o tempo de vida média ($t_{1/2}$) e a constante de velocidade k da etapa irreversível. A Tabela 2.2 apresenta os resultados obtidos durante o estudo de estabilidade cinética de poligalacturonase II de *Aspergillus carbonarius* usando diferentes cossolutos.

Tabela 2.2 Estabilização de poligalacturonase II a 46 °C

Cossoluto	Concentração (M)	$t_{1/2}$ (min)	$k \times 10^{-4}$ (s^{-1})
Sem cossoluto	–	8	14,4 ± 0,7
Glicerol	1,0	12	9,7 ± 0,5
	2,0	25	4,6 ± 0,2
	3,0	25	4,6 ± 0,2
Sorbitol	0,5	29	4,1 ± 0,2
	1,0	167	0,69 ± 0,02
	2,0	1.283	0,09 ± 0,01
	3,0	1.283	0,09 ± 0,01
Sacarose	0,5	42	2,8 ± 0,14
	1,0	1.020	0,11 ± 0,01
	1,5	1.650	0,07 ± 0,01
	2,0	1.650	0,07 ± 0,01

Como se pode observar, a presença de sorbitol e sacarose aumenta o tempo de vida médio da enzima de 160 a 200 vezes, respectivamente.

Do ponto de vista cinético, é conveniente analisar o comportamento da constante específica de velocidade, k, para o processo de inativação da enzima, o qual geralmente responde à forma:

$$N \xrightarrow{k} I \tag{2.19}$$

Matematicamente, se o equilíbrio da desnaturação da proteína segue um modelo de dois estados, o processo responde a uma equação exponencial decrescente de primeiro grau (Equação 2.19):

$$N_{(t)} = N^0 e^{-kt} \tag{2.20}$$

em que N é a concentração no estado nativo e k é a constante específica de inativação enzimática. O efeito da temperatura sobre a enzima glicose oxidase de *Aspergillus niger* responde a esse tipo de modelo matemático.

A Figura 2.8 apresenta o tempo de vida média da reação de perda de atividade enzimática a diferentes temperaturas, na presença e ausência de trealose, um dos estabilizadores enzimáticos mais empregados.

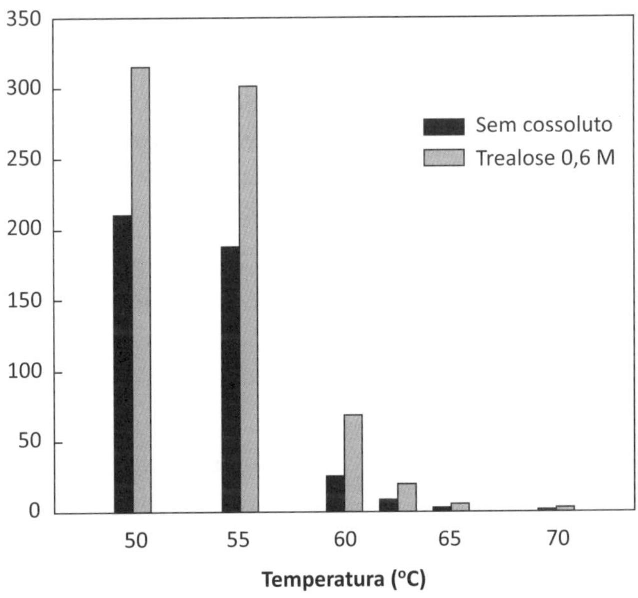

Figura 2.8 Cinética de inativação térmica da glicose oxidase de *Aspergillus niger*.

O efeito do aumento dos tempos de vida média é muito significativo nos meios com trealose. A 60 °C, o tempo de vida média da glicose oxidase se duplica na presença desse cossoluto. A energia de ativação do processo de inativação térmica aumenta de 65,5 kcal/mol a 67,0 kcal/mol (na presença de trealose 0,6 M).

2.11.5 ADITIVOS ESTABILIZANTES DE PROTEÍNAS

Diversos aditivos podem ser empregados para estabilizar uma solução de proteínas. Alguns aditivos evitam o desenvolvimento de microrganismos, outros inibem especificamente a atividade proteolítica (que também pode prevenir o desenvolvimento de microrganismos) e um terceiro grupo estabiliza termodinamicamente ou cineticamente a estrutura nativa da proteína. Nesse último grupo de aditivos encontram-se compostos com naturezas químicas diversas, como monossacarídeos e polissacarídeos, poliálcoois, polímeros neutros, aminoácidos e sais. Muitos desses compostos não somente estabilizam a conformação nativa das proteínas como inibem o crescimento microbiano, ao diminuírem a atividade de água e aumentarem a osmolaridade do meio.

Alguns dos poliálcoois mais empregados são os gliceróis e o propilenoglicol. Os açúcares são considerados os melhores estabilizantes, entre os quais se usam a sacarose, a glicose, a lactose e a trealose. O uso de manitol é restrito devido à sua reduzida solubilidade a baixas temperaturas. Às vezes procura-se evitar o uso de açúcares com extremos redutores livres (ou que podem hidrolisar-se resultando em extremos redutores livres), já que podem reagir com os resíduos de lisina e arginina das proteínas via reação de Maillard. Todos esses compostos se excluem preferencialmente da superfície da proteína, estabilizando termodinamicamente a estrutura nativa dela. Também exercem um efeito de estabilização cinética e, além disso, protegem as proteínas contra a ruptura devido à formação de cristais de água durante o congelamento no caso da redução da temperatura de transição vítrea.

Alguns sais neutros também têm a capacidade de estabilizar proteínas, ainda que possam ter um efeito desnaturante/precipitante. Para entender esses efeitos, deve-se estudar as interações dos íons com os resíduos da proteína e com o solvente. Um dos sais mais utilizados é o NaCl, principalmente por seu baixo custo.

Diferentes trabalhos têm estudado o efeito da presença de cossolutos ao longo do tempo e tão logo tenha ocorrido o congelamento. A Tabela 2.3 mostra a atividade da enzima lactato desidrogenase submetida a congelamento e descongelamento quando em solução na presença de vários cossolutos. Pode-se observar que, na ausência de cossolutos, recupera-se somente 21% da atividade, enquanto na presença de PEG600 a atividade é preservada na sua totalidade.

Tabela 2.3 Recuperação da atividade de lactato desidrogenase

Cossoluto	Concentração (M)	% atividade recuperada
Nenhum	0	21,5
Sacarose	1,0	85,4
Glicerol	1,0	71,4
Polietinoglicol 600	1,0	100
Cloreto de sódio	1,0	21
Sulfato de amônio	2,0	50
Glicose	1,0	60,2

2.11.6 OUTRAS POSSIBILIDADES PARA AUMENTAR A ESTABILIDADE DE UMA ENZIMA

1) Mutação dirigida de um ou mais aminoácidos da forma nativa da enzima.
2) Modificação química por entrecruzamento das moléculas de enzima de maneira a formar uma malha: ao perder flexibilidade e mobilidade, a macromolécula se torna mais estável. Tratando a enzima com glutaraldeído produzem-se pontes com os grupos amino livres da proteína (Figura 2.9).

Figura 2.9 Entrecruzamento de moléculas de enzima por efeito do glutaraldeído.

3) Imobilização em suportes insolúveis: esta é a forma mais empregada e a mais útil, pois permite recuperar a enzima num biorreator e usá-la na forma contínua em muitos ciclos. Empregam-se diferentes tipos de suportes, geralmente com boa resistência mecânica (Figura 2.10).

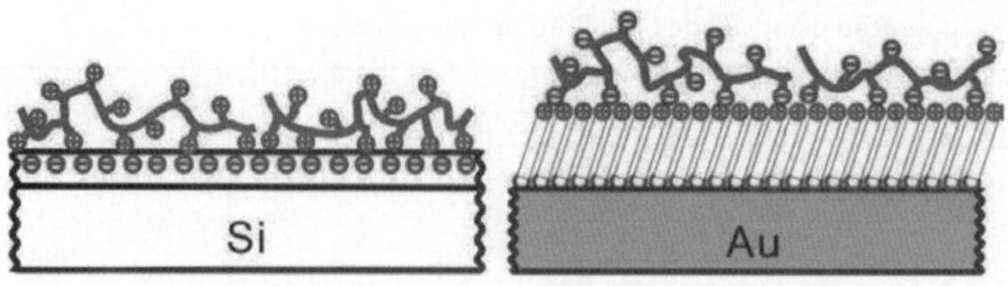

Figura 2.10 Imobilização de enzimas em suportes insolúveis.

4) Modificação química de enzimas por moléculas anfipáticas: a união covalente de substâncias anfipáticas, como ácidos graxos ou polímeros de cadeia flexível (polietilenoglicóis), aumenta a estabilidade à temperatura, pH e presença de detergentes.

5) Emprego de enzimas que provêm de células que vivem em condições extremas: microrganismos presentes em fontes termais ou de lugares a temperaturas muito baixas ou aqueles que se encontram em águas naturais com elevada concentração de sal.

2.12 CONSIDERAÇÕES FINAIS

É vasto o campo das metodologias de análises que se aplicam a biomoléculas e, portanto, o leitor deve estudar publicações específicas sobre uma dada metodologia quando houver necessidade de aplicá-la, pois são muitas as particularidades de cada método quanto a restrições e cuidados na aplicação. Consultar as empresas especializadas na venda de equipamentos para tais fins faz parte do esforço no estabelecimento de rotinas adequadas, pois seus produtos se encontram em constante aperfeiçoamento. Ademais, a variedade de moléculas presentes num meio de cultura ao final do processo de cultivo e produção da biomolécula de interesse tornará o desenvolvimento do processo de purificação, incluindo as rotinas analíticas apropriadas, uma situação única que requererá o desenvolvimento do arsenal analítico apropriado.

REFERÊNCIAS BIBLIOGRÁFICAS

CARPEMER, J. F. et al. Comparison of solute-induced protein stabilization in aqueous solution and in the frozen and dried states. *Journal of Dairy Science*, v. 73, n. 12, p. 3627-3636, dez. 1990.

ALONSO, D. O. V.; DILL, K. A. Solvent denaturation and stabilization of globular proteins. *Biochemistry*, v. 30, n. 24, p. 5974-5985, jun. 1991.

DEVI, N. A.; RAO, A. G. A. Effect of additives on kinetic thermal stability of polygalacturonase II from Aspergillus carbonarius: mechanism of stabilization by sucrose. *Journal of Agricultural and Food Chemistry*, v. 46, n. 9, p. 3540-3545, ago. 1998.

DUNN, M. J. Determination of total protein concentration. In: HARRIS, E. L. V.; ANGAL, S. *Protein purification methods: a practical approach*. Oxford: IRL Press, 1994.

GOMBERT, A K. *Produção de troponina C em Escherichia coli: estudo da indução por lactose e obtenção de alta concentração celular.* 1996. 134 páginas. Dissertação (Mestrado) – Escola Politécnica, Universidade de São Paulo, São Paulo, 1996.

HARTREE, E. F. Determination of protein: a modification of the Lowry method that gives a linear photometric response. *Analytical Biochemistry*, v. 48, p. 422-427, 1972.

HU, C. Q. et al. Thermodynamics of ribonuclease T1 denaturation. *Biochemistry*, v. 31, n. 20, p. 4876-4882, 1992.

IYER, P. V.; ANANTHANARAYAN, L. Enzyme stability and stabilization – Aqueous and non-aqueous environment. *Process Biochemistry*, v. 43, p. 1019-1032, 2008.

KAUSHIK, J. K.; BHAT, R. Thermal stability of proteins in aqueous polyol solutions: role of the surface tension of water in the stabilizing effect of polyols. *The Journal of Physical Chemistry B*, v. 102, n. 36, 7058-7066, ago. 1998.

LOWRY, O. H. et al. Protein measurement with the Folin Phenol reagent. *Analytical Biochemistry*, v. 193, p. 265-275, 1951.

LUCARINI, A.; KILIKIAN, B. V. Comparative study of Lowry and Bradford methods: interfering substances. *Biotechnology Techniques*, n. 13, p. 149-154, 1999.

MIROLIAEI, M. et al. Thermal denaturation of yeast alcohol dehydrogenase and protection of secondary and tertiary structural changes by sugars: CD and fluorescence studies. *Enzyme and Microbial Technology*, v. 40, p. 896-901, 2007

MIYAWAKI, O. Hydration state change of proteins upon unfolding in sugar solutions. *Biochimica et Biophysica Acta*, v. 1774, n. 4, p. 928-935, maio 2007.

MIYAWAKI, O. et al. Thermodynamic, kinetic, and operational stabilities of yeast alcohol dehydrogenase in sugar and compatible osmolyte solutions. *Enzyme and Microbial Technology*, v. 43, p. 495-499, 2008.

MONTVILLE, T. J.; ROGERS, A. M. Improved diffusion assay for nisin quantification. *Food Biotechnology*, v. 5, p.161-168, 1991.

Ó'FÁGÁIN C. Enzyme stabilization – Recent experimental progress. *Enzyme and Microbial Technology*, v. 33, p. 137-149, 2003.

PAZ-ALFARO K. J. et al. Trehalose-mediated thermal stabilization of glucose oxidase from Aspergillus niger. *Journal of Biotechnology*, v. 141, p. 130-136, 2009.

PETERSON, G. L. Review of the Folin Phenol protein quantification method of Lowry, Rosebrough, Farr and Randall. *Analytical Biochemistry*, v. 100, p. 201-220, 1979.

SANCHEZ-RUIZ, J. M. Protein kinetic stability. *Biophysical Chemistry*, v. 148, p. 1-15, 2010.

ZAIA, D. A. M.; ZAIA, C. T. B. V.; LICHTIG, J. Determinação de proteínas totais via espectrofometria: vantagens e desvantagens dos métodos existentes. *Química Nova*, v. 21, n. 6, p. 787-793, 1998.

CAPÍTULO 3
Rompimento celular

Adalberto Pessoa Jr.

Jorge F. B. Pereira

Francislene Andreia Hasmann

NOMENCLATURA

α – Constante de resistência das células ao rompimento

ΔP – Diferença de pressão

$\mu_{água}$ (*e*) – Potencial químico no exterior da célula

$\mu_{água}$ (*i*) – Potencial químico no interior da célula

π – Pressão osmótica transmembranar

L/D – Relações comprimento/diâmetro

B. megaterium – *Bacillus megaterium*

CTAB – Brometo de cetiltrimetilamónio

D.O. – Densidade ótica

DNA – Ácido desoxirribonucleico (em inglês, *deoxyribonycleic acid*)

E. coli – *Escherichia coli*

EDTA – Ácido etilenodiaminotetraacético (em inglês, *ethylenediaminetetraacetic acid*)

HAP – Homogeneizadores a altas pressões

k - Constante de velocidade

N - Número de passagens da suspensão

NaCl - Cloreto de sódio

PMSF - Fluoreto de fenil-metil-sulfonil

R - Concentração de proteína liberada ou células rompidas

R - Constante dos gases ideais

R_m - Concentração máxima de proteína disponível para ser liberada ou máximo de células rompidas

SDS - Dodecil sulfato de sódio

T - Temperatura absoluta

t - Tempo de processo de rompimento celular em regime descontínuo

LISTA DE PALAVRAS

Agrobacterium radiobacter

Água

Álcalis

Bacillus megaterium

Bactérias

Biomolécula

Cavitação

Célula,

  animal

  microbiana

  parede da

  vegetal

Celulase

Cisalhamento

Concentração micelar crítica

Detergentes

DNA

Enzimas

Erwinia carotovora

Eschirichia coli

Extracelular

Fungos filamentosos

Glucanas

Glucanase

Gradiente osmótico

Gram (-)

Gram (+)

Homogeneizadores

Intracelular

Kluyvermyces fragilis

L-asparaginase

Levedura

Lipídeos

Lipopolissacarídeo

Lisado

Lise

Lisozima

Mananas

Manase

Microalgas

Microrganismo

Parede celular

Peptidoglicano

pH

Precipitação

Pressão,

- extrusão por pressão
- gradiente de
- homogeneizador de alta
- osmótica

Proteases

Proteínas

Rendimento

Rompimento celular,

  choque osmótico

  congelamento/descongelamento

  curva de

  detergentes

  enzimas

  enzimático

  homogeneizador a alta pressão

  mecânico

  moinho de bolas

  não mecânico

  pH

  prensa francesa

  químico

  solventes

  termólise

  tratamento com álcalis

  ultrassom

Saccharomyces cerevisiae

Solventes

Surfactantes

Temperatura

Tensoativos

Turbulência

Viscosidade

3.1 INTRODUÇÃO

A maior parcela dos produtos biotecnológicos de interesse comercial corresponde a metabólitos extracelulares de células microbianas como bactérias e leveduras. Entretanto, uma parcela importante dos bioprodutos corresponde a moléculas acumuladas intracelularmente, como proteínas, enzimas e anticorpos. O aumento da demanda por bioprodutos intracelulares para aplicações nas indústrias alimentícias e farmacêuticas evidencia a importância das operações de rompimento celular. Soma-se a isso o fato de que os avanços nas técnicas de recombinação de DNA apontam na direção de estudos relacionados à síntese de diversas novas moléculas intracelulares, em procariotos e eucariotos, o que leva à necessidade adicional de avanços nas técnicas de rompimento celular.

O rompimento celular ocorre após a etapa de clarificação, isto é, após a separação entre células e meio de cultivo, e a lavagem dessas células. Os métodos de rompimento celular podem ser assim subdivididos: i) mecânicos; ii) não mecânicos ou físicos, iii) químicos, e, iv) enzimáticos. Os critérios utilizados na seleção da técnica de rompimento celular devem considerar diversos fatores que serão apresentados ao longo deste capítulo.

O meio líquido resultante da operação de rompimento das células é denominado homogeneizado ou lisado, e é constituído pela molécula-alvo, moléculas contaminantes e fragmentos de membranas celulares, portanto, uma composição complexa. Os compostos indesejáveis presentes nesse lisado devem ser removidos por meio de operações unitárias adequadas, que compreendem o processo de purificação de biomoléculas.

A Figura 3.1 apresenta um fluxograma genérico do processo de purificação de biomoléculas extra e intracelulares, no qual se verifica que produtos intracelulares exigem a etapa de rompimento das células, que agrega operações unitárias adicionais no processo. A etapa de rompimento celular apresenta o inconveniente de promover o aumento do número e da diversidade de moléculas contaminantes no meio que contém a biomolécula a ser purificada, além do aumento da viscosidade causada pela liberação de componentes do citoplasma das células, como os ácidos nucleicos. Além disso, é necessário acrescentar mais uma operação de clarificação, para separação dos fragmentos da parede celular. Como resultado, tem-se um processo com maior número de operações unitárias, e consequentemente, maior custo do produto final, quando comparado com o custo de produtos extracelulares, além de menores rendimentos, pois a cada etapa de purificação agregada ao processo uma fração da molécula-alvo é perdida. Nesse sentido, a biologia molecular pode contribuir para a redução dos custos dos processos de purificação de produtos biotecnológicos, uma vez que pode ser aplicada para a modificação genética da célula de tal forma que ela passe a produzir a biomolécula-alvo extracelularmente.

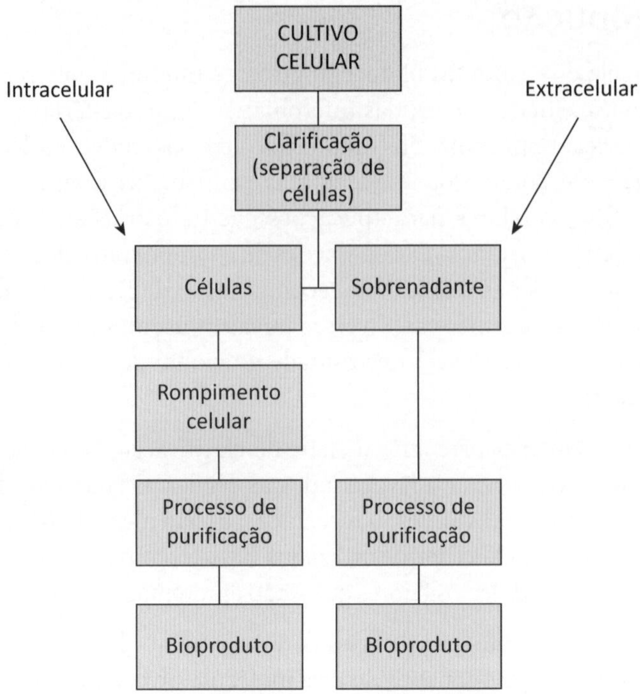

Figura 3.1 Fluxograma genérico do processo de obtenção de bioproduto intra ou extracelular.

3.2 FATORES QUE AFETAM O ROMPIMENTO CELULAR

Considerando que o rompimento celular agrega etapas e custos adicionais ao processo de purificação e reduz o rendimento final da molécula-alvo, especial atenção deve-se dar à seleção do método que será empregado. Assim, alguns fatores, listados no Quadro 3.1, devem ser considerados na seleção da operação de rompimento celular a ser utilizada.

Quadro 3.1 Fatores que afetam a operação de rompimento celular

Dependentes do organismo	Dependentes do produto final
Tipo de célula	Sensibilidade ao calor
Estado fisiológico	Tempo de rompimento
Velocidade de crescimento	Sensibilidade a tensões de cisalhamento
Tamanho da célula	Custo do processo
Forma da célula	Localização na célula
Meio de cultivo utilizado	

3.2.1 TIPO, TAMANHO DA CÉLULA A SER ROMPIDA E CONDIÇÕES DE CULTIVO

A eficiência do processo de rompimento depende, entre outros fatores, do tamanho e do tipo da célula, posto que há significativa variedade de células, a saber: bactérias Gram-positivas, bactérias Gram-negativas, leveduras, fungos filamentosos, células animais e células de tecidos vegetais. A Tabela 3.1 apresenta os diâmetros de algumas moléculas, organelas, células animais e vegetais, e microrganismos de interesse biotecnológico.

Tabela 3.1 Diâmetros de moléculas, organelas e células de interesse biotecnológico

Moléculas, organelas e células	Diâmetro
Schizosaccharomyces pombe	2 μm
Eritrócito	6 a 8 μm Å
Núcleo de células animais	5 a 10 μm
Bacteriófago λ	50 nm
Mitocôndria de células animais	1,0 μm
Bactérias	0,5 a 5,0 μm
E. coli	1 a 3 μm
Proteína monomérica globular	5 nm
Fungos filamentosos	5 a 10 μm
Saccharomyces cerevisiae	5 μm
Células animais em geral	10 a 20 μm
Células vermelhas do sangue	5 a 8 μm
Células vegetais	10 a 100 μm
Ribossomo	30 nm
Linfócitos	6 a 8 μm

Fonte: SOUTHERN et al., 2006.

As diferenças na composição química e no tamanho das organelas e células resultam em diferentes graus de resistência ao rompimento celular. Na prática, observa-se que células envolvidas apenas por membranas, como células de animais e hibridomas, são frágeis e, portanto, são rompidas sob baixas tensões de cisalhamento, requerendo pouca energia. A fragilidade das células envolvidas apenas por membranas, por outro lado, apresenta-se como um desafio no processamento do meio, pois uma simples operação de bombeamento, apesar da baixa tensão de cisalhamento, pode provocar o rompimento da célula e o risco de perda da molécula-alvo. Células microbianas, ao contrário, apresentam estrutura de parede celular robusta e de difícil rompimento (Figura 3.2).

A Figura 3.2 apresenta modelos de estruturas e composição da parede celular de bactérias Gram-positivas, Gram-negativas, fungos filamentosos e leveduras.

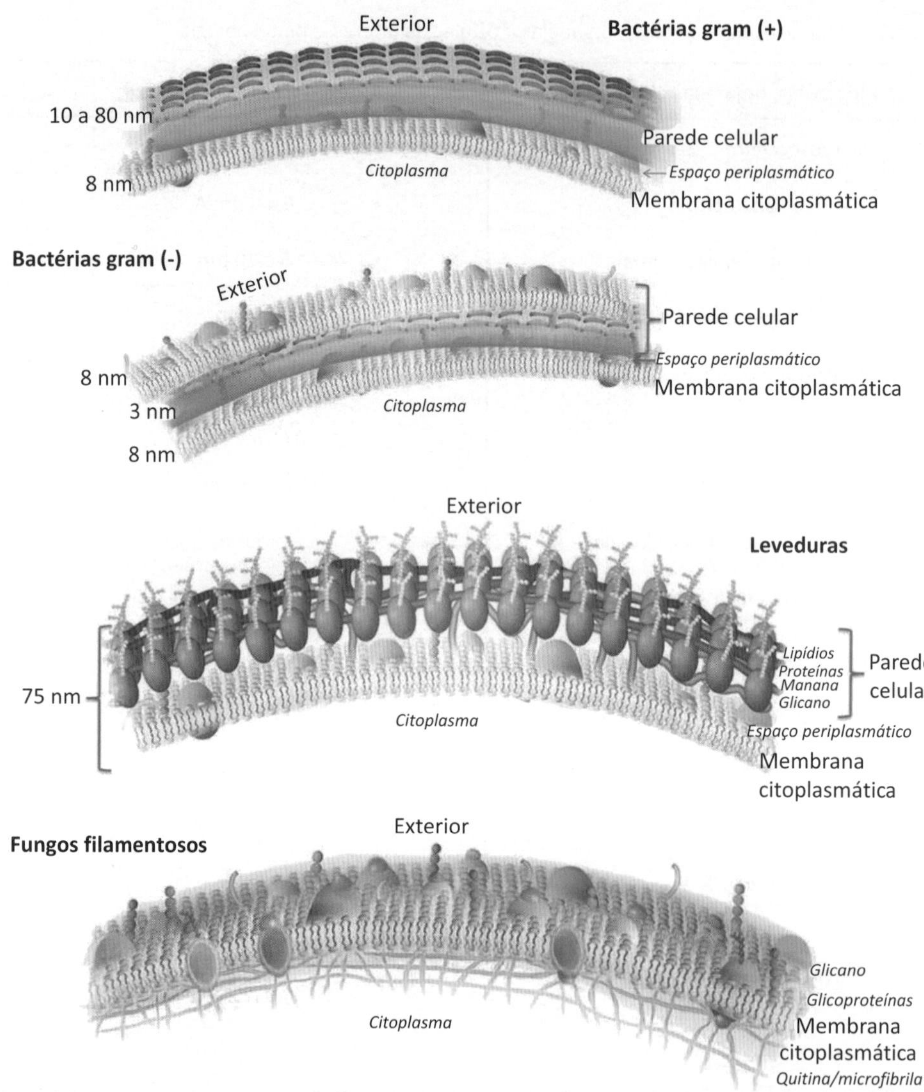

Figura 3.2 Representação gráfica da composição da parede celular de bactérias Gram-positivas, Gram-negativas, fungos filamentos e fungos unicelulares (leveduras).

Comparando a parede e a membrana das bactérias Gram-positivas e Gram-negativas, verifica-se que as Gram-positivas apresentam uma camada mais espessa de peptidoglicano, que é uma das principais barreiras ao rompimento da parede. Os peptidoglicanos compõem uma rede de até cinquenta camadas de mureína, resultando em células com parede mais rígida do que as bactérias Gram-negativas, que apresentam apenas uma camada de mureína. Portanto, as bactérias Gram-positivas são mais resistentes ao rompimento, em comparação às bactérias Gram-negativas.

Células de leveduras e de fungos filamentosos são mais difíceis de serem rompidas que as de bactérias, pois possuem paredes celulares mais rígidas e mais resistentes ao rompimento celular em função da presença de polissacarídeos, como glicanos, quitinas, além de proteínas e glicoproteínas na parede celular. A estrutura da parede celular de fungos e leveduras apresenta espessura de 100 a 200 nm e representa entre 15% e 25% da massa celular.

O tipo de célula, seu estado fisiológico e as condições do cultivo também influenciam a eficiência do rompimento. Por exemplo, células de maior tamanho, em comparação a células menores de uma mesma cepa, são menos resistentes ao rompimento, e isso ocorre em algumas células porque a quantidade de glucana presente na parede celular é reduzida.

3.2.2 MEIOS DE CULTIVO E ESTADO FISIOLÓGICO

A maioria dos meios de cultivo comumente utilizados industrialmente é rica em componentes nitrogenados, ou meios complexos (constituído por compostos químicos complexos, como extrato de levedura, peptona, extrato de carne), que podem exigir maior número de operações unitárias de purificação. Por outro lado, o uso de meios mais simples, ou meios sintéticos (com composição química exata e definida), são mais fáceis de serem processados durante a purificação, mas podem causar problemas à estabilidade do cultivo, pois alterações na morfologia da célula podem ocorrer caso haja deficiência de nutrientes. Por exemplo, quando a levedura *Saccharomyces cerevisiae* é cultivada em meio sintético, verifica-se redução de 1,5 vez na proporção entre glucana: manana na estrutura da parede celular em comparação com cultivos realizados em meio rico, contendo extrato de levedura, peptona e dextrose. Essa substituição de meio complexo por meio sintético favorece o rompimento da parede celular.

Células em crescimento num meio líquido geralmente apresentam uma fase de máxima velocidade de crescimento à qual se ajusta a uma função exponencial, do que decorre a denominação fase exponencial do crescimento. Nessa fase, são formadas as novas estruturas de peptidoglicano. Com a participação da enzima N-acetilmuramoil-L-alanina amidase, ocorre intensa formação de paredes celulares menos espessas e mais frágeis. Por outro lado, durante as fases *lag* e estacionária a formação da parede é menos frequente e, portanto, torna-se mais robusta (DOYLE et al., 1988).

3.2.3 TENSÕES DE CISALHAMENTO

Considerando-se a imposição de tensão de cisalhamento para o rompimento de células, há que considerar a sensibilidade da molécula-alvo a essas tensões. Por exemplo, quando o rompimento celular se dá em homogeneizadores, a alta pressão e a tensão de cisalhamento resultante da brusca queda da pressão durante a passagem da suspensão de células pelo orifício de saída podem, além de promover o rompimento, ocasionar danos à molécula-alvo, com a possibilidade de perda total de sua função biológica.

3.2.4 TEMPERATURA

Na maioria dos equipamentos utilizados na operação de rompimento celular, a força motriz gera energia dissipada na forma de calor, o que ocasiona a elevação da temperatura do meio. Controle direto ou indireto da temperatura é necessário a fim de garantir a termoestabilidade do bioproduto.

Proteínas, por exemplo, sob determinadas temperaturas, sofrem vibrações no seu interior que danificam sua estrutura devido ao rompimento das interações não covalentes, do que resulta a perda de sua funcionalidade biológica, portanto, uma desnaturação pelo calor.

Um exemplo importante é a purificação de antibióticos, que também são sensíveis à temperatura. Antibióticos no geral são rapidamente degradados a temperaturas superiores a 20 °C e, por esse motivo, a temperatura utilizada nos processos de purificação está sempre em torno de 10 °C.

Portanto, na seleção do processo de rompimento celular é necessário considerar o controle da temperatura em função da estabilidade do bioproduto.

3.2.5 TEMPO DE OPERACIONALIZAÇÃO, CUSTO ENERGÉTICO E DE INVESTIMENTOS

O tempo de operação, o custo energético e de investimentos também são fatores a serem considerados na seleção do método de rompimento celular. A combinação desses três parâmetros, que englobam custos fixos e variáveis, é de grande importância na viabilidade do processo de purificação de bioprodutos. Esses parâmetros estão interligados, visto que, aumentando-se o tempo de operação, aumenta-se o custo energético. Aumenta-se ainda, de forma proporcional, o desgaste do equipamento e, por conseguinte, os custos de investimentos.

Além disso, há que se refletir sobre a influência do tempo de operação sobre a estabilidade da biomolécula-alvo, uma vez que, com seu aumento, a exposição do bioproduto às condições físicas (temperatura, pH e outros) e químicas (inibidores, metais e outros) do processo de rompimento também será prolongada.

Dessa forma, pode-se considerar como aspectos importantes na seleção da operação de rompimento celular a ser empregada os seguintes:

- a adaptabilidade do método ao tipo de célula a romper;
- a adequabilidade à estabilidade da biomolécula;
- a obtenção de reduzidos custos fixos e variáveis;
- a maximização do rendimento do processo (alta produtividade).

Além desses aspectos, deve-se considerar a disponibilidade do agente químico a ser empregado (no caso de um processo químico) bem como a facilidade de ampliação de escala.

3.3 ROMPIMENTO MECÂNICO

Os métodos mecânicos, de um modo geral, são os mais empregados tanto em escala piloto quanto em escala industrial no rompimento de células microbianas.

Tais métodos baseiam-se na ação de forças físicas como a compressão e o cisalhamento, ocasionadas, por exemplo, por turbulência e/ou cavitação. Entre os equipamentos disponíveis estão aqueles que produzem as ondas ultrassônicas, os moinhos de bolas e os homogeneizadores, sendo estes dois últimos os mais frequentemente utilizados no rompimento celular, em função de sua maior eficiência em termos de percentual de rompimento absoluto.

3.3.1 ULTRASSOM

O som é uma onda mecânica que se propaga em diversos materiais na forma de ondas sonoras. Ondas ultrassônicas são aquelas cuja frequência é superior a 20 kHz, não audíveis por seres humanos. O ultrassom é empregado em exames clínicos baseados em imagens para detectar objetos e medir distâncias, detectar falhas em produtos e estruturas, limpar, misturar e acelerar processos químicos e como técnica de rompimento celular em processos biotecnológicos. O ultrassom apresenta rendimento excelente quando aplicado a células que apresentam apenas a membrana celular, como as células animais e hibridomas, mas também é frequentemente utilizado no rompimento de células que possuem parede celular, como bactérias, leveduras e fungos filamentosos.

A propagação de ondas de ultrassom num meio líquido causa cavitação, que é a formação, crescimento e ruptura de bolhas de ar num curto intervalo de tempo, acompanhada de grande quantidade de transferência de energia para o meio na forma de força de cisalhamento, a qual, ao chocar-se com a célula, promove sua ruptura parcial, de tal forma que choques consecutivos levam ao rompimento da célula e consequente liberação do conteúdo intracelular (Figura 3.3).

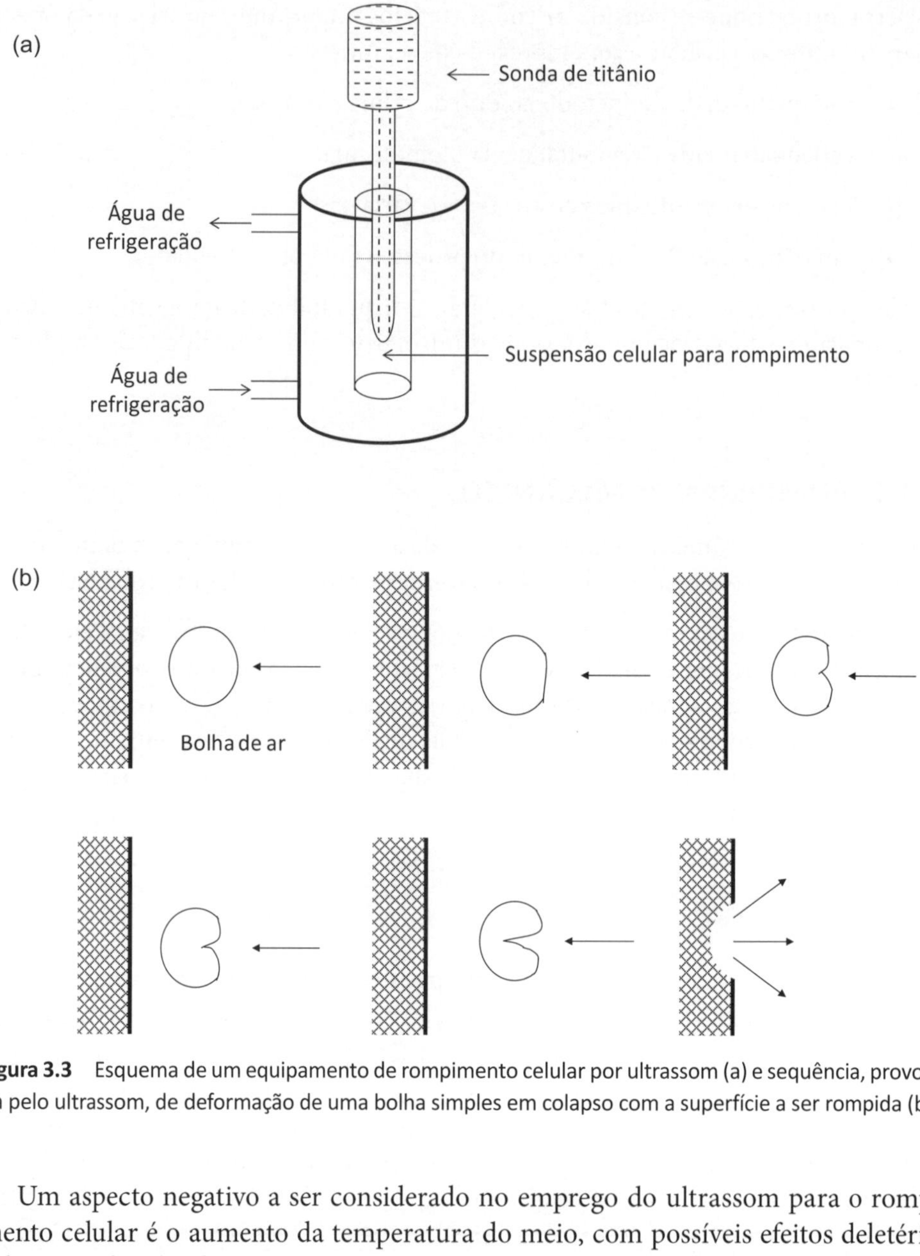

Figura 3.3 Esquema de um equipamento de rompimento celular por ultrassom (a) e sequência, provocada pelo ultrassom, de deformação de uma bolha simples em colapso com a superfície a ser rompida (b).

Um aspecto negativo a ser considerado no emprego do ultrassom para o rompimento celular é o aumento da temperatura do meio, com possíveis efeitos deletérios sobre a molécula-alvo. A utilização do ultrassom na forma de pulsos, embora não evite aumento da temperatura do meio, minimiza esse efeito. Em geral empregam-se equipamentos de ultrassom com monitoramento e controle da temperatura do processo por meio de refrigeração.

Durante a operação de equipamentos de ultrassom recomenda-se o uso de potência de operação na faixa de 0,2 a 3,0 W/mL, pois valores superiores a essa faixa podem causar danos à sonda, reduzindo sua eficiência e tempo de vida. Adicionalmente, o uso de ultrassom para o rompimento em larga escala é inviável, pois seria necessário utilizar grandes quantidades de sondas, dispostas em série, acopladas a um eficiente sistema de refrigeração, tornando o processo economicamente inviável devido a seus impactos nos custos fixos e variáveis.

3.3.2 HOMOGENEIZADOR A ALTA PRESSÃO

A homogeneização sob pressão elevada é a operação de rompimento celular mais frequentemente utilizada na indústria biotecnológica. O equipamento é constituído de pistões projetados para aplicar altas pressões (da ordem de 350 Mpa) e forçar a passagem da suspensão celular por um orifício estreito. Através deste orifício a suspensão passa em alta velocidade, é submetida a uma brusca despressurização e colisão contra uma superfície rígida e imóvel dentro de uma câmara à pressão atmosférica. A redução instantânea da pressão associada ao impacto provoca o rompimento celular. Além disso, sob elevada velocidade de escoamento ocorre cavitação e elevada tensão de cisalhamento e, portanto, a torção e deformação das células que causam o rompimento.

Os homogeneizadores a altas pressões, HAP, foram originalmente projetados para uso na indústria de laticínios e, posteriormente, adaptados para o rompimento celular, sendo atualmente os mais populares nas indústrias biotecnológicas. Na Figura 3.4 estão representados os esquemas genéricos de homogeneizadores de alta pressão do tipo horizontal e do tipo vertical.

Os modelos de homogeneizadores a alta pressão disponíveis no mercado apresentam características similares àquelas apresentadas na Figura 3.4, variando em tamanho, capacidade de produção (volume de células rompidas por unidade de tempo), tipo de válvula de homogeneização, pressão de trabalho e número de pistões. Esses equipamentos são indicados para romper, principalmente, bactérias e algumas leveduras.

No homogeneizador a alta pressão, o rompimento celular é afetado por fatores como: pressão de operação; velocidade de alimentação; temperatura; frequência de oscilação do pistão e sua distância em relação à base. De forma geral, a fração de células rompidas é proporcional à pressão na alimentação. Na prática utilizam-se pressões que variam de 5.000 a 20.000 psi, velocidades de alimentação da ordem de 180 a 280 m/s e concentrações celulares de 450 a 750 g/L (massa úmida). O rompimento ocorre sob condições de alta pressão e, portanto, há aumento da temperatura do meio durante o processamento, sendo fundamental que o equipamento possua um sistema eficiente de refrigeração, principalmente nos casos em que a molécula-alvo é termossensível. Para se ter uma ideia da variação da temperatura em processos que utilizam esse tipo de equipamento, o calor gerado no processo pode aumentar a temperatura da suspensão em 1,5 °C para cada 1.000 psi na pressão de operação, o que significa que se o equipamento for operado a 10.000 psi, a temperatura da suspensão aumentará em cerca de 15 °C em apenas um ciclo de rompimento. Para processos de recuperação de conteúdo intracelular proteico, recomenda-se a redução da temperatura de operação (0 °C $< T <$ 4 °C), imediatamente antes e após o processo, de forma a evitar a desnaturação das proteínas.

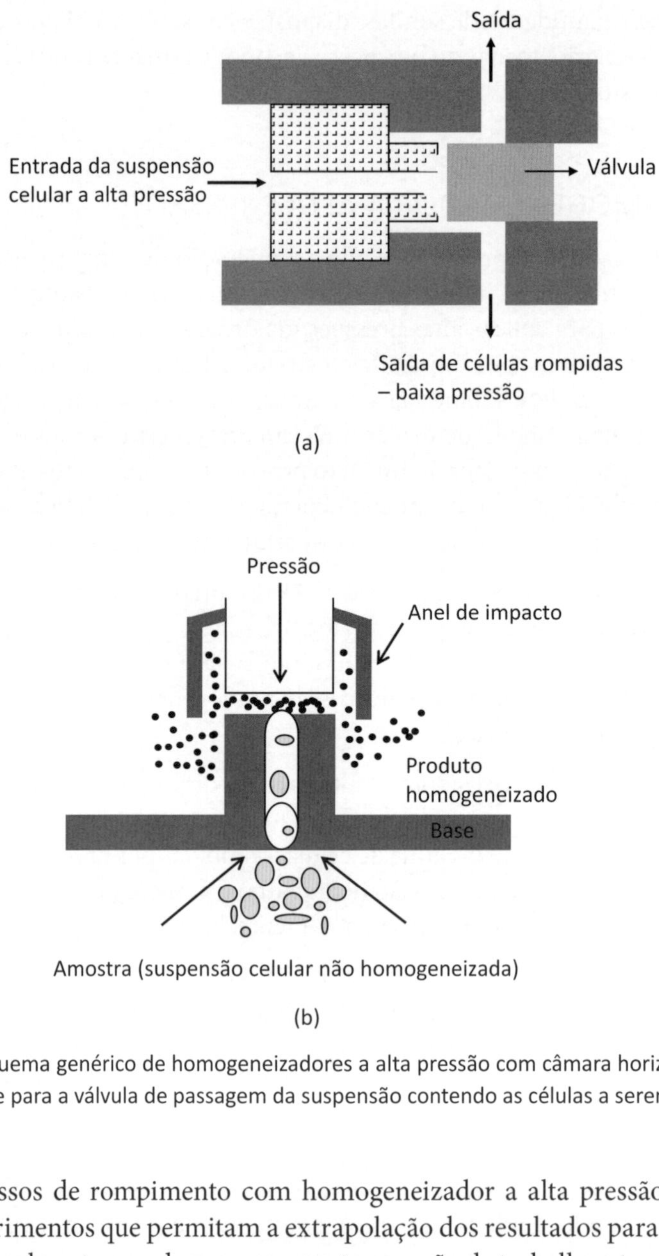

Figura 3.4 Esquema genérico de homogeneizadores a alta pressão com câmara horizontal (a) e vertical (b). Destaque para a válvula de passagem da suspensão contendo as células a serem rompidas.

Em processos de rompimento com homogeneizador a alta pressão é necessário realizar experimentos que permitam a extrapolação dos resultados para outras condições, por exemplo, o tempo de processamento, pressão de trabalho e temperatura. Um modelo matemático de primeira ordem (Equação 3.1) representa a variação da eficiência desse processo de rompimento em função do número de passagens da suspensão (N) pela válvula do homogeneizador e da diferença de pressão (ΔP em N/m^2), fixadas temperatura e tipo de célula.

$$\ln \frac{R_m}{\left(R_m - R\right)} = k\left(\Delta P\right)^{\alpha} N \tag{3.1}$$

Em que: R_m = concentração máxima de proteína disponível para ser liberada (kg/m^3); R = concentração de proteína liberada (kg/m^3); k = constante de velocidade (depende da temperatura, da concentração e do tipo de célula) (1/h); α = constante de resistência das células ao rompimento (depende do tipo de célula e das condições de crescimento e pode variar de 0,86 a 2,9). Por exemplo: α = 2,9 para suspensão de *Saccharomyces cerevisiae* e α = 2,2 para suspensão de *Escherichia coli.*

A constante de resistência da Equação 3.1, α, é dependente do tipo de célula e das condições específicas do crescimento, enquanto a constante de velocidade, k, depende também da temperatura. Na maioria dos processos experimentais, considera-se que a constante de resistência será independente da pressão de operação, embora na realidade possa ocorrer algum tipo de variação com o gradiente de pressão.

De acordo com a Equação 3.1, a quantidade da biomolécula liberada é dependente da pressão aplicada ao processo, o que sugere que o aumento de pressão operacional será benéfico para o aumento da eficiência do processo de rompimento celular. Em teoria, o rompimento total de uma suspensão celular poderia ser alcançado com uma simples etapa de homogeneização caso a pressão exercida no processo fosse suficientemente alta, entretanto, na prática isso raramente ocorre. A eficiência do processo de rompimento pode ser melhorada, principalmente quando não é possível aumentar a pressão de trabalho, pela recirculação da suspensão celular, o que deve, entretanto, ser confrontado com a elevação do custo do processo, o aumento da fração degradada da molécula-alvo e a dimensão dos fragmentos celulares, pois estes deverão ser removidos posteriormente.

Na aplicação do rompimento celular por homogeneização a alta pressão em escala ampliada (ou industrial), determinados parâmetros devem ser idênticos àqueles definidos na escala de bancada, a saber: velocidade linear de alimentação da suspensão; pressão e temperatura de operação; geometria da válvula e do orifício de passagem do fluido; taxa de reciclo; viscosidade do fluido; e concentração celular na alimentação. Embora essa metodologia seja amplamente utilizada em escala industrial, os procedimentos de ampliação de escala não se encontram bem definidos. Adicionalmente, importa destacar que o homogeneizador nem sempre é o equipamento mais adequado para realizar o rompimento celular, principalmente quando se objetiva recuperar bioprodutos intracelulares em fungos filamentosos, pois as hifas bloqueiam a válvula de descarga. Nesse caso, o equipamento mais adequado é o moinho de bolas.

3.3.3 PRENSA FRANCESA – EXTRUSÃO POR PRESSÃO

A extrusão por pressão (processo mecânico em que o material é forçado a passar através de uma matriz e ter sua forma alterada) se realiza com auxílio de um equipamento que consiste em um cilindro de aço inoxidável (ou "célula de pressão") contendo um êmbolo/pistão situado em um de seus extremos e uma válvula de saída com um pequeno orifício no outro extremo. Esse equipamento também pode ser denominado prensa francesa (Figura 3.5). A suspensão celular (da ordem de 10% a 15% – massa úmida) é pressurizada (na faixa de 1.400 a 2.800 bar) por um pistão utilizando prensa hidráulica, dentro de um cilindro de aço inoxidável. No instante em que a pressão atingir o valor desejado, abre-se a válvula ou orifício de saída para permitir a liberação lenta (menos que 1 mL/min) da suspensão de células. A repentina redução da pressão na saída, somada às forças de cisalhamento geradas pela válvula de saída, fazem com que as células e as organelas se rompam.

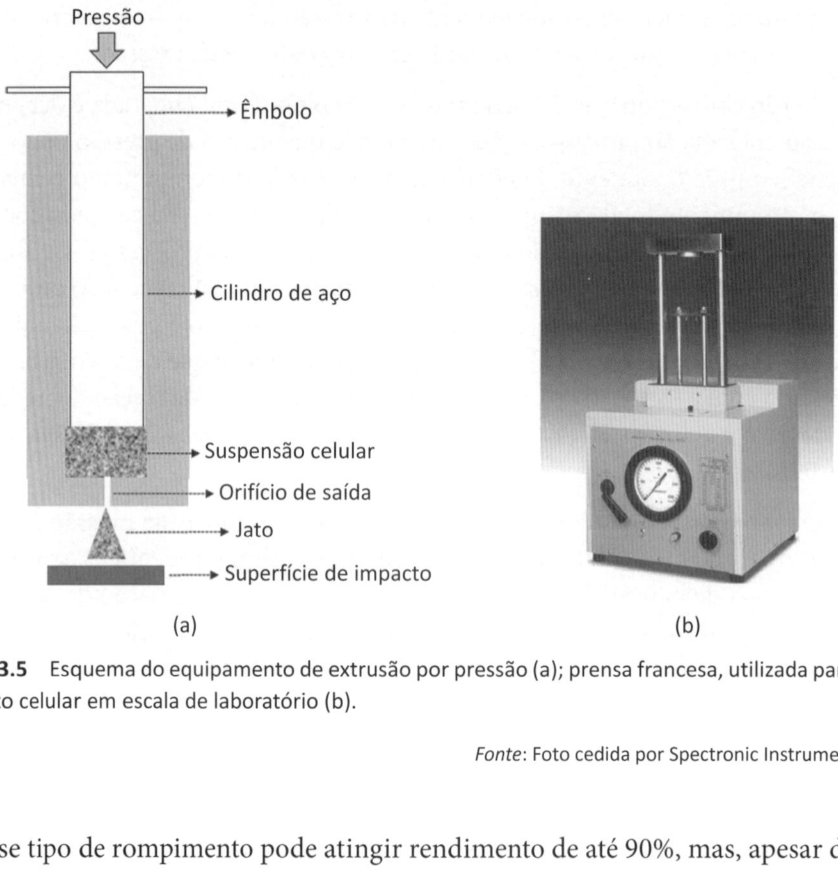

Figura 3.5 Esquema do equipamento de extrusão por pressão (a); prensa francesa, utilizada para rompimento celular em escala de laboratório (b).

Fonte: Foto cedida por Spectronic Instruments, Inc.

Esse tipo de rompimento pode atingir rendimento de até 90%, mas, apesar da elevada eficiência, não é uma operação que possa ser utilizada em grande escala, não somente porque os volumes de trabalho são pequenos, como por operar na forma descontínua. É um método que deve ser utilizado em escala de laboratório e, em geral, recomenda-se a realização de várias extrusões da mesma amostra para se obter uma ruptura mais uniforme e completa.

Um aspecto prático importante para preservar a qualidade do produto liberado é evacuar o ar presente no cilindro para minimizar a oxidação das proteínas. Também é primordial manter o controle da temperatura mediante um pré e pós resfriamento da amostra.

3.3.4 MOINHOS DE BOLAS

A cominuição de sólidos em moinhos de bolas constitui operação unitária tradicional na indústria de processamento de pós, na mistura de diferentes materiais, no processamento de fármacos, minérios, alimentos, tintas, materiais refratários, materiais da construção civil e catalisadores, entre outros.

A aplicação dos moinhos de bolas em processos biotecnológicos data de 1969, com a descrição do rompimento de células de *Aspergillus* sp, um fungo filamentoso. Em 1972, se deu o rompimento de leveduras, quando o equipamento ainda não era adaptado para operar com microrganismos. A partir de então, novos equipamentos foram projetados com o objetivo de romper células microbianas, principalmente leveduras, fungos filamentosos e microalgas. Esse tipo de rompimento é utilizado em aproximadamente 10% das plantas industriais de processos biotecnológicos.

Via de regra, os moinhos de bolas são compostos por uma câmara cilíndrica fechada, horizontal ou vertical, denominada câmara de rompimento, por vezes acoplada a um sistema de refrigeração, cujo conteúdo é agitado ou por agitadores internos ou pela rotação da própria câmara. A Figura 3.6 apresenta um esquema simplificado de um moinho de bolas.

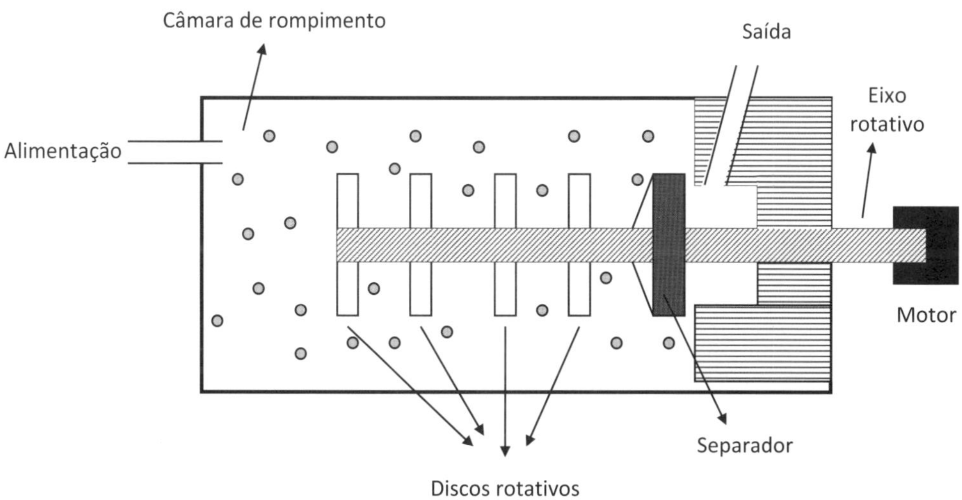

Figura 3.6 Esquema simplificado de um moinho de bolas.

Na câmara de rompimento são adicionadas esferas de vidro, metal ou cerâmica, e as células em suspensão. Ao longo do eixo de rotação podem estar distribuídos discos ou hastes (Figura 3.7 e 3.8) que giram e provocam atrito entre as esferas e as células intactas. Esse atrito ocasiona o rompimento celular graças à força de cisalhamento gerada entre as esferas de vidro contra a parede celular. Esse processo pode gerar grande quantidade de calor, que deve ser monitorada ou mesmo controlada por meio de sistema de refrigeração.

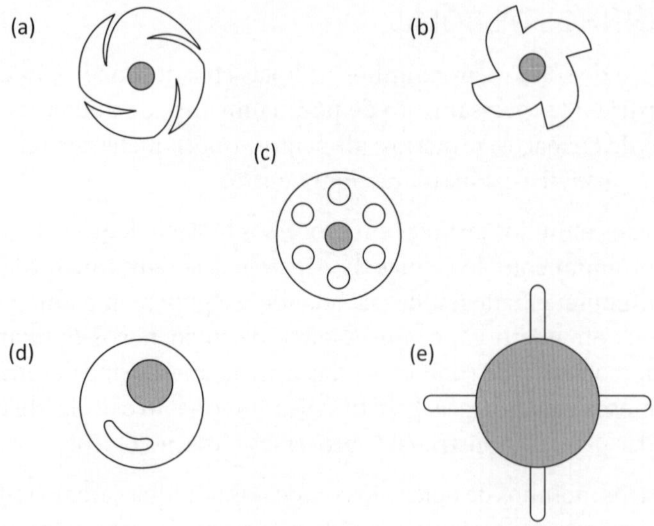

Figura 3.7 Esquemas de discos rotativos usados em moinhos de bolas: disco com fendas fechadas (a); disco com fendas abertas (b); disco perfurado (c); disco excêntrico (d); agitador de pinos (e).

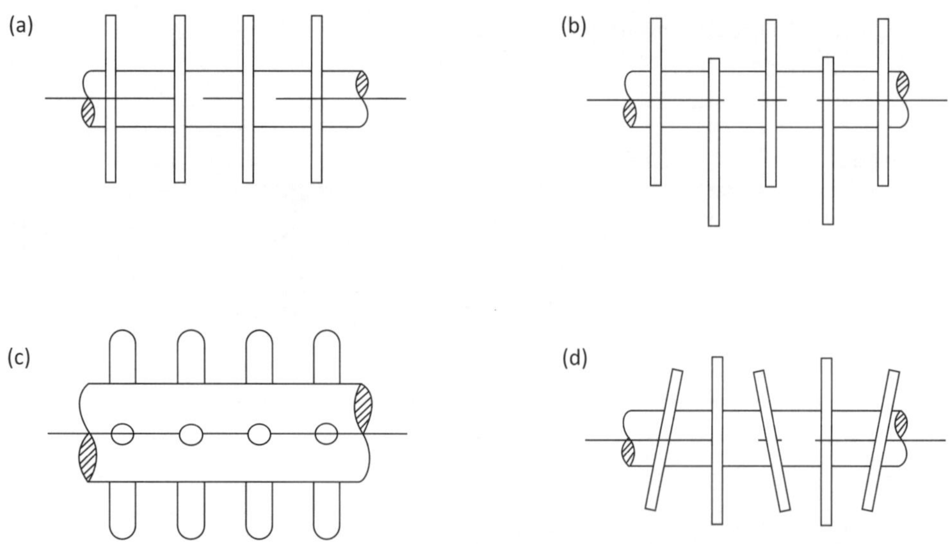

Figura 3.8 Disposição dos discos usados nos agitadores dos moinhos de bolas: discos concêntricos (a); discos excêntricos (b); agitador de pinos (c); discos oblíquos (d).

Valores de eficiência do rompimento celular de até 90% são reportados na literatura empregando-se moinho de bolas, vinculados a fatores como: tipo de câmara de rompimento; velocidade de rotação; tipo de agitador; tamanho das esferas; carga de esferas; concentração celular; velocidade de alimentação e temperatura.

Uma variação possível é o uso de ímãs próximos ao moinho de esferas de metal, com o objetivo de gerar maior energia no impacto das colisões entre as esferas, em função da atração magnética e, consequentemente, maior eficiência no rompimento.

3.3.4.1 Tipo de câmara de rompimento

As câmaras dos moinhos de bolas podem ser horizontais ou verticais. As câmaras horizontais proporcionam maior eficiência no rompimento, pois comportam maiores cargas de esferas e abrigam mais eficientemente esferas de diâmetros reduzidos. Em moinhos de câmaras verticais, devido à vazão de fluido ocorrer na direção ascendente, observa-se a fluidização das esferas. Comercialmente os moinhos de bolas apresentam diferentes relações comprimento/diâmetro (L/D), sendo que a relação ótima é de 2,5 a 3,5.

3.3.4.2 Velocidade de agitação e tipo de agitador

A velocidade do agitador permite o controle do número de contatos entre as células e as esferas, sendo que quanto maior a velocidade de rotação, mais rápido será o rompimento celular. Porém, a eficiência depende também do tamanho da célula: organismos menores, como as bactérias, necessitam de velocidades maiores que leveduras.

O tipo de agitador também influencia a eficiência de rompimento, sendo que o projeto de agitadores tem por objetivo a máxima transferência de energia cinética para as esferas. Os agitadores podem estar dispostos no eixo central (discos concêntricos, Figura 3.8 (a)) ou fora dele (discos excêntricos, Figura 3.8 (b)), perpendicular (agitadores de pinos, Figura 3.8 (c)) ou oblíquo (discos oblíquos, Figura 3.8 (d)). Para uma melhor agitação, eles podem conter sulcos, pequenos cortes ou furos. Embora haja uma grande variedade de agitadores, não é possível fazer uma correlação direta entre o tipo de agitador e a eficiência de rompimento. A prática tem demonstrado que a utilização de agitadores com discos rotativos de poliuretano dotados de fendas abertas é mais eficiente que a de discos fechados.

3.3.4.3 Bolas ou esferas

As esferas utilizadas em processos de rompimento celular geralmente são de vidro, embora elas também possam ser constituídas de outros materiais, como aço inox e cerâmica. Estudos indicam que o tamanho médio ótimo das esferas está relacionado ao tamanho da célula a ser rompida. Para leveduras, recomenda-se diâmetro maior que 0,5 mm. Esferas cujos diâmetros estejam entre 0,10 e 0,15 mm são indicadas para a ruptura de células bacterianas.

No caso do bioproduto desejado estar localizado no espaço periplasmático, indica-se o uso de esferas com diâmetros maiores, pois auxiliarão na liberação sem o rompimento total da célula.

As esferas devem ocupar entre 80% e 85% do volume se a câmara de rompimento for horizontal, e entre 50% e 60% se a câmara for vertical. Se a carga da câmara for reduzida (menor que 50%) não haverá frequência de colisão suficiente para proporcionar uma boa desintegração das células. Por outro lado, uma carga elevada de esferas irá aumentar a frequência de choques entre as esferas, diminuindo a eficiência do processo, além de aumentar a temperatura e o consumo de energia.

3.3.4.4 Concentração e velocidade de alimentação da suspensão de células

A concentração celular exerce influência na eficiência do rompimento, e recomenda-se utilizar suspensões celulares com concentrações entre 30% e 50% (v/v). Concentrações celulares menores geram menos calor, mas aumentam o consumo de energia por unidade de massa celular. A fração de células rompidas diminui com o aumento da velocidade do fluxo de alimentação do moinho, uma vez que o tempo de residência no rompedor é reduzido. A velocidade ótima do fluxo de alimentação depende da velocidade do agitador, da carga de esferas, da geometria do equipamento e das propriedades do microrganismo.

3.3.4.5 Temperatura

O calor gerado pelos choques entre esferas e células demanda o controle da temperatura da operação de rompimento e remoção do calor, a fim de prevenir a destruição da molécula-alvo. Os moinhos são dotados de sistema de refrigeração como camisa de resfriamento externa, para que o processo seja conduzido preferencialmente em temperaturas inferiores a 10 °C. Alternativamente, é possível adicionar nitrogênio líquido à câmara de rompimento. Esse processo é geralmente denominado de processo criogênico de rompimento em moinhos de bolas.

A diversidade de moinhos de bolas disponíveis compreende equipamentos de pequena ou larga escala que efetuam o rompimento em regime contínuo ou descontínuo. Na Figura 3.9 apresenta-se um moinho de bolas para rompimento celular em escala de laboratório.

A equação que correlaciona extensão do rompimento, ou células rompidas (%R), num moinho de bolas operando em regime descontínuo é expressa como:

$$\frac{dR}{dT} = k.\left[\textit{células não rompidas}\right]$$

$$\frac{dR}{dT} = k.\left(R_m - R\right)$$

$$\int \frac{1}{\left(R_m - R\right)} dR = \int k dt$$

$$\ln R_m - \ln\left(R_m - R\right) = kt$$

Reordenando e reagrupando:

$$\ln(100 - R) = -kt + 4{,}6 \tag{3.2}$$

Em que t = tempo do processo de rompimento celular em regime descontínuo (h); R = células rompidas (%); R_m = máximo de células rompidas (=100%); k = constante de velocidade (1/h); k = f (temperatura; concentração e tipo de célula).

É importante destacar que a Equação 3.2, que descreve o processo de rompimento em moinhos de bolas, varia em função dos fatores que afetam esse método de rompimento, como tipo de câmara de rompimento, velocidade de agitação, tipo de agitador e tamanho das esferas.

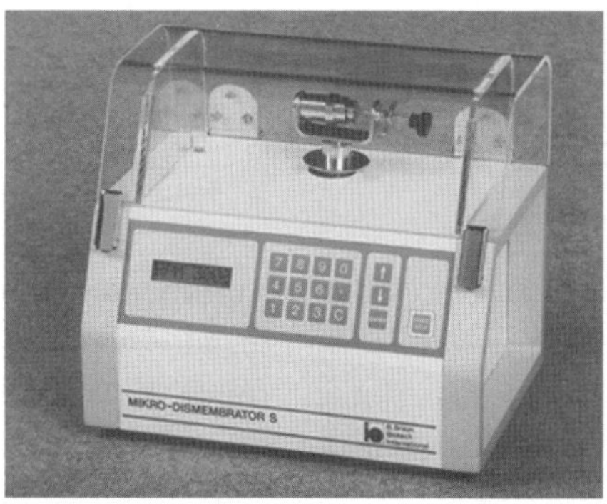

Figura 3.9 Moinho de bolas para rompimento celular em escala de laboratório.

Fonte: Foto gentilmente cedida pela empresa B.Braun Biotech International.
Equipamento: Mikro-Dismembrators – moinho de bolas de escala laboratorial para moagem fina.

3.4 CURVA DE ROMPIMENTO CELULAR

Considerando que o rompimento celular depende de uma série de parâmetros, é importante obter uma curva de rompimento celular, avaliando parâmetros como concentração de molécula-alvo liberada, concentração de proteínas totais no homogeneizado celular e número de células intactas (contagem de células totais ou densidade ótica). De forma a ilustrar melhor esses parâmetros, a Figura 3.10 apresenta um modelo de curva de rompimento celular. Verifica-se nessa figura que no decorrer do processo de rompimento celular ocorre redução do número de células intactas, dada pela redução da densidade ótica, D.O., e, consequentemente, aumento do teor de proteína total e concentração da molécula-alvo no meio processado. Assim, como o objetivo geral dos processos de rompimento é recuperar determinada biomolécula-alvo, é importante definir como tempo de rompimento ideal aquele que permita a maior massa de biomolécula-alvo liberada no homogeneizado celular.

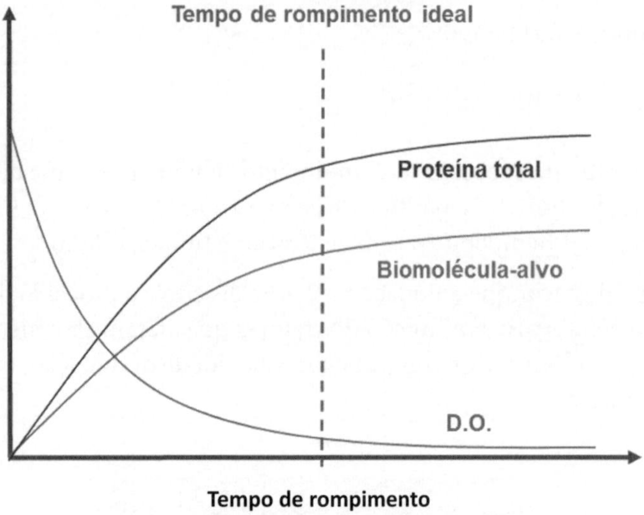

Figura 3.10 Diagrama modelar de um processo de rompimento celular: variação da densidade ótica, D.O., da concentração de molécula-alvo e da concentração de proteína total liberada.

Na ampliação da escala do processo de rompimento celular em moinho de bolas, devem ser mantidos os mesmos valores empregados na escala de bancada para os seguintes parâmetros: tamanho das esferas, proporção volumétrica entre a suspensão celular e as esferas de vidro e velocidade periférica das pás do agitador. De modo geral, a velocidade periférica das pás é da ordem de 10 a 15 m/s em qualquer escala, pois a energia cinética transferida ao meio por um determinado modelo de pá independe do tamanho da câmara de rompimento, razão pela qual é um dos parâmetros aplicados à ampliação de escala de meios agitados.

Existe uma tendência geral em romper excessivamente as células para se assegurar de que todo o produto intracelular foi liberado. No entanto, as partículas geradas pela desintegração extrema das paredes celulares podem dificultar o processamento posterior dos homogeneizados produzidos. Portanto, é importante otimizar os tempos de residência ou o número de passagens para a liberação do produto no momento adequado. A alta viscosidade dos homogeneizados celulares, causada pela liberação dos ácidos nucleicos, pode ser controlada com a adição de DNAses. Alguns métodos mecânicos, como o ultrassom ou o homogeneizador a alta pressão, que costumam ser operados por vários ciclos, podem também contribuir com a degradação mecânica do DNA.

3.5 ROMPIMENTO FÍSICO OU NÃO MECÂNICO

As elevadas forças de cisalhamento provocadas pelos rompimentos mecânicos podem destruir organelas celulares e desnaturar complexos enzimáticos ou enzimas localizadas próximas à membrana. Além disso, quando as células são integralmente rompidas, todo conteúdo intracelular, incluindo ácidos nucléicos, organelas e fragmentos celulares, é liberado junto com a molécula-alvo. Como consequência, o homogeneizado celular apresentará elevada viscosidade e proporção de contaminantes, dificultando as etapas posteriores de purificação da molécula-alvo.

A alternativa aos métodos mecânicos são os métodos físicos e químicos: choque osmótico; congelamento/descongelamento; termólise; tratamento com álcalis; solubilização dos lipídeos da parede e membrana celular com detergentes ou solventes; lise enzimática, que é a hidrólise de proteínas da parede celular.

3.5.1 CHOQUE OSMÓTICO

O rompimento celular por meio de choque osmótico é a mais simples e uma das mais utilizadas técnicas físicas. As células a serem rompidas são transferidas de um meio isotônico para um meio hipotônico, como a água destilada, gerando um rápido fluxo de água para o interior das células em razão da semipermeabilidade da membrana celular e a imediata expansão do volume da célula e sua ruptura.

O rendimento do processo é dependente do tipo de célula; a eficiência é considerável no rompimento de algumas células animais ou protoblastos (células que não possuem parede), mas mostra-se ineficiente para romper células vegetais cujas moléculas lignocelulósicas na parede impedem o fluxo osmótico. Um exemplo comum de rompimento por choque osmótico é o processo de hemólise no qual as células vermelhas do sangue são rompidas para a liberação da hemoglobina.

Em teoria, o gradiente osmótico deriva da pressão osmótica, a qual pode ser estimada a partir da definição original de equilíbrio químico, dada a relação entre potencial químico no interior $\mu_{água}(i)$ e no exterior da célula $\mu_{água}(e)$:

$$\mu_{água}(i) = \mu_{água}(e) \tag{3.3}$$

Quando a diferença de gradiente de pressão osmótica entre os dois lados da membrana, pressão osmótica transmembranar (π), é resultado da diferença entre a concentração de solutos no interior e no exterior da célula, pode-se utilizar a relação da lei de van't Hoff para estimar o valor de pressão osmótica (Equação 3.4). Essa equação é válida somente quando o conteúdo da célula é uma solução diluída (volume molar da solução é aproximadamente igual ao volume molar parcial da água e fração molar total de solutos dentro da célula é baixa).

$$\pi = RT(C_i - C_e) \tag{3.4}$$

Em que: π = pressão osmótica transmembranar ($\pi = P_i - P_e$) (atm); R = constante dos gases ideais ($m^3.atm.K^{-1}.mol^{-1}$); T = temperatura absoluta (K); ($C_i - C_e$) = diferença entre a molaridade total do soluto no interior (*i*) e exterior (*e*) da célula (M).

O rompimento celular por choque osmótico pode ser realizado em meio com elevada concentração de sacarose. As células devem ser mantidas por 30 minutos em um meio cuja concentração de sacarose seja de 20% (m/v), separadas por centrifugação e suspendidas em água destilada a 4 °C. O choque osmótico assim promovido, geralmente, resulta insuficiente para romper a totalidade da célula, entretanto, propicia uma permeabilização seletiva (Figura 3.11), permitindo a liberação de algumas proteínas para o meio extracelular. Caso uma das proteínas for a molécula-alvo, as etapas posteriores de purificação serão facilitadas em comparação à aplicação de métodos de rompimento total da célula, graças à menor variedade de contaminantes alcançada no choque osmótico com parcial permeabilização da célula.

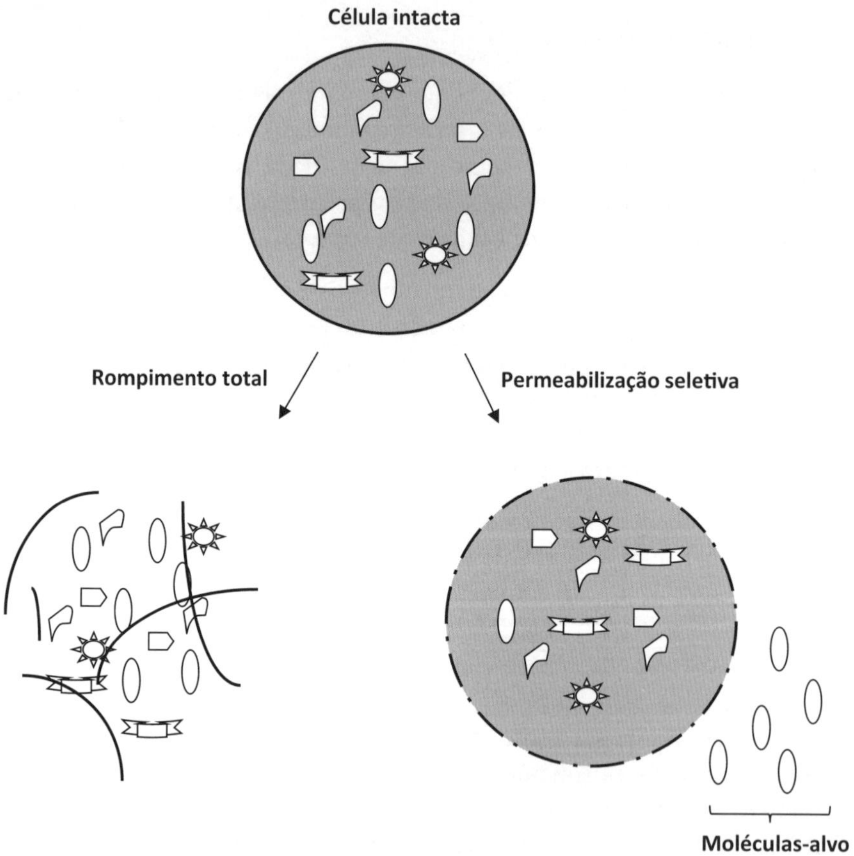

Figura 3.11 Ilustração de uma célula íntegra, parcial ou totalmente rompida.

O rompimento por choque osmótico é indicado para bactérias Gram-negativas em função das características da parede celular e tem sido utilizado na recuperação de enzimas hidrolíticas intracelulares e proteínas ligadas às membranas, presentes em bactérias como *E. coli* e *Salmonella typhimurium*.

3.5.2 CONGELAMENTO/DESCONGELAMENTO

Células submetidas a repetidos ciclos de congelamento e descongelamento podem sofrer rompimento total devido à perfuração da parede e membrana por cristais de gelo intracelulares, ou apenas lesões das quais resultarão poros permeáveis ao bioproduto.

Vários fatores controlam a eficiência desse tipo de rompimento, dentre os quais os mais importantes são os seguintes: tipo e idade da célula; temperatura e velocidade dos ciclos de congelamento/descongelamento.

Em princípio, qualquer tipo de célula de microrganismo ou células de tecidos animais ou vegetais podem ser rompidas empregando o método num procedimento simples que compreende a utilização de nitrogênio líquido, pois baixos valores de temperatura são atingidos em curto intervalo de tempo, e, em seguida, a simples moagem em almofariz é suficiente para o rompimento das células. Outras metodologias práticas de congelamento/descongelamento são comumente reportadas, por exemplo, a estocagem das células a –27 °C por 7 dias, seguida de descongelamento, procedimento indicado para rompimento de patógenos.

Embora simples, o rompimento por congelamento/descongelamento não é eficiente para microrganismos que apresentam compostos intracelulares crioprotetores, como biopolímeros. Além disso, é um processo demorado, de custo elevado devido à energia necessária para o congelamento e inadequado para biomoléculas sensíveis ao congelamento. O congelamento/descongelamento é aplicado em combinação a outras metodologias de rompimento.

3.5.3 TERMÓLISE

Células em suspensão em meio líquido podem ser rompidas por ação de calor combinada com o tempo de aplicação, processo denominado termólise, desde que o bioproduto não seja destruído.

Em função de sua simplicidade, o processo de termólise é dos mais convenientes no rompimento celular em larga escala e é amplamente utilizado na produção de proteínas de algas, fungos filamentosos, leveduras e bactérias. Na aplicação da termólise para a liberação de enzimas e lipopolissacarídeos intracelulares de *E. coli*, Gram-negativo, e *Bacillus megaterium*, Gram-positivo, diferentes eficiências do rompimento são alcançadas em função do binômio tempo e temperatura e em função do tipo de célula. Por exemplo, 90 °C durante 15 minutos promove o rompimento de maior proporção de células de *E. coli* do que a 70 °C durante 60 minutos. Por outro lado, na aplicação dessas mesmas condições de tempo e temperatura em *B. megaterium*, menos da metade das células é rompida, pois a estrutura da parede celular dessa bactéria é mais rica em peptidoglicano, o que lhe confere maior resistência física em comparação à *E. coli*. Tais resultados referem-se ao cultivo das bactérias *B. megaterium* e *E. coli* em meios sem limitação de nutrientes e na mesma fase de crescimento.

Na escala de bancada, a termólise é executada de forma simples, em banho termostatizado, por exemplo, no rompimento de *Kluyvermyces fragilis* em meio a pH entre 5,0 e 6,0, a 50 °C, por 12 a 14 horas, que resulta na liberação de 100% da inulinase intracelular. Em escala de produção, pode-se lançar mão da injeção de vapor direto em tambor rotativo ou em *spray-drier*.

Na comparação com o método de ultrassom, o rompimento celular por termólise apresenta a vantagem de gerar fragmentos celulares com maiores dimensões e, portanto, mais facilmente removíveis por ultrafiltração ou centrifugação.

3.6 ROMPIMENTO QUÍMICO

Diversos tipos de bactérias e células vegetais apresentam resistência à lise por métodos mecânicos de autólise. Nesses casos, utilizam-se métodos químicos que se baseiam na adição de agentes químicos como detergentes, solventes orgânicos ou álcalis que promovem a dissolução de lipídeos da parede e membrana celular, com consequente desestruturação ou até mesmo destruição dessas estruturas celulares.

3.6.1 ÁLCALIS

O rompimento de células por ação de agentes químicos alcalinos é um método efetivo, simples e barato, que permite aplicação em larga escala, desde que o bioproduto seja estável a valores de pH maiores que 11. O princípio do rompimento é diversificado, visto que o agente alcalino atua de várias formas na hidrólise da membrana e parede celular, por exemplo, saponificando os lipídeos.

Os álcalis mais utilizados são a amônia e o hidróxido de sódio, uma vez que também rompem, e consequentemente inativam, patógenos ou microrganismos geneticamente modificados. São, portanto, importante opção na produção de biomoléculas com fins terapêuticos. Por outro lado, a geração de poluentes apresenta-se como a principal desvantagem desse método.

Como exemplo de aplicação desse tipo de rompimento celular tem-se a extração de L-asparaginase de *Erwinia carotovora*. Ajusta-se o pH da suspensão para 11,5, e após 30 minutos reduz-se para 6,5 com ácido acético. Então, centrifuga-se o homogeneizado a 5.000 xg para remoção dos fragmentos celulares. Outro exemplo de aplicação de um álcali, o hidróxido de sódio, é no rompimento celular para obtenção de biopolímeros. Entretanto, pode ocorrer o rompimento da cadeia polimérica e alteração de propriedades do polímero.

3.6.2 DETERGENTES

Os detergentes, também chamados tensoativos ou surfactantes, têm como ação dissociar proteínas e lipoproteínas da parede celular, provocando a formação de poros e liberação da molécula-alvo.

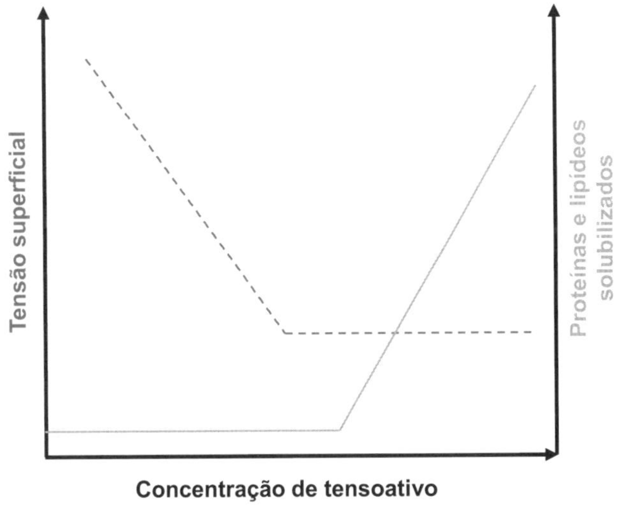

Figura 3.12 Diagrama ilustrativo da influência da concentração de detergente na solubilização das proteínas e lipídeos da membrana e da parede celular.

A extensão da ruptura da membrana e da parede celular será resultado da maior ou menor capacidade do detergente aplicado em solubilizar proteínas e lipoproteínas, podendo resultar em total rompimento da célula. A fração de proteína solubilizada está diretamente relacionada com a concentração de detergente e consequente tensão superficial da suspensão celular (Figura 3.12). Quando a tensão superficial do sistema é elevada, o que corresponde à baixa concentração de detergente (menor que a concentração micelar crítica), a solubilização de proteínas e lipídeos é insignificante, ao passo que acima da concentração micelar crítica (observada pela estabilização da tensão superficial da solução) os lipídeos e lipoproteínas são liberados em função da concentração de detergente, conforme apresentado na Figura 3.12.

A eficiência do rompimento está relacionada com a efetividade da característica química do tensoativo, além do pH e da temperatura, e pode ser aumentada por meio de pré-tratamento à base de solventes orgânicos como a acetona, que iniciam e estimulam a autólise. Na prática, o rompimento da parede celular pode ser alcançado por uma solução concentrada de detergente aplicada em igual proporção volumétrica em relação à suspensão celular. Após o rompimento, aplica-se a centrifugação para remoção dos fragmentos celulares. A utilização desse método apresenta a desvantagem de gerar espuma, capaz de desnaturar e/ou precipitar proteínas, implicando, portanto, a necessidade de remoção da espuma antes das etapas conseguintes de purificação.

A estrutura de um agente tensoativo apresenta uma porção hidrofílica (por vezes iônica) e uma porção hidrofóbica (geralmente hidrocarboneto), resultando em compostos que são na sua totalidade anfipáticos e com capacidade de interagir tanto com a água como com lipídeos. Existe ampla variedade de compostos tensoativos, a saber: sais biliares, sais baseados em amônios quaternários, surfactantes aniônicos como lauril sulfato de sódio, SDS (dodecil sulfato de sódio) ou sulfonato de sódio, surfactantes catiônicos como brometo de cetiltrimetilamônio, detergentes não iônicos como Triton X-100 e Tween. Na Figura 3.13 são apresentadas as estruturas químicas de alguns detergentes utilizados no processo de rompimento celular.

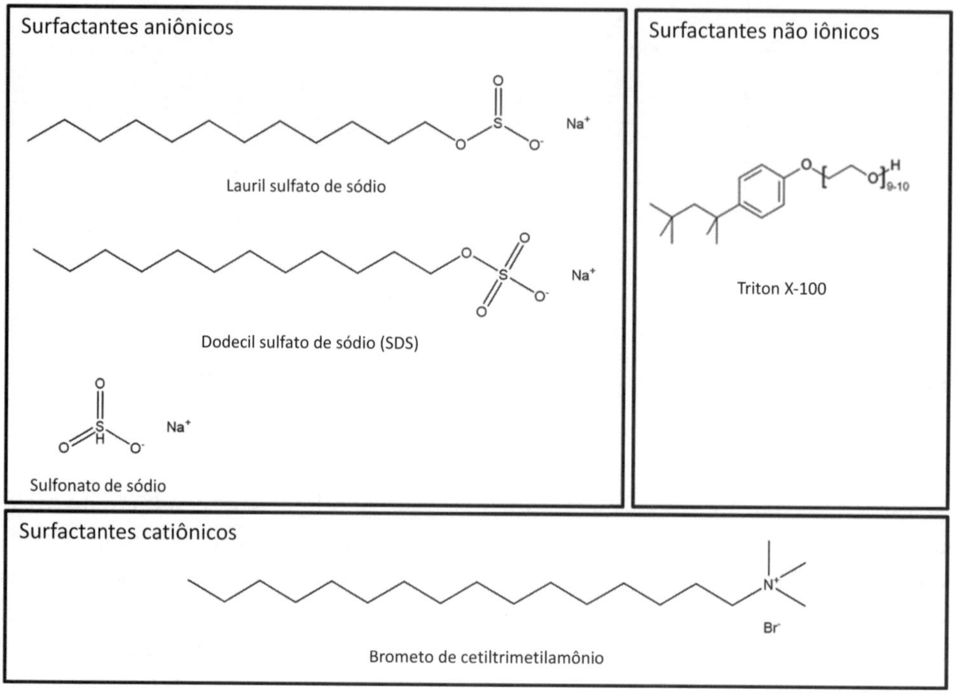

Figura 3.13 Estruturas químicas de alguns detergentes aniônicos, catiônicos e não iônicos utilizados no rompimento celular.

No rompimento celular em larga escala pode-se empregar o detergente Triton a 0,5% (v/v) na permeabilização da membrana e da parede celular de células de *Nocardia* sp, para liberação da enzima colesterol oxidase. β-galactosidase intracelular em leveduras pode ser liberada com detergente. Um exemplo interessante é a dissolução das gorduras no intestino por ação da bílis, que dessa forma são removidas da parede celular, liberadas na corrente sanguínea e então sujeitas a processos de metabolização. Os sais biliares, embora extraordinariamente efetivos no rompimento celular, são caros e, por isso, empregam-se detergentes, mais econômicos.

3.6.3 SOLVENTES

O uso de solventes tem como princípio a dissolução dos lipídeos da membrana e da parede celular e a desidratação química das células. Os solventes mais utilizados são etanol, metanol, tolueno e acetona. No entanto, outros tipos de solventes, mais tóxicos, como benzeno, clorobenzeno, xilenos e clorofórmios, também podem ser aplicados. A liberação de moléculas intracelulares, por exemplo, das enzimas, ocorre pelos poros que se formam na membrana e parede celular após o contato da célula com o solvente em questão. A adição de solventes orgânicos a baixas concentrações, entre 1% a 3% (v/v), leva à permeabilização seletiva da célula, evitando que ela seja totalmente rompida. Esse procedimento é indicado somente para biomoléculas que não sejam desnaturadas na presença do solvente empregado.

Uma desvantagem da utilização de solventes orgânicos é a alta toxicidade de grande parte deles, obrigando a um controle rigoroso na maior parte dos processos de *downstream*, de forma a garantir que tais solventes não contaminem o bioproduto final nem os efluentes dos processos, o que levaria a etapas adicionais de tratamento de efluentes aquosos ou gasosos.

Como exemplo, pode-se citar o emprego de tolueno no rompimento celular visando à liberação da invertase de leveduras e enzimas intracelulares de *Agrobacterium radiobacter.* No primeiro caso empregou-se suspensão com 60% de células em massa úmida, a 40 °C, com adição de tolueno a 0,1 M seguida de adição de papaína, que age como auxiliar no processo de rompimento, e precipitação da invertase com etanol a 95% (v/v). No segundo caso, a adição do tolueno permeabilizou a parede celular de *Agrobacterium radiobacter* de forma a liberar a hidantonina e um tipo específico de hidrolase, ambas utilizadas na síntese de penicilinas semissintéticas. Alguns processos de rompimento celular de leveduras também utilizam acetato de etila para a liberação de enzimas como a invertase periplasmática e α-glucosidase.

3.7 ROMPIMENTO COM ENZIMAS

Algumas enzimas são capazes de hidrolisar a parede de células microbianas, de tal forma que sua adição a suspensões celulares resulta na liberação do conteúdo intracelular. Os métodos enzimáticos de rompimento são adequados para a recuperação de biomoléculas sensíveis à temperatura, tensão de cisalhamento ou pressões de trabalho geradas pelos métodos mecânicos. A lise enzimática é considerada um processo altamente seletivo, suave e efetivo, mas, em contrapartida, bastante dispendioso. Quando se pretende fazer o rompimento com enzimas, alguns fatores devem ser considerados, por exemplo: presença de inibidores; possibilidade de reciclo da enzima; e resistência à tensão de cisalhamento, caso a lise enzimática esteja associada a rompimento mecânico. Como em qualquer reação enzimática, o estudo da eficiência de atuação das enzimas e a definição das condições ótimas de ação são imprescindíveis para o sucesso da operação. Portanto, em um processo de rompimento celular via lise enzimática, a influência de variáveis como pH, temperatura, força iônica, concentração celular e seu estado fisiológico e concentração de enzima deve ser otimizada.

O mecanismo de rompimento é baseado no fato de que a pressão osmótica interna rompe a membrana citoplasmática, ou parte dela, após a parede celular ter sido removida ou permeabilizada por ação das enzimas, permitindo que o conteúdo intracelular seja liberado para o meio externo. Como a composição da parede celular varia em função do tipo de microrganismo, as enzimas empregadas para rompimento são específicas aos substratos visados da parede.

No caso das leveduras, o sistema enzimático mais adequado para o rompimento celular é constituído por glucanases, proteases e mananases, que atuam em conjunto, pois elas hidrolisam componentes específicos da parede, como glucanas, proteínas e mananas. Em determinados casos, a utilização de uma mistura enzimática pode ser útil para aumentar a eficiência do rompimento. Um caso particular é a utilização em conjunto de uma protease lítica para lisar as manoproteínas da camada lipídica exterior, expondo as glucanas da camada interior, a qual será então digerida por ação da glucanase, permitindo obter uma maior área de rompimento na parede celular ("buracos" maiores), o que facilita a extrusão da membrana plasmática com todo o seu conteúdo intacto, ou seja, um protoplasto.

Como apresentado no início deste capítulo, são diferentes as composições da parede celular das bactérias Gram-positivas e Gram-negativas. Para bactérias Gram-positivas, os peptidoglicanos são o principal alvo, pois estão em maior proporção na parede e associados com ácido teicoico e polissacarídeos. Por outro lado, as bactérias Gram-negativas têm dupla camada de parede celular, composta por peptidoglicano, proteínas, fosfolipídios, lipoproteínas e lipopolissacarídeos. Por ser considerada a estrutura mais rígida da parede celular, o peptidoglicano constitui o principal alvo do ataque enzimático visando ao rompimento celular, o qual se vale de enzimas que hidrolisem as ligações covalentes da estrutura do peptidoglicano, ou seja, as ligações glicosídicas β-1,4, ligações peptídicas ou ainda ligações entre os polissacarídeos e os peptídeos. Diversas enzimas bacteriolíticas são estudadas, das quais se destacam as seguintes: lisozimas; glicosidases; acetilmuramilalanina amidases; neuroaminidase; endopeptidases; proteases (por exemplo, tripsina, quimotripsina, bromelina e papaína).

Embora todas as enzimas apresentadas tenham capacidade de romper células bacterianas, apenas a lisozima é encontrada comercialmente e aplicada em escala industrial, majoritariamente no processo de extração da enzima glicose isomerase produzida por *Streptomyces* sp. A lisozima comercial, obtida da clara de ovo, também atua na lise de outros tipos de bactérias como a *E. coli* ou *Micrococcus lysodeikticus* na liberação de catalase. A lisozima catalisa a hidrólise das ligações glicosídicas β-1,4 do peptidoglicano e, portanto, é mais eficiente no rompimento de bactérias Gram-positivas e tem menos efeito sobre as bactérias Gram-negativas devido à camada de lipopolissacarídeo que envolve o peptidoglicano. Para aumentar a susceptibilidade das bactérias Gram-negativas à lisozima, deve-se fazer um pré-tratamento para desestabilizar a membrana externa e facilitar o acesso das enzimas à estrutura-alvo, por exemplo, pela adição de agentes quelantes de cálcio, como o EDTA, que apresentam capacidade de desestabilizar a estrutura do lipopolissacarídeo.

No Quadro 3.2 encontram-se alguns carboidratos cujos monômeros são ligados por meio de ligações glicosídicas β-1,4 e as enzimas que apresentam especificidades por essas moléculas. As enzimas que se apresentam como preferenciais para a lise do peptidoglicano são a lisozima e a quitinase. O rompimento de ligações peptídicas, por sua vez, requer o emprego de proteases. Um caso particular é o rompimento de células vegetais, em que o emprego da quitinase e da celulase acaba por ter um papel fulcral na eficiência do processo.

Quadro 3.2 Carboidratos cujos monômeros são ligados por meio de ligações glicosídicas -1,4 e suas respectivas enzimas líticas

Carboidrato	Enzima
Peptidoglicano	Lisozima
Celulose	Celulases
Lactose	β-galactosidase
Xilana	Xilanase
Quitina	Quitinase
Celobiose	Celobiohidrolase

O rompimento por meio de lise enzimática é o método mais específico dentre todos, pois há degradação de moléculas específicas da parede e membrana celular. O tipo de enzima, sua concentração em relação ao substrato – parede e membrana – associada ou não a outros métodos – mecânicos ou não mecânicos, sobretudo o choque osmótico posterior – permite graduar a extensão da lise e, por conseguinte, privilegiar a liberação da biomolécula de interesse simplificando as etapas posteriores de purificação. Além disso, o escalonamento é simples e efetivo desde que sejam mantidas as condições adotadas na escala de laboratório, como pH e temperatura, e o investimento de capital é reduzido. Por outro lado, a principal desvantagem é o custo da enzima, que muitas vezes torna seu uso proibitivo em escala industrial.

3.8 PRESERVAÇÃO DO BIOPRODUTO DURANTE OPERAÇÃO DE ROMPIMENTO CELULAR

A avaliação da eficiência do rompimento celular deve levar em consideração o rendimento do bioproduto em sua forma ativa. A liberação de produtos intracelulares pós-rompimento celular, inclusive proteases, pode resultar na hidrólise da proteína desejada. Portanto, em diversos processos é essencial reduzir a temperatura de operação e ainda adicionar inibidores de proteases para reduzir seus efeitos deletérios. O inibidor de proteases mais comumente usado é o PMSF (fluoreto de fenil-metil-sulfonil) preparado em isopropanol ou etanol. Esse inibidor é adicionado ao meio contendo a molécula-alvo, previamente tamponado, sob rigorosa agitação para evitar precipitação. A concentração final de PMSF no meio de rompimento deve estar entre 0,1 e 5 mM. Apesar de o PMSF ser o mais utilizado, a adição de outros inibidores de proteases, por exemplo o EDTA 0,2 mM ou o ácido aminocapróico a 2 mM, pode ser importante no auxílio da inibição de outros tipos de proteases. No Quadro 3.3 encontram-se alguns tipos de inibidores de proteases (inibidores reversíveis e irreversíveis) e a concentração indicada para promover a efetiva inibição.

Quadro 3.3 Inibidores de proteases

Nome	Concentração efetiva para inibir proteases	Observações
Diisopropilfosfofluoridato (DFP)	0,1 mM	Efetivo contra todas as proteases serínicas
Fluoreto de fenilmetano sulfonil (PMSF)	0,1 a 1 mM	Efetivo contra todas as proteases serínicas
Fluoreto de 4-amidinofenilmetanossulfonil (APMSF)	a 50 μM	Efetivo contra proteases serínicas do tipo tripsina
3,4 dicloroisocumarina (3,4-DCI)	5-100 μM	Efetivo contra a maioria das proteases serínicas
Leupeptina	1-100 μM	Inibe proteases serínicas do tipo tripsina e a maioria das proteases cisteínicas
Antipaína	1-100 μM	Inibe proteases serínicas do tipo tripsina e a maioria das proteases cisteínicas
Quimostatina	10-100 μM	Inibe proteases serínicas do tipo quimiotripsina e a maioria das proteases cisteínicas
Acetato de iodo	10 a 50 μM	Não é específico para proteases serínicas nem cisteínicas e pode inibir outras proteínas e enzimas
L-trans-epoxisuccinil leucilamido (4-guanidino)-butano (E-64)	10 μM	Efetivo inibidor irreversível de proteases cisteínicas, mas não afeta resíduos cisteínicos em outras enzimas

(*continua*)

Quadro 3.3 Inibidores de proteases (*continuação*)

Nome	Concentração efetiva para inibir proteases	Observações
Cloroacetil-HO-Leu-Ala-Gly-NH_2	1 mM	Efetivo inibidor irreversível de proteases cisteínicas. Mais eficaz em pH > 8,0
Pepstatina	1 μM	Potente inibidor de catepsina D, pepsina, renina e muitas asparto-proteases microbianas
H-Val-D-Leu-Pro-Phe-Phe-Val-D-Leu-OH	1 μM	Efetivo contra asparto-proteases
EDTA	1 mM	Atua como quelante do íon zinco no sítio ativo em metalo-proteases, mas também pode inibir proteases cisteínicas cálcio-dependentes
Amastatina	1-10 μM	Inibidor de aminopeptidases

Os sítios ativos de enzimas são reativos e, portanto, susceptíveis à inativação. Desse modo, caso a molécula-alvo seja uma enzima com grupamentos sulfidrilas livres no sítio ativo, estes podem ser oxidados logo após o rompimento celular. Para evitar essa oxidação, devem ser adicionados às soluções, imediatamente antes do rompimento, agentes redutores como o 2-mercaptoetanol, na concentração de 5 a 20 mM ou o ditiotreitol na concentração de 1 a 5 mM. Íons metálicos também podem inativar os grupamentos sulfidrilas e, portanto, agentes complexantes como o EDTA, na concentração de 0,1 a 10 mM, devem ser adicionados em todas as suspensões de rompimento, com exceção dos casos em que a enzima-alvo é metal-dependente.

Viscosidade elevada no homogeneizado, como resultado da liberação de ácidos nucleicos e proteínas estruturais da célula, acarretará problemas difusionais que, por sua vez, impõem dificuldades às etapas conseguintes de purificação, como filtração ou cromatografia. Como exemplo, tem-se que após o rompimento de uma suspensão com 75% v/v, massa úmida de células, a viscosidade do meio aumenta em oito vezes. A adição de nucleases ou proteases, ou um ajuste adequado do valor do pH são estratégias que podem melhorar as características reológicas do meio. No entanto, é sempre importante verificar que estas não destruam a biomolécula de interesse.

EXERCÍCIOS

1. Realizou-se uma série de fermentações em regime descontínuo, utilizando a levedura *Candida utilis* para a produção de diversas proteínas intracelulares. Após o cultivo, as células da levedura foram rompidas em homogeneizador de alta pressão. Inicialmente aplicou-se um ciclo de rompimento (ciclo A) com o homogeneizador operando à pressão de 60 MPa, tendo sido liberado 68% do total de proteína intracelular. Um ciclo adicional de rompimento (ciclo B) foi efetuado para a mesma suspensão celular em homogeneizador à pressão de 90 MPa, condição na qual foi possível recuperar 85% do conteúdo proteico. De acordo com os valores de rendimento de proteína obtidos inicialmente para um processo simples de rompimento, ou seja, com uma única passagem pelo homogeneizador, determine:

a) Qual o número de ciclos de rompimento necessário para a recuperação de 90% das proteínas intracelulares caso o homogeneizador seja operado a uma pressão de 70 MPa?

b) Qual a pressão operacional mínima para recuperar 90% das proteínas intracelulares, aplicado o número de ciclos determinados anteriormente?

Resolução:

a) Em sistemas com vários ciclos de rompimento celular em homogeneizador de pressão, a variação da eficiência do rompimento é determinada pela relação matemática de primeira ordem dada pela Equação 3.1, apresentada no início deste capítulo. Assim, para o ciclo de rompimento A, temos que: N = 1; ΔP = 60 Mpa; R_m = 100% e R = 68%. Substituindo os termos da equação, temos, para o Ciclo A:

$$\ln\frac{100}{(100-68)} = k(60)^{\alpha}$$

Para o ciclo de rompimento B, temos que: N = 1; ΔP = 90 Mpa; R_m = 100% e R = 85%. Substituindo, temos, para o Ciclo B:

$$\ln\frac{100}{(100-85)} = k(90)^{\alpha}$$

Resolvendo ambas as equações simultaneamente, é possível determinar os valores de k (constante de velocidade) e α (constante de resistência das células ao rompimento). Assim, obtém-se que: $k = 0{,}5$ e $\alpha = 0{,}3$.

Desse modo, o número de ciclos necessários para liberar 90% do conteúdo proteico intracelular a uma pressão de 70 Mpa pode ser obtido por:

$$\ln\frac{100}{(100-90)}=0,5.(70).3^{0,3}.N$$
$$N=1,3$$

Seriam necessários, portanto, 2 ciclos de rompimento.

b) Para determinar a pressão operacional mínima na qual se pode recuperar 90% das proteínas intracelulares em 2 ciclos, considera-se novamente a Equação 3.1, em que: R_m = 100%; R = 90%; k = 0,5; α = 0,3; N = 2. Assim, obtemos:

$$\ln(10)=0,5.(\Delta P)^{0.3}.2$$
$$\Delta P=16\text{ MPa}$$

Caso sejam realizados 2 ciclos de rompimento celular com homogeneizador de alta pressão é possível recuperar 90% do conteúdo celular, reduzindo significativamente a pressão operacional de 70 MPa para 16 MPa. Desse modo, uma das abordagens possíveis para aumentar a eficiência da operação de rompimento é aumentar o número de ciclos e reduzir a pressão operacional, reduzindo, portanto, o custo energético dessa etapa do processo de purificação.

2. Um grupo de pesquisa da Faculdade de Ciências Farmacêuticas da Universidade de São Paulo realizou estudo objetivando determinar a curva de rompimento celular de *Pichia pastoris* em moinho de bolas utilizando esferas de vidro, visando à liberação a L-Asparaginase intracelular. Após o cultivo de uma cepa de *Pichia pastoris* GS115 com capacidade de expressar a L-asparaginase I de *Saccharomyces cerevisiae*, conduzido em incubador rotativo (24 horas a 30 °C e 250 rpm), o meio foi centrifugado a 4.000 *g* durante 10 minutos e o *pellet* celular foi usado para preparação dos sistemas de rompimento.

Empregou-se sistema laboratorial de rompimento com esferas de vidro (Ø 0,5mm) e agitador tipo vórtice (Vixar BM 3000). Um volume de 1 mL da suspensão celular, na concentração de 250 mg/mL, em tampão de lise foi adicionado em tubos tipo Eppendorf de 2 mL, aos quais a seguir foram adicionados 750 mg de esferas de vidro. Foram então submetidos a ciclos de agitação de 30 segundos em vórtice, na velocidade de ~3.000 rpm, seguidos de ciclos de resfriamento de 60 segundos em banho de gelo a –10 °C. Antes de iniciar o rompimento celular, as amostras foram resfriadas a aproximadamente 0 °C em banho de gelo adicionado de cloreto de sódio (33% m/m) com capacidade para diminuir a temperatura a até –21 °C com o objetivo de garantir o controle da baixa temperatura de rompimento. O esquema do banho de gelo com NaCl e a forma de utilizá-lo são mostrados na Figura 3.14.

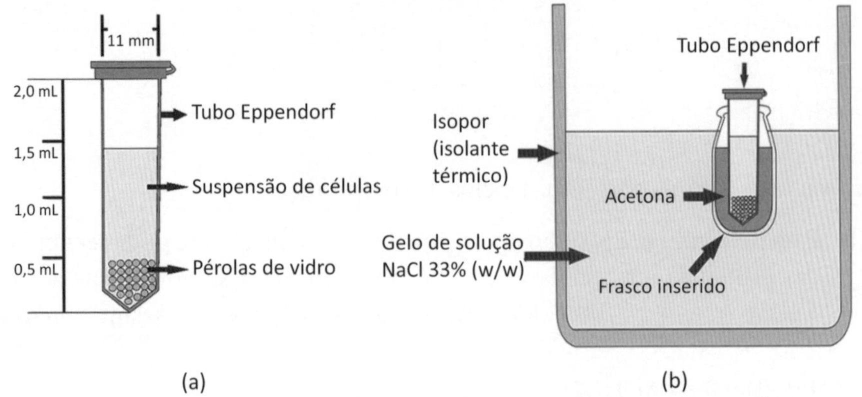

Figura 3.14 Esquema do sistema montado para rompimento de células com esferas de vidro em tubo de Eppendorf (a); tubo de Eppendorf imerso em banho de gelo adicionado de cloreto de sódio (33% m/m), utilizado para o resfriamento do tubo de Eppendorf durante o rompimento celular (b). O compartimento contendo etanol é utilizado para monitorar a temperatura do banho.

Após cada ciclo de rompimento foram determinadas as seguintes variáveis: número de células intactas (nº cél/mL × 10^6) na suspensão após rompimento; concentração de proteínas totais (μg/mL) e atividade enzimática da L-asparaginase ($U/g_{cél}$) no meio clarificado após o rompimento.

No total foram realizados 12 ciclos de rompimento celular, de 30 segundos de agitação a 3.000 rpm e 60 segundos de resfriamento em banho de gelo a –10°C cada ciclo. Os valores para cada uma das variáveis determinadas, em função do número de ciclos, estão apresentados na Figura 3.15.

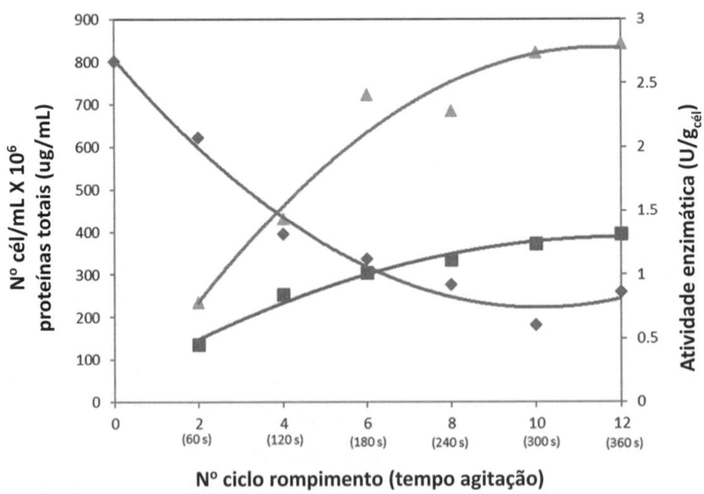

Figura 3.15 Curva de rompimento de células de *Pichia pastoris* recombinante (1 mL de suspensão celular de 250 g/L, 750 mg de esferas de vidro, pH 7,5). Cada ciclo compreende 30 segundos de agitação a 3000 rpm e 60 segundos de resfriamento em banho de gelo a –10 °C. (◆) Número de células intactas (nº cél/mL × 10^6); (■) atividade enzimática ($U/g_{cél}$); (▲) proteínas totais (μg/mL).

Com base nos resultados apresentados na Figura 3.15, responda às seguintes questões:

a) Quantos ciclos de rompimento celular devem ser realizados para romper as células de *Pichia pastoris*? Justifique a sua resposta.

b) Indique quais procedimentos alternativos poderiam ser realizados para aumentar a eficiência do processo de rompimento celular testado pelo grupo de pesquisa.

Resolução:

a) Devem ser empregados 10 ciclos de rompimento celular, pois nesse estágio verifica-se estabilização da atividade enzimática, proteina total e número de células intactas. O aumento do número de ciclos para além de 10 não resulta em incremento do número de células rompidas e nem na liberação adicional da molécula-alvo, podendo até mesmo ocorrer redução do rendimento (perda de atividade de enzima e aumento dos fragmentos celulares), além de aumentar o tempo de processo, com consequente aumento de custo.

b) Como alternativa, pode-se efetuar o rompimento celular com maior quantidade de esferas de vidro ou com esferas de vidro de diâmetro, Ø, inferior a 0,5 mm, de forma a aumentar a probabilidade de colisões entre as esferas e as células.

REFERÊNCIAS BIBLIOGRÁFICAS

BACIC, A.; FINCHER, G. B.; BRUCE, A. *Chemistry, biochemistry, and biology of 1-3 Beta glucans and related polysaccharides.* New York: Academic Press/Elsevier, 2009. 677p.

BELTER, P. A.; CUSSLER, E. L.; HU, W. S. *Bioseparations: downstream processing for biotechnology.* New York: John Wiley & Sons, 1988.

DORAN, P. M. *Bioprocess Engineering Principles.* 2. ed. Oxford: Academic Press, 2012.

DOYLE, R. J.; CHALOUPKA, J.; VINTER, V. Turnover of cell wall in microorganisms. *Microbiological Reviews*, v. 52, n. 4, p. 554-567, 1988.

GRASSELI, M. *Proteínas puras. Entre el laboratorio y la industria.* Bernal: Universidad Nacional de Quilmes, 2015. 280 p.

GROOTWASSINK, J. W. D.; FLEMING, S. E. Non-specific β-fructofuranosidase (inulase) from *Kluyveromyces fragilis*: batch and continuous fermentation, simple recovery method and some industrial properties. *Enzyme and Microbial Technology*, v. 2, 1980.

HARRIS, E. L. V.; ANGAL, S. (eds.). *Protein purification applications: a practical approach.* Oxford: IR Press, 1994. 317 p.

HARRISON, R. G. *Protein purification process.* New York: Marcel Dekker, 1994. 381 p.

HARRISON, R. G. et al. *Bioseparation Science and Engineering*. New York: Oxford University Press, 2002. 443 p.

PYLE, D. L. (ed.). *Separations for biotechnology 2*. London: Elsevier Science Publishers, 1990. 324 p.

RAJA, G. *Principles of bioseparations engineering*. Singapore: World Scientific Publishing, 2006. 282 p.

RUIZ-HERRERA, J. *Fungal cell wall: structure, synthesis, and assembly*. Boca Ratón: CRC Press, 1992. 256 p.

SOUTHERN, E. et al. *Devices and processes for analysing individual cells*. Patente. WO 2006117541 A1. 9 nov. 2006

VERRALL, M. S.; HUDSON, M. J. (eds.). *Separations for biotechnology*. Chichester: Ellis Horwood Limited, 1987. 502 p.

VESSONI-PENNA, T. C. et al. Intracellular release of recombinant green fluorescent protein (gfpuv) from *E. coli*. *Applied Biochemistry and Biotechnology*, v. 98-100, p. 791-802, 2002.

WHEELWRIGHT, S. M. *Protein purification: design and scale up of downstream processing*. Munich: Hanser Publishers, 1991.

CAPÍTULO 4

Filtração e centrifugação

Beatriz Vahan Kilikian

NOMENCLATURA

α – Resistência específica da torta de filtração

α' – Constante relacionada ao tamanho e forma das células

Δp – Diferença de pressão

μ – Viscosidade

Σ – Fator que agrega características geométricas e de operação da centrifugação

ρ_L – Densidade do líquido

ρ_S – Densidade da célula

A – Área de filtração

d – Diâmetro da célula

F_c – Múltiplo da aceleração exercida pela gravidade

FRV – Filtro rotativo a vácuo

g – Aceleração exercida pela força da gravidade

k – Permeabilidade do leito

l – Espessura do leito

r – Raio da centrífuga

R_C – Resistência da torta de filtração

Re – Número de Reynolds

R_M – Resistência do meio filtrante

s – Compressibilidade da torta

t – Tempo de filtração ou centrifugação

t_f – Tempo de submersão do filtro para FRV

v – Velocidade superficial do líquido

V – Volume de filtrado

v_c – Velocidade de sedimentação em um campo centrífugo

v_g – Velocidade de sedimentação em um campo gravitacional

w – Rotação angular

X – Concentração de células

LISTA DE PALAVRAS

Auxiliares de filtração

Auxiliares de centrifugação

Centrifugação

Clarificação

Filtro rotativo a vácuo

Filtros

Resistência

Sedimentação

Torta compressível

Torta incompressível

4.1 INTRODUÇÃO

Filtração e centrifugação são operações unitárias clássicas aplicadas às separações entre sólido e líquido, resultando dessas operações o adensamento dos sólidos e a clarificação do meio líquido, inicialmente turvo em consequência dos sólidos suspensos. Dado que os meios líquidos resultantes de cultivos celulares constituem suspensões de sólidos em líquido nas quais os sólidos são as células, essas suspensões são frequentemente submetidas à filtração ou à centrifugação imediatamente após a etapa do cultivo celular, e delas resulta o filtrado ou clarificado, que é o meio isento de células. A clarificação de suspensões celulares é aplicada seja o produto a própria célula, seja o produto oriundo de reações ocorridas dentro da célula, permanecendo o produto na célula ou sendo ele excretado para o ambiente externo à célula, que é o meio de cultivo.

A seguir descreve-se a filtração convencional e a centrifugação, duas operações unitárias de clarificação amplamente aplicadas em escala industrial – sobretudo a centrifugação, considerando o meio como se fora uma suspensão de sólidos. Os processos de clarificação baseados no uso de membranas, sobretudo as filtrações tangenciais, estão descritos no Capítulo 5.

4.2 FILTRAÇÃO

4.2.1 FUNDAMENTOS

Na filtração, uma suspensão de células em meio líquido é forçadamente direcionada a atravessar um meio ou tecido filtrante, o qual retém as células. A fração volumétrica que atravessa o meio filtrante é denominada filtrado ou clarificado, e da contínua deposição das células sobre o meio filtrante resulta a formação de uma *torta de filtração*. O aumento gradativo da espessura da torta de filtração impõe uma resistência à continuação da filtração.

A filtração pode ocorrer por meio de imposição de pressão positiva à suspensão de células direcionada ao meio ou tecido filtrante, ou por meio de imposição de vácuo ao reservatório do filtrado ou clarificado, do que resulta a evolução da passagem do meio líquido, dado que este se encontra à pressão atmosférica.

Os fundamentos teóricos da filtração permitem estimar a velocidade de uma determinada filtração, a qual geralmente é definida como a velocidade de coleta do filtrado ou clarificado. A lei de Darcy (Equação 4.1) correlaciona a velocidade do líquido que permeia o meio filtrante (v) com a diferença de pressão resultante da pressão exercida na suspensão de células subtraída da pressão no filtrado (Δp), por vezes denominada como perda de carga através do leito, além das características da suspensão e do meio filtrante (k, μ, l).

$$v = \frac{k\Delta p}{\mu l} \tag{4.1}$$

em que: v = velocidade superficial do líquido (m/s); k = permeabilidade do leito (m^2); Δp = diferença de pressão através do leito (N/m^2); l = espessura do leito de sólidos (m); μ = viscosidade do filtrado (kg/m.s) e l/k = resistência do leito de filtração, isto é, do tecido de filtração e da torta de células.

De acordo com a lei de Darcy, tem-se que, para uma determinada diferença de pressão através do leito de filtração, a velocidade de filtração é máxima tão somente no instante inicial da operação, pois o contínuo aumento da espessura da camada de sólidos depositados, a chamada torta de filtração, impõe um aumento contínuo da resistência oferecida pelo leito, resultando na redução da velocidade de filtração, representada pela variável v, velocidade superficial do líquido.

A velocidade do líquido que permeia o meio filtrante pode ser determinada experimentalmente pela Equação 4.2:

$$v = \frac{1}{A}\frac{dV}{dt} \quad (4.2)$$

em que: A = área de filtração (m^2); V = volume de filtrado ou clarificado (L); t = tempo de filtração (s).

A Equação 4.3 identifica a resistência global, l/k, como a soma das resistências do meio filtrante (R_M) e da torta de filtração (R_C). No instante inicial de uma filtração, quando a camada de sólidos da torta de filtração ainda não foi estabelecida, R_C terá valor nulo e, portanto, a resistência se restringirá àquela imposta pelo tecido filtrante, do que resulta a máxima velocidade de filtração. A resistência imposta pelo meio ou tecido de filtração inclui a resistência do tecido e de qualquer partícula, incluindo as células, entranhada no tecido.

$$\frac{1}{k} = R_M + R_C \quad (4.3)$$

A resistência da torta de filtração, R_C, depende da concentração de células na suspensão, X (g/L), do volume de filtrado V (L) obtido até um certo instante (h), da área do meio de filtração, A (m^2), e da resistência específica da torta de filtração ao fluxo de filtrado, α (m/g), de acordo com a Equação 4.4.

$$R_C = \alpha X \frac{V}{A} \quad (4.4)$$

A filtração de sólidos cristalinos, incompressíveis, em meios líquidos de baixa viscosidade é considerada um processo simples quando comparada com a filtração de suspensões de células (sólidos compressíveis) em meios viscosos e de comportamento reológico não newtoniano. Para as tortas incompressíveis, a resistência específica da Equação 4.4, α, assume valor constante, independentemente do valor da diferença de pressão, Δp, através do leito de filtração.

Para as tortas formadas por células microbianas, todavia, a compressibilidade causa alteração da estrutura em função do valor de Δp, resultando que a resistência específica α varia com a pressão de acordo com a Equação 4.5:

$$\alpha = \alpha'(\Delta p)^s \tag{4.5}$$

em que: α' = constante relacionada à densidade, tamanho, forma e área superficial específica das células (parâmetros que determinam o tamanho dos espaços intersticiais entre as células, ou seja, a porosidade), e a estabilidade física da torta; s = compressibilidade da torta (constante adimensional que varia de 0 a 1,0).

A Equação 4.5 ilustra a necessidade de operar a filtração a valores adequados de diferença de pressão através do leito, Δp, pois, embora essa variável esteja diretamente relacionada à velocidade de filtração, como mostra a lei de Darcy (4.1), a aplicação de valores inadequados é deletéria para a qualidade da torta e do tecido de filtração, com consequências para a velocidade superficial do líquido, v, e para a recuperação do produto.

Valores excessivos de Δp provocam a gradual redução da porosidade da torta de filtração constituída pelas diminutas e compressíveis células, implicando redução da permeabilidade do leito e da velocidade superficial do líquido, v, aumento da perda do produto ou molécula-alvo e até mesmo entupimento do tecido de filtração em razão da penetração de sólidos nesse tecido e consequente aumento severo da resistência à filtração subsequente.

A parcela da resistência relativa ao meio filtrante, R_M, pode ser considerada constante quando não houver penetração dos sólidos no tecido de filtração, e pode mesmo ser desprezada quando comparada à resistência oferecida pela torta de filtração formada pelas células compressíveis, R_c.

A título de ilustração, tem-se que na filtração de uma suspensão de uma cepa de *Streptomyces* na concentração (X) de 15 g/L, com viscosidade (μ) de 1,1 cP ($1{,}1 \times 10^{-3}$ Pa.s), sob ΔP de 20 in Hg (0,668 atm), o valor de α é de $2{,}4 \times 10^{11}$cm/g.

Combinando-se as Equações 4.1 a 4.4, obtém-se a Equação 4.6, que permite estimar a velocidade de filtração, (1/A).(dV/dt), num determinado instante do processo. Conhecida a diferença de pressão entre suspensão e filtrado, Δp, a viscosidade do filtrado, μ, a resistência específica do meio filtrante, α, a concentração de células na suspensão, X, a área de meio filtrante, A, e a resistência do meio filtrante, R_M, a velocidade de filtração dependerá do volume de filtrado, V.

$$\frac{1}{A}\frac{dV}{dt} = \frac{\Delta p}{\mu\left(\alpha X \frac{V}{A} + R_M\right)} \tag{4.6}$$

Segundo a Equação 4.6, a velocidade de filtração dada por (1/A).(dV/dt), sofrerá redução ao longo da filtração dado que o valor de V, volume de filtrado, aumenta. Na realidade, é o aumento da camada de massa de células depositada sobre o tecido filtrante que sofre aumento (X.V) e, consequentemente, reduz a velocidade de filtração. Para a manutenção de valor constante da velocidade de filtração é necessário aumentar a pressão exercida sobre a suspensão celular, de modo a aumentar a diferença de pressão através do leito, Δp, e compensar o incremento em X.V. A forma mais comum de operar filtros convencionais, entretanto, é mantendo um valor constante de Δp com a consequente redução na velocidade de filtração.

O valor de α é determinado por meio de ensaios de filtração em escala de laboratório, cujos resultados são tratados na Equação 4.7, que é a forma integrada da Equação 4.6. Para a integração da Equação 4.6 considera-se que no instante zero (t = 0) o volume de filtrado é nulo (V = 0) e que, num instante t qualquer, o volume filtrado é V, obtendo-se, então, a Equação 4.7, a qual representa a equação de uma reta, visto que os termos K e B são representados por valores constantes em uma filtração a valor constante de Δp, de uma suspensão de sólidos compressíveis (Equações 4.8 e 4.9).

$$\frac{At}{V} = K\left(\frac{V}{A}\right) + B \tag{4.7}$$

em que:

$$K = \frac{\mu \alpha X}{2\Delta p} \tag{4.8}$$

$$B = \frac{\mu R_M}{\Delta p} \tag{4.9}$$

Em condições experimentais controladas, isto é, sob valor constante de Δp, a Equação 4.7 permite a determinação do volume filtrado num determinado intervalo de tempo, t, ou permite determinar o tempo, t, necessário à filtração de certo volume V, como será tratado adiante. Deve-se notar, entretanto, que a relação entre K e Δp numa situação real é mais complexa, pois, a variação da pressão afeta o valor da resistência específica da torta de filtração, dada pelo valor de α.

Com base na reta determinada experimentalmente na Equação 4.7 (Figura 4.1), obtém-se o valor da resistência específica da torta de filtração, α, para uma determinada pressão aplicada, por meio do coeficiente angular da reta, K, e da Equação 4.8. K depende do valor da diferença de pressão através do leito, Δp, e das propriedades da torta de filtração. Ainda, o coeficiente linear da reta da Figura 4.1b, permite determinar R_M, a resistência do tecido de filtração, e, embora seja dependente do valor de Δp, não depende das características da torta de filtração. De posse de um conjunto de retas como as da Figura 4.1, obtidas para diferentes valores de Δp aplicados à filtração, tem-se um conjunto de valores de α cuja disposição segundo a função linear dada pela

Equação 4.10 (linearização da Equação 4.5) estabelece o valor da constante α', constante relacionada ao tamanho e forma das células, e a s, compressibilidade da torta (adimensional, que varia de 0 a 1,0), como ilustrado na reta da Figura 4.2, cujo coeficiente linear representa log α' e cujo coeficiente angular representa o valor de s.

$$\log\alpha = \log\alpha' + s\log\Delta p \tag{4.10}$$

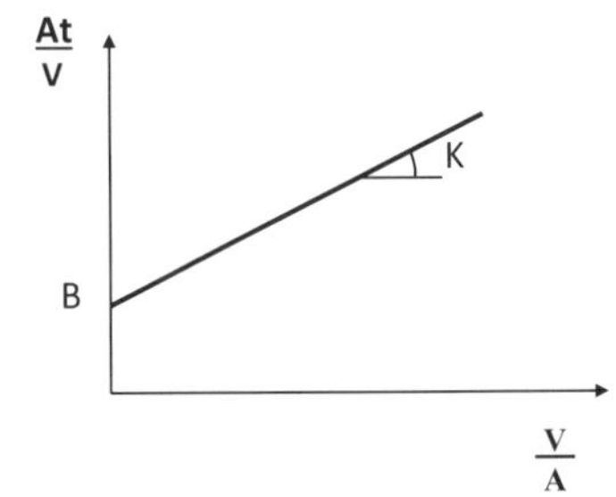

Figura 4.1 Forma linearizada dos dados de uma filtração (Equação 4.7) conduzida através de uma área A, para determinação de R_M e α. K e B definidos nas Equações 4.8 e 4.9.

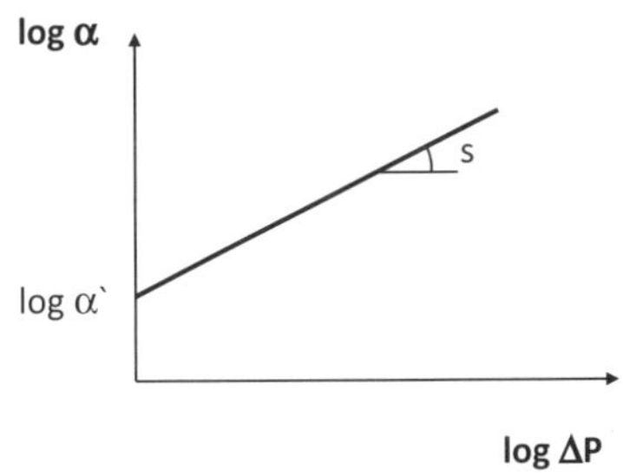

Figura 4.2 Resistência específica (α) da torta de filtração em função da redução de pressão (Δp).

O início deste capítulo tratou de discutir a aplicação da Equação 4.6 na estimativa da velocidade de filtração de uma determinada suspensão de células. Há que considerar, entretanto, que o valor de Δp pode ser aumentado durante a filtração de modo a manter uma determinada velocidade de filtração ou mesmo minimizar a redução da velocidade causada pelo aumento da camada de torta de filtração.

Frequentemente se busca estimar o tempo necessário à obtenção de um volume V de filtrado, a partir de um meio contendo células sujeitas à compressibilidade, sob uma determinada pressão e através de uma determinada área A de meio filtrante. Tal tempo necessário à filtração é dado pela Equação 4.11, que resulta da combinação das Equações 4.1 a 4.5.

$$t = \frac{\mu\alpha' X}{2\Delta p^{(1-s)}}\left(\frac{V}{A}\right)^2 \tag{4.11}$$

Quando a variável que impera no projeto do filtro é o intervalo de tempo da operação, a área de filtro, A, deve ser ajustada a essa necessidade. O aumento da área de tecido de filtração, A, resulta no aumento de produtividade da filtração, ou seja, da velocidade de obtenção do filtrado ou clarificado, muito embora essa prática acarrete também um aumento do custo da operação, pois quanto maior a área necessária de meio de filtração, maior será o custo do filtro. Tem-se, portanto, que a adoção de práticas que visem à redução do valor necessário da área A, ou mesmo que resultem em aumento da velocidade de filtração, são importantes no projeto da operação unitária de filtração.

A velocidade de filtração pode ser modificada por meio das seguintes variáveis: viscosidade do filtrado, μ; diferença de pressão através do leito de filtração, Δp; massa da torta de filtração, X.V; resistência específica da torta, α.

Uma redução da viscosidade da suspensão a ser filtrada pode ser alcançada por meio da diluição desta, entretanto, dessa prática resulta aumento do volume a ser filtrado. Encerrar a etapa de cultivo de bolores no instante apropriado, antes que a lise das células se intensifique, causando aumento da viscosidade do meio líquido como resultado da excreção do citoplasma é cuidado que beneficia não só a filtração subsequente, como evita as dificuldades inerentes à movimentação de suspensões de elevada viscosidade.

O trabalho de Oolman e Liu (1991) ilustra a influência das características de suspensões dos fungos filamentosos *Streptomyces griseus*, *Streptomyces tendae* e *Penicillium chrysogenum* na operação de filtração. Os autores quantificaram a densidade das hifas por meio da resistência específica α' e a compressibilidade da torta, s, os quais regem a velocidade da filtração, conforme já foi enunciado. Tais parâmetros foram determinados para as células na forma de hifas livres e *pellets*, formas essas que foram induzidas por meio de variações na massa de células utilizada como inóculo e variações na velocidade de agitação da suspensão. Ensaios padronizados de filtração de suspensões das células revelaram alterações sistemáticas da densidade das hifas e da compressibilidade da torta, s, em função de diferenças na idade e na morfologia, sendo que o valor dos parâmetros densidade e compressibilidade decresce quando a idade das células aumenta. Na prática, entretanto, há que considerar que o prolongamento de cultivos para redução da compressibilidade das tortas pode acarretar aumento da viscosidade do meio em resultado da maior fração de células lisadas.

Sobre a diferença de pressão através do leito, embora a lei de Darcy enuncie que a velocidade de filtração aumenta com o aumento de Δp, valores excessivos de pressão sobre a suspensão resultam em alterações físicas da torta que implicam um aumento do valor de α, resistência específica da torta, conforme já mencionado anteriormente, ou até mesmo aumento do valor de R_M, resistência associada ao tecido de filtração, resultando na redução da velocidade de filtração.

É possível manter uma camada reduzida ou mínima da torta de filtração em caso de equipamentos que efetuam sua contínua remoção, o que constitui sem dúvida, uma forma de manter elevada a velocidade de filtração. A título de ilustração, se numa determinada filtração Δp constante a massa da torta de filtração sofrer redução da ordem de cem vezes, o tempo necessário à filtração sofrerá igual redução, ou seja, será da ordem de cem vezes menor na obtenção de um determinado volume de filtrado. Daí a importância de equipamentos que efetuam a contínua remoção da massa de células que se deposita no tecido de filtração, como o filtro rotativo a vácuo, que será descrito a seguir.

É possível reduzir a resistência específica da torta de filtração, α, por meio dos seguintes recursos: interferência na densidade e forma das células, que, no caso de bolores, obtém-se por meio da manipulação das condições de cultivo; redução da área superficial específica das células por meio de pré-tratamento da suspensão, mesmo na própria etapa do cultivo celular, por exemplo, por meio da adição de polieletrólitos que promovam a agregação das células, o que resulta no aumento do tamanho das partículas e maior facilidade de filtração; aquecimento da suspensão de fungos filamentosos, de modo a provocar a agregação das células e a desnaturação de suas proteínas, tornando-as menos compressíveis; aplicação de auxiliares de filtração que logrem aumento da porosidade da torta ou redução da compressibilidade, s, da torta de filtração.

Como já foi apresentado, na aplicação da operação unitária de filtração a uma suspensão contendo sólidos incompressíveis o valor de s é nulo, ocasionando maior valor do termo no denominador da Equação 4.11 quando comparado com a filtração de uma suspensão de sólidos compressíveis, que é o caso das células. Decorre daí que, mantidos os valores de todas as variáveis na Equação 4.11, à exceção do valor de s, o tempo necessário para a filtração de uma suspensão contendo sólidos incompressíveis será menor que o tempo necessário à filtração de uma suspensão de células. Considerando-se as duas condições extremas de compressibilidade da torta de filtração, isto é, $s = 0$ e $s = 1$, o tempo necessário à filtração da suspensão de células será 50 vezes maior que o tempo necessário à filtração da suspensão com os sólidos incompressíveis. O significativo impacto do valor da compressibilidade, s, no tempo demandado para uma filtração indica a importância da inclusão do recurso do auxiliar de filtração na redução do tempo demandado pela filtração.

4.2.2 AUXILIARES DE FILTRAÇÃO

Auxiliares de filtração (Figura 4.3) são amplamente empregados na produção de bioprodutos extracelulares para aumento da eficiência dessa operação de clarificação. Os auxiliares atuam reduzindo a compressibilidade da torta de filtração, por conseguinte, tais auxiliares aumentam a permeabilidade do leito e, portanto, a velocidade da filtração. Normalmente empregam-se perlita, rocha vulcânica expandida ou terra diatomácea, também denominada *kieselguhr*, que é o resultado da fusão dos resíduos de pequenas plantas aquáticas sedimentadas por séculos. A redução da compressibilidade do leito se dá por meio da adsorção das células – fragmentos de micélio e bactérias – sobre as partículas do auxiliar de filtração, formando um conjunto sólido cuja compressibilidade, s, é menor do que aquela das células isoladamente. Além da redução da compressibilidade da torta, o conjunto de células ou seus fragmentos adsorvidos sobre as partículas do auxiliar de filtração têm dimensão maior que os poros do tecido de filtração, obtendo-se, portanto, dois efeitos importantes na melhoria do desempenho da filtração.

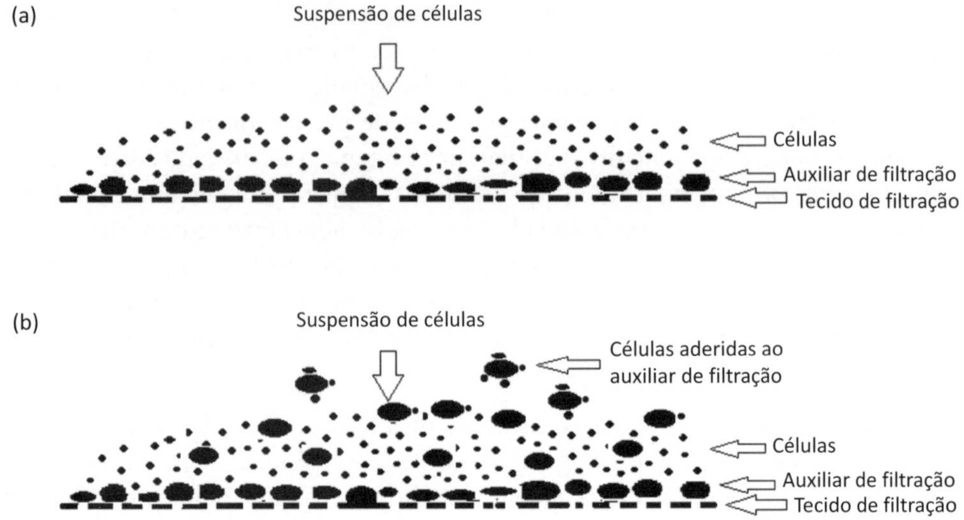

Figura 4.3 Filtração com auxiliar depositado sobre o tecido de filtração (a) e adicionado à suspensão de células (b).

A Figura 4.4 apresenta as dimensões de partículas em suspensão passíveis de serem retidas em algumas operações unitárias de separação. Verifica-se que a porosidade dos tecidos de filtração convencionais varia entre 10 e 100 μm, enquanto a dimensão de bactérias é da ordem de 1 μm, portanto, bactérias isoladas certamente passam pelos poros dos filtros convencionais, ao passo que bactérias agregadas a auxiliares de filtração formando sólidos de dimensões que excedam a porosidade do filtro serão retidas, resultando na clarificação pretendida. Claro está que para produtos intracelulares as etapas posteriores de isolamento e purificação da molécula-alvo ficam prejudicadas ou mesmo inviabilizadas quando o material celular a ser tratado encontra-se aderido às partículas sólidas e rijas dos auxiliares.

Os efeitos positivos do emprego dos auxiliares de filtração também podem ser alcançados por meio do depósito de uma fina camada destes sobre o tecido de filtração, além da agregação à suspensão de células como ilustrado na Figura 4.3. A forma mais usada é a de depósito de uma camada de auxiliar sobre o tecido de filtração, pois, dado que o diâmetro dos poros dos tecidos filtrantes convencionais situa-se na faixa de 10 a 1.000 μm, o emprego de tais filtros invariavelmente depende do uso de um auxiliar de filtração para a viabilização da retenção de bactérias e fungos, visto que a dimensão desses microrganismos frequentemente situa-se abaixo de 10 μm.

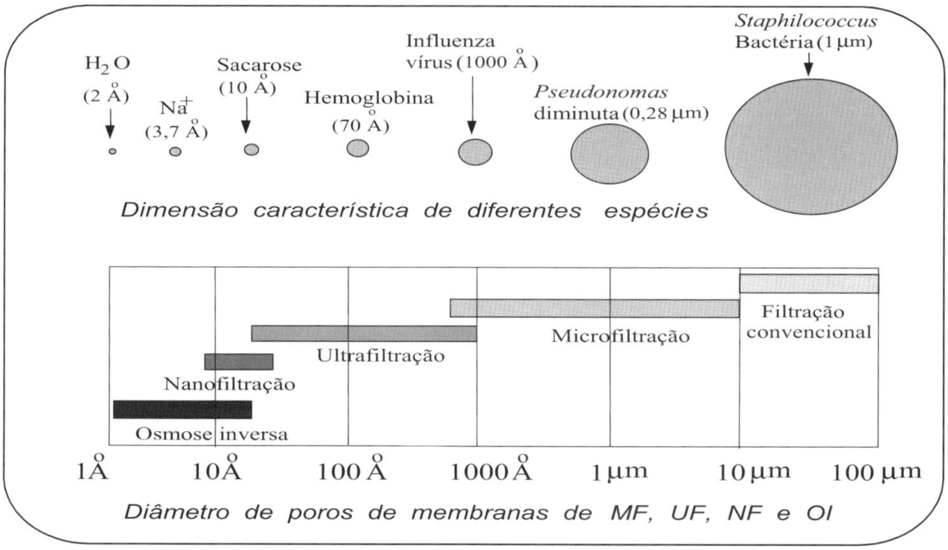

Figura 4.4 Diâmetro de poros de membranas de osmose inversa, nanofiltração, ultrafiltração, microfiltração e filtração convencional. Tamanho de bactérias, vírus, proteína hemoglobina, sacarose, sódio e água.

A seleção do auxiliar de filtração pode ser feita por meio de ensaios simples em escala de laboratório. Em frascos contendo igual volume da suspensão a ser filtrada, acrescentam-se massas conhecidas de um determinado auxiliar de filtração e promove-se agitação da suspensão por tempo determinado, após o que se determina, por exemplo, a velocidade de sedimentação das células, a turbidez do sobrenadante e ainda, as características do sedimento. Minimizar a concentração de auxiliar de filtração é necessário, pois de seu emprego verificam-se as seguintes consequências: aumento do custo da operação unitária de filtração; absorção do líquido no auxiliar, levando à redução do rendimento da molécula-alvo extracelular; aumento da turbidez do clarificado ou filtrado; aumento da massa residual contendo as células residuais; inviabilização do emprego das células residuais para composição de ração animal.

Além desse teste preliminar, pode-se aplicar a mesma metodologia anteriormente descrita para determinação da compressibilidade da torta (s), para a determinação da efetividade de um dado auxiliar de filtração com base na redução do valor de s. A efetividade do emprego de auxiliares de filtração é ilustrada por reduções do tempo de filtração da ordem de cinco a vinte vezes. Embora o valor de s – compressibilidade – seja reduzido por meio da adição de auxiliares de filtração, a viscosidade – μ – é incrementada, variável diretamente relacionada ao tempo necessário a uma dada filtração (Equação 4.11).

4.2.3 FILTROS

O equipamento frequentemente utilizado na clarificação de grandes volumes de suspensões microbianas – geralmente bolores cultivados na produção de antibióticos – é o filtro rotativo a vácuo, FRV. O tradicional filtro prensa, constituído de placas dispostas em paralelo, horizontais ou verticais, produz tortas mais desidratadas em comparação ao FRV, e, ainda que na sua versão fechada para o meio ambiente esse filtro possa ser aplicado a suspensões de microrganismos patogênicos, a elevada demanda por mão de obra para frequentes paradas da operação para remoção da torta de filtração restringe sua aplicação a pequenos volumes de suspensões, para os quais a filtração tangencial geralmente é mais adequada.

A Figura 4.5 representa um corte da vista elevada de um filtro rotativo a vácuo, FRV, cuja operação se dá no modo contínuo, modo esse que é adequado ao processamento de elevados volumes de suspensões microbianas. O FRV consiste em um tambor horizontal oco cujo diâmetro varia entre 0,5 e 3 m, recoberto com uma malha metálica e meio de filtração, o qual, por sua vez, é coberto com uma camada de 5 a 10 cm de terra diatomácea ou outro auxiliar de filtração. Esse tambor gira lenta e continuamente a velocidades da ordem de 0,1 a 2 rpm, ficando parcialmente submerso em um recipiente que contém a suspensão a ser filtrada, a qual é brandamente agitada para evitar sedimentação das células e por vezes é acrescida do auxiliar de filtração. A suspensão de células é alimentada pela parte externa do tambor, e a pressão reduzida no interior do tambor (vácuo) promove a filtração, durante a qual uma fina camada de células microbianas acumula-se na superfície do material filtrante e é compactada ao longo do ciclo de formação da torta. Essa torta é lavada, desidratada e raspada por uma faca que remove a camada de células microbianas acumulada, expondo a superfície do material filtrante coberto com o auxiliar de filtração para o próximo ciclo. O filtrado é recolhido no interior do filtro e transportado para um reservatório. O recurso da contínua remoção da torta de filtração possibilita elevada capacidade desse tipo de filtro, o FRV, a qual é da ordem de 100 a 200 L/m^2.h.

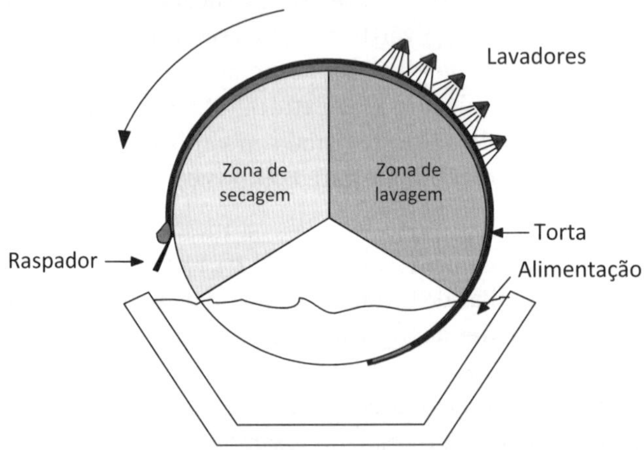

Figura 4.5 Representação esquematizada do filtro rotativo a vácuo, FRV.

A sequência de etapas anteriormente descrita é indicada na Figura 4.5, que ilustra o FRV e as zonas de imersão, de lavagem, de secagem e de remoção contínua da torta, vantagem significativa desse tipo de filtro sobre o tradicional filtro prensa de quadros, embora um elevado volume de sólidos seja gerado.

Assim que a superfície do filtro emerge da suspensão microbiana, ela recebe jatos de lavagem que atravessam a torta de filtração e cujo filtrado produzido é direcionado a um reservatório específico. A lavagem tem duas funções: remover o meio contendo soluto – inclusive a molécula-alvo – dos poros da torta de filtração e remover a molécula-alvo associada às células contidas na torta. Em outras palavras, a lavagem reduz a perda do produto na operação de clarificação. Para o estabelecimento das condições de lavagem é necessário estipular uma fração de solúveis que não serão removidos, o que depende do volume e da velocidade de passagem da solução de lavagem, da qual depende, por sua vez, a fração de tempo do ciclo designada para essa etapa.

Entre a zona de lavagem e a zona de descarga da torta, a torta de filtração é desidratada pela aplicação de vácuo, o qual cessa imediatamente antes da zona de descarga ou raspagem da torta de filtração por meio de uma faca ou raspador. Ar pressurizado associado à raspagem pode auxiliar na remoção da camada de torta de filtração. Finalmente, após a remoção da torta de filtração, alcança-se novamente a zona de filtração propriamente dita, que é a zona do FRV imersa na suspensão microbiana.

No projeto e dimensionamento da aplicação do FRV a uma determinada suspensão microbiana, devem ser incluídos ensaios em escala de laboratório para testes dos meios filtrantes acrescidos de auxiliares de filtração. Deve-se verificar também a facilidade da lavagem da torta como resultado da adição de um auxiliar de filtração e a eficiência da lavagem, sobretudo, em função da recuperação da molécula-alvo.

No caso do filtro tipo tambor rotativo a vácuo, o tempo para a filtração de um dado volume de uma determinada suspensão de células também pode ser determinado por meio da Equação 4.11, na qual apenas o tempo t é substituído por t_f (Equação 4.12), pois nesse caso o tempo de filtração é apenas o tempo durante o qual o filtro fica submerso, o qual é uma fração do tempo para uma revolução do tambor, t_c (Equação 4.13).

$$t_f = \frac{\mu \alpha' X}{2\Delta p^{(1-s)}} \left(\frac{V}{A} \right)^2 \tag{4.12}$$

em que:

$$t_f = \beta t_c \tag{4.13}$$

4.3 CENTRIFUGAÇÃO

A sedimentação ou decantação é a deposição de partículas sólidas suspensas num meio contínuo, líquido ou gasoso, em virtude da diferença de densidade entre o fluido e a partícula sólida. Na centrifugação promove-se o aumento da velocidade dessa sedimentação, isto é, acelera-se a decantação das partículas suspensas por ação de um campo gravitacional centrífugo, ou mesmo separam-se dois líquidos de densidades diferentes.

Supondo-se um objeto tubular oco que gira em torno do seu próprio eixo, tem-se o estabelecimento de uma força centrípeta, isto é, uma força que representa a atração da parede do objeto em direção ao eixo central. A força contrária que se estabelece é a força centrífuga, força essa que direciona o conteúdo do tubo, líquido, gás ou sólidos, à parede do tubo. O campo gravitacional centrífugo que assim se estabelece é proporcional à velocidade angular aplicada ao tubo.

Promover separação entre sólidos e líquidos e entre dois líquidos é uma operação comum a vários processos industriais, decorrendo daí ampla utilização da operação unitária de centrifugação nas indústrias químicas, de modo geral, e, particularmente, nas indústrias alimentícias e de cultivos microbianos.

Células microbianas em suspensão num meio líquido aquoso sedimentam por ação da força da gravidade, uma vez que a densidade dessas células é superior à densidade da água. Decorre dessa condição básica que a operação unitária de centrifugação é amplamente aplicada nas indústrias de fermentação. Da centrifugação resultam suspensões de células mais concentradas em relação à suspensão original, ao passo que da filtração convencional, descrita anteriormente, obtém-se uma torta relativamente seca, o que constitui vantagem desta última operação unitária em relação à centrifugação. Todavia, a filtração gera grandes volumes de torta, dificulta a manutenção de assepsia, isto é, a manutenção de ambiente preservado de microrganismos diferentes daquele da suspensão em clarificação, e demanda significativa mão de obra.

Células microbianas como bactérias e leveduras podem ser separadas de um meio líquido aquoso por meio da centrifugação, enquanto na filtração tais células causam entupimento do tecido de filtração, demandando, portanto, o uso de auxiliares de filtração.

Para produtos intracelulares, a centrifugação é uma alternativa atraente em relação à filtração, tendo em vista o inconveniente da agregação dos auxiliares de filtração ao conteúdo celular e que a operação de centrifugação pode ser realizada em equipamento fechado e esterilizável, evitando os danos causados pela expressiva agregação de contaminantes do meio ambiente ao material intracelular. As centrífugas fechadas e passíveis de esterilização são amplamente empregadas em processos nos quais as células e por vezes o meio de cultura são recicladas ao biorreator. A despeito do maior custo e emprego de energia para os equipamentos de centrifugação em comparação à filtração convencional, há situações, portanto, que demandam a centrifugação.

Em bioprocessos a centrifugação é empregada também na remoção dos fragmentos de tecido celular resultantes do rompimento de células (Capítulo 3), na recuperação de solutos precipitados (Capítulo 6) e na clarificação de meios complexos para cultivos microbianos, por exemplo, meios adicionados de milhocina, solução rica em nutrientes obtida da maceração dos grãos de milho, amplamente empregada na produção de antibióticos.

4.3.1 FUNDAMENTOS

A sedimentação de partículas sólidas, principalmente partículas esféricas, em um meio contínuo e infinito – gás ou líquido – pode ser descrita e quantificada com base na atuação de duas forças: inicialmente a partícula é acelerada pela força de flutuação resultante da diferença de densidade entre a partícula e o fluido, a qual resulta da força da gravidade; num segundo instante, a partícula sofre redução da aceleração devido ao atrito entre ela e o fluido. Finalmente, as duas forças igualam-se e a partícula passa a apresentar velocidade constante de sedimentação, a qual será função das características da partícula e do fluido, e da aceleração da gravidade, conforme descreve a lei de Stokes, dada pela Equação 4.14.

Na dedução da Equação 4.14 considera-se que, além da partícula ser esférica, ela se encontra isolada e é de dimensão tal que o comportamento do fluido ao redor dela seja laminar, ou seja, o número de Reynolds, Re, é menor que um. Embora essas condições não sejam satisfeitas pelas suspensões microbianas – a célula nem sempre se encontra isolada e, salvo as bactérias que têm forma de cocos, a forma das células não é esférica –, verifica-se a hipótese relativa ao comportamento laminar do fluido e às dimensões reduzidas da partícula suspensa. Assim, a Equação 4.14 permite uma boa aproximação para a determinação de v_g (velocidade de sedimentação sob ação da gravidade, em m/s).

$$v_g = \frac{d^2}{18\mu}(\rho_s - \rho_L)g \tag{4.14}$$

De acordo com a Equação 4.14, a velocidade de sedimentação de células microbianas sob ação da gravidade – v_g – baseia-se na diferença de densidade entre a célula, ρ_s, e o meio líquido, ρ_L (g/cm^3), na viscosidade do meio líquido, μ (cP), na força motriz dada pela aceleração padrão da gravidade, g (9,8 m/s^2), e no diâmetro da partícula, d (m).

Na centrifugação a sedimentação é forçada, pois, a força motriz é ampliada pela aplicação de rotação angular ao equipamento, w (rad/s). A força motriz, nesse caso, é w^2r, o produto entre o quadrado da rotação angular, w^2, e a distância radial desde o centro da centrífuga até a célula, r (m). A Equação 4.15 é semelhante à Equação 4.14, à exceção da força motriz que nesse caso é w^2r. Nessa situação, a velocidade de sedimentação da partícula deve-se ao campo centrífugo e é dada por v_c (m/s).

$$v_C = \frac{d^2(\rho_s - \rho_L)w^2 r}{18\mu} \tag{4.15}$$

A razão entre a força motriz no campo centrífugo, w^2r, e a aceleração padrão da gravidade, g, representa um múltiplo desta última, portanto um parâmetro adimensional dado pela Equação 4.16, em que F_c é o incremento aplicado à força da ação da gravidade na sedimentação forçada em um campo centrífugo, denominado por essa razão de efeito centrífugo, número g ou força centrífuga, e expresso pelo produto $n \times g$, em que n representa o resultado da razão w^2r/g.

$$f_C = \frac{w^2 r}{g} \tag{4.16}$$

De acordo com a Equação 4.15, a velocidade de sedimentação de células suspensas num meio líquido aquoso pode ser incrementada pelo aumento do valor das seguintes variáveis: dimensão do raio da centrífuga, r; rotação angular, w; diâmetro da célula, d; e diferença entre a densidade da célula e do meio líquido, $\rho_s - \rho_L$. Ainda, a redução da viscosidade do meio líquido, μ, contribui para o aumento da velocidade de sedimentação. A dimensão do raio da centrífuga, r, e a velocidade de rotação angular, w, são limitadas a equipamentos disponíveis no mercado para que a operação da centrífuga seja segura, enquanto os parâmetros d e ρ_s do modelo podem ser modificados por meio de agregação e adensamento de células para favorecem a v_c.

Considerando-se uma operação de centrifugação efetuada sob *N*, velocidade rotacional da centrífuga, de 500 rpm (rotações por minuto) num equipamento de raio r de 0,1 m, determina-se a título de ilustração o valor da força centrífuga, f_c, resultante de um aumento de 100% sobre o valor de r, f_{c1}, ou de 100% sobre o valor de N, f_{c2}.

w (rad/s) = (2ΠN)/60 = (2 × 3,1415 × 500)/60 = 52,3 rad/s

f_c original = $(w^2r)/g = (52{,}3^2 \times 0{,}1)/9{,}8 = 28$ xg

Aumento de 100% em r: r = 0,2 m

$f_{c1} = (52{,}3^2 \times 0{,}2)/9{,}8 = 55{,}8$ xg

Aumento de 100% em *N*: *N* = 1.000 rpm

w_2 = (2ΠN)/60 = (2 × 3,1415 × 1000)/60 = 104,7 rad/s

$f_{c2} = (104{,}7^2 \times 0{,}1)/9{,}8 = 111{,}85$xg

A proporção do incremento em r incide, portanto, igualmente em f_c, enquanto o incremento em *N* incide em dobro sobre o valor de f_c. Claro está que no projeto para ampliação de escala de uma clarificação por meio de centrifugação, ao se ampliar o tamanho da centrífuga, o valor de f_c fica ampliado, ainda que *N* não sofra aumento.

A densidade, ρ_s, e o diâmetro, d, típicos a vários gêneros de células de leveduras são da ordem de 8 µm e 1,05 g/cm^3, respectivamente, valores esses suficientes à clarificação eficiente na centrifugação dessas suspensões sob f_c da ordem de 20 xg a 30 xg, os quais resultam em uma velocidade de sedimentação, v_c, de cerca de 1.000 vezes em relação à velocidade de sedimentação natural, isto é, v_g. Na prática, entretanto, valores de f_c da ordem de 1.000 xg a 2.000 xg são empregados. Para bactérias emprega-se f_c da ordem de 5.000 xg, dado que o valor de d, diâmetro da bactéria, pode ser tão reduzido quanto 1 µm, aproximadamente oito vezes menor que o tamanho de leveduras. Além do diminuto tamanho das bactérias, a densidade dessa classe de microrganismos, ρ_s, é da ordem de 1,01 g/cm^3, uma diferença em relação à densidade da água de apenas 0,01, enquanto para leveduras ($\rho_s - \rho_L$) essa mesma diferença é da ordem de 0,05 g/cm^3. Os elevados valores de f_c aplicados à sedimentação forçada de bactérias num campo centrífugo resultam em uma elevada demanda de energia, requerendo, portanto, comparação com os custos da filtração tangencial na clarificação de suspensões bacterianas.

4.3.2 CENTRÍFUGAS

Na clarificação de suspensões microbianas é comum a utilização de centrífugas de discos e centrífugas tubulares, esquematicamente ilustradas nas Figuras 4.6 e 4.7. Tais centrífugas foram especialmente desenvolvidas para a indústria biotecnológica com o objetivo de suplantarem os efeitos negativos do diminuto tamanho e densidade das células microbianas e, por vezes, da elevada viscosidade do meio líquido sobre a eficiência da centrifugação.

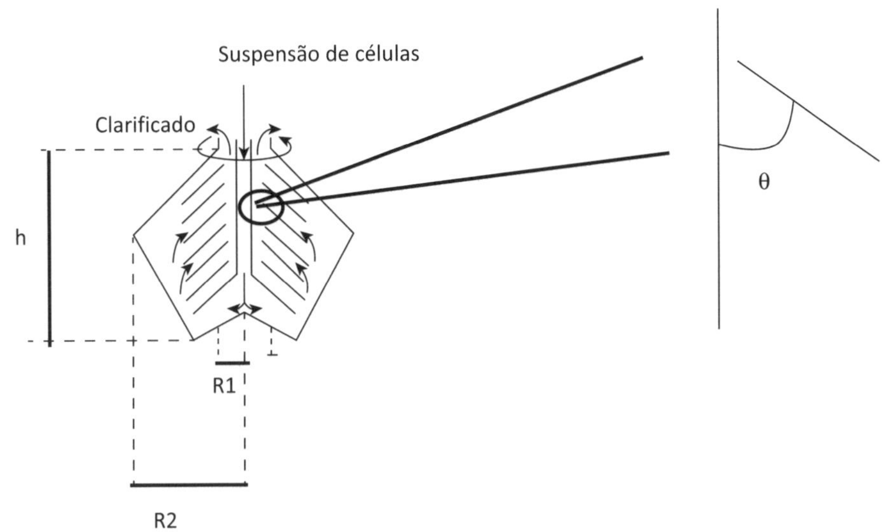

Figura 4.6 Representação esquematizada da centrífuga de discos. Detalhe ampliado do ângulo entre um disco e o eixo central do equipamento.

Na centrífuga tubular a suspensão de células é alimentada pela base do equipamento através de um orifício projetado de modo a controlar a direção e características do fluxo, o *nozzle*. A ação da força centrífuga, f_c, imposta pela rotação do tubo vertical, w, resulta em um movimento vertical ascendente da suspensão, com maior velocidade para o líquido devido à menor densidade dele, ρ_L, em comparação à densidade da célula, ρ_s. A clarificação da suspensão se dá quando a diferença entre as velocidades permite às células se chocarem com a parede do equipamento enquanto o fluido clarificado extravasa pela extremidade superior do equipamento. Uma vez em contato com a parede da centrífuga, as células passam a sedimentar e são removidas num ponto distinto da obtenção do clarificado. A vazão de alimentação da suspensão é, portanto, limitada pelo tempo demandado pelas células para encontrarem a parede do equipamento, tempo esse que não pode exceder o tempo de residência da suspensão dentro da centrífuga, t_r, dado pela razão entre o volume interno da centrífuga tubular e a vazão de alimentação da suspensão microbiana. Decorre daí que a vazão de alimentação estará limitada pelo tempo demandado pela célula para encontrar a parede da centrífuga, o que pode ser indiretamente monitorado pela turbidez do fluido clarificado.

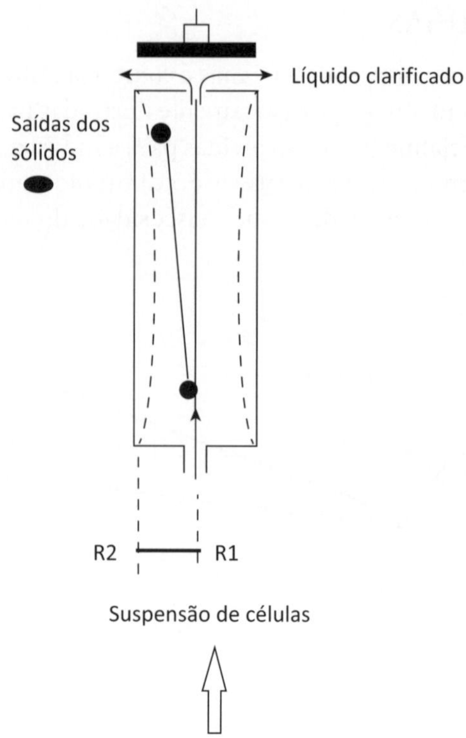

Figura 4.7 Representação esquematizada da centrífuga tubular.

As centrífugas tubulares são operadas em ambientes a pressão reduzida ou em atmosfera de nitrogênio, a fim de reduzir o efeito deletério do aumento de temperatura ocasionado pelo atrito entre células e meio líquido, atrito esse incrementado pelos elevados valores de f_c, da ordem de 13.000 xg a 17.000 xg. A capacidade desse tipo de centrífuga é limitada a algumas dezenas de litros, não só pelas restrições mecânicas impostas pelo elevado valor de f_c, mas também pela restrição imposta pela necessidade de manuseio, dado que o equipamento opera geralmente no modo descontínuo. Existem equipamentos para operação contínua, mas a valores menores de f_c. Além da frequente aplicação das centrífugas tubulares na remoção de partículas virais na produção de vacinas, verifica-se aplicação na separação de fragmentos de tecido celular oriundos da homogeneização de células e na separação de ribossomos, mitocôndrias e RNA polimerase.

As centrífugas de discos operam a valores de f_c entre 5.000 e 15.000 xg, valores menores em comparação às centrífugas tubulares; entretanto, processam continuamente até 200 m^3/h, apresentando, portanto, capacidade superior às centrífugas tubulares, que operam com vazões da ordem de apenas algumas dezenas de L/h. A elevada capacidade das centrífugas de discos baseia-se na elevada área superficial para sedimentação das células, resultante da inclusão dos discos e do curto percurso a ser percorrido pelas células em suspensão no meio líquido até o choque com os discos e a sedimentação. Centrífugas de discos podem operar com diferenças de densidade entre células e líquido de no mínimo 0,01 a 0,03 kg/m³ (ρ_s-ρ_L) e diâmetros de células de no mínimo 0,5 μm, o que inclui, portanto, bactérias.

Como mostra a ilustração da Figura 4.6, os discos de metal em formato cônico são dispostos uns sobre os outros, o espaçamento entre eles é de cerca de 0,3 mm e esse conjunto acompanha o movimento de giro da centrífuga. A suspensão microbiana é alimentada pela base do equipamento, na sua parte central, o que força a ascensão da suspensão e seu fracionamento entre os discos. Dada a pequena espessura da camada de suspensão entre os discos, as células, direcionadas para a parede do equipamento devido à força centrífuga, e mais densas que o líquido, chocam-se rapidamente com os discos e sedimentam, enquanto o líquido clarificado continua sua ascensão preferencial pelo eixo axial da centrífuga até ser coletado na extremidade superior. As centrífugas de discos geralmente são diferenciadas em função da forma de coleta dos sólidos: descarga manual, contínua ou intermitente, sendo estas duas últimas formas de coleta passíveis de serem realizadas com o equipamento em pleno funcionamento e através de orifícios especificamente desenhados para tal coleta. Alternativamente, o adensado de células acumulado junto às paredes do equipamento pode ser recuperado de forma intermitente na parte superior da centrífuga.

Devido à natureza descontínua e contínua de operação das centrífugas tubular e de discos, respectivamente, a primeira aplica-se a suspensões com no máximo 30 g/L de células, enquanto na de discos suspensões com até 250 g/L podem ser tratadas. Valores de até 100 g/L de células resultam de cultivos em alta concentração celular ou de operações prévias de adensamento do meio por floculação.

No projeto de centrífugas de discos e tubulares, a vazão de clarificado, F (m³/h), que pode ser obtida é determinada por meio de equações desenvolvidas com base em conceitos fundamentais do processo de sedimentação, acrescidas de considerações específicas sobre a trajetória de sedimentação da célula microbiana no equipamento considerado, isto é, com sua especificidade geométrica. Iniciando pelos conceitos fundamentais de sedimentação, têm-se as seguintes equações:

$$t_r = \frac{h}{v_g} \tag{4.17}$$

$$F = \frac{V_{SED}}{t_r} \tag{4.18}$$

$$F = v_g . A_S \tag{4.19}$$

A Equação 4.17 representa o tempo que uma determinada célula demanda para ir ao fundo de um tanque, t_r, ou tempo de residência da célula, determinado a partir da velocidade de sedimentação sob ação da gravidade, v_g, sendo h a altura desde a superfície da suspensão até o fundo do tanque de sedimentação (m). A vazão de clarificado, F (m³/h), imposta ou desejada, será dada pela razão entre o volume útil do sedimentador, V_{SED} (L), e o tempo de residência (t_r), de acordo com a Equação 4.18. Para que se satisfaça certo valor de F, é necessário determinar t_r. Substituindo-se a Equação 4.17 na 4.18, tem-se a Equação 4.19, na qual o aumento de A_S, área superficial do sedimentador (m^2), resulta em aumento da vazão F. Ainda, a Equação 4.19 mostra que a velocidade de obtenção de clarificado depende da velocidade de sedimentação da célula microbiana sujeita a um campo gravitacional, v_g.

Às Equações 4.17 a 4.19 foram acrescidas considerações específicas sobre a trajetória de sedimentação da célula microbiana na centrífuga tubular e na centrífuga de discos, resultando em equações semelhantes à Equação 4.19, nas quais se considera a célula que demandará o maior intervalo de tempo para sedimentar. No caso da centrífuga de discos trata-se da célula que se choca com o disco na extremidade interior deste, isto é, junto ao eixo axial do equipamento. Uma vez separada do líquido, a célula sedimenta deslizando sobre o disco, com velocidade v_c, isenta, assim, do componente convectivo de seu movimento, o qual resulta da ascensão do líquido em direção à saída, portanto um movimento em sentido contrário ao desejado para a sedimentação.

Para a centrífuga tubular, a célula que demanda o maior intervalo de tempo para ser coletada é aquela que se encontra próxima ao eixo axial do equipamento, e, portanto, à maior distância em relação à parede do equipamento. Ao se chocar com a parede, o movimento descendente da partícula deve-se unicamente à velocidade v_c, a qual é elevada nesse tipo de equipamento, uma vez que o movimento ascendente e convectivo da célula, em direção à saída superior, junto com o líquido, fica eliminado.

Feitas todas essas considerações, têm-se as Equações 4.20 e 4.21, respectivamente para as centrífugas de discos e tubular, devendo-se frisar que as deduções não estão apresentadas:

$$F = v_g[\frac{2\pi n w^2}{3g}(R_2^{\,3} - R_1^{\,3})\cot\theta] \qquad (4.20)$$

$$F = v_g[\frac{2\pi l(R_2^{\,2} - R_1^2)w^2}{g}] \qquad (4.21)$$

Na Equação 4.20, F é a vazão de clarificado (m^3/s), n é o número de discos, R_1 e R_2 correspondem respectivamente ao raio medido desde o eixo axial até a extremidade exterior e interior do disco (m), e θ o ângulo de inclinação do disco em relação ao eixo axial, conforme apresenta a Figura 4.6. Na Equação 4.21, l representa a altura da centrífuga (m) e R o raio (m). Deve-se notar nas Equações 4.20 e 4.21 que a vazão de clarificado depende das características geométricas e de operação do equipamento, e do valor de v_g, o qual é intrínseco à suspensão em questão e, portanto, é obtido em laboratório.

Na dedução das Equações 4.20 e 4.21 considerou-se a célula que demanda maior tempo para se chocar contra a parede do equipamento e passar, então, a sedimentar. Tal célula é aquela que percorrerá a maior distância desde a entrada no equipamento até a sua saída, distância essa dada por $R_2 - R_1$ nas Figuras 4.6 e 4.7. Substituindo v_c por dr/dt na equação diferencial 4.15, é possível integrá-la e determinar o tempo de residência, t_r, necessário à captura de uma partícula de diâmetro d, percorrendo a distância máxima, ou seja, $R_2 - R_1$. A Equação 4.22 representa o tempo necessário à captura da célula de diâmetro d na centrífuga. O diâmetro de tal partícula ou célula representa d_c, diâmetro crítico da célula.

$$t_r = \frac{18\mu}{w^2(\rho_s - \rho)d^2}\ln\frac{R_2}{R_1} \tag{4.22}$$

Na Equação 4.22 o tempo de residência, t_r, pode ser substituído pela razão entre o volume da centrífuga, V_C na Equação 4.23, e a vazão de operação, F. Dessa forma, para uma determinada centrífuga operada a certo valor de w ao qual corresponde um determinado valor de d_c, determina-se a vazão crítica de operação, F_c, que é a vazão a ser aplicada de modo a promover a sedimentação das células cujo diâmetro é igual ou menor a d_c.

$$V_C = \pi(R_2^2 - R_1^2)h \tag{4.23}$$

$$F_C = \frac{w^2(\rho_s - \rho)dc^2}{18\mu}\frac{[\pi(R_2^2 - R_1^2)h]}{\ln(2R_2/(R_1 + R_2))} \tag{4.24}$$

Para uma determinada centrífuga e uma determinada suspensão microbiana, as condições de operação ficam, portanto, definidas pelo valor de fc aplicado e pelo tempo de residência da suspensão no equipamento, dado que o tempo influi no valor de d_c, diâmetro crítico ou menor diâmetro de célula passível de ser capturado nas condições especificadas. Por exemplo, na centrifugação de uma suspensão contendo leveduras, valores da ordem de 3.000 xg e alguns minutos são suficientes à completa sedimentação das células.

Nas Equações 4.20 e 4.21 o termo entre colchetes tem unidade de área (por exemplo, m^2), à semelhança da Equação 4.19. Assim, essas equações frequentemente são representadas na forma simplificada, representada na Equação 4.25:

$$F = v_g\Sigma \tag{4.25}$$

O termo Σ, denominado fator sigma, representa o termo entre colchetes das Equações 4.20 e 4.21 e é empregado pelos fabricantes de centrífugas para caracterização dos equipamentos. Fisicamente, o fator sigma, Σ, equivale à área da seção transversal de um sedimentador atuando pela força da gravidade, que levaria ao mesmo desempenho da centrífuga especificada pelo fabricante. Dessa forma, comparações de produtividade ou vazão de clarificado com base nos valores do fator sigma apresentado pelo fabricante da centrífuga somente poderão ser feitas para equipamentos de mesma configuração geométrica, pois o fator sigma leva em conta a geometria interna da centrífuga, além da velocidade de rotação e a trajetória das partículas ou células no interior da centrífuga. A Tabela 4.1 apresenta as características de centrífugas de discos e tubulares quanto aos valores operacionais típicos para fc ($n \times g$), os valores limite para a concentração celular da suspensão a ser clarificada, o regime de operação, se contínuo ou descontínuo, a vazão possível de clarificado, F, e as facilidades de limpeza e esterilização.

Tabela 4.1 Características de centrífugas de discos e centrífugas tubulares empregadas na clarificação de suspensões microbianas

Tipo de centrífuga	Faixa de valores de f_c (nxg)	Limite de valores de concentração celular ($g.L^{-1}$)	Modo de operação	Vazão	CIP e SIP*
Centrífuga de discos	5.000 a 20.000 xg	Até 250	Descontínua ou contínua	Até 200 m^3/h	Sim
Centrífuga tubular	13.000 a 17.000 xg	Até 30	Descontínua, refrigerada	Até dezenas de litros	Sim

* CIP, *cleaning-in-place*; SIP, *sterilization-in-place*.

Dado que o valor de v_g é intrínseco à célula e o valor da vazão de clarificado, F, em geral é imposto ao projeto, as centrífugas industriais podem ser comparadas quanto ao valor de Σ que melhor satisfaz o valor de F desejado. Em caso de escolha de centrífuga para operação em regime contínuo, aplica-se o valor desejado de F, vazão de clarificado, e o valor de v_g, obtido em testes de laboratório. Quando é escolhida centrífuga para operação em regime descontínuo, o valor de F será dado pela razão entre o volume da suspensão de células, V (L), e o tempo de residência, t_r (h), estipulado para a clarificação.

Deve-se notar que as previsões de desempenho de centrífugas com base nas Equações 4.20 e 4.21 não serão completamente verificadas na prática, pois são equações deduzidas para condições modelares, isto é, partículas esféricas e desagregadas, distribuídas homogeneamente através do líquido, e que não sofrem associação mesmo durante a sedimentação. Testes em laboratório são, portanto, essenciais ao sucesso do projeto de clarificação por meio de centrifugação.

As características das centrífugas de discos e tubulares especialmente desenvolvidas para a indústria biotecnológica estão baseadas nos limites mecânicos impostos pela segurança à operação desses equipamentos, limites esses que se baseiam, sobretudo, na combinação do diâmetro do equipamento e na velocidade angular, w, necessária à sedimentação a valores aceitáveis de v_c para células tão diminutas como bactérias.

Na indústria de processos biotecnológicos, as centrífugas por vezes são isoladas em cabines, pois a geração de aerossóis – células dispersas no ambiente – pode causar reações alérgicas aos operadores dos equipamentos.

4.3.3 AMPLIAÇÃO DE ESCALA

A centrífuga a ser empregada em escala industrial é selecionada face aos equipamentos comercialmente disponíveis, dado que as dimensões e configurações devem atender aos limites de segurança física, pois a força centrífuga estabelecida na operação e exercida contra a parede do equipamento deve estar dentro do limite de resistência suportada por ele. Isso se aplica particularmente às centrífugas de discos, que, por serem operadas a valores elevados de f_c, têm frequência de rotação e raio do equipamento limitados àqueles ofertados pelos fabricantes.

Nesse contexto, dois critérios podem ser empregados no projeto de ampliação de escala da centrifugação: o primeiro critério, qualitativo, baseia-se na manutenção do valor do produto entre f_c (Equação 4.16) e o tempo (t), $f_c t$, da escala de laboratório na escala ampliada, e é uma excelente abordagem inicial do problema; o segundo critério, quantitativo, baseia-se no valor do fator sigma, Σ, da Equação 4.25 e, portanto, depende da velocidade de sedimentação da célula sob ação da gravidade, v_g, valor intrínseco ao conjunto célula e meio em questão. Para os dois critérios de ampliação de escala, os testes em escala de laboratório são, portanto, essenciais.

O critério $f_c t$ constante significa operar a centrífuga industrial a valor de f_c e tempo tal que o produto destes seja igual àquele que resultou na clarificação desejada na escala de bancada. Por exemplo, se 3.000 xg durante cinco minutos são suficientes para a obtenção de um sedimento compacto e um sobrenadante de turbidez aceitável, 1.500 xg durante dez minutos na centrífuga industrial deverão resultar em um sobrenadante e um sedimento de mesmas características que aquele obtido em laboratório. Por meio desse critério, contorna-se a questão da limitação mecânica das centrífugas comerciais, na operação sob os elevados valores de f_c necessários à sedimentação de células microbianas, pois, mediante a ampliação do tempo de centrifugação, permite-se a redução do valor de f_c. Na centrifugação em regime contínuo, a manipulação da variável tempo, t, ora em discussão neste critério de ampliação de escala, é a variável tempo de residência, t_r, sobre a qual se atua variando-se a vazão de alimentação, F. Por exemplo, a redução da vazão de alimentação da suspensão a ser clarificada resultará no aumento do tempo de residência, t_r, dos sólidos no equipamento e, portanto, melhora na eficiência de sedimentação dado que uma maior proporção de células poderá chocar-se com a parede do equipamento e sedimentar.

O exemplo que segue ilustra a aplicação do critério de $f_c t$ constante na clarificação de um meio líquido contendo bactérias em suspensão. Na escala de laboratório, escala 1, a suspensão de bactérias demandou 10 minutos de centrifugação sob valor de f_c de 4.829 xg em centrífuga de raio de 0,1 m, para gerar sobrenadante límpido e sedimento compacto. Considerando-se o aproveitamento de uma centrífuga existente, escala 2, cujo raio é de 2 m, que deve operar sob *N*, velocidade rotacional, de 2.000 rpm, determina-se o tempo necessário a essa operação com base no critério $f_c t$ constante, conforme segue. Determina-se também a velocidade rotacional, *N*, da centrífuga da escala 1.

Centrífuga 1:

$$(f_c t)_1 = 4.829 \times 10 = 4.8290 \text{ min}$$

$$f_c = \frac{w^2 R}{g} = \frac{w^2 0,1}{9,8} = 4.829$$

$$\text{w} = 687,93 \text{ rad/s}$$

$$N = \frac{687,93.60}{2\pi} = 6.569 \, rpm$$

Centrífuga 2: é preciso transformar a velocidade de rotação, *N*, dada em rpm (rotações por minuto) numa velocidade angular, w, em radianos por segundo (rad/s).

$$w = N(\frac{rotação}{\text{min}})\frac{2\pi \, radianos}{rotação}\frac{1 \text{min}}{60s}$$

$$f_{c2} = (2.000 \times \frac{2\pi}{60})^2 \times \frac{1,0}{9,8} = 4.457xg$$

Aplicando-se o critério já descrito, devem-se igualar os dois produtos Fct:

$$(f_c t)_1 = (f_c t)_2$$

$$48.290 = 4.457 t_2$$

Desta igualdade resulta que o tempo na centrífuga industrial será:

$$t_2 = 10,8 \text{ min}$$

O exemplo ilustra a aplicação do critério de manutenção do produto $f_c t$ na ampliação de escala de uma operação de centrifugação, bem como ilustra o fato de que para valores tão próximos de f_c nas duas escalas, quais sejam, de 4.829 e 4.457 xg, a velocidade de rotação, *N*, sofreu redução de 6.569 para 2.000 rpm com a ampliação do raio do equipamento de 0,1 m para 2 m, pois a força motriz da centrifugação, conforme apresenta a Equação 4.15, é definida pelo produto w^2r. Ou seja, na ampliação da dimensão de uma centrífuga, é possível reduzir o valor da velocidade de rotação angular, w, mantendo-se um determinado valor de f_c, o que é bastante apropriado a centrífugas comercialmente disponíveis, cujos valores de w são inferiores aos valores possíveis em centrífugas de bancada de laboratório, em função das limitações físicas.

O segundo critério de ampliação de escala é quantitativo e baseia-se na ampliação do valor do fator sigma, Σ, da Equação 4.22 dado que o valor de v_g é intrínseco à suspensão a ser clarificada. Dessa forma, conhecido o valor de vazão de clarificado, F_1, eficientemente tratado em determinada centrífuga, Σ_1, para a nova vazão a ser tratada, F_2, deve-se ampliar o valor de Σ para Σ_2 de acordo com a Equação 4.27:

$$F_1 = v_g \Sigma_1$$

$$F_2 = v_g \Sigma_2 \tag{4.25}$$

$$\frac{F_1}{F_2} = \frac{\Sigma_1}{\Sigma_2} \tag{4.26}$$

$$\Sigma_2 = \Sigma_1 \frac{F_2}{F_1} \tag{4.27}$$

De acordo com a Equação 4.27, o fator sigma, Σ, será ampliado na mesma proporção da ampliação necessária ao valor da vazão de clarificado. Uma vez que os fabricantes de centrífugas apresentam o valor do fator sigma, Σ, de seus equipamentos, a determinação de Σ_2 leva de fato à escolha de uma centrífuga dentre aquelas disponíveis numa determinada geometria, fazendo com que a aplicação desse critério seja particularmente útil ao ajuste das necessidades do processo face às disponibilidades de centrífugas comerciais.

É importante frisar que a igualdade da Equação 4.26 não pode ser considerada como critério exato de ampliação de escala, dado que as equações fundamentais da centrifugação foram desenvolvidas para condições ideais, e, por conseguinte, as Equações 4.20 e 4.21 também o foram, situação que não se verifica na prática de clarificação de suspensões microbianas, pois estas não apresentam células exatamente esféricas e de mesmo tamanho, e, frequentemente, verifica-se o agrupamento delas.

Sugere-se a aplicação dos dois critérios de ampliação de escala discutidos, isto é, manutenção do produto $f_c t$ constante e ampliação do fator sigma, Σ, no mesmo projeto. Por exemplo, aplicando-se o critério de ampliação do fator sigma, Σ, escolhe-se uma determinada centrífuga e, aplicando-se o critério de $f_c t$ constante, determina-se o tempo de centrifugação, t, de modo a manter $f_c t$ constante. No caso das centrífugas de discos que operam de forma contínua, determina-se o tempo de residência.

4.3.4 AUXILIARES DE CENTRIFUGAÇÃO

A indução da agregação das células microbianas com base nas características iônicas da superfície – coagulação – aumenta a dimensão (d) e a densidade dos sólidos suspensos (ρ_S), o que resulta em maior velocidade de centrifugação de acordo com as Equações 4.14 e 4.15. Tal agregação pode ser induzida pelo ajuste do pH ou por adição de eletrólitos à suspensão (sais polivalentes ou moléculas sintéticas).

A atuação do pH se dá no sentido de reduzir a carga superficial das células a fim de favorecer a coagulação entre elas, resultando em partículas maiores e mais densas. Sais de alumínio, cálcio ou ferro atuam de maneira similar ao pH, isto é, reduzindo a repulsão eletrostática entre as células de modo a favorecer a reunião delas. Já os polieletrólitos sintéticos (catiônicos, aniônicos ou não iônicos) atuam simultaneamente reduzindo a repulsão eletrostática entre as células e formando uma ponte entre elas, por meio de sua ligação a radicais iônicos de caráter positivo ou negativo na superfície dessas células. São empregadas poliacrilamidas, polietileminas e derivados de poliaminas.

4.3.5 APLICAÇÃO DA CENTRIFUGAÇÃO NO PROCESSO DE FERMENTAÇÃO ALCOÓLICA

O exemplo mais importante no Brasil da aplicação da operação unitária de centrifugação na clarificação de meios de cultura é sem dúvida a produção de etanol pela levedura *Saccharomyces cerevisiae*. A viabilização da produção de cerca de 28 bilhões de litros de etanol por ano, em parte, está baseada na eficiência da operação de clarificação, da qual depende a reciclagem da levedura aos reatores de fermentação e, por conseguinte, a manutenção de elevadas concentrações celulares no meio de cultivo, fator fundamental para o sucesso econômico do processo. Outro fator fundamental para o bom desempenho do processo é a seletividade proporcionada pela centrifugação, mantendo bactérias em suspensão, enquanto leveduras e outros sólidos maiores, como flocos e bagacilho, sedimentam. A rejeição das bactérias na centrifugação, principal classe de contaminantes, é fator fundamental para o sucesso da fermentação alcoólica. Caso contrário, elas seriam recicladas aos reatores, causando redução do rendimento da transformação da sacarose em etanol pelas leveduras, haveria queda da viabilidade das leveduras devido às toxinas lançadas no meio pelos contaminantes, além de fermentações secundárias oriundas da atividade desses microrganismos contaminantes e floculação das células de leveduras provocada pelas bactérias, resultando na deposição de leveduras no reator de fermentação e, portanto, redução da massa de células de leveduras ativas na transformação de sacarose a etanol.

4.4 CONSIDERAÇÕES FINAIS

A aplicação tradicional da filtração convencional se dá na clarificação de grandes volumes de suspensões diluídas de células de bolores ou fungos filamentosos, da ordem de milhares de litros, quando o produto-alvo é extracelular, em situações nas quais a assepsia não é necessária. Ainda, as tortas de filtração formadas por bolores têm porosidade adequada às filtrações, mas não são adequadas à centrifugação, uma vez que a densidade dos fungos filamentosos é praticamente a mesma da água, não resultando eficiente a centrifugação, dado que essa operação unitária se baseia na diferença de densidade entre célula e líquido. Já a ordem de grandeza do tamanho das bactérias e leveduras face aos bolores dificulta a filtração convencional. Filtros convencionais apresentam membranas de carga e características hidrofóbicas, úteis na remoção de endotoxinas, DNA, proteínas das células, partículas virais e príons.

A centrifugação é tradicionalmente aplicada com sucesso a leveduras, pois a diferença de densidade entre essas células e o meio aquoso, da ordem de 0,05g/cm^3, é suficiente a uma eficiente clarificação. Bactérias, por outro lado, frequentemente são mais economicamente separadas por meio da filtração tangencial face ao seu diminuto tamanho, que demanda elevada energia à sedimentação na centrifugação, Fc, da ordem de 5.000 xg. A centrifugação é solução para a clarificação de suspensões de células quando o produto é intracelular, porque é passível de ser conduzida em condições assépticas, necessárias a esses produtos, mais sensíveis à degradação quando privados das condições físico-químicas do citoplasma e, ainda, quando expostos à contaminação microbiana ambiental. A restrição imposta pela lise celular ocorrida na centrifugação de células animais foi eliminada por novas centrífugas cujo orifício de admissão da suspensão celular é hermético, isento de ar, o que reduz significativamente a tensão de cisalhamento originada pela interface ar/líquido. Na clarificação de suspensões de células animais, a centrifugação é frequentemente sucedida pela filtração convencional aplicada para uma clarificação complementar antes das operações cromatográficas.

4.4.1 NOVAS ESTRATÉGIAS PARA A CLARIFICAÇÃO DE SUSPENSÕES CELULARES

A organização das operações unitárias apresentadas neste capítulo compreendeu a reunião da filtração convencional e da centrifugação, ao passo que a microfiltração ou filtração tangencial, conquanto também se aplique à clarificação, está inserida em capítulo à parte, uma vez que é aplicada no processo de purificação com outros objetivos além da separação entre células e meio de cultivo. A microfiltração, conforme se verá no Capítulo 5, "Processos de separação com membranas", é amplamente empregada na etapa de clarificação do processo de produção de biomoléculas em vista de sua elevada eficiência.

Avanços tecnológicos importantes modificaram as membranas de filtração, dotando-as de poros de tamanhos diversos organizados em múltiplas camadas, elevando a eficiência de filtração, sobretudo, quando mais de um filtro é empregado, cada um com diferentes membranas de múltiplas camadas. A despeito desses avanços tecnológicos, a manutenção de produtividades adequadas na etapa de clarificação segue desafiadora, pois, as elevadas concentrações de células microbianas e animais nos meios de cultivo, necessárias à obtenção de títulos elevados das moléculas de interesse, impõe intenso estresse às células, provocando uma elevada proporção de células inviáveis e rompidas, as quais dificultam a filtração, a centrifugação e a microfiltração. Verificam-se também maiores concentrações de impurezas no meio de cultivo, como lipídeos, proteínas e ácidos nucleicos oriundos das células lisadas, além das proteínas oriundas da adição de hidrolisados de soja e levedura ao meio de cultivo, as quais se somam às impurezas liberadas pelas células, onerando o processo de purificação.

Diante dos novos desafios da clarificação, essa etapa do processo de purificação passou a ser desenvolvida de forma conjunta com o cultivo microbiano e com as operações da etapa de recuperação primária da molécula-alvo. Uma estratégia promissora é o uso da precipitação ou da floculação como auxiliar da centrifugação, da filtração convencional e da microfiltração, já no reator de cultivo celular.

São empregados como agentes de floculação poliaminas, polissacarídeos catiônicos e quitosana, quase sempre com carga positiva, uma vez que atuam como elo entre as moléculas de impurezas, a maioria com carga negativa, ou neutralizando a carga das impurezas para que elas possam se reunir, formando, em ambos os casos, partículas maiores e, portanto, de sedimentação ou filtração facilitada. É possível aplicar cloreto de cálcio e fosfato de potássio ao meio de cultura para que resulte em fosfato de cálcio, que precipita junto com os fragmentos de tecido da parede de células lisadas e outras impurezas de carga negativa como DNA, lipídeos e proteínas celulares. A simples adição de ácidos como o ácido fosfórico, sulfúrico, acético e cítrico ao meio de cultivo acarreta a redução da solubilidade das proteínas intracelulares liberadas no meio de cultivo, uma vez que tais proteínas têm estrutura solúvel no citoplasma, cujo pH é próximo a 7,0. Moléculas de DNA também sofrem redução da sua solubilidade, resultando na precipitação dos complexos de cromatina que agregam, além das moléculas de DNA e RNA, proteínas do núcleo celular de células eucarióticas.

A floculação e a precipitação ácida aumentam significativamente a eficiência das operações unitárias da etapa de clarificação – filtração convencional, centrifugação e microfiltração –, bem como da etapa de recuperação primária ou purificação parcial da molécula-alvo. Ainda, tornam essas etapas menos sensíveis às mudanças de composição do meio de cultivo. Desenvolvimentos futuros à reunião das etapas de clarificação e purificação parcial tornarão a etapa de purificação, frequentemente baseada em operações cromatográficas, mais reprodutível e estável.

4.4.2 OBSERVAÇÕES QUANTO AOS ENSAIOS EM ESCALA DE LABORATÓRIO

É importante saber que a efetividade de qualquer ensaio em escala de laboratório na projeção do desempenho dos processos de clarificação ora descritos depende do emprego de suspensões microbianas com características semelhantes àquelas do meio ao final da fermentação na escala de produção. Assim, meios com células rompidas, contaminações ou mesmo alterações da composição nutritiva apresentarão comportamento diferente na filtração e centrifugação, pois a viscosidade e compressibilidade serão diferentes em relação à amostra testada em laboratório. Também a temperatura de realização dos testes é importante, já que altera a viscosidade do meio. Diferenças em relação a esse parâmetro não são raras, visto que as fermentações geralmente são conduzidas a temperaturas superiores à ambiente. Em caso de clarificação de grandes volumes de meio, típico da filtração e, em menor proporção, da centrifugação, é comum que a temperatura na clarificação seja superior à ambiente.

EXERCÍCIOS

1. Testes em laboratório para determinação de dados para projeto da operação unitária de filtração de uma suspensão do fungo filamentoso *Penicillium chrysogenum* em escala industrial são realizados com uma amostra de 50 mL da referida suspensão, em um filtro com área de filtração, A, de 5 cm^2, ao qual se aplica diferença de pressão, Δp, através do leito de filtração de 5 psi. A compressibilidade da torta de filtração, s, é conhecida e é de 0,5. O tempo, t, demandado para essa filtração teste é de 4 minutos. Os volumes citados, V, referem-se ao volume da suspensão de fungos bem como ao volume de filtrado, dado que a densidade da suspensão de fungos é praticamente a mesma da solução clarificada.

a) A indústria dispõe de um filtro em escala piloto cuja área de tecido de filtração, A, é de 1,2 m^2. Determine o tempo para filtração, t, de um volume de 600 L da suspensão do fungo filamentoso no filtro em escala piloto.

b) Na escala real de produção deve-se filtrar um volume da suspensão de fungos, V, 10 vezes superior ao volume testado na escala piloto, na metade do tempo determinado no item a. Determine o incremento percentual à área A necessário à satisfação dessa condição.

c) Com base em testes em laboratório e na escala piloto, determinou-se a massa adequada de auxiliar de filtração por meio da qual se alcançou redução da compressibilidade da torta de filtração, s, para 0,3. Nessa condição, isto é, com s = 0,3, de quanto será o tempo de filtração, t, na escala piloto?

d) Supondo que somente a redução da compressibilidade, s, não satisfaça à redução do tempo de filtração em 50%, de quanto deveria ser incrementada a diferença de pressão através do leito de filtração, Δp, sob s = 0,3?

Resolução:

a) Rearranjo da Equação 4.11:

$$\mu\alpha'X = \frac{2t\Delta p^{(1-S)}}{V^2}A^2$$

$$\mu\alpha'X = \frac{4.2.5^{(1-0,5)}5^2}{50^2}$$

$$\mu\alpha'X = 0{,}1789\ \text{cm}^{-2}\text{psi}^{0,5}\ \text{min}$$

Filtro industrial:

$$t = \frac{0{,}1789}{2.5^{(1-0,5)}}\left(\frac{6.10^5}{12000}\right)^2$$

Resultado: t = 100 minutos = 1,67h

b) (t/2) = 50 minutos – 0,83h

Rearranjo da Equação 4.11:

$$A = \left(\frac{V^2 \mu \alpha' X}{t 2 \Delta p^{(1-S)}} \right)^{0,5}$$

Resultado: A = 17.000 cm², aumento de 41% sobre a área de 12.000 cm².

c) $$t = \frac{0,1789}{2,4^{(1-0,5)}} \left(\frac{6.10^5}{12000} \right)^2 \qquad t = \frac{0,1789}{2 \times 5^{(1-0,3)}} \left(\frac{6 \times 10^5}{12000} \right)^2$$

Resultado: t = 1,2h, representa 28% de redução do tempo de 1,67h, portanto, não foi alcançada a redução de 50% para t.

d) Rearranjo da Equação 4.11:

$$\frac{t}{2} = \frac{100}{2} \min = 50 \min = 0,83\, h$$

$$\Delta p^{(1-s)} = \frac{\mu \alpha' X}{2t} \left(\frac{V}{A} \right)^2$$

Resultado: Δp = 8,4 psi.

2. Com base em resultados obtidos em experimentos de filtração, realizados em laboratório, de uma suspensão de um fungo filamentoso cujas hifas encontravam-se livres no meio de cultivo, sob Δp = 240 mmHg, determinou-se o valor da resistência específica da torta de filtração, α, $3,1.10^9$ ($m.kg^{-1}$). Para o mesmo fungo, quando o cultivo foi conduzido sob valor reduzido de tensão de cisalhamento em comparação ao cultivo anterior, houve aglomeração das hifas na forma de *pellets* para a qual o valor de α foi de $7,3.10^8$ ($m.kg^{-1}$) sob o mesmo Δp de 240 mmHg. A aglomeração das hifas na forma de *pellets* em geral ocasiona redução da velocidade de respiração de oxigênio pelas células devido à redução da velocidade de transferência do oxigênio dissolvido desde o meio de cultivo até as células localizadas no interior dos *pellets*, com consequências negativas para a produtividade em células e proteínas, como enzimas, pois as vias metabólicas para tais produtos são aeróbias, isto é, dependentes de oxigênio.

Considerando como dados: μ = 1,1 cP = $1,1.10^{-3}$ ($kg.m^{-1}.s^{-1}$); X = 50 ($kg.m^3$; 1 mmHg = $1,333.10^2$ ($kg.m^{-1}.s^{-2}$), determine:

a) O tempo, t, para filtração de um volume de 10 m³ da suspensão de hifas livres.

b) O tempo, t, para filtração de um volume de 10 m³ da suspensão de *pellets*, ambos através de uma área de filtração de 7 m².

Resolução:

a) Rearranjo da Equação 4.7, desprezando o termo B (relativo a resistência R_m) e explicitando o termo K:

$$t = \frac{\mu \alpha X}{2\Delta p} \frac{V^2}{A^2}$$

$$t = \frac{1{,}1 \times 10^{-3} \times 3{,}1 \times 10^{9} 50}{2 \times 31992} \frac{10^2}{7^2}$$

Resultado: t = 1,51h

b) $$t = \frac{1{,}1 \times 10^{-5} \times 7{,}3 \times 10^{8} 50}{2 \times 31992} \frac{10^2}{7^2}$$

Resultado: t = 0,36h

3. Uma suspensão de células de leveduras será submetida à clarificação por meio de centrifugação. O cultivo da referida levedura frequentemente sofre contaminação por diferentes bactérias, cujos valores característicos de diâmetro, d, e densidade, ρ_s, foram transformados em valores médios. Considerando que a centrífuga disponível apresenta distância $R_2 - R_1$ de 0,5 m e que a mesma será operada sob *N* de 2.000 rpm, determine o tempo de residência necessário à captura da levedura e das bactérias. Determine o tempo de residência para as bactérias na hipótese da velocidade rotacional da centrífuga, *N*, ser ampliada para 5.000 rpm. Discuta o resultado.

Dados da levedura: ρ_s = 1,045 g/cm³; d = 8 μm, assumido a levedura como perfeitamente esférica. Dados médios das bactérias contaminantes: ρ_s = 1,02 g/cm³; d = 1 μm. Dados do meio líquido: ρ_L = 1 g/cm³; μ = 1cp = 0,01 g/cm.s.

Resolução:

Determinação do valor de t_r para a levedura:

$$t_r = \frac{18\mu}{w^2(\rho_s - \rho_L)d^2} \ln \frac{R_2}{R_1}$$

$$w = 2\frac{\pi N}{60} = (2\pi * 2.000)/60 = 209,43 \text{ rad/s}$$

$$t_r = \frac{18 \times 0,01}{209,43^2(0,045)(8 \times 10^{-4})^2}\ln 50 = 542\text{s} = 9 \text{ min}$$

Determinação do valor de t_r para a bactéria sob N = 2.000 rpm:

$$t_r = \frac{18 \times 0,01}{209,43^2(0,02)(1 \times (10^{-4})^2}\ln 50 = 1.338 \text{min} = 22\text{h}$$

Determinação do valor de t_r para a bactéria sob N = 5.000 rpm:

$$t_r = \frac{18 \times 0,01}{523,58^2(0,02)(1 \times (10^{-4})^2}\ln 50 = 12.849s = 214 \text{min}$$

Discussão dos resultados:

Na operação da centrífuga sob N = 2.000 rpm, as bactérias não serão eliminadas do meio líquido, pois o valor do tempo de residência para a captura das bactérias contaminantes, 1.338 minutos, é elevado e certamente não haverá economicidade no uso dessa operação unitária. A ampliação do valor de N de 2.000 rpm para 5.000 rpm, embora reduza significativamente o valor de t_r para as bactérias, de 1.338 minutos para 214 minutos, indica a necessidade de avaliação de outra operação unitária para a completa clarificação do meio.

4. Considere que a mesma levedura do exercício 3 deverá ser removida do mesmo meio líquido por meio de operação de centrifugação em equipamento disponível na planta da indústria, cujo valor do fator sigma é 106 m^2. Determine a vazão de clarificado possível de ser obtida com a referida centrífuga.

Resolução:

$$v_g = \frac{d^2}{18\mu}(\rho_s - \rho_L)g$$

$$v_g = \frac{(8 \times 10^{-4})^2}{18 \times 0,01}(1,045 - 1,0)980 = 1,57 \times 10^{-4} \text{ cm/s} = 0,56448 \text{ cm/h}$$

$$F = v_g[\Sigma]$$

$$F = 0,56448 \times 106 \times 10.000 \text{ cm}^2/\text{m}^2$$

$$F = 598.349 \text{ cm}^3/\text{h} = 598 \text{ L/h}$$

REFERÊNCIAS BIBLIOGRÁFICAS

BENNETT, C. O.; MYERS, J. E. *Fenômenos de transporte: quantidade de movimento, calor e massa*. Trad. Eduardo Walter Leser. Porto Alegre: McGraw-Hill do Brasil, 1978.

BELTER, P. A.; CUSSLER, E. L.; HU, W.-S. *Bioseparations: downstream processing for biotechnology*. New York: John Wiley & Sons, 1988.

DORAN, P. M. *Bioprocess engineering principles*. Elsevier Science & Technology Books, Amsterdam, 1995.

HARRIS, E. L. V.; ANGAL, S. (eds.). *Protein purification applications: a practical approach*. New York: Oxford University Press, 1990.

HARRIS, E. L. V.; ANGAL, S. (eds.). *Protein purification methods: a practical approach*. New York: Oxford University Press, 1995.

OOLMAN, T.; LIU, T. Filtration properties of mycelial microbial broths. *Biotechnology Progress*, v. 7, n.6, p. 534-539, 1991.

ROUSH, D. J.; LU, Y. Advances in primary recovery: centrifugation and membrane technology. *Biotechnology Progress*, v. 24, n. 3, p. 488-495, 2008.

CAPÍTULO 5

Processos de separação por membranas

Alberto Cláudio Habert

Cristiano Piacsek Borges

Frederico de Araujo Kronemberger

Helen Conceição Ferraz

Ronaldo Nobrega

NOMENCLATURA

$\alpha_{i/j}$ – Seletividade para a mistura i,j

$\alpha_{i/j}^{ideal}$ – Seletividade ideal para a mistura i,j

β_i – Fator de enriquecimento para o componente i

Δp – Diferença de pressão entre os dois lados da membrana

Δp_{ef} – Diferença de pressão efetiva

Δz – Espessura da membrana

$\Delta\pi$ – Diferença de pressão osmótica entre os dois lados da membrana

ε – Porosidade da membrana

μ – Viscosidade do solvente ou da solução que permeia a membrana

μ_i – Potencial químico da espécie i

π – Pressão osmótica da solução

τ – Tortuosidade dos poros da membrana

∇p – Gradiente de pressão

C – Concentração volumétrica

C_i – Concentração do soluto ao longo da espessura da membrana

C_i^m – Concentração média do soluto i

C_0 – Concentração de soluto na solução de alimentação

C_m – Concentração de soluto na solução de alimentação, na interface membrana/solução

C_p – Concentração de soluto no permeado

D_i – Coeficiente de difusão da espécie i

D_{im} – Coeficiente de difusão da espécie i na membrana densa

e – Espessura da membrana densa

J – Fluxo permeado

J_v – Fluxo permeado do solvente ou da solução

J_d – Fluxo de retrodifusão

J_i – Fluxo permeado de soluto

L_p – Permeabilidade da membrana ao solvente ou à solução

p – Pressão da fase gasosa

p_a – Pressão média na corrente de alimentação

p_e – Pressão da corrente de alimentação na entrada do módulo

p_p – Pressão na corrente de permeado

p_s – Pressão da corrente de alimentação da saída do módulo

P_i – Permeabilidade da espécie i na membrana polimérica

r_m – Raio médio dos poros da membrana

R_a – Resistência causada pela adsorção

R_b – Resistência causada pelo bloqueio de poros

R_g – Resistência causada por efeitos de gelificação da solução

R_m – Resistência intrínseca da membrana

R_{PC} – Resistência causada pela polarização de concentração

R_T – Resistência total à transferência de massa

S_i – Solubilidade da espécie i na membrana polimérica

x_i – Fração molar da espécie i na corrente de alimentação

y_i – Fração molar da espécie i na corrente de permeado

z – Direção de transferência de massa

ABREVIAÇÕES

D - Diálise

ED - Eletrodiálise

MF - Microfiltração

MM - Massa molar

NF - Nanofiltração

OI - Osmose inversa

PG - Permeação de gases

PSM - Processo de separação por membranas

PV - Pervaporação

UF - Ultrafiltração

LISTA DE PALAVRAS

Contactores

Diafiltração

Diálise

Eletrodiálise

Filtração tangencial

Fluxo permeado

Incrustações

Membranas

Microfiltração

Nanofiltração

Osmose inversa

Permeabilidade

Permeação de gases

Pervaporação

Polarização de concentração

Rejeição

Seletividade

Ultrafiltração

5.1 INTRODUÇÃO

Bioprodutos ocorrem em baixas concentrações em meios de cultivo, junto com uma variedade de moléculas contaminantes e de sólidos suspensos, que são as células e seus fragmentos. Mesmo na produção de etanol e ácido cítrico, cujas concentrações no meio de cultivo são consideradas elevadas, são valores de apenas alguns moles por litro, e não passam de poucas dezenas de milimoles e micromoles para produtos de maior valor agregado, como a penicilina G e a vitamina B12, respectivamente. Como regra, o gasto energético da etapa de separação varia com o logaritmo da concentração da molécula-alvo e pode superar em muito os custos das matérias-primas e do cultivo.

A variedade de moléculas contaminantes compreende desde células (sólidos suspensos) e seus fragmentos, matéria coloidal, produtos do metabolismo das células, como solutos macromoleculares (proteínas, polissacarídeos e ácidos nucleicos), a ácidos orgânicos e antibióticos, além dos nutrientes do meio de cultivo, como sais e açúcares. As dimensões dessas substâncias variam de nanômetros a milímetros, o que provoca consideráveis problemas de separação.

Outro desafio à aplicação de operações de separação a produtos de biossíntese, como antibióticos e proteínas, é sua labilidade e sensibilidade a pH, temperatura, força iônica, solventes e tensões cisalhantes. Parte desses problemas pode ser enfrentada com relativo sucesso por meio do emprego de processos de separação com membranas.

A aplicação mais imediata de membranas em processos biotecnológicos é o processamento de meios de cultivo, tanto na sua clarificação como no isolamento de uma dada molécula. Assim, quando o produto de interesse é a célula ou uma molécula intracelular, como uma proteína, a separação entre células e meio de cultivo pode corresponder à primeira etapa de recuperação do produto, a qual deve ser seguida de lavagem, rompimento celular e purificação da proteína. A clarificação do meio de cultivo é operação equivalente, porém, o objetivo é eliminar as células como primeira etapa para a recuperação de um produto presente no meio de cultivo.

Classicamente, essas separações são efetuadas, não sem problemas, por centrífugas (na recuperação de células) e filtros rotativos com uso de auxiliar de filtração (na clarificação de meios de cultivo). A variação de tamanhos de sólidos em suspensão afeta a eficiência do processo de centrifugação, e a compressibilidade das células pode resultar em uma torta de filtração com elevada resistência ao transporte.

Os processos de separação com membranas, microfiltração, ultrafiltração e, mais recentemente, a nanofiltração e a osmose inversa podem ser considerados como alternativas para essas aplicações, uma vez que são menos sensíveis aos problemas apontados. São processos de baixo consumo energético e que eliminam os custos referentes ao armazenamento e ao descarte do auxiliar de filtração, um sério problema enfrentado pelas indústrias que usam filtros rotativos.

Os processos de separação com membranas também são adotados na esterilização contínua de meios de cultura e ar e na remoção contínua de metabólitos acumulados nos meios de cultivo em resultado da atividade celular, com retenção das células no meio garantida pela membrana.

No caso particular em que o bioproduto é volátil, como etanol e moléculas aromáticas, a remoção pode ser efetuada empregando-se a pervaporação. Além disso, etanol e moléculas aromáticas inibem a atividade celular e, portanto, sua remoção contínua apresenta como vantagem adicional manter suas concentrações no meio de cultivo em níveis baixos, aumentando a eficiência do metabolismo das células.

5.2 PROCESSOS DE SEPARAÇÃO COM MEMBRANAS

As indústrias química e bioquímica são, fundamentalmente, indústrias de transformação. Para se chegar aos produtos finais com as especificações desejadas, é necessário separar, concentrar e purificar as espécies presentes nas diferentes correntes resultantes dessas transformações.

A partir do final da década de 1960, em adição aos processos clássicos de separação, como destilação, filtração, absorção, troca iônica, centrifugação, extração por solvente e cristalização, passou-se a dispor de uma nova classe de operações unitárias que utiliza membranas como barreira seletiva.

Uma definição precisa de membrana que englobe seus aspectos estruturais e funcionais não é trivial, mesmo considerando apenas as membranas sintéticas. De maneira geral, uma membrana pode ser definida como uma barreira que separa duas fases e que restringe, total ou parcialmente, a transferência de uma ou de várias espécies químicas presentes nas fases. No caso de membranas naturais, presentes em organismos vivos, os fenômenos envolvidos são mais complexos, já que incluem, por exemplo, o transporte ativo através de membranas cuja morfologia pode sofrer alterações ao longo do tempo.

As principais características que fizeram os processos de separação com membranas (PSM) chegarem ao seu atual estágio de desenvolvimento são apresentadas a seguir.

- *Economia de energia* – Os processos de separação com membranas, em sua maioria, promovem a separação sem que ocorra mudança de fase. Nesse sentido, são processos energeticamente favoráveis. Não é outra a razão pela qual o desenvolvimento maior desses processos coincide com a crise energética da década de 1970, atribuída ao elevado preço do petróleo na época;
- *Especificidade* – A seletividade é outra característica dos processos com membranas. Em algumas aplicações, esses processos se apresentam como a única alternativa técnica de separação. No entanto, na maioria dos casos, processos híbridos, combinando operações clássicas com outras que usam membranas, aproveitando racionalmente os melhores desempenhos de cada uma, têm se mostrado como a solução mais econômica e eficiente de separação;
- *Separação de termolábeis* – Tendo em vista que os PSM são operados a temperatura ambiente, eles podem ser aplicados no fracionamento de misturas envolvendo substâncias termossensíveis. Por esse motivo, têm sido empregados em biotecnologia e nas indústrias farmacêutica e de alimentos;

- *Simplicidade de operação e de ampliação de escala* – Ao contrário de boa parte dos processos de separação, os processos com membranas apresentam a vantagem da simplicidade do ponto de vista operacional, bem como da flexibilidade na ampliação de escala de produção (*scale-up*). Os sistemas industriais são modulares, e os dados para o dimensionamento de uma planta podem ser obtidos a partir de equipamentos piloto que operam com módulos de membrana (permeadores) com as mesmas características dos módulos industriais. Além disso, a operação é pouco intensiva em mão de obra e pode ser automatizada, permitindo o controle remoto.

5.2.1 MORFOLOGIA DE MEMBRANAS, FORÇA MOTRIZ E TRANSPORTE

As membranas sintéticas, em sua maioria, são preparadas a partir de materiais poliméricos com variadas características químicas e físicas. Membranas de materiais inorgânicos também são produzidas há mais de vinte anos, mas só recentemente começaram a disputar o mercado com as poliméricas. As membranas inorgânicas apresentam vida útil maior, porém são mais caras do que as poliméricas.

A maioria das membranas comerciais é de natureza orgânica e é preparada pela precipitação de soluções poliméricas, usando diferentes técnicas. A mais comum delas, aperfeiçoada por Loeb e Sourirajan em 1962, consiste em espalhar uma solução polimérica (contendo polímero, solvente e aditivos) em uma superfície e, após um intervalo de duração variável de evaporação (em função da morfologia desejada), submergir o filme líquido resultante em um banho coagulante, usualmente um líquido que seja um não solvente do polímero utilizado, porém miscível com o solvente original da solução. Em função dessa afinidade, inicia-se um processo de transferência de massa entre o filme espalhado (a solução polimérica) e o banho de precipitação (migração de não solvente do banho para o filme e saída de solvente do filme para o banho). A solução polimérica do filme torna-se termodinamicamente instável e ocorre separação de fase. Ao longo do processo de troca solvente/não solvente, a fase rica em polímero dará origem à estrutura sólida da membrana, e a fase pobre em polímero, aos vazios (poros) da membrana. A combinação de variáveis de síntese como a concentração de polímero e de aditivos, a temperatura e a composição do banho de precipitação, entre outras, permite o preparo de membranas com diversificadas morfologias e distribuições de tamanhos de poros.

Em razão das aplicações a que se destinam, as membranas precisam ter diferentes estruturas. De modo geral, as membranas podem ser classificadas em duas categorias: *densas* e *porosas*. Embora essa categorização seja aplicável para toda a estrutura da membrana, ela será mais crítica para a superfície que ficará em contato com o fluido a tratar; assim, um efluente líquido contendo partículas suspensas que se deseja filtrar requer uma membrana com a superfície porosa. A Figura 5.1 apresenta esquemas das morfologias mais comuns observadas em membranas comerciais. Na Figura 5.2 são apresentadas fotos obtidas por microscopia eletrônica de varredura (MEV) de algumas membranas poliméricas.

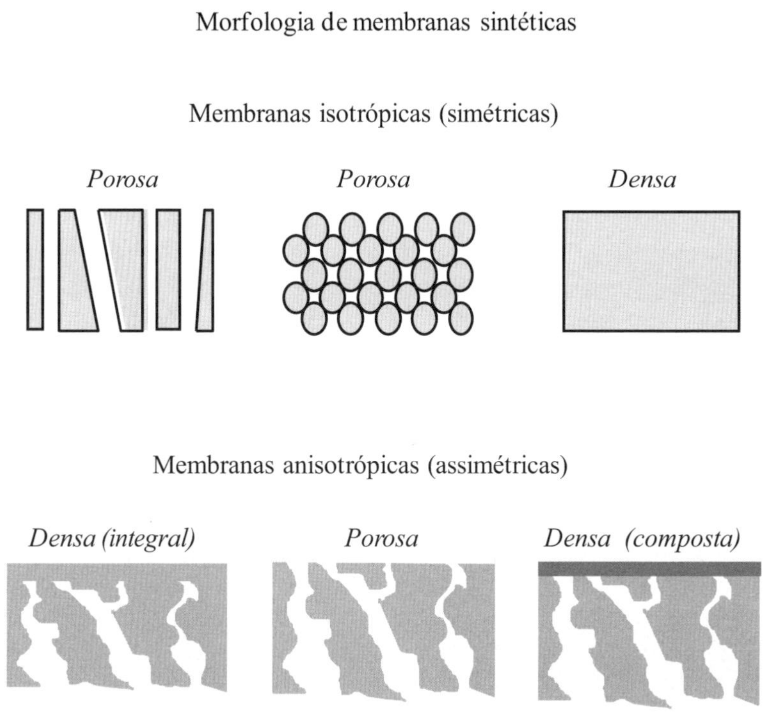

Figura 5.1 Representação esquemática da seção transversal de membranas com diferentes morfologias.

As membranas, densas e porosas, podem ser isotrópicas ou anisotrópicas, ou seja, podem ou não apresentar as mesmas características morfológicas ao longo de sua espessura. As membranas anisotrópicas se caracterizam por uma região superior muito fina (aproximadamente 1 μm), de permeabilidade reduzida (contendo poros ou não), chamada às vezes de "pele", e que é suportada por outra região de maior espessura, usualmente de estrutura porosa. Quando ambas as regiões são constituídas por um único material, a membrana é do tipo anisotrópica integral. Caso materiais diferentes sejam empregados no preparo de cada região, a membrana será do tipo anisotrópica composta.

Dois tipos de parâmetros são normalmente empregados para se caracterizar membranas: parâmetros de natureza morfológica e parâmetros relativos às suas propriedades de transporte. No caso de membranas porosas, características como a distribuição de tamanho de poros, tamanho médio de poro e porosidade superficial e espessura representam parâmetros morfológicos relevantes. Para membranas densas, as características físico-químicas do polímero usado e a espessura do filme polimérico são parâmetros importantes. No caso de membranas compostas, as características do suporte poroso também devem ser incluídas. Independentemente do tipo de membrana, as suas propriedades de transporte, como *permeabilidade* a gases e líquidos, bem como sua *seletividade*, são adotadas como parâmetros característicos básicos para definir o desempenho adequado em processos.

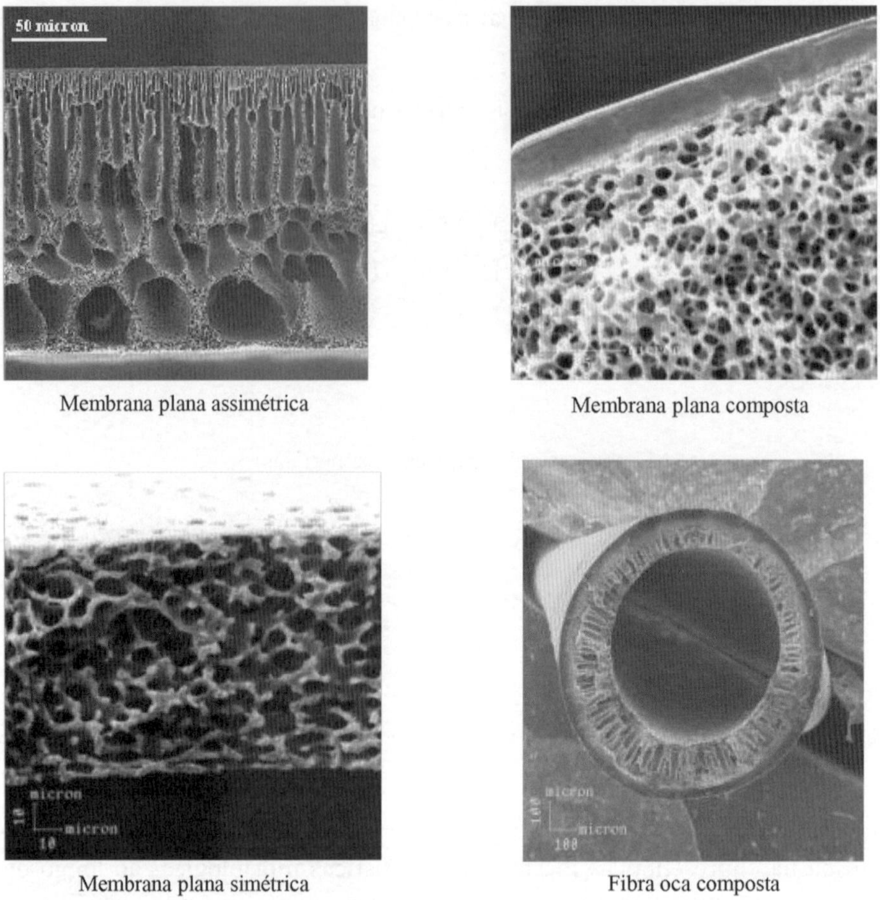

Figura 5.2 Fotos em microscopia eletrônica de varredura (MEV) de algumas membranas poliméricas com diferentes geometrias e morfologias.

Para que ocorra o transporte de uma espécie através de uma membrana, é necessário que haja uma força motriz agindo sobre essa espécie. Os processos comerciais de separação com membranas empregam como força motriz o gradiente de potencial químico (μ) ou o gradiente de potencial elétrico (E). Como os processos com membranas são, na maioria, atérmicos, o gradiente de potencial químico pode ser expresso em termos do gradiente de pressão (p), de concentração (C) ou de pressão parcial (p_i). De acordo com a morfologia da membrana e o tipo de força motriz empregada, o transporte das diferentes espécies através da membrana pode ocorrer tanto pelo mecanismo de convecção quanto pelo mecanismo de difusão, ou por ambos (Figura 5.3).

A morfologia da membrana definirá, também, os principais parâmetros responsáveis por sua seletividade. Em processos que utilizam membranas porosas, a seletividade está diretamente associada à relação entre o tamanho das espécies presentes e o tamanho dos poros da superfície da membrana. Esse é o caso de processos como a microfiltração (MF), ultrafiltração (UF), nanofiltração (NF) e diálise (D). Além disso, as espécies presentes devem ser, na medida do possível, inertes em relação ao material que constitui a membrana. Para membranas porosas, segundo o tipo de força motriz aplicada, o transporte das espécies através da membrana pode ser tanto convectivo quanto difusivo. No caso de micro, ultra e nanofiltração, para os quais a força motriz é o gradiente de pressão através da membrana, o fluxo permeado é fundamentalmente convectivo. Já no caso da diálise, a força motriz é o gradiente de concentração das espécies pela membrana e o fluxo permeado é de natureza difusiva. Nesse caso, as espécies se difundem pelo interior dos poros das membranas, no próprio meio em que se encontram.

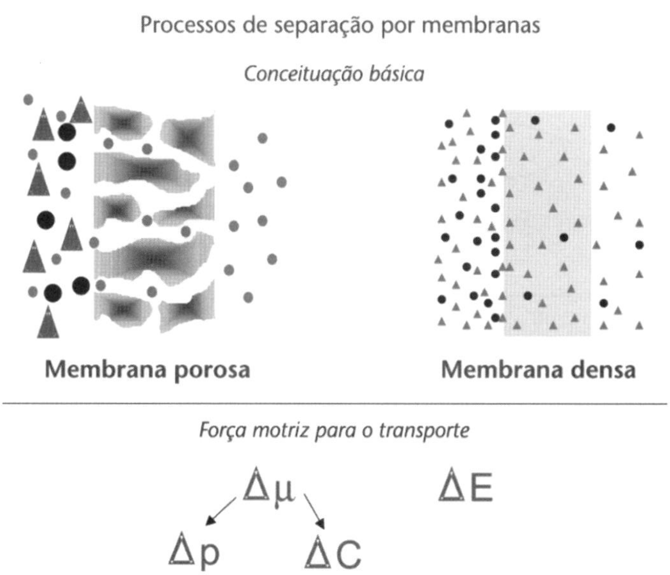

Figura 5.3 Processos de separação com membranas: força motriz e transporte em membranas densas e porosas. $\Delta\mu$, diferença de potencial químico; Δp, diferença de pressão; ΔC, diferença de concentração e ΔE, diferença de potencial elétrico. Os símbolos nas ilustrações representam solutos com distintas permeabilidades.

No caso de processos que empregam membranas densas, compostas ou não, a capacidade seletiva depende da afinidade das diferentes espécies com o material da membrana (etapa de natureza termodinâmica) e da difusão de tais espécies através do filme polimérico (etapa de natureza cinética), como é o caso dos processos de osmose inversa (OI), pervaporação (PV) e permeação de gases (PG). O fluxo permeado é sempre de natureza difusiva, independente do tipo de força motriz aplicada, uma vez que a membrana não apresenta poros na superfície que se encontra em contato com o fluido a ser processado.

A eletrodiálise (ED), diferentemente dos processos já mencionados, adota como força motriz um gradiente de potencial elétrico. Por esse motivo, só pode ser usada nos casos em que pelo menos uma das espécies a serem separadas apresente carga elétrica. Nos equipamentos de eletrodiálise, membranas com cargas positivas são posicionadas alternadamente com membranas carregadas negativamente. O transporte das espécies iônicas ocorre pelo mecanismo de difusão, e a seletividade se deve ao princípio de exclusão de Donan.

A Figura 5.4 apresenta esquema ilustrando as relações entre força motriz e morfologia com o tipo de transporte esperado e os principais fatores que determinarão a seletividade do processo.

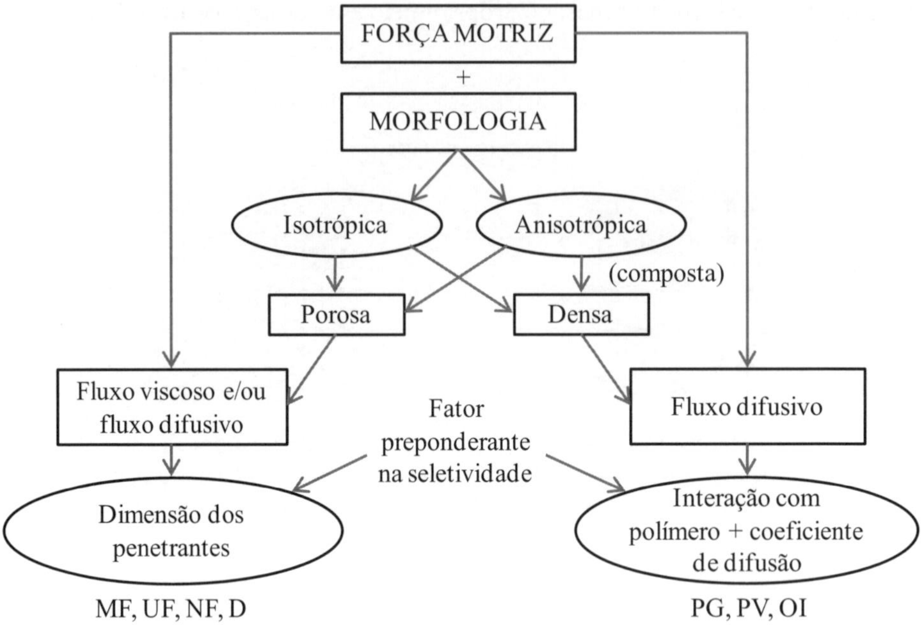

Figura 5.4 Relação entre força motriz, morfologia e seletividade. MF, microfiltração; UF, ultrafiltração; NF, nanofiltração; D, diálise; OI, osmose inversa; PG, permeação de gases, e PV, pervaporação.

5.2.2 FILTRAÇÃO COM ESCOAMENTO TANGENCIAL VERSUS CONVENCIONAL

Uma das principais características operacionais dos processos de separação com membranas é o escoamento tangencial das correntes de alimentação em relação à superfície da membrana (*cross flow filtration* ou *tangencial filtration*), além da operação convencional (*dead end filtration*).

Na operação do tipo filtração convencional, uma solução ou suspensão é pressionada contra a membrana. O solvente passa pela membrana e os solutos ou materiais em suspensão são retidos, acumulando-se próximo à superfície da membrana, no fenômeno chamado polarização de concentração. Trata-se de um modo de operação fundamentalmente transiente, uma vez que a polarização aumenta sempre. No caso particular da microfiltração, de maneira análoga ao que ocorre na filtração clássica, essa polarização se traduz na formação de uma torta.

Na filtração tangencial, a corrente de alimentação escoa em paralelo à superfície da membrana, enquanto o permeado é transportado transversalmente a esta. A polarização de concentração continua presente, mas é possível reduzir seu efeito, em particular pela alteração da velocidade de escoamento da corrente de alimentação (aumento do número de Reynolds). Nesse caso, é possível operar o sistema nas condições de regime estabelecido de transferência de massa.

Na Figura 5.5 são apresentados esquematicamente os dois modos de operação, bem como curvas típicas de fluxo permeado em função do tempo. No caso de solvente puro, o fluxo permeado, para uma dada pressão, não varia com o tempo, independentemente do modo de operação do sistema (curva 1). Esse comportamento só é observado caso a membrana seja mecanicamente estável e o solvente seja inerte em relação ao material da membrana. Ao se processar uma solução ou uma suspensão, sem escoamento da alimentação, o fluxo permeado decresce de modo contínuo com o tempo, em um comportamento tipicamente transiente (curva 2 – filtração convencional). Já na operação com escoamento tangencial, o que se observa é a queda inicial no fluxo permeado, mantendo-se depois um valor estável de fluxo (curva 2 – filtração tangencial), comportamento típico de operação em regime estabelecido. A queda inicial de fluxo se deve ao fenômeno de polarização de concentração, provocado pela retenção do soluto ou de material em suspensão. A polarização de concentração, quando o sistema é operado com escoamento tangencial, é um fenômeno que se estabelece rapidamente, no início da operação, e, uma vez mantida a velocidade e as condições de escoamento, não se altera mais com o tempo, enquanto nada afetar a natureza e a morfologia da superfície da membrana.

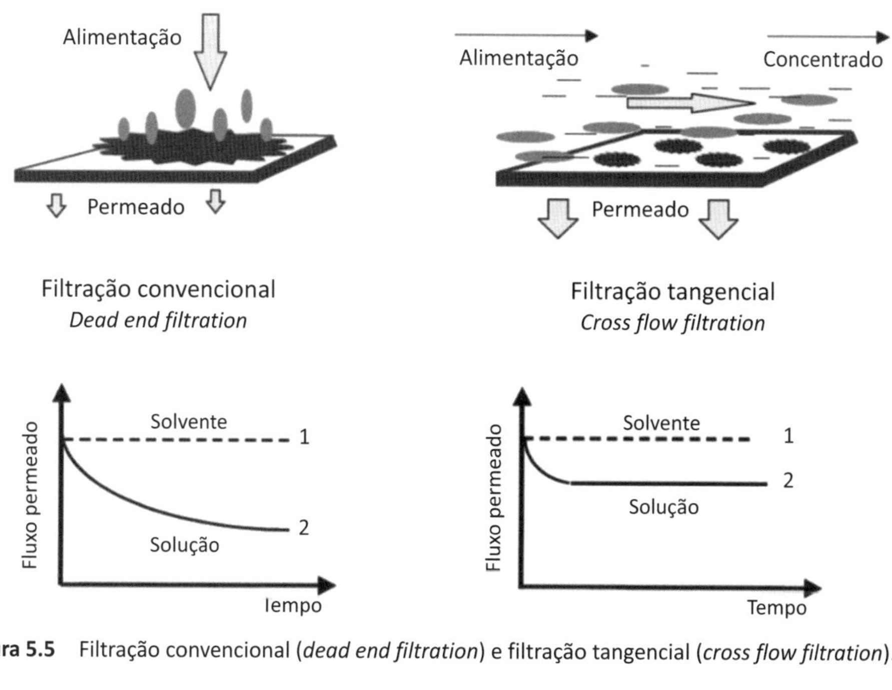

Figura 5.5 Filtração convencional (*dead end filtration*) e filtração tangencial (*cross flow filtration*).

5.2.3 FLUXO PERMEADO E SELETIVIDADE

Os processos de separação com membranas podem ser caracterizados de acordo com dois parâmetros: a) *fluxo permeado*, que representa o volume ou a massa da espécie que permeia a membrana, por unidade de tempo e por unidade de área de membrana; e b) *seletividade* da membrana, a qual, dependendo do tipo de processo em questão, pode ser definida de diferentes formas. Para processos cuja força motriz é o gradiente de pressão, uma das medidas mais usadas para estimar a capacidade seletiva da membrana, em relação a uma dada espécie, é dada pelo coeficiente de rejeição (*R*), definido pela variação de concentração de uma espécie observada entre alimentação e permeado (Co – Cp) em relação à sua concentração na alimentação (Co) (Figura 5.6). Desse modo, a membrana não apresenta nenhuma capacidade seletiva para uma espécie quando a concentração desta espécie, no permeado, é igual à sua concentração na alimentação, R = 0. Por outro lado, R = 1 (ou 100%) significa que a espécie em questão não está presente no permeado, ou seja, a membrana foi capaz de excluí-la completamente. No caso de processos que empregam membranas densas, como a permeação de gases e a pervaporação, a capacidade seletiva da membrana é medida pela seletividade (α) ou pelo fator de enriquecimento (β). A seletividade, no caso de misturas binárias, é definida pela relação entre as composições relativas dos componentes no permeado e na alimentação (Figura 5.6). Já o fator de enriquecimento é definido pela relação entre a concentração no permeado e a concentração na alimentação da espécie mais permeável.

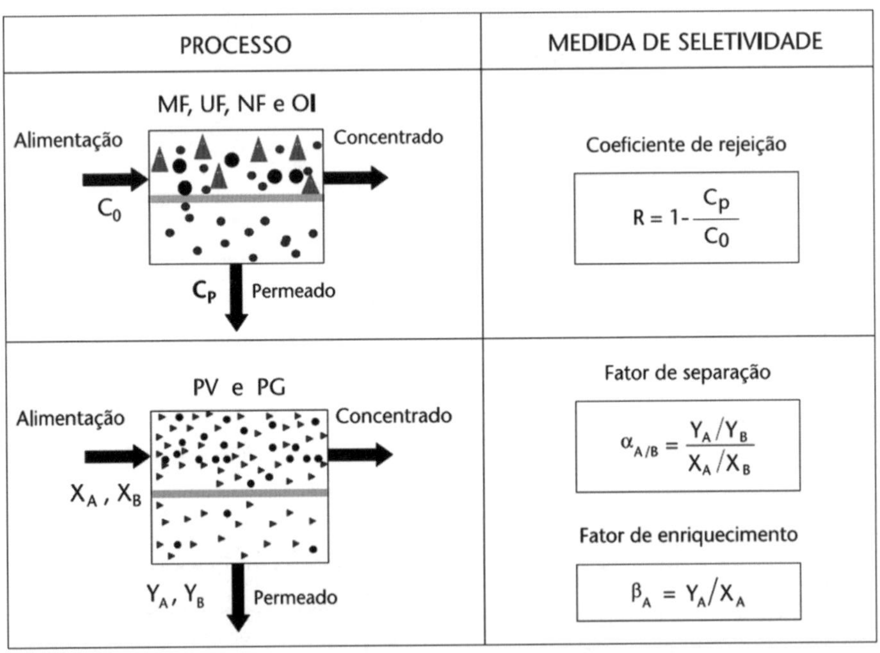

Figura 5.6 Medidas de seletividade em processos com membranas. R, coeficiente de rejeição da espécie; Co, concentração da espécie na alimentação; C_p, concentração da espécie no permeado; $\alpha_{A/B}$, seletividade; β_A, fator de enriquecimento; y e x, frações molares no permeado e na corrente da alimentação, respectivamente.

A Tabela 5.1 apresenta os atuais processos de separação com membranas, em operação comercial, suas principais características, a força motriz, em cada caso e exemplos típicos de aplicação.

Tabela 5.1 Processos de separação com membranas atualmente operacionais em escala industrial

Processo	Força motriz	Material retido	Material que permeia	Aplicações
Microfiltração **(MF)**	ΔP (0,5-2 bar)	Material em suspensão, bactérias MM > 500.000 g/mol (0,01 μm)	Água e sólidos dissolvidos	• Esterilização bacteriana • Concentração de células • Oxigenação de sangue
Ultrafiltração **(UF)**	ΔP (1-7 bar)	Coloides, macromoléculas MM > 5.000 g/mol	Água (solvente) e sais solúveis de baixa MM	• Fracionamento e concentração de proteínas • Recuperação de óleos
Nanofiltração **(NF)**	ΔP (5-25 bar)	Moléculas com massa molar de valor médio (g/mol) 500 g/mol < MM < 2.000 g/mol	Água, sais e moléculas de baixa MM	• Purificação de enzimas • Concentração de biomoléculas • Biorreatores à membrana
Osmose inversa **(OI)**	ΔP (15-80 bar)	Todo material solúvel ou em suspensão	Água (solvente)	• Dessalinização de águas • Concentração de antibióticos • Desmineralização de águas
Diálise **(D)**	ΔC	Moléculas com MM > 5.000 g/mol	Íons e orgânicos de baixa MM	• Hemodiálise – rim artificial
Eletrodiálise **(ED)**	ΔV	Macromoléculas e compostos não iônicos	Íons	• Concentração de soluções salinas • Dessalinização • Purificação de ácidos orgânicos
Permeação de gases **(PG)**	$\Delta P_i \Rightarrow \Delta C$	Gás menos permeável	Gás mais permeável	• Recuperação de hidrogênio • Separação CO_2/CH_4 • Fracionamento do ar
Pervaporação **(PV)**	Pressão de vapor	Líquido menos permeável	Líquido mais permeável	• Desidratação de álcoois • Eliminação de produtos voláteis de biorreatores
Operações com contactores **(C)**	ΔC	Soluto com menos afinidade com o extrator	Soluto com mais afinidade com o extrator	• Degaseificação de líquidos • Oxigenação e carbonatação de correntes líquidas

5.2.4 GEOMETRIA DE MEMBRANAS E TIPOS DE MÓDULOS

Membranas podem ser fabricadas tanto na geometria plana quanto na cilíndrica e, a partir destas, diferentes tipos de módulos (permeadores) podem ser construídos. Definido o material e a morfologia da membrana, as principais características a serem consideradas em um módulo de membrana são:

- controle das condições de escoamento da mistura, solução ou suspensão a ser processada, reduzindo os efeitos da polarização de concentração no fluxo permeado e na rejeição das moléculas-alvo;
- a facilidade de limpeza do módulo, em particular quando se necessita de condições assépticas de processamento, como na indústria de alimentos e biotecnológica;
- o uso, quando possível, de materiais de baixo custo na sua fabricação;
- a maior relação possível entre área de membrana e volume do módulo.

Membranas na geometria plana são usadas tanto em módulos do tipo placa e tabela (Figura 5.7a) quanto em módulos do tipo espiral (Figura 5.7b). Os módulos preparados a partir de membranas com geometria cilíndrica podem ser divididos em três categorias, segundo o diâmetro externo (D_{ext}) do cilindro: módulo tubular, $D_{ext} > 3$ mm (Figura 5.8a); módulo capilar, 0,5 mm $< D_{ext} <$ 3 mm (Figura 5.8b) e módulo do tipo fibra oca, $D_{ext} <$ 0,5 mm (similar ao apresentado na Figura 5.8b).

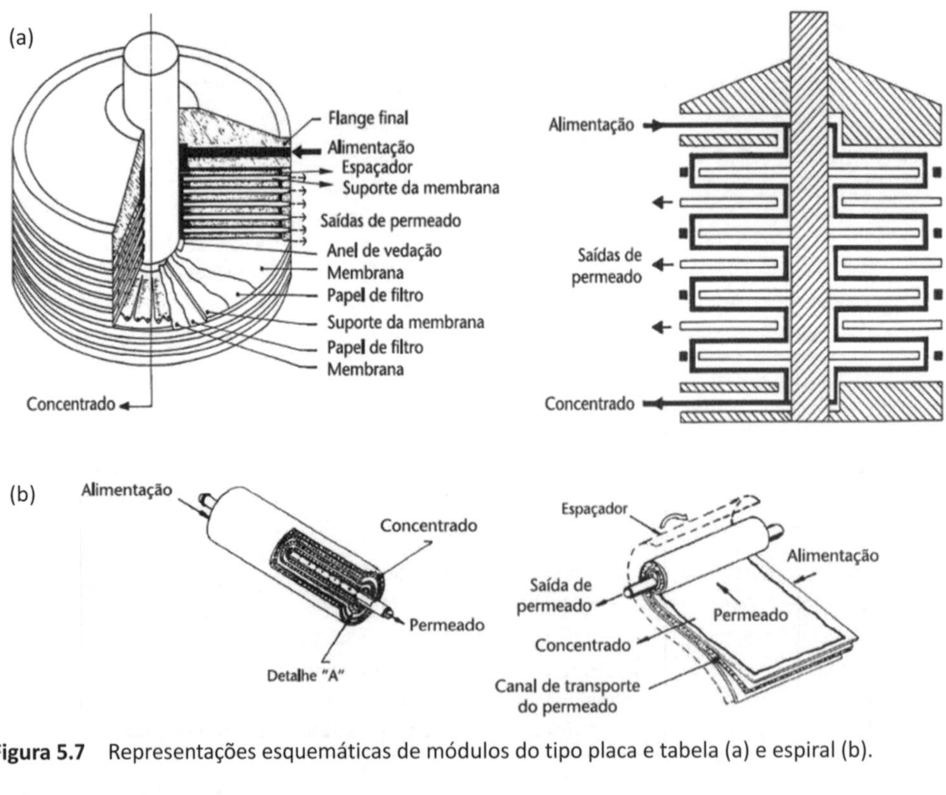

Figura 5.7 Representações esquemáticas de módulos do tipo placa e tabela (a) e espiral (b).

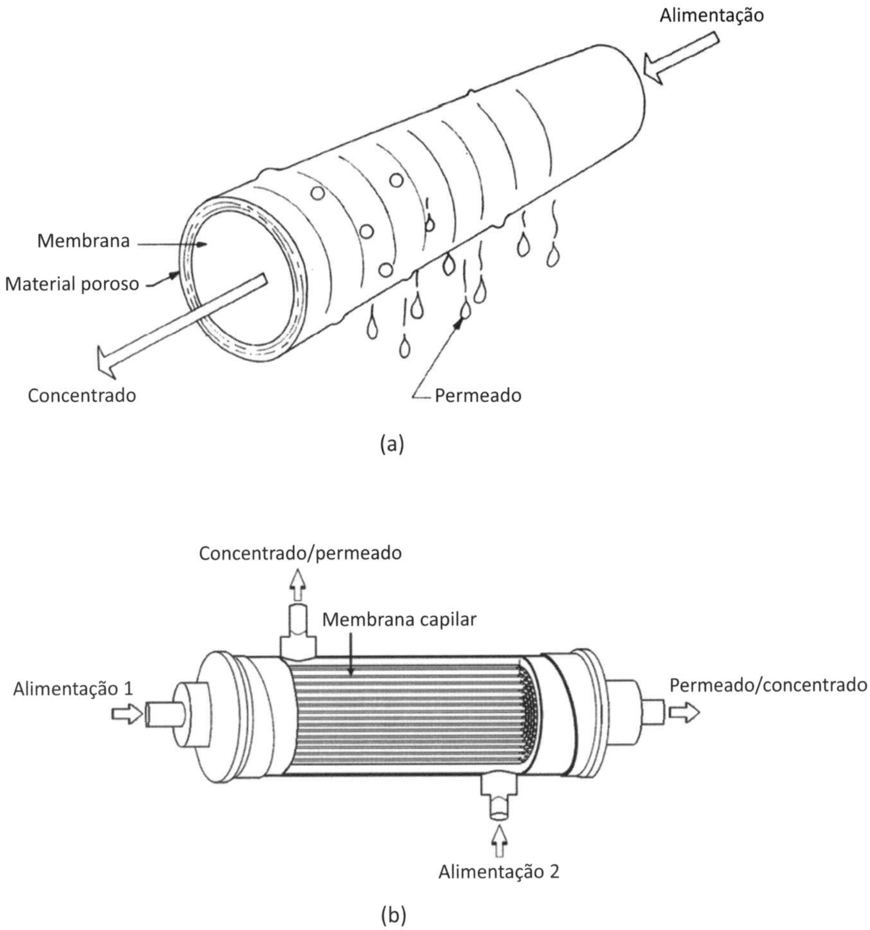

Figura 5.8 Representações esquemáticas de módulos com membranas do tipo tubular e capilar.

Os principais aspectos a serem considerados na seleção da geometria adequada são as variáveis do processo, como vazão de escoamento e pressão a ser aplicada, e as características da mistura a ser fracionada. Membranas na forma de fibras ocas têm recebido atenção nos últimos anos por causa das vantagens oferecidas por essa geometria.

Uma das principais vantagens das fibras ocas é o fato de que a relação entre a área de permeação (área superficial da membrana) e o volume do módulo é muito superior à das demais geometrias. Uma elevada relação entre a área de permeação e o volume do módulo representa melhor emprego do espaço e redução no custo do equipamento. Outra vantagem que as fibras ocas oferecem é a de não necessitarem de suporte, o que reduz o custo de produção do módulo de permeação. A possibilidade de entupimento do orifício interno das fibras (quando a alimentação ocorre por dentro das fibras e contém material em suspensão) e a espessura da parede das fibras relativamente grande (para evitar colapso frente a altos gradientes de pressão) são as principais desvantagens dessa geometria de membranas. A Tabela 5.2 apresenta um resumo das principais características de diferentes tipos de módulos com membranas.

Tabela 5.2 Principais características dos diferentes tipos de módulos com membranas

	Características dos módulos				
	Área/volume (m^2/m^3)	Custos de construção	Condições de escoamento	Custos operacionais	Aplicações (processos)
Tabela e placa	400-600	Elevados	Satisfatórias	Baixos	Todos PSM
Espiral	800-1.000	Baixos	Ruins	Baixos	OI, PV, PG
Tubular	20-30	Muito elevados	Boas	Elevados	MF, UF
Capilar	800-1.200	Baixos	Boas	Baixos	UF, D, PV
Fibra oca	5.000-10.000	Muito baixos	Ruins	Baixos	OI, PG, PV

5.2.5 MODOS DE OPERAÇÃO EM SISTEMAS COM MEMBRANAS

Os sistemas com membranas podem ser operados de modo contínuo, semicontínuo ou descontínuo. As operações em modo descontínuo geralmente são usadas em laboratórios para processar pequenas quantidades, pois fornecem informações rápidas, mas o regime de transferência de massa é transiente. O sistema de permeação contendo a membrana é alimentado com certo volume da solução a ser processada (Figura 5.9), a qual permeia a membrana por causa da diferença de pressão entre os lados desta. A fração do meio que passa pela membrana é o permeado, e a fração que fica retida é o concentrado (ou retido).

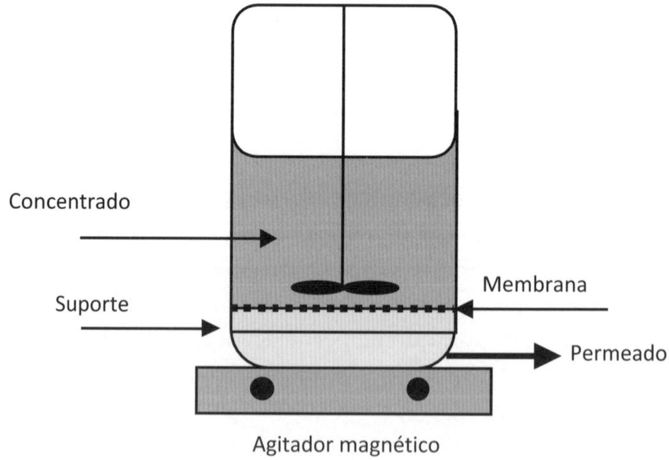

Figura 5.9 Esquema de um sistema de filtração de bancada operada em modo descontínuo.

Na operação em modo semicontínuo, determinado volume de solução a ser processada escoa no interior de um módulo de membrana (comercial ou de laboratório), dando origem a duas correntes: a do permeado e a do concentrado (Figura 5.10). A corrente de concentrado retorna ao tanque de alimentação, e o permeado é recolhido de tal forma que, com o passar do tempo, a solução de alimentação vai se concentrando. Periodicamente, mede-se o fluxo do permeado e a concentração das espécies retidas nas correntes do concentrado e do permeado, que permitem o cálculo da rejeição da membrana, conforme indicado na Figura 5.6. Assim, são obtidas as correlações entre fluxo permeado e rejeição em função da concentração da espécie retida pela membrana. Essas informações são fundamentais para o dimensionamento de uma unidade industrial.

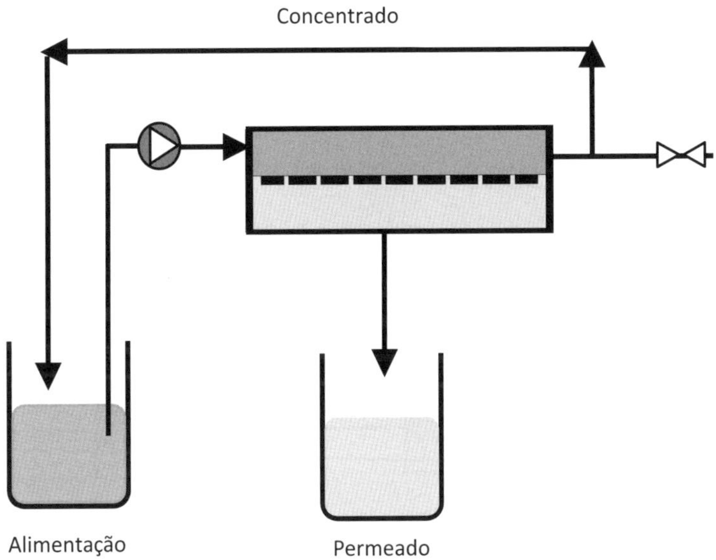

Figura 5.10 Esquema de um sistema de filtração com membranas operando em modo semicontínuo.

Industrialmente, os sistemas com membranas são modulares e operados de modo contínuo. O número de módulos e seu modo de distribuição dependem do produto desejado (se ele está presente em maior concentração no permeado ou no concentrado) e do objetivo. Exemplos de possíveis arranjos de módulos são apresentados nas Figuras 5.11 e 5.12.

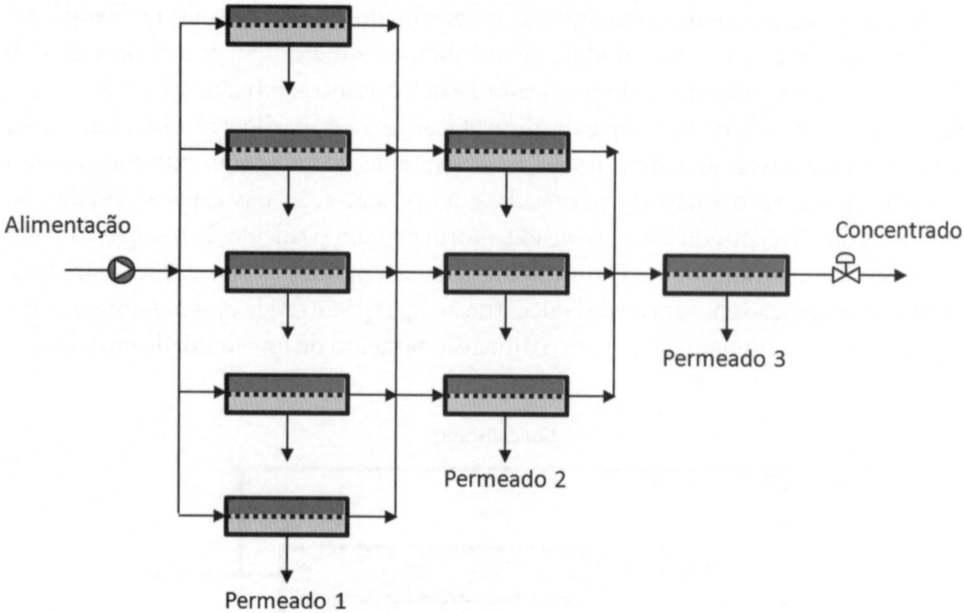

Figura 5.11 Esquema de um sistema de membranas em cascata: operação contínua. Em cada estágio são recolhidos e reunidos os permeados de cada módulo.

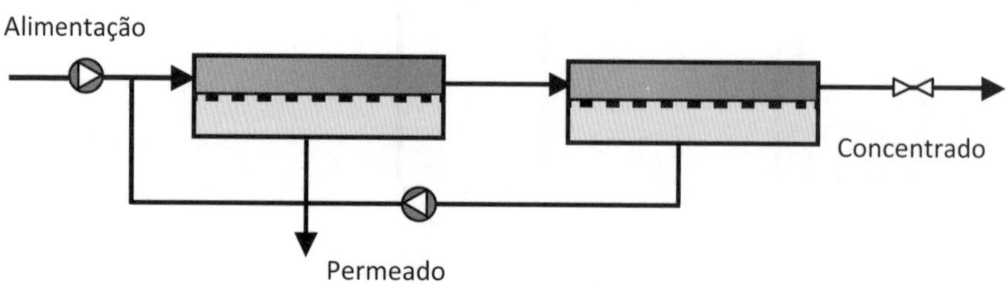

Figura 5.12 Esquema de um sistema de membranas operando em dois estágios, com reciclo do permeado: operação contínua.

5.2.6 O MERCADO DOS PROCESSOS DE SEPARAÇÃO COM MEMBRANAS

Do final da década de 1960, quando Loeb e Sourirajan demonstraram pela primeira vez a viabilidade econômica de processos como a dessalinização de águas por osmose inversa, até os dias de hoje, o mercado de separação com membranas cresceu de forma significativa.

As membranas são comumente utilizadas na purificação e tratamento de água e efluentes, além de diversas aplicações industriais, pois possibilitam separações específicas, bem como auxiliam na redução do poder poluente de efluentes e no reuso da água, impulsionando o crescimento do mercado para essas aplicações.

A diálise, em maior parte representada pela hemodiálise (rim artificial), representa o maior segmento do mercado, correspondendo a aproximadamente 40% do total de vendas de membranas e módulos, pois o número de doentes renais à espera de transplante é grande em todo o mundo. Além disso, para evitar problemas de contaminação, em particular nos dias de hoje, os módulos de membrana para hemodiálise devem ser usados apenas uma vez, ou por algumas vezes, mas com um mesmo paciente.

Excluindo a diálise, os processos de microfiltração, osmose inversa e ultrafiltração combinados correspondiam a 78,4% do mercado em 2014. Apenas a microfiltração, em 2014, correspondeu a um mercado de 5,9 bilhões de dólares, com crescimento anual estimado de 8,1% até 2020, o que corresponde a um mercado de 9,5 bilhões de dólares. Outra grande parcela de mercado é reservada à osmose inversa, a qual, em 2014, correspondia a 5,4 bilhões de dólares. A nanofiltração, com estimativa de mercado igual a 445 milhões de dólares para 2019, é considerada o processo com maior crescimento anual projetado, graças às suas especificidades em aplicações como a dessulfatação de água do mar para injeção em reservatórios de petróleo.

O mercado asiático para os PSM correspondia a 37,2% do mercado total em 2014. Trata-se de um mercado impulsionado pela utilização no tratamento de água e correntes gasosas, bem como pelo crescimento nos setores farmacêutico e alimentício. A China é o maior consumidor mundial de membranas e, junto com a Índia, apresenta enorme potencial de crescimento para os próximos anos.

O segundo maior mercado é atribuído à América do Norte, com 27,1% em 2014, sendo que os Estados Unidos respondiam por 87% desse mercado. Entretanto, é um mercado considerado razoavelmente maduro e com previsão de crescimento moderado, em torno de 7,2% ao ano até 2020.

Os países europeus lideram a pesquisa e o desenvolvimento de membranas com alto desempenho para diversas aplicações. Nesse caso, o mercado é considerado o mais maduro, com uma taxa de crescimento anual estimada em 6,3% até 2020. A Alemanha e a França têm a maior participação no mercado, somando 36,4% em 2014.

5.3 PROCESSOS CUJA FORÇA MOTRIZ É A DIFERENÇA DE PRESSÃO

5.3.1 MICROFILTRAÇÃO, ULTRAFILTRAÇÃO, NANOFILTRAÇÃO E OSMOSE INVERSA

As operações de separação com membranas que utilizam a diferença de pressão como força motriz são os mais empregados em processos biotecnológicos, em particular na concentração e purificação de macromoléculas em soluções aquosas, razão pela qual especial atenção será dada a esses processos. São essas operações a microfiltração (MF), a ultrafiltração (UF), a nanofiltração (NF) e a osmose inversa (OI), também denominada, erroneamente, de osmose reversa na tradução para a língua portuguesa.

As operações de MF, UF, NF e OI podem ser entendidas como uma extensão das operações clássicas de filtração, que empregam, nessa sequência, meios filtrantes (membranas) menos permeáveis, ou seja, com tamanhos de poros gradativamente menores, ou mesmo inexistentes, como no caso da osmose inversa. As operações com membranas mais "fechadas" oferecem maior resistência à transferência de massa, o que requer aumento progressivo do valor da pressão de operação, desde a MF até a OI, a fim de se obter valores de fluxos permeados que viabilizem a operação do ponto de vista econômico. Na Figura 5.13 são apresentadas as dimensões de partículas e moléculas caracteristicamente separadas nas operações com membranas que empregam a diferença de pressão como força motriz.

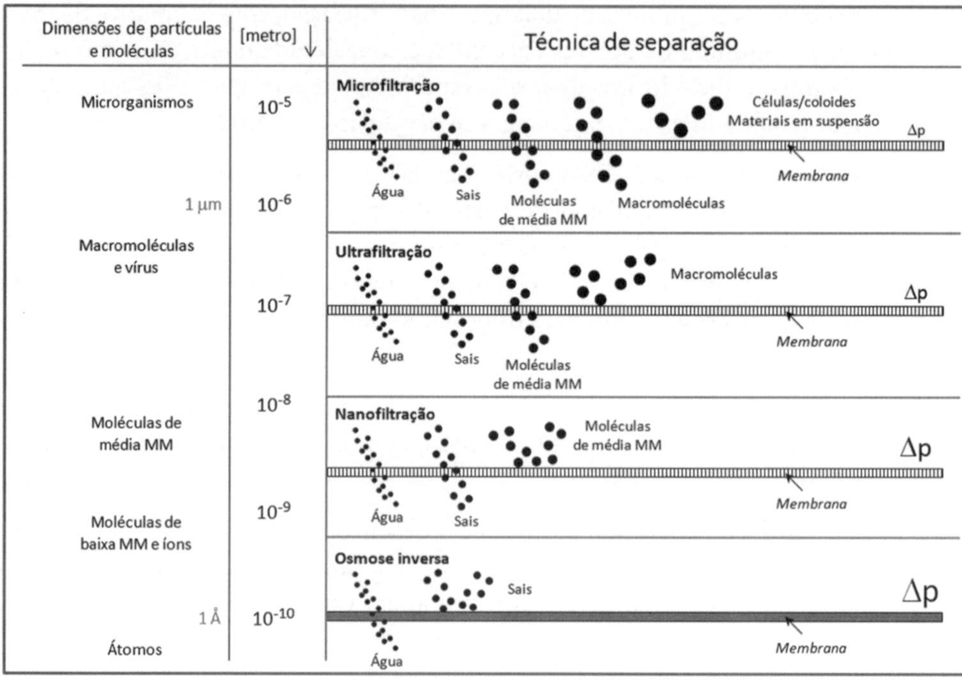

Figura 5.13 Dimensões de partículas e moléculas típicas à separação por meio de processos com membranas que utilizam diferença de pressão como força motriz.

5.3.1.1 Microfiltração

É similar à filtração clássica que utiliza membranas sintéticas como barreira seletiva e, em função das características da membrana, dispensa o uso de auxiliares de filtração. A microfiltração emprega membranas microporosas, isotrópicas ou anisotrópicas, com tamanhos de poros que variam entre 0,05 e 5 μm, o que permite reter partículas em suspensão tanto em correntes gasosas como em misturas aquosas. As membranas de MF são totalmente permeáveis aos compostos solúveis, independentemente do valor de suas massas molares.

Uma das aplicações mais importantes da microfiltração é a esterilização de líquidos e gases, particularmente os meios de cultivo e o ar aplicados a cultivos em biorreatores. A clarificação de meios de cultivo em substituição à filtração convencional e filtração em filtro rotativo a vácuo (Capítulo 4), bem como a clarificação de sucos de frutas e vinhos, entre outros produtos da indústria de alimentos, são aplicações consolidadas da operação de microfiltração. A indústria eletrônica também representa grande mercado para a microfiltração, em particular na purificação de água para a lavagem de circuitos impressos.

5.3.1.2 Ultrafiltração

Emprega membranas microporosas anisotrópicas, cujos poros apresentam entre 1 e 500 nm de diâmetro, portanto, menores do que os diâmetros dos poros das membranas de microfiltração. As membranas de UF são capazes de reter macromoléculas em solução, porém são permeáveis a solutos de baixa massa molar. O tamanho do poro define, em princípio, a capacidade seletiva da membrana. Enquanto as membranas de microfiltração são comercialmente caracterizadas pelo tamanho médio de seus poros, os fabricantes utilizam a "massa molar limite" para caracterizar o menor tamanho de molécula que não passa por uma membrana de ultrafiltração. O limite de retenção (*molecular weight cutoff*) de uma membrana de ultrafiltração é definido como o valor da massa molar de uma macromolécula quando sua rejeição é igual a 95%, quando em uma solução padrão.

As aplicações mais frequentes da ultrafiltração são as seguintes: em processos biotecnológicos, nas operações de separação pós-reação (*downstream*), para concentração e purificação de proteínas; no processamento de alimentos, com destaque na concentração de leite e na recuperação de proteínas do soro remanescente do processo de produção de queijo; na recuperação de pigmentos nas indústrias automobilística e têxtil, com concomitante aproveitamento do permeado como água reciclada.

5.3.1.3 Nanofiltração

Termo de uso mais recente, representa um processo de separação que utiliza membranas anisotrópicas com limite de retenção entre 300 e 2.000 Dalton. A nanofiltração apresenta características de separação intermediárias entre a ultrafiltração e a osmose inversa, de tal forma que suas membranas podem ser consideradas membranas de ultrafiltração "fechadas" (com poros menores) ou membranas de osmose inversa "abertas" (com baixa rejeição a sais). Os adjetivos "aberta" e "fechada" fazem alusão à imagem da separação feita por peneiras. A pressão de operação empregada na nanofiltração também é intermediária entre aquelas adotadas na ultrafiltração e na osmose inversa, ficando na faixa entre 5 e 25 bar. A nanofiltração tem sido utilizada, sobretudo, na obtenção de água potável a partir de águas superficiais. Em 2001 foi inaugurada na cidade de Méry-sur-Oise, na França, uma unidade de nanofiltração com capacidade de 150 mil m^3/dia de água potável, a partir da água do rio Oise. Mais recentemente, a dessulfatação de água do mar empregada na recuperação de petróleo em plataformas marítimas tem sido um grande mercado para a NF. Outra aplicação é a concentração de soluções contendo antibióticos a partir de meios de cultivo previamente clarificados por meio de microfiltração.

5.3.1.4 Osmose inversa

Ao contrário das operações anteriores, trata-se de uma separação que utiliza membranas anisotrópicas densas (integrais ou compostas), permeáveis ao solvente, em geral água, retendo praticamente todas as espécies solúveis e materiais em suspensão. A osmose inversa é assim denominada porque nela se verifica a inversão do sentido natural da migração de um solvente por uma membrana que separa soluções com diferentes concentrações de um determinado soluto.

A osmose natural é um fenômeno que ocorre quando um solvente puro e uma solução contendo determinado soluto são separados entre si por uma membrana densa "semipermeável", permeável ao solvente e impermeável ao soluto. Na demonstração clássica do fenômeno, um tubo em forma de "U" dotado de uma membrana separa as duas fases líquidas. Em virtude da diferença de concentração, a diferença de potencial químico do solvente entre os dois lados da membrana provoca um fluxo de solvente puro (chamado de fluxo osmótico) que migra em direção ao lado que contém a solução (Figura 5.14a). Esse fluxo de solvente tem como resultado o aumento da altura da coluna de líquido no lado da solução, resultando em maior pressão hidrostática no lado da solução em comparação ao lado do solvente puro. O equilíbrio se estabelece quando os potenciais químicos, função de concentração e pressão, se igualam, cessando o fluxo osmótico. Nessa situação, a diferença de pressão entre os dois lados da membrana é a pressão osmótica da solução em questão, $\Delta\pi$ (Figura 5.14b). Caso seja aplicada uma pressão que supere a pressão osmótica ($\Delta P > \Delta\pi$) no lado da solução, o potencial químico do solvente na solução passa a ser maior que seu potencial químico quando puro, na temperatura da solução, o que gera um fluxo na direção do lado oposto da membrana, que contém o solvente puro. O sentido dessa migração de solvente puro é, nessas condições, inverso ao que seria na osmose natural, daí o nome "osmose inversa" (Figura 5.14c).

Para uma solução ideal, a pressão osmótica é diretamente proporcional à concentração e à temperatura e inversamente proporcional à massa molar do soluto segundo o modelo de van't Hoff. Para que haja fluxo permeado de solvente em membranas de osmose inversa, a pressão aplicada deve superar a pressão osmótica da solução a tratar, geralmente elevada em soluções contendo solutos de baixa massa molar. Por essa razão, as pressões de operação em osmose inversa são elevadas, entre 40 e 100 bar. No caso da nanofiltração, os solutos apresentam massas molares maiores e, em consequência, menores pressões osmóticas, razão pela qual as pressões de operação na nanofiltração são menores (entre 10 e 30 bar) do que na osmose inversa. Já na ultrafiltração os solutos têm massas molares elevadas (macromoléculas) e, portanto, a pressão osmótica a vencer é menor, quando não é desprezível.

A dessalinização de águas marinhas e salobras é atualmente a mais importante aplicação da osmose inversa. A concentração de sucos de frutas e de antibióticos são outras aplicações economicamente importantes da osmose inversa.

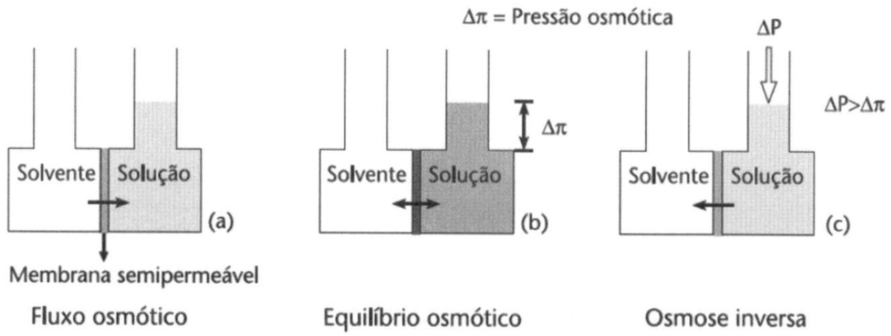

Figura 5.14 O fenômeno osmótico e a osmose inversa. ΔP, diferença de pressão aplicada; Δπ, diferença entre pressão osmótica da solução e do solvente.

A Tabela 5.3 apresenta as características de algumas espécies típicas encontradas em processos biotecnológicos, bem como os processos com membranas potencialmente aplicáveis.

Tabela 5.3 Espécies de interesse biotecnológico, separáveis por membranas

Espécie	Massa molar (Dalton)	Tamanho (nm)	Processos aplicáveis			
			OI	NF	UF	MF
Leveduras e fungos		10^3-10^4				X
Células bacterianas		300-10^4			X	X
Coloides		100-10^3			X	X
Vírus		30-300			X	X
Proteínas	10^4-10^6	2-10			X	
Polissacarídeos	10^3-10^6	2-10		X	X	
Enzimas	10^3-10^6	2-5		X	X	
Açúcares simples	200-500	0,8-1,0	X	X		
Solutos orgânicos	100-500	0,4-0,8	X	X		
Íons inorgânicos	10-100	0,2-0,4	X			

5.3.2 DIAFILTRAÇÃO

A diafiltração é um modo alternativo de operar sistemas de micro, ultra e nanofiltração e mesmo de osmose inversa. A operação consiste em adicionar continuamente, ao tanque ou à corrente de alimentação da solução a ser processada, uma quantidade de solvente puro ou solução tampão, em vazão equivalente à vazão de permeado que sai do sistema (Figura 5.15). A diafiltração é empregada quando se deseja eliminar componentes de uma solução mista, de menor tamanho ou de menor massa molar em relação à molécula-alvo, razão pela qual pode ser entendida como uma operação de "purificação" a volume constante.

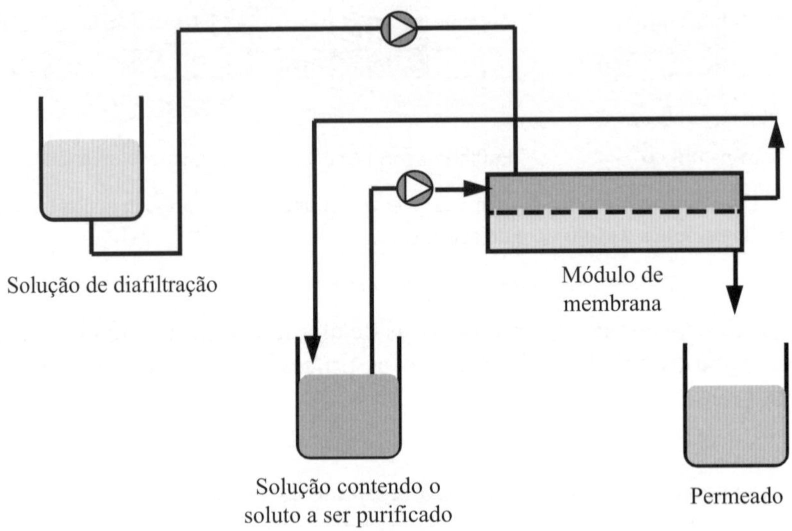

Figura 5.15 Operação de sistemas com membranas em diafiltração.

5.3.3 FLUXO PERMEADO (MODELO DAS RESISTÊNCIAS)

De modo geral, nas operações cuja força motriz é o gradiente de pressão, o fluxo permeado (massa ou volume de permeado por unidade de área de membrana e por unidade de tempo) é diretamente proporcional ao gradiente de pressão existente entre os dois lados da membrana, ou seja:

$$\underline{J}_v \ \alpha \ \underline{\nabla}P \tag{5.1}$$

sendo $\underline{\nabla}P$ o gradiente de pressão. Considerando o transporte de massa predominante em uma única direção (direção z, transversal à membrana), tem-se:

$$J_v \ \alpha \frac{dP}{dz} \quad \text{ou, em termos de diferenças: } J_v \ \alpha \frac{\Delta P}{\Delta z} \tag{5.2}$$

em que ΔP é a diferença de pressão entre os dois lados da membrana, ou seja, a diferença entre a pressão no lado da alimentação e a pressão no lado do permeado, e Δz é a espessura da membrana.

Note-se que o fluxo permeado é uma variável local. No caso de avaliar o fluxo médio em um dispositivo como é um módulo, onde ocorre escoamento (filtração tangencial) de uma corrente de alimentação, ΔP pode ser considerado como a diferença entre a pressão média no lado da alimentação do módulo de membrana, $\overline{P_a}$, e a pressão no lado do permeado, P_p, admitida constante, ou seja:

$$\Delta P = \overline{P_a} - P_p \tag{5.3}$$

A pressão média no lado da alimentação pode ser estimada, de modo preliminar, pela média aritmética das pressões de entrada e saída da corrente escoando no módulo, em contato com uma das superfícies da membrana, conforme indicado na Figura 5.16, ou seja:

$$\overline{P_a} = \frac{P_e + P_s}{2} \tag{5.4}$$

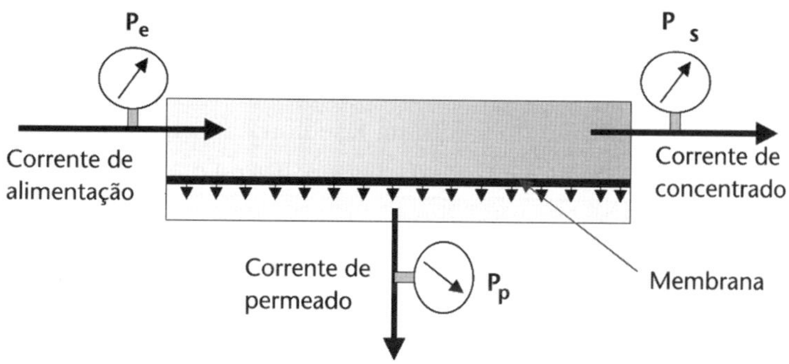

Figura 5.16 Pressões operacionais em filtração tangencial: P_e, pressão da corrente de alimentação na entrada do módulo; P_s, pressão da corrente de alimentação na saída do módulo; P_a, pressão média na corrente de alimentação; P_p, pressão na corrente do permeado; ΔP, diferença de pressão entre os dois lados da membrana.

As membranas porosas podem ser representadas como uma matriz contendo poros cilíndricos passantes, e o fluxo de solvente pode ser calculado com o auxílio da equação de Hagen-Poisseuille (escoamento em tubos), representada pela Equação 5.5.

$$J_v = \frac{\varepsilon\, r_m^2}{8\,\mu\,\tau}\frac{\Delta P}{\Delta z} \quad \text{ou} \quad J_v = L_p\,.\,\Delta P \quad \text{onde:} \quad L_p = \frac{\varepsilon\, r_m^2}{8\,\mu\,\tau\,\Delta z} \tag{5.5}$$

Na Equação 5.5 tem-se que: ε representa a porosidade superficial da membrana; r_m, o raio médio dos poros da membrana; μ, a viscosidade do solvente ou da solução que permeia através dos poros da membrana; τ, a tortuosidade dos poros; Δz a espessura da membrana. A constante de proporcionalidade, L_p, é definida como a permeabilidade da membrana ao solvente ou à solução e incorpora as características tanto da membrana (porosidade, raio de poro, tortuosidade e espessura) como do fluído que permeia a membrana (viscosidade).

A permeabilidade da membrana pode ser entendida como uma medida da facilidade que esta oferece à passagem de um dado solvente. O inverso da permeabilidade é uma medida da resistência (R_m) que o meio (membrana) oferece ao transporte. No caso do solvente puro, a Equação 5.3 pode também ser expressa por:

$$J_v = \frac{1}{R_m} \,.\, \Delta P \qquad \text{em que:} \quad R_m = \frac{1}{L_p} \tag{5.6}$$

Independentemente do modelo usado para o fluxo de solvente, o fluxo permeado de soluto, J_i, pode, no caso mais geral, ser calculado utilizando-se a Equação 5.7, que leva em conta os transportes convectivo e difusivo, sendo este último expresso pela lei de Fick, na sua forma mais geral.

$$J_i = J_v \; C_i^m \; - D_i \frac{dC_i}{dz} \tag{5.7}$$

em que: C_i^m representa a concentração média do soluto entre os dois lados da membrana; D_i, o coeficiente de difusão do soluto na fase líquida, no interior dos poros; C_i, a concentração do soluto que varia ao longo da espessura da membrana. Nessa equação, o primeiro termo representa a contribuição convectiva ao fluxo de soluto, ou seja, a quantidade de soluto que atravessa a membrana (por unidade de área e de tempo) em virtude do escoamento da solução. O segundo termo representa a contribuição difusiva, ou seja, a quantidade de soluto que atravessa a membrana em razão da existência de um gradiente de sua concentração ao longo da espessura da membrana. Nos processos cuja força motriz é o gradiente de pressão, a contribuição difusiva ao fluxo de soluto, em geral, é desprezível quando comparada com a parcela de natureza convectiva.

No caso particular da osmose inversa, as membranas não são porosas e o fluxo permeado será, fundamentalmente, de natureza difusiva. No entanto, como será visto mais adiante, também nesse caso ele pode ser expresso por uma equação semelhante à Equação 5.1.

Para o solvente puro, admitindo-se que a membrana seja inerte em relação a ele e que mantenha suas características com o tempo de uso, o fluxo permeado apresentará dependência linear com a pressão, independentemente do processo em questão, sendo a permeabilidade da membrana para o solvente em questão dada pelo coeficiente angular de uma reta ajustada aos dados experimentais. Na Figura 5.17a são apresentados, a título ilustrativo, os valores experimentais típicos de fluxo permeado em função da pressão, para quatro solventes puros (com diferentes viscosidades) em uma membrana de ultrafiltração. Para uma dada pressão de operação, o fluxo permeado diminui com o aumento da viscosidade, conforme previsto pela Equação 5.5, ou seja, a permeabilidade da membrana, para um dado solvente, é inversamente proporcional à sua viscosidade. A Figura 5.17b representa o fluxo permeado na pressão de 1 bar, para cada um dos solventes puros, em função do tempo de operação. O valor constante representado na figura, só é possível se os solventes estiverem puros e se a membrana em questão for mecanicamente estável, ou seja, se ela não se deformar com a pressão aplicada.

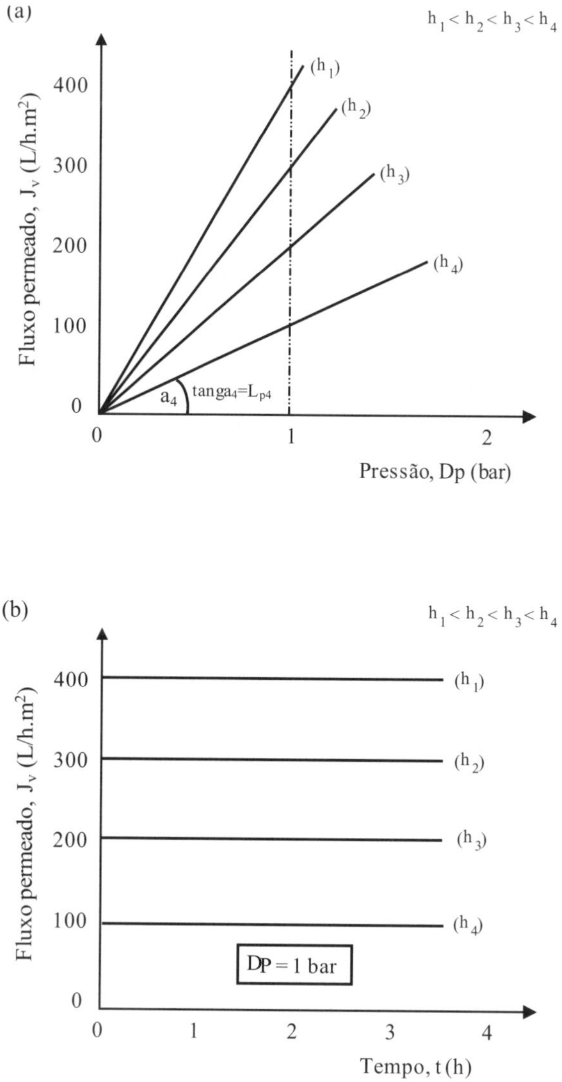

Figura 5.17 Valores típicos de fluxo permeado de solventes puros de diferentes viscosidades (μ) em uma membrana de ultrafiltração: em função da pressão aplicada (a); em função do tempo de operação para uma diferença de pressão constante (b).

A permeabilidade de membranas depende muito dos processos em que se usa pressão como força motriz sendo que sua ordem de grandeza varia numa ampla faixa. Ela é muito menor no caso da OI em comparação com outros processos. A Figura 5.18 apresenta valores típicos de fluxo permeado de água, solvente puro, em função da pressão, para membranas com diferentes características.

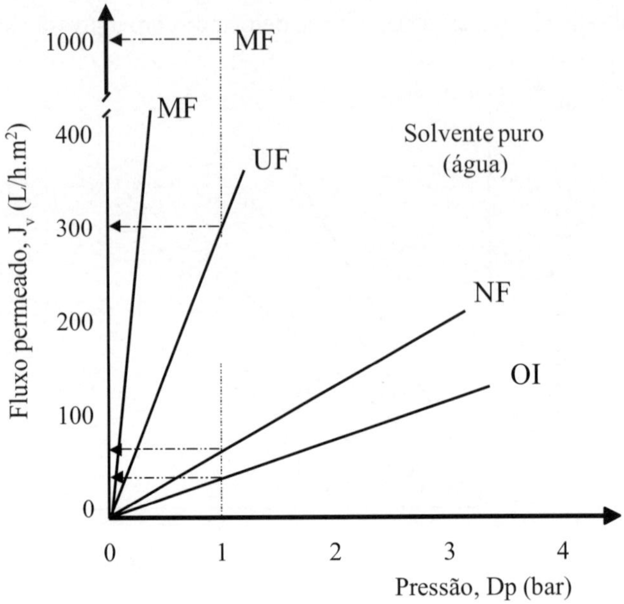

Figura 5.18 Valores típicos de fluxo permeado de solvente puro, água, em função da pressão para membranas de MF, UF, NF e OI.

Quando as membranas são empregadas para fracionar ou concentrar soluções ou suspensões, os fluxos permeados, na prática, são menores do que aqueles apresentados na Figura 5.18, dada a presença de fenômenos como polarização de concentração e incrustações (*fouling*). Estes representam um conjunto de fenômenos que afetam o desempenho da membrana, como a adsorção de solutos na superfície e nos poros da membrana, o entupimento dos poros e o depósito de precipitados na superfície, entre outros, inerentes aos processos de separação com membranas.

5.3.4 POLARIZAÇÃO DE CONCENTRAÇÃO E INCRUSTAÇÕES (*FOULING*)

Conforme já discutido, uma das vantagens da filtração tangencial é permitir operação contínua e em regime estabelecido de transferência de massa (Figura 5.5). Na prática, no entanto, quando se processa uma solução, observa-se, nos primeiros instantes de processamento, queda acentuada no valor do fluxo permeado em relação ao fluxo do solvente puro, provocada pela polarização de concentração. À medida que a operação transcorre, a redução do fluxo permeado prossegue em escala menor, sem atingir o regime estabelecido de transferência de massa. A estabilização do fluxo permeado, se chegar a ocorrer, pode demorar minutos, horas ou até dias. Como a polarização de concentração se estabelece rapidamente, essa redução adicional de fluxo com o tempo é atribuída a alterações na membrana, provocadas pelas espécies presentes na solução. O conjunto dessas alterações é conhecido como incrustação da membrana (*fouling*) e, em muitos casos, pode inviabilizar uma dada aplicação. A Figura 5.19 ilustra o efeito da polarização de concentração e das incrustações no comportamento do fluxo permeado em processos com membranas. O fenômeno da polarização de concentração pode ser considerado reversível, ou seja, terminada a operação e efetuada a limpeza da membrana, a permeabilidade ao solvente puro deve ser recuperada. Já os fenômenos que constituem as incrustações devem ser considerados parcial ou totalmente irreversíveis. Alguns desses fenômenos são comentados a seguir:

- *Adsorção das espécies presentes na membrana* – As interações físico-químicas entre o material da membrana e os compostos presentes na corrente a ser processada podem provocar a adsorção dessas espécies, tanto na superfície das membranas quanto no interior de seus poros;
- *Entupimento de poros por macromoléculas ou partículas em suspensão* – Trata-se da ação mecânica de bloqueio de poros, que pode ocorrer tanto na superfície da membrana quanto em seu interior, dependendo de sua morfologia. Em membranas assimétricas esse fenômeno é superficial, uma vez que as menores dimensões de poros estão na superfície. Nas membranas simétricas é possível que o bloqueio ocorra em seu interior;
- *Depósito na superfície da membrana, de espécies presentes* – Em caso de presença de material em suspensão, o depósito corresponde à formação de uma torta, como na filtração clássica. No caso de soluções de macromoléculas, pode-se atingir na interface membrana/solução uma concentração suficientemente elevada para que ocorra a gelificação da solução nessa região ou mesmo a precipitação dessas macromoléculas. Solutos de baixa massa molar, como sais, também podem atingir o limite de solubilidade e precipitar na superfície da membrana.

Cada um dos fenômenos apresentados provoca alterações na membrana e, em consequência, resistência adicional à transferência de massa do solvente, conforme ilustrado na Figura 5.20.

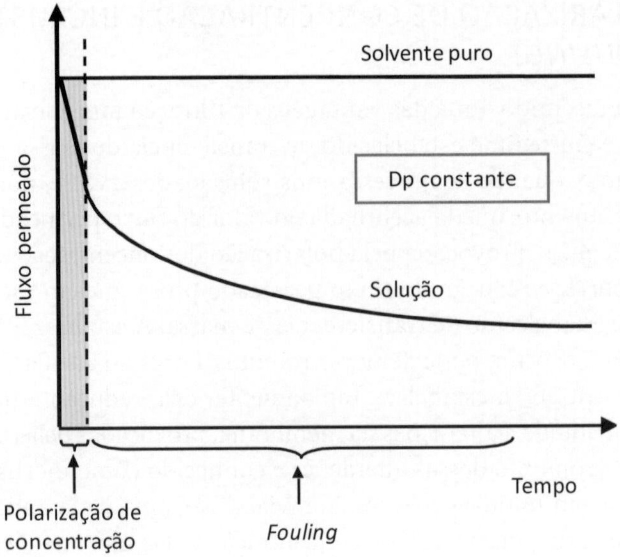

Figura 5.19 Fluxo permeado em função do tempo, em processos de separação com membranas. Polarização de concentração e incrustações.

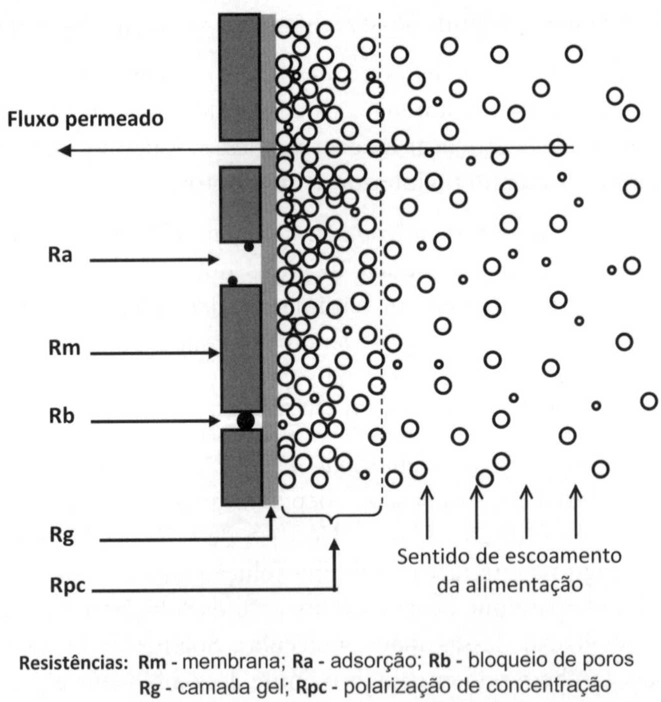

Figura 5.20 Resistências à transferência de massa em membranas em processos operando com a alimentação de escoamento tangencial.

Adotando-se o modelo de resistências, de maneira análoga à Equação 5.6, o fluxo permeado, no caso mais geral do processamento de uma solução, pode ser expresso por:

$$J_v = \frac{1}{R_T} \cdot \Delta P \quad \text{em que:} \quad R_T = R_m + R_a + R_b + R_g + R_{PC} \tag{5.6}$$

R_T é a resistência total; R_m, a resistência intrínseca da membrana; R_a, a resistência decorrente da adsorção; R_b, a resistência decorrente do bloqueio de poros; R_g, a resistência resultante de efeitos de gelificação da solução e R_{pc}, a resistência decorrente da polarização de concentração.

A operação do sistema com elevadas velocidades tangenciais da alimentação (número de Reynolds elevado) e pressão de operação não muito alta deve minimizar a formação de incrustações. O aumento de velocidade provoca diminuição da espessura da camada limite de polarização (δ), aumentando o fluxo de retrodifusão (J_d) e resultando na redução da concentração na interface com a membrana, C_m (Figura 5.21), e dos riscos associados ao acúmulo do soluto na interface.

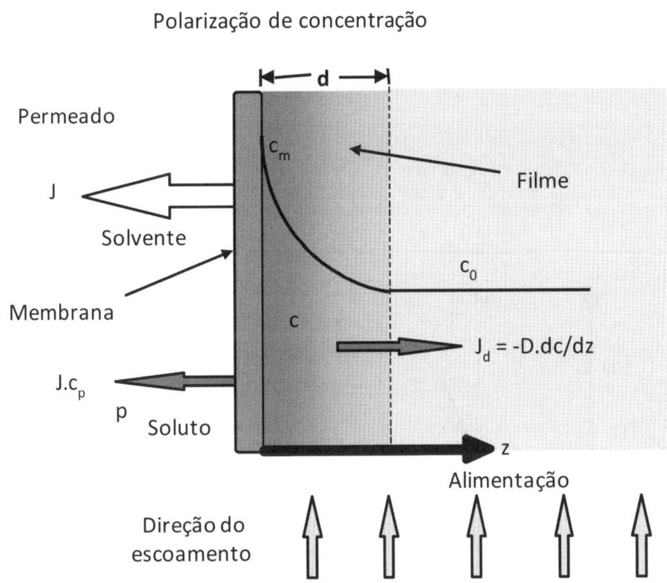

Figura 5.21 Fenômeno de polarização de concentração nos processos de separação com membranas. C_0, concentração da espécie no seio da solução (corrente de alimentação); C_m, concentração da espécie na interface solução/membrana; C_p, concentração da espécie no permeado; J_v, fluxo de solvente; J_d, fluxo de retrodifusão da espécie; e D, coeficiente de difusão da espécie no meio.

Os efeitos da velocidade tangencial de escoamento da alimentação e da concentração de soluto no fluxo permeado são apresentados, de forma ilustrativa, nos gráficos das Figuras 5.22a e 5.22b. Para a mesma pressão de operação e mesma concentração de soluto na alimentação verifica-se (Figura 5.22a) que o fluxo permeado aumenta com o aumento da velocidade tangencial (aumento do número de Reynolds). Analogamente, para uma velocidade fixa, o fluxo permeado aumenta com a diminuição da concentração de soluto nas correntes de alimentação (Figura 5.22b). Em ambos os casos, o fluxo permeado é tanto maior quanto mais brando for o fenômeno de polarização de concentração.

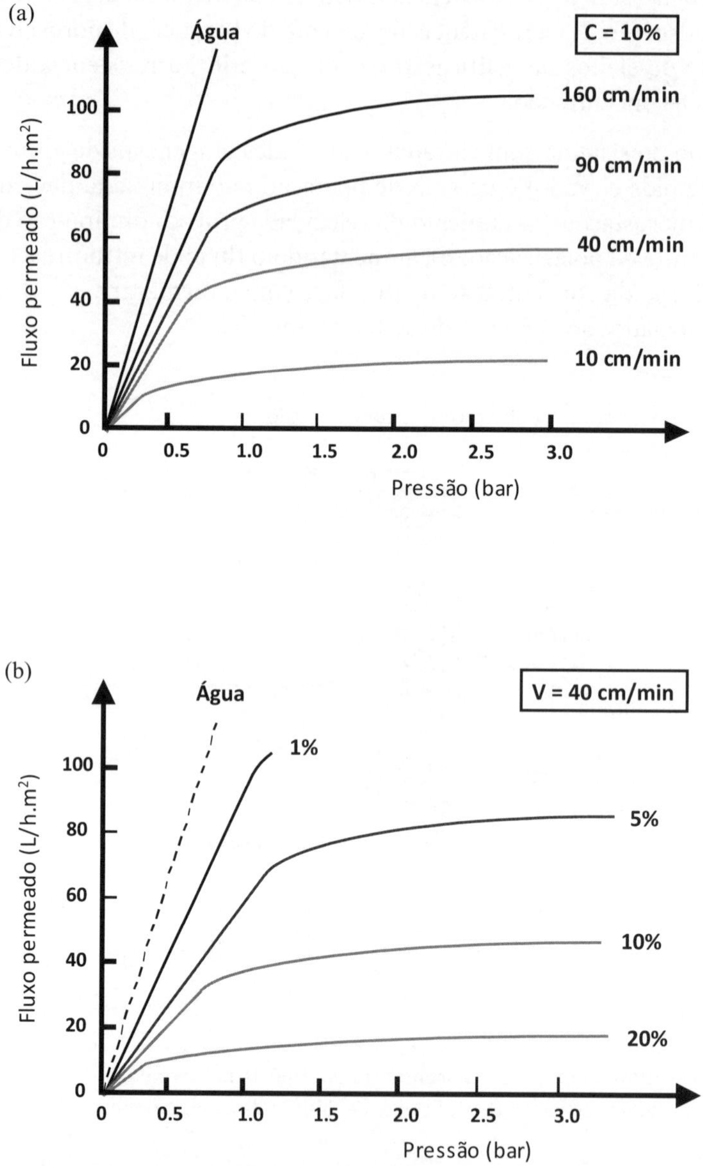

Figura 5.22 Comportamento típico observado na ultrafiltração de soluções de proteína. Fluxo permeado em função da pressão para: diferentes velocidades tangenciais da alimentação e concentração constante de proteína na corrente de alimentação (a); alimentação contendo diferentes concentrações de proteína e velocidade tangencial constante (b).

A operação em baixa pressão, por diminuir o fluxo permeado, diminui o aporte de soluto em direção à superfície da membrana, que ficará menos suscetível ao acúmulo deste soluto. Como os fenômenos de adsorção e de eventual precipitação do soluto sobre a membrana dependem da concentração do soluto na interface membrana/solução, eles serão minimizados. O fato de se trabalhar em pressões mais baixas e, portanto, com fluxos permeados menores, inicialmente provoca redução da produtividade do sistema. Entretanto, para tempos longos de operação, o desempenho da operação pode ser melhor, pois, em condições de menor polarização, a formação de incrustações é menor e o fluxo permeado se estabiliza mais rapidamente em valores superiores ao fluxo "estável" obtido em condições mais severas de pressão de operação, como indicado na Figura 5.23.

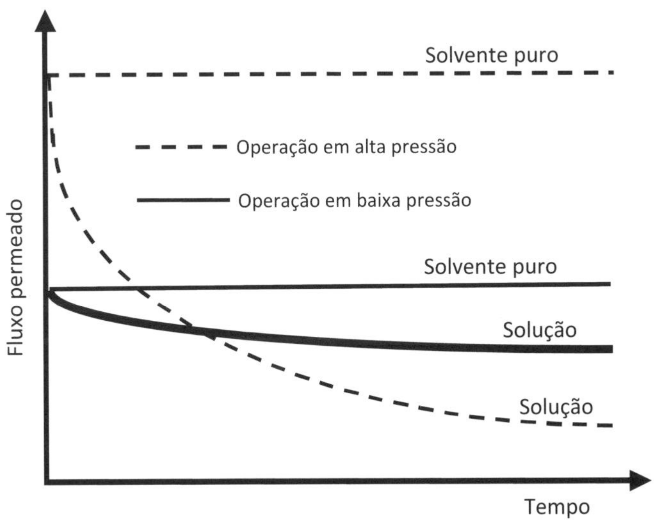

Figura 5.23 Fluxo permeado em função do tempo para sistemas com membranas. Operação em alta e baixa pressão.

5.3.5 FLUXO PERMEADO (MODELO OSMÓTICO)

Um modelo alternativo para o cálculo do fluxo é o modelo osmótico. Segundo esse modelo, o fluxo permeado, no caso do processamento de uma solução, pode ser expresso por:

$$J_v = L_p\left(\Delta P - \Delta\pi\right) \tag{5.9}$$

em que L_p é a permeabilidade da membrana ao solvente puro, ΔP, a diferença de pressão entre os dois lados da membrana e Δπ a diferença entre a pressão osmótica da solução no lado da alimentação e no lado do permeado, ou seja:

$$\Delta\pi = \pi\left(C_m\right) - \pi\left(C_p\right) \tag{5.10}$$

Na prática, o modelo osmótico leva em conta o efeito da pressão osmótica na força motriz efetiva que governa a magnitude do fluxo permeado da solução sujeita a uma pressão de operação (Figura 5.24). Para efeito de cálculo da diferença de pressão efetiva (Equação 5.11), tudo se passa como se a membrana operasse com solvente puro, descontando-se da pressão aplicada a pressão osmótica a ser superada em condições de osmose inversa:

$$\Delta P_{ef} = \left(\Delta P - \Delta\pi\right) \tag{5.11}$$

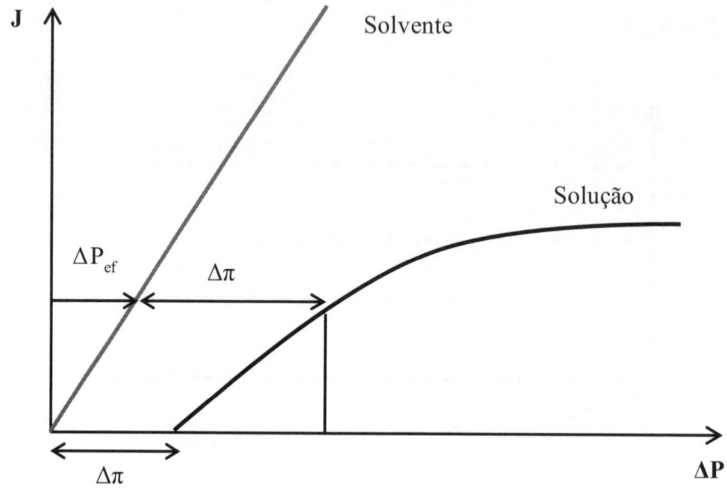

Figura 5.24 O modelo osmótico – fluxo permeado em função da pressão para os processos de OI, NF, UF e MF. ΔP_{ef} é a diferença de pressão efetiva para o processo.

O parâmetro L_p pode ser obtido da equação anterior fazendo-se $\Delta\pi = 0$, ou seja, trabalhando-se com o solvente puro. O parâmetro L_p embute em seu valor as características da membrana e do solvente. No caso de membranas porosas (processos de MF, UF e NF), ele é função da porosidade superficial da membrana (ε), de sua espessura (e), da dimensão média dos poros (r) e da viscosidade do solvente (μ) (Equação 5.5). No caso de membranas densas (processo de OI), o parâmetro L_p é função da espessura da membrana e dos coeficientes de solubilidade (S_i) e de difusão (D_{im}), na membrana, da espécie que permeia, ou seja:

Para os processos de MF, UF e NF: $L_p = \Phi\left(\varepsilon, r, \mu, e\right)$ (5.12)

Para o processo de OI: $L_p = \phi\left(D_{im}, S_i, e\right)$ (5.13)

Cabe assinalar que, para membranas do tipo densas, o transporte de espécies é usualmente interpretado em termos do mecanismo de sorção-difusão, que pressupõe uma etapa em que a espécie se "dissolve" na matriz polimérica, governada por um coeficiente de solubilidade, S_i, seguida por outra em que ela se difunde através da membrana com um coeficiente de difusão D_{im}.

Como já mencionado, soluções salinas apresentam pressões osmóticas maiores do que soluções de macromoléculas. Para que se possa superar a pressão osmótica e obter fluxo permeado economicamente aceitável (Equação 5.9), é necessário operar o sistema de membranas em pressões mais elevadas no caso de soluções salinas (processo de osmose inversa) em relação ao caso de soluções de macromoléculas (processo de ultrafiltração), como apresentado na Tabela 5.1. A Tabela 5.4 apresenta valores de pressão osmótica para diferentes soluções de solutos inorgânicos e orgânicos, em função da concentração.

Tabela 5.4 Pressão osmótica de soluções salinas e de soluções orgânicas

Solutos inorgânicos	**Concentração (% p/p)**	**Pressão osmótica (bar)**
Cloreto de sódio, NaCl	0,5 1,0 3,5	3,7 8,5 27,9
Sulfato de sódio, Na_2SO_4	2,0 5,0 10,0	7,5 20,7 38,6
Cloreto de cálcio, $CaCl_2$	1,0 3,5	6,1 21,0
Sulfato de cobre, $CuSO_4$	2,0 5,0 10,0	3,9 7,8 15,7
Solutos orgânicos*		
Sacarose, MM = 342 g/mol	3,3 6,4 9,3 24,0 30,0 35,0	2,4 5,0 7,5 23,8 34,0 43,9
Dextrose (glicose), MM = 180 g/mol	3,3 9,3 24,0 30,0	4,2 12,9 41,2 58,7

* Como estimativa da pressão osmótica de outros solutos orgânicos, usar, como primeira aproximação, a seguinte relação: (MM da sacarose/MM do soluto orgânico) × π (sacarose) = π (orgânico). MM representa a massa molar, e π, a pressão osmótica da solução.

A título de exemplo, a Figura 5.25 representa o fluxo permeado de água, em função da pressão, para um sistema de osmose inversa processando água do mar (concentração de sal em torno de 2,5% p/p). Como a pressão osmótica da água do mar é em torno de 20 bar, só é possível obter algum fluxo permeado para pressões de operação acima desse valor (Equação 5.9). Em pressões de operação menores que 20 bar, o fluxo de água será no sentido da água pura para a água salgada (sentido do processo osmótico normal).

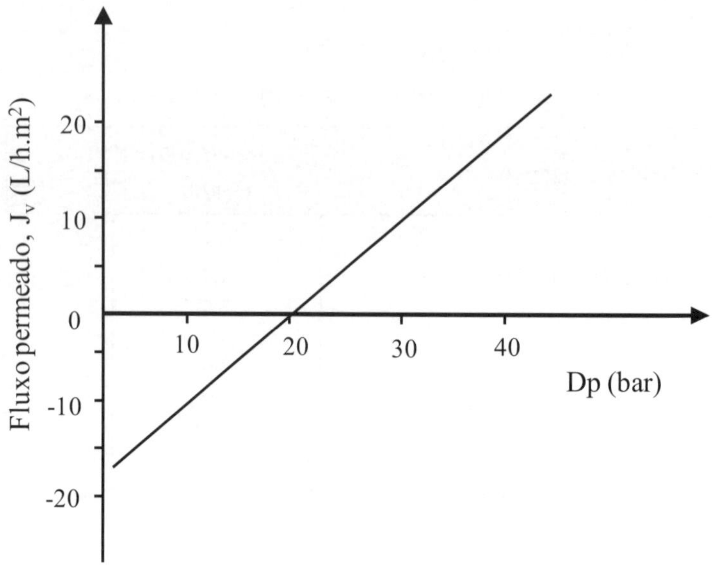

Figura 5.25 Dessalinização da água do mar pelo processo de osmose inversa. Fluxo permeado em função da pressão de operação.

5.3.6 LIMPEZA DA MEMBRANA

A redução de fluxo permeado com o tempo de operação de um sistema com membranas é inevitável. Entretanto, há algumas técnicas de operação desses sistemas que resultam em recuperação, ao menos parcial, do fluxo permeado. A mais comum é a retrolavagem, que é a inversão, por um curto intervalo de tempo, do sentido do fluxo permeado, obtida com uma válvula solenoide e um circuito de bombeamento do permeado (técnica ilustrada na Figura 5.26). Novas técnicas estão sendo introduzidas, como a variação da pressão na corrente de alimentação, em alta frequência, e a operação de sistemas em condições de baixa polarização, conforme visto anteriormente. A limpeza química periódica das membranas, ácida ou alcalina dependendo do material e da natureza das incrustações, também auxilia na recuperação do fluxo permeado. A despeito desses expedientes, o fluxo permeado médio diminui com o tempo de uso da membrana, o que requererá sua substituição sempre que o referido fluxo apresentar-se abaixo de um valor crítico predeterminado.

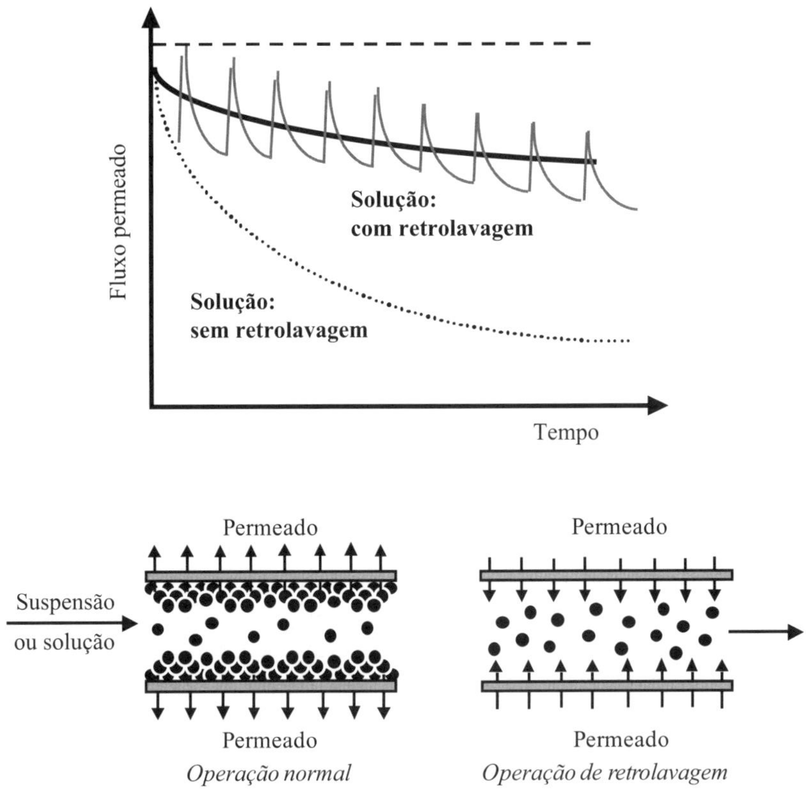

Figura 5.26 Recuperação parcial de fluxo permeado usando a técnica de operação em retrolavagem.

5.4 PROCESSOS CUJA FORÇA MOTRIZ É A DIFERENÇA DE CONCENTRAÇÃO

5.4.1 PERVAPORAÇÃO E PERMEAÇÃO DE GASES

A permeação gasosa e a pervaporação são operações para separação de diferentes espécies químicas em fase gasosa, vapor ou líquida, usando membranas densas, tendo como força motriz o gradiente de potencial químico dos solutos, expresso por uma diferença de concentração ou pressão parcial. O mercado e as aplicações desses sistemas com membranas encontram-se em expansão mais acentuada quando comparados com os sistemas anteriormente citados. Na permeação de gases, atualmente, as aplicações mais importantes são a recuperação de hidrogênio em plantas de amônia, o fracionamento do ar para a produção de nitrogênio e a remoção do dióxido de carbono do gás natural. Com o desenvolvimento de membranas que apresentem maiores seletividades e fluxos, a permeação de gases tem o potencial de substituir diversos processos convencionais de separação.

A principal aplicação industrial da pervaporação é a desidratação de solventes orgânicos, em particular da mistura etanol-água no ponto azeotrópico (95% de etanol). Outras aplicações incluem a remoção de COV (compostos orgânicos voláteis) da água e a remoção de aromas de frutas. Na área de biotecnologia, a pervaporação tem sido utilizada acoplada a biorreatores, para a remoção de compostos voláteis que inibem a atividade celular, visando aumento de produtividade. Assim como no caso da separação de gás, a ampliação do campo de aplicação da pervaporação, como nas separações de misturas de compostos orgânicos, depende, sobretudo, da melhoria das propriedades das membranas.

Progressos têm sido obtidos com membranas híbridas que exploram novos materiais, como os produzidos pela nanotecnologia. A pervaporação e a permeação gasosa têm potencial de substituir com vantagens processos tradicionais, como destilação e absorção, em aplicações das indústrias química, farmacêutica e petroquímica.

5.4.2 PERMEAÇÃO DE GASES

Independentemente da estrutura da membrana, a força motriz para a permeação de gases é o gradiente de potencial químico decorrente da diferença de pressão parcial dos componentes entre os lados da alimentação e do permeado. No caso de membranas densas, o transporte de gases ocorre em uma sequência de etapas, desde a solubilização das moléculas do gás na matriz polimérica, seguida pela sua difusão, até a posterior dessorção para o lado de menor pressão parcial. Essas etapas são conhecidas como mecanismo de sorção e difusão. A Figura 5.27 representa o mecanismo de transporte para membranas densas.

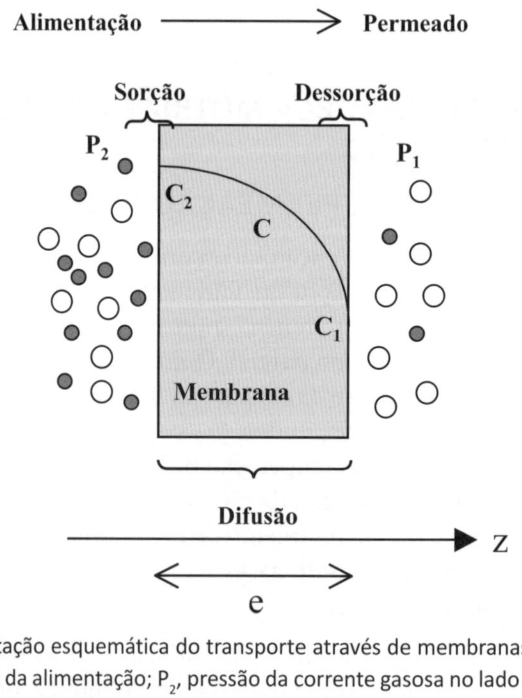

Figura 5.27 Representação esquemática do transporte através de membranas densas. P_1, pressão da corrente gasosa no lado da alimentação; P_2, pressão da corrente gasosa no lado do permeado; e, espessura da membrana; e z, direção do fluxo permeado.

As principais variáveis envolvidas nessas etapas são as seguintes: temperatura; pressão; concentração; massa molar; tamanho e forma da molécula penetrante; compatibilidade do par polímero/penetrante; graus de reticulação; e cristalinidade do material polimérico. A sorção está associada a aspectos termodinâmicos (incorporação da molécula no polímero), enquanto a difusão está associada a fatores cinéticos (mobilidade da molécula no polímero).

A lei de Fick é frequentemente utilizada para descrever a difusão por uma matriz polimérica. Admitindo estado estacionário e difusão através de uma membrana de espessura *e*, a equação pode ser integrada, para as condições de contorno: $z = 0 \rightarrow C_i = C_1$ e $z = e \rightarrow C_i = C_2$, como apresentado a seguir.

$$J_i = D_{im}\frac{\partial C_i}{\partial z} \quad \text{ou seja:} \quad J_i = D_{im}\frac{(C_1 - C_2)}{e} \tag{5.14}$$

em que J_i é o fluxo da espécie i, C_i é a sua concentração na membrana e D_{im} representa o seu coeficiente de difusão na membrana.

Várias correlações que expressam o equilíbrio gás/membrana podem ser usadas para quantificar a etapa de sorção. Um modelo simples, baseado na lei de Henry, admitindo uma relação linear entre a concentração de penetrante no polímero e a pressão na fase vapor, é comumente empregado:

$$C_i = S_i p \tag{5.15}$$

em que S_i é o coeficiente de solubilidade (ou sorção) da espécie i na membrana. O transporte de gás através de uma matriz polimérica pode, então, ser expresso como o produto do coeficiente de permeabilidade pelo gradiente de pressão, ou seja:

$$J_i = P_i\frac{(\Delta p)}{\mathrm{e}} \tag{5.16}$$

em que Δp é a diferença de pressão parcial do permeante nas fases em contato com as duas faces da membrana e o coeficiente de permeabilidade (P_i), referido também como permeabilidade ou permeabilidade intrínseca, de um componente em determinado polímero é expresso como o produto dos coeficientes de sorção e difusão na matriz polimérica.

$$P_i = S_i D_{im} \tag{5.17}$$

A eficiência com que um determinado polímero discrimina dois permeantes (A e B) pode ser determinada como a razão entre as permeabilidades dos componentes puros no material polimérico, denominada seletividade ideal ($\alpha_{A/B}$) e definida na Equação 5.18.

$$\alpha_{A/B}^{ideal} = \frac{\mathrm{P}_A}{\mathrm{P}_B} = \frac{D_A}{D_B} \times \frac{S_A}{S_B} \tag{5.18}$$

Essa estimativa da seletividade é mais segura quando o material e a morfologia da membrana são pouco afetados pela presença dos gases. Nos casos de misturas contendo gases ou vapores que interagem com a membrana, o efeito da concentração altera significativamente a seletividade real da membrana, diferindo da seletividade ideal.

5.4.3 PERVAPORAÇÃO

É um processo de separação através de membranas utilizado para fracionar misturas líquidas. De modo análogo ao que ocorre na permeação de gases, o mecanismo é o da sorção-difusão. Tipicamente, os componentes da mistura líquida, em contato com uma das faces da membrana, são sorvidos pela membrana seguindo o equilíbrio de fases determinado pelas condições locais. Componentes com maior afinidade com o material do polímero têm maior sorção. A difusão ao longo da espessura da membrana transcorre sob o gradiente de potencial químico (ou seja, de concentração de cada espécie na membrana), seguida da dessorção no lado do permeado, mantida a baixa pressão para garantir sua vaporização e remoção (Figura 5.28). É um dos poucos processos com membranas em que ocorre mudança de fase e tem economicidade diretamente relacionada às concentrações das espécies a remover e às taxas de vaporização. Assim, quanto menor a concentração de uma espécie-alvo a remover por uma membrana altamente seletiva, menos energia será gasta.

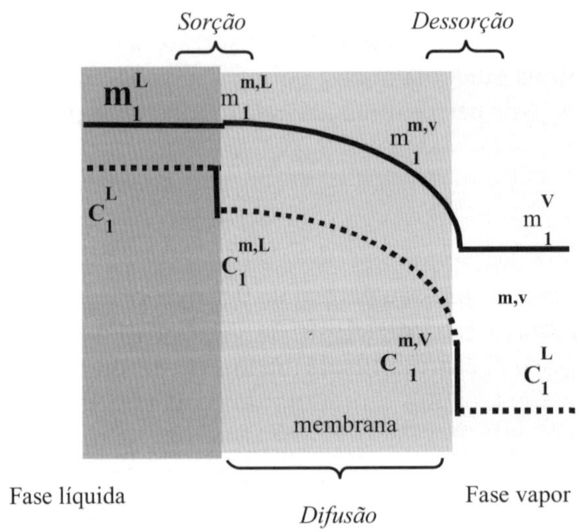

Figura 5.28 Mecanismo de transferência de massa em pervaporação. $\mu^{L}_{1} = \mu^{m,L}_{1}$, potencial químico da espécie 1 no lado da alimentação; $\mu^{m,V}_{1} = \mu^{V}_{1}$, potencial químico da espécie 1 no lado do permeado; C^{L}_{1}, concentração da espécie 1 na corrente da alimentação; $C^{m,L}_{1}$, concentração da espécie 1 na membrana, no lado da alimentação; $C^{m,V}_{1}$, concentração da espécie 1 na membrana, no lado do permeado; C^{V}_{1}, concentração da espécie 1 na corrente do permeado.

Na permeação de líquidos são comuns os efeitos de não idealidade, o que dificulta a elaboração de um modelo geral para o transporte. Os efeitos de não idealidade estão relacionados, sobretudo, à concentração total dos permeantes na membrana, e afetam a permeabilidade como um todo. A resistência ao transporte nas fases fluidas (alimentação e permeado) adjacentes à superfície da membrana também pode afetar acentuadamente a pervaporação e contribui para a complexidade do processo.

Do ponto de vista operacional, mantém-se um gradiente de pressão parcial para cada componente da mistura a fracionar das seguintes maneiras: aplicando vácuo, fazendo escoar um gás inerte não condensável no lado permeado ou mantendo um gradiente de temperatura entre a alimentação líquida e o permeado. A Figura 5.29 mostra, esquematicamente, essas três formas de operação.

Os fluxos permeados em pervaporação são baixos, variando de 0,1 a 5 kg/(h.m^2). Dessa forma, o processo é viável apenas quando quantidades pequenas devem ser removidas da fase líquida ou quando a membrana apresenta seletividade elevada em relação ao componente a ser removido. A pervaporação torna-se mais competitiva no fracionamento de misturas de difícil separação por destilação, como misturas de isômeros ou misturas que formam azeótropos.

A seletividade do processo de pervaporação é calculada a partir das relações entre as composições da alimentação e do permeado, como definido pelo coeficiente de seletividade $\alpha_{A/B}$ na Equação 5.19, que exemplifica o caso de uma mistura binária.

$$\alpha_{A/B} = \frac{y_A / y_B}{x_A / x_B} \tag{5.19}$$

em que x_A, x_B e y_A, y_B são as frações molares dos componentes A e B na alimentação e no permeado, respectivamente (Figura 5.6).

A composição do permeado pode ser muito diferente daquela resultante do equilíbrio líquido-vapor considerando a composição da alimentação, pois os componentes da mistura líquida passam ao estado vapor apenas depois de permearem a membrana. Portanto, se a membrana for seletiva, a nova composição na interface membrana/permeado definirá uma nova condição de equilíbrio liquido-vapor. A afinidade de cada componente com o material da membrana e a magnitude de seus coeficientes de difusão, ou seja, a permeabilidade global de cada espécie, determina a concentração na interface membrana/permeado. A pressão mantida no lado permeado também afeta sensivelmente o desempenho da pervaporação, de tal forma que o aumento desta pressão leva à redução na força motriz, reduzindo o fluxo permeado e alterando a seletividade do processo.

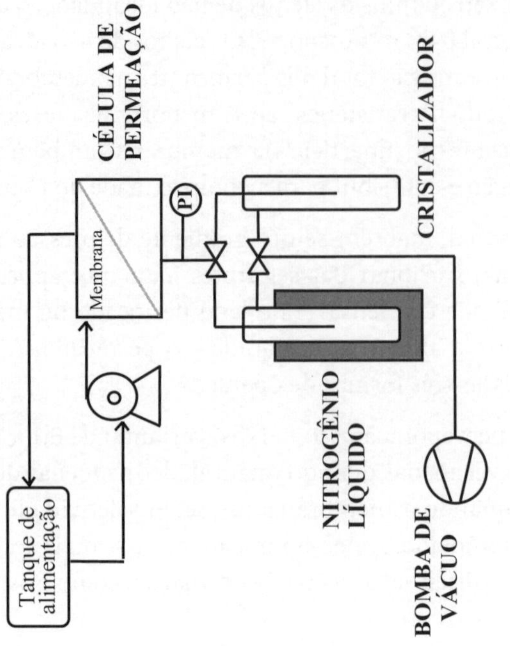

Sistema de pervaporação utilizado em bancada

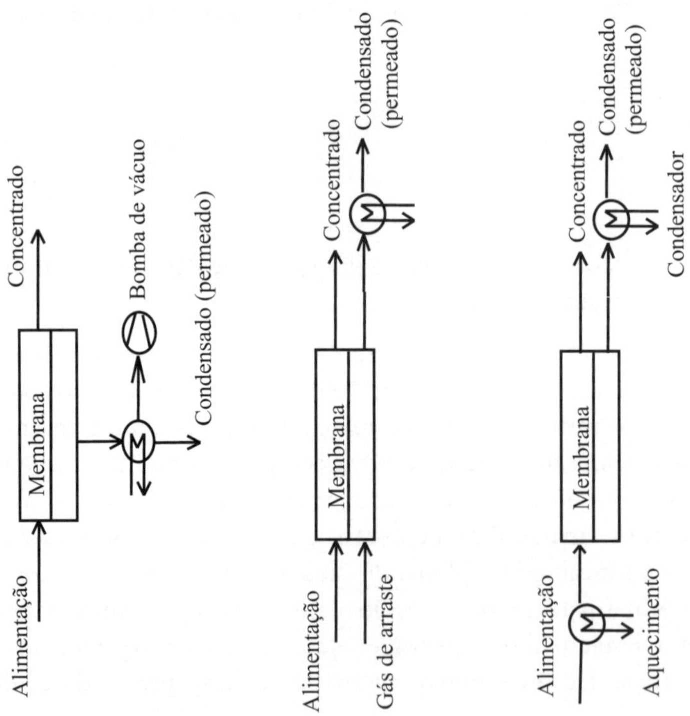

Figura 5.29 Alternativas de remoção do permeado em pervaporação.

5.4.4 CONTACTORES COM MEMBRANAS

Contactores com membranas são dispositivos contendo um feixe de membranas na forma de fibras ocas de diâmetro reduzido, disposto em um módulo de permeação. Nessa configuração, é possível obter elevada razão entre área de troca e volume de módulo (alta densidade de empacotamento). Os contactores são usados para aumentar a eficiência de extrações líquido-líquido ou gás-líquido.

Em um contactor, uma das fases fluidas circula pelo interior das fibras (tubos), enquanto a outra circula pelo módulo (casco), analogamente aos trocadores de calor convencionais do tipo casco e tubo, com a operação podendo ser tanto concorrente quanto contracorrente. A Figura 5.30 representa um contactor com membranas e a trajetória percorrida pelo fluido no interior do módulo, em modo contracorrente.

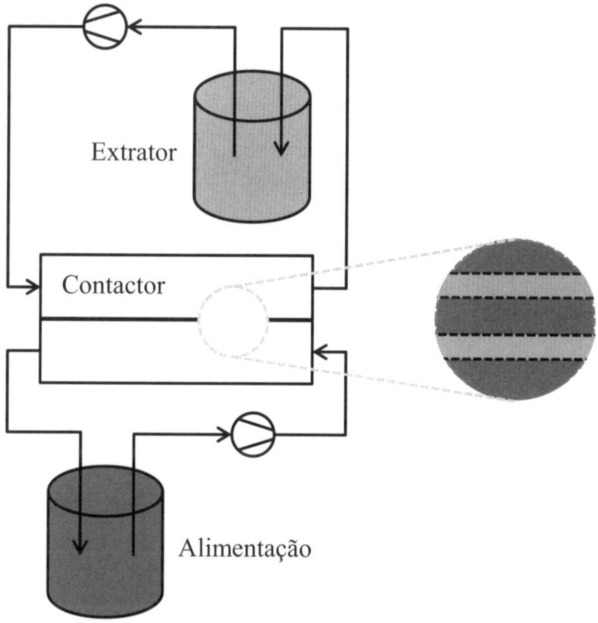

Figura 5.30 Representação de um sistema de extração líquido-líquido em contactor com membranas na forma de fibras ocas. A alimentação contendo o componente a ser extraído escoa por fora das membranas, enquanto a solução extratora escoa pelo lúmen das fibras.

A membrana utilizada em um contactor pode ser densa, composta (membrana microporosa coberta por uma fina camada superficial densa) ou, mais comumente, porosa. É essencial o controle da diferença de pressão entre as fases fluidas, a fim de evitar a ruptura da interface fluido-fluido que se forma em uma das extremidades dos poros da membrana. O uso de membranas densas é menos difundido por estas apresentarem uma resistência adicional à transferência de massa, embora sejam mais estáveis quanto à sua operação.

Ao contrário de outros processos com membranas, nos contactores a membrana não atua como uma barreira seletiva, pois sua função é imobilizar a interface líquido-líquido e promover o aumento de área de contato, o que representa vantagem em relação aos processos convencionais de contato de fases, como na extração líquido-líquido descrita no Capítulo 7. Em caso de utilização de membranas densas, a afinidade entre o material da membrana e o componente de interesse é importante, para que este possa se difundir através da membrana em direção à fase extratora, possibilitando a sua extração.

A distribuição dos líquidos varia em função do tipo de membrana utilizada, conforme os desenhos esquemáticos apresentados na Figura 5.31. Quando a membrana é porosa, há contato físico entre as fases fluidas, com formação de uma interface localizada em uma das extremidades dos poros da membrana. Quando a membrana é densa, isotrópica ou anisotrópica composta, não há contato direto entre as fases, e a transferência de massa do soluto se dá pela sua difusão através da membrana. A fase sorvida dependerá das características da membrana: se for hidrofílica, será molhada pela fase aquosa; se for hidrofóbica, será molhada pela fase orgânica.

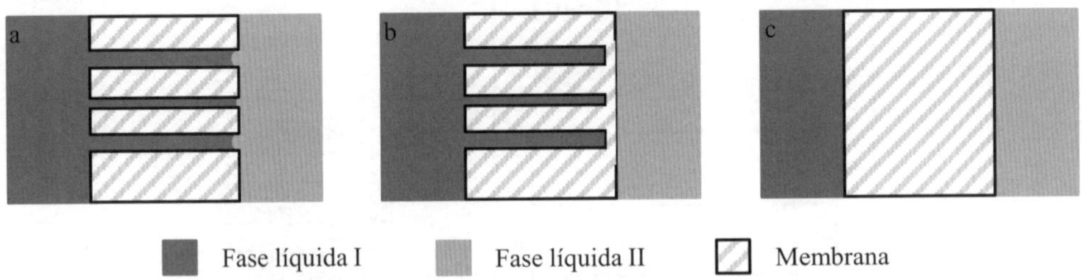

Figura 5.31 Separação entre duas fases fluidas em contactores líquido-líquido, em função da membrana empregada: membrana porosa (a); membrana anisotrópica densa (b); membrana densa (c).

5.5 PROCESSO CUJA FORÇA MOTRIZ É A DIFERENÇA DE POTENCIAL ELÉTRICO

A eletrodiálise é um processo com membranas que se aplica ao fracionamento ou à concentração de soluções contendo substâncias ionizáveis. O processo usa membranas com cargas positivas (aniônicas) ou cargas negativas (catiônicas), as quais são posicionadas alternadamente no interior do equipamento, formando compartimentos intercalados, conforme ilustra a Figura 5.32.

A força motriz do processo é uma diferença de potencial elétrico, aplicada entre o conjunto de membranas, que promove o transporte dos íons positivos em direção ao cátodo e dos íons negativos na direção do ânodo. Os ânions permeiam através das membranas aniônicas e são rejeitados pelas membranas catiônicas, ao passo que os cátions permeiam através das membranas catiônicas e são rejeitados pelas aniônicas. Assim, os íons migram de um compartimento para os compartimentos contíguos, resultando em duas correntes efluentes, uma concentrada e outra diluída em íons.

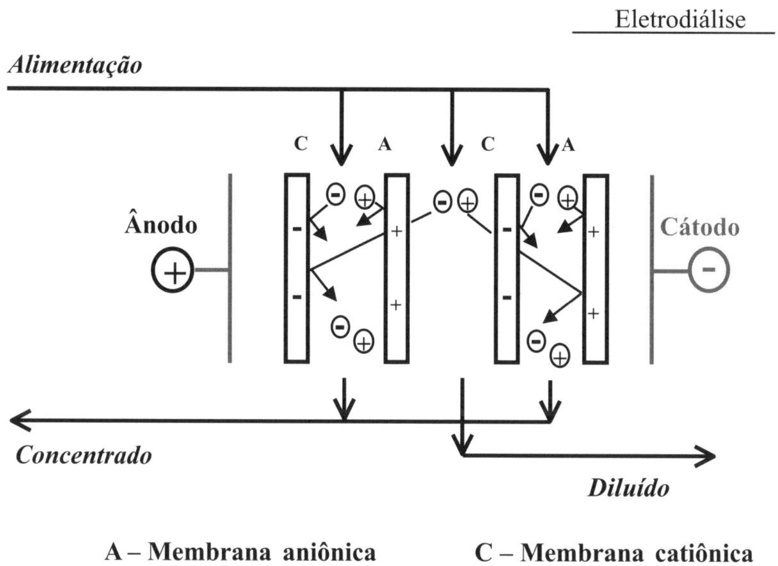

Figura 5.32 Representação esquemática do processo de eletrodiálise.

A eletrodiálise pode ser empregada em dessalinização de águas, pré-concentração de soluções salinas, fracionamento de eletrólitos com valências distintas e separação entre compostos iônicos e compostos não iônicos de uma solução. A separação de aminoácidos e ácidos orgânicos (láctico, succínico, glicônico) a partir de meios de cultivo tem sido realizada com sucesso por meio da eletrodiálise e suas variações (eletrodiálise reversa, eletrodiálise com membranas bipolares).

5.6 EXEMPLOS DE PURIFICAÇÃO DE PRODUTOS BIOTECNOLÓGICOS UTILIZANDO PROCESSOS DE SEPARAÇÃO COM MEMBRANAS

A aplicação dos PSM na purificação de produtos biotecnológicos apresenta distintos níveis de maturidade tecnológica em função do tipo de processo e do produto em questão. Diversos processos podem ser considerados já estabelecidos no mercado, como a esterilização de meios líquidos e correntes gasosas por microfiltração, a extração do etanol obtido por via fermentativa por meio da pervaporação e a remoção de dióxido de carbono do biogás de uso combustível, pela sua permeação através de membranas densas seletivas. Em contrapartida, outras aplicações estão em estágios preliminares de desenvolvimento, outras em unidades protótipo ou mesmo em fase de otimização – caso da purificação de ácidos orgânicos utilizando contactores com membranas e o acoplamento da pervaporação a unidades de esterificação e transesterificação enzimática –, visando ao aumento da produtividade. Alguns desses exemplos são apresentados em detalhes a seguir.

5.6.1 SEPARAÇÃO DE ÁCIDOS ORGÂNICOS A PARTIR DE MEIOS DE CULTIVO

A redução do consumo de matérias-primas de origem fóssil é preconizada por questões ambientais. As biorrefinarias surgem como um conceito alternativo às refinarias de petróleo, compreendendo um conjunto de instalações e processos visando à transformação de matérias-primas renováveis, bem como de seus resíduos, em biocombustíveis, produtos químicos com alto valor agregado, alimentos e energia.

Os ácidos orgânicos estão entre os produtos químicos de interesse que podem ser obtidos em biorrefinarias, e suas aplicações abrangem as indústrias alimentícia, farmacêutica e de cosméticos. Os ácidos orgânicos constituem matéria-prima na síntese de diversos produtos, via reações de condensação, esterificação, polimerização, redução e substituição.

O ácido succínico é um ácido orgânico utilizado como emoliente, surfactante e aromatizante nas indústrias de alimentos e de bebidas, nas indústrias farmacêutica e de cosméticos e até na composição de lubrificantes industriais. É usado também na obtenção de polímeros biodegradáveis e outros intermediários químicos com grande volume de produção.

Entretanto, o custo do processamento tradicional, pós-reação, na produção de ácidos orgânicos em biorrefinarias é elevado, correspondendo a 60% do custo total da produção. A extração líquido-líquido assistida por contactores com membranas pode ser uma alternativa técnica e economicamente promissora na produção em larga escala.

A Figura 5.33 ilustra um sistema para separação do ácido succínico empregando membranas. O aparato consiste em um circuito de extração no qual o ácido orgânico passa da fase aquosa para a fase orgânica extratora e um circuito de reextração na qual o ácido presente na fase orgânica é reextraído para uma nova fase aquosa. Nessa etapa de reextração, variáveis operacionais como pH e temperatura são exploradas, visando aumentar o rendimento total do processo.

No esquema apresentado na Figura 5.33, a fase orgânica circula no interior das fibras ocas, enquanto as fases aquosas de alimentação e reextração circulam por fora das fibras, dentro do casco, analogamente a um trocador de calor do tipo casco e tubo.

A fase extratora comumente utilizada para recuperar ácidos orgânicos é composta de aminas diluídas em algum solvente. A Figura 5.34 mostra a eficiência de extração do ácido succínico da fase aquosa para a fase orgânica, ao longo do tempo de operação em um contactor. Nesse processo, a fase orgânica é composta de uma solução 10% (p/p) da amina primária comercial Primene JMT, diluída em 1-octanol. Apenas a etapa de extração foi conduzida, utilizando-se uma solução de ácido succínico de 20 g/L. A eficiência de extração foi de aproximadamente 80%. Para um sistema acoplado, no qual se promove a simultânea extração e reextração, o desempenho do processo normalmente é melhorado.

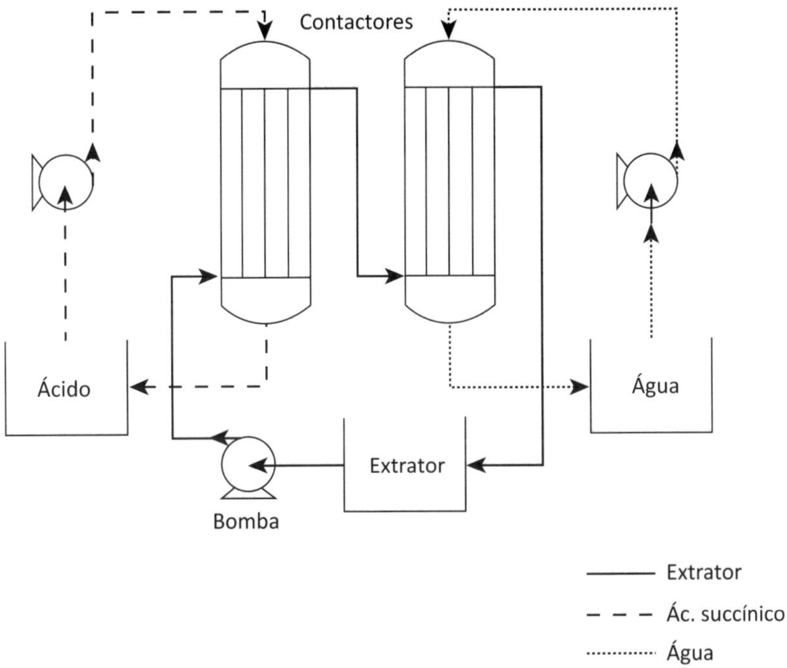

Figura 5.33 Aparato experimental utilizado para a extração de ácidos orgânicos de meios de cultivo utilizando contactores com membranas.

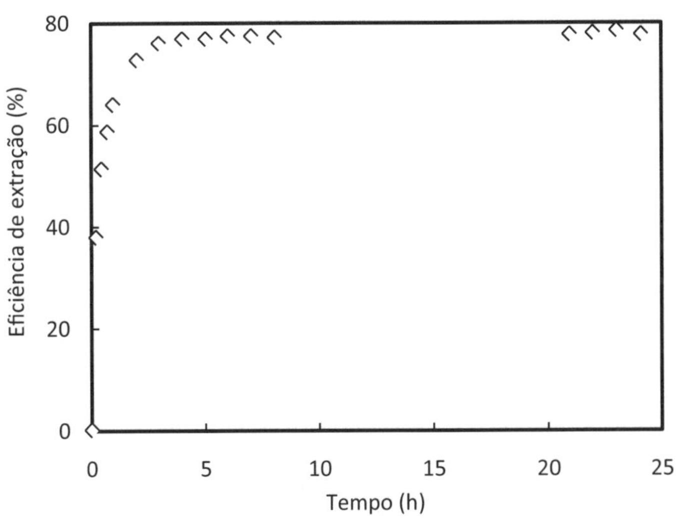

Figura 5.34 Perfil de extração do ácido succínico em contactor com membranas densas, utilizando como extrator uma solução de amina primária em 1-octanol. Temperatura: 20 °C.

5.6.2 MEMBRANAS NA INDÚSTRIA CERVEJEIRA

Na indústria cervejeira, o processamento convencional da cerveja compreende diversas etapas, cujo tempo varia entre 12 e 36 horas. As etapas, ilustradas na Figura 5.35, podem ser agrupadas em preparo do mosto, fermentação e maturação, seguidas da filtração.

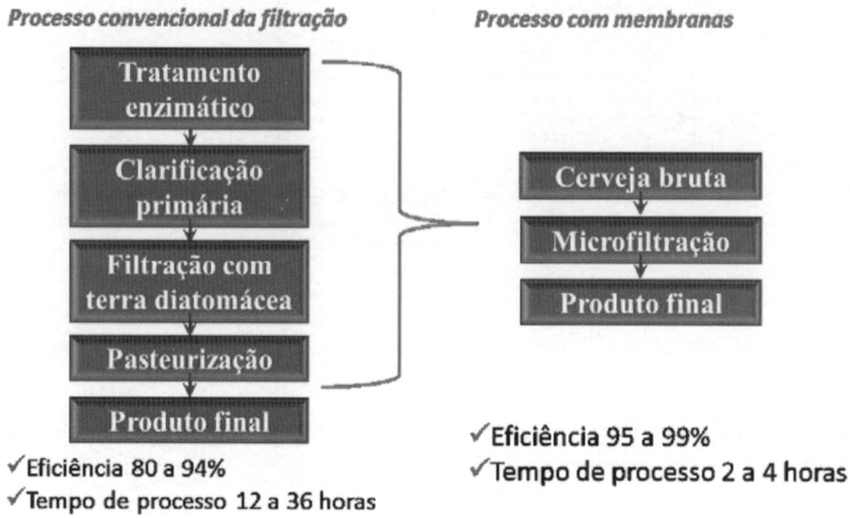

Figura 5.35 Processo convencional de filtração da cerveja e processo com microfiltração por membranas.

O processo de filtração é a etapa final e tem por objetivo eliminar partículas em suspensão que conferem turbidez ao produto, por meio da passagem da cerveja maturada por um auxiliar de filtração, usualmente terra diatomácea. Normalmente, o processo convencional de filtração requer uma filtração complementar para a obtenção de uma bebida de aspecto límpido e cristalino, que é essencial para alguns tipos de cerveja. Além disso, a filtração com terra diatomácea gera enorme passivo ambiental, que vem se tornando um problema para as cervejarias. No Brasil, a produção anual de cerveja de cerca de 4×10^9 L gera cerca de 120 mil toneladas de resíduos. Dessa forma, fazem-se necessários processos alternativos mais "limpos" na filtração da cerveja.

A filtração utilizando membranas pode reduzir o tempo de filtração para até quatro horas em uma única etapa de processamento, com o permeado praticamente isento de resíduos. Como vantagem adicional, não há mudanças de temperatura, já que o processamento é feito a frio, não afetando as características organolépticas da cerveja e, portanto, resultando em produto de qualidade superior.

A etapa de pasteurização, tradicionalmente praticada nas cervejarias para aumentar o tempo de prateleira do produto, pode ser substituída pela microfiltração, que resulta na produção de uma bebida de melhor qualidade, economia de energia e água, além de reduções de espaço na planta, da quantidade de efluente gerado e de garrafas quebradas durante a pasteurização.

A microfiltração aumenta a garantia de esterilidade pela retenção de bactérias e leveduras em membranas microporosas, com poros cujo tamanho máximo não seja superior a 0,45 μm. Aliado ao baixo pH da cerveja, em torno de 4,0, e à presença do etanol, a possibilidade de propagação dos microrganismos é mínima. Assim, os custos do investimento e operacionais são menores, há diminuição do tempo de processamento e garantia da estabilidade físico-química e microbiológica da cerveja.

A Figura 5.35 ilustra o processo atualmente empregado na indústria para filtração da cerveja e o processo com microfiltração por membranas.

Além da microfiltração para obtenção de cerveja clarificada, os processos de separação com membranas também encontram aplicação em outras etapas da indústria cervejeira. A Figura 5.36 ilustra o uso da osmose inversa no tratamento da água, visando reduzir o teor de minerais. Outra possibilidade é a obtenção de bebidas com baixo teor alcóolico utilizando diálise para remover o etanol.

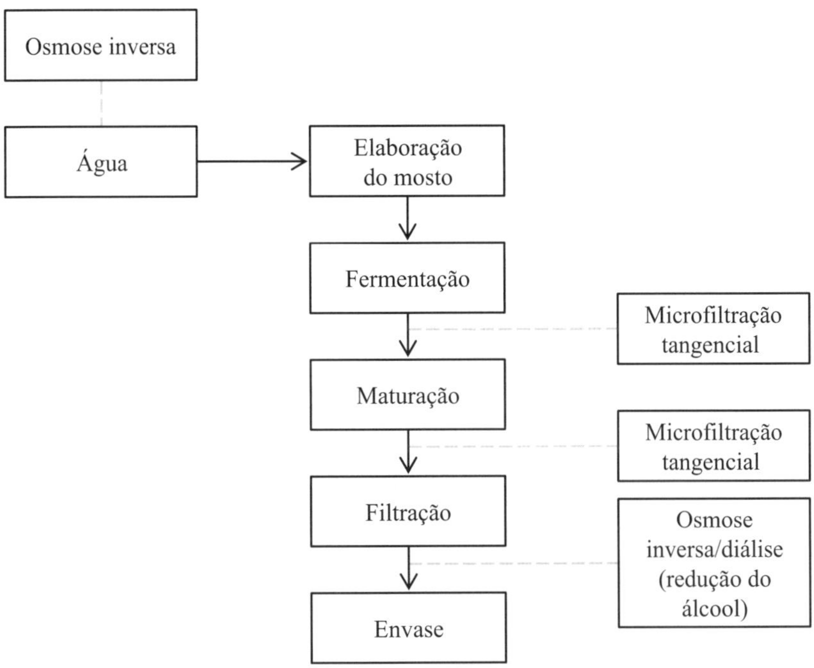

Figura 5.36 Aplicações potenciais dos processos de separação com membranas nas diversas etapas da produção de cerveja.

A Figura 5.37 apresenta a eficiência do processo de microfiltração com fibras ocas na clarificação da cerveja maturada tipo Pilsen em diferentes condições operacionais. Os fluxos permeados obtidos variam entre 14 e 20 L/(h.m^2), com permeabilidades entre 50 e 70 L/(h.m^2.bar). O fluxo permeado inicial é maior quando a densidade de empacotamento é mais elevada (1.500 m^2/m^3). O aumento da velocidade tangencial de filtração resulta em maiores valores de fluxo permeado por causa da redução da polarização de concentração. O grau de recuperação de cerveja foi de 90% no permeado. A redução na turbidez e na cor da cerveja microfiltrada ficou em torno de 98% e 25%, respectivamente, o que atende às normas internacionais de qualidade.

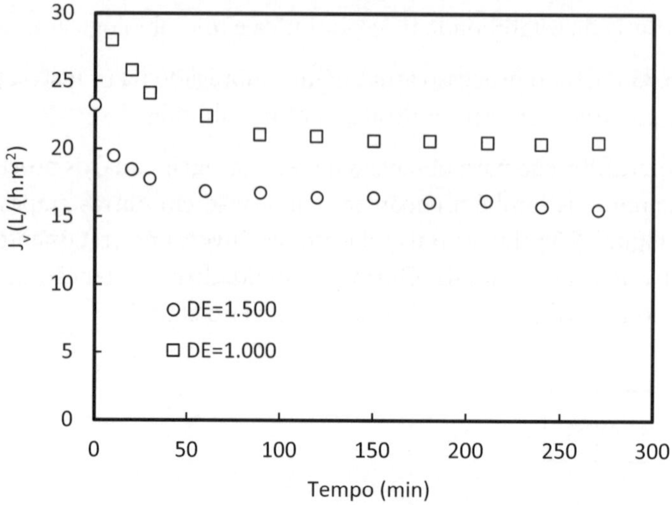

Figura 5.37 Influência da densidade de empacotamento (DE, em m^2/m^3) no fluxo permeado em função do tempo de microfiltração de cerveja maturada do tipo Pilsen, através de membranas do tipo fibra oca de poliéterimida (PEI), com tamanho médio de poro de 0,4 μm e permeabilidade igual a 400 L/(h.m^2.bar).

As fotografias da cerveja Pilsen na Figura 5.38, antes e após a microfiltração, confirmam a eficiência do processo na clarificação do produto, assim como a análise microbiológica que evidenciou a esterilidade da cerveja clarificada final.

Figura 5.38 Fotos de amostras da cerveja do tipo Pilsen antes (a) e depois (b) da clarificação por microfiltração.

5.6.3 PURIFICAÇÃO E CONCENTRAÇÃO DE PROTEÍNAS RECOMBINANTES POR ULTRAFILTRAÇÃO

A técnica de DNA recombinante, em desenvolvimento desde a década de 1970, vem possibilitando a obtenção de proteínas com amplo espectro de aplicação, principalmente na indústria de medicamentos, alimentos e reagentes analíticos. Por meio dessa técnica podem-se obter proteínas para a produção de vacinas, *kits* de diagnóstico, enzimas de utilidades diversas e outros, evitando-se a manipulação de material frequentemente patogênico ou que apresente riscos ao meio ambiente, além de possibilitar a obtenção de proteínas em grande quantidade e elevada pureza.

A potencialidade das proteínas recombinantes esbarra nas dificuldades encontradas na sua purificação, como custo e manutenção ou recuperação da atividade biológica. Proteínas recombinantes com elevados níveis de expressão no hospedeiro, por exemplo, *E. coli*, frequentemente se acumulam em corpos de inclusão intracelulares. Se, por um lado, material proteico insolúvel pode ser separado com certa facilidade do material solúvel presente na mistura integral resultante do rompimento das células (homogeneizado), por outro, esses aglomerados de proteína precisam ser dissolvidos, purificados e, quando necessário, renaturados para recuperarem a atividade biológica. No processo de purificação, problemas como a desnaturação, a degradação, os efeitos causados pelos fenômenos interfaciais, como agregação e adsorção, são dificuldades comuns.

A separação de proteínas por tamanho da macromolécula utilizando uma membrana seletiva é uma alternativa atraente na medida em que as técnicas de filtração são inerentemente mais baratas do que as cromatográficas, descritas em detalhes nos próximos capítulos deste livro. No entanto, apesar de ser fácil fracionar misturas modelo, com dois ou três componentes, as dificuldades aumentam quando se trata de misturas multicomponentes contendo proteínas solúveis e insolúveis. Os problemas a serem resolvidos decorrem das diferentes propriedades das proteínas, especialmente com relação aos efeitos resultantes da interação dessas macromoléculas entre si e com a membrana.

Algumas dezenas de miligramas do antígeno 85C de *Mycobacterium leprae* (de massa molar 30 kDa) expresso em *Escherichia coli* e nela encontrado na forma insolúvel em corpos de inclusão, com alto grau de pureza, viabilizam sua aplicação como reagente de diagnóstico da hanseníase e na composição de um imunorreativo contra tal doença, além de permitir estudos bioquímicos e imunológicos. O processo de purificação proposto consiste na realização de duas etapas de diafiltração: a primeira é executada antes do rompimento das células para minimizar os efeitos de agregação de proteínas solúveis da *E. coli* aos corpos de inclusão; a segunda é realizada antes da solubilização dos corpos de inclusão, em condições que levem à redução da concentração dos contaminantes. Após a solubilização dos corpos de inclusão recupera-se o antígeno 85C em concentração elevada. O diagrama de blocos representado na Figura 5.39 contém a sequência de procedimentos adotados neste estudo.

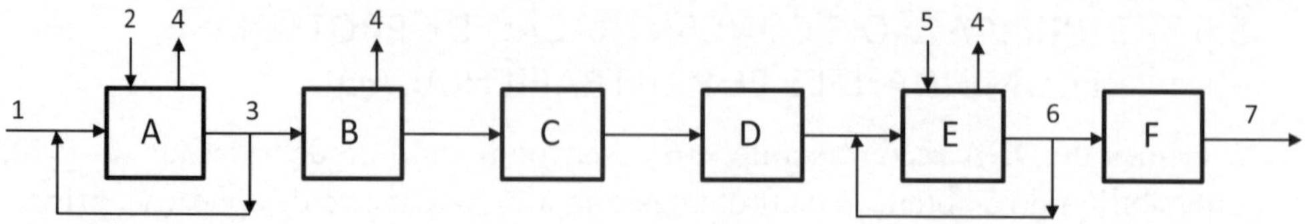

A – Etapa de diafiltração usando membrana hidrofílica de MF para remover componentes solúveis do meio e para reduzir a agregação de contaminantes aos corpos de inclusão

B – Concentração do retido (suspensão de células bacterianas)

C – Ruptura das células

D – Centrifugação para a obtenção dos corpos de inclusão

E – Lavagem dos corpos de inclusão por diafiltração

F – Solubilização dos corpos de inclusão e purificação da proteína recombinante de interesse

1 – Suspensão de células de *E. coli* com corpos de inclusão contendo uma proteína recombinante insolúvel

2 – Alimentação contínua com a solução de diafiltração na etapa de MF

3 – Retido (recirculado durante a diafiltração na etapa de MF)

4 – Permeado

5 – Alimentação contínua com a solução de diafiltração na etapa de UF

6 – Retido (recirculado durante a diafiltração na etapa de UF)

7 – Proteína recombinante de interesse

Figura 5.39 Diagrama de blocos do processo de purificação da proteína recombinante antígeno 85C de *Mycobacterium leprae*. A corrente 1, que alimenta o sistema de diafiltração, é meio de cultivo rico em células contendo o corpo de inclusão.

5.6.3.1 Diafiltração do meio de cultivo

A operação de diafiltração encontra-se esquematizada na Figura 5.15. Na diafiltração da suspensão de células de *E. coli* foi empregada uma membrana de microfiltração comercial, hidrofílica (Millipore®) com tamanho nominal de poro de 0,22 m. A solução tampão utilizada apresenta a seguinte composição: Tris-HCl, pH 8,0, 5 mM; EDTA, pH 8,0, 2 mM. As análises do permeado e do diafiltrado foram efetuadas por espectrofotometria.

A diafiltração foi efetuada nas seguintes condições: taxa de recirculação de retido, 560 mL/min; material a ser tratado consistindo em 500 mL de meio de cultivo recém-fermentado; diferença de pressão de 0,7 bar; temperatura do sistema igual a 4 °C; densidade ótica inicial da suspensão, medida a 600 nm (OD_{600}), de 1,49. Os resultados são apresentados na Figura 5.40.

Verifica-se na Figura 5.40a o declínio de fluxo de permeado devido ao *fouling* na membrana provocado pelos compostos presentes no meio de cultivo. A pequena queda no valor da medida OD_{600}, representada na Figura 5.40b, indica que não há perdas significativas de células durante a diafiltração. As Figuras 5.40c e 5.40d mostram a variação da densidade ótica a 280 nm (OD_{280}), respectivamente, da fase líquida do retido na diafiltração da suspensão de células de *E. coli* modificada e do permeado, evidenciando a remoção dos componentes solúveis presentes no retido, ou seja, a sua purificação. Essa remoção é mais acentuada nos cinquenta minutos iniciais de operação.

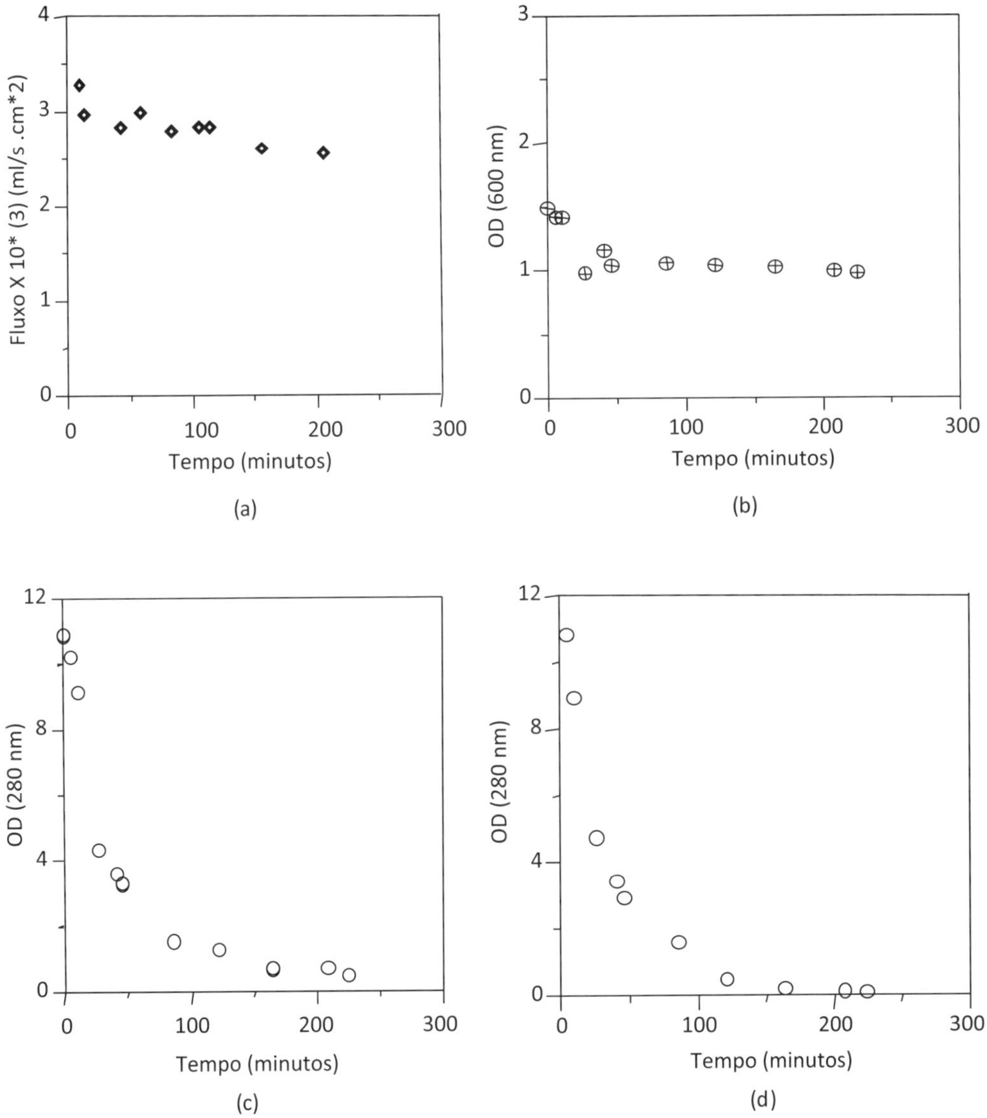

Figura 5.40 Microfiltração/diafiltração de suspensão de células de *E. coli* MC 1061 (Cl ts) pIGM-C: declínio do fluxo de permeado com o tempo (a); variação da OD_{600} da suspensão de células (b); variação da OD_{280} da solução do retido, demonstrando a redução de solutos presentes na fase líquida do retido (c); variação da OD_{280} do permeado, em concordância com a redução de solutos na solução do retido (d).

5.6.3.2 Purificação e concentração da proteína de interesse

Após a purificação do meio de cultivo, a concentração das células é elevada no próprio equipamento de diafiltração (Figura 5.40, etapa b) e o meio concentrado é novamente suspenso (tampão, Tris-HCl, pH 7,5, 20 mM; EDTA, pH 8,0, 2 mM; KCl, 100 mM), sendo em seguida promovido o rompimento das células com o uso de um aparelho de ultrassom (etapa c). Após a centrifugação, a suspensão com os corpos de inclusão contendo a proteína recombinante é submetida a um novo processo de diafiltração (etapa e). Em seguida, a suspensão é concentrada e os corpos de inclusão, já purificados, são parcialmente dissolvidos em solução de ureia 8 M em tampão acetato 0,04 M, pH 4,5. A dissolução é parcial e preferencial para o antígeno 85C.

5.6.4 PRODUÇÃO E PURIFICAÇÃO DE BIOCOMBUSTÍVEIS

A crescente preocupação pela redução dos impactos ambientais tem levado à busca de outras fontes de energias que sejam "limpas" e renováveis como a energia solar, eólica e aquelas obtidas a partir de diferentes biomassas. Dentre os produtos obtidos a partir da biomassa, etanol, biodiesel e biogás têm se mostrado alternativas viáveis aos combustíveis fósseis. A purificação desses três biocombustíveis é necessária após a sua produção e pode ser realizada com o emprego de processos de separação com membranas, como a pervaporação e a permeação de gases. Ademais, as produções de etanol e biodiesel podem ser acopladas aos processos com membranas, visando ao aumento da produtividade pela remoção de um ou mais subprodutos, superando limitações impostas por equilíbrios das reações químicas envolvidas.

5.6.4.1 Etanol

O etanol pode ser obtido a partir do etileno ou por meio de processos fermentativos que são a conversão enzimática, realizada por microrganismos, de açúcares, amido ou celulose. A maior parte da produção mundial de etanol provém das vias fermentativas, assim como praticamente todo o etanol produzido no Brasil a partir de caldo de cana ou do melaço proveniente da cana-de-açúcar.

Na destilação, apresentada no Capítulo 18, ocorre o maior gasto energético de uma planta de produção de etanol, atingindo 80% do consumo de energia. Quando se produz etanol anidro o gasto energético com a destilação se torna ainda mais crítico. A produção de etanol anidro é feita em duas etapas: a primeira envolve a destilação convencional até a obtenção de uma solução aquosa contendo cerca de 92% m/m de etanol; a segunda pode ser feita por meio de destilação azeotrópica, destilação extrativa, extração líquido-líquido, adsorção ou um processo de separação com membranas.

A pervaporação é um processo de separação com membranas utilizado para separar misturas líquidas por meio da diferença da pressão de vapor entre a alimentação e o permeado. Sua alta seletividade, menor gasto energético e ausência de compostos necessários para a quebra do azeótropo tornam esse processo bastante atrativo. A pervaporação também pode ser empregada em substituição à destilação convencional do etanol. Um diagrama de blocos do processo convencional é apresentado na Figura 5.41, em comparação ao seu equivalente utilizando a pervaporação. No processo convencional, após a fermentação o meio fermentado é destilado, com a corrente de topo do destilador rica em etanol com concentração próxima àquela do azeótropo etanol/água. Uma segunda etapa de separação é realizada para a remoção da água residual. Na separação conduzida por pervaporação, o meio fermentado pode ser inicialmente enriquecido em etanol, com a utilização de membranas seletivas a esse composto. O vapor permeado é então condensado de forma fracionada (deflegmação), com a porção rica em água retornando à etapa anterior. A corrente com alta concentração de etanol é alimentada em novo módulo de pervaporação, agora com membranas hidrofílicas, para a remoção final da água.

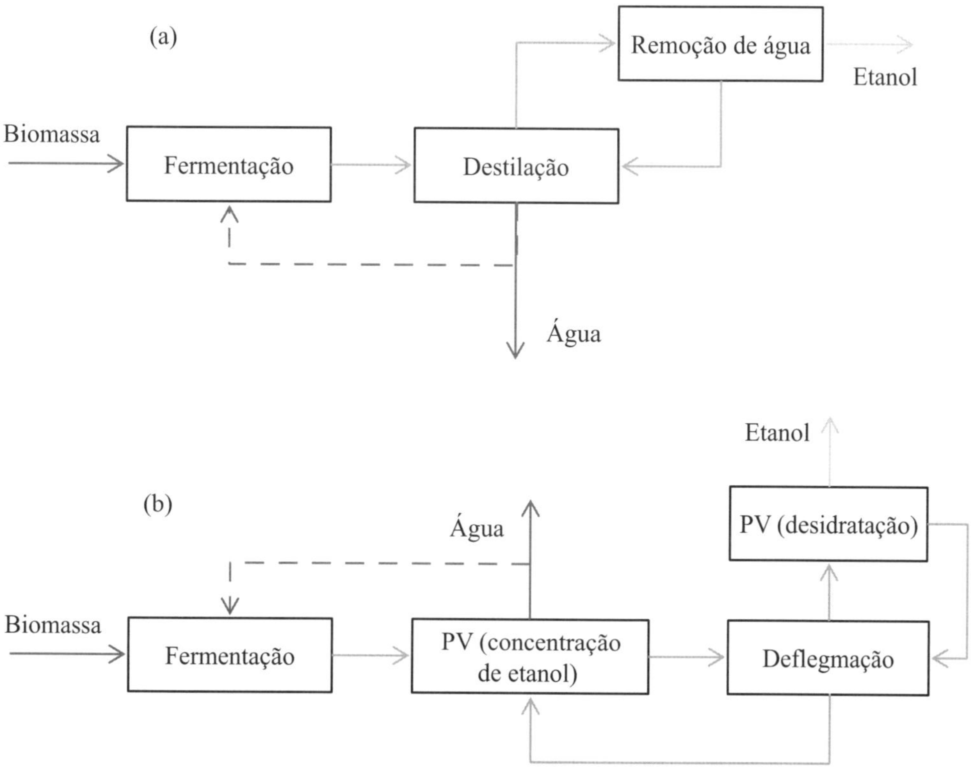

Figura 5.41 Separação e purificação de etanol produzido por vias fermentativas: processo convencional (a); processo intensificado com a utilização da pervaporação (PV) (b).

Além da separação etanol/água após a fermentação, a remoção contínua de etanol por pervaporação pode ser obtida por meio de acoplamento direto ao fermentador, reduzindo a inibição causada pelo etanol aos microrganismos e elevando a produtividade, o que melhora o balanço econômico do processo como um todo.

Atualmente diversas empresas comercializam membranas e sistemas completos de pervaporação visando à separação etanol-água. Ainda assim, a busca por novos materiais para membranas (principalmente poliméricos) e por novas configurações e módulos que proporcionem maiores fluxos não cessou ao longo dos últimos anos.

Dentre os materiais poliméricos para a síntese de membranas de pervaporação hidrofílicas, merecem destaque os polímeros naturais como quitosana, alginato de sódio e goma guar. A quitosana, obtida de rejeitos da indústria pesqueira (carapaças de crustáceos), já foi utilizada em diversos PSM e apresenta bons valores de fluxo e seletividade para a pervaporação. A goma guar, bastante conhecida da indústria alimentícia, não foi muito explorada na síntese de membranas, apesar de ser também um polissacarídeo com elevada hidrofilicidade. Desse modo, filmes poliméricos desses compostos puros ou com adição de PVA, polímero hidrofílico utilizado na fabricação de membranas para a desidratação de orgânicos, podem ser preparados e avaliados com relação à pervaporação de misturas etanol-água, visando à obtenção de elevadas permeabilidade e seletividade à água. Esses filmes podem ser obtidos por meio do espalhamento das soluções poliméricas, seguido pela evaporação controlada do solvente. A reticulação dessas membranas mediante o uso do ácido maleico se mostra efetiva.

Como exemplo, pode-se citar uma pesquisa relacionada (FERNANDES, 2010) que explorou misturas de polímeros sintéticos e naturais. Para membranas isotrópicas de quitosana, podem ser obtidos fluxos superiores a 1.300 g/(h.m^2) e seletividades próximas a 80 (para T = 60 °C e cargas com fração molar de etanol de 80%). Para o azeótropo a temperatura ambiente, a seletividade foi superior a 1.000. A membrana baseada na mistura de PVA/goma guar apresenta melhor resultado de fluxo para a composição do azeótropo à temperatura ambiente, também com elevada seletividade, demonstrando o potencial dessa mistura na síntese de novas membranas de pervaporação.

5.6.4.2 Biodiesel e derivados

O biodiesel pode ser definido como uma mistura de monoésteres alquílicos, produzida a partir de óleos vegetais ou gorduras animais, que atenda especificações técnicas, visando substituir total ou parcialmente o óleo diesel de petróleo. O uso do biodiesel é motivado pelas vantagens que apresenta em relação ao diesel mineral, relacionadas a aspectos técnicos, ambientais, econômicos e sociais.

O método usual para o preparo de ésteres ocorre por meio da reação entre um ácido carboxílico e um álcool, com eliminação de água. A reação é limitada pelo equilíbrio, o que reduz as conversões obtidas. A esterificação contínua com catalisadores heterogêneos usando a pervaporação para remover a água formada na reação traz benefícios concretos, particularmente na conversão. O processo pode ser realizado em vários estágios, os quais incluem um reator em que os componentes são levados até um ponto próximo ao equilíbrio com o catalisador. A mistura, na sequência, escoa para uma unidade de pervaporação na qual a água gerada é removida, deslocando o equilíbrio da reação. No próximo reator, o equilíbrio é restabelecido e a água formada é novamente removida. Em quatro estágios como estes, a reação será deslocada para a formação do éster e o consumo dos reagentes será praticamente total. Esse procedimento não apenas maximiza o uso de reagentes, mas também minimiza o trabalho de separação necessário para purificar o produto. Já existem plantas como essas operando ou em construção.

Outra possibilidade seria a remoção contínua da água, com a produção integrada à remoção seletiva do subproduto. O acoplamento da pervaporação à reação de esterificação é um método eficiente para o deslocamento do equilíbrio reacional no sentido da produção dos ésteres. Em estudo recente, o rendimento ao éster foi dobrado com a remoção contínua da água, ultrapassando o que seria o limite termodinâmico em uma reação convencional.

Esse resultado também pode ser observado quando se considera a catálise enzimática para a obtenção do biodiesel e de outros produtos derivados desse biocombustível. Biolubrificantes podem ser obtidos a partir da transesterificação de biodiesel de óleo de mamona e Trimetilolpropano usando uma lipase de *Candida rugosa* como biocatalisador. O acoplamento da pervaporação à reação de transesterificação com o propósito de se deslocar o equilíbrio da reação mediante a remoção do metanol resulta em uma conversão do biodiesel ao biolubrificante aproximadamente três vezes superior. Essa integração de processos produtivos biotecnológicos a técnicas de separação com membranas apresenta benefícios em termos de produtividade e de consumo energético. Outros exemplos de integração de processos podem ser vistos no Capítulo 22.

5.6.4.3 Biogás

O biogás é produzido em condições anaeróbias por meio de microrganismos e substratos orgânicos, e consiste em uma mistura de gases composta principalmente por metano e dióxido de carbono. O biogás é gerado em escala industrial em plantas de tratamento de esgoto, aterros sanitários e digestores anaeróbios. O uso do biogás como combustível veicular ou para injeção na rede de gás natural requer sua purificação prévia. O biogás, após a purificação, é denominado biometano, contendo tipicamente entre 95% e 97% de CH_4 e entre 1% e 3% de CO_2.

Dois processos com membranas podem ser utilizados para a separação do CO_2 do biogás: a permeação através de membranas ou a extração gás-líquido com os contactores de membranas. A tecnologia de permeação é a mais utilizada e encontra-se em estágio mais adequado à escala industrial, tendo sido estabelecida na década de 1980 para a remoção de CO_2 do gás natural. Por outro lado, o processo usando contactores de membranas é uma tecnologia promissora mais recente, na qual a membrana delimita a interface para o processo de absorção. A escolha do processo adequado para cada situação depende de fatores como a composição do gás a ser tratado e a disponibilidade de utilidades e insumos. De modo geral, com as membranas atualmente disponíveis no mercado, considera-se que o processo de absorção química utilizando contactores de membranas e uma solução extratora adequada é mais seletivo para a remoção do CO_2, se comparado à permeação de gases em uma única etapa. Porém, a facilidade de se adaptar diversos passos e estágios de separação na permeação de gases torna essa tecnologia a mais adequada ao tratamento do biogás, reduzindo a área de membrana necessária e a energia gasta para se atender às especificações do mercado para o biometano. Diversas empresas disponibilizam membranas e equipamentos específicos para o tratamento do biogás (*biogas upgrading*).

EXERCÍCIOS

1. Ácido lático pode ser produzido por meio de fermentações bacterianas, porém precisa ser posteriormente purificado a partir do meio de fermentação. Essa purificação deve compreender a remoção de material em suspensão, de outros compostos presentes no meio de fermentação, como sais e subprodutos solúveis, e de parte da água. Como essa purificação pode ser realizada utilizando processos com membranas?

Resolução:

A purificação de ácido lático produzido por microrganismos em fermentações submersas pode ser iniciada com a microfiltração, para a remoção de células e outros materiais em suspensão, seguida por uma etapa de extração do ácido utilizando contactores com membranas. Por fim, uma etapa complementar para elevar a concentração desse ácido na fase aquosa, como a osmose inversa, pode ser adotada. Essas etapas estão detalhadas a seguir, e a Figura 5.42 traz um diagrama de blocos simplificado do processo proposto.

- *Etapa 1: Microfiltração – remoção de sólidos em suspensão*: a microfiltração do meio de fermentação é utilizada para a remoção de células e outros materiais em suspensão, clarificando a solução e reduzindo possíveis problemas de incrustações e entupimentos em etapas posteriores. Pode-se recorrer à microfiltração com membranas microporosas isotrópicas e hidrofílicas na forma de fibras ocas ou de tubos capilares. O módulo de filtração pode ser equivalente ao apresentado na Figura 5.8b, e a diferença de pressão aplicada ficaria entre 1,0 e 2,0 bar. Desse modo, o ácido lático permeia através da membrana, sendo recolhido na solução de permeado, enquanto as células, na corrente de concentrado, podem ser descartadas ou retornadas ao fermentador;
- *Etapa 2: Contactores com membranas – purificação*: a extração do ácido lático pode ser obtida com o uso de contactores com membranas e um solvente extrator orgânico adequado, como o 1-octanol, puro ou com aminas em solução. A reextração do ácido para uma nova fase aquosa, sem impurezas, pode ser realizada com um novo contactor líquido-líquido. Desse modo, como corrente resultante, haveria a solução de ácido lático diluído em água. O material que não for extraído no contactor pode ser descartado ou retornado a algum ponto anterior do processo. Os contactores utilizados poderiam empregar fibras ocas microporosas tanto hidrofílicas (com seus poros preenchidos por água) quanto hidrofóbicas (com seus poros preenchidos pela fase orgânica) ou densas. As pressões de operação serão limitadas apenas pelo limite de intrusão do líquido nos poros da membrana (no caso de membranas porosas), e não pela capacidade de transferência, já que a força motriz para a transferência é a diferença de concentração. Cuidado especial deve ser tomado com as vazões de circulação das correntes líquidas, que influenciam os coeficientes de transferência de massa e, por sua vez, o fluxo do ácido;

- *Etapa 3: Osmose inversa – concentração*: a solução proveniente da etapa de reextração utilizando contactores com membranas é posteriormente concentrada. Essa concentração pode ser conduzida por meio da osmose inversa, utilizando membranas planas densas compostas em módulos em espiral. A água retirada da solução, por meio de sua permeação pelas membranas densas, pode ser reutilizada. A pressão de operação pode variar entre 10 e 40 bar. A concentração dessa solução será conduzida até o valor de interesse, desde que a diferença de pressão osmótica das soluções não ultrapasse o valor da diferença de pressão aplicada. Caso haja a necessidade de se elevar ainda mais a concentração do ácido em solução, deve-se recorrer a outros processos, como a destilação osmótica (outro PSM) ou processos convencionais como a evaporação a vácuo.

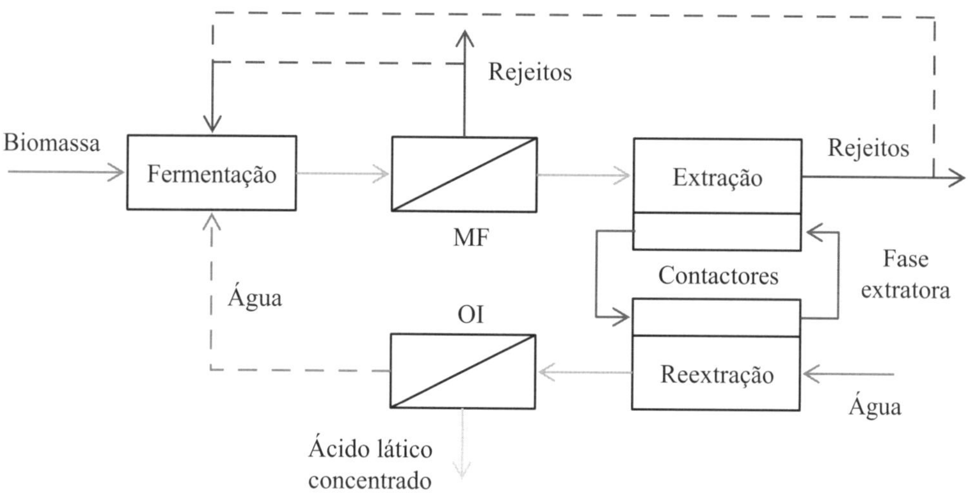

Figura 5.42 Separação e purificação de ácido lático de meios fermentativos usando processos de separação com membranas.

2. Como purificar e concentrar o biobutanol (n-butanol obtido por vias fermentativas) utilizando processos de separação com membranas, sabendo que devem ser retirados do meio fermentativo a biomassa, demais materiais em suspensão e outros compostos em solução, como sais e subprodutos indesejados?

Resolução:

A separação de biobutanol de meios fermentativos pode envolver a microfiltração, para a remoção de material em suspensão, e a pervaporação, para a extração do butanol e demais produtos voláteis, seguida de uma etapa de separação de fases líquido-líquido. As etapas envolvidas estão detalhadas a seguir, e um diagrama de blocos simplificado do processo é apresentado na Figura 5.43.

- *Etapa 1: Microfiltração – remoção de sólidos em suspensão*: de forma análoga à apresentada no exercício 1, a microfiltração é um processo com membranas empregado para a remoção de todo o material suspenso no meio de fermentação utilizado na produção do biobutanol. A partir do meio clarificado contendo o butanol, podem-se conduzir as demais etapas de purificação e concentração desse composto. A corrente com o material suspenso retido é descartada ou pode ser reciclada ao fermentador.
- *Etapa 2: Pervaporação – purificação e concentração parcial*: a pervaporação pode ser utilizada para a remoção do butanol do meio de fermentação. Para tal, podem ser utilizadas membranas densas organofílicas, isotrópicas ou anisotrópicas compostas. O butanol, além de outros componentes orgânicos voláteis, será transportado preferencialmente com relação à água. O permeado, recolhido na forma de vapor, é condensado posteriormente. A corrente líquida de saída dos módulos de pervaporação, que não permearam, também pode retornar ao início do processo.
- *Etapa 3: Separação líquido-líquido – concentração*: a corrente de permeado da pervaporação é rica em butanol, mas ainda contém quantidade apreciável de água. Porém, quando essa corrente é condensada, a concentração de butanol é superior ao seu limite de solubilidade em água. Há a separação de fases, com uma fase rica em água e outra rica em butanol. O recolhimento da fase rica em butanol gera o produto final, com baixo teor de água, enquanto a corrente aquosa, com baixa concentração de butanol, também retorna a algum ponto anterior do processo produtivo.

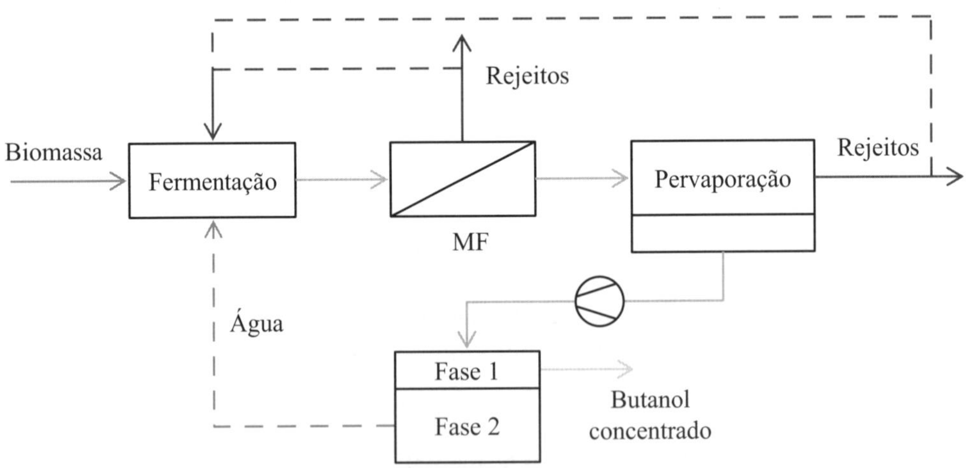

Figura 5.43 Separação e purificação de biobutanol de meios fermentativos usando processos de separação com membranas.

REFERÊNCIAS BIBLIOGRÁFICAS

BAKER, R. W. *Membrane technology and applications*. Chichester: John Wiley & Sons, 2004.

DI LUCCIO, M.; BORGES, C. P.; ALVES, T. L. M. Economic analysis of ethanol and fructose production by selective fermentation coupled to pervaporation: effect of membrane costs on process economics. *Desalination*, v. 147, p. 161-166, 2002.

FERNANDES, M. T. C. A. *Membranas isotrópicas e anisotrópicas densas baseadas em polímeros naturais para desidratação de etanol por pervaporação*. Dissertação de Mestrado, Programa de Engenharia Química/COPPE/UFRJ. Rio de Janeiro, 2010.

FERRAZ, H. C.; ALVES, T. L.; BORGES, C. P. Sorbitol and gluconic acid production using permeabilized *Zymomonas mobilis* cells confined by hollow fiber membranes. *Applied Biochemistry Biotechnology*, v. 89, n. 1, p. 43-53, 2000.

FIGUEIREDO, K. C. S.; SALIM, V. M. M.; BORGES, C. P. Ethyl oleate production by means of pervaporation-assisted esterification using heterogeneous catalysis. *Brazilian Journal of Chemical Engineering*, v. 27, n. 4, p. 609-617, 2010.

FRANÇA NETA, L. S.; HABERT, A. C.; BORGES, C. P. Cerveja microfiltrada: processo e qualidade. *Brazilian Journal of Food Technology*, Edição especial, 5º SIPAL (Simposio Internacional de Produccíon de Alcoholes y Levaduras), p. 130-137, mar. 2005.

LI, N. N. et al. (eds.). *Advanced membrane technology and applications*. Hoboken: John Wiley & Sons, 2008.

LOEB, S.; SOURIRAJAN, S. Sea water demineralisation by means of an osmotic membrane. *Advances in Chemistry*, v. 38, p. 117-132, 1962.

RO MEMBRANES and components market is growing at 10.5% CAGR. *Membrane Technology*, v. 2015, n. 5, p. 4, 2015.

MORAES, L. S. et al. Liquid-liquid extraction of succinic acid using a hollow fiber membrane contactor. *Journal of Industrial and Engineering Chemistry*, v. 21, p. 206-211, 2015.

MULDER, M. *Basic principles of membrane technology*. 2. ed. Dordrecht: Kluwer Academic, 1996.

NOBLE, R. D.; STERN, S. A. (eds.). *Membrane separations technology principles and applications*. Amsterdam: Elsevier Science Publishers, 1995.

PEREIRA, C. C. et al. New insights in the removal of diluted volatile organic compounds from dilute aqueous solution by pervaporation process. *Journal of Membrane Science*, v. 138, p. 227-235, 1998.

RAUTENBACH, R.; ALBRECHT, R. *Membrane processes*. Chichester: John Wiley & Sons, 1989.

REED, B. W.; SEMMENS, M. J.; CUSSLER, E. L. Membrane contactors. In: NOBLE, R. D.; STERN, S. A. (eds.). *Membrane separations technology. Principles and applications.* Amsterdam: Elsevier Science, 1995. cap. 10.

MARKETSANDMARKETS. *Membranes market by type (polymeric membranes, ceramic membranes, and others), by technology (MF, RO, UF, pervaporation, gas separation, dialysis, NF, and others), by region and by application* – Global forecast to 2020. MarketsandMarkets Research Private Ltd., 2016.

SCOTT, K. (ed.). *Handbook of industrial membranes.* Oxford: Elsevier Advanced Technology, 1995.

STRATHMANN, H. Membrane separation processes: current relevance and future opportunities. *AIChE Journal*, v. 47, n. 5, p. 1077-1087, 2001.

VON MEIEN, O. F.; NOBREGA, R. Ultrafiltration model for partial solute rejection in the limiting flux region. *Journal of Membrane Science*, v. 95, p. 277-287, 1994.

WINSTON HO, W. S.; SIRKAR, K. K. (eds.). *Membrane handbook.* New York: Van Nostrand Reinhold, 1992.

CAPÍTULO 6
Precipitação de proteínas

Adalberto Pessoa Jr.

Beatriz Vahan Kilikian

Adriana Célia Lucarini

NOMENCLATURA

β – Constante que representa a solubilidade da proteína quando I é nulo (M)

η – Rendimento

aa – Aminoácido

ATP – Adenosina trifosfato

CSTR – *Continuous stirred tank reactor* – reator contínuo com tanque agitado

E1 – Fração de atividade solúvel no primeiro corte

E2 – Fração de atividade solúvel no segundo corte

FAD – Flavina adenosina dinucleotídeo

FDA – Food and Drug Administration

FP – Fator de purificação

I – Força iônica do meio (M)

K_S – Constante de *salting-out*

NAD – Nicotinamida adenosina dinucleotídeo

NaCl – Cloreto de sódio

PAA - Ácido poliacrílico

PEG - Polietilenoglicol

PEI - Polietileno imina

P1 - Fração de proteína total solúvel no primeiro corte

P2 - Fração de proteína total solúvel no segundo corte

pI - Ponto isoelétrico

S - Solubilidade da proteína (M)

LISTA DE PALAVRAS

α-globulinas

β-globulinas

γ-globulina

Acetona

Albumina

Aminoácidos

Desnaturação

Dipolo

Etanol

Éter

Fibrina

Fibrinogênio

Força iônica

Globulinas

Hofmeister

Hidratação

Hidratação hidrofóbica

Hidrofilicidade

Hidrofobicidade

Imunoprecipitação

Interações eletrostáticas

Ligações hidrofóbicas

Ligações de hidrogênio

Ligação peptídica

Metanol

Método de Cohn

Moléculas polares

Momento dipolar

Plasma

Polietilenoglicol

Polímeros não iônicos

Polímeros orgânicos

Pontes dissulfeto

Precipitação

Precipitação isoelétrica

Precipitação por afinidade

Proteínas

Salting-in

Salting-out

Série liotrópica

Solubilidade

Soluções crioscópicas

Solvatação

Solvente orgânico

Soro

Sulfato de amônio

Van der Waals

Zwitterions

6.1 INTRODUÇÃO

A precipitação foi uma das primeiras operações unitárias utilizadas no isolamento de uma determinada proteína a partir de uma mistura e continua sendo usada em processos de purificação de moléculas de origem microbiana, animal ou vegetal.

A precipitação decorrente de uma perturbação química ou física em uma solução proteica causa a formação de partículas insolúveis de proteína, passíveis de isolamento numa operação de separação sólido-líquido. As partículas agregam diferentes moléculas proteicas, grandes o suficiente para serem observadas a olho nu e que sedimentam sob valor moderado de força centrífuga. A facilidade de redução do volume de meio a ser tratado no processo de purificação mediante separação e solubilização dos agregados de proteínas precipitadas fez da operação de precipitação uma etapa tradicional aplicada previamente a operações de elevada resolução na purificação. Vários processos de purificação incluem ao menos uma etapa de precipitação com sulfato de amônio ou solvente orgânico. Para meios com moderada variedade de contaminantes, por exemplo, quando a molécula-alvo é uma proteína extracelular, pode ser um método efetivo para purificação. Dependendo do grau de pureza necessário para a utilização final, a precipitação pode atuar como etapa única de purificação.

As vantagens de se utilizar precipitação para concentração e purificação de proteínas, ácidos nucleicos e pequenos metabólitos são a possibilidade de uso de equipamentos relativamente simples na operação em escala industrial, sobretudo em regime contínuo, e o grande número de agentes de precipitação de baixo custo utilizados em concentrações moderadas.

O estudo sistemático da precipitação e a classificação das proteínas com base na sua solubilidade data da segunda metade do século XIX. As bases teóricas para a precipitação de uma proteína em solução podem ser divididas em dois grupos. No primeiro, a solubilidade da proteína é reduzida por alterações no solvente, por exemplo, pela adição de sais como sulfato de amônio, solventes orgânicos como o etanol, o éter ou a acetona, ou polímeros não iônicos como o polietilenoglicol. O segundo grupo compreende a diminuição da solubilidade da própria proteína, com a mudança de sua carga por meio da adição de ácidos, bases, precipitantes catiônicos ou aniônicos, ou interações diretas da proteína com alguns íons metálicos. Qualquer que seja o fundamento que rege a precipitação de uma dada proteína, o precipitado formado deve ser tal que, na solubilização subsequente, a capacidade biológica da proteína-alvo seja reconstituída sem perdas. A maior parte das teorias sobre a precipitação foi desenvolvida considerando as proteínas como coloides de natureza molecular indefinida, estabilizados em solução por forças de repulsão entre cargas e interação com o solvente, decorrendo daí, portanto, que a precipitação é explicada pelas interferências causadas nessas forças estabilizantes.

Para o entendimento dos fenômenos associados à precipitação de proteínas, segue uma descrição das propriedades comuns a essas moléculas. Tais propriedades são exploradas na separação de proteínas e na separação de uma dada proteína entre moléculas não proteicas. Portanto, a descrição que segue será útil para os fundamentos teóricos de outras operações unitárias de purificação descritas neste livro, além da precipitação.

6.2 CARACTERÍSTICAS GERAIS DAS PROTEÍNAS

6.2.1 CONSTITUIÇÃO DAS PROTEÍNAS

Proteínas são constituídas por aminoácidos (aa) e apresentam elevada massa molar (> 6.000 Da). Embora se conheçam aproximadamente 200 aa, são apenas 20 aqueles que constituem as proteínas, os quais são especificamente α-aa, caracterizados por uma carboxila e um grupo amina no mesmo átomo de carbono. Os 20 aa das proteínas diferenciam-se por meio da cadeia lateral R. A glicina é o aa mais simples e apresenta caráter neutro. A lisina, de caráter básico, apresenta dois grupos amino (NH_2), e sua dissolução em água aumenta o pH do meio. Ácido glutâmico é um aminoácido de caráter ácido, pois apresenta duas carboxilas e um grupo amina. Portanto, se R contiver um grupo básico (NH_2), o aa é básico, e quando apresentar uma carboxila (além da carboxila ligada ao carbono α), o aa é ácido. Há, ainda, entre os 20 aminoácidos que compõem as proteínas microbianas, radicais R que conferem hidrofobicidade e hidrofilicidade.

As proteínas simples são constituídas somente por α-aa, enquanto as proteínas conjugadas apresentam α-aa acrescidos de grupos prostéticos ou cofatores, que podem ser inorgânicos ou orgânicos como açúcares, FAD, NAD e ATP. Os aa têm capacidade de se complexarem com íons Cu, Zn, Ni, Co e outros por meio dos grupos α-amina e carboxílico, formando quelatos relativamente estáveis. Essa propriedade dos aa, e, portanto, das proteínas, é explorada em métodos de separação baseados na afinidade entre a proteína e os íons metálicos.

6.2.2 CADEIAS LATERAIS DOS AMINOÁCIDOS

As cadeias laterais dos aminoácidos R conferem características específicas aos aminoácidos, a saber: os aminoácidos apolares – glicina, alanina, valina, leucina, isoleucina e metionina – apresentam cadeia lateral alifática ou aromática; os aminoácidos polares – cisteína, serina, treonina, glutamina e asparagina – apresentam cadeia lateral alifática polar, que lhes conferem hidrofilicidade; os aminoácidos dotados de carga líquida positiva – lisina, arginina e histidina – apresentam cadeia lateral básica constituída pelo grupo amina; os aminoácidos dotados de carga líquida negativa – aspartato e ácido glutâmico – apresentam cadeia lateral ácida com grupo carboxila. Essas características são exploradas na separação e purificação de proteínas.

6.2.3 ESTRUTURA DAS PROTEÍNAS

A organização da estrutura de uma proteína pode compreender quatro níveis:

- *Estrutura primária*: é a sequência de aa de uma proteína, a qual é específica de uma determinada molécula. Os aa encontram-se ligados entre si por meio de uma ligação peptídica, a qual é uma ligação covalente de condensação, pois uma molécula de água é liberada para cada reação peptídica;

- *Estrutura secundária*: pode ser definida como o primeiro grau de ordenação espacial da cadeia polipeptídica determinada pela estrutura primária. Compreende a formação de dobraduras regulares da cadeia de aa e confere à proteína estrutura na forma de espiral, hélice (α-hélice) ou chapas pregueadas (sanfona). A estrutura secundária é resultante da estrutura primária, isto é, depende do número e distribuição dos aa ao longo da cadeia polipeptídica;
- Os principais fatores que estabilizam a estrutura secundária das proteínas são as ligações de hidrogênio entre duas ligações peptídicas de aa não adjacentes e a distribuição das cargas elétricas na molécula. As ligações de hidrogênio envolvem interações de pelo menos três átomos, sendo que um deles é o hidrogênio e os outros dois átomos são espécies mais eletronegativas que o hidrogênio. A estrutura terciária é também um fator estabilizante para a estrutura secundária;
- *Estrutura terciária*: é resultado de dobraduras na estrutura secundária, ou seja, é como as diferentes partes da "hélice" ou "sanfona" se relacionam. Essa conformação enovelada da molécula confere maior estabilidade e menor volume. Dessa conformação resultam proteínas de forma aproximadamente esférica, as proteínas globulares, e proteínas de forma cilíndrica, denominadas proteínas fibrosas. Os principais fatores estabilizantes da estrutura terciária são os seguintes: pontes dissulfeto, que constituem a ligação covalente entre dois resíduos de cisteína – cumpre lembrar de que nem todos os resíduos de cisteína estarão ligados entre si –; ligações de hidrogênio entre átomos não envolvidos na estrutura secundária; interações de Van der Waals; ligações hidrofóbicas; interações dipolo-dipolo entre resíduos de cadeias laterais polares que, mesmo em meio aquoso, ficam voltados para o interior da estrutura terciária, forçados pela maioria dos resíduos hidrofóbicos próximos;
- São as estruturas secundária e terciária, portanto, as responsáveis pela estrutura tridimensional da proteína, a qual forma a proteína globular ou fibrosa, compacta, em resultado às dobras da cadeia polipeptídica, efeito conhecido como *folding*;
- *Estrutura quaternária*: forma de agregação assumida pela reunião de dois ou mais glóbulos de proteínas. Resulta da interação entre resíduos polares e não polares dispostos na superfície da molécula. É, portanto, uma organização posterior à formação da estrutura terciária e cujos fatores estabilizantes são os mesmos já descritos para a estrutura terciária;
- A partir da estrutura das proteínas derivam-se suas características físico-químicas e, destas, suas propriedades funcionais. É importante frisar que a estrutura primária é responsável por todas as demais estruturas e é a de maior estabilidade na proteína.

6.2.4 SOLUBILIDADE DE PROTEÍNAS

Uma proteína globular típica apresenta na sua superfície regiões polares com cargas positivas e negativas, regiões polares sem carga ou hidrofílicas, e regiões apolares ou hidrofóbicas, e a distribuição dos resíduos hidrofóbicos e hidrofílicos na superfície das proteínas é que vai determinar sua solubilidade em diferentes solventes. O caráter polar ou apolar é determinado principalmente pelos resíduos de aminoácidos que se concentram na sua superfície.

Além dos aminoácidos, outras moléculas podem fazer parte da estrutura proteica e alteram a solubilidade das proteínas. Tais moléculas vão de íons ferro e cobre a oligossacarídeos (dando origem às glicoproteínas) e lipídeos (dando origem às lipoproteínas). As glicoproteínas são altamente solúveis em meios aquosos, pois os resíduos de carboidratos são fortemente hidratados e estão, geralmente, ligados aos resíduos asparagina, serina ou treonina, enquanto lipoproteínas são relativamente insolúveis devido à natureza hidrofóbica do componente lipídico.

Em solução aquosa o *folding*, isto é, o enovelamento do glóbulo de proteína, é regido pela hidrofobicidade, de tal forma que os resíduos apolares são encontrados no interior da molécula e os resíduos carregados e polares tendem a se encontrar no exterior da proteína. Essa disposição promove mínimo contato dos resíduos hidrofóbicos com o solvente aquoso e, ao mesmo tempo, maximiza as interações entre resíduos polares e resíduos com carga com o solvente. Mesmo assim, alguns resíduos hidrofóbicos permanecem na superfície em contato com o solvente.

Em termos gerais, a solubilidade de um soluto em um solvente é determinada pelo resultado global das interações atrativas e repulsivas entre as moléculas de solvente e de soluto. A solubilidade é favorecida quando as interações entre as moléculas de soluto são repulsivas e as interações do soluto com as moléculas do solvente são atrativas. Com isso, uma molécula pode se tornar insolúvel por qualquer perturbação que resulte em diminuição das forças atrativas com o solvente, ou, então, em um aumento das interações atrativas entre as moléculas de soluto.

As interações entre as moléculas de soluto e solvente geralmente são ligações não covalentes, pois não existe compartilhamento de elétrons e podem ser agrupadas em dois tipos: interações eletrostáticas (interações dipolo-dipolo) e forças de Van der Waals (interações de polarização ou indução).

As interações eletrostáticas são a base da solubilidade que moléculas polares neutras ou dotadas de carga apresentam em solventes polares. Moléculas polares neutras são aquelas que resultam de um dipolo permanente devido a uma distribuição assimétrica dos elétrons na estrutura da molécula (momento dipolar). Moléculas com carga são aquelas que possuem grupos ionizáveis localizados em diferentes posições da molécula, também chamadas de íons dipolares ou *zwitterions*. Proteínas não isoelétricas possuem um número grande de regiões com carga, somadas ao momento dipolar. As interações eletrostáticas são ligações fortes e resultam da interação das extremidades polares ou carregadas entre pelo menos duas moléculas. Possuem um componente repulsivo nas interações de cargas de mesmo sinal e um componente atrativo entre cargas de sinais opostos. O pH exerce influência notável na presença ou ausência de cargas, uma vez que o pH do solvente regula o grau de dissociação dos grupamentos ácidos e básicos de uma proteína. Portanto, o estado de carga de uma proteína pode ser experimentalmente manipulado variando-se as propriedades do solvente, especialmente o pH. Moléculas com carga global nula terão maior probabilidade de se agregarem devido à diminuição da repulsão eletrostática entre elas. Esse comportamento é representado pelos perfis de solubilidade das proteínas em diferentes valores de pH, em que o pH de solubilidade mínima é igual ou próximo ao ponto isoelétrico (pI), valor de pH no qual a proteína possui carga global nula.

As forças de Van der Waals são ligações frágeis e superficiais que se estabelecem somente com contato íntimo das regiões apolares das moléculas. Ocorrem, principalmente, entre moléculas apolares que possuem grupos capazes de formar dipolos instantâneos, originados em um dado momento por existir assimetria na distribuição de cargas na molécula. A intensidade da interação depende da distância e da área superficial das moléculas.

Das interações eletrostáticas e forças de Van der Waals derivam interações conhecidas como ligações de hidrogênio, solvatação ou hidratação, e interações hidrofóbicas, em caso de solubilização de proteínas em meio aquoso.

A ligação de hidrogênio é um caso particular das interações de Van der Waals e envolve a interação do átomo de hidrogênio com outros átomos de espécies mais eletronegativas, pertencentes preferencialmente aos grupos F, O e N. O hidrogênio permanece ligado covalentemente a um dos átomos, e com o outro átomo forma uma interação dipolo-dipolo. O hidrogênio fica eletropositivo, e o outro átomo, eletronegativo, formando com outras moléculas uma interação dipolo-dipolo, como é o caso da água. As ligações de hidrogênio podem ser inter ou intramoleculares.

As interações por solvatação se originam quando as moléculas do soluto interagem com as moléculas do solvente, criando uma estrutura ordenada de moléculas de solvente em torno do soluto. Quando o solvente é água, o fenômeno é chamado hidratação. As características da zona de solvatação são determinadas pela força das interações soluto-solvente e solvente-solvente. A água, que é um dipolo, apresenta alto poder de solubilizar proteínas com grupamentos iônicos e polares, que favorecem as interações com o solvente, criando uma estrutura de moléculas de água em torno da molécula proteica chamada de camada de hidratação ou zona de hidratação. Nas regiões hidrofóbicas da proteína também ocorre uma imobilização da água, formando uma zona de hidratação hidrofóbica. A existência de zonas de hidratação em torno das moléculas proteicas é muito importante para a solubilidade, porque atua como uma barreira física que previne a aproximação íntima de outras moléculas de proteína. Quando ocorre aproximação entre moléculas hidratadas ocorre repulsão, que mantém as partículas estabilizadas em solução ou suspensão.

A formação de ligações hidrofóbicas é um processo termodinâmico espontâneo e inverso ao que ocorre quando se introduzem grupos apolares em água, e é por isso que moléculas e grupos apolares são pouco solúveis em água. As partículas apolares tendem a se associar de forma a reduzir a extensão da superfície apolar em contato com a água.

De um modo geral, o solvente é sempre aquoso, e as propriedades do meio podem ser alteradas por mudanças na força iônica, pH, adição de solventes orgânicos miscíveis e polímeros orgânicos, combinados com variação na temperatura, que causam alteração na solubilidade de proteínas. Uma proteína permanece em solução quando é termodinamicamente mais favorável a ela ficar envolvida pelo solvente do que formar agregados proteicos em uma fase sólida.

A solubilidade da proteína em soluções aquosas é influenciada pela temperatura. Todas as formas de interações não covalentes, com exceção das interações hidrofóbicas, são inversamente proporcionais à temperatura. A força das interações hidrofóbicas aumenta com o aumento da temperatura até 50 a 60 °C. Na prática, a temperatura é empregada na prevenção da desnaturação e não como variável de solubilidade.

6.2.5 DESNATURAÇÃO DE PROTEÍNAS

A desnaturação compreende a destruição da estrutura terciária de uma molécula de proteína e a formação de cadeias polipeptídicas ao acaso. Em solução, essas cadeias polipeptídicas se misturam e formam agregados fisicamente reunidos, ou, ainda, quimicamente reunidos, por meio de ligações dissulfeto. A solubilidade é reduzida devido à exposição dos resíduos hidrofóbicos internos. Todavia, proteínas desnaturadas em meio a baixas concentrações salinas, e longe de seu pI, podem permanecer em solução, precipitando somente com o ajuste do valor do pH ou da concentração salina (força iônica).

O aumento da temperatura reduz as interações intramoleculares decorrentes das ligações de hidrogênio e pontes dissulfeto, resultando em alteração da forma da molécula com consequente perda da capacidade biológica específica.

Valores de pH significativamente diferentes do valor no qual a proteína apresenta maior estabilidade causam desnaturação, pois a modificação na distribuição das cargas superficiais e internas, responsáveis pela manutenção da estrutura proteica, resulta em modificação da conformação com perda da atividade biológica específica.

Os solventes orgânicos penetram no glóbulo de proteína, causando desnaturação por interferência com as zonas hidrófobas internas, importantes na manutenção da conformação da molécula.

As variáveis temperatura e pH não são independentes, pois a desnaturação por ação da temperatura depende do pH e vice-versa. Em precipitações conduzidas com solventes orgânicos, o valor do pH, temperatura e força iônica exercem efeito significativo. Por exemplo, em condições extremas de pH, temperaturas de 10 °C são suficientes para uma desnaturação térmica da proteína.

6.2.6 CONFORMAÇÃO DE PROTEÍNAS

Embora o mecanismo de conformação tridimensional de proteínas não seja totalmente conhecido, estudos realizados sobre fragmentos de proteínas elucidaram alguns aspectos. Acredita-se que regiões distintas de uma grande proteína conformam-se independentemente, e esses domínios interagem subsequentemente, resultando na forma final nativa da molécula. Para que essa conformação seja correta, concorrem principalmente pontes dissulfeto dentro da cadeia polipeptídica e entre diferentes cadeias. A simples reversão às condições de estabilidade de conformação não garante a reversão à conformação adequada da molécula.

6.3 PRECIPITAÇÃO

A precipitação de produtos microbianos em meios aquosos é um dos métodos mais tradicionais de concentração e purificação, embora não apresente elevada capacidade de purificação quando a operação é conduzida em apenas uma etapa, sendo considerada como de baixa resolução. Dessa forma, a precipitação é comumente empregada nas etapas iniciais do processo de purificação. Caso a precipitação seja conduzida em diversas etapas podem-se obter separações de alta resolução. Além disso, a solubilização de proteínas precipitadas pode ser dimensionada de modo a reduzir o volume inicial de meio e, portanto, levar ao aumento da concentração da molécula-alvo no meio líquido. Por essas características, a precipitação precede processos de purificação de alta resolução como a cromatografia.

Proteínas precipitadas têm sua estrutura tridimensional modificada. Trata-se, portanto, de método agressivo para essas moléculas, pois sua função bioquímica depende da estrutura. A aplicação desse método somente é viável, portanto, quando a adequada conformação da proteína é recuperada após a precipitação. Em soluções aquosas a precipitação pode ocorrer com o aumento (*salting-out*) ou diminuição (*salting-in*) da força iônica por meio da variação da concentração de sais, com a adição de solventes orgânicos, polieletrólitos, polímeros não iônicos, calor, ajuste de pH e solventes orgânicos, cada qual com seus princípios, vantagens e desvantagens, conforme sumarizado na Tabela 6.1.

Tabela 6.1 Principais métodos de precipitação de proteínas

Agente de precipitação	Princípio	Vantagens	Desvantagens
Sais neutros (*salting-out*)	Interações hidrofóbicas pela redução da camada de hidratação da proteína	Uso universal Baixo custo	Corrosivo Liberação de amônia em pH alcalino
Polímeros não iônicos	Exclusão da proteína da fase aquosa reduzindo a quantidade de água disponível para a solvatação da proteína	Uso de pequenas quantidades de precipitante	Aumento da viscosidade
Calor	Interações hidrofóbicas e interferência das moléculas de água nas ligações de hidrogênio	Baixo custo Simples	Risco de desnaturação
Polieletrólitos	Ligação com a molécula de proteína atuando como agente floculante	Uso de pequenas quantidades de precipitante	Risco de desnaturação
Precipitação isoelétrica	Neutralização da carga global da proteína pela alteração do pH do meio	Uso de pequenas quantidades de precipitante	Risco de desnaturação
Sais metálicos	Formação de complexos	Uso de pequenas quantidades de precipitante	Risco de desnaturação
Solventes orgânicos	Redução da constante dielétrica do meio, aumentando as interações eletrostáticas intermoleculares	Facilidade de reciclagem Facilidade na remoção do precipitado	Risco de desnaturação de proteínas Inflamável e explosivo

6.3.1 PRECIPITAÇÃO POR SAIS

O primeiro estudo sobre a precipitação de proteínas por sais – *salting-out* – foi proposto por Hofmeister em 1888, que sugeriu que a precipitação ocorria por desidratação da proteína em caso de elevação da força iônica do meio em resultado da adição de algum sal a concentrações elevadas, de 1,5 a 3,0 M. De fato, ocorre desidratação das zonas hidrófobas, pois as moléculas de água se tornam escassas ao serem empregadas na solvatação dos íons do sal adicionado. O empobrecimento da camada de moléculas de água, ordenadas em torno das regiões hidrofóbicas da proteína, expõe essas camadas, que podem então interagir, levando por fim à agregação de moléculas de proteínas.

Além disso, na precipitação por *salting-out* ocorre neutralização das cargas superficiais da proteína pelos íons dos sais adicionados, o que reduz a solubilidade da proteína, em parte resultante da interação das cargas superficiais das proteínas e íons em solução.

A precipitação por adição de sais neutros é provavelmente o método mais comumente usado para separação de proteínas por precipitação. A proteína precipitada em geral não é desnaturada, e a atividade é recuperada após a solubilização. Além disso, os sais podem estabilizar proteínas contra desnaturação, proteólise ou contaminação bacteriana.

A maioria das proteínas é solúvel nas condições fisiológicas encontradas nas células, ou seja, pH neutro e força iônica baixa, em torno de 0,15 a 0,2 M. A baixa força iônica do meio resulta em disponibilidade das cargas superficiais das moléculas de proteínas, as quais, então, apresentam atração eletrostática moderada entre si, de modo a se manterem em solução. Entretanto, pode ocorrer precipitação das proteínas se as forças de repulsão forem insuficientes, quando então ocorre interação entre as cargas superficiais das moléculas e/ou zonas hidrófobas, precipitação denominada *salting-in*. Algumas proteínas, como as globulinas, precipitam em força iônica baixa, pois apresentam poucos grupos carregados para interagir com os sais, resultando em forças eletrostáticas repulsivas insuficientes para estabilizar tais proteínas em solução, e, ainda, devido à superfície altamente hidrofóbica, apresenta baixa interação com o solvente.

O efeito de *salting-out* é mais pronunciado em soluções aquosas em contraste com o *salting-in*, que é maior quando a constante dielétrica do meio é reduzida, caso dos solventes orgânicos.

O aumento da temperatura favorece a precipitação de proteínas por *salting-out*, mas o processo é conduzido preferencialmente a 4 °C para reduzir o risco de inativação da proteína-alvo, principalmente pela ação de proteases.

A primeira descrição quantitativa do *salting-out* foi feita em 1925 por Cohn, que propôs uma equação semiempírica para descrever a solubilidade de proteínas puras. Nessa equação, conhecida como "modelo de Cohn" (Equação 6.1), o parâmetro β é uma constante que representa a solubilidade da proteína em um sistema com força iônica nula e é função da proteína, pH e temperatura, com valor mínimo no ponto isoelétrico. O parâmetro K_s é chamado constante de *salting-out* e é função do tipo de agente de precipitação, da proteína, de seu volume de exclusão e hidrofobicidade (natureza polar/apolar da superfície), porém é independente do valor do pH e da temperatura.

$$\log S = \beta - K_S(I) \tag{6.1}$$

em que S = solubilidade da proteína (M); I = força iônica do meio (M); β = constante que representa a solubilidade da proteína quando I é nulo (M); K_S = constante de *salting-out*.

Misturas de diferentes proteínas não obedecem a essa equação, já que a solubilidade de uma determinada proteína é reduzida pelas demais moléculas. Ocorre então a coprecipitação, ou seja, a agregação de diferentes proteínas.

Na precipitação com sais, como já foi dito, o mecanismo de agregação está baseado na atração entre as regiões hidrofóbicas das proteínas. Decorre daí que proteínas que apresentam um grande número de resíduos hidrofóbicos na superfície se agregam em forças iônicas menores que proteínas com poucos grupos apolares na sua superfície. Essa distinção de comportamento possibilita a separação de determinadas proteínas por meio da precipitação, num processo denominado precipitação fracionada, o qual é conduzido em etapas nas quais se explora a estreita faixa de concentração de sal adequada a cada proteína. Precipita-se a proteína que requer menor concentração do sal e procede-se a uma nova precipitação elevando-se a concentração do sal no meio clarificado, isento da proteína inicialmente precipitada.

Os sais mais adequados são aqueles que apresentam elevada solubilidade e que aumentam a tensão superficial do solvente, resultando em menor nível de hidratação das zonas hidrófobas e aumentando, portanto, a probabilidade de interação entre essas zonas.

A eficiência relativa de sais neutros no *salting-out* foi estudada em 1888 por Hofmeister, que propôs a série liotrópica: $SCN^- > ClO_4^- > NO_3^- > Br^- > Cl^- >$ acetato > citrato > $HPO_4^{-2} > SO_4^{-2} > PO_4^{-3}$. Cátions monovalentes (amônio, potássio e sódio) e certos ânions polivalentes (sulfato, fosfato e citrato) são melhores que cátions polivalentes como magnésio e ânions monovalentes como cloretos, que têm uma grande tendência a se ligar à proteína.

A tendência de um sal causar desnaturação é inversamente proporcional à sua posição na série liotrópica. Os íons sulfato são associados com a estabilização estrutural, e os íons tiocianato com a desestabilização. Os efeitos estão relacionados com o tamanho, a densidade de carga e o aumento da tensão superficial, que determinam a extensão das interações íon-solvente e íon-proteína. Íons como cloretos reduzem a exposição das regiões hidrofóbicas, pois não formam estruturas com a água, aumentando a solubilidade da proteína.

Embora o ânion fosfato seja mais eficiente na precipitação em comparação ao sulfato, a densidade da solução com fosfato é maior que a densidade do precipitado proteico, sendo, portanto, impossível separá-lo por centrifugação. O citrato tem uma forte ação tamponante a pH menor que 7 e só é vantajoso se utilizado em pH acima de 8. O sulfato de sódio não é altamente solúvel em baixas temperaturas e forma vários hidratos, tornando o seu diagrama de solubilidade complexo. Por todos esses motivos apresentados, o sal mais utilizado é o sulfato de amônio, exceto apenas quando é necessário operar em valores de pH elevado, devido à ação tamponante do cátion amônio e liberação de amônia. A solubilidade do sulfato de amônio varia pouco de 0 a 30 °C. Uma solução saturada tem aproximadamente 4,05 M (533 g/L a 20 °C) e sua densidade é 1,235 g/cm^3, portanto, inferior à densidade média de um agregado proteico, que é da ordem de 1,29 g/cm^3, o que favorece a sedimentação do precipitado.

Uma vantagem da precipitação com sulfato de amônio é a ação estabilizante sobre as proteínas. Uma suspensão de proteína precipitada em sulfato de amônio 2-3 M é estável por anos, pois a alta concentração salina evita proteólise e ação bacteriana. O maior inconveniente do sulfato de amônio é causar corrosividade, pois apresenta caráter ácido, além de ser de difícil manuseio e disposição final. Resíduos de sulfato de amônio podem apresentar gosto em produtos alimentícios e são tóxicos em uso clínico, de tal forma que devem ser removidos.

O resultado de uma operação em larga escala de precipitação de proteínas por meio de adição de sais é de difícil reprodução, por causa da dificuldade de manutenção da homogeneidade do sistema, com consequências sobre a relação entre a temperatura do meio e a concentração de saturação do sal e a associação desses fatores às diferenças entre lotes de meio a ser tratado. Tais limitações são minimizadas na operação da precipitação em regime contínuo.

6.3.2 PRECIPITAÇÃO POR SOLVENTES ORGÂNICOS

A solubilidade de proteínas em solventes varia em função das distribuições dos resíduos hidrofílicos e hidrofóbicos na superfície da molécula. Embora grupamentos hidrofóbicos tendam a permanecer no interior da estrutura tridimensional da proteína, uma parte deles se localiza na superfície. Os grupamentos presentes na superfície, tanto hidrofóbicos como hidrofílicos, interagem com íons em solução, outras proteínas, e moléculas de solventes. De acordo com isso, ocorre a precipitação da proteína-alvo ou sua manutenção na fase líquida.

Álcoois de cadeia inferior, como acetona e éteres, entre outros solventes orgânicos, são utilizados para precipitar proteínas desde o início do século XIX; no entanto, desconhecia-se o efeito desnaturante desses solventes. Em 1907, tomou-se conhecimento da possibilidade de obter proteínas não desnaturadas por precipitação com álcool, se o procedimento fosse conduzido em baixa temperatura. Em 1910, pela primeira vez, plasma animal foi fracionado por precipitação a frio com álcool e acetona e, em 1933, concentraram-se anticorpos do plasma por precipitação a frio com solventes orgânicos. Em 1934, foi realizado um dos primeiros estudos de fracionamento de soro humano (soro é a parte líquida do plasma) com metanol frio, obtendo-se três frações, ricas em globulinas, pseudoglobulinas e albumina.

A aplicação clássica da precipitação com solventes, proposta na década de 1940 e denominada método de Cohn, tem se dado no fracionamento das proteínas do plasma sanguíneo por etanol, sob condições controladas de pH, temperatura, força iônica, concentração de proteína e etanol. A padronização foi desenvolvida para a aplicação do método em escala industrial e abastecimento da Marinha Americana com frações proteicas do plasma para uso clínico durante a Segunda Guerra Mundial, sobretudo a albumina para o tratamento de queimaduras e hemorragias.

Passados oitenta anos, variações desse método ainda são a base para o fracionamento em larga escala de proteínas do plasma para uso terapêutico, e milhões de litros de sangue são processados anualmente. As razões para a continuidade do emprego do processo baseiam-se na sua inocuidade e operação asséptica, exigências da Food and Drug Administration (FDA) e maior rapidez em relação às técnicas cromatográficas. Comparada com a precipitação com sulfato de amônio, esse método apresenta a vantagem de demandar valores menores de força centrífuga e tempo na recuperação do precipitado por centrifugação. No método de Cohn, o plasma é dividido em quatro frações: a primeira rica em fibrina e fibrinogênio; a segunda rica em γ-globulina; a terceira rica em α e β-globulinas; a última rica em albumina, que permanece em solução. As proteínas do plasma são um grupo de proteínas altamente estáveis e resistente a condições que podem causar desnaturação a proteínas mais sensíveis, como determinadas enzimas que exigem controles mais rígidos da temperatura e pH durante a precipitação.

Algumas vantagens do uso de solventes são: facilidade de obtenção por meio de fermentação de fontes de biomassa renováveis; sua volatilidade, que permite pronta recuperação e reciclagem ao processo; e propriedades bactericidas. Os solventes podem ser removidos facilmente do precipitado por secagem sob vácuo em baixa temperatura.

Pequenas quantidades de solvente orgânico (10% v/v) não afetam outros métodos de separação, com exceção da cromatografia por interação hidrofóbica e métodos de adsorção que dependam das interações hidrofóbicas. Outra vantagem é que muitos solventes orgânicos apresentam densidade menor que a água, reduzindo a densidade do meio líquido para valores abaixo de 1,0 g/mL. Com isso, a sedimentação do precipitado formado ocorre rapidamente. Em altas porcentagens de solventes é viável a simples decantação do precipitado, sem a necessidade do uso de uma centrífuga. A operação sob reduzida força centrífuga é suficiente para a separação da maioria dos precipitados, porém são necessárias centrífugas refrigeradas, pois para a obtenção de resultados reprodutíveis requerem-se temperaturas constantes antes e durante a centrifugação.

A principal desvantagem dos solventes é a tendência de causarem mudanças na conformação das biomoléculas e a inflamabilidade, exigindo baixas temperaturas de operação, o que se torna complexo em trabalhos em larga escala em regime descontínuo, embora de maior possibilidade de controle no regime contínuo.

6.3.2.1 Mecanismo da precipitação com solventes orgânicos

O principal efeito da precipitação por solventes orgânicos é a redução da atividade da água pela diminuição da constante dielétrica do meio (Figura 6.1), ou seja, o poder de solvatação da água nas regiões carregadas e hidrofílicas da superfície da proteína diminui com o aumento da concentração do solvente e aumenta as forças eletrostáticas de atração entre as moléculas de proteínas.

Em meios com constantes dielétricas elevadas, como a água, as interações eletrostáticas entre as proteínas são minimizadas, pois a solvatação de grupos carregados pela água é favorecida, estabilizando a proteína em solução. Conforme a constante dielétrica do meio diminui com a adição do solvente, a energia livre do sistema aumenta e a existência de grupos carregados na proteína não é favorecida, pois, para reduzir a energia livre, o sistema procura formar partículas neutras. Por sua vez, diminui a camada de hidratação e a repulsão eletrostática entre as moléculas proteicas, o que possibilita, então, um aumento nas interações eletrostáticas atrativas e nas interações eletrodinâmicas atrativas de Van der Waals, resultando em agregação.

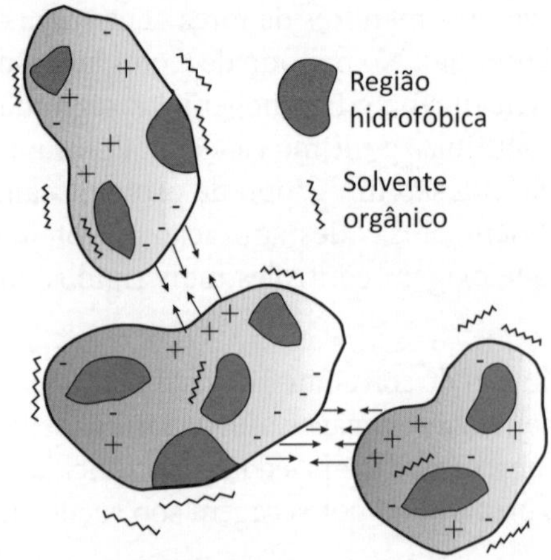

Figura 6.1 Agregação de proteínas por interações eletrostáticas entre superfícies com cargas de sinal oposto em meio aquoso contendo solvente orgânico.

As consequências da redução da constante dielétrica podem ser descritas da seguinte forma: imobilização parcial das moléculas de água por meio da hidratação do grupo polar (hidroxila) do solvente orgânico, com simultâneo deslocamento das moléculas de água das zonas hidrofílicas e, consequentemente, redução da densidade da camada de hidratação e da parcela de solubilidade conferida por essas zonas.

Ainda, a redução da constante dielétrica do meio resulta em maior disponibilidade de cargas superficiais da proteína (antes neutralizadas por íons de sinal oposto em solução) para interações eletrostáticas com outras moléculas de proteínas. Finalmente, ocorre atração eletrostática entre moléculas de proteína por meio das cargas superficiais de sinal oposto com formação do precipitado. A redução da constante dielétrica ou polaridade do meio interfere, portanto, na fração da solubilidade da proteína conferida pelas interações iônicas e hidrofílicas com o solvente aquoso.

O solvente afasta a camada de hidratação que se localiza próximo às zonas hidrófobas e passa a circundá-las devido à maior solubilidade destas em meio ao solvente. Esse tipo de interação do solvente com as zonas hidrófobas das partes internas da proteína causa alteração irreversível da conformação da proteína. A redução da temperatura até valores da ordem de 0 °C, ou menores, minimiza esse efeito, pois a flexibilidade da molécula é menor, o que reduz a capacidade de penetração do solvente. Entretanto, em temperaturas altas a molécula proteica possui uma flexibilidade natural e permite o contato do solvente com os resíduos internos hidrófobos da proteína, causando desnaturação.

6.3.2.2 Tipos de solvente

O solvente utilizado na precipitação deve ser totalmente miscível com a água, não reagir diretamente com as proteínas e ter um bom efeito precipitante. Os solventes mais utilizados são metanol, etanol e acetona, sendo possível usar também n-propanol, i-propanol, 2-metoxietanol e muitos outros álcoois, éteres ou cetonas.

Alguns solventes orgânicos são mais desnaturantes que outros. Existem fatores diretamente relacionados com a desnaturação, como o comprimento da cadeia alifática do álcool e seu efeito nas interações hidrofóbicas. A série de eficiência na desnaturação segue a ordem metanol < etanol < propanol < butanol. Cadeias de álcoois ramificadas são menos desnaturantes e mais miscíveis, indicando que é o comprimento da cadeia alifática que leva a uma maior desnaturação. O efeito desnaturante de álcoois com maiores cadeias alifáticas é resultado do aumento de interações hidrofóbicas com os grupos apolares da proteína e de um enfraquecimento das interações intraproteicas.

6.3.2.3 Variáveis que afetam o processo de precipitação de proteínas por solventes

Na precipitação com solventes a temperatura é a variável que merece maior atenção, por causa do risco de desnaturação das proteínas, principalmente em temperaturas acima de 10 °C. Temperaturas da ordem de 20 °C a 30 °C estimulam a desnaturação de proteínas mesmo em baixas concentrações de solventes orgânicos. Temperaturas abaixo de 0 °C, em torno de –5 °C ou –10 °C, podem garantir que não ocorra desnaturação, porém, em altas concentrações de solvente pode haver desnaturação mesmo em temperaturas baixas. Além disso, a adição de um solvente orgânico a um meio aquoso causa evolução de calor e, por isso, deve ser lenta e sob resfriamento, até que se atinja a concentração de 20% (v/v), quanto então a evolução de calor cessa.

Uma boa agitação é importante para evitar concentrações localizadas de etanol e aquecimento indesejado. Portanto, na precipitação com solventes, a temperatura é uma variável limitante e deve ser mantida baixa durante a precipitação a fim de evitar perda por desnaturação. Quando se utilizam solventes orgânicos, é viável a utilização de temperaturas inferiores a 0 °C, já que meios aquosos adicionados de solventes orgânicos formam soluções crioscópicas, para as quais a temperatura de congelamento é inferior àquela do meio estritamente aquoso.

A presença de baixas concentrações de sais neutros, como o NaCl, dificulta a precipitação de proteínas com solventes orgânicos como agente de precipitação. Sob concentrações elevadas de sais, por exemplo, após um fracionamento com sulfato de amônio, as interações eletrostáticas ficam prejudicadas, porque as moléculas proteicas irão interagir com os sais presentes, aumentando a carga global da proteína. Sob força iônica elevada, será necessária uma quantidade maior de solvente orgânico para precipitar a mesma fração de proteínas. Em concentrações salinas baixas, forma-se um precipitado fino, de difícil decantação e centrifugação.

A precipitação de proteínas de caráter ácido pode ser melhorada por meio da adição de íons metálicos bivalentes como o cálcio e o magnésio, que formam complexos com as proteínas, reduzindo a carga global e favorecendo a agregação. Cátions como Zn^{2+} e Ca^{2+} formam complexos com as proteínas, e esse recurso é usado para precipitar proteínas muito solúveis em solventes orgânicos. A proteína pode ser precipitada em metade ou até um terço da concentração de solvente se um cátion multivalente é adicionado. Também pode ocorrer de duas proteínas apresentarem solubilidades idênticas em solvente, mas os seus complexos apresentarem solubilidades diferentes.

Valores de pH em torno do ponto isoelétrico podem favorecer a precipitação, reduzindo a concentração necessária de solvente. Temperatura, pH e concentração de solvente são fundamentais na determinação de uma condição satisfatória de operação com baixa perda por desnaturação, e devem ser estudados juntos de forma a determinar o ponto ótimo de operação. Na presença de solventes orgânicos, quanto mais distante estiver o pH de operação do valor do pI da proteína de interesse maior será a concentração de solvente necessária para a precipitação. Em valores de pH maiores ou menores que o ponto isoelétrico, os parâmetros polares da proteína ficam maiores e então as proteínas tendem a ficar mais solúveis, mesmo que relativamente desidratadas, devido às forças de repulsão. Portanto, é importante minimizar as propriedades polares da proteína, e isso é alcançado no ponto isoelétrico.

Para proteínas de hidrofobicidade e ponto isoelétrico equivalentes, a relação entre massa molar e porcentagem de solvente orgânico necessária para precipitação é inversamente proporcional, já que moléculas maiores se agregam com mais facilidade por haver uma probabilidade maior das áreas carregadas interagirem umas com as outras.

6.3.3 PRECIPITAÇÃO FRACIONADA

O isolamento de uma determinada proteína em relação a outras, em meios aquosos, mediante operação de precipitação, frequentemente demanda duas ou mais etapas. Na primeira etapa, geralmente se removem proteínas indesejáveis menos solúveis em comparação à molécula-alvo; nas etapas seguintes, precipitam-se uma ou mais biomoléculas-alvo. O processo de precipitações sucessivas aplicadas a um dado meio com o objetivo de isolar proteínas diversas denomina-se precipitação fracionada.

A precipitação simples ou em um único estágio tem valor como técnica de concentração, entretanto, a precipitação fracionada leva à purificação, e para tal fim tem sido largamente utilizada industrialmente. Um dos grandes inconvenientes é a dificuldade na reprodutibilidade dos resultados obtidos em laboratório e a redução de eficiência com o aumento de escala, pois desvios de comportamento na primeira etapa de precipitação influenciarão a segunda etapa e se somarão a novos desvios oriundos da escala.

Na precipitação fracionada, a variável-chave é a concentração do agente de precipitação aplicada em cada etapa. Porém, pH, temperatura, força iônica e concentração de proteínas também são variáveis do sistema. De um modo geral, a resolução da precipitação fracionada sofre redução com o aumento da concentração de proteína total, pois os fenômenos de coprecipitação e perdas de material ocluso no precipitado são aumentados.

A precipitação fracionada em dois cortes, dois estágios ou duas etapas é a mais utilizada: na primeira etapa adiciona-se o agente de precipitação em concentração suficiente para precipitar os contaminantes menos solúveis que a proteína de interesse; remove-se o precipitado formado; adiciona-se mais precipitante, de modo a aumentar a sua concentração no meio líquido e promover a precipitação da proteína-alvo na nova fase precipitada, com a permanência em solução dos contaminantes mais solúveis que a proteína de interesse. Geralmente, em uma precipitação fracionada com solventes orgânicos como agente de precipitação, a primeira etapa ocorre com 20% a 30% (v/v) de concentração do solvente no meio aquoso, e na segunda etapa aplicam-se concentrações acima de 50% (v/v) (Figura 6.2).

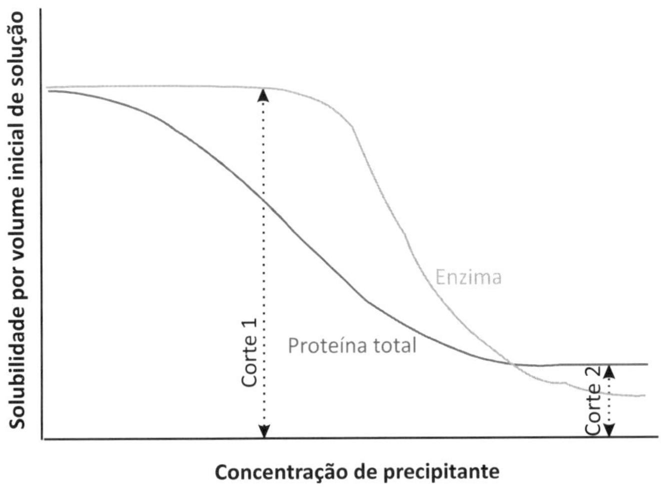

Figura 6.2 Representação teórica dos perfis de solubilidade de uma enzima e de outras proteínas presentes num determinado meio, em função da concentração do agente de precipitação.

Verifica-se na Figura 6.3 uma acentuada diferença de solubilidade entre xilanase, β-xilosidase e proteínas totais, produzidas pelo fungo *Penicillium janthinellum*. A enzima β-xilosidase precipita quase totalmente à concentração de 60% de etanol (v/v), enquanto as xilanases totais precipitam a 80% de etanol (v/v). A precipitação da β-xilosidase sob concentração menor de etanol é decorrente de sua massa molar significativamente maior (~110 kDa) que a massa molar da xilanase (~20 kDa). Portanto, é possível executar uma separação dessas enzimas aplicando-se uma precipitação fracionada com etanol nas concentrações de 60% e 80% (v/v). Foram definidos os cortes para realização de precipitação fracionada nas concentrações de 20%, 60% e 80% de etanol (v/v), cujos resultados são apresentados na Tabela 6.2. Com a adição de 20% de etanol precipita-se grande parte, 71%, das proteínas presentes no meio fermentado e pouco mais de 10% das duas enzimas-alvo (8% β-xilosidase e 6% de xilanase); portanto, ocorre a eliminação de parte dos contaminantes no precipitado com pequena perda de atividade das enzimas. O segundo corte consiste em adicionar etanol ao sobrenadante até a concentração de 60% (v/v) e recuperar 74% da β-xilosidase. Nessa etapa há perda de 7% de xilanase e precipitação de 12% das proteínas totais, porém, o fator de purificação da -xilosidase é de 5,9 vezes. Na terceira etapa, o sobrenadante recebe quantidade adicional de etanol para atingir a concentração final de 80% e precipita-se praticamente toda a xilanase remanescente, 81%, obtendo-se um fator de purificação de 4,4 vezes. Esta última fração apresenta apenas 6% da atividade inicial da enzima β-xilosidase, o que comprova o fracionamento, isto é, a separação das enzimas xilanolíticas proporcionada pela precipitação com etanol. Os resultados da Tabela 6.2 mostram que o processo global de precipitação fracionada por etanol foi eficiente, porém causou perda de 6% de xilanase e 12% de β-xilosidase, provavelmente por desnaturação.

Tabela 6.2 Resultados obtidos após precipitação fracionada, com etanol, das enzimas xilanase, β-xilosidase e proteínas totais

β-xilosidase			
Amostra	**RP[1] (%)**	**RA[2] (%)**	**FP[3]**
Inicial	–	–	1,0
20% etanol	71	8	0,1
60% etanol	12	74	5,9
80% etanol	18	6	0,4
Xilanase			
Amostra	**RP (%)**	**RA (%)**	**FP**
Inicial	–	–	1
20% etanol	71	6	0,1
60% etanol	12	7	0,6
80% etanol	18	81	4,4

[1]Recuperação de proteínas totais; [2]recuperação de atividade; [3]fator de purificação = (Ae_f/Ae_{ini}), em que Ae é a atividade enzimática específica, dada pela razão entre a atividade da enzima e a concentração de proteína total; Ae_f é a atividade enzimática específica final e Ae_{ini} é a atividade enzimática inicial.

A precipitação em etapa única da enzima amiloglicosidase produzida por *Aspergillus awamori* em cultivo submerso, por ação de etanol (80% v/v), promoveu aumento de 67% da atividade específica (razão entre a atividade enzimática e a concentração de proteína total), o que significa que houve purificação da enzima. Recuperação de 95% da atividade enzimática foi obtida quando a temperatura foi controlada em 5 °C.

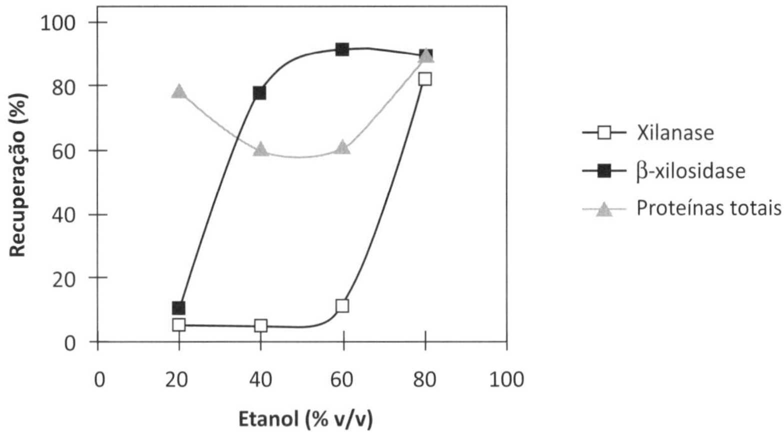

Figura 6.3 Recuperação (% da atividade enzimática inicial em solução) das enzimas xilanase (–□–), β-xilosidase (–■–) e proteínas totais (–▲–), na fase precipitada por etanol.

A Figura 6.4 apresenta um diagrama de fases para a precipitação fracionada, com sulfato de amônio, aplicada a um meio contendo a enzima álcool desidrogenase e outras proteínas, baseado nos diagramas de solubilidade da proteína de interesse e das proteínas contaminantes.

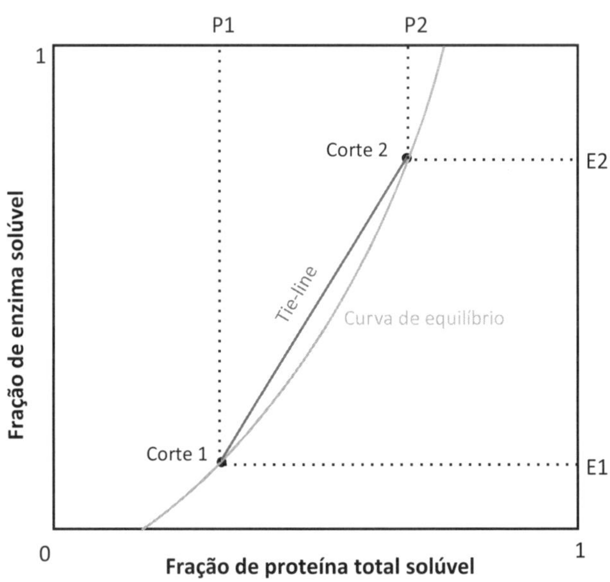

Figura 6.4 Diagrama de fases para a precipitação fracionada aplicada a um meio contendo a enzima álcool desidrogenase e outras proteínas solúveis.

Por meio do diagrama pode-se prever o rendimento na separação da enzima álcool desidrogenase e o fator de purificação, desde que se disponha dos valores de massa ou concentração de proteínas totais e de massa, concentração ou atividade da enzima álcool desidrogenase, nas diferentes condições de precipitação. Tais valores são representados nos diagramas de fases em termos de fração, variando, portanto, de zero a um. O rendimento em atividade enzimática de álcool desidrogenase, η, é a diferença entre as frações de enzima solúvel nos dois cortes, isto é, nas duas etapas de precipitação representadas no diagrama da Figura 6.4.

$$\eta = E1 - E2 \quad (6.2)$$

em que: *E1* é a fração de atividade solúvel no primeiro corte e *E2* é a fração de atividade solúvel no segundo corte.

O fator de purificação, FP, é a relação entre o rendimento em álcool desidrogenase obtido na segunda etapa de precipitação e a diferença entre as frações de proteína total solúvel no meio inicial e no meio livre do precipitado da primeira etapa meio para a segunda etapa de precipitação.

$$FP = \frac{E1 - E2}{P1 - P2} \quad (6.3)$$

em que *P1* é a fração de proteína total solúvel no meio inicial e *P2* é a fração de proteína total solúvel no meio livre do precipitado da primeira etapa.

Tanto η como FP podem ser aprimorados variando-se o comprimento da *tie-line* ou linha de amarração. A base teórica dessa abordagem é o equilíbrio termodinâmico e, portanto, a quantidade de enzima e proteína que permanece em solução pode ser menor que aquela prevista pelo modelo devido ao material ocluso na primeira etapa de precipitação e devido aos efeitos de desnaturação irreversível. Entretanto, os diagramas podem ajudar de maneira rápida a verificar a influência do pH e temperatura no fracionamento.

6.3.4 PRECIPITAÇÃO POR POLÍMEROS

6.3.4.1 Polietilenoglicol

O polietilenoglicol (PEG) é um polímero neutro e miscível em água, disponível em diversos graus de polimerização. Precipitações com PEG são conduzidas em baixas concentrações desse polímero, em geral entre 15% e 30% (m/v), pois as soluções assim constituídas são pouco viscosas e muitas proteínas precipitam nessa condição. Polietilenoglicol de massa molar 4.000 g/mol ou superior é dos mais eficientes, sendo que os dois tipos mais usados são os de massa molar de 4.000 g/mol e 6.000 g/mol, pois acima desses valores as soluções são excessivamente viscosas. O PEG tem efeito estabilizante sobre proteínas, o que permite a operação sem resfriamento. Além disso, a relativa insensibilidade da eficiência da precipitação com PEG em face de pequenas variações de temperatura dispensa o controle da temperatura.

O mecanismo de precipitação é entendido como de exclusão da proteína do meio aquoso. A concentração de PEG necessária para uma dada separação é dependente do tamanho da proteína e da massa molar do polímero e é inversamente proporcional à concentração da proteína. O PEG pode ser removido por métodos que incluem a ultrafiltração, a adição de etanol e a separação pela formação de duas fases aquosas pela adição de sais.

6.3.4.2 Polieletrólitos

Os polieletrólitos são polímeros iônicos solúveis em água que têm sido utilizados por seu baixo custo e redução de resíduos, uma vez que a precipitação ocorre em baixas concentrações, em torno de 0,05% a 0,1% m/v. Os polieletrólitos mais utilizados são o policátion polietilenoimina (PEI, uma molécula positivamente carregada com pKa de 10 a 11 utilizada para precipitar ácidos nucleicos e proteínas) e o poliânion ácido poliacrílico (PAA). No entanto, o uso é restrito a casos específicos devido ao mecanismo de precipitação, pois a proteína e o polieletrólito devem ter cargas opostas. Por isso, deve-se operar distante do ponto isoelétrico da proteína. O conhecimento do pI e do pH de estabilidade da enzima auxilia a operação, e a precipitação pode ser feita à temperatura ambiente.

O modo de ação dos polieletrólitos é explicado por duas teorias: a primeira, da agregação do polímero à proteína por um mecanismo de floculação, e a segunda, por um mecanismo eletrostático pela neutralização de cargas. A dissolução do precipitado com a adição de um sal multivalente de carga oposta pode remover efetivamente o polímero pela formação de um sal insolúvel com o polieletrólito. Proteases vegetais foram precipitadas pela adição de ácido poliacrílico em concentrações entre 0,2 e 1,0 % (m/v). A atividade das proteases pôde ser recuperada pela solubilização do precipitado, e a remoção do ácido poliacrílico foi feita por cátions bivalentes como o Ca^{2+}.

6.3.5 PRECIPITAÇÃO PELA TEMPERATURA

Temperaturas próximas ou pouco menores em relação à temperatura ambiente favorecem a manutenção da proteína em solução. No entanto, o aumento do valor dessa variável induz interações hidrofóbicas e aumenta a interferência das moléculas de água nas ligações de hidrogênio, resultando em desnaturação da molécula.

A variação da temperatura causa precipitação de proteínas de duas formas: a diminuição provoca redução na solubilidade de proteínas e sais; o aumento desnatura as proteínas por perda das estruturas secundária e terciária e expõe os grupos hidrofóbicos, que interagem com outras moléculas e formam agregados insolúveis.

6.3.6 PRECIPITAÇÃO ISOELÉTRICA

A precipitação isoelétrica resulta da atração eletrostática entre moléculas de proteínas quando estas se encontram próximo do ponto isoelétrico (pI), pois a repulsão eletrostática entre as moléculas é mínima. É um dos métodos mais simples de precipitação e purificação de proteínas, executado simplesmente pelo ajuste do pH da solução a valores próximos ou iguais ao pI. Para valores de pH do meio acima do pI de uma dada proteína, sua superfície apresenta carga predominantemente negativa, ocorre repulsão eletrostática e aumenta a proporção das interações iônicas com o meio. Abaixo do pI, a carga global da proteína é positiva e ocorre o mesmo fenômeno de repulsão entre as moléculas. Em valor de pH igual ou próximo ao pI ocorre a minimização da repulsão eletrostática entre proteínas e precipitação por interação entre as zonas hidrófobas, denominada precipitação isoelétrica.

A precipitação isoelétrica é mais expressiva para proteínas com baixa constante de hidratação ou com alta superfície hidrofóbica, como globulina e caseína, que formam agregados grandes e resistentes. Proteínas hidrofílicas, como as albuminas, têm uma solubilidade consideravelmente elevada no seu ponto isoelétrico e dificilmente precipitam pelo ajuste do pH. Quando se deseja recuperar uma proteína, seu ponto isoelétrico é referência como o pH de solubilidade mínima, pois outros métodos de precipitação são mais eficientes quando conduzidos no pI.

A maior vantagem da precipitação isoelétrica é o baixo custo dos ácidos minerais utilizados (fosfórico, clorídrico e sulfúrico), que são aceitáveis no produto final para muitas proteínas utilizadas na indústria alimentícia. A principal desvantagem de se utilizar ácidos é o seu potencial de promover desnaturação irreversível, pois muitas proteínas são sensíveis a valores baixos de pH e à desestabilização provocada pelo ânion. Alternativamente podem ser empregados ácidos com íons estabilizantes como acetato ou sulfato.

Os ácidos são utilizados em concentrações altas, entre 2 e 10 M, ou até mais elevadas, o que requer cuidadoso projeto do sistema de agitação dos reatores para evitar concentrações localizadas que possam provocar quebra dos precipitados formados pela diminuição das forças atrativas, em virtude da redução do pH a valores abaixo do pI, ou até mesmo a desnaturação. É um dos métodos mais utilizados para a precipitação industrial de proteínas para a indústria alimentícia e na precipitação de proteínas indesejáveis.

6.3.7 PRECIPITAÇÃO POR AFINIDADE

Métodos de afinidade têm sido definidos como os procedimentos de purificação que fazem uso de uma interação específica e seletiva de uma proteína com um ligante, geralmente um substrato ou um inibidor se a proteína é uma enzima, que pode estar ligado a uma matriz insolúvel ou livre em solução. A precipitação por afinidade envolve a ligação da proteína a um ligante que precipita junto com a proteína. A precipitação por afinidade pode ocorrer de duas formas: pela ligação cruzada de proteínas com ligantes bifuncionais ou ligantes polifuncionais, geralmente corantes, com formação de um retículo tridimensional; e pela diminuição da solubilidade de um polímero que possui um ligante de afinidade, reversivelmente solúvel-insolúvel, por variações no pH, temperatura, concentração de sal ou adição de íons metálicos. Apesar de ser um método atrativo por combinar as interações específicas de afinidade com a facilidade de operação em larga escala, a aplicação comercial da técnica é limitada, devido ao custo dos ligantes.

Inibidor de tripsina foi imobilizado em um lipossoma e purificado a partir de um extrato cru de pâncreas, por precipitação de afinidade, com um rendimento de 81% e fator de purificação de seis vezes. Lactato desidrogenase foi purificada usando um copolímero de ácido metacrílico com um ligante de corante de Cibacron Blue em metilmetacrilato, que é solúvel em pH neutro e insolúvel em pH ácido, com rendimento de 50% e fator de purificação de 13 vezes.

A imunoprecipitação trata da adição de um anticorpo ligante específico a uma solução proteica, que resulta em interação molecular proteína-anticorpo e formação de agregados proteicos que precipitam.

A engenharia genética tem oferecido oportunidades para inserir uma diferenciação na proteína de interesse por meio da inserção de sequências no gene da proteína, resultando numa proteína de fusão. Lactato desidrogenase, β-glucoronidase e galactose desidrogenase, contendo terminais de polihistidina, foram purificadas com auxílio de quelatos metálicos por meio de precipitação por afinidade. A ligação de terminais de afinidade com metais, particularmente aminoácidos como a histidina, forma complexos com íons metálicos como zinco, cobre, níquel e cobalto. O *pellet* formado é dissolvido em meio com tampão e EDTA, que solubiliza o quelato formado com a proteína.

6.3.8 PRECIPITAÇÃO POR ÍONS METÁLICOS

Alguns íons de metais polivalentes podem ser eficientes na precipitação de proteínas. Tais íons são classificados em três grupos, a saber: íons como Mn^{2+}, Fe^{2+}, Co^{2+}, Ni^{2+}, Cu^{2+}, Zn^{2+} e Cd^{2+}, que se ligam fortemente aos ácidos carboxílicos ou aos compostos nitrogenados como as aminas; íons como Ca^{2+}, Ba^{2+}, Mg^{2+} e Pb^{2+}, que se ligam aos ácidos carboxílicos, porém não se ligam ao grupo amina; e um terceiro grupo incluindo Ag^{+} e Hg^{+}, que se ligam fortemente aos grupos sulfidril. A ligação de uma proteína com o íon metálico reduz sua solubilidade mediante mudanças no pI e formação de ligações cruzadas com outras proteínas por se tratarem de íons multivalentes.

6.3.9 MECANISMO FÍSICO DA PRECIPITAÇÃO

A cinética da precipitação é discutida de modo geral com base nos fatores que controlam a formação e quebra dos agregados, tamanho final e estabilidade da partícula. A consideração desses fatores deve-se à necessidade de uma eficiente separação sólido-líquido posterior por meio de operações de decantação, centrifugação ou filtração.

6.3.10 CRESCIMENTO DO PRECIPITADO

Com a remoção das camadas de hidratação ou das barreiras elétricas da superfície da proteína, as colisões que ocorrem devido ao movimento desordenado ou browniano permitem a rápida agregação das moléculas proteicas, formando partículas primárias menores que 1 μm. Segue-se a agregação dessas partículas por meio de colisões que causam o crescimento dos agregados. Uma partícula coloidal primária de 0,1 μm pode incorporar pelo menos 1.000 moléculas de proteínas.

O tamanho dos agregados aumenta com a concentração de proteínas devido à maior probabilidade de colisões, e varia na média de 4 a 300 μm de acordo com o precipitante e o tipo do reator.

6.3.11 QUEBRA DO PRECIPITADO POR CISALHAMENTO

A quebra do precipitado depende da concentração de proteínas, do grau de ligação entre as partículas no agregado formado, das condições de precipitação e da tensão de cisalhamento imposta às partículas devido à agitação. Partículas formadas por agregados fracamente ligados entre si, com densidade reduzida, estão mais sujeitas à quebra. A agitação, conquanto necessária à dispersão do reagente e colisão entre partículas precipitadas, está sujeita a um limite em função da qualidade do precipitado. A definição da velocidade de agitação para um determinado sistema deve basear-se na distribuição do tamanho dos precipitados expostos a diversas tensões de cisalhamento.

A quebra dos agregados ocorre por mecanismos como a deformação por gradientes de pressão, a fragmentação por erosão devido às forças hidrodinâmicas e as colisões entre as partículas. Verifica-se quebra rápida dos precipitados quando a suspensão é movimentada por meio da ação de bombas e na centrifugação para sedimentação das partículas de precipitado. O rompimento dos precipitados é menos pronunciado quando as suspensões são diluídas, pois as colisões entre partículas são menos frequentes.

6.3.12 ENVELHECIMENTO DO PRECIPITADO

O envelhecimento ou cura do precipitado consistem em sua exposição durante um determinado período de tempo a uma dada tensão de cisalhamento para que ocorra a compactação dos agregados, tornando-os mais resistentes ao cisalhamento imposto nas operações posteriores de bombeamento ou centrifugação. Um precipitado adequadamente compactado apresenta diâmetro médio entre 20 e 50 μm, o qual pode ser reduzido à metade após a operação de separação entre sólido e líquido. Em suma, as partículas de proteínas precipitadas devem ser agregadas de modo a aumentarem de tamanho, devem ser densas e estáveis para que possam ser facilmente recuperadas.

6.3.13 AMPLIAÇÃO DE ESCALA

Na ampliação de escala de uma dada operação unitária de precipitação, agente de precipitação e sua concentração, pH e temperatura deverão ser conservados idênticos àqueles definidos em escala de laboratório. O desafio é manter as características do precipitado obtido na escala de laboratório, como tamanho, densidade e grau de ligação entre as partículas no agregado, e, simultaneamente estabelecer condições para contato suficiente entre proteínas e agente de precipitação e nucleação, fatores esses firmemente associados à tensão de cisalhamento imposta pelo sistema de agitação e pela configuração do reator na escala ampliada. Dada a dificuldade na conciliação de todos os fatores enunciados, a operação de precipitação não raro apresenta redução no rendimento da molécula-alvo na escala ampliada. A ampliação de escala da operação de precipitação, portanto, está baseada nas condições de mistura, sendo a tensão de cisalhamento uma variável importante na reprodução das condições da escala de laboratório, em caso de precipitação por *salting-out*, pois, nessa situação, a manutenção das características do precipitado é crítica para o sucesso da operação. É recomendável manter constante a potência transmitida por unidade de volume de meio durante a agitação para não modificar a tensão de cisalhamento imposta, de modo a obter agregados de precipitados de densidade e tamanho constantes.

As configurações de reatores usados na operação unitária de precipitação de proteínas são os reatores de mistura convencionais operados em regime descontínuo ou contínuo, tipo CSTR (*continuous stirred tank reactor*, reator contínuo com tanque agitado), ou o reator tubular (*plug-flow*, reator de fluxo pistonado), que também opera em regime contínuo. Em caso de passagem da escala de bancada ou laboratório para a escala piloto e, finalmente, para a escala real, as proporções geométricas das dimensões do reator da escala piloto devem ser mantidas, dado que estão intrinsicamente associadas à tensão de cisalhamento.

Precipitações que demandam tempos elevados para a nucleação e envelhecimento do precipitado podem se beneficiar da operação em regime descontínuo, que opera a tempos de retenção maiores que no regime contínuo.

Na precipitação por ação de solventes, como o etanol, o parâmetro crítico na ampliação de escala do processo é o controle da transferência de calor, a fim de remover o calor liberado na reação exotérmica de dissolução do etanol em água, tarefa dificultada pela escala, sobretudo, na precipitação em regime descontínuo, uma vez que decresce a razão entre a área superficial do tanque e o volume de meio. Perdas no rendimento, sobretudo por desnaturação, e na qualidade final do produto são frequentemente verificadas. A operação em regime contínuo em reator tubular de fluxo pistonado apresenta controle de temperatura facilitado devido ao reduzido volume de meio em cada estágio e ao escoamento em regime turbulento. Além disso, o reator tubular apresenta tempos de residência menores em relação aos tanques agitados convencionais tipo CSTR, pois a proteína é rapidamente levada às condições finais de precipitação devido ao regime turbulento de mistura e o envelhecimento do precipitado pode ser feito por meio de mudanças no diâmetro do reator, de forma a obter um cisalhamento maior no início e menor no final.

Com a demanda para a operação em regime contínuo foram desenvolvidos equipamentos e técnicas para melhora do envelhecimento e da qualidade de sedimentação dos precipitados, como o *acoustic conditioning*, que aplica ondas sonoras e ultrassom, utilizados em sistemas químicos inorgânicos.

Apresentam-se, a seguir, três exemplos de aplicações da operação unitária de precipitação no processo de purificação de biomoléculas, a saber: (1) recuperação de ácido succínico produzido por rota microbiana; (2) isolamento de anticorpos monoclonais a partir de meios de cultura de células animais; (3) clarificação de meios contendo células microbianas ou animais a elevados valores de concentração.

Exemplo 1

Produção de ácido succínico por via fermentativa (CHENG et al., 2012): diversas são as aplicações do ácido succínico, pois trata-se de molécula precursora da síntese de 1,4-butanodiol, tetrahidrofurano, butirolactona, ácido itacônico, 2-pirrolidona, N-metilpirrolidona, monômero usado na produção de plásticos biodegradáveis, além de possuir aplicações no processamento de bebidas e alimentos, com um mercado estimado em quase 5 bilhões de dólares. A tradicional rota petroquímica de obtenção de ácido succínico fica limitada pela disponibilidade de petróleo. Entretanto, é possível obtê-lo por rota microbiana, alternativa em ascensão, uma vez que é baseada no emprego de biomassa, fonte renovável de matéria-prima e consumidora do CO_2 ambiental. O mercado potencial do bioácido succínico é imenso, tendo em vista que essa molécula é considerada uma dentre as doze moléculas mais relevantes e promissoras na matriz energética baseada em biomassa dos Estados Unidos.

A produção de bioácido succínico, contudo, ainda não é competitiva, porque a ordem de grandeza da concentração dessa molécula no meio fermentado, entre 40 e 150 g/L, é considerada baixa e é difícil recuperá-la, pois trata-se de molécula hidrofílica e de elevada temperatura de ebulição, de modo que o custo do processo de purificação chega a cerca de 50% a 70% do custo total da produção. A despeito dos desafios a serem superados, a Mitsui & Co. e BioAmber Inc., juntas, implantaram em 2015 sua primeira planta para produção microbiana de ácido succínico a partir de glicose, com capacidade anual de 30 mil toneladas. O processo de recuperação e purificação do bioácido succínico geralmente compreende três etapas: clarificação por meio de membranas ou centrifugação para remoção das células microbianas; evaporação para aumento da concentração do bioácido succínico e remoção de impurezas como o ácido acético, e isolamento por meio de cristalização, precipitação, separação a membranas, evaporação, extração com solventes ou cromatografia. Como nenhum método isoladamente mostrou-se eficiente, faz-se necessário desenvolvê-los com vistas ao aumento do rendimento, pureza e consumo de energia.

Na precipitação do bioácido succínico com hidróxido de cálcio ou óxido de cálcio, $Ca(OH)_2$ e CaO, forma-se succinato de cálcio, o qual é separado do meio por filtração e submetido à reação com ácido sulfúrico concentrado, H_2SO_4, da qual resulta sulfato de cálcio. A purificação prossegue por meio de absorção em carvão ativo ou troca iônica seguida de concentração por meio de cristalização evaporativa. São restrições desse processo as elevadas dosagens de hidróxido de cálcio, óxido de cálcio e ácido sulfúrico, os quais não são reciclados ao processo, gerando custos elevados e problemas de disposição dos resíduos, que incluem elevadas concentrações de sulfato de cálcio que não pode ser comercializado devido ao odor e cor, requerendo tratamento adicional. Destaca-se, por outro lado, a facilidade de aplicação dessa operação em instalações já existentes na produção de ácido lático e ácido cítrico, moléculas encontradas no cultivo dos microrganismos produtores de ácido succínico. A operação unitária de precipitação do bioácido succínico com $Ca(OH)_2$ ou CaO pode ser viabilizada se resolvida a questão dos rejeitos. Também é possível a precipitação com amônia, por meio da qual se gera succinato de diamônio pelo ajuste do pH do meio e adição de composto baseado em amônia, ou substituindo o cátion do sal de succinato por amônia na fermentação. O succinato de diamônio é posteriormente submetido à reação com ácido sulfúrico ou com bissulfato de amônio a pH 1,5-1,8, de que resulta sulfato de amônio e ácido succínico, precipitado o qual é posteriormente purificado por meio de cristalização com metanol. O subproduto sulfato de amônio pode ser convertido em amônia e bissulfato de amônio por meio de pirólise. O rendimento desse processo é de 93,3% em relação ao succinato de diamônio no meio de cultura. São vantagens desse processo a reduzida geração de subprodutos e a possibilidade de reciclagem do reagente, enquanto a erosão dos equipamentos e a elevada demanda de energia na reciclagem constituem desvantagens.

Exemplo 2

Purificação de anticorpos policlonais (JOSIC; LIM, 2001, HAMMERSCHMIDT et al., 2014, 2015): anticorpos são proteínas produzidas pelo sistema imunológico que atuam contra células malignas e no combate a microrganismos e moléculas invasoras, como bactérias, vírus e toxinas, denominados antígenos. O principal anticorpo presente no sangue humano é a imunoglobulina G, IgG, composta por quatro subformas pouco diferentes entre si, IgG1, IgG2, IgG3 e IgG4, e por essa razão IgG é denominado anticorpo policlonal. O anticorpo IgG é usado no tratamento das doenças imunológicas adquiridas e genéticas e nas doenças autoimunes. IgM, a terceira imunoglobulina do sangue humano, apresenta-se nas formas de pentâmero ou monômero e, por ser o primeiro anticorpo a ser formado no caso do desencadeamento da resposta imune, sua produção é de fundamental importância para a saúde humana, além de suas aplicações analíticas.

O processo de recuperação e purificação dos anticorpos policlonais IgG e IgM do sangue humano tem início com a centrifugação para separação da fração solúvel do sangue, o plasma, na qual se encontram os anticorpos. O processo segue para a etapa de precipitação, na qual todas as quatro subformas do anticorpo imunoglobulina G contidas no plasma são separadas nas frações II e III de uma precipitação fracionada, obtida mediante adição de etanol na temperatura de –5 °C, processo clássico de precipitação conhecido como método de Cohn, ou mediante precipitação por *salting-out*, a qual se dá por meio da adição de sulfato de amônio ou ácido caprílico, sendo o anticorpo recolhido no segundo passo de uma precipitação também fracionada cujo primeiro passo promove a remoção de parte das impurezas. Finalmente, tem-se a etapa da purificação propriamente dita por meio de operações de cromatografia, troca iônica na purificação de IgG e exclusão molecular para a purificação de IgM, ou a exitosa operação cromatográfica baseada na adsorção por afinidade com antígenos como a proteína A, proteína G ou proteína L.

A purificação de anticorpos monoclonais por meio de adsorção por afinidade a antígenos de proteína A ou G é processo consolidado conforme descreve o Capítulo 20. Entretanto, o elevado custo dessa operação tem estimulado a busca por alternativas, sobretudo, em vista dos elevados valores de concentração de anticorpos alcançados nos meios de cultura, em resultado da evolução da tecnologia de produção. São operações alternativas a própria adsorção por afinidade à proteína A, porém, em operação em regime contínuo com menor gasto com soluções tampão e melhor aproveitamento do leito de adsorção, além de alternativas não cromatográficas, dentre as quais se inclui a precipitação.

A precipitação é uma das operações alternativas se aplicada em meios de cultura com concentração elevada de anticorpos, acima de 3 g/L, dado que apresenta menor custo em relação à adsorção por afinidade à proteína A. Estudos de precipitação do anticorpo IgG1 para sua recuperação e purificação a partir de meio de cultura de células CHO (*chinese hamster ovary*) mostram resultados promissores. Partindo-se de meio previamente isentado de células, contendo concentração de IgG1 de 2,3 ou 7,6 g/L, promoveu-se a precipitação em duas etapas, a primeira para remoção de DNA por adição de $CaCl_2$ e a segunda, a –10 °C, para remoção do anticorpo IgG1 na forma precipitada, por meio da adição de etanol à concentração final de 25% em volume. A recuperação de IgG1 por meio desse processo de precipitação em duas etapas apresentou rendimento superior a 90%, o qual é similar ao rendimento alcançado na clássica cromatografia de adsorção por afinidade à proteína A, e, embora o anticorpo tenha sido obtido com proporção pouco maior de proteínas da célula produtora, a precipitação apresenta-se promissora como alternativa à adsorção em proteína A.

A atratividade da precipitação é maior se o processo for conduzido em regime contínuo, pois este é mais robusto em comparação ao regime em batelada. Na precipitação em regime de batelada, etanol é adicionado gradativamente a fim de evitar bruscos aumentos da temperatura, dado que ocorre reação exotérmica, um problema que se agrava com o aumento da escala da operação, já que a razão entre a área superficial do tanque e o volume de meio decresce. Já no regime contínuo o controle da temperatura fica facilitado num reator tubular devido ao reduzido volume de meio em cada estágio e ao escoamento em regime turbulento.

No exemplo citado de precipitação do anticorpo IgG1, aplicou-se o regime contínuo em reator constituído por dois tubos concêntricos, como um trocador de calor, para resfriamento da reação exotérmica de etanol em água. A operação em estado estacionário dos dois reatores em série, para precipitação de DNA seguida da precipitação de IgG1, resultou em pureza e rendimento em IgG1 similar à precipitação em regime de batelada.

O anticorpo IgG1 precipitado e dissolvido apresentou idêntica distribuição das isoformas quando comparado à molécula purificada por meio do método convencional, ou seja, a adsorção por afinidade à proteína A. A solubilidade do anticorpo precipitado foi superior a 40 g/L em soluções tampão a diferentes valores de pH e força iônica, dispensando etapa subsequente de concentração.

Os resultados equivalentes em termos de rendimento e pureza da IgG1 isolada por precipitação, partindo-se de um meio de cultura com 2,39 g/L ou 7,76 g/L de IgG1, ilustram a robustez da precipitação, cujo escalonamento é função apenas do volume de meio contendo o anticorpo, ao passo que para a cromatografia há que se levar em consideração a concentração do anticorpo, pois há uma estequiometria da reação entre molécula-alvo e ligante. Essa diferença entre as duas operações faz da precipitação uma operação mais robusta às variações de concentração de anticorpo no meio de cultura celular em comparação à cromatografia.

Na simulação do custo de purificação desse anticorpo monoclonal, IgG1, em escala industrial, em reator de 12,5m^3, por meio de múltiplas etapas de precipitação em regime contínuo e uma única etapa cromatográfica de polimento final, concluiu-se que a precipitação contínua é mais econômica comparada à cromatografia de afinidade por proteína A seguida de mais duas etapas cromatográficas para polimento final do produto.

Exemplo 3

Clarificação de meios contendo concentrações elevadas de células microbianas ou animais (ROUSH; LU, 2008): a operação unitária de precipitação pode integrar a etapa de clarificação de meios de cultivo com elevadas concentrações de células microbianas ou animais, removendo impurezas celulares como proteínas, lipídeos e ácidos nucleicos, as quais se encontram em concentrações elevadas em resultado à lise celular intensificada pelo estresse imposto pelas condições de cultivo necessárias para se atingir elevadas densidades celulares. A operação de precipitação é rápida, o que é conveniente para evitar a degradação dos produtos sensíveis às condições físico-químicas do meio.

A adição de cloreto de cálcio e fosfato de potássio no meio de cultivo de células animais resulta em fosfato de cálcio, o qual precipita junto com fragmentos de membrana celular e impurezas como DNA, lipídeos e proteínas celulares. Essas impurezas também podem ser precipitadas por meio da redução de suas solubilidades em caso de acidificação do meio pela adição de ácidos como fosfórico, acético e cítrico, resultando em aumento do rendimento da molécula-alvo e da velocidade nas operações subsequentes de centrifugação e microfiltração. Uma precipitação ácida pode ser iniciada no reator de cultivo celular e o precipitado removido junto com as células na centrifugação.

Além dos melhores resultados na clarificação, a precipitação aplicada à etapa de clarificação promove aumento da eficiência das operações de purificação em consequência da remoção das impurezas da célula.

EXERCÍCIOS

1. A enzima álcool desidrogenase (EC 1.1.1.1 – ADH) é uma oxido-redutase que desempenha importantes funções metabólicas em microrganismos, células vegetais e animais. A principal função da enzima álcool desidrogenase em leveduras de panificação (*Saccharomyces cerevisiae*) é reduzir o acetaldeído formado a partir do piruvato, em etanol, na presença de NADH.

A precipitação é uma técnica que pode ser aplicada como etapa inicial num processo de recuperação e purificação de ADH produzida em leveduras de panificação. Utilizando a técnica de precipitação com etanol frio, sob temperatura de operação inferior a 5 °C, para recuperação de ADH a partir de 10 mL de um extrato bruto contendo células de levedura rompidas por choque térmico, foram obtidos os dados apresentados na Tabela 1 relativos à concentração de proteína total e atividade de ADH no meio sobrenadante, isto é, no meio clarificado obtido após a centrifugação para sedimentação do precipitado.

Os dados de proteína total, Pt, e atividade enzimática foram obtidos, respectivamente, pelo método de Bradford e pela determinação da velocidade da reação de ADH com etanol na presença de NAD^+. Define-se uma unidade de atividade enzimática de ADH (U) como a quantidade de enzima capaz de variar uma unidade de absorbância por minuto, a 340 nm, sob condições padronizadas de reação, a saber, 25 °C e pH 9. O extrato bruto continha 414 mg/L de proteína total e atividade em ADH de 12,8 U/mL.

Tabela 1 Concentração de proteína total e atividade enzimática de ADH no sobrenadante da precipitação com etanol frio, a partir de extrato bruto com células de levedura rompidas

% etanol (v/v)	Volume de sobrenadante (mL)	Proteína total no sobrenadante (mg/L)	Atividade enzimática no sobrenadante (U/mL)
20	11	261	11,5
40	15	125	5,9
60	22	52	1,0
80	42	0	0

A partir dos dados apresentados, responda às seguintes questões:

a) Calcule a recuperação em proteína total (RP) e a recuperação em atividade enzimática (RA) na fase precipitada e o fator de purificação (FP) obtido para cada concentração de etanol utilizada. Considere que não houve perda de atividade enzimática.

b) Projetando-se uma precipitação em um único estágio, qual seria a melhor condição a ser utilizada para essa precipitação? Haveria purificação? Justifique.

c) Construa o gráfico de recuperação percentual de atividade enzimática e proteína na fase precipitada, em função da porcentagem em etanol. Com base nesse gráfico, projete uma precipitação fracionada em dois estágios e estime o fator de purificação nesse caso. Considere que não há perdas de atividade enzimática e proteína.

d) Nesta mesma precipitação, ao se solubilizar o precipitado resultante da adição de etanol a 60% e 80% (v/v) em 10 mL de solução fisiológica, verificou-se aumento da turbidez na solução obtida, cuja atividade enzimática para 80% de etanol foi de 8,9 U/mL. Determine a perda e a real recuperação da enzima nesta situação. Discuta a possível causa do aumento da turbidez e da perda de atividade enzimática em meio à concentração de 80% (v/v) de etanol.

Resolução:

a) Para a resolução deste item, utilizam-se as equações 1 a 3, que representam um balanço de massa em proteína total.

$$p_{inicial}(\text{mg}) = Pt_{inicial}(\text{mg/L}) \times V_{inicial}(\text{L}) \quad (1)$$

$$p_{snte}(\text{mg}) = Pt_{\text{snte}}(\text{mg/L}) \times V_{snte}(\text{L}) \quad (2)$$

$$p_{ppto} = p_{inicial} - p_{sente} \quad (3)$$

em que:

$p_{inicial,}$ p_{ppto} e p_{snte} são a massa de proteína total do extrato bruto inicial, da fase precipitada e da fase sobrenadante, respectivamente; $V_{inicial}$ e V_{snte} são os volumes do extrato bruto inicial e da fase sobrenadante, respectivamente; e Pt a concentração de proteína total em cada fase.

A recuperação em proteína total na fase precipitada (RP) é descrita pela equação 4:

$$RP = \frac{p_{ppto}}{p_{inicial}} \times 100 \quad (4)$$

Inicialmente, calcula-se a massa de proteína do extrato bruto inicial:

Volume inicial = 10 mL = 0,01 L

$p_{inicial}(\text{mg}) = \mathit{414}\ \text{mg/L} \times \mathit{0{,}01}\ \text{L} = 4{,}14\ \text{mg}$

A Tabela 2 sumariza os cálculos para cada concentração de etanol utilizada e os valores obtidos.

Tabela 2 Valores de massa de proteína na fase precipitada (p_{ppto}) e recuperação em proteína total (RP)

% etanol (% v/v)	Pt_{snte} (mg/L)	V_{snte} (mL)	p_{snte} (mg)	p_{ppto} (mg)	RP (%)
20	261	11	2,87	1,27	30,7
40	125	15	1,88	2,27	54,8
60	52	22	1,14	3,00	72,5
80	0	42	0	4,14	100,0

Utilizam-se as equações 5 a 7 para efetuar o balanço de atividade enzimática.

$$at_{inicial}(\mathrm{U}) = \mathrm{A}t_{inicial}(\mathrm{U/mL}) \times V_{inicial}(\mathrm{mL}) \qquad (5)$$

$$at_{snte}(\mathrm{U}) = At_{\mathrm{snte}}(\mathrm{U/mL}) \times V_{snte}(\mathrm{mL}) \qquad (6)$$

$$at_{ppto} = \mathrm{a}t_{inicial} - at_{snte} \qquad (7)$$

em que: $\mathrm{at}_{\mathrm{inicial}}$, $\mathrm{at}_{\mathrm{ppto}}$ e $\mathrm{at}_{\mathrm{snte}}$ são a atividade enzimática (U) do extrato bruto inicial, da fase precipitada e da fase sobrenadante, respectivamente; $\mathrm{V}_{\mathrm{inicial}}$ e $\mathrm{V}_{\mathrm{snte}}$ são os volumes do extrato bruto inicial e da fase sobrenadante, respectivamente; e At a atividade enzimática (U/mL) em cada fase.

A recuperação em atividade enzimática na fase precipitada (RP) é descrita pela equação 8:

$$\mathrm{RA} = \frac{\mathrm{at}_{\mathrm{ppto}}}{\mathrm{at}_{\mathrm{inicial}}} \times 100 \qquad (8)$$

Inicialmente, calcula-se a atividade enzimática do extrato bruto inicial.

Volume inicial = 10 mL = 0,01 L

$at_{inicial}(\mathrm{U}) = 12{,}8\ \mathrm{U/mL} \times 10\ \mathrm{mL} = 128\ \mathrm{U}$

A Tabela 3 sumariza os cálculos para cada concentração de etanol utilizada e os valores obtidos.

Tabela 3 Valores de atividade na fase precipitada ($\mathrm{at}_{\mathrm{ppto}}$) e recuperação em atividade enzimática (RA)

% etanol (% v/v)	At_{snte} (U/mL)	V_{snte} (mL)	at_{snte} (U)	at_{ppto} (U)	RA (%)
20	11,5	11	126,5	1,5	1,2
40	5,9	15	88,5	39,5	30,9
60	1,0	22	22,0	106	82,8
80	0	42	0	128	100

O cálculo da atividade específica (Ae) e do fator de purificação (FP) estão descritos nas equações 9 e 10. A Tabela 4 sumariza os resultados obtidos.

$$Ae(U/mg) = \frac{At(U/mL) \cdot 10^3 (mL/L)}{Pt(mg/L)} (\frac{U}{mg}) \tag{9}$$

$$FP = \frac{Ae_{(apos\ precipitacao)}}{Ae_{(extrato\ inicial)}} \tag{10}$$

Tabela 4 Valores de atividade específica (Ae) e fator de purificação (FP)

Etanol (% v/v)	Ae (U/mg) inicial	Ae (U/mg) Ppto	FP
20	30,9	1,2	0,04
40	30,9	17,4	0,56
60	30,9	35,4	1,14
80	30,9	30,9	1,00

b) A melhor condição para uma precipitação em um estágio seria a utilização de 80% em volume de etanol, pois resultaria em total recuperação das proteínas do extrato bruto inicial, porém não haveria purificação. O uso de 60% em etanol seria útil também, pois com uma quantidade significativamente menor de etanol, recupera-se cerca de 83% da atividade enzimática e ainda se promove a purificação com um fator de purificação de 1,14 vez.

c)

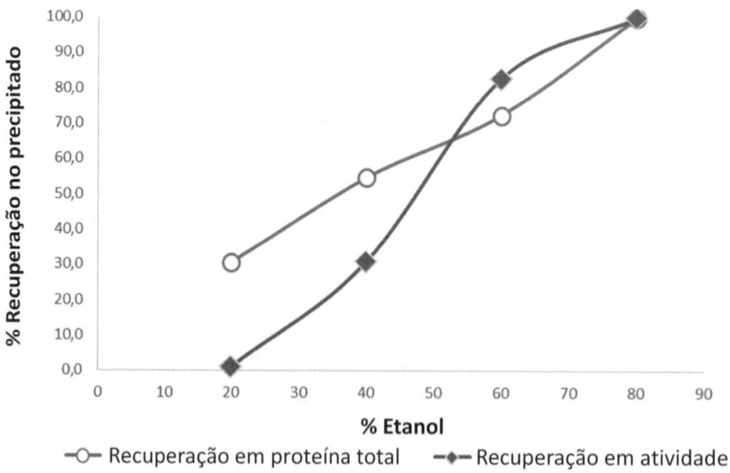

Figura 1 Recuperação em proteína total e atividade (%) em função da % etanol.

Para a realização da precipitação fracionada em dois estágios, uma possibilidade seria:

- Primeiro estágio: corte a 20% v/v de etanol – recuperação da enzima da fase sobrenadante;
- Segundo estágio: corte a 80% v/v de etanol – recuperação da enzima da fase precipitada.

Balanço de massa para proteína total e atividade enzimática, no primeiro estágio – adição de 20% v/v etanol:

- Proteína total: da massa inicial de 4,14 mg de proteína total no meio bruto, 1,27 mg encontram-se no precipitado, restando no sobrenadante 2,87 mg;
- Atividade enzimática: da atividade enzimática inicial de 128 U, 1,5 U encontra-se no precipitado, restando 126,5 U no sobrenadante.

Balanço de massa no segundo estágio – adição de etanol até 80% v/v etanol:

- Proteína total: da massa de 2,87 mg de proteína total, 2,87 mg encontram-se no precipitado, não restando, portanto, proteína no sobrenadante;
- Atividade enzimática: da atividade enzimática inicial de 126,5 U no sobrenadante, 126,5 U encontram-se no precipitado, não restando, portanto, atividade enzimática no sobrenadante.

Cálculo da atividade específica no segundo estágio: Ae = 126,5/2,87 = 44,1 U/mg.

Cálculo do fator de purificação: FP = 44,1/30,9 = 1,43 vez.

d) As perdas podem ser calculadas conforme equação 11:

$$\text{Perdas (U)} = at_{inicial}(\text{U}) - at_{snte}(\text{U}) - at_{ppto}(\text{U}) \tag{11}$$

$at_{inicial}$ (U)	At_{snte} (U/mL)	V_{snte} (mL)	at_{snte} (U)	At_{ppto} (U/mL)	V_{ppto} (mL)	at_{ppto} (U)	Perdas (U)
128	0	42	0	8,9	10	89	39

%perdas = (39 /128) × 100 = 30,5%

RA = (89 /128) × 100 = 69,5%

O aumento da turbidez e as perdas elevadas provavelmente estão relacionados à desnaturação da enzima na presença de etanol, ainda que temperaturas inferiores a 5 °C tenham sido aplicadas. O etanol reduz a constante dielétrica do meio e favorece a interação hidrofóbica entre as cadeias de proteínas. Os aglomerados proteicos que constituem o precipitado podem ter seus radicais hidrofóbicos expostos ao solvente, etanol, resultando na mudança de conformação e perda de atividade enzimática. As perdas aumentam com o aumento da concentração de etanol, pois diminui a solvatação da parte hidrofílica da proteína.

2. A lisozima é uma enzima presente na clara do ovo com atividade de 250 U/mL. Purifica-se um (1) litro de solução contendo lisozima por meio de precipitação com etanol em duas etapas: na primeira etapa adiciona-se etanol, de tal forma que a concentração no meio seja de 20% (v/v), condição na qual 5% da lisozima precipita e 95% permanece em solução; na segunda etapa de precipitação utiliza-se etanol a 70% para precipitar a lisozima que permaneceu em solução. Após a precipitação, solubiliza-se a lisozima precipitada, dessa vez em solução tampão a um volume de 50 mL. A atividade no volume final é de 4.000 U/mL. De quanto foi a perda de atividade de lisozima? Calcule a recuperação global e a recuperação na segunda etapa de precipitação da lisozima. Expresse o resultado em percentagem (%) e em unidades de atividade enzimática.

Resolução:

Na amostra inicial (1 litro de solução contendo 250 U/mL de lisozima), calcula-se a atividade inicial total:

$250\ U.mL^{-1} \times 1.000\ mL = 250.000\ U$ (atividade inicial)

Na primeira etapa da precipitação (adição de 20 % (v/v) de etanol), recupera-se 5% da lisozima na fase precipitada:

$250.000\ U \times 0{,}05 = 12.500\ U$

Restam na fase sobrenanadante, portanto:

$250.000\ U - 12.500\ U = 237.500\ U$

Na segunda etapa da precipitação (adição de etanol na fase sobrenadante até 70% (v/v)) calcula-se a atividade total recuperada na fase precipitada, contendo 4.000 U/mL num volume total de 50 mL:

$4.000\ U.mL^{-1} \times 50\ mL = 200.000\ U$ (atividade recuperada)

Calcula-se então o percentual de recuperação em lisozima (% recuperação), segundo a equação 1:

$$\%recuperacao = \frac{Atividade\ recuperada\ no\ precipitado\ (U)}{Atividade\ inicial\ (U)} \times 100 \qquad (1)$$

O percentual de recuperação global da precipitação foi:

$$\%recuperacao = \frac{200.000}{250.000} \times 100 = 80\%$$

O percentual de recuperação da segunda precipitação foi:

$$\%recuperacao = \frac{200.000}{237.500} \times 100 = 84\%$$

Calcula-se, então, o percentual não recuperado, ou seja, percentual de perdas totais (% perdas):

% perdas = 100 – 80 = 20%

REFERÊNCIAS BIBLIOGRÁFICAS

BELL, D. J.; HOARE, M.; DUNNILL, P. The formation of protein precipitates and their centrifugal recovery. *Advances in Biochemical Engineering*, v. 26, p.1-72, 1983.

BURNOUF, T. Modern plasma fractionation. *Transfusion Medicine Reviews*, v. 21, n. 2, p. 101-117, 2007.

CARLSSON, J.; MOSBACH, K.; BULOW, L. Affinity precipitation and site specific immobilization of proteins carrying polyhistidine tails. *Biotechnology and Bioengineering*, v. 51, n. 2, p. 221-228, 1996.

CHENG, K. et al. Downstream processing of biotechnological produced succinic acid. *Applied Microbiology and Biotechnology*, v. 95, p. 841-850, 2012.

CORTEZ, E. V.; PESSOA-JR, A. Xylanase and β-Xylosidase separation by fractional precipitation. *Process Biochemistry*, v. 35, p. 277-283, 1999.

GLATZ, C. E. Precipitation. In: ASENJO, J. A. *Separation processes in biotechnology*. New York: Marcell Dekker, 1990. p. 329-356.

HAMMERSCHMIDT, N. et al. Continuous precipitation of IgG from CHO cell culture supernatant in a tubular reactor. *Biotechnology Journal*, v. 10, n. 8, p. 1196-1205, 2015.

HAMMERSCHMIDT, N. et al. Economics of recombinant antibody production processes at various scales: Industry- standard compared to continuous precipitation. *Biotechnology Journal*, v. 9, n. 6, p. 766-775, 2014.

INGHAM, K. C. Precipitation of proteins with polyethylene glycol. *Methods in Enzymology*, v. 182, p. 301-306, 1990.

JOSIC, D.; LIM, Y-P. Analytical and Preparative Methods for Purification of Antibodies. *Food Technology and Biotechnology*, v. 39, n. 3, p. 215-226, 2001.

KILIKIAN, B. V.; PESSOA JR., A. Purificação de produtos biotecnológicos. In: SCHMIDELL, W. et al. *Biotecnologia industrial: engenharia bioquímica*. São Paulo: Blucher, 2001, pp. 493-520.

RICHARDSON, P., HOARE, M.; DUNNILL, P. A new biochemical engineering approach to the fractional precipitation of proteins. *Biotechnology and Bioengineering*, v. 36, p. 354-366, 1990.

ROTHSTEIN, F. Differential precipitation of proteins. In: HARRISON, R. G. Protein purification process engineering. New York: Marcell Dekker, 1994. p. 115-208.

ROUSH, D. J.; LU, Y. Advances in primary recovery: centrifugation and membrane technology. *Biotechnology Progress*, v. 24, n. 3, p. 488-495, 2008.

SCHUBERT, P. F.; FINN, R. K. Alcohol precipitation of proteins: the relationship of denaturation and precipitation for catalase. *Biotechnology and Bioengineering*, v. 23, p. 2569-2590, 1981.

SCOPES, R. K. *Protein purification: principles and practice*. 3. ed. New York: Springer-Verlag, 1994.

CAPÍTULO 7

Extração líquido-líquido em sistemas de duas fases aquosas

Beatriz Vahan Kilikian

Telma Teixeira Franco

Jane S. R. Coimbra

Antonio J. A. Meirelles

Adalberto Pessoa Jr.

NOMENCLATURA

Dx – Dextrana

EDTA – Ácido etilenodiaminatetracético

IDA – Ácido iminodiacético

K – Coeficiente de partição

NAD – Nicotinamida adenosina dinucleotídeo

NADP – Fosfato de nicotinamida adenosina dinucleotídeo

PEG – Polietilenoglicol

PPG – Polipropilenoglicol

RDC – Coluna de discos rotativos

SDFA – Sistemas de duas fases líquidas imiscíveis

TMA – Trimetilamino

LISTA DE PALAVRAS

Afinidade química

Anticorpos monoclonais

Carboximetilcelulose de sódio

Carboximetildextrana de sódio

Carga superficial

Clarificação

Cloreto de tionila

Cloreto de tresila

Coeficiente de partição

Curva binodal

Curva de equilíbrio

Diagrama de fases

Diclorotriazinila

Enzima

Escherichia coli

Espectrofotometria de infravermelho

Espectrofotometria de massa

Extração de contato diferencial

Extração por estágios

Extratores

- coluna de pratos perfurados
- extrator centrífugo
- Graesser York-Scheibel
- Karr
- Kühni
- misturador/decantador
- Podbielnak

Fc (múltiplo da aceleração padrão da gravidade)

Força iônica

β-Galactosidase

Grupos sulfidrila
Hidrofobicidade
Hidroxipropildextrana
Ligação covalente
Ligante,
    bioespecífico
    hidrofílicos carregados
    hidrofóbicos
    magnéticos
    químico
Linha de amarração
Massa molar
Metil celulose
Metil celulose
Metoxipolietilenoglicol
Monoclorotriazinila
Polieletrólitos
Polímeros
Polivinil álcool
Proteínas heterólogas
Purificação de baixa resolução
Reciclagem
Salting-out
Sulfato dextrana de sódio
Tailor-made
Tie-line
p-Toluenossulfonila
Ultrafiltração

7.1 INTRODUÇÃO

A extração de biomoléculas em sistemas de duas fases líquidas imiscíveis é utilizada há cerca de setenta anos na purificação de antibióticos e ácidos orgânicos. Esses sistemas são constituídos por uma fase aquosa e uma fase em solvente orgânico, o que, entretanto, não é adequado para proteínas devido à sua sensibilidade à desnaturação promovida por esses tipos de solventes.

Alternativamente à extração em solventes orgânicos, as proteínas podem ser extraídas em sistemas constituídos por duas fases aquosas imiscíveis (SDFA). A purificação é resultado de uma partição diferenciada da molécula-alvo e impurezas entre as duas fases líquidas. O elevado teor de água, 75% a 80% em massa, garante a manutenção das propriedades biológicas das proteínas.

Em 1956, foi feita a primeira menção ao uso do SDFA para a purificação de proteínas e partículas de células, sobretudo, fragmentos de parede celular. Desde então, a extração em SDFA tem sido estudada para a purificação de produtos obtidos em células de animais, de vegetais e microbianas, extração de vírus, organelas e ácidos nucleicos, com destaque para a aplicação na purificação de enzimas. Para produtos cuja aplicação exige elevado grau de pureza, a extração em SDFA não é suficiente, e, nesses casos, ela será sucedida por uma ou mais etapas cromatográficas. Assim, no Capítulo 1, a extração em SDFA foi considerada uma etapa de purificação de baixa resolução.

Neste capítulo, serão apresentados os seguintes aspectos: fundamentos da extração em sistemas formados por duas fases aquosas; sistemas nos quais a extração das biomoléculas em uma determinada fase é potencializada pela modificação dos componentes de modo a se agregar caráter de afinidade entre moléculas do meio em purificação e meio extrativo; e finalmente, os equipamentos empregados.

7.2 FUNDAMENTOS

A separação entre a molécula-alvo e as demais moléculas, os contaminantes, decorre das diferentes solubilidades apresentadas por esses solutos, em cada uma das fases aquosas. A Figura 7.1 ilustra a ocorrência das duas soluções aquosas imiscíveis e a presença de uma molécula-alvo, P, cuja solubilidade é maior na fase de topo ou fase superior em relação à fase de fundo ou fase inferior. Nessa situação, haverá aumento do grau de pureza da molécula-alvo, caso os contaminantes apresentem solubilidade maior na fase de fundo.

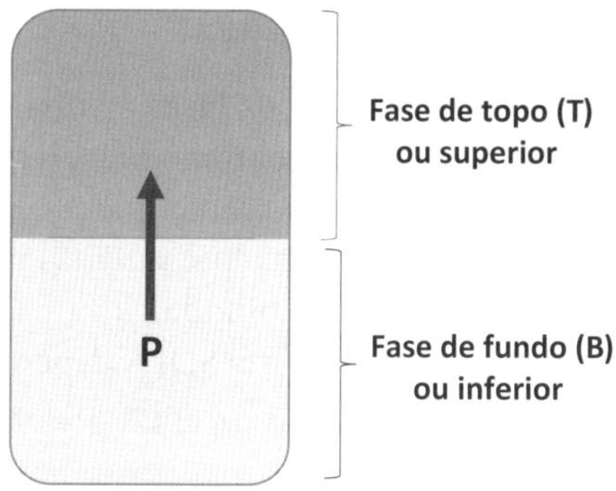

Figura 7.1 Sistema de duas fases aquosas imiscíveis: T, fase de topo (leve); B, fase do fundo (pesada); P, produto ou molécula-alvo.

7.2.1 TIPOS DE SISTEMAS DE DUAS FASES AQUOSAS

Quatro grupos de sistemas de duas fases aquosas imiscíveis são possíveis, formados pela reunião de determinados polímeros ou polieletrólitos, ou, ainda, polímeros em combinação com solutos de baixa massa molar, em uma mesma solução.

Em um primeiro grupo podem ser considerados os sistemas formados por dois polímeros não iônicos: polietilenoglicol (PEG)/Ficoll; PEG/Dextrana (Dx); PEG/polivinil álcool; polipropilenoglicol (PPG)/dextrana; metil celulose/hidroxipropildextrana; Ficoll/dextrana. Em um segundo grupo, tem-se um polieletrólito e um polímero não iônico: sulfato dextrana de sódio/polipropileno glicol; carboximetilcelulose de sódio/metil celulose. Os SDFA formados por dois polieletrólitos constituem um terceiro grupo: sulfato dextrana de sódio/carboximetildextrana de sódio; carboximetildextrana de sódio/carboximetilcelulose de sódio. Finalmente, num quarto grupo, tem-se um polímero não iônico e um composto de baixa massa molar: PPG/fosfato de potássio; PEG/fosfato de potássio; metoxipolietilenoglicol/fosfato de potássio; PPG/glicose; PEG/glicose; PEG/sulfato de magnésio; PEG/citrato de sódio.

São sistemas dos mais empregados e estudados aqueles constituídos por PEG/Dx, PPG/Dx, sulfato dextrana de sódio/PPG, PEG/fosfato de potássio, PEG/sulfato de magnésio e PEG/citrato de sódio. Nos sistemas com dextrana, esta apresenta maior concentração na fase de fundo, enquanto o outro polímero se concentra na fase topo. Nos casos de emprego de sais, estes se concentram na fase de fundo, enquanto o polímero apresenta maior concentração na fase superior. Ambas as fases, no entanto, sempre apresentam os dois componentes, dado que se estabelece o equilíbrio entre elas.

Sistemas formados por PEG e um sal são intensamente empregados por apresentarem rápida separação das fases, baixo custo e, principalmente, elevada seletividade na separação de moléculas com base na solubilidade.

7.2.2 CURVA DE EQUILÍBRIO

O SDFA é representado em um diagrama de fases no qual a ordenada representa a concentração em massa da molécula que predomina na fase de topo (PEG, por exemplo) e a abscissa representa a concentração da molécula que predomina na fase de fundo (sal ou dextrana, por exemplo). Composições representadas por pontos acima da curva de equilíbrio, também denominada curva binodal, levam à formação de duas fases; abaixo da curva, uma só fase. A formação de um SDFA depende, portanto, da concentração dos componentes do sistema. A Figura 7.2 apresenta um diagrama de fases em um sistema PEG/fosfato.

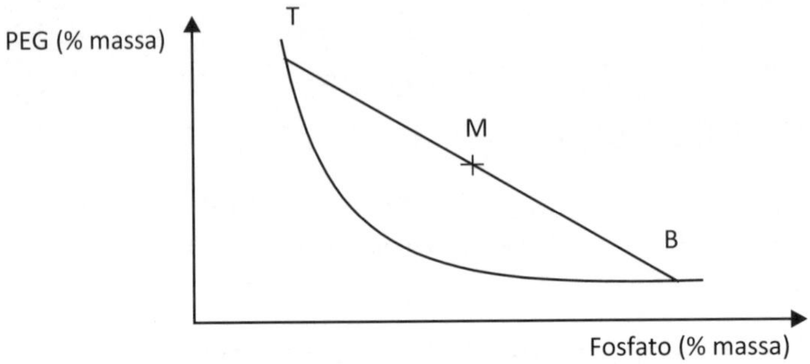

Figura 7.2 Curva de equilíbrio de um sistema PEG/fosfato. T, fase de topo (leve); B, fase do fundo (pesada); M, ponto de mistura.

A composição do sistema é representada pelo ponto M, portanto, na região de ocorrência de sistema bifásico cuja composição das fases de topo e fundo no equilíbrio é indicada pelos pontos T e B, respectivamente, unidos entre si por meio da linha de amarração, *tie-line*. Sistemas cuja composição inicial encontra-se sobre determinada linha de amarração apresentam mesma composição final nas fases de topo e fundo; contudo, a relação entre os volumes das fases será igual à razão entre os segmentos $\overline{TM}$ e $\overline{BM}$, e, portanto, variará. As diversas linhas de amarração possíveis são paralelas entre si. Na proximidade da curva binodal as composições e os volumes das fases de topo e fundo são iguais, posição denominada como ponto crítico em função da instabilidade provocada pela proximidade com a região monofásica.

A Figura 7.3 apresenta as curvas de equilíbrio para o sistema formado por PEG/fosfato de potássio, tendo por parâmetros a massa molar do PEG (300 e 6.000 Da) e o pH do meio (4 a 9).

Verifica-se que quanto maior a massa molar do polímero, menor a concentração necessária para a formação de duas fases líquidas aquosas em equilíbrio, ou seja, a curva de equilíbrio desloca-se no sentido da região monofásica.

A redução do valor do pH do meio desloca a curva de equilíbrio significativamente para o lado direito, de tal forma que as concentrações necessárias à formação das duas fases líquidas, em um sistema polímero e sal, como PEG/sal, aumentam, o que pode ser explicado pelo aumento da razão $H_2PO_4^-/HPO_4^{2-}$, para o caso do fosfato, pois o ânion monovalente é menos efetivo para exercer o efeito de *salting-out* sobre o PEG (fenômeno de expulsão devido ao tamanho do PEG). Quanto ao tipo de cátion, observa-se que a substituição de fosfato de sódio por fosfato de potássio desloca a curva de equilíbrio para a direita, portanto, a concentração dos componentes necessária à formação do sistema de duas fases imiscíveis aumenta, o que sugere ser o cátion sódio mais eficiente que o cátion potássio quanto ao efeito *salting-out* sobre PEG.

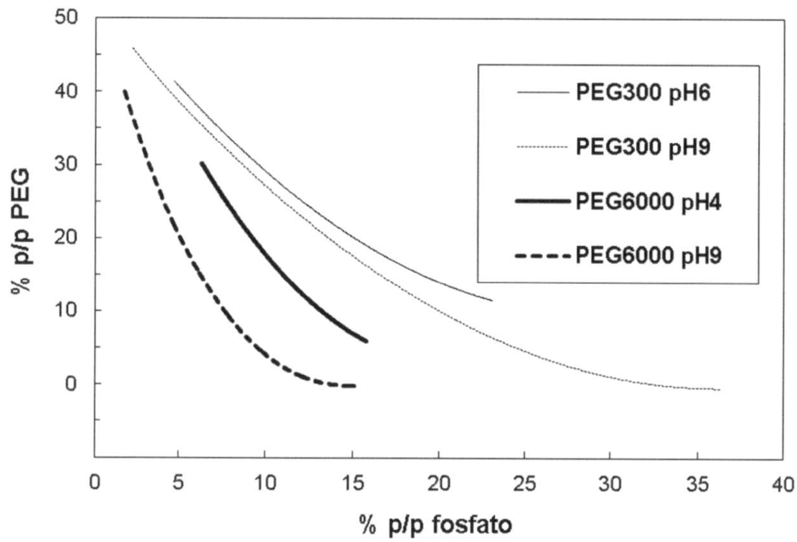

Figura 7.3 Curvas de equilíbrio do sistema PEG/fosfato de potássio em função dos parâmetros massa molar do PEG e pH do meio.

Valores de temperatura do meio líquido abaixo da temperatura ambiente provocam enriquecimento das fases superior e inferior nos SDFA constituídos por dois polímeros. Já para SDFA do tipo PEG/sal, a elevação da temperatura favorece o sistema, isto é, aumenta a concentração de polímero na fase superior e a do sal na fase inferior. A temperatura, portanto, influi na posição da curva de equilíbrio e, por consequência, na composição das fases e na partição das moléculas entre as fases. Para determinadas composições de sistemas PEG/sulfato de amônio ocorre inversão de fases, e com o aumento da temperatura a fase rica em PEG fica na fase de fundo, o que pode servir como ferramenta adicional para atuação sobre a partição de moléculas. A diferença de viscosidade entre duas fases líquidas imiscíveis, bem como a diferença de força iônica, a qual está relacionada à condição de menor potencial químico, principalmente no caso dos sistemas PEG/sal, auxilia na manutenção da segregação das fases. Os principais fatores que influenciam a posição do equilíbrio em um SDFA são a massa molar do polímero, o tipo de sal e a concentração dos componentes.

A despeito da significativa variedade de modelos e teorias apresentados na literatura, sobretudo no equilíbrio de sistemas polímero-polímero e polímero-sal, a maioria dos modelos está contida em dois grupos, a saber: um grupo baseado na teoria da solução de polímeros e um outro grupo que adota as teorias adaptadas dos tratamentos termodinâmicos do equilíbrio de fases líquidas.

Algumas fundamentações teóricas são de fácil compreensão, como a imiscibilidade dos sistemas PEG/Dx, a qual é empiricamente explicada pela impossibilidade de duas macromoléculas compartilharem a mesma fase líquida por causa da conformação dos polímeros. Ou seja, quando se trata de sistemas com duas macromoléculas, a segregação entre as fases é atribuída à impossibilidade física de mistura dos componentes. Essa teoria encontra respaldo no fato de que o aumento da massa molar do PEG aumenta a região de duas fases, como ilustram as curvas da Figura 7.3.

A adição de um determinado meio contendo biomolécula-alvo e impurezas a um SDFA provoca modificação da posição da curva de equilíbrio, pois altera as características do meio. O conhecimento da curva binodal, ou curva de equilíbrio, é, portanto, fundamental aos seguintes aspectos: seleção da condição de trabalho que resultará na formação de duas fases; seleção das composições iniciais que permitam variações de composição das fases; e variações nos volumes das fases.

A literatura apresenta curvas de equilíbrio para diversos SDFA, principalmente PEG/dextrana e PEG/sal, considerando valores de pH, temperatura e massa molar dos polímeros. Na falta dessas curvas de equilíbrio previamente estabelecidas, será necessário determiná-las, e um diagrama pode ser construído para determinar a composição das fases em equilíbrio. A concentração de polímero pode ser determinada por cromatografia, HPLC, ou por meio de liofilização seguida de pesagem do polímero seco, enquanto a concentração do sal pode ser determinada por titulação.

Um método prático, porém, pouco preciso, é o método de titulação ou *cloud-point*, pois, baseia-se na observação visual de turbidez. A uma massa conhecida da solução de um dos componentes, adiciona-se a solução do outro componente, gota a gota, sob agitação constante, até que apareça o primeiro ponto de turbidez, indicando que o sistema entrou na região de duas fases, uma vez que inicialmente o sistema é translúcido. Pesa-se o sistema e determina-se a massa do componente adicionado, já que a massa inicial é conhecida. Adicionando-se água, o sistema volta à região monofásica, ficando novamente translúcido. Repetindo-se esse processo têm-se os demais pontos do diagrama. Para diminuir o erro, pode-se determinar o diagrama mantendo a massa de um dos componentes fixa e adicionando o outro, e vice-versa. Assim, obtêm-se duas curvas e traça-se a curva média entre elas.

7.2.3 COEFICIENTE DE PARTIÇÃO

O coeficiente de partição K é uma grandeza adimensional que representa a relação entre as concentrações da molécula de interesse na fase de topo e na fase de fundo no equilíbrio, conforme apresenta a equação 7.1, na qual C_{Ti} é a concentração do soluto i na fase de topo e C_{Fi} a concentração do soluto i na fase de fundo.

$$K = \frac{C_{Ti}}{C_{Fi}} \tag{7.1}$$

O valor de K é frequentemente utilizado para avaliação da extensão da separação entre molécula-alvo e demais moléculas nos sistemas de duas fases aquosas, pois, coeficientes de partição significativamente distintos para a molécula de interesse e para as demais moléculas indicam ocorrência de purificação.

A partição de proteínas ou outras biomoléculas entre as duas fases é regida pela condição de menor potencial químico ou maior solubilidade, isto é, a biomolécula apresentará maior concentração na fase em que seu potencial químico for menor ou sua solubilidade for maior. Dessa forma, características físico-químicas das proteínas como hidrofobicidade, carga superficial e massa molar e características da solução como valor do pH e força iônica serão determinantes para o valor de K.

Considerando-se que a maior parte da solubilidade de proteínas está baseada nas interações das cargas superficiais com íons em solução, a distribuição de cargas nas moléculas é fator importante na extração em SDFA, e, portanto, o valor do pH do meio e a força iônica são variáveis determinantes do processo. A influência da força iônica do meio ocorre, sobretudo, em sistemas contendo sulfatos ou fosfatos, devido à alta concentração dos sais, entre 0,5 e 2 M, a qual atua reduzindo a solubilidade da molécula na fase salina, que, então, migra para a fase menos polar, pois nela a molécula apresentará maior solubilidade. Consequentemente, deslocamentos da composição do sistema para longe da curva de equilíbrio resultam em aumento do efeito de *salting-out*, e, portanto, em redução da solubilidade das moléculas na fase de fundo, concentrada no sal, com consequências sobre os valores de K.

O tipo de polímero e sua massa molar também influem no valor do coeficiente de partição, K. Por exemplo, em sistemas constituídos por PEG de massa molar superior a 1.500 Da, a partição de proteínas pode ser favorável à fase salina devido ao mecanismo da exclusão molecular, cuja magnitude é diretamente proporcional à massa molar da proteína. A ocorrência desse mecanismo é particularmente importante no caso da separação de moléculas com massas molares significativamente diferentes. De modo geral, o valor de K diminui com o aumento da massa molar da proteína.

Em sistemas polímero/sal a tensão interfacial apresenta diferença notável entre as duas fases em virtude de suas propriedades físicas, sendo que a partição de moléculas pequenas é favorecida a uma das fases.

A hidrofobicidade superficial de proteínas, outra característica que compõe sua solubilidade, também se relaciona ao coeficiente de partição de tal modo que moléculas com elevada proporção dos aminoácidos hidrofóbicos (glicina, alanina, valina, leucina, isoleucina, metionina, fenilalanina, tirosina, triptofano e prolina) apresentarão afinidade acentuada em relação à fase de topo. A hidrofobicidade de proteínas pode ser comparativamente medida com base na adsorção em colunas cromatográficas de fase reversa, como descreve o Capítulo 2.

Para baixas concentrações de proteína – inferiores a 1 g/L –, a composição das fases praticamente não se modifica com a adição da proteína, entretanto, para altas concentrações pode haver influência na formação das fases, ocorrendo redistribuição dos componentes do sistema, modificando o diagrama de fases e, consequentemente o valor de K.

A Figura 7.4 ilustra a variação do valor de K para a enzima amiloglicosidase em função do valor do pH do meio e da massa molar de PEG. Apenas para a menor massa molar empregada, 300 Da, a enzima, cuja massa molar é da ordem de 67.000 Da, foi extraída na fase de topo, comportamento que sugere a ocorrência do fenômeno de exclusão molecular na referida fase, no caso do uso de valores maiores da massa molar de PEG. Observa-se também, a acentuada influência do valor do pH.

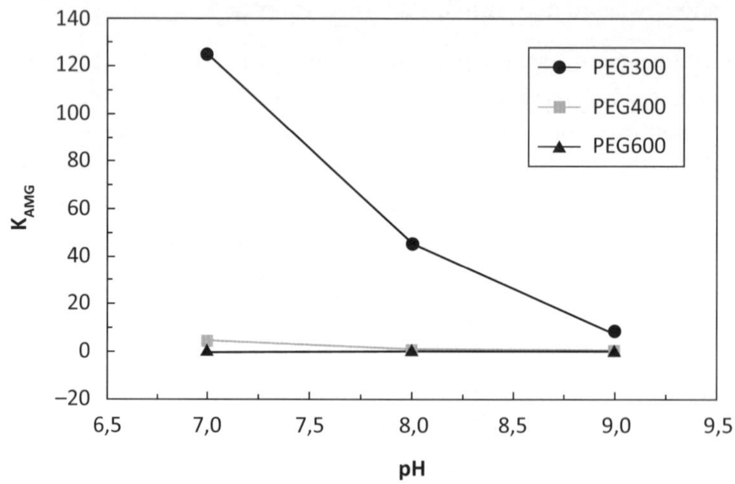

Figura 7.4 Coeficiente de partição (K) para a enzima amiloglicosidase na extração em sistema PEG/fosfato, em função do valor do pH e massa molar de PEG.

Os dados da figura foram obtidos para a enzima em meio clarificado de cultivo de *Aspergillus awamori* NRRL 3112, isto é, meio isento de células. É possível que o emprego de uma solução pura da enzima resulte em desempenho diferente na extração, visto que o meio de cultivo contribui com íons e moléculas orgânicas, que podem deslocar a posição do equilíbrio do sistema bifásico.

7.2.4 TEMPO PARA ESTABELECIMENTO DO EQUILÍBRIO

O equilíbrio é rapidamente atingido após a homogeneização dos componentes para formação de fases. Todavia, a completa separação das fases depende da velocidade de coalescência das bolhas, as quais são formadas por meios de composição semelhante à composição das referidas fases. Vários são os fatores que exercem influência sobre a velocidade de separação de fases, por exemplo, o tipo de agitação exercida e fatores relacionados à composição do sistema.

Sistemas formados por um polímero e um sal apresentam menor tempo para a separação de fases em relação aos sistemas formados somente por polímeros, por causa das diferenças entre densidade e viscosidade dos sistemas.

Em sistemas PEG/Dx, por exemplo, são necessários de cinco a trinta minutos para completa separação de fases, dependendo da concentração e massa molar do polímero, enquanto em sistemas PEG/fosfato esse tempo é inferior a cinco minutos. Embora se trate de intervalos de tempo reduzidos, a separação das fases usualmente é acelerada por meio do uso de centrífugas.

A composição quantitativa do SDFA também exerce influência no tempo de separação de fases. Nos sistemas próximos ao ponto crítico o tempo de separação é maior devido à menor diferença de densidades.

7.2.5 PRÁTICA DA EXTRAÇÃO

A diversidade de variáveis que influem no coeficiente de partição das biomoléculas e rendimento da extração sugere a aplicação do planejamento estatístico de experimentos nas etapas iniciais de desenvolvimento do processo, para que, por meio de número moderado de experimentos, diferentes sistemas possam ser testados quanto ao tipo de componentes formadores de fases, a massa molar do polímero e, eventualmente, o pH, pois essas são as variáveis cuja influência sobre K é, em geral, elevada. Após avaliação inicial dos sistemas nos quais o aumento de pureza é apreciável, experimentos que explorem um determinado tipo de sistema, por exemplo, variando a composição quantitativa dos componentes e o valor do pH, devem ser realizados.

O PEG, polímero sintético disponível em diversas massas molares, apresenta a seguinte fórmula geral: $HO\text{-}(CH_2CH_2)_n\text{-}CH_2CH_2OH$. PEG é encontrado na forma de solução para massas molares abaixo de 1.000 Da e na forma de flocos para massas molares acima de 1.000 Da. A dextrana, poli(α-1,6-glicose), é encontrada na forma de pó facilmente dissolvido em água, em massas molares de 10.000 a 2.000.000 Da.

Os experimentos são preparados a partir de soluções estoque, normalmente 40% (em massa) para os sais, 50% para a solução de PEG e 20% a 30% para a dextrana, pesadas na quantidade necessária à obtenção da concentração desejada no sistema, pois a alta viscosidade das soluções de polímeros não permite a dosagem volumétrica.

A ordem de adição dos componentes, devido a suas densidades, é a seguinte: solução de Dx ou solução de PEG, solução do sal e água. Como a temperatura afeta a formação do sistema de fases, é necessário que as soluções estoque já estejam na temperatura de trabalho antes do preparo do sistema.

Uma vez preparado o sistema, deve-se agitá-lo, por exemplo, sob vórtice, por 20 a 60 segundos ou por inversão a baixa rotação, por 3 a 5 minutos, e, em seguida, deixá-lo em repouso para que atinja o equilíbrio. A separação das fases pode ser acelerada por centrifugação sob valores de Fc de 1.000 a 2.000 xg por 3 a 5 minutos.

7.2.6 EXTRAÇÃO REPETIDA

A aplicação de repetidas extrações em SDFA é recurso vigoroso na purificação de proteínas. Na primeira aplicação da extração, caso a proteína migre para a fase de topo e alguns contaminantes para a fase de fundo, extrai-se a fase de topo com a molécula-alvo e a ela adiciona-se uma solução a fim de formar uma nova fase inferior, que resulte em aumento de pureza adicional em relação à primeira etapa. Essa estratégia é particularmente importante na purificação de meios complexos, por exemplo, meios contendo proteínas diversas, ácidos nucleicos, polissacarídeos e pigmentos oriundos do rompimento de células.

Na purificação da enzima amiloglicosidase extracelular produzida por *Aspergillus awamori*, submeteu-se o meio clarificado, isto é, isento de células, a uma sequência de duas extrações em sistemas PEG/fosfato. Na primeira etapa, a enzima foi extraída na fase salina, enquanto impurezas de baixa massa molar, como os pigmentos produzidos pelo fungo, foram extraídos na fase rica em PEG de massa molar 6.000 Da. Na segunda etapa, a adoção de PEG de massa molar de 1.000 ou 1.500 Da foi eficiente para a extração das impurezas de elevada massa molar na fase leve e a recuperação, η, de 100% da enzima na fase salina. A Figura 7.5 apresenta os cromatogramas do meio clarificado e da fase salina da primeira e da segunda extração, na qual se visualiza a gradativa purificação da enzima, cujo fator de purificação obtido (equação 2.3), determinado segundo esses cromatogramas, é igual a três.

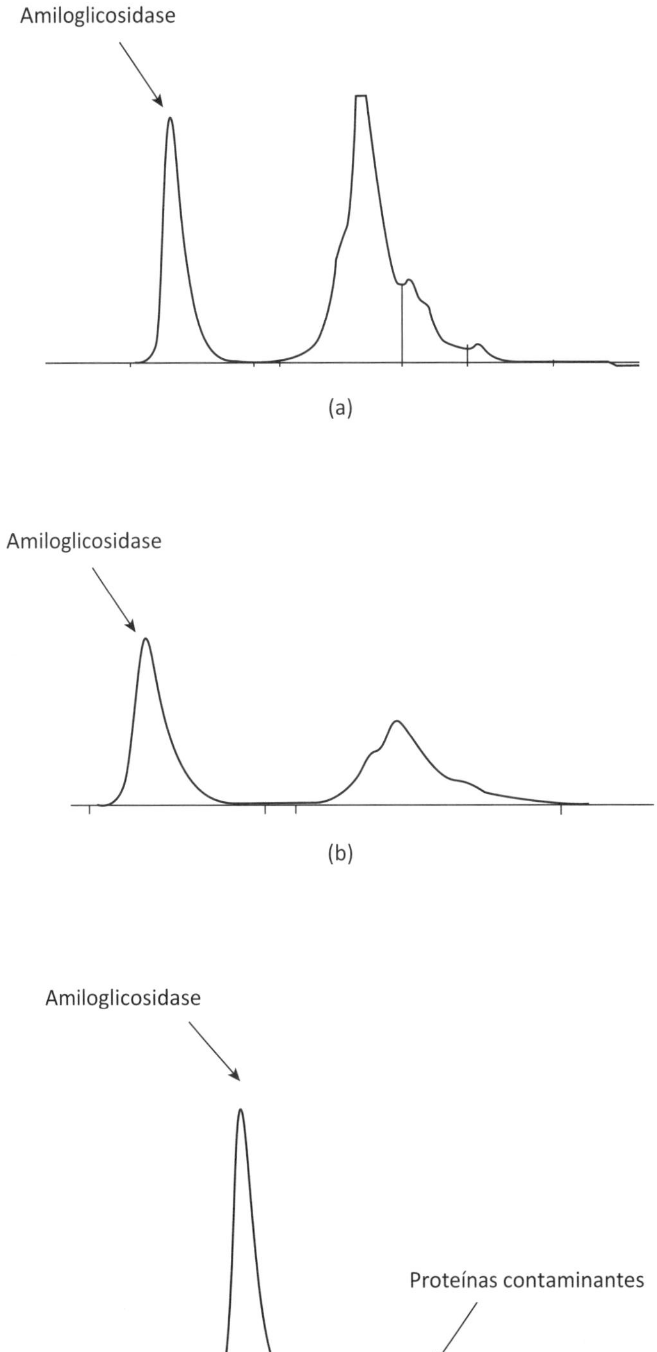

Figura 7.5 Cromatograma ilustrativo da evolução da purificação da enzima amiloglicosidase: meio de cultura (a); fase de fundo após a primeira extração (b); fase de fundo após a segunda extração (c).

7.2.7 CLARIFICAÇÃO DE SUSPENSÕES MICROBIANAS

Células e seus fragmentos podem ser extraídos em um SDFA, o que é particularmente vantajoso quando se trata de sólidos de pequena dimensão, caso dos fragmentos de membranas celulares submetidas ao rompimento, e de meios altamente viscosos. Bolores em suspensão também constituem caso indicado à clarificação por meio de SDFA, já que sua densidade, próxima à da água, dificulta ou até mesmo inviabiliza a clarificação por centrifugação, pois exige elevados valores de Fc (múltiplo da aceleração padrão da gravidade). Além disso, pode ocorrer redução do número de operações unitárias do processo de purificação no caso do simultâneo fracionamento de proteínas, com extração da molécula-alvo na fase de topo, uma vez que frequentemente as células e seus fragmentos localizam-se na interface do sistema ou na fase líquida de fundo, da qual também se extraem os ácidos nucleicos e os polissacarídeos quando essa fase é rica em sal.

A tensão interfacial entre as duas fases aquosas é fator decisivo no comportamento da partição de células e seus fragmentos, de modo que a escolha do tipo de sistema é importante para a resolução da clarificação. A Figura 7.6 ilustra a clarificação simultânea à extração da molécula-alvo, no caso a retamicina (complexo formado por policetídeos com ação antibiótica e antitumoral), em sistemas formados por PEG/citrato e PEG/fosfato.

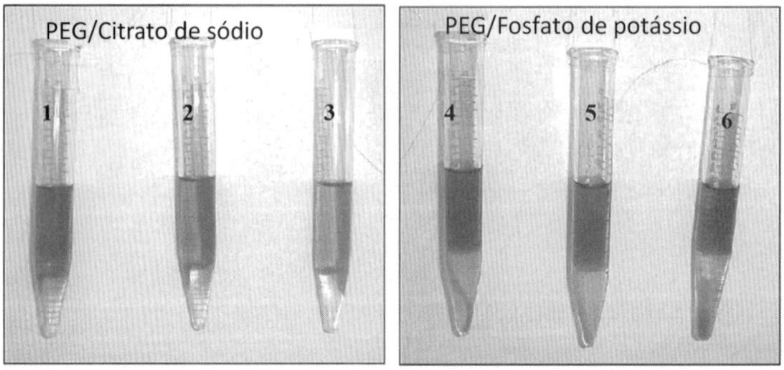

Figura 7.6 Extração de retamicina (fase de topo) e células de *Streptomyces olindensis* (fase de fundo) em SDFA formados por PEG/citrato de sódio e PEG/fosfato de potássio.

As condições numeradas de 1 a 6 referem-se a variações na massa molar do PEG (300 a 6.000 Da) e no valor do pH (6 a 9). A retamicina, complexo de moléculas de coloração roxa, é extraída na fase superior nos seis casos, coeficiente de partição para a retamicina superior a 1-0, enquanto as células de *Streptomyces olindensis*, uma bactéria filamentosa, são extraídas na fase de fundo, conforme se pode observar na figura. Dentre os dois tipos de sistemas, aquele formado por PEG/fosfato de potássio é mais interessante, dado que as células se agrupam no seio da fase de fundo, enquanto para o sistema PEG/citrato de sódio elas se localizam na interface entre as fases.

Na produção de anticorpos monoclonais por células animais do tipo hibridomas, é possível promover o isolamento entre anticorpo e células, pois o primeiro se localizará na fase leve, rica em PEG, enquanto as células permanecerão na interface do sistema. Um aumento de pureza do anticorpo em relação às demais proteínas do sistema será alcançado pela extração de parte das proteínas solúveis do meio na fase pesada, rica em dextrana. Além da seleção da massa molar e concentração dos componentes, deve-se avaliar a influência da força iônica e do pH, o qual, se ajustado a valores ácidos, resulta na inativação de vírus.

Não raro, bactérias da espécie *Escherichia coli* acumulam a produção de proteínas heterólogas de reduzida massa molar intracelularmente e no espaço periplásmico, sobretudo quando ocorrem níveis elevados de expressão dos genes heterólogos, ainda que a proteína de interesse seja dotada da sequência de aminoácidos que sinaliza sua secreção para o meio de cultivo. A homogeneização mecânica da célula pode ser evitada se a permeabilização da parede celular permitir a secreção e solubilização da molécula-alvo. A adição de sais caotrópicos ou ureia ao meio de cultivo permite permeabilizar a parede de bactérias da espécie *E. coli* e, ainda, solubilizar a parcela insolúvel da proteína-alvo encontrada no espaço periplásmico da célula. Entretanto, mesmo não ocorrendo a homogeneização da célula, a viscosidade e a densidade do meio aumentam, o que dificulta a centrifugação para separação entre células e seus fragmentos e moléculas solúveis. Nesse caso, a extração em SDFA é aplicada com sucesso para a clarificação do meio, pois as células acumulam-se na interface ou na fase de fundo de um SDFA do tipo PEG/sal, enquanto a molécula de interesse – proteínas de baixa massa molar como anticorpos – será extraída na fase leve, ou seja, rica em PEG. Na experiência da empresa Genentech Inc., a proteína IGF-I, fundamental no metabolismo de humanos, quando produzida em *E. coli* pode ser parcialmente purificada num sistema PEG/sal, com rendimento de 70% e significativo fator de purificação, para volumes de suspensão celular desde 1 L até 100 L.

7.2.8 AVALIAÇÃO DA EXTRAÇÃO

A eficiência da extração da biomolécula-alvo em SDFA, quanto ao seu isolamento em uma dada fase, é dada pelo valor de K, coeficiente de partição. Valores elevados de K – da ordem de dezenas, por exemplo – indicam que a partição da molécula-alvo na fase de topo é favorecida. Já a eficiência da extração da biomolécula-alvo, relativamente à separação em relação aos contaminantes, pode ser quantificada pela razão entre os valores de K para a molécula-alvo e os contaminantes.

O fator de purificação é determinado com base na razão entre os valores de pureza antes da extração, ou seja, no meio no qual a molécula-alvo se encontra, e após a extração, ou seja, na fase que apresenta maior concentração da molécula-alvo, sendo que a definição do fator de purificação depende da molécula-alvo e das moléculas consideradas contaminantes (Capítulo 2).

Ainda que o valor de K da molécula-alvo seja elevado, assim como a razão entre valores de K para molécula-alvo e para contaminantes, a viabilidade da aplicação da extração em SDFA requer rendimento elevado da molécula desejada em uma dada fase do sistema.

7.2.9 RECICLAGEM DOS POLÍMEROS E SAIS

A reciclagem dos componentes dos sistemas de duas fases aquosas é um recurso para a redução do custo do processo e dos danos ambientais causados pelos sais empregados. Quando a fase de topo contém a molécula-alvo, é possível recuperar o polímero por meio da indução à formação de uma nova fase de fundo, na qual a molécula apresente maior solubilidade. Haverá, todavia, uma perda da molécula de interesse, dado que ocorre sempre uma distribuição entre as fases.

Alternativamente, pode-se separar o polímero dos demais solutos por meio da cromatografia de exclusão molecular ou ultrafiltração, ou, ainda, por precipitação da molécula-alvo quando se tratar de proteína, com solventes como o etanol ou acetona, ou com soluções salinas, desde que o polímero não precipite.

7.3 EXTRAÇÕES BASEADAS EM AFINIDADE

A extração de biomoléculas a uma determinada fase de sistemas de duas fases aquosas pode alcançar valores elevados do fator de purificação se houver afinidade química específica entre a molécula-alvo e um dos componentes do SDFA. Para tanto, promove-se uma modificação química de um dado componente do SDFA, de modo a possibilitar interação por afinidade, pseudo ou específica, entre componente modificado e biomolécula-alvo, do que resulta um aumento do valor do coeficiente de partição, K. A modificação química consiste em acoplar, por meio de ligação covalente, um ligante - molécula com afinidade específica pela molécula-alvo - a um polímero do SDFA, promovendo partição extrema da molécula-alvo na fase enriquecida com o ligante. A estratégia, portanto, se baseia em direcionar a molécula-alvo à fase contendo o ligante e os contaminantes para a fase oposta, conforme ilustra a Figura 7.7.

O valor do coeficiente de partição, K, nesse caso, dependerá da natureza do ligante além das características físico-químicas da molécula-alvo, hidrofobicidade, carga superficial e massa molar, e características da solução, pH e força iônica, anteriormente mencionadas.

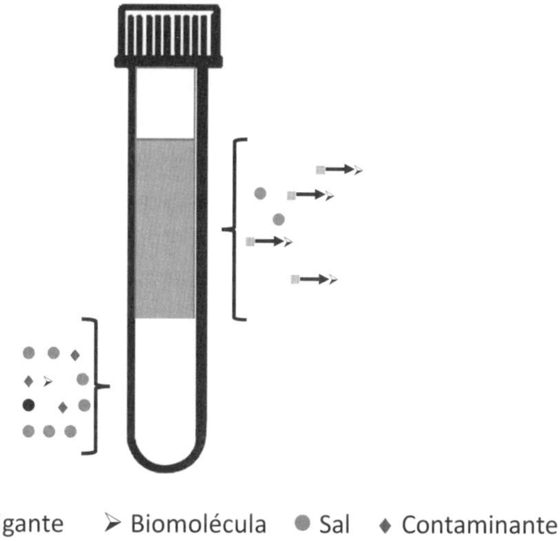

Figura 7.7 Sistema de extração por afinidade: fase superior rica em PEG-ligante e molécula-alvo e fase inferior rica em sulfato de sódio e contaminantes.

O aumento do valor do coeficiente de partição de uma determinada molécula pela introdução de um ligante acoplado ao polímero é quantificado pelo parâmetro K_{af}, determinado pela razão entre o coeficiente de partição na presença e na ausência do ligante, conforme descreve a equação 7.2, enquanto a eficiência resultante da introdução do ligante é dada pela equação 7.3:

$$K_{af} = \frac{K_{(PEG-ligante)}}{K_{(PEG-sem\ ligante)}} \tag{7.2}$$

$$K_{(\text{PEG-ligante})} = K_{(\text{PEG-sem ligante})} \times (K_L)^N \tag{7.3}$$

K_L é o coeficiente de partição do ligante livre e N é o número de sítios de ligação disponíveis no ligante. Essa equação é válida quando a constante de dissociação da molécula do ligante é a mesma para ambas as fases.

A porcentagem de recuperação, η, na extração em uma só etapa de uma dada molécula, na fase superior ou na fase inferior, é determinada segundo o uso das equações 7.4 e 7.5, nas quais V_S e V_I são os volumes das fases superior e inferior respectivamente:

$$\eta_{(S)} = 100 / [1+ (V_I \times (V_s \times K)] \tag{7.4}$$

$$\eta_{(I)} = 100 / [(V_S \times K) / V_I] \tag{7.5}$$

O ligante, uma molécula natural ou sintetizada, interage especificamente com a molécula a ser purificada, a qual pode ser, por exemplo, uma enzima nucleotídeo-dependente que apresenta um elemento estrutural conhecido como nucleotídeo-ligante, ou um determinado antígeno cujo ligante é um dado anticorpo monoclonal. Já os ligantes constituídos por moléculas de caráter hidrofóbico ou hidrofílico, metais tiofílicos, compostos quaternários de amônio e corantes de triazina apresentam afinidade para grupos de moléculas e, portanto, são considerados pseudoespecíficos. Diversas categorias de biomoléculas (proteínas, antibióticos e polissacarídeos) têm sua purificação relatada na literatura por meio da extração em SDFA, potencializada pela agregação de um ligante ao sistema (Tabela 7.1).

Tabela 7.1 Moléculas ou conjunto de moléculas purificadas por meio de extração em SDFA com afinidade

Sistema	Moléculas ou conjunto de moléculas	Ligante
PEG/Dextrana	β-galactosidase	APGP
PEG/Palmitato	BSA e α-lactalbumina	Ácidos graxos
PEG/Fosfato	Proteína A	IgG humana
PEG/Fosfato	Penicilina acilase	Trimetilamina
PEG/Dextrana	Tripsina	Inibidor de tripsina
PEG/Dextrana	Lipossomos	Avidina
Dext./Hidropropildextrana.	Quimosina	Pepstatina
PEG/Dextrana	Módulos de carbo-hidrolases	Domínios de ligação da celulose
PEG/Dextrana	Membranas da glândula lacrimal	Aglutinina de trigo
PEG/Fosfato	Amido	Glicoamilase
PEG/Dextrana	Aglutinina de germe de trigo	Membrana plasmática de fígado de rato
PEG/Dextrana	Ácidos graxos de cadeia entre C2 e C18	Albumina do soro humano, β-lactoglobulina, hemoglobulina, mioglobina
PEG/Dextrana	Ácidos graxos saturados de cadeia entre C2 e C18 e insaturados de 18:1, 18:2 e 18:3, grupos acila e benzoatos	Albumina, lizozima, ribonuclease, α_2-macroglobulina
PEG/Dextrana	IgG com fluido de ferro magnetizado	Proteína A

O isolamento de biomoléculas por meio de técnicas que se valem da afinidade é amplamente empregado na adsorção em colunas cromatográficas, denominada cromatografia de afinidade, descrita no Capítulo 12.

Em SDFA a separação de biomoléculas por afinidade a um dado ligante e fase é usualmente reservada para o final do processo de purificação. Entretanto, a aplicação dessa modalidade de extração no início do processo é conveniente quando o meio reacional é hostil à biomolécula ou contém material particulado que reduz a aplicabilidade de técnicas em leito fixo. Além disso, se o produto apresentar valor extremo de coeficiente de partição, o SDFA será a purificação final.

7.3.1 ESCOLHA DE UM LIGANTE

A escolha de um ligante específico a uma dada proteína-alvo deve estar relacionada aos seguintes critérios:

- a constante de dissociação proteína-ligante deve ser menor que 10^{-3} M;
- o ligante deve ser bifuncional, isto é, oferecer um sítio de ligação específico para a proteína e um sítio para sua imobilização no polímero;
- o ligante deve ser estável durante a imobilização e na operação de extração;
- o ligante não deve conter grupos hidrofóbicos ou carregados, pois tais grupos podem promover a adsorção de proteínas do meio, isto é, adsorções sem especificidade;
- o ligante não deve apresentar toxicidade para o produto final, tendo em vista a existência de risco de "vazamento" do ligante para o produto final.

Em geral, o ligante é acoplado a polietilenoglicol, pois PEG reage facilmente com grupos químicos ativadores em virtude da presença de hidroxilas substituíveis.

7.3.2 RECICLAGEM DO POLÍMERO DE AFINIDADE

A recuperação dos polímeros formadores do SDFA após a extração é uma etapa importante na escala industrial, que requer a promoção da ruptura da interação entre o ligante e a molécula-alvo. A seguir, deve-se buscar a reciclagem do polímero de afinidade. Diversos métodos podem ser usados para romper a interação entre o polímero-ligante e a proteína-alvo, devendo-se destacar o uso de moléculas que competem com a proteína-alvo ou com o ligante, na interação com o ligante ou o produto, respectivamente. Assim, por exemplo, em metalo-afinidade, uma estratégia adequada é a adição de agentes quelantes como o EDTA. Muitas interações específicas podem ser rompidas por alteração de pH, pois a conformação das moléculas é dependente do número de cargas eletrostáticas presentes na superfície molecular, o que, portanto, interfere nas interações.

O polímero PEG pode ser reciclado por meio de extração com solventes orgânicos (clorofórmio, etanol) e reutilizado nos SDFA ou simplesmente transferido para um novo sistema. Muitas proteínas contaminantes presentes na fase polimérica podem ser direcionadas para uma nova fase salina (por exemplo, em sistemas PEG/dextrana) quando altas concentrações de sal são adicionadas, liberando o polímero de afinidade (por exemplo, PEG-ligante), que poderá ser reutilizado com uma nova fase salina (por exemplo, sal de fosfato) desde que um sistema bifásico possa ser formado, conforme ilustrado na Figura 7.8.

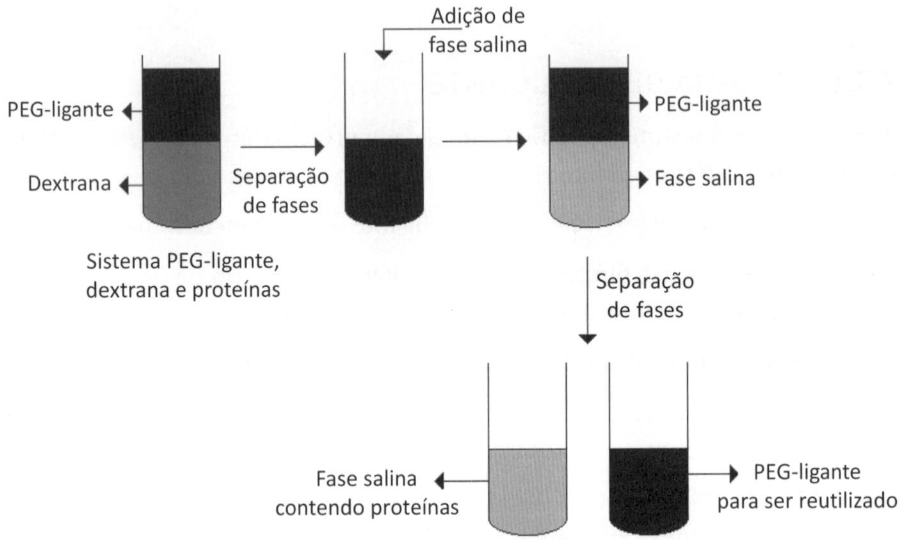

Figura 7.8 Processo de reciclagem do polímero.

A ultrafiltração também pode ser utilizada na recuperação e reciclagem do PEG em solução a baixa concentração, o que requer diluir a fase com o polímero de afinidade e posteriormente concentrá-lo novamente por meio de liofilização, visto que concentrações elevadas do polímero são de difícil obtenção por meio de ultrafiltração com membranas flexíveis.

7.3.3 SÍNTESE DOS POLÍMEROS DE AFINIDADE

Os métodos de imobilização de ligantes em polímeros empregados nos sistemas de duas fases aquosas são derivados daqueles empregados no preparo das matrizes usadas na cromatografia de afinidade, embora estas tratem de polímeros insolúveis em meio aquoso, diferentemente dos polímeros solúveis empregados em SDFA.

O acoplamento covalente de um ligante bioespecífico ao polímero PEG tem início com a substituição dos grupos hidroxila do polímero por grupos mais reativos na etapa denominada de "ativação". Numa segunda etapa, o PEG já ativado é acoplado por meio de ligação covalente às moléculas do ligante. A Tabela 7.2 apresenta os principais ativadores utilizados em PEG, descritos na literatura.

Tabela 7.2 Métodos de ativação química do polietilenoglicol

Ativadores	Tempo de reação (horas)	Ligantes/Proteínas extraídas
Epoxioxirano, Periodato, Epicloroidrina	17	Glutationa/taumatina, anti-BSA/BSA; inibidor de tripsina/tripsina, proteína A/IgG
Cloreto de tresila	1,5	BSA, APGP, β-galactosidase
Carboimidazol	2,0	Lactoferrina, superóxido dismutase $\alpha_2$macroglobulina
Cloreto cianúrico	12-40	Albumina do soro bovino
Cloreto de tionila	5,0	Cobre/hemoglobina humana Ferro/fosvitina Ferro/hemoglobina bovina

Grupos sulfidrila e/ou grupos amino podem ser utilizados eficientemente na ativação de polímeros hidrossolúveis empregados em sistemas de duas fases aquosas. Inicialmente, o cloreto de sulfonila orgânico era utilizado como reagente para ativar matrizes sólidas hidroxílicas. Cloretos de sulfonila orgânicos, como p-toluenossulfonila (cloreto de tosila) e 2,2,2-trifluoroetanossulfonila (cloreto de tresila), convertem grupos hidroxilas em sulfonados ativos. Os grupos sulfonados são considerados bons grupos "abandonadores", ou seja, grupos facilmente substituíveis pelos ligantes, e formam ligações estáveis entre o nucleófilo e o carbono hidroxila terminal. Ambos os métodos de ativação podem ser utilizados para o polietilenoglicol, sendo que o rendimento da formação dos complexos PEG-cloreto de tresila e PEG-cloreto de tionila varia entre 74% e 87% de ativação. A Figura 7.9 apresenta a síntese de um polímero de afinidade e o acoplamento do ligante APGP, específico para a enzima β-galactosidase.

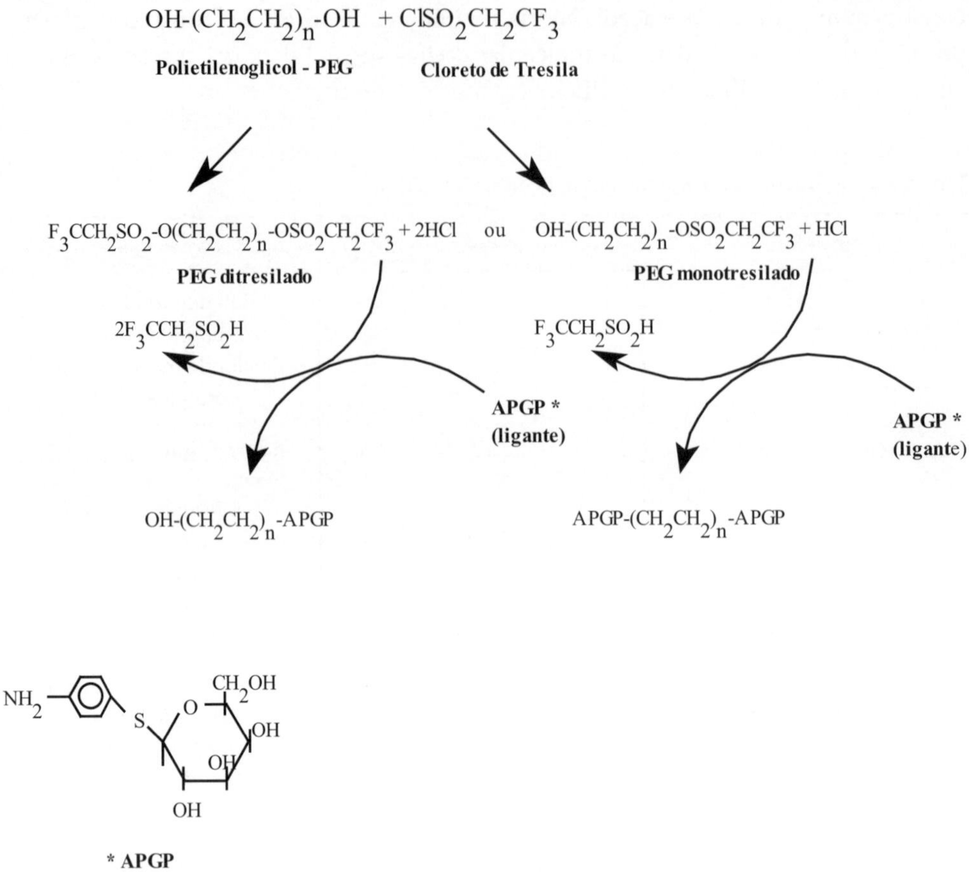

Figura 7.9 Ativação do polímero PEG com cloreto de tresila e acoplamento subsequente do ligante APGP.

7.3.4 MATERIAL INICIAL A SER PURIFICADO

O meio contendo a molécula-alvo pode ser de origem animal, vegetal, microbiana, homogeneizado de células ou mesmo efluentes para tratamento. Meios contendo material particulado como resíduos de parede de membrana celular podem ser purificados diretamente no SDFA com afinidade, visto que as partículas podem ser facilmente separadas por sedimentação.

Lipídeos, em geral, podem ocupar os sítios ativos do ligante, prejudicando a eficiência do reconhecimento dele pela molécula a ser purificada, requerendo uma etapa prévia de remoção de lipídeos do meio com solvente orgânico. Um exemplo é o caso de metalo-ligantes quando utilizados para a extração de peroxidase de sementes oleaginosas.

O pH e a concentração salina do meio devem ser ajustados, pois os fenômenos de afinidade são dependentes de pH e força iônica de maneira heterogênea, por exemplo, no caso do emprego de ligantes hidrofílicos, sensíveis aos dois fatores.

7.3.5 METALO-AFINIDADE (METAIS ACOPLADOS AO POLÍMERO)

A extração de proteínas pode ser potencializada por meio da utilização de metais como ligantes dos polímeros formadores de SDFA, a exemplo do que ocorre na cromatografia de metalo-afinidade. O princípio básico da afinidade usando metais como ligantes é o sítio de coordenação entre metais de transição quelados pelo ácido iminodiacético (IDA) e grupos doadores de elétrons presentes na superfície da proteína. A partir de adaptação da metodologia empregada em cromatografia desenvolveram-se métodos baseados no uso do ácido iminodiacético (IDA), o qual é capaz de quelar metais de transição como Cu(II), Ni(II), Zn(II) e Co(II). PEG-IDA-metal é o complexo mais empregado em SDFA por metalo-afinidade.

O polímero PEG-iminodiacetato (PEG-IDA) contendo íons Cu(II) pode ser empregado em sistemas de duas fases aquosas constituídos de PEG/sal e PEG/dextrana. A Figura 7.10 apresenta o sítio de coordenação de proteínas contendo o grupo histidina acoplado ao complexo PEG-IDA-cobre.

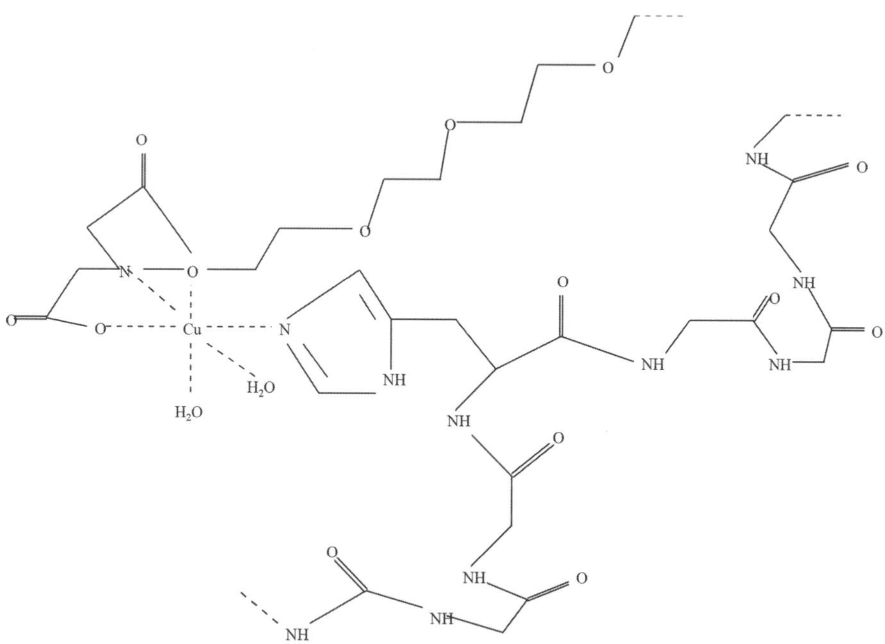

Figura 7.10 Sítio de coordenação de proteínas contendo histidina acoplada ao PEG-IDA-Cobre.

O ácido iminodiacético é um quelante tridentado, ocupando três sítios de coordenação do metal. Quando o complexo IDA-cobre se acopla covalentemente ao PEG, molécula com sítios acessíveis para se ligar ao PEG-IDA-cobre serão extraídas na fase polimérica. O uso de PEG-IDA-cobre(II) em sistemas PEG/dextrana aumenta seletivamente o coeficiente de partição de proteínas para a fase de PEG dependendo do número de resíduos de histidinas acessíveis presentes na superfície da proteína. Os principais aminoácidos que se ligam a metais são metionina, cisteína, selenocisteína, tirosina, aspartato, triptofano e glutamato. Os resíduos desses aminoácidos quando na superfície da proteína parecem ser os sítios primários da interação entre a proteína e o metal imobilizado.

Várias são as vantagens do uso de metais como ligantes acoplados a polímeros, pois apresentam elevada capacidade de imobilização de metais e podem ser reciclados diversas vezes com insignificante perda do comportamento, além da relativa facilidade de eluição. A Tabela 7.3 descreve a purificação de proteínas em SDFA de afinidade usando metais.

Tabela 7.3 Proteínas purificadas por partição de metal-afinidade em SDFA

Proteína	Metal
Citocromo c de *Candida krusei*	Cobre
Hemoglobina bovina	Cobre, Ferro
Eritrócitos	Cobre, Zinco
$\propto_2$macroglobulina	Cobre, Zinco
Hemoglobina humana	Cobre
Fosvitina	Ferro
Oxinitrilase	Cobre
Desidrogenases alcoólicas, lactato e malato desidrogenase	Cobre, Níquel, Zinco e Cádmio
Linfócitos	Cobre, Níquel, Zinco
Lactato desidrogenase	Cobre
Células de mamíferos	Cobre
Peroxidase de nabo	Cobre
Peroxidase de soja	Cobre
Proteína de membrana: citocromo bo(3) ubiquinol oxidase c	Cobre
Lactato desidrogenase acoplada a resíduo de polihistidina	Cobre

7.3.6 AFINIDADE POR CORANTES

Corantes como ligantes pseudoespecíficos foram inicialmente empregados em processos cromatográficos em função do baixo custo, facilidade do método de imobilização e elevada resistência química e biológica. O termo ligante pseudoespecífico é originário do emprego de corantes na cromatografia por afinidade, na qual designava materiais adsorventes contendo ligantes não naturais e que possuem alguma semelhança com a estrutura de um ligante natural, muitas vezes não diretamente observada, por exemplo, corantes do tipo BlueF3GA apresentam na sua estrutura um anel planar acoplado a cargas negativas. Essa estrutura, quando observada por cristalografia de raios X, se acopla ao mesmo sítio no qual enzimas da classe das desidrogenases se ligam ao cofator NAD, comportando-se como um análogo da D-ribose. A estrutura desses corantes se assemelha a um ligante bioespecífico, uma vez que o corante é capaz de se ligar ao sítio ativo de uma proteína em virtude de sua similaridade com um substrato de ocorrência natural. Em SDFA, esses corantes são utilizados para extração de enzimas, proteínas, diferenciação de isoenzimas, membranas e separação de células.

Outra importante razão para o uso de corantes como ligantes é a grande variedade de moléculas com diferentes especificidades e seletividades (Tabela 7.4). A síntese do complexo ligante pode ser escolhida de acordo com a necessidade particular do processo de purificação de cada proteína (*tailor-made*), pois o melhor ligante pode ser originário a partir de um grande grupo.

Tabela 7.4 Biomoléculas nucleotídeo-dependentes purificadas em SDFA com afinidade a corantes

Sistema	Biomolécula	Ligante acoplado ao PEG
PEG/Dextrana	Lactato desidrogenase	Corante triazina Cibacron Blue F3G-A
PEG/Fosfato de potássio	Lactato desidrogenase	Eudragit-Cibacron Blue
PEG/Dextrana	Fosfofrutoquinase de levedura	Cibacron Blue F3G-A-PEG
PEG/Dextrana	Isoenzimas de fosfatase alcalina	Procion Yellow H-E3G-PEG
PEG/Dextrana	Fosfoglicerato quinase	Cibacron Blue-PEG
PEG/Dextrana	Formato desidrogenase	Cibacron Blue-PEG
PEG/Fosfato de potássio	Xilose redutase	Drimaren

Corantes de mono e diclorotriazinila e dos derivados do ácido vinilsulfônico reagem com polímeros em condições alcalinas pela substituição dos grupos hidroxila dos polímeros PEG e dextrana. Nessas condições (por exemplo, 85 °C por 1 hora, seguida de 12 horas a 25 °C), rendimentos de até 30% podem ser alcançados. Rendimentos mais elevados somente são alcançados por meio do acoplamento de corantes com PEG-aminados.

Os corantes reativos são classificados em quatro grandes grupos, os quais estão representados na Figura 7.11.

- Corantes de antraquinona (ex.: Cibacron Blue F3G-A);
- Corantes do tipo azo: (ex.: Procion Red H-E3B e Procion Yellow H-E3G);
- Corantes do tipo complexo metálico (ex.: Procion Brown MX-5BR);
- Corantes do tipo ftalocianinas (ex.: Procion Green H-4G).

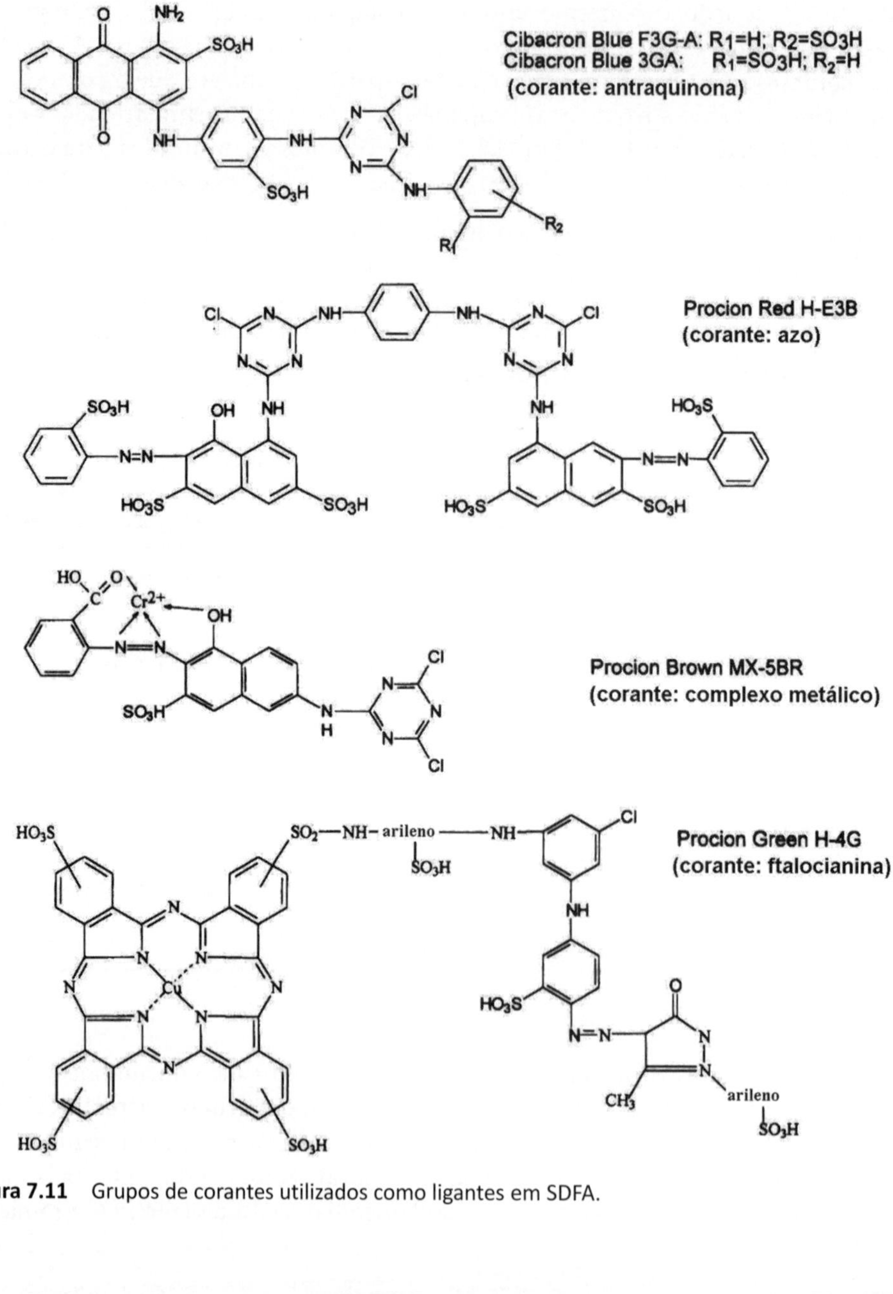

Figura 7.11 Grupos de corantes utilizados como ligantes em SDFA.

Os corantes frequentemente utilizados como ligantes em SDFA são Cibacron (Ciba-Geigy), Procion (ICI), os quais contêm anéis de triazina mono ou diclorosubstituídos. Cibacron Blue é o corante mais popular empregado em técnicas de afinidade, pois sua estrutura mimetiza certos substratos para enzimas, podendo ser usado com sucesso na purificação de enzimas que requerem NAD ou NADP como cofatores. Outro corante com propriedade ligante grupo-específica similar ao Cibacron é o Procion Red H-3, pois possui maior afinidade por enzimas NADP-dependentes e é mais específico para enzimas NAD-dependentes.

Pode-se quantificar o rendimento do acoplamento do corante ao polímero indiretamente, por medida da concentração do corante na fase líquida (sobrenadante) após as lavagens. O balanço entre a massa inicial de corante utilizada e a massa encontrada na fase líquida resulta na massa de corante acoplada ao polímero. A espectrofotometria de infravermelho e de massa é mais efetiva para quantificar o rendimento de acoplamento do corante.

7.3.7 OUTROS LIGANTES

Na partição por afinidade em SDFA podem-se empregar ligantes hidrofílicos carregados, ligantes hidrofóbicos ou até mesmo ligantes magnéticos. Como a cadeia do PEG possui dois grupos funcionais – os dois grupos hidroxilas –, eles podem ser utilizados para acoplamento dos ligantes. Deve-se esclarecer que, em geral, apenas parte da massa do PEG é substituída pelo PEG-ligante e que a concentração de PEG-ligante modula o coeficiente de partição no grau desejado.

Moléculas hidrofóbicas derivadas de ácidos graxos, de diferentes números de carbono na cadeia alifática, se ligam ao PEG, formando ligantes empregados na avaliação da hidrofobicidade de proteínas, pois a diferença entre o coeficiente de partição observado nos sistemas contendo os ligantes hidrofóbicos e no sistema original permite a caracterização do sítio de ligação de uma proteína. Assim, foram utilizados como ligantes dessa categoria cadeias saturadas de dois carbonos até dezoito carbonos e cadeias insaturadas com dezenove carbonos com uma até três insaturações, além de grupos aromáticos.

Grupos hidrofílicos carregados também foram introduzidos em PEG com o objetivo de avaliar as propriedades superficiais de proteínas quanto à carga e ajuste do coeficiente de partição a valores de pH adequados. Grupos DEAE (PEG-diamino), TMA (PEG-trimetilamino), S (PEG-sulfonado) bromo-PEG foram utilizados para tal fim. Esses polímeros acoplados a grupos carregados para aferição de afinidade aumentam a sensibilidade do coeficiente de partição aos efeitos do pH, podendo ser utilizados para ajuste das condições de extração de proteínas. A separação de diferentes células com base em suas cargas superficiais pode ser alcançada nesses tipos de sistemas. Biopartículas como vírus, células, organelas celulares, fragmentos de membranas possuem, na maioria dos casos, carga negativa em pH fisiológico, entretanto com densidades diferentes de carga, o que permite tal separação.

7.4 EQUIPAMENTOS DE EXTRAÇÃO EMPREGADOS EM SISTEMAS DE DUAS FASES AQUOSAS

O equipamento para extração de biomoléculas em sistemas de duas fases aquosas deve impor mistura vigorosa entre os componentes do sistema bem como, posteriormente à mistura, possibilitar total separação entre as duas fases líquidas. Os mesmos equipamentos de extração aplicados a moléculas das indústrias químicas, de minérios, nuclear e de alimentos podem ser empregados na extração de biomoléculas em solventes orgânicos, como os ácidos lático e cítrico, e nas extrações em sistemas de duas fases aquosas. Uma das vantagens potenciais do emprego dos sistemas de duas fases aquosas na purificação de biomoléculas advém exatamente do fato de que já há uma grande experiência acumulada no projeto e uso industrial de equipamentos de extração líquido-líquido, facilitando a extensão de seu uso à área biotecnológica.

Nos equipamentos operados em regime de batelada, a mera interrupção da agitação e a manutenção de um período suficientemente longo de repouso resultam na constituição das duas fases de forma claramente delimitada. Em equipamentos operando em regime contínuo, as duas etapas – mistura e separação de fases – ocorrem à medida que as soluções escoam em contracorrente, e a completa separação entre as fases aquosas pode ocorrer na extremidade do equipamento se o tempo não for limitante à separação entre elas, o que implica a possibilidade de não se estabelecer o equilíbrio em nenhum ponto do extrator.

A seguir serão apresentados o misturador/decantador, operado em regime de batelada e regime contínuo por meio de estágios, e o extrator centrífugo do tipo Podbielnak, operado em regime contínuo.

7.4.1 EQUIPAMENTO DE EXTRAÇÃO POR ESTÁGIOS, OPERADO EM REGIME DE BATELADA

O equipamento típico da operação de extração líquido-líquido realizada em regime descontínuo ou regime de batelada é denominado misturador-decantador e apresenta um estágio de contato e outro estágio para a separação por decantação sob a ação da gravidade, conforme ilustra a Figura 7.12. A região de mistura é equipada com um agitador localizado centralmente, o qual promove a efetiva dispersão das fases entre si. Por consequência, ocorre transferência de massa entre as fases, em direção ao equilíbrio. A região de decantação encontra-se separada da região de mistura, de forma a evitar que a agitação desta última se propague para aquela. As fases dispersas entre si que escoam da região de mistura para a região de decantação separaram-se com relativa facilidade logo no início da região de decantação, embora pequenas gotas dispersas, cuja velocidade de coalescência é reduzida, mantêm certa turbidez do meio, a qual diminui com o escoamento das fases na direção de saída da região de decantação, já que nesse trajeto tais gotas sofrerão coalescência.

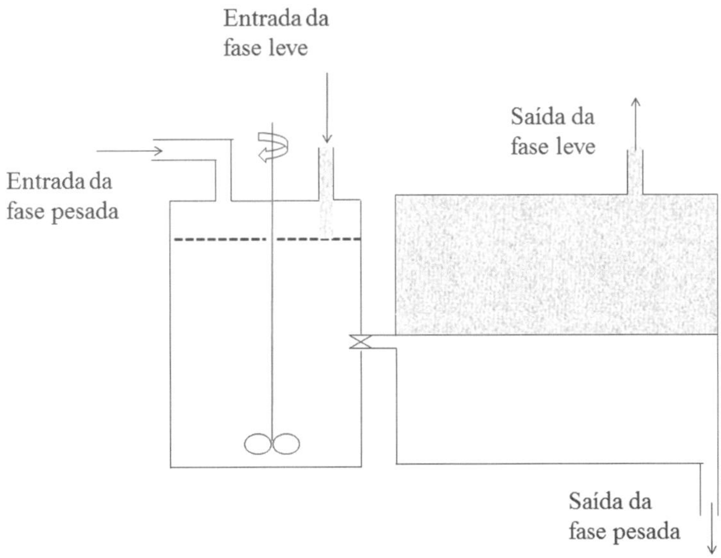

Figura 7.12 Esquema de uma unidade misturador-decantador.

7.4.2 EQUIPAMENTO DE EXTRAÇÃO POR ESTÁGIOS, OPERADO EM REGIME CONTÍNUO

Na extração por estágios operada em regime contínuo várias unidades básicas de mistura e separação das fases encontram-se agrupadas em série, cada uma delas com suas duas regiões perfeitamente delimitadas, sendo a gravidade responsável pela separação das fases por decantação.

O escoamento das fases se dá em contracorrente entre um estágio e outro. Uma das formas desse agrupamento é a de cascata vertical, como ilustrado na Figura 7.13, com a fase pesada alimentada pela parte superior e a fase leve pela região inferior, de tal forma que a ação da gravidade garanta o escoamento em contracorrente. No caso dos sistemas de duas fases aquosas do tipo PEG/sal, a fase salina deve ser introduzida no topo do equipamento, e no seu fundo, a fase polimérica. Obviamente, a saída dessas fases ocorre em extremidades opostas, como indicado na Figura 7.13.

Outro equipamento típico de extração por estágios é a coluna de pratos perfurados, representada na Figura 7.14. Trata-se de uma torre cilíndrica contendo placas horizontais perfuradas, fixadas em seu casco. Essas placas contêm uma barragem vertical na sua extremidade livre, a qual permite o acúmulo da fase a ser dispersa. No caso da fase dispersa ser a fase leve, a barragem estende-se na região abaixo do prato, local no qual aquela fase se acumula. O empuxo exercido pela fase pesada sob ação da gravidade força a fase leve contra os furos, provocando sua dispersão em um número elevado de gotas e gerando a área de transferência de massa do estágio superior. As gotas de fase dispersa atravessam a camada de fase contínua existente no estágio até se agregarem novamente no acúmulo de fase leve situado acima. A fase pesada, por sua vez, escoa descendentemente e, entre um estágio e outro, passa pela região externa das barragens. Realiza-se desse modo uma sequência de contato e separação das fases particularmente adequada para sistemas com baixa tensão interfacial, para os quais se pode obter uma boa dispersão mesmo sem agitação mecânica, ausente nesse tipo de coluna. Dispersar a fase leve é o mais adequado no caso dos sistemas de duas fases aquosas PEG/sal, já que a fase de menor densidade, a fase polimérica, é justamente a fase de maior viscosidade. Também é possível dispersar a fase pesada, sendo que nesse caso as barragens estendem-se na direção acima do prato, de forma a garantir o acúmulo nesta região da fase a ser dispersa, a qual seria então forçada a passar pelos furos em função da ação direta da gravidade.

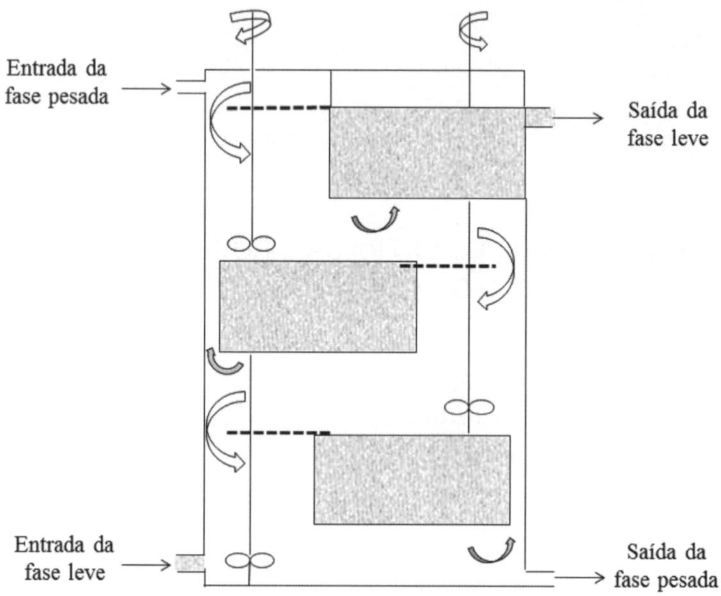

Figura 7.13 Esquema de uma cascata vertical de misturadores-decantadores.

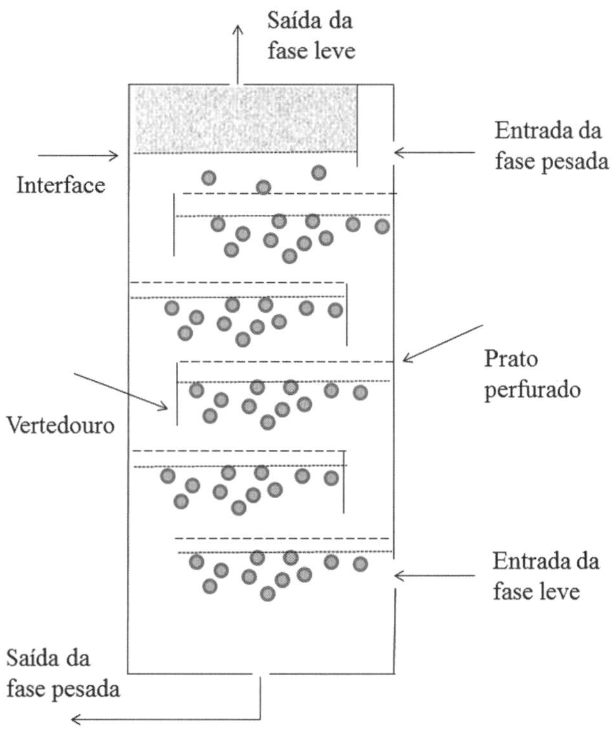

Figura 7.14 Representação esquemática de uma coluna de extração por estágios.

7.4.3 EQUIPAMENTO DE EXTRAÇÃO DE CONTATO DIFERENCIAL

Nesse tipo de equipamento não se observa mais a existência de regiões de separação de fases ao longo da coluna. A separação completa de fases ocorre somente em uma das extremidades, no topo caso a fase leve seja também a fase dispersa, ou no fundo caso se disperse a fase pesada. Uma característica comum a vários extratores de contato diferencial é a ocorrência de mistura axial. Trata-se de um fenômeno que altera os perfis de concentração das fases no interior do equipamento, em comparação aos perfis de concentração que ocorreriam no caso de escoamento pistão, causando redução na diferença de concentração entre as fases e uma redução da força motriz de transferência de massa, com impacto negativo sobre a eficiência dos extratores diferenciais.

Dentre os equipamentos de contato diferencial têm-se as colunas ou extratores, como as seguintes: do tipo *spray*; de recheio ou empacotada; de discos rotativos; do tipo Kühni; York-Scheibel; Karr e Graesser. Posto que uma possibilidade para o aumento das taxas de transferência de massa entre duas fases líquidas é o emprego de agitação mecânica, de forma similar à agitação existente nos misturadores-decantadores, a coluna de discos rotativos será apresentada para ilustrar um extrator de contato diferencial equipado com agitação mecânica. A coluna de discos rotativos, abreviadamente denominada RDC (do inglês *rotating-disc contactor*), possui uma região de extração na qual está localizado um conjunto de estatores na forma de anéis cilíndricos fixos à superfície interna do equipamento e um eixo giratório ao qual estão fixados discos em número praticamente igual ao de estatores presentes. Discos e estatores se alternam ao longo da altura do equipamento, com cada disco situando-se, em termos de altura, exatamente no meio do compartimento delimitado pelos dois estatores adjacentes. Na literatura podem-se encontrar diversas modificações do RDC original, sendo que a variante obtida pela utilização de discos contendo perfurações (PRDC, do inglês *perforated rotating-disc contactor*) e sem a presença de estatores vem sendo empregada para estudos de extração em sistemas de duas fases aquosas (Figura 7.15).

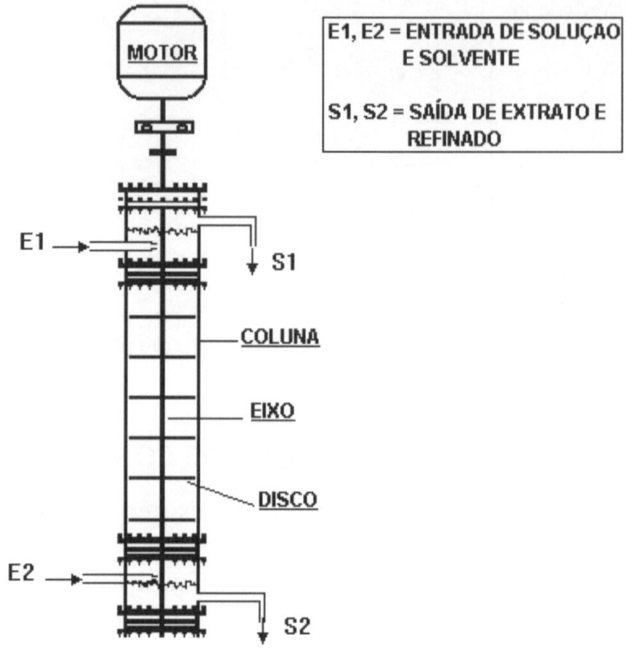

Figura 7.15 Representação esquemática de uma coluna de extração diferencial do tipo PRDC.

7.4.4 EQUIPAMENTOS CENTRÍFUGOS, OPERADOS EM REGIME CONTÍNUO

Quando a total separação entre as fases pela ação da força gravitacional é lenta, é possível potencializar essa força por meio da imposição de uma força centrífuga, a exemplo do procedimento descrito no Capítulo 4 para a sedimentação forçada de células. O mais importante equipamento centrífugo é o extrator Podbielniak, que consiste em um tambor cilíndrico rotativo conectado a um eixo horizontal por meio do qual se promove elevada velocidade de rotação, da ordem de 30 a 85 rotações por segundo. No interior do tambor cilíndrico encontram-se placas concêntricas, perfuradas ou não. As fases são alimentadas pelo interior do eixo horizontal, sendo a fase pesada conduzida para o centro do tambor, enquanto a fase leve é alimentada próximo à periferia do extrator. A força centrífuga gera um escoamento da fase pesada na direção da periferia, deslocando a fase leve na direção da região mais interna do extrator, de forma a produzir um escoamento em contracorrente. As duas fases são retiradas do equipamento também pelo interior do eixo horizontal, agora pela extremidade oposta daquela correspondente à alimentação de cada uma das duas. Esses extratores permitem operar com reduzido tempo de residência no interior do equipamento, além de tornarem viável a extração de moléculas em sistemas cujas fases líquidas apresentem pequenas diferenças de densidade, caso dos SDFA. Nestes, a diferença de densidade entre as fases situa-se entre 40 e 100 kg/m^3 para sistemas PEG/sal, entre 20 e 70 kg/m^3 para PEG/dextrana, e de apenas 3 a 5 kg/m^3 em sistemas baseados em surfactantes, o que dificulta a separação de fases. Alternativamente ao extrator Podbielniak, pode-se combinar o uso de um misturador externo e de uma centrífuga contínua, a qual atua basicamente como um equipamento para a separação de fases.

7.5 CONSIDERAÇÕES FINAIS

A despeito dos mais de cinquenta anos de estudos sobre sistemas de duas fases aquosas (SDFA) aplicados à extração de biomoléculas, não existe aplicação industrial significativa dessa operação unitária. Entretanto, as características dessa operação, aliadas às suas mais recentes evoluções e à obtenção de meios de cultivo com células e molécula-alvo em concentrações cada vez maiores, faz da extração em SDFA uma alternativa vantajosa de purificação parcial face às operações baseadas em cromatografias e precipitações.

O isolamento de biomoléculas em uma das fases do sistema de duas fases aquosas apresenta vantagens como manter as biomoléculas em solução e ocorrer em temperatura ambiente em meios contendo mais de 80% de água, além de altas concentrações de polímeros e sais, portanto, meios que protegem biomoléculas da desnaturação. A extração em SDFA pode receber meios de cultivo com as células diretamente do biorreator, pois é capaz de separar as células na interface entre as duas fases líquidas, desde que ajustadas as condições da extração quanto ao tipo de componentes e suas concentrações, além de pH e força iônica. A escala da operação do SDFA é facilmente ampliada sem prejuízo para o resultado quanto ao rendimento, η, e fator de purificação, FP, da molécula-alvo, ainda que a concentração celular e as concentrações de molécula-alvo e impurezas sofram variações, do que resulta ser esta uma operação unitária robusta. Cargas de células de até 30% (v/v) e de proteínas de até 50 g/L não alteram os valores do coeficiente de partição, K, seja para a molécula-alvo, seja para as moléculas que constituem impurezas, desde que as composições e proporções dos volumes de fases sejam mantidas, além da promoção de condições adequadas à completa homogeneização para que o equilíbrio entre as fases seja atingido. A extração em SDFA pode ser operada em regime contínuo, não requerendo para tanto o desenvolvimento de equipamentos especiais, e, se dotada de vários estágios, pode resultar na recuperação do polímero, um componente cujo valor impacta com significância o custo do processo. A substituição do polímero PEG e, sobretudo, da dextrana, por amido hidroxipropílico e dextrana bruta, além de outras substituições, vem sendo estudada a fim de eliminar esse possível obstáculo ao emprego dos SDFA.

No caso da purificação de biomoléculas intracelulares, é possível eliminar a difícil etapa de clarificação para remoção de fragmentos de parede celular, visto que a viscosidade do meio é elevada após o rompimento das células.

O atual encaminhamento dos estudos sobre o SDFA aplicado a meios de cultivo de células permite projetar a possibilidade da expansão do seu uso inclusive substituindo a cromatografia preparativa de proteínas, a precipitação quando se logra aumento da concentração da molécula-alvo, bem como a eliminação da operação unitária de clarificação. Um exemplo disso são os estudos para desenvolvimento de uma plataforma para a substituição da custosa purificação de anticorpos monoclonais utilizando adsorção por afinidade à proteína A (Capítulo 20): a proteína-alvo, um anticorpo monoclonal, é extraída na fase leve de um SDFA, fase rica em PEG, seguida de uma nova extração da molécula-alvo para uma fase salina, a fim de isolar a proteína em relação ao PEG, seguindo-se, finalmente, uma cromatografia de troca iônica. O isolamento do PEG pode, alternativamente à segunda extração em SDFA, ser levado a cabo em uma operação de ultrafiltração na qual também se alcança alguma elevação da concentração da molécula-alvo, como se fora, portanto, uma operação de precipitação. Por meio dessa plataforma de operações para purificação de anticorpos monoclonais elimina-se a necessidade de desenvolvimento de novas proteínas em substituição à proteína A, ligante usual da adsorção por afinidade, para novos anticorpos. Estudos comparativos acerca dos custos dessa plataforma baseada na operação unitária de extração em SDFA como primeira etapa indicam redução de até cinco vezes no custo da purificação em relação à adsorção em proteína A.

EXERCÍCIOS

1. Na purificação por extração líquido-líquido em sistemas de duas fases aquosas de um anticorpo monoclonal anti-LDL produzido extracelularmente por *Pichia pastoris* recombinante foi utilizado um volume de 10 mL (Vi) de sobrenadante contendo a biomolécula-alvo na concentração de 100 g/L (Ci). O balanço de massa (BM) do anticorpo, calculado após o processo de extração, foi de 94%, e a recuperação (R_{fi}) da biomolécula nos 3 mL (V_{fi}) da fase inferior do sistema foi de 12%. Calcule o coeficiente de partição (K_{fs}) da biomolécula na fase superior do sistema.

Resolução:

Dados:

Vi = 10 mL; Ci = 100 g/L; BM = 94%; V_{fi} = 3 mL; R_{fi} = 12%; K_{fs}=?

Mi = Ci.Vi = (100 g/L.10 mL)÷(1000 mL. L^{-1}) → Mi = 1 g

Vi = V_{fi} + V_{fs} → V_{fs} = Vi-V_{fi} = 10-3 = 7 mL

M_{fi} = Mi.0,12 = 1 g.0,12 = 0,12 g

M_{fs} = (Mi-M_{fi}).0,94 = (1-0,12).0,94 = 0,83 g

C_{fi} = M_{fi}÷V_{fi} = 0,12 g÷3 mL = 0,04 g/mL

C_{fs} = M_{fs}÷V_{fs} = 0,83 g÷7 mL = 0,119 g/mL

K_{fs} = ?

K_{fs} = C_{fs}÷C_{fi} = 0,119÷0,04 = 2,9

K = 2,9

Legenda: V_{fs}, volume da fase superior (mL); M_{fi}, massa do anticorpo na fase inferior (g); M_{fs}, massa do anticorpo na fase superior (g); Mi, massa inicial do anticorpo (g); C_{fi}, concentração do anticorpo na fase inferior (g/L); C_{fs}, concentração do anticorpo na fase superior (g/L).

2. A enzima colagenase produzida por *Clostridium histolyticum* é utilizada como medicamento de uso tópico no tratamento de queimaduras e feridas. A purificação dessa enzima a partir do meio extracelular, por meio de extração em sistema de duas fases aquosas formado por PEG (MM_{PEG} = 400, [PEG] = 15%) e citrato de sódio (15% m/m), foi conduzida por etapas, e os resultados obtidos estão apresentados na Tabela 1. Considere que o extrato bruto contém a enzima com 100% de sua atividade.

A atividade específica (U/mg) é dada pela razão entre a atividade enzimática e a massa de proteína.

Tabela 1 Etapas do processo de purificação da enzima colagenase por extração líquido-líquido em sistemas de duas fases aquosas. Resultados referentes à fase superior do sistema

1	2	3	4	5	6	7	8	9
	Volume (mL)	Atividade enzimática (U)	Proteína (mg)	AE (U/mg)	ηg(%)	ηp(%)	FPg	FPp
Extrato bruto	300	125	20.900					
Etapa								
1	20	102	4.300					
2	40	52	700					
3	10	20	6					
4	3	12	1,5					

Legenda: AE, atividade enzimática específica; η_g, rendimento global; η_p, rendimento parcial (da etapa); FP_g, fator de purificação global; FP_p, fator de purificação parcial (da etapa).

a) Preencha as colunas de números 5 a 9.

b) Com base nos dados apresentados na Tabela 1, justifique qual etapa proporcionou maior purificação da colagenase.

c) Sendo os dados da Tabela 1 referentes à fase superior rica em PEG, calcule o coeficiente de partição (K) da etapa 1. Atividade volumétrica da fase inferior = 5 U/mL.

Resposta:

a) Resultados das etapas do processo de purificação da enzima colagenase por extração líquido-líquido em sistemas de duas fases aquosas. Resultados referentes à fase superior do sistema.

1	2	3	4	5	6	7	8	9
Etapa	Volume (mL)	Atividade (U)	Proteína (mg)	AE (Atividade enzimática específica) (U/mg)	η_g (Rendimento global) (%)	η_p (Rendimento parcial) (%)	FPg Fator de purificação geral	FPp Fator de purificação parcial
Extrato bruto	300	125	20.900	0,006	100	100	1	1
1	20	102	4.300	0,024	81,6	81,6	4	4
2	40	52	700	0,074	41,6	51,0	12,3	3,1
3	10	20	6	3,3	16	38,0	550	44,6
4	3	12	1,5	8,0	9,6	60,0	1.333	2,4

Legenda: AE, atividade enzimática específica; η_g, rendimento global; η_p, rendimento parcial (da etapa); FP_g, fator de purificação global; FP_p, fator de purificação parcial (da etapa).

b) A etapa que proporcionou maior purificação da enzima foi a etapa 3, pois apresentou o maior fator de purificação, $FP_p = 44,6$.

c) $K = (102/20)/5 = 1$

REFERÊNCIAS BIBLIOGRÁFICAS

ALBERTSSON, P.-Å. *Partition of cell particles and macromolecules*. 3. ed. New York: Willey Interscience, 1986.

ANDREWS, B.; ASENJO, J. A. Aqueous two-phase systems. In: HARRIS, E. L. V.; ANGAL, S. (eds.). *Protein purification methods: a practical approach*. Oxford: IRL Press, 1989.

DELGADO, C. et al. Coupling of poly(ethylene glycol) to albumin under very mild conditions by activation with tresyl cloride: characterization of the conjugate by partitioning in aqueous two-phase systems. *Biotechnology and Applied Biochemistry*, San Diego, v. 12, p. 119-128, 1990.

EGGERSGLUESS, J.; WELLSTANDT, T.; STRUBE J. Integration of aqueous two-phase extraction into downstream processing. *Chemical Engineering Technology*, v. 37, n. 10, p. 1686-1696, 2014.

FRANCO, T. T. et al. Aqueous two-phase system formed by thermoreactive vinyl imidazole/vinyl caprolactam copolymer and dextran for partitioning of a protein with a polyhistidine tail. *Biotechnology Techniques*, v. 11, n. 4, p. 231-236, 1997.

Godfrey, J. C.; SLATER, M. J. *Liquid-liquid extraction equipment.* Chichester: John Wiley & Sons, 1994. 772 p.

GUZMÁN R. Z.; GARCÍA, J. E. Metal affinity protein partitioning. In: HATTI-KAUL, R. (ed.). *Aqueous two-phase systems: methods and protocols.* Totowa: Humana Press, 2000. p. 345-354.

HART, R. A. et al. Large scale, *In situ* isolation of periplasmic IGF-I from *E.coli. Biotechnology,* v. 12, n. 11, p. 1113-1117, 1994.

HATTI-KAUL, R. (ed.). *Aqueous two-phase systems: methods and protocols.* Humana Press: Totowa, 2000.

HERMANSON, G. et al. *Immobilized affinity ligand techniques.* San Diego: Academic Press, 1992.

JAFARABAD, R. K. et al. Enzyme and protein mass transfer coefficient in aqueous two-phase systems – II. York-Scheibel extraction column. *Chemical Engineering Science,* v. 47, n. 1, p. 69-73, 1992.

JOHANSSON, G. Use of charged PEG and dextran derivatives. In: HATTI-KAUL, R. (ed.). *Aqueous two-phase systems: methods and protocols.* Totowa: Humana Press, 2000. p. 315-328.

JOSHI, J. B. et al. Continuous counter-current two-phase aqueous extraction. *Bioseparation,* v. 1, n. 3-4, p. 311-324, 1990.

KOPPERSCHALÄGER, G.; KIRCHBERGER, J. Dye-ligand affinity partitioning of proteins. In: HATTI-KAUL, R. (ed.). *Aqueous two-phase systems: methods and protocols.* Totowa: Humana Press, 2000. p. 329-344.

KULA, M. R. Liquid-liquid extraction of biopolimers. In: COONEY, C. L.; HUMPHREY, A. E. (eds.). *Comprehensive biotechnology.* Oxford: Pergamon Press, 1985. vol. 2.

Minami, N. M.; KILIKIAN, B. V. Separation and purification of glucoamylase in aqueous two-phase systems by a two-step extraction. *Journal of Chromatography B,* n. 711, p. 307-312, 1998.

PAWAR, P. A. et al. Enzyme mass transfer coefficient in aqueous two-phase systems: modified spray extraction columns. *The Canadian Journal of Chemical Engineering,* v. 75, n. 4, p. 751-758, 1997.

PORATH, J. General methods and coupling procedures. *Methods in Enzymology,* San Diego, v. 34, p. 13-30, 1974.

ROSA, P. A. J. et al. Continuous purification of antibodies from cell culture supernatant with aqueous two-phase systems: from concept to process. *Biotechnology Journal,* v. 8, n. 3, p. 352-362, 2013.

SAWANT, S. B.; SIKDAR, S. K.; JOSHI, J. B. Hydrodynamics and mass transfer in two-phase aqueous extraction using spray columns. *Biothecnology and Bioengineering*, v. 36, p. 109-115, 1983.

SILVA, M. F. F. et al. Integrated purification of monoclonal antibodies directly from cell culture medium with aqueous two-phase systems. *Separation and Purification Technology*, v. 132, p. 330-335, 2014.

SILVA, M. E.; FRANCO, T. T. Purification of soybean peroxidase (glycine max) by metal affinity partitioning in aqueous two-phase systems. *Journal of Chromatography B*, v. 743, n. 1-2, p. 287-294, 2000.

SOARES, R. R. G. et al. Partitioning in aqueous two-phase systems: analysis of strengths, weaknesses, opportunities and threats. *Biotechnology Journal*, v. 10, n. 8, p. 1158-1169, 2015.

CAPÍTULO 8
Introdução à cromatografia

Beatriz Vahan Kilikian

Bibiana Beatriz Nerli

NOMENCLATURA

1/n – Constante experimental da equação de Freundlich

ALE – Adsorção em leito expandido

$A_{1,rup}$ – Área na curva de ruptura que representa a massa de adsorvato perdida até a ruptura

$A_{2,rup}$ – Área na curva de ruptura que representa a massa de adsorvato adsorvida até a ruptura

$A_{3,rup}$ – Área na curva de ruptura que representa a massa de adsorvato adsorvida entre a ruptura e a exaustão do leito

C_0 – Concentração do adsorvato na alimentação da coluna

C^{eq} – Concentração do adsorvato na fase líquida no equilíbrio

CIM – Adsorção em coluna monolítica

HPLC – *High performance liquid chromatography*, cromatografia de alta eficiência

F – Vazão volumétrica do eluente

HETP – Altura equivalente do estágio teórico

h_p – Altura do pico cromatográfico

k_1 – Constante de velocidade da reação de adsorção

k_2 – Constante de velocidade da reação de dessorção

K_d – Constante de equilíbrio de dessorção, relação entre as constantes k_2 e k_1

K_f – Constante experimental da equação de Freundlich

L – Comprimento da coluna cromatográfica

LMS – Cromatografia contínua em leito móvel simulado

$m_{eluída}$ – Massa de adsorvato eluída

N – Número total de estágios teóricos

Q – Massa de adsorvato adsorvida sobre o adsorvente

Q^{eq} – Massa de adsorvato adsorvida sobre o adsorvente no equilíbrio

Q_m – Capacidade máxima de adsorção do adsorvente

R_S – Resolução cromatográfica

t_{eq} – Tempo para atingir o equilíbrio de adsorção

t_r – Tempo de retenção

t_{rup} – Tempo próximo à saturação do leito de adsorção

t_{sat} – Tempo no qual o leito é saturado com o adsorvato

v – Velocidade linear ou superficial

V_r – Volume de retenção

W_b – Largura do pico cromatográfico na sua base

$W_{1/2}$ – Largura do pico cromatográfico na metade da altura do mesmo

η_{RS} – Eficiência de recuperação do soluto

η_{UL} – Eficiência de utilização do leito

LISTA DE PALAVRAS

Adsorção,

adsorvato

adsorvente

cinética da adsorção

em coluna monolítica

em leito expandido

equilíbrio da adsorção

estágios do processo
física
química
Bomba de vazão
Cromatografia,
afinidade
analítica
contínua em leito móvel simulado
cromatograma
em papel
exclusão molecular
gasosa
interação hidrofóbica
líquida
desempenho cromatográfico
preparativa
de troca iônica
Curva de ruptura, *breakthrough*
Desempenho cromatográfico,
altura do pico cromatográfico
largura do pico cromatográfico
resolução cromatográfica
tempo de retenção
volume de retenção
Detecção,
absorbância
fluorescência
índice de refração
Eficiência,
de recuperação do soluto
de utilização do leito

Eluente

Fase móvel

Fase estacionária

Freundlich,

- equação
- isoterma

Interações,

- Van der Waals
- ligações químicas

Langmuir,

- modelo de adsorção
- equação
- isoterma

Leito,

- fixo
- expandido

8.1 INTRODUÇÃO

Nos capítulos anteriores descreveram-se as etapas iniciais do processo de purificação, as quais levam à obtenção de meios aquosos clarificados cujos solutos frequentemente são proteínas, peptídeos, policetídeos, antibióticos, polissacarídeos e outros metabólitos, geralmente em concentração superior àquela do meio bruto inicial, além de componentes do meio de cultura que podem compreender desde sais até moléculas orgânicas, das mais simples às mais complexas. As operações cromatográficas têm por objetivo isolar o metabólito de interesse em relação a essa variedade de moléculas, levando-o à pureza adequada ao seu uso. Provavelmente, a denominação cromatografia vem do grego *chroma*, que significa cor, e *graphe*, que significa escrever, tendo sido assim denominada porque as primeiras separações, efetuadas no início do século XX, foram de pigmentos vegetais.

Na cromatografia, a solução contendo as moléculas a serem separadas é misturada a um solvente denominado eluente ou fase móvel, que pode se encontrar na forma gasosa ou líquida, e aplicada sobre uma fase estacionária ou fixa, imiscível com a fase móvel. Frequentemente a fase estacionária é acomodada dentro de uma coluna ou sobre uma superfície sólida nos casos de cromatografia em papel. A fase estacionária pode ser constituída por sílica porosa, polímeros orgânicos sintéticos, polímeros de carboidratos, que se apresentam na forma de partículas esféricas com aproximadamente 100 μm de diâmetro, embebidas em solvente, que constituem a maior parte da fase estacionária (~90%), também denominada de gel.

A cromatografia pode ser dividida em dois grandes grupos de acordo com o estado físico da fase móvel: líquida e gasosa. A cromatografia em fase líquida é aquela de interesse nas purificações de metabólitos celulares.

Na cromatografia líquida os solutos ou metabólitos celulares presentes no meio líquido são retidos na fase estacionária, um leito de material poroso, por meio de fenômenos de adsorção química ou física, partição, ou exclusão molecular. Posteriormente, a ação do eluente ou fase móvel líquida promove a remoção gradual dos solutos previamente retidos, os quais serão removidos ou eluídos com velocidades diferentes devido às diferentes afinidades dos solutos com a fase estacionária e a fase móvel. Os componentes que interagem mais fortemente com a fase estacionária movem-se mais lentamente do que aqueles que interagem de forma fraca e, por essa razão, ficam retidos por menos tempo na coluna. Isso irá resultar na migração diferencial dos componentes da amostra, e consequentemente, na sua separação. A Figura 8.1 representa a situação de três moléculas sendo separadas em operação cromatográfica.

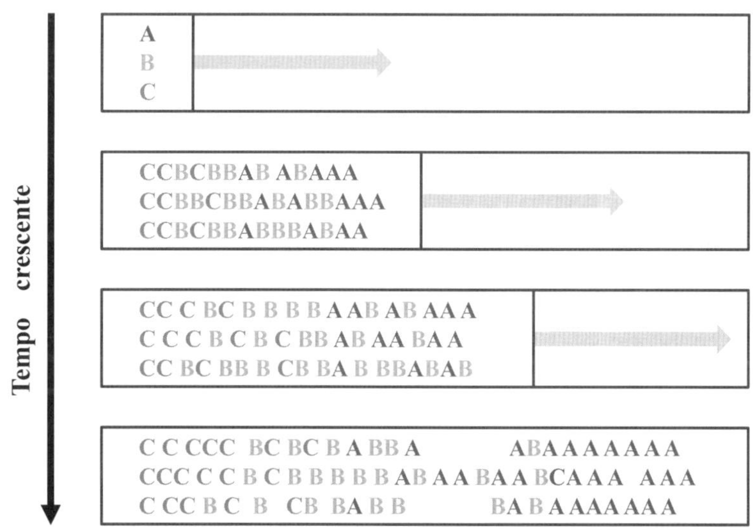

Figura 8.1 Ilustração da separação de três solutos – A, B e C – por meio de cromatografia. A distribuição diferenciada de A, B e C resulta da desestabilização da interação dos solutos com a fase estacionária devido à passagem da fase móvel.

A cromatografia pode ser aplicada com finalidade analítica, isto é, para quantificação de moléculas isoladas e identificadas no fluxo de saída do eluente. Nesse caso, empregam-se colunas cujo comprimento varia de 3 a 60 cm e cujo diâmetro varia de 0,2 a 8 mm. A fase estacionária apresenta partículas de dimensões reduzidas, de 1 a 10 μm, viabilizando um leito altamente empacotado, o qual, quando submetido à passagem da fase móvel a determinada velocidade superficial, resulta em uma elevada resolução na separação dos solutos. Por outro lado, essa configuração exige a aplicação da fase móvel sob pressões elevadas, as quais variam de 35 até 500 atm.

A cromatografia também pode ser utilizada com finalidade preparativa, isto é, para a obtenção de frações volumétricas do eluente contendo apenas uma molécula de interesse, para posterior uso em pesquisa, comercial ou industrial. Verifica-se o uso da cromatografia preparativa tanto em escala de laboratório como em escala industrial, daí o fato de encontrarem-se colunas preparativas de diâmetro desde 10 cm até 1 m; no caso do uso em escala de laboratório, o diâmetro limita-se a cerca de 5 cm. A despeito do tamanho diminuto das partículas do leito fixo – da ordem de 7 a 10 μm –, as pressões são da ordem de algumas até poucas dezenas de atmosferas, denominadas pressões médias, pois, são menores em relação às pressões aplicadas à cromatografia analítica.

A ordem de grandeza da pressão aplicada interfere na resolução da separação dos solutos. A pressão baixa é da ordem de 5 atm, a média varia de 6 a 50 atm e a alta é superior a 50 atm. Associa-se a essas categorias de pressão as categorias de "baixa eficiência", "média eficiência" e "alta eficiência", respectivamente, esta última indicada pelo termo já consagrado *high performance liquid chromatography* (HPLC).

Os valores elevados de pressão na operação de colunas analíticas requerem um invólucro de aço inoxidável cujas dimensões variam de 15 a 30 cm de comprimento e cerca de 4 mm de diâmetro interno. Colunas de vidro, frequentemente empregadas nas separações preparativas em escala de laboratório, operam a pressões baixas. Em escala industrial, empregam-se colunas de vidro e aço inoxidável, esta última com maior frequência.

Além da coluna, da bomba de vazão controlada para movimentar o eluente e do controlador de pressão, um sistema cromatográfico deve contar também com um detector que registra a presença dos solutos no fluxo do eluente na saída da coluna. O detector empregado deve ser sensível à molécula ou moléculas-alvo. Assim, proteínas, aminoácidos, policetídeos, lipídeos e outras biomoléculas são detectados por meio de medidas de absorbância (UV) em comprimentos de onda definidos: ligações peptídicas são detectadas de 206 até 215 nm, enquanto aminoácidos aromáticos são detectados a 280 nm. Um aumento da eficiência de detecção pode ser alcançado com o uso de detectores baseados em fluorescência. Açúcares e ácidos orgânicos são detectados por meio de medidas de índice de refração.

O tipo de resultado que se obtém mediante a detecção contínua do fluxo de saída da coluna é apresentado no item 8.2, junto com a descrição de alguns parâmetros típicos na avaliação do desempenho dos métodos cromatográficos. O item 8.3 descreve o equilíbrio, a cinética da adsorção química e os parâmetros a ela associados que permitem a quantificação do desempenho do processo.

Os Capítulos 9 a 12 descrevem os diferentes princípios de retenção e liberação dos solutos nas operações de cromatografia. Dá-se início com a cromatografia de exclusão molecular, baseada na separação de moléculas em função da massa molar e/ou volume efetivo em solução. Em seguida, descrevem-se os processos cromatográficos nos quais ocorre adsorção das diferentes moléculas na fase estacionária ou matriz, seguida da dessorção seletiva, da qual resulta a separação das moléculas. Nessa categoria descreve-se a adsorção baseada na troca iônica, na interação hidrofóbica, na afinidade e imunoafinidade.

Idealmente, a purificação desejada deve ser alcançada em uma única etapa cromatográfica a fim de evitar perdas do produto. A aplicação de mais de um método cromatográfico, todavia, pode ser necessária e eficiente, tendo em vista os fundamentos distintos que regem as separações em cada método, o que possibilita a eliminação de diferentes impurezas em diferentes métodos cromatográficos.

O Capítulo 22, "Integração de processos", aborda técnicas que auxiliam na seleção da sequência de métodos cromatográficos adequada a um determinado conjunto de moléculas, com base nas características físicas e químicas delas.

8.2 DESEMPENHO DO PROCESSO CROMATOGRÁFICO

A Figura 8.2 ilustra um processo cromatográfico genérico em seus vários estágios. À fase estacionária empacotada em uma coluna, injeta-se a mistura de solutos A, B e C, e o eluente ou fase móvel é bombeado sob vazão controlada. Os termos t_{rA}, t_{rB} e t_{rC} representam o tempo de retenção das moléculas A, B e C, no instante de sua máxima concentração no eluente que deixa a coluna.

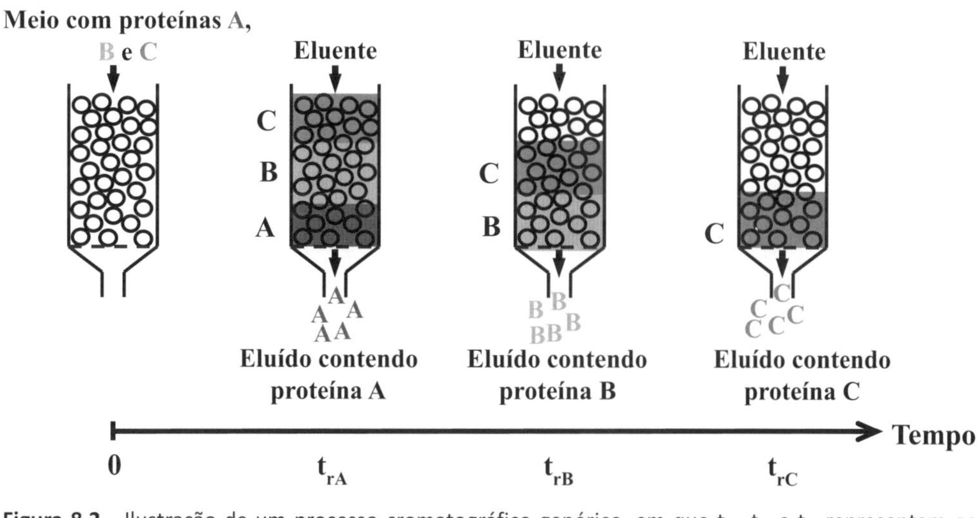

Figura 8.2 Ilustração de um processo cromatográfico genérico, em que t_{rA}, t_{rB} e t_{rC} representam os tempos de retenção das moléculas A, B e C, respectivamente.

Um cromatograma ilustrativo é apresentado na Figura 8.3, um gráfico cuja ordenada identifica os diferentes solutos no eluente que sai da coluna e a abscissa representa o tempo ou o volume de eluente que passou pela coluna. A presença dos diferentes solutos é detectada por meio de medidas de absorbância (UV, visível), fluorescência ou índice de refração efetuadas no eluente. No caso de uma ótima separação cromatográfica, o cromatograma apresentará diferentes picos, cada um dos quais correspondendo aos diferentes componentes da amostra. O ponto mais alto desses picos corresponde ao instante de máxima concentração da molécula no eluente, instante esse que caracteriza o tempo de retenção, t_r (Figuras 8.2 e 8.3). Alternativamente ao tempo de retenção, utiliza-se o volume de retenção, V_r, que é o volume que passa pela coluna até o instante de saída de uma dada molécula na sua máxima concentração. A Figura 8.3 apresenta outras grandezas utilizadas na avaliação do desempenho de processos cromatográficos, a saber: a altura do pico (h_p), a largura do pico na sua base (W_b) e a largura do pico na metade de sua altura ($W_{1/2}$).

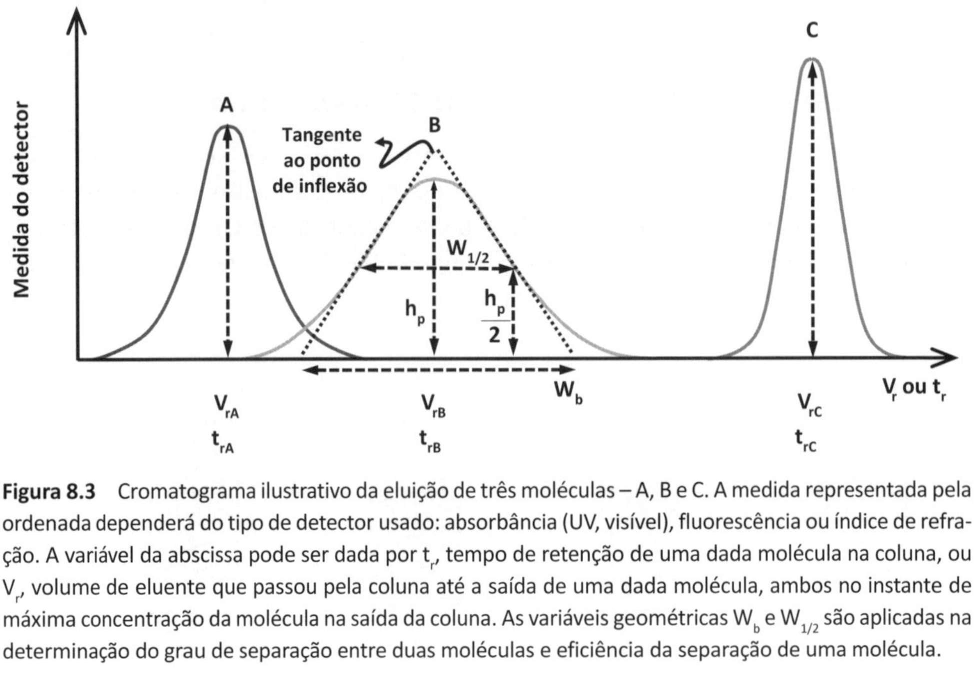

Figura 8.3 Cromatograma ilustrativo da eluição de três moléculas – A, B e C. A medida representada pela ordenada dependerá do tipo de detector usado: absorbância (UV, visível), fluorescência ou índice de refração. A variável da abscissa pode ser dada por t_r, tempo de retenção de uma dada molécula na coluna, ou V_r, volume de eluente que passou pela coluna até a saída de uma dada molécula, ambos no instante de máxima concentração da molécula na saída da coluna. As variáveis geométricas W_b e $W_{1/2}$ são aplicadas na determinação do grau de separação entre duas moléculas e eficiência da separação de uma molécula.

A concentração das moléculas A, B e C é determinada mediante a comparação do valor da área embaixo das respectivas curvas com uma curva de calibração obtida com a molécula pura. As grandezas t_r e V_r podem ser correlacionadas por meio da Equação 8.1, em que F é a vazão volumétrica do eluente.

$$V_r = F \times t_r \tag{8.1}$$

A eficiência da purificação pode ser avaliada em função do grau de separação das moléculas, o qual é denominado resolução cromatográfica, R_S. Na separação de duas moléculas, A e B, R_S é determinado pelos valores dos tempos de retenção ou volume de retenção, V_r, e pela grandeza W_b definida na Figura 8.3, conforme a Equação 8.2.

$$R_S = \frac{t_{rB} - t_{rA}}{(1/2) \times (W_{bA} + W_{bB})} \tag{8.2}$$

Quando os valores do numerador e denominador da Equação 8.2 apresentam a mesma unidade, determina-se a resolução em termos adimensionais. Para $R_S < 1$, as moléculas são incompletamente separadas, situação das moléculas A e B na Figura 8.3; para R_S igual a 1, as curvas se tocam nas bases; e para $R_S > 1$, as moléculas encontram-se separadas, situação representada na Figura 8.3 para as moléculas B e C. Valores elevados de pureza, ou mesmo o total isolamento de uma molécula, requerem R_S próximo ou maior que 1,0. Todavia, pode haver sobreposição de duas ou mais moléculas em um só pico e, nesse caso, ainda que $R_S > 1$, a molécula-alvo não terá sido purificada.

Para explicar a capacidade separativa de uma coluna, considera-se que esta seja dividida em cortes ou setores "imaginários" nos quais se estabelece um equilíbrio transitório entre a fase estacionária e a fase móvel contida naquele setor. Cada um desses setores imaginários ou "estágios teóricos", denominados assim por similaridade com os "estágios" de uma coluna de destilação fracionada, tem uma altura conhecida como "altura equivalente do estágio teórico" (HETP). Para uma coluna com comprimento L e com um número total N de estágios teóricos, a HEPT é dada por (Equação 8.3):

$$\text{HETP} = \frac{L}{N} \tag{8.3}$$

A eficiência no isolamento de determinada molécula está relacionada a elevados valores de N, o qual pode ser determinado com base na largura do pico na metade de sua altura máxima (indicada por $W_{1/2}$ na Figura 8.3, para a molécula B), conforme a Equação 8.4.

$$N = 5{,}54\left(\frac{t_{rB}}{W_{1/2B}}\right)^2 \tag{8.4}$$

Comparações entre valores de N e HETP são úteis à avaliação do desempenho de uma coluna ao longo do tempo de seu uso para uma determinada separação, seja ela analítica ou industrial, desde que as condições da cromatografia e a composição do meio com a molécula-alvo sejam mantidas constantes. Nesse caso, a não reprodutibilidade dos valores de N e HETP reflete o estado do leito adsorvente ou de seu empacotamento. A comparação entre diferentes colunas ou diferentes condições de cromatografia para uma mesma coluna, na separação de uma determinada molécula, também pode ser feita com base no valor de N.

Os fatores que levam à redução de N são os seguintes: deformações do empacotamento com criação de caminhos preferenciais para a fase móvel, o que remete à necessidade de boas práticas de empacotamento; e difusão longitudinal das moléculas do soluto. Estes fatores dependem do tamanho da partícula do adsorvente e da vazão da fase móvel, existindo uma vazão ótima para a qual a HTPE é mínima e a eficiência, N, é máxima.

O desenvolvimento de adsorventes na forma de partículas porosas de dimensões reduzidas e uniformes minimizou a difusão longitudinal e permitiu o aumento da vazão da fase móvel, com consequente aumento da produtividade do processo, desde que a pressão seja elevada, pois, colunas operadas a pressões elevadas apresentam N da ordem de 100.000 pratos/m comparativamente às colunas de baixa e média pressão, as quais apresentam cerca de 1.000 pratos/m.

8.3 EQUILÍBRIO E CINÉTICA DE ADSORÇÃO

A separação de moléculas por meio de processos cromatográficos frequentemente está baseada em fenômenos de adsorção, os quais, de forma bastante simplificada, tratam do acúmulo de uma substância sobre a superfície de outra.

Moléculas oriundas de células microbianas ou animais, quando em solução, constituem solutos ou adsorvatos, pois são adsorvidas sobre suportes sólidos. O processo compreende a difusão do soluto por meio de uma película líquida estagnada que envolve as partículas do adsorvente, seguida da difusão dentro dos poros do suporte sólido e, finalmente, da etapa de adsorção propriamente dita, a qual pode ser de natureza física ou química. Os fundamentos dos fenômenos de transporte são, pois, aplicados à descrição da adsorção na cromatografia. A Figura 8.4 representa esquematicamente os estágios desse processo.

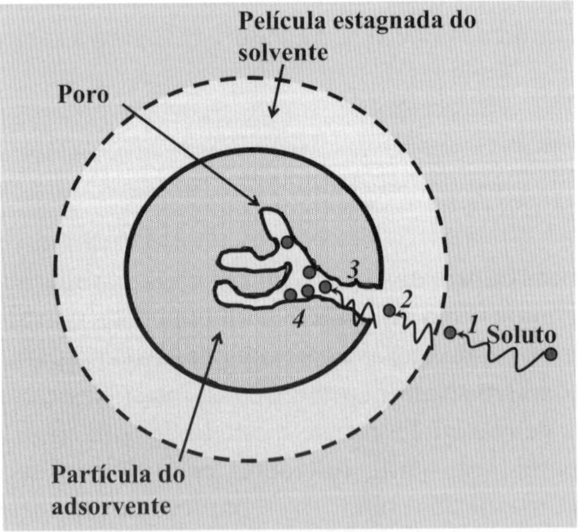

Figura 8.4 Estágios do processo de adsorção de um soluto: difusão desde o seio do líquido (1); difusão do soluto por meio de uma película estagnada do eluente que envolve as partículas do adsorvente (2); difusão dentro dos poros (3); adsorção (4).

A natureza da adsorção pode ser classificada de forma simples em física ou química. Enquanto a adsorção física compreende interações eletrostáticas fracas (1 kcal/mol), do tipo Van der Waals, entre o soluto e os átomos superficiais do sólido adsorvente, na adsorção química formam-se verdadeiras ligações químicas (5 a 20 kcal/mol), ou seja, os elétrons são reordenados e os seus orbitais trocam de forma ou grau de ocupação, caracterizando uma reação química. Da primeira resultam multicamadas adsorvidas, enquanto da segunda, a adsorção química, resulta camada monomolecular, embora na prática os fenômenos envolvidos em uma adsorção não se limitem a uma única natureza.

A adsorção baseada nas interações entre moléculas apolares e leitos apolares, como é o caso da cromatografia de interação hidrofóbica, é de natureza físico-química. Por outro lado, na cromatografia de troca iônica e de afinidade ocorrem ligações químicas entre as moléculas do soluto ou adsorvato e átomos ou grupos de átomos do adsorvente. Nesse caso a adsorção pode ser descrita por meio de uma reação reversível, sendo A o adsorvato e B o adsorvente (Equação 8.5).

$$A + B \underset{k_2}{\overset{k_1}{\rightleftarrows}} AB \tag{8.5}$$

A reação direta ou de adsorção é de segunda ordem, uma vez que depende das concentrações do adsorvato e do adsorvente no líquido, enquanto a reação inversa, de dessorção, é de primeira ordem, pois depende somente da concentração do soluto adsorvido no adsorvente.

A adsorção não ocorre instantaneamente e, portanto, o tempo de contato entre as moléculas e o leito de adsorção deve ser suficiente para que as reações atinjam o equilíbrio. Por exemplo, na adsorção por hidrofobicidade o aumento da molaridade de certo sal no meio promove o aumento de k_1, enquanto a redução da molaridade do meio promove o aumento de k_2. Moléculas de elevada massa molar, como as proteínas, são adsorvidas predominantemente na superfície da matriz, de modo que as limitações de transferência de massa dentro das partículas podem ser negligenciadas.

A velocidade do processo de adsorção é dada pelo incremento da massa de adsorvato (A) adsorvida sobre o adsorvente (B), em função do tempo de adsorção (dQ/dt), e resulta da soma da velocidade de adsorção propriamente dita, que é a reação direta subtraída da velocidade da reação de dessorção, que é a reação inversa, conforme descreve a Equação 8.6:

$$\frac{dQ}{dt} = k_1 C(Q_m - Q) - k_2 Q \tag{8.6}$$

em que C é a concentração (M) do adsorvato A na fase líquida; Q, a capacidade de adsorção do adsorvente (massa de A adsorvido/massa de B); Q_m, a capacidade máxima de adsorção do adsorvente (massa de A adsorvido máxima/massa de B); k_1, a constante de velocidade da reação de adsorção (unidades: 1/M hora); k_2, a constante de velocidade da reação de dessorção (unidades: 1/hora).

No equilíbrio as velocidades de adsorção e dessorção igualam-se e a velocidade de adsorção de um soluto torna-se nula, como mostra a Equação 8.7.

$$\frac{dQ}{dt} = 0 = k_1 C^{eq}(Q_m - Q^{eq}) - k_2 Q^{eq} \tag{8.7}$$

em que Q^{eq} é a capacidade de adsorção do adsorvente no equilíbrio. O rearranjo da Equação 8.7 leva à isoterma ou modelo de adsorção de Langmuir, dado pela Equação 8.8 e pela Figura 8.5, o qual representa a influência da concentração do adsorvato em solução sobre sua adsorção numa dada matriz no equilíbrio. Tal representação é frequentemente classificada como "modelo de saturação", pois a curva representa a saturação do adsorvente. Para outras isotermas ou modelos de adsorção a classificação depende dos tipos de curva que as descrevem.

Na Equação 8.8 tem-se que Q^{eq} é a massa de adsorvato adsorvida por unidade de massa do adsorvente; C^{eq} é a concentração da molécula-alvo em solução; Q_m é o parâmetro que representa a capacidade máxima do adsorvente, dada pela massa de adsorvato adsorvido por unidade de massa do adsorvente; e o parâmetro K_d representa a relação entre as constantes de velocidade de reação k_1 e k_2, dada pela Equação 8.9, a qual é inversamente relacionada com o grau de afinidade entre o adsorvente e o adsorvato. Verifica-se, portanto (equação 8.8), que quanto maior for o valor de K_d, ou seja, quanto menor a afinidade do adsorvato pelo adsorvente, menor será a massa de adsorvato sobre o adsorvente (Q^{eq}).

$$Q^{eq} = \frac{Q_m C^{eq}}{K_d + C^{eq}} \tag{8.8}$$

$$K_d = \frac{k_2}{k_1} \tag{8.9}$$

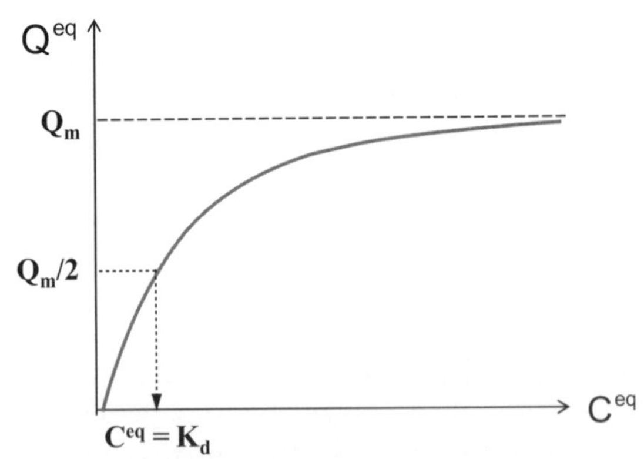

Figura 8.5 Isoterma de Langmuir: massa da molécula-alvo adsorvida por unidade de massa do adsorvente (Q^{eq}) em função da concentração do adsorvato na fase líquida (C^{eq}), em condições de equilíbrio.

A isoterma de Langmuir considera a adsorção de apenas uma molécula por sítio de adsorção (monocamada), assume que todos os sítios são homogêneos (todos os sítios apresentam o mesmo valor de K_d e o mesmo calor de adsorção) e que não há interação entre as moléculas adsorvidas. Esse modelo, embora frequentemente aplicado às moléculas biológicas, nem sempre atende exatamente às características dos processos envolvidos. Por exemplo, na troca iônica normalmente mais de uma molécula de proteína é adsorvida no mesmo sítio, há competição entre as proteínas para a adsorção, a massa molar interfere na adsorção e, ainda, há interações entre proteínas, o que torna complexa a modelagem e compreensão dos fenômenos envolvidos e a aplicação de modelos de adsorção.

Quando os pressupostos da isoterma de Langmuir não são satisfeitos devem-se considerar outros modelos de adsorção. Por exemplo, em alguns processos de adsorção verifica-se que o calor de adsorção (calor liberado quando um dado soluto é adsorvido sobre um sítio do adsorvente) decresce à medida que os sítios vão sendo ocupados. Isso indica que nem todos os sítios da superfície do adsorvente são idênticos. Os sítios cujas interações com o adsorvato são energeticamente mais favoráveis serão os primeiros a serem ocupados. Nesses casos, a Equação 8.10, conhecida como isoterma de Freundlich, é uma das mais empregadas:

$$Q^{eq} = K_f \left(C^{eq}\right)^{1/n} \tag{8.10}$$

em que Q^{eq} é a massa de adsorvato adsorvido por unidade de massa do adsorvente e C^{eq} é a concentração do adsorvato em solução no equilíbrio. Os parâmetros K_f e 1/n (sendo n > 1) são constantes experimentais relacionadas com a capacidade adsortiva do adsorvente e com a intensidade do processo de adsorção, respectivamente. Construindo-se o gráfico de log Q^{eq} em função de log C^{eq}, obtêm-se os valores de K_f e 1/n, em que log K_f é o coeficiente linear e 1/n é o coeficiente angular da reta. A isoterma de Freundlich é adequada para descrever a adsorção de antibióticos, hormônios e esteroides.

A determinação dos parâmetros de modelos de adsorção é relativamente simples, pois se baseia em resultados obtidos em escala de laboratório com equipamentos convencionais. A partir da identificação do modelo de adsorção apropriado, obtêm-se os valores dos parâmetros, e assim é possível determinar as constantes cinéticas do processo, k_1 e k_2. Estas podem ser aplicadas a modelos que descrevem a adsorção em diferentes tipos de reatores, como leitos cromatográficos empacotados, reatores agitados, leitos fluidizados ou expandidos, dado que tais constantes são intrínsecas ao processo adsortivo.

A fim de ilustrar o que foi dito, apresenta-se uma metodologia para a determinação dos parâmetros do modelo de adsorção de Langmuir e das constantes k_1 e k_2. Para determinado adsorvente e meio contendo o adsorvato, determina-se o tempo para a máxima massa de adsorvato adsorvido (t_{eq}), a uma determinada temperatura; para tanto, quantifica-se a intervalos de tempo determinados a concentração residual do adsorvato na fase líquida; considera-se que o equilíbrio foi atingido quando a concentração de adsorvato livre não apresenta variação.

Realizam-se alguns ensaios de adsorção fixando o tempo determinado na etapa anterior, a temperatura de operação e a quantidade de adsorvente; toma-se por variável entre os ensaios a concentração inicial do adsorvato no líquido, C_0; obtêm-se os valores de Q^{eq} e C^{eq} ($Q^{eq} = C_0 - C^{eq}$); assim, fica determinada a curva descrita pelo modelo de Langmuir. A partir dessa curva (Q^{eq} em função de C^{eq}), determinam-se os valores dos parâmetros Q_m e K_d.

Para a determinação de k_1 e k_2 pode-se aplicar um método numérico à Equação 8.7, o qual simula a cinética de adsorção após algumas iterações, dado que a relação entre os dois parâmetros (K_d) é conhecida.

No estudo cinético dos processos adsortivos em cromatografia, frequentemente se determina a chamada curva de ruptura, *breakthrough*, na qual se avalia o processo adsortivo numa condição dinâmica semelhante à condição real de operação do processo, ao contrário da determinação dos modelos isotérmicos de equilíbrio. Assim, por exemplo, para a cromatografia a ser conduzida em coluna de leito expandido, a configuração do aparato experimental será como aquela da situação real.

Para compreensão da curva de ruptura, pode-se analisar a Figura 8.6, na qual a solução contendo o produto desejado na concentração denominada C_0 é bombeada sob dada vazão por meio da coluna cromatográfica até que a solução na saída (concentração C) apresente concentração idêntica àquela da entrada, ou seja, $(C/C_0) = 1$. Essa condição é atingida ao tempo t_{sat}, no qual o leito é saturado com o adsorvato. Nesse caso, diz-se que o leito está exausto.

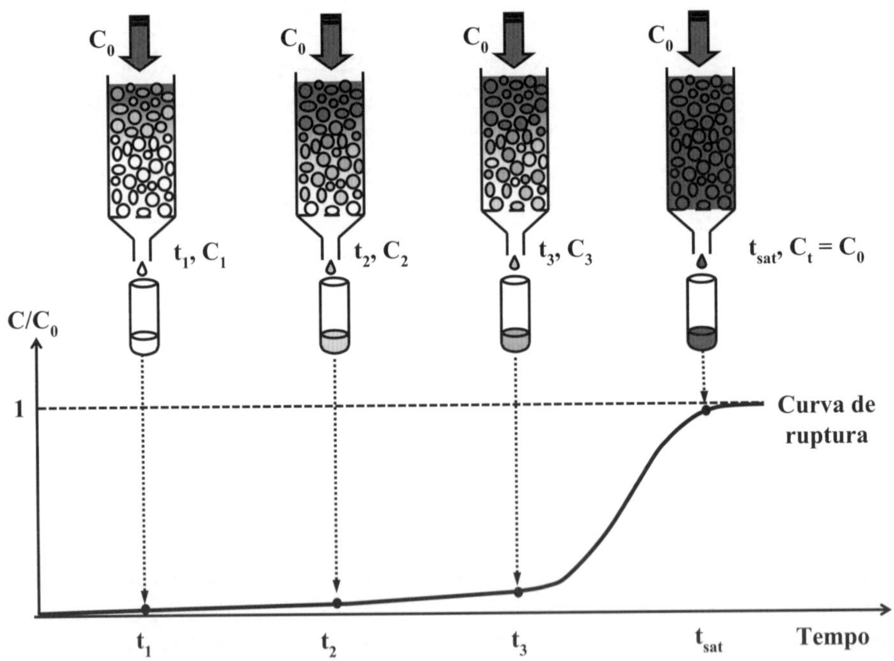

Figura 8.6 Relação entre as concentrações C (concentração da molécula-alvo no eluente que sai da coluna) e C_0 (concentração da molécula-alvo no meio de alimentação da coluna) em função do tempo de adsorção.

A partir das curvas de ruptura é possível determinar a capacidade ou eficiência de uma coluna cromatográfica operando a uma dada vazão, altura de leito, características físico-químicas do meio líquido e constantes cinéticas k_1 e k_2.

A Figura 8.7a apresenta uma curva de ruptura típica, obtida até a exaustão do leito. Muitas das informações necessárias para avaliação do processo de adsorção são obtidas a partir dessa curva.

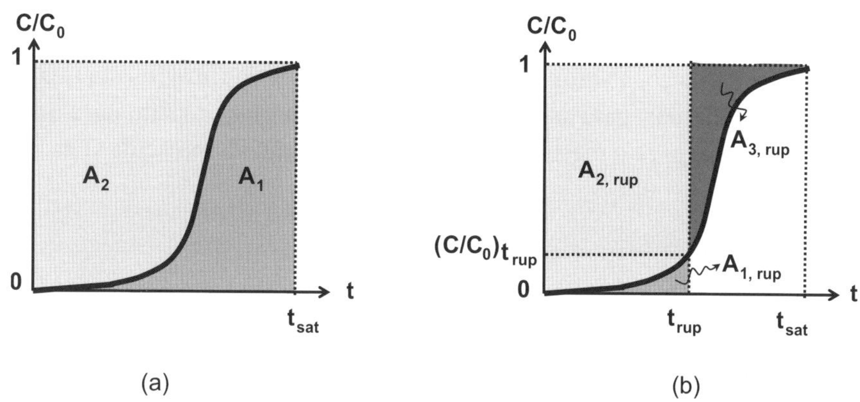

Figura 8.7 Curvas de ruptura (a) e (b) ilustrando diferentes áreas que fornecem as capacidades máxima, utilizada e não utilizada do leito.

Para dada vazão (F) e concentração do soluto ou molécula-alvo na alimentação (C_0), verifica-se que a massa de adsorvato eluída ($m_{eluída}$) da coluna até o tempo t_{sat} é dada pela relação expressa na Equação 8.11.

$$m_{\text{eluida}} = F\,C_0 A_1 \tag{8.11}$$

A_1 é a área abaixo da curva de ruptura desde o início do processo até o tempo t_{sat} (Figura 8.7 a). A área A_1 representa a massa de adsorvato "perdida" até a exaustão. A área A_2, acima da curva, representa a massa de adsorvato "adsorvida" pelo leito em condições de saturação e fornece a medida da "capacidade máxima" da coluna.

Frequentemente, o processo é definido por um tempo anterior ao t_{sat}, conhecido como tempo de ruptura (t_{rup}), para o qual C/C_0 é entre 0,05 e 0,1 (a concentração do soluto no eluído está entre 5% e 10% da concentração do soluto no meio de alimentação). Nesse caso, podem-se demarcar três diferentes áreas na curva de ruptura da Figura 8.7b: a área $A_{1,rup}$, que representa a massa de adsorvato perdida até a ruptura; a área $A_{2,rup}$, que representa a massa de adsorvato adsorvida até a ruptura, e a área $A_{3,rup}$, que representa a massa de adsorvato adsorvida entre a ruptura e a exaustão. As áreas $A_{2,rup}$ e $A_{3,rup}$ fornecem, respectivamente, a "capacidade utilizada" e a "capacidade não utilizada" pelo leito até a ruptura. Com essas áreas e o auxílio das equações 8.12 e 8.13, podem-se calcular dois parâmetros que se empregam com fins comparativos: a eficiência de recuperação do soluto (η_{RS}) e a eficiência de utilização do leito (η_{UL}):

$$\eta_{RS} = \frac{A_{2,rup}}{A_{2,rup} + A_{1,rup}} \tag{8.12}$$

$$\eta_{UL} = \frac{A_{2,rup}}{A_{2,rup} + A_{3,rup}} \tag{8.13}$$

A título de ilustração, a Figura 8.8 apresenta curvas de ruptura (forma qualitativa) obtidas em duas colunas, para as quais a capacidade adsortiva do leito para uma dada molécula é diferente para o mesmo limite de concentração da molécula C na saída da coluna, ou seja, $C/C_0 = 0{,}1$.

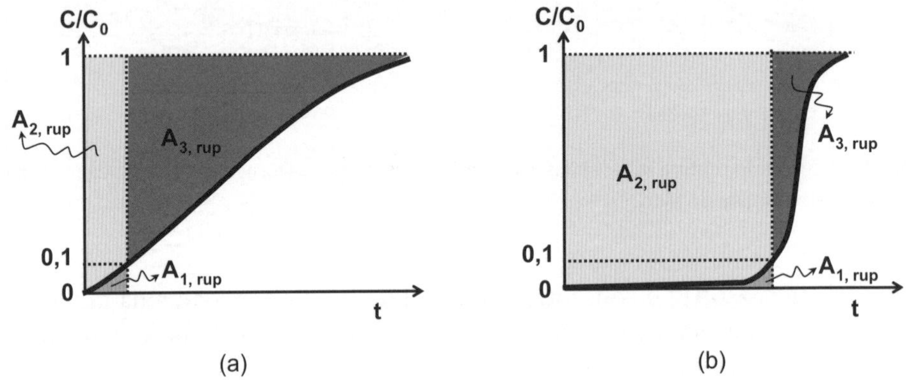

Figura 8.8 Curvas de ruptura (a) e (b) ilustrando diferentes capacidades adsortivas.

Pode-se observar que a área $A_{1,rup}$ é desprezível em comparação com $A_{2,rup}$ para a adsorção representada pela curva (b), resultando em uma eficiência de recuperação do adsorvato, η_{RS}, de praticamente 1 (Equação 8.12). Essa aproximação não é adequada para a curva (a), portanto, a eficiência de recuperação do adsorvato nesse caso é menor que 1. Outra diferença é que a área que representa a capacidade não utilizada, $A_{3,rup}$, é menor na curva (b), resultando em uma maior eficiência de utilização do leito, η_{UL} (Equação 8.13). Está claro que a condição representada pela curva (b) é a melhor para executar um processo de adsorção.

A forma de uma curva de ruptura depende dos seguintes fatores: natureza e equilíbrio de adsorção; propriedades do adsorvente (estrutura química e tamanho das partículas); concentração do adsorvato na alimentação; altura do leito; vazão; temperatura; pH. O estudo dessas variáveis e seus efeitos na curva de ruptura é aspecto critico para o aprimoramento do processo de adsorção.

8.4 CONSIDERAÇÕES FINAIS

A purificação de moléculas biológicas por meio de processo de adsorção ou separação baseada em tamanho foi introduzida neste capítulo considerando a configuração de reator tipo coluna contendo um leito fixo de partículas de resina altamente empacotadas. A reduzida dimensão das partículas que compõem o leito fixo, associada à condição de elevado grau de empacotamento, resulta em baixa difusividade da fase móvel, sobretudo quando partículas/moléculas de alta massa molar estão presentes, como vírus e DNA. Sistemas alternativos à cromatografia em colunas de leito fixo empacotado são comercialmente disponíveis e visam ao aumento da velocidade do processo, bem como à possibilidade de admissão de meios contendo partículas em suspensão.

Uma das alternativas à configuração de fase estacionária empacotada é a adsorção em leito expandido, ALE, na qual se promove a expansão das partículas do leito mediante o emprego de materiais com características apropriadas e introdução da solução a ser tratada a valores determinados de velocidade linear ou superficial (v). Nessa condição, isto é, com o leito expandido, a limitação difusional do meio líquido que atravessa o leito empacotado é minimizada, além de abrir-se, assim, a possibilidade da aplicação de meios não clarificados, condição impraticável nas colunas com leito empacotado. O aumento da velocidade de separação de moléculas e a eliminação ou redução do número de etapas prévias de clarificação representam ganhos na produtividade global, no rendimento da molécula-alvo e na redução do custo do processo de purificação. A adsorção em leito expandido é objeto do Capítulo 14.

A cromatografia de adsorção em coluna monolítica (CIM, Capítulo 13) representa alternativa de configuração de leito que objetiva superar a limitada difusividade da fase móvel, pois a resina empregada é moldada como uma peça única e homogênea com uma rede de poros interligados cujo diâmetro médio é de 1,35 a 2,0 μm, enquanto na cromatografia convencional a dimensão dos poros das resinas é da ordem de 0,01 a 0,1 μm – Resource Q® (*polystyrene/divinylbenzene*) para troca-iônica e Sephacryl® S-200 HR (*crosslinked Poly[allyl dextran]-co-N,N′-methylenebisacrylamide*) para exclusão molecular. A dimensão dos poros em coluna monolítica permite que o transporte de massa seja governado pela convecção. Disso resultam separações mais rápidas quando comparadas à tecnologia convencional.

Um parâmetro operacional que permite tecer comparações entre o sistema de cromatografia convencional, a ALE e a CIM é a velocidade linear ou superficial (v) de escoamento da fase móvel: os valores típicos para leito fixo convencional são da ordem de 20 cm/h, chegando a 150 cm/h; para ALE, são de até 300 cm/h na expansão, que é a etapa na qual ocorre adsorção, e da ordem de 100 cm/h na eluição; para CIM variam entre 170 e 195 cm/h, portanto, os sistemas ALE e CIM, alternativos ao leito fixo, apresentam maior produtividade no isolamento da molécula-alvo em virtude das maiores velocidades superficiais de escoamento da fase móvel em comparação ao leito fixo.

Como em todas as etapas da produção de moléculas biotecnológicas, também na cromatografia verifica-se a busca por operações em regime contínuo. A cromatografia convencional apresenta dificuldades à associação com um processo em regime contínuo, dado que é realizada em regime descontínuo, pois se alternam as etapas de introdução da solução contendo a molécula-alvo, de eluição e regeneração da coluna. No modo descontínuo verifica-se aproveitamento parcial da fase estacionária, diluição da molécula-alvo e impossibilidade de separação de moléculas adsorvidas com intensidades semelhantes. No regime contínuo as separações cromatográficas apresentam velocidade maior em comparação ao regime descontínuo, o leito de adsorção é utilizado com maior eficiência, pois a força motriz para a reação de adsorção, dada pela diferença de concentração da molécula-alvo na fase líquida e na fase estacionária, é mantida elevada. No Capítulo 15, "Cromatografia contínua em leito móvel simulado" (LMS), descreve-se o processo de cromatografia em regime contínuo no qual o escoamento das fases sólida e líquida, em direções opostas, é simulado, pois à fase sólida estacionária alimenta-se e remove-se a fase líquida em posições distintas de um leito dividido em várias colunas, posições essas periodicamente modificadas com base em um modelo gerenciado por um computador. A cromatografia em LMS é particularmente indicada na separação de moléculas com afinidades similares pelo adsorvente, por exemplo, na separação de isômeros, ou seja, moléculas com uma determinada fórmula molecular, porém com estruturas diferentes, que lhes conferem propriedades diferentes.

Os fundamentos das separações cromatográficas foram apresentados como baseados no tamanho das moléculas, caso da partição por meio de exclusão molecular, ou então baseados em adsorções como na troca iônica, na interação hidrofóbica e na interação por afinidade ou imunoafinidade. Contudo, na prática, mais de uma modalidade de adsorção pode ocorrer numa mesma operação, por exemplo, a retenção por tamanho num leito destinado a uma adsorção ou vice-versa, ou adsorções de naturezas diversas em relação àquela para a qual a fase estacionária foi projetada, o que gera imprecisão na previsão dos resultados bem como em balanços de massa para moléculas-alvo ou impurezas, que acabam por indicar perda de massa. Interações de natureza diversa ocorrendo simultaneamente, por outro lado, são objeto da cromatografia multimodal, na qual uma dada molécula é retida por mais de uma forma de interação com o leito, o que frequentemente inclui troca iônica, ligações de hidrogênio e interações hidrofóbicas.

Finalmente, o Capítulo 16 trata da ampliação de escala na operação de cromatografia, isto é, da transposição do processo estabelecido em escala laboratorial para a escala de produção, mantendo o mesmo grau de pureza, rendimento e, se possível, produtividade, da escala laboratorial.

EXERCÍCIOS

1. Na separação das moléculas A e B por meio de um processo cromatográfico, dispõe-se de um cromatograma no qual o soluto A apresenta tempo de retenção de 405 s e largura de base do pico de 12 s. O pico vizinho, da molécula B, é retido em 416 s e tem a mesma largura de base. A coluna tem 50 cm de comprimento.

a) Determine a resolução (R_S) da coluna para os componentes A e B. As moléculas A e B são completamente separadas?

b) Considerando o tempo de retenção do soluto A de 405 s, determine o número de estágios teóricos (N) e a altura equivalente de estágios teóricos (HEPT).

c) A fim de alcançar uma resolução de no mínimo 1, $R_S = 1$, na separação entre as moléculas A e B, a vazão da solução problema no eluente foi gradativamente reduzida até o tempo de residência, t_r, para as 2 moléculas, resultar 10% maior que os tempos reportados inicialmente. Não houve variação nos valores de W_{bB} e W_{bA}. Nesta situação, determine o novo valor de R_S e o novo valor de N para a molécula A. Discuta os resultados.

Resolução:

a) Cálculo da R_S:

Dados: $t_{rB} = 416$ s; $t_{rA} = 405$ s; $W_{bB} = W_{bA} = 12$ s

Substituindo os dados na Equação 8.2:

$$R_S = \frac{t_{rB} - t_{rA}}{(1/2)\times(W_{bA} + W_{bB})} = \frac{416-405}{1/2(12+12)} = 0,92 \Rightarrow \boxed{R_S = 0,92}$$

$R_S < 1 \Rightarrow$ as moléculas A e B são incompletamente separadas.

b) Cálculo de N e HEPT para a molécula A:

Se considerarmos que o pico do cromatograma é do tipo gaussiano, verificam-se relações entre a largura do pico em diferentes alturas e o desvio padrão σ:

A largura do pico na metade da altura do mesmo ($W_{1/2}$) resulta:

$$W_{1/2} = 2,35482\sigma$$

e a largura do pico na sua base (W_b) é:

$$W_b = 4\sigma$$

Logo, a partir da razão entre as duas relações:

$$\frac{W_{1/2}}{W_b} = 0,5885$$

$$\Rightarrow \boxed{W_{1/2} = 0,5885\,W_b}$$

Aplicando essa expressão ao cálculo de N_A

$$\Rightarrow W_{1/2A} = 0,5885\,W_{bA} = 0,5885\ \ 12s - 7,06s$$

Logo, substituindo nas Equações 8.4 e 8.3:

$$N_A = 5{,}54\left(\frac{\mathrm{t_{rA}}}{\mathrm{W_{1/2A}}}\right)^2 = 5{,}54\left(\frac{405}{7{,}06}\right)^2 = 18231 \Rightarrow \boxed{N_A = 18231}$$

$$HETP_A = \frac{L}{N_A} = \frac{50\,\mathrm{cm}}{18231} = 2{,}74\,10^{-3}\ \mathrm{cm} \Rightarrow \boxed{HETP_A = 2{,}74 10^{-3}\ \mathrm{cm}}$$

c) Valores de t_r acrescidos em 10%: t_{rB} = 457,6 s; t_{rA} = 445,5 s.

$$R_S = \frac{t_{rB} - t_{rA}}{(1/2)x(W_{bA} + W_{bB})} = \frac{457{,}6 - 445{,}5}{(1/2)x(12+12)} = 1{,}008$$

$$N_A = 5{,}54\left(\frac{445{,}5}{7{,}06}\right)^2 = 22059$$

A redução da vazão de eluição, com o consequente aumento no tempo de residência das moléculas A e B, foi eficiente para lograr a total separação entre as moléculas, dado que R_S resultou maior que 1,0. O aumento do valor de N, número de pratos teóricos, de 21% ilustra a efetiva melhora da capacidade da coluna de resolver a separação entre A e B mediante a redução da vazão do eluente.

2. As atividades industriais do setor têxtil causam problemas ambientais quanto à contaminação de corpos aquáticos devido ao lançamento de corantes que, mesmo em baixas concentrações, causam mudanças significativas na coloração das águas. A remoção dos corantes contidos nos efluentes da indústria têxtil por meio de processo adsortivo é um dos métodos de tratamento mais utilizados. Apresentam-se a seguir dados de um estudo para adsorção do corante azul 5G: na escala de laboratório realizaram-se ensaios em regime de batelada para determinação do equilíbrio de adsorção sobre carvão ativado; realizaram-se também estudos dinâmicos (curva de ruptura) em leito fixo. Em ambos os estudos utilizaram-se 2 g de carvão (adsorvente).

Estudos de equilíbrio:

A representação dos dados experimentais na forma $1/Q^{eq}$ vs. $1/C^{eq}$ resultou em uma reta com coeficiente angular de 9,375 10^{-9} M g/mg e coeficiente linear igual a 2,5 10^{-3} g/mg. A representação de log Q^{eq} em função de log C^{eq}, não foi linear.

Estudos dinâmicos:

Vazão: 5 mL/min; C_0 = 200 mg/L; t_{rup}= 720 min; $A_{1,rup}$ = 80 min; $A_{2,rup}$ = 640 min; $A_{3,rup}$ = 160 min.

Responda:

a) Qual isoterma satisfaz a adsorção do corante azul 5 G sobre carvão ativado? Determine seus parâmetros.

b) De quanto é a massa do adsorvato que "entra na coluna", a massa que é "adsorvida" e que é "perdida" até a ruptura?

c) De quanto é a capacidade máxima por grama de adsorvente?

d) De quanto é a eficiência de recuperação do adsorvato e a eficiência de utilização do leito na ruptura?

Resolução:

a) A não linearidade do gráfico de log Q^{eq} em função de log C^{eq} indicou que a adsorção não obedece à isoterma de Freundlich. Entretanto, o duplo recíproco ($1/Q^{eq}$ em função de $1/C^{eq}$) da isoterma de Langmuir resultou em uma reta, indicando que esse modelo representa o processo.

Modelo de Langmuir: $Q^{eq} = \dfrac{Q_m C^{eq}}{K_d + C^{eq}}$

Duplo recíproco do modelo de Langmuir: $\dfrac{1}{Q^{eq}} = \dfrac{1}{Q_m} + \dfrac{K_d}{Q_m}\dfrac{1}{C^{eq}}$

Os parâmetros do modelo de Langmuir são obtidos a partir dos coeficientes linear e angular da reta, como segue:

$$\text{coef. linear} = \frac{1}{Q_m} = 2{,}5\ 10^{-3}\ \text{g/mg} \qquad Q_m = \frac{1}{\text{coef.linear}} = \frac{1}{2{,}5\ 10^{-3}\ \text{g mg}^{-1}} = 400\ \text{mg/g}$$

$$\boxed{Q_m = 400\ \text{mg adsorvato/g adsorvente}}$$

$$\text{coef. angular} = \frac{K_d}{Q_m} = 9{,}375\ 10^{-9}\ \text{M g/mg}$$

$$K_d = \text{coef. angular}\ Q_m = 9{,}375\ 10^{-9}\ \text{Mg/mg}\ 400\,\text{mg/g} = 3{,}75\,10^{-6}\ \text{M}$$

$$\boxed{K_d = 3{,}7510^{-6}\ \text{M}}$$

b) massa de adsorvato admitida na coluna até a ruptura:

$$m_{admitida} = F C_0 \, t_{rup}$$

$$C_0 = 200 \text{ mg L}^{-1} = 0{,}2 \text{ mg mL}^{-1}$$

$$m_{admitida} = F C_0 \, t_{rup} = 5 \text{ mL min}^{-1} \, 0{,}200 \text{ mg mL}^{-1} \, 720 \text{ min} = 720 \text{ mg}$$

$$\boxed{m_{admitida} = 720 \text{ mg adsorvato}}$$

Massa de adsorvato adsorvida:

$$m_{adsorvida} = F C_0 \, A_{2,rup}$$

$$m_{adsorvida} = F C_0 \, A_{2,\,rup} = 5 \text{ mL min}^{-1} \, 0{,}200 \text{ mg mL}^{-1} \, 640 \text{ min} = 640 \text{ mg}$$

$$\boxed{m_{adsorvida} = 640 \text{ mg adsorvato}}$$

Massa de adsorvato perdida:

$$m_{perdida} = F C_0 \, A_{1,\,rup}$$

$$m_{perdida} = F C_0 \, A_{1,\,rup} = 5 \text{ mL min}^{-1} \, 0{,}200 \text{ mg mL}^{-1} \, 80 \text{ min} = 80 \text{ mg}$$

$$\boxed{m_{perdida} = 80 \text{ mg adsorvato}}$$

c) Cálculo da capacidade máxima:

A capacidade máxima é proporcional à soma das áreas $A_{2,rup} + A_{3.rup}$

$$m_{adsorvida\ maxima} = F C_0 \left(A_{2,rup} + A_{3,rup} \right)$$

$$m_{adsorvida\ maxima} = 5 \text{ mL min}^{-1} \, 0{,}200 \text{ mg mL}^{-1} \, (640 + 160) \text{ min} = 800 \text{ mg}$$

Expressa em gramas (g) de adsorvente:

$$\left(m_{adsorvato/adsorvente} \right)_{maxima} = \frac{800 \text{ mg}}{2 \text{ g}} = 400 \text{ mg/g}$$

$$\boxed{\left(m_{adsorvato/adsorvente} \right)_{maxima} = 400 \text{ mg adsorvato/g adsorvente}}$$

d) Cálculo das eficiências

$$\eta_{RS} = \frac{A_{2,rup}}{A_{2,rup} + A_{1,rup}} = \frac{640}{640+80} = 0,88$$

$$\boxed{\eta_{RS} = 0,88}$$

$$\eta_{RS} = \frac{A_{2,rup}}{A_{2,rup} + A_{3,rup}} = \frac{640}{640+160} = 0,80$$

$$\boxed{\eta_{UL} = 0,80}$$

REFERÊNCIAS BIBLIOGRÁFICAS

CIOLA, R. *Fundamentos da cromatografia a líquido de alto desempenho*. São Paulo: Blucher, 1998.

DORAN, P. M. *Principios de ingeniería de los bioprocesos*. Zaragoza: Acribia, 1995.

GILES, C. H. et al. Studies in adsorption. Part XI. A system of classification of solution adsorption isotherms, and its use in diagnosis of adsorption mechanisms and in measurement of specific surface areas of solids. *Journal of the Chemical Society*, 6M, p. 3973-3993, 1960.

GOSLING, I. S.; COOK, D.; FRY, M. D. M. The role of adsorption isotherms in the design of chromatographic separations for downstream processing. *Chemical Engineering Research and Design*, v. 67, n. 3, p. 232-242, 1989.

MCCABE, W. L.; SMITH, J. C.; HARRIOTT, P. *Operaciones unitarias en ingeniería química*. Ciudad de Mexico: Mc Graw-Hill Interamericana, 2007.

CAPÍTULO 9

Cromatografia de exclusão molecular

Ângela Maria Moraes

Paulo de Tarso Vieira e Rosa

Luciana Pellegrini Malpiedi

LISTA DE ABREVIATURAS

DNA – Ácido desoxirribonucleico (do inglês *deoxyribonucleic acid*)

HPLC – Cromatografia líquida de alta eficiência (do inglês *high performance liquid chromatography*)

IUPAC – União Internacional de Química Pura e Aplicada (em inglês, International Union of Pure and Applied Chemistry)

UV – Ultravioleta

NOMENCLATURA

η – Viscosidade intrínseca (mL/g)

a – Constante

b – Constante

erfc – Função erro complementar

K_{av} – Coeficiente de distribuição ou fração de volume do gel disponível para a difusão de um dado soluto

K_d – Coeficiente de distribuição ou fração da fase estacionária disponível para a difusão de uma dada espécie

M – Massa molar (kDa)

n – Número de picos que podem ser resolvidos em uma única etapa cromatográfica

N – Número de pratos teóricos de uma coluna

R_{St} – Raio de Stokes (m)

V_0 – Volume intersticial do leito de gel (m^3)

V_e – Volume de eluição (m^3)

V_{eA} – Volume de eluição do composto A (m^3)

V_{eB} – Volume de eluição do composto B (m^3)

V_i – Volume de solvente no interior do gel (m^3)

V_R – Volume de retenção (m^3)

V_S – Volume da fase estacionária (m^3)

V_{Sep} – Volume de separação (m^3)

V_t – Volume total da coluna (m^3)

LISTA DE PALAVRAS

Agregados moleculares

Ampliação de escala

Coeficiente de distribuição

Cromatografia,

- de exclusão molecular
- de exclusão por tamanho
- de filtração em gel
- de permeação em gel

Curva de calibração

Curva de seletividade

Dessalinização

Determinação,

- de massa molar
- de tamanho de poros

Eluente

Eluição

Empacotamento

Entupimento

Estimativa de massa molar

Faixa de fracionamento

Fase estacionária

Fracionamento,

- de alta resolução
- de misturas de proteínas
- de proteínas
- em escala analítica

Massa molar média

Matriz cromatográfica

Ordem de eluição

Picos distorcidos

Poros

Purificação preparativa

Resolução

Volume,

- de eluição
- de injeção
- hidrodinâmico

9.1 INTRODUÇÃO

Um dos métodos mais úteis e eficazes para a separação de macromoléculas biológicas umas das outras, em função de seus raios hidrodinâmicos, é a cromatografia de exclusão molecular, também conhecida como cromatografia de exclusão por tamanho, cromatografia de peneira molecular, cromatografia de permeação ou filtração em gel. A denominação cromatografia de exclusão molecular é a recomendada pela União internacional de Química Pura e Aplicada (IUPAC, na sigla em inglês), pelo fato de a técnica basear-se, realmente, na diferença de tamanhos das moléculas, mas o termo filtração em gel é ainda muito utilizado no caso de separações em meios aquosos e a baixa pressão.

A aplicação de colunas cromatográficas para a separação de proteínas de acordo com esse princípio data de 1955, quando Lindqvist e Storgard e também Lathe e Ruthven utilizaram como fase estacionária amido de milho. Em 1959, Porath e Flodin propuseram o emprego de dextrana reticulada, que resultava em melhores propriedades de fluxo, e, desde então, diversos tipos de matrizes têm sido desenvolvidos.

A cromatografia de exclusão molecular vem sendo utilizada com sucesso no fracionamento e na purificação de proteínas, peptídeos, polissacarídeos e ácidos nucleicos ao longo das últimas décadas, tendo aplicabilidade ampla também na separação e caracterização de polímeros sintéticos. O sucesso dessa técnica é pautado em sua simplicidade e confiabilidade, e sua aplicação resulta em impactos mínimos à estrutura conformacional dos compostos processados, o que se mostra essencial para a manutenção da atividade funcional de moléculas de origem biológica.

O mecanismo de exclusão por tamanho baseia-se no fato de as moléculas que se deseja separar sofrerem partição devido a diferenças na massa molar das espécies, entre um solvente (fase móvel) e uma fase estacionária de porosidade definida. Assim, uma mistura de proteínas dissolvidas em uma solução tamponante adequada se desloca, por gravidade ou com o auxílio de bombas, através de um leito de partículas esféricas microscópicas de material polimérico poroso altamente hidratado e inerte, previamente lavado e equilibrado apenas com o tampão. A fase estacionária caracteriza-se por apresentar uma faixa de fracionamento, o que significa que moléculas dentro dessa faixa de massa molar podem ser separadas.

Consideremos uma amostra contendo uma mistura de moléculas de tamanhos menores e maiores que os poros da fase estacionária. As moléculas menores podem penetrar em todos os poros da matriz e, então, movem-se lentamente ao longo da coluna, tendo acesso tanto à fase móvel do interior dos poros quanto à existente entre as partículas. Assim, em um cromatograma, as moléculas menores são as últimas a deixar a coluna. As moléculas maiores, por sua vez, são excluídas da fase estacionária, sendo eluídas antes que as outras por terem seu deslocamento limitado à região intersticial entre as partículas. A Figura 9.1 ilustra esse princípio de separação.

Moléculas de tamanho intermediário podem apresentar penetração parcial na fase estacionária, entrando em alguns dos poros, mas não em todos, despendendo, assim, tempos mais reduzidos para a eluição que as moléculas menores.

Figura 9.1 Representação esquemática do princípio da cromatografia de permeação em gel. As moléculas menores que o poro da matriz (cinza médio) podem penetrar em todos os poros desta, enquanto as moléculas maiores limitam-se à passagem pela região externa (cinza escuro) e as de tamanho intermediário entram apenas nos poros de maior dimensão (cinza claro).

Dessa forma, as moléculas serão eluídas de acordo com o decréscimo em seus tamanhos, percorrendo a coluna com velocidades diferenciadas, como se pode observar na Figura 9.2. A diferença no tempo gasto para que proteínas distintas percorram a coluna relaciona-se, assim, com a fração de poros acessíveis aos solutos.

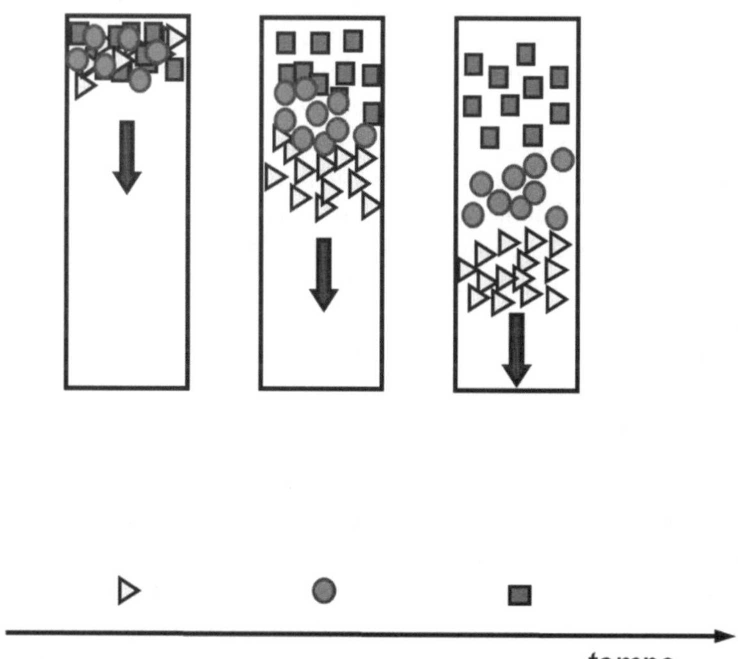

Figura 9.2 Eluição de uma mistura de três proteínas de massas molares diferentes em uma coluna de permeação em gel, com a formação de zonas distintas à medida que a amostra permeia a coluna. (▷) representa as moléculas maiores que o poro da matriz, (●) indica as moléculas com tamanho intermediário e (■) representa as moléculas menores que o poro da matriz.

A cromatografia de exclusão molecular é a mais simples e a que utiliza condições mais suaves dentre todas as técnicas cromatográficas, sendo muito comumente empregada na separação de grupos e no fracionamento de alta resolução de biomoléculas, tanto em escala preparativa quanto analítica.

Na separação de grupos, os componentes da amostra são separados em duas populações principais de acordo com sua faixa de tamanho. Essa estratégia pode ser utilizada na remoção de contaminantes de alta ou baixa massa molar, na troca de soluções tamponantes e na remoção de sais de soluções proteicas, sendo também aplicável à separação de compostos de pequeno tamanho não incorporados em lipossomas e nanopartículas poliméricas ou de materiais cerâmicos.

No fracionamento de alta resolução (com alto grau de separação entre os picos de diferentes espécies químicas presentes na mistura), os componentes são separados de acordo com diferenças em suas massas molares individuais. Essa técnica pode ser empregada para isolar um ou mais compostos, visando, por exemplo, separar monômeros de moléculas agregadas, como dímeros, trímeros e oligômeros de forma geral, ou mesmo para detectar a degradação da biomolécula desejada ou a distribuição de massas molares de conjugados vacinais (por exemplo, de polissacarídeos capsulares associados a toxoides). Essas aplicações são particularmente relevantes na cadeia produtiva de proteínas de uso clínico.

Outra aplicação relevante no que tange ao fracionamento de alta resolução é o uso da cromatografia de exclusão por tamanho com finalidades analíticas para determinar a massa molar ou para analisar a distribuição de massas molares de uma dada macromolécula. Nesses casos, visto que a realização de múltiplas análises em curtos intervalos de tempo é desejável, colunas de cromatografia líquida de alta eficiência (HPLC, do inglês *high performance liquid chromatography*) são comumente empregadas, nas quais o recheio é constituído de partículas pequenas, rígidas e uniformes, como as de sílica porosa. Na cromatografia a baixa pressão em fase aquosa, em contrapartida, podem ser utilizadas matrizes constituídas de géis de maior deformabilidade e menor custo.

9.1.1 INSTRUMENTAÇÃO

O equipamento básico para se realizar cromatografia de exclusão molecular inclui, como em qualquer outro tipo de cromatografia, uma coluna, um detector (frequentemente acoplado a um registrador, destacando-se nos últimos anos os detectores que operam em linha), um coletor de frações e meios de se controlar o fluxo, preferencialmente uma bomba. O sistema deve ser arranjado de tal forma que o coletor esteja conectado tão próximo quanto possível da saída da coluna, a fim de prevenir a mistura longitudinal nos tubos, o que minimiza a perda de resolução. Os detectores podem ser de tipos variados, por exemplo, medidores de absorbância (principalmente na região UV), de fluorescência, de índice de refração, de espalhamento de luz e mesmo de viscosidade e espectrômetros de massas.

A filtração em gel em escala preparativa, em planta piloto ou em escala industrial deve ser efetuada em colunas adequadamente projetadas. Um dos fatores de maior relevância é a seleção de suas dimensões.

Na prática laboratorial, as colunas clássicas para esse tipo de cromatografia apresentam 25 a 70 cm de comprimento, de 0,4 a 1,6 cm de diâmetro interno e são preenchidas com partículas de diâmetro em torno de 2 μm até acima de 250 μm, dependendo da finalidade da cromatografia. Para análises que requerem fracionamento de alta resolução são utilizadas matrizes constituídas de partículas de pequenos diâmetros e baixa deformabilidade para que resistam às altas perdas de carga nos sistemas, que são, em geral, operados a pressões relativamente elevadas.

A ampliação de escala do processo é relativamente simples, podendo-se eficientemente operar colunas em escala industrial com capacidade da ordem de 2.500 L. Esse assunto será mais detalhadamente discutido adiante, mas, de forma geral, para a ampliação de escala, a altura do leito, o fluxo (ou velocidade linear do eluente) e a concentração do material a ser processado devem ser mantidas constantes, enquanto o volume de amostra e a vazão volumétrica de eluente devem ser aumentados de forma proporcional ao volume do leito.

Uma vez que a cromatografia de exclusão é fundamentalmente baseada nas taxas de difusão das moléculas no interior das partículas da fase estacionária, as colunas cromatográficas de permeação em gel são normalmente as maiores em uma planta industrial, caso não sejam utilizadas com finalidades analíticas. A totalidade dos componentes injetados em uma coluna de exclusão molecular deve eluir em um volume de coluna, de forma que o volume total da fase estacionária requerido para processar uma dada alimentação é proporcional à concentração e ao volume de alimentação. A título de exemplo, para processar 100 L de uma amostra contendo 10 g/L de proteínas, um volume mínimo de 100 L seria requerido para a coluna de exclusão molecular. Comparando-se essa coluna a uma de troca iônica com capacidade adsortiva de 50 g/L, uma coluna de apenas 20 L de capacidade seria suficiente para processar a mesma amostra, uma vez que as proteínas seriam adsorvidas na fase estacionária.

Diversos fatores afetam a resolução final de uma separação por exclusão molecular, destacando-se as características da matriz, como tamanho de poro, diâmetro médio e distribuição de tamanhos de partículas, densidade de empacotamento do gel na coluna, volume de amostra, razão entre o volume de amostra e o volume da coluna, vazão de eluente, viscosidade da amostra e do tampão.

9.1.2 SELEÇÃO DA FASE ESTACIONÁRIA

Exemplos de matrizes comerciais comumente empregadas na cromatografia de exclusão molecular são apresentados na Tabela 9.1. De acordo com o material que as constituem, as matrizes podem ser classificadas como: géis suaves, géis semirrígidos e géis rígidos. Os géis suaves possuem baixa resistência mecânica e são empregados em colunas grandes com moderados valores de vazão para restringir as pressões de processamento. Normalmente consistem de materiais hidrofílicos como dextrana, poliacrilamida, polissacarídeos e agarose. Os géis semirrígidos, também denominados géis macroporosos, são constituídos por polímeros com alto grau de reticulação. Esses géis normalmente estão formados por compostos insolúveis em água, como poliestireno-divinilbenzeno, ou materiais hidrofílicos, como poliestireno ou poliéteres hidroxilados, entre outros. Os géis rígidos são formados por materiais inorgânicos como vidros porosos e sílica. Estes últimos tipos de géis são altamente estáveis a elevadas temperaturas e pressões.

Tabela 9.1 Exemplos de tipos de matrizes comercialmente disponíveis para a cromatografia de exclusão molecular de baixa ou alta resolução

Fornecedor	Nome comercial	Tipo de matriz
Bio-Rad Laboratories	Biogel A	Agarose
	Biogel P	Poliacrilamida
	Bio-Sil SEC*	Sílica
GE Healthcare Life Sciences	Sephadex	Dextrana
	Sephacryl	Dextrana/Bisacrilamida
	Sepharose	Agarose
	Sepharose CL	Agarose reticulada
	Superdex*	Agarose/dextrana
	Superose*	Agarose altamente reticulada
Micra Scientific	Synchropak*	Sílica
Reáctifs IBF	Ultrogel AcA	Agarose/poliacrilamida
Showa Denko	Protein KX-803*	Sílica
Tosoh Bioscience	G2000SW*	Sílica
	Fractogel TSK HW*	Polímero vinílico
Waters Corporation	BEH SEC*	Sílica modificada

* Matrizes usadas em cromatografia de alta resolução.

Mesmo dentro de uma categoria específica de fase estacionária pode-se dispor de diferentes tipos de matrizes para aplicações distintas, como se pode observar na Tabela 9.2 para o caso específico da Sephadex G, que diferem no grau de reticulação e, portanto, no grau de intumescimento da partícula e na faixa de fracionamento. Quanto mais reticulada a matriz, menor será o diâmetro da molécula a penetrar nos poros do gel, menor será a expansão da partícula quando hidratada e maior será sua resistência mecânica.

Tabela 9.2 Propriedades das matrizes do tipo Sephadex comercializadas pela GE Healthcare Life Sciences

Tipo de Sephadex	Faixa de fracionamento (kDa)	Diâmetros das partículas secas (μm)	Volume específico (mL/g matéria seca)
G-10	< 0,7	40-120	2-3
G-15	< 1,5	40-120	2,5-3,5
G-25 grossa	1-5	100-300	4-6
G-25 média	1-5	50-150	4-6
G-25 fina	1-5	20-80	4-6
G-25 superfina	1-5	10-40	4-6
G-50 grossa	1,5-30	100-300	9-11
G-50 média	1,5-30	50-150	9-11
G-50 fina	1,5-30	20-80	9-11
G-50 superfina	1,5-30	10-40	9-11
G-75	3-80	40-120	12-15
G-75 superfina	3-70	10-40	12-15
G-100	4-150	40-120	15-20
G-100 superfina	4-100	10-40	15-20
G-150	5-300	40-120	20-30
G-150 superfina	5-150	10-40	18-22
G-200	5-600	40-120	30-40
G-200 superfina	5-250	10-40	20-25

Nota: A faixa de fracionamento é aplicável a peptídeos e proteínas globulares. O volume específico refere-se aos valores observados após a hidratação da matriz seca.

Fonte: Dados compilados da Amersham Pharmacia Biotech, 2002.

Atualmente, as matrizes mais comumente utilizadas na cromatografia de exclusão molecular de alta resolução de material proteico são constituídas de sílica, polímeros vinílicos hidrofilizados ou agarose altamente reticulada na forma de partículas de tamanhos entre 5 e 50 μm.

O empacotamento adequado da coluna é essencial, principalmente para o fracionamento de alta resolução, uma vez que a uniformidade do leito empacotado e das partículas afeta a regularidade do fluxo através da coluna, influenciando a forma e a largura dos picos. Matrizes de exclusão molecular uniformes, com baixa distribuição de tamanho de partículas ao longo do leito, facilitam a eluição de moléculas em picos estreitos, diminuindo a probabilidade de formação de caminhos preferenciais, de distúrbios no fluxo das moléculas que se deseja fracionar e mesmo de rearranjos no próprio leito.

A eficiência de separação de uma coluna de exclusão molecular está relacionada ao número de pratos teóricos, sendo que quanto menor o tamanho das partículas, maior a eficiência de separação. A eficiência da coluna determina, entretanto, a capacidade dos picos do cromatograma:

$$n = 1 + 0{,}2\sqrt{N} \tag{9.1}$$

em que n é o número de picos em uma mistura que pode ser resolvido em um único passo cromatográfico e N é a eficiência da coluna (número de pratos teóricos). Assim, para um valor de N igual a 3.000, até 12 picos podem ser separados empregando-se a técnica de cromatografia de exclusão molecular.

Diversos fatores devem ser considerados na seleção da matriz de gel mais adequada para uma aplicação particular. Aspectos relativos à resolução do gel, ou seja, diâmetro da partícula, faixa de fracionamento e diluição da amostra em decorrência da separação têm grande relevância. Uma resolução adequada pode ser obtida utilizando-se a matriz na forma de pequenas partículas, pois nesse tipo de sistema a difusão molecular é menor, havendo, então, pouco espalhamento. Entretanto, partículas pequenas oferecem maior resistência ao fluxo e são mais facilmente compressíveis, de forma que as vazões de trabalho devem ser, consequentemente, menores. Partículas grandes e rígidas suportam um fluxo maior, sendo mais apropriadas para aplicações em larga escala.

Na seleção da faixa de fracionamento deve-se considerar tanto a massa molar da proteína de interesse quanto a dos principais contaminantes. Caso se deseje que as proteínas na mistura sejam separadas de solutos de massa molar relativamente baixas (inferiores a 5.000 Da), em um processo de separação de grupos ou dessalinização, é conveniente a utilização de matrizes com poros pequenos, que possibilitam que as proteínas sejam completamente excluídas da matriz porosa.

Deve-se também levar em conta, na seleção da fase estacionária, a estabilidade da matriz no solvente requerido como fase móvel e as condições de pH, temperatura e salinidade empregadas durante a separação. Estas, em primeira instância, devem ser compatíveis com as propriedades da molécula que se deseja separar, sendo esta questão de crucial importância no processamento de moléculas que apresentam atividade biológica. A Tabela 9.3 indica as principais características de algumas matrizes comerciais com relação a esses aspectos.

A maior parte das matrizes é estável dentro da faixa de pH de 4 a 9, apresentando estabilidade variável na presença de solventes orgânicos. Algumas matrizes praticamente insolúveis nos mais diversos solventes são, entretanto, biodegradáveis. Nesse caso, as matrizes devem ser estocadas na presença de agentes antimicrobianos como azida de sódio ou timerosal, os quais devem ser adequadamente removidos antes da utilização da matriz.

Tabela 9.3 Características de estabilidade de matrizes empregadas na cromatografia de exclusão molecular de baixa pressão

Nome do produto	Faixa de pH	Temperatura máxima (°C)	Estabilidade a solventes e outros fatores
Sephadex	2 - 10	120	Insolúvel em todos os tipos de solventes, a não ser que haja degradação química. Sujeita à degradação microbiana
Sephacryl	2 - 11	120	Insolúvel em todos os tipos de solventes, a não ser que haja degradação química
Sepharose	4 - 9	40	Evitar agentes caotrópicos, solventes orgânicos, e compostos oxidantes
Sepharose CL	3 - 14	120	Evitar agentes fortemente oxidantes
Ultrogel AcA	3 - 10	40	Sujeito à degradação microbiana, resistência variável a sais caotrópicos
Biogel A	4 - 13	40	Evitar ureia, solventes orgânicos e sais caotrópicos
Biogel P	2 - 10	120	Evitar agentes fortemente oxidantes; solventes orgânicos causam encolhimento

Outro fator a se considerar na seleção do tipo de fase estacionária é a possibilidade de interação entre as moléculas a serem separadas e a matriz. Se possível, os materiais utilizados na cromatografia de permeação em gel devem ser inertes em relação às moléculas que estão sendo separadas. Entretanto, já foram observadas interações de diversos tipos entre o material de preenchimento da coluna e biomoléculas. A adsorção parcial de proteínas, sob determinadas condições tamponantes, resulta em um atraso de sua eluição da coluna, envolvendo um maior tempo gasto do que o esperado para aquela massa molar.

Outros tipos de comportamentos anômalos podem ser observados na cromatografia em gel, por exemplo, a eluição precoce de proteínas delgadas e longas em relação a proteínas globulares de mesma massa molar. Isto evidencia que a migração das moléculas no leito de gel é função não somente de sua massa molar, mas também de sua forma e até mesmo de seu grau de desnaturação, que pode resultar em estruturas mais abertas e flexíveis.

9.1.3 CURVAS DE SELETIVIDADE E FAIXAS DE SEPARAÇÃO DAS MATRIZES DE EXCLUSÃO MOLECULAR

Em geral, a seletividade do meio cromatográfico não pode ser ajustada pela seleção da fase móvel, desde que esta não altere significativamente a forma do soluto e dos poros da matriz. Assim, a seletividade da matriz é uma propriedade inerente do material, e o volume de separação da coluna é limitado pelo volume total de poros do leito empacotado. A Figura 9.3 representa um cromatograma esquemático indicando as principais variáveis empregadas na avaliação do comportamento de eluição da coluna.

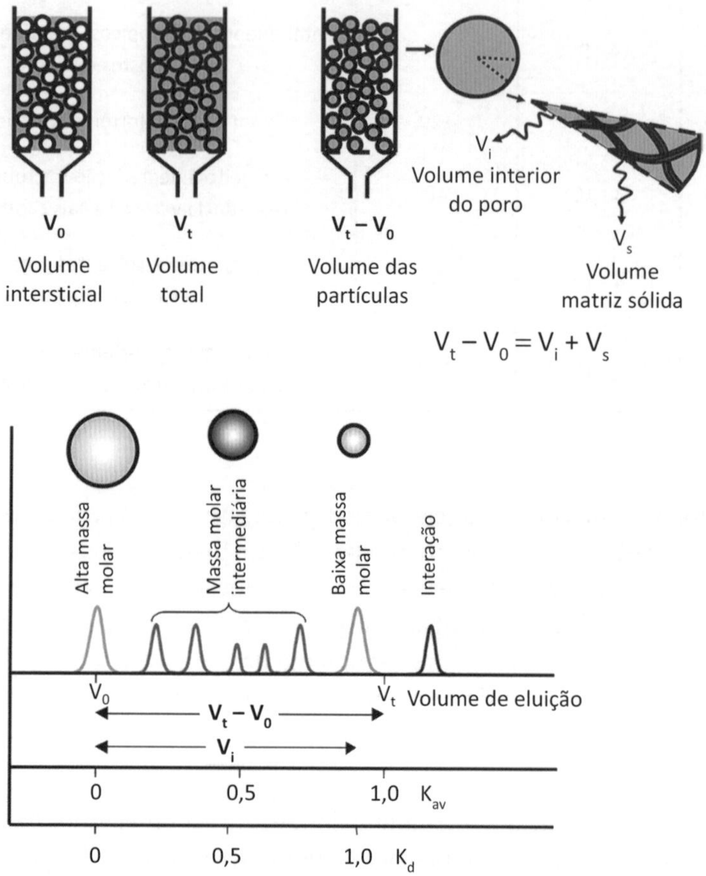

Figura 9.3 Relação entre expressões empregadas para a normalização do comportamento de eluição, em que K_{av} é o coeficiente de distribuição ou fração de volume do gel disponível para a difusão de um dado soluto, K_d é o coeficiente de distribuição ou fração da fase estacionária disponível para a difusão de uma dada espécie, V_0 é o volume intersticial do leito de gel, V_i é o volume de solvente no interior do gel e V_t é o volume total da coluna.

Fonte: adaptada de Amersham Pharmacia Biotech, 2002.

O volume de solvente entre o ponto de injeção e o da altura máxima de um pico é denominado volume de eluição, V_e. Essa variável é utilizada para caracterizar o comportamento de uma molécula de soluto em uma matriz de exclusão molecular, variando com o volume total da coluna, V_t. No caso de moléculas grandes o suficiente para serem excluídas dos poros da matriz, seu volume de eluição é igual ao volume vazio ou de exclusão representado pelo volume intersticial do meio poroso, V_0. O volume da matriz sólida da fase estacionária é representado por V_S, enquanto o volume de solvente dentro do gel acessível para moléculas muito pequenas é dado por V_i (volume interior dos poros das partículas).

Destaca-se que diferentes moléculas com massas molares maiores que o limite superior de exclusão da matriz não podem ser separadas entre si, pois todas eluem em V_0, desde que não interajam com o material constituinte das partículas. A mesma observação é válida para misturas de compostos distintos muito menores que os poros da matriz, visto que todos iriam eluir em V_t.

Analogamente a outros tipos de cromatografia de partição, a eluição de um soluto é melhor caracterizada pelo seu coeficiente de distribuição, K_d, dado na Equação 9.2, e que representa a fração da fase estacionária disponível para a difusão desse soluto.

$$K_d = \frac{V_e - V_0}{V_S} \tag{9.2}$$

Uma vez que o volume da fase estacionária é de difícil determinação, é mais conveniente considerar V_S como a diferença entre V_t e V_0. Assim, um novo coeficiente de distribuição pode ser definido, K_{av}, conforme a Equação 9.3, que representa a fração de volume da matriz disponível para a difusão de um dado soluto.

$$K_{av} = \frac{V_e - V_0}{V_t - V_0} \tag{9.3}$$

Como a diferença entre V_t e V_0 representa o volume total das partículas da matriz, incluindo o volume de gel não acessível para as moléculas de soluto, K_{av} não representa um coeficiente de partição verdadeiro. Entretanto, para um dado gel, a relação entre K_{av} e K_d independe da natureza e da concentração do soluto. Assim, K_{av} pode ser empregado para representar o comportamento do soluto independentemente das dimensões do leito.

Na cromatografia de exclusão molecular, idealmente, a molécula de soluto não deve eluir com K_{av} maior que um ou menor que zero. Se o K_{av} for maior que um, possivelmente estará ocorrendo algum tipo de interação adsortiva entre o soluto e a matriz de gel (Figura 9.3). Por outro lado, se K_{av} for menor que zero, o leito cromatográfico possivelmente estará apresentando caminhos preferenciais, e deve ser reempacotado.

O emprego da filtração em gel para a determinação da massa molar, particularmente de proteínas, é bastante comum. Experimentalmente, observa-se que, para uma série de compostos com formas moleculares e densidades similares, há uma relação sigmoidal entre seus valores de K_d ou K_{av} e os logaritmos de suas massas moleculares. A Figura 9.4 ilustra esse comportamento. Assim, para um tipo específico de matriz, verifica-se a existência de uma faixa na qual se observa uma relação linear quando se plotam os K_d de variados solutos conhecidos contra os logaritmos de suas massas moleculares, conforme a Equação 9.4, gerando curvas de calibração ou curvas de seletividade da matriz:

$$K_d = a + b \log M \tag{9.4}$$

em que a e b são constantes e M refere-se à massa molar dos compostos.

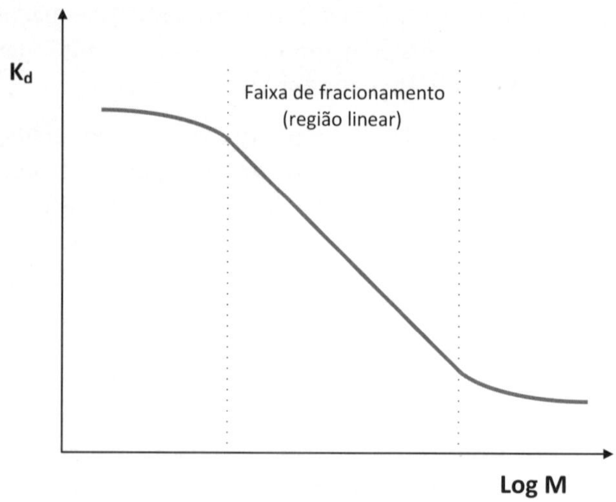

Figura 9.4 Variação do coeficiente de distribuição (K_d) com o logaritmo da massa molar (log M) dos compostos eluídos.

A curva de seletividade fornece a faixa operacional da matriz para a separação entre diferentes moléculas. Assim, o volume de eluição de um soluto desconhecido pode ser relacionado aos volumes de eluição de diversas outras moléculas de tamanho conhecido, possibilitando a estimativa de sua massa molar por interpolação.

Outras equações também utilizadas para a calibração de colunas de exclusão molecular, correlacionando os coeficientes de distribuição e as massas molares ou os raios de Stokes dos solutos, são apresentadas a seguir:

$$K_d^{1/3} = a - b\, M^{1/2} \tag{9.5}$$

$$K_d = a + b \log([\eta]\, M) \tag{9.6}$$

$$\log(1 - K_d) = a + b \log M \tag{9.7}$$

$$K_{av} = a + b\ R_{st} \tag{9.8}$$

$$\text{erfc}\ (1/K_d) = a + b\ R_{st} \tag{9.9}$$

$$\frac{1}{V_R} = a + b\ R_{st} \tag{9.10}$$

em que a e b são constantes, η é a viscosidade intrínseca da solução, R_{St} é o raio de Stokes, erfc é a função erro complementar e V_R é o volume de retenção (ou volume de eluição, V_e).

Teoricamente, os volumes de eluição relacionam-se mais diretamente ao raio de Stokes que ao tamanho ou à massa molar dos compostos em si. O comportamento hidrodinâmico de uma partícula de formato irregular pode ser aproximado ao de uma esfera pelo raio de Stokes, de maneira que, uma vez que as formas da proteína desconhecida e das proteínas de calibração sejam similares, os valores das massas molares podem ser utilizados nas calibrações.

Apesar da cromatografia de exclusão molecular ser comumente utilizada no fracionamento e na análise da massa molar de polissacarídeos, deve-se ter em mente que tais moléculas podem apresentar variações significativas no volume hidrodinâmico em decorrência de ramificações em número, posição e comprimento distintos. Ramificações resultam em contração relativa do volume da cadeia polimérica, de forma que uma macromolécula linear apresenta maior volume hidrodinâmico que uma molécula ramificada de mesma massa molar. Dessa forma, como a cromatografia de exclusão molecular é baseada no raio hidrodinâmico das moléculas a serem separadas, cadeias com tamanhos distintos podem eluir ao mesmo tempo se tiverem o mesmo volume hidrodinâmico, levando a distorções na interpretação dos resultados. Por essa razão, é importante que, antes de se utilizar essa técnica, seja feito o levantamento adequado das propriedades relevantes das moléculas envolvidas no processo.

Após a seleção da matriz de exclusão molecular com a seletividade adequada, o volume da amostra e as dimensões da coluna tornam-se os dois parâmetros mais críticos na resolução da separação.

9.2 VOLUME, COMPOSIÇÃO E APLICAÇÃO DA AMOSTRA NA COLUNA

A alta resolução na cromatografia de permeação em gel depende da aplicação de um pequeno volume de amostra, pois quanto maior esse volume, maior o volume no qual a amostra será eluída. Se esse volume for maior que o volume de separação, haverá a mistura de diferentes componentes. Diferentes critérios podem ser utilizados para a determinação do volume de eluição, V_e, dependendo do volume de amostra injetado na coluna, como ilustrado na Figura 9.5.

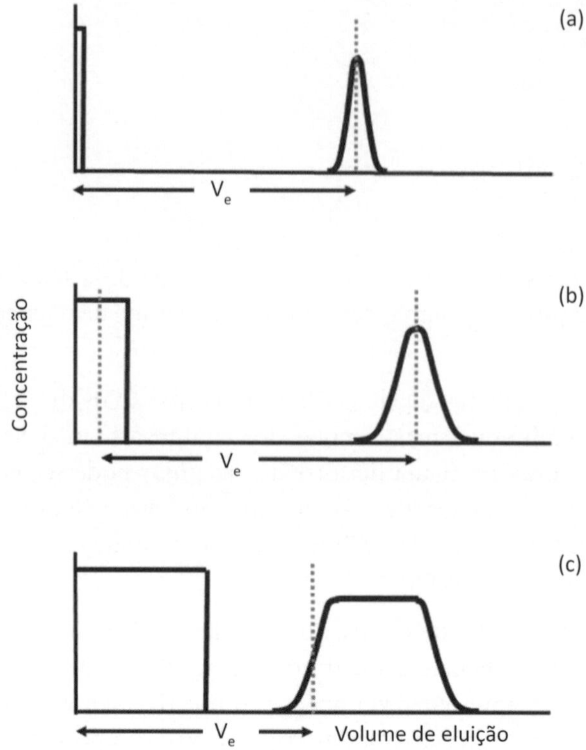

Figura 9.5 Determinação do volume de eluição, V_e: volume da amostra desprezível se comparado ao volume da coluna (a); volume da amostra considerável se comparado ao volume da coluna (b); amostra resultando em curva de eluição na forma de platô (c).

Fonte: adaptada de Amersham Pharmacia Biotech, 2002.

Quando o volume injetado é pequeno o suficiente em comparação ao volume de eluição, a posição da altura máxima do pico é tomada como V_e. Se o volume aplicado não é desprezível quando comparado ao volume de eluição, V_e é medido como a diferença entre o volume correspondente à altura máxima do pico de eluição e a metade do volume de injeção. Para volumes de injeção ainda maiores, verifica-se a formação de um patamar em vez de um pico propriamente dito de eluição, e V_e é definido como a posição referente à inflexão da parte inicial do patamar de eluição.

As amostras podem ser aplicadas diretamente à coluna por meio de um sistema cromatográfico, de uma bomba peristáltica ou, em pequena escala, por meio de uma seringa. Tipicamente, o volume da amostra varia de 0,5% a 5% do volume total do leito. Volumes menores que 0,5%, além de resultarem em grande diluição dos compostos de interesse, não estão associados a aumento apreciável de resolução devido aos efeitos pronunciados da difusão, do espalhamento cromatográfico natural e da não idealidade do fluxo. Para a maior parte das aplicações, o volume da amostra não deve exceder 2% do volume da coluna para se alcançar a máxima resolução.

Para volumes de amostra maiores que 5%, as moléculas devem ter uma grande diferença nos tamanhos a fim de que possam ser eficientemente separadas. Para minimizar a diluição da amostra, consequência inevitável da filtração em gel, o volume máximo de amostra a ser injetado na coluna deve respeitar a distância de separação entre os compostos de interesse. Ou seja, há um compromisso entre a resolução e a capacidade da coluna. Na separação de grupos ou dessalinização, na qual há uma grande diferença nos tamanhos das moléculas, podem ser aplicados volumes de amostra correspondendo a 25% a 30% do volume da coluna, sem perda apreciável da qualidade do produto. Quando a recuperação completa da amostra dessalinizada é o objetivo da separação, o limite de volume de injeção diminui para 15% a 20% do volume total da coluna. Sistemas de dessalinização otimizados geralmente envolvem colunas com baixas relações entre altura e diâmetro, a fim de que se possa utilizar elevadas vazões de eluente e obter a rápida recuperação do material dessalinizado.

A Figura 9.6 mostra o efeito do volume de injeção sobre o padrão de eluição da amostra, indicando que o volume máximo de amostra para injeção na coluna é dado pelo volume de separação, V_{sep}, definido por:

$$V_{sep} = V_{eB} - V_{eA} \tag{9.11}$$

em que V_{eA} e V_{eB} referem-se, respectivamente, aos volumes de eluição dos compostos A e B.

A amostra a ser injetada na coluna deve ser previamente clarificada por centrifugação ou filtração para evitar o depósito de partículas na coluna, o que, no mínimo, resulta na redução da vazão de eluente.

A concentração proteica a ser utilizada é geralmente limitada pela relação entre as viscosidades da amostra e do eluente, que não devem diferir por um fator maior que dois. A viscosidade relativa aumenta à medida que aumenta a concentração de macromoléculas, e altas viscosidades resultam em zonas de instabilidade, em padrões de fluxo irregulares e na formação de picos distorcidos.

Há uma controvérsia na literatura quanto à concentração máxima de proteína recomendável na amostra a ser injetada. Concentrações de até 70 mg/mL são recomendadas por alguns autores, enquanto outros limitam essa faixa a 10 a 20 mg/mL. Essas discrepâncias podem ser atribuídas ao fato de que soluções de mesma concentração obtidas com proteínas distintas podem apresentar viscosidades diferentes.

Com relação à injeção de amostras densas, como as obtidas pela dissolução de proteínas precipitadas com sulfato de amônio, melhor resolução pode ser obtida pela aplicação da amostra na base da coluna em sentido ascendente, com posterior inversão da coluna para operação no sentido descendente.

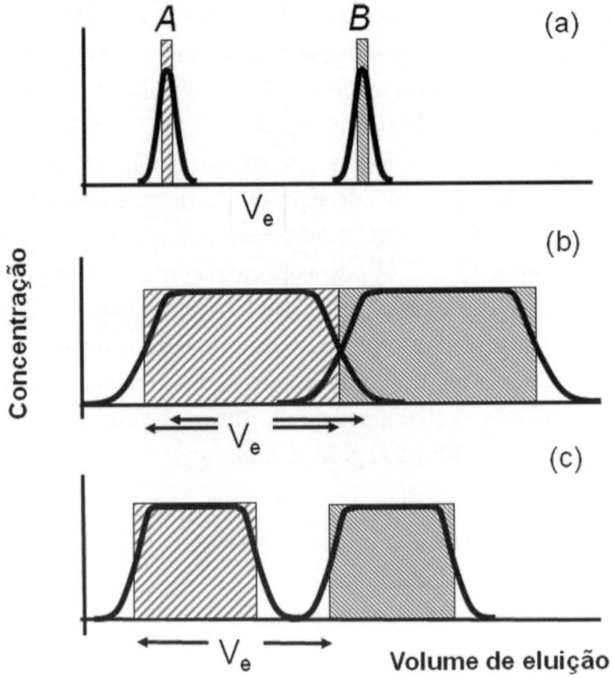

Figura 9.6 Curvas de eluição para diferentes volumes de amostra contendo dois componentes, A e B: aplicação de uma amostra de pequeno volume (a); máximo volume de amostra capaz de resultar em separação completa quando não se verifica o espalhamento das zonas cromatográficas individuais (b); máximo volume de amostra a ser injetado para obter a separação completa nas condições operacionais (c). As áreas hachuradas referem-se aos perfis de eluição que seriam obtidos se não ocorresse espalhamento das zonas cromatográficas.

Algumas recomendações úteis para a operação de colunas de cromatografia de exclusão molecular visando à melhoria da resolução dos picos são dadas na Tabela 9.4.

Tabela 9.4 Recomendação de condições de operação de uma coluna de cromatografia de exclusão molecular a baixa pressão para otimizar a resolução dos picos

Condição operacional	Recomendação de operação
Tamanho das partículas da matriz	20 a 50 μm
Volume da amostra em relação ao volume da coluna	1% a 2%
Forma de aplicação da amostra	Lenta e cuidadosa para evitar a formação de canais preferenciais de escoamento
Viscosidade da amostra	Baixa

(continua)

Tabela 9.4 Recomendação de condições de operação de uma coluna de cromatografia de exclusão molecular a baixa pressão para otimizar a resolução dos picos (*continuação*)

Condição operacional	Recomendação de operação
Fluxo de eluente	Muito baixo, inferior a 2 $mL/cm^2.h$ para colunas com dimensões de 121 cm × 1 cm
Coleta de frações	Em número mínimo de 100, preferencialmente na região linear de fracionamento
Pressão de operação	Baixa, para não causar o colapso das partículas

Fonte: Baseada em Ward, 2012.

9.2.1 AMPLIAÇÃO DE ESCALA DE COLUNAS DE EXCLUSÃO MOLECULAR

A ampliação de escala de colunas de exclusão molecular é realizada após estudos de otimização das condições de separação dos compostos de interesse em uma coluna de pequena escala, na qual são selecionados o tipo de matriz cromatográfica, a altura da coluna, a vazão de solução tampão, a concentração da solução de injeção e a máxima quantidade de amostra a ser injetada na coluna. Nesta etapa, se a espécie de interesse estiver sendo separada de seus contaminantes com resolução ótima a uma baixa vazão de eluente, pode-se ainda aumentar a vazão ou diminuir a altura da coluna com o objetivo de reduzir o tempo de processamento, ou, ainda, pode-se aumentar o volume da amostra, desde que a perda de resolução seja pouco significativa.

No caso de operação com matrizes cromatográficas na forma de géis com limitada resistência mecânica, o aumento do volume das colunas cromatográficas pode ser realizado, hipoteticamente, pela utilização de diversas colunas iguais à utilizada no processo de otimização do sistema, utilizadas em paralelo. Na prática, esse aumento de escala se dá pelo aumento do diâmetro da coluna, mantendo-se a altura da coluna constante. A velocidade superficial (ou linear) do tampão é mantida constante pelo aumento de sua vazão, e o total de amostra a ser injetada na coluna, na mesma concentração da etapa de otimização, é obtido considerando-se que a relação entre o volume injetado e o volume da coluna seja mantido igual ao da coluna em pequena escala.

Dessa forma, se a amostra estiver homogeneamente distribuída na coluna durante a etapa de injeção, o desempenho da coluna em maior escala deverá ser similar ao observado na de menor escala. A eficiência da coluna em maior escala relaciona-se também ao distribuidor utilizado e à homogeneidade do leito de partículas que compõem a coluna. Colunas cromatográficas comerciais com diâmetros de 2 m e altura de leito de 40 a 50 cm são comumente empregadas.

Uma alternativa para o escalonamento do processo de filtração em gel para uso industrial é o emprego de sistemas de múltiplas colunas conectadas sequencialmente.

Nesses sistemas, a matriz é empacotada em uma série de colunas de dimensões idênticas, geralmente curtas e com grandes diâmetros, e essas colunas são conectadas em série, utilizando-se para as conexões a mínima distância possível. Nessa situação, a matriz, como um todo, é sujeita a uma menor pressão diferencial devido à menor compressão do gel resultante de menor peso acumulado sobre cada coluna, e o sistema integrado comporta-se como se fosse uma única coluna. Esse sistema apresenta ainda uma vantagem: no caso de surgimento de depósito de material sólido, geralmente na primeira coluna, esta pode ser facilmente desconectada do sistema e substituída por uma coluna limpa.

9.3 SELEÇÃO DO ELUENTE

A seleção do eluente e de suas características quanto à composição, pH e força iônica deve ser realizada considerando-se as interações entre o solvente e a matriz cromatográfica e entre esta e os solutos, as propriedades bioquímicas e de solubilidade da amostra, além das limitações referentes ao sistema de detecção empregado.

Exceto nos casos nos quais se deseja efetuar um processo de dessalinização, a amostra é preferencialmente solubilizada no mesmo meio empregado para o equilíbrio da coluna e para realizar a etapa de filtração. É aconselhável a utilização de soluções tampões aquosas com capacidade tamponante na faixa de pH de 6 a 8, uma vez que essas condições são adequadas para a maioria das proteínas e também para a maior parte das matrizes de exclusão molecular.

No caso de realização de uma purificação preparativa ou de uma dessalinização, tampões preparados com sais voláteis como o acetato de amônio ou bicarbonato de amônio são preferíveis, pois podem ser facilmente removidos por liofilização.

A cromatografia de exclusão molecular é relativamente independente do tipo de eluente, exceto nos casos nos quais há interação entre a matriz e a molécula que se deseja separar. Normalmente, seleciona-se o eluente no qual a molécula desejada é mais estável, o que pode incluir a adição de cofatores ou íons metálicos no caso de certas enzimas.

Para evitar interações iônicas entre o soluto e a matriz, a força iônica do tampão é geralmente elevada para 0,05 a 0,50 M pela adição de um sal, mais frequentemente, por cloreto de sódio. Entretanto, como esse sal tem características corrosivas, pode ser substituído por sulfatos a fim de trabalhar com colunas de aço inoxidável. Como em alguns casos o sulfato pode resultar na criação de interações hidrofóbicas pelo efeito de *salting-out*, pode-se empregar íons caotrópicos como o perclorato para elevar a força iônica do tampão. No entanto, a altos valores de força iônica, a interpretação do volume de eluição em função da massa molar deve ser efetuada com cuidado, uma vez que é possível verificar, nessas situações, a ocorrência de mudanças conformacionais em macromoléculas como proteínas. Outra opção para a redução das interações de natureza iônica é a utilização de baixos valores de pH, que suprimiriam a ionização de grupos aniônicos.

O efeito de interações não iônicas entre a matriz e o soluto de interesse podem ser diminuídos elevando-se o pH, reduzindo-se a força iônica ou pela adição de detergentes, etilenoglicol ou de um composto orgânico como 1-propanol ou acetonitrila ao tampão. As interações hidrofóbicas entre a matriz e os solutos que se deseja separar podem ser também evitadas saturando-se os sítios ativos da matriz com ovoalbumina, fosfolipídeos ou peptídeos básicos.

9.4 APLICAÇÕES DA CROMATOGRAFIA DE EXCLUSÃO MOLECULAR

As principais aplicações da cromatografia de filtração em gel são: a separação de grupos ou dessalinização, o fracionamento de misturas proteicas em escalas analítica e preparativa (nas etapas iniciais de purificação ou nas finais, de polimento), a determinação de massas moleculares, o cálculo de constantes de equilíbrio para a ligação entre moléculas de proteínas e formação de agregados, o estudo de desnaturação de proteínas e a determinação de tamanho de poros. Esse tipo de cromatografia pode também ser empregado em combinação a outros princípios de separação, como a adsorção seletiva. Algumas dessas aplicações e suas particularidades serão discutidas a seguir:

9.4.1 DESSALINIZAÇÃO

A cromatografia de exclusão molecular vem sendo empregada na dessalinização há muitos anos, sendo os requisitos, tanto em termos da matriz quanto em termos do sistema cromatográfico, bastante simples. O diâmetro dos poros da matriz é selecionado de modo a excluir a molécula a ser dessalinizada, enquanto o diâmetro da partícula é selecionado de forma a fornecer baixa área superficial, para minimizar a ocorrência de processos adsortivos e propiciar baixa perda de carga. Esse processo pode ser empregado para a transferência de uma molécula para um sistema tamponante diferente e também para a separação de agentes radioativos usados na obtenção de proteínas ou DNA radiomarcados.

Algumas das matrizes mais comumente empregadas em processos de dessalinização são a Sephadex G-25 e o BioGel P-30. Enquanto a Sephadex G-25 exclui espécies com massa molar superior a 5 kDa e possibilita a manipulação de proteínas em condições suaves, o BioGel, por ser constituído à base de poliacrilamida, pode ser produzido com limites de exclusão mais precisos.

Em comparação à diálise, a cromatografia de exclusão molecular para dessalinização apresenta as vantagens de ausência de entupimentos, maior rapidez de processamento (3 a 5 horas contra 10 a 30 horas comumente despendidas na diálise) e a maior facilidade de ampliação de escala. Entretanto, a dessalinização por exclusão molecular em matrizes de géis em geral resulta em fatores de diluição do material processado, os quais podem ser de 1,1 a 2,0, maiores que os verificados na diálise.

O desenvolvimento de colunas de exclusão molecular com maior rapidez de processamento tem-se intensificado, viabilizando processos de dessalinização com velocidades lineares de 500 a 6.000 cm/h, não só aumentando, assim, o volume de fluido processado, como reduzindo o custo e diminuindo o espaço ocupado na planta industrial. Possivelmente, a utilização de técnicas baseadas em membranas e o desenvolvimento de meios cromatográficos específicos para a dessalinização em escala industrial continuarão a se expandir, alterando a maneira como são encarados os géis de exclusão molecular e suas aplicações no campo biofarmacêutico.

9.4.2 FRACIONAMENTO DE MISTURAS DE PROTEÍNAS

Normalmente, a separação de proteínas em solução é um problema mais complexo que a dessalinização ou a separação de grupos, e requer o uso de matrizes com propriedades ótimas, isto é, alto volume de poros, poros com estreita distribuição de tamanhos e diâmetros adequados para eluir a proteína de interesse a um valor de K_d entre 0,2 e 0,4.

Os melhores resultados para o fracionamento de alta resolução são obtidos para amostras que apresentam poucos componentes ou para amostras que tenham sido parcialmente purificadas por outras técnicas para eliminar componentes de tamanhos similares nos quais não se tem interesse. O fracionamento de alta resolução é adequado para a etapa de polimento final em um processo de purificação.

Nas aplicações analíticas, a alta resolução é de grande interesse, podendo ser afetada pela seletividade (relativa à distância entre picos consecutivos) e pelo espalhamento da zona cromatográfica.

Cuidados devem ser tomados quanto à quantidade de amostra introduzida na coluna para que se alcance alta resolução, uma vez que o pico de eluição da biomolécula de interesse pode se alargar demasiadamente. O mesmo se aplica a interações ocorrentes entre o composto-alvo e a matriz de gel, que devem ser preferencialmente minimizadas para não afetar a resolução do processo cromatográfico.

De uma maneira geral, não mais que doze proteínas podem ser efetivamente separadas umas das outras na corrente efluente de colunas de exclusão molecular de quaisquer dimensões. Isto ocorre em decorrência do fluxo não ideal em torno das partículas e também do fato de que as proteínas não são retidas na coluna, salvo em casos nos quais ocorram interações entre as biomoléculas e a matriz. Para uma purificação mais eficiente, é desejável que a massa molar da proteína de interesse seja consideravelmente maior ou menor que a da maioria das moléculas presentes na mistura.

Durante a etapa de separação ocorre, de maneira inerente ao processo, diluição dos compostos recuperados devido à dispersão da zona na coluna de filtração em gel. A intensidade da dispersão depende da ordem de eluição dos compostos isolados. Assim, a fração eluída no volume vazio apresentará um menor fator de diluição do que as frações finais, que apresentam maiores tempos de retenção na coluna. Quando empregada em escala preparativa, deve-se buscar a máxima recuperação da molécula de interesse, com a menor diluição e despendendo-se o menor tempo possível.

9.4.3 DETERMINAÇÃO DE MASSAS MOLARES

A cromatografia de exclusão molecular analítica é frequentemente empregada para a determinação de massas molares de macromoléculas hidrofílicas e de polímeros e também de suas distribuições de massas molares. Essa aplicação requer a calibração da coluna com solutos bem caracterizados, que apresentem formas geométricas similares às do composto-alvo. As diferentes formas das moléculas proteicas, por exemplo, podem ser normalizadas pela desnaturação da proteína com dodecilsulfato de sódio ou com hidrocloreto de guanidíneo.

A curva de calibração pode ser preparada medindo-se os volumes de eluição de diversos padrões, calculando-se seus valores correspondentes de K_{av} (ou outro parâmetro similar) e plotando-se K_{av} *versus* o logaritmo da massa molar para os padrões empregados. A massa molar desconhecida de uma dada substância pode, então, ser determinada empregando-se a curva de calibração, uma vez que o valor de K_{av} dessa espécie pode ser calculado a partir de seu volume de eluição, conforme já apresentado nas Equações 9.2, 9.3 e 9.4.

A calibração da coluna empregando o coeficiente de distribuição K_d independente da coluna é recomendada se a coluna for empregada por longos períodos ou se seu desempenho tiver que ser comparado ao de outros materiais. Caso não haja a necessidade de se calibrar a coluna com o auxílio do K_d ou do K_{av}, o volume de eluição expresso pelo primeiro momento estatístico poderá ser empregado como variável dependente.

O ponto de injeção deve ser tomado como a metade do volume da amostra que está sendo injetada na coluna. Entretanto, se o volume aplicado é constante, o ponto de injeção pode ser tomado no início da aplicação da amostra.

Se a coluna for empregada por longos períodos, sugere-se sua termostatização para minimizar possíveis variações na curva de calibração. A eficiência e a simetria da coluna devem ser também periodicamente avaliadas, incluindo-se uma amostra padrão a intervalos de tempo regulares. Quando adequadamente manipulada, uma coluna analítica poderá apresentar um tempo de vida de um a cinco anos, dependendo do material a ser fracionado.

Destaca-se, no entanto, que, no âmbito de aplicações com finalidades analíticas, técnicas de determinação de massa molar alternativas à cromatografia de exclusão molecular podem também trazer excelentes resultados, como aquelas baseadas na análise de dados de sedimentação, espalhamento estático de luz ou espectrometria de massas. A cromatografia de exclusão molecular, no entanto, tem elevada e muito atrativa aplicabilidade na caracterização quantitativa de interações macromoleculares em comparação a diversos métodos físico-químicos.

9.4.4 DETERMINAÇÃO DE TAMANHO DE POROS

Na filtração em gel, o volume de eluição de um soluto é afetado pela relação existente entre o tamanho do soluto e o tamanho dos poros da matriz. Assim, eluindo-se moléculas de tamanhos conhecidos e aplicando-se a teoria de filtração em gel, pode-se facilmente obter boas aproximações para uma calibração completa, além de dados de volume de poros e de área superficial. Os dados podem ser obtidos, por exemplo, do ponto de inflexão do gráfico de K_{av} contra o raio hidrodinâmico do soluto.

9.4.5 FORMAÇÃO DE AGREGADOS MOLECULARES

A utilização da cromatografia de exclusão molecular para essa aplicação específica é de grande valia na obtenção de proteínas de uso terapêutico. Devido à variedade de grupos que as constituem, as proteínas são particularmente propensas a sofrer modificações de naturezas diversas ao longo de seu processamento, estocagem e transporte, como desaminação, oxidação, desenovelamento, adsorção e agregação, principalmente as de alta massa molar. A formação de agregados pode ser reversível ou irreversível, e o material resultante pode variar significativamente em tamanho, indo desde simples dímeros a estruturas constituídas de milhares ou até mesmo de trilhões de unidades monoméricas que podem ser visíveis a olho nu. Dentre os resultados da formação desses agregados podem ser incluídos a redução da dosagem efetiva do biofármaco e o aumento significativo de sua imunogenicidade e toxicidade.

A cromatografia de exclusão molecular tem sido, e provavelmente continuará a ser, a principal técnica utilizada na caracterização de agregados proteicos devido à sua simplicidade, baixo custo, baixa quantidade de amostra requerida para a análise, facilidade de utilização, alta velocidade de processamento e, consequentemente, alto rendimento.

Para esse tipo de aplicação específica, as matrizes cromatográficas são geralmente constituídas de sílica (apresentando ou não modificação superficial) ou de polímeros reticulados com caráter não polar (hidrofóbico), hidrofílico ou mesmo iônico. O tipo mais comum, entretanto, é a sílica covalentemente ligada a grupos funcionais que atribuem um caráter hidrofílico à superfície associados ao 1,2-propanodiol, embora mais recentemente tenha sido disponibilizada comercialmente uma matriz à híbrida orgânica-inorgânica (também à base de sílica) com partículas de tamanho inferior a 2 μm que apresenta melhor estabilidade química e menor atividade nos grupos silanol.

Dentre as principais limitações do uso da cromatografia de exclusão molecular com finalidade de analisar a formação de agregados moleculares destacam-se a possibilidade de ocorrência de efeitos de filtração na matriz e a potencial interação de agregados de alta massa molar com a coluna. Tais eventos implicariam a obtenção de perfis pouco precisos dos tamanhos agregados formados. Assim, durante o estabelecimento do procedimento de análise dos estados de agregação de um dado biofármaco, por exemplo, por cromatografia de exclusão molecular, é altamente recomendável confirmar os resultados obtidos por meio do uso de técnicas alternativas, como a determinação de velocidade de sedimentação por ultracentrifugação analítica, o espalhamento dinâmico de luz ou o fracionamento por campo e fluxo assimétrico.

Destaca-se que, para reduzir a possibilidade de ocorrência de interações entre a matriz cromatográfica e os agregados, pode-se aumentar a força iônica da fase móvel pela adição de sais. A adição de arginina à fase móvel mostra também ter efeito relevante, pois este aminoácido se liga às proteínas, bloqueando sítios das proteínas com potencial de interação secundária com a matriz.

9.4.6 SEPARAÇÕES EMPREGANDO PRINCÍPIOS MISTOS

Nesse caso, a eluição do soluto não se deve apenas aos parâmetros de tamanho, mas também é afetada por processos de adsorção ou afinidade de componentes da mistura pela matriz cromatográfica, destacando-se as interações do tipo hidrofóbica e iônica.

As separações influenciadas pelas interações entre o soluto e a matriz podem apresentar volumes de retenção substancialmente diferentes conforme se altera a composição da fase móvel. Resultados não esperados podem ser verificados, como a concentração de um soluto quando de sua passagem na coluna, ou até mesmo a separação de proteínas de acordo com seus pontos isoelétricos. Essas interações entre o soluto e a matriz podem ser exploradas de maneira vantajosa, aumentando a resolução entre as espécies.

No entanto, os efeitos das interações soluto-matriz podem também resultar em resolução pior que a verificada para a filtração em gel isolada, sendo então as propriedades adsortivas das matrizes tidas como indesejáveis. Nessa situação, a seleção de materiais e condições operacionais que efetivamente favoreçam a filtração em gel é de fundamental importância.

A superfície de matrizes preparadas a partir de polímeros naturais, como a agarose e a dextrana, apresenta predominantemente grupos hidrofílicos. Entretanto, sua hidrofilicidade pode ser reduzida em decorrência da introdução de agentes de reticulação. Dessa forma, grupos aromáticos externos presentes em peptídeos, como o triptofano, podem interagir, por exemplo, com grupos hidrofóbicos do agente de reticulação.

Interações iônicas entre a matriz e as proteínas podem ocorrer devido à presença de grupos carregados, que, mesmo em baixas concentrações, podem estar naturalmente presentes nas matérias-primas envolvidas na produção da fase estacionária, por exemplo, grupamentos sulfato em agarose, carboxilas na dextrana e grupos aniônicos expostos, como no caso de materiais à base de sílica. A exposição prolongada da matriz a condições extremas de pH pode, também, resultar em sua hidrólise parcial, com a introdução de sítios iônicos superficiais.

9.4.7 PROBLEMAS COMUNS E SOLUÇÕES SUGERIDAS

Alguns dos problemas mais comumente observados na cromatografia de exclusão molecular são a baixa resolução, a redução na vazão de efluente da coluna, a presença de picos distorcidos e o desaparecimento de um dos compostos de interesse.

A baixa resolução é inerente à cromatografia de exclusão molecular, mas pode ser melhorada pela mudança em alguns parâmetros operacionais. Uma vez que a vazão e a resolução estão inversamente relacionadas, diminuindo-se a vazão pode-se aumentar a resolução. Outras alternativas seriam a utilização de uma matriz com partículas de menor diâmetro ou de uma matriz com uma faixa mais estreita de fracionamento.

Em geral, a redução na vazão de eluente resulta do entupimento dos filtros ou mesmo da matriz com material particulado presente nas amostras. A coluna deve ser inicialmente lavada com fluxo reverso, empregado agentes de solubilização como detergentes não iônicos ou iônicos, agentes desnaturantes de proteínas como a ureia e o hidrocloreto de guanidíneo, solventes orgânicos como o metanol, ou mesmo a exposição da coluna a uma base ou a um ácido forte, dependendo da estabilidade da matriz. Caso o problema não seja resolvido, a coluna pode ser desmontada, os componentes individuais devem ser limpos e a coluna, reempacotada.

A causa primária do aparecimento de picos distorcidos é a má aplicação da amostra, que pode ser contornada, no caso de colunas de alto desempenho, desmontando-se e limpando-se o injetor. A formação de caudas na eluição resulta normalmente da adsorção do composto de interesse à matriz, que pode ser minimizada, conforme discutido anteriormente. Para colunas que operam a altas pressões, outro fator que pode contribuir para a formação de cauda é a perda do recobrimento da matriz de sílica, que deve, então, ser trocada.

Picos assimétricos podem também resultar da formação de complexos reversíveis entre as macromoléculas que estão sendo processadas, como as de proteínas. Nessa situação, deve-se selecionar um eluente com características adequadas de pH e composição que desloque o equilíbrio químico de tal forma que prevaleça a presença de uma única forma polimérica.

O desaparecimento da espécie de interesse pode ocorrer devido à sua moderada adsorção na coluna, que faz com que o composto seja paulatina e tardiamente eluído da coluna, passando despercebido por estar muito diluído, e sendo confundido com ruídos na linha-base. Procedimentos que minimizem a adsorção podem eliminar o problema. Outra causa provável para esse desaparecimento é a dissociação do composto de interesse em moléculas menores, que eluem em frações distintas da esperada para a espécie complexada. A mistura das diferentes frações contendo os compostos dissociados pode facilitar a regeneração da espécie de interesse.

Outros problemas e suas possíveis soluções são discutidos em detalhes em manuais específicos, como o da GE Healthcare Life Sciences (2014).

9.5 TENDÊNCIAS NA CROMATOGRAFIA DE EXCLUSÃO MOLECULAR

Verifica-se, nos últimos anos, o crescimento expressivo nas vendas de biofármacos e também no número de produtos de caracterização relativamente difícil em fase de desenvolvimento e de testes clínicos, como biossimilares, incluindo anticorpos monoclonais, anticorpos conjugados a drogas, anticorpos bioespecíficos e outras moléculas recombinantes ou modificadas quimicamente. Tal crescimento tem levado, em consequência, à proposição e análise de diferentes estratégias para aumentar a eficiência dos métodos de separação e caracterização de biomoléculas baseados na cromatografia de exclusão molecular.

Uma das abordagens de melhoria de eficiência do processo consiste na operação em paralelo de duas colunas cromatográficas. Melhoria adicional nesse tipo de sistema é alcançada pelo uso de correntes de injeção de amostra entrelaçadas, em que uma nova amostra é injetada na coluna antes que o processamento da amostra anterior tenha sido concluído, resultando na redução do tempo de análise.

Outra forma de se aumentar o desempenho dos sistemas de cromatografia de exclusão molecular fundamenta-se no uso de matrizes com alta resistência mecânica e com tamanho inferior a 3 μm (por exemplo, de 1,7 μm), que possibilitam a operação em pressões bastante elevadas (até 600 bar) e mesmo a temperaturas elevadas (até 60 °C). Para aumentar a sensibilidade do método à determinação de agregados e para facilitar o processamento de amostras com volumes diminutos pode-se fazer o empacotamento da matriz em colunas do tipo capilares. Entretanto, tal abordagem pode levar a limitações relacionadas ao aumento da perda de carga na coluna e da agregação de macromoléculas no interior da coluna.

Uma abordagem alternativa ao uso de partículas é o preenchimento de colunas com dimensões de capilares com matrizes do tipo monolíticas, como as de poli(etilenoglicol metil éter acrilato-co-polietilenoglicol diacrilato), capazes de suportar pressões de até cerca de 20 bar. Caso seja preferível o uso de matrizes particuladas, deve-se sempre buscar um tamanho tal que haja um adequado compromisso entre o ganho na velocidade de análise e a perda de carga tolerável no sistema.

Dentre outras estratégias de melhoria, destaca-se ainda a baseada no uso de plataformas de cromatografia líquida bidimensional, associando a cromatografia de exclusão molecular à cromatografia líquida de fase reversa, visando aumentar o poder de resolução da etapa cromatográfica e a compatibilidade da exclusão molecular com a espectrometria de massas.

Em suma, observa-se que a cromatografia de exclusão molecular tem papel relevante e consolidado em bioprocessos de obtenção de produtos de variadas categorias e que, por sua ampla aplicabilidade na purificação de biomoléculas e em sua caracterização analítica, deve continuar em uso intenso nos próximos anos, passando por novas melhorias e aperfeiçoamento.

EXERCÍCIOS

1. Em um ensaio de laboratório foi obtido o seguinte cromatograma para determinar a massa molar de uma proteína desconhecida X:

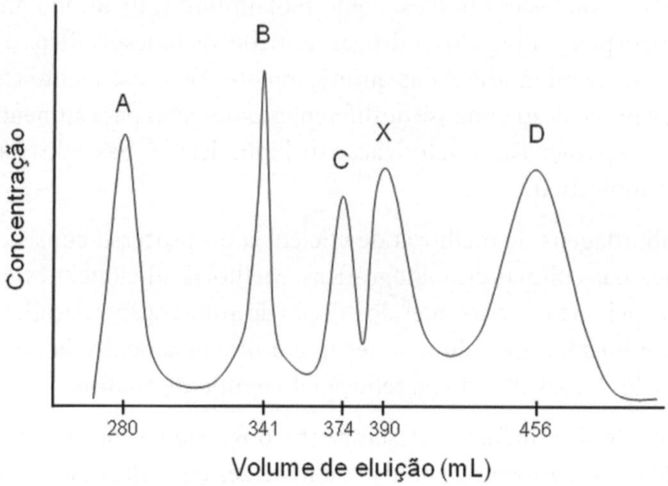

Os seguintes dados são aplicáveis ao sistema cromatográfico e às proteínas utilizadas na calibração da coluna: volume intersticial (V_0) = 200 mL; volume total (V_t) = 500 mL; massas molares dos padrões das proteínas A = 160 kDa; B = 60 kDa; C = 40 kDa; D =16 kDa.

Com base nessas informações:

a) Estime a massa molar da proteína X.

b) Quais das matrizes cromatográficas poderiam ser utilizadas para a realização deste ensaio dentre as listadas na Tabela 9.2? Por quê?

c) Qual das matrizes cromatográficas seria a mais adequada para a determinação precisa da massa molar da proteína X? Justifique sua resposta.

Resolução:

a) Para um tipo específico de matriz, verifica-se a existência de uma faixa operacional na qual se observa uma relação linear quando se plota os valores K_d de variadas proteínas conhecidas contra os logaritmos de suas massas moleculares (M), conforme a equação apresentada a seguir, resultando em curvas de calibração nas quais a e b são constantes:

$$K_d = a + b \log M$$

Então, o valor de K_d é determinado a partir da expressão:

$$K_d = \frac{V_e - V_0}{V_S}$$

Uma vez que o volume da fase estacionária é de difícil determinação, é mais conveniente considerar V_S como a diferença entre V_t e V_0 (500 mL – 200 mL = 300 mL). Na Tabela 1 são apresentados os valores de K_d calculados para as diferentes proteínas conhecidas e a proteína incógnita, e na Figura 1, o gráfico de K_d *versus* log M:

Proteína	K_d	log M
A	0,27	2,20
B	0,47	1,78
C	0,58	1,60
X	0,63	–
D	0,85	1,20

Tabela 1 Valores de K_d calculados para as diferentes proteínas conhecidas e a proteína incógnita

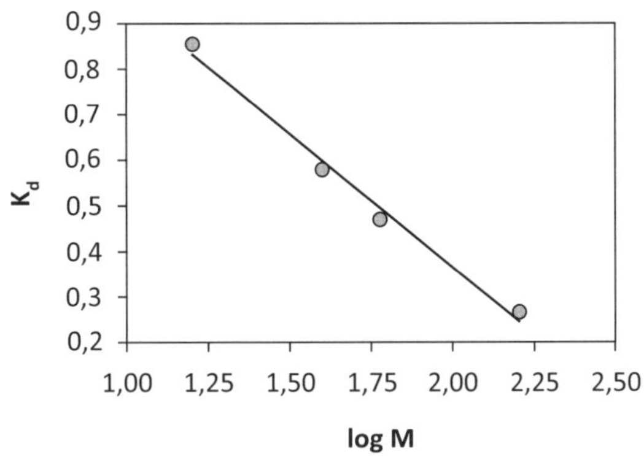

Figura 1 Gráfico de K_d *versus* log M.

Do ajuste linear dos dados, obtém-se a seguinte função:

$$K_d = 1{,}54 - 0{,}59 \log M$$

Como consta na Tabela 1, o valor de K_d para a proteína incógnita é 0,63. Então, sua massa molar pode ser determinada de acordo com a equação:

$$\log M = -\left(\frac{0{,}63 - 1{,}54}{0{,}59}\right)$$

$$M = 10^{1{,}54}$$

Assim:

$$M = 34{,}7 \text{ kDa}$$

b) Para um ensaio desse tipo, com poucos padrões de calibração, não se deve ter sobreposição de eluição de moléculas diferentes nem na região de limite de exclusão de entrada nos poros, nem na referente ao limite de penetração nos poros. Ou seja, matrizes com efetiva capacidade de retardar a eluição em intervalos distintos devem ser utilizadas, como as listadas a seguir: G150, G200 ou G200 superfina.

c) A matriz cromatográfica mais adequada é a G-200 superfina, pois sua faixa de fracionamento vai de 5 a 250 kDa (ver Tabela 9.2), o que possibilitaria uma separação mais efetiva entre proteínas de massas molares próximas entre si.

2. O subproduto do processo de fabricação de queijos é chamado de soro de leite. Seus principais componentes proteicos são: β-lactoglobulina (na forma de dímero) (33 kDa), α-lactalbumina (15 kDa), albumina (65 kDa) e imunoglobulinas (massa molar média de 150 kDa). Em um ensaio de laboratório cujo objetivo é obter as quatro frações proteicas isoladas, é utilizada a coluna de filtração em gel Sephadex G-75. Porém, o cromatograma obtido pela análise das frações coletadas após a eluição do volume intersticial só apresenta três picos de eluição.

a) Interprete o resultado obtido.

b) Indique uma coluna mais apropriada para separar corretamente as quatro frações proteicas, explicitando as razões de sua escolha, e ordene as frações proteicas de acordo com sua sequência esperada de eluição.

Resolução:

a) Como a fração contendo as imunoglobulinas apresenta massa molar média maior (150 kDa) do que o limite superior da faixa de fracionamento da coluna (3 a 80 kDa, de acordo com a Tabela 9.2), essa fração específica deve ter sido eluída no volume intersticial.

b) Uma matriz cromatográfica mais apropriada para este ensaio seria a G-150, pois sua faixa de fracionamento (5 a 300 kDa) inclui os quatro componentes proteicos que poderiam, então, não somente serem separados entre si, mas também identificados em função de seu volume de eluição. Considerando a utilização da coluna G-150, a ordem de eluição seria a seguinte: imunoglobulinas, albumina, β-lactoglobulina e α-lactalbumina (quanto menor o tamanho, maior é o tempo de retenção).

REFERÊNCIAS BIBLIOGRÁFICAS

AMERSHAM PHARMACIA BIOTECH. *Gel filtration: theory and practice*. Uppsala, 2002.

BERKOWITZ, S. A. et al. Analytical tools for characterizing biopharmaceuticals and the implications for biosimilars. *Nature Reviews Drug Discovery*, v. 11, n. 7, p. 527-540, 2012.

BOUVIER, E. S. P.; KOZA, S. M. Advances in size-exclusion separations of proteins and polymers by UHPLC. *Trends in Analytical Chemistry*, v. 63, p. 85-94, 2014.

DORAN, P. M. Unit operations. *Bioprocess engineering principles*. London: Academic Press, 1995. p. 218-253.

FEKETE, S. et al. Theory and practice of size exclusion chromatography for the analysis of protein aggregates. *Journal of Pharmaceutical and Biomedical Analysis*, v. 101, p. 161-173, 2014.

GABORIEAU, M.; CASTIGNOLLES, P. Size-exclusion chromatography (SEC) of branched polymers and polysaccharides. *Analytical and Bioanalytical Chemistry*, v. 399, p. 1413-1423, 2011.

GE HEALTHCARE LIFE SCIENCES. *Size exclusion chromatography: principles and methods*. Uppsala, 2014.

HAGEL, L. Gel filtration: size exclusion chromatography. In: J. C. JANSON. *Protein purification: principles, high resolution methods, and applications*. 3. ed. Hoboken: John Wiley & Sons, 2011. p. 51-91.

HONG, P.; KOZA, S.; BOUVIER, E. S. P. Size-exclusion chromatography for the analysis of protein biotherapeutics and their aggregates. *Journal of Liquid Chromatography & Related Technologies*,v. 35, p. 2923-2950, 2012.

LADISCH, M. R. Size exclusion (gel permeation) chromatography. In: LADISCH, M. R. *Bioseparations engineering: principles, practice, and economics*. New York: John Wiley & Sons, 2001. p. 556-573.

LI, Y.; TOLLEY, H. D.; LEE, M. L. Preparation of polymer monoliths that exhibit size exclusion properties for proteins and peptides. *Analytical Chemistry*, v. 81, n. 11, p. 4406-4413, 2009.

MORRIS, G. A.; ADAMS, G. A.; HARDING, S. E. On hydrodynamic methods for the analysis of the sizes and shapes of polysaccharides in dilute solution: a short review. *Food Hydrocolloids*, v. 42, n. 3, p. 318-334, 2014.

PRENETA, A. Z. Separation on the basis of size: gel permeation chromatography. In: HARRIS, E. L. V.; ANGAL, S. (eds.). *Protein purification methods: a practical approach*. Oxford: IRL Press, 1989. p. 293-306.

QUATTROCCHI, O. A.; ANDRIZZI, S. A.; LABA, R. F. Cromatografía de exclusión molecular. In: MCNAIR, H. M. *Introducción a la HPLC: aplicación y práctica*. Buenos Aires: Artes Gráficas Farro, 1992. p. 175-199.

SCOPES, R. K. Gel filtration. In: SCOPES, R. K. *Protein purification: principles and practice*. 3. ed. New York: Springer-Verlag, 1994. p. 238-250.

STELLWAGEN, E. Gel filtration. In: DEUTSCHER, M. P. *Methods in enzymology (volume 182): guide to protein purification*. San Diego: Academic Press, 1990. p. 317-328.

WALSH, G.; HEADON, D. *Protein biotechnology*. West Sussex: John Wiley & Sons, 1994.

WARD, W. The art of protein purification. In: AHMAD, R. (ed.). *Protein purification*. 2012. Disponível em: <http://www.intechopen.com/books/protein-purification/tpp--and-othernew-applications-for-ammonium-sulfate-precipitation>. Acesso em: 19 out. 2015.

WINZOR, D. J. Analytical exclusion chromatography. *Journal of Biochemical and Biophysical Methods*, v. 56, p. 15-52, 2003.

CAPÍTULO 10
Cromatografia de troca iônica

Adalberto Pessoa Jr

Beatriz Farruggia

Fernanda Rodriguez

NOMENCLATURA

AE – Aminoetil

C – Carbóxi

CM – Carboximetil

DEAE – Dietilaminoetil

Hepes – Ácido N-2- piperazina-N'-2 etanossulfônico

Ka – Constante de equilíbrio para a ionização de um ácido

MES – Ácido 2-(N-morfolino) etanossulfônico

pI – Ponto isoelétrico

QAE – Dietil-2-hidroxipropil

S – sulfonato

SM – Sulfometil

SP – Sulfopropil

TAM – Trimetilaminometil

TEAE – Trietilaminoetil

pKa – -log Ka

LISTA DE PALAVRAS

Agarose

Aminas terminais

Ânions,

- fortes
- fracos

Área superficial

Arginina

Biomolécula

Bis-acrilamida

Bolhas

Carboximetil

Carga positiva

Cátions,

- fortes
- fracos

Celulose

Contraíons

DEAE

Deformação da matriz

Dessorção

Dextrana

Dibromopropanol

Dietilaminoetil

Eluição

Estabilidade

- mecânica
- química

Estocagem

Etileno metacrilato

Fase

- estacionária

móvel
sólida
Grupamentos
carboxílicos
funcionais
Hepes
Hidróxido de sódio
Histidina
Intumescimento
Leito cromatográfico
Ligações
cruzadas
β1-4
Lisina
Macroporosos
Matriz
Metacrilato glicidil
Micrgrânulos
Operações unitárias
Persulfato
Poliacrilamida
Poliestireno
Polimetacrilato
Polissacarídeo linear
Ponto isoelétrico
Purificações
Regeneração
Sanitização
Sephadex
Trocadores,
aniônicos
catiônicos

10.1 INTRODUÇÃO

A cromatografia de troca iônica está baseada num processo de adsorção química entre íons com carga positiva ou negativa, associados a uma matriz, e moléculas de carga oposta. Em 1850 foram publicados os primeiros trabalhos sobre troca iônica como técnica para a separação de íons, e já em 1917 a literatura registrou uma das primeiras tentativas de emprego da técnica em estudos de bioquímica. A cromatografia de troca iônica é comumente utilizada para purificar proteínas, pois, em comparação com outras operações unitárias, apresenta vantagens expressivas, como: simplicidade; facilidade de ampliação de escala; elevadas resolução e capacidade de adsorção. Além das purificações, são frequentes as aplicações analíticas e preparativas da cromatografia de troca iônica em pesquisas e nas indústrias.

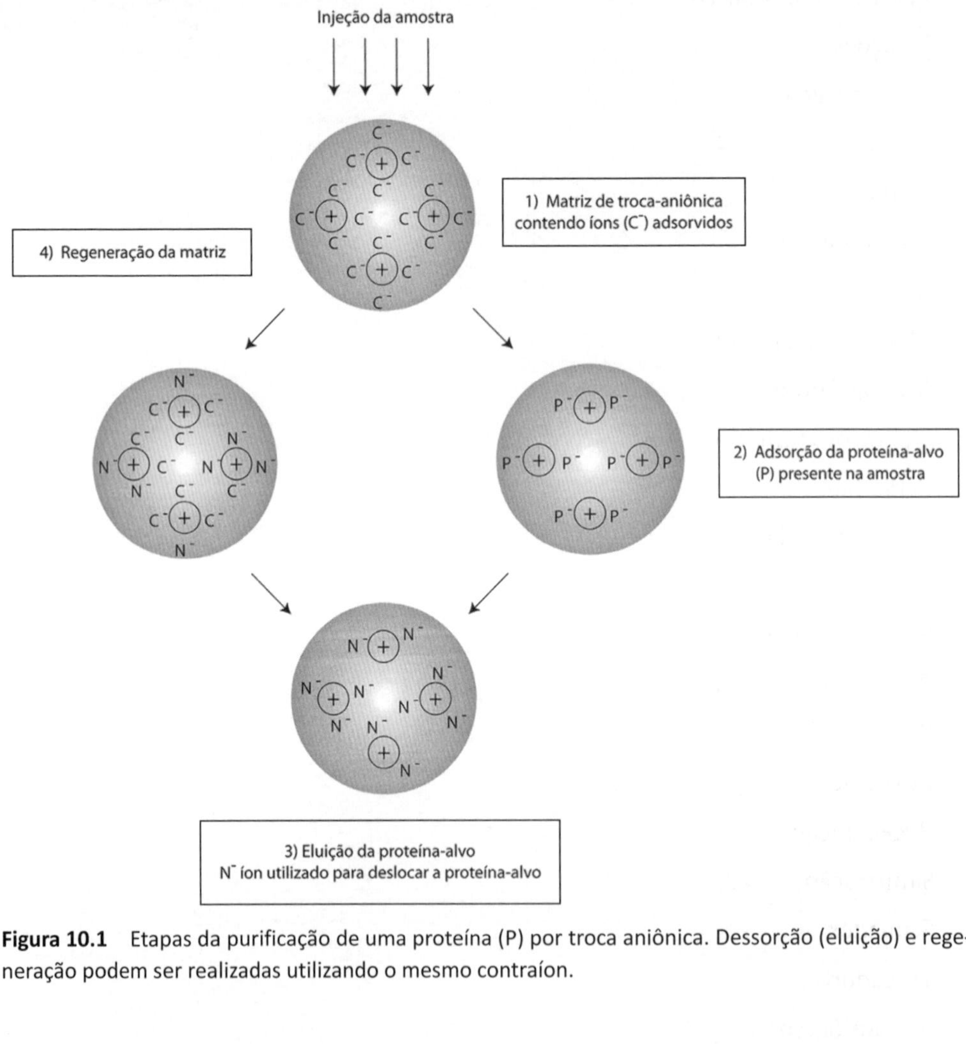

Figura 10.1 Etapas da purificação de uma proteína (P) por troca aniônica. Dessorção (eluição) e regeneração podem ser realizadas utilizando o mesmo contraíon.

As etapas básicas da cromatografia de troca iônica estão ilustradas na Figura 10.1: a uma matriz contendo grupos imobilizados, com carga positiva aos quais estão ligados íons com carga negativa, C^-, aplica-se a solução contendo a proteína de interesse, P^-, a qual é adsorvida de forma reversível nos mesmos sítios onde se encontravam os íons C^-, deslocando-os, portanto; subsequentemente, o soluto adsorvido, P^-, é trocado por outro íon com o mesmo tipo de carga, N^-, cuja afinidade pela matriz é maior em comparação ao íon P^-, o que permite sua eluição. Portanto, são os diferentes graus de afinidade eletrostática entre os íons da fase móvel e os íons imobilizados na matriz, que permitem a separação de uma dada molécula (molécula-alvo) em solução, em relação às outras moléculas. Os íons C^- e N^- são denominados contraíons.

10.2 TEORIA DA TROCA IÔNICA

O fundamento da cromatografia de troca iônica baseia-se na afinidade química entre íons da molécula de interesse e contaminantes pelos grupos carregados imobilizados sobre a matriz ou da matriz.

A superfície de moléculas de proteína apresenta grupamentos com cargas positivas e negativas. As cargas positivas são oriundas, sobretudo, dos aminoácidos histidina, lisina, arginina e das aminas terminais, e as cargas negativas são provenientes do ácido aspártico e glutâmico e dos grupamentos carboxílicos terminais.

A carga líquida de uma proteína depende da proporção entre suas cargas positivas e negativas e varia de acordo com o pH do meio em que está presente. O pH no qual o número de cargas positivas é igual ao de cargas negativas é denominado ponto isoelétrico (pI). Acima do pI as proteínas possuem carga líquida negativa, enquanto abaixo a carga líquida é positiva.

Na separação de proteínas exploram-se as diferenças no equilíbrio entre os íons da fase móvel e os íons da matriz. Para uma efetiva purificação por troca iônica, o grupo imobilizado na matriz deve ser capaz de se ligar a proteínas que estejam carregadas positiva ou negativamente (Figura 10.2). As matrizes de troca iônica que contêm grupos positivamente carregados são denominadas trocadores aniônicos e adsorvem proteínas com carga líquida negativa, como ilustrado na Figura 10.1. As matrizes denominadas trocadores catiônicos são negativamente carregadas e adsorvem proteínas com carga líquida positiva.

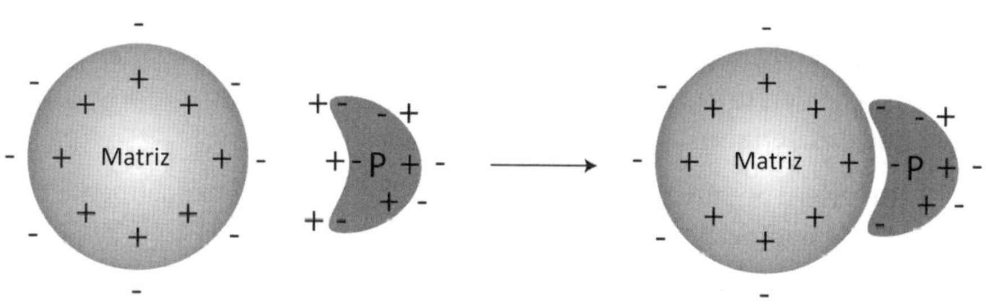

Figura 10.2 Adsorção de uma proteína (P) à matriz de troca iônica.

Os contraíons, também denominados íons de substituição, são íons de reduzida massa molar que se ligam à matriz ou às proteínas solúveis na fase móvel. Para que a proteína se ligue à matriz, os contraíons devem ser eletroliticamente dissociados. Os cátions Na^+ e H^+ são contraíons comumente encontrados em trocadores catiônicos, e os ânions Cl^- e OH^- são os mais utilizados em trocadores aniônicos (Tabela 10.1). Esses íons podem ser classificados segundo as forças de interação com seus respectivos grupos iônicos. Como exemplo, tem-se que os íons cloreto (Cl^-) substituiriam os íons hidróxido (OH^-) em um trocador aniônico. Portanto, antes da utilização, o trocador iônico deve ser condicionado com um contraíon adequado à aplicação desejada.

Tabela 10.1 Condições para a substituição de contraíons em matriz de troca iônica

Contraíon original	Contraíon desejado	Procedimento
H^+	Na^+	2 volumes de NaOH 0,1 a 1,0 M ou 2 volumes de NaCl 3,0 M
OH^-	Cl^-	2 volumes de HCl 0,1 a 1,0 M ou 2 volumes de NaCl 3,0 M
Na^+	H^+	30 volumes de HCl 0,1 a 1,0 M
Cl^-	OH^-	30 volumes de NaOH 0,1 a 1,0 M

10.3 SELEÇÃO DAS CONDIÇÕES DE PURIFICAÇÃO POR TROCA IÔNICA

Grande variedade de matrizes e grupos funcionais está disponível para a purificação de biomoléculas, o que, em associação à variedade de condições de adsorção e dessorção, oferece muitas possibilidades e, portanto, resultados para essas separações. Os itens a seguir apresentam alguns critérios e informações para a escolha da matriz, grupos funcionais e condições do processo.

10.3.1 ESCOLHA DA MATRIZ

As matrizes, também denominadas fase sólida ou estacionária, ou matriz, influenciam a resolução da purificação e o custo do processo. As matrizes são constituídas pelos seguintes materiais:

- matrizes ou polímeros hidrofóbicos de poliestireno ou parcialmente hidrofóbicos de polimetacrilato;
- polímeros macroporosos hidrofílicos naturais ou sintéticos, como poliacrilamida, celulose, dextrana e agarose;

- polímeros macroporosos hidrofílicos sintéticos constituídos por material rígido polimerizado, como o metacrilato glicidil e o etileno metacrilato; e
- partículas não porosas com elevada resistência mecânica mas com baixa capacidade e área superficial, constituídas por sílica e amidas.

Na escolha de uma matriz alguns critérios devem ser considerados:

- *Estabilidade mecânica* – quando é elevada, permite elevados valores do fluxo de alimentação, pois a deformação da matriz é minimizada, o que evita o entupimento dos canais por onde passam as moléculas.
- *Estabilidade química* – deve ser testada face às soluções que serão empregadas, a esterilização e a sanitização por agentes como o hidróxido de sódio, pois da estabilidade química depende a estrutura do leito.
- *Capacidade de adsorção* – quanto maior, menor o volume do leito e maior a velocidade de operação; depende da densidade dos grupamentos disponíveis.
- *Tamanho do poro* – deve permitir o acesso da biomolécula-alvo ao sítio de adsorção.
- *Forma do poro* – deve ser de difícil bloqueio a fim de não reduzir a área superficial disponível.
- *Superfície da matriz* – deve minimizar adsorções não específicas que, eventualmente, podem entupir a matriz.
- *Densidade da matriz* – deve ser adequada à sua aplicação; os leitos fluidizados requerem densidades altas o suficiente para manter a estabilidade do leito.
- *Tamanho da partícula*: influencia a escolha da coluna que fará a separação e o coeficiente de transferência de massa dos solutos da fase móvel para a matriz.

A seguir são apresentadas algumas matrizes empregadas na purificação de proteínas: celulose, agarose, dextrana e poliacrilamida.

10.3.1.1 Celulose

Foi introduzida em 1954 como trocador iônico na purificação de proteínas e continua sendo amplamente utilizada. Trata-se de um polissacarídeo linear de monômeros de glicose unidos por ligações β1-4. Cada resíduo de glicose tem três grupamentos hidroxilas que conferem caráter hidrofílico à matriz, facilmente oxidáveis a grupos carboxílicos, razão pela qual a celulose pode ser usada como trocador iônico. A celulose é instável na presença de ácidos minerais, álcalis e agentes oxidantes. Os trocadores iônicos celulósicos operam em valores de pH na faixa de 3 a 10, mas resistem por até duas horas a álcali a 0,5 M. A celulose tem estrutura macroporosa que possibilita boa vazão da fase móvel e fácil acesso de macromoléculas a seus grupos trocadores. Tem, ainda, a capacidade de adsorver água em quantidade quatro vezes superior à sua massa. Sua capacidade de se ligar a proteínas é alta, porém não é propícia a interações hidrofóbicas ou não iônicas. Os poros na matriz de celulose são formados em regiões da estrutura do polímero nas quais há poucas ligações de hidrogênio. A natureza desses poros depende do grau de solvatação e da quantidade de celulose. Para que a celulose seca seja usada como matriz de troca iônica é necessário tratá-la previamente com NaOH a 0,5 M por trinta minutos para intumescimento e abertura dos poros (Figura 10.3).

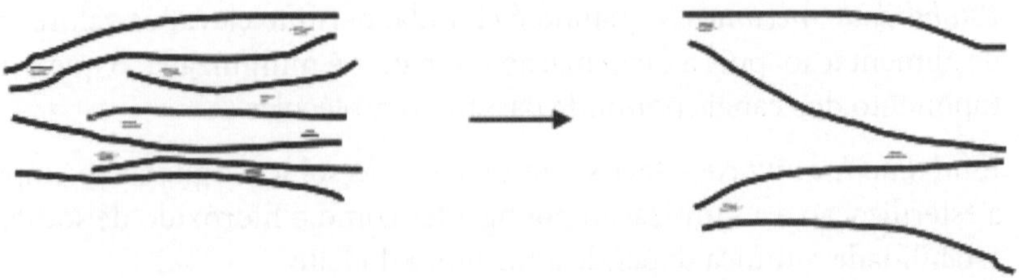

(a) (b)

Figura 10.3 Celulose seca (a) e matriz de celulose intumescida e com os poros abertos (b) após tratamento com NaOH a 0,5 M.

A celulose está disponível na forma de fibras, microgrânulos ou esferas. A matriz fibrosa tem boas propriedades hidrodinâmicas (capacidade de fluxo de 400 mL/cm^2.h) e é recomendada para uso nas primeiras etapas de purificação. A celulose microgranular é obtida por hidrólise ácida parcial com posterior tratamento para remover regiões amorfas e criar poros. Ela proporciona melhor resolução na purificação, uma vez que a rigidez e a porosidade da matriz são aumentadas em decorrência de ligações cruzadas e hidrólise ácida parcial. Ambas as matrizes são instáveis a altos fluxos de alimentação. A celulose esférica oferece as melhores propriedades termodinâmicas, uma vez que tem melhor rigidez e estabilidade química. Comercialmente, a matriz de troca iônica à base de celulose pode ser encontrada sob a denominação de Sephacel®.

10.3.1.2 Agarose

Polissacarídeo natural complexo obtido da purificação do ágar, molécula linear neutra, essencialmente livre de sulfatos, que consiste em cadeias repetidas de unidades alternadas β-1,3 D-galactose e α-1,4 3,6-anidro-L-galactose. A formação de uma matriz hidrofílica altamente porosa com mínima adsorção não específica verifica-se quando soluções da agarose de concentração 2% (m/m) com um grau de metilação (1,0% a 10%) são aquecidas a temperaturas entre 20 °C e 60 °C. O grau de ligações cruzadas e a concentração de agarose são responsáveis pelo tamanho do poro da matriz.

Matrizes de agarose em concentrações inferiores a 1,0% apresentam baixa estabilidade em valores extremos de pH, que pode ser aumentada com a formação de ligações cruzadas com dibromopropanol para resultar uma matriz que pode manter-se estável em pH de 3,0 a 14,0, além de poder ser autoclavada a 120 °C. A agarose com ligações cruzadas também apresenta boas propriedades hidrodinâmicas, pois suporta fluxos de 10 a 300 mL/cm^2.h, embora, na prática, as melhores resoluções de separação sejam obtidas com fluxos de 30-60 mL/cm^2.h. As matrizes de agarose não devem sofrer desidratação, pois a retirada de água provoca mudanças estruturais irreversíveis. Comercialmente, a matriz de troca iônica à base de agarose pode ser encontrada sob a denominação de Sepharose®.

10.3.1.3 Dextrana

Polissacarídeo produzido e secretado pela bactéria *Leuconostoc mesenteroides*, a dextrana é constituída por resíduos de glicose unidos por ligações α1-6. Cada resíduo apresenta seis grupos hidroxilas que proporcionam caráter hidrofílico à matriz, elevada estabilidade química e fácil derivatização. As matrizes de dextrana são menos estáveis à hidrólise ácida em comparação à celulose, mas podem resistir por até duas horas na presença de HCl 0,1 M e são estáveis em pH de 2 a 12. Os géis são altamente compressíveis e intumescem em solução aquosa. O limite de exclusão das matrizes de dextrana encontradas comercialmente é de 300 kDa para uma proteína globular. O poro é relativamente homogêneo e não requer pré-tratamento além do intumescimento. As dextranas com ligações cruzadas são autoclaváveis, biodegradáveis e podem ser secas e intumescidas repetidas vezes sem alteração de suas propriedades cromatográficas. Trocadores iônicos à base de dextranas são dependentes do volume do leito, do pH e da força iônica.

O polímero modificado de dextrana, comercialmente conhecido como Sephadex (Pharmacia®), caracteriza-se por ligações de hidrogênio entre as suas cadeias, apresentando, assim, uma estrutura porosa tridimensional.

10.3.1.4 Poliacrilamida

Matrizes de poliacrilamida são produzidas pela polimerização da acrilamida na presença de N,N'-metileno bis-acrilamida (Figura 10.4). A polimerização é feita na presença de um catalisador (por exemplo, persulfato) e na ausência de oxigênio. Os géis são autoclaváveis e, embora sejam quimicamente estáveis, podem liberar acrilamida, que é tóxica, motivo pelo qual seu uso para aplicações em alimentos e fármacos é limitado.

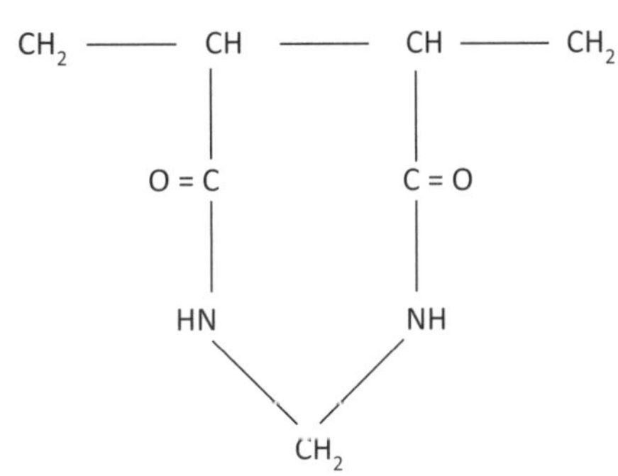

Figura 10.4 Estrutura química da unidade repetitiva da poliacrilamida.

10.3.2 ESCOLHA DOS GRUPOS FUNCIONAIS

Os grupos funcionais iônicos ou contraíons usados em trocadores iônicos são carregados positiva (trocadores aniônicos) ou negativamente (trocadores catiônicos), como já foi mencionado. Podem ser classificados em fortes ou fracos, dependendo dos valores da constante de ionização – pKa – dos grupos carregados. Os grupos fortes (sulfônicos para grupos catiônicos e aminas quaternárias para grupos aniônicos) são os que têm a capacidade de permanecer na forma ionizada nas condições de pH normalmente usadas para a purificação de proteínas (pH de 3,0 a 10,0). Os grupos fracos (carboxílico, fosfônico e arsênico para grupos catiônicos e aminas primárias, secundárias e terciárias para grupos aniônicos) possuem faixa mais estreita de pH em que operam com eficiência e são, muitas vezes, empregados na forma parcialmente ionizada. Portanto, os termos forte ou fraco não estão relacionados à força de interação entre a proteína e a matriz.

Na Tabela 10.2 são apresentados os grupos iônicos usados na adsorção de proteínas por troca iônica. O grupo dietilaminoetil (DEAE) é utilizado na troca aniônica para purificar proteínas com cargas negativas, enquanto o carboximetil (CM) é adotado com frequência na troca catiônica.

Tabela 10.2 Grupos funcionais usados em trocadores iônicos

Estrutura	Nome	Designação	pK_a
Ânions fortes			
$CH_2N^+(CH_3)_3$	Trimetilaminometil	TAM	–
$C_2H_4N^+(C_2H_5)_3$	Trietilaminoetil	TEAE	9,5
$C_2H_4N^+(C_2H_5)_2CH_2CH(OH)CH_3$	Dietil-2-hidroxipropil aminoetil	QAE	–
Ânions fracos			
$C_2H_4N^+H_3$	Aminoetil	AE	–
$C_2H_4NH(C_2H_5)_2$	Dietilaminoetil	DEAE	9,0 a 9,5
Cátions fortes			
SO_3-	Sulfonato	S	2,0
CH_2SO_3-	Sulfometil	SM	–
$C_3H_6SO_3$-	Sulfopropil	SP	2,0-2,5
Cátions fracos			
COO-	Carbóxi	C	–
CH_3COO-	Carboximetil	CM	3,5-4,0

As proteínas são anfifílicas e, portanto, podem apresentar carga líquida positiva ou negativa, dependendo do valor do pH do meio e de seu ponto isoelétrico (pI). Portanto, para sua purificação, em princípio pode-se utilizar tanto trocador aniônico quanto catiônico; entretanto, há que considerar a estabilidade da proteína no pH a ser utilizado. Por exemplo, para proteínas estáveis em pH abaixo do pI, usa-se trocador catiônico. A despeito do caráter anfifílico das proteínas, pode ocorrer adsorção em um trocador iônico com carga oposta à esperada em função da localização dos grupos eletricamente carregados na superfície da proteína. Ou seja, uma proteína com carga global negativa, mas contendo uma porção positivamente carregada, poderá se ligar a um trocador catiônico.

10.3.3 CONDIÇÕES DO PROCESSO

10.3.3.1 Escolha da fase móvel

As propriedades dos eletrólitos na fase móvel, geralmente aquosa, contribuem para a dissociação dos grupos iônicos e intumescimento da matriz, ou seja, influem fortemente na velocidade de troca iônica. A fase móvel pode ser uma solução ácida, básica ou uma solução do tipo tampão, adicionada de sais neutros ou solventes orgânicos, com a finalidade de aumentar a seletividade do processo de purificação.

Proteínas em solução aquosa têm seus grupos carregados da superfície associados aos contraíons, assim como os grupos iônicos do trocador. Como consequência da adsorção, ocorre troca do contraíon da proteína-alvo e aumento da força iônica da solução, que pode causar alteração no valor do pH da fase móvel e desnaturar a proteína de interesse. O tampão deve ser escolhido de forma a minimizar alterações do valor do pH ao longo do processo cromatográfico e proporcionar a máxima adsorção. Os tampões mais usados na adsorção de proteínas por troca iônica são apresentados na Tabela 10.3.

Tabela 10.3 Tampões comumente usados na adsorção de proteínas por troca iônica

Tipo de trocador	Tampão	pK	Faixa de tamponamento
Cátions	Acético	4,76	4,8-5,2
	Cítrico	4,76	4,2-5,2
	MES	6,15	5,5-6,7
	Fosfato	7,20	6,7-7,6
	Hepes	7,20	7,6-8,2
Ânions	L-histidina	6,15	5,5-6,0
	Imidazol	7,00	6,6-7,1
	Trietanolomina	7,77	7,3-7,7
	Tris	8,16	7,5-8,0
	Dietanolamina	8,80	8,4-8,8

10.3.3.2 pH de adsorção e eluição

O pH da fase móvel deve ser ajustado para favorecer a adsorção ou a eluição da molécula-alvo, pois altera a carga líquida superficial da proteína. Quanto maior for a densidade de cargas de uma proteína, mais fortemente ela se ligará a um trocador iônico com carga oposta. Da mesma forma, trocadores iônicos com alta densidade de carga se ligam a proteínas de modo mais eficiente do que os carregados com baixa densidade.

Em geral, a adsorção da proteína se dá em valores de pH de cerca de uma unidade abaixo ou acima do seu pI, embora diferenças maiores de pH proporcionem maior carga líquida à proteína e adsorção mais intensa. Em valores de pH próximos ao pI a carga líquida global da proteína é próxima à nulidade e, por consequência, a adsorção é fraca. Uma proteína começa a se dissociar de um trocador iônico quando o pH da fase móvel estiver a 0,5 unidade de diferença do pI.

A seguir, apresenta-se um método rápido para a determinação do pH inicial mais adequado para a purificação de proteínas em um trocador iônico:

1) Adicionar ~1,0 g de determinada matriz de troca iônica a cada tubo de um conjunto de tubos de ensaio;
2) Lavar a matriz por 10 vezes com tampão 0,5 M. Cada tubo deve conter solução tampão a um dado valor de pH entre 4,0 e 10,0, com intervalos de 0,5 unidade ou a valores de pH nos quais a biomolécula é estável;
3) Lavar a matriz contida nos tubos preparados no item 2 por 5 vezes, com solução tampão de menor força iônica (~20 mM);
4) Adicionar aos tubos quantidade conhecida de amostra com a proteína a ser adsorvida e promover mistura sob agitação branda, entre 8 e 20 rpm por no mínimo 10 minutos na temperatura de estabilidade da biomolécula ou, de preferência, em um ambiente refrigerado;
5) Deixar a matriz decantar e determinar a concentração de proteína e/ou a atividade da biomolécula no sobrenadante;
6) Selecionar o pH que promover total ou máxima adsorção da proteína, ou então o pH no qual não se detectar atividade ou concentração da proteína no sobrenadante;
7) Selecionar o pH de eluição que proporcione mínima adsorção (ou máxima dessorção) da proteína ou biomolécula-alvo, ou seja, o pH no qual se detecte máxima atividade da biomolécula no sobrenadante.

10.3.3.3 Força iônica de adsorção e eluição

A força iônica da solução tampão empregada na adsorção por troca iônica deve ser tal que ocorra máxima adsorção dos grupos iônicos da proteína a ser purificada, portanto, ela é fator crítico no estabelecimento do equilíbrio físico-químico entre a matriz e a fase móvel. As proteínas competem com os íons em solução para se ligarem aos grupos carregados dos trocadores iônicos. Quando a concentração desses íons em solução é baixa, as proteínas se ligam às cargas opostas do trocador iônico por seus grupos eletricamente carregados. Na etapa de adsorção deve ser usada a maior força iônica que permita a máxima adsorção da proteína à matriz, enquanto na eluição deve ser utilizada a menor força iônica que promova a dessorção. A razão para isso é favorecer a eficiência da eluição, a qual depende de a ligação entre proteína e matriz ser fraca ou moderada na etapa de adsorção. Além disso, ao se manter a força iônica a mais alta possível na adsorção, minimiza-se a adsorção de contaminantes indesejáveis; e ao se manter, na eluição, a mais baixa força iônica possível, minimiza-se a dessorção de contaminantes. Em geral, a concentração de NaCl empregada na adsorção está na faixa de 20 a 50 mM e na eluição até 500 mM.

A determinação da força iônica mais apropriada para a adsorção e eluição de proteínas deve ser conduzida em temperatura de refrigeração (~4 °C) e pode ser feita como segue:

1) Adicionar ~1,0 g de determinado trocador iônico em diferentes tubos de ensaio;
2) Preparar soluções de NaCl (de 10 a 450 mM) em tampão com valores de pH previamente definidos. Para tanto, adicionar a solução salina ao tubo, em volume ligeiramente superior ao ocupado pelo trocador iônico, agitar brandamente (8 a 20 rpm) por 10 minutos e deixar o tubo em repouso para que a matriz decante. Na sequência, remover o sobrenadante. Repetir esse procedimento por quatro vezes;
3) Adicionar amostra contendo a proteína aos tubos e promover mistura em condições brandas (rotação entre 8 e 20 rpm) por 10 minutos no mínimo;
4) Determinar a concentração de proteína e/ou atividade da biomolécula no sobrenadante;
5) O máximo valor de força iônica que possibilita a adsorção deverá ser o escolhido, enquanto a melhor condição para eluição é o mínimo valor de força iônica que possibilita a dessorção da proteína-alvo;
6) Calcular a máxima massa da biomolécula-alvo que pode ser adsorvida por 1 g de trocador iônico ($g_{\text{proteínas adsorvidas}}/g_{\text{matriz}}$). Assim, é possível calcular a capacidade da matriz a ser utilizada nas colunas de cromatografia de maior escala em função da massa de biomolécula-alvo a ser purificada.

10.4 PROCEDIMENTOS NAS SEPARAÇÕES POR TROCA IÔNICA

Estabelecidas as melhores condições de pH e força iônica de adsorção e eluição, outros fatores importantes devem ser determinados, como o pré-tratamento da matriz e o modo de adsorção e eluição das proteínas de interesse.

10.4.1 PRÉ-TRATAMENTO DA MATRIZ

O pré-tratamento da matriz consiste na remoção de impurezas, intumescimento, lavagem e condicionamento do contraíon.

Para a remoção de impurezas promove-se uma mistura entre o adsorvente e o tampão, cujo volume deve ser de 5 a 6 vezes maior que o volume do adsorvente. Após cada etapa de mistura (sob agitação branda, 8 a 20 rpm), decanta-se a matriz e se descarta o sobrenadante. Esse procedimento de mistura/decantação/descarte deve se repetir por 3 a 5 vezes.

O intumescimento é necessário quando a matriz for adquirida na forma seca. O material deve ser suspenso em água, a um volume de 10 a 15 vezes maior que o volume da matriz, e mantido em repouso pelo período recomendado pelo fabricante. Para a remoção de bolhas, as matrizes devem ser lavadas com um solvente, como metanol ou acetona, por uma hora. Em seguida, se o trocador for aniônico, faz-se um tratamento com solução alcalina a 2 M, e, se for catiônico, faz-se uma lavagem com solução ácida a 2 M. Em seguida, as matrizes devem ser lavadas com água.

As matrizes de troca iônica, da forma como são fornecidos pelo fabricante, contêm um contraíon associado com os grupos iônicos, em geral o Cl^- ou o OH^- para os trocadores aniônicos e o H^+ ou o Na^+ para os catiônicos. Caso seja necessário, a matriz deve passar por procedimento para substituir esses contraíons por outros com força de atração mais apropriada para o propósito da purificação em questão. A Tabela 10.1 apresenta algumas condições para a substituição de contraíons.

É relevante destacar que a temperatura afeta a eficiência desse processo de adsorção/eluição, uma vez que dela depende o valor do pKa do tampão. Em processos que envolvem biomoléculas termossensíveis, a cromatografia deve ser realizada à temperatura de refrigeração (da ordem de 4 °C) a fim de prevenir desnaturações indesejáveis.

10.4.2 PROCESSO DE ELUIÇÃO

O processo de adsorção de uma dada biomolécula por troca iônica tem por objetivo sua purificação ou simplesmente a eliminação de contaminantes. Uma vez determinada a capacidade da matriz e selecionados os valores de pH e força iônica para a adsorção e a eluição de determinada biomolécula-alvo, deve-se definir a forma mais apropriada de operar o processo.

As proteínas que adsorveram na matriz de troca iônica serão eluídas com o aumento da força iônica pela inclusão de novas espécies iônicas ou pela mudança do pH. É comum conduzir a eluição das moléculas adsorvidas no leito cromatográfico com a mesma solução tampão utilizada no preparo inicial da coluna adicionada de NaCl, pois reduz-se a interação entre o grupo trocador e as biomoléculas a serem eluídas.

A eluição de determinada proteína pode ser conduzida de diversas formas e, quando o objetivo é concentrá-la, pode ser feita com pequeno volume de eluente. A seguir, apresentam-se três tipos comumente utilizados de eluição: em etapas, por gradiente e por afinidade.

- A *eluição por etapas* é usada para, simultaneamente, purificar e concentrar biomoléculas. As etapas são divididas em função do valor do pH e da força iônica da fase móvel, e a eluição da biomolécula-alvo ocorre em uma única etapa e em pequeno volume. O volume da coluna, e consequentemente a massa de matriz nela inserida, é determinado pela capacidade da matriz de troca iônica específica para a proteína (ou biomolécula) alvo ($g_{\text{proteínas adsorvidas}}/g_{\text{matriz}}$);
- Na *eluição por gradiente* promove-se variação contínua da força iônica ou do pH do eluente em função do tempo, do que resulta a eluição sequencial das proteínas em função da força de interação com a matriz. Os gradientes são obtidos por meio de misturas de diferentes soluções tampão de tal forma que a concentração do sal no eluente seja crescente. A mistura pode ser feita por aparelhos programados para proporcionar o gradiente pré-definido com reprodutibilidade elevada. Gradientes que resultem variação não linear da concentração de sal são recomendados na eluição de amostra desconhecida. Se a resolução da purificação não for satisfatória, o gradiente de concentração pode ser alterado. O volume de tampão de eluição deve ser determinado empiricamente de modo que o volume total do eluente seja de 4 a 5 vezes o volume do leito. A proporção entre comprimento e diâmetro da coluna deve ser de 5:1. A eluição por gradiente com aumento do pH pode ser empregada em trocadores catiônicos de forma a tornar as proteínas menos carregadas positivamente e, portanto, mais facilmente dessorvidas da matriz, enquanto o gradiente de redução de pH pode ser usado para trocadores aniônicos, uma vez que as proteínas adsorvidas se tornam menos negativas. Como o gradiente de pH provoca, também, alteração da força iônica do meio, a eluição pode ser feita com base na combinação entre variação do pH e força iônica;
- Se a proteína for eluída em razão de interações específicas com alguma espécie iônica adicionada ao tampão de eluição, tem-se a *eluição por afinidade*. Nesse caso o componente do eluente é, normalmente, o substrato da molécula adsorvida. Esse componente tem a carga com o mesmo sinal do trocador iônico e se liga especificamente ao sítio ativo da proteína. Um exemplo de eluição por afinidade é a dessorção da enzima frutose 1,6-difosfatase de uma coluna de celulose com auxílio do substrato (1,6-difosfato). Nesse caso, a enzima tem quatro subunidades que poderiam se ligar às moléculas de substrato e, assim, diminuir sua força de interação com o trocador catiônico. Mais detalhes sobre cromatografia de afinidade são apresentados no Capítulo 12.

10.4.3 REGENERAÇÃO E ESTOCAGEM

Para que a coluna possa ser empregada novamente no processo de purificação, é preciso regenerá-la, isto é, promover o equilíbrio com o eluente inicial e remover os contaminantes ligados à matriz. A condição de equilíbrio é alcançada promovendo-se a passagem do eluente pela coluna, a um volume de cinco a dez vezes a sua capacidade. Desse modo, ocorre troca de íons com eliminação daqueles contidos nos eluentes anteriormente utilizados. A regeneração é conduzida na própria coluna usada na purificação da biomolécula.

A remoção de proteínas fortemente ligadas à matriz é inicialmente alcançada com o uso de NaCl a 2 M, seguida, em alguns casos, por uma lavagem alcalina. Porém, o manual do fabricante deverá ser consultado a fim de se obterem informações mais precisas sobre as condições de regeneração.

Trocadores iônicos estocados na forma úmida são suscetíveis à degradação microbiana. Isso ocorre, em particular, com matrizes contendo polissacarídeos. Para evitar esse problema, a estocagem desses tipos de trocadores deve ser feita na presença de agentes antimicrobianos, como o etanol a 70%.

10.5 EXEMPLO DE CROMATOGRAFIA DE TROCA IÔNICA

A cromatografia de troca iônica é amplamente empregada como uma das etapas dos processos de purificação de alta resolução aplicados a moléculas de células animais, vegetais e microbianas, moléculas de tamanhos e formas variadas, com ou sem atividade biológica e localizadas intra ou extracelularmente. Exemplo importante de aplicação encontra-se na purificação das diferentes moléculas do hemolisado placentário, a saber: imunoglobulina, albumina, catalase e superóxido dismutase. A imunoglobulina (IgG) é responsável pela imunidade passiva e é usada no tratamento de imunodeficiência; a catalase (Cat) e a superóxido dismutase (SOD) são empregadas no tratamento de injúria causada por isquemia-reperfusão, redução de processos inflamatórios e no tratamento de doenças articulares; e a albumina (Alb) é adotada na reposição do volume de plasma. Essas biomoléculas foram purificadas com auxílio de diferentes métodos, como precipitação por solventes orgânicos, filtração tangencial e técnicas cromatográficas, entre as quais a troca iônica foi empregada várias vezes. O processo de purificação geral incluiu uma etapa comum a todas as biomoléculas e uma etapa específica. As etapas comuns foram:

1) Rompimento das células da placenta (congelamento/descongelamento/moagem) e centrifugação.
2) Precipitação seletiva do clarificado com os solventes orgânicos éter e clorofórmio.
3) Concentração e diafiltração tangencial com membrana de ultrafiltração.
4) Cromatografia de troca-aniônica. Na etapa de purificação específica, o processo ramificou-se e a purificação de cada molécula seguiu um determinado caminho. Diferentes técnicas cromatográficas foram utilizadas, como a cromatografia de troca aniônica, interação hidrofóbica ou afinidade (Figura 10.5).

As placentas foram moídas e centrifugadas, e a massa celular foi descartada. O sangue hemolisado, contendo as proteínas IgG, Cat, SOD e Alb, foi encaminhado para uma precipitação seletiva com solventes (etanol 25% v/v e clorofórmio 0,6% v/v) e, em seguida, passou por filtração a vácuo. O filtrado, contendo todas as proteínas, foi concentrado por ultrafiltração (membrana de 10 kDa) e diafiltração para ajuste do pH para 5,75. Na sequência, o meio foi encaminhado para a cromatografia de troca aniônica (Q-sepharose®), seguida de eluição em duas etapas: na primeira, conduzida a pH 7,0, recolheu-se a SOD e pequena quantidade da proteína contaminante transferrina; na segunda etapa, conduzida a pH 4,5, obteve-se a albumina. A IgG e a catalase não foram adsorvidas na coluna e foram encaminhadas para nova troca iônica na mesma matriz de Q-Sepharose, porém a pH neutro. A catalase foi adsorvida à matriz (Q-sepharose®), eluída, encaminhada para a cromatografia de afinidade (Blue-Sepharose®) e concentrada por ultrafiltração em membrana de 30 kDa.

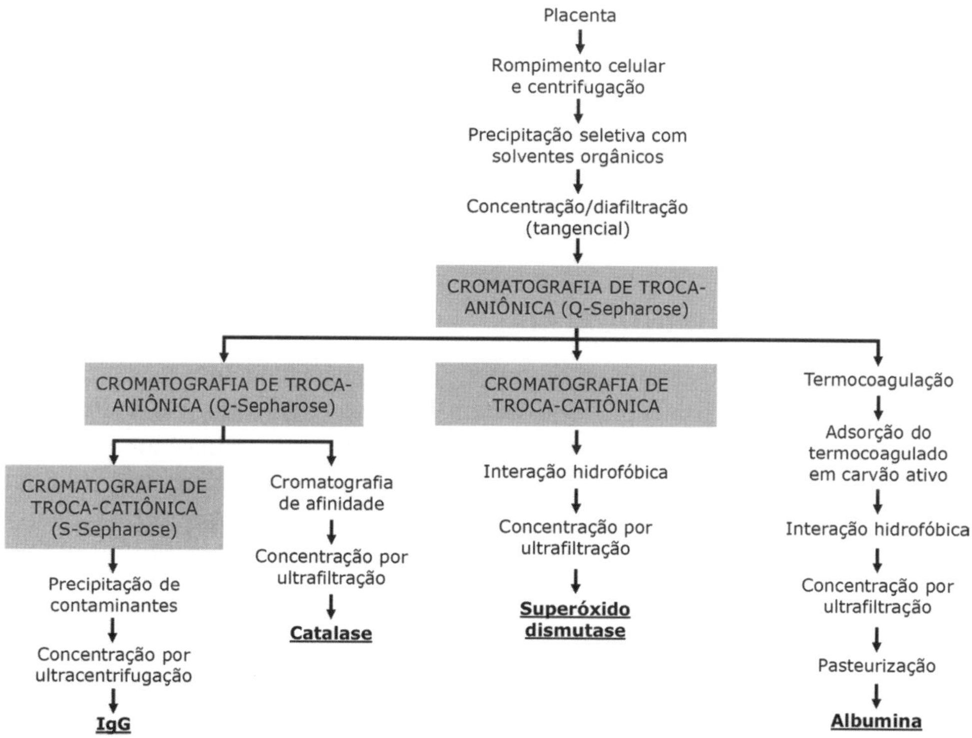

Figura 10.5 Processo de purificação de imunoglobulina G (IgG), catalase (cat), superóxido dismutase (SOD) e albumina (Alb), a partir de placenta humana, com destaque para as etapas de cromatografia de troca iônica.

Fonte: Grellet et al., 2001.

A IgG, que não adsorveu na segunda passagem pela coluna, foi adsorvida em matriz de troca catiônica (S-Sepharose®) em pH 5,2 e eluída a pH 7,2. Em seguida, os contaminantes foram precipitados com ácido caprílico e a IgG, concentrada/diafiltrada em membrana de ultrafiltração com diâmetro nominal de corte igual a 30 kDa.

Após eluição da primeira cromatografia de troca aniônica (Q-sepharose®), a SOD passou por uma coluna cromatográfica de interação hidrofóbica (matriz Phenyl-Sepharose®), os contaminantes foram eliminados e a enzima foi concentrada por ultrafiltração tangencial em membrana de 10 kDa.

A albumina, adsorvida em matriz de troca aniônica (Q-sepharose®) e eluída em pH 4,5, continha pequena concentração do contaminante transferrina, eliminado após termocoagulação a 70 °C na presença de caprilato de sódio e EDTA. Foi adicionado carvão ativo ao termocoagulado, agitado, e o filtrado, contendo albumina, encaminhado para a cromatografia em matriz de interação hidrofóbica (Phenyl-Sepharose®). A albumina não adsorvida foi concentrada por ultrafiltração tangencial em membrana com diâmetro de corte igual a 30 kDa e pasteurizada.

Esse processo integrado de purificação de quatro proteínas a partir de placenta humana proporcionou recuperação de 30% da catalase e 100% da superóxido dismutase. O processo global de purificação aumentou a pureza da catalase em 750 vezes e da SOD em 796 vezes sendo que desse aumento as cromatografias de troca iônica (aniônica e catiônica) contribuíram com 58,3 e 49 vezes, respectivamente, para as enzimas catalase e SOD.

10.6 APLICAÇÃO INDUSTRIAL

Soro de leite é um subproduto da produção de queijo, com alto teor proteico, a partir do qual é possível obter proteínas de alto valor comercial como α-lactoalbumina, β-lactoglobulina, lactoferrina e imunoglobulina. A α-lactoalbumina é uma boa fonte de aminoácidos essenciais, e a lactoferrina é utilizada para tratar úlceras estomacais e intestinais, como antioxidante e como proteção contra infecções. As proteínas de soro de leite podem ser separadas utilizando-se matrizes de troca iônica e eluição seletiva.

No protocolo descrito por Ye, Yoshida e Ng (2000), o pH do soro é regulado com um tampão a pH 6,5. A lactoferrina e a lactoperoxidase são adsorvidas às matrizes de troca catiônica e eluídas em gradiente de NaCl entre 0 e 0,55 M. O eluído que não se ligou à coluna tem seu pH ajustado a pH 8,5 e passa por uma coluna de troca aniônica para recuperação da α-lactoalbumina e da β-lactoglobulina. A α-lactoalbumina é eluída em gradiente de NaCl entre 0 e 0,15 M. Em seguida, o pH é ajustado para 6,8 e a β-lactoglobulina é eluída com um gradiente de NaCl de 0 a 0,2 M (Figura 10.6).

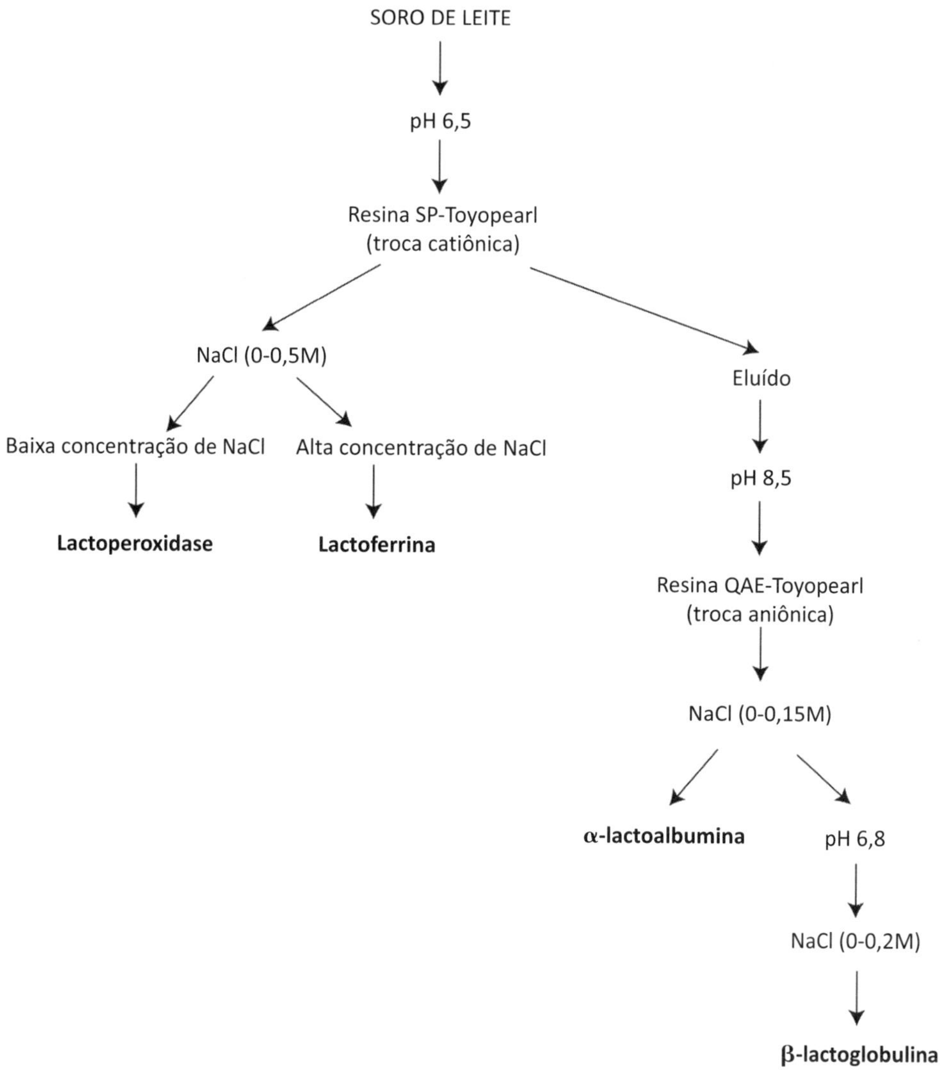

Figura 10.6 Purificação de α-lactoalbumina, β-lactoglobulina, lactoferrina e lactoperoxidase a partir de soro de leite.

10.7 CONSIDERAÇÕES FINAIS

A cromatografia de troca iônica é uma técnica de separação versátil, de grande importância e para a qual se encontra uma ampla variedade de matrizes de troca aniônica e catiônica, o que permite muitas possibilidades na separação de proteínas. O aumento de escala desse tipo de cromatografia é relativamente simples, permitindo sua utilização em diversos tipos de indústria.

EXERCÍCIOS

1. Um laboratório dispõe de uma coluna de DEAE Sepharose® e outra de SP Sepharose®.

a) Determine qual é a coluna mais apropriada para separar uma mistura de 3 proteínas cujos pontos isoelétricos são 4,0, 7,0 e 10,0 respectivamente.

b) Qual valor de pH deve ser utilizado para realizar a separação?

c) Como deve ser realizada a eluição das proteínas adsorvidas? Ordene as proteínas de acordo a sua sequência de eluição.

Resolução:

a) e b) Utilizando DEAE Sepharose® e pH 8,0, a proteína de pI igual a 10,0 não será retida pela coluna e será eluída no volume intersticial. As proteínas de pI 4,0 e 7,0, sim, serão adsorvidas na matriz.

c) Utilizando força iônica, as proteínas adsorvidas serão eluídas na seguinte ordem: pI 7,0 e pI 4.0.

2. Qual o valor do pH que deve ser selecionado para preparar a solução tampão a ser utilizada para purificar uma proteína de pI 8,3 com utilização de cromatografia de troca iônica?

Resposta:

Deve-se trabalhar com um valor de pH menor do que o pI da proteína e uma matriz de troca catiônica ou uma matriz de troca aniônica para um pH maior que o pI da proteína.

REFERÊNCIAS BIBLIOGRÁFICAS

AMERSHAM-PHARMACIA BIOTECH AB. *Ion exchange chromatography. Principles and methods*. Uppsala, 1999.

COLLINS, C. H.; BRAGA, G. L.; BONATO, P. S. *Introdução a métodos cromatográficos*. Campinas: Ed. Unicamp, 1990. 279 p.

GRELLET, S. et al. An associated process for the purification of immunoglobulin G, catalase, superoxide dismutase and albumin from haemolysed human placenta blood. *Biotechnology and Applied Biochemistry*, v. 34, pp. 135-142, 2001.

HARRIS, E. L. V.; ANGAL, S. (eds.). *Protein purification applications: a practical approach*. Oxford: IRL Press, 1995. 179 p.

HARRIS, E. L. V.; ANGAL, S. (eds.). *Protein purification methods: a practical approach*. Oxford: IRL Press, 1994. 317 p.

HARRISON, R. G. *Protein purification process*. New York: Marcel Dekker, 1994. 381 p.

JANSON, J. C.; RYDÉN, L. *Protein purification: principles, high resolution methods and applications*. New York: John Wiley & Sons, 1998.

KILIKIAN, B. V.; PESSOA JR., A. Purificação de produtos biotecnológicos. In: SCHMIDELL, W. et al. *Biotecnologia industrial: engenharia bioquímica*. São Paulo: Blucher, 2001, p.493-520.

PYLE, D. L. (ed.). *Separations for biotechnology 2*. London: Elsevier Science Publishers, 1990. 324 p.

VERRALL, M. S.; HUDSON, M. J. (eds.). *Separations for biotechnology*. Chichester: Ellis Horwood, 1987. 502 p.

WHEEWRIGHT, S. M. *Protein purification: design and scale up of downstream processing*. New York: John Wiley & Sons, 1994.

YE, X.; YOSHIDA, S.; NG, T. B. Isolation of lactoperoxidase, lactoferrin, a-lactalbumin, b-lactoglobulin B and b-lactoglobulin. A from bovine rennet whey using ion exchange chromatography. *International Journal of Biochemistry and Cell Biology*, v. 32, n. 11-12, p. 1143-1150, 2000.

CAPÍTULO 11
Cromatografia de interação hidrofóbica

Francisco Maugeri Filho

Marcus Bruno Soares Forte

Oscar Mendieta-Taboada

NOMENCLATURA

1/n – Índice do modelo de Freundlich

ΔG – Variação da energia livre de Gibbs (kJ/mol)

ΔH – Variação de entalpia (kJ/mol)

ΔS – Variação de entropia (kJ/mol.K)

Δt – Intervalo de tempo (min)

η – Porcentagem recuperada de uma molécula (%)

a – Atividade enzimática (U)

A – Atividade enzimática volumétrica (U/mL)

$A_{1,rup}$ – Área relacionada à quantidade de adsorvato não adsorvida no recheio

$A_{2,rup}$ – Área relacionada à quantidade adsorvida na coluna

$A_{3,rup}$ – Área relacionada à capacidade não usada da coluna

Abs – Absorbância (UA)

A_{col} – Área da seção transversal da coluna (cm^2)

A_e – Atividade enzimática específica (U/mg)

A^{eq} – Atividade enzimática volumétrica no equilíbrio (U/mL)

C_{CA} – Concentração de antibiótico CA (mg/L)

C^{eq} – Concentração de adsorvato em solução no equilíbrio (U/mL ou mg/mL)

CIH – Cromatografia de interação hidrofóbica

C_{PRO} – Concentração de contaminantes PRO (mg/L)

C_{prot} – Concentração de proteínas (mg/mL)

d_{col} – Diâmetro da coluna (cm)

F – Vazão de alimentação (mL/min)

FC – Fator de concentração

FP – Fator de purificação

H – Altura de leito da coluna (cm)

K_d – Constante de dissociação (U/mL ou mg/mL)

K_f – Constante do modelo Freundlich (U^{1-nF}.mL/g ou mg^{1-nF}.mL/g)

K_{lin} – Coeficiente do modelo de equilíbrio linear (mL/U ou mL/mg)

m – Massa de um componente (mg)

$m_{adsorvente}$ – Massa de adsorvente (kg)

m_{rup} – Massa adsorvida no tempo t_{rup} (mg)

P – Pureza de uma molécula

P_{CA} – Pureza do antibiótico CA (%)

Q – Quantidade de adsorvato adsorvida por massa de adsorvente ($U/g_{adsorvente}$ ou $mg/g_{adsorvente}$)

Q^{eq} – Quantidade de adsorvato adsorvida por grama de adsorvente no equilíbrio ($U/g_{adsorvente}$ ou $mg/g_{adsorvente}$)

Q_m – Capacidade máxima de adsorção ($U/ g_{adsorvente}$ ou $mg/ g_{adsorvente}$)

SLS – Lauroil sarcosinato de sódio

T – Temperatura (°C ou K)

TF – Tampão fosfato

t_{rup} – Tempo de ruptura (min)

t_{sat} – Tempo de exaustão (min)

U – Velocidade superficial do líquido (cm/min)

UA – Unidade arbitrária

V – Volume (mL)

V_{am} – Volume de amostra (mL)

V_{col} – Volume da coluna (mL)

V_{inj} – Volume injetado de amostra (mL)

LISTA DE PALAVRAS

Adsorção

Adsorvato

Adsorvente

Afinidade

Agarose

Albumina

Alifáticos

Alimentação

Alvo

Aminoácidos

Antibiótico

Anticaotrópicos

Aplicações

Apolares

Atividade,

enzimática

específica

Batelada

Bioproduto

Caotrópicos

Carga

Cinética

Cloreto de sódio

Coluna

Condições operacionais

Cromatografia

Cromatograma
Cultivo
Curvas de ruptura
Degrau
Desnaturação
Dessorção
Eficiência
Eluição
Enzima(s)
Equilíbrio
Exclusão molecular
Fator de purificação
Força iônica
Gradiente
Hidrofílico(s)
Hidrofóbica(s)
Hidrofobicidade
Hidrofóbico(s)
Hormônio
Injeção
Interação hidrofóbica
Inulinase
Iônicos
Isotermas
Ligante
Lipase
Massa molar
Matriz
Molécula-alvo
Operação
pH
Pool

Porcentagem recuperada
Proteína
Pulso
Pureza
Purificação
Reator de mistura
Recuperação
Resina
Resinas
Sais
Sal
Salina
Salting-in
Salting-out
Saturação
Seletividade
Separação
Sulfato de amônio
Suporte
Tampão
Temperatura
Tempo de ruptura
Tiocianato
Troca iônica

11.1 INTRODUÇÃO

Na cromatografia por interação hidrofóbica (CIH), moléculas proteicas em solução salina são adsorvidas por um ligante hidrofóbico imobilizado em um suporte, para em seguida serem eluídas por um agente tensoativo. Entende-se por interação hidrofóbica a tendência à associação entre grupos alifáticos ou de outras estruturas apolares, em meio aquoso. Embora menos seletiva que a cromatografia por afinidade, a cromatografia por interação hidrofóbica é uma excelente complementação para a cromatografia por troca iônica e exclusão molecular.

As proteínas, embora solúveis em água, possuem em sua estrutura grupos que conferem à molécula certa hidrofobicidade cuja intensidade varia segundo a quantidade desses grupos, conforme apresentado no Capítulo 6. A intensidade da propriedade hidrofóbica pode ser aumentada artificialmente agregando sais à solução, o que é feito na técnica de CIH, na qual proteínas são colocadas em solução salina para estímulo da associação com cadeias alifáticas curtas imobilizadas em suportes que constituem as resinas de interação hidrofóbica. Na CIH uma dada resina pode ser utilizada para separar diferentes grupos proteicos, pois a intensidade das interações hidrofóbicas proteína-suporte hidrofóbico pode ser modulada com a concentração de sal.

A adsorção por hidrofobicidade requer frequentemente a presença de íons *salting-out* ou íons anticaotrópicos como os íons do cloreto de sódio ou do sulfato de amônio. Os íons *salting-out* diminuem a disponibilidade de moléculas de água na solução e aumentam a tensão superficial e as interações hidrofóbicas, ao contrário dos íons de efeito *salting-in* ou íons caotrópicos, como o tiocianato, que impedem a interação não iônica. Consequentemente, em altas concentrações de sais cujos íons têm efeito *salting-out*, a maioria das proteínas pode ser adsorvida por grupos hidrofóbicos fixos na matriz do adsorvente. Proteínas instáveis geralmente têm sua recuperação favorecida na CIH devido à ação estabilizadora dos sais. A eficácia da CIH é geralmente reduzida pela presença de contaminantes hidrofóbicos na alimentação.

11.2 FUNDAMENTOS DA INTERAÇÃO HIDROFÓBICA

Os ligantes hidrofóbicos imobilizados em suporte sólido são obtidos pela fixação de grupos hidrofóbicos de cadeia curta (butil, octil, fenil) a braços ou espaçadores que estão ligados à superfície do suporte sólido. A interação hidrofóbica entre proteínas e ligantes hidrofóbicos é induzida pela elevada concentração salina, a qual reduz a solubilidade das proteínas e aumenta o nível de entropia na camada de moléculas de água que envolve grupos hidrofóbicos. Como consequência, há maior organização das moléculas de água, ocasionando a exposição das extremidades hidrofóbicas da proteína e do ligante, o que favorece a interação.

A interação hidrofóbica baseia-se no conceito de atração de Van der Waals, cuja força ocorre entre proteínas e ligantes imobilizados. A base dessa teoria é que as forças de atração de Van der Waals entre proteínas e ligantes aumentam na presença de sais que favorecem o *salting-out*. Do ponto de vista termodinâmico, esse mecanismo fundamenta-se na relação entre energia livre e entropia, dada pela seguinte equação: $\Delta G = \Delta H - T\Delta S$. Considera-se que o deslocamento das moléculas organizadas de água dos arredores dos ligantes hidrofóbicos e das proteínas origina um incremento na entropia (ΔS), o qual, por sua vez, resulta em decréscimo do valor da energia livre (ΔG) do sistema a valores negativos, e, consequentemente, na interação ligante hidrofóbico-proteína termodinamicamente favorável.

As proteínas são compostas por cadeias de aminoácidos com grupos laterais, alguns dos quais são hidrofóbicos, a saber: alanina, valina, leucina e isoleucina, pois possuem cadeias hidrocarbonadas; prolina, devido a um hidrocarboneto; fenilalanina, tirosina e triptofano por apresentarem anéis aromáticos. Em soluções aquosas as proteínas ordenam-se de modo a atingir a mínima energia livre, voltando muitos dos seus grupos hidrofóbicos para o interior da molécula, e os grupos com carga, para o exterior. Alguns grupos hidrofóbicos que ficam expostos constituem regiões disponíveis para associação a outros grupos hidrofóbicos, por exemplo, os grupos hidrofóbicos de uma matriz cromatográfica. Uma representação esquemática da molécula de proteína indicando áreas hidrofóbicas é apresentada na Figura 11.1.

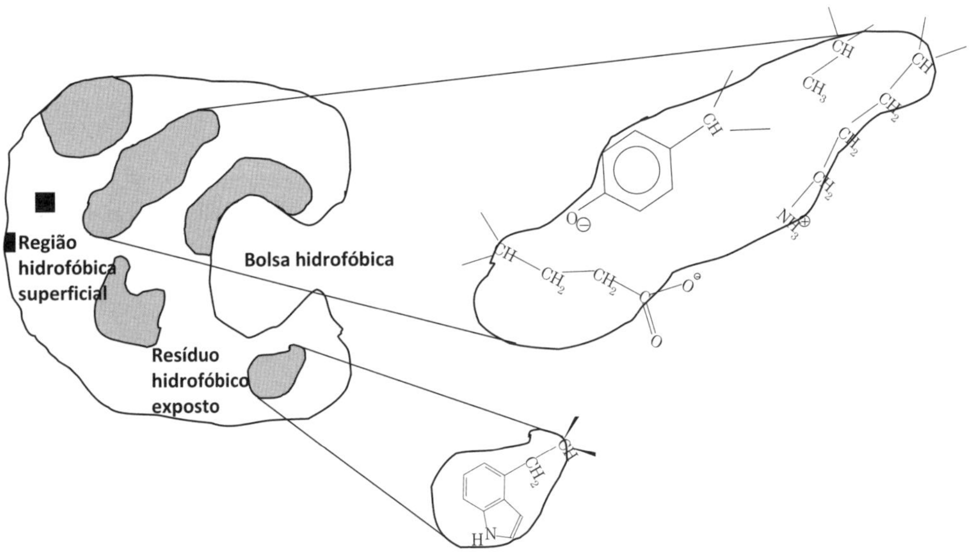

Figura 11.1 Representação esquemática da molécula de proteína indicando áreas hidrofóbicas (zonas mais escuras) e, nos detalhes, exemplos de moléculas hidrofóbicas que compõem as superfícies hidrofóbicas de proteínas.

O modelo de estrutura ternária de uma proteína com envoltura externa essencialmente hidrofílica e núcleo hidrofóbico é simplista, pois há hidrofobicidade superficial devido à presença de cadeias de aminoácidos não polares como alanina, metionina, triptofano e fenilalanina. A hidrofobicidade da superfície provavelmente não somente auxilia na estabilização e conformação da proteína como forma a base das interações específicas relacionadas com as funções biológicas. Os aminoácidos da superfície hidrofóbica são usualmente organizados em blocos e intercalados com domínios mais hidrofílicos. Isso pode ser visto nos exemplos de moléculas hidrofóbicas nos detalhes ampliados da Figura 11.1. O número, tamanho e distribuição dessas regiões não iônicas são características de cada proteína e podem, portanto, ser usadas como uma base para sua separação. As formas pelas quais as proteínas se fixam à matriz são variadas e dependem tanto da proteína quanto da matriz, como ilustra a Figura 11.2.

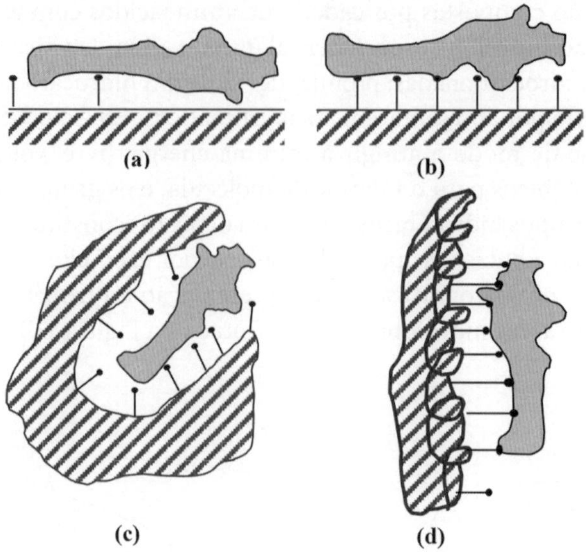

Figura 11.2 Modelos de adsorção de proteínas (blocos em cor acinzentada) em matrizes hidrofóbicas (zonas hachuradas): modelo uniponto (a); adsorção multiponto (b) e (c); forças hidrofóbicas de intensidades diferentes devido às irregularidades da superfície da matriz (d).

11.3 CONDIÇÕES DE OPERAÇÃO

Idealmente, aplica-se a operação unitária de cromatografia por adsorção de interação hidrofóbica (CIH) imediatamente após uma precipitação com sal, pois a elevada força iônica do meio resultante das altas concentrações salinas aplicadas favorecerá as interações hidrofóbicas. Por vezes, algum acréscimo de sal pode ser necessário para garantir a ligação do componente requerido.

É possível alcançar separações com adequada eficiência de diferentes tipos de proteínas por meio de CIH, pois a capacidade do leito em reter proteínas é elevada, 10-100 mg/cm^3, mesma faixa dos trocadores iônicos.

A operação das colunas de CIH é similar à troca iônica: (1) a coluna é equilibrada; (2) a molécula-alvo é adsorvida à matriz; (3) a molécula-alvo ou o produto é eluído; (4) a coluna é regenerada pela remoção de proteínas remanescentes; (5) a coluna é reequilibrada para ser reutilizada num novo ciclo de operação.

As proteínas são eluídas da matriz hidrofóbica por redução da força da ligação hidrofóbica, alcançada por meio de mudanças na fase móvel como alteração da força iônica (tipo de sal, diminuição do teor salino), alteração do pH ou ainda por meio de alteração da conformação da proteína. Quando a eluição da proteína-alvo se dá num gradiente de força iônica decrescente, pode-se associar, em seguida, a cromatografia por troca iônica, frequentemente sem necessidade de correção do pH e da força iônica do meio. O emprego de detergentes suaves ou baixas concentrações de agentes desnaturantes pode mudar a estrutura da proteína o suficiente para que ela seja liberada da matriz. A seguir enunciam-se os fatores físicos e químicos que permitem eluir moléculas adsorvidas na CIH:

- Redução da força iônica do meio por meio de aplicação de um gradiente salino;
- Aumento do pH, pois a maioria das proteínas ganha carga negativa e torna-se mais hidrofílica sob condições levemente alcalinas;
- Redução da temperatura (entretanto, seu efeito é insuficiente para ser usado como único agente de eluição);
- Deslocamento da proteína por adição de um componente com atração mais forte pelo ligante em comparação à molécula-alvo ou que torne tal molécula mais hidrofílica, o que pode ser feito com diferentes componentes, a saber:
  - ▷ Álcoois alifáticos como propanol, butanol e etilenoglicol, pois reduzem a polaridade da solução e promovem ruptura das interações hidrofóbicas;
  - ▷ Aminas alifáticas, como butilamina, que têm o efeito de reduzir a polaridade da solução, causando dessorção. As aminas podem ligar-se à proteína ou aos grupos da matriz hidrofóbica;
  - ▷ Detergentes iônicos, como sulfato duodecil de sódio, e não iônicos, como Tween 20 ou Triton X-100. Os detergentes iônicos são mais facilmente removidos da coluna após dessorção da proteína, mas podem causar sua desnaturação. Os detergentes não iônicos são mais suaves e podem ser usados em concentração de 1% a 3% sem causar perda de atividade biológica da molécula-alvo.

Como a interação hidrofóbica está baseada numa reação fraca de adsorção, as frações proteicas obtidas, usualmente, são biologicamente ativas. Isso contrasta com a cromatografia de fase reversa (igualmente baseada em interações hidrofóbicas), em que há significativa desnaturação das proteínas eluídas por causa do uso de solventes orgânicos na eluição das moléculas adsorvidas, o que não ocorre na CIH.

11.4 FATORES QUE AFETAM A CIH

Os principais fatores a considerar no caso da seleção da composição do leito para CIH e definição das condições de operação são os seguintes: tipo de ligante, grau de substituição, tipo da matriz, tipo e concentração de sal, efeito do pH, efeito da temperatura e aditivos. A influência desses fatores é explicada em detalhes a seguir.

11.4.1 TIPO DE LIGANTE

O tipo de ligante, alquila ou arila, imobilizado na matriz, determina a seletividade da adsorção. Ligantes com cadeia alquila geralmente apresentam comportamento hidrofóbico puro, enquanto ligantes arila apresentam comportamento misto, pois podem ocorrer interações hidrofóbicas e aromáticas.

Para uma determinada densidade de ligante, ou seja, um determinado grau de substituição, a capacidade do adsorvente de CIH de ligar-se a uma proteína aumenta com o aumento do comprimento da cadeia do hidrocarboneto, como ilustra a Figura 11.3. Os ligantes *n*-alquila podem constituir uma série homóloga na escala de hidrofobicidade, de forma que a cada átomo de carbono adicionado à cadeia linear ocorrerá aumento da hidrofobicidade.

metil < etil < propil < butil < pentil < hexil < heptil < octil

Figura 11.3 Aumento da capacidade do adsorvente em função do comprimento da cadeia de hidrocarboneto.

A escolha entre ligantes alquila ou arila é empírica e deve ser estabelecida experimentalmente para cada separação específica.

As matrizes de agarose às quais se associam os ligantes de CIH apresentados na Figura 11.4 são obtidas pelo processo de acoplamento com glicidil-éter, o qual produz géis livres de carga, favorecendo, assim, apenas as interações hidrofóbicas com as proteínas. A técnica de acoplamento com glicidil-éter introduz um braço espaçador que torna o ligante mais acessível à molécula-alvo.

(a) $\text{Agarose-O-CH}_2\text{-}\underset{}{\overset{\text{OH}}{\overset{|}{\text{CH}}}}\text{-CH}_2\text{-O-(CH}_2)_3\text{-CH}_3$

(b) $\text{Agarose-O-CH}_2\text{-}\overset{\text{OH}}{\overset{|}{\text{CH}}}\text{-CH}_2\text{-O-(CH}_2)_7\text{-CH}_3$

(c) $\text{Agarose-O-CH}_2\text{-}\overset{\text{OH}}{\overset{|}{\text{CH}}}\text{-CH}_2\text{-O-Fenil}$

Figura 11.4 Ligantes hidrofóbicos acoplados a matrizes de agarose: Butyl-Sepharose® (a), Octyl-Sepharose® (b), Phenyl-Sepharose® (c).

O tipo do ligante hidrofóbico influencia o maior ou menor grau de hidrofobicidade da matriz, e quanto maior o grau de hidrofobicidade, menor será a concentração salina necessária para que ocorra a adsorção de proteínas no suporte com uma determinada eficiência de ligação das proteínas. Por exemplo, na Figura 11.5, se sulfato de amônio está presente no tampão na concentração 1,8 M, a capacidade da resina *butyl-silochrome* de reter albumina é de 18,5 mg/g (miligrama de proteína por grama de suporte), enquanto a resina *octyl-silochrome* atinge igual capacidade de adsorção em relação à mesma proteína em concentração do sal inferior a 1,5 M.

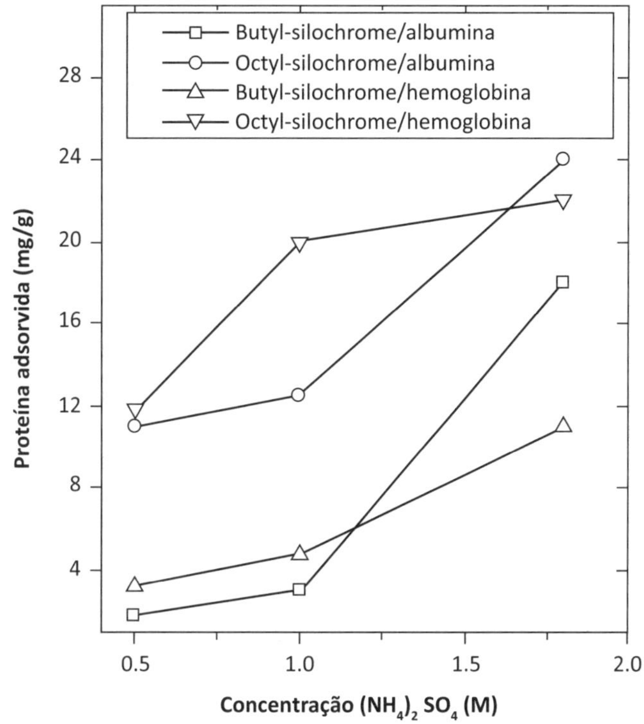

Figura 11.5 Capacidade de adsorção de albumina em *butyl-silochrome* e *octyl-silochrome* em função da concentração de sulfato de amônio no tampão.

Um exemplo desse efeito é a adsorção de lipase em três resinas de interação hidrofóbica: Butyl-Sepharose®, Octyl-Sepharose® e Phenyl-Sepharose®. A Figura 11.6 apresenta o cromatograma do processo de adsorção e eluição da enzima produzida pelo fungo filamentoso *Geotrichum* spp. com a resina Butyl-Sepharose®. Esse cromatograma representa a eluição sob gradiente salino decrescente, após a adsorção da enzima na referida resina. Nesse caso foi utilizado cloreto de sódio na concentração 2 M no meio de cultivo bruto e no tampão de adsorção a pH 7,0. O cromatograma apresenta três variáveis em função do volume eluído: absorbância a 280 nm, que indica o total de proteínas, incluindo contaminantes que absorvem luz nesse comprimento de onda; atividade enzimática, que representa indiretamente a concentração da enzima lipase; gradiente salino em porcentagem (100% corresponde a 2 M de NaCl). Verifica-se que a lipase somente elui sob concentração nula de NaCl, ou seja, a enzima apresenta elevada hidrofobicidade, o que pode ser vantajoso nesse tipo de purificação, pois, a dessorção ocorrerá sob baixa concentração de sal, ao contrário de outras enzimas e proteínas com menor interação hidrofóbica, que serão eluídas em concentrações elevadas de sal. Outro detalhe importante a ser realçado na Figura 11.6 é que o pico de absorbância coincide com o pico de atividade enzimática, mostrando que naquele ponto está praticamente toda a enzima aplicada na coluna.

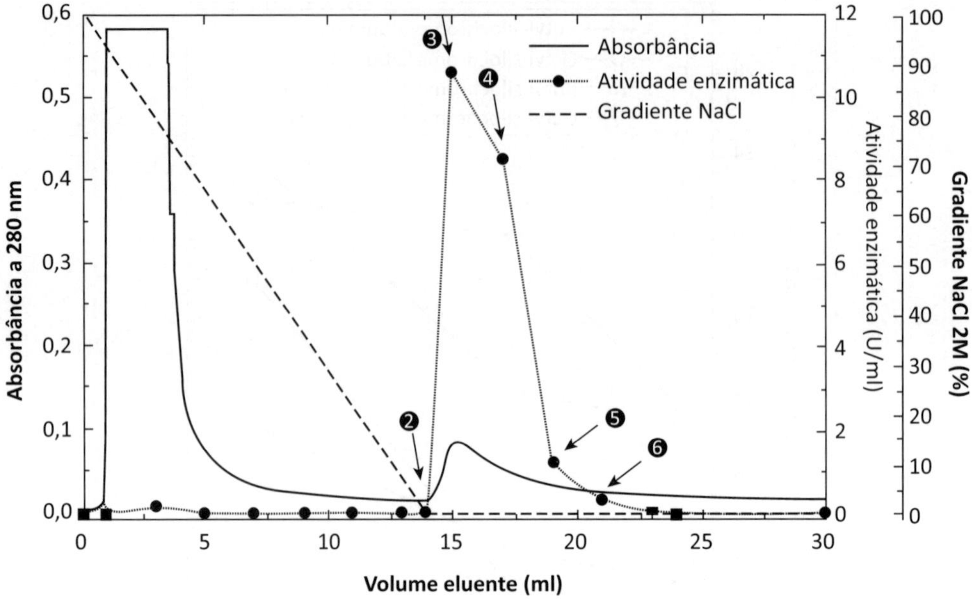

Figura 11.6 Cromatografia de lipase de *Geotrichum* spp. sobre coluna de Butyl-Sepharose®, com gradiente salino de NaCl 2 M.

A Tabela 11.1 ilustra o efeito de diferentes resinas na purificação da enzima lipase de *Geotrichum* spp. em condições semelhantes. A primeira coluna da Tabela 11.1 corresponde ao total de enzima aplicada; a segunda, à quantidade de proteína; a terceira, à atividade específica, ou seja, a razão entre atividade enzimática e massa de proteína; a quarta, à porcentagem recuperada que representa a fração da proteína original recuperada após passagem na coluna; e a sexta, ao fator de purificação, que indica quantas vezes a enzima está mais pura em relação ao meio inicial.

Segundo os dados da Tabela 11.1, a maior recuperação de atividade enzimática foi obtida com Butyl-Sepharose®, o menos hidrofóbico entre os ligantes utilizados. Portanto, sendo a lipase uma enzima de alta hidrofobicidade, um ligante de baixa hidrofobicidade foi suficiente para uma boa recuperação e purificação. Esse resultado pode ser atribuído à maior facilidade na dessorção da lipase ao utilizar tampão sem NaCl na eluição em comparação aos ligantes mais hidrofóbicos, que poderiam requerer o uso de detergentes para a total eluição da enzima. O maior fator de purificação foi obtido com Butyl-Sepharose®, seguido por Phenyl-Sepharose®, com valores que são quase o dobro do obtido com Octyl-Sepharose®, meio mais hidrofóbico.

Tabela 11.1 Seleção de resinas hidrofóbicas para purificação de lipase de *Geotrichum* spp. (concentração 2 M NaCl, pH 7)

Etapa	Atividade enzimática (U)	Proteína total (mg)	Atividade específica (U/mg)	Porcentagem recuperada (%)	Fator de purificação
Lipase bruta injetada (2 mL)	42,1	7,3	5,8	100,0	1,0
Butyl-Sepharose®	38,1	0,3	136,7	90,5	23,7
Octyl-Sepharose®	35,6	0,5	74,2	84,4	12,9
Phenyl-Sepharose®	32,2	0,3	124,0	78,9	21,5

11.4.2 GRAU DE SUBSTITUIÇÃO

A capacidade do adsorvente de CIH de ligar proteína aumenta com o aumento do grau de substituição do ligante imobilizado. Para um grau elevado de substituição do ligante, a capacidade aparente do adsorvente permanece constante, pois é atingido um patamar, mas a força das interações aumenta devido à maior probabilidade de formação de ligações múltiplas entre a proteína e o ligante. Os solutos ligados sob essas circunstâncias são difíceis de serem eluídos sem que ocorra desnaturação devido às condições drásticas requeridas para eluição, como aplicação de solventes orgânicos, detergentes ou agentes caotrópicos.

Considerando o grau de substituição, tem-se que a retenção de uma determinada proteína é dependente do seu tamanho e da densidade do ligante: moléculas grandes são mais fortemente retidas por matrizes com elevada densidade de ligante, enquanto moléculas pequenas sofrem menor impacto da densidade do ligante na retenção, resultado que provavelmente decorre do elevado número de regiões hidrofóbicas das moléculas maiores. A densidade do ligante também tem influência na resolução, o que, todavia, não é preditivo. Pesquisas indicam que a densidade do ligante é uma ferramenta que pode ser utilizada para obter diferentes seletividades e capacidades para um dado suporte na separação de uma determinada proteína. O grau de hidrofobicidade do adsorvente pode mudar não somente pela variação do tipo de ligante hidrofóbico, mas também pelo teor de resíduos do ligante, como mostra a Figura 11.7. Por exemplo, um incremento na quantidade de grupos fenil presentes na *phenyl-silochrome*, de 84 a 130 μM/g resultou em um aumento da capacidade de adsorção de albumina, que depende da concentração de sulfato de amônio no tampão, de 95 mg/g até 120 mg/g, para 1,8 M de $(NH_4)_2SO_4$.

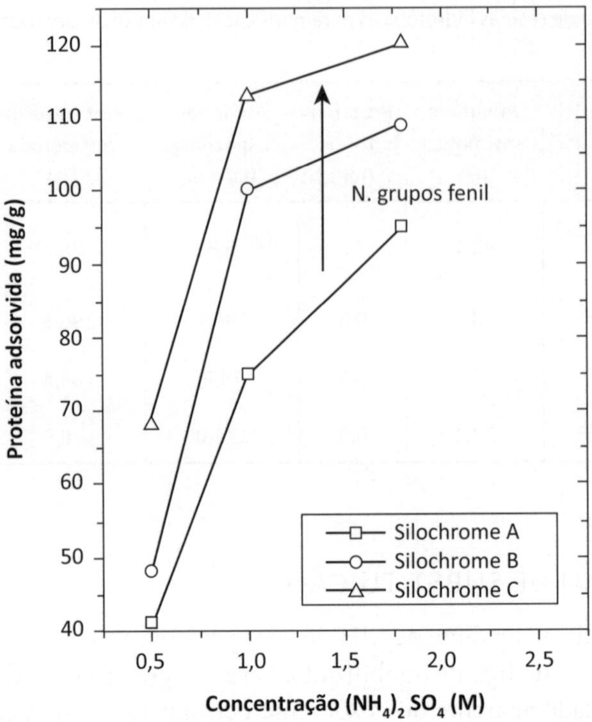

Figura 11.7 Capacidade de adsorção de albumina em phenyl-silochrome em função da quantidade crescente (silochrome A, B e C) de grupos fenil e da concentração de sulfato de amônio no tampão.

11.4.3 TIPO DA MATRIZ

É importante ressaltar a contribuição do material que compõe a matriz. Os suportes mais frequentemente utilizados são carboidratos fortemente hidrofílicos, por exemplo, agarose com ligações cruzadas, com uma cadeia alifática ligada para conferir hidrofobicidade à molécula, sílica ou polímeros sintéticos. A seletividade de um suporte polimérico não será exatamente a mesma quando comparada com um suporte baseado na agarose contendo o mesmo tipo de ligante. Para obter o mesmo tipo de resultado utilizando uma matriz de agarose ou um suporte polimérico, é necessário modificar as condições de adsorção e eluição. Utilizando o mesmo tipo de ligante, a seletividade da fase estacionária pode mudar em função do tipo de suporte.

Adsorventes hidrofóbicos típicos disponíveis comercialmente incluem compostos com cadeias alifáticas lineares com 4, 6, 8 e 10 átomos de carbono, e as mesmas cadeias contendo um grupo amino terminal. O potencial de variação da natureza do substituinte é infinito, mas o comportamento de cada um é similar. Os grupos mais utilizados são fenil, butil, octil ou hexil, e amino-hexil dando origem a matrizes (géis) diferentes. A Tabela 11.2 apresenta uma lista de fases estacionárias ou suportes comerciais.

Tabela 11.2 Fases estacionárias ou suportes comerciais

Fabricante	Material da matriz	Nome comercial
GE Healthcare Life Sciences	Agarose	Butyl-Sepharose® Phenyl-Sepharose® Octyl-Sepharose®
Bio-Rad	Methacrylate	Macro-prep t-butyl® Macro-prep methyl®
Iontosorb	Celulose	Butyl – 100®/500® Phenyl – 100®/500® Octyl – 100®/500®
Tosoh Bioscience LLC	Polímeros	Toyopearl Butyl – 600®/650® Toyopearl Ether – 650® Toyopearl Hexyl – 650® Toyopearl Phenyl – 600®/650® Toyopearl PPG – 600® Toyopearl SuperButyl – 550® TSKgel Ether – 5PW® TSKgel Phenyl – 5PW®

11.4.4 TIPO E CONCENTRAÇÃO DO SAL

Na CIH diversos sais (efeito *salting-out*) são promotores de interações entre os ligantes fixados nos suportes sólidos e as proteínas. A influência dos diferentes sais sobre as interações hidrofóbicas segue o comportamento das séries de Hofmeister para precipitação de proteínas em soluções aquosas, como ilustrado na Figura 11.8.

← Incremento do efeito "salting-out"

Ânions: PO_4^{3-}, SO_4^{2-}, CH_3COO^-, Cl^-, Br^-, NO_3^-, ClO_4^-, I^-, SCN^-

Cátions: NH_4^+, Rb^+, K^+, Na^+, Li^+, Mg^{2+}, Ca^{2+}, Ba^{2+}

Incremento do efeito "salting-in" →

Figura 11.8 Influência de sais nos efeitos *salting-out* e *salting-in*.

Os sais do começo das séries promovem as interações hidrofóbicas e a precipitação (efeito *salting-out*) e são denominados anticaotrópicos. Considera-se que esses sais ordenam a estrutura da água líquida, enquanto os sais do final das séries (íons *salting-in* ou caotrópicos) desordenam a estrutura da água e então diminuem a força das interações hidrofóbicas.

A presença dos sais incrementa a energia livre das proteínas e esse incremento é proporcional à área superficial das moléculas de proteína. A associação intermolecular dos grupos hidrofóbicos minimiza o incremento na energia livre pelo decréscimo da área de contato da proteína com o meio solvente polar. Então, quando um suporte hidrofóbico é introduzido no sistema, as proteínas ligam-se a ele, pois se minimiza a área superficial de contato entre a proteína e o adsorvente em meio contendo o sal, resultando um incremento mínimo na energia livre. Além disso, num meio com elevada concentração de sal, a forma da proteína ligada é termodinamicamente mais estável, comparada à proteína não ligada. Isto explica porque a proteína liga-se à fase estacionária hidrofóbica, em elevada concentração de sal.

A retenção das proteínas na CIH, baseada nas mudanças de conformação, nem sempre pode ser explicada por uma correlação simples entre as interações hidrofóbicas e a influência dos sais sobre a tensão superficial, visto que as proteínas podem assumir várias conformações e que algumas dessas conformações são reforçadas pelos diferentes adsorventes e tipos de sal. A concentração salina promove a exposição dos sítios interativos na superfície da proteína. Além disso, as interações favoráveis podem ocorrer se os sítios da superfície do suporte apresentam afinidade em relação aos grupos presentes na superfície da proteína.

Quando a concentração dos sais aumenta, a quantidade de proteínas ligadas ao suporte também aumenta, linearmente no início para uma concentração específica de sal e exponencialmente à medida que a concentração é elevada. Esse comportamento é apresentado na Figura 11.9 para quatro diferentes proteínas.

Esse comportamento também é mostrado nas Figuras 11.6 e 11.10, nas concentrações de NaCl de 1 M e 2 M, e na Tabela 11.3 para concentrações de 1 M a 4 M, na purificação de lipase de *Geotrichum* spp., utilizando Butyl-Sepharose® como ligante. Verificou-se que um aumento progressivo na concentração do sal resulta em aumento na quantidade de proteína retida na coluna, o que pode ser atribuído ao aumento das interações hidrofóbicas entre o suporte sólido e as proteínas presentes no meio.

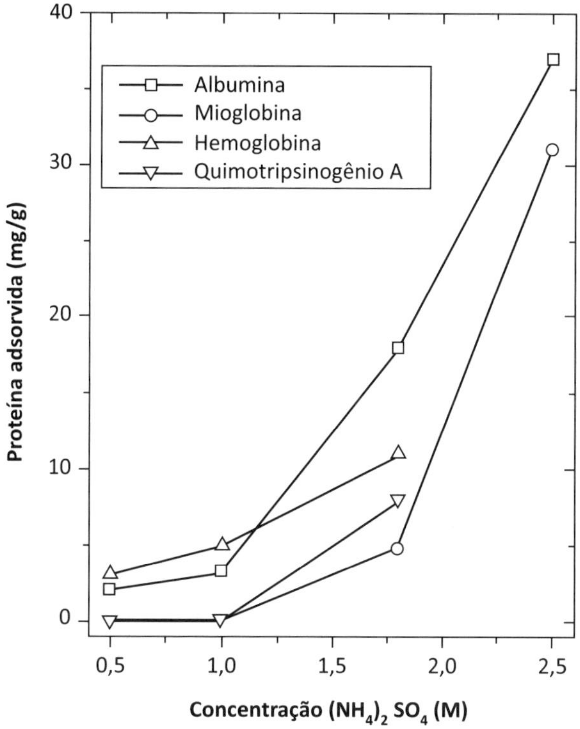

Figura 11.9 Capacidade de adsorção da butyl-silochrome, para quatro tipos de proteínas, em função da concentração de sulfato de amônio no tampão.

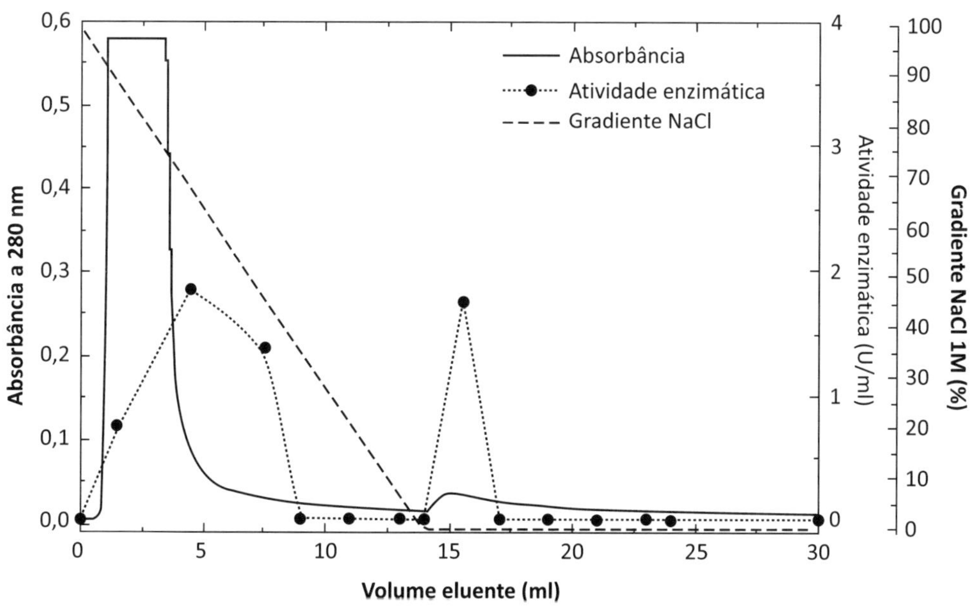

Figura 11.10 Cromatografia de enzima lipase de *Geotrichum* spp. sobre Butyl-Sepharose® com gradiente salino de NaCl 1 M.

A Tabela 11.3 apresenta a porcentagem recuperada de atividade enzimática após a eluição e o fator de purificação. Verifica-se que a atividade lipolítica recuperada diminui com o aumento da concentração de sal utilizada, na faixa de 2 M a 4 M, provavelmente devido à desnaturação da lipase ou adsorção menos seletiva em concentrações elevadas de cloreto de sódio, já que as outras proteínas presentes no meio bruto também atingem certo grau de hidrofobicidade, podendo competir com a lipase pelos sítios hidrofóbicos da matriz. Quando o teor salino aumenta de 1 M até 2 M observa-se aumento na porcentagem recuperada da atividade e no fator de purificação, o que indica maior seletividade na adsorção de lipase nesta última concentração.

Tabela 11.3 Efeito da concentração de cloreto de sódio na purificação parcial de lipase de *Geotrichum* spp. utilizando coluna de Butyl Sepharose® 4FF HiTrap®

Tampão fosfato de sódio 10 mM + NaCl pH 7,0	Etapa	Atividade enzimática (U)	Proteína total (mg)	Atividade específica (U/mg)	Porcentagem recuperada (%)	Fator de purificação
4 M	Lipase bruta	20,3	8,1	2,5	100,0	1,0
	Butyl-Sepharose®	3,3	0,6	5,2	16,2	2,1
3 M	Lipase bruta	21,1	8,2	2,6	100,0	1,0
	Butyl-Sepharose®	7,5	0,5	14,8	35,6	5,7
2 M	Lipase bruta	23,9	9,5	2,5	100,0	1,0
	Butyl-Sepharose®	9,8	0,3	31,9	41,2	12,7
1 M	Lipase bruta	22,3	9,1	2,5	100,0	1,0
	Butyl-Sepharose®	5,3	0,2	25,1	23,9	10,2

Os resultados obtidos por eletroforese utilizando SDS-PAGE das amostras parcialmente purificadas por Butyl-Sepharose®, com concentração 2 M NaCl, estão apresentados na Figura 11.11. Nas amostras 2 a 6 está presente proteína de massa molar próxima a 67 kDa, que é a massa molar determinada para lipase de *Geotrichum* spp.

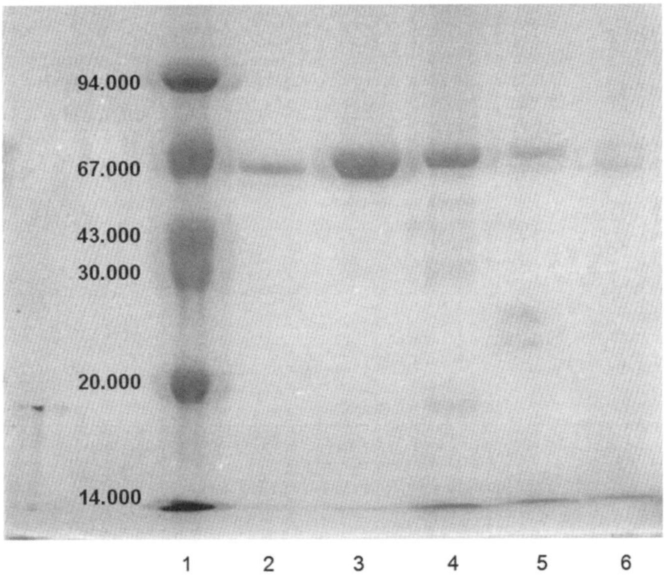

Figura 11.11 Eletroforese utilizando SDS-PAGE de amostras parcialmente purificadas de enzima lipase produzida por *Geotrichum* spp. em coluna cromatográfica de Butyl-Sepharose® equilibrada com NaCl 2 M: padrões cromatográficos (1); amostras colhidas no ensaio cromatográfico ilustrado na Figura 11.6 (2-6), apontadas pelas flechas com os respectivos números. A escala representa as massas molares em Dalton.

11.4.5 EFEITO DO PH

A influência do pH nas interações hidrofóbicas é complexa. Em termos gerais, o aumento no valor do pH debilita as interações hidrofóbicas provavelmente em consequência do aumento na força dos grupos com carga elétrica, enquanto o decréscimo no pH resulta em aumento aparente das interações hidrofóbicas. Nesses casos as proteínas que não se ligam ao adsorvente a pH neutro poderiam se ligar a pH ácido. Por outro lado, proteínas alcalinas, como lisozima e citocromo *c*, ligam-se fracamente em ligantes hidrofóbicos quando estão presentes em meios ácidos, mas a retenção de proteínas aumenta a valores de pH acima de 8,0.

O pH é, portanto, um importante parâmetro na otimização da cromatografia de interação hidrofóbica e deve ser estudado a cada caso particular de separação. Deve-se ter em mente, entretanto, que a máxima estabilidade de enzimas ocorre a faixas de pH determinadas, e eventuais prejuízos a essa estabilidade acarretam perda da atividade enzimática. Assim, embora o pH possa favorecer a adsorção de uma proteína, é necessário verificar a estabilidade da proteína, pois é possível que o pH ótimo para adsorção não preserve a estabilidade.

Em certos casos, entretanto, verifica-se reduzida influência do pH, e uma das razões para esse comportamento é a natureza da interação hidrofóbica entre a molécula proteica e o suporte. Se essa interação for forte, o efeito do pH tende a ser atenuado. Como exemplo, a Figura 11.12 e a Tabela 11.4 apresentam resultados da adsorção de lipase de *Geotrichum* spp. em Butyl-Sepharose® a valores de pH de 6,0 e 7,0.

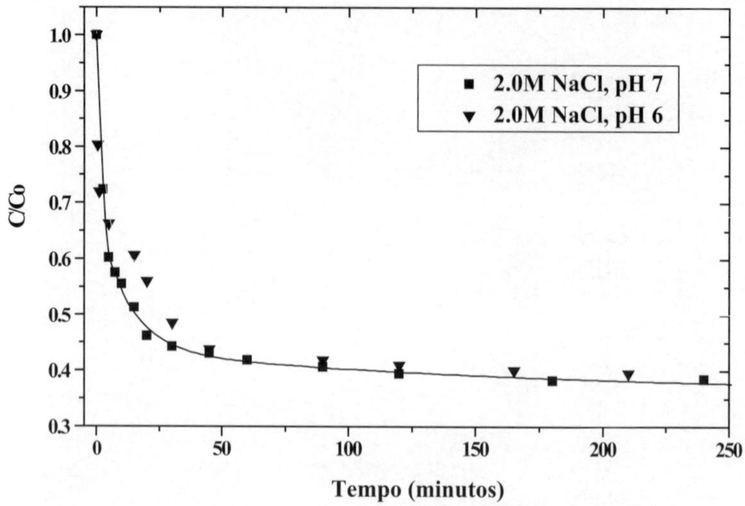

Figura 11.12 Adsorção de lipase bruta de *Geotrichum* spp. sobre Butyl-Sepharose® em reator de tanque agitado com NaCl 2 M a pH 6 e 7: evolução da concentração relativa em função do tempo (C_0 é a atividade da enzima em solução no tempo zero e C a atividade da enzima livre no decorrer do processo).

Como pode ser visto na Figura 11.12 e na Tabela 11.4, não houve influência significativa do pH, na faixa considerada, sobre a adsorção da proteína na matriz, sugerindo que as interações hidrofóbicas desempenham um papel mais importante na retenção de lipase em Butyl-Sepharose® do que as interações iônicas.

Tabela 11.4 Purificação parcial de lipase de *Geotrichum* spp utilizando coluna de Butyl Sepharose® para valores de pH de 6 e 7

Tampão fosfato de sódio 10 mM + NaCl:	Etapa	Atividade enzimática (U)	Proteína total (mg)	Atividade específica (U/mg)	Porcentagem recuperada (%)	Fator de purificação
2 M	Lipase bruta	23,9	9,5	2,5	100,0	1,0
pH 7	Butyl-Sepharose®	9,8	0,3	31,9	41,2	12,7
2 M	Lipase bruta	25,1	8,9	2,8	100,0	1,0
pH 6	Butyl-Sepharose®	8,4	0,3	32,1	33,6	11,4

11.4.6 EFEITO DA TEMPERATURA

Em geral, pode-se afirmar que, na CIH, a retenção de proteína melhora com o aumento da temperatura, enquanto a diminuição auxilia a eluição da proteína. Com base na teoria desenvolvida para interação de solutos hidrofóbicos em água, pode-se considerar que a ligação de proteínas em adsorventes hidrofóbicos é favorecida pela entropia [$\Delta G = (\Delta H - T\Delta S) \approx T\Delta S$], o que implica que a interação aumenta com o aumento da temperatura. É interessante notar que as forças de atração de Van der Waals, presentes nas interações hidrofóbicas, também aumentam quando aumenta a temperatura. No entanto, esse efeito positivo de adsorção com o aumento da temperatura nem sempre é observado: é possível até mesmo um efeito contrário, o que indica que o papel da temperatura na CIH é de natureza complexa. Essa aparente discrepância deve-se, provavelmente, aos efeitos da temperatura na conformação estrutural das diferentes proteínas e nas respectivas solubilidades em soluções aquosas.

Assim como no caso do pH, a estabilidade das enzimas, devido à sua natureza proteica, é suscetível à mudança da temperatura. De forma geral, as proteínas são menos estáveis à medida que se aumenta a temperatura, o que limita o uso desse parâmetro como coadjuvante nos processos de purificação. Na prática, temperaturas baixas são aplicadas para minimizar a perda de atividade enzimática.

11.4.7 ADITIVOS

Alguns aditivos podem ser utilizados na CIH para melhorar a solubilidade ou modificar a conformação da proteína, além de promover sua eluição. Os aditivos mais utilizados são os seguintes: álcoois miscíveis em água, como etanol e etilenoglicol; detergentes; Triton X-100; e soluções aquosas de sais caotrópicos, como o tiocianato. A porção não polar dos álcoois e detergentes consegue deslocar as proteínas ligadas devido à competição pelos ligantes da fase estacionária hidrofóbica. Quando detergentes iônicos estão ligados ao meio hidrofóbico o processo de separação torna-se um misto de troca iônica e CIH, devido à presença de grupos carregados (com carga) do detergente. Os sais caotrópicos promovem a dessorção das proteínas ligadas, pois alteram a estrutura organizada da água e/ou das proteínas ligadas.

11.5 APLICAÇÕES

A cromatografia de interação hidrofóbica (CIH) é uma técnica versátil que pode ser utilizada em combinação com outras técnicas cromatográficas na purificação de uma grande variedade de proteínas, como indicado na Tabela 11.5.

Tabela 11.5 Proteínas purificadas por CIH

Proteína	Referência
Ácidos nucleicos	Savard; Schneider (2007)
Antígenos	Xu et al. (2013)
α-Amilase	Liang et al. (1999)
α_2-Macroglobulina	Chiabrando et al. (1997)
Celulases	Tomaz; Queiroz (1999)
Desidrogenase	Fexbya et al. (2004)
D-Hidantoinase	Abendroth; Chatterjee; Schomburg (2000)
Glicerol-quinase	Zubor et al. (1993)
Glicoproteína	Rustandi (2013)
Imunoglobulinas	Desire et al. (2013)
β-Lactoglobulina	Frutos; Cifuentes; Diez-Masa (1997)
Lipases	Diogo et al. (1999)
Lipopolissacarideos	Ren et al. (2012)
Proteínas do soro	Hrkal; Rejnková (1982)
Quimotripsinogênio	Poklar; Vesnaver; Lapanje (1995)

11.5.1 APLICAÇÕES INDUSTRIAIS

As Figuras 11.13 a 11.18 apresentam fluxogramas de alguns processos industriais de obtenção de bioprodutos incluindo antibióticos, hormônios, proteínas recombinantes e lipopeptídeos. A CIH pode estar inserida em etapas de purificação de baixa resolução bem como de alta resolução. Por exemplo, na purificação da citolisina, uma proteína intracelular em *Escherichia coli* com propriedades antigênicas e usada em vacinas contra infecções causadas por *Streptococcus pneumoniae*, a CIH encontra-se no início do fluxograma, logo após o rompimento das células (Figura 11.13). No caso da purificação do hormônio folículo-estimulante recombinante rFSH, usado no tratamento de infertilidade e distúrbios reprodutivos em homens e mulheres, a CIH constitui etapa intermediária, precedida por operações de filtração e outras cromatografias e sucedida por novas operações de filtração e cromatografias (Figura 11.14). Na purificação de rapamicina, um antibiótico de *Streptomyces hygroscopicus* com propriedades antifúngicas e imunossupressoras, a CIH encontra-se no final de um processo composto por diversas operações (extrações com solventes orgânicos e aquosos e outras cromatografias), representando, portanto, uma etapa de polimento do produto final (Figura 11.15).

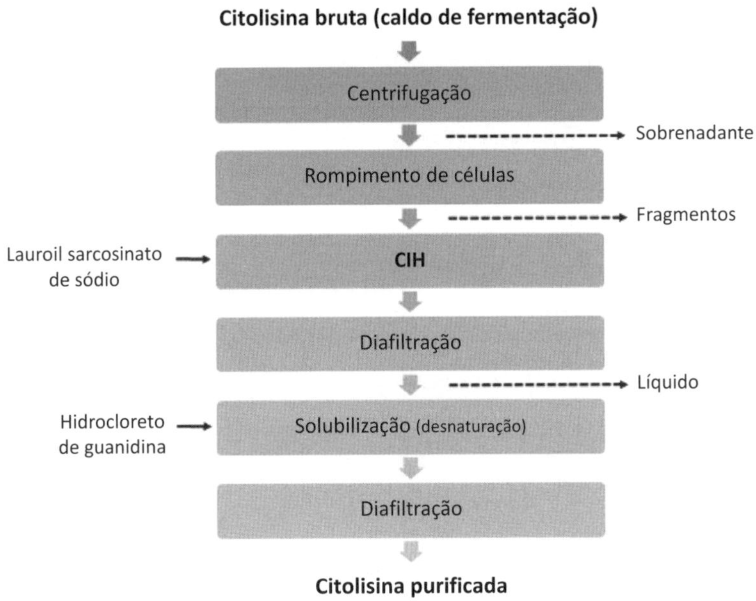

Figura 11.13 Processo de purificação da proteína antimicrobiana/antigênica citolisina a partir de caldo fermentativo de *Escherichia coli*.

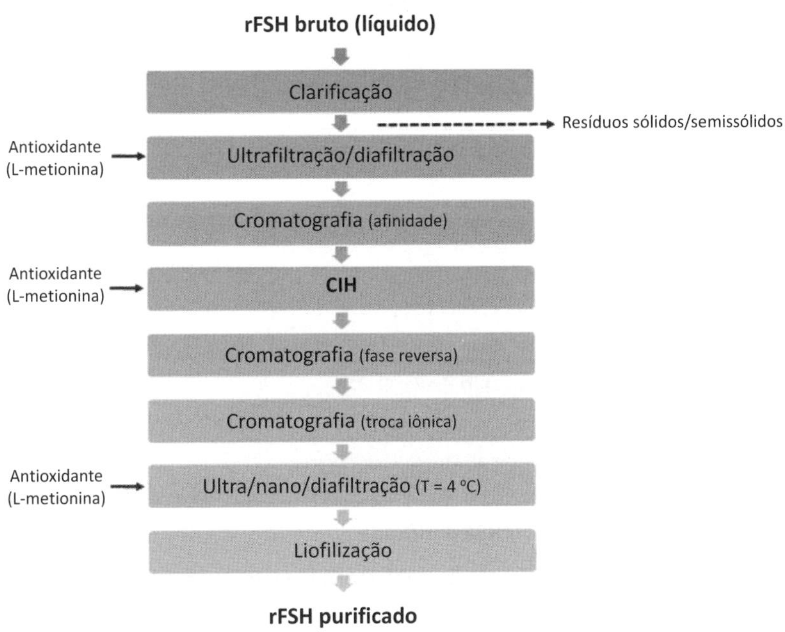

Figura 11.14 Processo de purificação do hormônio folículo-estimulante recombinante (rFSH) a partir do líquido bruto.

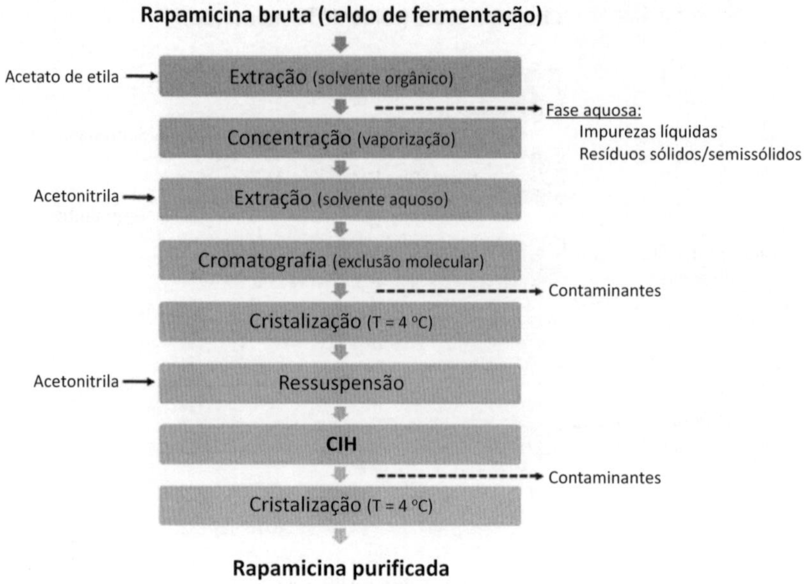

Figura 11.15 Processo de purificação do antibiótico rapamicina a partir de caldo fermentativo de *Streptomyces hygroscopicus*.

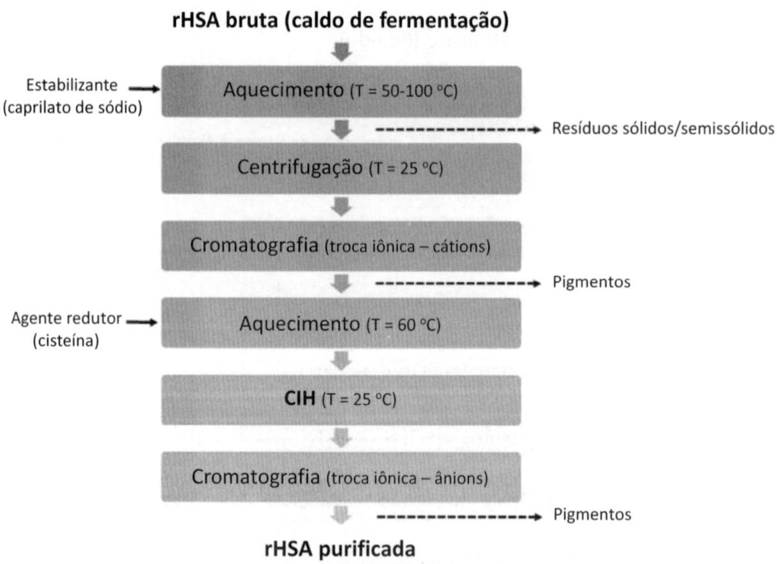

Figura 11.16 Processo de purificação de albumina recombinante de soro humano (rHSA) a partir de caldo fermentativo de *Pichia pastoris*.

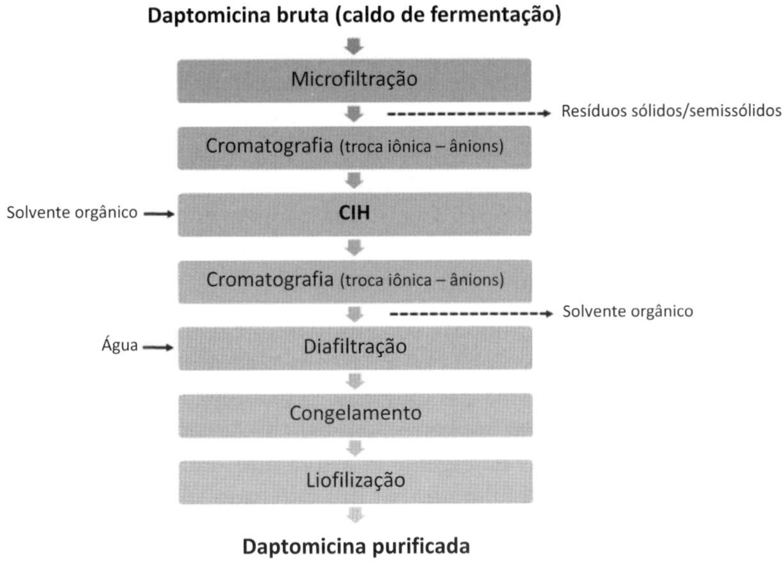

Figura 11.17 Processo de purificação do lipopeptídeo daptomicina a partir de caldo fermentativo de *Streptomyces roseosporus*.

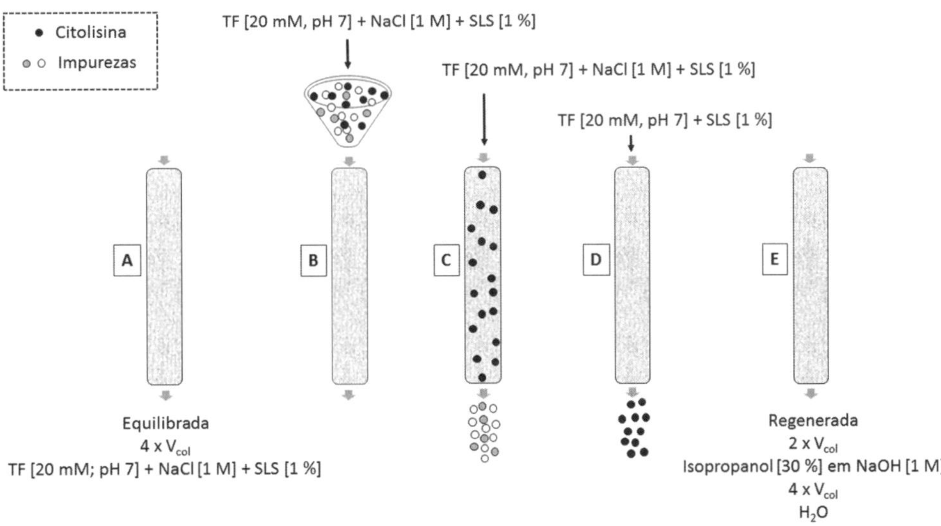

Figura 11.18 Estágios da CIH com coluna de HP Phenyl-Sepharose® para separação de citolisina a partir do cultivo de *Escherichia coli*. A, estabilização; B, injeção da amostra (adsorção); C, lavagem da coluna; D, eluição da biomolécula (dessorção); E, regeneração da coluna; V_{col}, volume da coluna (leito); TF, tampão fosfato; SLS, lauroil sarcosinato de sódio.

Observa-se nesses fluxogramas que há casos em que é necessária a adição de substâncias antioxidantes, tensoativas, desnaturantes ou estabilizantes ao longo do processo, com finalidades específicas de acesso à biomolécula-alvo ou para favorecer a separação. Como exemplo, na Figura 11.18 tem-se o caso do lauroil sarcosinato de sódio, que atua como tensoativo, e do hidrocloreto de guanidina, que atua como agente desnaturante na purificação de citolisina. A L-metionina pode ser adicionada como antioxidante na purificação do rFSH e a cisteína como agente redutor na purificação da rHSA. Quando estão envolvidos nas etapas de CIH, esses compostos podem ser adicionados diretamente aos meios tamponantes.

Inicialmente, a coluna é equilibrada com um volume equivalente a quatro vezes o volume de leito empacotado da coluna ($4 \times V_{col}$), com o mesmo tampão usado na injeção da amostra que contém a citolisina e impurezas. Esse tampão é composto por tampão fosfato (TF), cloreto de sódio (NaCl) e lauroil sarcosinato de sódio (SLS): TF [20 mM, pH 7,0] + NaCl [1 M] + SLS [1 %]. O detergente SLS atua diminuindo o tamanho dos agregados proteicos de citolisina, resultando em um agregado solúvel, o que possibilita a injeção da proteína antimicrobiana na coluna cromatográfica. Após a injeção da amostra, o leito de HP Phenyl-Sepharose® é lavado com tampão salino de elevada concentração em volume suficiente ($4 \times V_{col}$) que garanta a saída de todas as substâncias contaminantes que não ficaram retidas no adsorvente. Na sequência, a citolisina aderida ao leito é eluída com o mesmo tampão, porém em baixas concentrações dos íons anticaotrópicos do sal de NaCl. Finalmente, a coluna pode ser regenerada com um volume equivalente a $2 \times V_{col}$ de solução de isopropanol a 30% em NaOH 1,0 M e adição de um volume de água de $2 \times V_{col}$, podendo retornar à etapa de equilíbrio e ser utilizada em um novo ciclo. Outros processos também podem ser visualizados na Tabela 11.6.

Tabela 11.6 Configurações da CIH usadas nas etapas de purificação de diferentes biomoléculas

<table>
<tr><th>Bioproduto</th><th>Coluna</th><th>Estabilização</th><th>Adsorção</th><th>Dessorção</th></tr>
<tr><td rowspan="2">Citolisina</td><td>HP Phenyl-
-Sepharose®</td><td>$4 \times V_{col}$
(Tampão 1)</td><td>$4 \times V_{col}$
(Tampão 1)</td><td>$4 \times V_{col}$
(Tampão 2)</td></tr>
<tr><td colspan="4">Tampão 1: Tampão fosfato (TF) [20 mM, pH 7] + NaCl 1 M + Lauroil Sarcosinato de Sódio (SLS) 1 %].
Tampão 2: Tampão fosfato (TF) [20 mM, pH 7] + SLS [1 %].
Tampão 3: Isopropanol [30 %] em NaOH [1 M].</td></tr>
<tr><td rowspan="2">Hormônio folículo-estimulante (rFSH)</td><td>Toyopearl Butyl 650® M</td><td>$3 \times V_{col}$
(Tampão a)</td><td>$3 \times V_{col}$
(Tampão a)</td><td>$3 \times V_{col}$
(Tampão b)</td></tr>
<tr><td colspan="4">Tampão a: Tampão fosfato (TF) [pH 7] + $(NH_4)_2SO_4$ + L-metionina.
Tampão b: Tampão fosfato (TF) [pH 7] + L-metionina.</td></tr>
<tr><td rowspan="2">Albumina de soro humano recombinante (rHSA)</td><td>Phenyl-
-Sepharose®</td><td>$3 \times V_{col}$
(Tampão C)</td><td>$2 \times V_{col}$
(Tampão C)</td><td>$2 \times V_{col}$
(H_2O)</td></tr>
<tr><td colspan="4">Tampão C: Fosfato de sódio [50 mM, pH 6] + NaCl [0,1 M].</td></tr>
</table>

Alternativas ao estágio de eluição podem ser adotadas a fim de proporcionar melhor separação entre a molécula-alvo e os contaminantes, por exemplo, redução no gradiente da concentração do sal anticaotrópico e/ou mudanças de pH e temperatura, garantindo a separação em relação a contaminantes que possam ter permanecido aderidos ao adsorvente.

EXERCÍCIOS

1. Purificação da enzima inulinase por interação hidrofóbica (CIH) em coluna cromatográfica de leito fixo – Método do pulso cromatográfico: Inulinases são enzimas aplicadas na produção de xaropes de alto teor de frutose e frutooligossacarídeos a partir de inulina. As inulinases podem ser obtidas em cultivos do microrganismo *Kluyveromyces marxianus*. O fluxograma apresentado na Figura 1 representa as operações unitárias aplicadas à purificação de inulinase em meio de cultivo de *Kluyveromyces marxianus*.

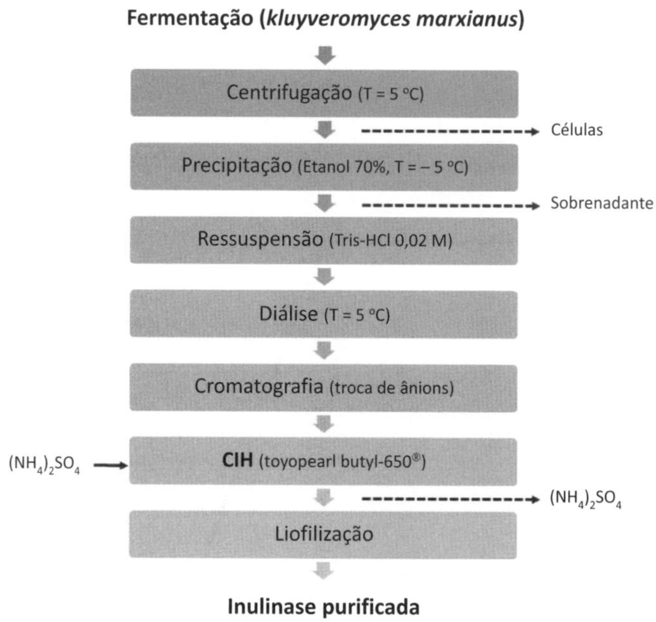

Figura 1 Processo de purificação de inulinase em meio de cultivo de *Kluyveromyces marxianus*.

Em operações cromatográficas é usual a reunião das frações que contêm as maiores concentrações da biomolécula-alvo (*pool*). Na cromatografia de troca aniônica reuniram-se as frações com significativa atividade de inulinase, frações de números 26, 27 e 28 da Tabela 1, do que resultou um meio com atividade enzimática volumétrica em inulinase, A, de 150 U/mL e concentração em proteínas, C_{prot}, de 5,7 mg/mL. Essa amostra foi adicionada de tampão fosfato (TF) [0,05 M, pH 7,0] contendo 40% de $(NH_4)_2SO_4$ até a saturação, e um volume conhecido dela foi injetado no modo de pulso na coluna de CIH empacotada com o adsorvente Butyl-650S (Toyopearl®). A cromatografia deu-se nas seguintes condições operacionais:

V_{col} = 20 mL (volume da coluna);

d_{col} = 1 cm (diâmetro da coluna);

U = 1,27 cm/min (velocidade superficial), equivalente a F = 1 mL/min (vazão de alimentação);

T = 17 °C (temperatura);

V_{inj} = 25 mL (volume injetado de amostra – pulso);

V_{am} = 6,5 mL (intervalo de amostragem).

A coluna foi equilibrada com a mesma solução previamente utilizada na lavagem da coluna (injeção da amostra), (TF) [0,05 M, pH 7,0] contendo 40% de $(NH_4)_2SO_4$. A eluição foi realizada por meio de um gradiente salino decrescente, conforme pode ser visualizado na Figura 2, cujos resultados estão apresentados na Tabela 1.

A partir desses dados, calcule a porcentagem recuperada (η) e o fator de purificação (FP) da inulinase.

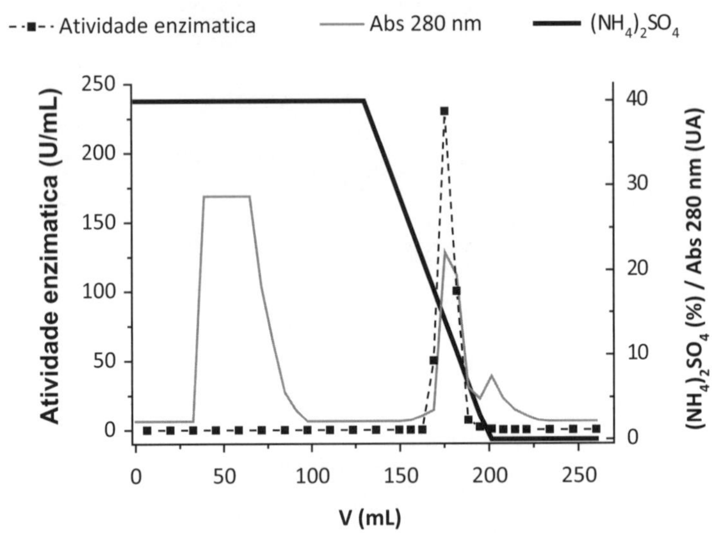

Figura 2 Perfil cromatográfico da CIH na purificação de inulinase a partir de meio de cultivo de *Kluyveromyces marxianus*.

Tabela 1 Dados da CIH na purificação de inulinase a partir do meio de cultivo de *Kluyveromyces marxianus*

Fração	V (mL)	A (U/mL)	C_{prot} (mg/mL)
0	0	150	5,7
...	...	...	...
6	39,0	0	3,3
7	45,5	0	3,3
8	52,0	0	3,3
9	58,5	0	3,3
10	65,0	0	3,3
11	71,5	0	2,0
12	78,0	0	1,2
13	84,5	0	0,4
14	91,0	0	0,2
...	...	...	...
26	169,0	50	0,1
27	175,5	230	0,8
28	182,0	100	0,7
29	188,5	7	0,2
30	195,0	2	0,1
31	201,5	1	0,2
32	208,0	0	0,1
33	214,5	0	0,1

Resolução:

Conforme apresentado no Capítulo 2, Equação 2.6, a porcentagem recuperada, η (%), pode ser calculada pela comparação entre a atividade enzimática (U) antes e depois da respectiva etapa de purificação.

No caso deste exercício, a atividade enzimática inicial, $a_{inicial}$, é a atividade injetada na coluna de CIH, identificada na Equação 1 como $a_{INJETADO}$.

$$\eta\,(\%) = \frac{(a)_{eluída}}{(a)_{INJETADO}}\,.\,100 \tag{1}$$

O grau de pureza de uma proteína ou uma enzima (P) pode ser dado pela razão entre a massa ou atividade da molécula específica e o conteúdo total de proteínas, conforme a equação 2.2 apresentada no Capítulo 2. O fator de purificação, FP, pode ser obtido comparando-se o grau de pureza da molécula-alvo numa determinada etapa do processo com o grau de pureza da amostra original, conforme a equação 2.3 do Capítulo 2. No caso específico deste exercício, essa comparação pode ser feita com base na atividade enzimática específica, A_e, descrita na equação 2.8, cujo FP correspondente é dado pela equação 2.9 do Capítulo 2, na qual a A_{ei}, atividade específica na etapa i, corresponde à atividade específica obtida no meio eluído na fração enriquecida com inulinase, e a A_{eo}, atividade específica inicial, corresponde àquela da amostra injetada na CIH:

$$FP = \frac{(A_e)_{ELUÍDO}}{(A_e)_{INJETADO}} \tag{2}$$

Os valores de a e A_e podem ser obtidos respectivamente nas equações 3 e 4, esta última análoga à equação 2.8 do Capítulo 2.

$$a = A\,.\,V_{am} \tag{3}$$

$$A_e = \frac{A}{C_{prot}} \tag{4}$$

É importante observar que, para o cálculo da η (%), a atividade considerada é a somatória das atividades enzimáticas, a (U), das frações que compõem o conjunto. Já para o cálculo do FP a partir de atividades enzimáticas específicas, A_e (U/mg), a atividade considerada deve ser obtida pela média dos valores de A_e das frações que compõem o conjunto. Os resultados são apresentados na Tabela 2.

A porcentagem recuperada da enzima inulinase foi de 66%, e o fator de purificação foi de 19 vezes, indicando que a CIH foi efetiva no procedimento de purificação de inulinase do referido processo. No entanto, deve-se ressaltar que em apenas uma etapa do processo de purificação (CIH) houve perda de 34% da enzima, uma perda significativa, sobretudo se forem necessárias outras etapas de purificação para obtenção da enzima.

Tabela 2 Resultados da purificação de inulinase a partir do meio de cultivo de *Kluyveromyces marxianus* usando CIH

Fração	V (mL)	A (U/mL)	C_{prot} (mg/mL)	A_e (U/mg)	*Pool* (U/mg)	V_{am} (mL)	a (U)	Soma total (U)	η (%)	FP
0	0	150	5,7	26,3		25,0	3.750			
...	...	...	...	...	...	...	...	...	...	...
26	169,0	50	0,1	1.000,0		6,5	325			
27	175,5	230	0,8	306,7	486,8	6,5	1.495	2.470	66	19
28	182,0	100	0,7	153,8		6,5	650			

Nota: Pool é a reunião das frações contendo concentrações significativas da biomolécula-alvo.

2. Purificação da enzima lipase por adsorção em reatores de mistura operados em regime de batelada: um reator de mistura operando em regime de batelada é usado para isolar lipase produzida em cultivo de *Geotrichum* spp., por meio de adsorção por CIH, nas condições descritas a seguir.

T = 15 °C (temperatura);

Meio (adsorção) = NaCl 2 M + Fosfato de sódio 10 mM (pH 7);

Meio (dessorção) = Fosfato de sódio 10 mM (pH 7);

V = 500 L (volume de líquido no reator);

$m_{adsorvente}$ = 150 kg (massa de adsorvente);

A_0 = 30 U/mL (atividade enzimática volumétrica inicial);

$C_{prot,0}$ = 10 mg/mL (concentração inicial de proteína).

O processo é dividido em duas etapas: (1) etapa de adsorção, na qual o meio de cultivo contendo a enzima e os contaminantes (proteínas remanescentes) entra em contato com o adsorvente Butyl-Sepharose®, sob agitação, dentro do reator, em meio a elevada concentração de íons *salting-out* (NaCl), do que resulta a adsorção por interação hidrofóbica; (2) etapa de dessorção, na qual o equilíbrio de adsorção da biomolécula-alvo é perturbado devido à injeção de solução com baixa concentração de íons *salting-out*, a qual promove a dessorção da lipase. Os resultados das concentrações medidas no meio líquido eluído em função do tempo do processo de adsorção e dessorção são apresentados na Tabela 3:

Tabela 3 Separação de lipase em meio de cultivo de *Geotrichum* spp.: cinética de adsorção e dessorção em reator de mistura operado em regime de batelada (concentrações medidas no meio líquido)

Adsorção		
t (min)	A (U/mL)	C_{prot} (mg/mL)
0	30,0	10,0
20	21,0	9,5
40	16,2	9,0
60	12,0	9,0
80	9,0	9,0
100	8,1	9,0
120	6,3	9,0
140	5,1	9,0
160	4,5	9,0
180	4,5	9,0
200	4,5	9,0
Dessorção		
t (min)	A (U/mL)	C_{prot} (mg/mL)
0	0,0	0,0
20	12,0	0,3
40	18,6	0,5
60	21,9	0,5
80	22,5	0,5
100	23,7	0,5
120	24,0	0,5
140	24,0	0,5

Determine a porcentagem recuperada da enzima após a dessorção (η), o fator de purificação (FP) e eventuais perdas de atividade da enzima.

Resolução:

Em estudos de adsorção é comum o emprego de concentrações relativas, neste caso, atividades enzimáticas volumétricas relativas, A/A_0, e concentrações de proteínas relativas, $C_{prot}/C_{prot,0}$, além de atividades enzimáticas adsorvidas por grama de adsorvente, Q_a ($U/g_{adsorvente}$), e massas de proteína adsorvidas por grama de adsorvente, Q_{prot} ($mg/g_{adsorvente}$). Os valores dessas variáveis em função do tempo de adsorção da lipase e dos contaminantes (proteínas) são apresentados na Figura 3. A variável Q é frequentemente empregada em sistemas adsortivos, pois reflete o equilíbrio na adsorção, conforme foi visto no Capítulo 8, e, portanto, é imprescindível conhecê-la para os cálculos da etapa subsequente de ampliação de escala. A variável Q pode ser calculada a partir da seguinte equação:

$$Q = \frac{\Delta C \, . \, V}{m_{adsorvente}} \qquad (5)$$

em que Q ($U/g_{adsorvente}$ ou $mg/g_{adsorvente}$) é a quantidade adsorvida (de atividade enzimática ou de proteínas) por massa de adsorvente; ΔC (U/mL ou mg/mL) é a diferença entre a atividade enzimática volumétrica inicial ou a concentração de proteína inicial em relação ao valor dessas mesmas variáveis, em solução, no instante de medida ($A_0 - A$ ou $C_{prot,0} - C_{prot}$); V (L) é o volume de líquido no reator; e $m_{adsorvente}$ (kg) é a massa de adsorvente.

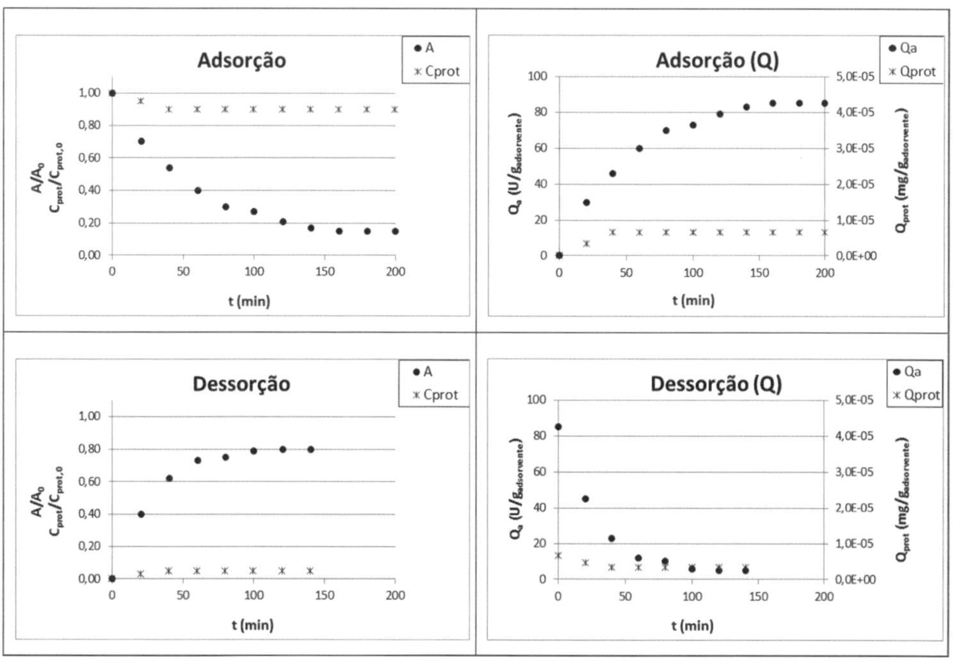

Figura 3 Cinética de adsorção e dessorção de lipase em meio de cultivo de *Geotrichum* spp., em reator de mistura operado em regime de batelada: atividade enzimática volumétrica relativa, A/A_0, e concentração de proteína relativa, $C_{prot}/C_{prot,0}$, determinadas no meio de cultivo; atividade enzimática por massa de adsorvente, Q_a ($U/g_{adsorvente}$), e massa de proteína por massa de adsorvente, Q_{prot} ($mg/g_{adsorvente}$).

Verifica-se na Figura 11.21 o perfil típico de saturação, característico desse tipo de processo. A etapa de adsorção ocorreu mais lentamente que a etapa de dessorção, pois o equilíbrio para a reação de adsorção foi alcançado em torno de 150 minutos, enquanto na reação de dessorção ocorreu próximo a 100 minutos.

Os parâmetros η (%) e FP, determinados com base nos valores de atividade enzimática e atividade enzimática específica, a (U) e A_e (U/mg) respectivamente, são apresentados na Tabela 4.

Tabela 4 Atividade enzimática específica (A_e) e atividade enzimática (a), em solução, na separação de lipase de meio de cultivo de *Geotrichum* spp., por interação hidrofóbica, em reator de mistura operado em regime de batelada

Adsorção		
t (min)	**A_e (U/mg)**	**a (U)**
0	3,0	$1,5 \times 10^7$
20	2,2	$1,1 \times 10^7$
40	1,8	$8,1 \times 10^6$
60	1,3	$6,0 \times 10^6$
80	1,0	$4,5 \times 10^6$
100	0,9	$4,1 \times 10^6$
120	0,7	$3,2 \times 10^6$
140	0,5	$2,6 \times 10^6$
160	0,5	$2,3 \times 10^6$
180	0,5	$2,3 \times 10^6$
200	0,5	$2,3 \times 10^6$

(*continua*)

Tabela 4 Atividade enzimática específica (A_e) e atividade enzimática (a), em solução, na separação de lipase de meio de cultivo de *Geotrichum* spp., por interação hidrofóbica, em reator de mistura operado em regime de batelada (*continuação*)

Dessorção		
t (min)	**A_e (U/mg)**	**a (U)**
0	0,0	0,0
20	40,0	$6{,}0 \times 10^6$
40	37,2	$9{,}3 \times 10^6$
60	43,8	$1{,}1 \times 10^7$
80	45,0	$1{,}1 \times 10^7$
100	47,4	$1{,}2 \times 10^7$
120	48,0	$1{,}2 \times 10^7$
140	48,0	$1{,}2 \times 10^7$
Resultado – Dessorção		
t (min)	**η (%)**	**FP**
120	80	16,0

No processo de purificação de lipase usando sistema integrado de adsorção e dessorção em reator de mistura operado em regime de batelada foi possível recuperar 80% da enzima com um fator de purificação de 16 vezes.

O η de 80% não necessariamente significa que 20% da enzima não foi adsorvida ou recuperada, pois, de acordo com os resultados de adsorção em t = 200 min, verifica-se que a atividade enzimática no sobrenadante a é de $2{,}3 \times 10^6$ U, que corresponde a 15% da atividade inicial ($a_0 = 1{,}5 \times 10^7$ U), o que sugere que 85% da enzima foi adsorvida. No entanto, parte da enzima foi perdida, pois a diferença de 5% entre a atividade enzimática recuperada, η, e a atividade enzimática adsorvida pode estar relacionada tanto à desnaturação como a uma ineficiência na dessorção. Estudos adicionais sobre a degradação do bioproduto podem elucidar possíveis ineficiências da operação de purificação por adsorção.

3. Equilíbrio de adsorção de lipase em Butyl-Sepharose® em reator de mistura operado em regime de batelada (isotermas de adsorção): uma indústria produtora da enzima lipase deseja ampliar a produção e, para tanto, requisitou ao departamento de pesquisa e desenvolvimento estudos de simulação da etapa do processo de purificação correspondente à adsorção da lipase em resina de CIH, em reator de mistura operado em regime de batelada a diferentes escalas e condições de operação. Para o desenvolvimento dos modelos matemáticos e, consequentemente, dos algoritmos computacionais para realização das simulações, é necessário conhecer os parâmetros da condição de equilíbrio na adsorção, os quais são obtidos por meio de isotermas de adsorção. Com os dados da Tabela 5 de experimentos realizados em escala de laboratório, estime os parâmetros de equilíbrio da operação de CIH.

Tabela 5 Dados de equilíbrio na adsorção de lipase de meio de cultivo de *Geotrichum* spp., em diferentes concentrações de NaCl (Temperatura = 15 °C, pH = 7, agitação = 120 rpm): quantidades adsorvidas por grama de adsorvente no equilíbrio, Q^{eq} ($U/g_{adsorvente}$), e atividade enzimática volumétrica em solução, A^{eq} (U/mL)

0,5 M		1,0 M		2,0 M	
A^{eq} (U/mL)	Q^{eq} ($U/g_{adsorvente}$)	A^{eq} (U/mL)	Q^{eq} ($U/g_{adsorvente}$)	A^{eq} (U/mL)	Q^{eq} ($U/g_{adsorvente}$)
0,0	0,0	0,0	0,0	0,0	0,0
1,2	5,0	0,6	9,5	0,3	10,0
1,9	9,0	1,2	16,5	0,4	15,0
3,0	11,0	2,5	27,0	0,5	17,0
4,2	16,0	3,4	30,0	0,7	25,0
5,2	17,0	4,5	38,0	1,3	36,0
7,0	18,0	6,3	41,0	1,8	41,0
7,6	18,7	6,9	45,0	2,5	45,0
9,0	19,5	7,7	46,0	3,0	50,0
–	–	–	–	3,5	55,0
–	–	–	–	3,8	52,0
–	–	–	–	4,0	57,0

Resolução:

Considerações sobre o equilíbrio de adsorção encontram-se no Capítulo 8, segundo o qual, inicialmente, deve-se definir o modelo que melhor representa os dados experimentais para prosseguir à determinação dos parâmetros de equilíbrio. Tais modelos relacionam a quantidade adsorvida no equilíbrio (Q^{eq}) com a respectiva concentração em solução (C^{eq}), que no caso deste exercício é a atividade enzimática volumétrica no equilíbrio (A^{eq}). O parâmetro Q^{eq} pode ser calculado segundo a Equação 11.5, conforme discutido no exercício 2. Os modelos comumente citados na literatura são os modelos lineares cujo formato geral é dado pela Equação 6. Os modelos lineares específicos de Langmuir e Freundlich, os mais empregados, são apresentados respectivamente nas Equações 6 a 8.

$$Q^{eq} = K_{lin}\, C^{eq} \tag{6}$$

em que K_{lin} é o coeficiente do modelo de equilíbrio linear (ou constante de adsorção).

$$Q^{eq} = \frac{Q_m\, C^{eq}}{K_d + C^{eq}} \tag{7}$$

em que Q_m é a capacidade máxima de adsorção e K_d é a constante de dissociação (ou de dessorção).

$$Q^{eq} = K_f\, (C^{eq})^{1/n} \tag{8}$$

em que K_f é a constante do modelo Freundlich e 1/n é o índice do modelo de Freundlich.

Os ajustes dos diferentes modelos aos dados experimentais podem ser feitos por meio de regressão não linear com o auxílio de *softwares* específicos. No presente caso, verificou-se uma melhor explicação dos experimentos usando o modelo de Langmuir, cujos ajustes estão ilustrados na Figura 4 e os respectivos parâmetros encontram-se na Tabela 6. Para o caso de enzimas, o termo relativo à concentração (C^{eq}) pode ser substituído pela atividade enzimática volumétrica (A^{eq}).

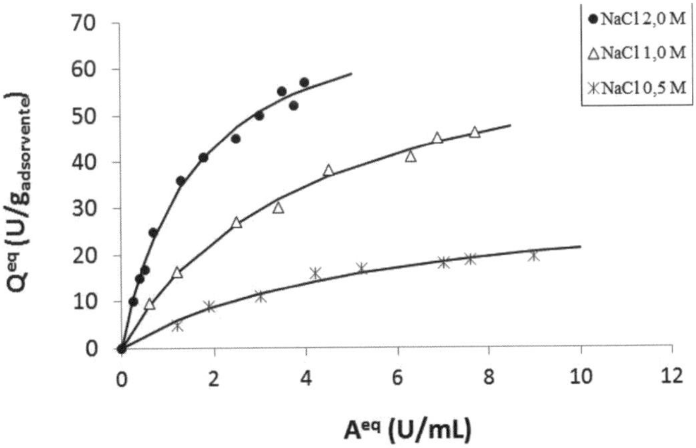

Figura 4 Isotermas de adsorção de lipase em resina hidrofóbica em meio a diferentes concentrações de NaCl: pontos experimentais e curvas resultantes do modelo de Langmuir (R^2 > 0,99 para todos os ajustes).

Tabela 6 Parâmetros da reação de adsorção de lipase em resina de interação hidrofóbica, no equilíbrio, segundo modelo de Langmuir

Concentração de NaCl	Q_m ($U/g_{adsorvente}$)	K_d (U/mL)
0,5 M	33,0	5,5
1,0 M	69,6	4,0
2,0 M	77,6	1,6

Nota: $R^2 > 0,99$ para todos os ajustes.

Verifica-se aumento da capacidade de adsorção de lipase pela resina com o aumento da concentração de NaCl, o que reflete, igualmente, aumento da máxima capacidade de adsorção (Q_m) e redução na constante de dessorção (K_d). A determinação dos parâmetros Q_m e K_d a diferentes temperaturas permite observar o comportamento endotérmico ou exotérmico da reação, bem como obter informações sobre a entalpia, entropia e energia livre de Gibbs.

4. Adsorção de um antibiótico em processo contínuo de CIH em coluna de leito fixo operada segundo o método do degrau: a Figura 11.5 apresenta as curvas de ruptura obtidas na adsorção de um antibiótico, CA, produzido pela bactéria *Streptomyces* spp., e um conjunto de moléculas contaminantes. As curvas de ruptura da Figura 11.23 são semelhantes àquelas da Figura 8.7 apresentadas no Capítulo 8, "Introdução à cromatografia", e representam importante ferramenta para a avaliação do processo adsortivo em condição dinâmica, semelhante à condição real de operação do processo, enquanto os modelos isotérmicos de equilíbrio, igualmente descritos no Capítulo 8, são determinados em condições idealizadas. O meio de cultivo pré-purificado contendo a molécula-alvo, CA, e aminoácidos contaminantes, PRO, nas concentrações de $C_{CA,0}$ = 750 mg/L e $C_{PRO,0}$ = 100 mg/L, é injetado na coluna de adsorção com leito fixo (diâmetro d_{col} = 1 cm) constituído por uma resina de CIH, sob velocidade superficial de U = 0,92 cm/min. A injeção da amostra é realizada como descrito no Capítulo 8 (item 8.3, "Equilíbrio e cinética de adsorção"), ou seja, o meio de cultivo pré-purificado e adicionado de $(NH_4)_2SO_4$, é alimentado sob vazão controlada até a saturação da coluna, método conhecido como "degrau".

Com base nos dados da Figura 11.23, estime os tempos de ruptura (t_{rup}) e de exaustão (t_{sat}) para os componentes CA e PRO, calcule a massa adsorvida na coluna (m_{rup}) e o fator de purificação de CA (FP) para os dois componentes.

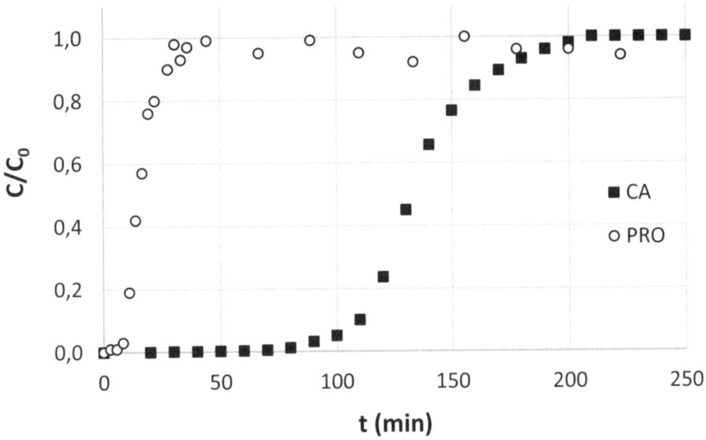

Figura 5 Curva de ruptura na adsorção de um antibiótico, CA, e de contaminantes, PRO, presentes no meio de cultivo de *Streptomyces* spp.

Resolução:

Diferentemente do método do pulso cromatográfico aplicado no exercício 1, no qual um volume conhecido da amostra é injetado na coluna junto com a fase móvel (eluente), na obtenção da curva de ruptura pelo método do degrau a alimentação da amostra é contínua, o que proporciona melhor aproveitamento da capacidade da coluna e maior produtividade no processo.

Amostras são coletadas na saída da coluna a intervalos de tempo definidos para determinação das concentrações dos componentes. A Figura 11.24 apresenta uma curva de ruptura típica para um adsorvato injetado numa coluna de adsorção segundo a técnica do degrau. A área $A_{1,rup}$ corresponde à quantidade de adsorvato não adsorvida, isto é, perdida no eluente, $A_{2,rup}$ está relacionada à quantidade adsorvida na coluna e $A_{3,rup}$ representa a capacidade não usada da coluna.

O tempo de ruptura (t_{rup}) geralmente é definido como o instante no qual a concentração na saída da coluna corresponde a 10% da concentração inicial (na entrada da coluna), e o tempo de exaustão (t_{sat}) corresponde ao instante no qual a concentração na saída da coluna corresponde a 90% da concentração inicial (na entrada da coluna). No Capítulo 8 apresenta-se o modo de cálculo das massas eluídas da coluna. As massas adsorvidas nos respectivos tempos de ruptura são determinadas na Equação 9. Como regra prática em processos cromatográficos interrompe-se a alimentação da coluna quando ocorre a ruptura do produto de interesse, isto é, quando sua concentração na saída da coluna alcança valor correspondente a 10% da concentração inicial injetada ($C/C_0 = 0,1$), minimizando perdas.

$$m_{rup} = C_0\,(U\,A_{col})\,t_{rup} - C_0\,(U\,A_{col})\int_0^{t_{rup}} C/C_0\,dt \tag{9}$$

em que C_0 é a concentração do adsorvato na alimentação da coluna, C é a concentração do adsorvato no fluxo de saída num dado instante do processo, U é a velocidade superficial da alimentação, A_{col} é a área da seção transversal da coluna, t_{rup} é o tempo de ruptura (em que $C/C_0 = 0{,}1$), m_{rup} é a massa adsorvida na fase estacionária no tempo t_{rup}. A vazão deve ser mantida constante para que essas equações sejam verdadeiras.

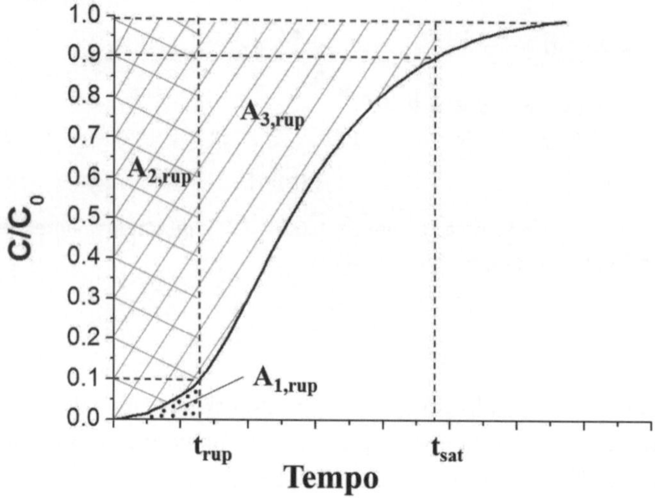

Figura 6 Curva de ruptura característica para um componente injetado em coluna de adsorção segundo a técnica do degrau.

Os resultados dos cálculos estão compilados na Tabela 7. Com base nos valores dos tempos t_{rup} e t_{sat}, para CA e PRO, determinados a partir das respectivas curvas de ruptura, verifica-se que houve elevada resolução na separação desses componentes: $t_{rup,CA} = 110$ min, $t_{rup,PRO} = 10$ min, $t_{sat,CA} = 172$ min e $t_{sat,PRO} = 28$ min. Aplicando-se o tempo $t_{rup,CA}$ na Equação 9, determinam-se as massas adsorvidas no referido tempo tanto para CA como para PRO: $m_{rup,CA} = 60{,}0$ mg e $m_{rup,PRO} = 1{,}5$ mg. A pureza inicial de CA (%) no meio pré-purificado injetado na coluna pode ser calculada a partir das respectivas concentrações:

$$P_{CA}\,(\%) = \frac{C_{CA}}{C_{CA} + C_{PRO}} . 100$$

$$P_{CA,0}\,(\%) = \frac{C_{CA,0}}{C_{CA,0} + C_{PRO,0}} . 100 = \frac{750}{750 + 100} . 100 = 88\ \% \qquad (10)$$

assim, a pureza inicial de CA, $P_{CA,0}$ (%), é de 88%. De forma semelhante, a pureza final de CA, ou seja, na saída da coluna no tempo $t_{rup,CA}$, pode ser calculada a partir das respectivas massas:

$$P_{CA,final}\,(\%) = \frac{m_{rup,CA}}{m_{rup,CA} + m_{rup,PRO}}\,.\,100 = \frac{60}{60+1,5}\,.\,100 = 98\,\%$$

Logo, a pureza final de CA, $P_{CA,final}$ (%), é de 98%. Finalmente, o fator de purificação (FP) é calculado de forma similar ao cálculo apresentado no exercício 1:

$$FP = \frac{P_{CA}}{P_{CA,0}} = \frac{m_{rup,CA}/m_{rup,PRO}}{C_{0,CA}/C_{0,PRO}} = \frac{60/1,5}{750/100} = 5,3$$

No processo de adsorção de CA em coluna de CIH de leito fixo pelo método dinâmico da curva de ruptura promoveu-se incremento de 5,3 vezes na pureza do CA do meio pré-purificado. É importante notar que, para os cálculos de pureza da molécula CA, foram consideradas as massas adsorvidas na coluna, as quais precisam passar pela etapa de dessorção.

Tabela 7 Resultados do processo de adsorção de CA em colunas de CIH de leito fixo pelo método de curvas de ruptura

Componente	t_{rup} (min)	t_{sat} (min)	m_{rup}* (mg)	Pureza inicial $P_{CA,0}$ (%)	Pureza final $P_{CA,final}$ (%)	FP
CA	110	172	60,0	88	98	5,3
PRO	10	28	1,5			

* Massa calculada com base no tempo de ruptura (t_{rup}) da biomolécula-alvo (CA).

A escolha do método de injeção na coluna (pulso cromatográfico ou degrau) é uma questão que envolve aspectos como as características da molécula-alvo e dos contaminantes, a disponibilidade de material e de espaço, o valor agregado do produto, eficiências e perdas, dentre outros. Assim, tal decisão está condicionada ao desempenho do processo específico.

5. Purificação de um antibiótico por adsorção em coluna de leito fixo usando o método do degrau (adsorção e dessorção integrados): usando o mesmo caso do exercício 4, ou seja, a purificação do antibiótico CA do meio de cultivo da bactéria *Streptomyces* spp., o qual apresenta aminoácidos, PRO, como contaminantes, desenvolveu-se um processo de adsorção/dessorção por CIH usando o mesmo sistema de colunas de leito fixo pelo método do degrau (curvas de ruptura). Como pode ser visto na Figura 11.25, o processo compreende duas etapas: (1) adsorção, etapa na qual a coluna é alimentada com o meio de cultivo pré-purificado adicionado de $(NH_4)_2SO_4$ (1,5 M) até a ruptura da biomolécula-alvo, CA (t_{rup} correspondente a $C/C_0 = 0{,}1$); (2) dessorção, etapa na qual a alimentação do meio de cultivo é interrompida e a coluna continua sendo alimentada durante alguns instantes com uma solução de $(NH_4)_2SO_4$, promovendo uma "lavagem" da coluna, após o que é estabelecido um gradiente salino pela redução gradativa da porcentagem de $(NH4)_2SO_4$ no eluente, reduzindo, assim, a concentração de íons de *salting-out*, viabilizando, por conseguinte, a dessorção seletiva das moléculas adsorvidas e, com isso, sua separação. As condições operacionais são as seguintes:

H = 6,5 cm (altura de leito da coluna);

d_{col} = 1 cm (diâmetro da coluna);

U = 0,92 cm/min (velocidade superficial), equivalente a F = 0,72 mL/min (vazão de alimentação);

Δt = 10 min (intervalo de amostragem);

V_{am} = 7,2 mL (volume de amostra coletada).

Calcule as massas adsorvidas na etapa de adsorção, as porcentagens recuperadas (η), o fator de concentração (FC) e o fator de purificação (FP) de CA após a dessorção.

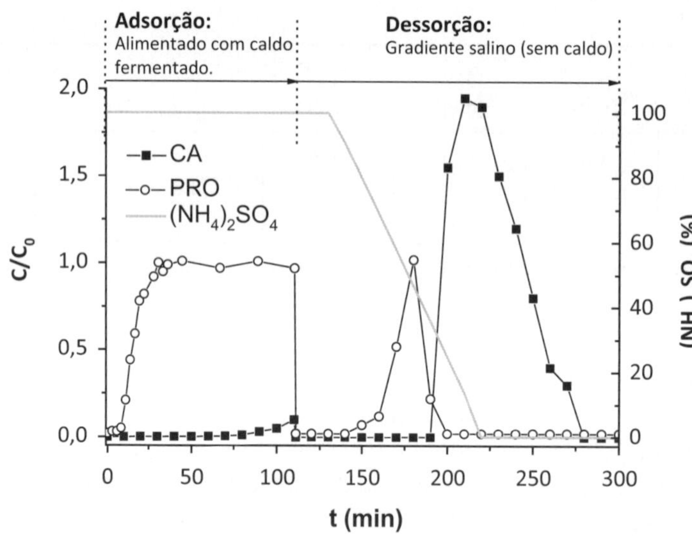

Figura 7 Purificação de CA do meio pré-purificado de *Streptomyces* spp. usando sistema de adsorção/dessorção por CIH em colunas de leito fixo: método do degrau integrado com dessorção por gradiente salino.

Resolução:

Adsorção: a primeira etapa do processo, adsorção, corresponde ao tempo de ruptura de CA ($t_{rup,CA}$). Pode-se supor que houve separação considerável já na etapa de adsorção, já que ao seu final é visível uma adsorção de massa de CA superior à de PRO, conforme pode ser visto na Figura 8 e discutido no exercício 4.

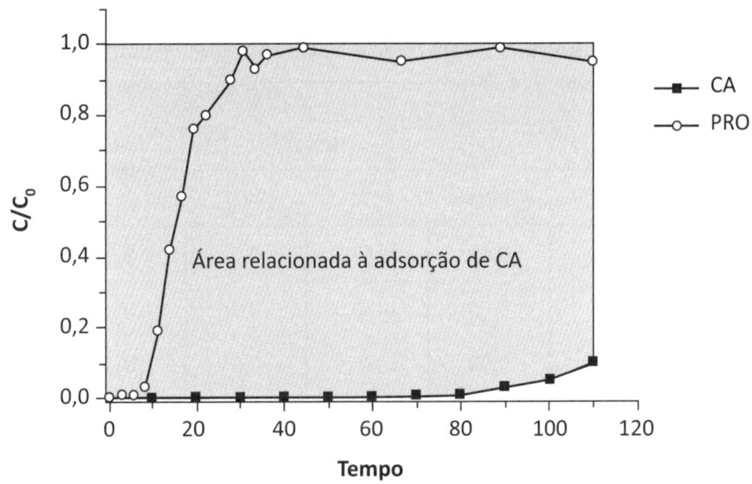

Figura 8 Representação das quantidades da biomolécula CA e dos contaminantes PRO adsorvidos na ruptura de CA.

O tempo de ruptura de CA foi $t_{rup,CA}$ = 110 min, e as massas adsorvidas nesse tempo foram $m_{rup,CA}$ = 60,0 mg e $m_{rup,PRO}$ = 1,5 mg, conforme já discutido no exercício 4. São essas as massas a serem usadas nos cálculos da η.

Dessorção: essa etapa tem por objetivo a recuperação dos componentes adsorvidos em tempos distintos, o que depende da afinidade hidrofóbica de cada adsorvato com o adsorvente de CIH. Os resultados estão apresentados na Tabela 8. Com as concentrações relativas (C/C_0), as massas recuperadas de CA e PRO em cada ponto podem ser calculadas por meio das respectivas concentrações iniciais (C_0) e volume de amostra (V_{am}).

Tabela 8 Etapa de dessorção da purificação de CA de meio pré-purificado de *Streptomyces* spp. usando sistema de adsorção/dessorção por CIH em colunas de leito fixo

t (min)	C/C_0		C (mg/L)		m_{CA} (mg)	m_{PRO} (mg)
	CA	PRO	CA	PRO		
150	0,00	0,05	0,0	5,0	0,00	0,04
160	0,00	0,10	0,0	10,0	0,00	0,07
170	0,00	0,50	0,0	50,0	0,00	0,36
180	0,00	1,00	0,0	100,0	0,00	0,72
190	0,00	0,20	0,0	20,0	0,00	0,14

(continua)

Tabela 8 Etapa de dessorção da purificação de CA de meio pré-purificado de *Streptomyces* spp. usando sistema de adsorção/dessorção por CIH em colunas de leito fixo (*continuação*)

t (min)	C/C_0		C (mg/L)		m_{CA} (mg)	m_{PRO} (mg)
	CA	PRO	CA	PRO		
200	1,55	0,00	1162,5	0,0	8,37	0,00
210	1,95	0,00	1462,5	0,0	10,53	0,00
220	1,90	0,00	1425,0	0,0	10,26	0,00
230	1,51	0,00	1125,0	0,0	8,10	0,00
240	1,20	0,00	900,0	0,0	6,48	0,00
250	0,80	0,00	600,0	0,0	4,32	0,00
260	0,40	0,00	300,0	0,0	2,16	0,00
270	0,30	0,00	225,0	0,0	1,62	0,00
Total	–	–	–	–	51,84	1,33
η (%)	–	–	–	–	86	87
Pool (CA) 200 a 270 min	–	–	900	–	–	–
FC *(Pool)*	–	–	1,2	–	–	–
FP *(Pool)*	–	–	∞	–	–	–

Nota: Pool: reunião das frações contendo concentrações significativas da biomolécula-alvo. V_{am} = 7,2 mL; $C_{CA,0}$ = 750 mg/L; $C_{PRO,0}$ = 100 mg/L; $m_{rup,CA}$ = 60,0 mg; $m_{rup,PRO}$ = 1,5 mg.

Houve boa recuperação tanto para CA como para PRO (η = 86% e 87%, respectivamente). Os fatores de concentração (FC) e de purificação (FP) foram calculados com base nas concentrações no *pool* das amostras que contêm CA (amostras de 200 a 270 min):

$$FC = \frac{C_{CA}}{C_{CA,0}}$$

$$FC = \frac{900}{750} = 1,2 \tag{11}$$

$$FP = \frac{P_{CA}}{P_{CA,0}} = \frac{C_{CA,pool} / C_{PRO,pool}}{C_{CA,0} / C_{PRO,0}} = \infty$$

O parâmetro FC representa a relação entre a concentração do produto obtido comparada à inicial. No presente caso, foi obtido um FC = 1,2, demonstrando que o produto obtido apresenta concentração 20% superior à inicial. Foram obtidas amostras de CA com 100% de pureza, isto é, isentas das moléculas de aminoácidos aqui denominadas PRO, do que resultou valor infinito para FP, não significando, contudo, que CA está isenta de outros tipos de contaminantes.

O sistema de adsorção/dessorção por CIH em colunas de leito fixo demonstrou ser eficiente na purificação de CA em relação aos contaminantes PRO de meio de cultivo de *Streptomyces* spp.

REFERÊNCIAS BIBLIOGRÁFICAS

ABENDROTH, J.; CHATTERJEE, S; SCHOMBURG, D. Purification of a D-hydantoinase using a laboratory-scale Streamline phenyl column as the initial step. *Journal of Chromatography* B, v. 737, p.187-194, 2000.

BELEW, M.; LI, M.Y.; WEY, Z. *Método para purificar albumina de soro humano recombinante (rHSA) de uma solução.* BR n. PI 0309992-0, 1º mar. 2005.

BIEMANS, R. et al. *Processo para purificação de uma citolisina bacteriana, conjugado de polissacarídeo capsular-pneumolisina bacteriano, composição imunogênica, vacina, processo de produção da vacina, método de tratamento ou prevenção de infecção por Streptococcus pneumoniae, e, uso da pneumolisina ou do conjugado de polissacarídeo--pneumolisina bacteriano.* BR n. PI 0408094-7, 14 fev. 2006.

CHIABRANDO, G. et al. A procedure for human pregnancy zone protein (and human α2-macroglobulin) purification using hydrophobic interaction chromatography on phenyl-Sepharose® CL-4B column. *Protein Expression and Purification*, v. 9, p. 399-406, 1997.

DESIRE, C. T. et al. Poly(ethylene glycol)-based monolithic capillary columns for hydrophobic interaction chromatography of immunoglobulin G subclasses and variants. *Journal of Separation Science*, v. 36, p. 2782-2792, 2013.

DIOGO, M. M. et al. Hydrophobic interaction chromatography of Chromobacterium viscosum lipase on polypropylene glycol immobilised on Sepharose®. *Journal of Chromatography A*, v. 849, p. 413-419, 1999.

FEXBYA, S. et al. N-Terminal tagged lactate dehydrogenase proteins: evaluation of relative hydrophobicity by hydrophobic interaction chromatography and aqueous two-phase system partition. *Journal of Chromatography B*, v. 807, p. 25-31, 2004.

FRUTOS, M. de; CIFUENTES, A.; DIEZ-MASA, J. C. Multiple peaks in high-performance liquid chromatography of proteins β-Lactoglobulins eluted in a hydrophobic interaction chromatography system. *Journal of Chromatography A*, v. 778, p.43-52, 1997.

GHOSH, R. *Principles of bioseparations engineering*, Singapore: World Scientific, 2006.

HRKAL, Z., REJNKOVÁ, L. Hydrophobic interaction chromatography of serum proteins on Phenyl - Sepharose® CL – 4B. *Journal of Chromatography*, v. 242, p. 385-388, 1982.

JANSON, J-C.; LÅÅS, T. Hydrophobic interaction chromatography on Phenyl- and Octyl-Sepharose® CL-4B. In: ROGER, E. (ed.). *Chromatography of synthetic and biological macromolecules*. Chichester: Ellis Horwood, 1978.

KELLEHER, T. J. et al. *Lipopeptídeos de alta pureza, micelas de lipopeptídeos, processos para preparação dos mesmos, e composições farmacêuticas que os contém*. BR n. PI 0107731-7, 1º out. 2012.

LIANG, H. et al. Hydrophobic interaction chromatography and capillary zone electrophoresis to explore the correlation between the isoenzymes of salivary α-amylase and dental caries. *Journal of Chromatography B*, v. 724, p. 381- 388, 1999.

PÅHLMAN, S.; ROSENGREN, J.; HJERTÉN, S. Hydrophobic interaction chromatography ion uncharged Sepharose® derivatives. Effects of neutral salts on the adsorption of proteins. *Journal of Chromatography*, v. 131, p. 99-108, 1977.

AMERSHAM PHARMACIA BIOTECH. *Hydrophobic interaction chromatography. Principles and methods*. Uppsala, 1993.

POKLAR, N.; VESNAVER, G.; LAPANJE, S. Thermodynamics of denaturation of α-chymotrypsinogen A in aqueous urea and alkylurea solutions. *Journal of Protein Chemistry*, v. 14, p. 709-719, 1995.

REN, K. et al. Separation of lipopolysaccharides containing different fatty acid chains using hydrophobic interaction chromatography. *Analytical Methods*, v. 4, p. 838-843, 2012.

RUSTANDI, R. R. Hydrophobic interaction chromatography to analyze glycoproteins. *Methods in Molecular Biology*, v. 988, p. 211-219, 2013.

SAVARD, J. M.; SCHNEIDER, J. W. Sequence-specific purification of DNA oligomers in hydrophobic interaction chromatography using peptide nucleic acid amphiphiles: Extended dynamic range. *Biotechnology and Bioengineering*, v. 97, p. 367-376, 2007.

SCOPES, R. K. *Protein purification. Principles and practice*. New York: Springer-Verlag, p. 176-180, 1988.

SOPANRAO, P. N. et al. *Forma pura de rapamicina e um processo para recuperação e purificação da mesma*. BR n. PI 0621967-5, 27 dez. 2011.

TOMAZ, C. T.; QUEIROZ, J. A. Studies on the chromatographic fractionation of *Trichoderma reesei* cellulases by hydrophobic interaction. *Journal of Chromatography A*, v. 865, p. 123-128, 1999.

VASCAL, P. et al. *Método para purificar o FSH*. BR n. PI 0517973-4, 21 out. 2008.

XU, N. et al. Graph pattern of Hansenula polymorpha-derived hepatitis B surface antigen purified by hydrophobic interaction chromatography. *Chinese Journal of Biologicals*, v. 26, p. 109-111, 2013.

ZUBOR, V. et al. Purification of glycerol kinase by dye-ligand chromatography and hydrophobic interaction chromatography on bead-cellulose derivatives. *Collection of Czechoslovak Chemical Communications*, v. 58, p. 445-451, 1993.

CAPÍTULO 12
Cromatografia de afinidade

Gisele Monteiro

Eliana Setsuko Kamimura

Francisco Maugeri Filho

Maria Teresa de Carvalho Pinto Ribela

Paolo Bartolini

NOMENCLATURA

Ab – Anticorpo

Ag – Antígeno

Ab:Ag – Complexo anticorpo-antígeno

[Ab] – Concentração molar do anticorpo no equilíbrio

[Ag] – Concentração molar do antígeno no equilíbrio

[Ab:Ag] – Concentração molar do complexo anticorpo-antígeno no equilíbrio

atm – Atmosfera

CNBr – Brometo de cianogênio

DMSO – Dimetil-sulfóxido

DTT – Ditiotreitol

EDTA – Ácido etilenodiamino tetra-acético

Fab – Porção do anticorpo que se liga ao antígeno

Fc – Porção do anticorpo que se liga aos componentes do sistema imune

Fv – Porção variável do anticorpo

FPLC – Cromatografia líquida rápida para proteína (do inglês *fast protein liquid chromatography*)

g/mol – Gramas por mol

HCl – Ácido clorídrico

His-tag – Cauda de histidina

HPLC – Cromatografia líquida de alta performance (do inglês *high performance liquid chromatography*)

IDA – Ácido iminodiacético

IgG – Imunoglobulina G

IMAC – Cromatografia de afinidade a metais imobilizados (do inglês *immobilized metal affinity chromatography*)

k_a – Constante de equilíbrio de associação para a ligação do Ab com o Ag

k_d – Constante de equilíbrio de dissociação do complexo Ab:Ag

K_e – Constante de equilíbrio

M – Molar

μm – Micrômetro

Nm – Nanômetro

NaOH – Hidróxido de sódio

NTA – Ácido nitrilotriacético

PBS – Tampão fosfato salino (do inglês *phosphate saline buffer*)

r-BCA – Anidrase carbônica bovina II recombinante

LISTA DE PALAVRAS

Ácido iminodiacético

Ácido nitrilotriacético

Adsorção bioespecífica

Anidrase carbônica

Braço de extensão

Carbodiimida

Caudas de histidinas

Centros de coordenação

Cromatografia,

de afinidade

de imunoafinidade

Eluição seletiva

Epicloroxidrina

Epítopos antigênicos

Etilenodiamino

Fase estacionária seletiva

Fc

Hapteno

Hibridoma

Hidrazina

IMAC

Imunoadsorvente

Matriz,

de acoplamento covalente

de acoplamento de imobilização de ligantes

de especificidade de grupo

de afinidade

Monolitos

Quitosana

12.1 FUNDAMENTOS

A cromatografia de afinidade foi introduzida em 1951 como um método para isolamento e purificação de anticorpos. Posteriormente, no início da década de 1960, esse tipo de cromatografia sofreu avanço significativo e passou a ser amplamente empregado como método de purificação de proteínas. Essa cromatografia se distingue das demais por basear-se, principalmente, nas propriedades biológicas ou funcionais das espécies que interagem, quais sejam, molécula-alvo e ligante da fase estacionária.

A cromatografia de afinidade é uma técnica de separação de espécies geralmente biológicas que se baseia em interações altamente específicas como: enzima-substrato, enzima-inibidor, proteína-cofator, antígeno-anticorpo, dentre outras. Uma das espécies ou componentes dessa interação (denominado de ligante) é imobilizada num suporte insolúvel, a matriz porosa, e o outro componente é seletivamente adsorvido nesse ligante. O componente adsorvido pode ser eluído com uma solução que enfraqueça as interações entre os dois componentes. Em princípio, essa técnica torna possível separar uma proteína a partir de uma mistura biológica complexa, com base no reconhecimento e ligação da molécula-alvo às estruturas específicas do ligante (Figura 12.1). A base para separação é marcadamente diferente dos métodos convencionalmente usados para a separação de proteínas, que recaem nas propriedades físicas como massa molar, solubilidade, hidrofobicidade e ponto isoelétrico.

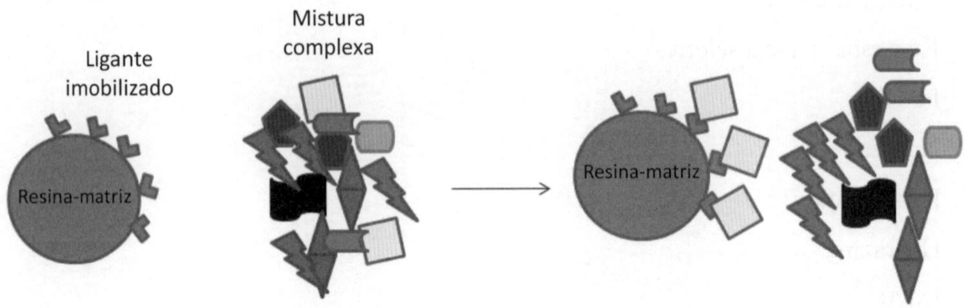

Figura 12.1 Esquema geral do princípio de cromatografia de afinidade: somente um tipo de proteína da mistura complexa fica adsorvida na matriz, que possui um ligante covalentemente ligado à fase estacionária, enquanto outras proteínas são eluídas na etapa da lavagem.

Na cromatografia de afinidade o mecanismo de separação é a afinidade biológica. Trata-se de técnica de custo elevado, razão pela qual é recomendado aplicá-la após a remoção ou redução dos contaminantes por outros métodos. No entanto, a purificação por afinidade é de alta resolução e a percentagem de recuperação do material ativo é geralmente alta. Essa cromatografia apresenta como vantagens: possibilidade de utilização de grande volume de amostra, purificação de proteínas a partir de misturas biológicas complexas em apenas uma etapa, separação de formas nativas das formas desnaturadas da mesma proteína e remoção de pequenas quantidades da proteína de interesse a partir de grande quantidade de outras proteínas contaminantes, como num processo de concentração da amostra de interesse.

A versatilidade desse método permite seu uso numa variedade de aplicações, como purificação de proteína, análises de componentes bioquímicos e biomedicinais e elucidação de mecanismos de interação bioquímica. O princípio da cromatografia por afinidade pode ser ilustrado em três etapas (Figura 12.2 e 12.3).

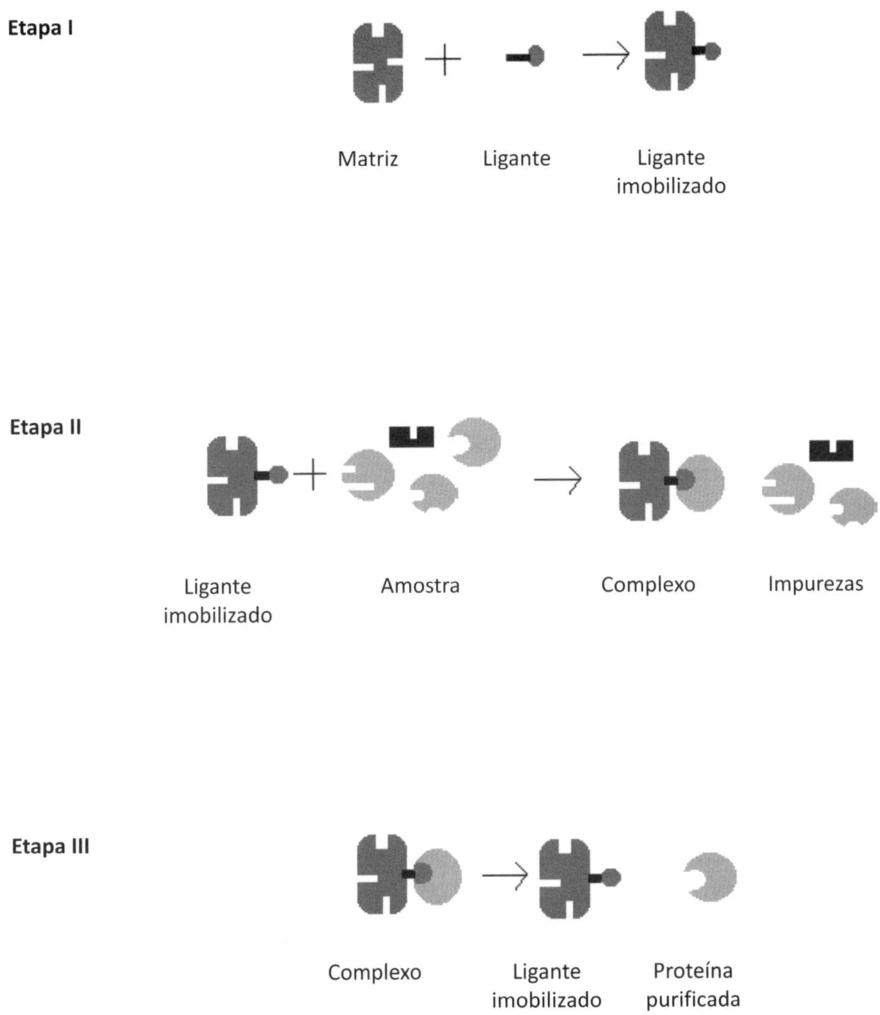

Figura 12.2 Etapas da cromatografia de afinidade.

O processo de adsorção bioespecífica é caracterizado pela imobilização de composto químico ou bioquímico selecionado (ligante) na superfície de uma matriz porosa (etapa 1). O ligante tem capacidade de ser reconhecido com alta especificidade por um composto particular ou uma classe de componentes proteicos que são purificados a partir de uma mistura de espécies. As etapas 2 e 3 das separações utilizando cromatografia por afinidade, que consideram o envolvimento da etapa da adsorção e dessorção da molécula de interesse, são assim descritas:

a) *Estágio de adsorção* – a solução (amostra) contendo a proteína a ser adsorvida é colocada em contato com o adsorvente para que as interações ocorram (etapa 1);

b) *Estágio de lavagem* – a coluna é equilibrada com uma solução tampão, e os componentes adsorvidos por interações não específicas (por exemplo, interações hidrofóbicas e iônicas pouco numerosas – inespecíficas) são removidos (etapa 2);

c) *Estágio de eluição* – a proteína de interesse, adsorvida, é liberada do complexo adsorvido-ligante (etapa 3);

d) *Reequilíbrio ou estágio de regeneração* – prepara-se o adsorvente para reutilização em outro ciclo de operação.

No estágio de adsorção, a amostra contendo a proteína de interesse entra em contato com o adsorvente e a proteína desejada se liga reversivelmente ao ligante imobilizado. A amostra, que é o extrato biológico bruto utilizado na solução de alimentação do estágio de adsorção, contém, na maioria dos casos, componentes não desejados, os contaminantes que estão frequentemente presentes em quantidades maiores que a substância desejada. Durante o estágio de adsorção, parte ou todos os contaminantes podem difundir pelos poros da matriz, ser adsorvidos bioespecificamente pelos ligantes ou não especificamente na superfície da matriz. No estágio de lavagem, a concentração dos contaminantes presentes nas partículas porosas do adsorvente é reduzida de forma significativa. Em seguida, a espécie adsorvida é recuperada pela dissociação do complexo adsorvido-ligante (estágio de eluição) e, finalmente, o adsorvente é regenerado pelo contato com a solução tampão inicial (estágio de regeneração).

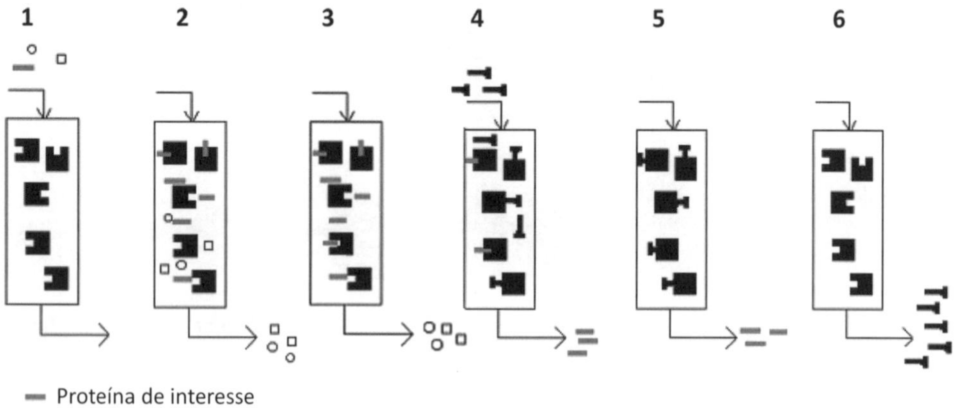

Figura 12.3 Etapas da cromatografia por afinidade: (1) alimentação da amostra na coluna; (2) interação entre as espécies da amostra e o ligante conjugado à matriz; (3) eliminação dos contaminantes adsorvidos com ligações fracas, pouco específicas, por meio de lavagem; (4) alimentação de solução tampão para adsorção de molécula com maior afinidade pelo ligante em comparação à molécula-alvo e, consequentemente, eluição da molécula; (5) eluição da molécula-alvo; (6) regeneração da coluna, com a retirada da molécula usada para eluir a proteína-alvo.

A Figura 12.3 representa esquematicamente o processo em coluna: na etapa 1, as diferentes formas geométricas representam as moléculas presentes na amostra. A etapa 2 é de interação entre as moléculas da amostra e o ligante, e somente uma molécula possui afinidade pelo ligante imobilizado covalentemente à matriz. A coluna é lavada com um tampão na etapa 3, quando então são eliminadas praticamente todas as moléculas que não foram ligadas por bioafinidade ao conjunto ligante-matriz, além daquelas que apresentam afinidade, mas que excedem a capacidade de retenção da coluna. Nas etapas 4 e 5 a eluição da molécula adsorvida ao ligante é realizada por modificações de pH, força iônica, ou ainda pela adição de uma substância que tenha maior afinidade pelo ligante. Na etapa 6 ocorre a regeneração da coluna, que é efetuada pela retirada de eluente, retornando à condição inicial, quando então a coluna estará pronta para o reuso.

12.1.1 SELEÇÃO DO SUPORTE OU MATRIZ

O suporte da matriz sólida para cromatografia de afinidade deve apresentar as seguintes propriedades:

- Não interagir com proteínas (ou adsorbatos) em geral, ser hidrofílico e não apresentar grupos de trocas reativas, no sentido de diminuir a adsorção não específica de proteínas;
- Deve ter boas propriedades químicas e mecânicas (como baixo grau de compactação), que devem ser mantidas durante a operação para minimizar resistência à vazão e assegurar o mesmo fluxo de eluição e lavagem;
- Deve ter poros de dimensão tal que a adsorção da proteína de interesse seja facilitada;
- Deve ter número suficiente de grupos ativos que são essenciais nas ligações covalentes cruzadas, permitindo eficiência de imobilização do ligante.

Grande variedade de material tem sido utilizada para compor as matrizes cromatográficas de afinidade para purificação de proteínas. As matrizes podem ser classificadas em inorgânicas, polímeros orgânicos sintéticos ou polissacarídeos. Alguns exemplos desses grupos são apresentados na Tabela 12.1, representando os meios mais utilizados em sistemas cromatográficos por fornecerem alta resolução. Os materiais utilizados como matrizes possuem propriedades que permitem empregá-los como suportes insolúveis na cromatografia de afinidade. Entre esses materiais destacam-se: agarose; celulose; dextrana; poliacrilamida e outros polímeros; partículas porosas de alumina; sílica de porosidade controlada e algumas associações entre as substâncias citadas.

O uso da agarose como suporte insolúvel ou matriz só é possível em cromatografia de afinidade após o aumento da estabilidade da estrutura secundária do gel por meio da reação com epicloroxidrina em meio alcalino. Tal reação leva à formação de ligações covalentes cruzadas entre cadeias de agarose, tornando a matriz mecanicamente rígida e mais estável aos reagentes orgânicos ou inorgânicos. Um exemplo desse tipo de resina é a Sepharose® Fast Flow da Amersham Pharmacia.

Tabela 12.1 Materiais utilizados como matrizes para cromatografia de afinidade

Matriz	pH estabilidade	Agente para ligação cruzada (LC)	Inconvenientes do uso
Celulose	3-10 (2-12, se tiver LC*)	Epicloroxidrina	Pré-tratamento é requerido para material seco
Dextrana	2-12	Epicloroxidrina	Encolhimento e intumescimento dependem da força iônica
Agarose	4-9 (3-14, se tiver LC*)	2,3 ibromopropanol	Deve estar sempre imersa em líquido
Poliacrilamida	2-11	N, N´-Metileno bisacrilamida	N, N´ pode ser tóxico
Sílica	3-8	policondensação	Instável acima de pH 8

* LC = ligação cruzada

A agarose foi introduzida como meio cromatográfico em 1962, sendo comercialmente vendida com o nome de Sepharose®, Superose®A[13] e BioGel® A[14] (Tabela 12.2).

Tabela 12.2 Tipos de matrizes de agarose comerciais para cromatografia de afinidade

Nome do produto	Tipo de matriz	Ligantes que podem ser acoplados	Grupo funcional	Nome do fabricante
AH-Sepharose® 4B	Com 4% de agarose, 6 átomos de carbono como espaçadores	Aminoácidos, cetoácidos, ácidos carboxílicos	-COOH	Beijing HZ Chemical
EAH-Sepharose® 4B	Contendo 4% de agarose com grupo amino terminal, 6 carbonos espaçadores ligados à matriz via ligação éter altamente estável	Aminoácidos, cetoácidos, ácidos carboxílicos	-COOH	GE Healthcare
Affi-gel 102 Gel	Agarose com ligações cruzadas, grupo amino terminal com 6 carbonos, espaçadores hidrofílicos	Aminoácidos, cetoácidos, ácidos carboxílicos	-COOH	BioRad
CM-Bio Gel A Carboxymethyl agarose	Agarose com ligações cruzadas, grupo carboxílicos terminal sem espaçadores	Aminas, Aminoácidos, peptídeos	$-NH_2$	BioRad

A Sepharose® pode ser utilizada para separar moléculas e proteínas cuja massa molecular é da ordem de milhões de Daltons. Em função de sua natureza hidrofílica e ausência de grupos carregados, provoca pouca desnaturação e apresenta baixa adsorção de proteínas de fácil desnaturação. A matriz de Sepharose® apresenta diferentes características de acordo com as porcentagens de agarose utilizadas nas matrizes (Tabela 12.3).

Tabela 12.3 Matriz de Sepharose® de acordo com a porcentagem de agarose utilizada

Tipo de matriz de Sepharose®	% de agarose	Diâmetro da esfera úmida (μm)	Faixa de fracionamento MM	
			Proteínas	Polissacarídeos
Sepharose® 2B	2	60-200	70.000-40.000.000	100.000-20.000.000
Sepharose® 4B	4	60-140	60.000-20.000.000	30.000-5.000.000
Sepharose® 6B	6	45-165	10.000-4.000.000	10.000-1.000.000

MM – massa molar

A matriz contendo 4% de agarose tem sido frequentemente utilizada nos processos cromatográficos de afinidade de pequena e grande escala. A Sepharose® atende à maioria das características desejáveis num suporte e apresenta como vantagens uma estrutura porosa altamente hidrofílica, inerte e quimicamente estável. Essa matriz apresenta diâmetro médio da partícula de 90 μm, área total superficial de aproximadamente 5 $m^2.mL^{-1}$ e diâmetro médio de poro de 30 nm.

Os adsorventes baseados em Sepharose® são estáveis em ampla faixa de condições experimentais, para altos e baixos valores de pH, detergentes e agentes dispersivos. A matriz de Sepharose® 4B apresenta adsorção não específica extremamente baixa, um fator essencial, pois o princípio da cromatografia por afinidade recai sobre interações específicas.

Outros exemplos menos comuns são a dextrana e a poliacrilamida. A dextrana é um polissacarídeo extracelular produzido pela bactéria *Leuconostoc mesenteroides* a partir da sacarose e é empregada como matriz em cromatografia de afinidade após tratamento com epicloroxidrina para formações de ligações cruzadas, resultando, por exemplo, na matriz Sephadex®. A matriz de poliacrilamida é modificada a derivados de aminoetil pela reação com etilenodiamino a 90 °C e a derivados hidrazínicos usando a hidrazina a 50 °C para melhorar suas características mecânicas. Junto com a celulose, a dextrana e a poliacrilamida completam as possibilidades de matrizes porosas utilizadas na cromatografia de afinidade.

12.1.2 SELEÇÃO DO LIGANTE

Na cromatografia de afinidade o ligante é o agente que reconhece a proteína que será purificada (ou é reconhecido por ela). A elevada especificidade das interações entre ligante e uma dada biomolécula caracteriza-o como um ligante-específico. Na purificação de uma enzima, o ligante pode ser um inibidor ou um substrato análogo desta enzima, enquanto para um antígeno o anticorpo é um ligante apropriado.

O ligante para a cromatografia de afinidade é selecionado com base na sua afinidade específica e reversível com a molécula a ser purificada e na sua disponibilidade de grupos modificados que permitem o acoplamento à matriz sem que ocorra perda de sua atividade de ligação específica.

12.1.3 PREPARAÇÃO DE FASE ESTACIONÁRIA SELETIVA

A preparação de fase estacionária seletiva envolve duas etapas: ativação da matriz e acoplamento do ligante.

A fase de ativação compreende a ligação de grupos reativos à matriz inerte, podendo ser descrita da seguinte forma: os grupos hidrofílicos ou aminas livres da matriz são ativados por reagentes bifuncionais do tipo A-R-B, em que o grupo A é substituído pela matriz M liberando HA e o grupo B é substituído pelo ligante liberando HB. A fase de acoplamento envolve a ligação covalente do ligante à matriz ativada. A fase de ativação da matriz pode ser descrita pela reação:

$$M - OH + A - R - B \rightarrow M - O - R - B + HA$$

e a fase de acoplamento por:

$$M - O - R - B + H - LIGANTE \rightarrow M - OR - LIGANTE + HB$$

A reação da matriz de Sepharose® com brometo de cianogênio (CNBr) e o acoplamento do ligante (NH_2-R) é um dos mecanismos de ativação (Figura 12.4). A Sepharose® ativada permite que ligantes que contêm os aminogrupos sejam facilmente imobilizados por meio de reação.

Como exemplo, pode-se citar a reação de acoplamento do ligante ácido oleico a uma matriz Sepharose® que contém grupos aminos. Numa primeira etapa, ocorre a reação de acoplamento do ligante com a carbodiimida, a qual pode ser reconhecida como um anidrido de ureia (N,N'-carbodiimida dissubstituída). O anidrido de ureia é frequentemente utilizado para promover a condensação entre o grupo amino livre e o ácido carboxílico livre, formando uma ligação peptídica (Figura 12.5).

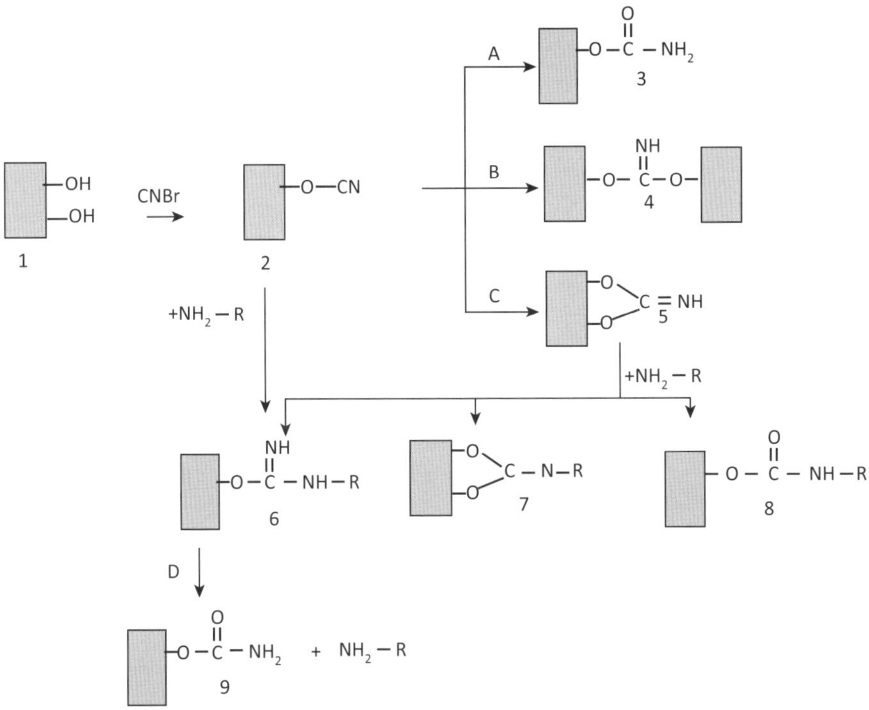

Figura 12.4 Ativação da matriz de Sepharose® com brometo cianogênio (CNBr) e acoplamento do ligante. (1) matriz de agarose; (2) éster cianato (muito reativo); (3) carbamato (inerte) gerado das reações de hidrólise; (4) imidocarbonato linear (pouco reativo), gerado por rearranjos intercadeias; (5) imidocarbonato cíclico (pouco reativo), gerado por rearranjos intracadeias; (6) derivado de isoureia; (7) imidocarbonato N-substituído; (8) carbamato N-substituído; (9) carbamato (inerte). (A) hidrólise; (B) rearranjo intercadeia; (C) rearranjo intracadeia; (D) quebra da ligação do ligante.

$$\underset{\text{Ácido oléico}}{R-\overset{\overset{\displaystyle O}{\|}}{C}-OH} + \underset{\text{Carbodiimida}}{R_1N=C=NR_2} \longrightarrow R-\overset{\overset{\displaystyle O}{\|}}{C}-O-\overset{\overset{\displaystyle NR_2}{\|}}{C}-NHR_1$$

$$R-\overset{\overset{\displaystyle O}{\|}}{C}-O-\overset{\overset{\displaystyle NR_2}{\|}}{C}-NHR_1 + R'NH_2 \longrightarrow R-\overset{\overset{\displaystyle O}{\|}}{C}-NHR' + \underset{\text{Ureia}}{R_1NH-\overset{\overset{\displaystyle O}{\|}}{C}-NHR_2}$$

Figura 12.5 Reação de acoplamento do ácido oleico (ligante) com a carbodiimida.

A Figura 12.6 (a e b) mostra os dois mecanismos de acoplamento do ligante na matriz de Sepharose® mediante reação que utiliza a carbodiimida, em que (a) representa a matriz de Sepharose® contendo grupos carboxílicos livres para o acoplamento com ligantes contendo grupos aminos e (b) representa a matriz de Sepharose® contendo grupos aminos para a reação de acoplamento com ligantes contendo grupos carboxílicos livres.

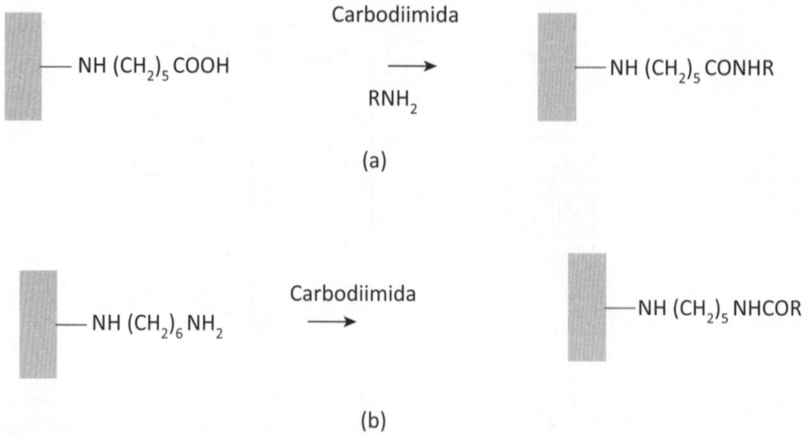

Figura 12.6 Reações de acoplamento do ligante com a matriz Sepharose®: (a) CH Sepharose® 4B e (b) EAH Sepharose® 4B.

O sucesso da purificação de proteínas por cromatografia de afinidade muitas vezes está relacionado com a distância existente entre a superfície do suporte e o ligante específico no qual as proteínas se ligarão. Fatores estéricos devem ser considerados, quando proteínas de massa molar elevada serão separadas por este processo. Ligantes específicos pequenos diretamente acoplados à matriz apresentarão baixa eficiência de adsorção. Nesse caso, o problema pode ser solucionado com a preparação de ligantes específicos com uma cadeia de hidrocarboneto, a qual recebe o nome de braço de extensão ou espaçador. Assim, a cadeia de hidrocarboneto deve ser primeiramente ligada à matriz e, na sequência, liga-se covalentemente o ligante específico a esse braço. A Figura 12.7 mostra o efeito do aumento do braço de extensão entre o ligante e a matriz.

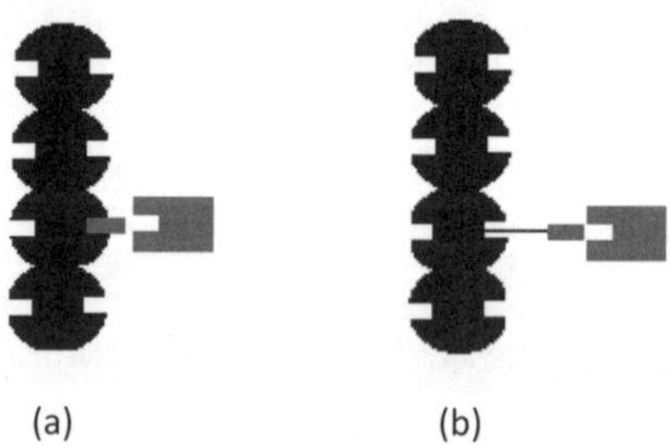

Figura 12.7 Braço de extensão utilizado na cromatografia de afinidade: ligante ligado diretamente à matriz (a) e ligante ligado à matriz por meio do braço de extensão (b).

O braço de extensão é, portanto, usado entre a matriz e o ligante para facilitar a ligação da proteína de interesse, permitindo o acesso do ligante a sítios ativos localizados na parte interna dessa proteína, os quais poderiam, de outra forma, estar inacessíveis por impedimento estérico.

A escolha da matriz com ou sem braço de extensão depende do ligante, da proteína e do tipo de ligação. Tem-se como regra geral que, se o ligante é de cadeia grande e a proteína de cadeia pequena (baixa massa molar), o braço de extensão pode não ser necessário, ao passo que para proteínas de alta massa molar pode-se usar um braço de extensão tal que limite o impedimento estérico e aumente a disponibilidade do ligante ao sítio ativo.

As matrizes de afinidade são divididas nos seguintes grupos:

1) Matriz de especificidade de grupo: os ligantes são específicos para determinados grupos, por exemplo, polissacarídeos e lipoproteínas, e podem ser usados para isolar famílias de proteínas que têm propriedades comuns. Usualmente tais matrizes encontram-se prontas para o uso (Tabela 12.4).

Tabela 12.4 Matriz de agarose: tipo de ligante a ser usado e sua especificidade por determinados grupos

Ligante	Grupo específico
Lecitina	Polissacarídeos
NAD^+, $NADP^+$	Desidrogenase
Heparina	Lipoproteínas, DNA, RNA
Benzamidina	Serina proteases

2) Matriz de acoplamento covalente: são matrizes mais específicas do que a matriz de especificidade de grupo, possuem braços de extensão de tipo e comprimento variados (Tabela 12.5).

Tabela 12.5 Matriz de agarose de ligação covalente

Ligação	Grupo ligante	Braço de extensão*	pH de estabilidade da matriz de agarose	Especificidade
CNBr	NH_2	Não descrito	8-10	Proteínas e peptídeos
Tiolpropil	SH	13 átomos de Carbono	9-11	Sulfidrilas
Aminohexil	COOH	Não descrito	–	Aminoácidos e proteínas
Epóxi	NH_2	11 átomos de carbono	9	Proteínas e peptídeos
Carboxi-hexil	NH_2	Não descrito	–	Ácidos carboxílicos

* Comprimento equivalente a átomos de carbono.

3) Matriz de acoplamento de imobilização de ligantes: a matriz de acoplamento depende do tipo de grupo disponível na molécula do ligante para acoplamento e da natureza da reação de ligação com a substância a ser purificada (Tabela 12.6).

Tabela 12.6 Matriz de agarose de acoplamento para imobilização de ligante

Ligante a ser acoplado	Grupo químico	Matriz de acoplamento
Carboidratos	Hidroxila	Epóxi Sepharose® 6B
	Amino	ECH-Sepharose® 4B CH-Sepharose® 4B Hitrap NHS Epóxi Sepharose® 6B
	Carboxila	EAH-Sepharose® 4B
Coenzima, cofator	Amino, Carboxila	Uso com braço de extensão
Proteína, peptídeo Aminoácido	Amino	CNBr-Sepharose® ativada ECH-Sepharose® 4B CH-Sepharose® 4B-ativada Hitrap NHS Epóxi Sepharose® 6B-ativada
	Carboxila	EAH-Sepharose® 4B
Antibiótico Esteroide	Tiol	Tiopropil-Sepharose® 6B Tiopropil-Sepharose® ativado Epoxi-Sepharose® 4B
	Hidroxila	Epoxi-Sepharose® 6B-ativado
Polinucleotídeo	Amino	CNBr Sepharose® 4B-ativado
	Base mercúrio	Tiopropil-Sepahrose 6B

12.2 ELUIÇÃO

A eluição seletiva do material ligado à fase estacionária na cromatografia por afinidade é de fundamental importância para que ocorra elevada separação da proteína desejada em relação às demais moléculas, isto é, elevada resolução no isolamento da molécula-alvo. A eluição requer a completa dissociação do complexo adsorbato-adsorvente (molécula-alvo-ligante). O adsorbato dever ser eluído em altas concentrações num volume pequeno de solução.

Dois métodos de eluição têm sido utilizados, um seletivo e outro não seletivo: o seletivo se vale das propriedades das interações bioespecíficas entre as proteínas; e o não seletivo se baseia na mudança de pH, agentes desnaturantes de proteínas e efeitos de temperatura, entre outros.

O método utilizado normalmente é o de eluição não seletivo, no qual, com o uso de um eluente apropriado, a intensidade da ligação entre ligante e a proteína adsorvida é reduzida, provendo-se a dissociação do complexo adsorbato-ligante. A Figura 12.8 ilustra o perfil do cromatograma durante a eluição não seletiva de uma enzima, baseada em mudança de pH, numa cromatografia de afinidade. Observam-se na figura três picos obtidos pela leitura da absorbância das proteínas. O primeiro pico representa a maioria das proteínas, que não foram adsorvidas durante a etapa da adsorção. O segundo pico, etapa de eluição, representa aquelas proteínas adsorvidas não especificamente, e o terceiro pico representa a eluição da proteína-alvo. A eluição de uma enzima-alvo pode ser detectada pela medida de atividade enzimática que foi eluída somente no tempo de cerca de quarenta minutos.

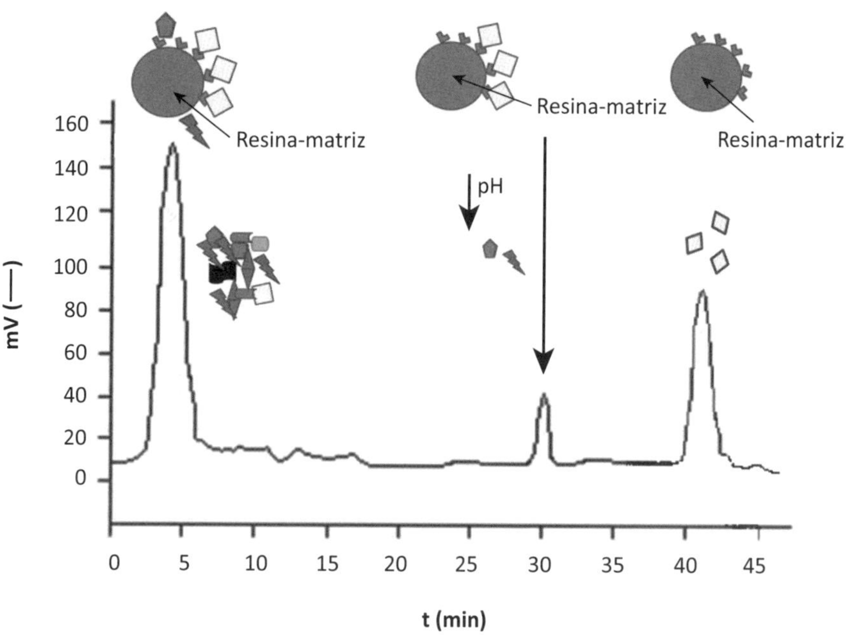

Figura 12.8 Cromatograma de uma eluição promovida por meio de mudança de pH, numa cromatografia de afinidade: intensidade dos picos (mV) em função do tempo (min) de eluição e do instante de alteração do pH.

O segundo método, de eluição seletiva, envolve o uso de solução contendo alta concentração de ligante livre, podendo ser o mesmo ligante que está fixo na superfície interna dos poros da matriz. Esse eluente tem afinidade pela proteína adsorvida ou pelo ligante imobilizado; assim, o eluente em alta concentração compete com os sítios de interação entre os complexos adsorbato-adsorvente e desloca o adsorvido quase exclusivamente para a fase solúvel, sendo então separado das partículas de adsorvente.

A proteína de interesse é separada do ligante solúvel explorando a diferença na massa molar das duas espécies em etapa posterior.

A Tabela 12.7 mostra algumas proteínas purificadas por meio de cromatografia de afinidade, seus respectivos ligantes, os suportes para imobilização dos ligantes, seus nomes comerciais e de seus fabricantes.

Tabela 12.7 Exemplos de sistemas de purificação utilizando cromatografia de afinidade

Proteína ou enzima a ser purificada	Ligante	Suporte da matriz	Nome comercial da matriz	Nome do fabricante
Tripsina	Ovomucoide	Quitosana	–	–
Lipase (*Geotrichum sp*)	Ácido oleico	Agarose	EAH-Sepharose® 4B	GE Healthcare
Lipase (*Rhizopus delemar*)	Ácido oléico	Agarose	Affi-gel 102 Gel	BioRad
GB*	Agamatine	Agarose	CH-Sepharose® 4B	GE Healthcare
Pepsina	L-tirosina	Celulose	Perlose MT 200	North Bohemian Chemical Works
Anidrase carbônica	P-(aminometil) benzolsulfona-mida	Monolito**	–	–

* Guanidinobenzoatase, usada como marcador de tumor.

** Tipo de polímero poroso composto de poli(metacrilato glicidil).

As matrizes do tipo monolito são constituídas por material rígido, polimerizado a partir dos monômeros metacrilato glicidil e etileno metacrilato, resultando em um polímero mecânica e quimicamente estável, com elevado diâmetro médio dos poros – 1,35 μm a 2,0 μm – e elevada porosidade, 60%, características que permitem às biomoléculas facilidade de acesso aos sítios ativos da superfície dos poros sob altos fluxos sem que ocorra queda de pressão. O transporte de massa é, portanto, regido pela convecção e a fase móvel é forçada a passar pelos poros do monólito, sob diferentes fluxos sem o comprometimento da resolução. O Capítulo 13, "Cromatografia de adsorção em coluna monolítica", é dedicado a essa estrutura de química e física de leito fixo.

A quitosana também é utilizada como suporte para matriz sólida em cromatografia de afinidade. É um polímero linear de elevada massa molar, consistindo de glicosamina, cujas ligações são do tipo α1-4. A quitosana é obtida pela reação de hidrólise ácida da quitina, um resíduo de crustáceos em geral. O leito poroso de quitosana tem sido usado para imobilização de proteases; no entanto, a aplicação da quitosana como matriz para a cromatografia por afinidade é pouco explorada. A vantagem da matriz de quitosana reside na possibilidade de utilização do glutaraldeído, substância usada como espaçador e que é menos tóxica que o CNBr. Possui também alta capacidade de adsorção, boa resistência mecânica e baixa adsorção não específica, mostrando-se, portanto, muito promissora.

12.3 CROMATOGRAFIA DE AFINIDADE A METAIS IMOBILIZADOS (IMAC)

As matrizes utilizadas na IMAC normalmente são Sepharoses com ligantes de metal imobilizado que o manterão por ligações de coordenação (centro de adsorção). Alguns aminoácidos possuem grupos doadores de elétrons para os metais, como o imidazol da histidina, o tiol da cisteína, o indol do triptofano, ou seja, atuam como bases de Lewis. Já os metais quelatados apresentam alguns centros de coordenação livres que, em meio aquoso, atuam como aceptores de pares de elétrons, isto é, ácidos de Lewis. Daí resulta a reversibilidade das interações entre os grupos químicos dos aminoácidos e os centros de coordenação do metal, pois possuem caráter ácido-base.

Alguns íons metálicos apresentam características de ácidos duros, como K^+, Mg^{+2}, Ca^{+2} e Fe^{+3}, e coordenam mais fortemente bases duras como átomos de oxigênio, nitrogênio alifático e fósforo. Já os íons Ag^+ e Cu^+ são ácidos moles e coordenam bases moles como átomos de enxofre (presentes nas sulfidrilas de cisteínas). De maneira análoga, os metais de transição Cu^{+2}, Zn^{+2}, Ni^{+2} e Co^{+2} são ácidos intermediários e realizam coordenações estáveis com bases intermediárias como átomos de nitrogênio de anéis aromáticos.

A cromatografia do tipo IMAC se baseia na afinidade que grupamentos químicos de alguns aminoácidos possuem por metais bivalentes. Dessa forma, depois do advento da biologia molecular, IMAC se tornou um dos principais métodos de purificação de proteínas recombinantes, isso porque diversos vetores de expressão de proteínas recombinantes permitem a realização de construções genéticas que resultam em proteínas de fusão com caudas de histidina na posição C- ou N-terminal das proteínas-alvo.

Normalmente as caudas de histidinas adicionadas às proteínas recombinantes são compostas de peptídeos de seis a dez resíduos do aminoácido histidina. Por ficarem localizadas nas extremidades e serem relativamente pequenas em relação à massa molar total de uma proteína, essas caudas His-tag ficam expostas de maneira anexa, como se estivessem "penduradas" na estrutura terciária/quaternária de proteínas globulares. De maneira geral, a inserção dessas caudas não influencia o dobramento e a função da proteína de interesse à qual elas estão fusionadas.

Dois principais quelantes são usados no IMAC: o ácido iminodiacético (IDA), que é tridentado, e o ácido nitrilotriacético (NTA), que é tetradentado. Pressupõe-se que quanto maior o número de sítios de coordenação com metal, maior a estabilidade da imobilização metálica. No entanto, forças eletrostáticas e pH influenciam a habilidade de adsorção dos metais e seus sítios de coordenação disponíveis para interação com as proteínas. Por exemplo, em fases móveis com elevada força iônica, predominarão as interações de coordenação, mas, em tampões com reduzida força iônica, as forças eletrostáticas exercerão papéis importantes na purificação.

Os tampões usados para IMAC podem ser os normalmente utilizados em processos cromatográficos com outros princípios, mas devem-se evitar citratos e tricinas por possuírem afinidade a íons metálicos, podendo causar dessorção do metal do suporte imóvel. O pH tem efeito crucial na IMAC. Os grupos ionizáveis dos doadores de elétrons dos aminoácidos precisam estar desprotonados, isto é, o tampão deve promover uma faixa de pH acima do pKa desses grupos. A adsorção de proteínas com His-tag é favorecida em pHs de 6 a 8.

A dessorção das proteínas em IMAC pode ser realizada de três formas: mudança de pH, aumento da força iônica ou promoção de altas concentrações de molécula competidora. No caso específico de metaloproteínas, pode-se eluir o complexo metal-proteína do suporte sólido usando um quelante mais forte do que o usado na imobilização, por exemplo, o ácido etilenodiamino tetra-acético (EDTA).

A diminuição do pH afeta o comportamento ácido-base de Lewis das interações metal-proteína por causa da protonação dos grupamentos dos aminoácidos histidinas. Isso faz com que a proteína possa ser eluída da coluna pela diminuição do pH na fase móvel. O uso de aumento da força iônica pode ser empregado quando sua influência for maior do que as forças de interações de coordenação, como no caso de purificação em fases móveis com baixa força iônica inicial.

No entanto, para proteínas recombinantes com caudas de histidinas o método mais aplicado é o de competição. Adiciona-se alta concentração de imidazol, que irá deslocar a proteína fusionada à cauda de histidina do metal imobilizado. O único inconveniente dessa abordagem é ter que separar posteriormente por gel filtração ou diálise a proteína-alvo do imidazol.

Hoje, IMAC é amplamente empregada por sua versatilidade em permitir que potencialmente qualquer proteína recombinante possa ser purificada por um único passo cromatográfico de afinidade, que resulta em aproximadamente 90% de pureza e com condições brandas de operação. No entanto, reações de oxidação pelo metal, que pode "vazar" do suporte sólido, podem danificar o produto. Isso pode ser resolvido com o tratamento posterior da amostra com agentes redutores, como DTT (ditiotreitol) ou β-mercaptoetanol. A regeneração da coluna é realizada com a lavagem do suporte imóvel com altas concentrações de agentes quelantes, como o EDTA. Assim, a resina torna-se novamente apta a passar por um novo ciclo de imobilização do metal e ser usada em seguida.

12.4 CROMATOGRAFIA DE IMUNOAFINIDADE

Uma das mais importantes aplicações da cromatografia de afinidade é a purificação de anticorpos. Anticorpos são estruturas proteicas produzidas pelo sistema imune de mamíferos em resposta a componentes exógenos, chamados *nonselves* (não próprio do organismo). É uma resposta extremamente importante para defesa contra ataques de patógenos e está baseada na produção de uma proteína (imunoglobulinas) que reconhece parte de outra proteína ou componente do patógeno como lipídeos, sacarídeos etc., os chamados antígenos.

Assim, a cromatografia de imunoafinidade se baseia na especificidade entre o anticorpo e seu antígeno, normalmente as regiões hidrofóbicas de uma proteína que facilmente elicitam o sistema imune, os epítopos antigênicos. A alta especificidade e afinidade dos anticorpos para com seus antígenos faz da cromatografia de imunoafinidade uma poderosa ferramenta para isolar um determinado composto a partir de amostras complexas, com seletividade que não é, em geral, conseguida por outros métodos cromatográficos. Esse tipo de cromatografia consegue, por exemplo, discriminar formas alteradas (com mutações, oxidadas) ou parcialmente degradadas (inativas) da forma nativa (bioativa) de uma proteína utilizando clones que produzem anticorpos que se ligam apenas às formas não nativas e que não interagem com a proteína intacta.

Essa metodologia consiste, em geral, de quatro etapas representadas esquematicamente na Figura 12.9. Nas etapas 1 e 2, a amostra contendo o produto a ser purificado é aplicada a uma coluna com anticorpos imobilizados, o imunoadsorvente, e a molécula-alvo é preferencialmente adsorvida, enquanto as impurezas são rejeitadas. Em seguida, uma etapa de lavagem (3) com tampões suaves, como fosfato salino (PBS) pH 7,2, remove o material não adsorvido (impurezas e moléculas ligadas inespecificamente ao imunoadsorvente). Quanto maior o volume do tampão de lavagem utilizado nessa etapa, maior a eficiencia de remoção das impurezas ligadas inespecificamente. Entretanto, exagerados volumes de lavagens podem acarretar perdas do produto de interesse, sendo, portanto, importante o compromisso entre o rendimento da purificação e a pureza do produto. Finalmente, na etapa de eluição (4) o produto de interesse é removido da coluna utilizando um solvente que reduz a afinidade do antígeno em relação ao anticorpo.

Em algumas aplicações o modelo adotado retém na coluna os componentes indesejáveis, deixando passar o produto de interesse. Um exemplo desse enfoque é o hormônio de crescimento humano recombinante produzido em *Escherichia coli*, em que o anticorpo usado na coluna de imunoafinidade é seletivo para as impurezas derivadas da célula hospedeira, enquanto o hormônio passa pela coluna sem ser retido. Nesse caso, um aumento de pureza de cerca de trezentas vezes é relatado para uma única etapa de purificação utilizando colunas de Sepharose® 4B, ativadas por CNBr, com IgG antiproteínas de *E. coli*, imobilizadas na matriz. A vantagem desse modelo é que o hormônio não estará exposto a condições drásticas de eluição.

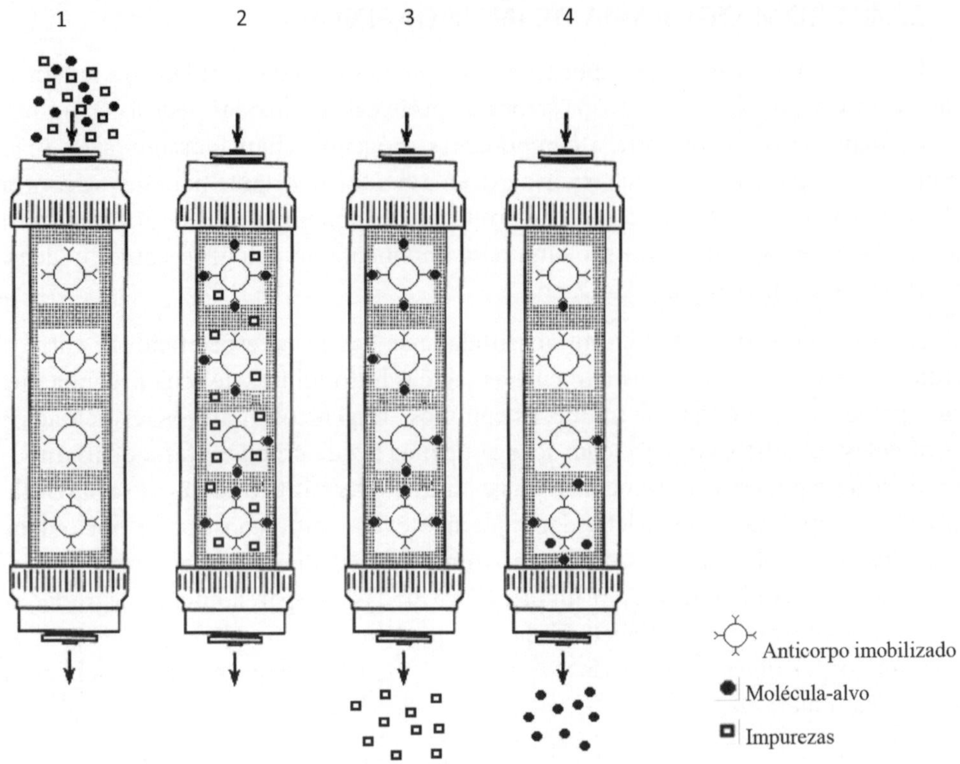

Figura 12.9 Etapas de uma cromatografia de imunoafinidade: (1) entrada e adsorção da amostra; (2) adsorção; (3) lavagem; (4) eluição.

12.5 INTERAÇÃO ANTÍGENO-ANTÍGENO

A ligação do anticorpo imobilizado (Ab) ao antígeno (Ag) com a formação de um complexo anticorpo-antígeno (Ab:Ag) é descrita pelas equações:

$$Ab + Ag \underset{k_d}{\overset{k_a}{\rightleftarrows}} Ab : Ag$$

$$K_e = \frac{k_a}{k_d}$$

$$K_e = \frac{[Ab : Ag]}{[Ab][Ag]}$$

em que: K_e é a constante de equilíbrio; k_a, a constante de equilíbrio de associação para a ligação do Ab com o Ag; k_d, a constante de equilíbrio de dissociação do complexo Ab:Ag; [Ab:Ag], a concentração molar do complexo anticorpo-antígeno no equilíbrio; [Ab], a concentração molar do anticorpo no equilíbrio; [Ag], a concentração molar do antígeno no equilíbrio.

A interação antígeno-anticorpo apresenta elevada constante de associação (baixa constante de dissociação): 10^{-8} a 10^{-6} M para anticorpos policlonais e 10^{-12} a 10^{-8} M para anticorpos monoclonais. Isso resulta em ligações estáveis entre o antígeno e o anticorpo imobilizado, sobretudo em função do grande número de ligações hidrofóbicas e de hidrogênio, forças eletrostáticas e interações de Van der Waals. A única maneira de eluir o produto de interesse é utilizando condições que aumentem a taxa de dissociação (k_d) do complexo antígeno-anticorpo (isto é, diminuam o valor de k_a). Para isso são necessárias, em geral, condições drásticas de eluição (por exemplo, valores extremos de pH), as quais, entretanto, podem causar desnaturação do produto ou do ligante (anticorpo ou antígeno que é imobilizado), bem como ocasionar perdas do anticorpo, seja por uma clivagem deste e consequente desligamento do suporte, seja por danificação do próprio suporte. Por outro lado, uma eluição incompleta pode ocasionar, além de baixa recuperação do produto, perda da capacidade da coluna. As condições ideais de eluição, portanto, devem ser tais que a eluição do produto seja completa após um a dois volumes de coluna, evitando, assim, excessiva diluição. É difícil estabelecer regras gerais para a seleção do método de eluição a ser utilizado, uma vez que propriedades do antígeno a ser separado, como ponto isoelétrico, solubilidade e estabilidade em solução, devem ser levadas em conta em cada processo de separação.

12.6 ESTRATÉGIAS DE ELUIÇÃO

A escolha de uma estratégia de eluição deve ser um compromisso entre conveniência, recuperação do produto e funcionalidade. A estratégia selecionada deve atender a estes três critérios: (a) reduzir tanto quanto possível a constante de associação (ka); (b) o produto de interesse deve manter sua atividade quando retornar a um tampão fisiológico; (c) a coluna deve manter sua capacidade e o anticorpo não deve ser irreversivelmente danificado.

As estratégias de eluição geralmente utilizadas são:

- *Valores extremos de pH* – tampões a valores de pH extremos, abaixo de 2,5 e acima de 10, rompem ligações iônicas. Soluções de baixo pH são mais comumente utilizadas do que as de alto pH, provavelmente porque as proteínas são mais susceptíveis à desnaturação irreversível a altos pH. As soluções de pH baixo mais comumente utilizadas são glicina-HCl e ácido acético, e de pH alto, amônia, NaOH, tampão glicina/ NaOH e várias aminas, como etanolamina.
- *Agentes caotrópicos* – ions caotrópicos, assim chamados em função de sua capacidade de romper as ligações de hidrogênio e enfraquecer as interações hidrofóbicas, podem ser agentes eficazes para diminuir a força de interação entre antígeno e anticorpo. A capacidade de certo ânion de induzir a dissociação do complexo antígeno-anticorpo pode ser avaliada pela classificação a seguir:

  $SCN^- > I^- > ClO_4^- > Cl^- > CH_3CO_2^- > SO4^{-2}$

Segundo essa classificação, o tiocianato (SCN^-) é um dos íons mais desestabilizantes, e em concentração elevada, 3 M, é capaz de dissociar as ligações antígeno-anticorpo. É importante restaurar a estrutura nativa da proteína o mais breve possível após a eluição, o que pode ser feito removendo o desnaturante por diálise ou dessalinização ou promovendo a diluição do meio. O uso do SCN^-, entretanto, pode ser problemático para produtos farmacêuticos por causa de sua toxicidade.

- *Agentes desnaturantes* – altas concentrações de desnaturantes como ureia (8 M) e guanidina-HCl (6 M) são capazes de dissociar ligações de hidrogênio e, em geral, são utilizadas em situações em que o anticorpo tem afinidade muito alta e nenhum outro eluente é eficaz para a dissociação do complexo antígeno-anticorpo. Essa técnica de eluição é particularmente útil para aqueles produtos sensíveis a valores extremos de pH. Entretanto, o efeito desnaturante desses agentes restringe seu uso às proteínas mais estáveis, à remoção das proteínas retidas na coluna, durante a sua regeneração, ou em casos em que a manutenção funcional do eluato não seja necessária.
- *Solventes orgânicos* – a alteração da polaridade do solvente de eluição mediante o emprego de solventes orgânicos é utilizada para reduzir a associação entre o Ab e o Ag. Em geral são utilizados solventes orgânicos solúveis em água como acetonitrila, dimetil-sulfóxido (DMSO), dioxano e etilenoglicol, sendo este último um dos mais usados porque desnatura a proteína apenas em concentrações muito altas. Essa técnica é solvente-específica em alguns casos e não depende apenas da polaridade ou tensão superficial do solvente. Por exemplo, em certo sistema um $k_a = 10^{-8}$ M não é afetado por até 20% de DMSO, mas ao utilizar DMSO entre 20% e 50% o valor de k_a cai significativamente. Nesse mesmo sistema, entretanto, mesmo utilizando etilenoglicol em concentração acima de 60%, o valor de k_a não é significativamente reduzido. Essas mesmas soluções também são utilizadas para regeneração da coluna.
- *Força iônica* – alterações na força iônica induzidas por soluções com alto teor de sal ocasionam rompimento de ligações iônicas, mas também facilitam interações hidrofóbicas. Esse é um dos métodos de eluição mais suaves. Além de manter a funcionalidade da proteína, facilita também a regeneração da coluna com concentrações menores de sal. Soluções de NaCl , $MgCl_2$ e LiCl, 3 a 5 M ou saturadas, são em geral usadas para esse fim.
- *Alta pressão* – a eluição do antígeno ligado ao anticorpo imobilizado é obtida com pressões acima de 2.000 atm. Essa é uma condição suave de eluição, uma vez que a desnaturação de uma proteína só ocorre a pressões acima de 6.000 atm. A resposta do complexo antígeno-anticorpo à pressão é um efeito anticorpo-específico, sendo necessário, portanto, avaliar se o anticorpo usado é sensível à pressão antes de adotar essa estratégia de eluição.

- *Eluição por temperatura* – a dissociação do complexo antígeno-anticorpo é facilitada pelo aumento da temperatura, como consequência da diminuição da constante de associação. Entretanto, para a maioria dos sistemas antígeno-anticorpo, a variação da constante de associação com a temperatura não é significativa dentro dos limites compatíveis com a estabilidade da proteína de interesse. Esse tipo de estratégia é suave e tem a vantagem do produto de interesse não se misturar com reagentes da eluição como sais ou agentes desnaturantes.
- *Eluição bioespecífica* – a eluição do antígeno é feita pela adição de um excesso de composto de baixa massa molar (peptídeo, hapteno) que compete pelo sítio de ligação do antígeno e pode ser removido do produto por diálise ou cromatografia de exclusão molecular. Analogamente, pode-se usar um composto que compete pelos sítios do anticorpo, sendo que, nesse caso, este deverá ser retirado antes da coluna ser reusada. Embora bastante eficiente, essa estratégia de eluição não é muito utilizada dada a dificuldade de se encontrar uma substância que compita especificamente por um determinado par Ag-Ab.

Alguns exemplos de produtos purificados por cromatografia de imunoafinidade utilizando essas diferentes estratégias podem ser vistos na Tabela 12.8.

Tabela 12.8 Exemplos de estratégias de eluição usadas para cromatografia de imunoafinidade

Estratégia de eluição	Condição utilizada	Produto de interesse	Referência
pH extremo	Tris HCl 0,02 M pH 11,6 Fosfato 0,1 M, NaCl 0,5 M KCl 1 M pH 4,0	Hepatite B Interleucina 2	Ibarra et al. (1999) Narayanan (1994)
Agente caotrópico	KSCN 3 M, EDTA 3 mM, Tris 20 mM, pH 7,0	Eritropoietina	Yang; Butler (2002)
Agente desnaturante	Ureia 6,3 M em PBS (Fosfato 0,01 M, NaCl 0,15 M)	Próinsulina	Hale (1995)
Solvente orgânico	$MgCl_2$ 4 M pH 7,2 25% etilenoglicol	Antissoro anti-IgG humano	Firer (2001)
Eluição bioespecífica	Piridina	DNA	Yarmush et al. (1992)

Outro aspecto a ser considerado é a regeneração da coluna após a eluição. O reuso da coluna é muito importante do ponto de vista econômico e também do ponto de vista experimental, pois a reprodutibilidade entre ensaios é essencial. A reutilização da coluna depende tanto das características físicas da fase sólida quanto da natureza biológica do ligante. A etapa de regeneração da coluna inclui tanto a retirada do tampão utilizado para a eluição e a retirada daqueles componentes que ficaram retidos na coluna inespecificamente e que não foram retirados durante a eluição ou com outras lavagens (por exemplo, contaminantes, em geral desnaturados, presentes no extrato cru). Alguns protocolos sugerem o uso rotineiro de KCl 2 M/ureia 6 M após cada purificação, enquanto outros sugerem o uso de solventes orgânicos. É preciso, entretanto, avaliar se com esses tratamentos há dano do suporte de imunoafinidade.

12.7 IMUNOADSORVENTE

O imunoadsorvente utilizado na cromatografia de imunoafinidade pode ser produzido pela imobilização, em um suporte sólido rígido, do antígeno ou do anticorpo específico à proteína de interesse. Tanto o material do suporte quanto o método de imobilização utilizado para acoplar o anticorpo ou o antígeno à matriz são importantes para o sucesso da cromatografia de imunoafinidade. A capacidade total de ligação de um imunoadsorvente é determinada pelo número de sítios ativos de ligação, que, em geral, correspondem a uma pequena fração do número total de sítios de imobilização. A simetria dos fragmentos Fab na molécula de anticorpo pré-determina uma estequiometria teórica de ligação antígeno:anticorpo de 2:1. Típicas capacidades de ligação para anticorpos acoplados covalentemente correspondem em geral a 30% de sua capacidade teórica.

12.8 SUPORTES DE IMUNOAFINIDADE

O suporte sólido a ser utilizado em uma cromatografia de imunoafinidade deve ter uma superfície adequada para a interação antígeno-anticorpo. Um processamento eficiente é em geral obtido com matrizes cujos poros são suficientemente grandes para permitir o acesso do anticorpo e do antígeno de tal modo que o último possa difundir livremente, ligar-se e posteriormente dissociar-se do anticorpo. Porém, uma matriz excessivamente porosa pode perder estabilidade mecânica e, portanto, ser compactada durante o processo, com consequente comprometimento da sua capacidade. Matrizes não porosas também podem ser usadas, mas nesses casos a acessibilidade do anticorpo e do antígeno é menor, sendo, entretanto, toda a superfície acessível a ambos. O suporte sólido deve conter grupos funcionais tais que a superfície possa ser ativada para subsequente imobilização do ligante via ligação estável. É importante também que os suportes sólidos tenham baixa absorção inespecífica e/ou interação.

Os principais suportes utilizados na maioria das aplicações de cromatografia de imunoafinidade são aqueles relacionados com polímeros à base de carboidratos como agarose ou celulose, suportes orgânicos sintéticos como polímeros, copolímeros e derivados de acrilamida e derivados de polimetacrilato. Estes são suportes de baixa eficiência que podem operar sob influência da gravidade, fluxo peristáltico ou em baixo vácuo.

As principais desvantagens desses materiais são sua limitada estabilidade em altos fluxos e pressões e suas baixas propriedades de transferência de massa. Esses fatores limitam a utilização desses suportes para cromatografias de imunoafinidade em sistemas de HPLC. Materiais mais rígidos e de alta eficiência como derivados de sílica, vidro e certas matrizes orgânicas como pérolas de azalactona ou meios de perfusão baseados em poliestireno podem ser utilizados em sistemas de imunoafinidade por HPLC.

Pesquisas relativas a novos suportes com vantagens adicionais estão em contínuo desenvolvimento, especialmente visando a um aumento de seletividade e de capacidade de ligação.

12.9 MÉTODOS DE IMOBILIZAÇÃO DO ANTICORPO

O anticorpo a ser imobilizado pode ser policlonal ou monoclonal. Ambos levam a imunoadsorventes eficientes, sendo os anticorpos monoclonais superiores aos policlonais em função de sua maior especificidade (reconhecimento de um único sítio) e capacidade de ligação. Por outro lado, do ponto de vista da praticidade, os anticorpos policlonais são mais simples de serem produzidos, com procedimentos bem estabelecidos, enquanto a produção dos monoclonais implica significativo investimento em equipamento, tempo e tecnologia especializada. Entretanto, a fonte de um anticorpo policlonal é finita e a necessidade de reforço para animais previamente imunizados pode levar a variações na quantidade e qualidade do anticorpo. Já as células de hibridoma (híbrido resultante da fusão de células B produtoras de anticorpo com células tumorais) que secretam anticorpo monoclonal podem ser estocadas em nitrogênio líquido, disponibilizando uma fonte de anticorpo bem estabelecida, por muitos anos. Essas considerações são especialmente importantes para as purificações relativas a produtos farmacêuticos, para os quais se exige, na fase do registro do produto, que todas as fontes de matéria-prima sejam seguras, reprodutíveis e bem padronizadas. Nesses casos, o anticorpo monoclonal é a escolha preferencial.

A estrutura básica de um anticorpo típico (IgG) consiste em quatro polipeptídeos, sendo duas cadeias pesadas idênticas (Fc) e duas cadeias leves idênticas (Fab) ligadas por pontes dissulfeto. Essas cadeias polipeptídicas formam uma estrutura em forma de Y (Figura 12.10). Dois sítios equivalentes de ligação ao antígeno estão presentes nas extremidades terminais superiores da molécula do anticorpo.

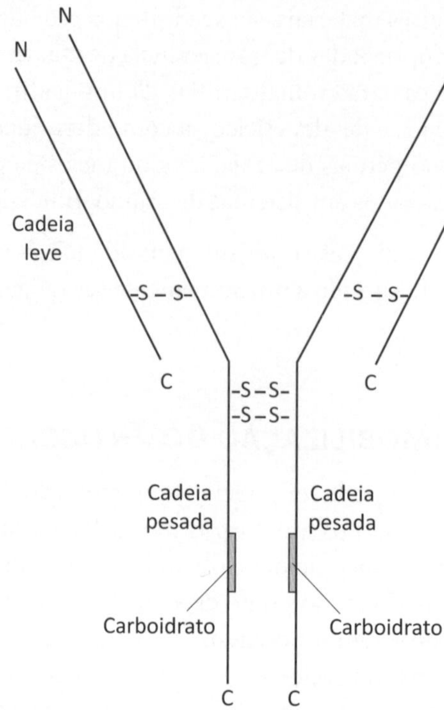

Figura 12.10 Representação esquemática da molécula de IgG.

A imobilização do anticorpo à fase sólida é feita, em geral, por um dos seguintes métodos (Tabela 12.9):

- Adsorção física do Ab à fase sólida;
- Acoplamento químico do Ab à fase sólida;
- Acoplamento químico covalente sítio-dirigido do Ab (nativo ou oxidado) realizado diretamente ou de maneira indireta via um polímero, metal ou ligação de proteína.

Nas duas primeiras estratégias de imobilização, ao contrário da última, a interação do Ab com a fase sólida é inespecífica, o que não permite a determinação da orientação do Ab imobilizado. Assim, a fração de Ab que permanecerá funcional em acoplamentos desses tipos não é previsível. Portanto, existe a possibilidade de que uma fração significativa das regiões de ligação do Ab ao Ag esteja estericamente escondida (Figura 12.11). Já no caso do acoplamento orientado, a capacidade de ligação do Ag é de duas a oito vezes maior em relação aos métodos de acoplamento randômico, dada a possibilidade de obter melhor acessibilidade estérica aos sítios ativos de ligação.

Tabela 12.9 Características de diferentes métodos de imobilização do Ab em colunas de imunoafinidade

Método de imobilização	Sítio de ligação do Ab ao suporte	Orientação do Ab
Adsorção física	Randômico	Randômica
Ligação covalente do Ab intacto	Randômico	Randômica
Ligação covalente do Ab oxidado	Região de carboidratos em Fc	Orientada
Ligação do Ab via proteína A	Grupos amina da região Fc	Orientada
Ligação do Ab à resina carregada com metal	Porção C-terminal da região Fc	Orientada

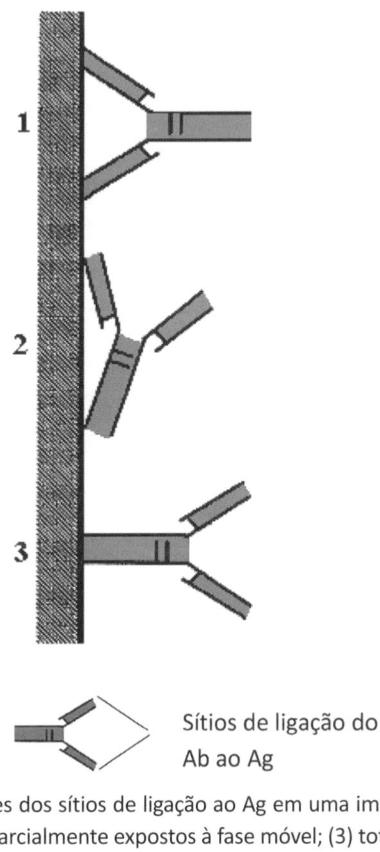

Figura 12.11 Possíveis posições dos sítios de ligação ao Ag em uma imobilização randômica do Ab: (1) não expostos à fase móvel; (2) parcialmente expostos à fase móvel; (3) totalmente expostos à fase móvel.

O acoplamento do anticorpo à matriz suporte se dá via resíduos reativos, principalmente grupos amino da lisina, presentes por toda a molécula do anticorpo; grupos carboxílicos do aspartato e glutamato, encontrados na região Fc, covalentemente ligados às cadeias polipeptídicas do anticorpo; e grupos fenólicos das tirosinas. Os imunoadsorventes preparados por meio da região de carboidratos da molécula de IgG mostram aumento significativo na capacidade de ligação ao antígeno com relação àqueles preparados pelo acoplamento por meio das aminas primárias da molécula de IgG. O acoplamento ocorre ou por meio da ativação da matriz, ou por meio de um reagente de acoplamento.

No caso da imobilização do anticorpo por adsorção física, uma séria limitação é a perda do anticorpo imobilizado durante a etapa de eluição do antígeno, uma vez que as ligações não covalentes que ligam o anticorpo à fase sólida são análogas àquelas que ligam o anticorpo ao antígeno. Já no caso dos dois outros métodos de acoplamento, o anticorpo imobilizado é retido durante a eluição do antígeno, permitindo a regeneração da coluna de afinidade sem perda do Ab.

A reação de acoplamento não sítio-dirigido que liga o anticorpo covalentemente à fase sólida utiliza agentes ativadores, em geral de três tipos:

- ativadores solúveis que permitem acoplamento químico direto entre grupos funcionais, em geral um grupo -NH_2 de um componente com um grupo -COOH de outro, por exemplo o brometo de cianogênio (CNBr) (Figura 12.12) e a carbodiimida (Figura 12.13);
- ativadores solúveis que funcionam como ponte entre grupos funcionais idênticos ou diferentes, por exemplo o glutaraldeído e o ácido maleico, que atuam como ponte entre dois grupos amina, ou o N-sucinimidil 4-maleimidobutirato, que liga grupos tiol do suporte a grupos amino da proteína;
- ativadores ligados à fase sólida, que incluem polímeros com grupos ativos (por exemplo epóxi-derivados), permitem acoplamento covalente a grupos -NH_2, -OH, -SH da proteína.

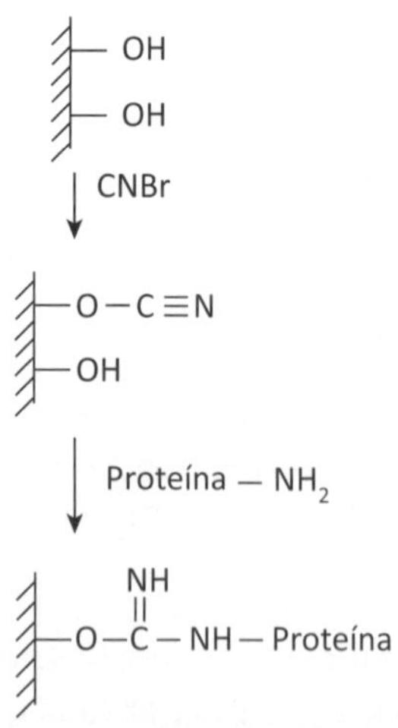

Figura 12.12 Etapas do acoplamento de uma proteína a uma matriz ativada com CNBr.

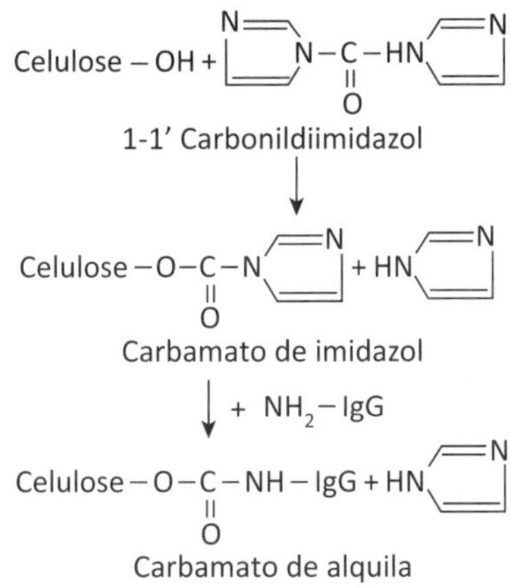

Figura 12.13 Exemplo de acoplamento de IgG a uma matriz de celulose ativada com carbodiimida.

Quando o procedimento de imobilização do Ab é sítio-dirigido, os sítios de ligação do Ab ficam expostos à fase móvel, fora da superfície da fase sólida, o que garante boa acessibilidade estérica aos sítios ativos de ligação. São utilizadas várias estratégias de imobilização orientada:

- *Acoplamento direto à fase sólida* – a maneira mais efetiva da imobilização dirigida é por meio da ligação do Ab à fase sólida via um único sítio de ligação. Nessa estratégia, a região Fc do anticorpo (região de carboidratos) é oxidada com periodato, formando grupos aldeído que são então ligados quimicamente ao suporte sólido. Como os anticorpos são glicosilados apenas em um único sítio do domínio CH_2 de cada cadeia pesada, então as duas regiões Fab do anticorpo ficarão completamente livres para interagir com o antígeno na fase móvel. A imobilização segundo esta estratégia depende da concentração do periodato, do pH da reação, do tempo e da temperatura;
- *Acoplamento via pontes de proteína* – proteína A derivada de *Staphylococcus aureus*, proteína G derivada de *Streptococcus* e proteínas bacterianas com alta afinidade de ligação por grupos amino da porção Fc do anticorpo, têm sido usadas como braços espaçadores bioespecíficos para orientar o Ab na fase sólida. Essas proteínas são ligadas covalentemente à fase sólida de várias formas, por exemplo, diretamente via grupos aldeído, grupos epóxi ou glutaraldeído. Elas aumentam a distância entre os anticorpos e a superfície da matriz, facilitando a formação estável e eficiente do complexo anticorpo-antígeno. Tem sido usada também proteína G biotinilada ligada à avidina, previamente acoplada à fase sólida. O uso desse sistema de alta afinidade biotina/avidina como um sanduíche intermediário mantém elevada biofuncionalidade da proteína G;
- *Acoplamento a suportes carregando metais* – esta estratégia é baseada na interação de resíduos de histidina com metal e expõe o anticorpo a concentrações baixas de reagentes oxidantes durante a imobilização. Um anticorpo é imobilizado, por meio da porção C-terminal da cadeia pesada Fc, a uma resina com

grupos funcionais iminodiacetato (IDA) carregada com $CoCl_2$. A oxidação do Co (do estado +2 para o estado +3) com H_2O_2 resulta em complexos Co^{3+}-anticorpo ligados irreversivelmente. Estes apenas serão removidos com reagentes que reduzam o metal para Co^{2+} na presença de agentes quelantes como EDTA, uma vez que as interações com o Co^{2+} são reversíveis.

12.10 EXEMPLO PRÁTICO DE APLICAÇÃO DA CROMATOGRAFIA DE AFINIDADE

A enzima anidrase carbônica bovina II (r-BCA) produzida por *E. coli* recombinante, de massa molar igual a 30.000 g/mol, pode ser purificada, em diferentes escalas, por cromatografia de afinidade utilizando IMAC Sepharose 6 Fast Flow, conforme pode-se observar na Figura 12.14.

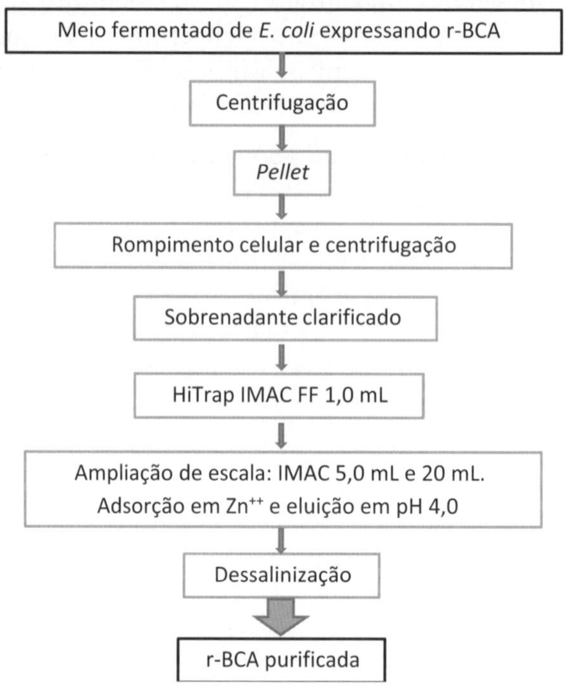

Figura 12.14 Processo de purificação de anidrase carbônica bovina II produzida por *E. coli* recombinante (r-BCA).

A cromatografia de afinidade do tipo *immobilized metal ion affinity chromatography* (IMAC) é uma operação de purificação que proporciona alta capacidade de ligação e já vem sendo usada em processos biofarmacêuticos, sobretudo com aplicação para proteínas que contêm resíduos de histidina expostos e que apresentam afinidade por íons metálicos. O processo de purificação dessa enzima iniciou-se com experimentos em escala de laboratório em que foi utilizada a coluna HiTrap® IMAC FF de 1,0 mL e se definiu o melhor íon metálico para ligação e as condições mais adequadas de eluição. Essas mesmas condições foram utilizadas para ampliação de escala do processo usando coluna HiTrap® IMAC FF de 5,0 mL e HiPrep® IMAC FF 16/10 de 20,0 mL. Durante todo o processo de purificação, tomou-se o cuidado de manter constante a temperatura (22 °C), assim como o mesmo tempo de residência nas diferentes escalas. Ao final do processo de purificação foi obtida enzima r-BCA com alto grau de pureza com todos os três íons avaliados (Cu^{++}, Ni^{++} e Zn^{++}) (Figura 12.15); no entanto, as melhores interações com a matriz foram obtidas com Zn^{++} e Ni^{++}. Em função da baixa toxicidade, facilidade de ligação e de ser ecologicamente amigável, o Zn^{++} foi escolhido para o processo cromatográfico de afinidade. Para eluição da enzima, tanto com uso de imidazol como por alteração de pH, foram obtidos bons rendimentos de recuperação e de pureza (Figura 12.16), sendo que ao final decidiu-se pela eluição por variação de pH por apresentar menor custo.

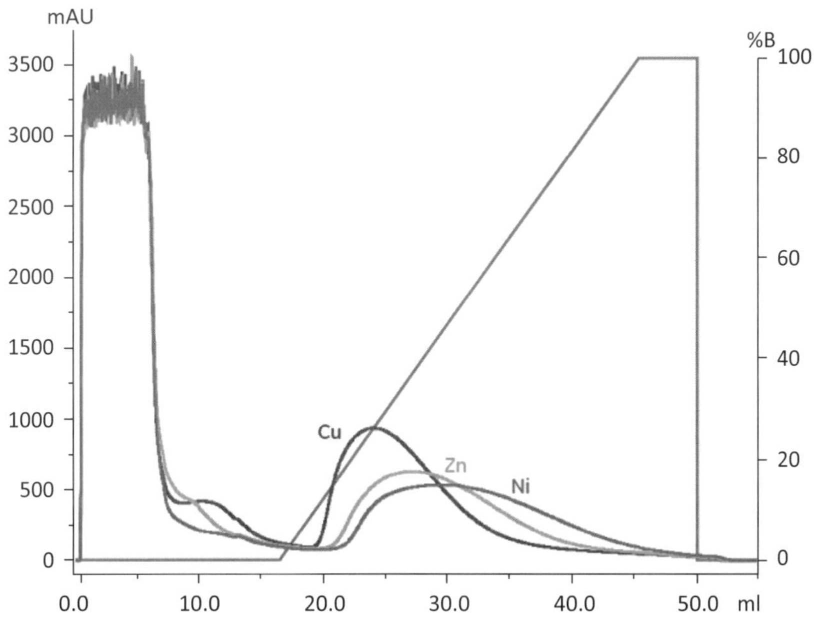

Coluna: HITrap IMAC FF 1,0 mL
Íons: Cu^{++}, Ni^{++} e Zn^{++}
Amostra: 5 mL de extrato clarificado de *E. coli* contendo 30 mg de r-BCA
Fluxo de alimentação: 150 cm/h
Tampão de adsorção: Fosfato de sódio 20 mM, 500 mM NaCl, pH 7,4
Tampão de eluição: Fosfato de sódio 20 mM, 0,5 M NaCl, 20 mM de imidazol e pH 7,4
Eluição: gradiente linear de 100% de tampão de adsorção a 100% com tampão de eluição

Figura 12.15 Cromatogramas da purificação de 5 mL do extrato de r-BCA em coluna IMAC Sepharose 6 Fast Flow de 1,0 mL carregada com Cu^{++}, Ni^{++} e Zn^{++}. Com base nas eluições, a afinidade da r-BCA aos íons metálicos foi $Zn^{++}=Ni^{++} > Cu^{++}$.

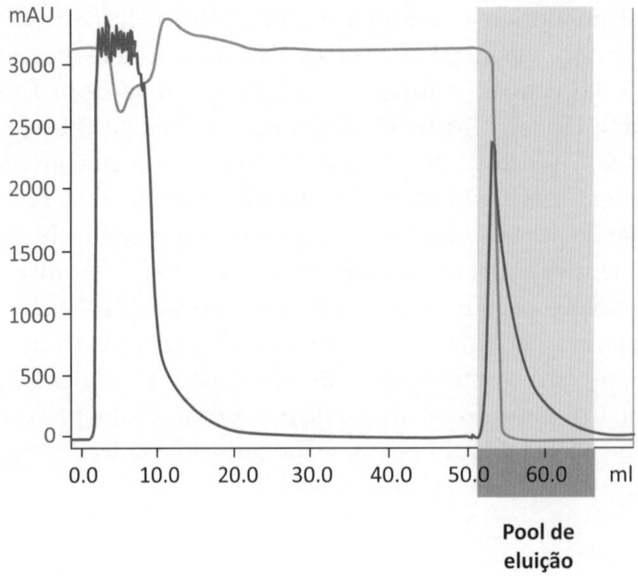

Eluição – pH
Coluna: HITrap IMAC FF 1,0 mL carregada com Zn^{++}
Amostra: 2,5 mL de clarificado contendo 15 mg de r-BCA
Tampão de adsorção: 20 mM de fosfato de sódio 0,5 M de NaCl, pH 7,4
Tampão de eluição: 20 mM de acetato de sódio 0,5 M de NaCl, pH 4,5
Fluxo de alimentação: 1,0 mL/min (150 cm/h)
Eluição: gradiente do tampão de eluição diretamente para o tampão de eluição

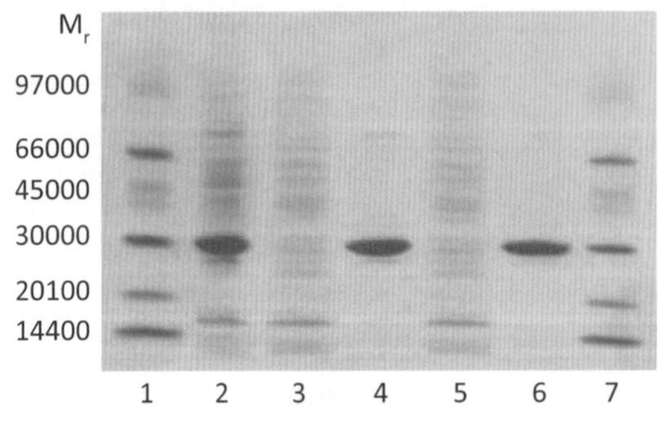

Corridas:
1) Marcadores de massa molar
2) Extrato clarificado de *E. coli*
3) Fluxo de eluído do gradiente de pH
4) Pool de eluição do gradiente de pH
5) Fluxo de eluição das etapas de pH
6) Pool de eluição das etapas de pH
7) Marcadores de Massa molar

Figura 12.16 Purificação de r-BCA em uma coluna de 1,0 mL IMAC Sepharose 6 Fast Flow carregada com Zn^{++}. A fração ligada foi eluida com gradiente de pH. A pureza foi determinada por SDS-PAGE utilizando Coomassie.

Os estudos de purificação da enzima em escala ampliada também proporcionaram ótimos rendimentos sem que houvesse alteração significativa na recuperação e pureza entre as diferentes escalas (Figuras 12.17 e 12.18). Além disso, verificou-se baixa dessorção dos íons metálicos (Zn^{++}) das colunas e fácil remoção por dessalinização. Portanto, o processo global de purificação pode ser descrito como a seguir: inicialmente, células concentradas de *E. coli* contendo r-BCA foram rompidas por sonicação, utilizando o mesmo tampão de ligação. O extrato com células rompidas foi clarificado por centrifugação a 5 °C, teve o pH ajustado para 7,7, foi filtrado em membrana com diâmetro de poro de 0,45 μm e estocado a –20 °C. Imediatamente antes da purificação, o extrato foi descongelado e novamente filtrado em membrana com diâmetro de poro de 0,20 μm. O extrato bruto, na forma de retido da membrana de filtração, continha 30 mg/g da proteína-alvo, enquanto o extrato clarificado (filtrado ou permeado) continha 5,2 mg/mL. A capacidade de adsorção do IMAC Sepharose 6 Fast Flow para a r-BCA foi determinada como de 17 mg/mL de Zn^{++}. Considerando que a molécula de anidrase carbônica contém 1 mol de zinco por mol de proteína, a quantidade de zinco que sai da coluna corresponde à diferença entre o conteúdo de zinco na amostra inicial e o conteúdo das frações eluídas. A dessalinização foi realizada em coluna HiPrep 26/10.

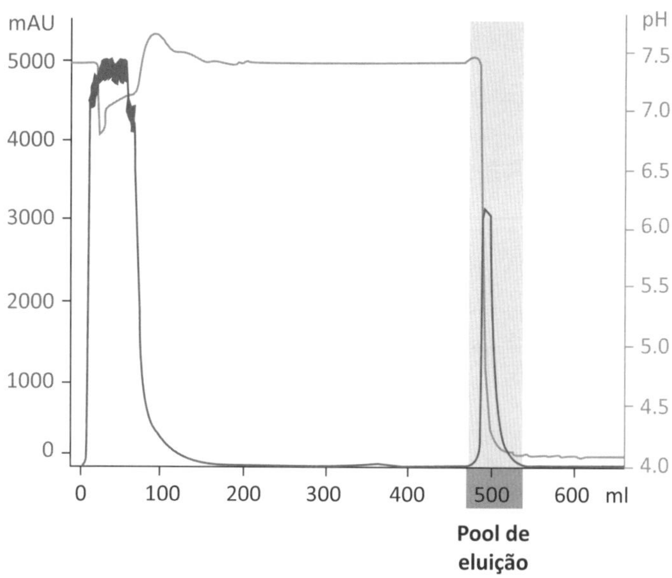

Coluna: HIPrep IMAC FF 15/10 (20 mL) carregada com Zn^{++}.
Amostra: 40 mL de extrato clarificado de *E. Coli* e 255 mg de r-BCA
Tampão de adsorção: 20 mM de fosfato de sódio com 0,5 M de NaCl, pH 7,4
Tampão de eluição: 20 mM de fosfato de sódio com 0,5 M de NaCl, pH 4,0
Fluxo de alimentação: 150 cm/h
Experimento: após aplicação das amostras, a coluna foi lavada com 20 volumes de coluna de tampão de adsorção seguido por gradiente de eluição com 15 volumes de coluna 100% de tampão de eluição
Detecção: Absorbância a 280 nm

Figura 12.17 Purificação de r-BCA em escala de 20 mL em coluna HIPrep IMAC Sepharose 6 Fast Flow carregada com íons Zn^{++}.

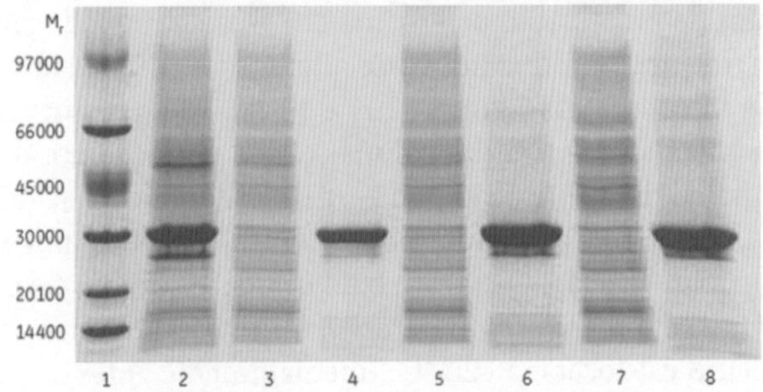

Corridas:

1) Marcadores de massa molar

2) Extrato clarificado de E. coli, diluído 33X

3) Amostra do eluído do HITrap de 1,0 mL, diluído 4

4) *Pool* de eluídos do HITrap de 1,o mL, diluído 4X

5) Amostra do eluído do HITrap de 5,0 mL, diluído 4X

6) *Pool* de eluídos do HITrap de 5,0 mL, diluído 5X

7) Amostra do eluído do HIPrep de 20 mL, diluído 4X

8) *Pool* de eluídos do HIPrep de 20 mL, diluído 4X

Figura 12.18 *SDS page* das principais fracções dos experimentos conduzidos em escala ampliada. O gel foi corado com Coomassie.

Tabela 12.10 Dados e resultados da purificação de r-BCA em escala ampliada por cromatografia IMAC Sepharose 6 Fast Flow

Coluna	Fração	Quantidade aplicada (mg)	Quantidade eluída (mg)	Recuperação de proteínas totais	Recuperação de atividade da r-BCA
HiTrap IMAC FF 1,0 mL	Extrato clarificado de *E. coli*	12,5	–	–	–
	Pool de eluídos	–	11,7	94%	93%
HiTrap IMAC FF 5,0 mL	Extrato clarificado de *E. coli*	62,4	–	–	–
	Pool de eluídos	–	56,1	90%	94%
HiPrep IMAC FF 16/20 20,0 mL	Extrato clarificado de *E. coli*	255	–	–	–
	Pool de eluídos	–	235	92%	90%

Nota: Comparações dos rendimentos na purificação da r-BCA para diferentes corridas mostram a escalabilidade da aplicação. A carga de proteína correspondeu a 74% da capacidade de ligação do meio.

Na Tabela 12.10 pode-se verificar os rendimentos no processo de purificação da r-BCA em diferentes escalas e confirmar que são similares entre si, enquanto na Tabela 12.11 pode-se verificar que o processo de dessalinização foi eficiente para remoção de Zn^{++} após dessorção da coluna.

Tabela 12.11 Quantidade de Zn^{++} dessorvida da coluna em diferentes escalas de operação e quantidade de Zn^{++} no eluído e nas frações dessalinizadas

Amostra	% de Zn^{++} dessorvido da coluna	Razão molar antes da dessalinização (mol de Zn^{++}/mol de proteína)	Razão molar após dessalinização (mol de Zn^{++}/mol de proteína)
Pool de eluição da coluna HiTrap IMAC FF 1,0 mL	2,9	1,7	0,9
Pool de eluição da coluna HiTrap IMAC FF 5,0 mL	4,4	2,7	1,3
Pool de eluição da coluna HiPrep IMAC FF 16/10 20,0 mL	2,7	1,6	1,4

Este estudo mostrou que a cromatografia de afinidade, representada aqui por IMAC Sepharose, é bem adaptada para purificações em escala de laboratório e em escala ampliada, com boa seletividade e recuperação. Não foram encontrados problemas na eficiência de purificação após ampliação de escala do processo e purificação de r-BCA de extrato de *E. coli*. Em todas as escalas, a recuperação da atividade enzimática da proteína-alvo foi de aproximadamente 90%.

12.11 CONSIDERAÇÕES FINAIS

Grande variedade de biomoléculas, naturais ou recombinantes, incluindo hormônios, imunoglobulinas, enzimas e citoquinas, têm sido purificadas por cromatografia de afinidade. Embora a cromatografia de imunoafinidade com anticorpos monoclonais seja altamente eficiente para a purificação dessas moléculas, dada a sua versatilidade, alta afinidade e seletividade, seu uso em larga escala não é frequente. Nesse caso, o alto custo decorrente de uma produção desses anticorpos monoclonais para uso industrial, a impossibilidade em muitos casos de reusar uma mesma coluna devido às drásticas condições de eluição eventualmente adotadas, que podem danificar o imunoadsorvente, tornam o seu uso economicamente proibitivo. Uma alternativa recente para essa limitação tem sido o uso, embora ainda restrito, de anticorpos recombinantes com a especificidade desejada. Trata-se de fragmentos funcionais de anticorpo (Fv e Fab) expressos em bactéria, uma vez que a síntese da molécula completa de imunoglobulina ativa ainda não foi bem-sucedida. Entretanto, o avanço da ciência tanto no campo dos anticorpos, melhorando as suas propriedades de ligação e resistência à degradação, quanto no de suportes novos com características mais eficientes e na química de acoplamento tem viabilizado cada vez mais a utilização da cromatografia de imunoafinidade em larga escala.

A IMAC é um tipo de cromatografia de afinidade altamente produtivo e de fácil escalonamento. A enorme vantagem desse processo é sua versatilidade, uma vez que diferentes proteínas-alvo recombinantes com cauda de histidina podem ser purificadas com a mesma técnica, usando a mesma coluna.

EXERCÍCIOS

1. A cromatografia de imunoafinidade é utilizada para purificar proteínas por meio da interação antígeno-anticorpo. Essa é uma interação bioespecífica formada por uma somatória de interações fracas como Van der Waals, pontes de hidrogênio, hidrofóbicas e iônicas. Com base nesses princípios, como otimizar o processo?

Resolução:

Três principais fatores podem ser modulados nessa cromatografia: pH, condutividade do meio e quantidade de amostra. Deve-se iniciar testando diferentes pHs para ligação da proteína ao anticorpo imobilizado na fase estacionária. Isso deve ser feito na faixa de pHs perto do fisiológico, ou seja, entre 6,5 a 8,0, o que estabelecerá o pH que permite a maior eficiência de ligação. A próxima etapa é variar a condutividade dos tampões de purificação, na faixa de 2 a 30 mS/cm, observando novamente a maior quantidade de proteína-alvo imobilizada. Nessa etapa, varia-se ainda a concentração máxima de extrato proteico a ser carregado na coluna sem que haja perda da proteína de interesse devido à saturação dos sítios de anticorpos disponíveis para ligação. Por fim, otimiza-se a etapa de eluição por meio da variação de pHs que permitam a maior recuperação de proteína pura, porém, mantendo a atividade biológica desejada do alvo. Essa variação se dá em faixas menores, isto é, de 4,0 a 6,0.

2. Como selecionar e concentrar o melhor anticorpo para detecção de sua proteína recombinante fusionada com cauda de histidina dentro de um *pool* de anticorpos policlonais?

Resolução:

A proteína recombinante fusionada com cauda de histidina pode ser purificada por IMAC. Essa proteína é então injetada em animais que produzirão soro com anticorpos policlonais contra ela. Esse soro é recuperado e pré-purificado por cromatografia de afinidade à proteína G imobilizada, o que vai separar apenas as imunoglobulinas do resto das proteínas do soro do animal. O produto final é uma mistura de anticorpos que reconhecem diferentes epítopos da proteína de interesse e com diferentes afinidades. Para selecionar o mais específico dentre o *pool* de imunoglobulinas, imobiliza-se a proteína recombinante de interesse na resina de IMAC por meio da cauda de histidina. Assim, tem-se agora uma coluna de purificação do anticorpo desejado por meio de imunoafinidade diferente dos anticorpos policlonais que irão interagir com a proteína de interesse imobilizada.

REFERÊNCIAS BIBLIOGRÁFICAS

ARNOSTOVÁ, H. et al. Affinity chromatography of porcine pepsin on different types of immobilized 3,5-diiodo-L-tyrosine. *Journal of Chromatography*, v. 911, 2001.

BLANCH, H. W.; CLARK, D. S. *Biochemical engineering*. New York: Marcel Dekker, 1997.

BRESOLIN, I. T. L.; MIRANDA, E. A.; BUENO, S. M. A. Cromatografia de afinidade por íons metálicos imobilizados (IMAC) de biomoléculas: aspectos fundamentais e aplicações tecnológicas. *Química Nova*, v. 32, n. 5, p. 1288-1296, 2009.

CHASE, H. A. Adsorption separation processes for protein purification. *Advanced Biotechnology Processes*, v. 8, p. 159-204, 1988.

COLLINS, C. H., BRAGA, G. L., BONATO, P. S. *Introdução a métodos cromatográficos*. 4. ed. Campinas: Unicamp, 1990.

FIRER, M. A. Efficient elution of functional proteins in affinity chromatography. *Journal of Biochemical and Biophysical Methods*, v. 49, n. 1-3, p. 433-442, 2001.

GE HEALTHCARE BIO-SCIENCES AB. Method optimization and scale-up of the purification of recombinant bovine carbonic anhydrase with IMAC Sepharose 6 Fast Flow. Application Note 28-4044-80 AA. *Affinity Chromatography*. 2017.

HAAS, M. J., CHICHOWICZ, D. L., BAILEY, D. G. Purification and characterization of an extracelullar lipase from fungus *Rhizopus Delemar*. *Lipids*, v. 27, n. 8, p. 571-76, 1992.

HALE, J. E. Irreversible, oriented immobilization of antibodies to Cobalt-Iminodiacetate resin for use as immunoaffinity media. *Analytical Biochemistry*, v. 231, 1995.

HARRIS, E. l. V.; ANGAL, S. (eds.). *Protein purification methods*. New York: Oxford University Press, 1989.

IBARRA, N. et al. Comparison of different elution conditions for the immunopurification of recombinant hepatitis B surface antigen. *Journal of Chromatography B*, v. 735, n. 2, 1999.

JOSIC, D.; BUCHACHER, A. Application of monoliths as supports for affinity chromatography and fast enzymatic conversion. *Journal of Biochemical and Biophysical Methods*, v. 49, n. 1-3, p. 153-174, 2001.

KAMIMURA, E. S. et al. Production of lipase from *Geotrichum* sp and adsorption studies on affinity resin. *Brazilian Journal of Chemical Engineering*, v. 16, p. 102-112, jun. 1999.

KAMIMURA, E. S. et al. Studies on lipase-affinity adsorption using response surface analysis. *Biotechnology Applied Biochemistry,* v. 33, p. 153-159, 2001.

LIAPIS, A. I. et al. Bioespecific adsorption of lysozyme onto monoclonal antibody ligand Immobilized on nonporous silica particles. *Biotechnology and Bioengineering,* v. 34, n. 4, p. 467-477, 1989.

LUNDBLAD, A.; SCHROER, K.; ZOPF, D. Affinity purification of a glucose-containing oligosaccharide using a monoclonal antibody. *Journal Immunological Methods,* v. 68, n. 1-2, p. 227-234, 1984.

MURZA, A; FERNADEZ-LAFUENTE, R.; GUISAN, J. M. Essential role of the concentration of immobilized ligands in affinity chromatography: purification of guadinobenzoatase on an ionized ligand. *Journal of Chromatography B,* v. 740, p. 211-218, 2000.

NARAYANAN, S. R. Preparative affinity chromatography of proteins. *Journal of Chromatography A,* v. 658, n. 2, p. 237-258, 1994.

NISNEVITCH, M.; FIRER, M. A. The solid phase in affinity chromatography: strategies for antibody attachment. *Journal of Biochemical and Biophysical Methods,* v. 49, n. 1-3, p. 467-480, 2001.

PHARMACIA LKB BIOTECNOLOGY. *Affinity chromatography: principles and methods.* Uppsala: 1993. Guide 1.

SHI, Y.-C. et al. Affinity chromatography of trypsin using chitosan as ligand support. *J. Chromatography A,* v. 742, p. 107-112, 1996.

SOARES, C. R. J. *Ensaio imunoradiométrico para a determinação de proteínas bacterianas contaminantes em lotes de hormônio de crescimento humano recombinante produzido no IPEN-CNEN/SP.* 1995. 76 p. Dissertação (Mestrado) – Instituto de Pesquisas Energéticas e Nucleares, São Paulo, 1995.

YANG, C.-M.; TSAO, G. T. Affinity chromatography. In: FIECHTER, A. (ed.). *Advances in biochemical engineering.* Berlin: Springer-Verlag, 1982. v. 25, p. 19-42.

YANG, M.; BUTLER, M. Effects of ammonia and glucosamine on the heterogeneity of erythropoietin glycoforms. *Biotechnology Progress,* v. 18, n. 1, p. 129-138, 2002.

YARMUSH, M. L. et al. Immunoadsorption: strategies for antigen elution and production of reusable adsorbents. *Biotechnology Progress,* v. 8, n. 3, p. 168-178, 1992.

YARMUSH, M. L. et al. Immunoaffinity purification: basic principles and operational considerations. *Biotechnology Advances,* v. 10, n. 3, p. 413-446, 1992.

CAPÍTULO 13

Cromatografia de adsorção em coluna monolítica

Daniela Aparecida Marc

Lidija Urbas

Marcel Mafei Serracchiani

ABREVIATURAS

µg – Micrograma

µm – Micrômetro

$(NH_4)_2SO_4$ – Sulfato de amônio

Ad3 – Adenovírus dodecaedro tipo 3

AU – Unidades de absorbância

Bar – Unidade de pressão

BPF – Boas práticas de fabricação

C_4 HLD – Butil com alta densidade de ligante

$CaCl_2$ – Cloreto de cálcio

CDI – Carboxidimidazol

CIM – Meio de interação convectiva (do inglês *convective interaction media*)

CIMac – Coluna analítica CIM

CIMmultus – Meio de interação convectiva multus

CM – Carboximetil

CTI – Coluna de troca iônica

DEAE – Dietilamina

DNA – Ácido desoxirribonucleico

E. coli – *Escherichia coli*

EDA – Etilenediamina

EDTA – Ácido etilenodiamino tetra-acético

ELISA – Teste imunoenzimático (do inglês *enzyme-linked immuno sorbent assay*)

HCl – Ácido clorídrico

HPLC – Cromatografia líquida de alta eficiência (do inglês *high performance liquid chromatography*)

IDA – Ácido iminodiacético

IgG – Imunoglobulina G

IgM – Imunoglobulina M

M – Molar

mg – Miligrama

min – Minutos

mL – Mililitro

Mm – Milímetro

mM – Milimolar

NaCl – Cloreto de sódio

NaOH – Hidróxido de sódio

nm – Nanômetro

OH – Hidroxila

PAT – Tecnologia analítica de processo (do inglês *process analytical technology*)

PCR – Reação em cadeia da polimerase (do inglês *polymerase chain reaction*)

pDNA – Plasmídio DNA

PEG – Polietilenoglicol

pH – Potencial hidrogeniônico

QA – Amina quaternária

RNA – Ácido ribonucleico

SC pDNA – Plasmídeo DNA superenrolado

SDS PAGE – Análise eletroforética em gel de poliacrilamida

SO_3 – Sulfato

TCID50 – Doses infectantes em 50% do cultivo celular (do inglês *50% tissue culture infective dose*)

TFF – Filtração com fluxo tangencial (do inglês *tangential flow filtration*)

Tris – Tris-hidroximetilaminometano

UV – Ultravioleta

VLP – Partículas pseudovirais

LISTA DE PALAVRAS

Adsorção,

  afinidade

  ativada

  interação hidrofóbica

  troca iônica

Capacidade de ligação

Captura

Concentração

Coluna monolítica CIM®,

  convecção

  etileno metacrilato

  metacrilato glicidil

Cromatografia líquida,

  coluna cromatográfica

  fase estacionária

  fase móvel

  fluxo axial

  fluxo radial

Macrobiomolécula,

  anticorpo monoclonal

  DNA da célula hospedeira

  endotoxina

  eritropoietina

fator de coagulação recombinante
IgG
imunoglobulina
plasmídeo DNA
plasmídeo DNA superenrolado
proteína da célula hospedeira
proteína pegilada
vetor viral
vírus
Purificação
Quantificação
Recuperação
Remoção
Resolução
Produtos biológicos
Separação
Tecnologia analítica de processo,
PAT (*process analytical technology*)
Terapia gênica

13.1 INTRODUÇÃO

A demanda por produtos de natureza biológica apresenta evidente tendência de crescimento e, muitas vezes, tais produtos requerem purificação e/ou separação entre biomoléculas complexas e de elevada massa molar. Graus elevados de pureza são requeridos pelas agências reguladoras, tornando oneroso o processo de purificação, o qual pode representar de 75% a 80% do custo total da produção (TRIMARK PUBLICATIONS, 2013), o que faz da purificação um dos gargalos da produção de produtos biológicos.

Na etapa de purificação propriamente dita, isto é, quando a molécula-alvo é isolada das moléculas de natureza físico-química diferente ou até mesmo semelhante a ela, frequentemente se trata de aplicar princípios adsortivos ou de separação por tamanho por meio da cromatografia líquida. As colunas cromatográficas convencionais, preenchidas com partículas porosas devidamente empacotadas, foram desenvolvidas para a purificação de proteínas e moléculas de baixa massa molar (JUNGBAUER; HAHN, 2008) e, apesar dos recentes avanços, não são ideais para moléculas complexas de alta massa molar como vírus e DNA, pois o transporte de massa entre a fase móvel e a fase estacionária é governado pela difusão, um processo lento, especialmente para moléculas grandes que têm baixa mobilidade (AFEYAN et al., 1990). O reduzido tamanho dos poros em relação ao tamanho de vírus e DNA também dificulta a adsorção, resultando em baixa capacidade de ligação. Na prática, observamos processos lentos e de baixa produtividade.

A coluna cromatográfica monolítica *convective interaction media* (CIM®), tecnologia introduzida em 1998, representa uma das alternativas capazes de transpor tais dificuldades. O transporte de massa na matriz é governado pela convecção, que promove separações rápidas e com maior capacidade de adsorção quando comparada às tecnologias convencionais.

13.2 COLUNA MONOLÍTICA

As colunas monolíticas são fases estacionárias de comprimento e diâmetro curtos, moldadas como uma peça única e homogênea formando uma rede de poros interligados (Figura 13.1).

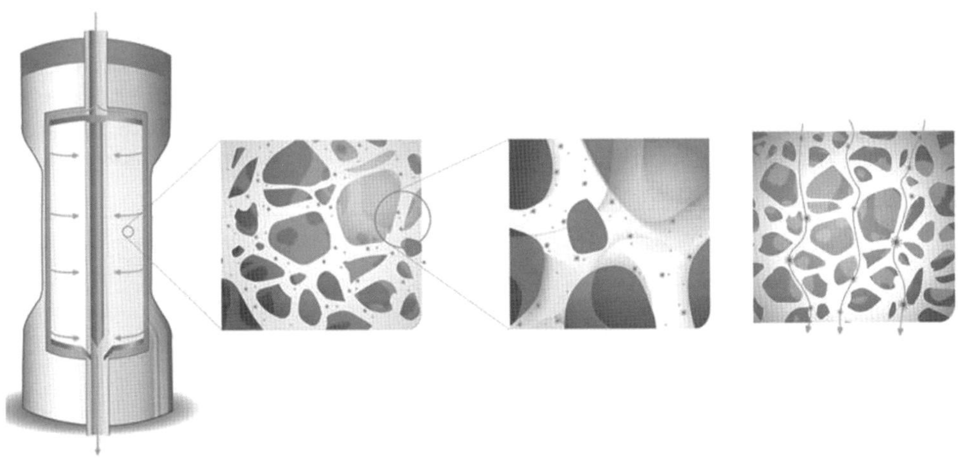

Figura 13.1 Estrutura da coluna monolítica e seus poros interligados.

A matriz é um material rígido polimerizado a partir de dois monômeros: o metacrilato glicidil e o etileno metacrilato, ambos em presença de um inicializador e agentes porogênicos. Após a polimerização, o polímero se torna mecânica e quimicamente estável e contém grupos epóxi que, posteriormente, podem ser modificados para a preparação de matrizes de troca iônica, de interação hidrofóbica, de afinidade e ativada.

O diâmetro médio dos poros é de 1,35 μm ou 2,0 μm, o que permite que as biomoléculas tenham facilidade de acessar todos os sítios ativos que se encontram ao longo da superfície dos poros. A porosidade de 60% garante a estabilidade mecânica ao se utilizarem altos fluxos e contribui significativamente para a reduzida queda de pressão.

Como o transporte de massa é regido pela convecção, a fase móvel é forçada a passar pelos poros do monólito, possibilitando a aplicação de diferentes fluxos sem o comprometimento da resolução (Figura 13.2), e, portanto, maior produtividade na purificação de biomoléculas de alto peso molecular.

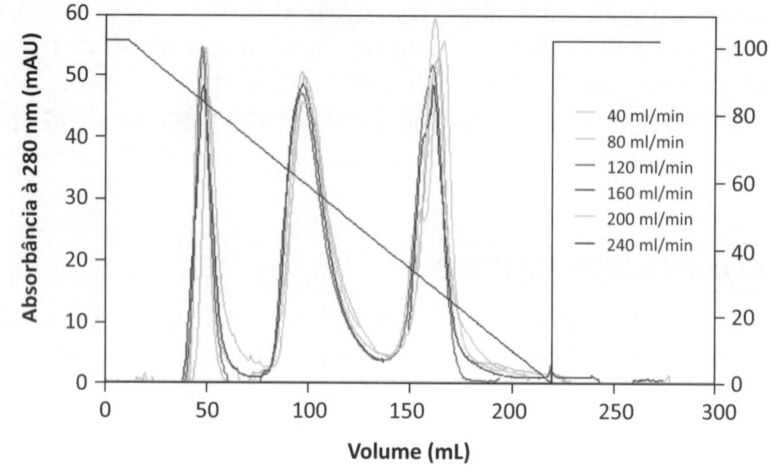

Figura 13.2 Efeito do fluxo na eficiência de separação de uma solução de proteínas em seis fluxos diferentes (40, 80, 120, 160, 200 e 240 mL/min), normalizadas para o volume de eluição. Condições: fases móveis (tampão A: 20 mM Tris-HCl, pH 7,4; tampão B: 20 mM Tris-HCl + 1 M NaCl, pH 7,4); fluxo: 200 mL/min; gradiente: 0-100% de tampão B em 200 mL; amostra: 2 mg/mL mioglobina (pico 1), 6 mg/mL conalbumina (pico 2) e 8 mg/mL inibidor de tripsina de soja (pico 3) dissolvido em tampão A; volume injetado: 1.000 L; detecção: UV a 280 nm.

Fonte: Podgornik; Barut; Strancar (2000), reproduzida com permissão.

13.3 TIPOS DE MATRIZ

A polimerização é um processo exotérmico e o nível de aumento de temperatura é fundamental no processo de produção do monólito, pois deve resultar em um material bem definido e uniforme, com características reprodutíveis que se mantêm estáveis e que apresentam mudanças insignificantes durante as separações, mesmo após longos períodos de uso.

Os tamanhos e formatos da matriz estão relacionados à espessura do monólito, ao nível de aumento da temperatura durante a sua fabricação, além da praticidade e eficiência de separação de produtos biológicos.

13.3.1 FLUXO AXIAL

As colunas monolíticas CIM® (Figura 13.3) com finalidade analítica possuem um volume de matriz de 0,1 mL ou 0,3 mL. Tais colunas são operadas em fluxo axial e dedicadas à análise e controle de qualidade de processos e/ou produtos.

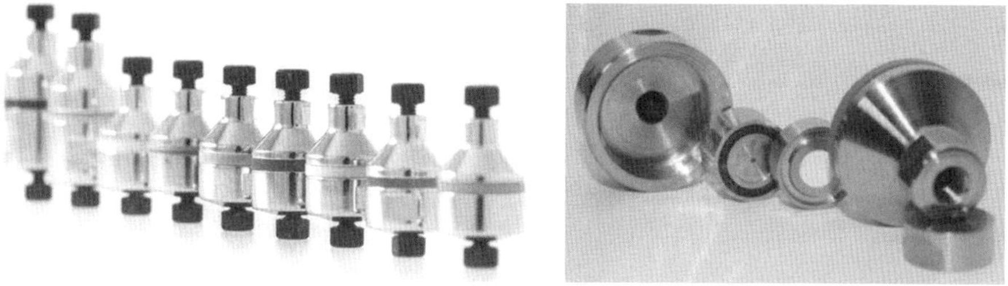

Figura 13.3 Colunas analíticas e seus componentes.

O disco monolítico tem volume de matriz de 0,34 mL e é composto por monólito que mede 12 mm × 3 mm e anel suporte (Figura 13.4). Os discos precisam ser inseridos em um suporte que é facilmente desmontado para a troca de discos, ou seja, ligantes (Figuras 13.5), ou até mesmo para a inserção de diferentes discos/ligantes, o que torna ágil a busca pelo ligante adequado a uma dada separação. Tanto os discos como as colunas analíticas utilizam fluxos que variam de 10 a 24 volumes de coluna/mL.

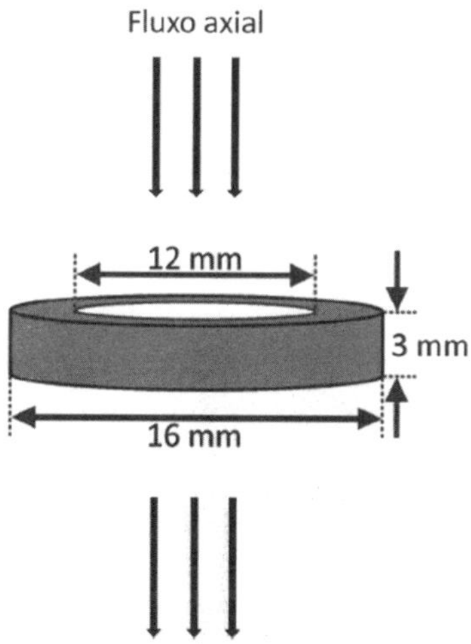

Figura 13.4 Dimensões do disco de 0,34 mL e do anel.

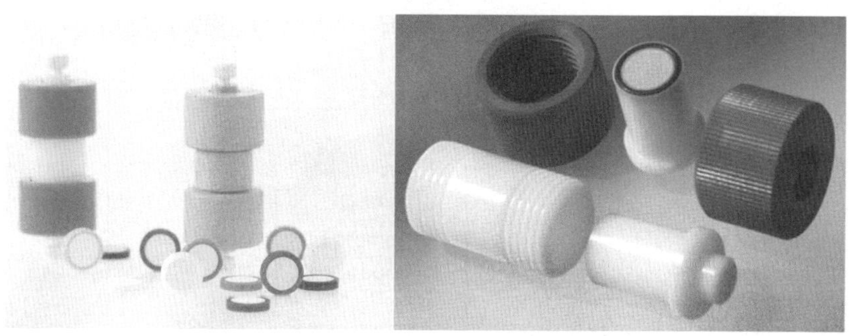

Figura 13.5 Suporte e discos.

13.3.2 FLUXO RADIAL

Os monólitos de maiores volumes têm formato de tubo e a fase móvel passa pela matriz radialmente (Figura 13.6), permitindo maior estabilidade mecânica e maior distribuição do fluxo em comparação aos discos e contornando eventuais perdas de resolução na separação de moléculas.

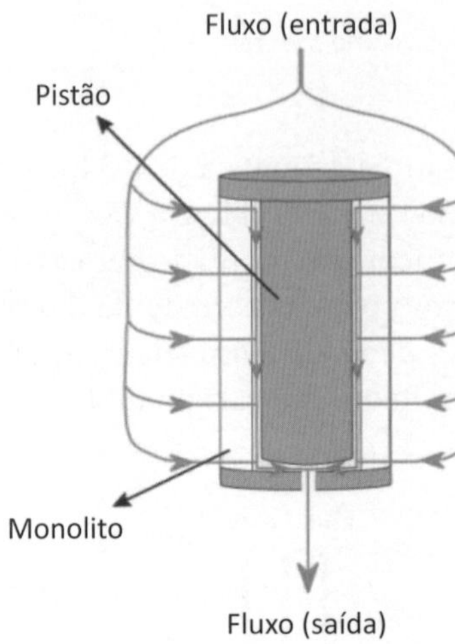

Figura 13.6 Monólito em formato de tubo e o sentido do fluxo radial.

Os monólitos em formato de tubo são acomodados em um suporte especial que permite uma distribuição uniforme da fase móvel por toda matriz. A Figura 13.7 mostra o distribuidor em espiral e a posição do monólito dentro do suporte.

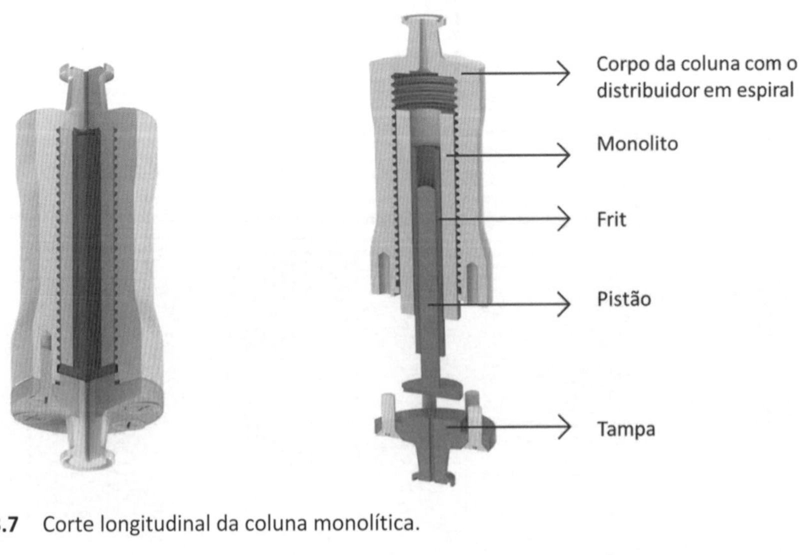

Figura 13.7 Corte longitudinal da coluna monolítica.

13.4 APLICAÇÕES

As principais aplicações da cromatografia de adsorção em coluna monolítica são purificação, concentração, remoção e análise de biomoléculas de alto peso molar como vírus, partículas pseudovirais, DNA plasmidial, endotoxinas, proteínas pegiladas, dissociação de complexos de DNA genômico e imunoglobulina M.

Embora o foco principal sejam as macrobiomoléculas, os monólitos também são eficientes na purificação de proteínas de menor massa molecular, como eritropoietina, anticorpo monoclonal, fatores de coagulação recombinante, entre outros.

13.4.1 VÍRUS

Convencionalmente as etapas de concentração e purificação de vírus são baseadas em técnicas de centrifugação (ultracentrifugação e centrifugação em gradiente de densidade), precipitação, clarificação com solvente, ultrafiltração, ou a combinação dessas técnicas (FORCIC et al., 2011). A centrifugação em gradiente é uma das técnicas mais empregadas pela indústria, e, apesar de fornecer produto puro e concentrado, apresenta desvantagens como baixo rendimento, perda de atividade biológica do vírus, dificuldade no escalonamento e alto custo de manutenção.

As vacinações em larga escala, o surgimento de diversas pandemias e os avanços nas técnicas de cultivo fazem da busca por etapas mais produtivas de recuperação e concentração de vírus um dos principais desafios na produção de vacinas (POWELL et al., 2000).

A cromatografia tem sido estudada nos últimos anos com bons resultados e, nesse contexto, colunas monolíticas têm se mostrado muito versáteis na purificação de vírus devido à velocidade de processamento, resolução, alta recuperação com manutenção da atividade biológica e alta capacidade de ligação. Um bom exemplo é o vírus Y da batata, cuja purificação foi reduzida de cinco dias para menos de dois dias com a introdução da tecnologia monolítica (RUPAR et al., 2013).

O esquema da Figura 13.8 é utilizado para de purificar os subtipos A e B do vírus influenza produzidos em células Vero. O passo cromatográfico permite recuperações médias de até 90% de vírus infectivo, alcançando mais de 99% de remoção DNA da célula hospedeira e mais de 95% de remoção de proteína da célula hospedeira (BIA SEPARATIONS, 2011b).

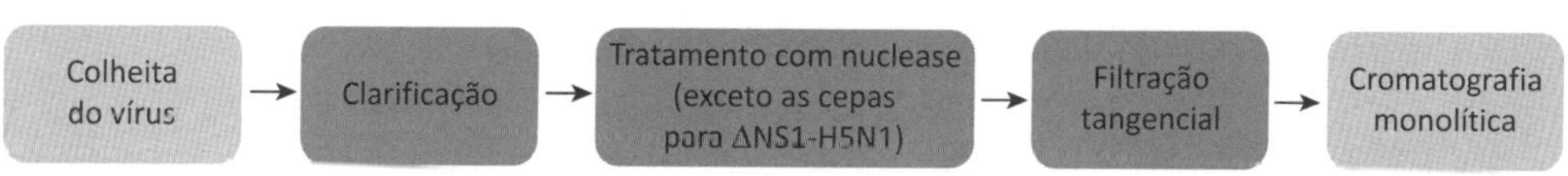

Figura 13.8 Esquema de purificação do vírus influenza subtipos A e B.

Fonte: BIA Separations (2011b), reproduzida com permissão.

13.4.2 DNA PLASMIDIAL

A aplicação de DNA plasmidial (pDNA) como vetor para terapia gênica e para a vacinação de DNA tem sido estudada extensivamente. Apesar da baixa imunogenicidade, que muitas vezes é considerada a maior desvantagem, os vetores de pDNA têm vantagens inerentes contra os vetores virais, que são a segurança e a simplicidade de produção (SOUSA; PRAZERES, QUEIROZ, 2008).

A Figura 13.9 apresenta um exemplo de produção de pDNA no qual se utilizam duas etapas de cromatografia.

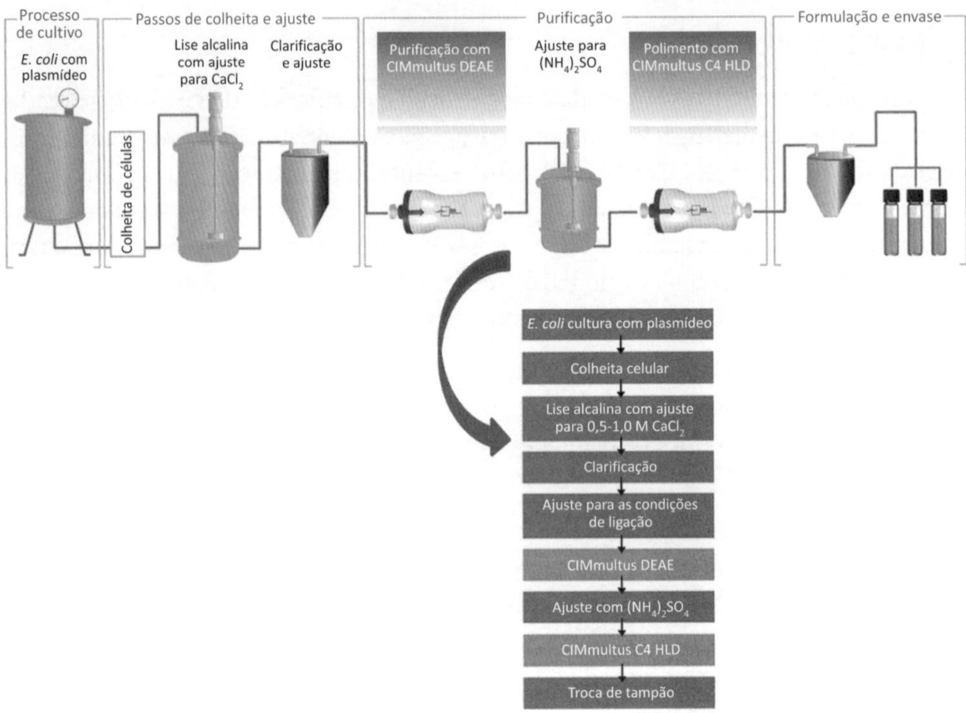

Figura 13.9 Protocolo de produção e purificação de DNA plasmidial.

Fonte: BIA Separations (2014b), reproduzida com permissão.

As Figuras 13.10 e 13.11 mostram detalhes dos cromatogramas das duas etapas de purificação: a primeira é a captura de pDNA com uma coluna de troca aniônica fraca; a segunda é a separação da isoforma de interesse, ou seja, DNA superenrolado (SC pDNA) com uma coluna de interação hidrofóbica.

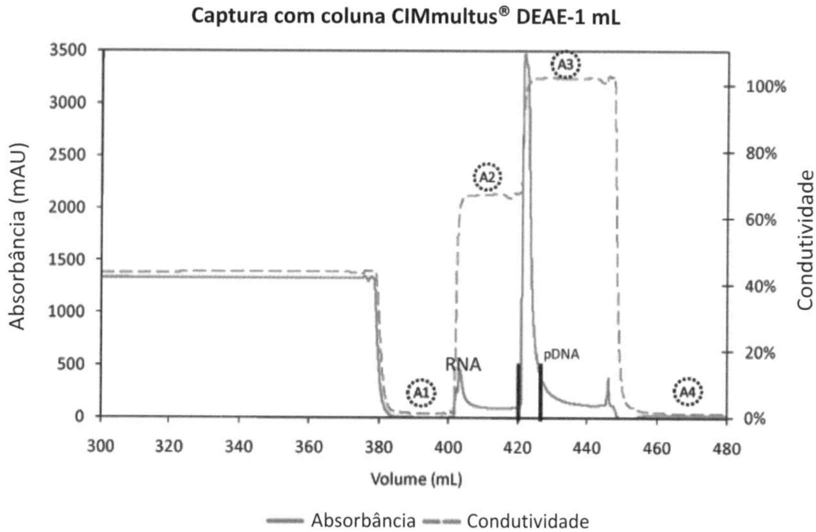

Figura 13.10 Cromatograma da etapa de captura. Condições usadas: coluna: 1 mL CIMmultus® DEAE; fluxo: 16 mL/min; tampão A1: 10 mM EDTA, 50 mM Tris, pH 7,2; tampão A2: 0,6 M NaCl em tampão A1; tampão A3: 1 M NaCl em tampão A1; tampão A4: 2 M NaCl em tampão A1; detecção UV: 260 nm.

Fonte: BIA Separations (2014b), reproduzida com permissão.

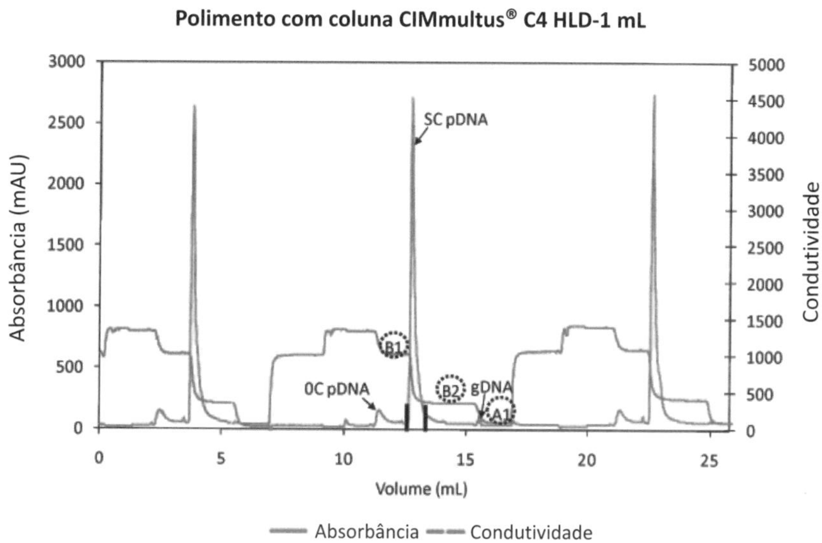

Figura 13.11 Cromatograma da separação da isorfoma SCpDNA. Condições usadas: coluna: 1 mL CIMmultus® C4 HLD; fluxo: 16mL/min; tampão B1: 1,7 M $(NH_4)_2SO_4$ em tampão A1; tampão B2: 0,4 M $(NH_4)_2SO_4$ em tampão A1; tampão A1: 10 mM EDTA, 50 mM Tris, pH 7,2; UV detecção: 260 nm.

Fonte: BIA Separations (2014b), reproduzida com permissão.

Esses dois passos cromatográficos duram em média trinta minutos e apresentam recuperação acima de 80%, além de alcançar um grau de pureza do SC pDNA superior aos requerimentos de agências regulatórias.

13.4.3 TECNOLOGIA ANALÍTICA DE PROCESSO (PAT)

A tecnologia analítica de processo é um sistema de análise e controle de processos de produção cujo objetivo é medir os parâmetros críticos e propriedades da matéria-prima ou do material utilizado na produção. Reduz significativamente a necessidade de testes do produto final e resulta em melhora do tempo e da qualidade de produção, permitindo que os dados dos processos sejam usados para assegurar a qualidade do produto final. A obtenção de resultados praticamente em tempo real no controle de qualidade permite tomar decisões importantes para a continuação do processo.

A coluna cromatográfica analítica é uma ferramenta que auxilia tanto na análise da purificação quanto da fermentação, permitindo a obtenção de informações em minutos, evitando métodos dispendiosos como SDS PAGE ou ELISA.

A Figura 13.12 mostra o uso de PAT na purificação de pDNA, em que o controle é feito com uma coluna analítica de troca aniônica em três passos diferentes para monitorar a remoção de outras impurezas como o RNA. As rápidas análises permitem a produção de um produto final de alto grau de pureza com altos níveis de SC pDNA.

O perfil de amostras de partículas pseudovirais de adenovírus tipo 3 dodecaedros (Ad3 VLP) pode ser acompanhado antes mesmo da purificação. Os cromatogramas da Figura 13.13 mostram o controle da eliminação de DNA e proteínas.

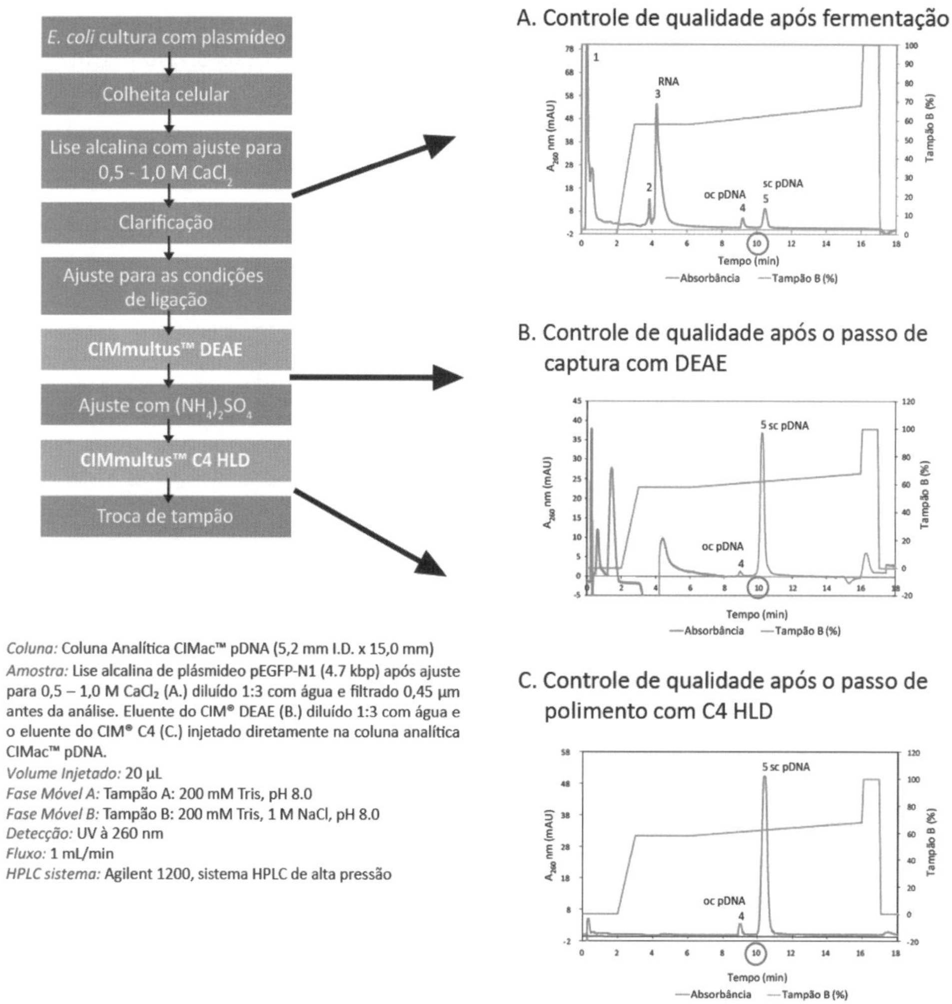

Figura 13.12 Esquematização da purificação de pDNA com a utilização de colunas analíticas.

Fonte: BIA Separations (2014b), reproduzida com permissão.

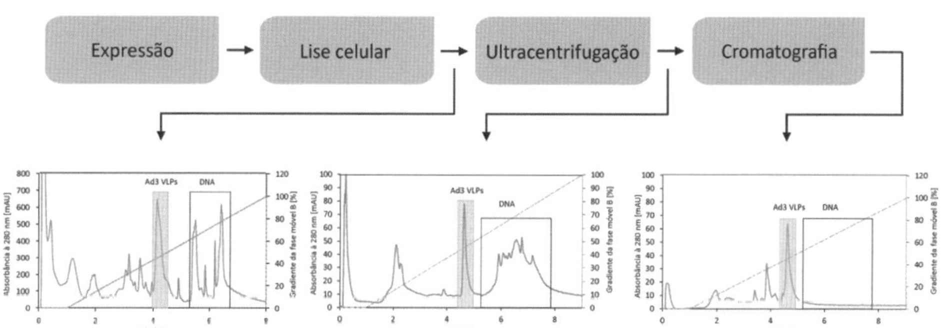

Figura 13.13 Frações coletadas no processamento de Ad3 VLP.

Fonte: BIA Separations (2011a), reproduzida com permissão.

A quantificação de biomoléculas é possível mediante curvas de calibração, como no exemplo da Figura 13.14, em que foram realizadas cinco corridas cromatográficas de amostras com concentrações de IgG monoclonal que variam de 31 μg/mL a 500 μg/mL.

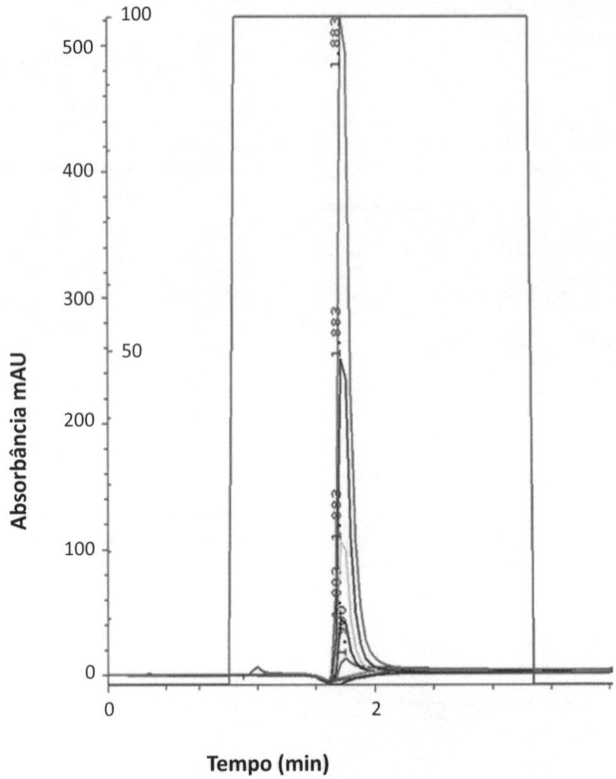

Figura 13.14 Cromatogramas utilizados para a quantificação de IgG.

Fonte: De La Luz-Hernandez (2014), reproduzida com permissão.

Após o cálculo das áreas dos picos dos cromatogramas obtidos da Figura 13.15, foi estabelecida a curva de calibração utilizada na rápida quantificação de IgG em sobrenadante de cultura de células animais.

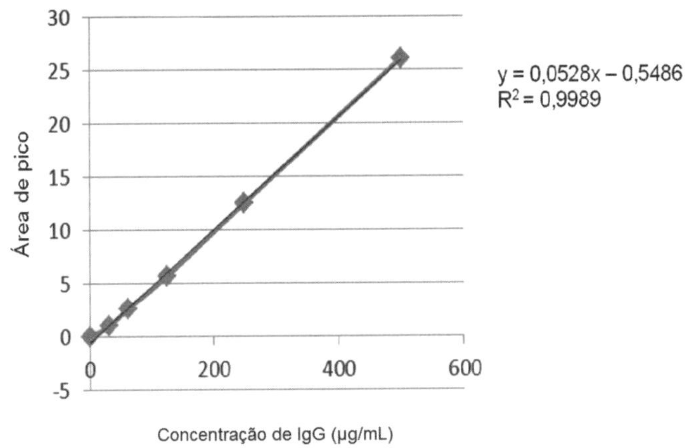

Figura 13.15 Curva de calibração para a quantificação de IgG.

Fonte: De La Luz-Hernandez (2014), reproduzida com permissão.

13.5 APLICAÇÃO NA INDÚSTRIA

A vacinação com pDNA pode potencialmente induzir a resposta imune humoral e celular, representando, pois, uma vacina eficiente. A seguir apresenta-se o esquema de purificação (Figura 13.16) aliada à utilização de PAT (Figura 13.17) na produção de um pDNA para uma vacina contra o vírus da hepatite C. Tal vacina vem sendo usada, em ensaios clínicos, em indivíduos infectados cronicamente.

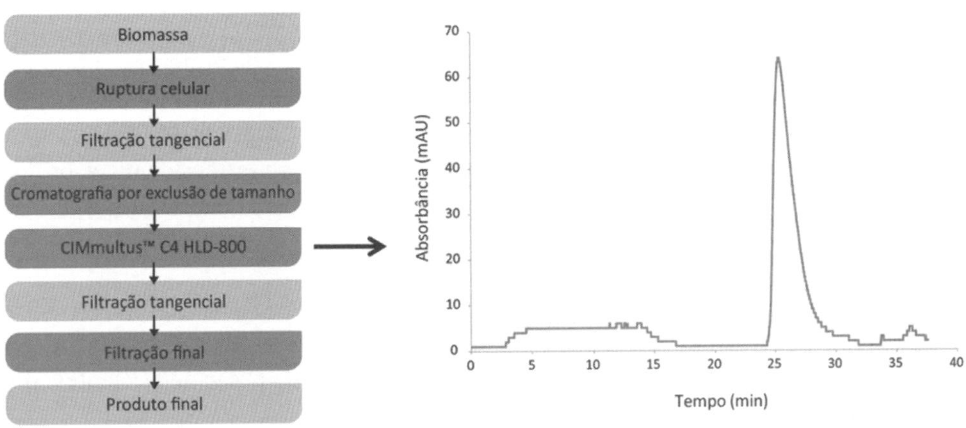

Figura 13.16 Esquema de purificação. Tampões: tampão A: 1,75 M $(NH_4)_2SO_4$, 0,025 M Tris, 0,010 EDTA pH 7; tampão B: 0,025 M Tris, 0,010 EDTA pH 7. Fluxo: 300 mL/min. Volume injetado: 2,6 L. Detecção: λ = 254 nm. Equipamento: Sepacore System Buchi.

Fonte: BIA Separations (2014a), reproduzida com permissão.

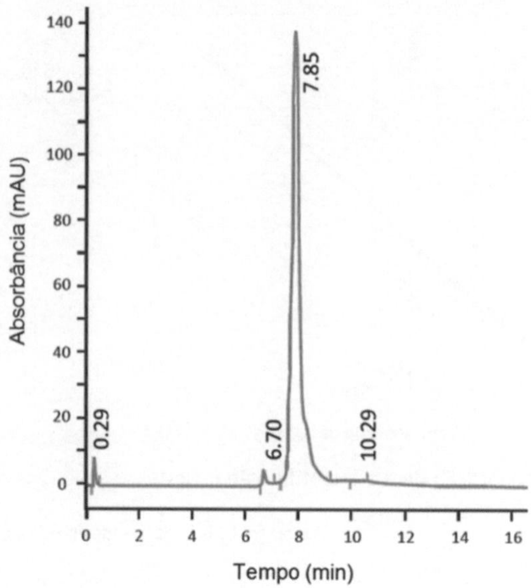

Figura 13.17 Análise da fração purificada. Coluna analítica: CIMac pDNA. Fase móvel: tampão A: 200 mMTris + 0,6 M NaCl, pH 8,0; tampão B: 200 mMTris + 0,7 M NaCl, pH 8,0. Fluxo: 1 mL/min. Método: gradiente linear de 0% a 100% de tampão B em 10 min. Volume injetado: 2,6 L. Detecção: λ = 254 nm. Equipamento: HPLC Merck-Hitachi.

Fonte: BIA Separations (2014a), reproduzida com permissão.

EXERCÍCIOS

1. Que características influenciam o desenvolvimento da metodologia de purificação de vírus?

Vírus são complexos e sua purificação é mais exigente que a de proteínas, sobretudo em função dos problemas de estabilidade e da falta de métodos analíticos rápidos e precisos. Inicialmente devem-se conhecer as características e propriedades do vírus, da amostra em si e os requerimentos exigidos do produto final em termos de nível, proteínas, DNA da célula hospedeira, título viral, infectividade viral e a quantidade viral total.

2. Qual é a importância da escolha do tampão?

Se o objetivo principal é a produção em grande escala, deve-se levar em consideração o preço dos tampões a serem usados. Alguns tampões, apesar de eficientes, podem inviabilizar o processo.

O tampão não deve interagir com a matriz e deve preservar a estabilidade e a atividade biológica do vírus. Geralmente, na purificação de vírus, é preferível utilizar tampões do tipo zwiteriônico, já que não apresentam condutividade inerente e se ligam aos grupos carregados, resultando em processos robustos.

3. Em quais fatores se baseia a escolha do pH?

A escolha do pH se baseia no ponto isoelétrico e na estabilidade do vírus em determinado pH. A maioria dos vírus apresenta ponto isoelétrico abaixo de 6 e se liga de maneira eficiente às matrizes de troca aniônica em pH neutro. Contudo, a maioria dos contaminantes também se liga aos trocadores aniônicos. Por isso, a separação de vírus das impurezas é feita por meio da eluição seletiva.

4. Como estabelecer o método de purificação?

Para estabelecer o método é necessário:

- Conhecer detalhadamente a amostra biológica a ser purificada (sua concentração e composição – conteúdo de proteína, conteúdo de DNA, aditivos). É também importante conhecer as características da molécula-alvo, como estabilidade em diferentes pHs, solventes orgânicos e concentração de sal;
- Fazer uma triagem com diferentes tampões em diferentes valores de pH, pois os tampões podem afetar a adsorção da molécula-alvo;
- Fazer uma triagem com diferentes ligantes. Em muitos casos, os trocadores aniônicos são a primeira escolha e funcionam bem. Caso contrário, os trocadores catiônicos são uma opção, assim como as matrizes hidrofóbicas. A eluição de vírus é realizada pelo aumento da força iônica do tampão (concentração de sal do tampão) ou pela mudança de pH do tampão, método pouco usado devido à sensitividade dos vírus ao pH. É importante levar em consideração que os vírus têm alta massa molar com uma distribuição de carga desigual, que também podem se ligar a trocadores catiônicos no mesmo pH, pois há sempre uma parte carregada positiva ou negativamente em um certo pH;
- Uma vez determinados o tampão e a fase estacionária, pode-se determinar a capacidade dinâmica de ligação do vírus e, consequentemente, saber a quantidade de vírus que pode ser adsorvida em uma única corrida;
- Utilizar métodos analíticos adequados para analisar as frações coletadas durante todo o processo.

TECNOLOGIA ANALÍTICA DE PROCESSO

5. Quais os métodos disponíveis para caracterização dos vírus?

Os métodos usados para a caracterização de produtos virais finais são escolhidos com o objetivo de estabelecer diferentes parâmetros, como quantidade de vírus, pureza, potência, segurança, estrutura.

- Título: ELISA, qPCR, citometria de fluxo, hemaglutinação.
- Pureza: SDS Page, *Western blotting*, microscopia eletrônica.
- Infectividade: teste de placa, TCID50.

6. Quais são as vantagens do uso de cromatografia líquida de alta eficiência (HPLC) para a tecnologia analítica de processo?

Os métodos de HPLC são mais rápidos do que a maioria dos métodos tradicionais descritos anteriormente, tendo como principais vantagens velocidade, exatidão e precisão. A utilização de testes tradicionais fornece resultados de pureza e quantificação em alguns dias, enquanto com os métodos de HPLC os resultados são obtidos em alguns minutos. Contudo, devemos levar em consideração que os perfis de eluição de HPLC não fornecem informações sobre infectividade, dado obtido somente com os métodos tradicionais.

Os métodos de HPLC podem ser utilizados tanto no controle final como quanto no controle durante o processo, sendo aplicados durante a fermentação e também na purificação.

REFERÊNCIAS BIBLIOGRÁFICAS

AFEYAN, N. B. et al. Flow-through particles for the high-performance liquid chromatographic separation of biomolecules: perfusion chromatography. *Journal of Chromatography*, v. 519, p. 1-29, 1990.

BIA SEPARATIONS. *Application Note A030. In-process control for Ad3 VLPs using CIMac® QA Analytical Column*. Publication: ANA0301111, 2011a.

BIA SEPARATIONS. *Application Note A038. Purification of influenza A and B virus using ion exchange monolith chromatography*. Publication: ANA0301111, 2011b.

BIA SEPARATIONS. *Application Note A035. Recovery of pDIKE2 plasmid for Hepatitis C vaccine using CIMmultus® C4 HLD Advanced Composite Column cGMP*. Publication: A035-plasmid-0914, 2014a.

BIA SEPARATIONS. *Internal catalog, pDNA downstream processing using CIM Monolith*. Publication: BDNADSP1402, 2014b.

DE LA LUZ-HERNANDEZ, K. R. *Development of IgGs purification process using monolithic columns*. In: MONOLITH SUMMER SCHOOL & SYMPOSIUM, 6., maio--jun. 2014, Portoroz, Slovenia.

FORCIC, D. et al. Concentration and purification of rubella virus using monolithic chromatographic support. *Journal of Chromatography B*, v. 879, p. 981-986, 2011.

JUNGBAUER, A.; HAHN, R. Polymethacrylate monoliths for preparative and industrial separation of biomolecular assemblies. *Journal of Chromatography A*, v. 1184, n. 1-2, p. 62-79, 2008.

PODGORNIK, A.; BARUT, M.; STRANCAR, A. Construction of large-volume monolithic columns. *Analytical Chemistry*, v. 72, p. 5693-5699, 2000.

POWELL, S. K. et al. Breeding of retroviruses by DNA shuffling for improved stability and processing yields. *Nature Biotechnology*, v. 18, p. 1279-1282, 2000.

RUPAR, M. et al. Fast purification of the filamentous Potato virus Y using monolithic chromatographic supports. *Journal of Chromatography A*, v. 1272, p. 33-40, 2013.

SOUSA, F.; PRAZERES, D. M. F.; QUEIROZ, J. A. Affinity chromatography approaches for overcoming the challenges of purifying plasmid DNA. *Trends in Biotechnology*, v. 26, p. 518, 2008.

TRIMARK PUBLICATIONS. *Bioseparation systems for global biopharmaceutical markets*. TMRBIOS13-0801, ago. 2013.

CAPÍTULO 14

Cromatografia: adsorção em leito expandido (ALE)

Beatriz Vahan Kilikian

Everaldo Silvino dos Santos

NOMENCLATURA

ε – Porosidade do leito

μ – Viscosidade do fluido (kg/m.s)

σ – Tempo equivalente à metade da distância entre os pontos de leitura 15,85% e 84,15% da absorbância máxima (min)

ρ_L – Densidade do fluido (kg/m^3)

A – Área da seção transversal da coluna (m^2)

ALE – Adsorção em leito expandido

CARE – *Continuous adsorption recycle extraction* (adsorção e extração contínuas sob reciclo)

D_{axl} – Coeficiente de dispersão axial do fluido (m^2/s)

DEAE – Dietil aminoetil

d_p – Diâmetro da partícula (m)

DTR – Distribuição do tempo de residência

GE – Grau de expansão do leito (%)

H - Altura do leito expandido (m)

H_0 - Altura do leito empacotado (m)

N - Número de pratos teóricos

Pe - Número de Péclet

Q - Vazão da alimentação (m^3/h)

v - Velocidade superficial (linear) do fluido (m/s)

v_T - Velocidade terminal da partícula (m/s)

LISTA DE PALAVRAS

Leito fluidizado

Leito expandido,

adsorção

caracterização

aplicações

Distribuição do tempo de residência

14.1 INTRODUÇÃO

No leito expandido, a adsorção de moléculas ocorre quando as partículas adsorventes estão fluidizadas. Trata-se de uma fluidização estável, a qual, como se verá adiante, encerra algumas características peculiares que a distinguem de um leito fluidizado convencional. Nos capítulos 9 a 13, os leitos se apresentavam de forma empacotada, forma essa considerada convencional. Os leitos fluidizados foram utilizados na década de 1970 na recuperação de proteínas, não suscitando interesse então principalmente devido às dificuldades técnicas existentes, por exemplo, a limitação das propriedades físicas das matrizes adsorventes. Com o desenvolvimento de partículas de material adsorvente de características mais adequadas, verificou-se crescente interesse na aplicação da adsorção em leito expandido (ALE, em inglês *expanded bed adsorption*, EBA), para purificar proteínas em soluções contendo ou não material particulado ou células suspensas.

A disposição convencional do adsorvente na forma de um leito empacotado exige a alimentação de meios isentos de partículas em suspensão, portanto, meios previamente clarificados, e demanda tempos elevados de operação devido à reduzida difusividade do meio através do leito empacotado. Como alternativa ao leito empacotado, o meio adsorvente pode encontrar-se suspenso em reatores agitados ou em reatores de leito expandido, o que reduz a limitação difusional do líquido através do leito, reduzindo o tempo do processo. Além disso, na ALE é possível a captura de proteínas a partir de meios com células íntegras ou não, o que permite a execução simultânea das operações de clarificação e purificação, reduzindo o número de etapas do processo. O desenvolvimento de operações que reduzam o número de etapas do processo de recuperação e purificação é de grande interesse, uma vez que tais etapas podem representar até 80% do custo de um bioproduto.

Por exemplo, quando do emprego da centrifugação para a remoção de células suspensas, adicionalmente é necessária uma microfiltração para obtenção de um meio tratável em leito empacotado, tendo em vista que após a centrifugação restam partículas suspensas. Caso o meio com partículas suspensas seja alimentado para uma coluna cromatográfica com o leito empacotado, haverá redução da velocidade de escoamento do fluido devido a entupimentos, processo esse conhecido como colmatagem. Operações de clarificação que buscam a total remoção de partículas em suspensão resultam em maiores custos e tempos para o processo global, principalmente quando se trata de meio oriundo de rompimento de células, por apresentar elevada viscosidade. Adicionalmente, podem ocorrer elevadas perdas da molécula-alvo por ação de proteases intracelulares em função de tempos elevados para a purificação.

A possibilidade de realização de purificações por adsorção em meios contendo células ou seus fragmentos é particularmente importante na produção de proteínas para uso terapêutico e diagnóstico, proteínas frequentemente associadas às células, devido à redução do tempo do processo. Proteínas heterólogas sintetizadas em *E. coli*, por exemplo, estão frequentemente localizadas no citoplasma ou no espaço periplásmico, de modo que o meio no qual se localiza a proteína apresenta elevada viscosidade e presença de fragmentos da parede da bactéria, características que o tornam inadequado para uma centrifugação e cromatografia em leito empacotado.

14.2 FUNDAMENTOS DA ADSORÇÃO EM ALE

Nos reatores de leito fluidizado o material adsorvente sofre elevado grau de mistura radial e axial, condição que o torna diferente de um reator de leito empacotado comumente empregado na cromatografia, no qual as partículas de adsorção encontram-se estacionárias e o líquido apresenta comportamento próximo ao fluxo pistonado. Nessa condição, o número de estágios de equilíbrio ou pratos teóricos na coluna é elevado, do que resulta elevada adsorção e resolução na separação de diferentes moléculas. Ao não se estabelecer o fluxo pistonado do líquido, o desempenho da resolução na separação de diferentes moléculas é inferior ao verificado no leito empacotado.

A ALE é uma evolução em relação ao leito fluidizado, principalmente por explorar o fenômeno da segregação, que consiste na distribuição das partículas de adsorção através da altura do leito em função do seu tamanho e densidade: as partículas menos densas e/ou menores permanecem na parte superior da coluna, enquanto as mais densas e/ou maiores permanecem na região inferior, próximo do distribuidor do fluxo. Assim, embora as partículas adsorventes apresentem-se em suspensão, seu agrupamento em camadas bem definidas resulta em uma expansão estável do leito, cuja característica é o reduzido grau de mistura das partículas no sentido axial, ao contrário do comportamento que se verifica no leito fluidizado. O resultado é a combinação das propriedades hidrodinâmicas do leito fluidizado com a estratificação estável do leito empacotado.

Na prática, portanto, o emprego de partículas adsorventes de densidade e tamanho variados é fundamental à estabilidade do leito, a qual é caracterizada pela formação de camadas segregadas ou definidas. Partículas mais densas expandem até um determinado nível da coluna, enquanto partículas menos densas expandem mais, isto é, localizam-se nas porções superiores, minimizando a mistura de tais partículas dentro da coluna, mesmo quando o leito está expandido pela passagem de um fluido. A Figura 14.1 ilustra a distribuição das diferentes partículas ao longo da altura do leito de modo a resultar em uma fluidização estável e controlada, a qual é tão somente uma expansão. Entretanto, como será visto a seguir, no item 14.3, "Caracterização do leito expandido", há uma dispersão do fluido no sentido axial, resultando em valor não nulo para o coeficiente que avalia tal dispersão axial, D_{axl}.

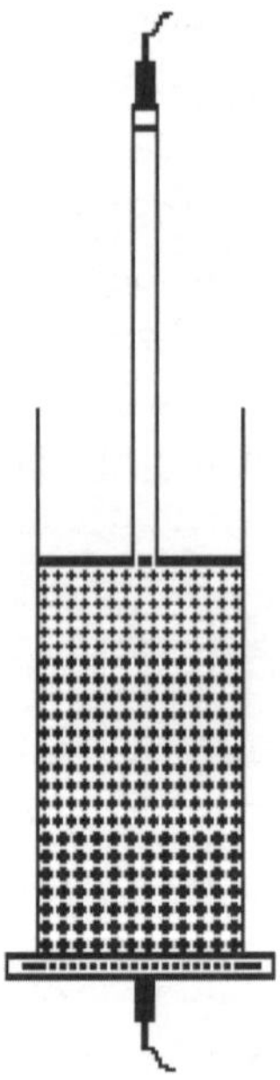

Figura 14.1 Distribuição de partículas de adsorção de diferentes densidades e tamanhos, ao longo da altura de um leito expandido, resultando em camadas segregadas típicas da ALE.

14.2.1 CARACTERIZAÇÃO DO LEITO EXPANDIDO

O conhecimento do comportamento do leito para determinada partícula adsorvente e determinado fluido é de fundamental importância para as operações usando ALE. A análise desse comportamento do leito resulta na sua caracterização, baseada, principalmente, na medida do grau de expansão do leito, GE, em função da velocidade linear ou superficial do fluido, v, e no conhecimento da distribuição do tempo de residência, descritos a seguir.

14.2.2 GRAU DE EXPANSÃO DO LEITO

A expansão do leito ou grau de expansão do leito, GE, é uma medida simples, pois trata da razão entre a altura H, altura do leito expandido, e a altura H_0, altura do leito empacotado, dada pela Equação 14.1. A Figura 14.2 apresenta o esquema de um leito de adsorção com as partículas na forma empacotada e na forma expandida, com os respectivos valores de altura do leito, H_0 e H, e o grau de expansão, GE, correspondente. Valores de GE para colunas de adsorção em leito expandido situam-se entre 2 e 3. Nessa condição a porosidade do leito é suficiente à passagem de células e seus fragmentos.

$$GE = \frac{H}{H_0} \tag{14.1}$$

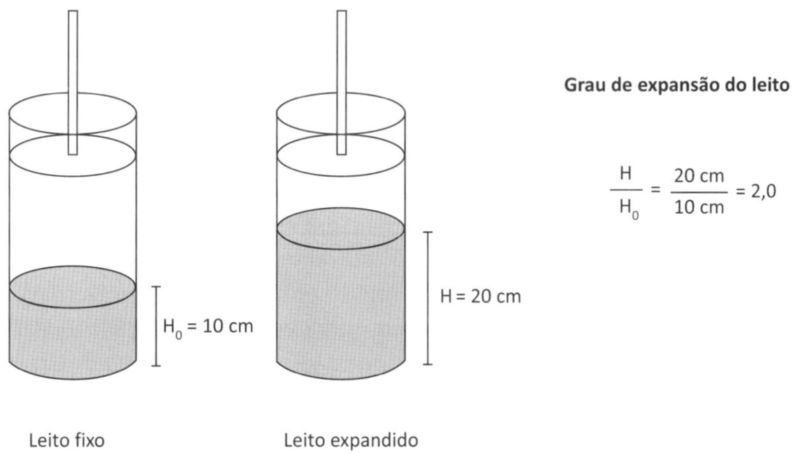

Figura 14.2 Coluna contendo partículas de adsorção na forma empacotada ou fixa e na forma expandida. Determinação do grau de expansão do leito, GE, com base nas alturas de leito empacotado, H_0, e leito expandido, H.

A passagem de um fluido desde a base da coluna até o topo, no sentido ascendente, resulta na expansão do leito dada pelo grau de expansão, GE, e dependerá da velocidade de passagem desse fluido, dada pela sua velocidade superficial (v), também chamada velocidade linear, determinada pela razão entre a vazão volumétrica de alimentação do leito, F (m^3/h), e a área da seção transversal da coluna, A (m^2), conforme apresenta a Equação 14.2:

$$v = \frac{F}{A} \tag{14.2}$$

A velocidade linear do fluido, v, varia entre 100 e 300 cm/h nas operações de expansão do leito contendo as partículas de adsorventes, de aplicação do meio com a molécula-alvo (amostra), e na lavagem. Partículas de adsorventes de densidade entre 2,5 a 3,5 kg/L, cujo interior é de metal e o exterior de agarose (adsorvente do tipo pelicular), permitem velocidades lineares do fluido da ordem de 300 cm/h, com simultânea manutenção do fluxo próximo ao regime pistonado. Na operação de eluição, para dessorção da molécula-alvo, a velocidade linear do fluido é reduzida para cerca de 100 cm/h, colaborando com a resolução na separação entre molécula-alvo e outras moléculas que porventura tenham sido adsorvidas, reduzindo o efeito da diluição associada à eluição. Na prática é necessário saber o valor de v, velocidade superficial do fluido, a ser aplicado para alcançar um dado GE, uma vez que a eficiência de adsorção da coluna está associada ao valor de GE para um dado conjunto de partículas adsorventes e meio a ser tratado.

A equação de Richardson-Zaki (Equação 14.3) permite determinar a velocidade superficial do fluido, v, necessária para alcançar um determinado grau de expansão do leito, GE, ao qual corresponde uma determinada porosidade do leito, ε_{ALE}.

$$\frac{v}{v_T} = \varepsilon_{ALE}^{\ n} \qquad (14.3)$$

Na equação de Richardson-Zaki a velocidade superficial do fluido, v, que resulta numa determinada porosidade do leito, ε_{ALE}, depende da velocidade terminal da partícula, v_T, e do índice de Richardson-Zaki, *n*.

A velocidade terminal da partícula, v_T, é a máxima velocidade do fluido necessária para estabelecer e manter um leito expandido estável dentro da coluna. A velocidade v_T das partículas é resultado do equilíbrio atingido entre as forças de flutuação e de atrito e da aceleração sofrida pela gravidade, equilíbrio esse descrito pela lei de Stokes (Capítulo 4), do que resulta que a velocidade v_T pode ser determinada na Equação 14.4, na qual d_P é o diâmetro da partícula, ρ_P é a densidade da partícula, ρ_L e μ a densidade e a viscosidade do líquido, respectivamente. Esse balanço de forças trata de uma situação idealizada, uma vez que não se consideram as forças de adesão entre partículas e entre partículas e a parede da coluna.

$$v_T = \frac{(\rho_P - \rho_L) d_P^{\,2} g}{18\mu} \qquad (14.4)$$

Quando a velocidade superficial do fluido, v, supera a velocidade terminal, v_T, as partículas do adsorvente sofrerão elutriação, termo que significa separar partículas mais finas e mais leves de partículas mais grossas e pesadas de uma mistura por meio de uma corrente ascendente de um fluido, de modo que as partículas mais leves sejam arrastadas ascendentemente.

O índice de Richardson-Zaki, *n*, ajusta a relação entre v e v_T em função da viscosidade do fluido, da presença de células microbianas e do diâmetro e densidade das partículas, assumindo valores entre 3 e 6 para meios biológicos.

A equação de Richardson-Zaki (Equação 14.5) pode ser expressa na forma da equação de uma reta após a transformação das variáveis v e v_T em seus logaritmos neperianos, resultando na Equação 14.6, a qual representa uma reta:

$$v = v_T\ \varepsilon^n \tag{14.5}$$

$$Ln\ v = \text{Ln}\ v_T + \text{n Ln}\varepsilon \tag{14.6}$$

De acordo com a Equação 14.6, conhecidos os pares de valores de porosidade, ε_{ALE}, e velocidade superficial do fluido, v, estabelece-se a reta descrita na Equação 14.6, cujo coeficiente linear é igual a Lnv_T e coeficiente angular é igual ao índice de Richardson-Zaki, *n*. Adicionalmente, pode-se conferir o valor de v_T na Equação 14.4. De posse da função linear da Equação 14.6, é possível determinar o valor de v para alcançar um dado valor do GE por meio da porosidade ε_{ALE}, pois o grau de expansão do leito resulta da porosidade do leito, ε_{ALE}, estabelecida na expansão deste. A seguir será deduzida a equação que representa a relação entre as variáveis GE e ε_{ALE}.

Conforme aumenta a velocidade superficial do fluido, v, aumenta o volume total do leito por causa da expansão, do que resulta um aumento da porosidade do leito, ε_{ALE}. Entretanto, o volume de sólidos, V_S, não é alterado, podendo-se considerar verdadeira a igualdade apresentada na Equação 14.7, posto que o volume de sólidos no leito empacotado, V_{S0}, é igual ao volume de sólidos no leito expandido, V_{Sexp}:

$$V_{S0} = V_{Sexp} \tag{14.7}$$

A porosidade do leito (ε_{ALE}), ou seja, a fração de vazios do leito, se relaciona ao volume total do leito, V_T, e volume de sólidos, V_S, conforme a Equação 14.8:

$$\varepsilon_{ALE} = \frac{V_T - V_S}{V_T} \tag{14.8}$$

A Equação 14.9 é um rearranjo da Equação 14.8:

$$V_S = V_T\left(1 - \varepsilon_{ALE}\right) \tag{14.9}$$

A Equação 14.10 é uma combinação das Equações 14.8 e 14.9, na qual V_{T0} é o volume total do leito empacotado e V_{Texp} é o volume total do leito expandido:

$$V_{To}\left(1 - \varepsilon_{ALEo}\right) = V_{T_{exp}}\left(1 - \varepsilon_{ALE}\right) \tag{14.10}$$

Dado que a coluna é cilíndrica, o volume total do leito, V_{T0} ou V_{Texp}, é igual ao produto entre a altura do leito empacotado ou expandido, H_0 ou H, e a área da seção transversal da coluna, A, o que permite expressar a Equação 14.10 na forma da Equação 14.11:

$$H_o\left(1 - \varepsilon_{ALEo}\right) = H\left(1 - \varepsilon_{ALE}\right) \tag{14.11}$$

Isolando a porosidade do leito, ε, na Equação 14.11, tem-se o rearranjo apresentado na Equação 14.12, o qual descreve a relação entre essa variável e o grau de expansão do leito, GE.

$$\varepsilon = 1 - \left(1 - \varepsilon_{ALEo}\right)\frac{H_o}{H} = 1 - \left(1 - \varepsilon_{ALEo}\right)\ GE^{-1} \tag{14.12}$$

Para que se estabeleça um determinado valor do grau de expansão do leito (GE), determina-se o valor da porosidade ε correspondente a esse GE e encontra-se o valor de v, velocidade superficial do fluido a ser empregado na reta dada pela Equação 14.6.

Além da velocidade superficial do fluido, v, também contribui para o grau de expansão do leito, GE, a viscosidade do meio, a distribuição do tamanho e a densidade das partículas, e a presença ou não de células em suspensão, resultando que a caracterização do leito é única para cada solução ou suspensão problema e partículas adsorventes.

14.2.3 DISTRIBUIÇÃO DO TEMPO DE RESIDÊNCIA (DTR)

Embora o valor de GE reflita a expansão do leito, ele não indica diretamente quão próximo está o leito expandido do leito empacotado. Completa-se a caracterização do leito operando na forma expandida por meio da medida da extensão da mistura, posto que o fluxo deva apresentar comportamento pistonado a fim de garantir a eficiência da adsorção, e tal regime de fluxo caracteriza-se por reduzido grau de mistura das partículas no sentido axial. Como já visto, o agrupamento das partículas em camadas bem definidas em virtude de um reduzido grau de mistura das partículas no sentido axial resulta em expansão estável do leito.

O emprego de partículas adsorventes de diferentes densidades e diâmetros facilita o estabelecimento de um leito classificado ou estratificado, no qual as partículas menores e mais leves se encontrarão nas camadas superiores e o inverso ocorrerá com as partículas maiores e mais densas, conforme já mencionado anteriormente e ilustrado na Figura 14.1. A caracterização do tipo de escoamento existente dentro da coluna é dada pela distribuição do tempo de residência (DTR): escoamento do tipo fluxo pistonado (*plug flow*), escoamento de mistura perfeita (*back mixing*), ou regime de escoamento de comportamento intermediário entre esses dois casos. Essa caracterização é de fundamental importância uma vez que o regime do fluxo exerce influência sobre a cinética de adsorção proteína-adsorvente, sendo o regime de fluxo pistonado a melhor situação para o equilíbrio das reações de adsorção.

A distribuição do tempo de residência (DTR) é obtida utilizando-se técnica do tipo estímulo e resposta com base na adição de um traçador. Dentre as técnicas existentes do tipo estímulo e resposta, aquelas conhecidas como *pulso* e *frontal* são as mais frequentemente aplicadas na caracterização da expansão do leito com base na DTR. Nesse procedimento, usando-se o estímulo do tipo frontal, a solução contendo um traçador, por exemplo, uma solução de acetona (0,5% v/v), é bombeada através do leito até que a leitura de absorbância pelo detector à saída do fluxo seja máxima, 100%, constituindo esta a etapa de sinal positivo, conforme ilustrado na Figura 14.3. O instante correspondente à resposta máxima de absorbância é registrado como instante inicial - valor zero na escala do tempo - a partir do qual se registram os valores descendentes de absorbância em função do tempo até que se chegue à linha de base, constituindo esta etapa a etapa de sinal negativo. Define-se então o tempo de residência médio, t, como a distância medida no papel, desde o instante inicial, zero, até a leitura de 50% da absorbância. O desvio padrão, σ, é definido como a metade da distância entre os pontos que correspondem a 15,85% e 84,15% da medida de absorbância máxima. Determina-se o número de pratos teóricos, N, na Equação 14.13, com os parâmetros determinados a partir dos registros de absorbância em função do tempo ilustrados na Figura 14.3, que apresenta o perfil de resposta da utilização da técnica frontal na determinação do tempo de residência (DTR). Quanto maior o número de pratos teóricos, N, mais próximo do regime pistonado se encontra o fluxo do fluido.

$$N = \frac{t^2}{\sigma^2} \tag{14.13}$$

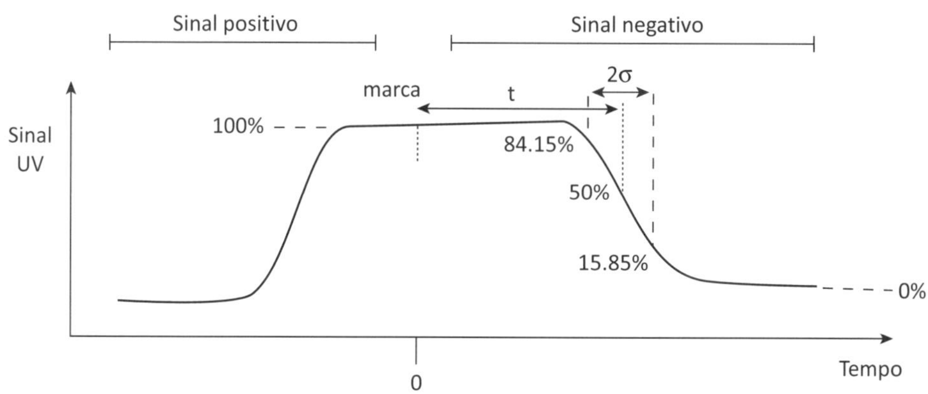

Figura 14.3 Absorbância, UV, registrada em função do tempo em um ensaio para determinação do tempo de residência (DTR) em coluna para adsorção em leito expandido, por meio de técnica do tipo estímulo e resposta.

Fonte: *EBA Handbook* (AMERSHAM PHARMACIA BIOTECH, 1997).

Por meio de comparações da variância determinada pelo modelo da DTR (Equação 14.13) com o modelo de adsorção em tanques em série, é possível estabelecer correlação entre o valor de N, número de pratos teóricos, e as variáveis relacionadas às características hidrodinâmicas do leito, v e H, a porosidade, ε_{ALE}, e o coeficiente de dispersão axial, D_{axl}, conforme apresenta a Equação 14.14.

$$N = \frac{v\,H}{2\varepsilon_{ALE}\,D_{axl}} \tag{14.14}$$

Dessa forma, o coeficiente de dispersão axial, D_{axl}, pode ser determinado em função das características hidrodinâmicas do leito, v, H, e ε_{ALE}. Dados da literatura apresentam valores do coeficiente de dispersão da fase líquida na adsorção em leito expandido entre 10 e 10^{-3} cm^2/s, porém, a maior parte apresenta valores de D_{axl} da ordem de 0,1 cm^2/s.

14.2.4 CARACTERÍSTICAS DO MEIO COM A MOLÉCULA-ALVO

O desempenho da ALE é influenciado pelas características do meio a ser tratado. Quando se aplica o meio de fermentação bruto, isto é, com células, o GE para um determinado valor da velocidade linear, U, é maior do que aquele verificado em meio clarificado, isto é, isento de células. A maior expansão do leito é consequência da maior viscosidade do meio alimentado com células, e tal expansão resulta em uma redução na eficiência do leito na purificação da molécula-alvo, dado que a fluidização é menos estável com o aumento de GE e, consequentemente, a estratificação do leito é prejudicada, devido à maior dispersão das partículas no sentido axial. Conforme a Equação 14.14, D_{axl} sofrerá aumento devido ao aumento na porosidade do leio, ε_{ALE}, em resultado do aumento de GE.

Quando da aplicação de suspensões oriundas de um processo de rompimento celular, a presença de nucleotídeos e fragmentos da parede e membrana celular eleva a viscosidade do meio drasticamente em comparação aos meios com células íntegras, elevando, consequentemente, o GE e D_{axl} para uma determinada velocidade linear do fluxo. A aplicação do meio bruto ou homogeneizado, portanto, altera a capacidade adsortiva do leito, principalmente quando a adsorção não é específica, dado que a superfície de células apresenta radicais iônicos e hidrófobos os quais são adsorvidos sobre trocadores iônicos e adsorventes acoplados a ligantes hidrofóbicos.

Por outro lado, quando a molécula-alvo é extracelular, a viscosidade do meio é moderada, do que resulta expansão moderada do leito e, portanto, elevada estabilidade nas camadas do leito e reduzida dispersão axial das partículas. A elevada estabilidade do leito associada à usual reduzida variedade de concentração de contaminantes em meios clarificados eleva a resolução na adsorção e dessorção da molécula-alvo. Meios oriundos de operações de clarificação sequer alteram a capacidade de adsorção do leito expandido quando comparada à capacidade de adsorção em leito empacotado, isto é, a massa adsorvida da molécula-alvo, conforme se pode determinar em curvas de ruptura (Capítulo 8). A vantagem do emprego da ALE para meios perfeitamente clarificados reside no aumento da produtividade da operação em comparação à operação em leito empacotado, isto é, da velocidade de obtenção da molécula-alvo purificada, a qual é expressa pela massa da referida molécula por volume de adsorvente e unidade de tempo (g/L.h).

14.2.5 ETAPAS DE OPERAÇÃO DA ALE

A Figura 14.4 apresenta um esquema da sequência de etapas na operação de adsorção em leito expandido, quais sejam: leito sedimentado, expansão do leito, aplicação do meio contendo a molécula-alvo ao leito expandido, lavagem do leito expandido, eluição com o leito empacotado e regeneração do leito. O leito é lavado ainda na forma expandida, objetivando a eliminação das moléculas não adsorvidas, células íntegras ou seus fragmentos. Em seguida, promove-se a eluição com o leito empacotado, modo no qual a resolução na separação das moléculas dessorvidas é elevada e que permite concentrar a molécula-alvo no eluente. Alguns trabalhos apresentam dados de eluição realizada com o leito expandido, com o objetivo de elevar a produtividade do processo. Todavia, verifica-se redução da concentração da molécula-alvo na fração volumétrica recuperada, assim como redução da resolução da purificação ao ser usada tal abordagem.

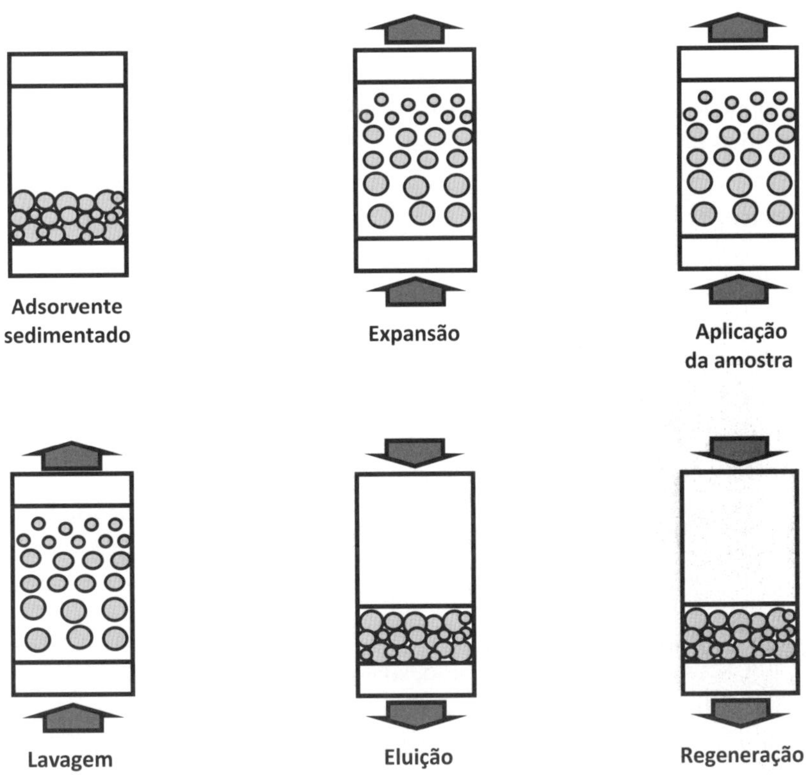

Figura 14.4 Etapas da adsorção em leito expandido: (1) leito sedimentado; (2) expansão do leito e estabelecimento de equilíbrio; (3) aplicação da amostra; (4) lavagem do leito expandido; (5) eluição e (6) regeneração do leito empacotado.

14.2.6 REATORES PARA ALE

Os reatores de leito expandido usuais apresentam forma tubular assim como os reatores de leito empacotado, porém as partículas do material adsorvente podem ficar suspensas no fluido de modo a constituir o leito na sua forma expandida, pois tais partículas apresentam densidade maior que a densidade do líquido. Aplicada uma dada velocidade superficial do fluido, v, que permeará a coluna no sentido ascendente, o leito sofre expansão, resultando em um determinado valor para o GE (Equação 14.1).

A coluna empregada na ALE é dotada de um distribuidor na base para a entrada do fluxo e de um adaptador móvel à saída, no topo, destinado a permitir variações no grau de expansão do leito, GE. O distribuidor é utilizado como suporte para o leito estático e para assegurar uma distribuição uniforme do fluido através do leito. O distribuidor mais utilizado na ALE é do tipo multiorifício, que é um prato perfurado, entretanto, existe no mercado uma coluna cujo distribuidor funciona com um mecanismo rotativo Rhobust® Column da Upfront Chromatography A/S.

Na configuração da ALE em reator contendo o meio adsorvente suspenso, embora aparentemente mais simples que a configuração em reator tubular, há certa complexidade por conta do controle da vazão dos diversos fluxos. Nessa configuração é possível operar as etapas de adsorção e dessorção em regime descontínuo ou contínuo por meio de um processo denominado *continuous adsorption recycle extraction* (CARE) ou adsorção e extração contínuas sob reciclo. O processo CARE está ilustrado na Figura 14.5, com os seus dois reatores em série: o primeiro destinado à adsorção e o segundo à eluição. O primeiro reator é alimentado (1) com a solução contendo a molécula-alvo em meio a pH adequado à adsorção, e (2) com a suspensão do adsorvente reciclado do segundo reator, após a eluição da molécula-alvo. São fluxos de saída do primeiro reator: (1) fluxo enriquecido em moléculas contaminantes e empobrecido em relação à molécula-alvo, e (2) fluxo que é formado pela suspensão do adsorvente adsorvido da molécula-alvo, que alimenta o segundo reator. O segundo reator recebe, além do (1) fluxo de adsorvente com molécula-alvo adsorvida, um (2) fluxo de alimentação do tampão de eluição, e tem como fluxos de saída (1) a solução rica em molécula-alvo e (2) o material adsorvente, que é reconduzido ao primeiro reator.

São características positivas do processo CARE a fácil ampliação de escala e aplicação de meios não clarificados; contudo, sua operação não é simples, uma vez que o conjunto necessita do controle integrado de uma série de bombas para as alimentações da solução mãe e soluções tampão, reciclo do adsorvente, retirada das soluções ricas e pobres em molécula-alvo, além de produzir uma solução de saída da molécula-alvo purificada, porém mais diluída que a solução de entrada (solução mãe), o que pode implicar a necessidade de uma etapa de concentração da solução.

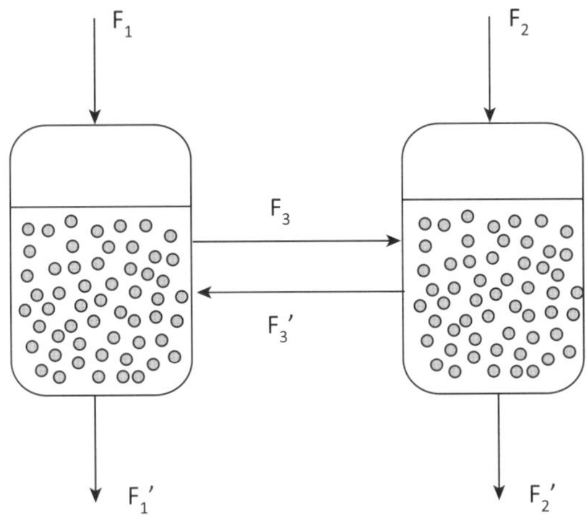

Figura 14.5 Processo *continuous adsorption recycle extraction* (CARE) [adsorção e extração contínuas sob reciclo]. F_1 = fluxo da solução contendo a molécula-alvo em pH adequado à adsorção; F_1' = fluxo enriquecido em moléculas contaminantes e empobrecido em relação à molécula-alvo; F_2 = fluxo de alimentação do tampão de eluição; F_2' = solução rica em molécula-alvo; F_3 = suspensão do adsorvente adsorvido da molécula-alvo; F_3' = fluxo do reciclo do material adsorvente após a eluição da molécula-alvo.

14.2.7 METODOLOGIA EXPERIMENTAL

O desenvolvimento em escala de laboratório da operação de purificação de uma biomolécula por meio de adsorção em um leito expandido tem início com experimentos com o meio clarificado e o leito empacotado, para os quais se determinam as condições ótimas de adsorção e eluição, além da capacidade de adsorção da molécula-alvo pelo adsorvente, em meio às impurezas solúveis. Seguem-se ensaios com o meio clarificado no leito expandido e, finalmente, ensaios com o meio bruto, meio com células ou seus fragmentos quando o objetivo é a clarificação do meio além da separação da molécula-alvo. Dessa forma é possível avaliar a influência da presença das células na resolução da separação das moléculas em questão (molécula-alvo) e impurezas. Dados relativos à clarificação do meio também devem ser registrados, uma vez que essa operação pretende eliminar a operação de clarificação, e, sobretudo, se uma segunda etapa de adsorção, em leito empacotado, for aplicada para atingir-se a pureza necessária.

Para cada condição de leito e meio mencionada as seguintes medidas devem ser registradas: grau de expansão do leito, GE, em função da velocidade linear do fluxo, U; capacidade de adsorção do leito em função do grau de expansão, GE, por meio da obtenção de curvas de ruptura (Capítulo 8; Figura 8.6); estabilidade do leito em função do tempo de residência e o correspondente coeficiente de dispersão axial do fluido, D_{axl}, para diferentes valores da velocidade superficial do fluido, v. De posse desses dados deve-se comparar o desempenho na adsorção da molécula-alvo, medido na forma da capacidade de adsorção da molécula-alvo (1) no leito empacotado com o meio clarificado, (2) no leito expandido com o meio clarificado e, finalmente, (3) no leito expandido com o meio bruto.

Variar as concentrações de partículas, células íntegras ou seus fragmentos na determinação da capacidade adsortiva do leito expandido é importante para avaliar a robustez da estabilidade deste, dado que na prática meios com concentrações variadas poderão ocorrer.

Claro está que a viabilidade de execução da purificação em leito expandido dependerá da capacidade adsortiva do leito na forma expandida e do rendimento da recuperação da molécula-alvo após a eluição, comparados com o leito empacotado, seja para um meio clarificado, seja para um meio bruto. Em caso de se aplicar o meio bruto, também a clarificação alcançada no meio eluído deverá ser avaliada e comparada à alcançada por meio de um processo convencional, iniciado na clarificação total seguida de adsorção em leito expandido. A homogeneidade da pureza da molécula-alvo é mais um critério, já que permitirá comparar a variedade de moléculas com a molécula-alvo obtidas em cada caso, leito empacotado e leito expandido.

Quando se aplica meio com células ou seus fragmentos, essas partículas podem aderir ao material do leito adsorvente. Nesse caso, a eficiência da limpeza, também conhecida em inglês como *clean-in-place* (CIP) [limpeza no local], deve ser considerada, pois, na impossibilidade de eliminar tais partículas na lavagem da coluna, a ALE não poderá ser aplicada ao menos para o meio bruto.

A adsorção de células ou suas partículas sobre o adsorvente pode resultar em uma fração eluída contendo a molécula-alvo e partículas em suspensão, isto é, um produto não totalmente clarificado. Destaca-se que o uso de glicerol, durante a etapa de lavagem, permite minimizar a quantidade de tampão que seria necessário para a remoção dessas células presentes na resina.

Os resultados dos experimentos aqui enunciados, em escala de laboratório, permitirão decidir pela exequibilidade da ALE ou não.

14.2.8 MATRIZES E LIGANTES ADSORVENTES

Os ligantes clássicos para a adsorção por troca iônica, como sulfapropil (SP), dietil aminoetil (DEAE) e ácido iminodiacético (IDA), o ligante para adsorção por afinidade, IgG, e o ligante para adsorção por hidrofobicidade, Streamline Phenyl, são acoplados à matriz, em geral agarose, tornando-a funcional para a adsorção. Esse processo é dirigido às necessidades do usuário. A agarose é um hidrogel poroso que permite o livre movimento das moléculas de proteína, minimizando a resistência à transferência de massa. O interior das partículas de agarose pode ser constituído por núcleos de quartzo (resina Streamline), zircônia, aço inoxidável ou tungstênio (adsorventes peliculares), responsáveis por elevar a densidade da partícula viabilizando a expansão estável do leito.

Os adsorventes aqui descritos são identificados comercialmente como Streamline® e comercializados pela GE Healthcare Life Sciences. A Upfront Chromatography A/S (da Dinamarca) desenvolveu o Rhobust®, que são partículas esféricas constituídas de tungstênio em seu interior e recobertas igualmente por uma camada de agarose. Tais partículas de tungstênio/agarose apresentam densidade de 2,5 a 3,5 kg/L e diâmetro que varia entre 20 e 300 μm. Essas partículas diminutas e densas permitem a simultânea manutenção de fluxos elevados em regime praticamente pistonado, característica não perturbada por materiais particulados ou bolhas de ar no fluxo de alimentação.

A Figura 14.6 apresenta uma distribuição granulométrica típica de um adsorvente comercial usado na ALE (Streamline® SP) obtida pela técnica de espalhamento de luz. Pode-se observar que o adsorvente segue uma distribuição que se ajusta ao modelo log-normal, com diâmetro médio em torno de 200 μm.

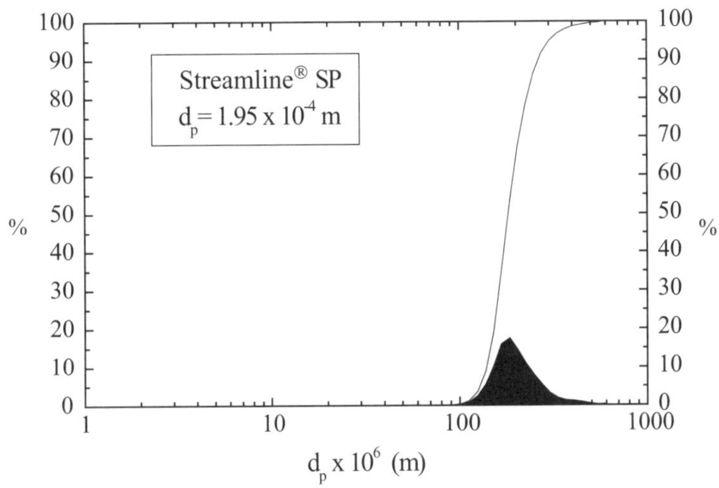

Figura 14.6 Distribuição granulométrica do adsorvente Streamline® SP (GE Healthcare Life Sciences) aplicado na adsorção em leito expandido.

14.2.9 AMPLIAÇÃO DE ESCALA

Na ALE a expansão estável, isto é, o agrupamento das partículas que constituem o leito em camadas bem definidas em resultado da minimização da dispersão axial, é condição fundamental para que se possa realizar um aumento de escala, partindo-se de resultados obtidos em escala de laboratório. Na ampliação de escala aumenta-se o diâmetro da coluna na mesma proporção do aumento do volume de meio a ser tratado, mantendo-se a altura do leito expandido, H, e a velocidade linear, v.

14.3 APLICAÇÕES DA ALE

A literatura apresenta aplicações bem-sucedidas da ALE na purificação de moléculas obtidas em leveduras e células de animais e de proteínas heterólogas obtidas em variedades da bactéria *E. coli*, quais sejam: anexina, anticorpos monoclonais, lisozimas, albumina humana e interleucina. Anticorpos são biomoléculas de natureza proteica com aplicação em imunoensaios empregados na área de medicina diagnóstica, quando tais anticorpos são associados a enzimas numa medição indireta da concentração de anticorpos ou antígenos com base na atividade da enzima. Os anticorpos são também empregados na investigação da estrutura e função de sistemas biológicos. Interleucina é a denominação genérica dada a várias proteínas participantes de sistemas metabólicos e imunológicos. As adsorções envolvidas compreendem reações de troca iônica, adsorções por afinidade ou interação hidrofóbica.

Destaca-se o caso da recuperação de 59,2% do antígeno 503 de *Leishmaniai. chagasi*, com um fator de purificação igual a 6,0, a partir do homogeneizado das células de *E. coli* M15, nas quais se expressa o antígeno. O uso da ALE viabilizou a remoção simultânea do lipopolissacarídeo (LPS) em proporção significativa durante a etapa de lavagem com Triton X-100 e acima de 99% quando da adição do tensoativo não iônico Triton X-114 à etapa de lavagem.

Na produção de um fragmento de anticorpo em *E. coli*, fragmento denominado Fab, a ALE foi empregada na recuperação e purificação desse produto expresso na referida bactéria e secretado para o meio extracelular, em cultivo a alta densidade celular. Nessa situação ocorreu lise celular, contribuindo para o aumento da viscosidade do meio, do que resultou centrifugação pouco eficiente e filtração tangencial lenta. Tais etapas de clarificação, quais sejam, a centrifugação e a filtração tangencial, são aplicadas para a remoção não só das bactérias, mas também dos fragmentos de tecido celular decorrentes da lise. Ainda que clarificado, o meio contendo a molécula-alvo continua inadequado para a purificação por cromatografia em leito empacotado em vista da viscosidade deste. O tempo longo de processo de purificação, por sua vez, resultou em elevada perda do produto por ação das proteases extracelulares liberadas durante a lise das bactérias. Em decorrência dessas dificuldades, verificou-se que o rendimento da molécula-alvo, o fragmento de anticorpo Fab, apresentou variação de 50% até 100%. Alternativamente, desenvolveu-se a aplicação da ALE para separação direta da molécula-alvo do meio com células, a qual se ligou ao adsorvente por meio de troca iônica enquanto os fragmentos de células e contaminantes passavam pela coluna, e as partículas aderidas foram facilmente removidas na posterior lavagem da coluna. O resultado foi, portanto, a clarificação, a purificação parcial do fragmento de anticorpo Fab e o aumento de sua concentração no meio líquido, relevante para o custo da etapa seguinte de purificação. O procedimento foi desenvolvido em coluna de 10 mm de diâmetro, enquanto na escala de produção o tamanho da coluna foi ampliado para 30 cm de diâmetro com 28 cm de altura de um leito sedimentado e 55 cm de altura para o leito no modo expandido, do que resulta um grau de expansão, GE, de 1,96. A aplicação da ALE em substituição ao processo original apresentou redução de 56% do tempo de processamento.

A ALE pode ser integrada ao reator de cultivo, quando então o meio é enviado para remoção de inibidores à atividade microbiana e a suspensão celular é retornada ao reator de cultivo. Assim, por exemplo, o acetato é removido simultaneamente à produção de alfa-interferon-2b (α-PrIFN-2b) por *E. coli* e butanol é simultaneamente produzido e removido no cultivo de *Clostridium acetobutylicum*, minimizando-se o efeito inibidor que essa molécula causa à bactéria.

Inicialmente a ALE foi desenvolvida para a purificação de produtos de uso farmacêutico, passando gradativamente a ser empregada também na obtenção de matérias-primas para a indústria de alimentos, como as proteínas do soro de queijo tradicionalmente obtidas relativamente puras por meio de filtração através de membranas, resultando em proteínas de pureza entre 35% e 85%. A associação da operação de filtração através de membranas com a ALE ocasiona proteínas com até 95% de pureza. Além do soro de queijo, verifica-se enorme potencial de obtenção de proteínas puras por meio de ALE aplicada aos fluxos de descarte oriundos da produção de biodiesel de grãos, como milho e soja, além de sementes de uva, e o fluxo de descarte do processamento de batata.

Alguns desses casos reportam a ampliação de escala até volumes da ordem de dezenas de litros ou alguns poucos milhares, injetados em reatores de leito expandido cujo diâmetro varia de 20 cm até 1 m. Embora nem todos os valores da porcentagem recuperada da proteína de interesse sejam elevados, há valores da ordem de 70% a 85%, devendo-se considerar que a eliminação da clarificação e eventualmente da concentração resultam em recuperação global superior em comparação ao processo que compreende essas operações.

EXERCÍCIOS

1. Sousa Júnior e colaboradores (2015) determinaram o grau de expansão do leito, GE, para a resina Streamline Chelanting (GE Healthcare Life Sciences) acoplada com níquel, utilizando tampão (NaH_2PO_4 (20,0 mM), NaCl (0,5 M) e imidazol (10,0 mM), pH 8,0) ou um homogeneizado celular de *E. coli* a 5%. A Tabela 1 apresenta os valores do GE em meio a tampão e em meio ao homogeneizado de *E. coli* a 5%. Com base nesses resultados de expansão do leito, determine o coeficiente de Richardson-Zaki, n, e a velocidade terminal da partícula, v_T, para os dois fluidos empregados, assumindo porosidade inicial do leito (ε_{ALEo}) de 0,4.

Tabela 1 Grau de expansão de um leito de adsorção constituído de resina Streamline Chelanting (GEHealthcare Life Sciences) acoplada com níquel, em função da velocidade superficial do fluido, v, de um tampão e do homogeneizado celular de *E. coli* a 5%

v, Velocidade superficial (10^{-4}) (m/s)	GE, grau de expansão – H/H_0	
	Tampão	Homogeneizado de *E. coli*
0,00	1,00	1,00
1,39	1,23	1,25
2,78	1,48	1,65
4,17	1,67	1,98
5,56	2,09	2,79
6,94	2,46	3,14

Resolução:

A Tabela 2 apresenta os valores obtidos para a porosidade, ε_{ALE}, calculada de acordo com a Equação 14.12, em função da velocidade superficial do fluido, v, ao se aplicar o tampão e o homogeneizado de *E. coli* a 5%, à resina Streamline Chelanting (GE Healthcare Life Sciences) acoplada com níquel. Também são apresentados nessa tabela os logaritmos neperianos da porosidade, $\text{Ln}\varepsilon_{ALE}$, e da velocidade superficial, Lnv. A Figura 1 apresenta a relação linear entre o logaritmo neperiano da velocidade superficial do fluxo, Ln v, e a porosidade, $\text{Ln}\varepsilon_{ALE}$, conforme a Equação 14.6. Observa-se na Figura 1a que o coeficiente de Richarson-Zaki (*n*) estimado é de 4,147, com velocidade terminal das partículas, v_T, de $2{,}4 \times 10^{-3}$ m/s (= $e^{-6,033}$) quando se utilizam os dados de expansão para o tampão. Ao aplicar os dados da expansão com o homogeneizado celular obtém-se um fator de Richardson-Zaki de 3,579, com velocidade terminal das partículas de $1{,}4 \times 10^{-3}$ m/s (= $e^{-6,542}$), Figura 1b. A redução no valor do índice de Richarson-Zaki, *n*, e na velocidade terminal, v_T, é resultado da maior viscosidade do homogeneizado em relação ao tampão. Em outras palavras, para que se alcance um determinado valor do GE, meios mais viscosos demandam menores valores de v, velocidade superficial do fluido, o que interfere de forma negativa na capacidade de adsorção da resina que constitui o leito. Essa influência negativa na capacidade dinâmica de adsorção causada pela maior viscosidade deve-se ao aumento da instabilidade do leito e, principalmente, ao aumento da resistência à transferência de massa, causada pela redução do coeficiente de difusão, que é reduzido para um meio com maior viscosidade. No caso do homogeneizado celular, diferentemente de quando se utilizou apenas o tampão, a presença dos fragmentos celulares, dos ácidos nucleicos e de todo o conteúdo intracelular proporciona essa maior instabilidade do leito, sendo que em alguns casos podem-se formar agregados, comprometendo toda a hidrodinâmica do leito expandido.

Tabela 2 Grau de expansão do leito, GE, H/H_0, em função da velocidade superficial do meio, v, para a resina Streamline Chelanting, acoplada com níquel, ao se utilizar o tampão ou o homogeneizado de *E. coli* a 5%. A porosidade inicial do leito (ε_0) é de 0,4

$v \times 10^{-4}$ (m/s)	Ln v (m/s)	Tampão			
		H/H_0 (GE)	H_0/H $(GE)^{-1}$	ε	$\text{Ln}\varepsilon_{ALE}$
0,00	–	1,00	1,00	0,40	–0,92
1,39	–8,88	1,23	0,81	0,51	–0,67
2,78	–8,19	1,48	0,68	0,59	–0,53
4,17	–7,78	1,67	0,60	0,64	–0,45
5,56	–7,50	2,09	0,48	0,71	–0,34
6,94	–7,27	2,46	0,41	0,75	–0,29

(*continua*)

Tabela 2 Grau de expansão do leito, GE, H/H_0, em função da velocidade superficial do meio, v, para a resina Streamline Chelanting, acoplada com níquel, ao se utilizar o tampão ou o homogeneizado de *E. coli* a 5%. A porosidade inicial do leito (ε_0) é de 0,4 (*continuação*)

v × 10^{-4} (m/s)	Ln v (m/s)	Homogeneizado de *E. coli* a 5%			
		H/H_0 (GE)	H_0/H $(GE)^{-1}$	ε	$Ln\varepsilon_{ALE}$
0,00	–	1,00	1,00	0,40	–0,92
1,39	–8,88	1,25	0,80	0,52	–0,65
2,78	–8,19	1,65	0,61	0,63	–0,46
4,17	–7,78	1,98	0,50	0,70	–0,36
5,56	–7,50	2,79	0,36	0,78	–0,25
6,94	–7,27	3,14	0,32	0,81	–0,21

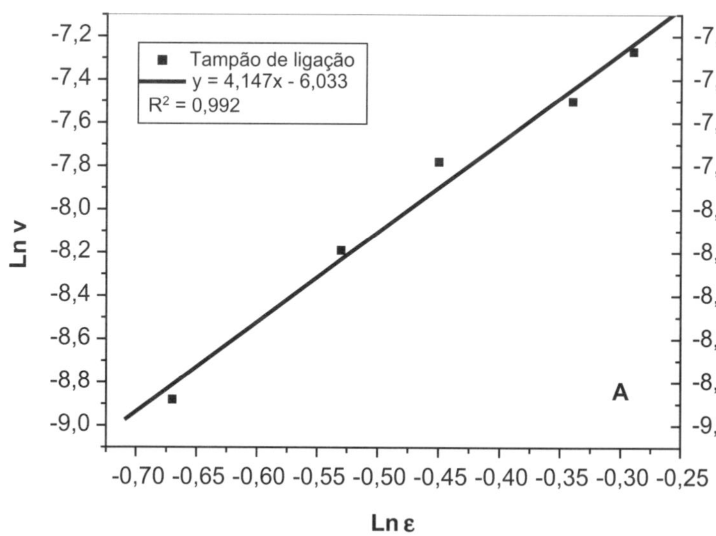

Figura 1 Logaritmo da velocidade linear, Ln v, em função do logaritmo da porosidade do leito, Lnε, para a resina Streamline Chelanting acoplada com níquel. Dados de expansão da resina em tampão (a); dados de expansão da resina ao se utilizar o homogeneizado de *E. coli* a 5% (b). (*continua*)

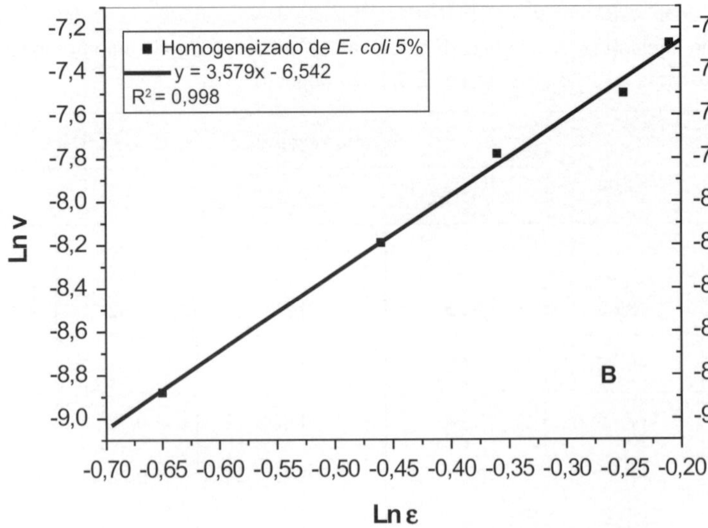

Figura 1 Logaritmo da velocidade linear, Ln v, em função do logaritmo da porosidade do leito, Lnε, para a resina Streamline Chelanting acoplada com níquel. Dados de expansão da resina em tampão (a); dados de expansão da resina ao se utilizar o homogeneizado de *E. coli* a 5% (b). (*continuação*)

2. Para estimar o coeficiente de dispersão axial da fase líquida (D_{axl}) de um leito de adsorção operado na forma expandida com a resina MacrosorbK4AX (Sterling Organics, Reino Unido), determinou-se a distribuição do tempo de residência (DTR) por meio da aplicação de acetona como traçador e estímulo frontal. O diâmetro da coluna é de 0,01 m e a altura do leito empacotado, H_o, de 0,214 m. Ao se aplicar uma velocidade superficial do fluido, v, de $8{,}0 \times 10^{-4}$ m/s, a expansão do leito resultou em uma altura H de 0,251 m. A Tabela 3 apresenta os valores da absorbância relativa, C/C_0, obtidos por meio da técnica de estímulo frontal na etapa de sinal negativo. Com base nesses dados, estime a dispersão axial da fase líquida, D_{axl}.

Tabela 3 DTR usando estímulo frontal do tipo degrau negativo, acetona como traçador e resina Macrosorb K4AX (Sterling Organics, Reino Unido)

Tempo (s)	C/C_o (%)
0	100
30	100
60	99,8
90	99,6
120	99,3

(*continua*)

Tabela 3 DTR usando estímulo frontal do tipo degrau negativo, acetona como traçador e resina Macrosorb K4AX (Sterling Organics, Reino Unido) (*continuação*)

Tempo (s)	C/C_o (%)
150	98,2
180	97,9
210	97,8
240	95,7
270	88,8
300	81,1
330	69,4
360	54,3
390	40,9
420	28,5
450	20,1
480	11,0
510	5,40
540	3,20
570	1,20
600	0,00

Resolução:

Combinando-se as Equações 14.13 e 14.14 tem-se a equação 1, cujo rearranjo resulta na equação 2, por meio da qual se determina o coeficiente de dispersão axial, D_{axl}:

$$\frac{v\,H}{2\,\varepsilon\,D_{axl}} = \frac{t^2}{\sigma^2} \tag{1}$$

$$D_{axl} = \frac{v\,H\,\sigma^2}{2\,\varepsilon\,t^2} \tag{2}$$

A porosidade, ε_{ALE}, pode ser determinada por meio da Equação 14.12, enquanto o tempo, t, e o desvio padrão, σ, são obtidos da DTR, conforme ilustra a Figura 2.

$$\varepsilon_{ALE} = 1-\left(1-\varepsilon_{ALEo}\right)\frac{H_o}{H} = 1-\left(1-0,4\right)\frac{0,214\text{ m}}{0,251\text{ m}} = 0,49$$

$$D_{axl} = \frac{0,0008\ (\text{m/s})\ 0,251\ (\text{m})\ (84,5\text{ s})^2}{2\ (0,49)\ (370,5\text{ s})^2} = 1,1\times10^{-5}\ \text{m}^2/\text{s} \quad \text{ou} \quad D_{axl} = 0,11\ \text{cm}^2/\text{s}.$$

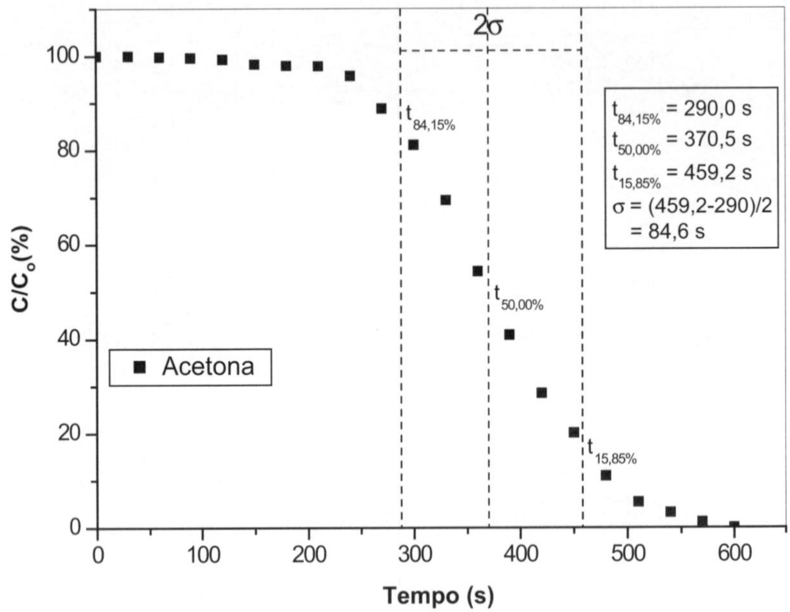

Figura 2 DTR usando estímulo frontal do tipo degrau negativo, acetona como traçador e resina Macrosorb K4AX (Sterling Organics, Reino Unido).

O valor de 0,11 cm²/s determinado para a dispersão axial do fluido com o leito expandido, $D_{axl,}$ é típico de leitos estáveis, podendo-se concluir pela possibilidade de uso do leito na forma expandida.

REFERÊNCIAS BIBLIOGRÁFICAS

AMERSHAM PHARMACIA BIOTECH. *Eba handbook: principles and methods.* Uppsala, IBSN 91-630-5519-8, 1997. 160 p.

CHANG, Y. K.; CHASE, H. A. Development of operating conditions for protein using expanded bed techniques: the effect of the degree of bed expansion on adsorption performance. *Biotechnology and Bioengineering*, v. 49, p. 512-526, 1996.

DE LUCA, L. et al. A study of the expansion characteristics and transient behaviour of expanded beds of adsorbent particles suitable for bioseparations. *Bioseparation*, v. 4, p. 311-318, 1994.

DI FELICE, R. Hydrodynamics of liquid fluidisation. *Chemical Engineering Science*, v. 50, n. 8, p. 1213-1245, 1995.

DU, Q-Y. et al. An integrated expanded bed adsorption process for lactoferrin and imunnoglobulin G purification from crude sweet whey. *Journal of Chromatography B.*, v. 947-948, p. 201-207, 2014.

FREJ, A-K. B.; HJORTH, R.; HAMMARSTRÖM, Å. Pilot scale recovery of recombinant annexin V from unclarified *Escherichia coli* homogenate using expanded bed adsorption. *Biotechnology and Bioengineering*. v. 44, n. 8, p. 922-929, 1994.

HANSSON, M. et al. Single-step recovery of a secreted recombinant protein by expanded bed adsorption. *Bio/Technology*. v. 12, p. 285-288, 1994.

JAHANSHAHI, M. et al. Operational intensification by direct product sequestration from cell disruptates application of a pellicular adsorbent in a mechanically integrated disruption-fluidised bed adsorption process. *Biotechnology and Bioengineering.*, v. 80, n. 2, p. 201-212 2002.

KARAU, A. et al. The influence of particle size distribution and operating conditions on the adsorption performance in fluidized beds. *Biotechnology and Bioengineering*. v. 55, p. 54-64, 1997.

KUNII, D.; LEVENSPIEL, O. *Fluidization engineering*. 2. ed. New York: Butterworth--Heinemann, 1991.

LEVENSPIEL, O. *Chemical reaction engineering*. New York: Wiley, 1972.

LEVISON, P. R. et al. Suspended bed chromatography, a new approach in downstream processing. *Journal of Chromatography A*. v. 890, n. 1, p. 45-51, 2000.

MAY, T.; POHLMEYER, K. Improving process economy with using expanded-ded adsorption technology. *BioProcess International*, p. 32-36, jan. 2011.

PAI, A.; GONDKAR, S.; LALI, A. Enhanced performance of expanded bed chromatography on rigid superporous adsorbents matrix. *Journal of Chromatography A*. v. 867, p. 113-130, 2000.

PALSSON, E.; GUSTAVSSON, P-E.; LARSSON, P-O. Pellicular expanded bed matrix suitable for high flow rates. *Journal of Chromatography A*, v. 878, n. 1, p. 17-25, 2000.

RICHARDSON, J. F.; ZAKI, W. N. Sedimentation and fluidisation: part I. *Transactions of the Institute of Chemical Engsineers*, v. 32, p. 35-53, 1954.

SANTANA, C. S. et al. Modeling and simulation of breakthrough curves during purification of two chitosanases from *Metarhizium anisopliae* using ion-exchage with expanded bed adsorption chromatography. *Korean Journal of Chemical Engineering*. v. 31, n. 4, p. 684-691, 2014.

SANTOS, E. S. dos; GUIRARDELLO, R.; FRANCO, T. T. Preparative chromatography of xylanase using expanded bed adsorption. *Journal of Chromatography A*. v. 944, n. 1-2, p. 217-224, 2002.

SOUSA JÚNIOR, F. C. et al. Recovery and purification of recombinant 503 antigen of *Leishmania infantum chagasi* using expanded bed adsorption chromatography. *Journal of Chromatography B*., v. 986-987, p. 1-7, 2015.

SHUKLA, A. A.; ETZEL, M. R.; GADAM, S. Process scale bioseparations for the biopharmaceutical industry. Boca Raton: CRC Press, 2006.

TAN, J. S. et al. An integrated bioreactor-expanded bed adsorption system for the removal of acetate to enhance the production of alpha-interferon-2b by *Escherichia coli*. *Process Biochemistry*, v. 48, n. 4, p. 551-558, 2013.

WIEHN, W. et al. In situ butanol recovery from *Clostridium acetobutylicum* fermentations by expanded bed adsorption. *Biotechnology Progress*, v. 30, n.1, p. 68-78, 2014.

CAPÍTULO 15

Cromatografia contínua em leito móvel simulado

Cesar Costapinto Santana

Diana Cristina Silva de Azevedo

Alirio Egídio Rodrigues

NOMENCLATURA

a_v – Área específica do adsorvente

C – Concentração na fase fluida (kg/m^3)

C^{ent} – Concentração à entrada do leito adsorvente

D_{ax} – Coeficiente de dispersão axial (m^2/s)

K – Constante de adsorção linear

k_f – Coeficiente global de transferência de massa (m^2/s)

L – Comprimento do leito adsorvente

La – Alfa-lactalbumina

Lg – Beta-lactoglobulina

LMS – Leito móvel simulado

LMV – Leito móvel verdadeiro

m_j – Razão entre as vazões das fases líquida e sólida numa secção j

M – Massa de adsorvente na coluna

PR – Produtividade (kg soluto/m^3 fase estacionária por hora)

PU – Pureza (%)

Q – Vazão volumétrica (m^3/s)

$\overline{q}$ – Concentração média da fase adsorvida calculada sobre o volume da partícula (kg/m^3)

q^* – Concentração da fase adsorvida em equilíbrio com a fase fluida (kg/ m^3)

t – Coordenada temporal (s)

u – Velocidade intersticial (m/s)

v_o – Velocidade superficial (m/s)

z – Coordenada axial (m)

α – Seletividade

ε – Fração de vazios interparticular em um leito adsorvente

γ_j – Razão entre as velocidades intersticiais das fases líquida e sólida numa seção j

η – Razão entre volumes das fases sólida e líquida

SUBSCRITOS/SOBRESCRITOS

I, II, III, IV – Seções do leito móvel simulado/verdadeiro

D, E, A, R – Dessorvente/eluente, extrato, alimentação e refinado

S – Fase sólida

F, G – Frutose, glicose

LISTA DE PALAVRAS

Acetato de amônio

Adsorção,

- afinidade
- adsorvente
- fenil-boronato
- girolite
- hidroxiapatita
- terra de diatomácias

Biofármacos

Centrifugação

Clarificação
Cromatografia,
    afinidade
    troca aniônica
    interação hidrofóbica
    exclusão
Detergente
Diafiltração
Diagramas de bloco
Difusão,
    coeficiente de
    tempo de
DNA genômico
Duas fases aquosas
E. coli,
    culturas,
    envelope celular
    lisados,
    proteínas,
Electroforese
Especificações
Esterilização
Etanol
Extração líquido-líquido
Fenil-boronato
Filtração,
    de fluxo tangencial
    em profundidade
Flutuação
Isoformas
Isolamento primário

Isopropanol
Lise,
  alcalina
  térmica
Lisado,
  alcalino
  clarificado
Lisozima
LPS
Neutralização
pDNA,
  aberto
  coeficiente de difusão
  isoformas
  precipitação
  purificação
  superenrolado
PEG
Precipitação,
  alcoólica
  com sais anticaotrópicos
  com PEG
Purificação,
  de alta resolução
  de baixa resolução
RNA,
  de transferência
  mensageiro
  remoção de
  ribossomal
RNAse

Rompimento celular

Salting-out

SDS

Separação,

de células

de isoformas

por centrifugação

por FFT

sólido-líquido

Sulfato de amônio

Superenrolamento

Terapias gênicas

Troca de tampão

Ultrafiltração

Vacinação por DNA

15.1 COMPARAÇÃO ENTRE ASPECTOS DA CROMATOGRAFIA EM COLUNA DESCONTÍNUA COM LEITO MÓVEL SIMULADO (LMS)

As técnicas de separações cromatográficas com o uso de sólidos adsorventes são comumente efetuadas em colunas alimentadas em regime descontínuo que compreende etapas alternadas entre injeções da solução com a molécula-alvo e da solução eluente, conforme ilustra a Figura 15.1. A cromatografia líquida convencional, em regime descontínuo, tem sido amplamente utilizada pelas indústrias farmacêuticas, de química fina, de bioprodutos, entre outras, seja para fins analíticos, seja como uma técnica preparativa. Os diferentes graus de interação ou afinidade adsortiva dos componentes ou solutos presentes na solução, pelo adsorvente contido na coluna, resultam em diferentes velocidades de migração desses componentes no interior do leito e, portanto, em diferentes tempos para que cada um dos solutos atinja a saída da coluna. Esse comportamento, de moléculas em solução migrando com velocidades diferentes através de materiais sólidos com características adsortivas, tem sido desenvolvido e aplicado em análises e purificações nas escalas de bancada e industrial.

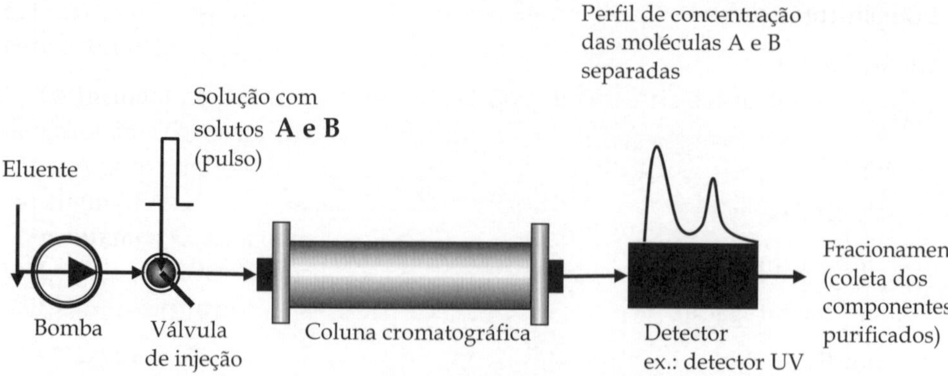

Figura 15.1 Esquema de operação da cromatografia em regime descontínuo.

Os métodos de separações cromatográficas apresentam baixo consumo energético e utilizam diferentes tipos de adsorventes com seus diferentes fundamentos de adsorção, de forma a promover a separação de solutos que de outra forma apresentam difícil separação. Em geral, a cromatografia líquida é feita em temperatura ambiente, o que previne a perda de atividade ou degradação de componentes sensíveis ao calor, por exemplo, as proteínas. Embora as técnicas de separações cromatográficas tenham muitos méritos, ocorrem os seguintes inconvenientes que devem ser superados para uma aplicação industrial:

- O adsorvente presente na coluna nem sempre é utilizado de forma eficiente;
- Um grande volume de eluente é necessário para eluir os componentes separados, resultando em produtos diluídos;
- Produtos com alto grau de pureza não são obtidos se os componentes da mistura apresentam graus semelhantes de interação com o adsorvente;
- Descontinuidade do processo.

A Figura 15.2 mostra como se processa a separação de dois componentes em regime descontínuo, ao longo da coluna cromatográfica.

Subdividindo a coluna em pequenas seções, observam-se partes com os dois componentes, outras com apenas um componente e outras muito diluídas nos componentes, o que indica a utilização pouco eficiente do adsorvente.

Visando superar essas desvantagens, surgiram os métodos cromatográficos contínuos, os quais têm sido utilizados em escala industrial (BROUGHTON; GERHOLD, 1961), sobretudo nas indústrias petroquímica, de processamento de açúcares e de química fina. Os processos biotecnológicos em escala industrial têm mostrado interesse crescente pelos sistemas cromatográficos contínuos. Os processos contínuos apresentam produtividade mais alta em relação aos descontínuos e permitem utilização mais eficiente da fase adsorvente, pois a força motriz (diferenças de concentração) é mantida mais elevada, o que melhora a taxa de transferência de massa.

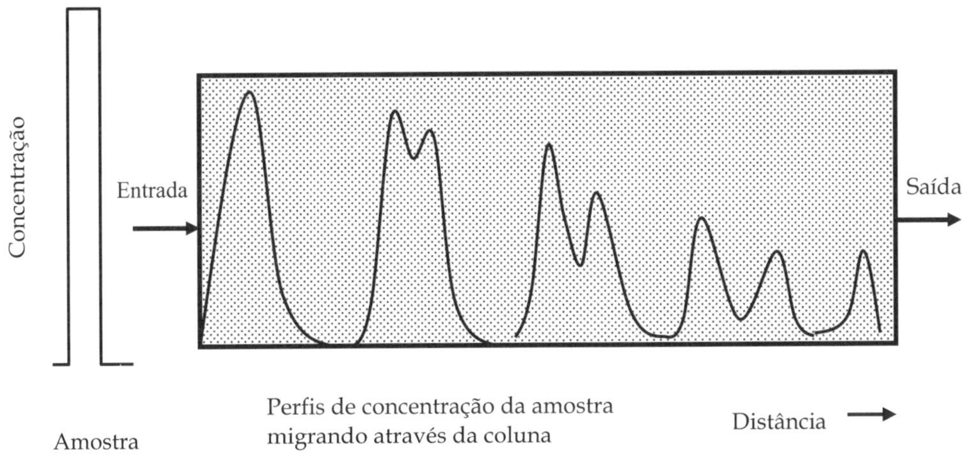

Figura 15.2 Migração de dois componentes de uma amostra ao longo de uma coluna cromatográfica mostrando a separação paulatina dos dois componentes.

Dentre os sistemas de separação contínua, o processo mais conhecido é o SORBEX, que foi desenvolvido pela United Oil Products (UOP) nos Estados Unidos e originou o processo conhecido como leito móvel simulado (RODRIGUES et al., 2015). Há dois tipos principais de leitos móveis: o leito móvel verdadeiro (LMV) e o leito móvel simulado (LMS). O LMV é um sistema cromatográfico contínuo tradicional no qual há um escoamento real da fase sólida adsorvente, que é efetuado numa direção oposta ao escoamento da fase líquida. Ocorrem dificuldades associadas à promoção do escoamento uniforme da fase sólida e também à degeneração dessa fase devido ao atrito. De modo a contornar essas dificuldades, o escoamento contracorrente entre as fases sólida e líquida pode ser obtido simulando o movimento da fase sólida por meio de uma adequada e periódica troca nas posições das entradas e saídas do sistema ao longo do leito. Assim, o conjunto passa a ser composto por várias colunas conectadas na forma de um circuito. As trocas são efetuadas em intervalos regulares e, dessa forma, acabam por promover um movimento relativo contracorrente, dando origem ao leito móvel simulado. O uso de válvulas rotativas especiais permite fazer as trocas das correntes de forma simultânea e eficiente, controladas por computador.

O LMS é dividido em quatro zonas ou seções e apresenta duas linhas de entrada, sendo uma a alimentação e a outra o dessorvente ou eluente, e duas linhas de saída ou de retirada, sendo um ponto de retirada do extrato e outro de retirada do refinado. A Figura 15.3 apresenta um esquema simplificado do LMV e do LMS com oito colunas distribuídas em quatro seções.

A alimentação da solução que contém as duas substâncias a serem separadas, cujas concentrações são conhecidas, é realizada entre duas seções em sequência no sistema. O dessorvente ou eluente, em geral, é o próprio meio líquido solvente. No extrato é recuperada a substância que teve interação mais forte com a fase adsorvente e no refinado recupera-se a outra substância, tendo-se dessa forma a separação entre elas. A separação completa só acontece após determinado número de ciclos (um ciclo é o tempo que uma coluna demanda para retornar à mesma posição, sendo dado pelo número de colunas do sistema multiplicado pelo tempo de troca). O projeto do LMS é relativamente complexo e envolve pelo menos uma dezena de parâmetros específicos como: diâmetro das colunas; comprimento das quatro zonas de separação e respectivas vazões; tempo de troca das posições das colunas (ou das entradas e retiradas). O LMS é especialmente indicado para separar moléculas que tenham afinidades similares pelo adsorvente, o que dificulta e encarece a separação num processo cromatográfico convencional. Como exemplo tem-se a separação de isômeros na indústria petroquímica (HASHIMOTO et al., 1993). Neste capítulo apresentaremos três aplicações do LMS na separação de misturas binárias de importância na indústria biotecnológica, a saber: proteínas, moléculas quirais e açúcares.

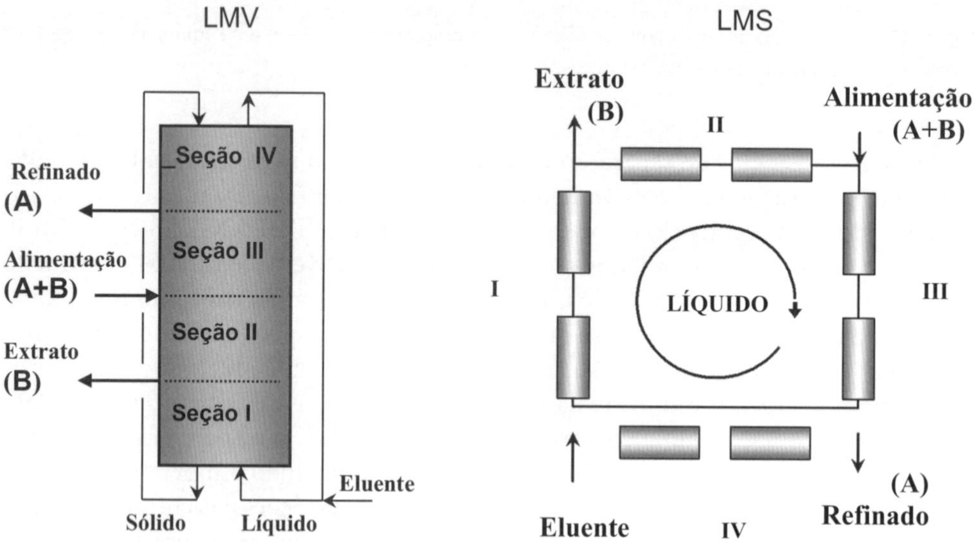

Figura 15.3 Esquema simplificado do LMV (à esquerda) e LMS (à direita) com oito colunas. O componente A adsorve menos fortemente que o componente B.

15.2 SEPARAÇÃO DE PROTEÍNAS COM LMS

A utilização do LMS na separação de proteínas apresenta número limitado de aplicações, entretanto, é grande o potencial para seu desenvolvimento. As moléculas proteicas são sensíveis às condições de pH, força iônica, temperatura e outras condições ambientais, sendo importante, portanto, explorar essas variáveis para a separação dessas moléculas. Deve-se fazer uma escolha apropriada da fase sólida adsorvente, da fase líquida, das condições ambientais (pH, força iônica, temperatura) e dos parâmetros de operação do sistema, como as vazões nas diferentes zonas que permitirão ao LMS operar de forma eficiente e estável.

A modelagem matemática do LMS permite a obtenção de rotinas que possibilitam prever, por meio de programas computacionais, o comportamento dinâmico do LMS. Com os resultados obtidos é possível selecionar as melhores condições de operação as quais servirão de base para uma operação real, o que diminui consideravelmente os custos de operação do sistema.

Com o objetivo de introduzir uma modelagem matemática simples do processo e evidenciar as principais variáveis envolvidas, um enfoque inicial a ser apresentado se refere ao desenvolvimento de rotinas computacionais para um sistema LMS com oito colunas, tendo duas colunas por seção para estudar e predizer a separação e grau de purificação das proteínas alfa-lactalbumina (A-La) e beta-lactoglobulina (B-Lg) presentes numa mistura binária, utilizando como referência os parâmetros obtidos com auxílio das isotermas de equilíbrio obtidas experimentalmente em resinas de troca aniônica Accell-Plus QMA (LUCENA et al., 2001). Essas proteínas estão presentes no soro do queijo em concentrações em torno de 1,0 mg/mL para a A-La e de 3,0 mg/mL para a B-Lg e, geralmente, são resíduos de indústrias de laticínios com aplicações pouco nobres, embora se trate de importantes fontes nutricionais que em graus de pureza elevados são utilizadas na medicina como parte de meios de cultura de células.

Um leito móvel é dito verdadeiro quando há um escoamento real do adsorvente dentro da coluna e é dito simulado quando há um escoamento aparente do adsorvente.

15.2.1 LEITO MÓVEL VERDADEIRO (LMV)

Leito móvel verdadeiro (LMV) é um processo de escoamento contracorrente entre a fase sólida adsorvente e a fase líquida. O LMV foi primeiramente comercializado no início da década de 1950 pela *Union Oil Company* nos Estados Unidos. O princípio básico do LMV é esquematicamente apresentado na Figura 15.4. No LMV, o sólido adsorvente que deixa a coluna na parte inferior retorna para a coluna pela parte superior, enquanto o líquido que deixa a coluna pela parte superior retorna pela parte inferior com o eluente. Uma mistura líquida binária (ou pseudobinária) alimenta a coluna no meio. A separação dos componentes da mistura requer que estes apresentem diferentes graus de interação com o sólido que os adsorve. Os dois componentes da mistura serão chamados de A e B, sendo que o componente A adsorve mais fracamente e B adsorve mais fortemente ao sólido. A escolha de vazões apropriadas, tanto para a fase sólida como para a fase líquida, permite que o componente B adsorvido seja transportado para baixo, enquanto o componente A seja transportado para cima com o líquido. Assim, o componente B puro pode ser retirado num ponto da parte inferior da coluna (extrato), enquanto o componente A puro é retirado num ponto na parte superior da coluna (refinado). Assim, o LMV separa misturas binárias ou pseudobinárias em duas partes, sendo que uma parte contém o componente menos adsorvido e a outra o mais fortemente adsorvido.

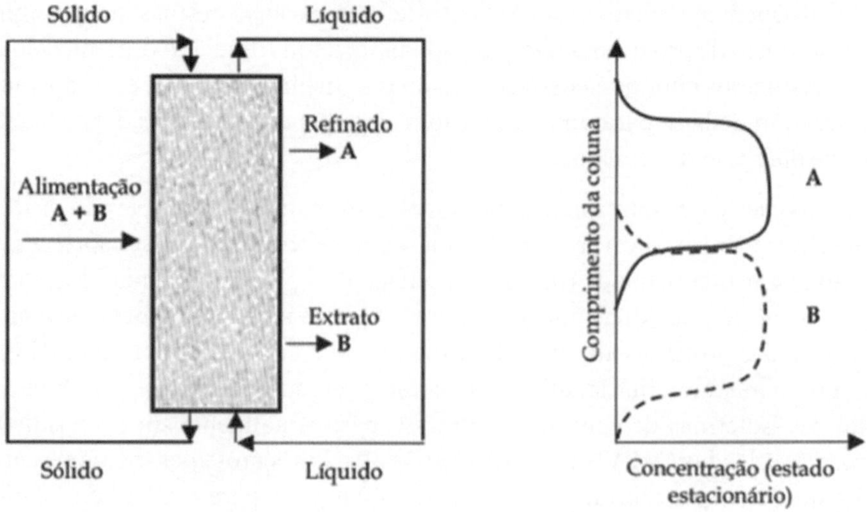

Figura 15.4 Princípio básico do LMV e um perfil típico de concentração (à direita).

A coluna é dividida em quatro zonas (ou seções). Cada uma dessas zonas tem diferentes funções no processo de separação. A alimentação possui concentração e vazão volumétrica bem definida, sendo continuamente injetada na coluna a partir do tempo t_0. Os componentes da mistura serão distribuídos entre a fase líquida e a sólida e seguirão as leis da adsorção. O componente mais fortemente adsorvível enriquecerá a fase sólida. Como os dois componentes estão inicialmente dissolvidos no líquido da alimentação, levando-se em conta os fenômenos de transferência de massa, as duas espécies serão transportadas pelo líquido para a zona III. Como é desejável um alto grau de pureza de A no refinado, todo o componente B deve ser adsorvido na zona III a partir de sua alimentação até o ponto de retirada do refinado. Assim, a função da zona III é adsorver o componente B para separá-lo de A. Uma situação oposta ocorre na zona II, na qual todo o componente A tem que ser dessorvido do sólido de tal forma que a corrente líquida o empurre de volta para a zona III. Assim, a zona II também tem uma função de separação. A zona I é onde ocorre a limpeza do sólido. Todos os componentes que atingem essa seção devem ser dessorvidos para que apenas o adsorvente regenerado saia na parte inferior da coluna e seja reciclado pela parte superior. Assim, a zona I tem por função a limpeza do sólido. Na zona IV, o líquido é que deve ser limpo, de modo que saia da coluna sem os componentes em solução e possa ser reciclado pela parte inferior. Dessa forma, diminui a demanda de dessorvente. Se vazões apropriadas forem utilizadas em cada zona do LMV, um perfil de concentrações ao longo do leito como o mostrado na Figura 15.4 (à direita) será obtido. O refinado praticamente não terá o componente B e o extrato não terá o componente A. Assim, as vazões volumétricas do líquido e do sólido são os parâmetros mais importantes na operação de leitos móveis, pois afetam diretamente o desempenho da separação.

A análise do processo de separação utilizando LMV tem mostrado que suas zonas possuem importância diferenciada. A mais importante seção é a zona II de separação, pois a mistura da alimentação é transportada primeiramente para essa zona, e o componente B tem que ser aí adsorvido para não atingir a zona I. Portanto, a maior parte da capacidade de separação do sistema deverá ser concentrada nessa zona, que poderá ser a mais longa do LMV. Uma das maiores inconveniências do LMV é que o transporte do sólido é difícil de ser feito e não ocorre de forma uniforme e, além disso, problemas de atrito provocam rápida degradação do adsorvente. Uma das formas de evitar tais inconveniências é utilizar o leito móvel simulado, que será apresentado a seguir.

15.2.2 LEITO MÓVEL SIMULADO (LMS)

O LMS foi desenvolvido no início dos anos 1960 pela *Universal Oil Products Company* para superar as principais dificuldades de operação do LMV citadas anteriormente. Um esquema do LMS com oito colunas (duas por zona) é apresentado na Figura 15.5. Um modo simplificado de descrever esse sistema é por meio da imagem de uma coluna cromatográfica longa contendo o adsorvente, dividida em várias colunas menores conectadas em série por meio de tubos. Os pontos de entrada (alimentação e dessorvente) e saída (extrato e refinado) são movidos periodicamente para a próxima coluna na direção do escoamento do líquido, resultando num movimento contracorrente entre o líquido e o sólido adsorvente. O processo LMS apresenta essencialmente o mesmo desempenho do LMV, sem necessitar do movimento real das partículas adsorventes. Ainda, o LMS seria equivalente ao LMV quando aquele possui um número infinito de colunas.

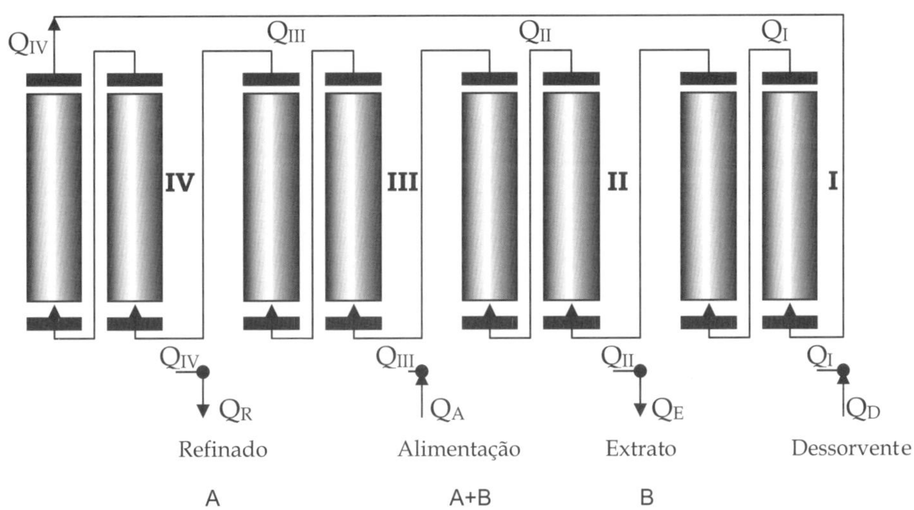

Figura 15.5 Esquema do LMS com oito colunas e as quatro zonas.

15.2.2.1 Modelagem simplificada para o LMS

É possível efetuar a modelagem do LMS em partes, como segue: (1) modelagem da coluna; (2) modelagem dos nós de ligação entre as zonas do LMS. A modelagem permite antecipar para cada sistema as efetivas condições da separação.

15.2.2.1.1 Modelagem da coluna

O balanço de massa do componente i numa coluna de comprimento L pode ser escrito na forma genérica como na equação 15.1:

$$\begin{matrix}\text{acúmulo}\\\text{no líquido}\end{matrix} + \begin{matrix}\text{escoamento}\\\text{convectivo}\end{matrix} + \begin{matrix}\text{acúmulo}\\\text{no sólido}\end{matrix} = \begin{matrix}\text{efeitos da}\\\text{dispersão}\\\text{axial}\end{matrix} \qquad (15.1)$$

Matematicamente, podemos escrevê-lo na forma da equação 15.2:

$$\frac{\partial C_i}{\partial t} + \frac{v_0}{\varepsilon}\frac{\partial C_i}{\partial z} + \frac{(1-\varepsilon)}{\varepsilon}\frac{\partial \overline{q}_i}{\partial t} = D_{ax}\frac{\partial^2 C_i}{\partial z^2} \qquad (15.2)$$

em que ε é a fração de vazios interparticular do leito do adsorvente; $\overline{q}$ é a concentração média da fase adsorvida calculada sobre o volume da partícula adsorvente. Quando é assumido equilíbrio instantâneo em todo o volume do sólido, $\overline{q} = q^*$. A relação entre q^* e C é dada pela isoterma de equilíbrio.

A equação 15.2 pode ser denominada de balanço de massa na forma completa. Para cálculos mais simplificados podemos desprezar a dispersão axial e considerar que o equilíbrio é instantâneo. O uso da regra da cadeia para exprimir $\frac{\partial \overline{q}_i}{\partial t}$ como $\frac{\partial \overline{q}_i}{\partial C_i}\frac{\partial C_i}{\partial t}$ conduz ao balanço simplificado (equação 15.3).

$$\frac{\partial C_i}{\partial t} + \frac{v_0}{\varepsilon + (1-\varepsilon)\frac{d\overline{q}}{dC_i}}\frac{\partial C_i}{\partial z} = 0 \qquad (15.3)$$

Essa consideração de equilíbrio local sem dispersão axial permite focalizar cálculos com a velocidade u_i com a qual a concentração C_i do soluto percorre a coluna, como representado na equação 15.4.

$$u_i = \frac{v_0}{\varepsilon + (1-\varepsilon)\frac{d\overline{q}}{dC_i}} \qquad (15.4)$$

A equação 15.4 será utilizada para o cálculo aproximado do comprimento L de uma coluna conhecida a isoterma $q_i = f(C_i)$ pois $u_i = \frac{L}{t}$, sendo u_i a velocidade efetiva de deslocamento da concentração Ci. A equação 15.4 só é válida em princípio para um componente. Para uma mistura qi = f(Ci, Cj), pode ocorrer efeito de interação entre os componentes.

Um cálculo desse tipo será realizado no exemplo 1 para o caso de uma mistura binária para a qual será desprezada essa interação.

As proteínas alfa-lactalbumina e beta-lactoglobulina estão presentes em quantidades apreciáveis no soro do leite. A obtenção experimental de isotermas de adsorção em resina de troca iônica Accell Plus QMA® (Waters, Estados Unidos) para essas proteínas enseja a oportunidade da aplicação da modelagem descrita anteriormente, visando ao projeto de um sistema de leito móvel simulado para a separação contínua dessas proteínas. As isotermas obtidas experimentalmente para misturas dessas duas proteínas numa proporção de 3:1 são apresentadas na Figura 15.6.

Para as isotermas da Figura 15.6 é possível obter um bom ajuste linear nas faixas de concentrações indicadas no gráfico. Por exemplo, para a alfa-lactalbumina tem-se que $q_i = 2{,}41\ C_i$ para concentrações de até 2,7 mg/mL e para a beta-lactoglobulina tem-se que $q_i = 8{,}14\ C_i$ para concentrações de até 6,3 mg/mL.

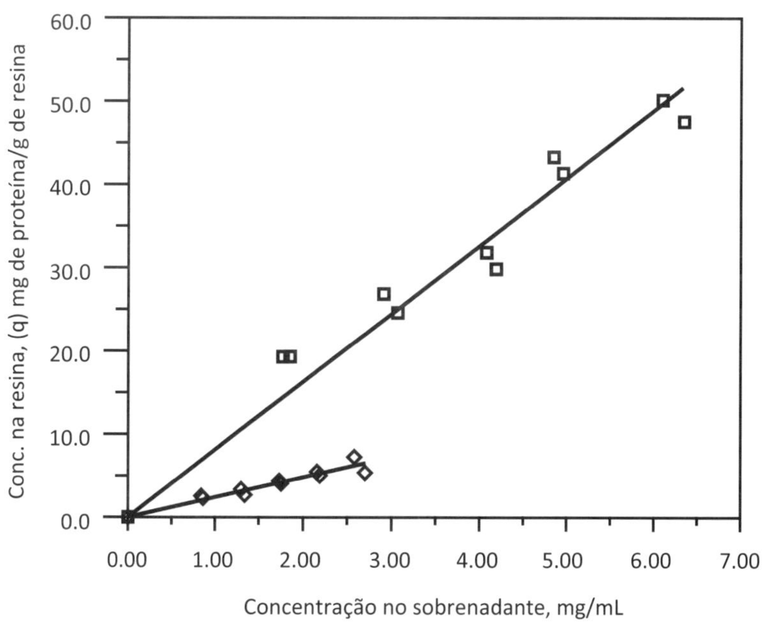

Figura 15.6 Isoterma de adsorção para A-La e B-Lg, mistura binária 1:3 em tampão 20mM bis-tris-HCl 200 mM NaCl pH 6,5 em resinas Accell Plus QMA (troca de ânions). Temperatura de 25 °C. □ – B-Lg; ◇ = A-La.

Exemplo 1

A separação cromatográfica das proteínas alfa-lactalbumina e beta-lactoglobulina deve ser realizada em uma coluna de troca iônica Accell Plus QMA (Waters, Estados Unidos) com a fase móvel Bis-tris-HCL 20mM na temperatura de 20 °C. A partir das isotermas descritas na Figura 15.6 e para uma separação no tempo de 4 horas em uma coluna de 50 cm de diâmetro interno e porosidade do leito igual a 0,30 com a vazão de 1 L/min, determine com um método simplificado o comprimento da coluna para a realização dessa separação.

Resolução:

O cálculo do comprimento da coluna pode ser realizado de modo simplificado com o uso da equação 15.3 com a suposição de equilíbrio local para cada um dos dois componentes e sem interação entre os componentes na solução. No caso das isotermas lineares, as derivadas $\frac{dq}{dC}$ para cada componente resultam nos valores 2,41 e 8,14, respectivamente, para os componentes alfa-lactalbumina e beta-lactoglobulina (componentes 1 e 2).

A velocidade superficial v_0 na coluna é:

$$v_0 = \frac{1000\ \text{cm}^3/\text{min}}{\pi \frac{(50)^2}{4}\ \text{cm}^2} = 0,509\ \text{cm/min}$$

Para o soluto 1 a velocidade efetiva de deslocamento é dada pela equação 15.3:

$$u_1 = \frac{0,509\ \text{cm/min}}{0,30 + (1 - 0,30)(2,41)} = 0,256\ \text{cm/min}$$

A mesma equação 15.3 fornece para o componente 2 u_2 = 0,084 cm/min

Para uma coluna cromatográfica de comprimento L e um tempo t total, tem-se que:

$$\frac{t}{L} = \frac{1}{u_2} - \frac{1}{u_1}$$

que, explicitada no tempo, resulta em:

$$t = L\left(\frac{1}{u_2} - \frac{1}{u_1}\right)$$

Para os dados do exemplo temos que

$$240\ \text{min} = L\left(\frac{1}{0{,}084\ \text{cm/min}} - \frac{1}{0{,}256\ \text{cm/min}}\right)$$

resultando, para o comprimento da coluna, L = 30 cm.

Para essa coluna e no tempo de 4 horas será processado um volume total de 240 litros da mistura de proteínas.

Vale notar que este exemplo funciona para essa mistura porque as isotermas são lineares e, como tal, as concentrações de cada componente, pela teoria de equilíbrio, movem-se todas à mesma velocidade u_1 para a espécie 1 e u_2 para a espécie 2. Na prática, com esse comprimento de coluna será necessário um tempo maior para a separação, requerendo a fixação de um tempo referente a um comprimento maior. Com a ocorrência de dispersão e resistências à transferência de massa, as frentes serão abruptas.

Retornando a aspectos da modelagem, podemos indicar que a equação 15.5 pode ser aplicada para misturas binárias (i = 1,2) em cada coluna do LMS nas diferentes zonas j (j = I, II, III, IV), segundo (AZEVEDO; RODRIGUES, 1999a):

$$\frac{\partial C_{i,j}}{\partial t} + u_j \frac{\partial C_{i,j}}{\partial z} + \eta \frac{\partial q^*_{i,j}}{\partial t} = D_{ax} \frac{\partial^2 C_{i,j}}{\partial z^2} \tag{15.5}$$

em que u_j é a velocidade intersticial na zona j e $\eta = \frac{(1-\varepsilon)}{\varepsilon}$.

A equação 15.3 é denominada modelo equilíbrio-dispersivo, e quando $D_{ax} = 0$, é chamada de modelo ideal.

As condições inicial e de contorno para o caso do LMS são:

$$C_{(i,j)(z,0)} = 0, q^*_{(i,j)}(z,0) = 0 \tag{15.5a}$$

$$u_j C_{i,j}(0,t) - D_{ax} \frac{\partial C_{i,j}}{\partial z}(0,t) = u_j C^{ent}_{i,j} \tag{15.5b}$$

$$\frac{\partial C_{i,j}}{\partial z}(L,t) = 0 \tag{15.5c}$$

Na equação 15.5b, temos que $C^{ent}_{i,j}$ é a concentração na entrada de cada coluna do LMS que será dada pelo balanço de massa em cada um dos nós do sistema. A equação 15.5b é chamada de condição de Danckwerts, uma condição geral do modelo que pode ser aplicada ao modelo ideal ($D_{ax} = 0$).

Os pontos de entrada (dessorvente e alimentação) e de saída (extrato e refinado) são trocados após o tempo de troca T para a próxima posição na direção do escoamento do líquido. Imediatamente após T, as condições iniciais e de contorno são atualizadas para cada coluna de acordo com os perfis de concentração nas diferentes zonas do LMS presentes no momento da troca.

Como a concentração do componente i na fase adsorvente é função de sua concentração na fase líquida, ou seja, q = q(C), que é dada pelas isotermas de adsorção do componente, pode-se utilizar a regra da cadeia para que apenas a concentração no líquido apareça na equação 15.3. Assim, temos a equação 15.6:

$$\frac{\partial q^*_{i,j}}{\partial t} = \frac{\partial q^*_{i,j}}{\partial C_{i,j}}\left(\frac{\partial C_{i,j}}{\partial t}\right) = f'\left(\frac{\partial C_{i,j}}{\partial t}\right) \tag{15.6}$$

Então, a equação 15.3 pode ser escrita como a equação 15.7:

$$\left(1+\eta f'\right)\frac{\partial C_{i,j}}{\partial t} + u_j\frac{\partial C_{i,j}}{\partial z} = D_{ax}\frac{\partial^2 C_{i,j}}{\partial z^2} \tag{15.7}$$

Por meio das relações de equilíbrio (isotermas), portanto, podem ser obtidas as relações entre concentração do componente i na fase sólida adsorvente (resina) e concentração do componente i na fase líquida móvel.

De modo a incluir dados de equilíbrio, consideraremos as isotermas linear e do tipo Langmuir:

- *Isoterma linear* – as isotermas de adsorção linear podem ser representadas matematicamente como na equação 15.8:

$$q^*_{i,j} = K_i C_{i,j} \tag{15.8}$$

Considerando que o componente 1 adsorve mais fracamente que o componente 2, logo $K_1 < K_2$, e que o fator de separação é definido como na equação 15.9:

$$\alpha = \frac{K_2}{K_1} > 1 \tag{15.9}$$

Neste caso, de isoterma linear, temos:

$$f' = K_i \tag{15.10}$$

Considerando equilíbrio local e substituindo a equação 15.10 na Equação 15.7, temos a equação 15.11.

$$\left(1+\eta K_i\right)\frac{\partial C_{i,j}}{\partial t} + u_j\frac{\partial C_{i,j}}{\partial z} = D_{ax}\frac{\partial^2 C_{i,j}}{\partial z^2} \tag{15.11}$$

A Equação 15.11 pode ser escrita numa forma semidimensional fazendo uma normalização da distância axial z pelo comprimento da coluna L, ou seja, x = z/L, e assim temos a equação 15.12.

$$\left(1+\eta K_i\right)\frac{\partial C_{i,j}}{\partial t}+\frac{u_j}{L}\frac{\partial C_{i,j}}{\partial x}=\frac{D_{ax}}{L^2}\frac{\partial^2 C_{i,j}}{\partial x^2} \qquad (15.12)$$

- *Isoterma do tipo Langmuir* – As isotermas de adsorção do tipo Langmuir podem ser representadas matematicamente como na equação 15.13.

$$q_i=\frac{q_i^m C_i}{K_i^d+C_i} \qquad (15.13)$$

em que K_i^d é a constante de dissociação e q_i^m é a concentração máxima que o adsorvente possui.

Neste caso de isoterma do tipo Langmuir, temos a equação 15.14.

$$f'=\frac{\partial q_i}{\partial C_i}=\frac{K_i^d q_i^m}{\left(K_i^d+C_i\right)^2} \qquad (15.14)$$

Após a substituição na equação 15.5 para o LMS e escrevendo na forma semidimensional, obtemos a equação 15.15:

$$\left[1+\frac{\eta K_i^d q_i^m}{\left(K_i^d+C_{i,j}\right)^2}\right]\frac{\partial C_{i,j}}{\partial t}+\frac{u_j}{L}\frac{\partial C_{i,j}}{\partial x}=\frac{D_{ax}}{L^2}\frac{\partial^2 C_{i,j}}{\partial x^2} \qquad (15.15)$$

Nos dois casos anteriores de isotermas foi considerado equilíbrio instantâneo nas colunas.

Modelo ideal considerando força motriz linear – neste caso, a taxa de adsorção é linearmente proporcional à diferença entre a concentração na fase móvel e uma concentração fictícia da fase líquida (C^*) em equilíbrio com a concentração média da fase adsorvida ($\bar{q}$), como indicado na equação 15.16.

$$(1-\varepsilon)\frac{\partial \bar{q}_i}{\partial t}=k_f a_v\left(C_i-C_i^*\right) \qquad (15.16)$$

Cada coluna no LMS coincide com o leito fixo de uma coluna até o momento da rotação das colunas. Partindo do balanço de massa relacionando o componente i presente na fase móvel e na fase estacionária adsorvente, e considerando o caso ideal (D_{ax} = 0), com equilíbrio de adsorção linear, temos para o LMS as equações 15.17 e 15.18.

$$\varepsilon \frac{\partial C_{i,j}}{\partial t} = -v_j \frac{\partial C_{i,j}}{\partial z} - k_{f,i} a_v \left(C_{i,j} - C_{i,j}^* \right) \tag{15.17}$$

$$\left(1-\varepsilon\right) K_i \frac{\partial C_{i,j}^*}{dt} = k_{f,i} a_v \left(C_{i,j} - C_{i,j}^* \right) \tag{15.18}$$

em que: $C^*_{i,j}$ é a concentração de equilíbrio para o componente i na fase líquida na zona j, ε é a porosidade do leito, v_j é a velocidade superficial do fluxo líquido na zona j, $k_{f,i}a_v$ é o coeficiente global de transferência de massa do componente i e a área específica da resina, respectivamente, e z é a distância axial na direção do fluxo líquido.

15.2.2.1.2 Modelagem dos nós entre as colunas do LMS

As equações do balanço de massa e fluxo em cada nó (ver Figura 15.5) são dadas pelas equações 15.19 a 15.26, nas quais Q_I, Q_{II}, Q_{III} e Q_{IV} são as vazões volumétricas nas correspondentes zonas do LMS, Q_A é a vazão de alimentação, Q_D é a vazão de dessorvente, Q_E é a vazão do extrato e Q_R é a vazão de refinado. Assume-se que não há dispersão nesses nós.

Nó de entrada da alimentação:

$$Q_{II} + Q_A = Q_{III} \tag{15.19}$$

$$C_{i,II}^{sai} Q_{II} + C_{i,A} Q_A = C_{i,III}^{ent} Q_{III} \tag{15.20}$$

Nó de entrada do dessorvente:

$$Q_{IV} + Q_D = Q_I \tag{15.21}$$

$$C_{i,IV}^{sai} Q_{IV} + C_{i,D} Q_D = C_{i,I}^{ent} Q_I \tag{15.22}$$

Nó de saída do extrato:

$$Q_I - Q_E = Q_{II} \tag{15.23}$$

$$C_{i,I}^{sai} = C_{i,II}^{ent} = C_{i,E} \tag{15.24}$$

Nó de saída do refinado:

$$Q_{III} - Q_R = Q_{IV} \tag{15.25}$$

$$C_{i,III}^{sai} = C_{i,IV}^{ent} = C_{i,R} \tag{15.26}$$

em que $C_{i,j}^{sai}$ e $C_{i,j}^{ent}$ são as concentrações do componente i na saída e entrada da coluna j, respectivamente, Q_j é a vazão volumétrica através da coluna j e cuja relação com a velocidade da fase líquida é dada por $Q_j = \Delta A u_j$, em que A é a área da seção transversal da coluna.

15.2.2.2 Resultados obtidos com a simulação do modelo apresentado para a separação de alfa-lactalbumina e beta-lactoglobulina

A obtenção experimental de isotermas de adsorção em resina de troca iônica para alfa-lactalbumina e beta-lactoglobulina enseja a oportunidade da aplicação da modelagem descrita anteriormente, visando ao projeto de um sistema de leito móvel simulado para a separação contínua dessas proteínas. As isotermas obtidas experimentalmente para misturas dessas duas proteínas numa proporção de 3:1 são apresentadas na Figura 15.7.

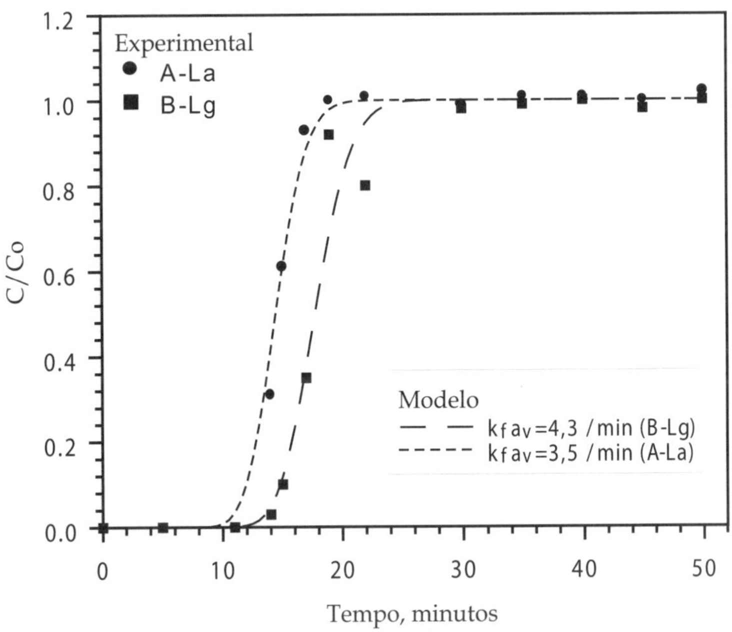

Figura 15.7 Curvas de ruptura experimentais para a mistura 1:1 das proteínas A-La e B-Lg e o modelo (linhas) de força motriz linear aplicado para uma coluna de 9,4 × 1,6 cm. A concentração na alimentação foi 1,0 mg/mL para ambas as proteínas em tampão Bis-Tris-HCl pH 6,5 com 250 mM NaCl e a vazão foi de 1,0 mL/min. Resina Accell-Plus (Waters, Estados Unidos).

Para aplicar o modelo denominado como ideal com força motriz linear foi necessário obter o valor do parâmetro de transferência de massa, $k_f a_v$, para cada proteína. Isso foi feito por meio do ajuste deste parâmetro às curvas de ruptura experimentais obtidas para a mistura 1:1. A Figura 15.8 mostra o ajuste efetuado e os valores obtidos que foram aplicados na correspondente rotina do LMS. Obteve-se $k_f a_v = 3{,}5\ min^{-1}$ para a A-La e $k_f a_v = 4{,}3\ min^{-1}$ para a B-Lg. Os parâmetros de equilíbrio são: $K_{A\text{-}La} = 0{,}93$ e $K_{B\text{-}Lg} = 1{,}26$.

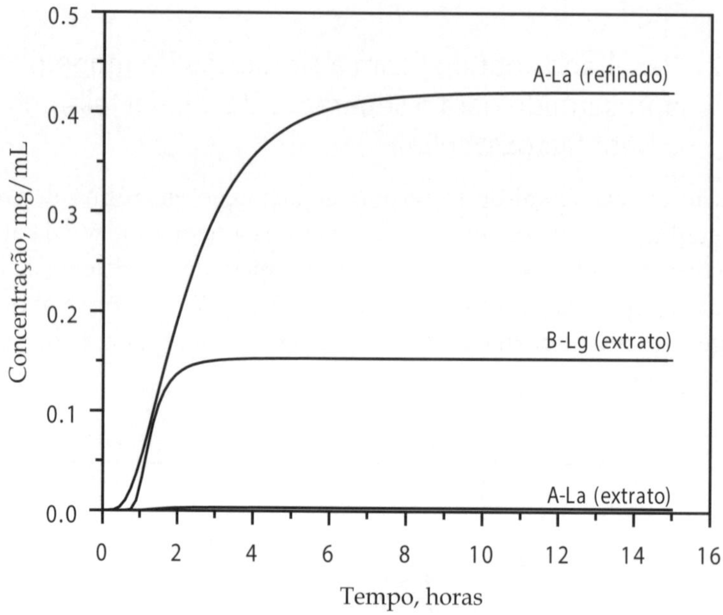

Figura 15.8 Perfis dinâmicos do extrato e do refinado obtidos pelo modelo que considera a velocidade de adsorção representada por força motriz linear. Tempo de troca = 9,0 minutos. Parâmetros de equilíbrio obtidos com as proteínas numa mistura 1:1; $K_{A\text{-}La} = 0{,}93$ e $K_{B\text{-}Lg} = 1{,}26$. Parâmetros de transferência de massa: $k_f a_v = 3{,}5\ min^{-1}$ para a A-La e $k_f a_v = 4{,}3\ min^{-1}$ para a B-Lg. Pureza do extrato: 97,9%; pureza do refinado: 100%. Concentração da alimentação = 1,0 mg/mL para ambas as proteínas. Consumo do solvente no extrato = 10,19 mL/mg e consumo do solvente no refinado = 4,14 mL/mg.

Para a obtenção dos perfis dinâmicos em cada coluna e do perfil interno do LMS (Figuras 15.9 e 15.10), bem como da pureza e concentração do extrato e do refinado como função do tempo de troca (Figura 15.10) foi utilizada a seguinte combinação de vazões: zona IV = 0,993 mL/min; na zona III = 1,798 mL/min; zona II = 1,201 mL/min; zona I = 2,266 mL/min.

As vazões de entrada e saída do sistema são: alimentação = 0,597 mL/min; refinado = 0,805 mL/min; extrato = 1,065 mL/min; dessorvente = 1,273 mL/min. Outros dados de entrada são: concentração da A-La na alimentação = 1,0 mg/mL e concentração da B-Lg na alimentação = 1,0 mg/mL. O consumo do solvente no extrato foi igual a 10,19 mL/mg e o consumo do solvente no refinado foi igual a 4,14 mL/mg no tempo de troca igual a 9,00 minutos. É importante observar que com esse procedimento é possível obter no LMS a proteína alfa-lactalbumina com pureza superior a 99% no refinado e a beta-globulina com pureza superior a 97% no extrato.

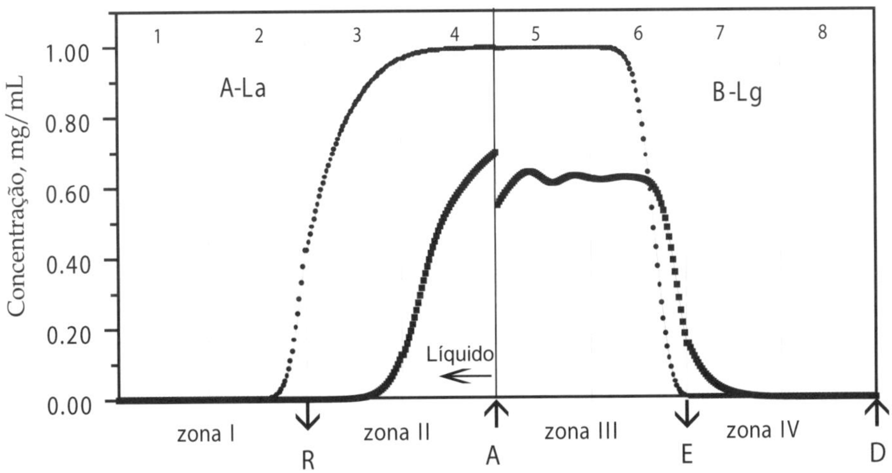

Figura 15.9 Perfis internos do LMS com oito colunas (duas por zona) obtido pelo modelo que considera a velocidade de adsorção representada por força motriz linear. Tempo de troca igual a 9,0 minutos. Parâmetros de equilíbrio obtidos com as proteínas numa mistura 1:1; $K_{A\text{-}La} = 0{,}93$ e $K_{B\text{-}Lg} = 1{,}26$. Pureza do extrato: 97,9%; pureza do refinado: 100%. Concentração da alimentação = 1,0 mg/mL para ambas as proteínas.

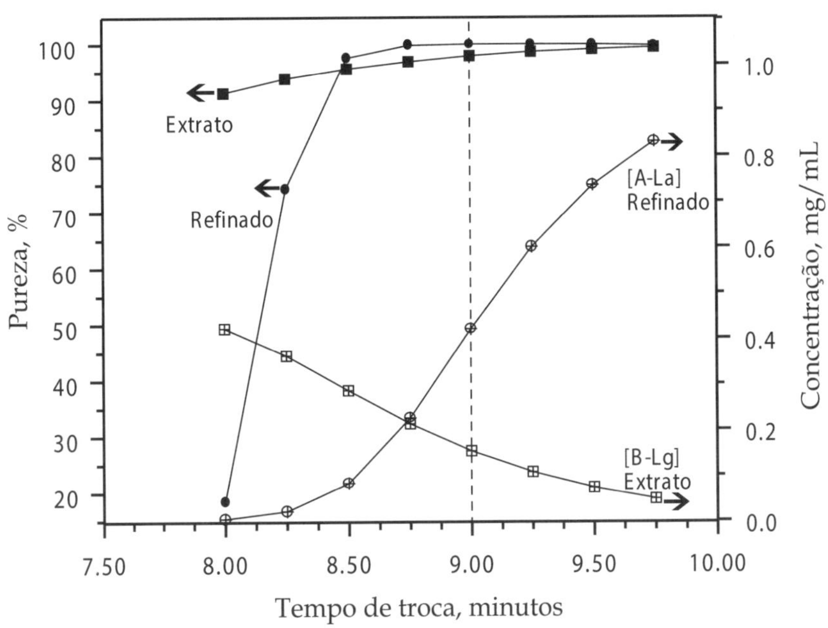

Figura 15.10 Pureza e concentração do extrato e do refinado como função do tempo de troca. $C_{A\text{-}La,A}$ = 1,0 mg/mL e $C_{B\text{-}Lg,A}$ = 1,0 mg/mL. Os símbolos são pontos obtidos na simulação do LMS que considera a taxa de adsorção representada por força motriz linear.

15.2.2.3 Cálculo simplificado da quantidade de adsorvente na coluna para o caso de curva de ruptura (*breakthrough*) vertical

A determinação de curvas de comportamento dinâmico em colunas (curvas de *breakthrough* ou de ruptura) como as apresentadas na Figura 15.7 em conjunto com a isoterma permite um cálculo aproximado da massa de adsorvente na coluna, especialmente quando a curva de ruptura apresenta um comportamento quase vertical, por exemplo a da A-La na condição da Figura 15.8. Esse cálculo se baseia no balanço de massa realizado para um tempo característico t^* representativo da abscissa para a qual emerge a curva de ruptura na posição vertical (Figura 15.11). Se for conhecida a massa específica do adsorvente é possível determinar o diâmetro interno da coluna, conhecido o seu comprimento. Esses cálculos serão delineados a seguir.

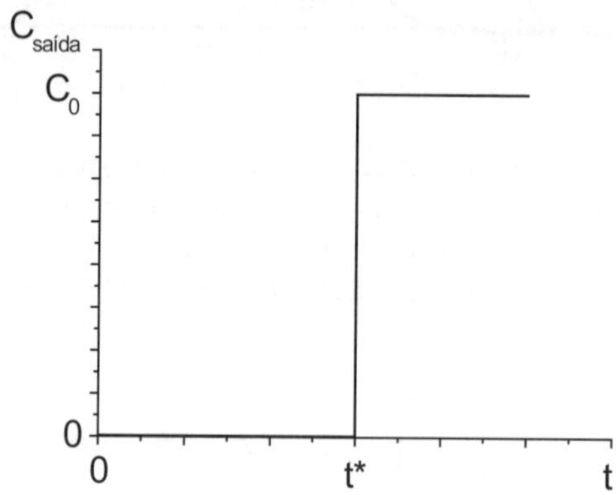

Figura 15.11 Curva ideal de *breakthrough* para adsorção instantânea no tempo característico t* e concentração de entrada C_0.

Para uma vazão volumétrica F da alimentação de concentração C_0 na coluna, consideremos que a capacidade de adsorção da coluna na saturação atinja um valor máximo q_m. Nesse caso, o balanço de massa para a adsorção completa e instantânea em uma massa M de adsorvente pode ser descrita matematicamente pela equação 15.27.

$$t^* F C_0 = q_m M \tag{15.27}$$

A equação 15.27 permite o cálculo de M para um conjunto de dados operacionais de entrada, sendo conhecido o valor experimental de t^*.

O volume V de adsorvente poderá ser calculado se a massa específica ρ_{ads} da resina for conhecida, pois $M = \rho_{ads} V_{ads}$. O diâmetro interno da coluna poderá ser calculado conhecendo o comprimento L e a porosidade ε da coluna, como se observa na equação 15.28.

$$D = \sqrt{\frac{4V_{ads}}{\pi L(1-\varepsilon)}} \tag{15.28}$$

Exemplo 2

De acordo com a isoterma da Figura 15.6, o valor máximo da capacidade da resina Accel Plus QMA (q_m) na adsorção da A-La é 5 mg da proteína por grama da resina. Para uma coluna de comprimento 9,4 cm e porosidade 0,3, o tempo característico t^* da curva de ruptura pode ser aproximado para o valor de 14 minutos (Figura 15.7). Calcule a massa de adsorvente para a adsorção completa da A-La na concentração de 2,5 mg/L se a vazão na coluna for de 10 mL/min. Calcule também o diâmetro interno da coluna necessário para o empacotamento da coluna se a massa específica do adsorvente embebido no tampão Bis-Tris-HCl possui o valor de 1,6 g/mL.

Resolução:

A partir da equação 15.26, o cálculo aproximado da massa de adsorvente pode ser realizado pela equação 15.29:

$$M = \frac{t^* F C_0}{q_m} \tag{15.29}$$

Os dados operacionais do exemplo são F = 10 mL/min e C_0 = 2,5 mg/m. O valor de t^* pode ser obtido para a alfa-lactalbumina aproximando-se a curva para uma reta vertical partindo da abcissa de 14 minutos. O valor da capacidade máxima de absorção q_m é obtido da Figura 15.6, que representa a isoterma de adsorção da lactalbumina a 25 °C com um valor de 5 mg/g. A substituição desses valores na expressão acima fornece o valor da massa de adsorvente na coluna: 70 g de resina.

O volume de adsorvente é de 1,6 g/mL, resultando para o volume do adsorvente na

coluna o valor de $\dfrac{70g}{1,6\dfrac{g}{mL}}$, ou seja, 43,75 mL de adsorvente.

Com a equação 15.27 e sendo a porosidade do leito de resina igual a 0,3, calculamos o diâmetro da coluna:

$$D = \sqrt{\frac{43,75\ \text{cm}^3}{\left(3,14(9,4\ \text{cm}\right)(1-0,3)}}$$

O resultado é de 2,9 cm para o diâmetro da coluna necessária para adsorver 10 mL/min de alfa-lactalbumina até a saturação da coluna.

15.3 SEPARAÇÃO DE MOLÉCULAS QUIRAIS COM LMS

O termo "quiral" vem do grego *cheir*, que significa mão. A nomenclatura usual designa como enantiômeros duas moléculas quase iguais, diferindo apenas quanto à direção do desvio da luz polarizada ou ao reagirem com compostos que também apresentam quiralidade. Os enantiômeros podem ser classificados como *d* (dextrógiro) ou *l* (levógiro), + ou –, *R* ou *S*. Os sinais + e – se referem à rotação observada no equipamento de medida denominado de polarímetro. Apresentam quiralidade, por exemplo, os aminoácidos (sempre *l*), os carboidratos (a maioria é *d*) e, como consequência, os receptores biológicos (enzimas, anticorpos etc.). Alguns exemplos de compostos quirais conhecidos são a vitamina C, a talidomida e o lemoneno.

Louis Pasteur descobriu o isomerismo ótico em 1848 ao analisar um sal do ácido tartárico sob uma lente de aumento, tendo separado os enantiômeros do sal com auxílio de uma pinça. Desde então reconhece-se a relevância do estereoisomerismo para a atividade biológica de moléculas. A separação de uma mistura racêmica em seus estereoisômeros apresentava um grande desafio, e somente após um século da descoberta de Pasteur os cientistas começaram a desenvolver rotas para a obtenção de enantiômeros puros.

No desenvolvimento de novos fármacos os esforços iniciais de pesquisa foram dirigidos apenas pela viabilidade técnica da experiência, sem a preocupação com os efeitos biológicos dessas drogas. Questões relativas à eficácia clínica e segurança de um membro do par enantiomérico só foram formuladas quando uma rota sintética estereoespecífica e econômica tornou-se disponível (LOUGH, 1989).

Drogas quirais, agroquímicos, aditivos em alimentos e fragrâncias representam classes de compostos com elevado potencial econômico e científico. O interesse no estudo dessas classes de compostos tem crescido nas duas últimas décadas. Porém, as principais contribuições para o número superlativo de pesquisas envolvendo essas classes de compostos provêm da indústria farmacêutica (FRANCOTTE; RICHERT, 1997). Algumas misturas binárias importantes na indústria biotecnológica em geral e que não são misturas racêmicas também podem ser separadas pelo método descrito neste capítulo e serão incluídas como exemplos de separação.

O interesse econômico é a força motriz óbvia e essencial no espetacular desenvolvimento tecnológico para obtenção de novas substâncias quirais. O mercado das drogas quirais, que em 2016 estima-se ultrapassar a barreira dos 200 bilhões de dólares, já é uma realidade na indústria farmacêutica (BLASCHKE, 1986). Algumas substâncias quirais são completamente novas, mas muitas são apenas enantiômeros puros obtidos de racematos que, hoje, são vendidas como genéricos (JUZA; MAZZOTTI; MORBIDELLI, 2000).

É importante observar, com relação ao mercado farmacêutico, que agências reguladoras como a norte-americana *Food and Drug Administration* (FDA) consideram tanto a eficácia clínica quanto a segurança do consumidor para a permissão de comercialização de uma substância. Em 1992, um documento simples, de quatro páginas, foi publicado pelo *Center for Drug Evaluation and Research* (CDER) da FDA, enumerando, pela primeira vez, as diretrizes formais de desenvolvimento para drogas estereoisoméricas. A direção de CDER concluiu que, embora as substâncias dessas drogas tivessem sido previamente desenvolvidas, tinham sido implementadas como misturas racêmicas. Houve vários casos nos quais os enantiômeros tinham diferentes impactos farmacológicos e toxicológicos, produzindo problemas terapêuticos. Em alguns casos, o racemato pode provocar efeitos colaterais não observados com apenas um dos enantiômeros. O caso mais bem conhecido é o da *talidomida*, a qual foi primeiramente comercializada por uma companhia farmacêutica alemã em 1956 e foi retirada do mercado na forma racêmica em torno de 1960. O precedente ocorrido com o sedativo talidomida, que foi usado em terapia humana, verificou-se em mulheres grávidas: a substância, relativamente não tóxica para a mãe, exibe uma seletiva toxicidade ao embrião, no qual provoca malformação. As causas ainda são desconhecidas, tendo sido provado que o *S*-enantiômero é teratogênico. Na preparação e análise de drogas quirais, é de vital importância separar suas formas enantioméricas a fim de se obter uma droga com potência adequada e reduzir seus efeitos colaterais. A indústria se vale de métodos descobertos na pesquisa acadêmica que, além de aprimorar os métodos de síntese, também aperfeiçoam ano a ano as técnicas para separação de estereoisômeros. Nesse contexto, a cromatografia enantiosseletiva em fases estacionárias quirais (FEQ) como ferramenta analítica para determinação de composições de misturas enantioméricas em estudos biológicos e farmacocinéticos é agora uma técnica bem estabelecida. Entretanto, a aplicação do método em uma escala preparativa para produção de materiais opticamente ativos em quantidades favoráveis para testes biológicos, estudos toxicológicos e até mesmo, em uma mais recente fase, testes clínicos está crescentemente ganhando larga aceitação.

Os compostos isômeros óticos, por diferirem apenas no seu arranjo tridimensional, apresentam propriedades físicas semelhantes e, por consequência, não é possível separá-los pelos métodos tradicionais, como *destilação fracionada*, *cristalização fracionada*, ou *cromatografia*. Nesse contexto, duas rotas conduzem à obtenção de enantiômeros oticamente puros: a síntese estereosseletiva e a resolução de uma mistura racêmica por cromatografia líquida de alta eficiência em fase estacionária quiral (NICOUD, 1993).

15.3.1 SEPARAÇÃO DO ANESTÉSICO CETAMINA COM LMS

Com o objetivo de demonstrar experimentalmente a separação de compostos quirais em LMS, foi construído no Departamento de Processos Biotecnológicos da Faculdade de Engenharia Química da Unicamp um sistema contínuo de separação, cuja operação teve início com a separação da substância anestésica denominada cetamina (SANTANA et al., 2004). A unidade de LMS possui oito colunas de aço inox, com 20 cm de comprimento e diâmetro nominal de 3/8 polegada, ligadas em série, que retêm o leito de adsorvente com o uso de elementos filtrantes de aço sinterizado colocados nas duas extremidades. O esquema da unidade é mostrado na Figura 15.12, em que cada retângulo representa uma coluna. Na posição em que se encontram as correntes, as colunas 1 e 2 compõem a seção I da unidade, as colunas 3 e 4 definem a seção II, 5 e 6 a seção III, 7 e 8 a seção IV. Ao mudar em um passo a posição das correntes, a seção I passa a ser definida pelas colunas 2 e 3, a seção II pelas colunas 4 e 5, e assim por diante. A troca de posições das correntes de alimentação, entrada de dessorvente, extrato, refinado e saída de dessorvente é realizada por cinco válvulas multiposição. Cada uma dessas correntes, à exceção da última citada, é conectada a uma bomba de HPLC. As válvulas são atuadas eletricamente, e o controle delas é realizado via computador por meio de um *software*, desenvolvido pela equipe de montagem, que permite a fixação nas válvulas do tempo de troca projetado. A quantificação da pureza das correntes de saída é necessária para a avaliação do desempenho da separação (ZENONI et al., 2000). O refinado deve apresentar a maior pureza possível do enantiômero mais fracamente adsorvido (no presente caso, o *S*), e o extrato deve exibir a maior pureza do enantiômero mais fortemente adsorvido (no presente caso, o *R*).

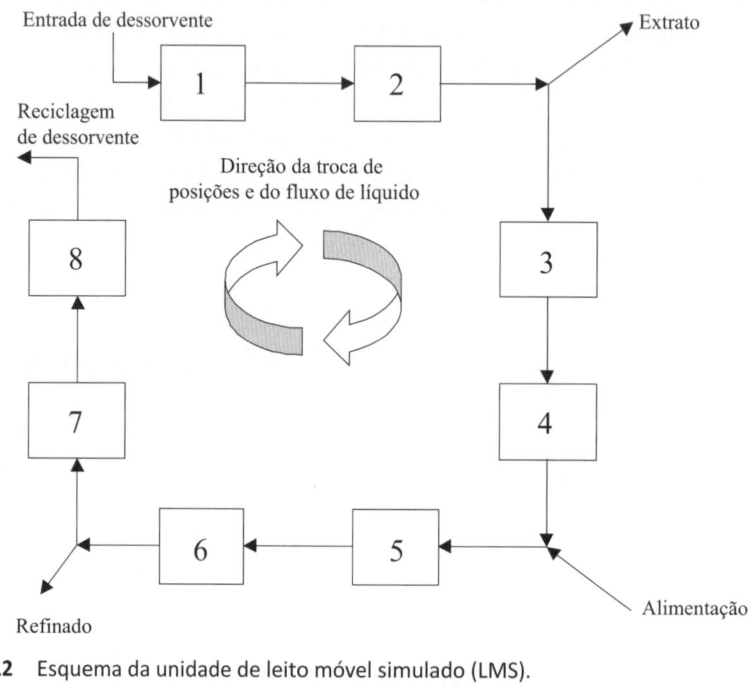

Figura 15.12 Esquema da unidade de leito móvel simulado (LMS).

A concentração total nas correntes ($C_R + C_S$) é determinada em espectrofotômetro UV/VIS, e a diferença entre as concentrações dos enantiômeros ($C_R - C_S$) é determinada por um polarímetro (PEDEFERRI et al., 1999). Ambos os medidores possuem célula de fluxo, são conectados em série à unidade LMS e operam em linha com ela. Conhecendo-se a soma e a diferença das concentrações C_R e C_S, ambas podem ser facilmente calculadas. Um esquema da unidade mostrando as colunas, as conexões entre elas, as válvulas multiposição, as bombas e o sistema de análise é mostrado na Figura 15.13.

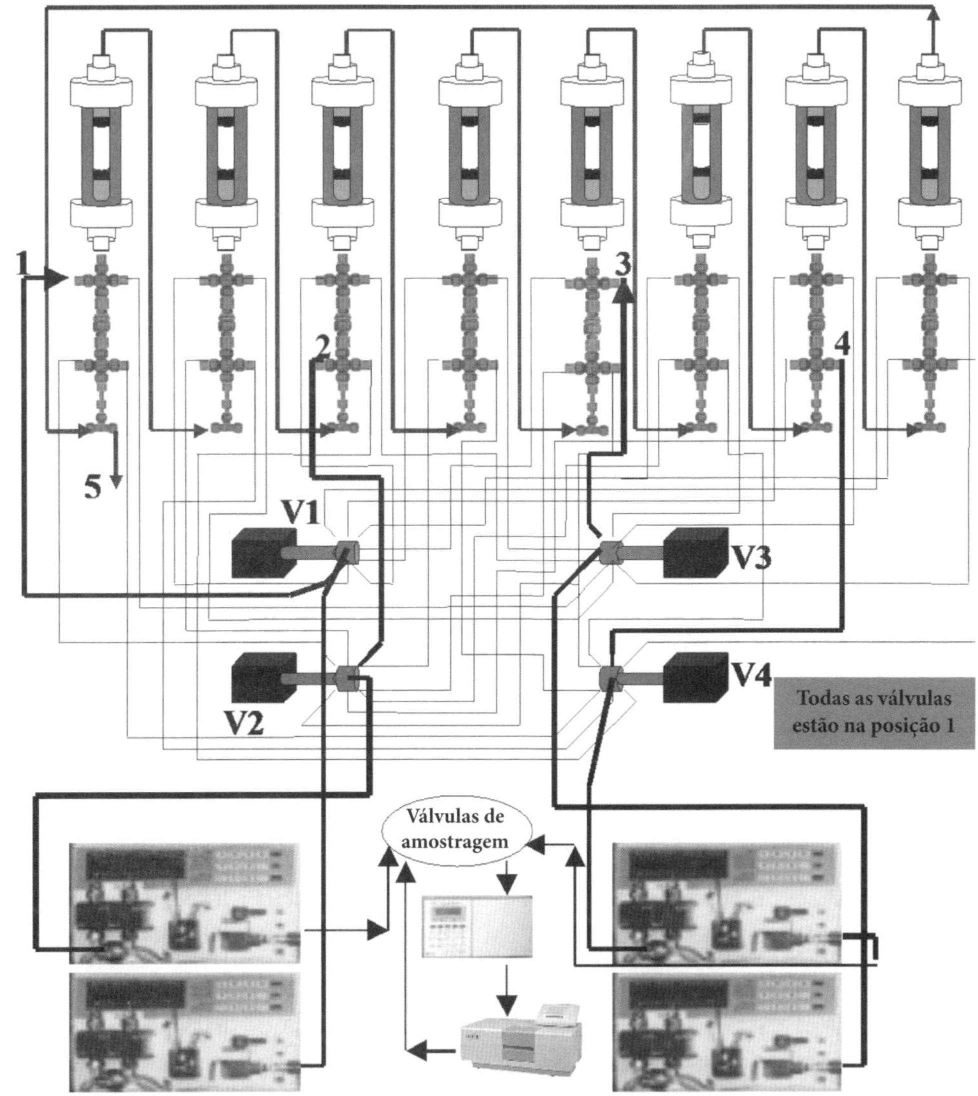

1 – Fluxo de entrada de dessorvente
2 – Saída de extrato
3 – Fluxo de alimentação
4 – Saída de refinado
5 – Fluxo de saída de dessorvente segue para a V5 (Válvula de saída de dessorvente, não mostrada no esquema)

V1 – Válvula de entrada de dessorvente
V2 – Válvula de extrato
V3 – Válvula de alimentação
V4 – Válvula de refinado
V5 – Válvula de saída de dessorvente (não mostrada)
——— Linhas fechadas
——— Caminho do fluido no sistema

Figura 15.13 Esquema da unidade LMS montada na Faculdade de Engenharia Química da Universidade Estadual de Campinas (Unicamp).

A obtenção da porosidade total do leito é dada pela equação 15.30.

$$\varepsilon^* = \frac{t_0 Q}{V} \tag{15.30}$$

em que ε^* é a porosidade total do leito, t_0 é o tempo de residência do 1,3,5-tri-tert-butilbenzeno no leito, Q é a vazão de fase móvel empregada e V é o volume total do leito.

Para que se possa operar a unidade LMS é necessário, antes de tudo, saber se o racêmico em questão pode ser separado no adsorvente adquirido, ou seja, se este último reconhece as diferenças entre os dois enantiômeros. Essa informação pode ser obtida, a princípio, a partir da medição das isotermas lineares, válidas para sistemas diluídos, com concentrações menores que 2 g/L. É a partir dos dados das isotermas que se projetam as condições operacionais da unidade LMS que podem levar à separação dos enantiômeros, a saber, as vazões nas quatro bombas e o tempo de troca de posição das correntes. A relação entre as isotermas lineares e as condições operacionais da unidade necessárias à separação dos enantiômeros pode ser resumida nas restrições dadas pelas equações 15.31 a 15.33:

$$m_I > K_R \tag{15.31}$$

$$K_S < m_{II} < m_{III} < K_R \tag{15.32}$$

$$M_{IV} < K_S \tag{15.33}$$

Nas equações 15.31 a 15.33 K_R e K_S são as constantes de Henry dos enantiômeros, e os parâmetros m_j são as razões entre volumes de líquido e de sólido em cada seção j da unidade LMS, dados pela equação 15.34:

$$m_j = \frac{Q_j^{LMS} t^* - V\varepsilon^*}{V\left(1-\varepsilon^*\right)} \tag{15.34}$$

em que Q_j^{LMS} é a vazão volumétrica de líquido na seção j da unidade LMS e t^* é o tempo de troca das posições das correntes.

As constantes de Henry são medidas por meio da injeção do racêmico em um sistema HPLC contendo uma das colunas da unidade. A partir dos tempos de retenção de cada um dos enantiômeros, as constantes de Henry são calculadas pela equação 15.35.

$$K_i = \frac{\left(t_i^R - t_0\right)}{t_0} \frac{\varepsilon^*}{1-\varepsilon^*} \tag{15.35}$$

Na equação 15.35 a variável t_i^R significa o tempo de retenção do enantiômero *i* na coluna.

As restrições impostas pelas equações apresentadas levam à construção de um gráfico indicado na Figura 15.14, determinado pelas constantes de Henry, que define a região de completa separação no plano m_{II} - m_{III}. A escolha de um ponto (m_{II}, m_{III}) nessa região leva à definição de um conjunto de condições operacionais (vazões nas bombas e tempo de troca t^*) adequado para a separação dos enantiômeros.

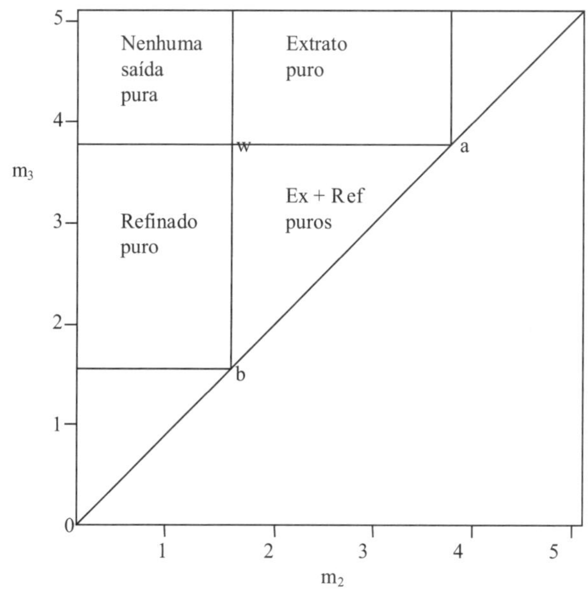

Figura 15.14 Região de completa separação na unidade LMS para sistemas diluídos.

Alguns resultados obtidos para a separação da cetamina no LMS são apresentados nas Figuras 15.15 e 15.16, que mostram os históricos de concentrações do refinado e do extrato obtidos experimentalmente, bem como o perfil de concentração interno em estado estacionário cíclico. A Tabela 15.1 exibe as purezas obtidas para os enantiômeros S e R tanto no refinado como no extrato retirados da unidade contínua de LMS, verificando-se uma separação efetiva destes. Nesse exemplo, o enantiômero S é o que possui o maior valor. Uma pureza da ordem de 99% constitui-se num patamar bastante elevado para esse composto. A capacidade de separação da unidade LMS para o sistema estudado é da ordem de 1,0 g/dia, podendo ser ampliada para até 10 g/dia utilizando-se colunas com diâmetro de 2,5 cm. Essa escala de produção apresenta-se como apropriada para a obtenção de amostras padrões de compostos utilizados na indústria farmacêutica e para a realização de testes clínicos com esses compostos.

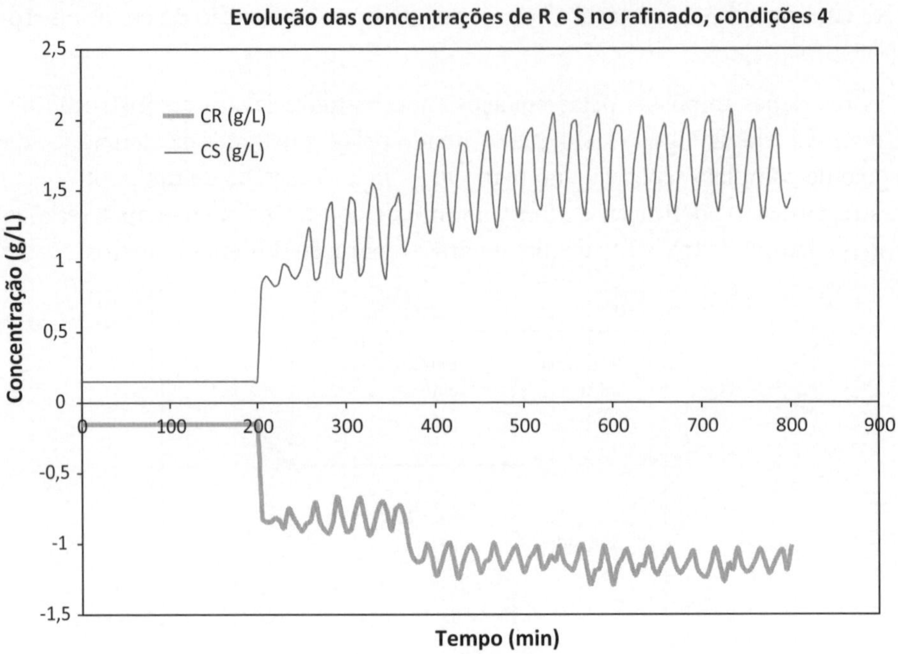

Figura 15.15 Perfis de concentrações dos enantiômeros R e S da cetamina na corrente de refinado do sistema LMS do Laboratório de Biosseparações da Unicamp.

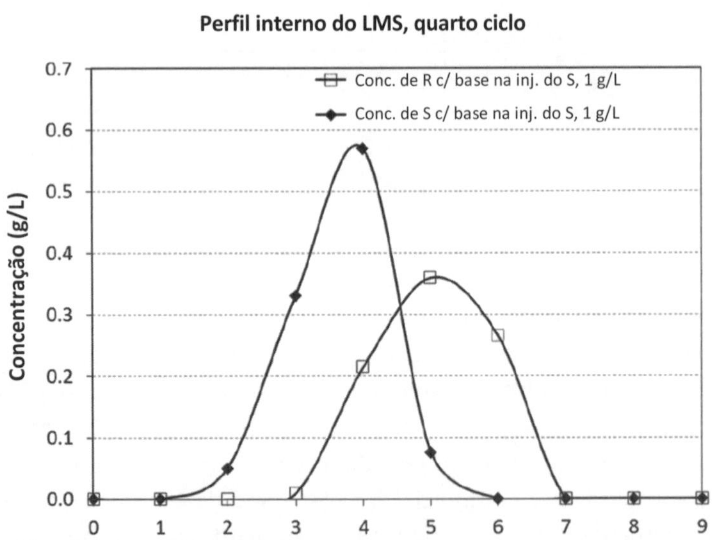

Figura 15.16 Perfil de concentração interno em estado estacionário cíclico mostrando a separação dos enantiômeros R e S da cetamina.

Tabela 15.1 Condições de operação utilizadas nas corridas de LMV para separar a mistura racêmica de cetamina

Condição	Vazões (mL/min)					C_F (g/L)	Tempo de troca (min)	Pureza (%)	
	F	D	D_S	E	R			Ex	Raf
1	0,15	0,85	0,37	0,32	0,31	5	30	95,1	98,8
2	0,18	1,1	0,38	0,47	0,43	2,5	25	97,7	100
3	0,1	1,1	0,37	0,44	0,39	5	25	95,7	100

Nota: separação de açúcares industriais com LMS.

15.4 SEPARAÇÃO DE AÇÚCARES COM LMS

Um dos sistemas binários que melhor ilustra as potencialidades do LMS como técnica cromatográfica contínua é a separação da mistura glicose-frutose (1:1), também conhecida como açúcar invertido. Nos últimos 25 anos, a tecnologia do LMS tem sido maciçamente utilizada na separação de carboidratos, desde o processo SAREX da UOP Inc. (BROUGHTON et al., 1977) até o recente isolamento da betaína a partir do melaço da beterraba. O processo SAREX separa soluções de frutose e glicose, resultantes da hidrólise enzimática do amido do milho, a fim de produzir um xarope concentrado de frutose (*high fructose corn syrup*, HFCS). Como o poder adoçante da frutose é aproximadamente o dobro do da glicose, a separação da frutose e posterior reaproveitamento da glicose para conversão da frutose por isomerização enzimática tem grande motivação comercial. Outra importante aplicação da tecnologia do LMS é a separação de açúcares nobres (KIKUZO et al., 2000) e aminoácidos de matérias-primas como melaço e hidrolisados de biomassa (REARICK; KEARNEY; COSTESSO, 1997). O melaço é um subproduto do processo de produção da sacarose, obtida a partir da beterraba ou da cana-de-açúcar (SAYAMA et al., 1992). É o licor final do qual não é economicamente viável cristalizar mais sacarose, embora ainda contenha entre 40% a 50% desse açúcar em massa. O melaço possui cerca de 15% de toda a sacarose presente no material de partida e representa uma perda potencial de renda, pois é comercializado somente para alimentação animal ou como meio de cultura para fermentações. Indústrias como a americana Amalgamated Sugar Co. e as japonesas Nitten e Organo já utilizam os princípios da tecnologia do LMS para separar açúcares de "não açúcares" e isolar substâncias de valor agregado como a rafinose e a betaína.

Para separar açúcares por adsorção, resinas de troca iônica ou zeólitas são comumente utilizadas, sendo que as primeiras apresentam capacidade superior. As resinas ácidas catiônicas contendo o elemento cálcio apresentam afinidade diferenciada pela frutose e têm sido reportadas em inúmeros trabalhos na literatura. Entretanto, as resinas, que normalmente são do tipo gel e comercializadas com o tamanho médio de 320 μm, exibem forte resistência à transferência de massa interna. Desse modo, torna-se necessário refinar os resultados da teoria de equilíbrio (equações 15.28 a 15.30) para encontrar o melhor conjunto de condições operacionais que permitam obter separação adequada com o mínimo consumo de solvente e um bom aproveitamento (produtividade) do adsorvente. Esta seção apresenta resultados para a separação de misturas sintéticas de frutose e glicose em uma unidade semipiloto de LMS. A escolha das condições experimentais foi feita mediante uma extensão da teoria do equilíbrio, denominada de técnica dos volumes de separação.

15.4.1 A TÉCNICA DOS VOLUMES DE SEPARAÇÃO

Para que haja separação das espécies A e B contidas numa solução alimentada a um leito móvel simulado, as vazões internas de fluido e a "pseudovazão" do sólido (ou o intervalo de troca) devem ser escolhidas de tal modo que as espécies A e B se distribuam nas diferentes seções do LMS conforme já descrito neste capítulo. Tendo em mente a figura de um leito móvel verdadeiro equivalente a um LMS (ver Figura. 15.3) e que o sólido tem maior afinidade pela espécie B, é necessário que as espécies da mistura se movimentem nas quatro seções, conforme estabelece a Tabela 15.2.

Tabela 15.2 Condições de fluxo para a separação de uma mistura A + B num leito móvel verdadeiro

Seção	Movimento relativo de A e B	Equações
I	B segue a velocidade do líquido	$\frac{Q_I C_{B,I}}{Q_S \bar{q}_{B,I}} > 1$
II	B segue a velocidade do sólido A segue a velocidade do líquido	$\frac{Q_I C_{B,I}}{Q_S \bar{q}_{B,I}} < 1;\quad \frac{Q_I C_{A,I}}{Q_S \bar{q}_{A,I}} > 1$
III	B segue a velocidade do sólido A segue a velocidade do líquido	$\frac{Q_{III} C_{B,III}}{Q_S \bar{q}_{B,II}} < 1;\quad \frac{Q_{III} C_{A,III}}{Q_S \bar{q}_{A,III}} > 1$
IV	A segue a velocidade do sólido	$\frac{Q_{IV} C_{A,IV}}{Q_S \bar{q}_{A,IV}} < 1$

A variável $\bar{q}_{i,j}$ representa a concentração média da espécie i no sólido contido em uma dada seção j. Se as resistências à transferência de massa no interior do sólido forem negligenciadas, $\bar{q}_{i,j}$ é constante em todo o volume da partícula adsorvente e relaciona-se com a concentração na fase fluida $C_{i,j}$ por meio da equação da isoterma de adsorção. Para um sistema com equilíbrio linear, reencontra-se a equação 15.7. Substituindo a equação 15.7 nas equações da Tabela 15.2 e recordando que $m_j = Q_j / Q_s \big|_{LMV}$, reencontram-se as equações 15.31 a 15.33.

Para o caso em que a resistência à transferência de massa é significativa, a concentração média $\overline{q}_{i,j}$ é normalmente diferente da concentração à superfície da partícula adsorvente. A expressão da isoterma de adsorção relaciona, a rigor, as concentrações em equilíbrio na interface sólido-líquido. Desse modo, as condições de separação serão mais restritas do que aquelas expressas nas equações 15.31 a 15.33. Azevedo e Rodrigues (1999b) demonstraram que, na presença de resistências internas ao transporte de massa, essas condições são expressas pelas equações 15.36 e 15.37:

$$m_{II}\,|^{\min} = \frac{\alpha}{-\beta+\alpha} K_A = \frac{\alpha}{-\beta+\alpha} m_{II}^{*} \quad \text{logo} \quad m_{II}\,|^{\min} > m_{II}^{*} \tag{15.36}$$

$$m_{III}\,|^{\max} = \frac{\alpha}{\varphi+\alpha} K_B = \frac{\alpha}{\varphi+\alpha} m_{III}^{*} \quad \text{logo} \quad m_{III}\,|^{\max} < m_{III}^{*} \tag{15.37}$$

em que α, β e φ são constantes positivas, m_I^{*} e m_{III}^{*} são os valores mínimo e máximo definidos pela teoria do equilíbrio para as razões de vazão nas seções 2 e 3.

A fim de conhecer as regiões de separação reais em termos de m_{I}, m_{II} e m_{III}, é necessário definir uma região tridimensional, ou um volume no interior do qual as condições de operação correspondentes fornecem a separação desejada. A Figura 15.17 ilustra volumes de separação encontrados para o caso da teoria do equilíbrio (a), comparado a dois casos em que a transferência de massa é significativa para dois valores de m_{IV} (b e c) em concordância com a restrição da teoria do equilíbrio (ver equação 15.30). Os eixos estão representados em termos de razões de velocidade γ_1, em vez das razões de vazão m_j, em que $\gamma_j = \eta m_j$. Os gráficos (b) e (c) da Figura 15.17 foram obtidos por simulações numéricas sucessivas dentro do universo de valores γ_1, γ_2 e γ_3 permitidos pela teoria de equilíbrio. Para as simulações que geraram esses gráficos, foi considerada uma planta de LMS com as dimensões daquela utilizada nos experimentos de separação de frutose e glicose e foram selecionados os pontos (γ_1, γ_2, γ_3) que possibilitassem uma separação de pelo menos 90% em cada um dos produtos (extrato e refinado). Verifica-se que, para as dimensões do equipamento considerado, o universo das condições de operação que propiciam uma dada separação é bastante reduzido em relação àquele previsto pela teoria do equilíbrio. A simples utilização das equações 15.36 a 15.37 para definir condições de operação poderia resultar, neste caso, em desempenho aquém do esperado.

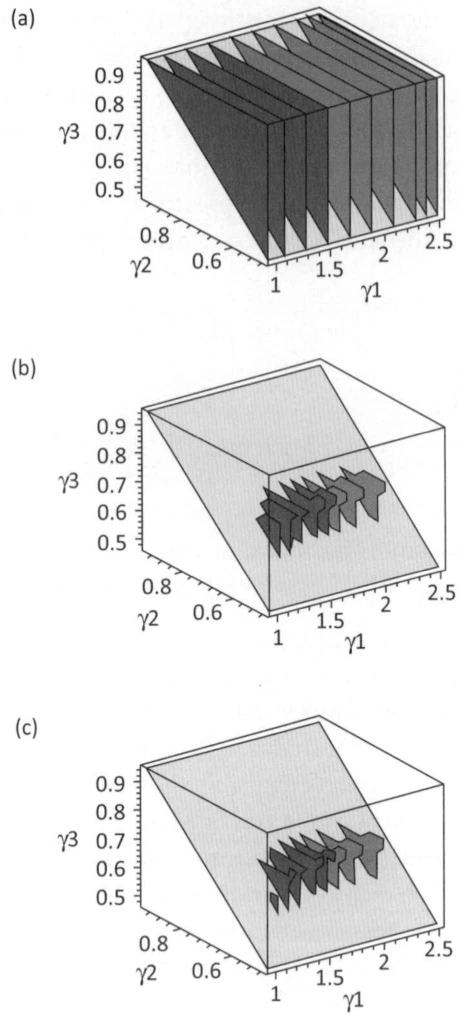

Figura 15.17 Volumes de separação obtidos segundo a teoria do equilíbrio (a) e considerando resistência interna à transferência de massa com m_4 = 0,26 (b) e m_4 = 0,11 (c).

15.4.2 DADOS DE SEPARAÇÃO FRUTOSE-GLICOSE EM LMS

Todos os dados experimentais reportados nesta seção foram obtidos numa planta semipiloto LICOSEP da Novasep (Vandoeuvre-dès-Nancy, França), ilustrada na Figura 15.18. Foram utilizadas doze colunas Superformance SP 300 × 26 (comprimento × diâmetro interno, em mm), da Götec Labortechnik (Mühltal, Alemanha), empacotadas com a resina catiônica Dowex Monosphere 99/Ca (Sigma, Estados Unidos). As colunas dispunham de camisas de termostatização para controle da temperatura por meio de um banho de circulação (20 °C a 60 °C). Utilizou-se a configuração de sistema fechado, com recirculação proporcionada por uma bomba de diafragma com faixa de operação entre 20 mL/min e 120 mL/min. A queda de pressão máxima ao longo das colunas é de 60 bar. Soluções sintéticas de frutose e glicose em água bidestilada e deionizada foram preparadas na concentração de 40 g/L para cada açúcar.

Figura 15.18 Planta semipiloto de leito móvel simulado LICOSEP 12-26.

As isotermas de adsorção da glicose e da frutose na resina Dowex foram determinadas experimentalmente a 30 °C e 50 °C por cromatografia frontal e de eluição conectando uma das colunas do LMS a um sistema HPLC. O equilíbrio de adsorção é linear na faixa de concentrações estudada (0 a 40 g/L), e as constantes de adsorção obtidas constam da Tabela 15.3.

Tabela 15.3 Constantes de adsorção (K) para a frutose e a glicose a 30 °C e 50 °C

	K (T = 30 °C)	K (T = 50 °C)
Frutose	0,60	0,53
Glicose	0,28	0,27

A Figura 15.19 ilustra dois volumes de separação a 30 °C e 50 °C calculados para a separação da mistura glicose-frutose na unidade LICOSEP 12-26. Para melhor visualização, estão representadas as projeções bidimensionais dos volumes de separação encontrados. Em ambos os gráficos, o tempo de troca e a vazão de reciclo (Q_4) foram fixados em 3,3 minutos e 24 mL/min, respectivamente, de modo que, pela equação 15.31, $m_{IV} = 0,19$. Esse valor é inferior ao limite superior de 0,27 estabelecido pela teoria do equilíbrio. Verifica-se que o volume de separação obtido a 50 °C é maior que o obtido a 30 °C. Apesar da capacidade de adsorção diminuir com o aumento da temperatura, a difusão no sólido é favorecida, de modo que há uma "janela" mais larga de condições de operação que propiciam a separação desejada. Diante dessa evidência, optou-se por operar o LMS a 50 °C.

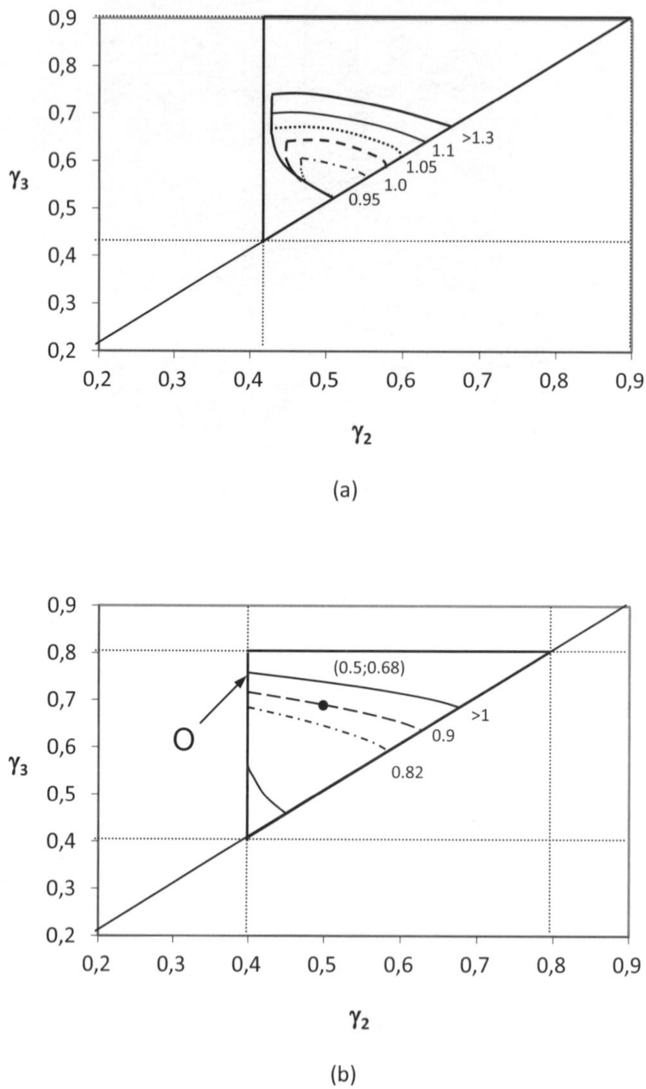

Figura 15.19 Projeções bidimensionais dos volumes de separação de frutose e glicose calculados para a unidade de LMS LICOSEP 12-26 a 30 °C (a) e a 50 °C (b). As coordenadas γ_2 e γ_3 representam as razões de velocidade fluido-sólido nas seções 2 e 3.

Para efeito de comparação com os dados experimentais obtidos, foi desenvolvido um modelo matemático rigoroso, cujo detalhamento foge ao escopo deste capítulo. Os resultados das simulações são apresentados nos gráficos a seguir (Figura 15.20 a 15.23) por meio de curvas. Nessas figuras os pontos denotam dados experimentais.

Quatro corridas experimentais foram realizadas visando à separação da mistura glicose-frutose no LMS, segundo as condições de operação descritas na Tabela 15.4. Em todas as corridas a concentração da alimentação foi de 40 g/L para cada monossacarídeo. O tempo de troca, a vazão de alimentação e a de refinado foram mantidos em 3,3 min, 3,36 e 7,26 mL/min, respectivamente. Nessas condições, o ponto de operação (γ_2, γ_3) é (0,5;0,68), conforme indicado na Figura 15.19b. Cada seção continha três colunas. Variando m_I ou γ_1, em concordância com a teoria de equilíbrio, diferentes vazões de eluente e extrato foram testadas. Para todas as corridas, o sistema atingiu o estado estacionário no décimo ciclo.

Tabela 15.4 Condições de operação utilizadas nas corridas de LMV para separar a mistura frutose--glicose

Vazões de operação do LMS (ml/min)		Parâmetros de desempenho	Experimental	Simulação
		Corrida A		
$Q_I = 34{,}02$	$\gamma_1 = 0{,}82$	PU_E, %	95,7	97,9
$Q_{II} = 27{,}90$	$\gamma_2 = 0{,}50$	PU_R, %	85,5	86,1
$Q_{III} = 31{,}26$	$\gamma_3 = 0{,}68$	PR_E, kg/m³ h	5,74	5,76
$Q_{IV} = 24{,}00$	$\gamma_4 = 0{,}29$	PR_R, kg/m³ h	6,68	6,82
$Q_D = 10{,}02$	$Q_A = 3{,}36$	C_F^E, kg/m³	17,43	17,41
$Q_E = 6{,}12$	$Q_R = 7{,}26$	C_G^R, kg/m³	16,99	17,28
		Corrida B		
$Q_I = 35{,}46$	$\gamma_1 = 0{,}90$	PU_E, %	96,9	97,9
$Q_{II} = 27{,}90$	$\gamma_2 = 0{,}50$	PU_R, %	87,8	90,2
$Q_{III} = 31{,}26$	$\gamma_3 = 0{,}68$	PR_E, kg/m³ h	6,14	6,27
$Q_{IV} = 24{,}00$	$\gamma_4 = 0{,}29$	PR_R, kg/m³ h	7,00	7,06
$Q_D = 11{,}46$	$Q_A = 3{,}36$	C_F^E, kg/m³	14,88	15,27
$Q_E = 7{,}56$	$Q_R = 7{,}26$	C_G^R, kg/m³	17,78	17,89

(*continua*)

Tabela 15.4 Condições de operação utilizadas nas corridas de LMV para separar a mistura frutose--glicose (*continuação*)

Vazões de operação do LMS (ml/min)		Parâmetros de desempenho	Experimental	Simulação
		Corrida C		
$Q_I = 37{,}26$	$\gamma_1 = 1{,}00$	PU_E, %	94,9	98,0
$Q_{II} = 27{,}90$	$\gamma_2 = 0{,}50$	PU_R, %	92,7	92,1
$Q_{III} = 31{,}26$	$\gamma_3 = 0{,}68$	PR_E, kg/m^3 h	6,66	6,58
$Q_{IV} = 24{,}00$	$\gamma_4 = 0{,}29$	PR_R, kg/m^3 h	6,54	6,68
$Q_D = 13{,}26$	$Q_A = 3{,}36$	C_F^E, kg/m^3	13,00	12,99
$Q_E = 9{,}36$	$Q_R = 7{,}26$	C_G^R, kg/m^3	16,19	16,93
		Corrida D		
$Q_I = 38{,}28$	$\gamma_1 = 1{,}05$	PU_E, %	95,7	98,0
$Q_{II} = 27{,}90$	$\gamma_2 = 0{,}50$	PU_R, %	91,2	93,2
$Q_{III} = 31{,}26$	$\gamma_3 = 0{,}68$	PR_E, kg/m^3 h	6,47	6,74
$Q_{IV} = 24{,}00$	$\gamma_4 = 0{,}29$	PR_R, kg/m^3 h	7,10	7,12
$Q_D = 14{,}28$	$Q_A = 3{,}36$	C_F^E, kg/m^3	11,44	11,99
$Q_E = 10{,}38$	$Q_R = 7{,}26$	C_G^R, kg/m^3	18,71	18,05

Na corrida A, m_1 é de 0,55, valor superior mas muito próximo do limite mínimo de 0,53 (constante de adsorção da frutose, K_B). De fato, examinando a Figura 15.19b, verifica-se que neste valor ($m_1 = 0{,}82$) o ponto de operação (0,5;0,68) localiza-se na região de extrato puro somente (ou pureza acima de 90%). As purezas experimentais lidas na Tabela 15.4 confirmam isso. A Figura 15.20 mostra o perfil interno de concentrações medido no 15º ciclo. Os pontos vazados representam a concentração de amostras de 1 mL colhidas a 50% de cada um dos períodos do ciclo por meio de uma válvula de seis vias localizada entre a 12ª e a 1ª colunas. As curvas são simulações do estado estacionário de um leito móvel verdadeiro (LMV) equivalente. Observa-se uma boa concordância entre os dados experimentais e os de simulação, o que demonstra a adequação do modelo de um LMV equivalente. Os pontos preenchidos representam as concentrações médias dos produtos extrato e refinado coletados durante todo o 15º ciclo.

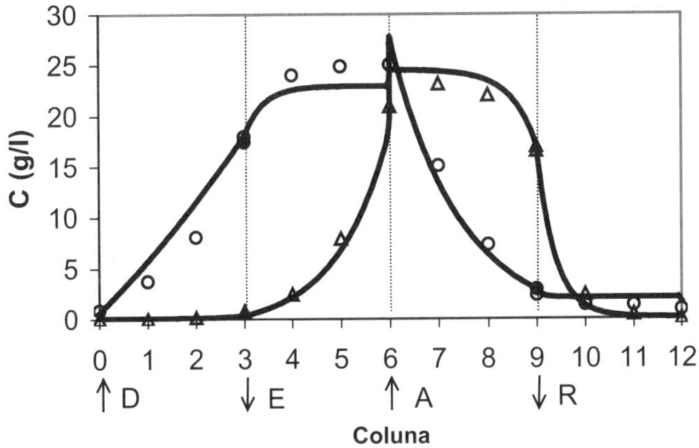

Figura 15.20 Concentrações internas de glicose e frutose em g/L no 15° ciclo para a corrida A. As curvas são resultados de simulação do leito móvel verdadeiro equivalente. Os triângulos representam as concentrações experimentais medidas para a glicose, e os círculos, as concentrações de frutose.

Na corrida B, a vazão de eluente foi aumentada, o que implicou maior valor para m_I (= 0,6). Observa-se que a pureza do refinado melhorou em comparação à corrida A, embora ainda esteja abaixo de 90%. Nessa situação, o par (0,5;0,68) no plano $\gamma_2 \times \gamma_3$ situa-se na fronteira do volume de separação, como pode ser visualizado na Figura 15.19b para $\gamma_1 = 0, 9$. Se houver qualquer flutuação nas vazões implementadas nas diferentes seções, o desempenho desejado pode não ser atingido, sendo esta uma condição de operação não robusta. A Figura 15.21 ilustra o perfil de concentrações internas obtido no 15° ciclo comparado com resultados de simulação do leito móvel simulado (LMS) real. Também para esse modelo, ocorre bom ajuste do modelo utilizado aos dados experimentais obtidos.

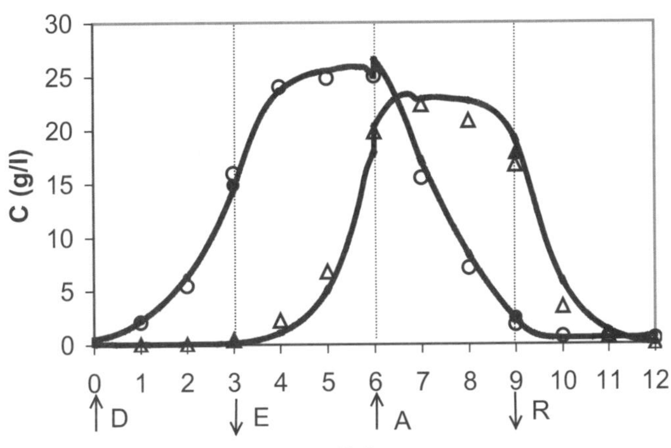

Figura 15.21 Concentrações internas de glicose e frutose em g/L no 15° ciclo para a corrida B. As curvas são resultados de simulação do leito móvel verdadeiro equivalente. Os triângulos representam as concentrações experimentais medidas para a glicose, e os círculos, as concentrações de frutose.

Para todas as corridas observa-se pequena discrepância entre as purezas obtidas experimentalmente e por simulação. Isso se deve às linhas comuns de retirada de extrato e refinado existentes no equipamento, que causam inevitável contaminação cruzada. Como o modelo matemático não prevê a inclusão dessas linhas, sob pena de tornar sua solução muito onerosa, observa-se esse desvio. A Figura 15.22 mostra claramente esse efeito. Para a corrida B, está representado o histórico das concentrações do extrato e do refinado. As curvas são resultados de simulação numérica, e os pontos representam a concentração média dos produtos colhidos por todo o ciclo 1, 3, 5 e 7.

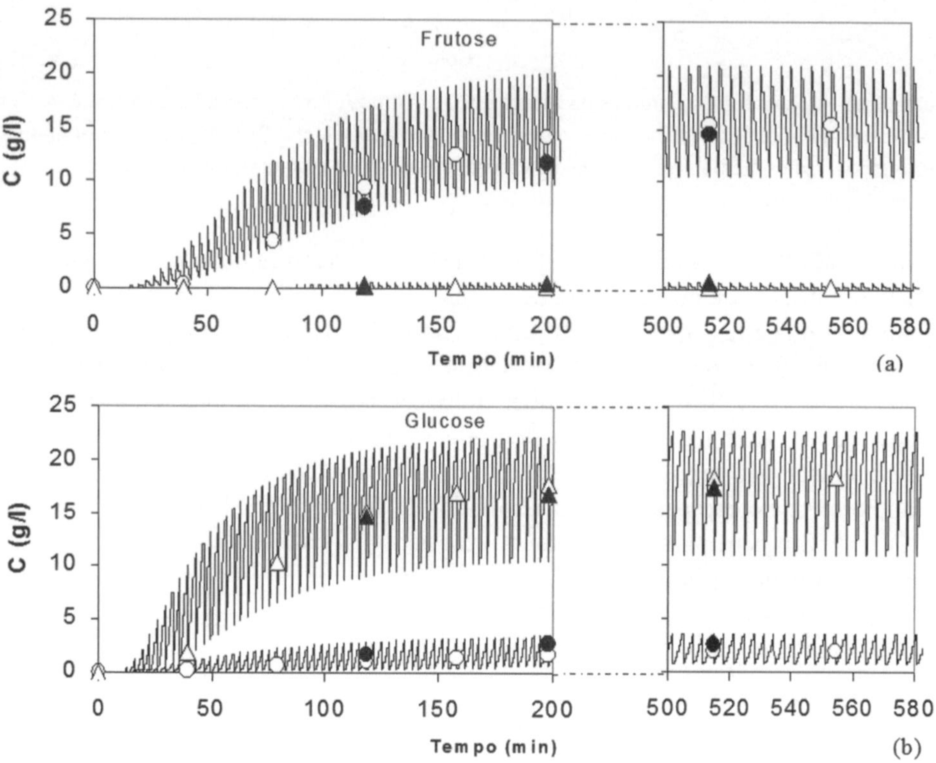

Figura 15.22 Históricos de concentração do extrato (a) e do refinado (b) calculados pelo modelo de um LMS real. Os pontos negros são as concentrações médias medidas para os produtos colhidos durante um ciclo inteiro. Os pontos brancos são as mesmas concentrações médias calculadas pelo simulador.

Nas corridas C e D, m_I é elevado para 0,67 e 0,70. A Figura 15.19b mostra que os volumes de separação previstos para esses casos devem ser idênticos. Como esperado, as purezas em ambas as corridas ficam acima de 90%. De um modo geral, todos os parâmetros de desempenho dessas duas corridas são muito similares. Como a frutose tem maior valor comercial que a glicose, a qual é normalmente reaproveitada para isomerização, não há vantagens em continuar elevando m_I além do ponto em que os volumes de separação adquirem um tamanho constante. Elevar m_I além de 0,67 (ou $\gamma_I > 1{,}0$) apenas causaria diluição indesejável do extrato.

Para a corrida D, a Figura 15.23 traz perfis experimentais amostrados a 25%, 50%, 75% e 100% de cada período no estado estacionário. O movimento axial dos perfis na direção do escoamento pode ser visualizado nessa figura. As curvas foram obtidas por simulação e ajustam bem os dados experimentais encontrados.

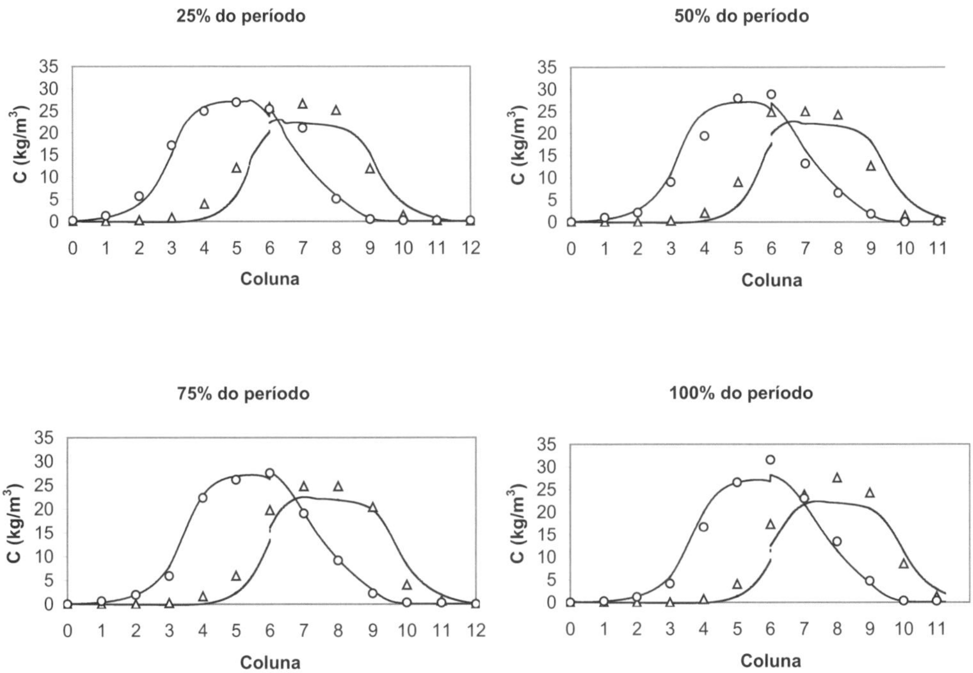

Figura 15.23 Perfis internos de concentração a diferentes instantes dentro de um mesmo período em estado estacionário cíclico. As curvas foram obtidas por simulação utilizando o modelo de um leito móvel simulado real (LMS). Os pontos representam as concentrações experimentais medidas à saída de cada uma das doze colunas do equipamento.

15.5 CONSIDERAÇÕES FINAIS

Procurou-se introduzir e desenvolver neste capítulo os aspectos básicos da separação por cromatografia em sistemas contínuos do tipo leito móvel simulado (LMS). Analisaram-se as condições de separação e a modelagem do LMS na separação de proteínas, misturas racêmicas ou açúcares, contidas em três soluções, demonstrando-se o elevado potencial da cromatografia preparativa contínua para a separação e purificação de compostos de sistemas binários oriundos da indústria farmacêutica e biotecnológica. O mesmo método pode ser estendido para misturas mais complexas, como as ternárias, com as devidas adaptações ao processo.

REFERÊNCIAS BIBLIOGRÁFICAS

AZEVEDO, D. C. S.; RODRIGUES, A. E. Bi-linear driving force approximation in the modeling of simulated moving bed using bidisperse adsorbents. *Industrial & Engineering Chemical Research*, v. 38, p. 3519-3529, 1999a.

AZEVEDO, D. C. S.; RODRIGUES, A. E. Design of a simulated moving bed in the presence of mass-transfer resistances. *AIChE J.*, v. 45, p. 956-966, 1999b.

BLASCHKE, G. Chromatographic resolution of chiral drugs on polyamides and cellulose triacetate. *Journal of Liquid Chromatography*, v. 9, n. 2-3, p. 341-368, 1986.

BROUGHTON, D. B.; GERHOLD, C. G. *Continuous sorption process employing fixed bed of sorbent and moving inlets and outlets*. Patente US n. 2,985,589, 1961.

BROUGHTON, D. B. et al. High purity fructose via continuous adsorptive separation. *La Sucrerie belge*, v. 96, p. 155-163, 1977.

FRANCOTTE, E. R.; RICHERT, P. Applications of simulated moving bed to the separation of the enantiomers of chiral drugs. *Journal of Chromatograpy A*, v. 769, p. 101-107, 1997.

HASHIMOTO, K. et al. Operation and design of simulated moving bed adsorbers. In: GANETSOS, G.; BARKER, P. E. (eds.). *Preparative and production scale chromatography*. New York: Marcel Dekker, 1993. p. 273-300.

JUZA, M.; MAZZOTTI, M.; MORBIDELLI, M. Simulated moving bed and its application to chirotechnology. *Trends in Biotechnology*, v. 18, p. 108-118, 2000.

KIKUZO, K. et al. Process for recovering betaine. Patente US n. 6,099,654, 2000.

LOUGH, W. J. (ed.). *Chiral liquid chromatography*. Glasgow: Blackie Academic and Professional, 1989.

LUCENA, S. L. et al. Separation of alfa-lactalbumin and beta-lactoglubulin by preparative Chromatography using simulated moving beds. In: HOFFMAN, M.; THONART, R. (eds.). *Engineering and Manufacturing for Biotechnology*. Dordrecht: Kluwer Academic Publishers, 2001.

NICOUD, R. M. A packing procedure for high flow rate and high stability columns using cellulose triacetate. *LC-GC International*, v. 6, p. 636-637, 1993.

PEDEFERRI, M. P. et al. Experimental analysis of a chiral separation through simulated moving bed chromatography. *Chemical Engineering Science*, v. 54, p. 3735-3748, 1999.

REARICK, D. E.; KEARNEY, M.; COSTESSO, D. Simulated moving-bed technology in the sweetener industry. *Chemtech*, v. 27, p. 36-40, 1997.

RODRIGUES, A. E. et al. *Simulated moving bed technology. Principles, design and process applications*. Oxford: Butterworth-Heinemann, 2015.

SANTANA, C. C. et al. Simulated moving-bed adsorption for separation of racemic mixtures. *Brazilian Journal of Chemical Engineering*, v. 21, n. 1, p. 127-136, 2004.

SANTANA, C. C. et al. Adsorption in simulated moving beds. In: FLICKINGER, M. C. (ed.). *The encyclopedia of industrial biotechnology: bioprocess, bioseparation and cell technology*. New York: John Wiley & Sons, 2009. v. 1, p. 1-29.

SAYAMA, K. et al. Production of raffinose: a new byproduct of the beet sugar industry. *Zuckerind*, v. 117, p. 893-898, 1992.

ZENONI, G. et al. On-line monitoring of enantiomer concentration in chiral simulated moving bed chromatography. *Journal of Chromatography A*, v. 888, p. 73-83, 2000.

CAPÍTULO 16
Cromatografia: ampliação de escala

Adalberto Pessoa Jr.

Beatriz Vahan Kilikian

Diana Romanini

NOMENCLATURA

A – Área de corte transversal da coluna (m^2)

A_L – Área de corte transversal da coluna em escala de laboratório (m^2)

A_P – Área de corte transversal da coluna em escala piloto (m^2)

BPSS – BioProcess® Stainless Steel

C – Comprimento ou diâmetro da extremidade do cone do jato de aspersão (m)

cGMP – *Good manufacturing practice* [boas práticas de fabricação]

CIP – *Cleaning in place* [limpeza no local]

d – Diâmetro da coluna cromatográfica (m)

d_L – Diâmetro da coluna em escala laboratorial (m)

d_P – Diâmetro da coluna em escala piloto (m)

E – Espessura da extremidade do cone do jato de aspersão (m)

F – Vazão volumétrica (L/h)

F_L – Vazão volumétrica em escala de laboratório (L/h)

F_P – Vazão volumétrica em escala piloto (L/h)

FSH - Hormônios folículo-estimulantes

h - Altura da coluna (m)

LH - Hormônio luteinizante

Q - Massa de adsorvato/massa de adsorvente (g/g)

Q_m - Máxima massa de adsorvato/massa de adsorvente (g/g)

t_r - Tempo de retenção (h)

t_{rL} - Tempo de retenção em escala laboratorial (h)

t_{rp} - Tempo de retenção em escala piloto (h)

V - Volume de eluente (L)

V_{leitoL} - Volume de leito em escala laboratorial (L)

V_{leitoP} - Volume de leito em escala piloto (L)

$V_{eluenteL}$ - Volume de eluente em escala laboratorial (L)

$V_{eluenteP}$ - Volume de eluente em escala piloto (L)

V_r - Volume de eluição (L)

V_s - Velocidade linear ou superficial de alimentação do eluente à coluna ($L/h.m^2$)

LISTA DE PALAVRAS

Adsorção

Afinidade,

- metais
- biológica

Alimentação de eluente

Altura do leito cromatográfico

Ampliação da escala

Armazenamento

Bicos de aspersão

Bioproduto

Bolhas

Compactação

Comprimento da coluna

Cromatograma

Deformação do leito
Deslocamento positivo
Diafragma
Diâmetro da coluna
Dimensões da coluna
Eluente
Empacotamento da coluna
Escala ampliada
Escala de bancada
Escala piloto
Estabilidade
Exclusão
Fase estacionária
Fluxo preferencial
Grau de empacotamento
Hidrofobicidade
Injeção de eluente
Monolítica
Parede da coluna
Pasta homogênea
Porosidade
Resolução do processo
Suprimento
Tempo de retenção das moléculas
Troca iônica
Vazão volumétrica
Velocidade,
    linear de alimentação
    superficial de alimentação
    superficial de passagem
Volume do tanque

16.1 INTRODUÇÃO

Na ampliação da escala de operação de uma cromatografia visa-se ao processamento de volumes de meio contendo a biomolécula-alvo, superiores ao volume empregado nos ensaios em escala de bancada ou escala piloto. Nas escalas de bancada e piloto são selecionados o mecanismo de isolamento da molécula-alvo (adsorção por troca iônica, por hidrofobicidade, afinidade a metais ou afinidade biológica ou exclusão baseada na massa molar), tipo de fase estacionária (se granular empacotada e seu grau de empacotamento, ou monolítica e sua porosidade), as dimensões da coluna, a velocidade superficial de passagem do eluente pela coluna além do tipo de eluente, e a relação entre o volume de eluente com a molécula-alvo e a massa da fase estacionária. São ampliadas as dimensões do equipamento, sobretudo da coluna contendo a fase estacionária, e são ajustadas as condições de operação tal que o volume de eluente possa ser processado resultando o mesmo grau de pureza, rendimento e, se possível, produtividade, alcançados nas escalas de bancada e piloto.

Na escala de bancada os processos de purificação resultam em massa do bioproduto puro da ordem de microgramas à ordem de miligramas. Em escala piloto são obtidas massas do bioproduto puro da ordem de miligramas à ordem de gramas, e na purificação em larga-escala a massa processada varia desde gramas até quilogramas. Por exemplo, a demanda de mercado por anticorpos monoclonais empregados em *kits* de diagnósticos é da ordem de apenas alguns gramas por ano, massa que pode ser produzida num biorreator de laboratório. Anticorpos monoclonais usados com fins terapêuticos, por exemplo, na imunização passiva (imunização obtida pela inoculação de anticorpos no organismo do hospedeiro, oferecendo proteção rápida e eficiente, embora temporária – semanas ou alguns meses), são necessários em quantidades da ordem de quilogramas por ano, não sendo possível produzi-los em biorreatores de bancada.

O procedimento para ampliação de escala de operações de cromatografia baseadas em exclusão molecular, interação hidrofóbica, troca iônica e afinidade baseia-se no aumento do diâmetro da coluna e na manutenção da altura do leito cromatográfico como na escala laboratorial ou piloto (Figura 16.1).

A ampliação do diâmetro da coluna pode provocar alterações no grau de empacotamento da fase estacionária, a qual, entretanto, deve ser mantida como na escala laboratorial. A alteração decorre do fato de que maior proporção da massa de resina estará distante da parede da coluna em comparação à escala de laboratório, o que a sujeita a deformações com consequência sobre o grau de empacotamento do leito. A deformação resultante, sobretudo um achatamento da parte central do leito, induz o fluxo preferencial do líquido através desta parte, alterando a resolução do processo cromatográfico. Para evitar tais deformações, as colunas industriais apresentam altura de leito em torno de 30 cm e diâmetro da ordem de 1,0 m, embora colunas de dimensões maiores estejam disponíveis, que são as colunas com 2,0 m de altura e diâmetro entre 40 e 50 cm, como acontece na purificação das proteínas do soro de queijo ou da albumina do plasma humano. De modo geral, os maiores volumes de colunas cromatográficas variam de 700 a 2.000 L. Outra estratégia para minimizar efeitos de deformação do leito é a utilização de diversas colunas com menores diâmetros dispostas em paralelo. Além da questão do diâmetro, a eficiência da coluna em maior escala relaciona-se também ao distribuidor utilizado para introduzir o eluente de forma homogênea sobre as partículas do leito fixo.

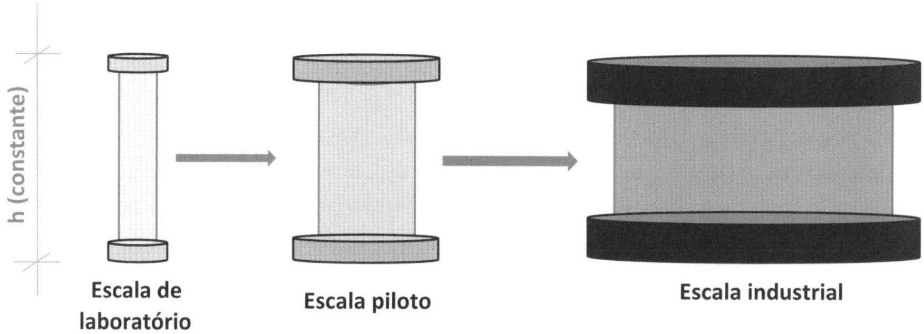

Figura 16.1 Ampliação de escala de operações cromatográficas baseadas em interação hidrofóbica, exclusão molecular, troca iônica e afinidade. Aumento do diâmetro da coluna e manutenção da altura do leito cromatográfico (h = altura da coluna).

Considerando-se que o leito de adsorção, isto é, a fase estacionária, na escala ampliada ou escala de produção adsorva a biomolécula-alvo com a mesma capacidade verificada na escala de laboratório, tem-se que a razão entre o volume de eluente com biomolécula-alvo a ser tratado e o volume de leito deve ser a mesma nas duas escalas, como ilustra a Equação 16.1, na qual os índices meio e leito referem-se ao eluente líquido contendo a biomolécula-alvo e ao leito de adsorção, respectivamente, e as escalas laboratorial e de produção são identificadas por L e P.

$$\frac{V_{meioL}}{V_{leitoL}} = \frac{V_{meioP}}{V_{leitoP}} \tag{16.1}$$

A velocidade linear ou superficial de alimentação do eluente à coluna, v, na escala ampliada deve ser a mesma da escala laboratorial, pois a resolução da separação está associada a essa velocidade. A Equação 16.2 define v, velocidade linear ou superficial, como a vazão volumétrica, F, dividida pela área de corte transversal da coluna, A. Dessa forma, a ampliação do diâmetro da coluna deverá ser tal que satisfaça a manutenção da velocidade superficial do eluente em face de uma dada vazão volumétrica (F) desejada para a escala ampliada, ou a vazão volumétrica (F) deverá ser ajustada de modo a manter a mesma velocidade superficial (v) para determinada coluna da escala ampliada, conforme ilustram as Equações 16.2, 16.3 e 16.4:

$$v = \frac{F}{A} \tag{16.2}$$

$$\frac{F_L}{A_L} = \frac{F_P}{A_P} \tag{16.3}$$

$$\frac{F_L}{(d_L)^2} = \frac{F_P}{(d_P)^2} \quad (16.4)$$

Quando a operação cromatográfica é realizada na escala ampliada nas mesmas condições empregadas na escala de laboratório, quais sejam, natureza química e características físicas do adsorvente, grau de empacotamento da coluna, comprimento da coluna e velocidade superficial de alimentação do eluente, o tempo de retenção das moléculas deve permanecer o mesmo, do que deve resultar um mesmo cromatograma na escala ampliada, desde que o eluente líquido contendo a biomolécula-alvo apresente as mesmas características físico-químicas da amostra adotada nos ensaios em escala laboratorial. A reprodutibilidade do cromatograma é finalmente o que se busca ao ampliar a escala dessa operação unitária do processo de purificação. Caso a matriz ou fase estacionária não mostre a estabilidade requerida para a operação em larga escala, algumas soluções devem ser reavaliadas em escala de laboratório e novamente testadas na escala ampliada, como diferentes graus de empacotamento, diferentes granulometrias, ou outra composição de resina.

Uma alteração que não deve afetar a reprodutibilidade da cromatografia na ampliação da escala é a substituição da composição material da coluna. A maioria das colunas cromatográficas empregadas em escala de laboratório, com capacidade de 1 a 300 mL, é fabricada em vidro ou plástico transparente, ao passo que com o aumento de escala o material da coluna deverá ser de plástico resistente ou aço inox.

A seguir apresenta-se a forma como alguns fatores mencionados e decisivos na execução do procedimento influenciam o processo cromatográfico em larga escala.

16.2 FLUXO DE ELUENTE PELA COLUNA

Na cromatografia em escala ampliada, em que há aumento no diâmetro da coluna, há risco de achatamento da parte central do leito contendo a fase estacionária, criando-se condições para a formação de percursos preferenciais para o fluxo do eluente. Isso ocorre porque com o aumento do diâmetro da coluna pode ocorrer formação de curvatura (ou achatamento) na superfície da fase estacionária e, consequentemente, o leito apresentará diferentes alturas. Por exemplo, a matriz situada na parte central da coluna pode achatar e passar a ter menor altura (h) em comparação com aquela que está próximo à parede e, nesse local, favorecer a formação de fluxos preferenciais. Nessa situação, a parte da resina que entrar em contato com esses fluxos preferenciais será rapidamente saturada pela biomolécula, enquanto a resina que estiver distante dos fluxos preferenciais será subutilizada na adsorção, causando prejuízo para a eficiência da purificação. Fluxos preferenciais também podem ocorrer quando houver repulsão entre o material que compõe a resina e o material da parede da coluna. Nesse caso ocorrerá distanciamento entre a matriz e a parede, com formação de fluxos preferenciais de eluente no espaço formado.

16.3 SISTEMA DE ALIMENTAÇÃO DE ELUENTE

A forma de alimentação de eluente sobre a fase estacionária é um dos fatores que influencia a eficiência de adsorção na escala ampliada. Dentre os elementos dos sistemas de alimentação têm-se as bombas, usualmente de deslocamento positivo, e os bicos de aspersão, utilizados para a distribuição de quantidade uniforme e precisa do eluente a ser adicionado à coluna. Esses sistemas de alimentação incluem, ainda, o tanque de armazenamento do eluente, que pode estar presente na forma diluída ou concentrada. A injeção de eluente, feita com o auxílio de bombas e de bicos de aspersão, resulta num jato em formato de cone cujas dimensões são dadas pelo comprimento (C) e espessura (E) (Figura 16.2). Para garantia da uniformidade da etapa de adsorção, as dimensões do cone (C e E) devem permanecer constantes durante a alimentação do eluente.

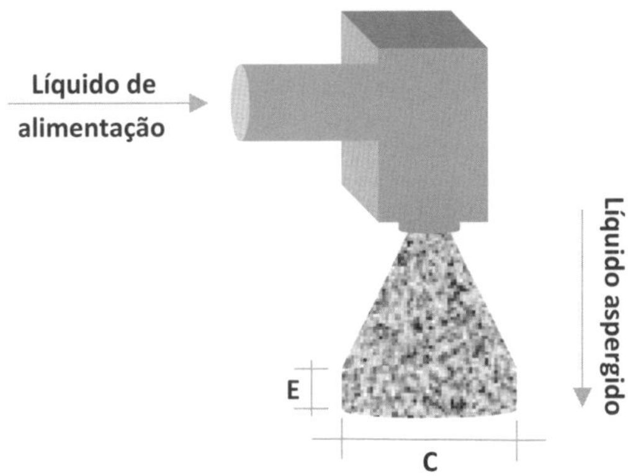

Figura 16.2 Bico para aspersão de líquido de alimentação de eluente à coluna cromatográfica.

O tanque de armazenamento do eluente, geralmente mantido sob refrigeração a temperaturas inferiores a 5 °C e com contenção contra vazamentos, é dimensionado em função dos seguintes fatores: (a) volume do tanque, que deve ser dimensionado de forma que armazene a menor quantidade de eluente pelo menor tempo possível, mas o suficiente para garantir, sem interrupção, a vazão de alimentação das colunas de cromatografia; (b) tempo de armazenamento, que deve ser calculado em função da vazão de alimentação e da garantia da estabilidade dos componentes do eluente, ou seja, as biomoléculas a serem purificadas não devem ser degradadas durante o período de armazenamento; (c) qualidade das bombas (no mínimo devem ser mantidas duas bombas, sempre com uma de reserva, para evitar interrupção no processo e aumento no tempo de armazenamento) e qualidade dos aspersores (para não oferecerem resistência ao bombeamento); (d) capacidade e qualidade de suprimento de componentes do eluente, como os produtos químicos e bioquímicos, ou seja, a compra de material deve ser planejada de forma que durante o armazenamento não haja perdas de reagentes, sobretudo os de maior custo.

16.4 EMPACOTAMENTO DA COLUNA

Existem algumas técnicas para o preenchimento e empacotamento manual de colunas cromatográficas para garantir homogeneidade do leito, sobretudo para colunas utilizadas em processos de purificação de larga escala (Figura 16.3).

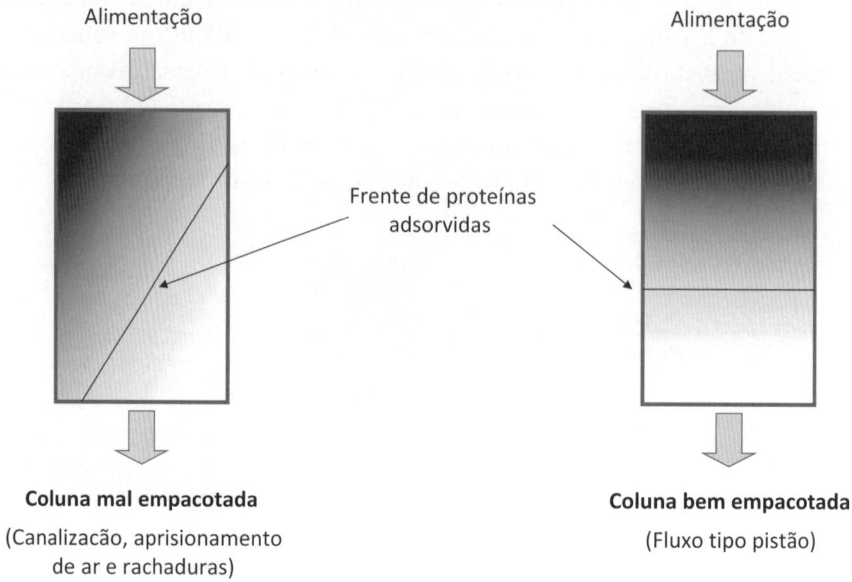

Figura 16.3 Empacotamento de colunas cromatográficas.

No empacotamento seco, realizado manualmente, a coluna deve ser preenchida inicialmente com o solvente com o auxílio de um funil colocado no topo da coluna. Posteriormente se adiciona lentamente o adsorvente à coluna. Na sequência, o excesso de solvente deve ser drenado até que seu nível permaneça ao nível da superfície da fase estacionária ou pouco acima dela. Deve-se cuidar para não secar a fase estacionária e não causar danos à resina.

Em outra forma de empacotamento a seco, o início do procedimento se dá com a adição do adsorvente à coluna, promove-se compactação branda com uma bomba de vácuo e adiciona-se o solvente, que deverá fluir até a base da coluna até o completo empacotamento. Ao final, deixa-se o nível do solvente (pode ser água, NaCl, solução com surfactante ou solvente orgânico) aproximadamente no mesmo nível do adsorvente.

Outra opção é o empacotamento em pasta, em que se coloca o adsorvente e o solvente em um frasco (aproximadamente 1,5 vez maior que o volume da coluna) e promove-se a mistura até que se forme uma pasta homogênea, a qual será adicionada à coluna com o auxílio de um funil. Após a adição da pasta na coluna verifica-se se houve formação de bolhas. Em caso positivo, a melhor forma é esvaziar a coluna e reiniciar o empacotamento com mais cuidado. Há casos, como da remoção de bolhas de ar contendo oxigênio, em que se faz a desgaseificação da coluna com a borbulhamento de gás hélio: simplesmente se borbulha esse gás através de um difusor colocado no tanque de armazenamento do eluente. Essa purga remove aproximadamente 80% do oxigênio dissolvido no eluente e, se feita com cuidado, ou seja, se a distribuição do gás hélio for homogênea, calcula-se que para cada 1 L de eluente utiliza-se l L de hélio borbulhado. A remoção de oxigênio é particularmente importante quando são feitas medidas eletroquímicas durante a cromatografia. Outra forma de remoção de bolhas de ar da resina empacotada é com o auxílio de bomba de vácuo.

Ao final do empacotamento, o solvente deverá estar no mesmo nível da fase estacionária. Atualmente, o empacotamento da matriz, sobretudo para purificação de produtos biofarmacêuticos, é feito por meio de sistemas automatizados e rápidos.

Os mesmos cuidados tomados durante o empacotamento da coluna em pequena escala, mencionados anteriormente neste capítulo, devem ser aplicados na escala ampliada. Atenção especial deve ser dada à compactação da resina na coluna de larga escala, caso se verifique deformação na superfície do leito. Se isso ocorrer, é porque a resina não suporta aumento no diâmetro da coluna e, portanto, estudos devem ser reiniciados em escala de bancada a fim de se encontrar nova resina que proporcione a mesma eficiência de purificação, porém com maior resistência à compactação.

O empacotamento em escala ampliada pode ser feito manualmente, ou seja, tal como no procedimento em escala de bancada ou com o auxílio de bombas. Diferentes tipos de bombas são utilizados para o empacotamento de colunas como as bombas pneumáticas de duplo diafragma, as bombas peristálticas, as bombas de engrenagens e a bomba parafuso, cujos detalhes mecânicos e operacionais não serão abordados neste capítulo. A bomba pneumática de duplo diafragma proporciona vazão volumétrica de empacotamento aproximadamente constante durante o empacotamento a diferentes valores de pressão, que podem chegar a 3 Bar, e é a mais indicada para o empacotamento mecânico.

A pressão aplicada pela bomba à coluna durante o empacotamento deve ser avaliada a fim de oferecer a vazão volumétrica (F) mais adequada. Como pode ser observado na Figura 16.4, essa vazão sofre redução em função do aumento da pressão aplicada à coluna durante o empacotamento. Recomenda-se que a vazão de empacotamento varie entre 70% a 100% (Figura 16.5) em relação à vazão verificada no início do empacotamento (vazão inicial = 100%).

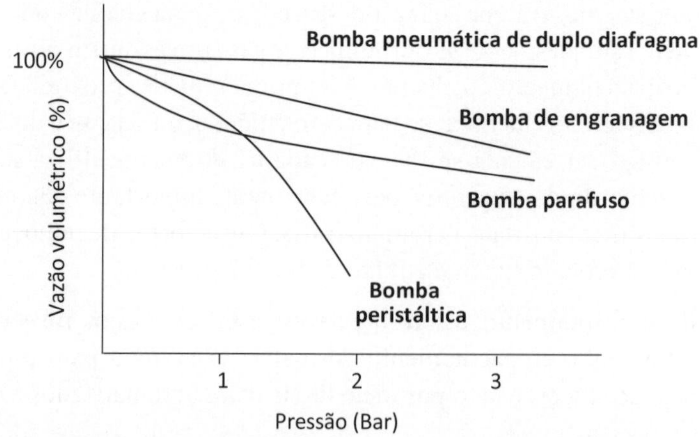

Figura 16.4 Vazão volumétrica (F) de empacotamento da resina (% em relação à vazão aplicada no início do empacotamento) em função da pressão (1,000 Bar = 0,987 atm) aplicada à coluna durante seu empacotamento.

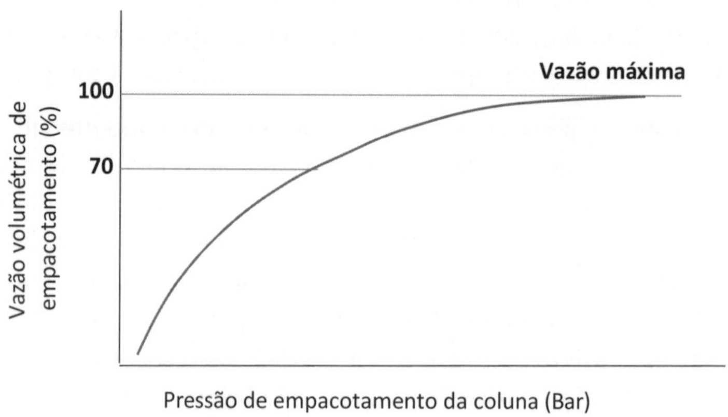

Figura 16.5 Relação de interdependência entre vazão volumétrica (F) de empacotamento da resina (% em relação à vazão aplicada no início do empacotamento) com pressão (1,000 Bar = 0,987 atm) aplicada à coluna durante o empacotamento.

O perfil da vazão volumétrica (F) de empacotamento da resina em função do tempo e da pressão de empacotamento da coluna está representado na Figura 16.6. Verifica-se nas Figuras 16.6A e B que é possível controlar a pressão de empacotamento com variação da vazão e vice-versa, ou seja, em caso de processos em que a pressão não pode ultrapassar determinado limite, deve-se controlar a vazão. O mesmo pode-se fazer o inverso, ou seja, nos casos em que se pretende evitar formação de bolhas de ar a vazão não pode aumentar e pode ser controlada pela pressão de empacotamento.

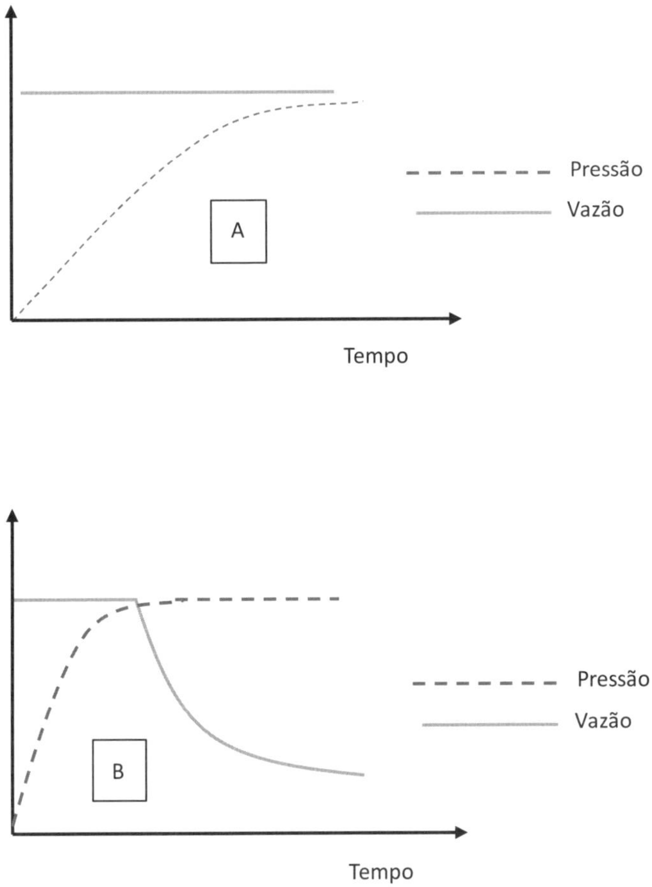

Figura 16.6 Relação entre vazão volumétrica de empacotamento (F) e pressão de empacotamento da resina em função do tempo. Empacotamento realizado com vazão constante, previamente definida em função da curva de vazão *versus* pressão (A); empacotamento a pressão constante – inicia com vazão máxima, com diminuição constante para controlar a pressão (B) (a vazão controla a pressão).

16.5 COLUNAS CROMATOGRÁFICAS EMPREGADAS EM LARGA ESCALA

Há vários modelos de colunas cromatográficas disponíveis comercialmente que podem ser empregadas na purificação de biomoléculas em larga escala. Alguns exemplos são apresentados nas Figuras 16.7 a 16.10.

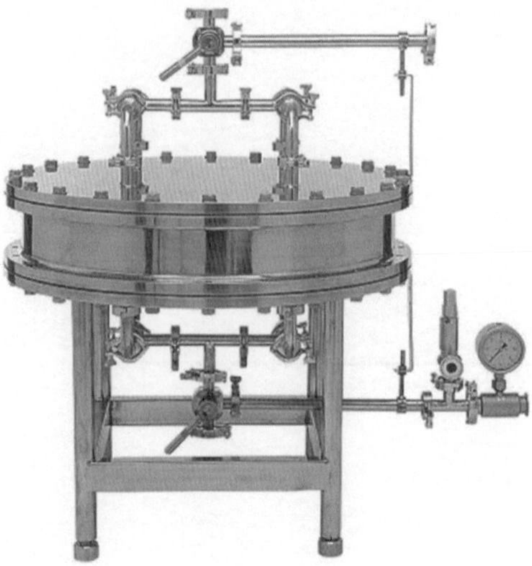

Figura 16.7 Coluna BPSS® (BioProcess® Stainless Steel).

Fonte: Foto gentilmente cedida pela empresa Amersham Biosciences®.

Figura 16.8 Sistema BioProcess® utilizando a coluna BPG®.

Fonte: foto gentilmente cedida pela empresa Amersham Biosciences®.

Figura 16.9 Colunas cromatográficas para escala de produção modelo Streamline®, indicadas para operação com leito expandido.

Fonte: foto gentilmente cedida pela empresa Amersham Biosciences®.

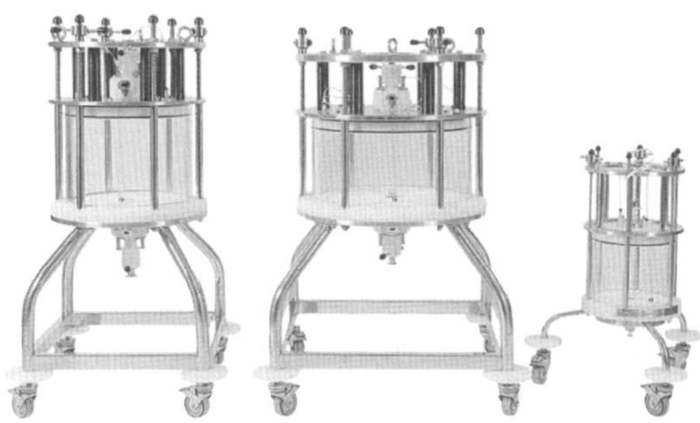

Figura 16.10 Colunas cromatográficas para escala de produção modelo Chromaflow® indicadas para operação com leito fixo.

Fonte: foto gentilmente cedida pela empresa Amersham Biosciences®.

16.6 EXEMPLO DE CÁLCULO NA AMPLIAÇÃO DE ESCALA DA CROMATOGRAFIA

Uma determinada biomolécula deverá ser purificada em escala industrial por operações de cromatografia. Os trabalhos de desenvolvimento de processo têm início em escala de laboratório com a definição dos tipos de resina. Na transposição da escala de laboratório para a escala industrial são utilizados os seguintes parâmetros: razão entre a massa de resina utilizada e a massa de eluente contendo a biomolécula de interesse; velocidade superficial (cm/s) do eluente que passa pela coluna; concentração da biomolécula no eluente; massa de biomolécula (produto) a ser obtida; grau de pureza e percentagem de recuperação da molécula-alvo (ver equações apresentadas no Capítulo 2).

A massa desejada de produto puro ao final da produção é de 10 kg, a qual será obtida ao longo de 40 semanas de operação da planta, o que corresponde a cerca de 9,5 meses. Considerando que haverá reprodução do desempenho da escala de laboratório, a qual foi realizada em três etapas de cromatografia cujos valores de rendimento na molécula-alvo estão apresentados na Tabela 16.1, resulta que a massa de molécula-alvo a ser processada através das colunas é de 14,5 kg (10/0,69), sendo 0,69 o rendimento final das três etapas cromatográficas realizadas em laboratório. O volume de eluente contendo 14,5 kg da biomolécula-alvo deverá ser de 18.125 L, pois a concentração da referida molécula no eluente é de 0,8 g/L. O processamento desse volume de eluente, 18.125 L, distribuído em 40 semanas, representa 453 $L_{eluente}$ por semana. Estas projeções estão sumarizadas na Tabela 16.2.

Tabela 16.1 Rendimento da biomolécula-alvo em cada uma das etapas cromatográficas empregadas na escala laboratorial

Etapa	Rendimento (%)
Etapa I	88
Etapa II	85
Etapa III	92

Tabela 16.2 Cálculo do volume de eluente contendo a biomolécula-alvo para processamento por cromatografia

Quantidade desejada de produto ao final de 40 semanas (9,5 meses) de operação da planta	10 kg
Massa de produto no eluente	10/0,69 = 14,5 kg ou 14.500 g
Concentração do produto no eluente inicial	0,8 g/L
Volume necessário do eluente	14.500/0,8 = 18.125 L
Volume de eluente processado por semana	453 L

A capacidade de adsorção da fase estacionária é dada por Q (massa da molécula-alvo adsorvida ou adsorvato/unidade de massa de adsorvente) e a capacidade máxima é dada por Q_m (máxima massa de adsorvato/massa de adsorvente), definidos no Capítulo 8, "Introdução à cromatografia".

Na primeira etapa cromatográfica do processo a capacidade de adsorção (Q) da fase estacionária é de 1,0 L de eluente (ou 0,8 g do produto) por 40 mL de resina ou 25 L de eluente por litro de resina (25 $L_{eluente}/L_{resina}$). Considerando-se que a produtividade seja constante, 64,7 L/dia (453 $L_{eluente}$/7 dias), a quantidade de resina necessária para o processamento da amostra na etapa I será de 18 $L_{resina}/_{semana}$ (será considerada a substituição da resina a cada 7 dias para garantir o rendimento final). Para as duas etapas seguintes de cromatografia será considerada a mesma produtividade. A altura do leito cromatográfico na escala ampliada será mantida a mesma utilizada em escala de laboratório, a qual foi de 20 cm, do que decorre que o diâmetro da coluna, D, será de 34 cm, como apresentado a seguir.

$$\text{Diâmetro da coluna} = d = \sqrt{\frac{4.V}{h \times \pi}} = 2\sqrt{\frac{18000}{20 \times \pi}} = 34 \text{ cm}$$

Em função das dimensões estabelecidas nesse cálculo, seleciona-se uma resina disponível comercialmente, com capacidade similar de adsorção/eluição e de reprodutibilidade. Esse procedimento deve ser de fácil operação e deve possibilitar que a coluna seja do tipo "multipropósito", ou seja, a mesma coluna pode ser utilizada para purificação por mais de uma técnica cromatográfica, após substituição da fase estacionária. No caso deste exemplo, a coluna com características mais próximas ao calculado é a BPSS 400/200® (Amersham Biosciences®, Figura 16.3) de diâmetro, D, igual a 0,40 m, mesma altura (h) de 0,20 m (volume total de resina igual a 25,1 L) e capacidade de processamento de eluente igual a 632 L (25.100 × 453/18.000). Portanto, essa coluna é capaz de processar 100% da biomolécula-alvo (453 L) e permitir uma margem de segurança na produção de 28,3% (453 × 100/632 = 179 litros). Considerando que o rendimento da etapa I é de 88%, ou seja, perda de 12%, conclui-se que essa coluna comercial atende às necessidades de produção. As perdas na etapa II são de 15% e na etapa III são de 8%, ou seja, a coluna atende às três etapas do processo. Os cálculos aqui apresentados consideram que os tempos mortos (troca da fase estacionária entre as etapas I, II e III; carga e descarga da resina; e equilíbrio entre o eluente e a matriz) não afetam a produtividade. Caso contrário, recomenda-se aumentar o número de colunas a serem colocadas para purificação. Esse aumento também deve ser feito se a produção da biomolécula considerada neste exemplo precisar ser ampliada para mais de 10 kg por ano.

16.7 CONSIDERAÇÕES FINAIS

Aumenta a demanda pelo estabelecimento de novos, viáveis e eficientes processos de purificação de produtos biotecnológicos em escala industrial. Embora operações unitárias tradicionais ainda sejam rotineiramente utilizadas, novas tecnologias vêm surgindo, com o principal objetivo de reduzir o tempo de processo, aumentar a pureza e o rendimento e minimizar o custo global. Considerando que a etapa de purificação de produtos biotecnológicos está entre os principais desafios do processo, sobretudo porque representa elevada proporção do custo do produto, novos estudos, tanto em escala de bancada como na escala de produção, são continuamente realizados. Grandes desafios são colocados para se operar o escalonamento eficiente, como as garantias de que as estruturas das biomoléculas permanecerão idênticas às de quando estavam na escala de laboratório e de que haja viabilidade técnico-econômica do processo de produção. A ampliação de escala de processos cromatográficos vem sendo realizada com sucesso há várias décadas e é uma tecnologia bem dominada. No entanto, novas resinas e novas biomoléculas surgem, e as tecnologias são continuamente desafiadas. Portanto, é fundamental o conhecimento dos preceitos clássicos utilizados no escalonamento dos processos de purificação por cromatografia para se enfrentar os desafios das novidades que surgem com presteza.

EXERCÍCIOS

1. Cromatografia de interação hidrofóbica é empregada para a separação dos hormônios folículo-estimulante (FSH) e luteinizante (LH). Na escala laboratorial (L) empregou-se uma coluna de 10 cm de diâmetro interno e 50 cm de comprimento, preenchida ou "empacotada" com 12 g de fenil sefarose (*phenyl-sepharose*), a qual, quando operada sob vazão constante de 0,75 mL/min na eluição da amostra, resultou na separação dos dois hormônios, FSH e LH, nos tempos de retenção, t_r, de 2 e 3 minutos respectivamente. Na escala de produção, ou escala ampliada, P, será utilizada uma coluna com igual comprimento da coluna da escala laboratorial, ou seja, 50 cm, e diâmetro d_P de 1 m. Determine a vazão, F_P, e os volumes de eluição, V_r, ou seja, o volume do eluente que passa pela coluna até o instante de máxima concentração de cada molécula na saída da coluna (Capítulo 8).

Resolução:

As equações que seguem a escala laboratorial e a escala de produção (ampliada) são identificadas pelos índices L e P respectivamente. Na escala ampliada a velocidade superficial do eluente que passa pela coluna deve ser igual àquela aplicada na operação em escala laboratorial, portanto, pode-se aplicar a igualdade dada pela Equação 16.4 para a determinação do diâmetro da coluna de produção, d_P:

$$\frac{F_L}{(d_L)^2} = \frac{F_P}{(d_P)^2} \tag{16.4}$$

$$F_P = F_L\frac{(d_P)^2}{(d_L)^2} = 0,75\times\frac{1^2}{0,1^2} = 7500(\frac{mL}{min}) = 75(\frac{mL}{min})$$

Nesse escalonamento a altura das colunas nas duas escalas e a vazão do eluente na escala ampliada é tal que a velocidade superficial, V_s, será a mesma ($V_{sp} = V_{sL}$), portanto, o tempo de retenção para as moléculas FSH e LH, t_r, será o mesmo nas duas escalas ($t_{rp} = t_{rL}$), o que permite determinar os volumes de eluição, V_r, de acordo com a equação 8.1 do Capítulo 8:

$$V_r = F \times t_r$$

Para a molécula FSH:

$$V_r = 75 \times 2 = 150 \text{ mL}$$

Para a molécula LH:

$$V_r = 75 \times 3 = 225 \text{ mL}$$

2. Uma empresa que produz sobremesas necessita produzir diariamente alfa-amilase. A produção da enzima se dará a partir de 20 L de um meio fermentado de *A. oryzae* contendo 90 g da enzima. O processo de purificação dessa alfa-amilase deverá ser conduzido em duas etapas, sendo a primeira uma etapa de precipitação da enzima presente no meio fermentado e a segunda uma cromatografia de troca iônica. O rendimento de purificação da enzima é de 73% e 89%, respectivamente, para a precipitação e para a cromatografia de troca iônica.

a) Determinar a produção anual de alfa-amilase, considerando 240 dias de trabalho anuais.

b) Calcular as dimensões de uma coluna de troca iônica na escala de produção, sabendo que em escala de laboratório foi possível purificar 6,5 g de amostra em um dia numa coluna de altura de 1 m e diâmetro de 30 cm, sob vazão de eluição de 15 mL/min.

c) Calcular a vazão volumétrica de eluição, F_p, na coluna industrial.

Resolução:

Produção anual de alfa-amilase:

$90 \times 0{,}73 \times 0{,}89 = 58{,}5$ (g/dia)

$58{,}5 \times 240 = 14$ (kg/ano)

O volume da coluna de laboratório é:

$$V_{leitoL} = \pi \frac{D^2}{4} h = 70{,}7\ L$$

No escalonamento se mantém a proporção entre volume do meio (contendo a molécula a ser adsorvida) e volume de leito fixo, do que resulta a igualdade enunciada na Equação 16.1:

$$\frac{V_{meioL}}{V_{leitoL}} = \frac{V_{meioP}}{V_{leitoP}} \tag{16.1}$$

$$\frac{(massa\ produto)_L}{(massa\ produto)_P} = \frac{V_{meioL}}{V_{meioP}}$$

$$\frac{(massa\ produto)_L}{V_{leitoL}} = \frac{(massa\ produto)_P}{V_{leitoP}}$$

$$\frac{6,5\ g}{70,7\ L} = \frac{58,5\ g}{V_{leitoP}}$$

$$V_{leitoP} = 636,3\ L$$

Para uma coluna de 1 m de altura tem-se que o volume de fase estacionária será de 636,3 L e o diâmetro da coluna na escala de produção, d_P, será de 90 cm, conforme os cálculos que seguem:

$$V_{leitoP} = 636,3\ L$$

$$\text{Diâmetro da Coluna} = d_P = \sqrt{\frac{4.V}{h \times \pi}} = 2\sqrt{\frac{0,6363}{1 \times \pi}} = 90\ \text{cm}$$

$$d_P = 90\ \text{cm}$$

Considerando que a velocidade superficial de passagem do eluente através da coluna, v, deve ter o mesmo valor nas duas escalas, tem-se que é válido assumir a igualdade que segue e, através dela, determinar o valor de F_P como segue:

$$\frac{F_L}{(d_L)^2} = \frac{F_P}{(d_P)^2}$$

$$F_P = F_L \frac{(d_P)^2}{(d_L)^2} = 15 \times \frac{90^2}{30^2} = \frac{135\ \text{cm}^3}{\text{min}} = 135\ mL/\text{min}$$

REFERÊNCIAS BIBLIOGRÁFICAS

AMERSHAM BIOSCIENCES. A report from the first Plasma Products Biotechnology meeting *Downstream*. Thirty one, 1999.

GE HEALTHCARE LIFE SCIENCES®. *BioProcess Columns: BioProcess LPLC Columns*. 2017. General Electric Company doing business as GE Healthcare.

GE HEALTHCARE LIFE SCIENCES®. *Data file Process BioProcess Columns: Chromatoflow Columns* 18-1138-92AD. Uppsala, 2002. 6 p.

WHEELWRIGHT, S. M. *Protein purification: design and scale up of downstream processing*. New York: John Wiley & Sons, 1994.

CAPÍTULO 17
Cristalização

Roberto Guardani

Marcelo Martins Seckler

Marco Giulietti (in memoriam)

NOMENCLATURA

– Número de cristais

a – Atividade

B – Taxa de nucleação secundária, #.s^{-1}

c – Concentração de soluto na solução, mol.L^{-1}

G – Taxa de crescimento de cristais, m.s^{-1}

G – Energia livre de Gibbs, J/mol

K_{ef} – Coeficiente efetivo de distribuição, definido na Equação 22

L – Tamanho de cristal, m

M – Massa molar, kg.mol^{-1}

M_T – Densidade da suspensão, kg.m^{-3}

m_c – Massa de cristais, kg

N – Intensidade de agitação

N_N – Taxa de nucleação, #.s^{-1}

S – Razão de supersaturação

T – Temperatura, K

x – Fração molar de soluto na solução

LETRAS GREGAS

μ – Potencial químico, $J.mol^{-1}$

ν – Volume molecular, m^{-3}

ρ – Densidade, $kg.m^{-3}$

σ – Supersaturação relativa

σ_{sl} – Energia específica de superfície, $J.m^{-2}$

SOBRESCRITO

* – Em equilíbrio

LISTA DE PALAVRAS

Aditivos

Biomoléculas

Crescimento de cristais

Cristalização

Cristalizadores

Diagramas de equilíbrio

Equilíbrio de fases

Evaporação

Impurezas

Melt

Nucleação

Polimorfismo

Proteínas

Resfriamento

Supersaturação

Tamanho de cristais

Tempo de indução

Transformação de fases

17.1 INTRODUÇÃO

Cristalização é uma das mais antigas operações de separação utilizadas na indústria, principalmente nos setores metalúrgico, químico, farmacêutico, alimentício e mineral. O amplo uso da cristalização deve-se à possibilidade de obtenção de um componente relativamente puro a partir de uma mistura, quando comparada com outras operações de separação. Outra aplicação da cristalização é como um método de síntese de materiais particulados, comumente para acabamento de produtos biotecnológicos e de produtos químicos. O desempenho desses produtos está intimamente relacionado às características dos cristais produzidos, como a pureza, a distribuição de tamanhos de partículas e a forma dos cristais. O Quadro 17.1 apresenta um resumo das propriedades dos cristais e seus principais efeitos sobre o desempenho dos produtos.

Quadro 17.1 Propriedades de cristais e seus efeitos sobre o desempenho dos produtos biotecnológicos

Propriedade dos cristais	Efeito no desempenho do produto
Cristalinidade (presença de material amorfo ou microcristalino)	Estabilidade física e química, reatividade.
Formação de polimorfos, hidratos, defeitos cristalinos	Biocompatibilidade, higroscopicidade, solubilidade
Distribuição de tamanhos de cristais (DTC)	Segregação, sabor, aspecto, solubilidade
Impurezas e resíduos de solvente	Toxicidade, sabor, aspecto
Morfologia e estrutura da superfície	Manuseio, aglomeração, adsorção, solubilidade

Nos processos de cristalização o ponto de partida é uma solução cujo soluto deseja-se cristalizar. Existem diversos métodos de cristalização, conforme mostra o Quadro 17.2. O método mais simples é a cristalização por resfriamento, empregado para cristalizar compostos cuja solubilidade diminui com a temperatura: ao se resfriar uma solução concentrada, parte do soluto cristaliza. Quando a solubilidade varia pouco com a temperatura, é recomendado o método de cristalização evaporativa. Nesse caso, calor é fornecido à solução para promover a evaporação do solvente, com consequente aumento da concentração do soluto no solvente remanescente e sua subsequente cristalização. A cristalização evaporativa é frequentemente conduzida a vácuo para reduzir a temperatura de ebulição, evitando, assim, a degradação do produto. Outra forma de se cristalizar é por precipitação, que pode se dar como consequência de uma reação química ou por precipitação física. Na precipitação por reação química, compostos solúveis reagem para formar um produto pouco solúvel. No método de antissolvente, um composto (o antissolvente) é adicionado à solução original, resultando em um solvente misto no qual a solubilidade do soluto é menor, o que provoca a cristalização do soluto.

Em casos específicos, voltados à purificação de produtos, é feita a cristalização a partir do estado fundido, em que o componente majoritário cristaliza a partir de um banho no estado fundido (denominado em inglês de *melt crystallization*).

O processo de cristalização em escala industrial pode ser também classificado segundo o modo de operação, conforme apresentado no Quadro 17.2.

Quadro 17.2 Classificação de processos industriais de cristalização

Método de cristalização	Modo de operação
Resfriamento Evaporativo Precipitação (reação química) Precipitação (antissolvente) A partir do estado fundido (*melt*)	Contínuo Semicontínuo Em bateladas

Neste capítulo apresenta-se inicialmente o conceito de supersaturação, que é a força motriz para o processo de cristalização. Em seguida são descritos os processos elementares da cristalização, que ocorrem quando o soluto se encontra numa solução supersaturada, a saber, a nucleação da fase sólida e o crescimento dos cristais. Na cristalização de biomoléculas, é comum existir mais de uma fase sólida constituída pelo mesmo soluto, isto é, um soluto pode formar vários polimorfos, que também são aqui abordados. A seguir, são descritos os principais métodos de cristalização aplicados industrialmente, com ênfase na cristalização de biomoléculas. Há ainda uma seção dedicada ao projeto de tais sistemas e uma descrição das peculiaridades das biomoléculas que são importantes para os processos de cristalização.

17.2 SUPERSATURAÇÃO

Uma solução é considerada saturada quando está em equilíbrio com a fase sólida a uma dada temperatura. Uma solução é considerada supersaturada em relação a um soluto quando contém mais soluto dissolvido do que a quantidade prevista pela concentração de equilíbrio. Seja por exemplo o sistema L-ácido glutâmico em água, cuja curva de solubilidade é mostrada na Figura 17.1a. Uma solução cujo estado termodinâmico é representado na figura pelo par concentração-temperatura $c^*(T)$ é dita saturada, enquanto uma solução no ponto $c(T)$ é dita supersaturada. A condição necessária para que ocorra a cristalização a partir de uma solução é que esta esteja supersaturada.

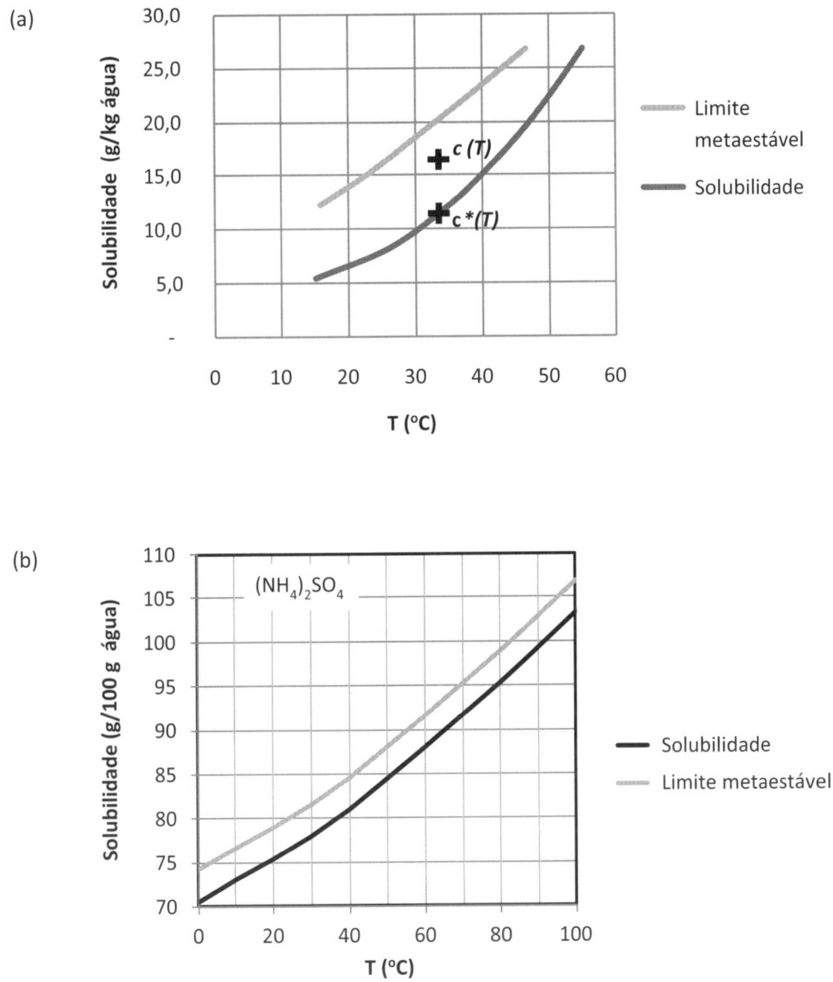

Figura 17.1 Curvas de solubilidade e do limite metaestável para soluções aquosas de L-ácido glutâmico (a) e sulfato de amônio (b).

Essa diferença entre a concentração do soluto, c, e a concentração de equilíbrio na mesma temperatura e pressão, isto é, a sua solubilidade, c^*, é denominada supersaturação e é uma medida do afastamento em relação ao equilíbrio do sistema:

$$\Delta c = c - c^* \tag{17.1}$$

Além dessa, existem outras formas de se exprimir o afastamento do equilíbrio (ver NÝVLT; HOSTOMSKÝ; GIULIETTI, 2001), entre as quais podem-se citar a razão de saturação, S, e a supersaturação relativa, σ:

$$S = \frac{c}{c^*} \tag{17.2}$$

$$\sigma = \frac{\Delta c}{c^*} = S - 1 \qquad (17.3)$$

Embora úteis para aplicações tecnológicas, essas definições não representam a força motriz fundamental para a mudança de fase. A expressão rigorosa para a supersaturação é baseada na diferença entre o potencial químico do soluto na solução e na condição de equilíbrio. Para um soluto não solvatado em uma solução binária, essa diferença pode ser expressa como:

$$\Delta\mu = \mu_{solução} - \mu^* = \mu_{solução} - \mu_{cristal} \qquad (17.4)$$

Na segunda expressão acima usamos a identidade $\mu^* = \mu_{cristal}$ válida no equilíbrio, no qual os potenciais químicos do soluto em solução e na fase sólida são iguais. Para processos à temperatura e pressão constantes, o potencial químico é expresso a partir do potencial no estado padrão e da atividade:

$$\mu = \mu_0 + RT \ln a \qquad (17.5)$$

A força motriz para a cristalização é definida, então, como:

$$\frac{\Delta\mu}{RT} = \ln\left(\frac{a}{a^*}\right) = \ln S_a \qquad (17.6)$$

em que S_a é a razão de supersaturação expressa como o quociente entre a atividade da solução (a) e da solução saturada (a^*). Muitas vezes, componentes que constituem o sólido podem estar presentes na solução em proporções arbitrárias. No caso de cristalização por reação química, a equação 17.6 pode ser adaptada para levar em consideração as atividades de todas as espécies que constituem o sólido, ficando então na forma:

$$\frac{\Delta\mu}{RT} = ln\left(\frac{\prod_i a_i^{\nu_i}}{K_{sp}}\right) \qquad (17.7)$$

Em que K_{sp} é o produto de solubilidade do composto que cristaliza e v_i são os coeficientes estequiométricos das espécies na composição do sólido. Quando a temperatura é variável, como no caso de cristalização por resfriamento,

$$\Delta\mu = \frac{\Delta H}{T}(T - T^*) \qquad (17.8)$$

sendo também usual expressar o afastamento do equilíbrio simplesmente por $(T - T^*)$, denominado subresfriamento:

$$DT = (T - T^*) \qquad (17.6)$$

Os fundamentos termodinâmicos relacionados ao cálculo da supersaturação podem ser vistos com mais detalhes em livros-textos incluídos na bibliografia indicada, como em Lewis et al. (2015). Em processos industriais de cristalização, a supersaturação é geralmente expressa pelas equações 17.1 a 17.3 e 17.9.

Curvas de solubilidade, como aquelas mostradas na Figura 17.1, podem ser representadas por expressões com a seguinte forma:

$$\log x = A + \left(B/T \right) + C \log T \tag{17.10}$$

em que x é a concentração de soluto (por exemplo, fração molar), T é a temperatura absoluta e A, B e C são constantes empíricas. A região do gráfico que compreende soluções supersaturadas é dividida em duas partes pela curva do limite metaestável. Se a supersaturação for suficientemente alta e ultrapassar o limite metaestável, a região é denominada "lábil", e a nucleação primária de cristais ocorre espontaneamente. Esses cristais podem subsequentemente crescer. No entanto, se a supersaturação for menor que o limite metaestável, o sistema encontra-se na região "metaestável", na qual não ocorre a formação espontânea de cristais, podendo apenas haver o crescimento de cristais preexistentes. Enquanto a curva de solubilidade é uma grandeza termodinâmica, a curva do limite metaestável é obtida a partir de uma escala de tempo arbitrária (se um tempo suficientemente longo for considerado, o sistema tende ao equilíbrio e a curva metaestável coincide com a curva de solubilidade). Usualmente a escala de tempo em processos industriais é da ordem de minutos a horas. Na prática, a curva do limite metaestável depende das condições de formação da supersaturação, por exemplo, da taxa de resfriamento da solução.

Uma curva de solubilidade é um pequeno trecho do diagrama de fases. Diagramas de equilíbrio para sistemas multifásicos, ou simplesmente diagramas de fases, são apresentados graficamente, como mostra a Figura 17.2, para um sistema puro, ou como na Figura 17.3, para um sistema binário eutético. A Figura 17.4 mostra um diagrama de fases para um sistema binário no qual os componentes formam solução sólida em toda a faixa de composições.

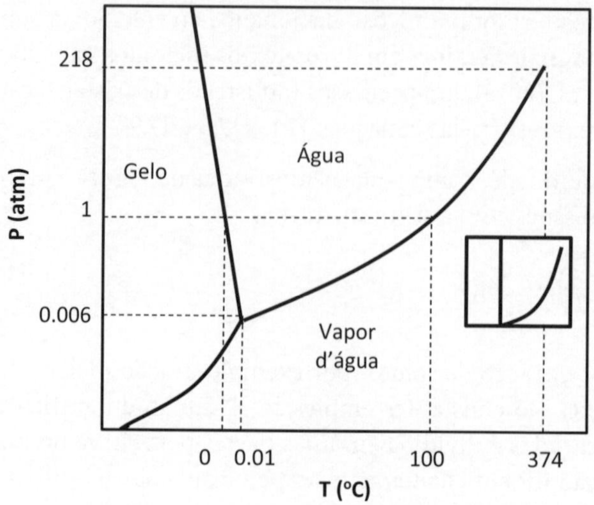

Figura 17.2 Diagrama de fases para um sistema puro, a água. Desenho fora de escala; o quadro menor dá uma ideia da escala real.

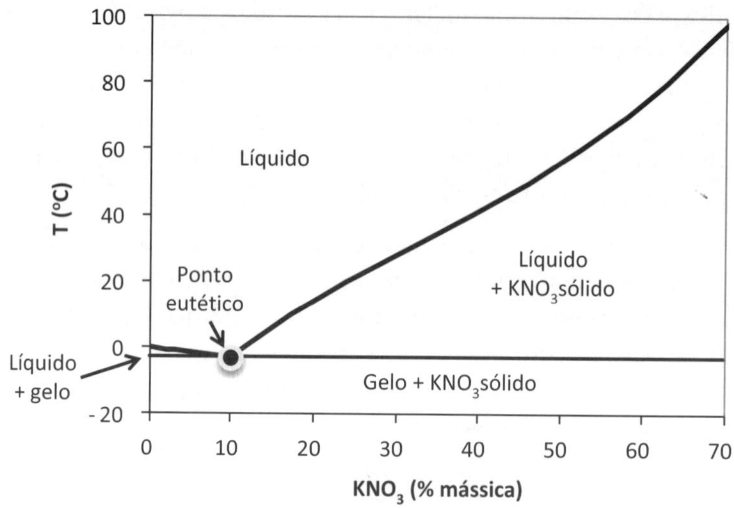

Figura 17.3 Diagrama de fases para um sistema binário eutético, KNO_3-H_2O. Na composição eutética, há 3 fases em em equilíbrio: gelo, KNO_3 sólido e solução.

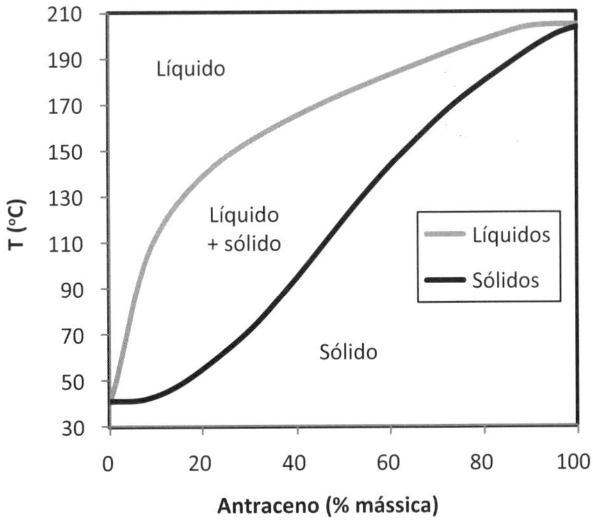

Figura 17.4 Diagrama de fases para um sistema binário no qual os componentes formam solução sólida em toda a faixa de composições; sistema antraceno-benzofenona.

Nesses diagramas, as fases presentes são indicadas em cada região. Também é possível ler a composição de cada fase, e até mesmo a quantidade relativa de cada fase, aplicando-se balanços de massa, que são simplificados na forma da "regra da alavanca". Fontes de informação referentes à interpretação e cálculo de composição de diagramas de equilíbrio podem ser encontradas em livros-texto sobre transformações de fase e de cristalização.

17.3 MECANISMOS E CINÉTICA DE CRISTALIZAÇÃO

A cristalização envolve dois processos elementares principais. O primeiro deles é denominado nucleação e consiste no estágio inicial da formação da fase sólida a partir de uma solução supersaturada, levando à formação de partículas denominadas núcleos. O segundo é denominado crescimento molecular e consiste no aumento de tamanho dos núcleos ou de cristais preexistentes. Esses dois processos elementares são descritos a seguir.

17.3.1 NUCLEAÇÃO

A formação de núcleos, ou nucleação, determina o tamanho dos cristais do produto final em processos de cristalização, assim como a sua pureza e propriedades físicas. A massa de cristais, m_c, dada pelo balanço material, e o número de cristais, N_c, relacionam-se com o tamanho, L, de acordo com a expressão:

$$m_c = N_c \alpha \rho_c L^3 \tag{17.11}$$

Para dois experimentos de cristalização, com idênticas concentrações iniciais e finais da solução, mas com diferentes números de cristais formados, $N_{c,1}$ e $N_{c,2}$, a razão entre os tamanhos médios dos cristais é dada por:

$$\frac{L_{m,1}}{L_{m,2}} = \left(\frac{N_{c,2}}{N_{c,1}}\right)^{1/3} \tag{17.12}$$

Portanto, se $N_{c,1} > N_{c,2}$, então $L_{m,1} < L_{m,2}$, isto é, quanto maior o número de núcleos de cristais formados, menor será o tamanho dos cristais.

A nucleação pode ser classificada como *primária* ou *secundária*. A nucleação *primária* é dita homogênea quando há formação da fase sólida a partir de uma solução homogênea. Se houver substâncias sólidas estranhas ao meio (por exemplo, pequenas partículas de pó, coloides), a nucleação se dá de forma *primária heterogênea*. A nucleação primária homogênea pode ser desconsiderada na prática, pois as soluções industriais sempre contêm partículas de algum material contaminante.

A *nucleação secundária* ocorre em suspensões contendo cristais da mesma substância. Embora a nucleação primária e secundária possam ocorrer simultaneamente, a nucleação secundária prevalece em cristalizadores industriais, enquanto a nucleação primária heterogênea torna-se importante somente em elevadas supersaturações, como em processos de precipitação, ou na etapa inicial de uma cristalização em bateladas sem semeadura.

17.3.2 NUCLEAÇÃO PRIMÁRIA

Um núcleo pode nascer na solução somente a partir de um dado valor da supersaturação. A solubilidade de partículas muito pequenas depende do seu tamanho, L, e é expressa pela equação aplicada por Ostwald (1900) e Freundlich (1926):

$$\ln\left[\frac{c_L}{c^*}\right] = \frac{4M\sigma_{sl}}{\nu RT\rho_c L} \tag{17.13}$$

em que c_L e c^* representam a solubilidade de cristais de tamanho L e de tamanho infinito, respectivamente. Esta última é convencionalmente adotada como a concentração de equilíbrio. O termo σ_{sl} representa a energia específica de interface cristal-líquido; ν é o número de íons dissociados por molécula e R a constante dos gases. M é a massa molar e T a temperatura. Assim, pequenos cristais são mais solúveis que os maiores. De acordo com a teoria clássica da nucleação, as moléculas ou íons do soluto, aqui denominadas unidades de crescimento (isto é, unidades elementares de construção do cristal), se agrupam em *clusters* da seguinte forma:

$$\begin{array}{lllll} a & + & a & \overleftarrow{\rightarrow} & a_2 \\ a_2 & + & a & \overleftarrow{\rightarrow} & a_3 \\ a_{i-1} & + & a & \overleftarrow{\rightarrow} & a_i \end{array} \qquad (17.14)$$

em que os símbolos a_i representam *clusters* contendo *i* unidades de crescimento (MULLIN, 2001). Devido ao pequeno número de unidades de crescimento que constitui esses *clusters*, eles apresentam pequenas dimensões (*L* na Equação 17.13) e, portanto, alta solubilidade, sendo por isso instáveis. Essas reações são reversíveis, de forma que *clusters* instáveis de diversos tamanhos encontram-se em equilíbrio dinâmico em solução. Tão logo um dado *cluster* atinja um tamanho crítico, correspondente à sua solubilidade, as forças atrativas no *cluster* prevalecem sobre a ação de partículas próximas presentes na solução e o *cluster* torna-se termodinamicamente estável, passando a ser denominado *núcleo*. O aumento subsequente do núcleo é denominado crescimento e será visto no item a seguir.

A taxa de formação de núcleos, isto é, a taxa de nucleação primária homogênea, N_N (em número de cristais por unidade de tempo por unidade de volume de solução) pode ser descrita pela Equação 17.15:

$$N_N = k' \exp\left(-\Delta G / RT\right) \qquad (17.15)$$

Onde *k'* é uma constante. O termo ΔG (J/mol) refere-se à variação da energia livre de Gibbs associada à formação de um *cluster* de tamanho *L* a partir das unidades de crescimento dispersas em solução, sendo representada pela soma de dois termos, na forma da Equação 17.16.

$$\Delta G = -\alpha L^3 \Delta\mu / v + \beta L^2 \sigma_{sl} \qquad (17.16)$$

em que $\Delta\mu$ representa a supersaturação, σ_{sl} (J/m^2) é a tensão interfacial cristal-solução, ν é o volume molar e α e β são, respectivamente, os fatores de forma de volume e de superfície. O primeiro termo do lado direito da Equação 17.16 representa a diminuição da energia livre de Gibbs associada à formação da fase sólida a partir de uma solução supersaturada, enquanto o segundo termo representa o aumento da energia livre devido à formação da interface sólido-líquido. Assim, $\Delta G = \Delta G_{vol.} + \Delta G_{interface}$, em que o primeiro termo da direita representa a força motriz para a cristalização ($\Delta G_{vol} < 0$), enquanto o segundo representa uma barreira a ela ($\Delta G_{interface} > 0$). O primeiro termo é proporcional ao volume da fase sólida formada, enquanto o segundo termo é proporcional à sua superfície. Como o primeiro termo diminui com o cubo do tamanho do *cluster* e o segundo termo aumenta com o seu quadrado, a energia livre de Gibbs passa por um máximo, que corresponde ao tamanho crítico, $L_{crít}$, conforme ilustrado na Figura 17.5.

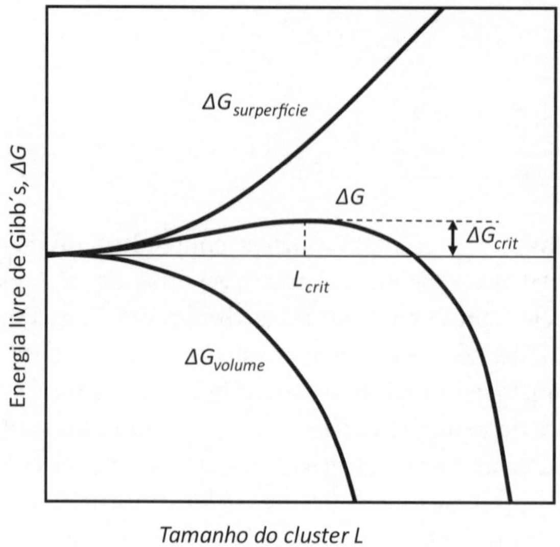

Figura 17.5 Dependência da energia livre de Gibbs com o tamanho do cluster.

Clusters com tamanho menor que o crítico são instáveis e tendem a se dissolver, enquanto *clusters* maiores que o crítico são denominados cristais e tendem a crescer. Os *clusters* com tamanho crítico são denominados núcleos. A combinação das equações 17.15 e 17.16, após alguma manipulação, resulta na taxa de nucleação N_N na forma de uma expressão de Arrhenius.

$$N_N = A\exp\left[\frac{-4\beta^3\sigma_{sl}^{\ 3}\nu^2}{27\alpha^2k^3T^3\left(\ln S\right)^2}\right] \tag{17.17}$$

em que A (em #.s^{-1}) é um fator pré-exponencial, S é a razão de supersaturação, é o volume molecular, k é a constante de Boltzmann. Pela Equação 17.17, verifica-se que a supersaturação tem um efeito muito forte sobre a taxa de nucleação primária.

A presença de partículas estranhas no sistema resulta em taxas de nucleação consideravelmente maiores que aquelas previstas pela Equação 17.17. Nesses casos ocorre a *nucleação primária heterogênea*, típica de processos industriais, e o processo pode ser analisado de forma análoga à nucleação primária homogênea, adaptando-se apenas a energia interfacial para a formação do núcleo. Nesse caso a energia interfacial é menor que no caso homogêneo, pois já há uma superfície disponível pertencente à partícula estranha. É possível, assim, substituir a energia interfacial σ_{sl} nas Equações 17.16 e 17.17 por uma energia interfacial efetiva $\sigma_{sl,eff}$. Tanto σ_{sl} quanto $\sigma_{sl,eff}$ são obtidas empiricamente, mas apenas a primeira é uma propriedade da interface cristal-solução, enquanto a segunda também depende da afinidade entre a partícula estranha e o composto que cristaliza, com $0 < \sigma_{sl,eff} < \sigma_{sl}$.

Estudos recentes em nucleação mostraram que alguns sistemas, sobretudo biomoléculas, apresentam taxas de nucleação muitas ordens de grandeza menores que as previstas pela teoria clássica exposta anteriormente. Essa discrepância pode ser explicada pela nucleação em duas etapas (VEKILOV, 2010). Numa primeira etapa formam-se *clusters* líquidos de mais alta densidade, sendo que a nucleação propriamente dita ocorre na etapa seguinte, no interior desses *clusters* densos. No caso de minerais (SEAR, 2012), numa primeira etapa são formados *clusters* constituídos por sólidos amorfos. Esses *clusters* submetem-se à agregação e finalmente a fase cristalina nucleia dentro desses agregados. Lewis et al. (2015) apresentam uma revisão didática dessas teorias.

Algumas vezes a taxa de nucleação primária é aproximada por uma expressão empírica do tipo

$$N_N = k_N \Delta c^n \tag{17.18}$$

em que a constante de nucleação primária, k_N, e a ordem do processo, n, dependem de propriedades físicas e da fluidodinâmica do sistema. O expoente n normalmente tem valor maior que 2.

17.3.3 NUCLEAÇÃO SECUNDÁRIA

Núcleos secundários são fragmentos de cristais em cristalização. A nucleação secundária resulta principalmente de contato mecânico, que pode ocorrer entre cristais maduros, entre tais cristais e paredes ou partes internas do cristalizador, ou ainda entre cristais maduros e pás do agitador. Embora existam vários estudos voltados à obtenção de correlações entre taxa de nucleação secundária e variáveis do sistema, não há correlações universalmente aceitas baseadas em fenômenos físicos. Modelos recentes podem ser encontrados em Lewis et al. (2015). Uma expressão empírica simples que tem sido amplamente usada para cristalizadores industriais é a seguinte:

$$B = k_B M_T^j N^l \Delta c^b \tag{17.19}$$

em que B é a taxa de nucleação secundária (#/s/m^3), k_B é a constante de nucleação secundária, M_T é a densidade da suspensão, N relaciona-se à intensidade de agitação (por exemplo, taxa de rotação do agitador) e Δc é a supersaturação. Os expoentes j, l e b variam com o sistema e condições de operação. A fenomenologia implícita nessa correlação é a seguinte. A densidade da suspensão M_T determina a quantidade de choques cristal-cristal ($j = 2$) ou de colisões cristal-impelidor ou cristal-paredes ($j = 1$). A intensidade de agitação determina o número de fragmentos (núcleos secundários) por colisão ou o número de colisões em geral ($0{,}6 < l < 0{,}7$). A supersaturação tem um papel fundamental no processo de nucleação secundária. Ela induz o crescimento cristalino que restitui arestas e cantos vivos nos cristais, que são os pontos preferenciais para a formação dos núcleos secundários por colisão. Usualmente, $1 < b < 3$. Há ainda um fator importante não levado em conta na Equação 17.19: partículas pequenas (< ~100 μm) não participam do processo de nucleação por sua pequena inércia. A desvantagem dessa abordagem para a nucleação secundária é que os parâmetros devem ser obtidos para cada sistema e equipamento.

17.3.4 TEMPO DE INDUÇÃO

O tempo de indução refere-se ao fato de ocorrer, em processos de cristalização em batelada, um atraso entre o momento em que é atingida a supersaturação suficiente para ocorrer nucleação e o momento de início da formação dos primeiros cristais. Não há correlações teóricas ou empíricas para estimar o tempo de indução com precisão. No entanto, dada a sua importância para o controle de processos, é importante que se realizem medições do tempo de indução no sistema, principalmente verificando-se o efeito de impurezas, que podem alterar significativamente esse tempo. O tempo de indução é afetado pela viscosidade, presença de impurezas, temperatura e tensão interfacial.

17.3.5 CRESCIMENTO DE CRISTAIS

Uma vez formados núcleos em uma solução supersaturada, estes podem crescer para formar cristais. O crescimento de cristais envolve duas etapas: (1) transporte de unidades de crescimento (íons ou moléculas de soluto) desde o seio da solução até a superfície do cristal e (2) integração superficial, isto é, reação de integração das unidades de crescimento à cela cristalina na superfície do cristal. A etapa mais lenta do processo determina a taxa de crescimento cristalino, G, definida como a taxa de aumento de seu tamanho, L, ao longo do tempo, t, ou seja, $G = dL/dt$. Nos casos de cristalização em suspensões estáticas, em soluções altamente viscosas e também no caso de substâncias altamente solúveis (solubilidade superior a 300 kg/kg solvente, para as quais a etapa de integração superficial é rápida), a taxa de crescimento G é controlada pelo transporte por difusão, podendo ser expressa por:

$$G = DvN_A \Delta c / L \qquad (17.20)$$

em que D é o coeficiente de difusão, v é o volume molecular, N_A é o número de Avogadro e L é o tamanho do cristal. No entanto, quando a cristalização ocorre em suspensões agitadas e também no caso de substâncias moderadamente solúveis ou pouco solúveis (solubilidade inferior a 300 kg/kg solvente), a etapa de integração superficial controla a taxa de crescimento G, que em geral se expressa da seguinte forma:

$$G = k_G \Delta c^g \qquad (17.21)$$

em que k_G é uma constante de crescimento de cristais e g, a ordem do processo de crescimento, que normalmente varia entre 1 e 2.

Vários aspectos relacionados com o crescimento de cristais devem ser considerados em processos industriais, pois afetam diretamente as características dos cristais obtidos. Esses aspectos são discutidos a seguir.

17.3.6 INTERAÇÕES ENTRE CRESCIMENTO E NUCLEAÇÃO

Para um sistema de cristalização, a ordem de crescimento *g* é geralmente menor do que a ordem de nucleação primária (*n* na Equação 17.18) e menor do que a ordem de nucleação secundária (*b* na Equação 17.19). Portanto, a taxa de crescimento *G* aumenta mais suavemente com a supersaturação do que a taxa de nucleação N_N, como pode ser visualizado na Figura 17.6. O resultado prático desse comportamento é que o tamanho médio dos cristais obtidos, L_m, diminui com o aumento da supersaturação.

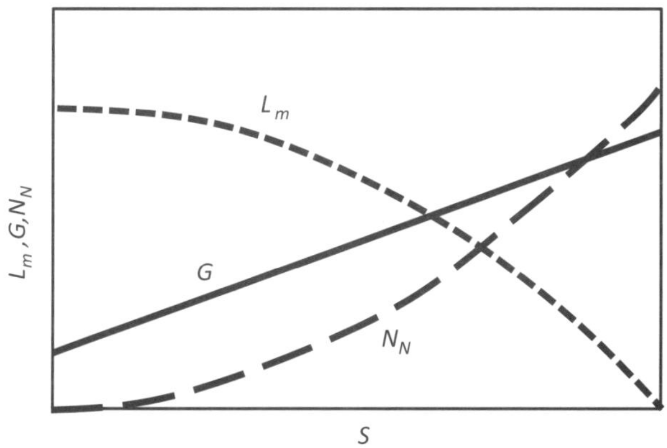

Figura 17.6 Curvas típicas das taxas de nucleação, N_N (#/s/m³), de crescimento de cristais, G (m/s), e do tamanho médio dos cristais produzidos, L_m (m), em função da razão de supersaturação, S.

Em cristalizadores industriais, os processos de nucleação e de crescimento de cristais contribuem para determinar a distribuição de tamanhos de cristais. Essa distribuição é usualmente determinada inserindo-se as taxas de nucleação e crescimento numa equação de balanço populacional, a qual descreve como a distribuição de tamanhos de partículas se altera como consequência da nucleação e crescimento. Assim, os cálculos relacionados ao projeto e à análise de processos de cristalização devem envolver, além dos balanços de massa e de energia, o balanço populacional dos cristais do sistema. Uma descrição detalhada dos balanços populacionais é encontrada no livro-texto de Randolph e Larson (1988).

17.3.7 EFEITOS DE ADITIVOS E IMPUREZAS

A causa mais comum para alterações no hábito de cristais, isto é, na sua forma externa, é a presença de compostos capazes de afetar a taxa de crescimento de faces específicas dos cristais, mesmo quando se encontram em concentrações muito baixas (na ordem de 1 ppm, por exemplo). Quando a alteração de hábito é realizada propositadamente, a substância é considerada um aditivo. Aditivos são empregados, por exemplo, para induzir certos hábitos cristalinos que ajudam a evitar a incrustação por cristais nas superfícies de trocadores de calor industriais. Quando a substância está presente inadvertidamente, ela é simplesmente uma impureza. Uma impureza que favoreça a formação de cristais com hábito tabular provoca diminuição nas taxas de filtração dos cristais. A ação dos aditivos e impurezas se dá por diferentes mecanismos: podem ser adsorvidos na superfície de determinadas faces dos cristais ou substituir certos íons formadores dos cristais, inibindo a taxa de crescimento de certas faces dos cristais, alterando, assim, o hábito cristalino.

É cada vez mais frequente a aplicação de princípios de mecânica quântica para prever o efeito de aditivos sobre o hábito cristalino, utilizando-se técnicas de modelagem molecular (MYERSON, 2005; SCHMIDT; ULRICH, 2012).

17.3.8 INCLUSÕES EM CRISTAIS

As inclusões são substâncias sólidas, líquidas, ou gasosas, dispersas no interior de um cristal. Normalmente apresentam-se na forma de bolsas ou partículas, de dimensões microscópicas. Em cristais produzidos industrialmente, a forma mais comum de inclusão são bolsas de solução mãe. São problemáticas, principalmente quando a cristalização é realizada para se obter um produto particulado puro, pois a solução mãe alojada no cristal retém as impurezas da solução original. A principal causa da formação de inclusões em cristais é a alta taxa de crescimento, estando associada à forma irregular das superfícies dos cristais que crescem nessa condição. Na prática industrial, há um compromisso entre taxa de produção de cristais e eficiência da purificação. Assim, deve ser selecionado um valor intermediário de supersaturação, que resulte em alta taxa de crescimento de cristais, mas sem comprometer a pureza do produto.

17.3.9 AGLOMERAÇÃO DE CRISTAIS

Há duas situações em que pode ocorrer a aglomeração de cristais: no armazenamento dos produtos e no cristalizador. A primeira situação é a mais comum. Materiais higroscópicos armazenados em ambiente úmido, ou que não tenham sido adequadamente secados, podem sofrer solubilização parcial. Com oscilações de temperatura durante a armazenagem, há dissoluções e recristalizações sucessivas de parte dos cristais, gerando pontes sólidas entre eles, o que resulta em aglomerados muitas vezes com alta resistência mecânica, o que dificulta o manuseio e a utilização subsequente. Esses processos são conhecidos na indústria como "empedramento".

A aglomeração também pode ocorrer em cristalizadores durante o crescimento dos cristais. Pode ser dividida em aglomeração pericinética e ortocinética. Na primeira, o aglomerado é produzido pela colisão entre partículas, ocasionada por movimento browniano das partículas no líquido, sem ação de forças externas. É importante para partículas menores que 1 μm. Já a aglomeração ortocinética ocorre devido ao choque mecânico entre as partículas, provocado pelo movimento da suspensão, pela ação, por exemplo, de um agitador mecânico. Em sistemas industriais, a aglomeração depende da supersaturação, da força iônica (se existir) e da agitação mecânica. Esta última aumenta o choque das partículas favorecendo a aglomeração, mas se for muito intensa agirá no mecanismo de quebra dos agregados. A tendência à aglomeração ocorre frequentemente em cristais pequenos (< 100 μm), sob agitação. Ao se chocarem, tais cristais permanecem aderidos uns aos outros por tempo suficiente para possibilitar a formação de uma camada sólida que os une, formando um aglomerado. Há substâncias com maior tendência de aglomeração que outras, assim como há determinadas condições de processo que favorecem a aglomeração. Normalmente, alta agitação e alta força iônica diminuem a aglomeração. O pH também é um fator importante, pois determina a carga das partículas: no ponto isoelétrico a tendência à aglomeração é máxima.

17.4 TRANSFORMAÇÕES DE FASES E POLIMORFISMO

17.4.1 POLIMORFISMO E PSEUDOPOLIMORFISMO

Diversas substâncias exibem polimorfismo, que frequentemente é definido como a capacidade de um composto sólido de existir em duas ou mais fases cristalinas, as quais possuem diferentes arranjos ou conformações das moléculas no retículo cristalino. Ou seja, polimorfos são sólidos com diferentes estruturas cristalinas da mesma substância química. Como resultado, os polimorfos exibem diferentes propriedades mecânicas, térmicas e também interações diferenciadas com sistemas biológicos. Industrialmente, a obtenção do polimorfo desejado é, portanto, crucial para se garantir o desempenho mecânico, físico-químico e as interações desejadas com os sistemas biológicos.

A ocorrência de polimorfismo é tão comum que, em 1899, Ostwald concluiu que praticamente todas as substâncias poderiam exibi-lo, desde que em condições experimentais convenientes. O desenvolvimento da química do estado sólido no século XX comprovou essa afirmação. Por exemplo, o nitrato de amônio (fertilizante e explosivo) possui cinco polimorfos identificados; o fármaco fenobarbital apresenta treze formas polimórficas identificadas.

Alguns materiais podem assumir outras formas sólidas que, por vezes, são confundidas com polimorfos, mas são mais adequadamente classificadas como pseudopolimorfos, já que não apresentam exatamente a mesma composição. Exemplos de tais ocorrências são:

- *Solvatos* – os pseudopolimorfos partilham as moléculas de soluto mas apresentam diferentes quantidades de solvente na estrutura cristalina da fase sólida ($CuSO_4.5H_2O$ e $CuSO_4.H_2O$, e $CaSO_4$ e $CaSO_4.2H_2O$, NaCl e $NaCl.2H_2O$);
- *Sais duplos ou compostos* – sistemas multicomponentes podem formar estruturas cristalinas em que mais de um íon ou componente podem se organizar no retículo cristalino, formando um sal duplo, ou um aduto ($NaCl.MgCl_2.6H_2O$, $NaCl.CO(NH_2)_2.H_2O$);
- *Sólidos amorfos* – formados por sistemas iônicos ou moleculares pouco ordenados em sua estrutura cristalina (fosfato tricálcico amorfo e cristalino, carbonato de cálcio amorfo e cristalino). Moléculas de alto peso molecular como proteínas usualmente formam tanto sólidos amorfos quanto cristalinos.

17.4.2 ESTABILIDADE DE POLIMORFOS

A estabilidade de uma forma cristalina de um composto depende de propriedades termodinâmicas, sendo válida a regra das fases de Gibbs. Para um sistema constituído por um solvente e dois polimorfos a pressão constante, a coexistência dos polimorfos ocorre em uma única temperatura (uma situação análoga possível, mas menos comum, consiste em se arbitrar a temperatura, quando polimorfos coexistem numa única pressão). A temperatura na qual dois polimorfos em solução estão em equilíbrio é chamada de *temperatura de transição.* O diagrama de fases de tais sistemas, ou simplesmente as curvas de solubilidade dos diversos polimorfos de uma substância, determina as condições em que cada polimorfo é estável, bem como a condição para a coexistência de dois polimorfos. A uma dada temperatura, quanto menor a solubilidade de um polimorfo, maior sua estabilidade em relação aos demais. Assim, se as solubilidades de dois polimorfos I e II são tais que $x^*(II) < x^*(I)$, então o polimorfo II é mais estável que o polimorfo I. Os diagramas de fase (solubilidade) de polimorfos recaem em geral em uma de duas categorias: o sistema *monotrópico,* no qual um dos polimorfos é mais solúvel que o outro em qualquer temperatura, e o sistema *enantiotrópico,* no qual o polimorfo mais solúvel a baixas temperaturas é o menos solúvel em temperaturas mais elevadas. Nos sistemas enantiotrópicos a temperatura de transição é dada pela interseção das curvas de solubilidade dos polimorfos. A Figura 17.7 ilustra os dois sistemas.

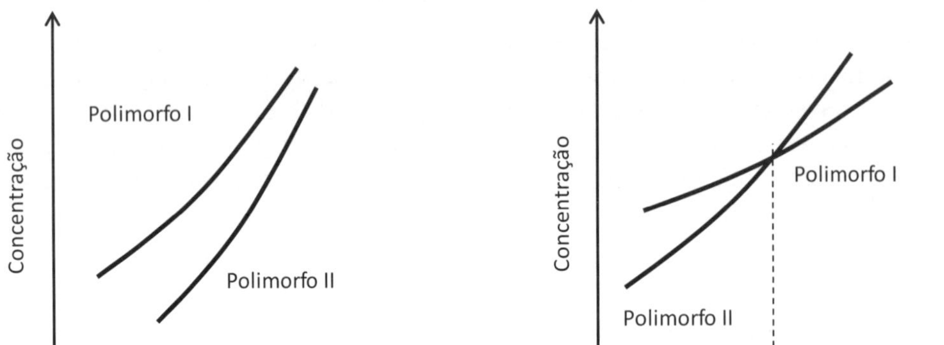

Figura 17.7 Curvas de solubilidade para sistemas monotrópicos (a) e enantiotrópicos (b).

17.4.3 ESTRUTURA E TRANSIÇÕES DE FASE

Uma substância forma polimorfos porque há diversos empacotamentos cristalinos, visando minimizar a energia livre da fase sólida. Por vezes diferentes empacotamentos são causados por interações intermoleculares ou entálpicas, e outras por efeitos entrópicos. Assim, pode haver diferentes arranjos para as mesmas moléculas ou diferentes arranjos para moléculas internamente diferentes (flexões, rotações e torções em certos radicais das moléculas).

Em geral, as transições de fase seguem a regra dos estágios de Ostwald: se um composto apresenta polimorfismo, a fase que primeiro se forma é a de maior solubilidade, seguindo-se transformações para fases menos solúveis. As fases subsequentes se formam às custas da dissolução de fases precedentes. Ao final, resta uma única fase em equilíbrio, a fase estável. Os diagramas de equilíbrio sólido-líquido permitem identificar qual a sequência de formação das fases. Em alguns casos, é necessário analisar o diagrama de fases levando em conta a supersaturação, pois ela pode influenciar quais fases metaestáveis serão formadas.

As transições de fase podem ser agrupadas em dois tipos. Nas transformações *reconstrutivas* (mediadas por solvente), as estruturas dos polimorfos são tão diferentes que a transição só pode se dar pela total desintegração de uma fase e a reconstrução de uma nova fase polimórfica por cristalização. Este é o caso da transformação em meio aquoso da aragonita para a calcita, dois polimorfos do carbonato de cálcio. Já nas transformações por *deslocamento* (em estado sólido), as moléculas de uma estrutura podem se deslocar, gerando uma nova estrutura, transformação esta que pode ocorrer no estado sólido, sem a desintegração dos cristais. Os cinco polimorfos do nitrato de amônio são um exemplo desse tipo de transformação.

As transformações de fase previstas somente pela termodinâmica podem, em alguns casos, ocorrer de forma lenta, o que em geral não interessa industrialmente. Assim, é necessário que essas transformações sejam avaliadas do ponto de vista da cinética da cristalização das diferentes fases sólidas envolvidas.

17.4.4 CINÉTICA DE TRANSFORMAÇÕES POLIMÓRFICAS

Os principais modos de obtenção de polimorfos são a sublimação, a cristalização a partir do estado fundido, a cristalização a partir de fluidos supercríticos e a cristalização a partir de soluções. Na indústria farmacêutica, o principal modo de obtenção de polimorfos é a partir de soluções com diferentes solventes, operando-se por resfriamento ou por evaporação. Além da termodinâmica, também a cinética de cristalização define qual polimorfo pode ser obtido. A cinética do processo envolvido na transição de fase entre polimorfos depende das mudanças estruturais envolvidas, se são reconstrutivas (mediadas por solvente) ou estruturais (no estado sólido), conforme descrito no item anterior. As Figuras 17.8 e 17.9 mostram de forma qualitativa as condições em que diferentes polimorfos ocorrem. Elas situam-se entre as respectivas curvas de solubilidade e de limite metaestável.

Em geral, a semeadura com cristais do polimorfo desejado realizada dentro da zona metaestável correspondente conduz à obtenção do produto na forma cristalina desejada. No entanto, na interseção das zonas metaestáveis dos dois polimorfos podem se formar os dois polimorfos, ou então haver um dominante, dependendo das cinéticas de nucleação e crescimento. Portanto, tanto os fenômenos termodinâmicos como os cinéticos devem ser levados em conta no momento de se planejar a obtenção de uma ou outra forma, ou uma mistura das duas.

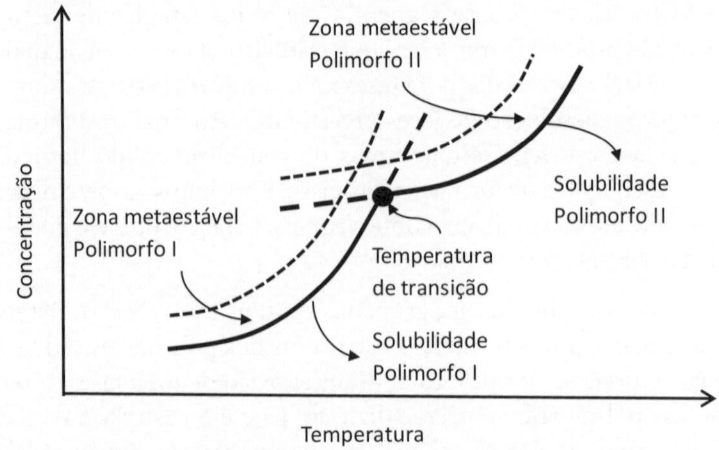

Figura 17.8 Curvas de solubilidade (termodinâmica) e de zona metaestável (cinética) para duas formas polimórficas enantiotrópicas.

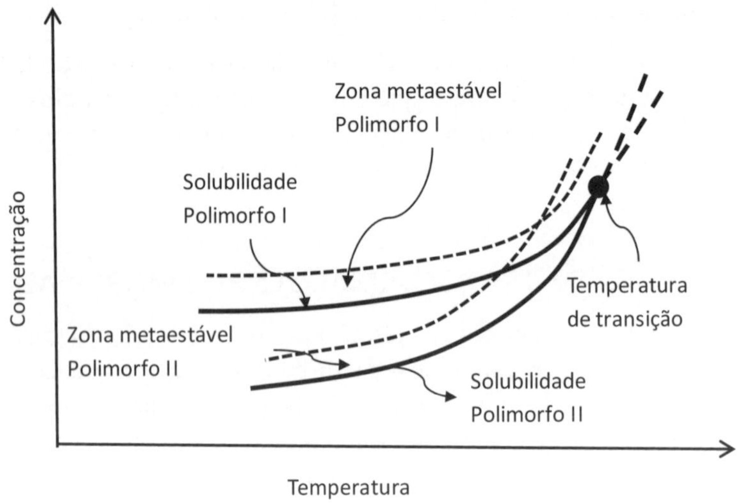

Figura 17.9 Curvas de solubilidade (termodinâmica) e de zona metaestável (cinética) para duas formas polimórficas monotrópicas.

17.4.5 IMPORTÂNCIA DO POLIMORFISMO PARA BIOMOLÉCULAS

A formação de estruturas polimórficas inesperadas industrialmente pode ocasionar prejuízos não só econômicos, mas também à saúde. No caso de fármacos, a disponibilidade para reações biológicas depende diretamente da solubilidade da molécula. O caso do antiviral Ritonavir (Abbott Laboratories, Estados Unidos) tornou-se famoso, pois a formulação foi desenvolvida com base num polimorfo metaestável, com alta biodisponibilidade. Com o produto já no mercado, a unidade industrial foi contaminada com o polimorfo estável, não sendo possível restabelecer o processo original. O produto foi então retirado do mercado e só posteriormente reformulado para o novo polimorfo. Em princípio, uma situação ainda mais danosa pode ocorrer se o produto for formulado com o polimorfo estável (menos solúvel), mas inadvertidamente um polimorfo mais solúvel for fabricado, o que tornaria o produto mais disponível ao organismo na sua aplicação. Nesse caso, o paciente pode ficar sujeito a doses elevadas do medicamento, o que pode causar danos à saúde. Quando uma nova molécula é descoberta, não há formas seguras de se prever se a molécula exibe polimorfismo, o que dificulta o desenvolvimento do processo de fabricação de fármacos. Assim, na indústria farmacêutica, o controle de polimorfismo é foco de grande atenção.

Em muitos casos, é desejável que a biomolécula apresente alta solubilidade no meio aquoso. Para isso, é comum o recurso a "formas sólidas" alternativas, pela introdução de moléculas especiais no retículo cristalino. Pode-se promover a formação de um hidrato da molécula de interesse, e também de um sal. No entanto, é comum a molécula orgânica não ter grupos funcionais que permitam essas associações. Nesses casos, é possível sintetizar cocristais, sólidos multicomponentes nos quais a molécula de interesse e uma molécula auxiliar encontram-se no retículo cristalino em quantidades estequiométricas. Os cocristais têm solubilidade aumentada em relação à molécula de interesse original.

17.5 SISTEMAS INDUSTRIAIS DE CRISTALIZAÇÃO

A maior parte dos processos industriais emprega cristalização a partir de soluções. Conforme já visto na "Introdução", os principais métodos de cristalização são: por resfriamento, por evaporação de solvente, por precipitação (reação química ou adição de antissolvente) ou ainda a partir do material em seu estado fundido. A seguir é apresentada uma descrição resumida das várias configurações existentes.

17.5.1 CRISTALIZAÇÃO POR RESFRIAMENTO

O método mais utilizado industrialmente é a cristalização por resfriamento, empregado para cristalizar compostos cuja solubilidade diminui com a diminuição da temperatura: ao se resfriar uma solução concentrada, parte do soluto cristaliza. Os tipos de cristalizadores industriais que operam por resfriamento podem ser classificados de acordo com as condições fluidodinâmicas no equipamento. Em geral são empregados sistemas providos de agitação, como os esquemas mostrados na Figura 17.10.

No caso (a), existe agitador, que força o movimento da suspensão por um tubo de arraste interno. No caso (b), a suspensão é homogeneizada por circulação externa ao equipamento. Em (c), apenas o licor mãe (solução) transborda do equipamento, passa por um trocador de calor externo e é bombeado para o equipamento. Em (d), apenas o licor mãe transborda e é removido do sistema. Nos casos (e) e (f), são removidos o licor mãe e os cristais, ao passo que em (e) ocorre a dissolução dos cristais menores (por aquecimento em trocador de calor externo), sendo então a suspensão reconduzida ao cristalizador. Em (f) é feita a separação dos cristais por centrifugação, filtração ou peneiramento (para remoção dos cristais maiores), sendo o fluido resultante reconduzido ao cristalizador. Os diferentes métodos de agitação visam proporcionar a suspensão completa dos cristais e homogeneizar a temperatura e a supersaturação no interior dos equipamentos. A remoção de finos e a classificação de produtos são recursos eficazes para a obtenção de partículas de cristais com tamanho uniforme. Há ainda cristalizadores estáticos (sem agitação, não mostrados na Figura 17.10), não muito populares hoje em dia, embora continuem sendo usados para certos produtos.

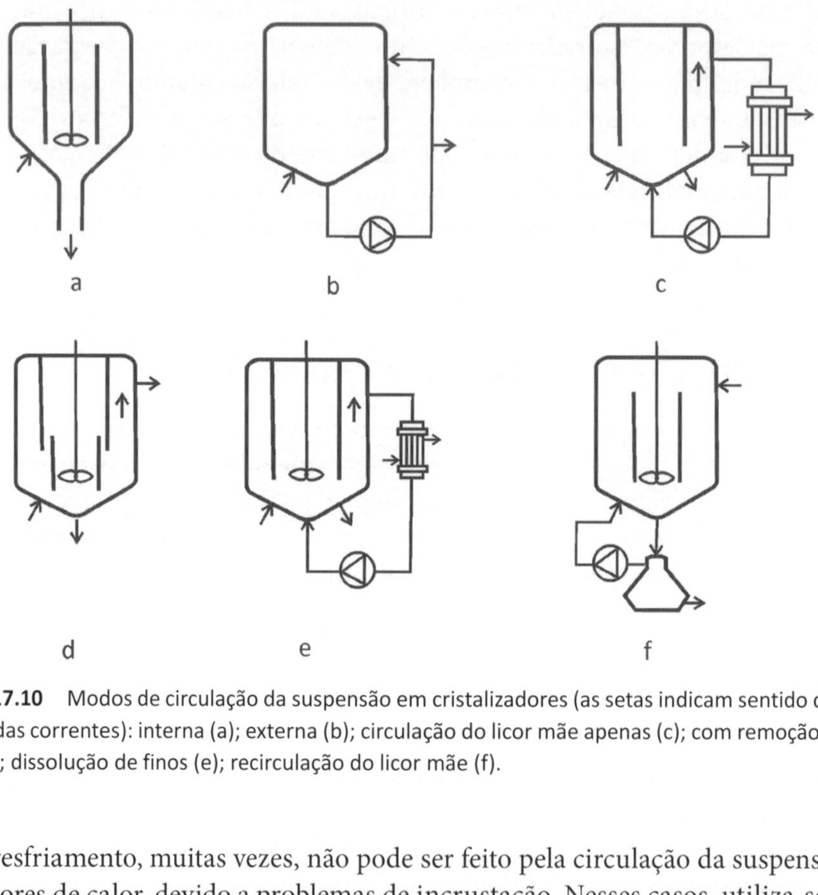

Figura 17.10 Modos de circulação da suspensão em cristalizadores (as setas indicam sentido de movimento das correntes): interna (a); externa (b); circulação do licor mãe apenas (c); com remoção do licor mãe (d); dissolução de finos (e); recirculação do licor mãe (f).

O resfriamento, muitas vezes, não pode ser feito pela circulação da suspensão por trocadores de calor, devido a problemas de incrustação. Nesses casos, utiliza-se o *resfriamento por contato direto* com fluido refrigerante, o que ainda apresenta a vantagem de troca de calor mais eficiente. Existem vários processos industriais que operam com resfriamento por contato direto, como para a remoção de ceras de óleos lubrificantes, ou na produção de vários sais inorgânicos. Os principais problemas dessa alternativa de processo são a possibilidade de contaminação da suspensão pelo refrigerante, dificuldades de separação posterior do refrigerante e a possibilidade de diluição da suspensão.

17.5.2 CRISTALIZAÇÃO POR EVAPORAÇÃO

A cristalização por evaporação é utilizada nos casos em que a solubilidade do soluto é moderada (faixa de 0,1 a 0,9 kg/kg solução) e não varia muito com a temperatura. Nesse caso, é fornecido calor à solução para promover a evaporação do solvente, com consequente aumento da concentração do soluto no solvente remanescente e sua subsequente cristalização. A cristalização evaporativa é frequentemente conduzida a vácuo para reduzir a temperatura de ebulição, evitando assim a degradação do produto. Um exemplo conhecido é a cristalização de NaCl a partir de soluções aquosas. Cristalizadores industriais baseados em evaporação podem ser:

- *Lagoas de evaporação pela radiação solar* – é a forma mais simples e tradicional de se obter a cristalização por evaporação de solvente;
- *Evaporadores com circulação da solução, a pressão reduzida* – normalmente opera-se a pressão reduzida para economizar energia, ou para evitar a operação a altas temperaturas, no caso de substâncias termossensíveis;
- *Evaporadores a vácuo, adiabáticos* – nesses cristalizadores, o licor é alimentado a uma temperatura maior que a de ebulição na pressão de operação do equipamento. A supersaturação é obtida pelo resfriamento adiabático do licor, acompanhado da vaporização de parte do solvente.

Na cristalização por evaporação é menos comum a utilização de sistemas de classificação para, por exemplo, redissolver finos, uma vez que isso implica adição de solvente ao sistema.

17.5.3 PRECIPITAÇÃO

Outra forma de se cristalizar é por precipitação, que pode envolver a precipitação por reação química ou por adição de antissolvente, também denominada "precipitação física". Na precipitação por reação química, compostos solúveis reagem quimicamente entre si para formar um produto menos solúvel. No método de antissolvente, um composto (o antissolvente) é adicionado à solução original, resultando em um solvente misto no qual a solubilidade do soluto é menor, o que provoca a cristalização deste. Outras designações para esse processo são adição de não solvente, cristalização por mudança de meio, depressão de solubilidade, *salting-out, solventing-out, drowning-out, watering-out.*

Como a precipitação é promovida pela mistura de dois líquidos, ela é conduzida rapidamente, numa escala de tempo de minutos ou menos (nos processos por resfriamento e evaporação a escala de tempo é de horas). Em consequência, a formação da fase sólida ocorre sob alta supersaturação, gerando produtos particulados finos (na faixa micrométrica ou mesmo nanométrica). A precipitação é regida pelos mesmos fenômenos da cristalização, que são a geração da supersaturação, a nucleação e o crescimento cristalino, mas exibe alguns fenômenos secundários relacionados à alta supersaturação mencionada. De forma simplificada, esses fenômenos secundários podem ser descritos como:

- Aparecimento de fases metaestáveis durante a precipitação, conforme explicado no item 17.4, "Transformações de fases e polimorfismo";
- Envelhecimento dos cristais, que ocorre devido ao fato de que a solubilidade das partículas pequenas é maior que a das grandes. Numa solução inicialmente saturada em relação aos cristais grandes, os cristais pequenos dissolvem-se e os grandes crescem. Tal dissolução ocorre usualmente para partículas menores que 1 μm, e sua cinética é em média uma ordem de grandeza menor que a do crescimento cristalino, o que pode ser considerado como um fenômeno lento;
- Agregação coloidal e aglomeração, que têm sua fundamentação na físico-química dos coloides e podem ser descritas de forma simplificada como uma tendência das partículas de aderirem umas às outras por pontes de hidrogênio. O processo de agregação é reversível. No entanto, se os agregados permanecem algum tempo numa solução supersaturada, há cimentação por crescimento cristalino e eles passam a formar partículas estáveis denominadas aglomerados;
- Cristalização simultânea, oclusão e inclusão de impurezas no retículo cristalino ocorrem sob alta supersaturação. A inclusão de solução no particulado também se dá nos interstícios dos aglomerados;
- Efeitos de mistura são comuns, já que a precipitação pode ser tão rápida que ocorre simultaneamente ao processo de mistura. Por isso, características do produto particulado são sensíveis à forma como os reagentes são misturados. Por exemplo, mistura rápida com reagentes diluídos leva a polimorfos estáveis e partículas grandes e de maior pureza.

Assim, como descrito anteriormente, a precipitação pode ser entendida como uma cristalização realizada sob alta supersaturação, em que soluções são misturadas, gerando um particulado sólido pouco solúvel no solvente.

A precipitação por reação química também pode ser conduzida com reagentes gasosos (como NH_3, CO_2, O_2). Para se obterem cristais e aglomerados com tamanhos homogêneos, visando sobretudo facilitar a separação posterior e uma baixa inclusão nos cristais, deve-se operar o sistema em baixa supersaturação e com alta homogeneidade no cristalizador. Isso pode ser obtido utilizando-se os reagentes em baixas concentrações e com adição lenta ao cristalizador, sob agitação intensa.

A precipitação por antissolvente pode envolver a adição de um líquido, um gás ou um sólido dissolvido. Na indústria farmacêutica, utiliza-se a precipitação de substâncias orgânicas originalmente em solventes orgânicos pela adição controlada de água. Da mesma forma, podem-se recuperar sais inorgânicos de interesse comercial em soluções aquosas pela adição de álcool. Utilizam-se salmouras para precipitar grandes moléculas pela redução da repulsão eletrostática entre tais moléculas na presença de sais.

17.5.4 CRISTALIZAÇÃO DE MISTURAS FUNDIDAS (*MELT*)

O nome *melt* é utilizado normalmente para designar um líquido, ou mistura líquida, a temperaturas ligeiramente acima da temperatura de solidificação. Os processos de cristalização de *melt* consistem no resfriamento gradual da mistura fundida, até que certa massa de sólido se forme. Devido às diferenças entre pontos de fusão dos componentes da mistura, a composição do sólido formado é diferente da composição do líquido remanescente. As técnicas de cristalização de *melt* são utilizadas para purificação e concentração de produtos, principalmente nos casos de produtos sensíveis a altas temperaturas, como na indústria farmacêutica e de alimentos. Nos casos em que o composto desejado e as impurezas comportam-se como um sistema eutético, como na Figura 17.3, é possível, em princípio, cristalizar produtos puros a partir de uma mistura contendo impurezas. No caso de comportamento termodinâmico de soluções sólidas (Figura 17.4), a fase sólida formada sempre contém os dois componentes, sendo necessário realizar a cristalização em múltiplos estágios para se obter um produto com a pureza especificada. Os processos de cristalização de *melt* apresentam duas configurações básicas:

- *Cristalização em sistema agitado por resfriamento, formando-se uma suspensão dos cristais* – neste caso, são utilizados tanques agitados com trocadores de calor acoplados, e o tratamento é parecido com o utilizado em sistemas de cristalização a partir de soluções por resfriamento;
- *Cristalização em camada sobre uma superfície resfriada* – neste caso, as misturas fundidas estão em contato com superfícies resfriadas, tubulares ou planas, sobre as quais forma-se uma camada de cristais. Os ciclos de cristalização compreendem o carregamento do *melt*, a cristalização (formação da camada), o descarregamento do líquido residual, o pós-tratamento da camada (lavagem e transpiração) e o descarregamento da camada por reaquecimento, fazendo com que se funda e escoe, sendo transferida para outra parte do processo.

Na indústria química, os processos de cristalização de *melt* concorrem diretamente com processos de separação tradicionais, baseados no equilíbrio líquido-vapor, como a destilação. O Quadro 17.3 resume as principais vantagens e desvantagens da cristalização de *melt*, em relação a outros processos de separação.

Quadro 17.3 Resumo das principais vantagens e desvantagens de processos de separação por cristalização de *melt*

Vantagens
Menor quantidade de energia envolvida na transição de estado líquido-sólido, em comparação com a transição líquido-vapor (entre 3 e 7 vezes menor)
Condições favoráveis de temperatura e pressão de operação: segundo Matsuoka e Garside (1991), cerca de 35% dos compostos orgânicos de interesse industrial têm temperatura de fusão entre 0 °C e 100 °C e outros 37% entre 100 °C e 200 °C
Alta seletividade: segundo Matsuoka e Garside (1991), a maior parte dos compostos orgânicos de interesse industrial formam sistemas eutéticos, possibilitando a obtenção de substâncias com alta pureza, sem necessidade de estágios de separação
Separação de isômeros com pontos de ebulição próximos
Separação de compostos que formam azeótropos
Separação de substâncias sensíveis a altas temperaturas (produtos naturais, fármacos etc.)
Desvantagens
Manuseio de sólido, em processos em suspensão (separação fluido-cristais, lavagem dos cristais)
Aumento de escala de área de troca térmica, em processos em camada
Operação de processos descontínuos, em estágios

Exemplos de aplicações na indústria petroquímica são a purificação de ceras e de óleos lubrificantes, a separação de isômeros de compostos orgânicos, cujos pontos de ebulição são próximos (por exemplo, orto e paradiclorobenzeno); na indústria farmacêutica e de alimentos, a separação de óleos essenciais, o fracionamento de óleos vegetais, a concentração de sucos de frutas, entre outros.

O critério principal de avaliação da viabilidade da cristalização de *melt* é a eficiência da separação, medida pelo coeficiente de distribuição de impureza entre as fases:

$$K_{ef} = \frac{c_{imp,cristal}}{c_{imp,"melt"}} \tag{17.22}$$

O valor de K_{ef} deve ser o menor possível para que o processo seja eficiente. Embora o K_{ef} teórico possa ser previsto a partir das relações de equilíbrio termodinâmico, na prática ele também depende das condições de operação, como a taxa de resfriamento do sistema, rugosidade das paredes sobre as quais a camada cristalina se deposita, viscosidade do *melt* e outras. A aplicação de modelos termodinâmicos para equilíbrio de fases é, nesses casos, orientativa, sendo necessário realizar experimentos para medição mais precisa de K_{ef} sob diferentes condições de operação.

17.5.5 OUTROS MÉTODOS DE CRISTALIZAÇÃO

- *Cristalização fracionada* – nem sempre a cristalização conduzida num único estágio conduz a um produto cristalino com a qualidade desejada. Isso pode ocorrer pelo fato de a concentração de impurezas ser muito elevada, ou por existir um segundo componente com solubilidade próxima à do produto. Para fazer frente a esse problema, pode-se utilizar a cristalização fracionada, também conhecida como método das recristalizações sucessivas. Evidentemente, esse processo pode ser contínuo, adotando-se operação em estágios, como é feita na destilação ou na extração, podendo-se então utilizar métodos similares de cálculo;

- *Cristalização por congelamento* – trata-se de um processo pelo qual calor é removido da solução, causando a formação de cristais de solvente em vez de cristais do produto. A separação desses cristais e a subsequente lavagem com solvente puro conduz à obtenção de solvente purificado, após a sua fusão, e uma solução mais concentrada de soluto. Esse processo tanto pode servir para purificar o solvente (por exemplo, na dessalinização de água) como para aumentar a concentração de soluções de interesse (por exemplo, produção de suco de frutas concentrado);

- *Cristalização eutética* – na cristalização por congelamento, à medida que mais gelo é removido, a solução torna-se tão concentrada que pode atingir a composição eutética. A remoção adicional de gelo provoca a cristalização simultânea de gelo e do produto, caracterizando assim a cristalização eutética. Usualmente o cristalizador eutético também atua como separador das duas fases sólidas, pois o soluto cristalizado sedimenta enquanto o gelo flutua. Uma vantagem da cristalização por congelamento e da cristalização eutética é que a energia requerida para congelar é muito inferior à energia envolvida na evaporação. Além disso, a operação a baixa temperatura (em oposição à cristalização evaporativa) também é vantajosa para produtos biotecnológicos, que se degradam sob temperaturas mais elevadas;

- *Cristalização supercrítica* – neste método de cristalização, utiliza-se um solvente em condições supercríticas, ou seja, numa região do diagrama de fases em que não é possível distinguir as fases líquido e vapor. Nesse estado, o solvente apresenta propriedades importantes para processos de cristalização, pois se comporta como um líquido com propriedades físicas e termodinâmicas próximas às do vapor, com baixa viscosidade e alta difusividade, por exemplo. O fluido comumente utilizado nos processos supercríticos é o CO_2, por possuir temperatura crítica próxima à ambiente (31,1 °C) e pressão crítica não muito elevada (72,9 atm). Outra vantagem do processo é que, após a obtenção dos cristais, a separação é facilmente realizada pela expansão do solvente, o que gera um produto cristalino extremamente puro. O solvente deve ser recuperado e recomprimido às condições supercríticas. Apesar de tecnicamente atrativa, a cristalização supercrítica apresenta altos custos de investimento, o que a viabiliza apenas para produtos de alto valor agregado, como café descafeinado e colesterol.

17.6 GUIA PARA PROJETO DE SISTEMAS INDUSTRIAIS DE CRISTALIZAÇÃO

Apresenta-se a seguir um método hierárquico para projeto de processos de cristalização, baseado em propostas recentes (SECKLER et al., 2013; LEWIS et al., 2015). O método permite que sejam tomadas as principais decisões relativas ao projeto conceitual do processo, mesmo sem dispor de informações completas do sistema de interesse, e possibilita selecionar o método de cristalização, as condições operacionais, estimar o consumo energético e dimensionar os principais equipamentos. A estrutura hierárquica do método limita o número de decisões simultâneas a serem tomadas pelo projetista, o que aumenta a qualidade do projeto em termos de confiabilidade, repetitividade e rastreabilidade. No entanto, para atingir uma especificação mais precisa do produto, é necessária uma modelagem matemática do processo de cristalização a partir de informações da cinética de cristalização.

- *Nível de projeto 0: especificações iniciais* – todo projeto parte de alguma necessidade social, que é traduzida na forma de *especificações do produto*, como a bioatividade de um fármaco ou a estabilidade química de uma enzima. Além disso, há *especificações do processo*, como taxa de produção, fontes de matérias-primas disponíveis e utilidades. Finalmente, *especificações de projeto* estão relacionadas ao orçamento disponível, ao prazo para a implantação, entre outras. As especificações definidas no nível 0 são transmitidas ao nível de projeto seguinte, viabilizando a tomada de novas decisões;
- *Nível de projeto 1: projeto do produto particulado* – o produto de um processo de cristalização é um material particulado que deve cumprir uma ou mais funções especificadas no nível 0. Para tal, definem-se neste nível de projeto as características químicas, físicas e morfológicas adequadas a essas finalidades. As principais características a considerar são: composição química (definir o composto a cristalizar), composição cristalográfica do sólido (definir o polimorfo de interesse), qual o tamanho e a distribuição de tamanhos de partículas e qual a pureza necessária. Por exemplo, um fármaco a ser administrado por via oral para ser absorvido no intestino não deve se dissolver em meio ácido (estômago), mas sim em meio básico. Ele deve ser constituído de um polimorfo de baixa solubilidade e ter partículas grandes, caso seja necessária uma dissolução lenta;
- *Nível de projeto 2: projeto físico-químico do processo* – nesta etapa é selecionado o *solvente*, normalmente a partir de considerações econômicas, de disponibilidade ou ambientais (incluindo neste último item os aspectos relativos a segurança e saúde). A escolha do solvente depende também em certa medida do tamanho e pureza desejados para o produto particulado. Partículas grandes e puras são obtidas quando o soluto apresenta alta solubilidade no solvente, ao passo que partículas pequenas e impuras resultam de matérias-primas pouco solúveis. Uma vez selecionado um solvente, pode-se escolher o método de cristalização a partir da análise do diagrama de fases ou da curva de

solubilidade do composto de interesse. Para compostos altamente solúveis (solubilidade superior a 0,9 kg/kg solução), a *cristalização de misturas fundidas* é aplicável. Para compostos com solubilidade variável com a temperatura (inclinação da curva de solubilidade superior a 0,005 $^{o}C^{-1}$), a *cristalização por resfriamento* é escolhida, por ser um método simples e de baixo consumo energético. No caso de solubilidade moderada (faixa de 0,1 a 0,9 kg/kg solução) e pouco variável com a temperatura, a *cristalização evaporativa* é a mais indicada. Quando a solubilidade é baixa (inferior a 0,1 kg/kg solução) são indicadas a *precipitação* e a *cristalização por antissolvente.* A inspeção do diagrama de fases também permite selecionar a temperatura e a pressão do processo;

- *Nível de projeto 3: definição do fluxograma de processo* – define-se inicialmente o modo de operação. Processos contínuos são adequados para alta escala de produção e produto de baixo valor agregado (especificados no nível 0), pois permitem um uso mais eficiente dos recursos materiais e energéticos. Processos em batelada são indicados quando a mesma unidade processa mais de um produto, produtos com alta tendência a incrustação e quando o conhecimento sobre o produto é pequeno. A operação em batelada é particularmente útil para produtos de alto valor agregado, cuja operação é complexa, ou quando há riscos de contaminação com impurezas. Por isso, produtos biotecnológicos são frequentemente produzidos em bateladas.

  Em seguida, são considerados os balanços de massa e de energia da unidade, nos quais são definidas as estruturas de reciclo e purga, o rendimento mássico, o consumo energético, o tamanho médio e a pureza do produto. Também é definido, nesta fase, o volume do cristalizador.

  Caso a distribuição de tamanhos de partículas seja pertinente ao projeto, nesta fase é realizado também o balanço populacional. Nesse caso é necessário o conhecimento das cinéticas de todos os processos relevantes (nucleação, crescimento, aglomeração, entre outros). São realizadas simulações do sistema em diferentes condições para estudo da sensibilidade do desempenho em relação a variáveis de projeto e de processo. Esta etapa normalmente é realizada com o auxílio de ferramentas apropriadas para a simulação de processos;

- *Nível de projeto 4: projeto do cristalizador* – é escolhido o tipo de cristalizador (circulação forçada, leito fluidizado etc.), suas dimensões principais, aqui levando em conta aspectos específicos de cada método de cristalização. Por exemplo, o diâmetro de um cristalizador evaporativo deve propiciar uma baixa velocidade ascendente de vapor para evitar arraste de líquido, um cristalizador por resfriamento deve ter uma fluidodinâmica que minimize incrustações, um precipitador deve efetuar eficiente mistura de reagentes etc. Também são definidas: a superfície dos trocadores de calor e a capacidade da bomba de recirculação de suspensão, lembrando que cristalizadores contínuos envolvem vazões de recirculação cerca de cem vezes a vazão de entrada. Nesta fase também são selecionados e projetados dispositivos para controlar o tamanho das partículas e sua pureza. A remoção e dissolução de finos propiciam cristais maiores, ao passo que a classificação de produtos pode gerar cristais menores. Em ambos os casos, os tamanhos serão mais uniformes. Uma perna elutriadora no fundo do cristalizador permite a lavagem dos cristais (para purificá-los), ao mesmo tempo que classifica o produto por tamanho.

17.7 CRISTALIZAÇÃO DE BIOMOLÉCULAS

As moléculas complexas produzidas por seres vivos ou modificadas são chamadas de biomoléculas: enzimas, antibióticos e proteínas são exemplos dessa categoria de substâncias. A cristalização de biomoléculas, em particular de proteínas, tem três principais aplicações:

- *Biologia estrutural* – técnicas de cristalografia são aplicadas a cristais de proteínas para verificação da estrutura tridimensional das moléculas, indispensável para a determinação de suas funções biológicas. O projeto de novas moléculas, dotadas de propriedades predeterminadas, passa pela obtenção de cristais puros e análises cristalográficas;
- *Purificação de produtos biotecnológicos por cristalização* – aplica-se, geralmente, às etapas finais do processo de purificação de produtos resultantes de cultivos microbianos, como a proteína insulina;
- *Liberação controlada de princípios ativos* – muitos medicamentos são administrados como sólidos particulados, seja na forma de comprimidos (que são agregados de particulados micrométricos com dimensões em geral maiores que 1 cm) ou suspensões. A morfologia e o tamanho das partículas do composto ativo determinam a sua taxa de dissolução no organismo. Uma vez em solução, ocorre a ação terapêutica do princípio ativo. O controle das características morfológicas das partículas do princípio ativo permite a sua liberação controlada no organismo.

Uma das características inerentes às biomoléculas é a sua complexidade. Possuem pesos molares que variam desde apenas algumas centenas de gramas para antibióticos e aminoácidos até centenas de milhares de gramas para proteínas. Enquanto moléculas de baixo peso molecular em geral apresentam estruturas cristalinas definidas, moléculas com alto peso molecular podem ser obtidas na forma cristalina ou amorfa. Em ambos os casos, as moléculas podem apresentar polimorfismo. Consequentemente, biomoléculas podem formar sólidos com diferentes retículos cristalinos, que apresentam diferentes propriedades. Além disso, as biomoléculas apresentam diversos grupos funcionais na sua estrutura, do que decorre alta interação das moléculas entre si, com solventes e com as impurezas presentes. Essa interação determina a solubilidade e a cinética de cristalização, e também afeta as propriedades finais dos produtos cristalinos obtidos. Essas propriedades, como a distribuição de tamanhos, pureza, morfologia e estabilidade, podem ser controladas pelo processo de cristalização.

A cristalização de biomoléculas é realizada a partir de soluções, por métodos já apresentados: por resfriamento; por evaporação do solvente; ou pela alteração da composição do solvente.

O resfriamento de soluções de biomoléculas é uma alternativa viável para a cristalização, caso a dependência da solubilidade em relação à temperatura seja alta. No entanto, deve-se atentar para a possível formação de hidratos ou adutos. A evaporação é uma técnica relativamente barata, mas pode elevar o teor de impurezas por inclusões fluidas nos cristais da biomolécula, ou desnaturar a biomolécula, o que pode ser evitado, em alguns casos, por meio da evaporação a vácuo.

A cristalização por antissolvente encontra diversas variantes para biomoléculas. É comum a adição de um antissolvente que altere o pH do meio, no caso de biomoléculas que possuem grupos ácidos ou básicos. Nesses casos, a solubilidade é afetada pelo pH da solução, que determina o seu grau de dissociação. Em geral a solubilidade da biomolécula anfotérica dissociada é mínima no ponto isoelétrico, na forma neutra, ou zwitteriônica. Em pH mais ácido ou básico em relação ao ponto isoelétrico, uma fração do composto na solução pode estar na forma ácida ou básica, apresentando uma solubilidade maior. Outro efeito do pH é promover interações entre radicais e íons que levem à formação de sais que precipitam. Assim, podem-se formar diferentes compostos durante a precipitação pela variação do pH. Essas considerações são válidas também para as proteínas, que são polímeros de aminoácidos. No entanto, o comportamento em função do pH é muito mais complexo devido aos vários grupos ácidos e básicos presentes nas cadeias poliméricas. Em geral, as proteínas têm solubilidade mínima no ponto isoelétrico e se desnaturam em pH extremo.

A utilização de antissolventes também é comumente usada para reduzir a solubilidade de biomoléculas de baixo peso molecular. Em soluções aquosas, álcoois alifáticos podem ser usados para diminuir a solubilidade de biomoléculas em algumas ordens de grandeza. Em soluções de solventes orgânicos, água pode ser o agente depressor de solubilidade. Há casos, no entanto, em que, devido à interação intermolecular, a mistura de solventes pode aumentar a solubilidade, o que pode ser usado no aumento da eficiência da cristalização por resfriamento. A precipitação de proteínas pela adição de etanol é também bastante utilizada. No entanto, deve-se atentar para uma possível desnaturação da proteína. Nesses casos, a diminuição da temperatura de operação minimiza esse efeito.

Também podem ser empregados sais como antissolventes, pois eles diminuem a solubilidade de biomoléculas pela presença, nas suas estruturas, de grupos químicos capazes de se ionizar, ou com fortes dipolos. Assim, a força iônica da solução afeta fortemente a solubilidade de proteínas e de suas misturas. São inúmeros os sais usados na precipitação de biomoléculas, sendo o sulfato de amônio o mais utilizado, em razão da elevada solubilidade na faixa de temperaturas de 0 °C a 30 °C e da menor densidade de sua solução em comparação com a densidade do precipitado de proteínas, o que facilita a separação do precipitado por centrifugação. Os grupos mais comumente utilizados são:

- *Ânions* – citrato, sulfato, cloreto, nitrato, fosfato, tartarato, acetato;
- *Cátions* – cálcio, sódio, amônio, potássio, magnésio.

Em geral, são mais eficientes os sais que apresentam elevada solubilidade, que aumentam a tensão superficial do solvente, resultando em menor grau de hidratação das zonas hidrófobas das proteínas e, portanto, aumentando a probabilidade de interação entre essas zonas, o que auxilia na formação de precipitados. A eficiência relativa de sais neutros na cristalização foi definida por Hofmeister em 1888, que propôs a seguinte série liotrópica: $SCN^- > ClO_4^- > NO_3^- > Br^- > Cl^- >$ acetato > citrato > $HPO_4^{-2} > SO_4^{-2} > PO_4^{-3}$. As fortes interações moleculares e iônicas dificultam o entendimento da termodinâmica envolvida no equilíbrio sólido-líquido desse tipo de sistema. Assim, a melhor maneira de se avaliar essa combinação é pela experimentação em laboratório (*screening*). Uma ferramenta mais recentemente utilizada é a modelagem molecular, que permite avaliar essas interações e prever a molécula termodinamicamente mais estável a ser formada (MYERSON, 2005).

A precipitação de biomoléculas pode ainda ser realizada pela adição de polímeros sintéticos que alteram a sua solubilidade. Embora não haja limitações quanto aos polímeros a serem usados, o polímero mais comumente empregado é o polietilenoglicol (PEG). A função do PEG na precipitação não é ainda bem compreendida. Sabe-se que, sendo solúvel em água, hidrata-se e altera a constante dielétrica do solvente, agindo, portanto, como um antissolvente. O PEG é disponível numa ampla faixa de pesos moleculares, variando de algumas centenas (cerca de 400) a vários milhares (cerca de 60.000). Quanto maior o peso molecular, maior a depressão da solubilidade da proteína. No entanto, a otimização da precipitação passa pelo *screening* de laboratório. Em geral, PEG de peso molecular de 6.000 a 8.000 e em quantidades de 5% a 15% têm sido os mais usados.

Todas as considerações gerais feitas anteriormente para a cristalização são válidas também para a cristalização de biomoléculas e para a precipitação de proteínas. A nucleação e o crescimento dos cristais em condições de supersaturação determinam as características do produto final: distribuição de tamanhos de cristais, pureza, morfologia. Assim, dependendo da especificação do produto final, deve-se escolher e conduzir de forma adequada o processo de cristalização.

É importante ainda ressaltar o efeito das impurezas nas soluções de biomoléculas. Elas podem afetar de maneira drástica a solubilidade e as cinéticas de nucleação e crescimento cristalino.

Como visto, a cristalização de biomoléculas e a precipitação de proteínas ainda é pouco compreendida do ponto de vista científico e tecnológico. Assim, faz-se necessário realizar ensaios de laboratório visando encontrar a melhor técnica de cristalização. Os métodos atuais de *screening* de processos envolvem as seguintes técnicas:

- *Experimentos de difusão de vapor* – também conhecido como método da gota suspensa, promove a evaporação do solvente (em geral água) com a proteína presente na gota e a difusão no meio que pode conter um antissolvente, um sal ou um polímero sintético. Ocorre então a nucleação e o crescimento da proteína, que pode então ser dosada;

- *Difusão na interface* – duas soluções, uma contendo a proteína e outra contendo o agente precipitante, são postas em contato num tubo capilar (para evitar os efeitos convectivos). Na interface das duas soluções ocorre a difusão da proteína e sua subsequente precipitação, podendo então ser dosada;
- *Diálise* – da mesma forma que na difusão capilar, as duas soluções são separadas por uma membrana, onde ocorre a passagem preferencial do agente precipitante para a solução contendo a proteína, promovendo sua precipitação;
- *Cristalização em regime descontínuo* – técnica bastante usada na cristalização convencional, pode ser utilizada, com os devidos cuidados, para manter determinada condição de supersaturação e assim controlar o tamanho dos cristais do produto desejado;
- *Semeadura* – quando se dispõe de cristais puros da biomolécula, estes podem ser postos em contato com uma solução supersaturada e assim promover o crescimento de monocristais.

As técnicas de medida da solubilidade e das cinéticas de nucleação e crescimento cristalino de biomoléculas, parâmetros importantes para a definição e projeto de processos industriais, são as mesmas de produtos orgânicos tradicionais (densidade, índice de refração, DSC, difração de raios X, FTIR, espectrofotometria), além das técnicas empregadas para biomoléculas (HPLC, cromatografia iônica, de camada delgada, separação eletroforética).

EXERCÍCIO

1. Considere uma solução de ácido acetilsalicílico (AAS) em ácido acético contendo 400 g/L de solvente a 90 °C. Considerando a solubilidade mostrada na Figura 1, responda:

a) Essa solução é subsaturada, saturada ou supersaturada?

b) Qual a temperatura de saturação dessa solução?

c) E se essa solução estiver a 70 °C?

d) Qual o subresfriamento para uma solução com 400 g/L de solvente a 90 °C?

e) E qual a razão de supersaturação?

f) E qual a supersaturação relativa?

g) Qual a máxima supersaturação relativa que esse sistema pode experimentar a 70 °C?

Resolução:

a) Subsaturada

b) 77 °C

c) Supersaturada

d) DT = 70 – 77 = -7 °C

e) S = 400/320 = 1,25

f) $\sigma = S - 1 = 0{,}25$

g) $S_{max} = 450/320 = 1{,}41$

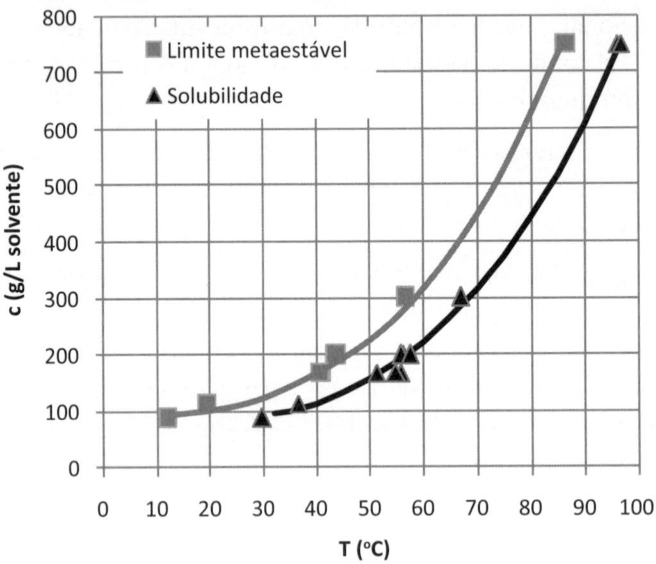

Figura 1 Curvas de solubilidade e de limite metaestável para o ácido acetilsalicílico em ácido acético.

Fonte: Prado (2007).

2. Um cristalizador de AAS opera continuamente em regime permanente a 70 °C, com $\sigma = 0{,}25$. Dados: a taxa de crescimento é de primeira ordem em relação à supersaturação relativa e tem constante $3{,}44 \times 10^{-7}$ m/s; a taxa de nucleação secundária B_0 (em #/m3 solução/s) é de terceira ordem em relação à supersaturação relativa, de primeira ordem em relação ao teor de sólidos Mt (em fração volumétrica), e de ordem 0,6 em relação à energia dissipada (em W/kg), com constante $5{,}8 \times 10^9$.

a) Determine a taxa de crescimento cristalino.

b) Considerando um tempo de residência $\tau = 3.600$ s, estime o tamanho dos cristais de AAS formados.

c) Determine a taxa de nucleação (#/m³/s), considerando que no cristalizador o teor de sólidos é Mt = 0,2 m³/m³ de suspensão e a energia dissipada é 0,1 W/kg.

d) Estime também a taxa de nucleação total (#/s) no cristalizador, considerando que o volume útil do cristalizador é V = 1 m³.

e) Use a taxa de nucleação total e o tamanho dos cristais para estimar a taxa de produção de sólidos (m³/s) (admita cristais esféricos) e verifique se é compatível com a vazão calculada por $Q_s = V/\tau^*Mt$.

Resolução:

a) $G = 8{,}60 \times 10^{-8}$ m/s

b) $L = 3{,}1 \times 10^{-4}$ m

c) $B_0 = 4{,}55 \times 10^{6}$ #/m³/s

d) $B = 4{,}55 \times 10^{6}$#/s

e) $Q_s = 0{,}20$ m³/h, desvio em relação ao esperado = 1,9%

Nota: a supersaturação neste exemplo foi imposta, mas nos sistemas reais ela depende não apenas da cinética de cristalização, mas também dos balanços populacional, de massa e de energia.

REFERÊNCIAS BIBLIOGRÁFICAS

BRITTAIN, H. G. (ed.). *Polymorphism in pharmaceutical solids.* New York: Marcel Dekker, 1999.

DAVEY, R.; GARSIDE, J. *From molecules to crystallizers.* Oxford: Oxford University Press, 2000.

MULLIN, J. W. *Crystallization.* 4. ed. Oxford: Butterworth-Heinemann, 2001.

HURLE, D. T. J. (ed.). *Handbook of crystal growth. V. 1 Fundamentals.* Amsterdam/New York: North-Holland, 1993.

JONES, A. G. *Crystallization process systems.* Oxford: Butterworth-Heineman, 2002.

LEWIS, A. E. et al. *Industrial crystallization, fundamentals and applications.* Cambridge: Cambridge University Press, 2015.

MATSUOKA, M.; GARSIDE, J. Non-isothermal effectiveness factors and the role of heat transfer in crystal growth from solutions and melts. *Chemical Engineering Science,* n. 46, n. 1, p. 183-192, 1991.

MERSMANN, A. *Crystallization technology handbook.* 2. ed. New York: Marcel Dekker, 2001.

MULLIN, J. W. *Crystallization.* 4. ed. Oxford: Butterworth-Heinemann, 2001.

MULLIN, J.W. Crystallization and precipitation. In: Elvers, B. (ed.) *Ullmann's Encyclopedia of Chemical Technology*, Wiley, Weinheim, 2003.

MYERSON, A. S. *Handbook of industrial crystallization*. 4. ed. Oxford: Butterworth--Heineman, 2001.

MYERSON, A. S. (ed.). *Molecular modeling applications in crystallization*. Cambridge: Cambridge University Press, 2005.

NÝVLT, J.; HOSTOMSKÝ, J.; GIULIETTI, M. *Cristalização*. São Carlos: EDUFSCar/IPT, 2001.

MULLIN, J. W. *Crystallization*. 4. ed. Oxford: Butterworth-Heinemann, 2001.

RANDOLPH, A. D.; LARSON, M. A. *Theory of particulate processes*. 2. ed. New York: Academic Press, 1988.

SCHMIDT, C.; ULRICH, J. Morphology prediction of crystals grown in the presence of impurities and solvents - An evaluation of the state of the art. *Journal of Crystal Growth*, v. 353, n. 1, p. 168-173, 2012.

SEAR, R. P. The non-classical nucleation of crystals: microscopic mechanisms and applications to molecular crystals, ice and calcium carbonate. *International Materials Reviews*, v. 57, n. 6, p. 328-356, 2012.

SECKLER, M. M. et al. Salt crystallization on a 1 m^3 Scale: from hierarchical design to pilot plant operation. *Industrial and Engineering Chemical Research*, v. 52, n. 11, p. 4161-4167, 2013.

SLOAN, G .J.; MCGHIE, A. R. *Techniques of melt crystallization*. New York: John Wiley, 1988.

SÖHNEL, O.; GARSIDE, J. *Precipitation*. Oxford: Butterworth-Heinemann, 1992.

ULRICH, J.; NYVLT, J. *Admixtures in crystallization*. New York: John Wiley, 1995.

VEKILOV, P. G. The two-step mechanism of nucleation of crystals in solution. *Nanoscale*, v. 2, p. 2346-2357, 2010.

WISNIAK, J. *Phase diagrams: a literature source book*. Amsterdam: Elsevier-North--Holland, 1981.

CAPÍTULO 18
Destilação

Maria Elena Santos Taqueda

José Luis Pires Camacho

NOMENCLATURA

α – Uma das fases em uma mistura binária

α_{AB} – Volatilidade relativa

$\alpha_{j,HK}$ – Volatilidade relativa media de cada componente da alimentação, Ki/K_{HK}

β – A outra fase em uma mistura binária

γ_{IV} – Coeficiente de atividade da fase vapor

γ_{iL} – Coeficiente de atividade da liquida

θ – Raízes da Equação 18.99

μ – Potencial químico

φ – Coeficiente de fugacidade

A – Constante da equação de Antoine, Equação 18.23; componente mais volátil de uma mistura binária

a_i – Atividade do componente i

A_i – Fator de absorção do componente i para misturas multicomponentes

B – Constante da equação de Antoine, Equação 18.23; componente menos volátil de uma mistura binária; vazão molar no fundo da coluna

C – Constante da Equação 18.9; constante da equação de Antoine, Equação 18.23

C1 - Metano

C2 - Etano

C3 - Propano

D – Taxa instantânea de destilado

Dx_{Di} – Vazão molar do componente i no destilado

ELV - Equilíbrio líquido-vapor

f - Fugacidade

F – Vazão de alimentação

G – Energia livre de Gibbs

H_F – Entalpia molar da alimentação

HK – *Heavy key* [chave pesada]

h_L – Entalpia molar do liquido

h_{LF} – Entalpia do líquido na alimentação

H_V – Entalpia molar do vapor

H_{VF} – Entalpia do vapor na alimentação

K – Constante de equilíbrio

k_H - Constante de Henry, Equação 18.22

L – Fase líquida; quantidade de líquido presente no recipiente do alambique; vazão molar de líquido

L' – Vazão de líquido saturado, constante, na região do esgotamento

L_{0m} – Vazão molar do refluxo mínimo, misturas multicomponentes

L_F – Vazão molar de liquido saturado na alimentação

Li – Vazão molar do componente i no liquido

LK – *Light key* [chave leve]

L_o – Quantidade de liquido inicial presente no pote do alambique

LS – Líquido saturado

m – Número de estágios ideais acima do prato de alimentação

N – Número de fases; número de estágios em uma coluna de destilação

n – Número de mols

N_c – Número de componentes

nC4 – N-Butano

nC5 – N-Pentano

nC6 – N-Hexano

N_m – Número de estágios ideais mínimo, misturas multicomponentes

N_{min} – Número de estágios ideais mínimo, misturas binárias

p – Número de estágios ideais abaixo do prato da alimentação

P – Pressão total

p_i – Pressão parcial do componente i

P_{Vi} – Pressão de vapor do componente i

q – Parâmetro que indica a fração da alimentação que é um líquido saturado

R – Referverdor; razão de refluxo

R_m – Razão de refluxo mínimo, mistura multicomponente

R_{min} – Razão de refluxo mínimo, mistura binária

S – Entropia

S_i – Fator de esgotamento (fator de *stripping*) para misturas multicomponentes

T – Temperatura

t – Tempo

$t_{alimentação}$ – Temperatura do estágio de alimentação; será aproximadamente igual a t_f se for LS, VS ou ELV

t_{fundo} – Temperatura do último estágio = temperatura de bolha da corrente B

t_{topo} – Temperatura do estágio de topo = temperatura de orvalho da corrente

V – Volume; vazão molar de vapor

V' – Vazão de vapor saturado, constante, na região do esgotamento

V_F – Vazão molar de vapor saturado na alimentação

V_i – Vazão molar de vapor do componente i

VS – Vapor saturado

x_i – Fração molar do componente i da fase líquida

x_{LFi} – Fração molar de i na corrente LF de líquido saturado

y_i – Fração molar do componente i da fase vapor

z_A – Fração molar do componente, A, na alimentação

z_B – Fração molar do componente, B, na alimentação

z_i – Fração molar do componente, i, na alimentação, misturas multicomponentes

LISTA DE PALAVRAS

Chave leve

Chave pesado

Coeficiente de atividade

Coeficiente de fugacidade

Coluna de recheio

Coluna com pratos

Coluna de destilação

Componentes-chaves

Constantes de equilíbrio

Destilação azeotrópica heterogênea

Destilação de misturas multicomponentes

Destilação em batelada

Diagramas de fases T, x e y, a pressão constante

Dispositivos de contato líquido-vapor

Equação de Antoine

Equação de Rayleigh

Equilíbrio de fases

Equilíbrio líquido-vapor, ELV

Estágio de equilíbrio

Lei de Henry

Lei de Raoult

McCabeThiele

Método de Fenske-Underwood-Gilliland

Métodos aproximados (*short-cut*) para o cálculo do número de estágios ideais

Misturas binárias

Misturas binárias ideais

Misturas multicomponentes

Misturas multicomponentes ideais

Modelos simplificados para ELV

Pinch point

Pratos

Pratos com borbulhadores

Pratos perfurados

Pratos valvulados

Pressão de vapor

Pressão parcial

Recheio estruturado

Recheio randômico

Recheios

Refluxo

Seção de esgotamento

Seção de retificação

Tambor de *flash*

Volatilidade relativa

18.1 INTRODUÇÃO

É comum que engenheiros químicos, engenheiros de petróleo, químicos e farmacêuticos trabalhem com misturas de duas ou mais espécies químicas, com diferentes necessidades: separar, misturar ou reagir. Na destilação, as espécies estão contidas nas fases líquida ou gasosa, e o que ocorre na prática é a transferência dessas espécies de uma fase para outra, provocando alterações em suas composições. Essas operações são comuns na indústria, tornando o problema mais ou menos complexo de acordo com o número de componentes que compõem as misturas. Diversas operações unitárias da indústria biotecnológica envolvem transferência de massa entre suas fases. Um componente de uma fase transfere-se em quantidade maior que outra, provocando separação dos componentes de uma fase para outra. As operações que envolvem transferência de massa entre fases líquida e gasosa (ou vapor) são as seguintes: destilação, absorção, dessorção, umectação e desumectação de gases. Neste capítulo, a operação de separação abordada é a destilação, empregada na separação de alguns solventes orgânicos que podem ser obtidos por meio de cultivo microbiano. Entre eles podem ser citados os seguintes: etanol, butanol, acetona-butanol, butanol-isopropanol, metanol-etanol. Portanto, ao longo do texto serão apresentados os princípios básicos da operação unitária destilação, levando em conta o número de componentes da mistura.

18.2 NOÇÕES DE EQUILÍBRIO DE FASES

Uma fase é um sistema homogêneo, ou seja, as propriedades são constantes ponto a ponto. Quando as fases são postas em contato inicia-se a troca de seus constituintes até que a composição de cada fase permaneça constante. Quando esse estado é alcançado, diz-se que as fases estão em equilíbrio. As separações, então, são determinadas pela extensão com a qual as espécies são distribuídas entre as fases em equilíbrio a uma dada temperatura e pressão e também dependem da natureza e concentração das espécies químicas.

A termodinâmica do equilíbrio de fases visa estabelecer relações entre, por exemplo, temperatura, pressão e composição dada pela energia de Gibbs, que serve como uma função geradora para outras propriedades termodinâmicas. No equilíbrio, a energia total, G, para todas as fases é mínima e os métodos usados para essa determinação são chamados *técnicas de minimização da energia livre* (SEADER; HENLEY; ROPER, 2011).

$$G = G(T, P, n_{1,} n_{2,}, \ldots, n_{C,}) \tag{18.1}$$

sendo n_i o número de mols da espécie i.

Por isso, a energia livre de Gibbs é o ponto de partida para a derivação das equações usadas no equilíbrio de fases. Partindo-se da termodinâmica clássica, a diferencial da energia total de Gibbs, para um sistema unifásico, aberto, que pode trocar matéria com a vizinhança, é dada por:

$$dG = -Sdt + VdP + \sum_{i=1}^{C} \mu_i dn_i \tag{18.2}$$

em que μ_i é o potencial químico da espécie i ou energia livre de Gibbs da espécie i.

Para sistemas fechados consistindo em duas ou mais fases em equilíbrio, em que cada fase é um sistema aberto capaz de transferir massa para as outras, a diferencial da energia total de Gibbs para o sistema é dada por:

$$dG_{sistema} = \sum_{p=1}^{N} \left[\sum_{i=1}^{C} \mu_i^{(p)} dn_i^{(p)} \right]_{P,T} \tag{18.3}$$

em que (p) refere-se a cada uma das N fases.

Na ausência de reação química, e supondo o sistema com duas fases, α e β, a Equação 18.3 pode ser reduzida à Equação 18.4.

$$dG_{sistema} = \sum_i \mu_i^{\alpha} dn_i^{\alpha} + \sum_i \mu_i^{\beta} dn_i^{\beta} \tag{18.4}$$

Como no equilíbrio $dG_{sistema} \leq 0$, então:

$$\sum_i \mu_i^{\alpha} dn_i^{\alpha} + \sum_i \mu_i^{\beta} dn_i^{\beta} = 0 \tag{18.5}$$

Pela conservação de massa do sistema, pode-se dizer que:

$$dn_i^{\alpha} = -dn_i^{\beta} \quad (18.6)$$

Substituindo 18.6 em 18.5, resulta 18.7:

$$\sum_i (\mu_i^{\alpha} - \mu_i^{\beta}) dn_i^{\alpha} = 0 \quad (18.7)$$

Como dn_i^{α} são independentes e arbitrários, essa igualdade é compreensível se o termo entre parênteses for zero. Logo, no equilíbrio as fases apresentam o mesmo potencial de equilíbrio, ou seja:

$$\mu_i^{\alpha} = \mu_i^{\beta} \qquad (\mathrm{i} = 1,\ 2)$$

ou ainda, generalizando, obtém-se a Equação 18.8:

$$\mu_i^{\alpha} = \mu_i^{\beta} = \cdots = \mu_i^{\pi} \qquad (\mathrm{i} = 1, 2,\ ..., \mathrm{N}) \quad (18.8)$$

Conclusão: o potencial químico de todas as espécies em um sistema multifásico é idêntico em todas as fases quando em equilíbrio físico.

18.3 COEFICIENTES DE FUGACIDADE E DE ATIVIDADE

Em virtude de os valores de potencial químico serem relativos e não absolutos, podem chegar a valores infinitamente negativos, quando a pressão tende a zero. O potencial químico não é uma propriedade adequada para os cálculos de equilíbrio de fases, sendo então substituído pela fugacidade proposta por G. N. Lewis em 1901, a qual é função do potencial químico. A fugacidade parcial da mistura é semelhante a uma pseudopressão, expressa pela Equação 18.9, na qual C é uma constante que depende da temperatura:

$$\overline{f}_i = C exp\left(\frac{\mu_i}{RT}\right) \quad (18.9)$$

Negligenciando o valor de C, Prausnitz, Lichtenthaler e Azevedo (1999) mostraram que a Equação 18.8 pode ser substituída pela Equação 18.10:

$$\overline{f}_i^{1} = \overline{f}_i^{2} = \cdots = \overline{f}_i^{N} \quad (18.10)$$

Isto é, no equilíbrio uma dada espécie tem a mesma fugacidade parcial em cada fase. Isso pode ser estendido para pressões e temperaturas, para constituir o conjunto de condições de equilíbrio de fases.

$$T^{(1)} = T^{(2)} = \cdots = T^{(N)} \qquad (18.11); \text{ e,}$$

$$P^{(1)} = P^{(2)} = \cdots = P^{(N)} \qquad (18.12)$$

Esse é o critério de equilíbrio que é usualmente aplicado na solução de problemas de equilíbrio de fases.

Para um componente puro, a fugacidade parcial, $\bar{f}_i$, torna-se a fugacidade do componente puro, f_i. Para um componente em uma mistura gasosa ideal, a fugacidade parcial é igual à sua pressão parcial, isto é:

$$p_i = y_i P \qquad (18.13)$$

Devido a essa relação tão próxima entre fugacidade e pressão, foi conveniente definir o coeficiente de fugacidade de uma substância pura como:

$$\phi_i = \frac{f_i}{P} \qquad (18.14)$$

Se a substância pura é um gás ideal, o coeficiente de fugacidade é 1,0.

Para misturas, os coeficientes de fugacidade são tomados com as seguintes equivalências:

$$\bar{\phi}_{iV} \equiv \frac{\bar{f}_{iV}}{y_i P}, \text{ na fase vapor, e,} \qquad (18.15)$$

$$\bar{\phi}_{iL} \equiv \frac{\bar{f}_{iL}}{x_i P}, \text{ na fase líquida} \qquad (18.16)$$

$\bar{\phi}_{iV}$ tende a 1,0 se o comportamento é aproximadamente um gás ideal, e $\bar{\phi}_{iL}$ tende a $(P_{Vi})/P$, em que P_{Vi} é a pressão de vapor do componente i.

A atividade, por sua vez, é definida como a razão entre a fugacidade parcial de um dado componente e a fugacidade deste em seu estado padrão, como mostra a equivalência:

$$a_i \equiv \frac{\bar{f}_i}{f_i^o} \qquad (18.17)$$

Se as fases estão em equilíbrio, então f_i^o é o mesmo para cada fase. Isso gera outra alternativa para condição de equilíbrio.

$$a_i^{(1)} = a_i^{(2)} = \cdots = a_i^{(N)} \qquad (18.18)$$

Para soluções ideais: $a_{iV} = y_i$ e $a_{iL} = x_i$.

O afastamento da idealidade de um sistema é dado pelo coeficiente de atividade definido pelas equivalências: $\gamma_{iV} \equiv \frac{a_{iV}}{y_i}$, e $\gamma_{iL} \equiv \frac{a_{iL}}{x_i}$. Se a solução é ideal, $\gamma_{iV} = \gamma_{iL} = 1{,}0$.

18.4 MODELOS SIMPLIFICADOS PARA EQUILÍBRIO LÍQUIDO-VAPOR

A solubilidade de um gás em um líquido é, então, determinada por equações de equilíbrio de fases. Se as fases, vapor e líquida, estão em equilíbrio, então, como já foi apresentado, para qualquer componente i de ambas as fases as fugacidades são idênticas, isto é:

$$f_i^{gas} = f_i^{liquido} \tag{18.19}$$

A termodinâmica é aplicada ao equilíbrio líquido-vapor com o objetivo de se calcular temperaturas, pressões e composição das fases em equilíbrio. Na verdade, a termodinâmica fornece a estrutura matemática para correlacionar, estender, generalizar, avaliar e interpretar dados. Além disso, é o meio pelo qual as predições de várias teorias da física molecular e da mecânica estatística podem ser aplicadas para fins práticos. Nada disso pode ser conseguido sem modelos que aproximem o comportamento de sistemas em equilíbrio líquido-vapor. Os modelos mais simples são a lei de Raoult e a lei de Henry. A forma mais simples de se escrever a equação (18.19) é a aquela sugerida por Raoult.

18.4.1 LEI DE RAOULT

As duas considerações mais importantes para aplicação da lei de Raoult segundo Smith, Van Ness e Abbott (2001), são: (a) a fase vapor é um gás ideal; (b) a fase líquida é uma solução ideal.

Em outras palavras, a consideração (a) quer dizer que a lei de Raoult pode ser aplicada somente para pressões moderadas, e a consideração (b), que as aproximações são válidas quando as espécies que compõem o sistema são quimicamente similares.

O gás ideal serve como o padrão ao qual o comportamento do gás real pode ser comparado, e a solução ideal serve como o padrão ao qual o comportamento de uma solução real pode ser comparado. O comportamento de solução ideal pode ser aproximado por fases líquidas constituídas de espécies que não sejam tão diferentes em tamanho da molécula e em natureza química.

A expressão matemática que reflete as duas considerações mencionadas anteriormente está apresentada na Equação 18.20:

$$y_i P = x_i P_{Vi} \qquad (i = 1,\ 2,\ \ldots N) \tag{18.20}$$

Pode-se observar que a lei de Raoult relaciona a concentração do componente i na fase líquida, x_i, com a concentração de i na fase vapor, y_i.O termo à esquerda da Equação 18.20 é a pressão parcial da fase vapor P_i. Portanto, $P_i = x_i P_{Vi}$, conhecida como solubilidade ideal do gás.

Para pressões de baixas a moderadas, uma equação mais realista, para dados de equilíbrio líquido-vapor, resulta quando a segunda consideração é abandonada e leva-se em conta o desvio da idealidade da solução inserindo o coeficiente de atividade γ_{iL}, modificando-se a lei de Raoult conforme a Equação 18.21.

$$P_i = x_i \gamma_{iL} P_{Vi} \qquad (i = 1, 2, \cdots, N) \tag{18.21}$$

Além das simplificações severas para se obter a equação (18.21), em alguns casos existe grande dificuldade em se obter a pressão de vapor (P_{Vi}). Isso acontece sempre que a temperatura da solução está acima da temperatura crítica do componente puro i.

O modelo de equilíbrio expresso pela lei de Raoult representa o comportamento de poucos sistemas. No entanto, serve como padrão de comparação para sistemas mais complexos.

18.4.2 LEI DE HENRY

A solubilidade de um gás em um líquido a temperatura constante é diretamente proporcional à pressão parcial em equilíbrio com o líquido. A expressão que descreve essa observação foi proposta por William Henry em 1803.

$$P_i = y_i P = k_H x_i \tag{18.22}$$

Para um dado soluto-solvente, k_H é uma constante de proporcionalidade que depende somente da temperatura e é conhecida como constante de Henry.

A Equação 18.22 é uma das formas de apresentação da constante de Henry, porém a literatura apresenta outras definições para essa constante, com unidades compatíveis com a definição empregada.

18.5 CONSTRUÇÃO DE DIAGRAMAS DE FASES T, X E Y A PRESSÃO CONSTANTE

Os dados de equilíbrio líquido-vapor para muitos sistemas foram obtidos experimentalmente e compõem os bancos de dados da literatura. Eles também podem ser estimados por meio de modelos termodinâmicos, de acordo com o comportamento dos sistemas que estão sendo estudados. Neste item, serão apresentadas definições importantes, exemplos de diagramas e exemplo de cálculo de composição por meio da lei de Raoult.

É importante destacar que idealidade e não idealidade são comportamentos "idealizados" (não reais) de:

a) substâncias puras no estado gasoso (pode ser um gás ideal ou um gás real);

b) mistura de substâncias gasosas (mistura ideal ou mistura não ideal);

c) misturas líquidas (mistura ideal ou não ideal).

Para gases ideais vale a equação de Clapeyron. Os gases reais tendem ao comportamento ideal quando a pressão se aproxima de zero, pois nessa situação as moléculas estão tão distantes umas das outras que a interação entre elas é praticamente nula. Quando um gás real se comporta como gás ideal ele é chamado de gás perfeito.

Para o caso das substâncias puras (a), define-se a pressão de vapor de um líquido como a pressão exercida pelo vapor sobre o líquido puro a uma dada temperatura, quando as fases, líquida e o seu vapor, estão em equilíbrio. Nesta situação, diz-se que o líquido está em ebulição. Portanto, ambas as fases estão saturadas.

A pressão de vapor de substâncias puras pode ser obtida de tabelas e gráficos, ou a partir de equações como a de Antoine:

$$\log P_{VA} = A - \frac{B}{C+T} \qquad (18.23)$$

A, B e C são constantes que só dependem da natureza da substância e de sua temperatura. É preciso atenção ao consultar a tabela com as constantes: convém verificar qual a unidade da temperatura e a de pressão de vapor a ser estimada pela Equação 18.23.

Para os casos das misturas ou soluções gasosas e líquidas (b e c), se a solução é de líquidos miscíveis e entra em ebulição, a pressão que os seus componentes exercem sobre a solução é chamada de pressão total, P. Logo, o termo pressão de vapor, P_V, é empregado a substâncias puras. Dessa forma, podem-se definir as temperaturas correspondentes às diferentes situações nas quais se encontram as substâncias.

- *Temperatura de ebulição* – é a temperatura correspondente à pressão de vapor do líquido;
- *Temperatura de bolha* – é a temperatura correspondente à temperatura de ebulição de uma solução líquida, que é diferente da temperatura de ebulição de seus componentes puros;
- *Temperatura de orvalho* – é a temperatura na qual uma mistura na fase vapor a uma dada pressão é submetida ao resfriamento e surge a primeira gota de líquido. Portanto, a temperatura na qual a primeira gota condensa é a temperatura de orvalho. Ela depende da pressão e da composição da mistura de vapores.

Logo, para misturas de duas substâncias em equilíbrio a uma dada pressão, pode-se construir os chamados diagramas de fases T, x e y, a uma dada pressão total, P, constante.

A Tabela 18.1 apresenta um resumo das quantidades termodinâmicas até aqui apresentadas para o equilíbrio de fases.

Tabela 18.1 Quantidades termodinâmicas para equilíbrio de fases

Quantidade termodinâmica	Equação de definição	Significado físico	Valores limites para gás ideal, solução ideal e comentários
Potencial químico	$\mu \equiv \left(\dfrac{\partial G}{\partial n_i}\right)_{P,T,n_j}$	Energia livre molar parcial $\bar{g}_i$	$\mu_i = \bar{g}_i$ O potencial químico não é uma grandeza favorável para os cálculos de ELV por ser uma quantidade relativa. Seu valor é infinitamente negativo quando P se aproxima de zero.
Fugacidade introduzida por Lewis	$\bar{f}_i = Cexp\left(\dfrac{\mu_i}{RT}\right)$	Pressão corrigida (correção devido à não idealidade)	$\dfrac{f_i}{y_i P} \rightarrow 1$ quando $P \rightarrow 0$ Para misturas gasosas ideais, $P = \Sigma P_i$, além disso, vale a lei de Dalton: $P_i = y_i P$ Para usar a fugacidade é importante escolher o estado de referência apropriado.
Coeficiente de fugacidade de uma substância pura	$\phi_i \equiv \dfrac{f_i}{P}$	Desvio da fugacidade devido à pressão	$\bar{\phi}_{iV} = 1$ implica que $f_{iV} = P$ $\bar{\phi}_{iL} = \dfrac{P_i^V}{P}$
Coeficiente de fugacidade parcial de um componente em uma mistura	$\bar{\phi}_{iV} \equiv \dfrac{\bar{f}_{iV}}{y_i P}$ $\bar{\phi}_{iL} \equiv \dfrac{\bar{f}_{iL}}{x_i P}$	Desvios da fugacidade devido à pressão e à composição	$\bar{\phi}_{iV} = 1$ $\bar{\phi}_{iL} = \dfrac{P_i^V}{P}$
Atividade	$a_i \equiv \dfrac{\bar{f}_i}{f_i^o}$	Pressão termodinâmica relativa	$a_{iV} = y_i$ $a_{iL} = x_i$
Coeficiente de atividade	$\gamma_{iV} \equiv \dfrac{a_{iV}}{y_i}$ $\gamma_{iL} \equiv \dfrac{a_{iL}}{x_i}$	Desvio da fugacidade devido à composição	$\gamma_{iV} = 1{,}0$ $\gamma_{iL} = 1{,}0$

Fonte: adaptada de Seader, Henley e Roper (2011).

O diagrama para o binário metanol-etanol à pressão de 760 mm Hg está apresentado na Figura 18.1, assim como a interpretação das definições apresentadas para sistemas binários, em equilíbrio, também descrita no corpo do texto.

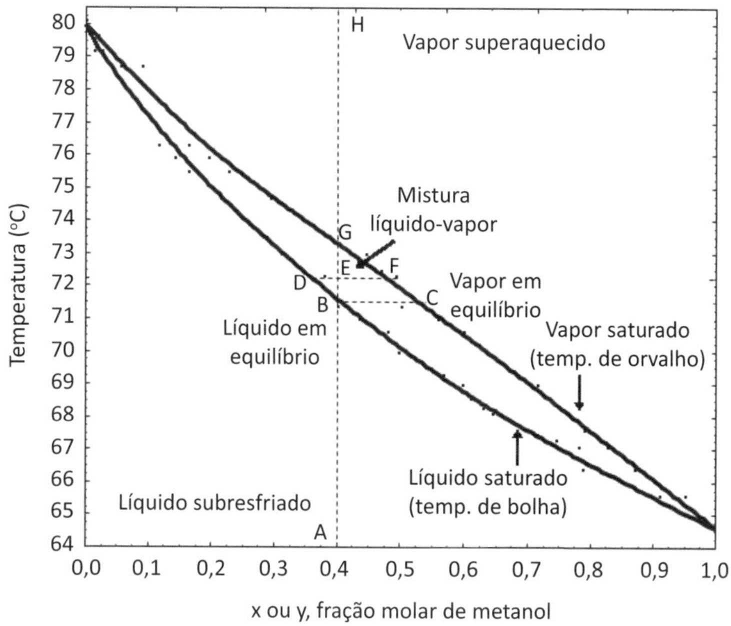

Figura 18.1 Diagrama de fases em equilíbrio T-x-y para o binário metanol-etanol à pressão de 760 mmHg.

Considere a mistura líquida contendo 0,4 molar de metanol e 0,6 molar de etanol. Ao aquecer essa mistura até 71,4 °C aparecerá a primeira bolha de vapor. Diz-se então que a mistura atingiu o seu ponto de bolha (ponto B do diagrama). Essa bolha é de vapor saturado em equilíbrio com o líquido na mesma temperatura.

A composição desse vapor saturado é determinada seguindo a linha de amarração horizontal (*tieline*) até o ponto C, cuja composição de metanol no vapor é 0,52. Se a mistura de duas fases continua sendo aquecida até o ponto E, a linha de amarração horizontal DEF alcança 72,2 °C, situação na qual a fração molar de metanol na fase liquida, x, decresce para 0,38 e a fração molar na fase vapor decresce para 0,49. Na região entre as linhas de líquido saturado e vapor saturado (região de duas fases) onde se encontra o ponto E, o vapor está em seu ponto de orvalho (ponto G) e o líquido em seu ponto de bolha (ponto B). A composição global das duas fases permanece com 0,4 molar de metanol. As quantidades relativas de vapor e líquido no ponto E podem ser determinadas empregando a regra da alavanca, isto é, $L \times \overline{DE} = V \times \overline{EF}$, ou, ainda, $\frac{V}{L} = \frac{\overline{DE}}{\overline{EF}}$. Convém lembrar que para a regra da alavanca valem todas as propriedades das proporções, o que é útil nas estimativas dessas quantidades. Se a partir do ponto E, (temperatura = 72,2 °C) a mistura continua sendo aquecida até a temperatura de

73,8 °C, o ponto de orvalho da mistura é alcançado para y = 0,4 (ponto G). Acima dessa temperatura o vapor se torna superaquecido, podendo alcançar o ponto H.

Os sistemas que fogem da idealidade apresentam diagramas com comportamentos distintos do ideal. A Figura 18.1 apresenta um sistema binário considerado quase ideal.

Em determinadas condições, para algumas misturas, as composições do vapor e do líquido são iguais. Essas misturas são conhecidas como azeótropos. Uma mistura de pontos de ebulição próximos tende a formar azeótropo quando as estruturas químicas dos componentes não são similares. A ocorrência de azeótropo é importante em termos práticos, porque não se pode separar completamente os componentes por meio de uma destilação simples, a uma dada pressão. Um recurso frequentemente empregado consiste em adicionar um agente "arrastador" na mistura a ser destilada, de modo a formar um novo azeótropo heterogêneo com um dos componentes, permitindo que o outro seja separado.

As misturas azeotrópicas podem ter um ponto de ebulição mínimo ou máximo. No azeótropo de mínimo, as espécies se repelem; já no azeótropo de máximo, as espécies se atraem.

No caso de se formar uma só fase líquida na condensação do azeótropo, a mistura é conhecida como um azeótropo homogêneo. Um azeótropo homogêneo pode apresentar um ponto de ebulição máximo ou mínimo.

Um azeótropo heterogêneo forma-se geralmente em sistemas que apresentam um desvio muito intenso da lei de Raoult, já que em certa faixa de composição os líquidos formados a partir do azeótropo tornam-se imiscíveis e acontece, portanto, uma separação de fases. Um azeótropo heterogêneo tem sempre um ponto de ebulição mínimo. Na Figura 18.2 apresentam-se diagramas de temperatura em função da composição com ponto de ebulição máximo e mínimo.

18.6 DESTILAÇÃO AZEOTRÓPICA HETEROGÊNEA

Destilação azeotrópica heterogênea é uma destilação fracionada baseada na exploração do comportamento azeotrópico para efetuar a separação. O agente formador do azeótropo específico, chamado de "arrastador", pode estar presente na mistura de separação ou ser adicionado à mistura. A adição pode se dar na forma de uma corrente líquida ou corrente de vapor adicionada em um ponto da coluna tal que seja possível interagir com os componentes da mistura a ser destilada. Por meio da destilação azeotrópica muitas separações difíceis têm sido alcançadas.

As técnicas de destilação azeotrópica são usadas, geralmente, na indústria química e petroquímica para a separação de compostos com pontos de ebulição próximos ou sistemas azeotrópicos para os quais a destilação é onerosa ou impossível. Uma das características desejadas na destilação azeotrópica é a formação de azeótropo concomitantemente com a imiscibilidade líquido-líquido. Na maioria das vezes, a destilação azeotrópica com imiscibilidade de fases liquidas é conduzida em colunas de pratos. A razão disso é que, para uma boa eficiência de separação, é preciso um bom contato entre as fases líquida e vapor. Esse bom contato se traduz em uma grande área de contato obtida nos pratos, graças à grande agitação no líquido produzida pela corrente de vapor. Essa é a razão pela qual se recomenda a utilização de pratos quando coexistem duas fases líquidas heterogêneas. Para entender esse tipo de destilação, toma-se como exemplo a obtenção do etanol anidro, um processo muito explorado nesse tipo de destilação. A mistura azeotrópica etanol-água com 95,6% de etanol entra em ebulição a 78,16 °C. Com a adição de benzeno, há formação de azeótropo, constituído por água (4%), etanol (76%) e benzeno (20%), mistura mais volátil do que o etanol, daí sendo possível a separação do etanol anidro. Quando a mistura etanol-água-benzeno se condensa formam-se duas fases imiscíveis, sendo benzeno-etanol a mais leve, e etanol-água a mais pesada. Essa imiscibilidade favorece muito a separação. O separador de fases é usualmente um decantador.

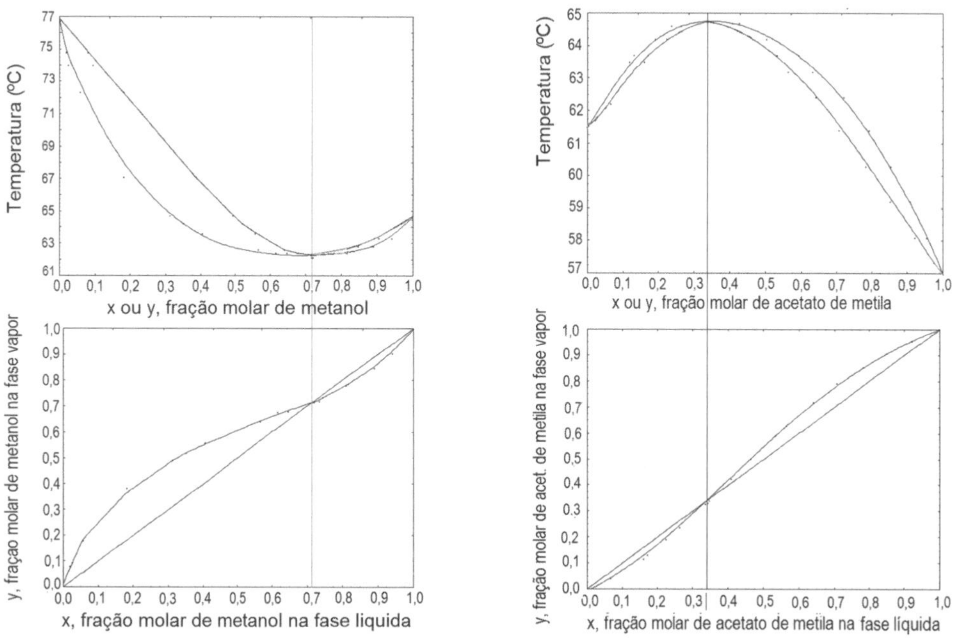

(a) Binário: metanol-acetato de etila

(b) Binário: acetato de metila-clorofórmio

Figura 18.2 Diagramas de fases e de equilíbrio para os sistemas metanol-acetato de etila (azeótropo com ponto de ebulição mínimo) (a) e acetato de metila-clorofórmio (azeótropo de máximo ponto de ebulição) (b).

18.7 CONSTANTE DE EQUILÍBRIO

Define-se constante de equilíbrio do componente i na mistura, binária ou multicomponente, como a relação entre os coeficientes de fugacidade do componente, i, nas fases (equação de estado), como expresso na Equação 18.24, recomendada para hidrocarbonetos e misturas de gases leves de temperaturas criogênicas até a região crítica. Já a mesma relação, corrigida pelo coeficiente de atividade, γ_{iL}, como mostra a Equação 18.25, é recomendada para todas as misturas, da temperatura ambiente até próxima da temperatura critica. Essas são as formas rigorosas de estimativa de constantes de equilíbrio. Os métodos de cálculos para os coeficientes de atividade podem ser encontrados na literatura aberta, das quais estão apresentadas três referências na Tabela 18.2.

$$K_i = \frac{\bar{\phi}_{iL}}{\bar{\phi}_{iV}} \tag{18.24}$$

$$K_i = \frac{\gamma_{iL}\phi_{iL}}{\phi_{iV}} \tag{18.25}$$

De uma forma mais simplificada, a constante de equilíbrio pode ser expressa em termos de fração molar do componente, *i*, na fase vapor, pela fração molar do componente *i* na fase líquida, apresentada na Equação 18.26, referida como valor de razão de equilíbrio líquido-vapor.

$$K_i = \frac{y_i}{x_i} \tag{18.26}$$

Para um sistema binário constituído pelos componentes A e B:

$$K_A = \frac{y_A}{x_A} \tag{18.27}$$

Se a fase vapor é gás ideal e a fase líquida é mistura ideal, empregando a lei de Raoult tem-se a Equação 18.28, válida para pressões próximas da pressão ambiente.

$$K_i = \frac{P_{Vi}}{P} \tag{18.28}$$

Se a fase vapor é considerada ideal e a fase líquida não, a constante poderá ser expressa pela Equação 18.29, em que o coeficiente de atividade é o fator de correção da não idealidade da fase líquida. Ela também é válida para pressões próximas da pressão ambiente.

$$K_i = \frac{\gamma_{iL}P_{Vi}}{P} \tag{18.29}$$

18.8 VOLATILIDADE RELATIVA

Volatilidade relativa, α_{ij}, é a razão entre as constantes de equilíbrio dos diferentes componentes. Para sistemas binários, constituídos dos componentes A e B,

$$\alpha_{AB} = \frac{K_A}{K_B} = \frac{y_A/x_A}{y_B/x_B} \tag{18.30}$$

A volatilidade relativa dá uma indicação de quão fácil é a separação dos componentes (valores altos de α_{AB}); a separação é quase impraticável quando a volatilidade relativa tende a 1.

Para misturas binárias ideais a volatilidade relativa torna-se a razão entre as pressões de vapor dos componentes, desde que a lei de Raoult possa ser aplicada. A volatilidade relativa pode ser considerada aproximadamente constante nos intervalos de temperatura das destilações típicas.

$$\alpha_{AB} = \frac{P_{VA}}{P_{VB}} \tag{18.31}$$

Ainda, considerando que a α_{AB} é aproximadamente constante e que $x_B = 1 - x_A$ e $y_B = 1 - y_A$, a fração molar do componente A na fase vapor pode ser expressa como função da volatilidade relativa e da fração molar do componente A na fase líquida, a partir da relação de definição da volatilidade relativa expressa na Equação 18.31, como mostra a Equação 18.32:

$$y_A = \frac{\alpha_{AB} x_A}{1 + x_A(\alpha_{AB} - 1)} \tag{18.32}$$

A Tabela 18.2 apresenta um resumo das recomendações de como estimar as constantes de equilíbrio, K, de acordo com o comportamento do sistema.

Tabela 18.2 Expressões úteis para estimativa de K para equilíbrio líquido-vapor $\left(K_i = \frac{y_i}{x_i}\right)$

	Equação	Aplicação recomendada	Bibliografia recomendada para formas rigorosas e simplificadas
Formas rigorosas: (1) Equação de estado (2) Coeficiente de atividade	$K_i = \frac{\bar{\phi}_{iL}}{\bar{\phi}_{iV}}$ $K_i = \frac{\gamma_{iL}\phi_{iL}}{\phi_{iV}}$	Hidrocarbonetos e misturas de gases leves de temperaturas criogênicas até a região crítica Todas as misturas, da temperatura ambiente até próximo da temperatura critica	Seader, Henley e Roper (2011) Prausnitz, Lichtenthaler e Azevedo (1999) Smith, Van Ness e Abbott (2001)
Formas aproximadas: (3) Lei de Raoult (ideal) (4) Lei de Raoult modificada (5) Lei de Henry	$K_i = \frac{P_{Vi}}{P}$ $K_i = \frac{\gamma_{iL}P_{Vi}}{P}$ $K_i = \frac{H_i}{P}$	Solução ideal próxima da pressão ambiente Solução líquida não ideal próxima da pressão ambiente Pressões baixas a moderadas para espécies a temperaturas supercríticas	Seader, Henley e Roper (2011) Prausnitz, Lichtenthaler e Azevedo (1999) Smith, Van Ness e Abbott (2001)

Fonte: adaptada de Seader, Henley e Roper (2011).

18.9 DESTILAÇÃO EM BATELADA

Neste item será apresentada a destilação em batelada, também conhecida como destilação diferencial, que é processada em alambiques (semelhante ao balão de destilação em laboratório), originalmente quantificada por lorde Rayleigh. É uma destilação sem refluxo operando em regime transitório.

O esquema da Figura 18.3 serve para ilustrar a operação de destilação em batelada para mistura líquida. A mistura é carregada no recipiente, no qual é posteriormente submetida a evaporação. O vapor gerado é continuamente condensado para produzir o destilado. As composições da carga inicial e do destilado variam com o tempo (estado não estacionário). A temperatura do fluido no recipiente aumenta porque a quantidade do componente com ponto de ebulição mais baixo diminui.

É vantajoso empregar a destilação em batelada para: pequenas produções cuja carga não justifica uma destilação contínua em termos econômicos; na aplicação de uma mesma unidade de destilação para diferentes matérias-primas e seus produtos (exigências sazonais); para cargas que contêm sólidos ou que formam sólidos, alcatrões ou resinas que podem danificar uma coluna de destilação contínua.

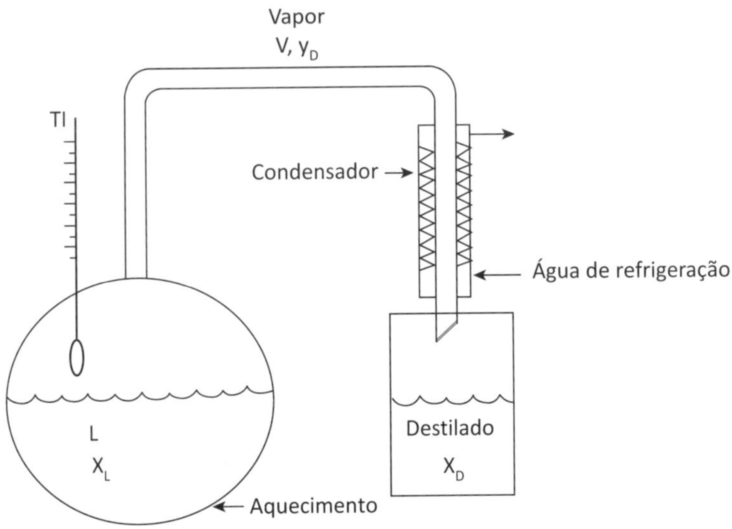

Figura 18.3 Esquema da destilação em batelada sem refluxo.

Na destilação em batelada considera-se que a carga no recipiente está perfeitamente misturada e que o vapor está em equilíbrio com o líquido. O condensador é total e $y_D = x_D$.

A nomenclatura usada nas deduções está descrita a seguir: D(t) = taxa instantânea de destilado (mol/h); $y = y_D = x_D$ = fração molar instantânea do destilado que deixa o recipiente no qual ocorre a carga inicial; L(t) = quantidade de líquido presente no recipiente de carga; x_L = fração molar do componente mais volátil que permanece no líquido residual; 0 = subscrito que se refere ao tempo inicial (t = 0).

A quantificação da destilação em batelada simples é feita por meio de balanços de massa (regime transitório) e das relações de equilíbrio.

O balanço global de massa, para o sistema da Figura 18.3, é dado por:

$$\frac{dL}{dt} = -D \tag{18.33}$$

O balanço de massa para o componente mais volátil:

$$\frac{d(x_l L)}{dt} = -y_D D \tag{18.34}$$

Em que $y_D D$ é a taxa de produção instantânea de destilado.

Desdobrando a derivada da Equação 18.34, tem-se a Equação 18.35.

$$L\frac{d(x_l)}{dt} + x_L\frac{d(L)}{dt} = -y_D D \tag{18.35}$$

Substituindo a vazão molar de destilado do balanço global (Equação 18.33) na Equação 18.35, tem-se a Equação 18.36.

$$L\frac{d(x_l)}{dt}+x_L\frac{d(L)}{dt}=y_D\frac{dL}{dt} \tag{18.36}$$

Multiplicando ambos os membros da Equação 18.36 por *dt*, separando as variáveis e integrando a partir da condição inicial, tem-se a Equação 18.37.

$$\int_{L_0}^{L}\frac{dL}{L}=\ln\left(\frac{L}{L_0}\right)=\int_{x_{L0}}^{x_L}\frac{dx_L}{y_D-x_L} \tag{18.37}$$

Quando não há refluxo, assume-se que x_L está em equilíbrio com y_D. Pode-se generalizar a Equação 18.35 para a 18.38.

$$\ln\left(\frac{L}{L_0}\right)=\int_{x_0}^{x}\frac{dx}{y-x} \tag{18.38}$$

A integração pode ser realizada se a pressão for constante e a variação de temperatura de bolha da mistura no recipiente for pequena, e se a constante de equilíbrio for conhecida. Ou seja, $y = Kx$. A equação integrada torna-se a Equação 18.39:

$$\ln\left(\frac{L}{L_0}\right)=\frac{1}{K-1}\ln\left(\frac{x}{x_0}\right) \tag{18.39}$$

Quando a mistura é binária e a volatilidade relativa é (α_{AB}), em vez do *K* aproximadamente constante, usa-se a relação entre *y* e *x*, dada por meio da Equação 18.32, que, substituindo em 18.38, fornece 18.40.

$$\ln\frac{L_0}{L}=\frac{1}{\alpha_{AB}-1}\ln\left(\frac{x_{A0}}{x_A}\right)+\alpha_{AB}\ln\left(\frac{1-x_A}{1-x_{A0}}\right) \tag{18.40}$$

Por outro lado, se na Equação 18.38 $y = f(x)$, o procedimento de solução da integral é numérico ou gráfico, usando, por exemplo, a regra dos trapézios.

A destilação em batelada também pode ocorrer com refluxo e com alimentação contínua, descritas em livros específicos de separações, alguns deles citados na lista de referências.

Exemplo

Para destilação em batelada, como ilustrado na Figura 18.3, o recipiente é carregado com 100 kmol de uma mistura binária, 50% molar, de metanol e etanol. Faça os gráficos em função do tempo de: (a) temperatura no interior do recipiente; (b) composição instantânea do vapor; (c) composição do líquido dentro do recipiente; e (d) composição média do destilado. Considere que a taxa de vaporização constante, D é igual a 10 kmol/h e a volatilidade relativa do binário é 1,714 a pressão de 101,3 kPa (1 atm). (e) Usando os dados de equilíbrio líquido-vapor do binário, resolva a Equação 18.38 numericamente pela regra dos trapézios e compare os resultados obtidos com a Equação 18.40.

Resolução:

Considere, inicialmente, $L_0 = 100$ kmol/h e $x_0 = 0{,}5$. A solução da Equação 18.40 fornece os valores de L para valores de x preestabelecidos. Com os pares L e x, determinam-se os valores de tempo, $t = (L_0 - L)/D$, para D = 10 kmol/h. A composição instantânea do vapor foi estimada com a Equação 18.32. A composição média do destilado é estimada por meio dos balanços global e do balanço por componente: $x_{Dm} = y_{Dm} = \dfrac{L_0 x_0 - Lx}{L_0 - L}$. As temperaturas foram lidas a partir do diagrama de fases *Txy*, lidas nos dados de equilíbrio líquido-vapor do binário metanol-etanol. Os resultados estão na Tabela 18.3.

Tabela 18.3 Valores obtidos para a construção da Figura 18.4

$t(h)$	0	3,13	5,27	6,76	7,82	8,57	9,10	9,48	9,74	9,91
L (*kmol*)	100	68,65	47,25	32,35	21,83	14,33	8,98	5,19	2,57	0,86
x	0,50	0,45	0,40	0,35	0,30	0,25	0,20	0,15	0,10	0,05
$y = f(x)$	0,632	0,584	0,533	0,480	0,424	0,364	0,300	0,232	0,160	0,083
$x_{Dm} = y_{Dm}$	0,632	0,610	0,590	0,572	0,556	0,542	0,530	0,519	0,511	0,504
Temp. (°C)	70,5	71,3	72,0	72,7	73,5	74,3	75,1	75,9	76,7	77,6

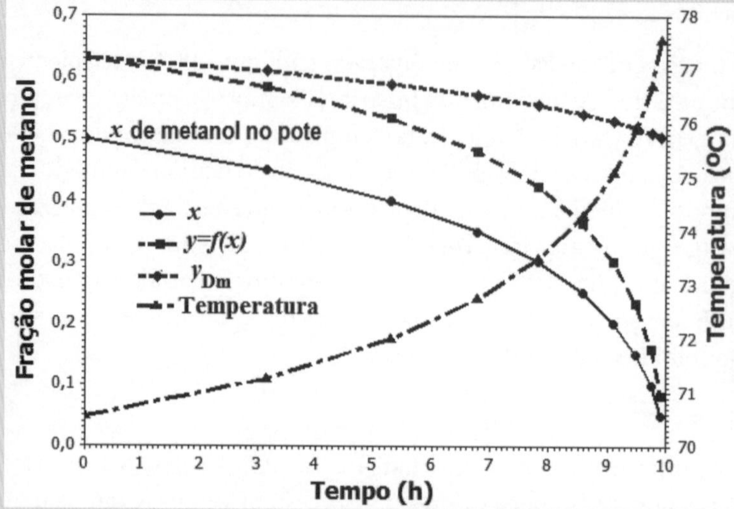

Figura 18.4 Perfis de composição do líquido e da temperatura do recipiente, do vapor instantâneo e da composição do destilado.

Tabela 18.4 Valores para solução da Equação 18.38 e construção da Figura 18.5 para a estimativa de L como solução da integração gráfica da Equação 18.38

x	0,50	0,45	0,40	0,35	0,30	0,25	0,20	0,15	0,10	0,05
y	0,62	0,57	0,52	0,46	0,40	0,34	0,28	0,21	0,15	0,08
1/(y-x)	8,16	8,20	8,41	8,84	9,54	10,64	12,41	15,47	21,67	39,87
L (eq. 18.38)	100,00	66,44	43,86	28,49	18,00	10,87	6,11	3,04	1,20	0,26
L (eq.18.40)	100,00	68,65	47,25	32,35	21,83	14,33	8,98	5,19	2,57	0,86
Desvio (%) em relação eq.18.38		3,33	7,73	13,54	21,29	31,89	47,09	70,70	113,54	231,20

Os valores de L estimado pela Equação 18.38 foram estimados com o auxílio da Figura 18.5, traçada a partir dos dados da Tabela 18.4.

Discussão

Os valores de L obtidos com a Equação 18.38 são mais realistas do que a aproximação empregando a Equação 18.40. A inexatidão aumenta quanto mais afastada está a volatilidade relativa do binário à pressão atmosférica do seu valor médio empregado na Equação 18.40. A Equação 18.38 usa o valor pontual da volatilidade relativa que varia, neste caso, de 1,66 a 1,75, em função da temperatura.

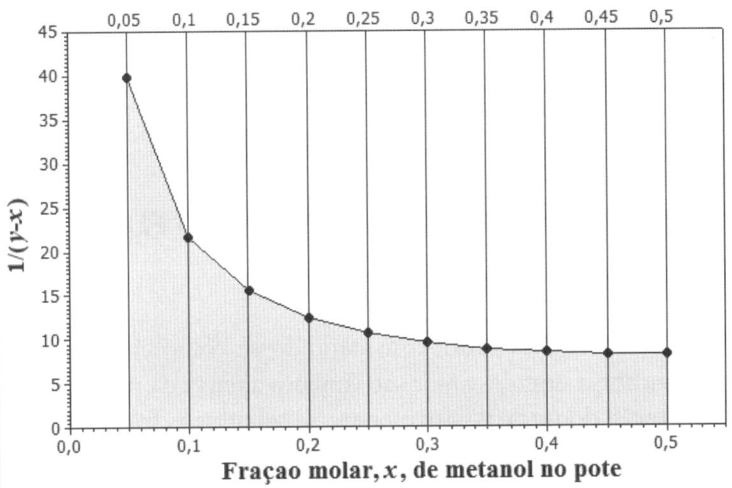

Figura 18.5 Dados para integração gráfica da destilação em batelada do exemplo, cujos resultados estão na Tabela 18.4.

18.10 ESTÁGIO DE EQUILÍBRIO EM TAMBOR DE *FLASH*

A separação *flash* é a unidade mais simples de destilação, pelo fato de consistir em um único estágio de equilíbrio. Em geral, o separador *flash* atinge as condições de equilíbrio que são muito próximas das condições do equilíbrio líquido-vapor.

A separação *flash* está mostrada esquematicamente na Figura 18.6, a qual apresenta uma das possíveis configurações para esse procedimento. Uma mistura que constitui a alimentação do tambor de *flash* é aquecida por um trocador de calor. A seguir, a alimentação passa por uma redução de pressão em que se tem uma expansão da mistura por meio de uma válvula, formando um escoamento bifásico. Chegando ao tambor de *flash*, a fase líquida, L, e vapor, V, são separadas. As correntes L e V são retiradas do tambor de *flash* e saem numa condição muito próxima à do equilíbrio.

Como exemplos de aplicação da operação *flash* podem-se citar: a vaporização parcial da carga de uma coluna de destilação com aquecimento da carga; a operação de um condensador parcial do topo de uma coluna de destilação.

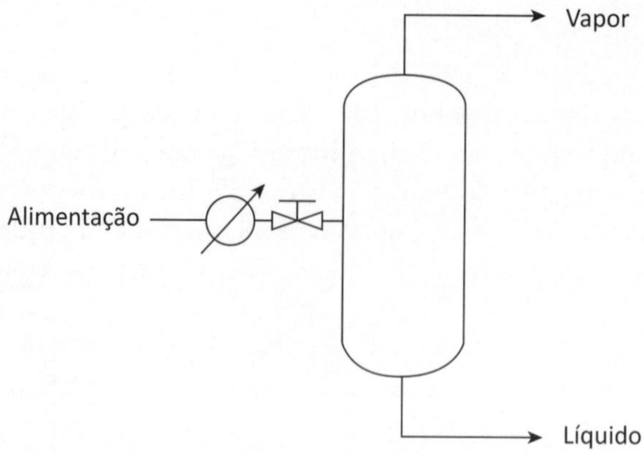

Figura 18.6 Esquema de um tambor de *flash*.

18.11 EQUACIONAMENTO DA SEPARAÇÃO *FLASH*

18.11.1 MISTURAS BINÁRIAS IDEAIS

Para uma mistura binária ideal, considerando-se como componentes A e B, as constantes de equilíbrio líquido-vapor são funções apenas da pressão, P, e da temperatura, T, de operação do *flash*. Assim, podem-se calcular as frações molares do equilíbrio a partir das relações de equilíbrio líquido-vapor:

$$x_A + x_B = 1{,}0 \tag{18.41}$$

$$y_A = K_A x_A \tag{18.42}$$

$$y_B = K_B x_B \tag{18.43}$$

$$K_A x_A + K_B x_B = 1{,}0 \tag{18.44}$$

$$x_A = \frac{1 - K_B}{K_A - K_B} \tag{18.45}$$

São conhecidas: F = vazão da alimentação; z_i = composição da alimentação; T = temperatura de operação do *flash*; P = pressão de operação do *flash*. As vazões molares das correntes de líquido, L, e de vapor, V, podem ser calculadas como segue:

Balanço de massa global: $F = V + L$ (18.46)

Balanço de massa para o componente A: $Fz_A = Vy_A + Lx_A$ (18.47)

Dessas equações, tem-se que:

$$\frac{V}{F}=\frac{z_A-x_A}{y_A-x_A} \tag{18.48}$$

Como

$$y_A=K_Ax_A \tag{18.49}$$

e

$$x_A=\frac{1-K_B}{K_A-K_B} \tag{18.50}$$

e lembrando que $z_B=1-z_A$, chega-se a:

$$\frac{V}{F}=\frac{z_A}{1-K_B}-\frac{z_B}{K_A-1} \tag{18.51}$$

Essa equação permite calcular a fração vaporizada V/F em função da composição molar da alimentação – z_A e z_B – da pressão, P, e da temperatura, T de operação do *flash*.

18.12 MISTURAS MULTICOMPONENTES IDEAIS

Para misturas constituídas por três ou mais componentes, a determinação das composições molares, x_i e y_i, dos componentes e das vazões L e V não é imediata. O procedimento consiste em agrupar as relações de balanço de massa e de equilíbrio, resultando em expressões mais convenientes para se efetuar o cálculo, que, neste caso, será iterativo. O equacionamento é:

Balanço de massa global: $F=V+L$ (18.52)

Balanço de massa para cada componente i: $Fz_i=Vy_i+Lx_i$ (18.53)

Relação de equilíbrio: $y_i=K_ix_i$ (18.54)

As Equações 18.52, 18.53 e 18.54 podem ser rearranjadas para fornecer:

$$x_iL+K_ix_iV=z_i\left(V+L\right) \tag{18.55}$$

Isolando-se o termo x_i, tem-se:

$$x_i=z_i\frac{1+V/L}{1+K_iV/L} \tag{18.56}$$

ou, ainda, substituindo-se o termo x_i por y_i, com a relação de equilíbrio tem-se:

$$y_i = z_i \frac{1+{}^{L}\!/_{V}}{1+\dfrac{L}{K_i V}} \qquad (18.57)$$

Dois parâmetros podem ser assim definidos:

a) $S_i = \dfrac{K_i V}{L}$, chamado de fator de esgotamento (fator de *stripping*) do componente i. Se o valor de S_i é elevado (K_i elevado), o componente i tenderá a se concentrar na fase vapor, sendo, portanto, esgotado da fase líquida.

b) $A_i = \dfrac{L}{K_i V}$, chamado de absorção do componente i. Se o valor de A_i é elevado (K_i é baixo), o componente i tenderá a se concentrar na fase líquida, ou seja, será absorvido na fase líquida.

Os fatores S_i e A_i são utilizados nos métodos de cálculo ou avaliação dos processos de absorção ou esgotamento de sistemas multicomponentes.

Dependendo dos parâmetros especificados para o cálculo do *flash* multicomponente, é interessante definirem-se as vazões molares do componente i:

Na alimentação: $F_i = Fz_i$ (18.58)

Na corrente de líquido: $L_i = Lx_i$ (18.59)

Na corrente de vapor: $V_i = Vy_i$ (18.60)

Com essas relações, podem-se escrever as vazões molares do componente i para a corrente de líquido e de vapor, respectivamente, como:

$$L_i = \frac{F_i}{1+S_i} \qquad (18.61)$$

$$V_i = \frac{F_i}{1+A_i} \qquad (18.62)$$

Com as relações definidas, é possível estabelecer roteiros de cálculo para diferentes especificações de dados de projeto do tambor de *flash*.

18.13 ROTEIROS DE CÁLCULO

Os roteiros de cálculo têm como objetivo facilitar a solução das Equações 18.52, 18.53 e 18.54, de acordo com as variáveis especificadas para a operação do tambor de *flash* para a separação de misturas multicomponentes.

As especificações mais comuns são: temperatura (T) e pressão (P); e pressão (P) e entalpia dos produtos (H) (*flash* isoentálpico).

Há outras especificações que também serão discutidas.

18.13.1 PRESSÃO E TEMPERATURA ESPECIFICADAS

Conhecendo-se F, z_i, P e T, pode-se calcular y_i, x_i, L e V a partir das relações de equilíbrio e dos balanços de massa. Para misturas ideais, os valores de K_i são conhecidos, já que dependem da pressão e da temperatura.

Como o processo é iterativo, o parâmetro a ser iterado será V/F. O parâmetro L/F também pode ser iterado. Tanto um quanto outro deverá fornecer um valor entre 0,0 e 1,0.

Pelo balanço de massa global, L = F – V, as Equações 18.56 e 18.57 podem ser reescritas como segue:

$$x_i = \frac{z_i}{(K_i - 1)\left(V/F\right) + 1} \tag{18.63}$$

$$y_i = K_i x_i = \frac{K_i z_i}{(K_i - 1)\left(V/F\right) + 1} \tag{18.64}$$

A relação V/F será a única variável no processo iterativo. A condição de convergência é que $\sum x_i = 1{,}0$ e $\sum y_i = 1{,}0$, e pode-se definir uma função f(V/F) como:

$$f\left(V/F\right) = \sum y_i - \sum x_i = 0 = \sum \frac{z_i\left(K_i - 1\right)}{(K_i - 1)\left(V/F\right) + 1} \tag{18.65}$$

O valor de (V/F) será iterado até a convergência, ou seja, pela Equação 18.65, a interação termina quando f(V/F) = 0,0.

No processo de iteração, novos valores de V/F podem ser estimados pelo método de convergência de Newton, adotando-se uma interpolação linear como simplificação:

$$\left(\frac{V}{F}\right)_{n+1} = \left(\frac{V}{F}\right)_n - \left[\frac{f\left(V/F\right)}{f'\left(V/F\right)}\right]_n \tag{18.66}$$

em que n o número da iteração e f' (V/F) a derivada da função f em relação à variável independente (V/F). A expressão de f'(V/F) é dada por:

$$f'\left(V/_{F}\right) = -\sum \frac{z_i\left(K_i - 1\right)^2}{\left[\left(K_i - 1\right)\left(V/_{F}\right) + 1\right]^2} \tag{18.67}$$

O roteiro de cálculo para determinar L, V, y_i, e x_i a partir de F, z_i, T e P fica, então, assim:

a) com T e P, obter os valores de K_i (considerar mistura ideal);

b) estimar um valor inicial de V/F, entre 0,0 e 1,0;

c) calcular f_i (V/F) de cada componente e a somatória;

d) se f(V/F) ≠ 0, estimar novo valor de V/F com a Equação 18.66 até convergir;

e) com o valor de V/F correto, calcular x_i e y_i com as Equações 18.63 e 18.64; e,

f) tendo V/F, L/V = 1,0 – V/F.

18.13.2 PRESSÃO E ENTALPIA DOS PRODUTOS ESPECIFICADAS

A vaporização *flash* pode ser efetuada pela redução da pressão, sem haver pré-aquecimento da alimentação. Nessa situação, ocorre um *flash* isoentálpico em que a entalpia total dos produtos é igual à entalpia total da alimentação.

Para esse *flash*, o procedimento de cálculo é o seguinte:

a) calcular a entalpia molar H_F da alimentação;

b) arbitrar valores de temperatura, e para cada temperatura determinar valores de V, L, y_i e x_i segundo o cálculo apresentado no item 18.13.1;

c) calcular as entalpias molares H_V e h_L e a entalpia total dos produtos nas correntes de líquido e de vapor como: $H = \left(\frac{H_V V + h_L L}{F}\right)$ para várias temperaturas;

d) tem-se, assim, uma função H × T, e com o valor de H_F nessa função, determina-se T, a temperatura do *flash*;

e) com a temperatura, calculam-se V, L, y_i e x_i.

Outras maneiras de se especificar a operação *flash* podem ser empregadas, além das descritas anteriormente.

18.14 DISPOSITIVOS DE CONTATO LÍQUIDO-VAPOR

Em geral, o equipamento utilizado é constituído de vários estágios, ocorrendo, em cada estágio, a seguinte dinâmica: as correntes de líquido e gás (ou vapor) que chegam ao estágio são misturadas de modo a permitir a troca de massa. Em seguida, as duas fases são separadas do modo mais completo possível e passam para o estágio seguinte.

18.14.1 TIPOS DE DISPOSITIVOS

A variedade de dispositivos de contato líquido-vapor (gás) utilizados nas colunas de destilação e de absorção é grande. A seguir, apresenta-se uma classificação dos principais tipos: pratos (fluxo cruzado de líquido e vapor); com borbulhadores ("*bubblecap*"); perfurados; valvulados, e outros; recheio (fluxo contracorrente de líquido e vapor), ou enchimento, ou, também, colunas diferenciais com enchimento dispostas aleatoriamente ou sistematicamente; estágios de pseudoequilíbrio (coluna com estágios discretos e fluxo contracorrente de líquido e vapor) obtido por meio de pratos perfurados sem "*downcomer*", "*showertray*", chicanas tipo disco e anel e outros.

Além desses tipos citados, existe uma série numerosa de dispositivos de contato patenteados por empresas especializadas, desenvolvidos a partir de aperfeiçoamentos de tipos comuns.

18.14.1.1 Colunas com pratos

As colunas de pratos são equipamentos de forma cilíndrica nos quais as fases líquida e vapor entram em contato em estágios, por meio de pratos ou bandejas dispostos ao longo da coluna, como mostra a Figura 18.7.

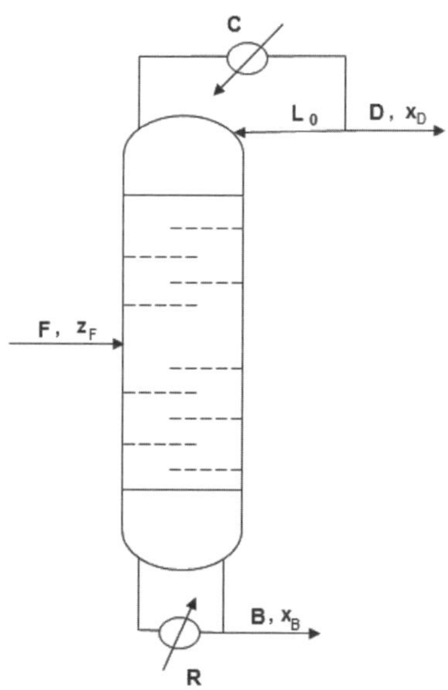

Figura 18.7 Desenho esquemático de uma coluna de destilação com pratos.

A alimentação F entra na coluna sob diferentes estados entálpicos possíveis (líquido saturado, vapor saturado, equilíbrio líquido-vapor, líquido sub-resfriado, vapor superaquecido). Em R, refervedor, é gerado o vapor que sobe pela coluna. Em C, condensador, é gerado o líquido por resfriamento do vapor que chega ao topo da coluna.

Em uma coluna desse tipo a corrente líquida desce pelo topo e escoa por gravidade, através de cada prato. O vapor (ou gás) é alimentado na parte inferior da coluna, passa através de aberturas existentes no prato (que podem ser de vários tipos), borbulha através do líquido, formando uma massa aerada, separa-se da espuma e passa para o prato superior. Cada prato da coluna representa um estágio no qual as duas correntes se misturam e se separam.

Pelo topo retira-se a corrente D, que é o produto de topo constituído pelos componentes mais voláteis. Pelo fundo da coluna retira-se a corrente B, que é constituída pelos componentes menos voláteis.

A velocidade de transferência de massa está diretamente associada à área interfacial entre as fases e de características específicas dessas fases, como viscosidade e tensão superficial. Tais características determinam o grau de dispersão de um fluido no outro, que é de suma importância na separação.

Para que a eficiência do prato seja elevada, o tempo de contato entre as fases deve ser suficiente para permitir a difusão dos componentes; a área interfacial entre as fases deve ser elevada; e deve haver turbulência relativamente alta para se ter elevados coeficientes de troca de massa.

Para se obter tais condições, o nível do líquido sobre o prato deve ser alto e a velocidade do vapor deve ser elevada. Entretanto, o mecanismo não é tão simples, pois existem outros fatores que devem ser levados em conta.

Um nível maior de líquido aumenta o tempo de contato, mas também eleva a perda de carga no prato. Aumentando-se a velocidade do vapor, tem-se maior turbulência, melhor contato e dispersão, porém, aumenta-se o arraste do líquido pelo vapor e a perda de carga. O aumento excessivo da perda de carga leva à condição de inundação ou afogamento (*flooding*), reduzindo a eficiência.

Portanto, ao se dimensionar um prato, deve-se levar em conta um balanço de diversos fatores, obedecendo a arranjos e dimensões verificados como eficientes por meio de experiência prática, sendo muitos parâmetros correlacionados empiricamente.

18.14.1.2 Pratos com borbulhadores

O prato com borbulhadores surgiu em 1818 e foi o primeiro dispositivo largamente utilizado, pois a indústria do petróleo o empregou desde o início. Como era comumente utilizado em todas as indústrias químicas e petroquímicas, as informações existentes na literatura são extensas, para vários tipos de borbulhadores.

A grande vantagem desse tipo de prato sobre o perfurado era a facilidade de projeto, devido à existência de informações que também garantiam o seu funcionamento para uma larga faixa de operação. As suas principais características são:

- *Vantagens* – recomendado para colunas sujeitas a vazões de líquido muito baixas (inferiores a 1,5 $m^3/h/m$ de largura do vertedouro); alta flexibilidade de operação (superior a 5:1). Entende-se por flexibilidade de operação a relação entre a velocidade mínima do vapor e a velocidade do vapor que efetivamente será utilizado na operação;

- *Desvantagens* – alto custo (duas a três vezes o custo do prato perfurado equivalente); tendência a incrustar e acumular resíduo; alta perda de carga devido a um complexo percurso do vapor; altos gradientes líquidos (diferença de nível do líquido entre a entrada e a saída do prato), o que dificulta o projeto de colunas largas; limitações na vazão do *cap* a baixas pressões, o que aumenta as dimensões da coluna; efeitos de corrosão mais severos que para pratos perfurados.

18.14.1.3 Pratos perfurados

Apesar de terem sido usados pela primeira vez em 1832, os pratos perfurados tiveram seu uso limitado até aproximadamente a década de 1950, provavelmente devido à falta de dados de projeto. A principal aplicação comercial é nas destilarias de cerveja, em razão da resistência à corrosão.

Os pratos perfurados devem ser cuidadosamente projetados para alcançar bom desempenho. Devido à sua simplicidade, são mais fáceis de serem especificados. O conhecimento que se tem atualmente sobre o seu projeto é suficiente para que se considere o prato perfurado com *downcomer*, a melhor solução para operações normais. As suas principais características são:

- *Vantagens* – custos de instalação mais baixos de todos os dispositivos de contato; métodos de cálculo bem conhecidos; menor tendência à incrustação; capacidade igual ou maior que outros tipos de pratos; eficiência essencialmente igual à de borbulhadores ou, em certos casos, até maior;
- *Desvantagens* – pequena flexibilidade (inferior a 3:1 para alta pressão e inferior a 2:1 para baixa pressão); não devem ser usados quando a vazão de líquido for baixa (inferior a 1,5m^3/h/m de largura de vertedor); não devem ser usados quando a perda de carga precisa ser inferior a 2,5 mmHg.

18.14.1.4 Pratos valvulados

A vantagem dos pratos valvulados sobre os perfurados está no fato de as válvulas funcionarem como orifícios variáveis que se autoajustam a mudanças na capacidade do vapor. Assim, uma alta eficiência pode ser mantida dentro de uma larga faixa de operação e a flexibilidade pode alcançar valores de até 10:1.

Deve-se notar, entretanto, que uma boa flexibilidade (a maior vantagem citada pelos seus fabricantes) também pode ser alcançada com pratos perfurados, impondo-se uma perda de carga razoável. Outra desvantagem dos pratos valvulados é que são patenteados, e seus dados não estão disponíveis na literatura. Como vantagens e desvantagens desses pratos, podem ser citadas:

- *Vantagens* – perda de carga razoavelmente constante dentro de uma larga faixa de operação; alta flexibilidade; operação com aproximadamente a mesma capacidade e eficiência de pratos perfurados;
- *Desvantagens* – custo de instalação 15% a 20% maior que para o prato perfurado equivalente; apresenta problemas de corrosão devido ao constante movimento das válvulas (corrosão sob fadiga), agravados quando o meio é corrosivo; são licenciados.

18.14.1.5 Colunas de recheio

São dispositivos utilizados em operação de destilação e absorção nos quais o contato entre as fases se dá de modo contínuo e em contracorrente. Os recheios são peças sólidas projetadas para aumentar a área de contato líquido-vapor.

As suas principais vantagens são: a perda de carga através de uma coluna de recheio atinge níveis mais baixos que para colunas de pratos, obtendo-se contato adequado entre líquido e vapor; sistemas com tendência à formação de espumas são manuseados satisfatoriamente em uma coluna de enchimento, devido ao grau relativamente baixo de agitação do líquido; a retenção do líquido é baixa; sua construção é geralmente barata e simples. Os enchimentos podem ser classificados em dois tipos:

- *Enchimentos dispostos aleatoriamente* – são os mais comumente utilizados. O leito é constituído de peças discretas de certo desenho dispostas aleatoriamente. Exemplos: anéis de Raschig, selas Berl, selas Intalox, anéis Pall etc.;
- *Enchimentos empilhados sistematicamente* – são os recheios especiais, patenteados, como: Sulzer, Kloss, Glitsch-Gird e outros.

Os enchimentos devem apresentar as seguintes características: alta área superficial por unidade de volume; alta fração de vazios para permitir a passagem de grandes volumes das duas fases, sem causar sérios problemas de perda de carga; uma boa capacidade de redistribuição de líquido. Além dessas, outras características podem ser citadas: devem ser quimicamente inertes aos fluidos a serem processados; devem ter resistência estrutural para permitir facilidade de manuseio e instalação; devem ser de baixa densidade e baixo custo.

18.14.1.6 Colunas de destilação

No processo de separação por destilação, as colunas fracionadoras são os equipamentos empregados. Para a determinação dos estágios de equilíbrio necessários à separação, distinguem-se as misturas binárias e a misturas multicomponentes. Tanto para um caso como para outro, será considerado que o contato entre as fases líquido e vapor ocorre de forma ideal. Assim, serão discutidas metodologias de determinação de estágios de equilíbrio na situação ideal.

18.15 MISTURAS BINÁRIAS

18.15.1 ESTÁGIO DE EQUILÍBRIO

Para as misturas binárias há diferentes métodos de obtenção do número de estágios ideais necessários a uma coluna de destilação. O método mais simples é o método McCabe-Thile, um método semirrigoroso por considerar os balanços de massa estágio a estágio e desconsiderar o balanço de energia nessa determinação. Convém ressaltar que a contagem de estágios será considerada a partir do topo.

Nesta abordagem, todas as vazões são molares, todas as composições são molares e referem-se ao componente mais volátil.

Considere-se inicialmente uma mistura binária de A e B, sendo A o mais volátil, e um estágio de equilíbrio i que está em temperatura T_i e pressão P_i. Nesse estágio, uma corrente de líquido com vazão L_{i-1} e composição x_{i-1} vinda do estágio anterior entra em contato com uma corrente de vapor com vazão V_{i+1} e composição y_{i+1} vinda do estágio seguinte, como mostra o esquema da Figura 18.8. Do contato entre essas duas correntes, geram-se as correntes L_i com composição x_i e V_i com composição y_i, estando essas correntes em equilíbrio.

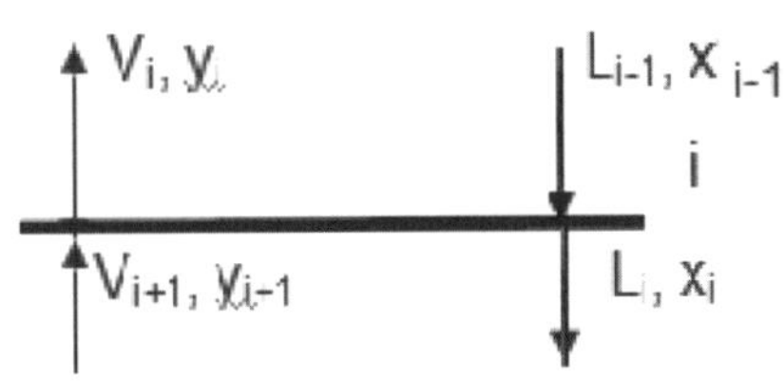

Figura 18.8 Desenho esquemático de um prato com as correntes de líquido e de vapor.

São conhecidas as vazões L_{i-1} e V_{i+1} e as composições x_{i-1} e y_{i+1}. O objetivo é, portanto, determinar L_i, V_i, x_i, y_i. Por se tratar de correntes que estão todas saindo de estágios de equilíbrio, são consideradas como correntes saturadas.

Escrevem-se, então, os balanços de massa global e por componente, o balanço de energia e a relação de equilíbrio como a seguir:

$$L_{i-1} + V_{i+1} = L_i + V_i \tag{18.68}$$

$$L_{i-1}x_{i-1} + V_{i+1}y_{i+1} = L_i x_i + V_i y_i \tag{18.69}$$

$$L_{i-1}h_{L(i-1)} + V_{i+1}H_{V(i+1)} = L_i h_{L(i)} + V_i H_{V(i)} \tag{18.70}$$

$$y_i = K_i x_i \tag{18.71}$$

No balanço de energia são desprezados o calor de mistura e as perdas de energia no estágio. As entalpias das misturas de líquido e de vapor são funções das composições, tornando o cálculo interativo.

Para resolver essa situação, a primeira hipótese que se adota é a de que as entalpias de líquido e de vapor saturados não variam com a composição em base molar. Adota-se, a seguir, a hipótese de Lewis: as vazões de vapor e de líquido podem ser consideradas constantes nas seções em que não ocorre retirada de líquido e de vapor.

18.15.2 SEÇÕES DE RETIFICAÇÃO E DE ESGOTAMENTO

A coluna de destilação fica dividida em duas seções em função da corrente de alimentação. A região acima da alimentação F, onde se tem a presença predominante dos componentes mais voláteis, é chamada seção de retificação, e a seção abaixo da alimentação F, onde se tem a predominância dos componentes menos voláteis, é chamada seção de esgotamento.

Considerem-se os volumes de controle mostrados na Figura 18.9.

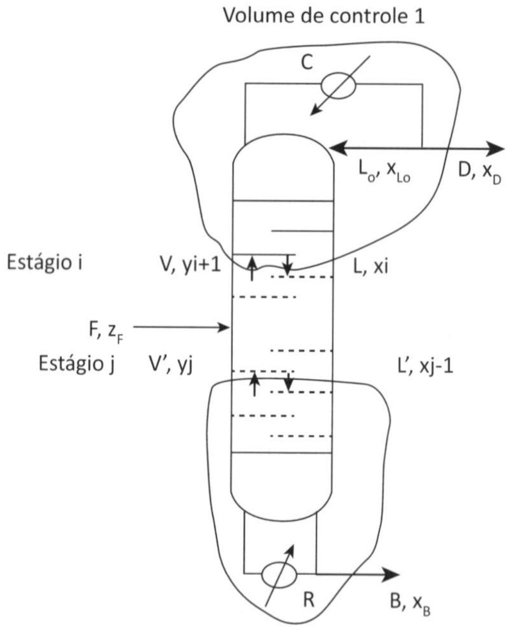

Figura 18.9 Esquema de uma coluna de destilação, com destaque para os volumes de controle: volume de controle 1, da seção de retificação; e volume de controle 2, da seção de esgotamento.

No volume de controle 1, seção de retificação, para condensador, C, total e saída saturada, fazendo-se o balanço de massa por componente e considerando-se que as vazões de líquido e vapor saturados na retificação são constantes e iguais a L e V, respectivamente, tem-se:

$$Vy_{i+1} = Lx_i + Dx_D \tag{18.75}$$

Isolando-se o termo y_{i+1}, obtém-se:

$$y_{i+1} = \frac{L}{V}x_i + \frac{D}{V}x_D \tag{18.76}$$

Adota-se, a seguir, a hipótese de Lewis: as vazões de vapor e de líquido podem ser consideradas constantes nas seções em que não ocorre retirada de líquido e de vapor. Com essa hipótese, a Equação 18.76 representa uma reta, já que L, V, D e x_D são constantes. Essa é a reta de operação da retificação, cuja inclinação é dada por L/V. Fazendo-se nessa reta $x_i = x_D$ e considerando-se o balanço de massa global nesse volume de controle tem-se que:

$$V = L + D \tag{18.77}$$

resultando em: $y_{i+1} = x_D$, ou seja, a reta de operação da retificação tem inclinação L/V e passa pelo ponto $x = y = x_D$. Esse ponto tem um significado físico, já que se considerou condensador total com saída saturada. Dessa maneira, todo o vapor que chega ao topo da coluna e passa pelo condensador troca apenas calor latente, gerando um líquido saturado com composição igual à composição do produto de topo, D, já que a divisão de correntes entre D e L_0 não é seletiva.

De maneira análoga, no volume de controle 2, para o esgotamento, são obtidas as equações do balanço de massa por componente e para a reta de operação do esgotamento, tendo-se agora L' e V' como as vazões constantes de líquido e vapor saturados na região de esgotamento e refervedor, R, total com saída saturada.

$$L'x_{j-1} = V'y_j + Bx_B \tag{18.78}$$

$$y_j = \frac{L'}{V'}x_{j-1} - \frac{B}{V'}x_B \tag{18.79}$$

Assim como obtido na retificação, pelo fato de L', V', B e x_B serem constantes, a Equação 18.79 é a equação de uma reta com inclinação igual a L'/V'. Fazendo-se nessa reta $x_{j-1} = x_B$ e considerando-se o balanço de massa global, tem-se que:

$$L' = V' + B \tag{18.80}$$

Verifica-se que essa reta passa pelo ponto $x = y = x_B$, que também tem um significado físico. Como o refervedor é total com saída saturada, o líquido que sai da coluna dá origem às correntes B e de vapor saturado que sai do refervedor, ambas com composição x_B, que também é a composição da corrente de líquido que chega ao fundo da coluna.

Pode-se, então, traçar as duas retas de operação, para a retificação e para o esgotamento, conforme mostra a Figura 18.10. A reta de operação da retificação tem inclinação L/V e passa pelo ponto $y = x = x_D = 0{,}7$. A reta de operação do esgotamento tem inclinação L'/V' e passa pelo ponto $y = x = x_B = 0{,}5$.

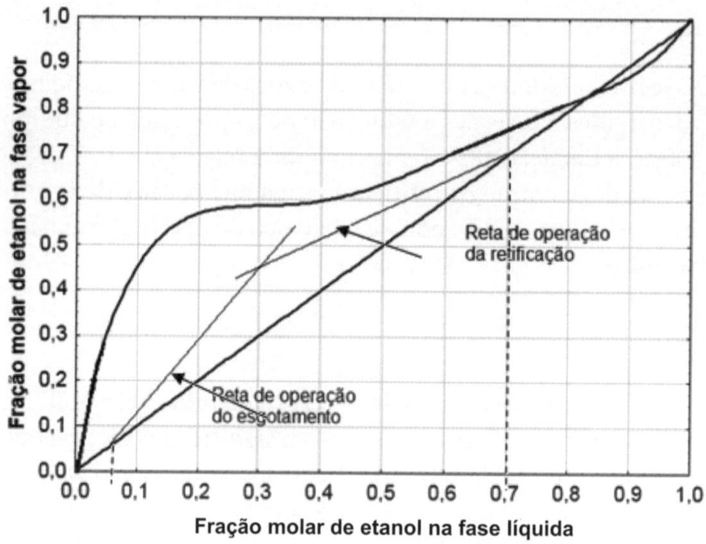

Figura 18.10 Diagrama de equilíbrio para etanol e água com as retas de operação para retificação e esgotamento.

Na Figura 18.10, verifica-se que as retas de operação da retificação e do esgotamento apresentam uma interseção. Para determinar essa interseção, reorganizam-se as Equações 18.75 e 18.78 e efetua-se a diferença entre elas.

Admitindo-se que a alimentação entra na coluna em condições de equilíbrio líquido e vapor, pode-se dizer que:

$$F = L_F + V_F \tag{18.81}$$

em que L_F é a vazão de líquido saturado obtida a partir da alimentação F, e V_F é a vazão de vapor saturado obtida a partir da alimentação F.

Fazendo-se um balanço entre a retificação e o esgotamento, pode-se dizer que:

$$V = V' + V_F \tag{18.82}$$

$$L' = L + L_F \tag{18.83}$$

Do balanço de massa por componente feito na coluna, tem-se que:

$$Fz_F = Dx_D + Bx_B \tag{18.84}$$

Assim, tem-se:

$$V_F y = -L_F x + Fz_F \tag{18.85}$$

Definindo-se:

$$q = \frac{L_F}{F} \tag{18.86}$$

como o parâmetro, q, que indica a fração da alimentação que é um líquido saturado. Tem-se como consequência:

$$(1-q) = \frac{V_F}{F} \tag{18.87}$$

Com essas equações obtém-se:

$$y = \frac{q}{q-1}x - \frac{z_F}{q-1} \tag{18.88}$$

que é a reta q, mostrada na figura 18.11, e indica o lugar geométrico do fechamento de todos os balanços de massa entre a retificação e o esgotamento.

As retas de operação da retificação e do esgotamento interceptam-se num mesmo ponto da reta q e, dessa forma, fica simples fecharem-se os balanços graficamente.

Nessa equação, fazendo $x = z_F$, verifica-se que $y = z_F$, e, assim, tem-se um ponto pelo qual a reta q passa: $y = x = z_F$. O termo $q/(q-1)$ da Equação 18.88 é a inclinação da reta q.

Dessa maneira, conhecido o parâmetro q, conhece-se a inclinação da reta q e torna-se possível a sua construção no diagrama *x-y*.

Além de se obter o valor do parâmetro q pela relação entre L_F e F (Figura 18.11), pode-se obtê-lo também por um balanço de entalpia na alimentação, considerando como h_{LF} a entalpia de L_F, e H_{VF} a entalpia de V_F:

$$FH_F = L_F h_{LF} + V_F H_{VF} \tag{18.89}$$

E chega-se a:

$$q = \frac{H_{VF} - H_F}{H_{VF} - h_{LF}} \tag{18.90}$$

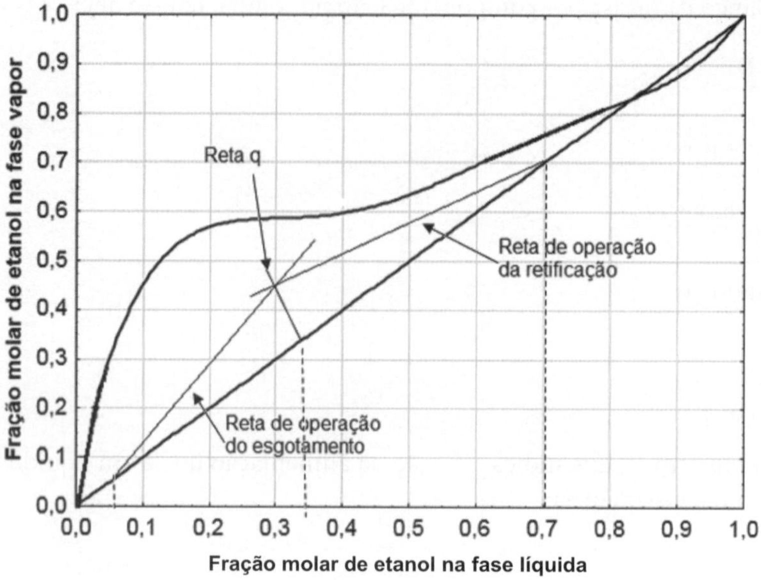

Figura 18.11 Retas de operação da retificação, esgotamento e reta q.

Conhecida a condição da alimentação, torna-se possível traçar a reta q no diagrama *x-y*. A Tabela 18.5 mostra as situações possíveis para a alimentação, e a sua localização no diagrama *x-y* está na Figura 18.12.

Tabela 18.5 Situações possíveis para a alimentação e a sua localização no diagrama *x-y*

Estado da alimentação	Valor de q	Valor de q/(q-1)
Líquido saturado	1	∞
Vapor saturado	0	0
Equilíbrio líquido vapor	0 < q < 1	< 0
Líquido sub-resfriado	> 1	> 1
Vapor superaquecido	< 0	0 < q < 1

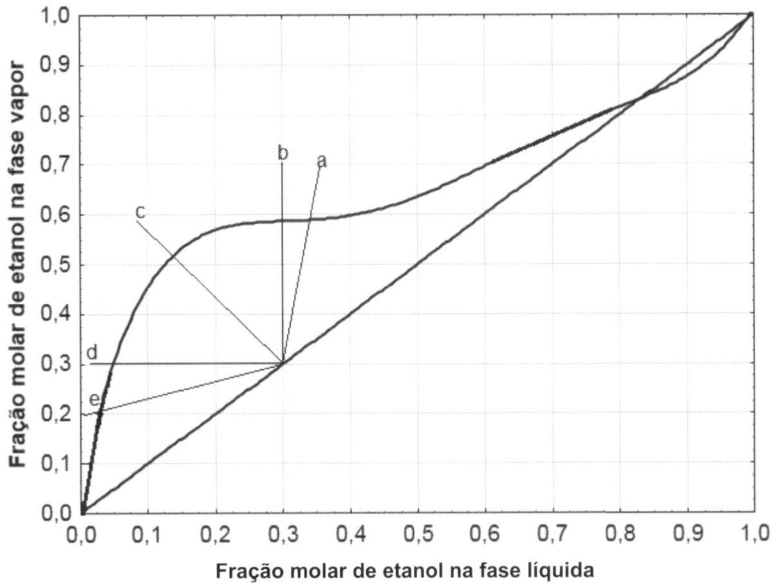

Figura 18.12 Representação das possíveis retas q no diagrama *x-y*. Líquido sub-resfriado (a); líquido saturado (b); equilíbrio líquido vapor (c); vapor saturado (d); vapor superaquecido (e).

Retomando-se a equação (18.76), que é a reta de operação da retificação, e considerando-se o topo da coluna (Figura 18.13, que apresenta um detalhe do topo da coluna de destilação), a corrente L_o é chamada de vazão de refluxo da coluna. A relação:

$$R = \frac{L_o}{D} \tag{18.91}$$

é chamada de razão de refluxo. Com essa definição, é possível reescrever a reta de operação da retificação em função da razão de refluxo. Sabendo-se que:

$$V = L_o + D \tag{18.92}$$

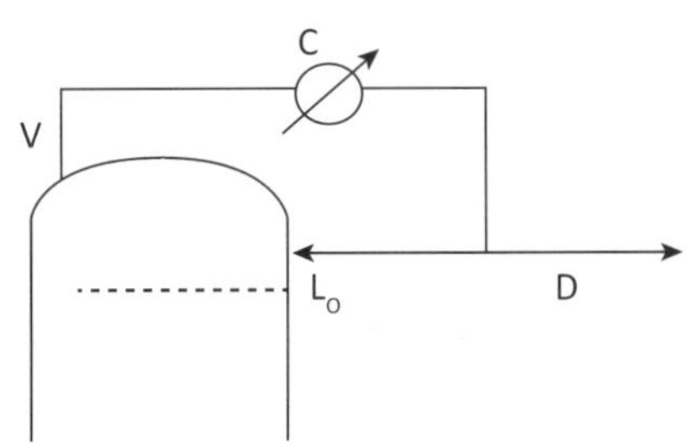

Figura 18.13 Detalhe do topo de uma coluna de destilação para discussão do refluxo.

Com a reta de operação da retificação, considerando-se que a corrente L_o é de líquido saturado, então $L_o = L$ (vazão de líquido constante na seção de retificação). Chega-se a:

$$y_{i+1} = \frac{R}{R+1} x_i + \frac{1}{R+1} x_D \tag{18.93}$$

Dessa maneira, conhecida a razão de refluxo de operação da coluna, pode-se determinar a inclinação da reta de operação da retificação como R/(R + 1). Para construírem-se os estágios de equilíbrio, procede-se como mostrado na Figura 18.14.

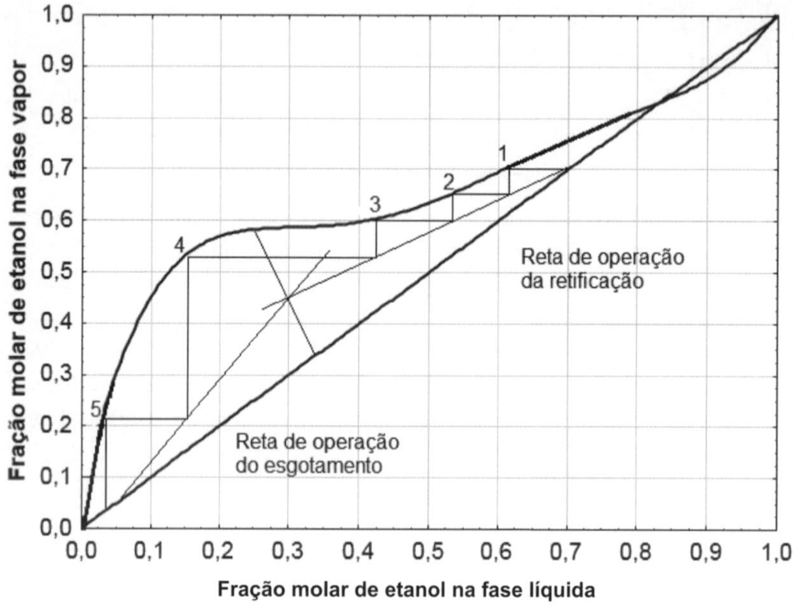

Figura 18.14 Construção dos estágios de equilíbrio pelo método McCabe-Thiele para uma situação genérica.

Iniciou-se a construção dos estágios pelo topo da coluna. Partiu-se do ponto $x = y = x_D$ sobre a reta de 45º. Construiu-se uma reta paralela ao eixo das abcissas, passando por $x_{D,}$ até interceptar a curva de equilíbrio. Esse ponto corresponde aos valores de x_1 e y_1 do estágio de equilíbrio 1. Partindo-se desse ponto e construindo-se uma linha paralela ao eixo das ordenadas até a linha de operação da retificação, encontra-se um ponto sobre essa reta que indica os valores de x_1 e y_2, que são os pontos que estão em balanço, abaixo do estágio de equilíbrio 1. A Figura 18.15 mostra como essas composições se relacionam.

Ao se chegar ao estágio 4, verifica-se que se a reta de operação da retificação for prolongada, o balanço desse estágio poderia ser fechado sobre essa reta. Ao se proceder dessa forma, observa-se que a reta da retificação aproxima-se muito da curva de equilíbrio, diminuindo a diferença na composição do vapor desse estágio para o seguinte. Entretanto, se na construção desse estágio o balanço passar a ser fechado na reta de operação do esgotamento, a variação na composição do vapor será maior e, assim, ter-se-ão menos estágios devido ao afastamento da curva de equilíbrio. Assim, a partir do estágio 4, os balanços passam a ser fechados sobre a reta de operação do esgotamento. Com essa forma de proceder, estabelece-se que a alimentação é feita entre os estágios 3 e 4 da coluna, denominado local ótimo de alimentação. No local ótimo, as vazões de líquido, vapor e da alimentação apresentam composições próximas de tal maneira que sendo feita a alimentação nesse ponto, o equilíbrio é minimamente perturbado.

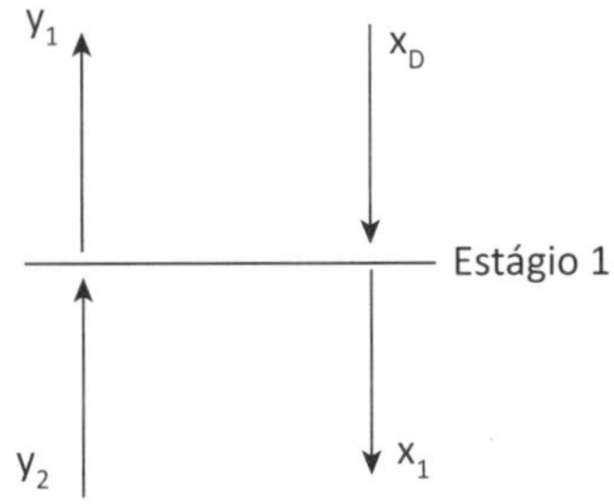

Figura 18.15 Relação entre as composições no estágio 1 de uma coluna de destilação.

Na operação da coluna de destilação há dois limites fundamentais de funcionamento, a saber: o número mínimo de estágios para uma separação; e a razão de refluxo mínimo de operação.

À medida que o refluxo aumenta, a inclinação da reta de operação da retificação tem a sua inclinação aumentada. O limite para esse valor é quando a inclinação é igual a 1,0 (L/V = 1,0). Nessa condição, a reta de operação da retificação atinge o seu maior distanciamento da curva de equilíbrio e tem-se, assim, o número mínimo de estágios (N_{min}) para uma dada separação. Nessa situação, a razão de refluxo torna-se tão grande que se diz ter a condição de refluxo total na coluna, ou seja, a alimentação da coluna passa a ser nula e não há retirada de produtos de topo e fundo. A coluna deve operar com um número de estágios superior ao número mínimo. A Figura 18.16 mostra a construção gráfica do número mínimo de estágios.

Com relação à razão de refluxo, à medida que esta diminui, a reta de operação da retificação afasta-se da linha de 45º e aproxima-se da curva de equilíbrio. As intersecções das retas de operação da retificação e do esgotamento ocorrem, como já discutido, sobre a reta q. Assim, tal intersecção vai se aproximar do ponto onde a reta q intercepta a curva de equilíbrio. Esse ponto de interseção é denominado de *pinchpoint*. Quando a reta de operação da retificação intercepta a reta q no *pinchpoint*, tem-se a situação de menor inclinação dessa reta de operação e, portanto, o menor valor da razão de refluxo. Esta é denominada de razão de refluxo mínimo de operação da coluna de destilação.

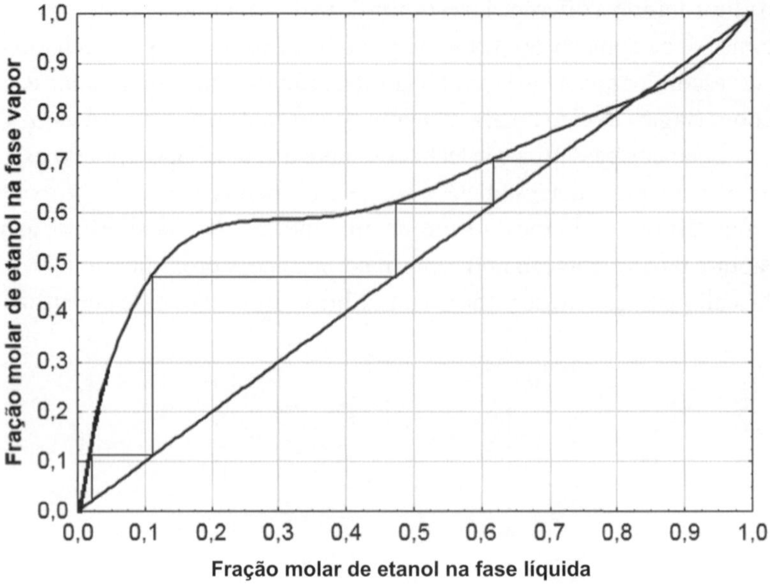

Figura 18.16 Construção do número mínimo de estágios em uma coluna de destilação.

Considere-se como exemplo uma alimentação que esteja na condição de equilíbrio líquido-vapor e com composição de 30% molar de etanol. Para um produto de topo com 60% molar de etanol, traçou-se na Figura 18.17 a reta, *a*, de mínima inclinação. A inclinação dessa reta é:

$$\left(\frac{L}{V}\right)\text{min} = \frac{R_{min}}{R_{min}+1} \tag{18.94}$$

Graficamente, obtém-se o valor de (L/V)min e dessa equação tira-se o valor de R_{min}.

Para o caso de o produto de topo ter uma composição de 80% molar de etanol, verifica-se que, ao se proceder a esse traçado, a reta de mínima inclinação passa por fora da curva de equilíbrio. Isso se deve ao fato de a curva de equilíbrio apresentar uma inflexão. Para essa situação, a reta de operação da retificação de menor inclinação é aquela que é tangente ao ponto de inflexão (reta *b*, Figura 18.17).

No ponto de interseção da reta *a* com a reta q, verifica-se que é criada uma condição de infinitos estágios, assim como no ponto de tangência da reta *b* com a curva de equilíbrio. A razão de refluxo mínimo é, assim, a condição de refluxo na coluna que cria a necessidade de infinitos estágios para se proceder a uma separação. A coluna deve então operar em uma condição de refluxo acima da razão de refluxo mínimo. É comum adotar-se para razão de refluxo da coluna um valor de 1,05 a 1,50 vez superior à razão de refluxo mínimo (SEADER; HENLEY; ROPER, 2011).

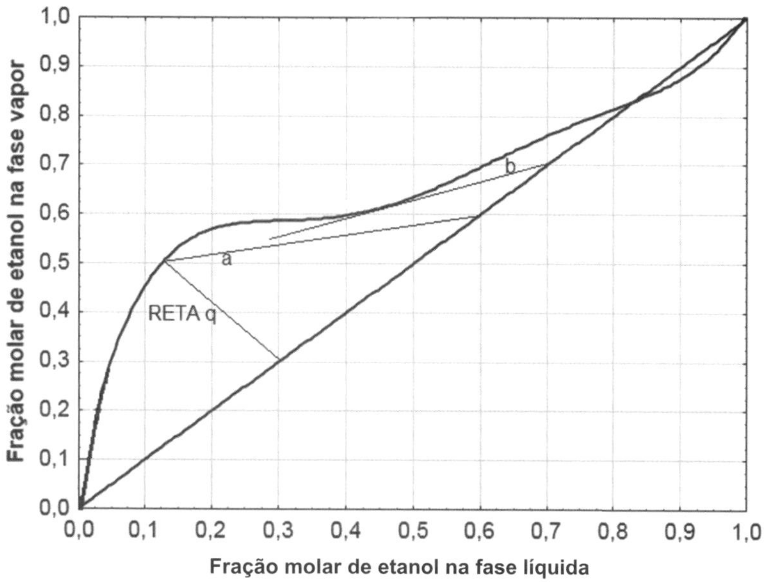

Figura 18.17 Retas de refluxo mínimo. Reta *a*: reta de operação intercepta reta q no *pinchpoint*. Reta *b*: reta de operação é tangente à curva de equilíbrio.

Com essa mesma abordagem abordam-se os sistemas com retirada lateral e injeção de vapor. A retirada lateral apresenta utilidade quando se deseja uma corrente, que pode ser de líquido ou vapor, que tenha uma composição específica. Nesse caso, algum estágio de equilíbrio apresentará tal composição ou uma composição próxima da composição de interesse. Nesse ponto da coluna, retira-se a corrente desejada. Para o caso de não se desejar que a mistura entre em contato direto com o refervedor, o que poderia causar algum dano às substâncias devido às altas temperaturas atingidas, substitui-se o refervedor por meio da injeção direta de vapor no fundo da coluna. Nessa situação, a vazão do produto de fundo será maior que aquela verificada com o emprego de um refervedor, já que a água injetada na forma de vapor deverá sair como produto de fundo.

Outros casos que podem ser analisados com essa metodologia são: refluxo sub-resfriado no topo, vapor superaquecido produzido no refervedor e múltiplas alimentações.

Exemplo

Deseja-se destilar uma mistura etanol-água cuja composição molar é 40% de etanol e 60% de água, a qual se encontra à pressão atmosférica e em seu ponto de bolha. A coluna deve operar com uma razão de refluxo igual a $1{,}2R_{min}$. A separação deve ser tal que o produto de topo tenho 75% molar de etanol e o produto de fundo tenha 3% molar de etanol. A alimentação deve ser feita no local ótimo. Determinar:

a) o número mínimo de estágios;

b) a razão de refluxo de operação da coluna;

c) o número de estágios ideais;

d) o local ótimo da alimentação;

e) o número de estágios na retificação e no esgotamento.

Resolução:

Este é um problema típico com solução gráfica simples.

a) Para se determinar o número mínimo de estágios, consideram-se as composições do produto de topo (x_D = 75% de etanol) e do produto de fundo (x_B = 3% de etanol). Aplicando esses valores ao gráfico de equilíbrio e na condição de refluxo total (retas de operação da retificação e do esgotamento coincidem com a linha a 45°), obtêm-se 4 estágios. Assim, Nmin = 4 estágios ideais.

b) Para se determinar a razão de refluxo da coluna, necessita-se da razão de refluxo mínimo. O fato de a alimentação estar em seu ponto de bolha indica que seu estado entálpico é de *vapor saturado*. Dessa maneira, a reta q da alimentação já está determinada. Tendo-se a reta q, é possível traçar a reta de retificação com menor inclinação para se determinar o refluxo mínimo. Obtém-se, assim:

$$\left(\frac{\mathrm{L}}{\mathrm{V}}\right)_{\min} = \frac{\mathrm{R}_{\min}}{\mathrm{R}_{\min}+1}$$

Da construção gráfica obtém-se:

$$\left(\frac{\mathrm{L}}{\mathrm{V}}\right)_{\min} = 0,50; \text{ e, } \mathrm{R}_{\min} = 1,0$$

Com o valor de Rmin, determina-se a razão de refluxo de operação da coluna como:

$$R = 1,2R_{\min} = 1,2 \times 1,0 = 1,2$$

c) Para se determinar o número de estágios ideais da coluna, constrói-se a reta de operação da retificação com inclinação:

$$\frac{L}{V} = \frac{R}{R+1} = \frac{1,2}{1,2+1} = 0,409$$

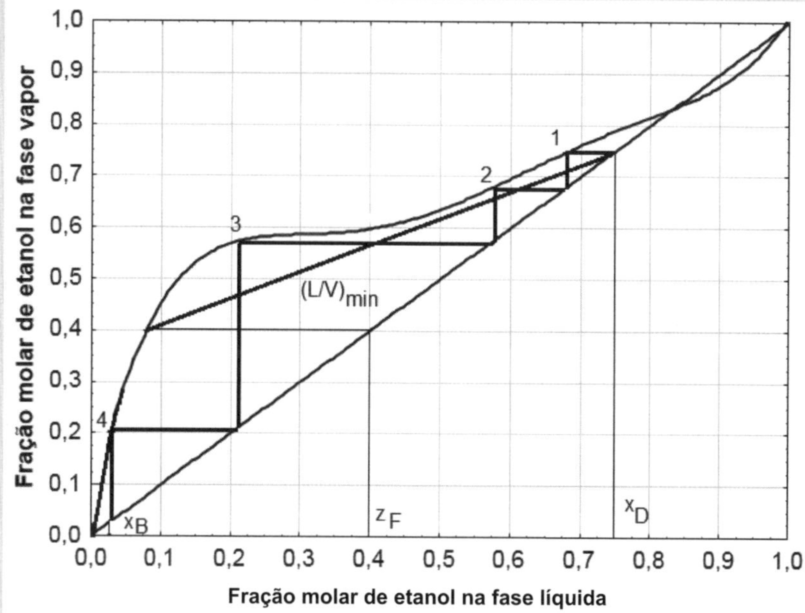

Figura 18.18 Construção gráfica do número mínimo de estágios e da razão de refluxo mínimo para a solução do exemplo.

A reta q é traçada no diagrama, considerando-se que a alimentação entra como vapor saturado (alimentação no ponto de bolha). A interseção da reta de operação da retificação com a reta q determina o ponto por onde a reta de operação do esgotamento deve passar. Com todas as retas construídas, passa-se à construção dos estágios de equilíbrio, conforme apresentado na Figura 18.19.

Como na Figura 18.19, a coluna necessita de 10 estágios ideais para a separação requerida. Assim, N = 10 estágios ideais

d) e e) O local ótimo da alimentação é entre os estágios nos quais ocorre a mudança do fechamento dos balanços, isto é, na interseção das retas de retificação e de esgotamento. Observando a construção dos estágios de equilíbrio, até o estágio 7, os balanços são fechados sobre a reta de operação da retificação, e o estágio 8 tem seu balanço fechado sobre a reta de operação do esgotamento. Portanto, a alimentação é feita entre os estágios 7 e 8 no diagrama de equilíbrio. Dessa forma, os estágios 1 a 7 estão na retificação e os estágios 8 a 10 estão no esgotamento. Portanto, o número de estágios ideais na retificação é 7 e o número de estágios ideais no esgotamento é 3.

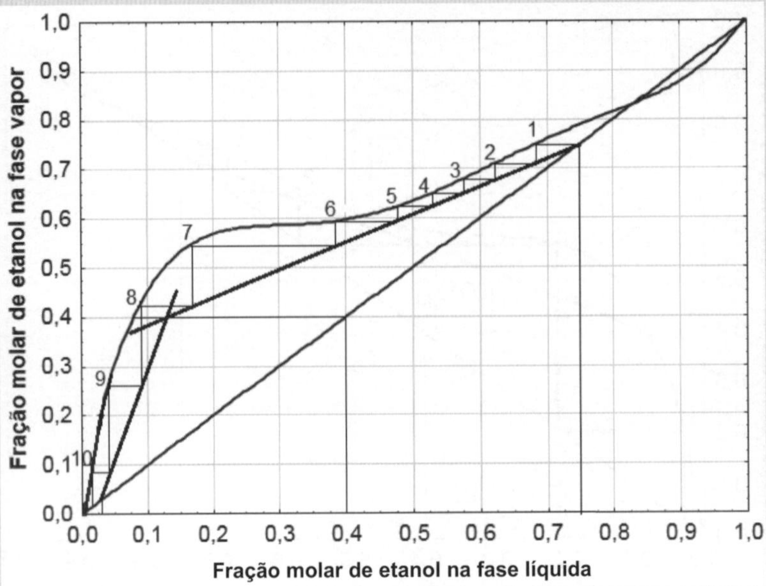

Figura 18.19 Construção dos estágios de equilíbrio usando o método McCabe-Thile para a solução do exemplo.

18.16 DESTILAÇÃO DE MISTURAS MULTICOMPONENTES

Como já discutido no item sobre destilação binária, a análise do equilíbrio e dos balanços de massa e de entalpia nos estágios de uma coluna de mistura binária pode ser efetuada por meio do uso de métodos gráficos muito elucidativos. Os métodos gráficos permitem uma visualização bastante rápida da influência dos parâmetros envolvidos na determinação do número de estágios requeridos a uma dada especificação de produtos de uma coluna. Embora, na prática, sejam pouco comuns situações de destilação binária, a análise desse sistema permite estabelecer uma conceituação mais simples do fenômeno da destilação.

Vale lembrar que uma coluna fracionadora simples permite separar uma mistura binária em dois produtos, cada um com elevado grau de pureza em cada um dos componentes. A separação de uma mistura ternária de maneira completa exige duas colunas, e a destilação de uma mistura multicomponente (N_c componentes) exige $N_c - 1$ colunas fracionadoras para a separação completa de todos os componentes.

Uma mistura multicomponente pode sofrer uma separação grosseira, resultando em uma fração leve e outra pesada, a partir de uma só coluna. Nesse caso, a separação baseia-se na escolha de componentes-chave que determinam o grau de separação desejado para a coluna. Essa etapa representa, também, um primeiro passo do conjunto de $N_c - 1$ colunas fracionadoras requeridas para uma separação completa.

O método rigoroso é o mais preciso, uma vez que o cálculo é feito estágio a estágio por meio do uso das relações de equilíbrio e das equações de balanços de massa e de entalpia. Por outro lado, a utilização desse método só será possível com o conhecimento dos dados de entalpia da mistura multicomponente em função de composições, temperatura e pressão. Esse é o ponto de maior dificuldade na aplicação de métodos rigorosos para misturas multicomponentes.

Há diferentes métodos para a abordagem rigorosa, sendo que um dos mais simples para se iniciar o cálculo é o método aproximado, *shortcut*, que estima um par N (número de estágios) e R (razão de refluxo) em função dos parâmetros mínimos N_m e R_m, os quais são a base para o cálculo estágio a estágio. Ou, ainda, permite a avaliação das composições das correntes separadas, para uma condição N, R desejada para a operação da coluna.

A maioria dos textos especializados em destilação (KING, 1980; HENGSTEBECK, 1976; SMITH, 1963; VAN WINKLE, 1967) apresenta métodos exemplificados para misturas multicomponentes de hidrocarbonetos, cujos dados de equilíbrio e de entalpias específicas estão disponíveis na literatura.

Basicamente, a determinação dos estágios ideais de uma coluna de destilação multicomponente é análoga à de um sistema binário. Entretanto, a complexidade introduzida pela presença de vários componentes leva ao uso de técnicas matemáticas particulares de resolução, como já foi observado na separação *flash*.

18.17 COMPONENTES-CHAVE

Os componentes cujo grau de recuperação no destilado e no produto de fundo da coluna são especificados são denominados de componentes-chave (*key components*). O chave leve (LK – *light key*) é o componente cujo grau de recuperação é especificado para a corrente de destilado D. O componente chave pesado (HK – *heavy key*) é o componente para o qual é especificada a recuperação na corrente de fundo B. A coluna fracionadora divide a alimentação F em duas correntes, D e B. A distribuição de componentes da alimentação é definida por seus LK e HK.

Tabela 18.6 Definição de componentes-chave para uma mistura multicomponente

Componente	z_{Fi}	x_{Di}	x_{Bi}
Metano (C1)	0,26	0,453	–
Etano (C2)	0,09	0,150	–
Propano (C3) LK	0,25	0,410	0,010
n-Butano (nC4) HK	0,17	0,005	0,417
n-Pentano (C5)	0,11	–	0,274
n-Hexano (nC6)	0,12	–	0,299

No exemplo da Tabela 18.6, a separação de F foi efetuada de modo a se ter no destilado componentes mais voláteis do que o nC4 (HK), e, no produto de fundo, os componentes mais pesados do que o C3 (LK). Para um grau de recuperação elevado para LK e HK, as frações dos mais voláteis que o LK serão desprezíveis na corrente de fundo B, e as frações molares dos menos voláteis que o HK serão desprezíveis na corrente D de destilado. Os componentes-chaves estarão distribuídos em D e B em quantidades não desprezíveis, caracterizando a separação efetuada pela coluna.

18.18 ESTIMATIVA DA DISTRIBUIÇÃO DOS COMPONENTES NOS PRODUTOS SEPARADOS

18.18.1 VERIFICAÇÃO DA DISTRIBUIÇÃO

A verificação da distribuição de um componente i, não chave, pode ser feita segundo o critério aproximado de Shiras-Gibson-Hanson, como mostra o esquema a seguir.

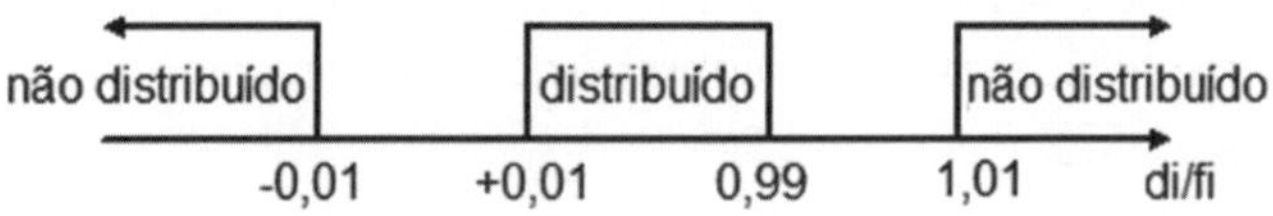

em que i = índice do componente não chave; di/fi = Dx_{Di}/Fz_{Fi}.

O valor de di/fi é calculado a partir de di/l_{Fi}:

$$\frac{d_i}{l_{Fi}} = \frac{\alpha_i - 1}{\alpha_{LK} - 1}\frac{d_{LK}}{l_{F_{LK}}} + \frac{\alpha_{LK} - \alpha_I}{\alpha_{LK} - 1}\frac{d_{hk}}{l_{F_{HK}}} \tag{18.95}$$

Com $l_{Fi} = L_F x_{LFi} = qFx_{LFi}$ (18.96)

em que $q = L_F/F$ já definido no método McCabe-Thiele para misturas binárias; xLFi = fração molar de i na corrente LF de líquido saturado; α_i = volatilidade relativa do componente, Ki/K_{HK}.

Caso o componente esteja distribuído nas correntes, D e B, é necessário calcular as vazões Dx_{Di} e Bx_{Bi}. O critério de Shiras-Gibson-Hanson é válido para colunas fracionadoras simples, com uma carga F e produtos D e B. Os valores de volatilidade relativa utilizados são obtidos de uma distribuição inicial de componentes (uma estimativa inicial) que definirá valores aproximados para as temperaturas do topo e do fundo da coluna.

18.19 MÉTODOS APROXIMADOS (*SHORTCUT*) PARA O CÁLCULO DO NÚMERO DE ESTÁGIOS IDEAIS

Como esses métodos permitem calcular o número de estágios e a localização de F, são adequados para o projeto de colunas novas.

18.19.1 MÉTODO DE FENSKE-UNDERWOOD-GILLILAND

O método consiste em:

a) Calcular a razão mínima de refluxo, R_m, pela equação de Underwood;

b) Calcular o número mínimo de estágios ideais, N_m, pela equação de Fenske;

c) Determinar o número de estágios ideais, N, para uma razão de refluxo, R, adotada, usando a correlação de Gilliland.

a) Equação de Underwood (cálculo de R_m):

Underwwod deduziu uma equação para o cálculo de R_m, adotando as seguintes hipóteses: vazões molares constantes para as correntes de líquido saturado e de vapor saturado em cada seção da coluna; localização ótima da alimentação F; volatilidades relativas constantes. A dedução da equação de Underwood pode ser vista no texto de Smith (1963).

Para o cálculo de R_m são necessários os seguintes dados: composição z_{Fi} e o estado da alimentação (calculando o parâmetro q – moles de líquido saturado/mol de alimentação); a média geométrica da volatilidade relativa de cada componente da alimentação, $\alpha_{j,HK} = K_j/K_{HK}$, por meio das Equações 18.97 ou 18.98.

$$\alpha = \left(\alpha_{topo}.\alpha_{alimentacao}.\alpha_{fundo}\right)^{1/3} \quad (18.97)$$

Ou,

$$\alpha = \left(\alpha_{topo}..\alpha_{fundo}\right)^{1/2} \quad (18.98)$$

Para o cálculo da volatilidade média de cada componente i, obter os valores da constante de equilíbrio nas temperaturas de topo, do estágio da alimentação e do fundo, a saber: t_{topo} = temperatura do estágio de topo = temperatura de orvalho da corrente D; t_{fundo} = temperatura do último estágio = temperatura de bolha da corrente B; $t_{alimentação}$ = temperatura do estágio de alimentação, que será aproximadamente igual a t_f se for LS , VS ou ELV.

Se não for conhecida a temperatura da alimentação, calcular α médio em função apenas de t_{topo} e t_{fundo}. Essas duas últimas temperaturas dependem de x_{Di} e de x_{Bi}, sendo, portanto, necessário avaliar a distribuição dos componentes em D e em B. Com esses dados, calcular as raízes θ da Equação 18.99:

$$\sum_{i=1}^{N_c} \frac{\alpha_{i,HK} Z_{FI}}{\alpha_{I,HK} - \theta} = 1 - q \qquad (18.99)$$

O número de raízes θ existentes dependerá do número de componentes distribuídos. Os exemplos a seguir ajudam a esclarecer este ponto.

b) Equação de Fenske (cálculo de N_m):

A equação de Fenske é deduzida para a condição de refluxo total (ou de número mínimo de estágios ideais). No refluxo total, V = L e $y_{n+1} = x_n$. Com essas considerações, chega-se à Equação 18.100.

$$\left(\frac{x_D}{x_B}\right)_{LK} = (\overline{\alpha}_{LK,HK})^{N_m} \left(\frac{x_D}{x_B}\right)_{HK} \qquad (18.100)$$

sendo a volatilidade média dada em relação aos componentes LK e HK.

A equação de Fenske poderá, ainda, ser dada na forma de distribuições, como mostra a Equação 18.101.

$$\left(\frac{Dx_D}{Bx_B}\right)_{LK} = (\overline{\alpha}_{LK,HK})^{N_m} \left(\frac{Dx_D}{Bx_B}\right)_{HK} \qquad (18.101)$$

N_m é o número mínimo de estágios ideais, incluindo o refervedor; usa-se N_m pois a expressão é deduzida para a condição de refluxo total.

Para uma coluna com condensador parcial, tem-se:

$$\left(\frac{Dy_D}{Bx_B}\right)_{LK} = \alpha^{(N_m+1)} \left(\frac{Dy_D}{Bx_B}\right)_{HK} \qquad (18.102)$$

c) Correlação de Gilliland:

A correlação de Gilliland relaciona o número de estágios ideais (N) com a razão de refluxo de operação da coluna (R), utilizando N_m e R_m. Trata-se de uma correlação empírica baseada em oito sistemas diferentes, cujos dados de R e N foram avaliados pelo método rigoroso de cálculo. Estão incluídos 16 tipos de alimentação (com variações de composição e de estado da alimentação), sistemas com 2 a 11 componentes, pressões inferiores à atmosférica até 600 psig, volatilidades de 1,26 a 4,05, R_m de 0,53 a 7,0 e N de 2,4 a 43,1, tratando-se, portanto, de uma correlação empírica bastante ampla.

Tendo-se os valores mínimos R_m e N_m, adota-se um dos critérios a apresentados seguir para a estimativa de N ou R.

- $R = (1,3 \text{ a } 1,5)R_m$, critério econômico para projeto de novas colunas;
- $N_m = 0,6\ N$, critério utilizado quando existe uma coluna de N estágios para a qual se deseja estabelecer um valor de R e calcular a distribuição dos componentes.

A correlação de Gilliland é apresentada na forma gráfica ou utiliza-se o método de Gilliland, correlacionado por Eduljee (KING, 1980)

$$Y = 0,75\left(1 - X^{0,5668}\right) \tag{18.103}$$

Em que:

$$X = \frac{R - R_{\min}}{R+1} \text{ e } Y = \frac{N - N_{\min}}{N+1} \tag{18.104}$$

A localização da alimentação é obtida pela equação de Kirkbride (SEADER; HENLEY; ROPER, 2011).

Kirkbride desenvolveu a seguinte equação para a estimativa da localização ótima da alimentação:

$$\log\left(\frac{m}{p}\right) = 0,206\log\left\{\frac{B}{D}\left(\frac{z_{HK}}{z_{LK}}\right)_F \left[\frac{x_{LK,B}}{x_{HK,D}}\right]^2\right\} \tag{18.105}$$

em que m = número de estágios ideais acima do prato de alimentação; p = número de estágios ideais abaixo do prato da alimentação; z_{HK}/z_{LK} = relação entre as frações molares de LK e HK, na alimentação F. O número total de estágios ideais é de N = m + p + 1.

Um exemplo típico de destilação multicomponente é a realizada na separação dos produtos obtidos na produção de etanol, por meio da fermentação partindo-se da solução de açúcares da cana-de-açúcar. Da fermentação, são obtidos diversos produtos como apresentado na Tabela 18.7.

Tabela 18.7 Composição do produto da fermentação alcoólica, em g/100g de glicose metabolizada para diferentes eficiências da fermentação

Produto da fermentação	Composição 1 (%)	Composição 2 (%)	Composição 3 (%)
Etanol	48,5	45,0-49,0	43,0-47,0
Dióxido de Carbono	46,4	43,0-47,0	41,0-45,0
Glicerol	3,3	2,0-5,0	3,0-6,0
Ácido succínico	0,6	0,5-1,5	0,3-1,2
Ácido acético	–	0,0-1,4	0,1-0,7
Óleo Fúsel	–	0,2-0,6	–
Butilenoglicol	–	0,2-0,6	–
Biomassa (massa seca de células)	1,2	0,7-1,7	1,0-2,0

Fonte: Aquarone et al. (2001).

- Composição 1: para uma fermentação com 95% de eficiência fermentativa;
- Composição 2: para uma fermentação com 90%-95% de eficiência fermentativa;
- Composição 3: para uma fermentação com 85%-92% de eficiência fermentativa.

Como pode ser observado, há um grande número de produtos a serem separados para se obter o etanol além da água. Todos esses componentes constituem o chamado vinho. Com o emprego de uma sequência de colunas de destilação em série, são separadas as diferentes frações, como produto de topo, de fundo e as retiradas laterais, a partir do vinho proveniente da fermentação. A separação do produto final desejado, o etanol, exige procedimento complexo de cálculos para definição das colunas de destilação. Tais cálculos não serão apresentados neste texto.

Exemplo

Componentes:

C3	não distribuído	
iC4	LK	
	- - - - - - - - →	θ
nC4	HK	
iC5	não distribuído	

Neste caso, existirá uma única raiz θ, cujo valor estará compreendido no intervalo entre $\alpha_{HK} < \theta < \alpha_{LK}$. Neste exemplo, apenas os componentes LK e HK estarão distribuídos.

Exemplo

C3	LK	
	- - - - - - - - →	θ_1
iC4	distribuído	
	- - - - - - - - →	θ_2
nC4	HK	
iC5	não distribuído	

Há raízes θ_1 e θ_2 cujos valores estarão compreendidos entre os valores de α dos componentes distribuídos:

$$\alpha_{iC4} < \theta_1 < \alpha_{LK} \quad \text{e} \quad \alpha_{HK} < \theta_2 < \alpha_{iC4}$$

Determinam-se a(s) raiz(es) por meio de cálculo iterativo, uma vez que o intervalo de seu(s) valor(es) é conhecido, como visto nos exemplos ilustrativos 18.3 e 18.4.

Calculando-se as raízes, pode-se obter o refluxo mínimo segundo a Equação 18.106:

$$\sum_{i=1}^{N_c} \frac{\alpha_{i,HK} Dx_{Di}}{\alpha_{I,HK} - \theta} = (L_0)_m + D \qquad (18.106)$$

em que L_{0m} = vazão molar do refluxo mínimo; $R_m = L_{0m}/D$; Dx_{Di} = vazão molar do componente i no destilado, que é a distribuição do componente i no destilado.

Havendo outros componentes distribuídos, além dos componentes LK e HK, a determinação das temperaturas de topo e de fundo será iterativa. A Equação 18.106 será usada para o cálculo de L_{0m} e de Dx_{Di} (distribuição dos componentes distribuídos). Neste exemplo existirão duas raízes θ, cuja substituição na Equação 18.106 irá gerar uma equação com duas incógnitas, L_{0m} e Dx_{DiC4}, as quais terão seus valores determinados pela resolução desse sistema de duas equações e duas incógnitas.

EXERCÍCIOS

1. Deseja-se recuperar o metanol existente em 100 kmol de uma solução aquosa equimolar de metanol, a pressão atmosférica, por meio de destilação diferencial. A destilação é interrompida quando a fração molar residual de metanol é de 8% molar. Os dados de equilíbrio da mistura, a pressão de 101,3 kPa (1 atm) estão na Tabela 1. Determine:

a) A quantidade da mistura residual no recipiente.

b) A composição média de metanol no destilado.

c) O percentual de metanol recuperado.

Tabela 1 Dados de equilíbrio da mistura a pressão de 101,3 kPa (1 atm)

Temperatura (°C)	y_A	x_A	Temperatura (°C)	y_A	x_A
64,5	1,000	1,000	81,7	0,579	0,200
65,0	0,795	0,950	84,4	0,517	0,150
66,0	0,958	0,900	87,7	0,418	0,100
67,5	0,915	0,800	89,3	0,365	0,080
69,3	0,870	0,700	91,2	0,304	0,060
71,2	0,825	0,600	93,5	0,230	0,040
73,1	0,779	0,500	96,4	0,134	0,020
75,3	0,729	0,400	100,0	0,000	0,000
78,0	0,665	0,300			

Fonte: Dunlop (1948).

Resposta:

a) L = 26,915 mol

b) $x_D = y_D = 0{,}655$

c) 95,69%

2. Uma mistura aquosa com10% molar de isopropanol deve ser processada a uma vazão de 100 kmol/h numa coluna que opera à pressão média de 101 kPa. O produto de topo é um líquido saturado cuja composição é 68% molar de isopropanol. Pretende-se recuperar, no produto de topo, 98% do isopropanol presente na alimentação. A razão de refluxo a ser utilizada é R = 2,5 Rmin. Considere que a alimentação entra no local ótimo e é um líquido saturado, e que o condensador e o refervedor são totais com saída saturada. Os dados de equilíbrio estão na Tabela 2. Determine:

a) As vazões de topo e de fundo.

b) O número mínimo de estágios ideais para esta separação.

c) A razão de refluxo de operação da coluna.

d) O número de estágios ideais necessários a essa separação.

e) O local da alimentação.

Tabela 2 Dados de equilíbrio: fração molar de isopropanol a 101 kPa

y	0,2195	0,4620	0,5242	0,5516	0,5926	0,6821	0,7421	0,9160
x	0,0118	0,0841	0,1978	0,3496	0,4525	0,6794	0,7693	0,9442

Fonte: Hirata et al. (1975).

Nota: Ponto de azeótropo: x = y = 0,6854

Respostas:

a) D = 14,4 kmol/h; B = 85,6 kmol/h

b) Nmin = 4 estágios ideais

c) R = 1,175

d) N = 7 estágios ideais

e) Alimentação entre os estágios 5 e 6.

REFERÊNCIAS BIBLIOGRÁFICAS

AQUARONE, E. et al. *Biotecnologia industrial.* São Paulo: Blucher, 2001. V. 3.

DUNLOP, J. G., M.S. Thesis, Brooklyn Polytechnic Institute, 1948. FOUST, A. S. et al. *Principles of unit operations.* New York: John Wiley & Sons, 1960.

GLITSCH, Inc. *Process design of vessels and trays engineering - heavy fabrication.* 1974 (catálogo).

GUTIERREZ-OPPE, E. E. *Estudo da desidratação da glicerina por destilação trifásica em coluna de pratos perfurados.* 2012. Tese (Doutorado) - Escola Politécnica, Universidade de São Paulo, São Paulo, 2012.

HENGSTEBECK, R. J. *Distillation: principles and design procedures.* New York: Reinhold, 1961.

HIRATA, M.; OHE, S.; NAGAHAMA, K. *Computer aided data fo vapor-liquid equilibria.* Tokyo/Amsterdam: Kodansha/Elsevier Scientific, 1975.

HOFFMAN, E. J. *Azeotropic and extractive distillation.* New York: Interscience Publishers, 1964. 324 p.

KING, C. J. *Separation processes.* New York: McGraw-Hill, 1980.

PERRY, R. H.; GREEN, D. W.; MALONEY, J. O. *Perry's chemical engineer's handbook.* 7. ed. New York: McGraw-Hill, 1997.

PRAUSNITZ, J. M.; LICHTENTHALER, R. N.; AZEVEDO, E. G. *Molecular thermodynamics of fluid-phase equilibria.* 3. ed. New Jersey: Prentice Hall PTR, 1999.

SALVAGNINI, W. M. *Destilação e absorção - Notas de aula.* Departamento de Engenharia Química, Escola Politécnica, Universidade de São Paulo. São Paulo, 2009.

SEADER, J. R; HENLEY, E. J.; ROPER, D. K. *Separation process principles.* 3. ed. New York: John Wiley & Sons, 2011.

SMITH, B. D. *Design of equilibrium stage processes.* New York: McGraw-Hill, 1963.

SMITH, J. M.; VAN NESS, H. C.; ABBOTT, M. M. *Introduction to chemical engineering thermodynamic.* 6. ed. New York: McGraw-Hill, 2001.

VAN WINKLE, M. *Distillation.* New York: McGraw-Hill, 1967.

CAPÍTULO 19
Purificação de plasmídeos

Duarte Miguel Prazeres

NOMENCLATURA

ADS – Adsorção

AEX – Cromatografia de troca aniônica

CTAB – Brometo de cetiltrimetilamônio

FFT – Filtração de fluxo tangencial

gDNA – DNA genômico

HIC – Cromatografia de interacção hidrofóbica

IP – Isolamento primário

KAc – Acetato de potássio

LPS – Lipopolissacarídeo

mRNA – RNA mensageiro

oc pDNA – Plasmídeo aberto

PAR – Purificação de alta resolução

PBR – Purificação de baixa resolução

pDNA – Plasmídeo

PEG - Polietilenoglicol

PP - Precipitação

rRNA - RNA ribossomal

sc pDNA - Plasmídeo superenrolado

SDFA - Sistema de duas fases aquosas

tRNA - RNA de transferência

LISTA DE PALAVRAS

Acetato de amônio

Adsorção,

- afinidade
- adsorvente
- fenil-boronato
- girolite
- hidroxiapatita
- terra de diatomácias

Biofármacos

Centrifugação

Clarificação

Cromatografia,

- afinidade
- exclusão
- interação hidrofóbica
- troca aniônica

Detergente

Diafiltração

Diagramas de bloco

Difusão,

- coeficiente de
- tempo de

DNA genômico

Duas fases aquosas
E. coli,
    culturas
    envelope celular
    lisados
    proteínas
Electroforese
Especificações
Esterilização
Etanol
Extração líquido-líquido
Fenil-boronato
Filtração,
    de fluxo tangencial
    em profundidade
Flutuação
Isoformas
Isolamento primário
Isopropanol
Lise,
    alcalina
    térmica
Lisado
    alcalino
    clarificado
Lisozima
LPS
Neutralização
pDNA,
    aberto
    coeficiente de difusão
    isoformas

precipitação
purificação
superenrolado
PEG
Precipitação,
alcoólica
com PEG
com sais anticaotrópicos
Purificação,
de alta resolução
de baixa resolução
RNA,
de transferência
mensageiro
remoção de
ribossomal
RNAse
Rompimento celular
Salting-out
SDS
Separação,
de células
de isoformas
por centrifugação
por FFT
sólido-líquido
Sulfato de amônio
Superenrolamento
Terapias gênicas
Troca de tampão
Ultrafiltração
Vacinação por DNA

19.1 INTRODUÇÃO

A utilização de DNA plasmídico (pDNA) no contexto de terapias gênicas e vacinação por DNA tem sido intensamente estudada do ponto de vista científico e clínico, e é esperado que nos próximos anos cheguem ao mercado alguns biofármacos à base de pDNA. As moléculas de pDNA em biofármacos transferem genes para os indivíduos-alvo (humanos e animais) com o objetivo de exercer controle sobre doenças como aids, tuberculose e câncer, entre outras. Os produtos codificados nos transgenes transportados pelas moléculas de pDNA, uma vez expressos nas células e tecidos-alvo, atuam de forma a enfrentar a doença específica ou condição clínica em estudo. Nesse contexto, o desenvolvimento de processos de purificação de pDNA é essencial para produzir o material necessário à execução de testes em animais, ensaios clínicos e comercialização.

A produção de pDNA compreende uma série de atividades organizadas e encadeadas, esquematizadas na Figura 19.1, por meio das quais se obtém um produto seguro e eficaz, de forma consistente e numa quantidade definida medida, por exemplo, em termos de atividade biológica ou massa. O preparo de bancos de células contendo o pDNA de interesse e a seleção e controle das matérias-primas estão na vanguarda dessas atividades. O pDNA para aplicação farmacêutica é produzido por replicação em células da bactéria Gram-negativa *Escherichia coli* (*E. coli*). Numa fase inicial é necessário selecionar ou desenvolver uma estirpe adequada (como DH5α, JM109, GALG20) e transformar as células com o pDNA-alvo. Por regra, as estirpes produtoras de pDNA apresentam mutações nos genes *recA* e *endA* de modo a minimizar a ocorrência de eventos de recombinação e reduzir a probabilidade de degradação do pDNA, respectivamente. Após a escolha da estirpe, os melhores clones são selecionados e usados para preparar bancos com estoques em pequenos frascos contendo as células portadoras do pDNA e um agente crioprotetor (como 10% a 15% de glicerol ou dimetil sulfóxido). Esses bancos são normalmente armazenados a temperaturas da ordem dos –80 °C.

O objetivo da etapa seguinte é simples, qual seja, cultivar as células de *E. coli* de modo a produzir grandes quantidades de pDNA o mais rapidamente possível e ao menor custo. Nessa fase é importante selecionar os meios de cultivo, as variáveis de operação de biorreator e as estratégias de cultura mais adequadas. A maximização do rendimento volumétrico de pDNA (mg pDNA/L) é naturalmente importante, uma vez que isto se traduz na necessidade de usar menores volumes de cultura para atingir a meta de produção pretendida (mg pDNA). Além disso, também é desejável maximizar o rendimento específico (mg pDNA/g células), uma vez que uma proporção mais elevada de pDNA em relação a outras espécies moleculares se correlaciona, em princípio, com um processamento posterior mais fácil. Por meio da combinação adequada dos diferentes parâmetros operacionais e utilizando um pDNA de elevado número de cópias (por exemplo, com uma origem de replicação ColE1), é possível preparar culturas com elevada densidade celular (até 55 g de células secas/L) e obter produções volumétricas da ordem dos 2 g pDNA/L. Esses meios altamente concentrados em células e pDNA constituem a matéria-prima para as fases seguintes de isolamento e purificação.

A sequência de operações unitárias de purificação necessárias para produzir pDNA não formulado tem por objetivo gerá-lo atendendo às especificações preestabelecidas (Figura 19.1). Nesse processo de purificação deve-se, preferencialmente, fazer uso de reagentes que sejam considerados seguros pelas agências reguladoras. Finalmente, o pDNA purificado deve ser adequadamente formulado, levando-se em consideração aspectos como o método de administração, a forma do produto final, a necessidade de adicionar excipientes, adjuvantes e estabilizantes, a dosagem, embalagem etc. Após a fase de formulação e envasamento de ampolas, o produto está pronto para o teste clínico ou comercialização (Figura 19.1).

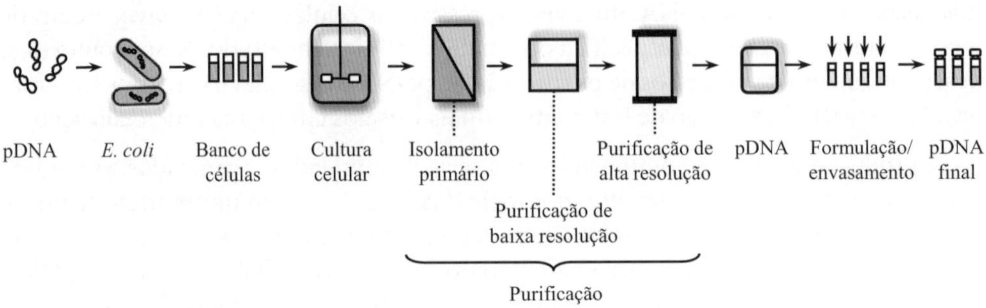

Figura 19.1 Atividades e etapas envolvidas na produção e purificação de DNA plasmídico (pDNA) para aplicações em terapia gênica e vacinação por DNA.

19.2 PROPRIEDADES MOLECULARES, ESPECIFICAÇÕES E CONTROLE DE QUALIDADE

Uma célula de *E. coli* produtora de pDNA tem composição média próxima daquela indicada na Figura 19.2. O objetivo das etapas de purificação é isolar o pDNA, que pode representar entre 0,5% e 5% da massa seca das células com seus diferentes componentes celulares.

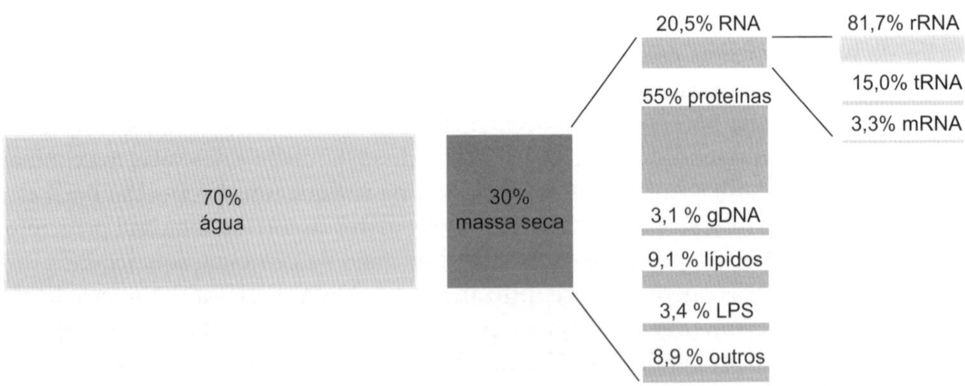

Figura 19.2 Representação esquemática da distribuição dos componentes moleculares que compõem uma célula de *E. coli* típica (massa média ~ 1 pg). O teor de pDNA em células de *E. coli* transformadas pode representar cerca de 0,5% a 5% da massa seca da célula e é fortemente dependente do tipo plasmídeo, das condições de crescimento e da fase de crescimento. Abreviaturas: gDNA, DNA genômico; LPS, lipopolissacarídeos; mRNA, RNA mensageiro; pDNA, DNA plasmídico; rRNA, RNA ribossomal; tRNA, RNA de transferência.

Ao final do processo de purificação, o pDNA deverá ser submetido a um controle de qualidade rigoroso destinado a verificar se se encontra conforme as especificações preestabelecidas. Essas especificações consistem numa lista de ensaios, referências a procedimentos analíticos e critérios de aceitação que podem ser limites numéricos, gamas de valores ou outro tipo de medidas que estejam associadas aos ensaios descritos (Tabela 19.1). Um lote de pDNA estará em conformidade com uma determinada especificação se satisfizer os critérios de aceitação, quando testado de acordo com os procedimentos analíticos de referência.

Quadro 19.1 Exemplos de especificações, critérios de aceitação e técnicas de análise utilizadas no controle de qualidade de pDNA

Item	Especificação	Método analítico
pDNA		
Aparência	Solução incolor	Observação visual
Identidade	Homologia	Análise de restrição
Homogeneidade	> 90 % super-enrolado	Gel de agarose
Concentração	De acordo com a aplicação	HPLC
Potência	De acordo com a aplicação	Transfecção de células
Impurezas		
Pureza	A260/A280 = 1,80-1,95	Absorvância a 260 e 280 nm
Proteínas	< 1%	Teste BCA
RNA	< 1%	Gel de agarose 0,8%
gDNA	< 1%	PCR em tempo real
LPS	< 0,04 EU/µg pDNA	Teste LAL

Nota: BCA, ácido bicincronínico; LAL, lisado de amebócitos de Limulus (*ameobocyte lysate*).

Como já foi amplamente abordado nos capítulos anteriores deste livro, a definição de um processo de purificação de pDNA deve sempre levar em consideração as propriedades da molécula-alvo e das impurezas associadas. Esse conhecimento é particularmente importante uma vez que as operações unitárias a serem selecionadas deverão explorar diferenças nas propriedades do pDNA-alvo e de impurezas como o RNA, DNA genômico (gDNA), proteínas e lipopolissacarídeos (LPS). Os plasmídeos são moléculas de DNA de cadeia dupla fechadas covalentemente, com um número de pares de bases que normalmente varia entre os 2 mil e os 10 mil (320 a 6.600 kDa) e tamanhos da ordem dos micrômetros. As moléculas de pDNA isoladas de *E. coli* apresentam-se essencialmente numa forma superenrolada. Caso ocorra a quebra numa das cadeias açúcar-fosfato do DNA (por exemplo por ação de uma nuclease), o superenrolamento é perdido, originando-se uma molécula de pDNA aberto (Figura 19.3). Em resultado às diferenças nos graus de compactação, as moléculas de pDNA superenroladas ou abertas migram com velocidades diferentes numa eletroforese em gel de agarose, como ilustrado na Figura 19.3. A expressão *in vivo* dos genes transportados por moléculas de pDNA é normalmente superior se as moléculas se encontrarem na forma superenrolada. Os processos de purificação deverão por isso ser desenhados de modo a maximizar a quantidade de pDNA superenrolado (> 90%) que se obtém face ao pDNA aberto (ver especificação de homogeneidade na Tabela 19.1).

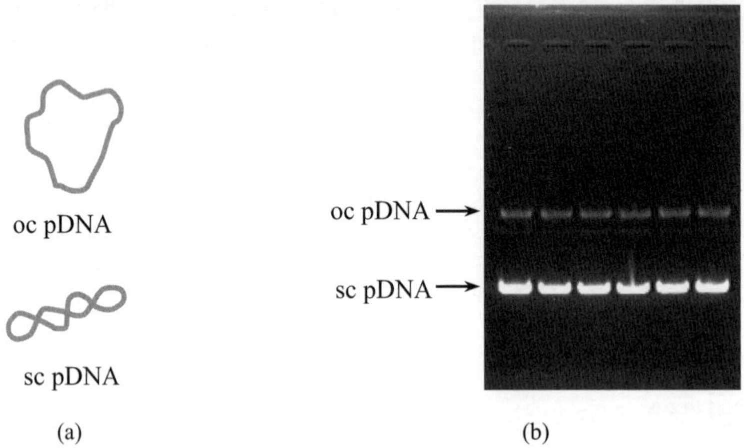

Figura 19.3 Representação esquemática de moléculas de pDNA super enroladas (sc pDNA) e abertas (oc pDNA) (a); eletroforese em gel de agarose de pDNA superenrolado e aberto (b).

As moléculas de pDNA são polianiônicas e têm estabilidade térmica relativamente alta. O seu tamanho grande e forma peculiar traduzem-se em baixos coeficientes de difusão (10^{-8} cm^2s^{-1}) quando comparados com os coeficientes de difusão de proteínas de massa equivalente. Do ponto de vista da purificação, as moléculas de pDNAs comportam-se no geral de uma forma que é independente da sua composição e número de bases.

A maioria das impurezas derivadas de *E. coli* partilha um certo número de propriedades com as moléculas de pDNA, a saber: (1) o RNA e gDNA são também ácidos nucleicos e por isso possuem um carácter polianiônico semelhante, (2) algumas espécies de RNA e de fragmentos de gDNA que surgem durante a purificação têm massas molares comparáveis e (3) os LPS são semelhantes em tamanho e também carregados positivamente. Muitos dos desafios de separação encontrados durante a purificação estão precisamente associados ao fato de a maioria das impurezas derivadas de *E. coli* partilhar um certo número de propriedades com as moléculas de pDNA (Figura 19.4).

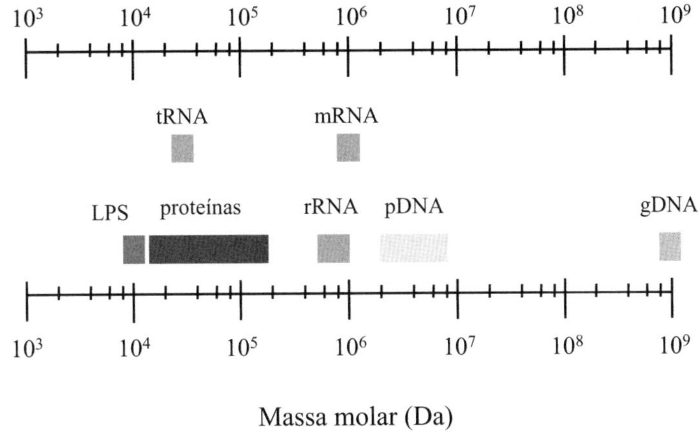

Figura 19.4 Massas molares típicas das moléculas de pDNA usadas em aplicações médicas (2.000-10.000 pares de bases, 1.320-6.600 kDa) e dos componentes principais de *E. coli*. Abreviaturas: gDNA, DNA genômico; LPS, lipopolissacarídeos; mRNA, RNA mensageiro; pDNA, DNA plasmídico; rRNA, RNA ribossomal; tRNA, RNA de transferência.

19.3 ISOLAMENTO PRIMÁRIO

Na fase de isolamento primário as células de *E. coli* são recolhidas do meio de cultivo e rompidas por procedimentos adequados, de modo a liberar o pDNA. Durante o rompimento os diferentes componentes celulares (Figura 19.2) são também liberados, produzindo-se no final uma solução que é relativamente diluída em pDNA (< 5% da massa seca de células), mas carregada em impurezas como fragmentos de células, membranas, proteínas, gDNA, RNA, lipídeos e LPS. Essa corrente de processo deve então ser clarificada de modo a eliminar fragmentos celulares e outras partículas.

19.3.1 SEPARAÇÃO DE CÉLULAS

Na fase de separação objetiva-se obter uma pasta concentrada de células por meio da remoção do meio de cultura remanescente. O meio é geralmente resfriado a temperaturas de cerca de 10 °C, de modo a suspender a atividade de nucleases que possam comprometer a integridade do pDNA. A separação das células pode ser efetuada por filtração tangencial (FT), filtração convencional ou centrifugação. No caso de células pequenas como *E. coli* (1 a 2 μm), a FT é provavelmente a opção mais atraente, pois permite obter rendimentos próximos de 100%. Além disso, os custos operacionais e de capital são reduzidos quando comparados com a centrifugação, conforme se descreve no Capítulo 4. Alguns cuidados devem ser observados no uso desses equipamentos, uma vez que as tensões de cisalhamento elevadas presentes durante a admissão do meio de cultura aos equipamentos de separação das células e durante a descarga da pasta celular podem romper as células, danificar irreversivelmente o pDNA e gerar fragmentos de gDNA de baixa massa molar.

A pasta de células/suspensão obtida após a separação é muitas vezes armazenada a baixas temperaturas (por exemplo, 4 °C) durante alguns dias. Alternativamente, as células podem ser diafiltradas (no caso da separação por FT), ou ressuspensas (no caso da separação por centrifugação) diretamente num tampão adequado à etapa de rompimento que se segue (por exemplo, 50 mM Tris-HCl, pH 8,0, 10 mM de ácido etileno diaminotetraacético, EDTA). Este tampão geralmente contém agentes que interferem com as ligações iônicas e de hidrogênio entre o peptidoglicano, lipídeos e/ou proteínas da parede celular de *E. coli*. Por exemplo, o EDTA é frequentemente utilizado como um agente quelante para remover cátions bivalentes (Ca^{2+}, Mg^{2+}) da parede celular, da membrana externa e da membrana citoplasmática. Além de desestabilizar a estrutura da parede celular e assim facilitar o rompimento, o EDTA contribui para reduzir a atividade de nucleases dependentes de Mg^{2+}, reduzindo a degradação do pDNA. Frequentemente são incluídas glicose ou sacarose no tampão de ressuspensão em quantidades suficientes para tornar a solução iso-osmótica (por exemplo, 50 mM glucose) e minimizar o rompimento celular nessa fase. O volume de tampão utilizado para suspender as células é determinado com base na concentração de células necessária na etapa subsequente. De um modo geral, as suspensões de células pré-rompimento possuem concentrações que variam entre 10 a 200 g L^{-1}.

19.3.2 ROMPIMENTO CELULAR

O objetivo da etapa de rompimento celular é romper as três camadas de parede características de bactérias Gram-negativas como a *E. coli* e liberar grandes quantidades de pDNA superenrolado no meio circundante. Essa operação é uma das mais críticas e problemáticas dos processos de purificação de pDNA. Um passo de rompimento descontrolado ou mal concebido pode resultar em perda do pDNA superenrolado e em excessiva fragmentação do gDNA, dada a suscetibilidade dessas moléculas a tensões de cisalhamento. No primeiro caso, os rendimentos globais ficam comprometidos logo no início do processo, enquanto a situação posterior irá dificultar as operações unitárias subsequentes. A grande quantidade de ácidos nucleicos liberados durante o rompimento também resulta em soluções de viscosidade elevada.

19.3.2.1 Lise alcalina

A lise alcalina é um dos métodos de rompimento mais utilizados na purificação de pDNA. O processo, concebido para romper as células e desnaturar proteínas e gDNA, consiste numa sequência de três operações: lise, neutralização e clarificação (Figura 19.5).

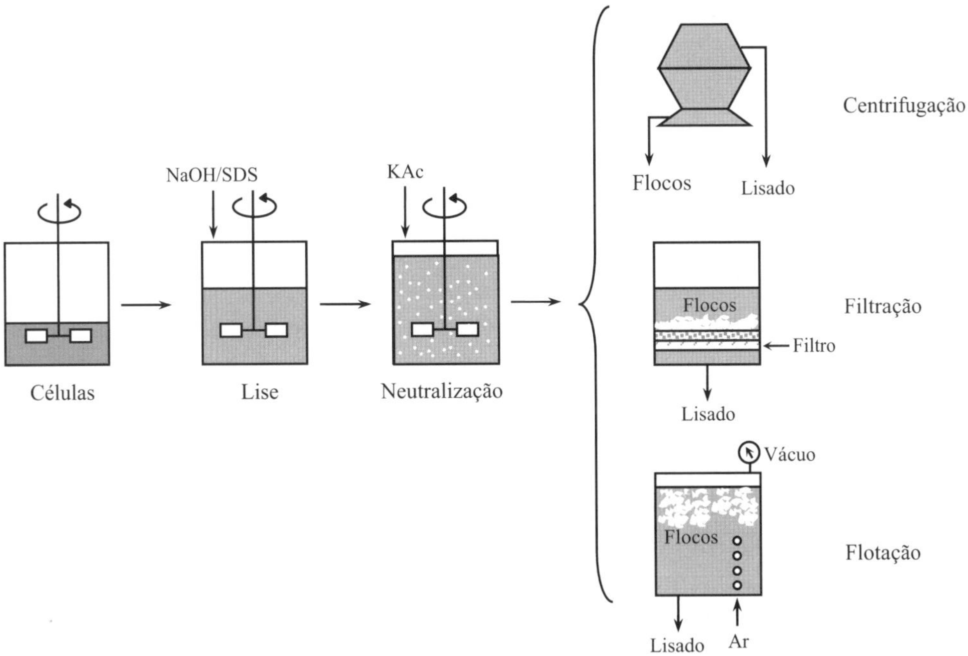

Figura 19.5 Rompimento de células de *E. coli* por lise alcalina. As células de *E. coli* são contatadas por um breve período de tempo (por exemplo, 10-15 minutos) com uma mistura de um detergente (por exemplo, SDS) e um álcali (por exemplo, NaOH). O lisado obtido é então neutralizado pela adição de uma solução de pH baixo e elevado teor de sal (por exemplo, acetato de potássio, KAc). Os fragmentos celulares e os flocos de impurezas precipitadas são removidos por centrifugação, filtração convencional ou flotação. O desempenho da filtração convencional pode ser melhorado com o recurso de pré-filtração com materiais adequados, e a flotação pode ser induzida e promovida por vácuo ou aspersão de gases.

Inicialmente, uma solução alcalina de um detergente (por exemplo, 200 mM NaOH + 1% de dodecil sulfato de sódio, SDS) é adicionada à suspensão de células, normalmente numa proporção de 1:1 v/v (Figura 19.5). O NaOH e o SDS são usados em conjunto para romper e solubilizar as membranas celulares, e para promover a desnaturação irreversível das proteínas e de ácidos nucleicos que não o pDNA. O aumento do pH promove a hidrólise e separação irreversível das cadeias complementares de gDNA, e assim a exposição das bases hidrofóbicas. As cadeias complementares das moléculas de pDNA também são parcialmente separadas em resultado da alcalinidade do meio. No entanto, e desde que o pH seja mantido abaixo dos 12,3 a 12,5, um certo número de nucleotídeos no pDNA permanece emparelhado. Esses pares de bases "âncoras" servirão como núcleos de renaturação do pDNA de volta à estrutura superenrolada original durante o passo de neutralização subsequente (Figura 19.5). Caso o pH seja superior a 12,5, os pares de bases âncoras são perturbados e o pDNA formará pares de bases incongruentes durante a neutralização, originando uma molécula irreversivelmente desnaturada. A solução alcalina deve ser adicionada e misturada rapidamente (15 a 30 segundos) de forma a garantir uma distribuição uniforme de pH próxima do intervalo crítico de 12,3 a 12,5. As células são rompidas nos 30 a 60 segundos iniciais, enquanto o gDNA é desnaturado durante os primeiros três minutos. Ao se prolongar essa etapa, o gDNA desnaturado começa a fragmentar devido ao cisalhamento associado à mistura, o que é indesejável, uma vez que fragmentos de gDNA de menor tamanho são de difícil remoção nas etapas subsequentes de precipitação e de filtração. Assim, a intensidade da agitação deve ser reduzida logo que a maioria das células seja rompida, de forma a manter o gDNA com a massa molar mais alta possível. Essa diminuição da agitação contribui também para reduzir a degradação de pDNA por cisalhamento.

A lise alcalina é geralmente interrompida após 5 a 10 minutos, por meio da neutralização do lisado com um volume de uma solução ácida fria de acetato de potássio 5 M igual ao volume da suspensão de células de partida (Figura 19.5). Durante a neutralização (cerca de 10 minutos), gera-se uma massa indefinida de sólidos de consistência gelatinosa que contém grandes quantidades de impurezas (como fragmentos celulares, proteínas de membrana desnaturadas, fragmentos de gDNA, ácidos nucleicos e precipitados de sulfato de dodecil de potássio). Essa massa deve ser removida de forma cautelosa de modo a maximizar a retenção das impurezas aprisionadas na fase sólida. A utilização de centrífugas é geralmente evitada, já que as tensões de cisalhamento elevadas nas correntes de entrada podem quebrar o material precipitado. A filtração convencional em profundidade assistida por pré-filtros e a flotação induzida por vácuo ou por aspersão de gases são alternativas mais viáveis nessa fase (Figura 19.5). No primeiro caso, os filtros são revestidos com materiais como a terra de diatomáceas, a fim de evitar a compressão do bolo de filtração e melhorar o fluxo de filtração. No segundo caso, a agregação/flotação do material sólido é promovida ou por injeção de bolhas de ar ou nitrogênio na base do tanque, ou então reduzindo a pressão para um valor inferior (300 a 800 mbar) à pressão atmosférica. Após a remoção dos sólidos obtém-se um lisado clarificado com uma cor amarelo-dourado característica e com viscosidade próxima da da água.

Apesar das suas vantagens, não é fácil implementar a lise alcalina em escala industrial devido à necessidade de proceder à rápida homogeneização das soluções alcalinas/detergente com as células, de lidar cuidadosamente com os precipitados à medida que se formam e de manipular a massa de sólidos de consistência pegajosa e natureza frágil. Esses desafios foram resolvidos por meio da criação de diferentes dispositivos e aparelhos que permitem efetuar a lise alcalina de células de *E. coli* em larga escala de um modo controlado e contínuo. Um sistema completo é tipicamente constituído por uma combinação de bombas, válvulas e acessórios que permitem montar unidades individuais dedicadas a cada um dos subpassos do processo de lise alcalina: lise, neutralização e clarificação (Figura 19.6).

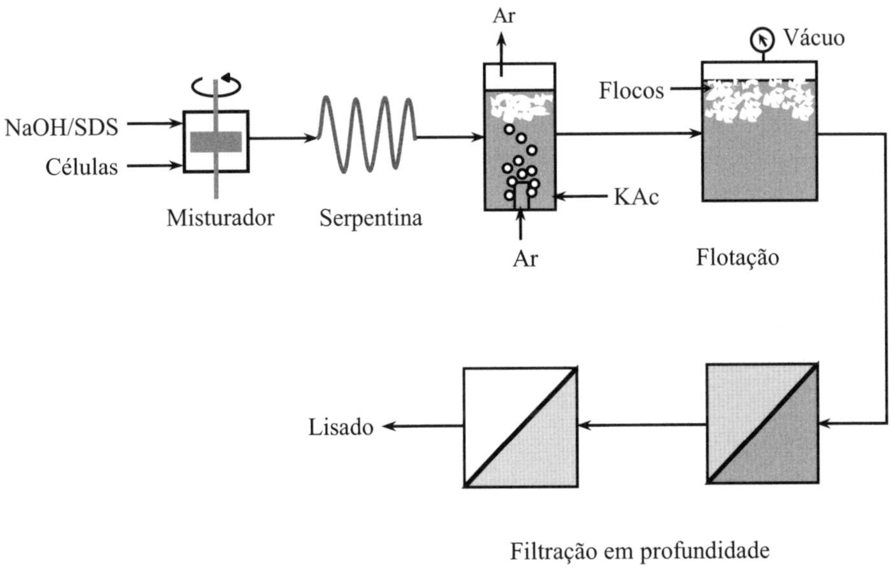

Figura 19.6 Exemplo de um sistema contínuo de lise alcalina. As células e uma solução de NaOH/SDS são contatadas num misturador de baixo tempo de residência. Após a passagem através de uma serpentina de retenção, o lisado é neutralizado com acetato de potássio (KAc) num misturador equipado com um sistema de aspersão de bolhas de ar e enviado para um tanque de flotação assistida por vácuo. O lisado drenado é então clarificado utilizando filtração em profundidade.

19.3.2.2 Lise térmica

Uma alternativa interessante para o rompimento de células de *E. coli* e liberação de pDNA em grande escala passa por explorar a ação combinada de enzimas, detergentes e temperaturas elevadas. Esse processo compreende tipicamente uma incubação das células a temperaturas de cerca de 95 °C a 100 °C. Embora o método funcione bem em escala de laboratório, a incubação a alta temperatura em escala industrial é problemática, especialmente devido à dificuldade em promover a rápida transferência de calor necessária, em grandes volumes. De modo a ultrapassar essa dificuldade, têm sido desenvolvidos dispositivos e sistemas de fluxo contínuo que permitem uma transferência de calor rápida e tempos de lise curtos. Num processo típico, as células são primeiramente suspensas e incubadas a 37 °C num tampão contendo 2% de Triton X-100 e lisozima. O objetivo desse pré-tratamento inicial é tornar as células mais sensíveis ao calor, a fim de que temperaturas inferiores a 100 °C possam ser usadas. A suspensão de células fragilizadas é então bombeada continuamente pelo interior de uma serpentina de aço inoxidável que se encontra imersa num banho de alta temperatura. De um modo geral, temperaturas da ordem dos 70-77 °C e tempos de residência da ordem de 20 a 60 segundos são suficientes para induzir a lise das células e promover a precipitação de gDNA e proteínas, mantendo o pDNA em solução. O lisado que sai da serpentina é então resfriado até à temperatura ambiente, de modo a suspender o processo de lise por passagem através de uma segunda serpentina imersa num banho de água gelada. Os fragmentos celulares e precipitados são finalmente separados por centrifugação ou filtração.

19.3.2.3 Lise mecânica

Os métodos mecânicos como a homogeneização de alta pressão, a moagem ou a microfluidização são muito pouco utilizados no contexto da purificação de pDNA, uma vez que as taxas de cisalhamento e as forças hidrodinâmicas elevadas usadas nesses sistemas conduzem normalmente à quebra da estrutura molecular das moléculas de pDNA e de outros ácidos nucleicos. Esse efeito é particularmente dramático no caso do pDNA, pois uma única quebra numa das cadeias de DNA é suficiente para causar a perda do superenrolamento característico.

19.4 PURIFICAÇÃO DE BAIXA RESOLUÇÃO

O objetivo desta etapa é processar os lisados clarificados obtidos após a conclusão da fase de isolamento primário, de modo a concentrar e dar início à purificação do pDNA. O ponto de partida é normalmente um lisado complexo, com baixa concentração de pDNA (~0 a 200 μg/mL). Embora uma fração significativa de gDNA tenha sido removida durante o isolamento primário, os lisados contêm ainda grandes quantidades de RNA e proteínas, que compõem mais de 90% da massa total de solutos. Essas impurezas devem ser substancialmente eliminadas, de modo a resultar numa solução em que o pDNA constitua mais de 50% de todos os solutos. A redução de volume é outro dos objetivos dessa etapa do processo de purificação, por acelerar e tornar menos oneroso o processo de purificação de alta resolução. Os lisados clarificados podem ser processados por diferentes operações unitárias, das quais a filtração tangencial (FT), a precipitação (PP), a extração em sistemas de duas fases aquosas (SDFA) e a adsorção (ADS) são as mais importantes (Figura 19.7).

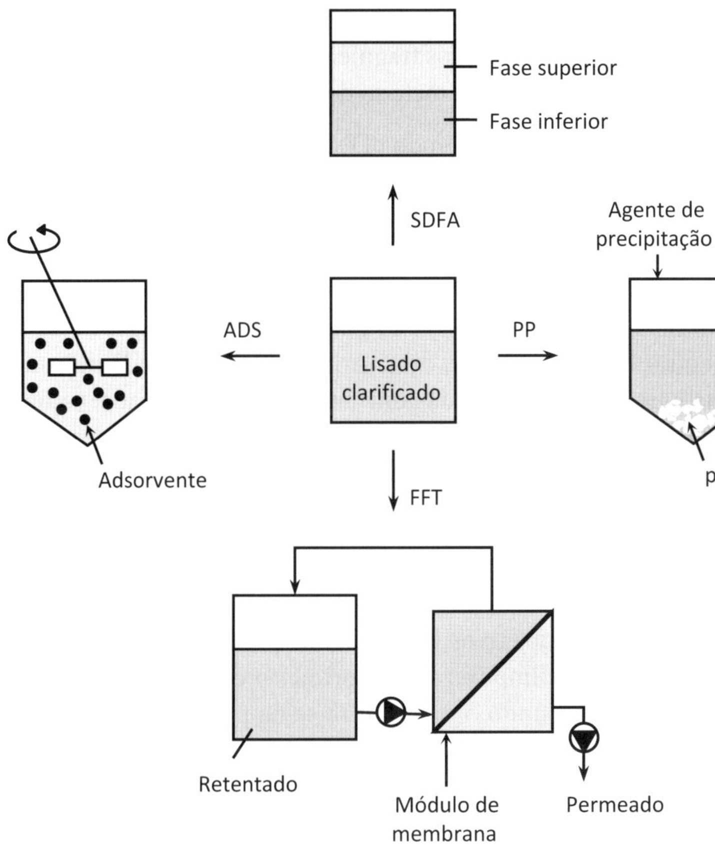

Figura 19.7 Processamento de lisados clarificados contendo pDNA. As quatro principais opções disponíveis são esquematicamente mostradas na figura: filtração de fluxo tangencial (FT), sistemas de duas fases aquosas (SDFA), precipitação (PP) e adsorção (ADS). Diferentes combinações dessas operações unitárias podem ser utilizadas para melhorar a eliminação de impurezas e concentração de pDNA.

19.4.1 FILTRAÇÃO TANGENCIAL

A filtração tangencial, descrita no Capítulo 5, é a operação ideal para reduzir o volume dos lisados e concentrar pDNA. O conceito é simples: basta selecionar uma membrana cuja distribuição de tamanho de poros seja adequada para reter as moléculas de pDNA superenrolado e permitir simultaneamente que o excesso de água, sais e pequenas impurezas sejam permeados. Membranas de FT com *nominal molecular weight cutoff* (NMWC) entre 100 e 500 kDa permitem usualmente reter pDNAs com tamanhos entre os 2.700 e 11.500 pares de base. Adicionalmente, uma seleção criteriosa do tamanho de poro das membranas pode permitir remoção significativa de proteínas, RNA, gDNA e LPS. As membranas referidas são geralmente adequadas para remover a maioria das proteínas de *E. coli*, que têm massas molares abaixo de 200 kDa (ver Figura 19.2), na corrente de permeado. No caso do RNA, a permeação através de membranas com NMWC de 100 a 500 kDa é geralmente restrita às moléculas de menor tamanho, isto é, tRNA (ver Figura 19.2). Quanto ao gDNA, é difícil de prever seu comportamento numa operação de FT, dado que o tamanho dos fragmentos gerados pode variar significativamente de lote para lote e em função do método de rompimento usado.

O processamento de um lisado contendo pDNA num sistema de FT combina usualmente dois modos de funcionamento: concentração e diafiltração. Durante uma fase inicial o sistema é operado de modo a remover o excesso de líquido e assim concentrar o pDNA no lisado. O fluxo tangencial relativamente à membrana proporciona a diferença de pressão de transmembrana (PTM) necessária à permeação e mantém a superfície da membrana relativamente livre de partículas e solutos gelificados. Embora o fator de concentração obtido no fim desta primeira fase dependa da concentração de pDNA no lisado inicial e também da concentração final desejada, valores que variam entre 10 e 50 são usuais. Uma vez concluída a fase de concentração o sistema passa a ser operado em modo de diafiltração, descrito no Capítulo 5.

19.4.2 PRECIPITAÇÃO

No presente contexto, os objetivos principais da precipitação são a concentração do pDNA e/ou a remoção de impurezas. No primeiro caso utilizam-se agentes que precipitam o pDNA, e no segundo o foco centra-se na precipitação de RNA, gDNA, proteínas e LPS. A precipitação de pDNA é normalmente efetuada com agentes como etanol, 2-propanol (isopropanol), polietilenoglicol, brometo de cetil trimetil amónio (CTAB) ou espermidina. O efeito de concentração é obtido com a ressuspensão do precipitado de pDNA num volume de tampão menor do que o volume da solução de partida. A remoção de RNA de baixa massa molar e de outras impurezas não precipitadas, junto com a possibilidade de suspender os precipitados num tampão diferente do original constituem vantagens adicionais desse modo de operação.

A eficiência da precipitação aumenta com a concentração do pDNA na solução de partida. Em regra, o rendimento da precipitação atingirá os 100% se a concentração de pDNA exceder os 100 μg/mL. Nessas situações são também necessárias menores concentrações de álcool para se obter a precipitação desejada (Figura 19.8). No caso do isopropanol, por exemplo, a precipitação de pDNA inicia-se para concentrações de etanol da ordem dos 0,2 a 0,3% v/v, estando o máximo de precipitação assegurado se forem utilizadas concentrações de álcool da ordem dos 0,6 a 0,7% v/v (Figura 19.8). Nessas condições uma fração importante de impurezas (até 40%) permanecerá em solução, sendo removida efetivamente assim que se separar o precipitado do sobrenadante. Apesar da sua eficiência, a precipitação alcoólica de pDNA em larga escala é problemática, podendo aumentar significativamente os custos de processo. As principais razões para essas dificuldades estão relacionadas com a necessidade de operar a baixa temperatura e de usar tanques e áreas de processamento à prova de explosão. Além disso, o impacto ambiental associado à utilização de álcoois pode ser significativo.

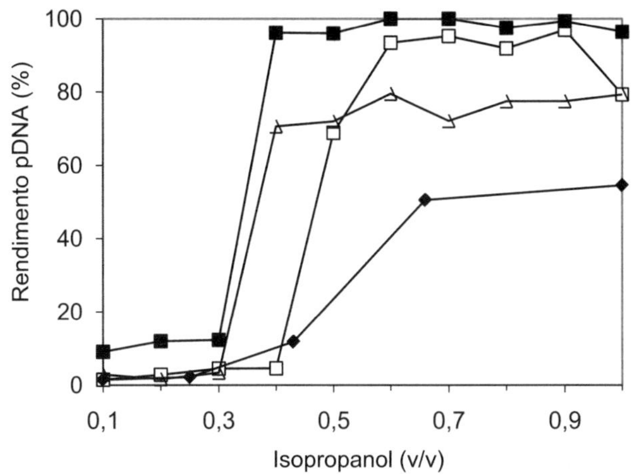

Figura 19.8 Precipitação de pDNA com isopropanol: efeito da concentração inicial de pDNA no lisado e da concentração de isopropanol no rendimento. As concentrações iniciais de pDNA no lisado são 5,5 µg/mL(◆), 50 µg/mL (□), 80 µg/mL (△) e 170 µg/mL (■).

O DNA de cadeia dupla pode também ser precipitado usando polietilenoglicol (PEG). O método envolve a adição de uma dada quantidade de PEG (sólido ou em solução aquosa), seguida de mistura e incubação a baixa temperatura (0° C a 4 °C) durante determinado período de tempo. Por exemplo, o pDNA de um lisado alcalino pode ser precipitado por adição de 6% a 10% (p/v) de PEG6000 e 500 mM de NaCl. Após a centrifugação e descarte do sobrenadante, o precipitado de pDNA é lavado com etanol e dissolvido em tampão adequado. O método explora o fato de moléculas de DNA maiores precipitarem com menores concentrações de PEG, quando comparadas com moléculas de menor tamanho. A eficiência de precipitação com PEG é afetada pelas concentrações iniciais de pDNA e de NaCl. A precipitação com PEG envolve a condensação das moléculas alongadas de pDNA numa estrutura globular mais compacta e fracamente solúvel. A concentração crítica de PEG em que essa transição ocorre é menor para massas molares de PEG maiores.

A precipitação com sais anticaotrópicos, como o sulfato de amônio, acetato de amônio e citrato de sódio, tem sido amplamente utilizada para remover grandes frações de impurezas (proteínas, LPS, gDNA e RNA de maior massa molar) de lisados e de outras soluções contendo pDNA. Por exemplo, a utilização de sulfato de amônio com concentrações superiores a 2 M permite precipitar quantidades substanciais de RNA, mas manter o pDNA em solução. Em geral, se a concentração adequada de sal de amônio for usada, mais de 90% das impurezas podem ser removidas com o mínimo de perda de pDNA. O processo explora o bem conhecido efeito de promoção da agregação intermolecular de solutos (*salting out*).

19.4.3 SISTEMAS DE DUAS FASES AQUOSAS

Vários estudos demonstraram que é possível utilizar extração líquido-líquido com sistemas de duas fases aquosas (SDFA) para separar as impurezas presentes em lisados de *E. coli* das moléculas de pDNA-alvo. Os sistemas baseados em misturas de PEG e de sais são os mais apelativos neste contexto (Capítulo 7). A partição de pDNA e de impurezas em sistemas de PEG-sal é fortemente dependente da massa molar do polímero usado. Em termos gerais, o pDNA preferirá a fase superior para baixas massas molares de PEG (< 400 Da), enquanto a fase inferior será preferida para maiores massas molares (> 600 Da).

19.4.4 ADSORÇÃO

A operação unitária de adsorção constitui uma boa opção para reduzir a carga de impurezas de *E. coli* das correntes do processo. Na sua forma mais simples a adsorção utiliza partículas de adsorvente com grupos químicos na superfície, que interagem preferencialmente com certas impurezas e não com as moléculas de pDNA. As interações podem incluir desde forças de London-Van der Waals até interações eletrostáticas e hidrofóbicas. Como exemplos de adsorventes típicos utilizados para remover impurezas de soluções de pDNA destacam-se as matrizes à base de sílica (como terra de diatomáceas), fosfato de cálcio (como hidroxiapatita) e silicato de cálcio (como girolite). Na maioria dos casos, as partículas de adsorvente são porosas, possuindo elevadas áreas específicas (100 a 1000 m^2/g). O contato entre a corrente de processo e as partículas de adsorvente pode ser promovido em leitos fixos ou em reatores tipo tanque agitado. No primeiro caso, a corrente de processo é bombeada a uma vazão adequada através de um leito fixo de partículas do adsorvente até que a capacidade de adsorção para as impurezas-alvo seja atingida. Durante a fase de alimentação, o pDNA sairá do leito fixo na corrente de efluente junto com outros solutos que não adsorvem. As impurezas adsorvidas são então eluídas do adsorvente por meio da lavagem do leito com um tampão apropriado. Na sequência, o leito é equilibrado com o tampão de adsorção, podendo então iniciar-se um novo ciclo de adsorção. Na adsorção em tanque agitado basta adicionar uma determinada quantidade de adsorvente ao tanque que contém a solução com pDNA e promover a mistura das fases sólida e líquida. Decorrido o tempo suficiente para permitir a transferência de massa e adsorção dos solutos, o adsorvente é separado (por exemplo por centrifugação ou filtração) do líquido clarificado contendo o pDNA não adsorvido.

As interações moleculares exploradas para remover impurezas por adsorção são geralmente não específicas (por exemplo, interações hidrofóbicas). No entanto, interações de afinidade que têm como alvo classes específicas de impurezas podem também ser usadas. A adsorção de afinidade de RNA por partículas adsorventes modificadas com ligantes de fenil-boronato constitui um exemplo dessa abordagem. Sob condições adequadas, ligantes de fenil-boronato são capazes de formar ligações covalentes com o diol C2-C3 da ribose localizada na extremidade 3' das moléculas de RNA. Uma vez que uma reação semelhante não é possível em DNA, devido à falta de um grupo hidroxilo no carbono C2 da desoxirribose, os ligantes de fenil boronato de fenilo são capazes de discriminar seletivamente pDNA de RNA. A Figura 19.9a mostra a evolução em função do tempo da concentração de ácidos nucleicos totais num lisado alcalino após a adição de um adsorvente com ligantes de fenil-boronato. A diminuição de concentração é acentuada nos primeiros cinco minutos, estabilizando a partir daí. Após separação sólido-líquido do lisado clarificado e do adsorvente, este pode ser regenerado por adição de um agente competidor como o tris(hidroximetil)aminometano (Tris), que, ao ligar-se preferencialmente ao fenil-boronato, vai desalojar o RNA. Durante a fase de regeneração, a concentração de ácidos nucleicos na fase líquida aumenta (ver Figura 19.9a). Uma análise por eletroforese em gel de agarose confirma que o adsorvente de fenil-boronato adsorve preferencialmente o RNA de forma muito rápida (Figura 22.9b).

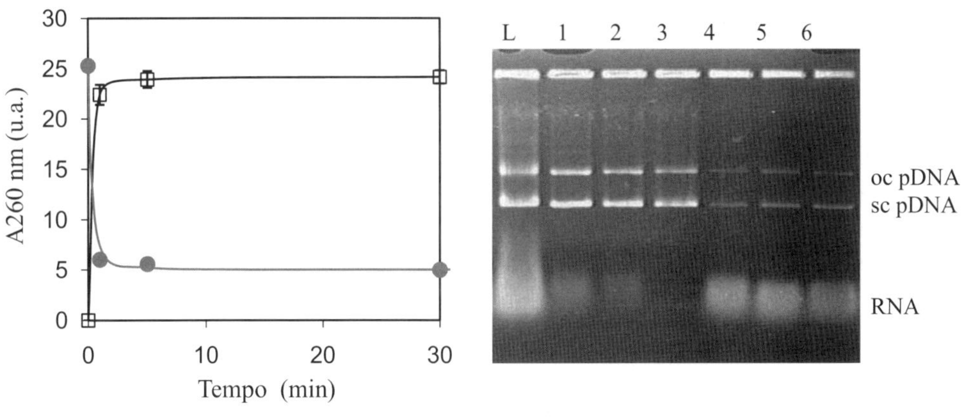

(a) (b)

Figura 19.9 Remoção de RNA de lisados de *E.coli* contendo pDNA por adsorção em tanque agitado com partículas de vidro poroso-fenil-boronato (560 µL de adsorvente + 750 µL lisado). Evolução de ácidos nucleicos totais na fase líquida durante a fase de adsorção (●) e de regeneração do adsorvente com Tris (□) (a). Análise em gel de agarose (b). Banda L, lisado; bandas 1, 2 e 3, sobrenadante após 1,5 e 30 minutos de adsorção, respectivamente; bandas 4, 5 e 6, sobrenadante após 1,5 e 30 minutos de regeneração (com Tris 1,5 M, pH 8,7) do material ligado após 30 minutos de adsorção, respectivamente. Abreviaturas: oc pDNA, plasmídeo aberto; sc pDNA, plasmídeo superenrolado.

Fonte: adaptada de Gomes et al. (2010).

19.5 PURIFICAÇÃO DE ALTA RESOLUÇÃO

As soluções obtidas após a fase de purificação de baixa resolução são substancialmente ricas em pDNA. No entanto, persistem sempre algumas impurezas que têm que ser removidas com o objetivo de se obter um produto conforme às especificações. Para além de pequenas quantidades de gDNA, RNA e LPS, é especialmente importante remover moléculas de pDNA abertas e desnaturadas, a fim de cumprir a especificação de homogeneidade (> 90% pDNA superenrolado, ver Tabela 19.1). De modo a satisfazer esses objetivos, a maioria dos processos de fabricação de pDNA descritos na literatura recorre a operações unitárias como a cromatografia, a ultrafiltração e a precipitação com álcoois.

19.5.1 CROMATOGRAFIA

A cromatografia é a operação dominante na etapa de purificação de alta resolução, como já foi amplamente abordado neste livro. Diferentes interações físico-químicas entre os solutos e matrizes porosas têm sido exploradas na purificação de pDNA. Independentemente do tipo de cromatografia, o pDNA terá que se difundir através de uma rede tridimensional de poros de diferentes tamanhos, que podem conter constrições. Esse transporte é normalmente dificultado devido à forma superenrolada, grande tamanho e pequenos coeficientes de difusão das moléculas de pDNA.

19.5.1.1 Cromatografia de troca aniônica

Numa cromatografia de troca aniônica exploram-se as interações eletrostáticas entre os grupos fosfato com carga negativa dos ácidos nucleicos e os ligantes com carga positiva da fase estacionária (por exemplo, aminas terciárias ou quaternárias). Como ponto de partida, a solução contendo pDNA parcialmente purificado é carregada numa coluna de troca aniônica a uma força iônica suficientemente elevada (geralmente equivalente a 0,40 a 0,65 M de NaCl) para evitar a ligação desnecessária de impurezas com densidade de carga inferior ao pDNA. Nessas condições, e após lavagem da coluna com um tampão de força iônica semelhante, quantidades significativas de RNA de baixa massa molar, proteínas e oligonucleotídeos saem da coluna sem comprometer a capacidade da matriz de ligar pDNA (ver Figura 19.10). Em seguida, um gradiente crescente de sal (por exemplo, NaCl) é usado para remover seletivamente o pDNA, o RNA de elevada massa molar e os fragmentos de gDNA que se ligaram à coluna em virtude da sua maior densidade de carga. As diferenças de tamanho entre as espécies são especialmente importantes nesse contexto, uma vez que a força da interação eletrostática entre as moléculas e os grupos de troca aniônica na matriz é mais ou menos proporcional ao número de grupos fosfato. Em outras palavras, quanto maior for a molécula, mais forte é a sua ligação à matriz carregada, e, portanto, mais tardia é a sua eluição da coluna. A conformação espacial adotada pelos ácidos nucleicos pode também desempenhar um papel na ligação, uma vez que características como o superenrolamento ou o grau de compactação do pDNA podem reduzir o número de grupos fosfato carregados que estão disponíveis para a interação. Por outro lado, essas alterações de conformação podem também diminuir o tamanho das moléculas e aumentar a sua densidade de carga. Esta é provavelmente uma das razões pelas quais a ligação de pDNA superenrolado a matrizes aniônicas é, em muitos casos, mais forte que a ligação de pDNA aberto, o que torna possível separar as duas isoformas utilizando cromatografia de troca aniônica (ver Figura 19.10).

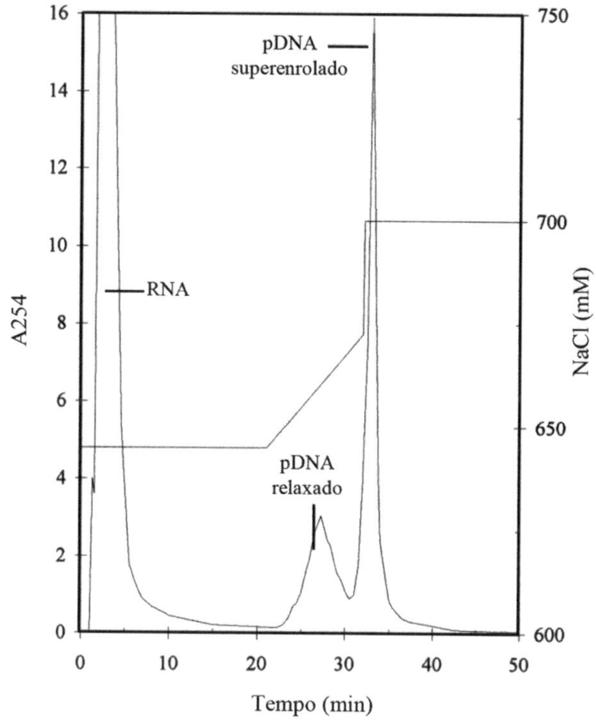

Figura 19.10 Purificação de pDNA por cromatografia de troca aniônica (Q-Sepharose FF, 5 mL/min, 140 µg de pDNA total).

Fonte: adaptada de Prazeres et al. (1998).

19.5.1.2 Cromatografia de interação hidrofóbica

Numa molécula de pDNA, a maioria das bases hidrofóbicas estão emparelhadas, empilhadas e escondidas no interior da dupla hélice, enquanto as cadeias de açúcar--fosfato estão posicionadas no exterior da molécula. Como resultado, o pDNA é uma molécula essencialmente hidrófila, que tende a afastar-se de superfícies hidrofóbicas. Em ácidos nucleicos de cadeia simples, por outro lado, as bases aromáticas estão mais expostas ao ambiente circundante e mais disponíveis para interagir com superfícies hidrofóbicas devido à ausência de emparelhamento e empacotamento. Outras impurezas importantes que possuem um carácter hidrofóbico forte são os LPS, em virtude da presença de uma cadeia lipídica na sua estrutura. A purificação de pDNA por cromatografia de interação hidrofóbica explora precisamente essas diferenças de hidrofobicidade. Como ponto de partida, colunas empacotadas com matrizes cuja superfície foi tornada hidrofóbica pelo acoplamento de grupos químicos como fenil, butil ou octil são equilibradas com um tampão contendo grandes quantidades (~1,2 a 1,6 M) de sais como sulfato de amônio ou citrato de sódio. A hidratação preferencial dos íons desses sais garante que as interações hidrofóbicas entre solutos e ligantes serão maximizadas quando a corrente contendo o pDNA for carregada. Os mesmos sais são também usados para pré-condicionar a solução com pDNA que é alimentada na coluna.

Como exemplo típico, considere-se a utilização de uma coluna de fenil-Sepharose 6 Fast Flow® equilibrada com uma solução contendo citrato de sódio 1,0 M (ver Figura 19.11). A fim de preparar a solução de alimentação à coluna, um lisado alcalino é diafiltrado por filtração tangencial e depois condicionado por meio da adição de citrato de sódio até 1 M. Após a carga, a coluna é lavada com o tampão de equilíbrio. A eluição do material ligado é então realizada em modo isocrático mudando para um tampão sem citrato de sódio. O cromatograma da Figura 19.11 exibe um primeiro pico que corresponde essencialmente a pDNA (todas as isoformas) que não é retido devido à sua baixa hidrofobicidade. Na fase de eluição surge um pico que corresponde às impurezas hidrofóbicas (principalmente RNA e LPS). Embora nesse caso o pDNA não tenha se ligado à matriz devido à sua baixa hidrofobicidade, em algumas situações as propriedades da fase estacionária e móvel podem ser manipuladas de forma a promover a ligação do pDNA.

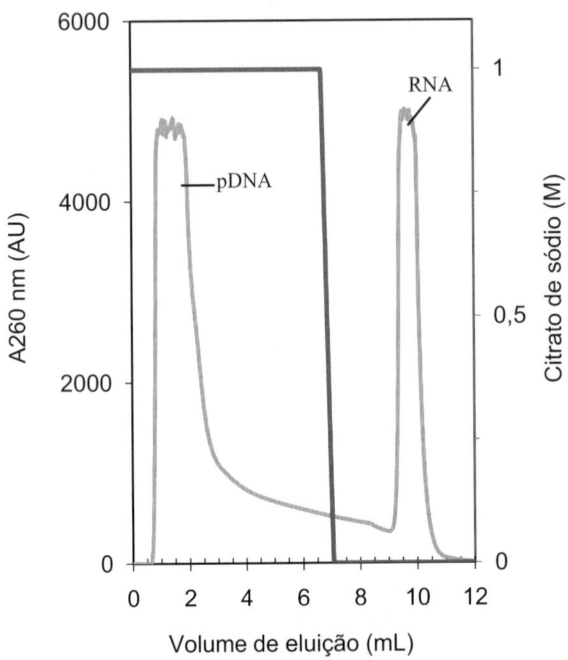

Figura 19.11 Purificação de pDNA por cromatografia de interação hidrofóbica em coluna de Fenil-Sepharose® FF utilizando um gradiente decrescente de citrato de sódio.

19.5.1.3 Cromatografia de afinidade

Na cromatografia de afinidade utilizam-se matrizes que reconhecem especificamente as moléculas de pDNA numa mistura de impurezas. Os grupos químicos utilizados para mediar essas interações de afinidade são variados e incluem oligonucleotídeos, peptídeos e proteínas. Por exemplo, a cromatografia de afinidade de hélice tripla baseia-se na formação de hélices triplas por meio da hibridização específica de oligonucleotídeos imobilizados na matriz cromatográfica com uma sequência-alvo inserida na molécula de pDNA. A afinidade de ligantes fenil-boronato aos grupos cis-diol das moléculas de RNA pode também ser explorada no âmbito da purificação de pDNA por cromatografia de afinidade. A operação é simples e envolve a carga direta de lisados alcalinos numa coluna de fenil-boronato equilibrada com água ou tampões de baixa força iônica. Devido à inexistência de um grupo hidroxila na desoxirribose, as moléculas de pDNA não se ligam à coluna, ao passo que espécies com grupos cis-diol como o RNA e os LPS se ligam covalentemente ao boronato. A eluição das espécies é promovida pela adição de um agente concorrente, por exemplo o Tris. Outros exemplos podem ser encontrados na literatura, nos quais a capacidade de determinadas proteínas de reconhecer pares de bases específicos (como repressor *lac*, proteínas do tipo *zinc finger*) tem sido explorada no âmbito da purificação de pDNA. Apesar da sua elevada seletividade, existem algumas desvantagens que são capazes de impedir a utilização da cromatografia de afinidade em escala industrial. Duas das mais importantes limitações são provavelmente a natureza lábil e os custos associados com a síntese de alguns dos ligantes de afinidade (por exemplo, proteínas).

19.5.1.4 Cromatografia de exclusão

A cromatografia de exclusão permite executar tarefas muito específicas como a remoção de gDNA, a separação de isoformas de pDNA e a troca de tampão. A operação é muito simples de realizar – uma coluna empacotada com uma fase estacionária adequada é equilibrada com o tampão de corrida, a alimentação contendo o pDNA é carregada e o tampão final selecionado é utilizado para eluir as diferentes espécies. Se for escolhida uma fase estacionária com uma seletividade adequada (por exemplo, Sephacryl® S1000) é possível fracionar as diferentes moléculas de DNA presentes na solução, que saem da coluna sob a forma de um pico amplo, não gaussiano (Figura 19.12). Os fragmentos de gDNA eluem em primeiro lugar, seguidos das moléculas de pDNA aberto e de pDNA superenrolado. Uma escolha criteriosa das frações na saída da coluna permite recolher pDNA superenrolado praticamente puro. A cromatografia de exclusão permite ainda separar RNA, reduzir a carga de LPS e trocar o tampão por uma formulação mais adequada. A maior limitação da cromatografia de exclusão reside na capacidade limitada de processar grandes volumes.

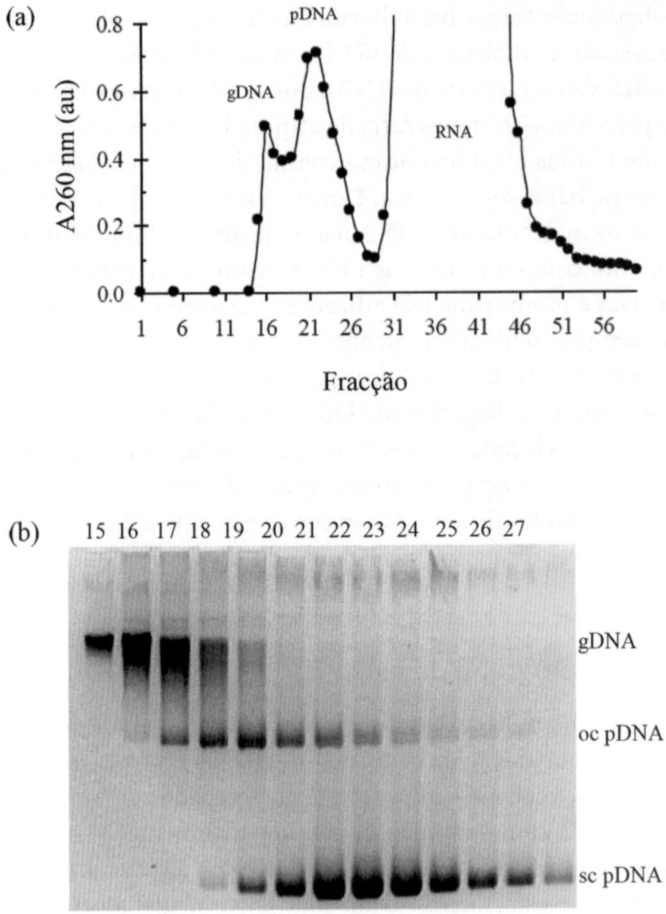

Figura 19.12 Purificação de pDNA por cromatografia de exclusão em coluna de Sephacryl S1000. Cromatograma (a); eletroforese em gel de agarose das frações 15 a 27 (b). Abreviaturas: oc pDNA, plasmídeo aberto; sc pDNA, plasmídeo superenrolado.

Fonte: adaptada de Prazeres et al. (1999).

19.5.2 TROCA DE TAMPÃO, CONCENTRAÇÃO E ESTERILIZAÇÃO

As frações contendo pDNA purificado obtidas na sequência dos processos cromatográficos descritos anteriormente contêm muitas vezes solutos de baixa massa molar, como sais e outros componentes de tampões. Além disso, a concentração de pDNA é muitas vezes menor do que a concentração pré-especificada. Duas maneiras eficientes de lidar com essas duas questões passam por utilizar e operar sistemas de ultrafiltração em modos de diafiltração e concentração, ou então recorrer à precipitação do pDNA com álcool. Assegurar a esterilidade da solução de pDNA final é também um requisito fundamental nesta fase terminal do processo. Aqui, a filtração estéril das soluções finais de pDNA purificado através de membranas sintéticas com tamanhos de poro da ordem dos 0,2 μm apresenta-se como a melhor opção disponível.

19.5.2.1 Ultrafiltração

Uma das melhores maneiras de remover solutos de baixo peso molecular e concentrar soluções de pDNA consiste em usar sistemas de ultrafiltração. O limite de peso molecular nominal das membranas de ultrafiltração utilizadas nestes sistemas deve ser seleccionado de modo a reter as moléculas de pDNA e permitir a passagem de solutos mais pequenos. Membranas com *nominal molecular weight cutoff* (NMWC) de 30 kDa, 50 kDa e 100 kDa foram já utilizadas com sucesso no contexto da concentração de pDNA e troca de tampão. Os sistemas de ultrafiltração equipados com estas membranas são normalmente operados primeiro em modo de concentração, de modo a reduzir o volume do processo e ajustar a concentração do pDNA ao valor desejado (valores na ordem de 1 a 5 mg/mL são habituais), e depois em modo de diafiltração, de modo a remover solutos de baixa massa molar e introduzir um tampão mais apropriado ou água estéril. Volumes de diafiltração superiores a 5 deverão ser usados aqui para garantir remoções de solutos superiores a 99%. É essencial também assegurar que durante a ultrafiltração não ocorre degradação ou perda de superenrolamento do pDNA como resultado das tensões de cisalhamento associadas ao bombeamento contínuo e recirculação de soluções no sistema. Se forem utilizadas membranas adequadas, as perdas de pDNA associadas à permeação ou adsorção podem ser minimizadas, obtendo-se rendimentos superiores a 95%.

19.5.2.2 Precipitação com álcool

A precipitação com álcool pode ser usada como um meio de dessalinização e concentração de pDNA alternativo à ultrafiltração. A operação é simples e envolve a adição de etanol (~ 2 volumes) ou isopropanol (~ 0,6-0,7 volumes) frio, mistura suave e incubação a baixa temperatura (por exemplo -20 °C ou 4 °C são comuns). A presença das moléculas de álcool reduz a capacidade das moléculas de água de solvatar moléculas de pDNA, expondo regiões hidrofóbicas que promovem a agregação espontânea das moléculas por interações de van der Waals, e concomitantemente a sua precipitação. Seguidamente, os precipitados são removidos por centrifugação (30 min, 4 °C), secos ao ar e ressuspensos num tampão apropriado ou em água estéril. A operação deve ser otimizada caso a caso, uma vez que parâmetros como a presença de outros componentes na solução (p. ex., sais) e a concentração do pDNA podem afetar os rendimentos de precipitação. Embora o uso de álcoois em ambiente de processo exija a adoção de algumas precauções dada a sua natureza inflamável, o fato de que os volumes envolvidos nesta fase do processo são relativamente pequenos facilita a implementação da operação.

19.5.2.3 Filtração estéril

A esterilidade é um requisito fundamental para a maioria dos biofármacos e nesse aspecto os plasmídeos não são uma exceção. Embora sejam geralmente adotadas condições rigorosas durante a fabricação de biofármacos de modo a minimizar a possibilidade de contaminação por bactérias ou vírus (p. ex., uso intensivo de salas limpas e filtros HEPA, roupas especializadas, etc.), a esterilização dos produtos no final do processo é na maioria dos casos inevitável. Assim, após a obtenção do pDNA purificado num tampão adequado, é necessário implementar algum tipo de etapa de esterilização. O objectivo principal desta operação, normalmente realizada sob condições assépticas (p. ex. numa sala limpa de classe 100), é garantir que a carga de microrganismos na solução de pDNA é reduzida para níveis aceitáveis. Uma vez que opções como a esterilização por calor ou a irradiação teriam claramente um efeito negativo sobre a integridade das moléculas de pDNA, a filtração estéril das soluções com membranas sintéticas constitui a melhor solução. A operação consiste essencialmente na filtração das soluções em modo normal (isto é, fluxo perpendicular à membrana) através de membranas de microfiltração com poros de 0.2 μm, a pressão constante ou caudal constante. Estas membranas devem ser capazes de reter qualquer microorganismo que possa estar presente na solução, mas permitir que as moléculas de pDNA permeiem livremente, sem afetar a sua estrutura e actividade biológica.

A principal dificuldade associada à filtração estéril de soluções de pDNA tem a ver com o fato de que as dimensões destas moléculas, da ordem dos micrómetros, são da mesma ordem de grandeza do tamanho nominal (0,2 μm) dos poros das membranas, o que em princípio tornaria a permeação muito difícil. Felizmente, e devido às suas propriedades geométricas e topológicas, as moléculas de pDNA superenroladas tendem a orientar-se e alongar-se na direção do fluxo de filtração. Como o raio dos plasmídeos superenrolados dificilmente excede os 0,01 μm, isso permite que as moléculas atravessem os poros da membrana. Ainda assim, um aumento no tamanho do plasmídeo está normalmente associado a filtrações estéreis menos eficientes e a perdas de rendimento. Por exemplo, quando se filtram soluções através de membranas de 0,2 μm de difluoreto de polivinilideno (PVDF), a transmissão diminui de 93% para 13%, quando o tamanho do pDNA aumenta de 6000 pb para 116000 pb.

19.6 SÍNTESE DE PROCESSOS DE PURIFICAÇÃO

As operações unitárias descritas nas seções anteriores podem ser combinadas e sequenciadas de forma diferente com o objetivo de produzir pDNA conforme um conjunto pré-definido de especificações. Dado o número de opções disponíveis, a síntese de um tal processo não é trivial. Além disso, existem muitas razões para selecionar uma determinada sequência de operações unitárias que não estão diretamente relacionadas com o seu desempenho ou custo. Por exemplo, algumas operações podem ser selecionadas com base na experiência e familiaridade do grupo de desenvolvimento de processos com elas. Em outros casos, as questões de propriedade intelectual podem impedir o uso de certas soluções específicas e fomentar o desenvolvimento e introdução de soluções inovadoras. Nesta seção apresentam-se quatro processos de purificação de pDNA descritos na literatura científica e técnica e que se consideraram representativos do estado da arte (Figura 19.13). Para cada caso mostram-se os diagramas de bloco com as diferentes operações unitárias agrupadas nas fases de isolamento primário, purificação de baixa resolução e purificação de alta resolução.

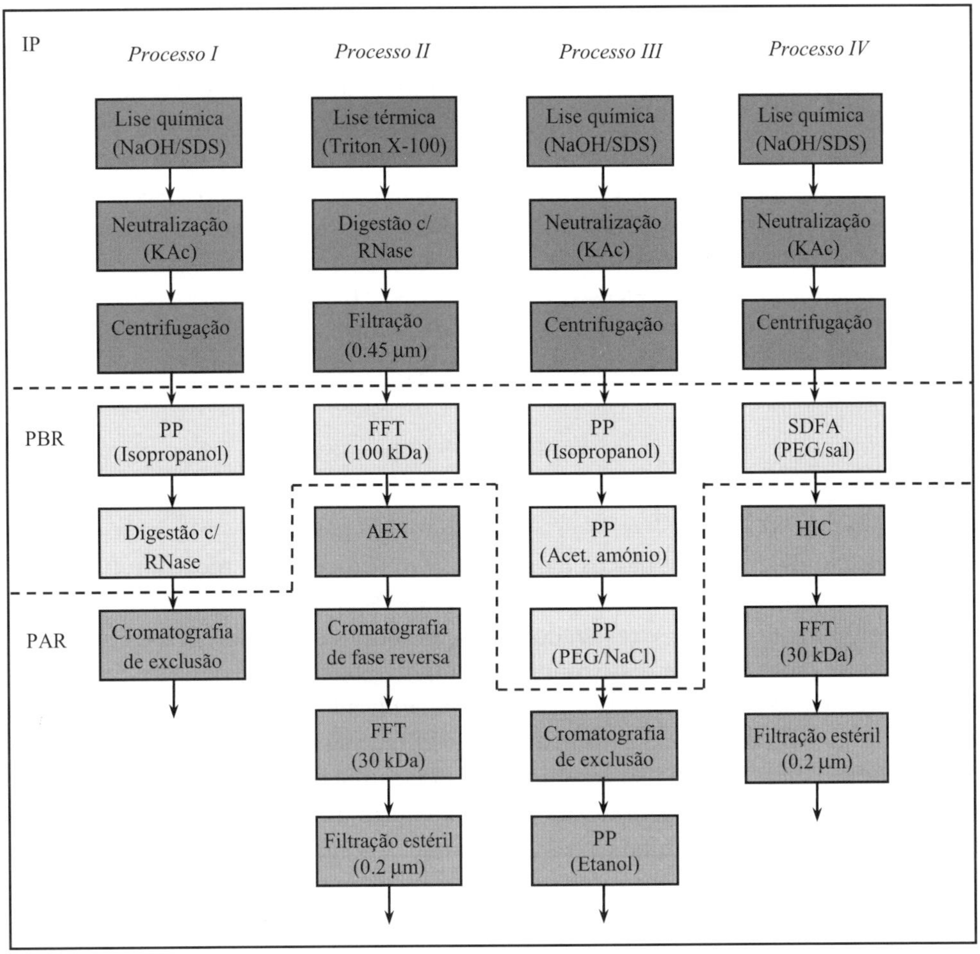

Figura 19.13 Exemplos representativos de processos de purificação de pDNA. Abreviaturas: AEX, cromatografia de troca aniônica; FFT, filtração de fluxo tangencial; HIC, cromatografia de interação hidrofóbica; IP, isolamento primário; KAc, acetato de potássio; PAR, purificação de alta resolução; PBR, purificação de baixa resolução; PP, precipitação; SDFA, sistema de duas fases aquosas.

Fontes: Processo I, Vo-Quang et al. (1985); processo II, Lee; Sagar (2002); processo III, Hornet al. (1995); processo IV, Trindade et al. (2005).

19.6.1 PROCESSO I

Este processo apresenta uma série de operações que estão entre as mais utilizadas na purificação de pDNA: lise alcalina, digestão com RNase e precipitação com isopropanol. A lise é efetuada da forma habitual: adição de uma solução de SDS/NaOH a uma suspensão de células de *E. coli*, neutralização da mistura com uma solução de alta molaridade de um sal de acetato e remoção de fragmentos e precipitados por centrifugação. Esse mesmo tipo de lise é explorado na maioria dos processos de purificação de pDNA reportados ao longo dos anos, embora algumas modificações tenham vindo a ser introduzidas na tentativa de melhorar o seu desempenho. A segunda etapa de incubação com RNase bovina a 37 °C constitui um excelente método de remoção de RNA. No entanto, e apesar da sua eficiência, a utilização de RNase é evitada na maioria dos processos em grande escala face às recomendações das agências reguladoras, que desaconselham a utilização de enzimas de origem animal. O passo seguinte de precipitação de pDNA com isopropanol surge frequentemente em processos de purificação de pDNA. Embora aqui seja utilizada após a lise, a precipitação com álcool também pode ser encontrada mais tarde no processo, nomeadamente na fase final, em que é especialmente útil para efeitos de concentração e troca de tampão. A operação final no processo é um passo de cromatografia de exclusão que remove RNA, gDNA e proteínas, ao mesmo tempo que separa pDNA superenrolado de pDNA aberto e permite uma troca de tampão.

19.6.2 PROCESSO II

O segundo diagrama de blocos da Figura 19.13 (processo II) mostra um dos primeiros processos de purificação de pDNA em larga escala que não utiliza lise alcalina. Aqui o rompimento celular é realizado pela ação conjunta de calor, detergente e lisozima num trocador de calor. Esse modo de rompimento celular é descrito como mais reprodutível e consistente do que a lise alcalina. O lisado obtido é então clarificado, incubado com RNase de modo a eliminar RNA e filtrado através de um filtro de 0,45 μm. Na fase de purificação de baixa resolução efetua-se uma diafiltração num sistema de FT equipado com uma membrana de 100 kDa contra um tampão adequado à etapa de cromatografia de troca aniônica (AEX) seguinte. A solução rica em pDNA recolhida a partir da coluna de AEX encontra-se essencialmente livre de RNA, gDNA e proteínas. Essa solução é finalmente processada numa coluna de cromatografia de fase reversa. Aqui, a utilização de um gradiente de isopropanol torna possível separar as diferentes isoformas de pDNA. O processo termina com uma operação de troca de tampão/concentração (por exemplo, precipitação com álcool) e uma última filtração estéril por passagem através de uma membrana com poros de 0,2 μm.

19.6.3 PROCESSO III

Muitos processos de purificação de pDNA fazem uso intensivo de operações de precipitação, quer para precipitar plasmídeo, quer para precipitar impurezas. Por exemplo, o processo III da Figura 19.13 é dominado por quatro passos de precipitação. Uma primeira precipitação com 0,6% v/v de isopropanol, utilizada aqui essencialmente para reduzir o volume da corrente de processo gerada por lise alcalina, é seguida por uma precipitação de impurezas com 2,5 M de acetato de amônio. A precipitação de pDNA seguinte com PEG8000/NaCI remove mais impurezas antes de uma etapa de purificação por cromatografia de exclusão. O pDNA recuperado nessa coluna é em seguida precipitado por adição de etanol, um passo que proporciona uma oportunidade para trocar o tampão pelo tampão da formulação final. Esse passo de precipitação com etanol e troca de tampão é frequentemente encontrado no final dos processos de purificação de pDNA.

19.6.4 PROCESSO IV

No processo IV é utilizado um sistema de duas fases aquosas de PEG600/sulfato de amônio para processar os lisados alcalinos clarificados (Figura 19.13). Esta etapa origina uma fase inferior rica em sal contendo o pDNA, que se encontra substancialmente livre de RNA, proteínas e LPS. Como passo seguinte, e de modo a tirar vantagem das grandes quantidades de sulfato de amônio presente, é efetuado um passo de purificação por cromatografia de interação hidrofóbica com um gradiente decrescente de sulfato. Esta etapa permite remover as impurezas remanescentes (proteínas, LPS) e quantidades residuais de PEG. O processo segue com um passo de troca de tampão em sistema de FT destinado a remover a grande quantidade de sulfato de amônio presente nas soluções de pDNA recolhidas da coluna de interação hidrofóbica. O passo final consiste numa filtração estéril com membranas de 0,2 μm.

EXERCÍCIOS

1. Pretende-se produzir mil doses de uma vacina de DNA trivalente contra a gripe para efetuar ensaios clínicos de fase II. Cada dose de vacina contém três plasmídeos diferentes, que totalizam 300 μg (3 × 100 μg). Estimar o volume de cultura de *E. coli* necessário, admitindo que a produtividade volumétrica da etapa de cultura celular é de 0,5 g de pDNA/L e que o rendimento global do processo de purificação de pDNA é de 30%.

Resolução:

No total, as mil doses de vacina de DNA contêm 1.000 × 3 × 100 μg = 300 mg de pDNA. Sendo o rendimento total do processo de purificação igual a 30%, isso significa que a etapa de cultura celular deverá gerar 300 mg/0,3 = 1.000 mg de pDNA. Atendendo à produtividade volumétrica indicada, será então necessário um volume de cultura igual a 1.000 mg/500 mg L^{-1} = 2 L. Esse volume deverá ser repartido por 3 fermentadores, uma vez que é necessário produzir três pDNA diferentes.

2. Estime o tempo necessário para que uma molécula de pDNA de 5 mil pares de bases ($D = 3{,}4 \times 10^{-8}$ cm^2/s) se difunda 10 μm num meio aquoso. Compare esse tempo com o tempo necessário para que uma proteína com uma massa equivalente ($D = 1{,}5 \times 10^{-7}$ cm^2/s) percorra a mesma distância. Utilize a seguinte equação aproximada para estimar o tempo de difusão t_D: $t_D \approx x^2/2D$. Comente os resultados obtidos.

Resolução:

No caso da molécula de pDNA, o tempo de difusão é $t_D = (10 \times 10^{-4}\ cm)^2/(2 \times 3{,}4 \times 10^{-8}\ cm^2/s) = 14{,}7$ s. No caso da molécula de proteína de massa equivalente, o tempo de difusão é $t_D = (10 \times 10^{-4}\ cm)^2/(2 \times 1{,}5 \times 10^{-7}\ cm^2/s) = 3{,}3$ s. O tempo de difusão para o pDNA é cerca de 4,5 vezes superior. Apesar de terem as mesmas massas, o coeficiente de difusão da molécula de pDNA é significativamente inferior ao coeficiente de difusão da proteína. Essa diferença tem origem nas diferentes estruturas das duas moléculas: no caso das moléculas de pDNA, a estrutura é alongada e pouco compacta, enquanto no caso das proteínas, a estrutura típica é globular e compacta.

REFERÊNCIAS BIBLIOGRÁFICAS

CARNES, A. E.; WILLIAMS, J. A. Plasmid DNA manufacturing technology. *Recent Patents in Biotechnology*, v. 1, p. 151-166, 2007.

DIOGO, M. M.; QUEIROZ, J. A.; PRAZERES, D. M. F. Chromatography of plasmid DNA. *Journal of Chromatography A*, v. 1069, p. 3-22, 2005.

FREITAS, S. S.; SANTOS, J. A.; PRAZERES, D. M. F. Optimization of isopropanol and ammonium sulfate precipitation steps in the purification of plasmid DNA. *Biotechnology Progress*, v. 22, p. 1179-1186, 2006.

FREITAS, S. S.; SANTOS, J. A.; PRAZERES, D. M. F. Plasmid purification by hydrophobic interaction chromatography using sodium citrate in the mobile phase. *Separation and Purification Technology*, v. 65, p. 95-104, 2009.

GOMES, A. G. et al. Clearance of host cell impurities from plasmid-containing lysates by boronate adsorption. *Journal of Chromatography A*, v. 1217, p. 2262-2266, 2010

GOMES, A. G.; AZEVEDO, A. M.; AIRES-BARROS, M. R., PRAZERES, D. M. F. Validation and scale-up of plasmid DNA purification by phenyl-boronic acid chromatography. *Journal of Separation Science*, v. 35, p. 3190-3196, 2012.

GONÇALVES, G. A. L. et al. *De novo* creation of MG1655-derived *Escherichia coli* strains specifically designed for plasmid DNA production. *Applied Microbiology and Biotechnology*, v. 97, p. 611-620, 2013.

GONÇALVES, G. A. L. et al. Plasmid DNA production with *Escherichia coli* GALG20, a pgi-gene knockout strain: Fermentation strategies and impact on downstream processing. *Journal of Biotechnology*, v. 186, p. 119-127, 2014.

HORN, N. A. et al. Cancer gene therapy using plasmid DNA: purification of DNA for human clinical trials. *Human Gene Therapy*, v. 6, p. 565-573, 1995.

LEE, A. L.; SAGAR, S. Merck & Co. Inc. *Method for large scale plasmid purification*. US n. 6,197,553, 6 mar. 2002.

NEIDHARDT, F. C. *Escherichia coli and Salmonella: Cellular and molecular biology*. 2. ed. Washington: ASM Press, 1996.

PRAZERES, D. M. F. *Plasmid biopharmaceuticals: Basics, applications and manufacturing*. Hoboken: John Wiley & Sons, 2011. 590 p.

PRAZERES, D. M. F. et al. Large-scale production of pharmaceutical-grade plasmid DNA for gene therapy: Problems and bottlenecks. *Trends in Biotechnology*, v. 17, p. 169-174, 1999.

PRAZERES, D. M. F.; MONTEIRO, G. A. Plasmid biopharmaceuticals. *Microbiology Spectrum*, v. 2, PLAS-0022-2014, 2014.

RIBEIRO, S. C. et al. Isolation of plasmid DNA from cell lysates by aqueous two--phase systems. *Biotechnology and Bioengineering*, v. 78, p. 376-384, 2002.

TRINDADE, I. P. et al. Purification of plasmid DNA vectors by aqueous two-phase extraction and hydrophobic interaction chromatography. *Journal of Chromatography A*, v. 1082, p. 176-184, 2005.

URTHALER, J., BUCHINGER, W., NECINA, R. Industrial scale cGMP purification of pharmaceutical-grade plasmid DNA. *Chemical Engineering Technology*. v. 28, p. 1408-1420, 2005.

VO-QUANG, T. et al. Rapid large-scale purification of plasmid DNA by medium or low pressure gel filtration. Application: construction of thermoamplifiable expression vectors. *Bioscience Reports*, v. 5, p. 101-111, 1985.

WATSON, M. P. et al. Sterilizing filtration of plasmid DNA: effects of plasmid concentration, molecular weight, and conformation. *Biotechnology Progress*, v. 22, p. 465-470, 2006.

CAPÍTULO 20

Purificação de anticorpos monoclonais

Inês F. Pinto

M. Raquel Aires-Barros

Ana M. Azevedo

NOMENCLATURA

CDR – Regiões determinantes de complementaridade

CEM – Cromatografia de exclusão molecular

CH – Domínio constante da cadeia pesada

CHO – Células de ovário de hamsters chinês

CIH – Cromatografia de interação hidrofóbica

CTA – Cromatografia de troca aniônica

CTC – Cromatografia de troca catiônica

Dex – Dextrana

DNA – Ácido desoxirribonucleico

DoE – Planejamento experimental

EDTA – Ácido etilenodiaminotetra-acético

EMA – European Medicine Agency

Fab – Fragmento de ligação ao antígeno

Fc – Fragmento cristalizável

FDA - Food and Drug Administration

HCP - Proteínas da célula do hospedeiro

IDA - Ácido iminoacético

IgA - Imunoglobilinas do tipo A

IgD - Imunoglobilinas do tipo D

IgE - Imunoglobilinas do tipo E

IgG - Imunoglobilinas do tipo G

IgM - Imunoglobilinas do tipo M

MuLV - Vírus da leucemia murina

MVM - Vírus minuto do camundongo

PEG - Polietilenoglicol

UF - Ultrafiltração

UV - Ultavioleta

VH - Domínio variável da cadeia pesada

VL - Domínio variável da cadeia leve

LISTA DE PALAVRAS

Anticorpos monoclonais

Centrifugação

Clarificação

Cromatografia,

- afinidade
- exclusão molecular
- interação hidrofóbica
- íons metálicos imobilizados
- multimodal
- troca aniônica
- troca catiónica
- troca iônica

Filtração

- diafiltração

filtração tangencial

microfiltração

ultrafltração

Fracionamento do plasma

Inativação viral

Polimento

Processo padronizado

Proteína A

Purificação

Remoção viral

Separação magnética

Sistemas aquosos bifásicos

Staphylococcus aureus

20.1 INTRODUÇÃO

Nos últimos trinta anos, os anticorpos monoclonais têm desempenhado um papel crucial no desenvolvimento da indústria biofarmacêutica e, atualmente, representam a classe de proteínas terapêuticas recombinadas com maior prevalência e potencial, tanto em termos terapêuticos como em termos de mercado.

A indústria de anticorpos terapêuticos deve o seu sucesso ao trabalho de Köhler e Milstein, cuja descoberta os tornou pioneiros na geração de culturas contínuas de células híbridas com capacidade para secretar anticorpos com especificidade predefinida (como anticorpos monoclonais). O grande mercado dos anticorpos monoclonais deve-se também à natureza robusta e flexível dessas moléculas, a avanços nas ciências básicas como a biologia molecular, genética e engenharia de proteínas, e ainda a progressos nas ciências aplicadas, com impactos na indústria biotecnológica e farmacêutica.

Em janeiro de 2014, mais de quarenta anticorpos monoclonais tinham sido aprovados pelas agências reguladoras (FDA, EMA) e chegaram ao mercado para tratamento de câncer, doenças autoimunes, infecciosas e cardiovasculares. O mercado de anticorpos monoclonais está avaliado em mais de 30 bilhões de dólares e as previsões futuras apontam para o aumento da venda desses produtos.

A maioria das terapias envolvendo anticorpos monoclonais baseia-se em doses elevadas, durante longos períodos de tempo, o que requer grandes quantidades de produto purificado por paciente. Assim, a procura crescente por esses agentes terapêuticos tem motivado o desenvolvimento de processos de produção mais baratos e eficazes, que permitam a chegada do produto ao mercado com a maior rapidez possível e em concordância com os exigentes critérios de qualidade impostos pelas agências reguladoras.

Os avanços alcançados na tecnologia de cultura celular resultaram em níveis de expressão dos anticorpos e densidades celulares cada vez mais elevados. Os esforços estão agora centrados na etapa seguinte do processamento, de modo a garantir que os custos de purificação não anulem os ganhos previamente atingidos. Desse modo, foi estabelecido um processo operacional para a purificação de anticorpos monoclonais que envolve uma sequência padronizada de operações unitárias, a qual permite alcançar a pureza exigida pelas agências reguladoras. No centro desse processo encontra-se a cromatografia de afinidade por proteína A, em função de seu desempenho singular em termos de rendimento de processo e de pureza que podem ser atingidos em apenas uma etapa de purificação. No entanto, essa operação unitária constitui também a etapa mais problemática, tendo em conta os custos a ela associados, razão pela qual tem sido alvo de maior atenção por parte da indústria biotecnológica. De fato, existe uma pressão crescente sobre essa indústria para redução de custo e viabilização do uso por toda a população, e não apenas por uma minoria que consegue suportar o seu elevado preço.

Neste capítulo são apresentadas as principais estratégias de purificação de anticorpos monoclonais, as principais operações unitárias que constituem o processo padronizado utilizado em escala industrial, bem como as vantagens e limitações associadas a cada uma delas. Tendo em consideração que o enfoque é cada vez mais direcionado à diminuição dos custos operacionais, apresentam-se também tendências futuras de processos alternativos e potencialmente mais vantajosos em relação à purificação de anticorpos monoclonais.

20.2 CARACTERÍSTICAS ESTRUTURAIS E FUNCIONAIS DOS ANTICORPOS

Anticorpos monoclonais (mAbs) são glicoproteínas pertencentes à família das imunoglobulinas que constituem um dos mais importantes agentes de defesa contra doenças. Essas proteínas são naturalmente produzidas pelos linfócitos B em resposta a substâncias estranhas ao organismo, designadas como antígenos.

Existem cinco classes de imunoglobulinas – IgA, IgD, IgE, IgG e IgM –, as quais diferem nas funções que desempenham no sistema imunológico (Quadro 20.1). A classe mais importante do ponto de vista biotecnológico é a das IgG, pois são as imunoglobulinas mais abundantes no sangue e as mais utilizadas para fins terapêuticos.

Quadro 20.1 Classes de imunoglobulinas: principais funções desempenhadas, estrutura e localização primária

Classe	Principais funções	Forma molecular		Localização
IgA	Desempenha um papel importante em superfícies mucosas, como pulmões e trato gastrointestinal Previne a colonização por microrganismos Também encontrado em saliva, lágrimas, suor e leite materno		Monômero (160 kDa)	Soro Secreções externas
		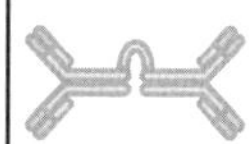	Dímero (390 kDa)	
IgD	Atua como um receptor de antígenos em células B Envolvido na ativação de basófilos e mastócitos para produzir fatores antimicrobianos		Monômero (175 kDa)	Superfície de células B
IgE	Ajuda na proteção contra parasitas Liga-se a mastócitos ou basófilos na resposta a reações alérgicas		Monômero (190 kDa)	Soro Superfície de mastócitos ou basófilos
IgG	É a principal classe de anticorpos no soro Tem um papel crucial na proteção contra invasão de bactérias e vírus São os únicos anticorpos capazes de atravessar a placenta para dar imunidade ao feto		Monômero (150 kDa)	Soro Fluidos intracelulares
IgM	É o primeiro anticorpo produzido numa resposta imunitária Protege contra infeções bacterianas e fúngicas	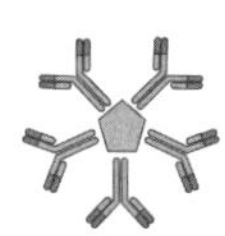	Pentâmero (950 kDa)	Soro

No que concerne à estrutura, a IgG (Figura 20.1) é constituída por duas cadeias pesadas (~50 kDa) e duas cadeias leves (~25 kDa), as quais se encontram conectadas por ligações dissulfeto. As cadeias leves apresentam um domínio variável (VL) e um único domínio constante (CL), enquanto as cadeias pesadas apresentam um domínio variável (VH) e três domínios constantes (CH1, CH2 e CH3). Funcionalmente, as imunoglobulinas G estão divididas em dois fragmentos de ligação a antígenos (Fab) e uma região constante (Fc), a qual possui funções efetoras e influencia o tempo de meia-vida dos anticorpos. Essas regiões Fab e Fc estão interligadas por uma região flexível, designada região de dobradiça, que confere movimento lateral e rotacional aos domínios de ligação a antígenos, permitindo ao anticorpo interagir com os antígenos em várias configurações. Os domínios variáveis, por sua vez, possuem as designadas regiões determinantes de complementaridade (CDR), que são regiões hipervariáveis em sequência entre diferentes tipos de anticorpos e por isso são responsáveis pela especificidade (reconhecimento) e afinidade (ligação) do anticorpo para o antígeno.

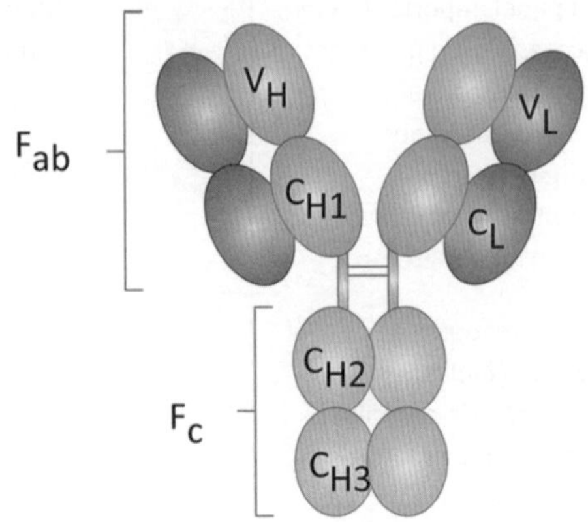

Figura 20.1 Representação esquemática da estrutura convencional de um anticorpo IgG.

20.3 TECNOLOGIAS DE PURIFICAÇÃO

20.3.1 PERSPECTIVA HISTÓRICA

As origens da purificação de anticorpos, particularmente IgG, remetem à técnica de fracionamento de plasma na qual se usa etanol para precipitar diferentes proteínas de acordo com os seus pontos isoelétricos. Esse método, relativamente simples, foi primeiramente aplicado à extração de albumina do plasma e, alguns anos mais tarde, foi usado na purificação de IgG para a primeira formulação intravenosa baseada em anticorpos. Considerando que esse processo de fracionamento de plasma permitia aliar a larga escala de produção de IgG intravenoso com baixos custos de produção, houve uma tendência em se adotar esse método para a purificação de anticorpos monoclonais recombinantes. No entanto, novas opções tecnológicas começaram a surgir em direção completamente diferente, com a cromatografia a desempenhar um papel fundamental nas etapas de purificação.

Na década de 1990, os processos de purificação de mAbs incluíam múltiplos passos organizados de forma complexa, refletindo a falta de conhecimentos do processo e a necessidade de se encontrarem matrizes de separação mais eficientes. Algumas características desses processos iniciais incluíam vários passos de filtração para efetuar a clarificação inicial, diferentes cromatografias para a separação de proteínas (como proteína A, proteína G, troca iônica, interação hidrofóbica, exclusão molecular), etapas de ultrafiltração e diafiltração em vários pontos do processo e o uso de solventes ou detergentes para inativação viral. Após essas diversas etapas do processo de purificação os títulos de cultura celular eram baixos, pois não havia resinas disponíveis com elevadas capacidades de ligação. Naquele momento o enfoque estava centrado no desenvolvimento de processos que permitissem o processamento desses grandes volumes de matéria-prima. Uma mudança de paradigma ocorreu quando da obtenção de elevados níveis de expressão e densidades celulares junto com a evolução dos anticorpos de murinos para humanos, o que conduziu à necessidade de criar processos de purificação alternativos e mais versáteis. Além disso, os critérios impostos pelas agências de regulação (como FDA, EMA) tornaram-se mais exigentes no sentido de garantir a segurança dos biofármacos produzidos, o que levou a alterações tanto no processo de cultivo (por exemplo, utilização de meios sem soro para crescimento celular) como no processo de purificação (por exemplo, substituição do ligante nativo de proteína A extraído de *Staphylococcus aureus* por ligantes análogos modificados por engenharia genética).

A investigação e conhecimentos reunidos ao longo dos anos permitiram melhorar as matrizes em termos de capacidade de ligação, rigidez e tolerância a elevados fluxos, o que aumentou a robustez dos passos cromatográficos e simplificou sua organização num formato padronizado.

20.3.2 PROCESSO DE PURIFICAÇÃO CONVENCIONAL

A introdução de biofármacos em ensaios clínicos enfrenta uma série de desafios, sendo que o desenvolvimento do processo de purificação é frequentemente o passo limitante. O número crescente de mAbs em ensaios clínicos levou à necessidade de se dispor de um processo rigorosamente padronizado para cada uma das etapas envolvidas no processamento, de modo a minimizar o consumo de tempo e de recursos. De fato, o elevado grau de homologia existente entre os vários tipos de anticorpos permite que um processo genérico possa ser aplicado com alterações mínimas em cada caso, levando à sua ampla adoção por parte das indústrias biotecnológicas. Na Figura 20.2 encontra-se esquematizado o processo de purificação convencional, baseado numa sequência comum de operações unitárias que foram desenvolvidas e integradas com o objetivo de acelerar a entrada desses biofármacos na fase de ensaios clínicos.

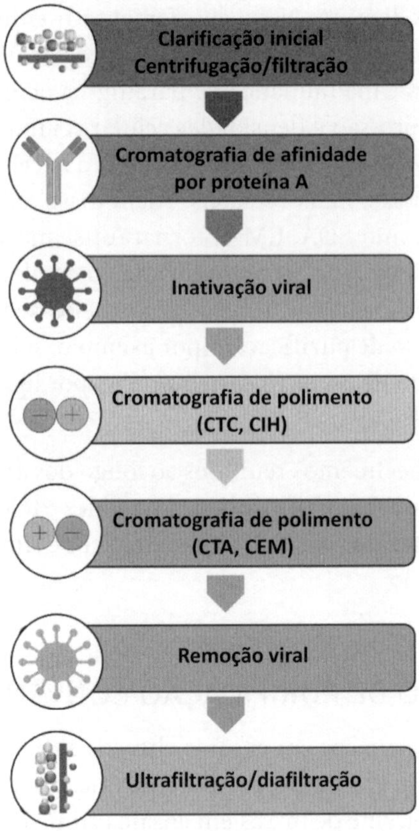

Figura 20.2 Representação da sequência de operações unitárias do processo de purificação convencional de anticorpos monoclonais. CTC, cromatografia de troca catiônica; CIH, cromatografia de interação hidrofóbica; CTA, cromatografia de troca aniônica; CEM; cromatografia de exclusão molecular.

Este processo inclui, geralmente, as seguintes etapas:

1) *Clarificação inicial* - a primeira operação unitária do processamento é a clarificação do meio de cultivo por meio da remoção de células e seus fragmentos, resultando no sobrenadante da cultura celular que contém o anticorpo de interesse. Em função das elevadas densidades celulares que são atualmente obtidas, a clarificação inicial pode ser desafiante tanto em escala laboratorial como nas escalas piloto e industrial. Em meios de cultivo de células de mamíferos, a concentração típica de sólidos é de 40% a 50%, a qual se pretende que seja negligenciável ao final da etapa de clarificação, embora se espere alguma turbidez no sobrenadante resultante. O processo típico envolve o uso de centrifugação seguido de filtração (ver mais detalhes no Capítulo 4) e pode representar até 25% dos custos totais do processamento.

A centrifugação é tipicamente preferida em relação a outras tecnologias de clarificação, como a microfiltração, uma vez que apresenta a facilidade de ser utilizada como uma operação unitária padronizada, ou seja, que não demanda ajustes significativos diante de diferentes características das matérias-primas. Melhorias na tecnologia de centrifugação, incluindo o uso de entradas herméticas para reduzir o cisalhamento celular, têm sido cruciais para minimizar a ocorrência de lise celular e para a adoção generalizada desta operação unitária como passo de clarificação inicial no processamento de anticorpos monoclonais. É importante notar que após a centrifugação permanecem partículas de dimensões da ordem dos submicrons (< 1μm), que serão removidas no passo seguinte, o qual compreende uma operação de filtração convencional.

2) *Adsorção do anticorpo* – o primeiro passo cromatográfico da purificação de anticorpos monoclonais baseia-se na utilização de proteína A como ligante de afinidade. A interação estabelecida entre o anticorpo e a proteína A é altamente específica e seletiva, mas pode ser revertida mediante a utilização de determinadas condições. Tipicamente, a operação da cromatografia de afinidade por proteína A inicia-se com a introdução do sobrenadante de cultura celular diretamente nas suas condições nativas (pH neutro e força iônica moderada). A etapa de *carregamento* da coluna de proteína A constitui o passo limitante desta operação unitária em termos de tempo despendido, uma vez que todo o sobrenadante é carregado na coluna sem qualquer passo prévio de concentração, a uma velocidade moderada (~100 cm/h). Segue-se um passo de *lavagem* que visa à eliminação de impurezas que se ligaram inespecificamente à proteína A imobilizada (por exemplo, por meio de interações eletrostáticas), ou que interagiram com regiões hidrofóbicas do anticorpo adsorvido. A lavagem deverá ser realizada com um tampão que permita a remoção desses compostos sem iniciar a eluição do anticorpo. O último passo consiste, então, na *eluição* do anticorpo utilizando pH ácido (3,0 a 4,5), que deverá, no entanto, ser o mais elevado possível, de modo a não comprometer a integridade do produto de interesse. Apesar de a maioria dos anticorpos apresentar certa tolerância a baixos valores de pH, alguns tendem a formar agregados ou precipitar em condições extremas de pH. Por esse motivo, a eluição do anticorpo ligado à proteína A por afinidade é o passo mais crítico, pois pequenas variações no pH de eluição podem afetar a integridade e estabilidade do anticorpo. O processo termina com a *regeneração* da coluna de proteína A para uso futuro, de modo a prolongar o seu tempo de vida, o qual geralmente não ultrapassa a duzentos ciclos cromatográficos. Na regeneração são usadas soluções a pH ácido (< 3,0) ou soluções contendo reagentes caotrópicos (cloreto de guanidina ou ureia) para retirar a maioria dos anticorpos ou impurezas que possam permanecer na coluna. As resinas de matriz polimérica podem também ser sanitizadas com uma solução de hidróxido de sódio (< 100 mM) durante 30 minutos.

A utilização da proteína A como ligante de afinidade para adsorver anticorpos é reconhecidamente o método preferencial para garantir purezas e rendimentos elevados num único passo, partindo diretamente do sobrenadante de cultura celular. Este passo é efetivo também na remoção de proteínas da célula do hospedeiro (HCP), DNA do hospedeiro, impurezas que advêm do processo e contaminantes virais, além de resultar em meio com maior concentração do anticorpo em relação ao meio original. No entanto, esta etapa acarreta várias desvantagens que devem ser consideradas quando se avalia o processo de purificação de anticorpos monoclonais e eventuais alternativas a esse ligante. A principal desvantagem associada à proteína A é o elevado custo da resina, que pode chegar a até 50% dos custos totais com todas as operações de purificação. Além disso, o ligante de proteína A apresenta alguma instabilidade a agentes de limpeza e regeneração, bem como a proteases que estão presentes no sobrenadante de cultura celular. Desse modo, é comum a ocorrência de fenômenos de lixiviação nos quais fragmentos de proteína A coeluem com o anticorpo após haver clivagem proteolítica do ligante ou degradação física e/ou química da própria matriz de agarose.

No Quadro 20.2 encontram-se sistematizadas as principais vantagens e desvantagens inerentes à utilização da proteína A como passo de adsorção, algumas das quais foram já discutidas.

Quadro 20.2 Principais vantagens e desvantagens associadas à etapa de adsorção de anticorpos monoclonais utilizando cromatografia de afinidade por proteína A

Vantagens	Desvantagens
• Elevada seletividade para IgG, o que assegura elevadas purezas e rendimentos	• Lixiviação do ligante (tóxico)
• pH ácido de eluição constitui o primeiro passo de inativação viral	• Agregação de moléculas do anticorpo sob baixo pH de eluição
• Elevadas capacidades de ligação dinâmica	• Vazão reduzida na etapa de carregamento
• Adequada para incluir num formato padronizado	• Elevados custos da resina

3) *Inativação viral* – as células animais usadas na produção de anticorpos monoclonais e de outras proteínas terapêuticas recombinantes produzem retrovírus endógenos e são, ocasionalmente, contaminadas com vírus durante o processamento. De acordo com normas de regulamentação vigentes, é necessário o uso de dois passos ortogonais (por exemplo, baseados em dois mecanismos diferentes) para redução viral, de modo a garantir a segurança dos produtos produzidos em cultura de células de mamífero. Embora as agências de regulação não recomendem nenhum método preferencial para realizar o passo de inativação viral, é relativamente fácil incluir um passo de incubação a baixo pH para realizar a inativação viral, tendo em conta que o eluato da coluna de proteína A se encontra em pH ácido. O tempo de inativação pode variar de 30 a 120 minutos em função da cinética de inativação do vírus. Além da inativação a valores ácidos de pH, outras opções incluem o uso de calor, de solventes/detergentes e inativação por radiação ultravioleta, os quais são pouco robustos sob o ponto de vista processual e de aumento de escala.

4) *Polimento do produto* – os últimos passos cromatográficos visam à redução de impurezas proteicas provenientes da célula do hospedeiro, agregados de elevada massa molecular, espécies clivadas de baixa massa molecular, DNA e proteína A lixiviada,

que permanecem após a etapa de adsorção. Tipicamente, utilizam-se dois passos cromatográficos sequencialmente para reduzir a concentração de impurezas para níveis desprezíveis, de modo a obter a solução final de acordo com as especificações exigidas. A etapa de polimento é determinada pela natureza do próprio produto e das impurezas presentes. O passo cromatográfico intermediário envolve frequentemente o uso de uma coluna de troca catiônica (CTC), operada a pH abaixo do pI do anticorpo-alvo, de modo a que as impurezas (HCP, DNA, agregados, endotoxinas) sejam eliminadas na fração não adsorvida (*flowthrough*), enquanto o anticorpo fica retido na coluna. O uso de pH relativamente baixo para garantir que o anticorpo se encontre carregado positivamente pode impor algumas limitações, como o fato de o DNA e as endotoxinas estarem fosforilados nessas condições, o que pode levar à formação de complexos com a IgG, dificultando a sua eliminação na fração não adsorvida. Além disso, essas impurezas podem bloquear as zonas de carga positiva na IgG, causando redução dos locais de ligação ao trocador catiônico. Menos frequentemente, a cromatografia de interação hidrofóbica (CIH) e de hidroxiapatita são também utilizadas como passo de polimento intermediário. Por fim, o último passo do polimento envolve, geralmente, o uso de cromatografia de troca aniônica (CTA) ou de exclusão molecular (CEM). No caso da troca aniônica, a coluna é operada de modo a deixar passar o anticorpo de interesse, enquanto as impurezas carregadas negativamente ficam retidas na resina. Essa operação permite tirar partido dos elevados valores de ponto isoelétrico que os anticorpos tipicamente apresentam, o que faz com que estes possam estar positivamente carregados, enquanto a maioria das outras moléculas apresenta carga negativa. Outra vantagem de se operar um trocador aniônico é o fato de se poderem carregar correntes com elevada concentração de anticorpos, uma vez que serão recuperados na corrente não adsorvida e, portanto, não existe o problema de se exceder o limite da capacidade da resina.

5) *Remoção viral* – a eficácia da remoção viral é determinada por meio de ensaios em que um vírus modelo (*murine leukemia vírus*, MuLV; *minute virus of mice*, MVM) é injetado no meio de cultura para se avaliar a carga viral antes e depois da operação de remoção. Atendendo aos requisitos de segurança, produtos provenientes de células de mamíferos devem conter menos de uma partícula viral por milhão de doses, o que se traduz em aproximadamente 12-18 reduções logarítmicas para retrovírus endógenos e 6 reduções logarítmicas para vírus originários de contaminação durante o processo. A filtração tangencial é uma boa opção para a remoção de vírus, uma vez que é uma operação unitária pouco sensível a pequenas variações no processo, o que a torna bastante adequada para implementação num processo padronizado. Na indústria biotecnológica os filtros para vírus podem ser classificados com base no seu tamanho de poro em dois tipos: filtros *retrovirais* quando o tamanho do poro é inferior a 50 nm e filtros *parvovirais* quando é superior a 20 nm. Os filtros para vírus são tipicamente operados a pressão constante e, dependendo da membrana, a carga volumétrica pode oscilar entre 200 e 400 L/m^2, antes de começar a ocorrer um decaimento significativo na vazão que é capaz de atravessar a membrana. De fato, devido ao pequeno tamanho dos poros, os filtros virais podem colmatar relativamente rápido, especialmente na

presença de agregados de partículas. O tipo de filtro empregado pode ser padronizado para diferentes moléculas; no entanto, a ordem e o tamanho dos filtros são variáveis de produto para produto.

6) *Formulação final do produto* – o último passo do processamento consiste em mudar o tampão em que se encontra o anticorpo de interesse para que seja adequado à formulação final. A operação que se usa para tal efeito é uma ultrafiltração em modo de diafiltração. O tipo de membrana usada, a pressão transmembranar imposta, a velocidade do fluxo tangencial e a concentração à qual a diafiltração é realizada podem ser padronizados para praticamente todos os anticorpos monoclonais. Relativamente aos materiais que constituem a membrana, a celulose regenerada é a mais utilizada em função de sua baixa propensão a acumular incrustações e maior facilidade de limpeza. As membranas podem apresentar diferentes configurações, desde o formato em cassete até módulos de fibras ocas, sendo estes últimos mais adequados para o processamento de soluções viscosas ou de produtos sensíveis a tensões de cisalhamento. A otimização dessa operação unitária é de extrema importância, uma vez que os fármacos baseados em anticorpos monoclonais são geralmente administrados em doses elevadas, as quais têm de ser mantidas em recipientes de volume limitado, razão pela qual a etapa de acondicionamento e concentração do produto desempenha um papel fundamental.

20.3.3 CROMATOGRAFIA DE AFINIDADE POR PROTEÍNA A

O sistema de afinidade que é frequentemente aplicado na purificação de anticorpos consiste em utilizar uma proteína da parede celular da bactéria Gram-positiva *Staphylococcus aureus*, designada proteína A, a qual tem elevada afinidade para a região Fc das imunoglobulinas. Estruturalmente a proteína A apresenta uma série de cinco domínios homólogos, dos quais o domínio B é aquele que desempenha um papel fundamental na ligação a IgG.

As interações entre proteína A e IgG são predominantemente estabilizadas por interações hidrofóbicas, sendo que a ligação se estabelece entre o domínio B da proteína A e a região Fc do anticorpo, especificamente a região entre os domínios CH2 e CH3 (Figura 20.3). O local de ligação das IgG à proteína A apresenta um resíduo histidil altamente conservado, o qual permanece alinhado com um resíduo análogo e complementar que também se encontra conservado no local de ligação da proteína A. Assim, a valores de pH elevados esses resíduos não apresentam carga e dão origem a interações hidrofóbicas, sendo que a valores ácidos de pH os resíduos histidil tornam-se completamente carregados e consequentemente hidrofílicos, originando a repulsão e eluição do anticorpo do ligante de proteína A.

As colunas de proteína A estão disponíveis comercialmente e apresentam variações em termos da fonte do ligante (estirpe selvagem ou recombinante), químico usado na imobilização e características das partículas de resina. Diferenças na composição da matriz e no tamanho das partículas e poros podem originar diferenças em termos da compressibilidade e resistência química da resina, permeabilidade, transferência de massa e área de superfície disponível, o que traz impactos ao desempenho da coluna de proteína A no passo cromatográfico de adsorção.

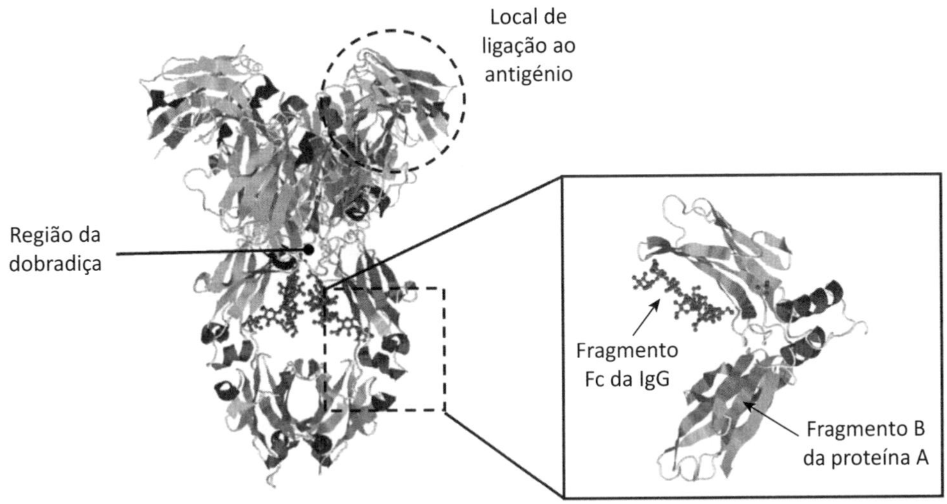

Figura 20.3 Estrutura tridimensional da imunoglobulina G humana com as folhas β e hélices α representadas em cinza claro e cinza escuro, respectivamente. A ampliação ilustra a região de ligação do fragmento B da proteína A ao fragmento Fc da imunoglobulina G. O resíduo de carboidrato também encontra-se representado. Os dados de informação estrutural (1HZH e 1FC2) foram obtidos da base de dados de proteínas.

Fonte: Protein Data Bank (PDT, www.rcsb.org/pdb).

Como já mencionado, o passo de cromatografia de afinidade por proteína A na purificação de anticorpos monoclonais serve para a adsorção do produto de interesse e simultânea remoção de proteínas da célula hospedeira, DNA, contaminantes de origem virais e impurezas relacionadas com o processo. Também é um importante passo de redução de volume, com potencial de concentrar o produto-alvo entre cinco e dez vezes.

Apesar das desvantagens associadas à utilização de cromatografia por proteína A, este é indiscutivelmente o padrão industrial graças à eficiência e seletividade que assegura para a purificação de anticorpos monoclonais. No entanto, a crescente procura por esses produtos terapêuticos, a necessidade de processos mais econômicos e ainda os exigentes critérios impostos pelas agências reguladoras têm motivado a investigação de estratégias alternativas. Estas devem ser capazes de substituir o passo de cromatografia de afinidade por proteína A e ajustarem-se à operação num formato padronizado, de modo a cumprirem com as necessidades de um processo de purificação em larga escala com necessidades mínimas de otimização para diferentes anticorpos monoclonais. As possibilidades incluem desde alternativas não cromatográficas (extração líquido-líquido em sistemas de duas fases aquosas, precipitação e cristalização) a passos cromatográficos que não se baseiem no uso de proteína A, como resinas de troca catiônica ou multimodais, as quais têm mostrado elevado potencial para a adsorção de anticorpos monoclonais.

20.4 OPERAÇÕES ALTERNATIVAS PARA PURIFICAÇÃO DE ANTICORPOS MONOCLONAIS

Com o crescente número de anticorpos monoclonais aprovados pela FDA para fins terapêuticos, bem como em fase de ensaios pré-clínicos e clínicos, aumentou-se a procura por métodos de purificação alternativos que conduzam à diminuição dos custos do processo, de forma a permitir o acesso da população a esses biofármacos. Os esforços estão majoritariamente centrados na substituição da etapa de cromatografia usando proteína A por outras técnicas cromatográficas promissoras baseadas em ligantes novos e melhorados, embora qualquer passo cromatográfico possa trazer as mesmas limitações que as impostas pela proteína A.

Nesta seção serão apresentadas algumas alternativas cromatográficas com impacto na purificação de anticorpos monoclonais, bem como estratégias não cromatográficas que têm revelado a robustez e versatilidade necessárias para serem eventualmente aplicadas em escala industrial.

20.4.1 ALTERNATIVAS CROMATOGRÁFICAS

Embora o processo padronizado para purificação de anticorpos monoclonais se centre em uma etapa de adsorção por cromatografia com proteína A, existem no mercado outros anticorpos purificados, como o Zenapax® (*daclizumab*), um anticorpo humanizado comercializado pela Hoffman-LaRoche para a prevenção da rejeição aguda em transplantes renais, e Humira® (*adalimumab*), um anticorpo humano comercializado pela AbbVieInc para o tratamento da artrite reumatoide. O primeiro passo da purificação é a troca aniônica, seguida de troca catiônica. Nos processos contendo purificação por proteína A, este é geralmente o primeiro passo, mas, curiosamente, para o anticorpo Synagis®, comercializado pela MedImmuneInc., o primeiro passo de purificação consiste numa troca catiônica, e só após um passo enzimático com benzonase (uma nucleasse que hidrolisa os ácidos nucleicos) é que se aplica a cromatografia por proteína A. A Figura 20.4 apresenta o processo de purificação de três anticorpos monoclonais, ilustrando as estratégias descritas anteriormente.

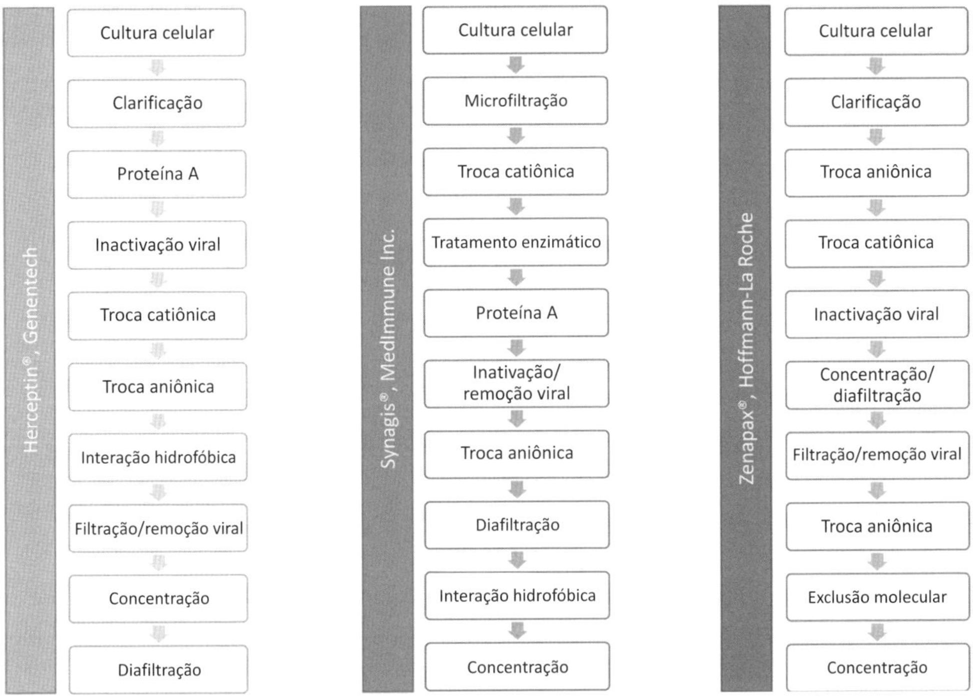

Figura 20.4 Processo de purificação de três anticorpos monoclonais: Herceptin®, ilustrando o processo típico de adsorção por proteína A; Synagis®, ilustrando um processo com adsorção por troca catiônica antecedendo à purificação por proteína A; e Zenapax®, ilustrando um processo sem cromatografia por proteína A.

No Quadro 20.3 encontram-se representados alguns dos principais ligantes iônicos que têm sido usados na purificação de anticorpos monoclonais.

A cromatografia de troca catiônica foi uma das primeiras técnicas cromatográficas a serem avaliadas como passo primário de adsorção na purificação de anticorpos monoclonais, em alternativa à convencional cromatografia de afinidade por proteína A. De fato, este primeiro passo encontra-se implementado em alguns processos industriais, nomeadamente na produção do anticorpo monoclonal *adalimumab*, o qual é comercializado sob o nome de Humira® e é administrado principalmente para a redução de sintomas de doenças inflamatórias crônicas.

Avanços recentes na produção de partículas porosas para troca catiônica permitiram que as capacidades de ligação dinâmica dessas resinas aumentassem para valores superiores a 100 mg IgG/mL de resina, os quais são superiores aos reportados para resinas de proteína A (~35 mg IgG/mL_{resina}). No entanto, uma desvantagem dessa técnica é o fato de não serem atingidas boas capacidades de ligação quando se aplicam diretamente os sobrenadantes de cultura celular nas resinas de troca catiônica, devido às condutividades moderadas/altas que estes apresentam. Por esse motivo, a utilização de cromatografia de troca catiônica requer que os sobrenadantes sejam previamente condicionados num passo de diafiltração, para ajuste de condutividade e pH, ou diluídos antes de serem carregados na coluna.

Quadro 20.3 Exemplos de ligantes sintéticos utilizados em cromatografia de troca iônica para purificação de anticorpos monoclonais

Ligante	Estrutura química	Tipo	pKa	Gama de trabalho
Sulfoisobutil – S	$-C(CH_3)_2-CH_2-SO_3$	Catiônico, forte	< 1	pH 2-12
Sulfoetil – SE	$-CH_2-CH_2-SO_3$	Catiônico, forte	< 1	pH 2-12
Carboxil – C	-COOH	Catiônico, fraco	4.5	pH 6-12
Carboximetil – CM	$-CH_2-COOH$	Catiônico, fraco	4.5	pH 6-12
Trimetilamoniumetil – TMAE	$-CH_2-CH_2-N^+(CH_3)_3$	Aniônico, forte	> 13	pH> 13
Dimetilaminoetil – DMAE	$-CH_2-CH_2-N^+H(CH_3)_2$	Aniônico, fraco	8-9	pH 2-8.5
Dietilaminoetil – DEAE	$-CH_2CH_2-N^+H(CH_2CH_3)_2$	Aniônico, fraco	11	pH 2-9.5

O acréscimo de tempo processual e de operações unitárias que a cromatografia de troca catiônica impõe é, contudo, contrabalançado pelo menor custo das resinas e por resultados de seletividade e pureza bastante comparáveis aos obtidos com cromatografia por proteína A.

20.4.2 CROMATOGRAFIA MULTIMODAL

Nos últimos dez anos, a técnica de cromatografia multimodal tornou-se alvo de crescente atenção em diferentes áreas de pesquisa, com grande enfoque na área de purificação de anticorpos monoclonais. Em termos gerais, a cromatografia multimodal pode ser definida com um método cromatográfico que utiliza múltiplos tipos de interação entre a fase estacionária e a fase móvel. Dentre os vários modos de ligação que podem ocorrer no mesmo ligante multimodal destacam-se a interação eletrostática, a interação hidrofóbica e as ligações de hidrogênio, embora outras possam ser incluídas de acordo com as necessidades específicas da purificação pretendida.

Esse tipo de cromatografia caracteriza-se por seletividades e especificidades diferentes das que caracterizam as modalidades tradicionais, apresentando versatilidade superior no que diz respeito à resolução de problemas cromatográficos. No entanto, toda a simultaneidade de interações que podem ser promovidas em ligantes multimodais faz com que a fase de otimização seja tradicionalmente mais extensa, no sentido de compreender quais as interações que governam o processo de adsorção e eluição e, consequentemente, que condições deverão ser escolhidas para o efeito. É frequente que os estudos envolvendo ligantes multimodais se iniciem com um planejamento experimental (DoE), no qual diferentes variáveis são avaliadas simultaneamente, bem como as respectivas interações entre elas, permitindo a otimização da resposta para o conjunto das variáveis.

Em ligantes multimodais (Figura 20.5), o caráter hidrofóbico é geralmente dado por um grupo alifático ou aromático, enquanto a valência iônica pode incluir um grupo de troca iônica fraca ou forte, como grupos amina, carboxílicos ou sulfônicos. Grupos heterocíclicos constituem boas regiões hidrofóbicas no ligante, permitindo que a adsorção de anticorpos ocorra a forças iônicas moderadas ou altas. Quanto aos grupos iônicos, o pKa é um parâmetro de elevada importância, pois conhecendo o grau de dissociação do ligante é possível prever o seu comportamento, particularmente quando a estratégia de eluição consiste em diminuir o pH da fase móvel até valores abaixo do ponto isoelétrico do anticorpo e do pKa do ligante.

Além das referidas interações, também as ligações de hidrogênio têm sido reportadas em ligantes multimodais, por meio da possibilidade de doação ou aceitação de átomos de hidrogênio, embora se pense que esta desempenhe um papel secundário nos mecanismos de ligação. Por outro lado, a interação tiofílica tem sido explorada para integração em ligados multimodais (grupos mercapto) com a finalidade de purificar várias imunoglobulinas, já que estas moléculas apresentam uma conhecida afinidade para átomos de enxofre.

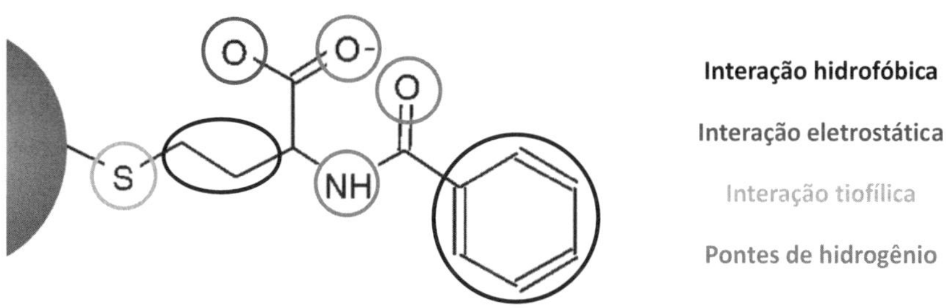

Figura 20.5 Estrutura molecular de um ligante multimodal comercializado para purificação de anticorpos monoclonais (Capto® MMC), evidenciando as várias interações que podem ser integradas.

A cromatografia multimodal no processo de purificação tem sido avaliada tanto para adsorção de anticorpos monoclonais como para subsequentes aplicações de polimento. Dentre as várias características que tornam esses ligantes atrativos para aplicação em escala industrial pode destacar-se o fato de serem ligantes sintéticos que apresentam composição definida e passíveis de serem modificados de acordo com as necessidades, a resistência a condições de sanitização e ainda os reduzidos preços (podem apresentar um custo de cinco a dez vezes inferior a resinas de proteína A).

Vários ligantes multimodais têm sido mencionados na literatura para a adsorção de anticorpos monoclonais quanto à sua capacidade de atuar diretamente em condições nativas de pH e condutividade do sobrenadante de cultura celular. Embora os resultados de desempenho não se igualem àqueles obtidos com cromatografia por proteína A, as percentagens de rendimento e pureza final do produto podem atingir valores entre 80% e 96% e 90% e 95%, respectivamente, o que é bastante satisfatório considerando que a separação do anticorpo não se baseia numa interação de afinidade com o ligante. Também a capacidade dinâmica de ligação desses ligantes pode se equiparar, e em alguns casos mesmo ultrapassar, àquela proporcionada por ligantes de proteína A. Contrariamente ao que acontece com a proteína A, salienta-se também o fato de que esses ligantes podem ser eficazmente utilizados na purificação de fragmentos de anticorpos que não possuam a região Fc, os quais representam formatos emergentes cada vez mais avaliados quanto ao seu potencial terapêutico.

Na etapa de polimento o objetivo da cromatografia multimodal foca-se principalmente na possibilidade de eliminar um dos dois passos que são tipicamente utilizados (troca aniônica ou interação hidrofóbica), combinando um passo de adsorção de elevada eficiência com um trocador aniônico multimodal, que deverá ter capacidade de remover DNA, vírus e agregados, e permitir que o produto de interesse seja recolhido na fração não adsorvida.

No Quadro 20.4 encontram-se representados alguns dos principais ligantes multimodais que têm sido estudados com o propósito de serem aplicados à purificação de anticorpos monoclonais.

Quadro 20.4 Exemplos de ligantes sintéticos utilizados em cromatografia multimodal para purificação de anticorpos monoclonais

	Nome	pKa	Estrutura
Ligantes carregados positivamente	4-mercapto-etilpiridina (MEP HyperCel®§)	4,85	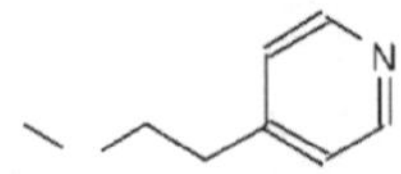
	Fenil-propilamina (PPA HyperCel®§)	6,0-7,0	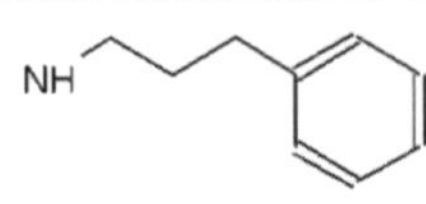
	Hexilamina (HEA HyperCel®§)	≈ 10	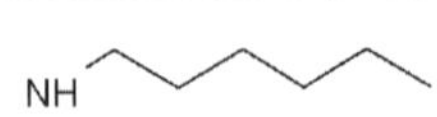
	N-benzil-N-metiletanolamina (Capto®adhere§§)	–	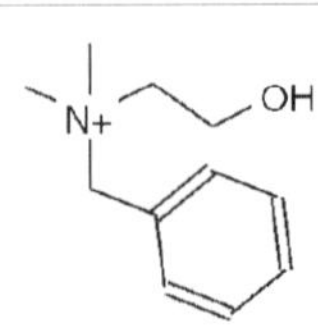
Ligantes carregados negativamente	Ácido 2-mercapto-5-benzimidazol sulfônico (MBI HyperCel®§)	–	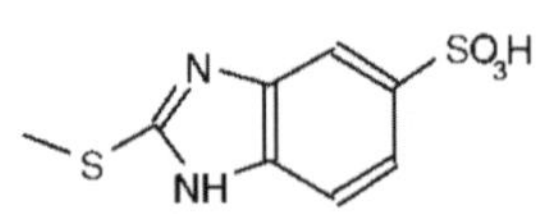
	Ácido 2-benzamido-4--mercaptobutanoico (Capto® MMC§§)	3,3	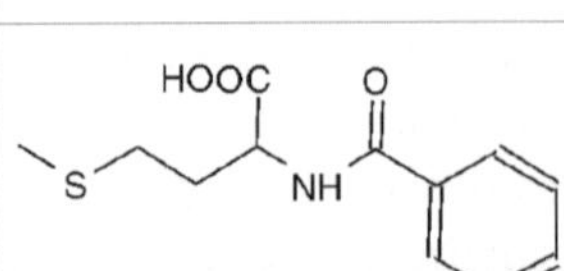

Nota: Os nomes comerciais das resinas encontram-se entre parênteses. §, PallLifeSciences; §§ GE Healthcare.

20.4.3 CROMATOGRAFIA DE INTERAÇÃO HIDROFÓBICA

Num processo integrado de purificação de anticorpos monoclonais, a cromatografia de interação hidrofóbica é frequentemente utilizada para remoção de agregados, os quais são eliminados na fração não adsorvida que abandona a coluna. É possível promover a separação de impurezas, como DNA e proteínas celulares, do anticorpo de interesse, por meio da seleção de uma concentração de sal adequada para o tampão de eluição ou da eluição em gradiente.

Os ligantes mais usados nesse tipo de cromatografia são, por ordem crescente de hidrofobicidade, butil, octil e fenil, sendo fenil o ligante mais usado comercialmente. Recentemente esses ligantes hidrofóbicos tem sido usados em combinação com adsorventes convectivos como membranas e monólitos. Esses tipos de suportes cromatográficos são mais porosos que as partículas tradicionalmente usadas e permitem que se trabalhe com vazões mais elevadas sem comprometer a capacidade de ligação, uma vez que o mecanismo predominante de transporte de massa é a convecção e não a difusão.

20.4.4 CROMATOGRAFIA DE AFINIDADE POR ÍONS METÁLICOS IMOBILIZADOS

O conceito de cromatografia de afinidade utilizando íons metálicos imobilizados baseia-se na ligação covalente de aminoácidos a metais. Essa técnica permite que proteínas ou peptídeos contendo histidinas sejam retidos numa coluna contendo íons cobalto, níquel ou cobre imobilizados, e proteínas ou peptídeos fosforilados sejam retidos numa coluna contendo ferro, zinco ou gálio.

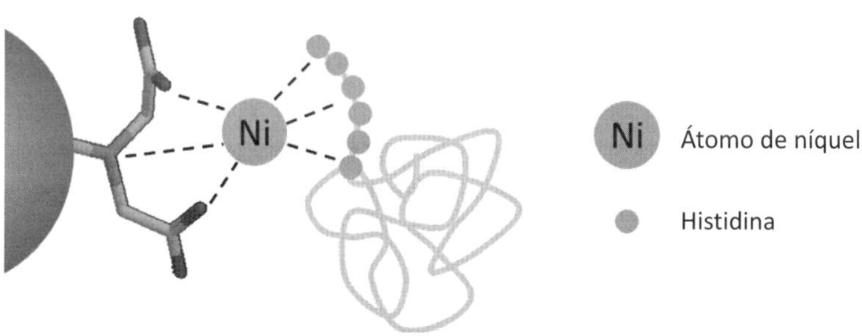

Figura 20.6 Representação esquemática do mecanismo de interação na cromatografia de afinidade por íons metálicos imobilizados. O agente quelante tridentado ácido iminodiacético (IDA) estabelece a coordenação com o átomo de níquel, o qual também interage com a cauda de histidinas presente na proteína.

Do ponto de vista operacional, essa técnica cromatográfica apresenta certa complexidade, uma vez que implica a imobilização prévia de um íon metálico na resina, bem como a modificação de proteínas que não apresentam uma afinidade natural para íons metálicos, o que se faz recorrendo à tecnologia do DNA recombinante para introduzir caudas proteicas com a afinidade desejada. No caso de imunoglobulinas a ligação é dominada por uma região conservada de resíduos de histidina na junção entre o segundo e terceiro domínios da região constante da cadeia pesada, à semelhança do que acontece na ligação à proteína A. A ligação é promovida em condições ligeiramente alcalinas e ocorre indiscriminadamente para anticorpos de todas as subclasses ou espécies. Dependendo do meio de crescimento que foi usado para as células produtoras do anticorpo pode haver a ocorrência de contaminações na fração de anticorpo purificada, por exemplo, com transferrina ou albumina. Além disso, alguns polinucleótidos, endotoxinas e vírus também revelam afinidade para vários metais imobilizados, o que constitui um problema de seletividade quando se utiliza essa técnica cromatográfica.

Como descrito para a cromatografia de afinidade por proteína A, uma diminuição do pH para valores ácidos conduz à eluição dos anticorpos ligados aos íons metálicos, devido à criação de cargas nos resíduos de histidina. Alternativamente, a eluição pode ser conseguida por adição de uma molécula competitiva, como imidazol ou EDTA. Apesar da pureza que asseguram na eluição, qualquer um desses agentes competitivos apresenta as suas desvantagens, uma vez que o imidazol absorve a 280 nm e por isso interfere com a detecção na zona do UV, enquanto o EDTA elui o anticorpo junto com metal ligado à proteína.

A cromatografia de afinidade por íons metálicos imobilizados constitui alternativa barata à afinidade biológica dada pela proteína A, assegurando frações de anticorpos com purezas que podem ultrapassar 90% num único passo. No entanto as capacidades de ligação que apresentam serão sempre uma das suas maiores limitações, visto serem frequentemente inferiores a 10 mg/mL_{resina}.

20.5 ESTRATÉGIAS NÃO CROMATOGRÁFICAS

Tendo em conta que a maior parte dos custos de produção de um produto biológico reside nos passos cromatográficos, existe grande necessidade de técnicas de biosseparação não cromatográficas que sejam eficientes, efetivas e econômicas em larga escala e que permitam atingir simultaneamente elevado grau de pureza e rendimento de recuperação, mantendo a atividade biológica da molécula.

20.5.1 EXTRAÇÃO LÍQUIDO-LÍQUIDO EM SISTEMAS AQUOSOS BIFÁSICOS

O desempenho desses sistemas na purificação de anticorpos monoclonais vem sendo estudado nos últimos anos e tem demonstrado que essa técnica tem elevado potencial como o primeiro passo na recuperação dos anticorpos diretamente do meio de cultura. Tanto sistemas do tipo polímero-polímero como polímero-sal podem ser utilizados para a extração dos anticorpos. As principais estratégias de extração têm-se baseado em promover a partição dos anticorpos para a fase superior, já que a maioria das impurezas apresenta uma preferência pela fase inferior. Em sistemas PEG-sal (Figura 20.7), as principais estratégias consistem na utilização de PEG de baixa massa molar, de modo a diminuir os efeitos de exclusão molecular promovidos pelo polímero, ou na adição de elevadas concentrações de um sal neutro (por exemplo, 15% NaCl). Num sistema composto por 12% de PEG 3350 Da e 10% de tampão fosfato a pH 6,0, o rendimento da extração de um anticorpo monoclonal de um sobrenadante concentrado de células CHO é de apenas 5%, aumentando para 88% na presença de 15% NaCl. A extração de anticorpos com esse tipo de sistemas (PEG/fosfato/NaCl) foi operada com sucesso em escala industrial com processamento contínuo, usando uma coluna de extração e uma bateria de misturadoras-decantadoras.

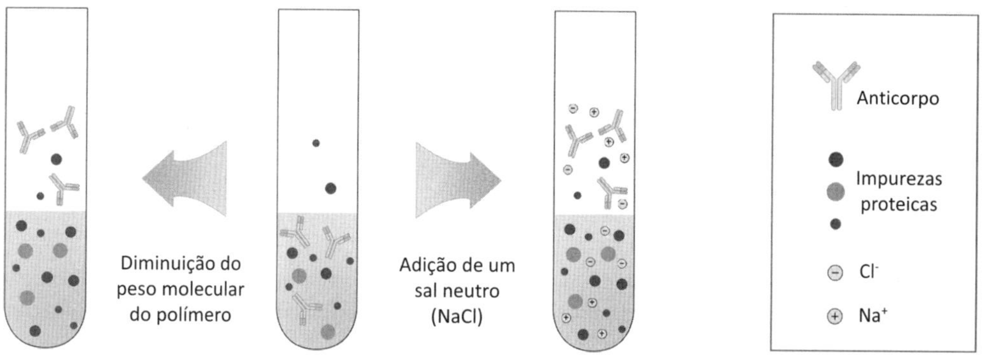

Figura 20.7 Estratégias para aumentar a partição de anticorpos em sistemas bifásicos aquosos do tipo polímero-sal.

Relativamente aos sistemas polímero-polímero, as principais estratégias usadas na extração de anticorpos consistem na manipulação do valor do pH e da adição de ligantes pseudoespecíficos. Em sistemas PEG-dex, observou-se que é possível separar o anticorpo das células e principais impurezas com um rendimento de 84%, usando 7% PEG 6.000 Da, 5% Dex 500.000 Da, 150 mM NaCl a pH 3,0. Essa estratégia permite reduzir os custos operacionais, uma vez que integra numa única operação unitária as etapas de clarificação e adsorção do anticorpo. Observou-se que as células CHO apresentam partição preferencial pela interface ou pela fase inferior, enquanto o anticorpo se particiona para a fase superior e a maioria das proteínas solúveis para a fase inferior.

Foi também desenvolvido um processo de extração *in situ* que integra a cultura e expansão de células de hibridoma na fase rica em dextrana com a extração do anticorpo produzido para a fase rica em PEG, que se encontra derivatizado com um ligante mimético.

Filtração tangencial

No caso da purificação de anticorpos utilizam-se membranas de ultrafiltração carregadas positivamente e, embora exista a possibilidadede alguns solutos serem retidos por interações eletrostáticas (o que constitui a natureza da cromatografia de troca iônica), a carga positiva da membrana rejeita qualquer biomolécula carregada positivamente, incluindo os anticorpos, apesar de serem suficientemente pequenos para passar através dos poros. Isto permite a sua retenção e a concentração seletiva no lado do retentado (ou retido), enquanto as impurezas fracamente alcalinas, neutras ou ácidas passam através da membrana e são recolhidas no filtrado (permeado) (Figura 20.8).

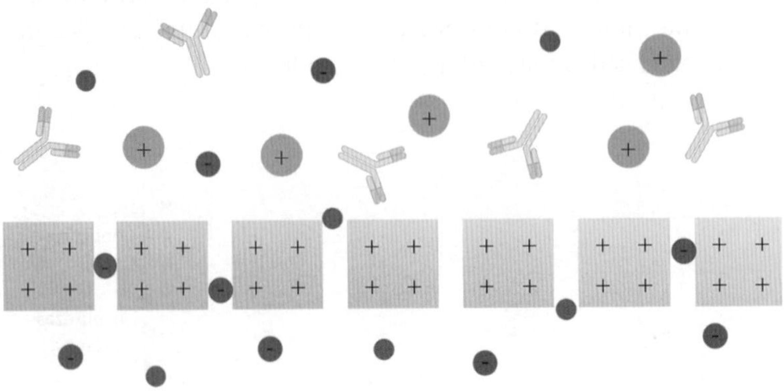

Figura 20.8 Representação esquemática do processo de filtração por fluxo tangencial de alto desempenho ilustrado para o caso específico da purificação de anticorpos usando membranas de ultrafiltração carregadas positivamente.

20.5.2 SEPARAÇÕES MAGNÉTICAS

Separações magnéticas representam uma classe de processos de separação bastante versáteis em biotecnologia, sendo capazes de purificar as células, vírus, proteínas e ácidos nucleicos diretamente a partir de amostras em bruto. Consiste num processo rápido e suave, que alia um aumento de escala fácil à possibilidade de automação, proporcionando assim vantagens únicas sobre outras técnicas de separação. O processo baseia-se na utilização de adsorventes magnéticos em combinação com um concentrador magnético. Esses adsorventes são geralmente nanopartículas que apresentam um núcleo magnético, geralmente composto por óxido de ferro (magnetite ou magmite), que se encontra protegido por uma coroa que aumenta a estabilidade química e coloidal das nanopartículas e que permite reduzir a lixiviação dos metais. A coroa pode ser composta por diferentes tipos de compostos, como polímeros (PEG, dextrana, goma arábica), surfactantes (ácidos graxos como o ácido oleico), ou materiais inorgânicos (sílica e alumina), entre outros. Por meio da coroa é possível funcionalizar a superfície de modo que essas nanoestruturas apresentem determinadas funcionalidades e especificidades.

Dado o comportamento não magnético da maioria das impurezas de processo, as separações magnéticas tornam-se altamente seletivas aos anticorpos quando funcionalizadas com um ligante bioespecífico, como a proteína A. Na verdade, esste tipo de separação foi aplicada com sucesso na purificação preparativa de um anticorpo monoclonal a partir de 100 L de sobrenadante de cultura de células usando partículas magnéticas revestidas com proteína A. Em comparação com a cromatografia convencional, esse processo apresentou rendimentos e purezas idênticos, sendo contudo muito mais rápido (apenas quatro horas).

A utilização de partículas magnéticas funcionalizadas com ligantes sintéticos (grupos carboxílico, fenilboronato, 4-mercapto etil piridina, entre outros) foi também aplicada com sucesso na purificação de anticorpos monoclonais produzidos por células animais.

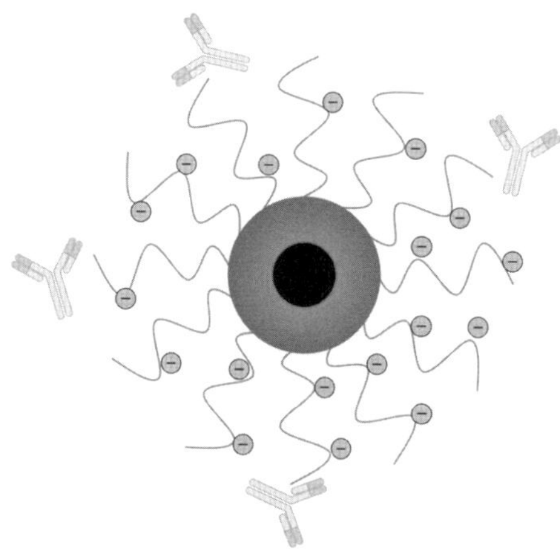

Figura 20.9 Representação esquemática do processo de separação magnética exemplificando a adsorção de anticorpos numa nanopartícula magnética modificada com um polímero com cargas negativas.

As principais desvantagens dessa técnica são os elevados custos dos adsorventes magnéticos disponíveis comercialmente e a falta de separadores magnéticos industriais adequados para processamento de moléculas biológicas.

EXERCÍCIOS

1. Pretende-se produzir um anticorpo monoclonal por cultura de células animais utilizando-se 20 biorreatores descartáveis com 1.000 L cada por semana. O sobrenadante celular contém 10 g/L de anticorpo. O meio de cultura é inicialmente filtrado obtendo-se recuperação do produto de 75%. O anticorpo é posteriormente precipitado com rendimento de 60%. Finalmente, o anticorpo é purificado por dois passos cromatográficos que apresentam, cada um, rendimento de 85%. Determine:

a) O rendimento global do processo.

b) A produção semanal de anticorpo puro.

c) Deseja-se alcançar uma produtividade de 80 kg de anticorpo por semana. Para tal, pretende-se melhorar o passo de precipitação de modo a minimizar as perdas de produto. Calcule o rendimento do passo de precipitação que permite obter a produtividade desejada.

Resolução:

a) $Y = 0{,}75 \times 0{,}60 \times 0{,}85 \times 0{,}85 = 0{,}325 = 32{,}5\%$

b) $m = 0{,}325 \times 20$ reatores $\times 1\ m^3 \times 10\ kg/m^3 = 65$ kg

c) $Y_{Total} = 80/200 = 0{,}4 = 40\%$ $\quad Y_{pp} = 0{,}8 / (0{,}75 \times 0{,}85 \times 0{,}85) = 0{,}738 = 73{,}8\%$

2. A purificação final de um anticorpo foi feita por cromatografia de troca catiônica. O cromatograma obtido encontra-se na Figura 1. Observou-se que o anticorpo era a espécie menos abundante dentre as quatro espécies presentes na mistura proteica.

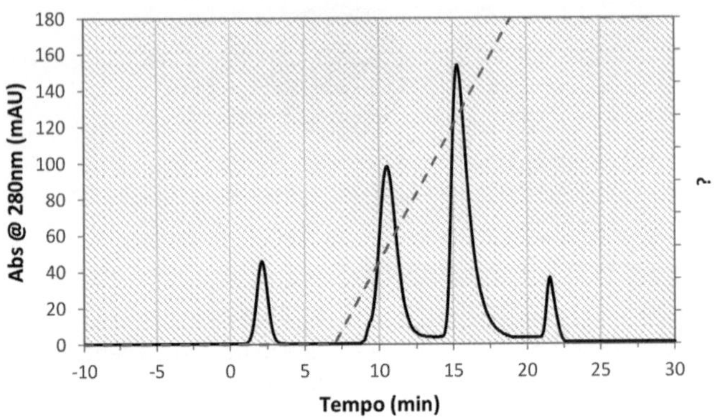

Figura 1 Cromatograma obtido na purificação de anticorpo por cromatografia de troca catiônica.

a) Indique dois exemplos de ligantes que possam ser utilizados em troca iônica.

b) Indique os princípios gerais da cromatografia de troca iônica, especificando em que condições é geralmente feita a adsorção e a eluição. Dê exemplos de tampões de adsorção e de eluição.

c) Complete a legenda da Figura 20.10 indicando o que representam as linhas contínua e tracejada.

d) Identifique as seguintes etapas cromatográficas: i) equilíbrio; ii) aplicação da amostra; iii) lavagem; iv) eluição; v) regeneração.

Resolução:

a) Sulfopropil e carboximetil.

b) Adsorção a baixas forças iônicas e a um pH em que a molécula que se pretende adsorver tenha carga oposta à resina (20 mM tampão acetato, pH 5,0); Eluição por aumento da força iônica (1 M NaCl no tampão de adsorção).

c) (—) Absorvância a 280 nm; (- - -) % tampão de eluição.

d) i) $-10 < t < 0$; ii) $0 < t < 3$; iii) $3 < t < 7$; iv) $7 < t < 19$; v) $19 < t < 30$

3. Indique se as seguintes afirmações são verdadeiras ou falsas. Justifique e corrija as falsas.

a) A resina encontra-se carregada positivamente.

b) O anticorpo foi fortemente adsorvido.

c) O pI das impurezas é superior ao pI do anticorpo.

d) As proteínas eluiram por ordem crescente dos seus pIs.

e) A adsorção ocorreu a um pH superior ao pI do anticorpo.

Resolução:

a) F. Na cromatografia de troca catiônica a resina encontra-se carregada negativamente.

b) V. O anticorpo é a espécie menos abundante das 4 presentes na mistura proteica, logo, tem um tempo de retenção de 22 min. É a ultima a eluir, de modo que é a mais fortemente adsorvida.

c) F. O pI das impurezas é inferior ao pI do anticorpo. Este foi o último a eluir, de modo que tem a maior densidade de carga positiva, e portanto o maior pI.

d) V. Em troca catiônica as proteínas eluem por ordem crescente do valor de pIs.

e) F. A adsorção terá de ter ocorrido a um pH inferior ao pI do anticorpo para que este esteja carregado positivamente.

REFERÊNCIAS BIBLIOGRÁFICAS

ALBERTSON, P. A. *Partition of cell particles and macromolecules.* 3. ed. New York, Wiley-Interscience, 1986.

BRESOLIN, I. T. L. et al. Evaluation of immobilized metal-ion affinity chromatography (IMAC) as a technique for IgG1 monoclonal antibodies purification: the effect of chelating ligand and support. *Applied Biochemistry and Biotechnology*, v. 160, p. 2148-2165, 2010.

CARTA, G.; JUNGBAUER, A. *Chromatography media, protein chromatography: process development and scale-up.* Weinheim: Wiley-VCH Verlag, 2010.

CURLING, J. The development of antibody purification technologies. In: GOTTSCHALK, U. (ed.). *Process scale purification of antibodies.* Hoboken: John Wiley & Sons, 2009. p. 23-46.

FARIS, S. S. Established bioprocesses for producing antibodies as a basis for future planning. In: HU, W.-S. (ed). *Cell culture engineering. Advances in biochemical engineering/biotechnology.* Berlin: Springer-Verlag, 2006. V. 101, p. 1-42.

GAGNON, P. Purification of monoclonal antibodies by mixed-mode chromatography. In: GOTTSCHALK, U (ed.). *Process scale purification of antibodies.* Hoboken: John Wiley & Sons, 2009. p. 181-198.

GAGNON, P. Technology trends in antibody purification. *Journal of Chromatography A*, v. 1221, p. 57-70, 2012.

GHOSH, R. Separation of human albumin and IgG by a membrane-based integrated bioseparation technique involving simultaneous precipitation, microfiltration and membrane adsorption. *Journal of Membrane Science*, v. 237, p. 109-117, 2004.

HOBER, S.; NORD, K.; LINHULT, M. Protein A chromatography for antibody purification. *Journal of Chromatography B*, v. 848, p. 40-47, 2007.

JOUCLA, G. et al. Cation exchange versus multimodal cation exchange resins for antibody capture from CHO supernatants: identification of contaminating host cell proteins by mass spectrometry. *Journal of Chromatography B*, v. 942-943, p. 126-133, 2013.

KELLEY, B.; BLANK, G.; LEE, A. Downstream processing of monoclonal antibodies: current practices and future opportunities. In: GOTTSCHALK, U. (ed.). *Process scale purification of antibodies*. Hoboken: John Wiley & Sons, 2009.

LIU, H. F. et al. Recovery and purification process development for monoclonal antibody production. *mAbs*, v. 2, p. 480-499, 2010.

MAHN, A. Hydrophobic interaction chromatography: fundamentals and applications in biomedical engineering. In: GHISTA, D. N. (ed.). *Biomedical science, engineering and technology*. Rijeka/Shanghai: InTech, 2012. p. 603-628.

MAREK, W. et al. Isolation of monoclonal antibody from a Chinese hamster ovary supernatant. I: Assessment of different separation concepts. *Journal of Chromatography A*, v. 1305, p. 55-63, 2013.

MARICHAL-GALLARDO, P. A.; ÁLVAREZ, M. M. State-of-the-art in downstream processing of monoclonal antibodies: process trends in design and validation. *Biotechnology Progress*, v. 28, p. 899-916, 2012.

MÜLLER-SPÄTH, T. et al. Two step capture and purification of IgG2 using multicolumn countercurrent solvent gradient purification (MCSGP). *Biotechnology and Bioengineering*, v. 107, p. 974-984, 2010.

PINTO, I. F.; AIRES-BARROS, M. R.; AZEVEDO, A. M. Multimodal chromatography: debottlenecking the downstream processing of monoclonal antibodies. *Pharmaceutical Bioprocessing*, v. 3, p. 263-279, 2015.

ROSA, P. A. J. et al. Continuous purification of antibodies from cell culture supernatant: from concept to process. *Biotechnology Journal*, v. 8, p. 352-362, 2013.

SCHWARZ, A. Affinity purification of monoclonal antibodies. *Methods in Molecular Biology*, v. 147, p. 49-56, 2000.

SHUKLA, A. A. et al. Downstream processing of monoclonal antibodies-application of platform approaches. *Journal of Chromatography B*, v. 848, p. 28-39, 2007.

TAO, Y. et al. Evaluation of high-capacity cation exchange chromatography for direct capture of monoclonal antibodies from high-titer cell culture processes. *Biotechnology and Bioengineering*, v. 111, p. 1354-1364, 2014.

VAN REIS, R.; ZYDNEY, A. Bioprocess membrane technology. *Journal of Membrane Science*, v. 297, p. 16-50, 2007.

VUNNUM, S.; VEDANTHAM, G.; HUBBARD, B. Protein A-based affinity chromatography. In: GOTTSCHALK, U. (ed.). *Process scale purification of antibodies*. Hoboken: John Wiley & Sons, 2009. p. 113-134.

WANG, L.; MAH, K. Z.; GHOSH, R. Purification of human IgG using membrane based hybrid bioseparation technique and its variants: A comparative study. *Separation and Purification Technology*, v. 66, p. 242-247, 2009.

YANG, T.; BRENEMAN, C. M.; CRAMER, S. M. Investigation of multi-modal high--salt binding ion-exchange chromatography using quantitative structure-property relationship modeling. *Journal of Chromatography A*, v. 1175, p. 96-105, 2007.

CAPÍTULO 21

Fundamentos para produção, purificação e caracterização de peptídeos de interesse biotecnológico

Maria Terêsa Machini

Cleber Wanderlei Liria

NOMENCLATURA

Ac_2O – Anidrido acético

Ala – Alanina

Arg – Arginina

Asn – Asparagina

Asp – Ácido aspártico ou aspartato

C4, C8, C18 – Cadeias contendo 4, 8 e 18 carbonos

CE – Eletroforese capilar

Cys – Cisteína

DNA – Ácido desoxirribonucleico

ESI-MS – Espectrometria de massas com ionização do tipo *eletrospray*

FAB-MS – Espectrometria de massas com ionização do tipo ionização por bombardeamento de átomos rápidos

F-AspO – Anidrido de formil-ácido aspártico

FT – Transformada de Fourier

Gln – Glutamina

Glu – Ácido glutâmico

Gly – Glicina

His – Histidina

HPLC – Cromatografia líquida de alta eficiência

Ile – Isoleucina

IT – Armadilha de íons (*ion trap*)

Da – Daltons

LC-MS – Cromatografia líquida acoplada a espectrometria de massas

Leu – Leucina

Lys – Lisina

m/z – Massa/carga

MALDI-MS – Espectrometria de massas com ionização do tipo dessorção/ionização a laser auxiliada por matriz MeOH – Metanol

Met – Metionina

NMR – Ressonância magnética nuclear

OPA – 1-orto-ftalaldeído

Phe – Fenilalanina

Phe-OMe – Éster metílico de fenilalanina

PITC – 2-fenilisotiocianato

Pro – Prolina

PTC – Feniltiocarbamil

PTH – Feniltiohidantoína

Q – Quadrupolo

RP-HPLC – Cromatografia líquida de alta eficiência de fase inversa

SDS – Dodecilsulfato de sódio

Ser – Serina

SPFS – Síntese de peptídeos em fase sólida

TFA – Ácido trifluoroacético

Thr – Treonina

TOF – Tempo de voo

Trp – Triptofano

Tyr – Tirosina

Val – Valina

Z-AspO – Anidrido de benziloxicarbonil-aspartato

Z-Asp-OH – Benziloxicarbonil-aspartato

LISTA DE PALAVRAS

Aminoácidos

Análise de aminoácidos

Aspartame

Cromatografia de alta eficiência

DNA recombinante

Eletroforese capilar

Espectrometria de massas

Hormônios peptídicos

Insulina

Ligação peptídica

Ocitocina

Peptídeo

Ressonância magnética nuclear

Sequenciamento de peptídeos e proteínas

Síntese enzimática

Síntese química

21.1 PEPTÍDEOS

21.1.1 DEFINIÇÃO, ESTRUTURA GERAL E FUNÇÕES

Os peptídeos são compostos orgânicos formados por dois (dipeptídeos), dez (decapeptídeos) ou até dezenas de resíduos de aminoácidos (oligopeptídeos) unidos entre si por ligações amida envolvendo o grupo α-carbonila de um aminoácido e o grupo α-amina de outro aminoácido (ligações peptídicas). Geralmente os aminoácidos que os constituem estão na configuração L (ou S), mas alguns peptídeos naturais podem conter aminoácidos na configuração D (ou R). Esses compostos podem ainda ser quimicamente modificados em grupos reativos como hidroxilas (-OH) ou sulfidrilas (-SH), conforme se apresenta na Figura 21.1.

X-CH(R1 ou R1-Y)-CONH-CHR2-CONH-CHR3-CONH-CHR4-CO-Z

Figura 21.1 Estrutura geral de um tetrapeptídeo. Em cinza, ligações peptídicas; X = $-NH_2$ (grupo amina α), Pyr (ácido piroglutâmico), Ac (acetil) ou For (formil); R1-R4 = cadeias laterais de α-aminoácidos usuais ou não usuais; Y = grupo fosfato ou sulfato; Z = OH (carboxila livre), NH_2 (carboxila amidada) ou CH_2-R (carboxila esterificada). Em peptídeos cíclicos, X = NH e Z = inexistente para resultar em uma ligação amida entre o aminoácido N-terminal e o aminoácido C-terminal. Em peptídeos contendo resíduos de cisteína (por exemplo, R1 e R4 = CH_2-SH), as sulfidrilas podem estar nessa forma reduzida ou na forma oxidada ($-CH_2$-S-S-CH_2-).

De forma geral, ao contrário dos oligopeptídeos, os peptídeos de reduzida massa molar não exibem estruturas secundária e terciária definidas quando em solução aquosa. Porém, tal estruturação pode ser induzida quando eles são expostos a ambientes contendo proteínas que os reconhecem e com eles estabelecem interações, detergentes, solventes orgânicos ou sais metálicos em concentrações específicas. A estrutura secundária e terciária dos peptídeos é propriedade específica, pois deriva da sua sequência de aminoácidos, o que limita as generalizações.

Os peptídeos podem atuar como hormônios, fatores liberadores de hormônios, neurotransmissores, toxinas, antibióticos, adoçantes, analgésicos, agentes mitogênicos, agentes de contraste, carregadores de drogas, surfactantes, blocos construtivos de outros compostos orgânicos, substratos e inibidores de enzimas proteolíticas, bem como materiais biodegradáveis para usos variados. Além disso, eles podem desencadear resposta imune protetora e, portanto, serem usados como componentes de vacinas. Essa vasta diversidade funcional (1) coloca os peptídeos (assim como as proteínas) em posição de destaque no campo das aplicações biotecnológicas, (2) gera demanda por metodologias que levem à sua produção, isolamento, purificação, identificação e quantificação. Todas elas estão descritas com mais detalhes nos tópicos que seguem.

21.1.2 IMPORTÂNCIA ACADÊMICA E PRÁTICA

Peptídeos bioativos ocorrem em fontes naturais (Quadro 21.1) em baixas concentrações, fontes essas que são limitadas e, portanto, precisam ser preservadas. É crescente o interesse na elucidação das funções e propriedades de peptídeos, explorando as relações estrutura-função, determinando seus mecanismos de ação para depois utilizá-los na ciência e indústria e/ou criando novos materiais biodegradáveis e novas drogas terapêuticas, sobretudo drogas inibidoras de enzimas envolvidas em doenças e no desencadeamento de resposta imune. As pesquisas relacionadas a esses tópicos e à química, estrutura, função e mecanismo de ação de enzimas proteolíticas e proteínas imunogênicas é dependente de peptídeos sintéticos, quer sejam eles cópias dos originais ou derivações deles, modificadas ou mutadas, truncadas, alongadas e ciclizadas (análogos ou mutantes).

Quadro 21.1 Alguns exemplos de fontes naturais de peptídeos bioativos

Fonte	Peptídeo	Função	Referência
Plasma sanguíneo após contato com veneno de *Bothrops jararaca*	Bradicinina	Ação hipotensora	Beraldo (1992)
Raiz da planta bolsa de pastor	Cheferina I	Ação antimicrobiana	Park et al. (2000)
Veneno de serpente	Crotalfina	Ação analgésica	Konno et al. (2008)
Hipófise de mamíferos	Ocitocina	Indução da contração da musculatura lisa de útero de fêmeas	Viero et al. (2010)
Pâncreas de mamíferos	Insulina	Regulação da glicemia	Krishnamurthy (2002)

Essas, portanto, têm sido as molas propulsoras da concepção e aprimoramento de métodos que permitem detectar, quantificar e isolar e purificar peptídeos, determinar suas sequências de aminoácidos e modificações químicas, elucidar as suas conformações em meios que mimetizem o ambiente funcional e, principalmente, possibilitar a produção em pequena, média e larga escala em laboratório ou indústria.

21.1.3 PRODUÇÃO E PURIFICAÇÃO

A definição atual da gama de produtos biotecnológicos engloba produtos de interesse farmacêutico com potencial de uso em terapêutica, como proteínas, ácidos nucleicos e peptídeos.

O peptídeo sintético apresenta as vantagens de poder ser produzido em diferentes escalas e com alta pureza química para que, quando em uso terapêutico, não exiba riscos de contaminação que possam desencadear interferências, reações indesejadas ou efeitos secundários.

Atualmente, três são os métodos mais utilizados na obtenção de peptídeos: síntese via DNA recombinante, síntese enzimática ou biocatalisada e síntese química. Todos eles têm em comum a necessidade de ativação do grupo α-carboxila dos aminoácidos e o fato de fornecerem produtos brutos, que precisam ser analisados para confirmar que eles se referem aos peptídeos desejados, que, invariavelmente, devem ser purificados e quimicamente caracterizados. Sem a purificação e as análises finais do purificado, que permitem confirmar as identidades dos sintéticos obtidos, avaliar as suas homogeneidades químicas e determinar as suas concentrações efetivas nas massas obtidas, os peptídeos sintéticos ou recombinantes deixam de ser produtos confiáveis para geração de conhecimento científico e aplicações diversas.

A produção de peptídeos pelo método do DNA recombinante é geralmente feita por bactérias por meio das técnicas disponíveis de clonagem e expressão gênica, as quais podem fornecer o peptídeo original e seus mutantes, como mostra a Figura 23.2. A técnica de expressão de peptídeos na superfície de bacteriófagos (*phage display*), na qual o peptídeo desejado é secretado por um fago e se mantém ligado a ele, também é empregada para estudos científicos. Entretanto, a produção via DNA recombinante tem ficado restrita à preparação de peptídeos contendo apenas aminoácidos usuais, já que a maioria dos microrganismos não realiza a síntese peptídica a partir de D-aminoácidos e aminoácidos não usuais.

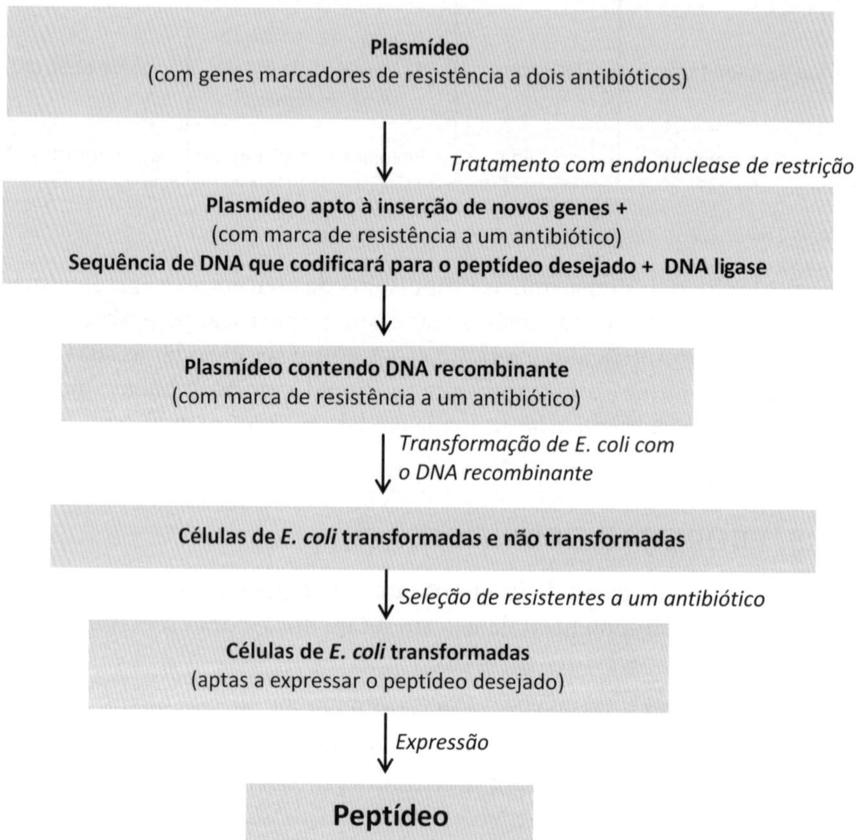

Figura 21.2 Esquema simplificado de transformação de *E. coli* utilizando um plasmídeo para produção de peptídeos pelo método do DNA recombinante.

A produção de peptídeos por meio de síntese biocatalisada se baseia na formação da ligação peptídica entre o reagente doador de acila (X-NH-CHR-COO^-) e o reagente aceptor de acila (H_2N-CHR^1-COOY), mediada por uma enzima livre ou imobilizada (Figura 23.3a), e na posterior remoção do grupo X ou Y, seguida de formação de ligação peptídica com um novo doador ou aceptor de acila. Tais etapas são sucessivamente repetidas até que a sequência de aminoácidos desejada seja obtida. As proteases, enzimas responsáveis pela quebra da ligação peptídica *in vivo*, foram inicialmente eleitas como os catalisadores mais adequados para tal finalidade. Entretanto, como essas enzimas podem mediar a hidrólise secundária do peptídeo formado ou dos fragmentos peptídicos reagentes, simultaneamente à formação da ligação peptídica, muitos têm optado pelo uso de esterases que não exibem atividade amidásica e reconhecem ésteres de N-acil-aminoácidos que atuarão como reagentes de partida.

A síntese biocatalisada de peptídeos é enquadrada no rol das "tecnologias limpas" empregadas em química fina. De fato, ela oferece vantagens em relação à síntese química, como quimo-, regio- e estereoespecificidade (e, portanto, proteção parcial dos reagentes doadores e aceptores: apenas os grupos α-amina do doador de acila e o grupo α-carboxila do aceptor de acila) e redução de resíduos danosos ao ambiente. Por outro lado, o fato de não existir uma única enzima universal faz com que essa metodologia não seja aplicável a qualquer sequência peptídica e que continuem a ser objeto de pesquisa e desenvolvimento.

(A) X-NH-CHR-COO$^-$ + H_2N-CHR^1-COOY $\xrightarrow{\textit{protease}}$ RCONHR^1 + H_2O

tampão ou mistura aquo-orgânica ou solvente orgânico

(B) X-NH-CHR(X1)-COO$^-$ + H_2N-CHR1(Y1)-COOY $\xrightarrow{\textit{reagente ativador}}$

solventes orgânicos anidro/base orgânica

X-NH-CHR(X1)-CO-HN-CHR^1(Y1)-COOY + H_2O

Figura 21.3 Formação de uma ligação peptídica entre dois derivados de aminoácidos ou fragmentos peptídicos via catálise enzimática (A) ou via síntese química clássica (B). Em a e b: X = protetor de grupo α-amina; Y= protetor de grupo α-carboxila ou fase sólida; R e R1= cadeias laterais de aminoácidos. Em b: X1 e Y1 = protetores de grupos reativos de cadeias laterais de aminoácidos.

O método químico de síntese de peptídeos é o mais antigo, mais bem estabelecido e amplamente utilizado, apesar de poder levar à alteração parcial da sequência dos aminoácidos, causar reações secundárias que levam ao acúmulo de contaminantes, entre outros problemas. Utiliza-se um reagente químico para ativar o ácido carboxílico de um *N*α-acil-aminoácido ou *N*α-acil-fragmento peptídeo devidamente protegido em seus outros grupos reativos [X-NH-CHR(X1)-COO$^-$ ou componente carboxílico ou doador de acila], e o componente carboxílico ativado sofre o ataque nucleofílico do grupo α-amino de outro aminoácido ou fragmento peptídico *C*α-protegido ou ligado a uma resina [H_2N-CHR1(Y1)-COOY], componente amínico ou aceptor de acila previamente sintetizado, resultando na liberação de água e formação da ligação peptídica entre eles [X-NH-CHR(X1)-CO-HN-CHR^1(Y1)-COOY]. Como se observa na Figura 21.3b, os grupos funcionais reativos das cadeias laterais dos aminoácidos também precisam ser previamente protegidos para não se envolverem em reações indesejadas. Os protetores X ou Y são posteriormente removidos para o crescimento da cadeia no sentido desejado N → C terminal ou C → N terminal quando a síntese química é feita em solução ou apenas o X é removido quando a síntese química é feita em fase sólida (Y é um suporte polimérico ou resina).

Portanto, a síntese química pode ocorrer de forma clássica, em solução, ou em fase sólida (SPFS) usando derivados de aminoácidos na síntese passo a passo ou derivados de peptídeos (condensação entre fragmentos previamente obtidos em sua forma protegida). A Figura 21.4 resume as modalidades e estratégias empregadas.

A SPFS é a mais empregada para a obtenção de peptídeos sintéticos devido à sua praticidade, rapidez, possibilidade de automação e de síntese individual ou múltipla. Ao final do processo o peptídeo deve ser totalmente desprotegido e desligado do suporte polimérico funcionalizado.

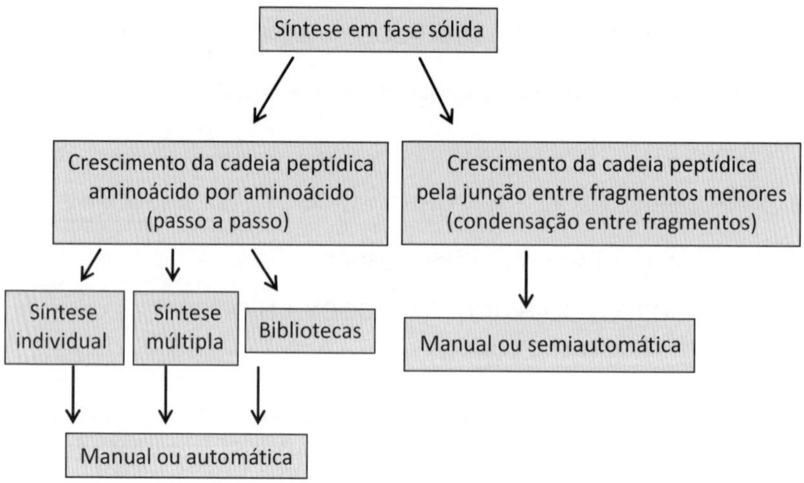

Figura 21.4 Modalidades e estratégias da síntese química de peptídeos em fase sólida (SPFS).

Independentemente do método empregado para a síntese do peptídeo, se DNA recombinante, enzimático ou químico, obtém-se o produto na sua forma bruta, isto é, contendo sais e subprodutos gerados durante o processo sintético. É, portanto, necessário caracterizar o peptídeo bruto, o que é feito por meio da cromatografia líquida de alta eficiência (HPLC) acoplada à espectrometria de massas (LC-MS).

Dentre as operações de cromatografia descritas em outros capítulos deste livro, a exclusão molecular, a troca iônica e a afinidade química podem ser empregadas para a finalidade de caracterização do peptídeo. Entretanto, se o peptídeo-alvo tem massa molar de até 3.000, o peptídeo bruto é majoritariamente purificado (tem os contaminantes eliminados) por HPLC de fase inversa (RP-HPLC, na qual a sílica que preenche a coluna é modificada com cadeias carbônicas de tamanho variado: C4, C8 e C18). Uma vez purificado, deve-se determinar o grau de homogeneidade química do peptídeo, confirmar a estrutura (por RP-HPLC, eletroforese capilar e LC-MS) e avaliar o conteúdo peptídico (por análise de aminoácidos) para aplicações de interesse. Tais técnicas serão discutidas em detalhe nos próximos itens.

21.2 EXEMPLOS DE PRODUÇÃO DE PEPTÍDEOS DE INTERESSE BIOTECNOLÓGICO

21.2.1 ASPARTAME

Aspartame é um dipeptídeo esterificado formado a partir de ácido aspártico e fenilalanina. A estrutura química do éster metílico de α-aspartil-fenilalanina (α-Asp-Phe-OMe ou apenas Asp-Phe-OMe) é apresentada na Figura 21.5.

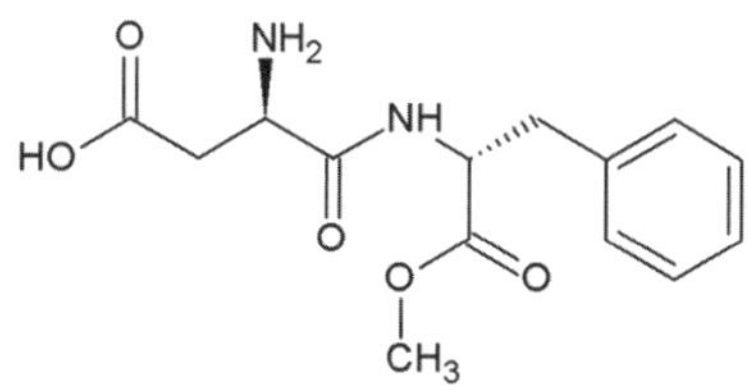

Figura 21.5 Estrutura química do aspartame.

O aspartame foi acidentalmente descoberto em 1965 e aprovado para uso humano em 1981. Produzido na escala de 2 a 3 dezenas de toneladas métricas ao ano, esse dipeptídeo esterificado tem sido usado como adoçante artificial no mundo todo por apresentar poder adoçante de 160 a 180 vezes maior que o da sacarose. Tendo dois resíduos de aminoácidos em sua estrutura, o aspartame é um adoçante calórico, pois seu valor energético é de 4 $kcal.g^{-1}$, razão pela qual é chamado de adoçante sintético nutritivo. Como um desses dois resíduos provenientes da fenilalanina, ele não pode ser consumido por fenilcetonúricos.

Os processos de produção do aspartame se dividem em síntese química em solução e síntese enzimática. A síntese química em solução na escala industrial exige a proteção do grupo amina do ácido aspártico e a sua transformação em anidrido (devido à desidratação), que reage com o éster metílico de fenilalanina, sendo os processos Z e F os mais importantes:

- *Processo Z, benziloxicarbonil (Z) como protetor do Asp*
- Z-Asp-OH + Ac_2O → Z-AspO + H_2N-Phe-OMe → αZ-Asp-Phe-OMe + βZ-Asp-Phe-OMe + Pd, H_2; Na_2CO_3; cristalização → α-**Asp-Phe-OMe**
- *Processo F, formil (For) como protetor do Asp*

- Asp + Ac_2O + HCO_2H → F-AspO + H_2N-Phe-OMe → αF-Asp-Phe-OR (R: Me ou H) + βF-Asp-Phe-OR (R: Me ou H) + 1. HCl, MeOH; 2. HCl, MeOH, H_2O → HCl.Asp-Phe-OMe → neutralização → α-**Asp-Phe-OMe**

O processo F pode ser realizado como *one-pot reaction*, ou seja, quando todas as etapas aí citadas ocorrem no mesmo frasco.

A síntese enzimática, por sua vez, é adotada por evitar a formação de β-Asp-Phe-OMe graças às regio- e estereosseletividades do biocatalisador. Já foram empregados diversos grupos protetores do grupo amina do Asp (acetil, benzoil, tert-butiloxicarbonil, benziloxicarbonil ou formil), várias enzimas (termolisina, papaína, pepsina, aminopeptidase A, carboxipeptidase ou endopeptidase de *S.aureus* da linhagem V8), diversos solventes (tampões e misturas aquo-orgânicas diversas) e várias rotas sintéticas. As opções de rota são as seguintes: (1) produção por meio de bactérias e leveduras partindo-se de ácido aspártico e do éster de fenilalanina; (2) proteção e desproteção enzimáticas; (3) síntese de poli-aspartil-fenilalanina via método do DNA recombinante, seguida de digestão para formar o dipeptídeo; (4) ligação entre o ácido aspártico e fenilalaninato de metila. A Figura 21.6 resume as etapas da síntese enzimática do aspartame que podem ser realizadas separadamente ou em um único reator.

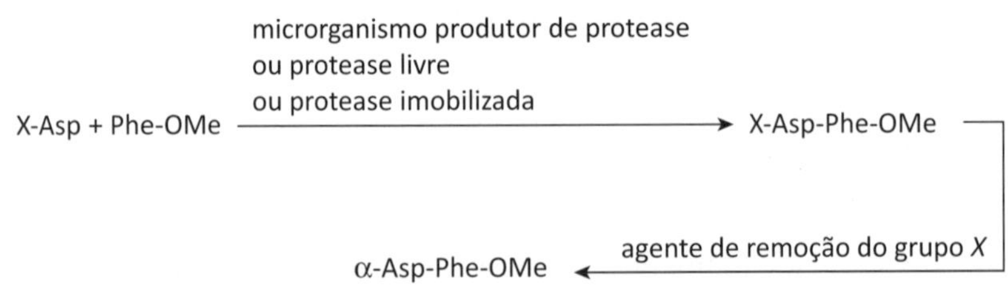

Figura 21.6 Esquema geral da síntese enzimática do aspartame. X = grupo protetor de amina.

21.2.2 OCITOCINA

A ocitocina é um nonapeptídeo de diferentes efeitos biológicos, mas principalmente promoção da contração da musculatura uterina, da ejeção do leite na amamentação e da afinidade mãe-filho, licenciada para indução do parto e amamentação desde o século XX (a preparação Syntocinon® Nasal Spray, por exemplo, foi aprovada nos Estados Unidos em 1960). Esse nonapeptídeo apresenta a sequência de aminoácidos *Cys-Tyr-Ile--Glu-Asn-Cys-Pro-Leu-Gly*, sendo que as duas cisteínas (1 e 6) se unem covalentemente por meio de uma ponte dissulfeto e a glicina terminal é amidada (Figura 21.7).

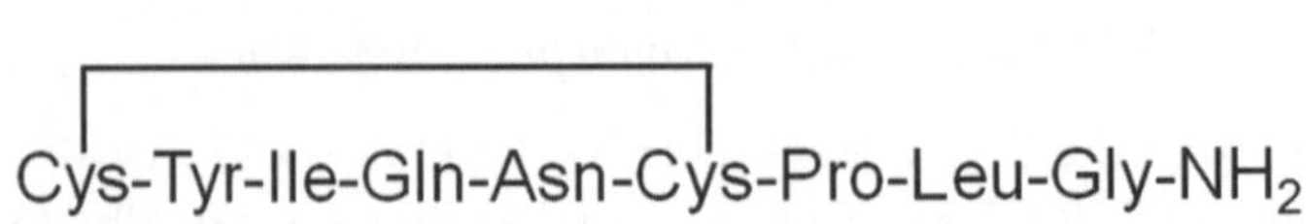

Figura 21.7 Sequência de aminoácidos da ocitocina.

Sendo a ocitocina um peptídeo constituído por nove resíduos de aminoácidos, sua síntese enzimática é impraticável e, por isso, a produção em qualquer escala tem sido feita pelo método de síntese química. De fato, esse hormônio peptídico foi o primeiro a ter o isolamento, a caracterização química e a síntese química em solução realizados em laboratório, dando ao pesquisador francês Vincent du Vigneau o prêmio Nobel de Química em 1955.

As rotas sintéticas empregadas para a produção de ocitocina têm sido constantemente aprimoradas. Entretanto, como a maioria é protegida do domínio público, elas não serão detalhadas aqui. De qualquer forma, é necessário ressaltar que elas podem se basear no uso de derivados de aminoácidos ou fragmentos da ocitocina previamente sintetizados como reagentes de partida (síntese passo a passo ou síntese convergente, respectivamente) e que, apesar de já ser usada para produção em larga escala, a síntese em fase sólida tem sido relativamente menos utilizada.

Ao longo dos anos, foram concebidas preparações comerciais contendo o sintético do hormônio original (Pitocin® é um exemplo) ou análogos oriundos de estudos da sua relação estrutura-atividade que, sob o ponto de vista prático, mostraram propriedades que os tornam mais interessantes do que o hormônio original.

21.2.3 INSULINA

Diabetes dos tipos 1 (juvenil ou insulino-dependente) e 2 (da maturidade ou insulino-independente) são doenças metabólicas sérias decorrentes da falta de controle do nível de glicose no sangue e, portanto, da ocorrência de hiperglicemia. A hiperglicemia, por sua vez, tem sido amplamente relacionada com a incidência de doenças cardiovasculares, da catarata e de retinopatias.

Pela sua capacidade de estimular a absorção celular da glicose do sangue em situações de abundância desse monossacarídeo (hiperglicemia), a insulina tem sido empregada para o tratamento de diabetes e se tornou, portanto, um hormônio peptídico de enorme valor biotecnológico.

Como mostra a Figura 21.8a, a insulina é formada por duas cadeias polipeptídicas (A e B) unidas entre si por meio de duas pontes dissulfeto. Enquanto a cadeia A contém 21 resíduos de aminoácidos, a cadeia B é formada por 30 deles, fazendo com que a insulina apresente uma massa molar superior a 5 KDa. Os resíduos de cisteína 6 e 11 da cadeia A também formam uma outra ponte dissulfeto.

A elucidação dessa estrutura rendeu o prêmio Nobel de Química a Frederick Sanger em 1958, pois, para chegar a ela, esse pesquisador desenvolveu o primeiro método para determinar a sequência de aminoácidos de um peptídeo ou proteína.

Uma vez identificada, a insulina passou a ser produzida via isolamento a partir de pâncreas de porcos ou gado abatidos para fornecimento de carne. Entretanto, reações alérgicas em humanos ou respostas imunes indesejadas (devido a pequeníssimas diferenças estruturais entre as insulinas humana, suína e bovina), bem como a alta demanda por insulina fizeram com que pesquisadores e empresas buscassem outras formas de produzi-la em larga escala.

(a)

(b)

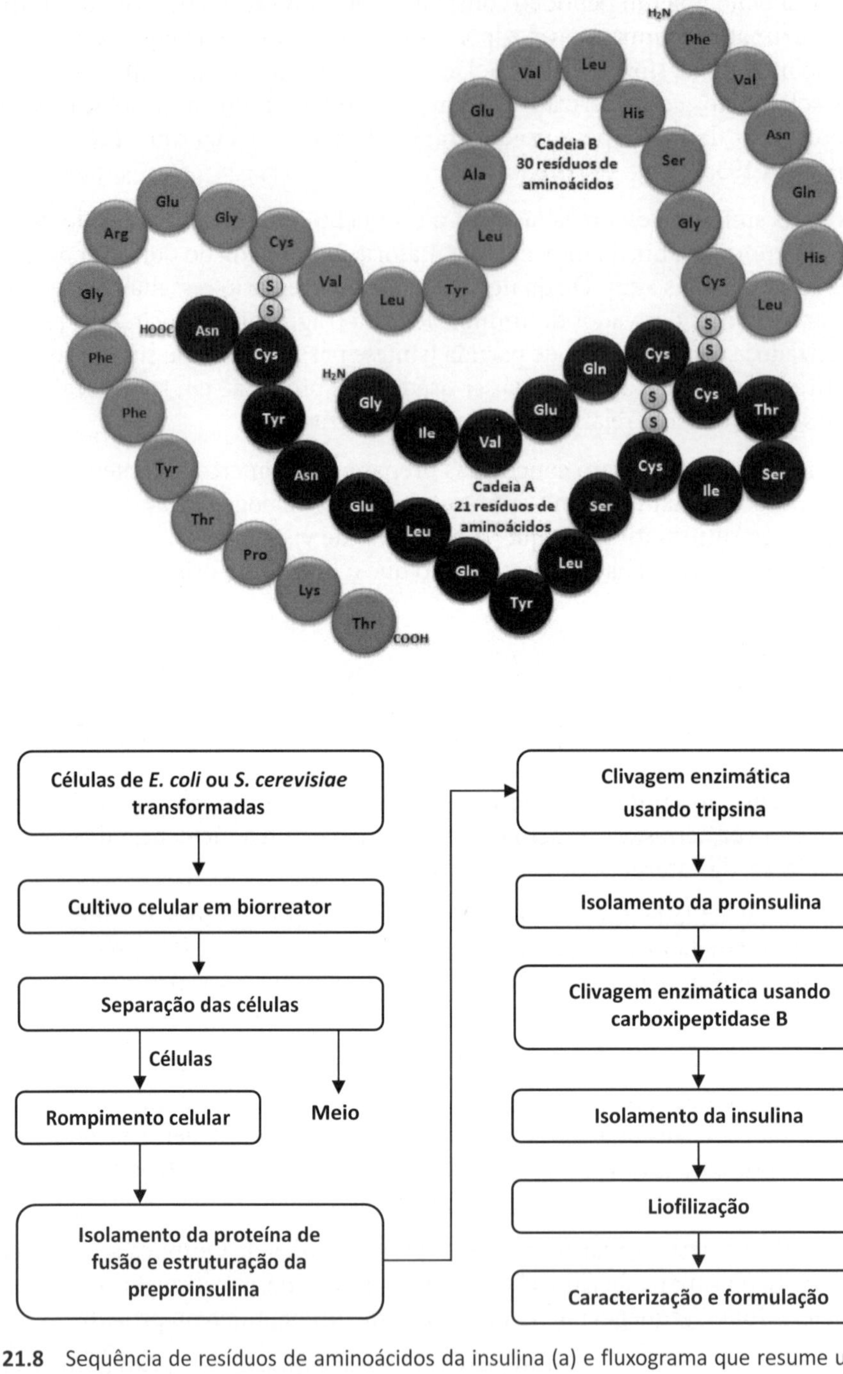

Figura 21.8 Sequência de resíduos de aminoácidos da insulina (a) e fluxograma que resume um dos processos de produção industrial de insulina recombinante (b).

A partir da década de 1980, a insulina humana passou a ser produzida majoritariamente via método do DNA recombinante, pois a insulina recombinante tem a vantagem de ser isenta de contaminantes de origem animal. Enquanto em uma das estratégias usadas as cadeias A e B são produzidas e purificadas separadamente para posterior oxidação das cisteínas a fim de gerar as pontes dissulfeto que as unem, em outra estratégia, mais eficiente, a proinsulina é produzida por linhagem específica de *E. coli* ou *S. cerevisiae* para posterior proteólise que leva à remoção do peptídeo C, gerando a insulina madura que será purificada, quimicamente caracterizada e formulada (Figura 21.8b).

Cabe mencionar que (a) no Brasil, a antiga Biobrás chegou a produzir insulina humana a partir da insulina suína fazendo uma transpeptidação enzimática (em uma única etapa o único resíduo de aminoácido diferente entre elas era trocado); (b) "Humalog®", "NovoRapid®", "GensulinR®", "HumulinR®" e "Actrapid HM®" são nomes de drogas comerciais que contêm a insulina humana recombinante como molécula ativa; (c) a "Insulin Lispro®" é uma insulina mutante com inversão da ligação natural prolina28-lisina29 produzida em larga escala, já que tal alteração reduz em 300 vezes a possibilidade de autoassociação de moléculas durante a sua estocagem.

21.3 ANÁLISE E CARACTERIZAÇÃO DE PEPTÍDEOS

Peptídeos brutos produzidos por meio de rotas sintéticas são purificados em operações de cromatografia. Os peptídeos purificados obtidos requerem caracterização química para avaliação do grau de pureza e confirmação da sua identidade. Os métodos de caracterização que se seguem são igualmente aplicáveis às proteínas.

21.3.1 ELETROFORESE CAPILAR

A eletroforese capilar (*capillary electrophoresis*, CE, em inglês) é uma técnica analítica que se baseia na separação de compostos ionizáveis em um campo elétrico. A CE é aplicável a pequenas moléculas orgânicas ou inorgânicas e a biomoléculas pequenas, médias e grandes, como aminoácidos, nucleotídeos, peptídeos e proteínas. No caso de peptídeos, a CE é utilizada como método analítico complementar à RP-HPLC, principalmente para a identificação e quantificação por comparação a um padrão, monitoramento de purificações e avaliação do grau de pureza da amostra purificada.

O enorme potencial de aplicação da CE deve-se à sua rapidez, necessidade de pequena quantidade de amostras e de solventes, elevada reprodutibilidade e possibilidade de automação.

A Figura 21.9 mostra um diagrama de blocos de um sistema de eletroforese capilar o qual compreende: sistema de injeção de amostra, sistema de separação que inclui o capilar, os recipientes de tampão e o controlador de temperatura (responsável pela dissipação do calor gerado no capilar pelo "efeito Joule" durante a análise), o detector, a fonte de voltagem e o sistema de aquisição de dados. A injeção da amostra pode ser feita por método hidrodinâmico (vácuo ou pressão) ou eletrocinético (eletromigração). O capilar típico possui de 50 a 150 cm de comprimento de um tubo de sílica fundida com um diâmetro interno de 25 a 100 μm e um diâmetro externo de 200 a

400 μm. A detecção é feita pela leitura de absorbância em comprimentos de onda da faixa ultravioleta-visível ou via medida de fluorescência. A fonte de alta voltagem é capaz de atingir até 50 mil volts com uma potência máxima de saída de 10 watts. Diferentes modalidades de CE aplicam-se à análise e quantificação de peptídeos e proteínas. São elas: CE com o capilar em solução livre, micelar ou em gel.

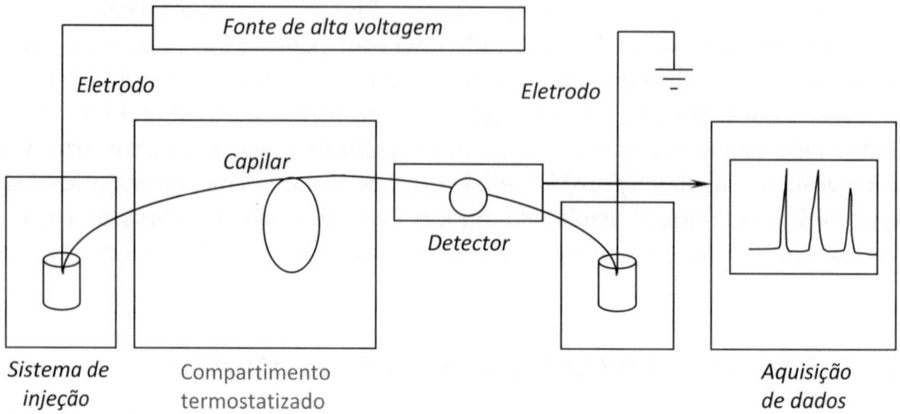

Figura 21.9 Diagrama esquemático de um sistema de eletroforese capilar.

Na análise em solução livre ocorre o preenchimento do tubo capilar com tampão e, em seguida, a amostra é injetada no capilar, o qual é submetido a uma diferença de potencial que gera nele uma corrente e um campo elétrico. O campo elétrico gerado é responsável pela migração eletroforética dos íons contidos na amostra injetada (biomoléculas ionizadas). Cada íon presente migra pelo capilar com velocidade diferente graças à sua diferença de tamanho, forma e carga. Daí decorre a separação. Paralelamente à migração dos íons, entretanto, ocorre a migração da solução contida no capilar (tampão ou eletrólito), gerando o fluxo eletrosmótico que auxilia na separação e propicia o aumento da eficiência da análise. Esse fluxo eletrosmótico auxilia na migração de constituintes não carregados em direção ao detector, possibilitando que a eletroforese capilar seja aplicada também na separação e detecção de compostos não carregados.

A CE micelar, também chamada de eletrocromatografia micelar, é aplicada na separação de misturas contendo componentes neutros. Isso ocorre porque a separação não se baseia apenas na carga do soluto, mas também na sua interação com a micela que preenche o capilar (catiônica ou aniônica). Portanto, nesse tipo de eletroforese capilar, o deslocamento das moléculas ionizáveis do soluto se dá devido ao fluxo eletrosmótico e à mobilidade eletroforética de cada uma, enquanto o deslocamento das moléculas neutras se dá somente devido ao fluxo eletrosmótico. Assim como ocorre a interação do soluto com a matriz estacionária na cromatografia líquida de alta eficiência, nessa modalidade ocorre a interação entre as moléculas do soluto e a micela que reveste o capilar. Se tomado como exemplo um capilar revestido com micelas de dodecil sulfato de sódio (SDS, carregado negativamente), a eluição das moléculas ocorrerá na seguinte ordem: carregadas negativamente, neutras e, por fim, carregadas positivamente.

A eletroforese capilar em gel é muito utilizada na separação, quantificação e determinação da massa molar de proteínas. O princípio de separação é semelhante àquele da eletroforese em gel, no qual a migração do soluto se dá através das malhas do gel, que funcionam como um sistema de peneiras moleculares. O resultado é a separação das moléculas por tamanho. Enquanto numa placa de gel os solutos percorrem uma distância inversamente proporcional à massa molar em um tempo característico, no capilar todos os solutos percorrem uma distância fixa (suficiente para passarem pela região de detecção) em tempos distintos.

Quando a CE é utilizada como método complementar das cromatografias de alta eficiência para determinar o grau de homogeneidade química (grau de pureza) de peptídeos brutos, purificados ou, ainda, de frações obtidas durante processos de purificação, ela é acoplada a um espectrômetro de massas na saída do capilar que analisa cada uma das moléculas eletroferografada para determinar a sua massa molar e estrutura química.

21.3.2 ESPECTROMETRIA DE MASSAS

A espectrometria de massas (*mass spectrometry*, MS, em inglês) é uma técnica analítica útil e versátil para a identificação ou caracterização química de peptídeos e proteínas (sequenciamento usando espectrometria de massas sequencial (*tandem mass spectrometry*, MS/MS). Em condições experimentais específicas as moléculas analisadas se ionizam e vaporizam e os íons de massa/carga (m/z) variadas são separados e detectados. Caso seja de interesse, esses íons podem ser fragmentados para gerar novos íons a serem detectados. O conjunto de valores m/z obtido possibilita a determinação da(s) massa(s) molar(es) e estrutura(s) primária(s) do(s) peptídeo(s) e proteína(s) em estudo.

Com vistas a facilitar o entendimento do princípio por meio do qual isso ocorre, é possível propor uma analogia entre o espectrofotômetro óptico e um espectrômetro ou analisador de massas: no primeiro a luz é decomposta por um prisma em vários componentes de comprimentos de ondas diferentes, que são detectados em um receptor óptico; o último contém uma fonte geradora de íons e um analisador de massas que os separa segundo a relação m/z para detecção (Figura 21.10a). A análise consiste em introduzir a amostra no aparelho em condições ionizantes, volatilizar a amostra, propulsionar eletrostaticamente os íons gasosos para dentro do analisador de massas, separá-los e detectá-los. Os sinais são transferidos para um computador, que processa os dados e mostra o espectro de massas resultante (Figura 21.10b).

As amostras podem ser introduzidas no espectrômetro na forma líquida ou sólida. No primeiro caso, é possível o uso de uma microsseringa ou de uma tubulação proveniente de um cromatógrafo líquido ou aparelho de eletroforese capilar. No segundo caso, utiliza-se um amostrador especial que recebe o sólido previamente dissolvido ou suspenso em um cossolvente e misturado com uma matriz ácida. Os íons se formam em função da protonação, desprotonação, cationização, ejeção e captura de elétrons do(s) analito(s) ou, ainda, via vaporização do mesmo ionizado. Os filtros ou analisadores de massas se baseiam em campos eletromagnéticos (ressonância ciclotrônica de íons com transformada de Fourier, FT; orbitrap® [termo usado para descrever uma armadilha de Kingdon]; quadrupolos, Q; tempo de voo, TOF; e armadilha de íons, IT) que selecionam os íons que chegarão até os detectores (multiplicadores de elétrons ou contadores de cintilação). Esses analisadores de massas podem ser utilizados sozinhos ou em várias combinações para aumentar o desempenho e a versatilidade do equipamento (Q-Q-Q, Q-TOF, IT-TOF, TOF-TOF, por exemplo).

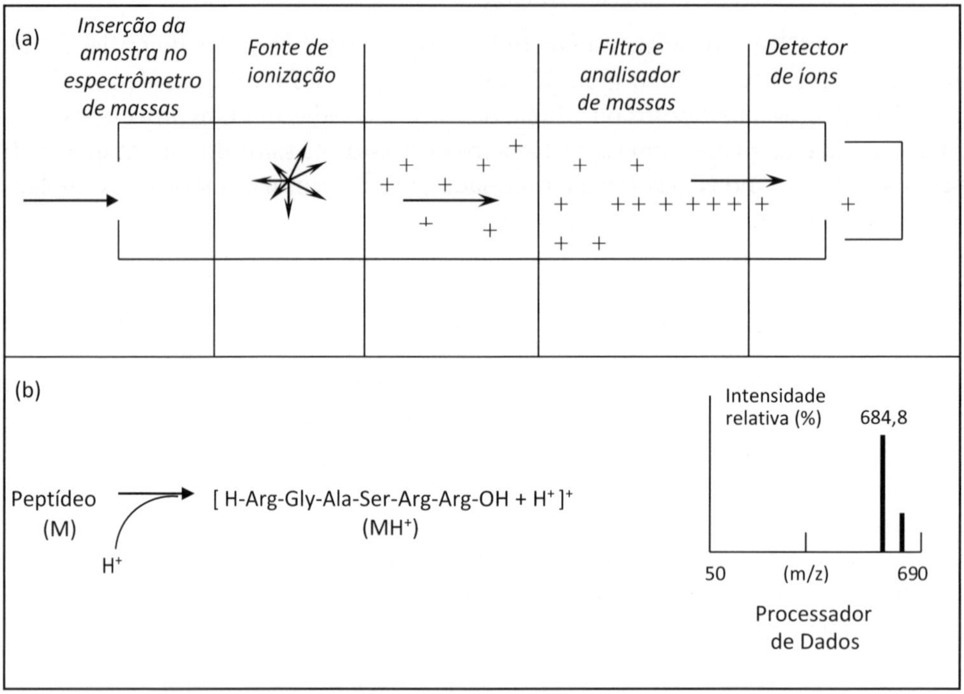

Figura 21.10 Representação esquemática dos componentes básicos de um espectrômetro de massas (a) e do conceito geral de análise por espectrometria de massas (b).

Três são as modalidades de espectrometria de massas aplicáveis atualmente à análise de peptídeos: por bombardeamento de átomos rápidos (*fast atom bombardment mass spectrometry*, FAB-MS), por *eletrospray* (*electrospray ionization mass spectrometry*, ESI-MS) e por dessorção pelo *laser* (*matrix-assisted laser desorption/ionization mass spectrometry*, MALDI-MS). Para determinação de massa molar de proteínas são utilizadas as duas últimas modalidades (ESI-MS e MALDI-MS) por garantirem a ionização em condições brandas.

Para a FAB-MS é necessário preparar uma mistura contendo a amostra, um solvente (solução de TFA, ácido acético ou HCl) e uma matriz líquida não volátil (glicerol ou álcool m-nitrobenzílico) e dispor a mistura numa sonda (*probe*) específica do equipamento para bombardeamento por átomos de xenônio ou por íons Cs^+. A matriz serve para absorver a maior parte da energia incidente, evitando a degradação da amostra e facilitando a sua ionização. A incidência do feixe de átomos ou de íons na matriz provoca a dessorção da amostra ionizada via vaporização. As moléculas gasosas carregadas são propulsionadas eletrostaticamente para o analisador de massas e depois detectadas. As vantagens e desvantagens desse método analítico estão sumarizadas no Quadro 21.2.

Quadro 21.2 Vantagens e desvantagens das diferentes modalidades da espectrometria de massas usualmente aplicáveis a peptídeos

	Vantagens	Desvantagens
FAB-MS	• É possível detectar massa molecular de até 7.000 Da; • A energia de ionização aplicada não é intensa, garantindo pequena fragmentação da molécula; • Facilidade em adicionar cátions na matriz a fim de promover a formação do íon molecular; • Matriz pode ser utilizada como íon de referência na calibração do equipamento.	• Baixa sensibilidade na determinação de elevadas massas moleculares necessitando de grandes quantidades de amostras (picomols e nmols); • A baixa fragmentação resultante inviabiliza a obtenção de informações sobre a estrutura da molécula analisada; • Espectro de massas apresenta elevado nível de "ruído" basal devido à presença de íons provenientes da matriz; • A molécula analisada deve ser solúvel na matriz; • Baixa utilidade para espécies apolares e não carregadas.
MALDI	• Ampla faixa de tamanho de moléculas (até 300.000 Da); • Aplicável para análise de amostras complexas (fontes biológicas) e contendo tampão; • Elevada sensibilidade, da ordem de fentomols; • Ionização branda, garantindo pouca ou nenhuma fragmentação da molécula.	• Dificuldade em analisar moléculas de tamanho inferior a 1.000 Da devido ao elevado nível de "ruído" basal característico da matriz; • Possibilidade de fotodegradação, durante a incidência do feixe de laser na matriz e amostra.
ESI-MS	• Possibilidade de detecção de massas moleculares grandes (até 70.000 Da), já que a relação massa/carga (*m/z*) condiz com a faixa de massa detectável dos espectrômetros de massas comumente utilizados atualmente; • Boa sensibilidade (de fentomols até picomols); • Ionização branda, possibilitando estudos de associações não covalentes entre biomoléculas do tipo peptídeos e proteínas; • Possibilidade de associação dessa técnica à HPLC ou CE; • Possível gerar íons de compostos não voláteis; • Não é necessária a presença da matriz.	• Baixa tolerância para amostras contendo sal; • Necessidade de limpeza periódica no equipamento; • Baixa sensibilidade na análise de amostras impuras; • A geração de múltiplas cargas pode originar dados confusos, principalmente para misturas de moléculas.

A técnica de MALDI-MS permite a ionização e vaporização da amostra de maneira similar àquela descrita para FAB. As únicas diferenças entre MALDI e FAB são as seguintes: enquanto FAB utiliza um feixe de átomos ou de íons e uma matriz líquida, MALDI utiliza um feixe ionizante de luz *laser* e uma matriz sólida (fina camada depositada sobre o *probe*, que resulta da secagem total da mistura solução de peptídeo/derivados dos ácidos cinâmico, nicotínico ou benzoico). A matriz não volátil absorve energia do feixe de luz de laser incidente, evitando a degradação da amostra, arrasta parte de suas moléculas quando vaporizada e, no estado gasoso, auxilia na ionização graças à sua interação com outras moléculas da amostra. Os íons gasosos formados são dirigidos por lentes eletrostáticas para um analisador que os separa pela relação m/z no tempo de percurso destes íons através dele (*analisador de massas de tempo de vôo*) e finalmente detectadas. A Tabela 23.2 mostra as vantagens e desvantagens da MALDI-MS que hoje já é acoplada a um detector que registra o TOF dos íons gerados (MALDI-TOF).

A ESI-MS produz moléculas gasosas ionizadas a partir de uma solução líquida geralmente acidificada. A amostra injetada é pulverizada por meio de um fino tubo capilar sob elevada voltagem (4.000 V) e seca por um fluxo de gás (seco e/ou aquecido) injetado coaxialmente ao tubo capilar. As moléculas ionizadas são atraídas eletrostaticamente para dentro do analisador de massas e, posteriormente, detectadas. Esse tipo de ionização e vaporização favorece a formação de moléculas com múltiplas cargas, tornando possível a análise de peptídeos e proteínas de peso molecular alto (m/z pequena) em um aparelho com intervalo de detecção de massas não muito elevado. As principais vantagens e desvantagens da ESI-MS são descritas na Tabela 23.2.

21.3.3 HIDRÓLISE TOTAL SEGUIDA DE ANÁLISE DE AMINOÁCIDOS DO HIDROLISADO

A determinação da composição de aminoácidos de uma sequência peptídica é de fundamental importância para sua identificação ou caracterização química, a determinação de seu real conteúdo peptídico ou proteico (número de mol/massa de material hidrolisado) e também para a compreensão de suas propriedades químicas, físico-químicas e biológicas.

A análise é feita por etapas, cuja ordem é definida pelo tipo de derivatização dos aminoácidos: pré ou pós-coluna.

21.3.3.1 Hidrólise total da sequência de aminoácidos

O polipeptídeo isolado é seco, pesado e transferido para um tubo de vidro *pyrex*. A hidrólise das ligações peptídicas geralmente se dá em meio a HCl 6 M contendo 1% de fenol, a 110 °C por 24 horas, sob atmosfera inerte de N_2 e em ausência de íons metálicos.

Para melhorar a análise posterior recomenda-se que a hidrólise ocorra no estado gasoso. Assim, a amostra seca é colocada em um tubo aberto, que por sua vez é colocado dentro de outro tubo contendo a solução ácida e o fenol. Após criar uma atmosfera inerte para a reação (N_2), os tubos são mantidos a 110 °C pelo tempo desejado (24 horas). Durante o aquecimento somente o vapor ácido e o fenol entram em contato com a amostra a ser hidrolisada, ou seja, contaminantes não voláteis do ácido não afetam a reação.

Essa etapa é crítica, pois durante a hidrólise das ligações peptídicas ocorrem algumas reações secundárias. A serina, a treonina e a tirosina são parcialmente degradadas. A quebra da ligação peptídica entre aminoácidos hidrofóbicos do tipo isoleucina, leucina e valina pode ser parcial. A metionina pode ser parcialmente oxidada ao sulfóxido correspondente, e a recuperação de cisteína e cistina não é reprodutível. O triptofano é totalmente degradado. A asparagina é convertida em ácido aspártico e a glutamina ao ácido glutâmico, e, portanto, esses aminoácidos são quantificados como a soma de asparagina e ácido aspártico, de glutamina e ácido glutâmico.

Por outro lado, o tratamento prévio do peptídeo com o ácido perfórmico leva à transformação da cisteína e da metionina em suas formas mais estáveis, a cistina e a sulfona, permitindo a total recuperação desses aminoácidos. Como alternativa a esse tratamento, o polipeptídeo pode ser completamente reduzido com β-mercaptoetanol ou ditiotreitol em presença de um agente desnaturante como a guanidina (6 M em HCl) ou a ureia 8 M.

Da mesma forma, determinadas condições hidrolíticas propiciam a minimização da destruição do triptofano. O uso de uma pequena quantidade de ácido β-mercaptoacético em HCl 6 M, de ácido p-toluenoacético 3 M ou, ainda, de ácido metanossulfônico 4 M em vez de HCl são algumas delas.

A fim de evitar interferências na etapa subsequente é necessário ao final da hidrólise eliminar a solução reacional ácida, sob vácuo.

21.3.3.2 Separação e detecção dos aminoácidos com derivatização pré ou pós-coluna

A mistura de aminoácidos resultante da hidrólise total do peptídeo ou proteína pode: a) ter seus aminoácidos separados por cromatografia com posterior derivatização para identificação e quantificação (derivatização pós-coluna); b) ser derivatizada e posteriormente ter seus aminoácidos separados para identificação e quantificação (derivatização pré-coluna).

Na derivatização pós-coluna os aminoácidos são separados por cromatografia de troca iônica de alta eficiência em coluna de poliestireno sulfonado usando um sistema de eluição com tampões de pH e força iônica crescentes. A separação depende das propriedades iônicas dos aminoácidos e das interações hidrofóbicas das suas cadeias laterais com a matriz de poliestireno. Após a eluição, os aminoácidos já separados entram em contato com solução de ninidrina (reagente específico que reage com grupos amina livres) em um reator tubular aquecido a 130 °C. O desenvolvimento de coloração permite a detecção dos produtos da derivatização em 570 nm (todos, exceto prolina) e 440 nnm (prolina). A intensidade das cores é proporcional à concentração dos aminoácidos que os originaram. Os dados de absorbância são enviados para um integrador que permite o registro dos cromatogramas (Figura 21.11) e a integração das áreas dos picos neles contidos. A interpolação destas em curvas padrão obtidas para os vinte aminoácidos usuais permite a quantificação daqueles contidos no hidrolisado peptídico ou proteico.

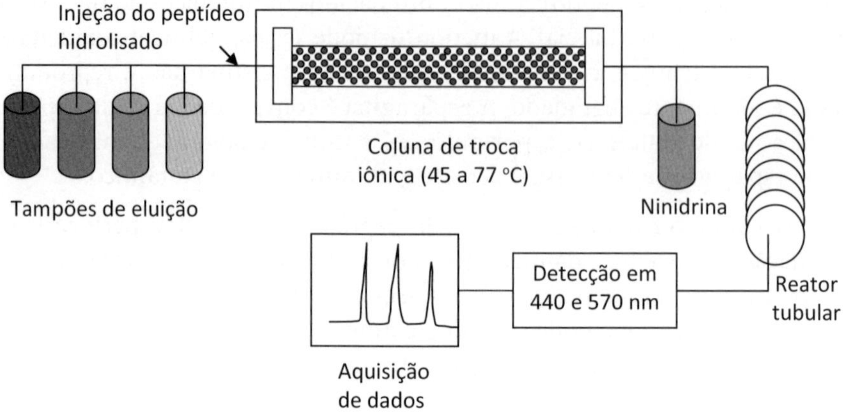

Figura 21.11 Representação esquemática dos componentes básicos de um analisador de aminoácidos com derivatização pré-coluna.

A derivatização pré-coluna, por sua vez, surgiu da necessidade de aumentar a sensibilidade de detecção desse tipo de análise. Portanto, os produtos resultantes da reação de aminoácidos com os derivatizantes propostos por essa metodologia podem ser quantificados com base em suas propriedades fluorescentes ou de absorção na faixa ultravioleta-visível. Os aminoácidos derivatizados são separados, identificados e quantificados por RP-HPLC usando como referências curvas padrão dos vinte aminoácidos usuais.

Existem vários reagentes utilizados para derivatização pré-coluna de aminoácidos. Os mais usados são os seguintes: (1) ortoftalaldeído (OPA), cuja principal vantagem se baseia na possibilidade de uso da fluorescência (λ_{ex}= 340 nm e λ_{em}= 455 nm) após a reação com o aminoácido; (2) fenilisotiocianato (PITC), que ao reagir com os grupos amino dos aminoácidos origina os feniltiocarbamil-derivados (PTC), os quais possuem propriedades espectrais semelhantes e podem ser monitorados e quantificados na faixa de 240 a 255nm.

O desenvolvimento técnico da análise de aminoácidos resultou na sua completa automatização, possibilitando um controle rígido de reprodutibilidade, além de otimização da sensibilidade e tempo de análise. Esse tipo de análise é particularmente importante na caracterização química de peptídeos e proteínas biologicamente ativos isolados de fontes naturais e/ou sintéticos, pois possibilita a determinação dos seus conteúdos peptídicos ou proteicos (quantidade efetiva da biomolécula no material purificado seco).

21.3.3.3 Separação e detecção dos aminoácidos sem derivatização

A mistura de aminoácidos resultantes da hidrólise total do peptídeo ou proteína pode ser separada numa coluna de troca aniônica seguida de uma detecção direta dos aminoácidos por detecção eletroquímica. Nesse método os aminoácidos são separados a pH elevado (entre 12 e 13) e são oxidados em um eletrodo de ouro pela aplicação de diferentes pulsos de voltagens (detecção por amperometria pulsada). Essa oxidação gera uma corrente elétrica proporcional à concentração do aminoácido presente na solução. Os dados de corrente são enviados para um computador que registra e integra as áreas abaixo dos picos (Figura 21.12). Essas áreas são comparadas com as obtidas de um padrão contendo os aminoácidos, e é calculada a quantidade de cada aminoácido presente na solução. Essa técnica também foi completamente automatizada e exige um equipamento dedicado a esse fim.

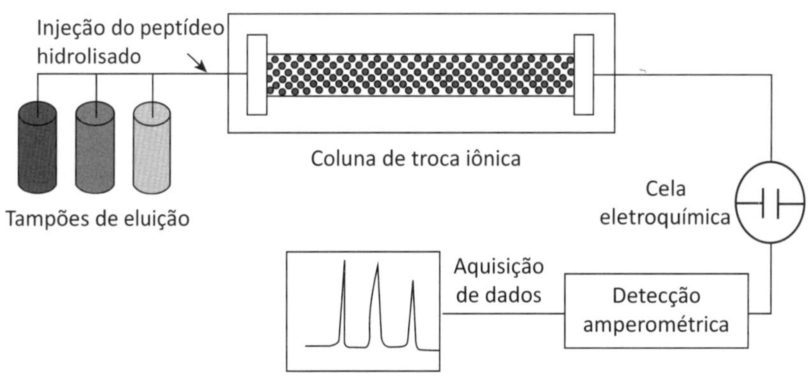

Figura 21.12 Representação esquemática dos componentes básicos de um analisador de aminoácidos com detecção direta.

21.3.4 SEQUENCIAMENTO VIA DEGRADAÇÃO DE EDMAN

Até o momento, é a técnica mais rotineiramente aplicada para o sequenciamento de peptídeos e proteínas. O processo geral pode ser dividido em três etapas: acoplamento, clivagem e identificação.

A etapa do acoplamento (etapa A da Figura 21.13) envolve a reação do fenil-isotiocianato (PITC) com o grupo amino do aminoácido N-terminal do polipeptídeo por 30 minutos a pH entre 9,0 e 9,5, a 55 °C, para a formação do feniltiocarbamil correspondente (PTC). O excesso de reagente, os componentes do tampão e os produtos de degradação dos reagentes devem ser removidos para facilitar a reação de clivagem e identificação do aminoácido. O produto resultante do acoplamento é tratado com ácido trifluoroacético ou heptafluorobutírico anidro, que cliva o resíduo N-terminal derivatizado, resultando no derivado cíclico de tiazolinona e deixando intactos os demais resíduos de aminoácidos da cadeia (etapa B da Figura 21.13). Após a clivagem, o ácido é removido a vácuo e a tiazolinona de aminoácido é extraída com 1-clorobutano.

A tiazolinona é convertida, em meio aquoso ácido, à feniltioidantoína (PTH), que é seu derivado mais estável. O PTH-aminoácido resultante é analisado por RP-HPLC e devidamente identificado por meio de comparação com PTH-aminoácidos padrões. Alguns PTH-aminoácidos possuem baixa percentagem de recuperação como o PTH--Serina (~25%), PTH-Treonina, PTH-Arginina e PTH-Histidina (< 50%).

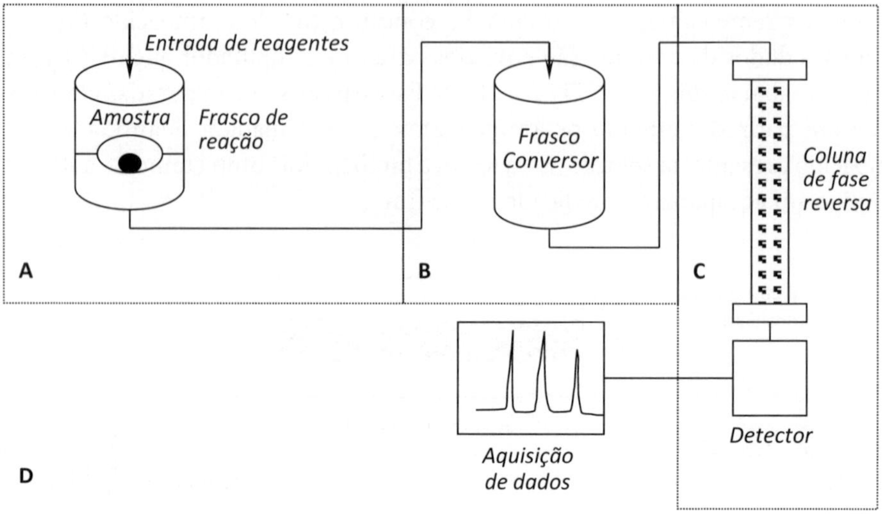

Figura 21.13 Representação esquemática dos componentes básicos de um sequenciador de peptídeos via degradação de Edman.

A sequência, menos um aminoácido (sequência residual), é submetida a um novo ciclo de derivatização com PITC, clivagem e identificação do aminoácido N-terminal derivatizado por n vezes (sendo n o número de resíduos que ele contém). Assim, para a anotação da sequência de aminoácidos do peptídeo analisado é necessário subtrair o cromatograma resultante da análise n-1 do cromatograma n para identificar o aminoácido n, e assim por diante.

Todo o processo discutido é totalmente automatizado, sendo possível determinar de forma rápida e precisa sequências de trinta a cinquenta aminoácidos (1 nmol de material purificado). Entretanto, após trinta a cinquenta ciclos pode ocorrer perda de sensibilidade de análise, a qual se deve basicamente aos seguintes fatores: (1) diminuição da recuperação de PTH produzido a cada ciclo; (2) ocorrência de hidrólise de ligações peptídicas durante a clivagem ácida, gerando novos grupos $-NH_2$ terminais. O uso de reagentes de elevada pureza acondicionados sob atmosfera inerte permite uma minimização desses problemas.

Felizmente, para o caso de sequências peptídicas contendo mais que cinquenta resíduos, o sequenciamento do fragmento N-terminal é muitas vezes suficiente para que se consiga estabelecer uma identidade de estrutura com sequências peptídicas, de porte similar, já conhecida. Além disso, o aprimoramento das diferentes etapas e o acoplamento da degradação de Edman a outras técnicas analíticas, por exemplo, a espectrometria de massas tem possibilitado a determinação de sequências peptídicas contendo cem ou mais resíduos de aminoácidos.

O método de sequenciamento de proteínas ou peptídeos via degradação de Edman apresenta como principal limitação a impossibilidade de aplicação a moléculas que possuem o NH_2 terminal bloqueado por grupos acetil, formil, carbamil e metil ou o ácido piroglutâmico como aminoácido N-terminal. Em ambos os casos, pode-se remover os grupos bloqueadores antes de iniciar o sequenciamento: o ácido piroglutâmico e o grupo acetil, por exemplo, podem ser removidos mediante catálise pelas enzimas glutamato aminopeptidase e N-acilaminoacil hidrolase, respectivamente. Como alternativa, pode-se também realizar o sequenciamento carboxiterminal.

A identificação de aminoácidos não naturais ou daqueles modificados por fosforilação ou hidroxilação durante o sequenciamento via esse método vem sendo conseguida por meio do estabelecimento de condições analíticas específicas.

21.3.5 SEQUENCIAMENTO VIA ESPECTROMETRIA DE MASSAS

A possibilidade de fragmentação dos íons gerados em análises de peptídeos e proteínas por ESI-MS depende do tipo da(s) molécula(s) em estudo e das condições empregadas. Para que ela ocorra é necessário incidir um fluxo de gás perpendicular ao fluxo de íons, de modo a facilitar as colisões físicas entre eles. Assim, é possível fragmentar os íons de massa molar de interesse e obter os seus íons filhos para determinação de suas massas molares via comparação com íons resultantes de fragmentação de peptídeos e proteínas conhecidos. Essa abordagem permite elucidar a estrutura primária do peptídeo ou da proteína em estudo.

21.3.6 COMENTÁRIOS ADICIONAIS

Finalmente, é preciso mencionar que:

1) Recentemente surgiram novas aplicações de RP-HPLC, CE e espectrometria de massas na área de polipeptídeos para identificação de modificações pós-tradução (fosforilação, sulfatação, glicosilação), caracterização de interações não covalentes peptídeo-receptor proteico e análise de hidrolisados peptídicos totais ou parciais. Todas elas supõem identificação e quantificação.

2) A ressonância magnética nuclear (NMR) de alta resolução é uma outra técnica analítica poderosa para a caracterização de polipeptídeos. As mais empregadas são a de prótons (^{1}H-NMR) e de carbono-13 (^{13}C-NMR) em equipamentos que operam em frequências superiores a 400 MHz. Quase exclusivamente, entretanto, o objetivo não é a determinação das estruturas química dos peptídeos em estudo, mas sim a caracterização do comportamento estrutural dessas biomoléculas em solução (isoladas ou na presença de receptores proteicos), frente a

micelas ou membranas, ou, ainda, em estado sólido. De fato, os avanços técnicos das últimas décadas viabilizaram a realização de experimentos que permitem identificar e quantificar interações intermoleculares entre átomos unidos por ligação química ou simplesmente próximos devido a uma organização molecular em nível tridimensional, transformando a NMR na ferramenta mais completa de análise conformacional de peptídeos e proteínas.

EXERCÍCIOS

1. Escreva a estrutura química do hexapeptídeo Ala-Val-Glu-Gly-Arg-Phe, de massa molar teórica 716,87, que atua como um potente inibidor enzimático. Indique os métodos mais apropriados para produzi-lo em larga escala e para identificá-lo inequivocamente em uma mistura dele com seus análogos Ala-Val-Phe-Gly-Arg-Phe e Ala-Val-Glu-Gly-Glu-Phe. Justifique suas respostas.

Resolução:

A estrutura química em solução de baixo pH (por isso na forma totalmente protonada) é a seguinte:

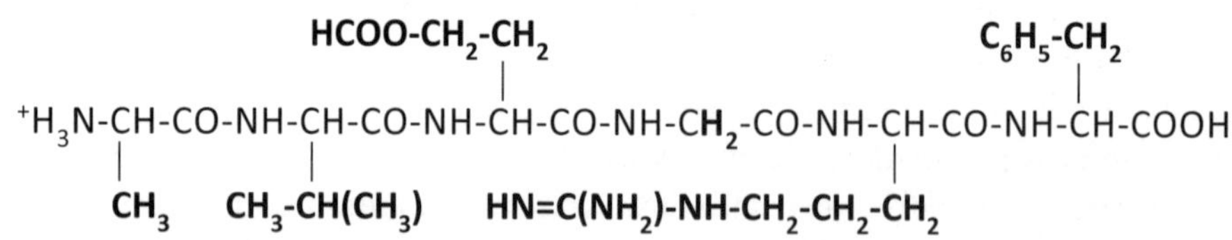

Figura 1 Estrutura química do hexapeptídeo Ala-Val-Glu-Gly-Arg-Phe em solução de baixo pH.

O método mais apropriado para produzi-lo em larga escala é o método químico de síntese em solução ou em fase sólida, principalmente se considerada a sua alta massa molar para o método enzimático e a sua baixa molar para o método do DNA recombinante. Os métodos mais apropriados para identificá-lo inequivocamente na mistura proposta são os seguintes: a espectrometria de massas (os análogos têm uma Phe substituindo o Glu na posição 3 e um Glu substituindo uma Arg na posição 6, respectivamente, e, portanto, apresentam massas molares diferentes do hexapeptídeo original), a hidrólise total seguida de análise de aminoácidos do hidrolisado (eles possuem composições diferentes) e a eletroforese capilar (considerando os valores de pKas das cadeias laterais dos aminoácidos, as substituições conferem a ele e aos análogos cargas líquidas diferentes em um dado pH).

2. Um peptídeo de 52 resíduos de aminoácidos foi produzido pelo método do DNA recombinante e depois submetido a uma marcha de purificação por dois funcionários de uma empresa biotecnológica. A análise por RP-HPLC do material obtido mostrou um único pico no perfil cromatográfico. Os dois funcionários entraram em desacordo sobre as conclusões a serem tiradas desse resultado: um concluiu que o peptídeo obtido estava puro (homogêneo quimicamente), e o outro que ele poderia estar contaminado por um subproduto de polaridade similar, provavelmente um isômero óptico. Qual deles estava correto? Como resolver a dúvida experimentalmente?

Resolução:

Ambas as conclusões estão incorretas: (a) o aparecimento de um único pico no perfil cromatográfico não necessariamente significa homogeneidade química, pois, dependendo das condições de eluição, contaminante e produto podem apresentar o mesmo tempo de retenção em uma coluna de RP-HPLC; (b) o método do DNA recombinante nunca poderia gerar isômeros ópticos que contaminariam o peptídeo, pois a maquinaria ribossomal geralmente sintetiza peptídeos e proteínas a partir de *L*-aminoácidos. A dúvida poderia ser resolvida por análises do purificado por LC-MS e por eletroforese capilar: a primeira detectaria um contaminante de polaridade idêntica à do peptídeo e massa molar diferente, a segunda poderia separá-los evidenciando a contaminação.

REFERÊNCIAS BIBLIOGRÁFICAS

AGER, D. J. et al. Commercial, synthetic nonnutritive sweeteners. *Angewandte – Chemie International Edition*, v. 37, p. 1802-17, 1998.

BEMQUERER, M. P. et al. Mixtures of trifluoroethanol or hexafluoroisopropanol and dimethylformamide are not of general applicability for peptide condensations catalyzed by trypsin. *Journal of Peptide Research*, v. 51, p. 29-37, 1998.

BRUCKDORFER, T. et al. From production of peptides in milligram amounts for research to multi-tons quantities for drugs of the future. *Current Pharmaceutical Biotechnology*, v. 5, p. 29-43, 2004.

CLARKE, A. P. et al. An integrated amperometry waveform for the direct, sensitive detection of amino acids and amino sugars following anion-exchange chromatography. *Analytical Chemistry*, v. 71, p. 2774-81, 1999.

FIELDS, G. B. (ed.). *Solid-phase peptide synthesis*. New York: Academic Press, 1997. Série Methods in Enzymology, v. 289.

JONCZYK, A.; Gattner, H. G. A new semisynthesis of human insulin. Tryptic transpeptidation of porcine insulin with L-threonine tert-butyl ester. *Hoppe-Seylers Zeitschrift fur physiologische Chemie*, v. 362, p. 1591-8, 1981.

KASICKA, V. Recent advances in capillary electrophoresis of peptides. *Electrophoresis*, v. 22, n. 19, p. 4139-4162, 2001.

KONNO, K. et al. Crotalphine, a novel potent analgesic peptide from the venom of the South American rattlesnake Crotalus durissus terrificus. *Peptides*, v. 29, p. 1293-304, 2008.

KRISHNAMURTHY, K. *Pioneers in scientific discoveries*. New Delhi: Mittal Publications. 2002.

LEBL, M.; KRCHNÁK, V. Synthesis peptide libraries. In: FIELDS, G. B. (ed.). *Solid--phase peptide synthesis*. San Diego: Academic Press, 1999. Série Methods in Enzymology, v. 289, p. 336-392.

LI, W. Peptide vaccine: progress and challenges. *Vaccines*, v. 2, p. 515-536, 2014.

LIRIA, C. W. et al. Synthesis, properties, and application in peptide chemistry of a magnetically separable and reusable biocatalyst. *Journal of Nanoparticles Research*, v. 16, p. 2612-2624, 2014.

LOFFREDO, C. et al. Microwave-assisted solid-phase peptide synthesis at 60 °C: alternative conditions with low enantiomerization. *Journal of Peptide Science*, v. 15, p. 808-817, 2009.

MACHADO, A. et al. Synthesis and properties of cyclic gomesin and analogues. *Journal of Peptide Science*, v. 18, p. 588-598, 2012.

MANT, C. T.; HODGES, R. S. *High-performance liquid chromatography of peptides and proteins: separation, analysis and conformation*. Boca Raton: CRC Press, 1991.

MIRANDA, M. T. M. et al. Total synthesis, purification, and characterization of human [Phe(c-CH_2SO_3Na)^{52}, Nle^{32,53,56}, Nal^{55}]-CCK$_{20\text{-}58}$, [Tyr^{52}, Nle^{32,53,56}, Nal^{55}]-CCK-58, and [Phe(p-CH_2SO_3Na)^{52}, Nle^{32,53,56}, Nal^{55}]-CCK-58. *Journal of Protein Chemistry*, v. 12, n. 5, p. 533-44, 1993.

PARK, C. J. et al. Characterization and cDNA cloning of two glycine- and histidine--rich antimicrobial peptides from the roots of shepherd´s purse. *Capsella bursa-pastoris. Plant Molecular Biology*, v. 44, p. 187-197, 2000.

PENTEADO, J. C. P. et al. Fluorimetric determination of intra- and extracellular free amino acids in the microalgae *Tetraselmis gracilis (Prasinophyceae)* using monolithic column in reversed phase mode. *Journal of Separation Science*, v. 32, p. 2827-2834, 2009.

REMUZGO, C. et al. Chemical synthesis, structure–activity relationship, and properties of shepherin I: a fungicidal peptide enriched in glycine-glycine-histidine motifs. *Amino Acids*, v. 46, p. 2573-2586, 2014.

RIGOBELLO-MASINI, M. et al. Implementing stepwise solvent elution in sequential injection chromatography for fluorimetric determination of intracellular free amino acids in the microalgae *Tetraselmis gracilis. Analytica Chimica Acta*, v. 628, p. 123-132, 2008.

STRYJEWSKA, A. et al. Biotechnology and genetic engineering in the new drug development. Part I. DNA technology and recombinant proteins. *Pharmacological Reports*, v. 65, p. 1075-1085, 2013.

UNGARO, V. A. et al. A green route for the synthesis of a bitter-taste dipeptide combining biocatalysis, heterogeneous metal catalysis and magnetic nanoparticles. *RSC Advances*, v. 5, p. 36449-36455, 2015.

VARANDA, L. M.; Miranda, M. T. M. Solid-phase peptide synthesis at elevated temperatures: a search for an optimized synthesis condition of unsulfated cholecystokinin-12. *Journal of Peptide Research*, v. 50, p. 102-108, 1997.

VERLANDER, M. Industrial applications of solid-phase peptide synthesis – A status report. *International Journal of Peptide Research and Therapeutics*, v. 13, p. 75-82, 2007.

VIERO, C. et al. Oxytocin: crossing the bridge between basic science and pharmacotherapy. *CNS Neuroscience & Therapeutics*, v. 16, p. 138-156, 2010.

ZHANG, G. et al. Overview of peptide and protein analysis by mass spectrometry. *Current Protocols in Molecular Biology*, v. 10, p. 10.21.1-10.21.30, 2014.

CAPÍTULO 22

Integração de etapas na obtenção de produtos biotecnológicos

Adalberto Pessoa Jr.

Beatriz Vahan Kilikian

NOMENCLATURA

β-Gal – β-galactosidase

ALE – Adsorção em leito expandido

BRP – Fosfolipase

BSA – Albumina de soro bovino

CIM – *Convective interaction media* [meio de interação convectiva]

DTT – Ditiotreitol

E. coli – *Escherichia coli*

GRAS – Geralmente reconhecidos como seguros

IGF-I – Fator de crescimento

IgG – Imunoglobulina G

K – Coeficiente de partição

kDa – kiloDalton

MBP – *Maltose binding protein* [proteína de ligação à maltose]

MM – Massa molar

PEG – Polietilenoglicol

PVP – Polivinilpiridina

LISTA DE PALAVRAS

Adsorção em leito expandido

Avidina

Biologia molecular

Biotina

Bolores

Células animais

Centrifugação

Clarificação

Corpos de inclusão

Cromatografia,

de interação hidrofóbica

de troca aniônica

de troca iônica

Engenharia genética

Espaço periplásmico

Eucariotos

Extração líquido-líquido

Glicosilação

Histidina

IgG

Inibidor

Insulina

Leveduras

Ligante de afinidade

Lise

Maltose binding protein

Meio de cultivo

Microrganismos GRAS

Microrganismos hospedeiros

Microfiltração

Modificações pós-traducionais

Níquel

Permeabilização

Plasmídeo

Ponte dissulfeto

Pressão osmótica

Procariotos

Proteases

Proteína de fusão

Rompimento

Secreção

Ultrafiltração

22.1 INTRODUÇÃO

Na integração de etapas do processo de obtenção de produtos biotecnológicos, os objetivos das etapas são alcançados simultaneamente, reduzindo o número de passos e, consequentemente, aumentando o rendimento da molécula-alvo. Um exemplo é a clarificação do meio e a separação primária da molécula-alvo numa só etapa. A integração de etapas na obtenção de produtos biotecnológicos compreende também as modificações ao processo no seu *upstream*, incluindo modificações genéticas na célula e a formulação de meios de cultura que não agreguem contaminantes, com vista à facilitação da purificação. Trata-se, portanto, de uma abordagem mais abrangente em comparação ao desenvolvimento em separado de cada etapa, pois numa única etapa ou abordagem mais de um objetivo será buscado.

As tecnologias de purificação de biomoléculas desenvolveram-se em paralelo à expansão da indústria biotecnológica, de modo a satisfazer as exigências de aplicação dos produtos, sobretudo aqueles destinados à saúde humana e animal de forma direta, caso dos fármacos e vacinas, e os de uso indireto, como os *kits* para diagnósticos, e, ainda, em paralelo ao desenvolvimento das operações unitárias clássicas da engenharia química. Tomando-se, por exemplo, a separação por meio de cromatografias, verifica-se uma gama ampla de modificações a fim de torná-las adequadas às biomoléculas, modificações essas que vão desde os materiais de adsorção – as chamadas resinas cromatográficas, para as quais um bom exemplo é a nova tecnologia denominada coluna monolítica (CIM) – até as colunas e mesmo os fundamentos da separação, considerando-se as separações baseadas em afinidade biológica, caso particular das biomoléculas. As membranas empregadas em diversas operações da purificação de biomoléculas são também objeto de contínua pesquisa e investimento, a fim de garantir melhores resoluções nas separações e menores perdas por adsorção da molécula-alvo nas membranas. Mesmo nas etapas primárias do processo de purificação, por exemplo, na filtração ou centrifugação para clarificação de suspensões microbianas, verifica-se investimento em equipamentos específicos que garantam maiores produtividades e rendimentos.

A despeito do significativo desenvolvimento das operações unitárias empregadas na purificação dos produtos biotecnológicos, o número de etapas necessárias para atender às exigências do uso pode ser uma barreira à viabilidade econômica do processo, conforme foi demonstrado no Capítulo 1. Por exemplo, se a cada operação unitária o rendimento em produto for de 90%, a aplicação de nove operações levará a um rendimento final de cerca de apenas 40%. Daí a preocupação em reunir etapas, aqui denominada integração de etapas, na obtenção de produtos biotecnológicos: dela resulta maior rendimento e produtividade da molécula-alvo no processo de produção e menor investimento na planta de purificação.

Antes da apresentação e discussão de algumas possibilidades de integração de operações ou etapas no processo completo de produção de uma biomolécula, segue aqui uma breve revisão do referido processo visto na forma de dois grandes blocos, a saber: o bloco de produção, compreendendo o preparo das células, dos meios de cultivo e a realização do cultivo; e o bloco constituído pelas etapas de purificação da molécula-alvo.

As soluções escolhidas no bloco de produção afetam significativamente o bloco de purificação. A célula produtora e seus subprodutos são sem dúvida contaminantes em relação à molécula-alvo. Por exemplo, a produção de uma enzima extracelular por um bolor geralmente é acompanhada por uma gama de enzimas extracelulares além da enzima de interesse, ao passo que a produção da mesma enzima num procarioto geneticamente modificado com a finalidade de expressar o gene da enzima de interesse resultará em uma gama menor de proteínas acompanhando a molécula de interesse. Claro está, porém, que a capacidade específica de produção de determinadas enzimas por bolores, capacidade essa que pode ser expressa como a massa de enzima por massa de célula, supera a capacidade de produção em procariotos selvagens.

O meio de cultivo empregado pode agregar contaminantes em variedade e concentração significativas, sobretudo se componentes complexos forem empregados, como:

- *Melaço* – solução de açúcares resultantes da etapa de centrifugação do açúcar cristalizado, uma fonte barata de açúcar fermentescível assimilada por grande parte dos microrganismos que, entretanto, contém sólidos em suspensão que podem ser prejudiciais ao cultivo e à purificação, além de conterem moléculas orgânicas que agregam cor ao meio;

- *Milhocina* – a água remanescente da maceração do milho, rica em aminoácidos e vitaminas, que constitui excelente componente complexo na formulação de meios de cultivo. Seus aminoácidos, contudo, podem ser contaminantes na purificação da molécula-alvo;
- *Soro residual da fabricação de queijo* – uma fonte rica em lactose (teor de 4,8%) e, portanto, fonte de carbono para os microrganismos capazes de metabolizá-la. É também fonte de carbono na forma de ácido lático e ácido cítrico, das proteínas globulina e albumina, de lipídeos, sais minerais como cloreto de sódio, cloreto de potássio, sais de cálcio, principalmente na forma de fosfato de cálcio, ureia, que é excelente fonte de nitrogênio orgânico para muitos microrganismos, vitaminas do complexo B, B1, B2, B6, piridoxina, B5 e B12, além de ácido pantotênico, ácido fólico e biotina, e o espectro completo de aminoácidos, o que faz desse componente complexo uma fonte de contaminantes.

As condições do cultivo influem na gama de subprodutos e na reologia do meio. Células de cultivos conduzidos sob condições de elevado estresse, como o estresse imposto pela limitação de um ou mais nutrientes, apresentam reduzida viabilidade celular e consequente aumento da viscosidade do meio, devido à liberação do citoplasma pela população que sofre lise. Viscosidades elevadas resultam em dificuldade de transporte e homogeneização do meio, e dificuldades adicionais nas operações unitárias de purificação. Há microrganismos que sofrem alteração da forma em função da limitação nutricional em oxigênio e alongam-se. O resultado da nova forma é o aumento da viscosidade do meio.

No bloco de purificação tem-se que as operações unitárias escolhidas exercerão influência sobre o rendimento da molécula-alvo e a produtividade global do processo. Por exemplo, se ao final do cultivo de uma levedura produtora de uma molécula-alvo extracelular exigente de cromatografia para sua adequada purificação for frequente o meio apresentar bactérias contaminantes, a clarificação deverá ser capaz de remover os dois tipos de células, levedura e bactérias, a fim de se obter meio límpido. Nesse caso, a filtração tangencial deverá ser considerada no desenvolvimento do processo, pois uma centrifugação eficiente somente para sedimentação de leveduras resultará na introdução de mais uma etapa de clarificação para bactérias, com consequente redução no rendimento da molécula-alvo.

Processos de purificação que exijam mais de uma etapa de cromatografia devem ser desenvolvidos de modo a compatibilizar a sequência: por exemplo, uma adsorção por cromatografia de troca iônica posterior a uma adsorção por hidrofobicidade que gera eluente de elevada força iônica poderá exigir uma correção dessa força por meio de processo com membranas, o que não é adequado para o rendimento global da molécula-alvo e para os custos envolvidos.

A seguir serão discutidas algumas alternativas de integração de etapas com o objetivo de facilitar a purificação, as quais foram assim divididas:

- No *bloco de produção* abordam-se (1) certas possibilidades de modificações à estrutura original de uma molécula-alvo para facilitar a purificação, como a síntese de moléculas heterólogas em microrganismos (denominados hospedeiros) escolhidos em função de facilidades de purificação e de outras vantagens; (2) algumas possibilidades de reunião da etapa do cultivo microbiano com a etapa de purificação ou de clarificação, solução frequentemente adotada para a manutenção de altas concentrações celulares também no reator de cultivo, já que as células separadas na clarificação são recicladas ao biorreator;
- No *bloco de purificação* aborda-se a estratégia para escolha da ordem das operações unitárias de purificação, uma vez que essa ordem altera o resultado da purificação em termos de rendimento e pureza da molécula-alvo.

22.2 ALTERNATIVAS DE INTEGRAÇÃO

22.2.1 MODIFICAÇÕES NA ESTRUTURA DA MOLÉCULA-ALVO

A aplicação das ferramentas que a engenharia genética disponibiliza é cada vez mais frequente nos processos biotecnológicos, pois as vantagens obtidas tornam tais recursos imprescindíveis. É possível, por exemplo, redefinir a estrutura química de uma molécula a fim de lhe conferir propriedades importantes à sua produção, purificação e uso. A Figura 22.1 ilustra uma proteína genérica de fusão, assim denominada por conta da cauda a ela agregada por meio de uma sequência de nucleotídeos específica adicionada ao gene original. A agregação de uma cauda a uma determinada molécula tem por objetivo conferir a ela propriedades específicas, como aumento da solubilidade; facilidade de imobilização (no caso de enzimas que serão empregadas na forma imobilizada); proteção contra a ação de proteases; resolução elevada na detecção e quantificação em análises cromatográficas; redução da imunogenicidade; adsorção eficiente nas purificações cromatográficas, por exemplo, por meio de cauda constituída da proteína IgG, a qual permite a adsorção por afinidade biológica.

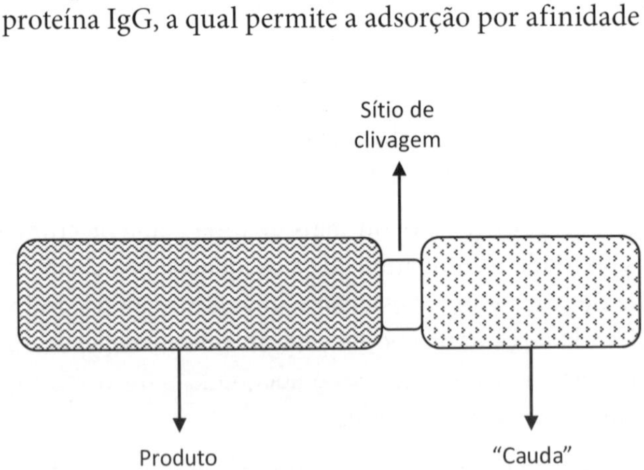

Figura 22.1 Proteína de fusão com propriedades que facilitam as etapas de purificação. A "cauda" pode apresentar propriedades analíticas, de imobilização, de separação e de proteção contra a ação de proteases.

Por exemplo, um peptídeo com ação diurética e hipotensiva em humanos, de 2 kDa de massa molar, foi transformado em uma molécula de fusão pela introdução de uma cauda constituída por uma proteína natural de *E. coli*, a tioredoxina, de 11.700 Da, e uma sequência de seis histidinas. A primeira modificação teve por objetivo aumentar o nível de produção intracelular do peptídeo em *E. coli* e proteger a molécula da ação de proteases, e a segunda modificação tornou a molécula passível de purificação em processo cromatográfico por afinidade com íons níquel imobilizados na matriz cromatográfica. A partir da fase líquida com as células rompidas, a molécula-alvo foi purificada unicamente por meio de adsorção específica da histidina aos sítios com níquel na resina cromatográfica. Após a purificação efetuou-se hidrólise do sítio de clivagem por enzima específica, a fim de se obter o peptídeo livre da cauda. Caudas agregadas a moléculas com exigência de elevado grau de pureza, podem conferir outras características além da capacidade de ligação a metais, como hidrofobicidade via sequência de aminoácidos hidrófobos, a fim de se obter elevada resolução na adsorção por hidrofobicidade, tanto para purificação como para análises quantitativas.

Além das propriedades físico-químicas, as propriedades bioquímicas podem ser exploradas nas modificações estruturais destinadas a facilitar a purificação de biomoléculas. A vitamina biotina e a avidina, proteína encontrada na clara do ovo, apresentam elevada afinidade, a ponto de estabelecerem interação comparável a uma ligação covalente, embora a ligação formada por essas duas moléculas seja do tipo não covalente. Por essa razão a avidina é amplamente utilizada como ligante de afinidade na purificação de enzimas às quais uma cauda constituída de biotina é adicionada como resultado de alterações no gene que codifica a enzima. Por exemplo, a enzima β-galactosidase (β-Gal) pode ser "biotinizada", isto é, pode ser ligada à biotina em um ponto específico por meio da expressão de um plasmídeo em *E. coli* que codifique a fusão da β-Gal com a região aminoterminal de um polipeptídeo. Quando o produto dessa fusão é expresso em *E. coli*, um resíduo de lisina do polipeptídeo é especificamente "biotinizado" durante o processo de modificação pós-traducional, por intermédio da enzima biotina ligase naturalmente presente em *E. coli*. Para a purificação do complexo β-galactosidase-biotina filtra-se o meio em uma membrana de poliéter sulfona contendo avidina imobilizada, como ilustrado na Figura 22.2. Quando realizada dessa forma, a purificação possibilita a aplicação imediata da enzima em reator enzimático de membrana para a hidrólise de lactose e formação de glicose e galactose.

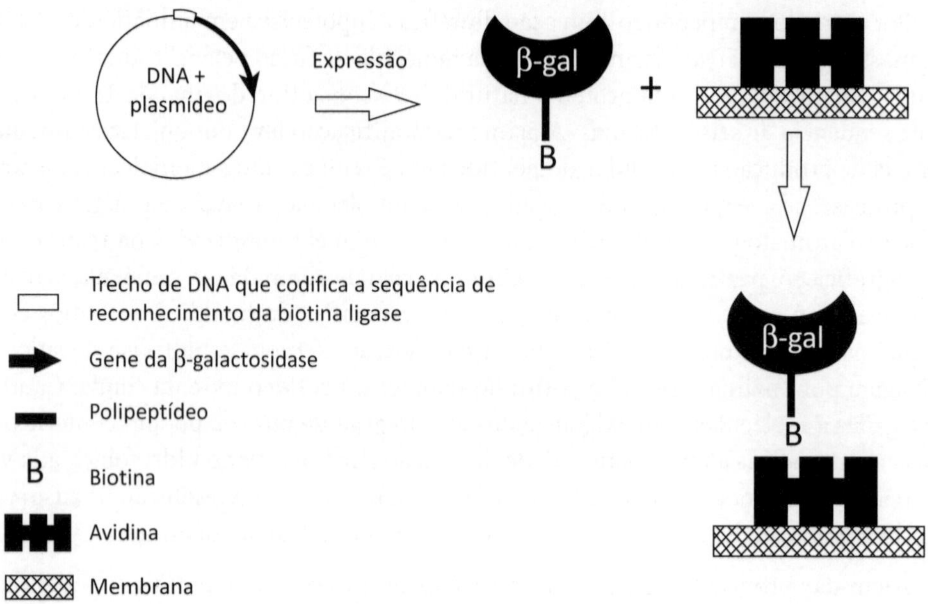

Figura 22.2 Imobilização sítio-específica da β-galactosidase: uma sequência de reconhecimento da biotina ligase presente no plasmídeo que codifica a expressão da β-galactosidase é adicionada ao plasmídeo que é incorporado em *E. coli*. O complexo β-Gal-biotina é especificamente atraído pela avidina imobilizada em membrana.

22.2.2 SELEÇÃO DE HOSPEDEIROS PARA A SÍNTESE DE MOLÉCULAS DE INTERESSE

Os conhecimentos da biologia molecular associados às ferramentas da engenharia genética tornaram possível escolher a célula que executará a síntese de uma determinada molécula de interesse. Genes de moléculas de interesse são combinados aos genes de hospedeiros especificamente escolhidos, por exemplo, microrganismos geralmente reconhecidos como seguros (GRAS) para cultivos em larga escala e facilidades posteriores de purificação.

Embora apresentem deficiência na execução de modificações pós-traducionais, as bactérias são preferencialmente escolhidas como hospedeiras para a síntese de proteínas heterólogas, ou seja, estranhas em relação ao elenco das proteínas delas, pois bactérias atingem elevadas concentrações celulares em poucas horas de cultivo, associadas a elevadas concentrações da molécula-alvo. Outras vantagens são o maior conhecimento acumulado sobre sua genética e metabolismo em comparação a qualquer organismo, além da aprovação dos protocolos de purificação de seus produtos por órgãos de controle governamentais, como a norte-americana Food and Drug Administration (FDA). Variedades atenuadas de *E. coli*, de modo a não serem infecciosas para humanos, são frequentemente empregadas como hospedeiros de genes de moléculas de interesse. Particularmente para as etapas da purificação, a adoção de um microrganismo conhecido, como é o caso da *E. coli*, significa que as impurezas decorrentes da composição dessa célula e os subprodutos do metabolismo dessa bactéria são conhecidos.

Procariotos como as variedades de *E. coli* acumulam a maior parte dos produtos do seu metabolismo anabólico no citoplasma, enquanto os produtos do catabolismo, ácidos orgânicos em geral, são secretados para o ambiente extracelular. Uma desvantagem notável no uso de *E. coli* é, portanto, sua inabilidade para secretar proteínas para o espaço extracelular, acumulando-as no citoplasma, no qual se formam corpos de inclusão contendo a molécula de interesse, os quais, embora dificultem as etapas posteriores, quais sejam, purificação e processamento da proteína para obtenção de sua estrutura funcional, tornam a molécula-alvo menos susceptível ao ataque das proteases. Daí a importância de estratégias que permitam a secreção de proteínas heterólogas em bactérias para o meio extracelular.

A despeito das dificuldades de purificação impostas pela localização intracelular dos produtos dos genes clonados em *E. coli*, as facilidades decorrentes do conhecimento do protocolo de purificação tornaram essa espécie a mais amplamente adotada na produção de moléculas importantes, como é o caso da insulina. Estudos para modificações genéticas dos sistemas de transporte da membrana citoplasmática e parede celular em *E. coli* vêm sendo realizados com o objetivo de melhorar a eficiência de transporte de proteínas homólogas e heterólogas para fora da bactéria, a fim de facilitar a posterior purificação (CHRISTIAN et al., 2012).

Proteínas heterólogas em *E. coli* podem ser endereçadas ao espaço periplásmico da célula, que é o espaço entre a membrana citoplasmática e a parede celular, mediante a introdução de uma cauda à estrutura original da molécula, que atua como sinalizadora para as enzimas da membrana citoplasmática transportarem a molécula-alvo até o referido espaço periplásmico. O processo de síntese de proteínas continua no espaço periplásmico com favorecimento à síntese de proteínas complexas e, sobretudo, às ligações do tipo ponte dissulfeto, resultando em maior estabilidade da molécula e facilidade na posterior purificação. Pequenas sequências marcadoras são adicionadas às proteínas endereçadas ao espaço periplásmico não só para a sinalização dos sistemas de transporte da membrana, mas também para facilitar a posterior purificação. O domínio D da proteína A de *Staphylococcus aureus*, por exemplo, atua na sinalização para o transporte de várias proteínas do citoplasma de *E. coli* para o espaço periplásmico, além de proteger a região aminoterminal da proteína-alvo da degradação.

A extração da molécula-alvo localizada no espaço periplásmico pode ser efetuada por meio da expansão da membrana citoplasmática e redução do volume do espaço periplásmico, com consequente expulsão das moléculas do seu interior para o meio extracelular. A expansão da membrana citoplasmática pode ser induzida por meio de redução da força iônica do meio aquoso extracelular, da qual decorre a diluição do citoplasma por conta da entrada de água na célula para o equilíbrio da pressão osmótica. Adicionalmente, a secreção das moléculas do espaço periplásmico pode ser facilitada pela lise parcial da parede extracelular por ação de enzimas líticas. Tal forma de extração seletiva apenas das moléculas do espaço periplásmico é vantajosa sobre a lise completa da célula, a qual ocorre nas operações de homogeneização, já que o número e concentração dos contaminantes a serem eliminados na purificação serão sensivelmente reduzidos.

Uma das estratégias para contornar as dificuldades impostas pela produção intracelular em *E. coli* é criar proteínas de fusão cuja cauda seja constituída de MBP e de uma proteína de secreção extracelular de bacteriocinas – MBP é uma proteína de ligação à maltose, *maltose binding protein*, localizada no espaço periplásmico em *E. coli*, e a proteína de secreção é reconhecida na parede celular. O resultado desse conjunto é a secreção sucessiva do citoplasma para o espaço periplásmico e para o meio extracelular, seguindo-se eficiente purificação por meio de adsorção por afinidade da MBP da proteína-alvo a α-1,4-glucanas. O sistema se completa por meio da coexpressão de fosfolipase (BRP), a qual degrada parcialmente a parede celular, resultando na sua permeabilização com consequente difusão das proteínas do espaço periplásmico, o que evita, portanto, a homogeneização das células e todas as suas consequências negativas para as etapas de purificação. A coexpressão da fosfolipase, entretanto, deve ser controlada e precisa ocorrer apenas ao final do cultivo, já que células com a parede degradada, ainda que parcialmente, não mais se reproduzem (SOMMER et al., 2009).

Há moléculas de interesse industrial cuja produção em procariotos é inviável, como proteínas de mamíferos que necessitam de modificações pós-traducionais. Tais moléculas requerem eucariotos como hospedeiros para expressão heteróloga, os quais podem ser desde leveduras e bolores até células animais. Entretanto, seguindo a mesma lógica da escolha do organismo de maior facilidade de cultivo, a escolha recairá sobre determinadas leveduras reconhecidamente GRAS, quando a síntese for eficientemente realizada, em detrimento de bolores e células animais, pois estas últimas apresentam crescimento extremamente mais lento em comparação aos fungos – leveduras e bolores – e, sobretudo, às bactérias.

As leveduras frequentemente empregadas na síntese de proteínas heterólogas são *Saccharomyces cerevisiae*, *Kluyveromyces lactis*, *Pichia pastoris* e *Yarrowia lipolytica*, com dezenas de sistemas de expressão, muitos em uso comercial (BERLEC; STRUKELJ, 2013). Essas espécies de leveduras reúnem várias das características que as tornam atraentes para serem hospedeiras na síntese de proteínas heterólogas e até mesmo homólogas, as quais vão desde a facilidade de cultivo até elevadas concentrações celulares, o amplo conhecimento sobre sua genética, metabolismo e fisiologia, e a capacidade de efetuar as modificações pós-traducionais, bem como de secretar as moléculas-alvo para o ambiente extracelular. O grau de glicosilação da molécula-alvo, por exemplo, é uma das modificações pós-traducionais possível nas leveduras, embora varie entre as espécies para uma mesma proteína, constituindo uma das características que orienta a escolha desses hospedeiros. Já a secreção nem sempre ocorre e, assim como na *E. coli*, pode ser explorada à medida que o gene heterólogo é adicionado da codificação para a sequência que sinaliza as enzimas de transporte para o meio extracelular, o que é particularmente importante uma vez que leveduras apresentam maior resistência ao rompimento em relação a bactérias.

22.2.3 INTEGRAÇÃO DO CULTIVO MICROBIANO À PURIFICAÇÃO

A integração da etapa de cultivo das células com o bloco da purificação geralmente tem por motivação realizar o cultivo sob elevada concentração celular, de modo a lograr elevada produtividade na molécula-alvo, uma vez que a microunidade de produção é a própria célula. Outra motivação frequente é a redução, contínua ou intermitente, da concentração da molécula-alvo no meio de cultura, quando essa molécula ou reações das quais ela participa resultam em efeito inibidor sobre a sua produção. Em qualquer dos dois casos, isto é, na manutenção de elevada concentração celular no biorreator ou na redução da concentração de inibidores da síntese da molécula-alvo, ou ambos, ocorre concomitante endereçamento da molécula-alvo para as etapas de purificação. Portanto, a purificação ocorre em paralelo à produção.

O xilitol, poliálcool natural de cinco átomos de carbono, tem várias aplicações, dentre as quais se destaca a aplicação como adoçante capaz de substituir com vantagem o açúcar convencional (a sacarose), pois é tolerado por diabéticos. A produção de xilitol por via microbiológica é alternativa ao processo catalítico, com menor impacto ambiental. No entanto, para a viabilidade econômica da via microbiológica são necessárias elevada produtividade – velocidade volumétrica de produção de xilitol (g/L.h) – e elevada taxa de conversão do substrato a xilitol, as quais podem ser obtidas aplicando-se o regime contínuo ao cultivo, com reciclo das células por meio de separação com membranas, resultando em elevada concentração de células no reator de cultivo e, por conseguinte, elevada produtividade em xilitol. A Figura 22.3 ilustra o caso da produção de xilitol a partir de D-xilose, em regime contínuo, pela levedura *Candida guilliermondii*, com o acoplamento da produção no biorreator à separação das células por ultrafiltração através de membrana com diâmetro de corte igual a 20 kDaltons. A levedura é reciclada ao reator, enquanto o meio clarificado contendo xilitol é direcionado às etapas de purificação. A membrana de ultrafiltração escolhida para separar as células e assim viabilizar o seu reciclo permitiu que o valor do fluxo de retroalimentação de células ao biorreator fosse compatível com a concentração de células exigida pelo cultivo durante o estado estacionário do regime contínuo. Além disso, essa membrana permitiu a geração de um permeado com alto grau de pureza, o que facilitou a etapa seguinte de purificação do xilitol produzido (FARIA et al., 2002).

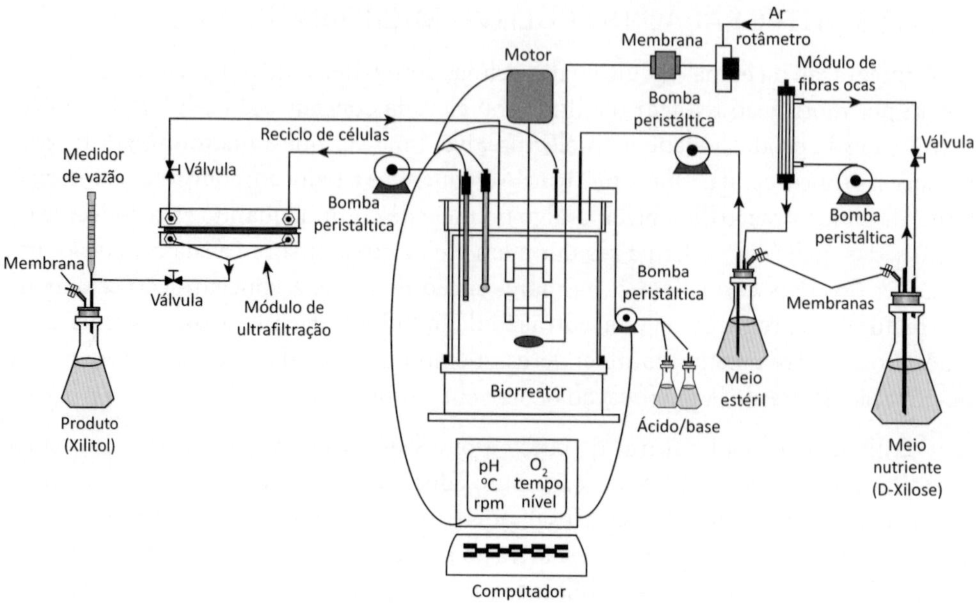

Figura 22.3 Sistema de produção contínua de xilitol por *Candida guilliermondii,* com reciclo das células separadas por meio de ultrafiltração.

Os solventes butanol e acetona podem ser obtidos a partir de cultivos microbianos conduzidos com a bactéria *Clostridium acetobutylicum*. Esses produtos encontram-se diluídos no meio de cultivo em consequência de efeitos inibitórios causados por eles mesmos, tornando o processo pouco produtivo. Várias soluções foram propostas para a remoção desses produtos tóxicos gerados durante o cultivo, como a extração líquido-líquido, a pervaporação, a ultrafiltração e a osmose reversa. A Figura 22.4 apresenta o diagrama esquemático de um processo no qual os produtos inibitórios, butanol e acetona, são continuamente adsorvidos em coluna contendo resina polivinilpiridina (PVP), a partir do meio previamente clarificado por meio de microfiltração. O processo compreende também o reciclo das células e do meio eluído após a adsorção dos solventes para o biorreator. O sistema de adsorção foi composto por duas colunas para viabilizar a operação em regime contínuo, pois, enquanto uma coluna é utilizada na adsorção dos inibidores, a outra coluna é submetida à dessorção e regeneração. As vantagens desse esquema são a elevada concentração de células no biorreator, o cultivo das células sob concentrações controladas dos inibidores que são os solventes e o elevado fator de conversão do substrato a produtos, como resultado do reciclo da fração eluída ao biorreator. A Tabela 22.1 sumariza os principais resultados, com destaque para a produtividade, aumentada em 4,2 vezes, e para a concentração final do produto, aumentada em 2,4 vezes, para os quais concorreu a condução do cultivo em regime descontínuo-alimentado-repetido, além do reciclo de células e separação simultânea e contínua dos produtos inibitórios.

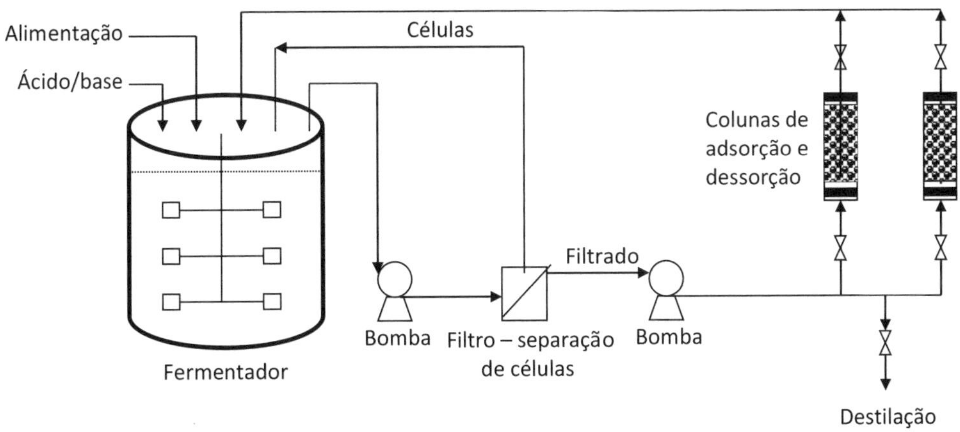

Figura 22.4 Diagrama esquemático de um cultivo em regime descontínuo-alimentado com reciclo de células e adsorção contínua de inibidores.

Tabela 22.1 Resultados na produção de acetona e butanol por processo descontínuo e descontínuo-alimentado-repetido integrado à adsorção dos solventes e reciclo de células

Parâmetro	Processo descontínuo (sistema tradicional)	Processo integrado
Tempo total de cultivo (h)	48,0	239,5
Total de solventes produzidos (g)	13,5	387,3
Concentração de solventes (g/L)	19,3	47,2
Produtividade do fermentador (g/L.h)	0,4	1,69

Fonte: Yang; Tsao (1995).

22.3 INTEGRAÇÃO DAS OPERAÇÕES DE CLARIFICAÇÃO E PURIFICAÇÃO

22.3.1 INTEGRAÇÃO DA CLARIFICAÇÃO COM A ADSORÇÃO EM LEITO EXPANDIDO

Dentre as operações de purificação de biomoléculas, a adsorção em leito expandido (Capítulo 14) tem sido cada vez mais utilizada em processos integrados, graças à sua capacidade de capturar proteínas solúveis presentes em meios que contêm partículas em suspensão como células e seus fragmentos. Esse procedimento viabiliza, em uma única operação unitária, a clarificação de uma suspensão, ou de um homogeneizado de células, e a purificação da molécula-alvo.

A enzima extracelular cutinase foi produzida por cultivo microbiano integrado à clarificação/purificação por adsorção em leito expandido. A eficiência desse processo foi comparada com a do processo convencional de produção da enzima, composto pelas seguintes etapas: cultivo, clarificação, ultrafiltração e cromatografia de troca iônica em leito fixo. Com a integração foi possível manter a mesma atividade específica da enzima obtida no processo convencional, isto é, a mesma razão entre a atividade enzimática e a concentração total de proteínas (portanto, uma medida de pureza), com redução do tempo total de processamento e aumento do rendimento global do processo.

A levedura *Yarrowia lipolytica* produz extracelularmente uma protease ácida em pH menor que 6,0 e sob concentração limitada de nitrogênio assimilável. A síntese da enzima é inibida pelo acúmulo de aminoácidos livres gerados pela ação hidrolítica da protease ácida sobre as proteínas presentes no soro de queijo ou albumina de soro bovino que compõem o meio de cultivo. Para evitar a inibição à síntese da protease ácida na levedura, o meio de cultivo contendo as células e elevada atividade enzimática da protease de interesse é direcionado a um reator contendo partículas para adsorção da enzima, as quais sofrem expansão pela passagem da suspensão celular, constituindo assim uma operação de adsorção em leito expandido (ALE), como descrita no Capítulo 14 e ilustrada na Figura 22.5. Promove-se a adsorção da protease e a simultânea recirculação da suspensão celular ao reator de cultivo, para que a produção de protease prossiga com o adequado aproveitamento dos nutrientes do meio de cultura. A adsorção no reator em leito expandido é promovida sob velocidade superficial ou linear do meio fermentado (o v da equação 14.2, Capítulo 14) de 400 a 500 cm/h. Em seguida, o leito é lavado com solução tampão a pH 6,5 e a enzima é eluída da coluna, que será preparada para nova adsorção. Esse processo integrado de produção proporcionou maior produtividade e pureza da protease ácida em comparação ao processo convencional, no qual a purificação é iniciada após o encerramento do cultivo.

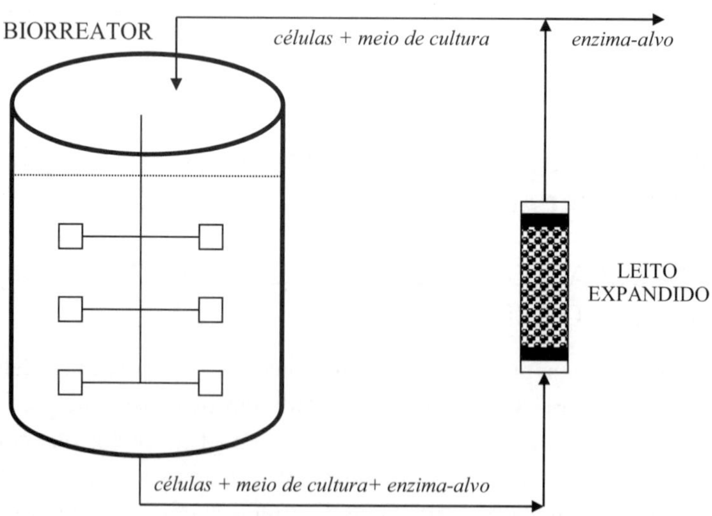

Figura 22.5 Cultivo microbiano integrado à purificação de enzima por cromatografia em leito expandido e reciclo de meio de cultura com células.

22.4 INTEGRAÇÃO DA CLARIFICAÇÃO COM A EXTRAÇÃO LÍQUIDO-LÍQUIDO

Dentre as vantagens dos sistemas de extração líquido-líquido, SDFA, aplicados a biomoléculas e descritos no Capítulo 7, encontram-se as condições brandas dessa extração, como elevado teor de água, valores de pH e força iônica moderados, condições essas favoráveis à preservação da capacidade biológica de moléculas sensíveis à desnaturação. Uma vantagem adicional desses sistemas é a possibilidade de extração da molécula-alvo e dos sólidos, células ou fragmentos de células oriundos de operação de homogeneização em fases líquidas distintas, eliminando assim a custosa operação de centrifugação, sobretudo quando aplicada a meios contendo partículas de células muito diminutas, menores que 1 μm, resultantes de operação de homogeneização na purificação de produtos intracelulares. Além disso, resulta do rompimento de células um meio de elevada viscosidade, o que também dificulta a operação de centrifugação, pois, conforme ilustra a equação 4.15 baseada na lei de Stokes, a velocidade de sedimentação num campo centrífugo é diretamente proporcional ao tamanho das partículas e inversamente proporcional à viscosidade do meio.

Um exemplo de clarificação e simultânea extração de uma enzima num sistema de extração líquido-líquido é a produção de α-amilase de *Bacillus subtillis* (STREDANSKÝ et al., 1993). O meio de cultivo contendo células e enzima é transferido do biorreator para um sedimentador adicionado de polietilenoglico (PEG) e dextrana em concentrações finais adequadas à formação de duas fases aquosas imiscíveis: as células são extraídas na fase mais densa, rica em dextrana, e a fase mais leve, rica em PEG, extrai a enzima α-amilase. Posteriormente, a fase densa com as células é reciclada ao cultivo, e a fase leve com a enzima α-amilase é direcionada à purificação por cromatografia de afinidade por amido. Após a adsorção da enzima, a fração líquida isenta da enzima é reciclada ao reator. A produtividade global do processo é incrementada em função da redução do tempo para as etapas de purificação em vista da eliminação da etapa específica para clarificação, contribuindo também para a redução de custos da purificação.

Proteínas heterólogas são moléculas estranhas a um dado microrganismo e, portanto, são resultado de modificações genéticas efetuadas na célula produtora. A produção de moléculas heterólogas em uma determinada célula é incrementada por meio da associação do gene que codifica a molécula-alvo ao gene de uma proteína homóloga no hospedeiro, isto é, uma proteína naturalmente sintetizada naquele organismo. Resulta daí a chamada molécula de fusão apresentada esquematicamente na Figura 22.1, a qual pode apresentar características importantes à sua purificação. A fusão de proteínas heterólogas à *Escherichia coli* com β-galactosidase dessa mesma bactéria, hospedeira e produtora, é empregada na produção de biomoléculas, pois resulta em elevado coeficiente de partição da molécula de fusão em sistema contendo PEG 4000 e fosfato de potássio. Nesse sistema, quase todos os outros constituintes de *E. coli*, como fragmentos celulares, ácidos nucleicos e proteínas que não estão ligadas à β-galactosidase, migram para a fase inferior do sistema (a fase salina), enquanto a molécula-alvo ligada a essa enzima migra para a fase superior. Com isso, é possível purificar a biomolécula-alvo na fase superior numa única etapa de extração, como apresentado no processo da Figura 22.6, no qual há uma operação de ultrafiltração para remoção do PEG, que pode ser reciclado ao processo. A extração pode ser conduzida em regime contínuo sob reduzido tempo de residência, minimizando a degradação do produto por enzimas proteolíticas liberadas na homogeneização da bactéria.

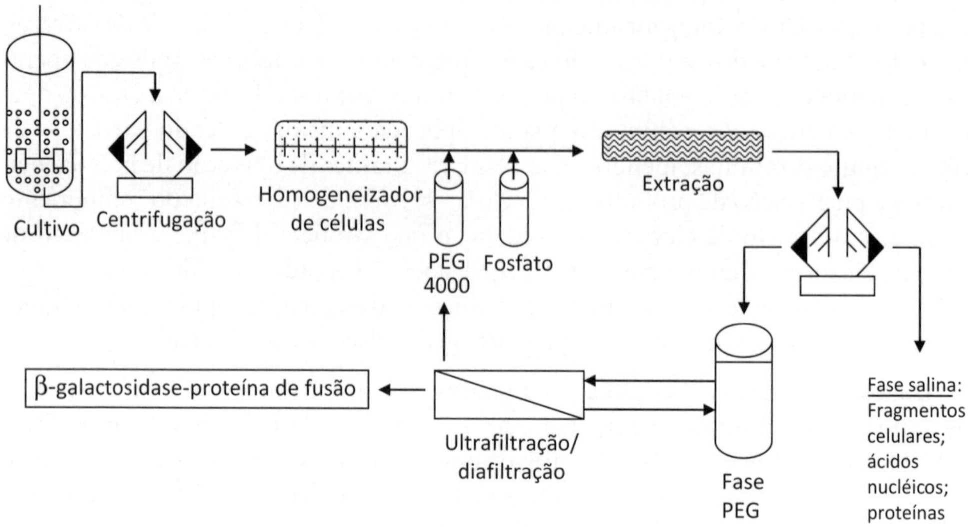

Figura 22.6 Extração contínua do complexo β-galactosidase-proteína de fusão em sistema de duas fases aquosas constituído por PEG e fosfato. O produto obtido na fase rica em PEG é diafiltrado e concentrado por meio de ultrafiltração. Na fase salina são eliminados os compostos indesejáveis.

A aplicabilidade desse método depende das características da proteína de fusão. Por exemplo, na extração em separado das proteínas β-galactosidase e proteína A em sistema contendo PEG 4.000/fosfato de potássio, o coeficiente de partição, K, foi de 17 e 0,7, respectivamente. Porém, o coeficiente de partição da biomolécula resultante da fusão entre essas duas moléculas foi igual a 3,5. A redução no valor do coeficiente de partição da proteína de fusão em relação à enzima pura ocorreu porque a β-galactosidase é um tetrâmero e agrega quatro moléculas de proteína A, cuja massa molar é de 43 kDa. Com isso, a superfície de contato das unidades individuais na fusão é pequena e dificulta a migração para a fase superior, rica em PEG. Em outro exemplo, a fusão da β-galactosidase com a ferredoxina, cuja massa molar varia de 6 a 13 kDa, não provocou redução no coeficiente de partição, sendo que o valor de K do complexo manteve-se igual a 17.

A produção do biofármaco IGF-I, fator de crescimento semelhante à insulina tipo 1 que regula a migração e a angiogênese de células endoteliais humanas, nas escalas de 10, 100 e 1.000 L teve rendimento aumentado de 39% para 70% quando se integrou o cultivo microbiano ao processo de purificação com solubilização da biomolécula-alvo por extração líquido-líquido em sistemas de duas fases aquosas. No processo tradicional de produção dessa biomolécula (Figura 22.7a) em bactéria recombinante

E. coli, 90% do IGF-I produzido é insolúvel, pois apresenta-se na forma de agregados e permanece ligado à célula no espaço periplásmico. No processo de purificação as células são centrifugadas, passam por processo mecânico de rompimento celular por homogeneização a alta pressão e, na sequência, são novamente centrifugadas para remoção dos fragmentos celulares. Ao final desse processo verifica-se que apenas 39% do IGF-I é separado e encontra-se na forma insolúvel. Para melhorar o rendimento de purificação, um novo processo foi desenvolvido para solubilizar e extrair o IGF-I enquanto a biomolécula permanecia no meio de cultivo (Figura 22.7b). Esse método, denominado de solubilização *in situ*, envolveu a adição de ureia e de um agente redutor (ditiotreitol, DTT) ao meio de cultivo previamente alcalinizado. Na sequência procedeu-se à extração da biomolécula com adição de sulfato de sódio e polietilenoglicol 8.000 em condições que favoreceram a formação de um sistema de duas fases aquosas. As condições de extração foram estabelecidas de maneira que a maior parte da biomolécula particionasse para a fase superior do sistema, rica em PEG, enquanto os sólidos insolúveis, com predominância das células, migraram para a fase inferior. O IGF-I presente na fase superior com pureza acima de 97% foi precipitado e separado por centrifugação. Essa extração foi realizada em biorreatores de 10, 100 e 100 L e os rendimentos foram essencialmente os mesmos (HART et al., 1994).

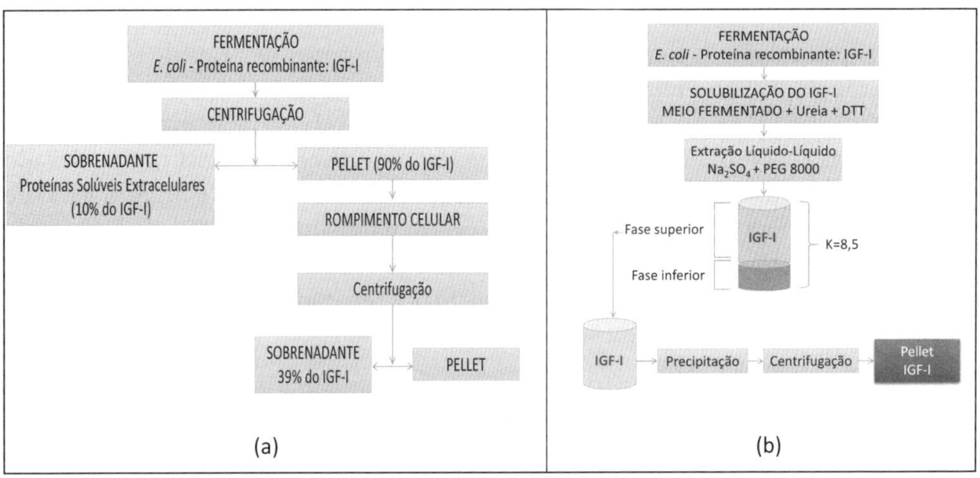

Figura 22.7 (a) Processo tradicional de produção de IGF-I por cultivo microbiano seguido de purificação. Perda total da biomolécula de cerca de 60%. (b) Processo alternativo para produção de IGF-I por cultivo microbiano integrado à extração líquido-líquido. Perda total da biomolécula de cerca de 10%. O fator de crescimento semelhante à insulina tipo 1 (IGF-I) regula a migração e a angiogênese de células endoteliais humanas. K, coeficiente de partição da IGF-I.

Fonte: Hart et al. (1994).

Um exemplo atraente de realização simultânea de clarificação e purificação foi apresentado no Capítulo 7, "Extração líquido-líquido", na produção do hormônio IGF-1 pela bactéria *E. coli*. Células e seus fragmentos são extraídos na interface de um sistema PEG/sal, enquanto o hormônio, uma proteína de reduzida massa molar, é extraída na fase leve, rica em PEG. Esse processo foi desenvolvido pela empresa Genentech Inc. para volumes de suspensão celular desde 1 L até 100 L.

Butanol, biocombustível promissor, pode ser produzido por via microbiana, embora o acúmulo dessa molécula no meio de cultivo cause a inibição da atividade das células. Uma estratégia possível, dentre outras, para a redução da concentração de butanol no meio de cultivo simultaneamente à sua produção é o emprego do ALE, adsorção em leito expandido, com o uso de resina hidrofóbica regenerável para adsorção do butanol, a qual permite elevada produtividade em butanol com a simultânea clarificação do meio (WIEHN et al., 2014).

22.5 SEQUÊNCIA ÓTIMA DAS ETAPAS DE PURIFICAÇÃO DE PROTEÍNAS

"Síntese de processos" refere-se à busca pelo processo ótimo de transformação do material inicial em um produto desejado. Trata-se da sistematização na seleção da melhor sequência das etapas de purificação propriamente dita de produtos biotecnológicos, pois são frequentemente os estágios mais difíceis e mais caros num processo bioquímico.

Como apresentado ao longo deste livro, existem diversas técnicas de recuperação e purificação de produtos biotecnológicos, sobretudo misturas proteicas, sendo as etapas cromatográficas as mais importantes no caso de produtos terapêuticos como vacinas, enzimas e antibióticos, os quais requerem um nível de pureza muito elevado (98% a 99,9%). Uma situação ideal na purificação de um produto é obter o nível de pureza desejado numa única etapa, mas não é usual tamanha especificidade na separação de uma molécula dentre várias. Em geral, a pureza desejada é alcançada depois de diversas etapas, e em cada uma delas a mistura é separada em duas correntes, uma que contém a biomolécula-alvo e outra que é descartada.

Um dos principais desafios na síntese de estágios de purificação é a seleção e o arranjo da sequência ótima de etapas de purificação, com ênfase nas etapas cromatográficas, de modo que seu número total seja o menor possível. Para isso, podem ser aplicados modelos matemáticos e correlações apropriadas que são ferramentas de simulação. Embora muitas proteínas sejam similares em algumas características, a combinação ou o conjunto de características é único para cada proteína. A atribuição de valores quantitativos às características ou propriedades físico-químicas de cada uma das proteínas da mistura e associação com o elenco de técnicas de purificação resulta no cálculo do número mínimo das etapas de purificação candidatas para atingir um nível especificado de pureza.

Uma vez que diversas sequências de operação podem proporcionar a especificação da proteína-alvo, um modelo matemático apropriado é gerado para selecionar a operação e a sequência que maximize a pureza do produto. Além disso, outros modelos matemáticos podem ser gerados para o caso em que somente a seleção das etapas deva ser determinada, independentemente da sequência do processo de purificação. Os modelos gerados são resolvidos para minimizar o número de passos e maximizar a pureza da proteína de interesse.

O projeto e a síntese de um processo biotecnológico requerem que algumas restrições sejam respeitadas como pureza da biomolécula-alvo, rendimento ou temperatura do processo, com o objetivo de minimizar custos (ou maximizar lucro). Para esses fins são necessários conhecimentos prévios ao processo, como os apresentados a seguir.

- *Definição do produto final* – primeiramente é necessário definir o produto de interesse e obter informações sobre sua aplicação. Por exemplo, se vai ser usado na indústria ou como reagente para laboratório; em uso terapêutico (doses, quantidade e frequência) ou em diagnóstico. Também é preciso conhecer o nível de pureza final e as concentrações máximas (toleráveis) das impurezas. Outra informação importante é conhecer a demanda para a determinação da escala de produção;
- *Seleção do hospedeiro* – muitas proteínas de interesse industrial são produzidas por processos microbianos ou pelo cultivo de células animais. A natureza oferece amplo número de microrganismos, porém somente uma pequena fração deles apresenta aplicação prática. No desenvolvimento de um processo de cultivo de microrganismos ou células para expressões de proteínas, o hospedeiro desejável deve apresentar células características, proporcionar altos rendimentos na recuperação do produto, bom crescimento em meios de cultivo compatíveis com o produto, processo de purificação efetivo em termos de custo e baixa sensibilidade a agentes infecciosos como retrovírus ou micoplasma;
- *Caracterização do material inicial* – as características do meio de cultivo compreendem as propriedades físicas, químicas e bioquímicas dos constituintes que, em geral, vão depender do hospedeiro. As propriedades são as seguintes: morfologia das células (elipsoidal ou esférica), concentração celular, meio de cultura, localização do produto (intra ou extracelular), propriedades físico-químicas dos contaminantes e da biomolécula-alvo (carga elétrica, hidrofobicidade, massa molar, ponto isoelétrico etc.) e estabilidade do produto final.

22.6 EXEMPLO DE SÍNTESE ÓTIMA: PURIFICAÇÃO DE ALBUMINA DE SORO BOVINO (BSA)

Foi considerada neste exemplo a purificação de BSA presente em uma mistura contendo quatro proteínas: BSA (p1), ovalbumina (p2), inibidor de soja (p3) e taumatina (p4). Por modelagem matemática fenomenológica otimizou-se a purificação do BSA por cromatografia de troca aniônica e de interação hidrofóbica. A modelagem empregada para determinar os parâmetros necessários à síntese ótima das técnicas cromatográficas baseou-se em resultados experimentais, extrapolações de leis físicas e químicas fundamentais e em propriedades das proteínas (massa molar, carga elétrica e hidrofobicidade – Tabela 22.2).

Tabela 22.2 Propriedades físico-químicas da mistura de proteínas apresentada no exemplo

Proteína	[1]$C_{p,1}$	[2]MM	[3]H_f	$Q_p.10^{-25}$				
				pH 4,0	pH 5,0	pH 6,0	pH 7,0	pH 8,0
p1	2,0	67.000	0,86	1,03	−0,14	−1,16	−1,68	−2,05
p2	2,0	43.800	0,54	1,40	−0,76	−1,65	−2,20	−2,36
p3	2,0	24.500	0,90	1,22	−0,76	−1,54	−2,17	−2,13
p4	2,0	22.200	0,89	1,94	1,90	1,98	1,87	0,91

Nota: $C_{p,1}$, concentração inicial das proteínas na mistura (mg/mL); MM, massa molar das proteínas (Dalton); H_f, hidrofobicidade das proteínas $[(NH_4)_2(SO_4)]_p$; Q_p, carga das proteínas (C/mol).

A pureza inicial da BSA (p1) era de 25% (determinada pela razão entre a concentração da proteína desejada e a concentração total de proteínas), e o nível de pureza requerida, de 98%. Para atingir o grau de pureza de 99,8% e, portanto, acima do requerido, vários modelos propuseram a utilização de duas técnicas cromatográficas com diferentes sequências de operação e números de etapas, como se observa na Figura 22.8.

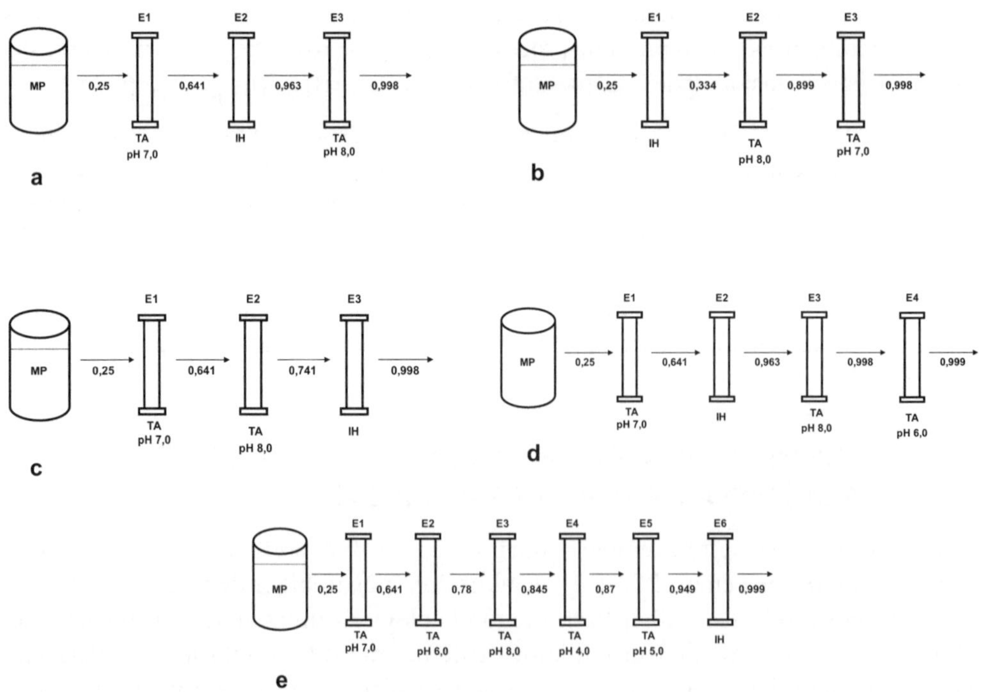

Figura 22.8 Etapas de purificação do BSA propostas após otimização de modelos matemáticos. MP, mistura de proteínas; TA, troca aniônica; IH, interação hidrofóbica; E1, E2, E3, ..., etapas de purificação 1, 2, 3, ...

A hidrofobicidade da proteína p2 era significativamente menor em relação às outras proteínas, indicando que, para eliminar esse contaminante, a cromatografia por interação hidrofóbica fosse empregada em alguma etapa do processo, em todos os modelos matemáticos propostos. A separação dos contaminantes p3 e p4 foi baseada em suas cargas com o emprego de cromatografia de troca aniônica em diferentes valores de pH.

Apesar de todos os modelos matemáticos desenvolvidos não considerarem as perdas da proteína-alvo em cada etapa do processo de purificação, recomenda-se que o processo possua o menor número de etapas possível, ou seja, três etapas, o que pode ser conseguido com as sequências *a, b* ou *c* da Figura 22.8. Essa recomendação deve ser seguida uma vez que as perdas da biomolécula-alvo efetivamente ocorrem na prática. Se o grau de pureza requerido para a proteína BSA for aumentado para 99,9%, o número de etapas de purificação deverá ser aumentado para quatro (sequência *d*) ou cinco (sequência *e*).

O exercício das possibilidades de integração entre operações unitárias do processo global de produção de biomoléculas deve ser feito sempre.

22.7 CONSIDERAÇÕES FINAIS

O conteúdo deste capítulo difere dos demais, cujo foco está em uma determinada operação unitária de purificação. Analisar o processo de produção e purificação de uma biomolécula como se fosse uma unidade é algo que requer experiência em processos biotecnológicos, a qual, se raramente é privilégio de um único profissional, pode emanar da equipe dos diferentes profissionais envolvidos no desenvolvimento do processo, quando essa equipe dialoga intensamente. Geneticistas e microbiologistas atuam no desenvolvimento da célula produtora da biomolécula de interesse, químicos e bioquímicos são em geral excelentes na questão das análises para quantificações e avaliações de pureza e engenheiros atuam no desenvolvimento das etapas de cultivo, purificação e ampliação de escala, além de projetarem a planta produtiva, que pode não permitir operações de purificação viáveis em escala de bancada. As dificuldades surgidas nas etapas de purificação podem requerer modificações na genética celular ou nas condições de cultivo, fazendo do desenvolvimento do processo um exercício interativo, como ilustra a Figura 22.9. Este capítulo, portanto, mostra que o adequado desenvolvimento de processos de purificação de produtos biotecnológicos é multidisciplinar e exige diálogo contínuo entre os diferentes profissionais envolvidos.

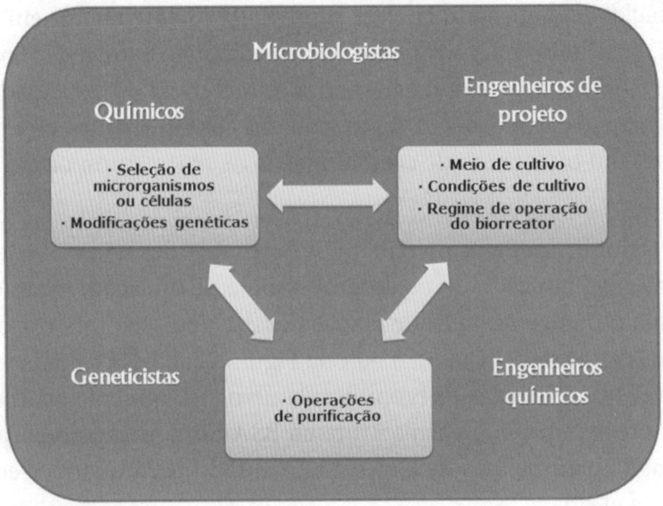

Figura 22.9 Interatividade entre profissionais envolvidos no desenvolvimento de um processo para produção de molécula biológica em escala industrial.

EXERCÍCIOS

1. O gene que codifica uma determinada proteína de interesse de produção em larga escala pode ser introduzido ao genoma da bactéria *Escherichia coli* ou da levedura *Pichia pastoris*. A referida proteína é igualmente bem expressa nos dois organismos, que podem ser cultivados até atingirem elevadas concentrações celulares. O que diferencia a síntese num e noutro organismo é a localização final do produto, que é, em geral, intracelular na *E. coli* e extracelular na levedura. Quais modificações podem ser buscadas no desenvolvimento da cepa de *E. coli* a fim de torná-la competitiva com a levedura na síntese da referida molécula de interesse?

Resolução:

Deve-se buscar soluções que resultem na mudança da localização final da molécula-alvo na célula, por exemplo, do citoplasma para o espaço periplásmico. Para tanto, deve-se fusionar ao gene responsável pela expressão da molécula-alvo a sequência de nucleotídeos que codifica uma sequência de aminoácidos que corresponda a um sinal de endereçamento para enzimas de transporte para o periplasma. Adicionalmente, deve-se tentar associar ao mesmo gene de interesse sequências nucleotídicas que viabilizem a purificação com elevada resolução, como: fusão com o gene da proteína GST, glutationa S-transferase, a qual permitirá adsorção por afinidade com a glutationa; o gene que codifica uma cauda de histidinas, o que viabiliza adsorção por afinidade a metais; ou o gene da estreptoavidina para posterior adsorção por afinidade à biotina, dentre várias outras possibilidades.

2. O biofármaco antileucêmico L-asparaginase vem sendo produzido comercialmente por meio do cultivo da bactéria *Escherichia coli* em meio Luria Bertani (LB). Ao término do cultivo, a célula é separada do meio por centrifugação e o sobrenadante é descartado, uma vez que a enzima se encontra no citoplasma da célula. O adensado com as células é encaminhado para um homogeneizador a alta pressão para resultar no rompimento das células e, por conseguinte, na liberação do produto de interesse. Na sequência, os fragmentos celulares são separados por microfiltração tangencial e o permeado é submetido à ultrafiltração em membrana com 500 kDa de *cutoff* para remoção de partículas remanescentes e biomoléculas de elevadas massas molares, do que resulta purificação de baixa resolução. As etapas posteriores são de purificação de alta resolução e compreendem uma cromatografia de troca iônica, seguida de uma cromatografia de exclusão molecular. Nesse ponto, a enzima já adquire grau de pureza, verificada por eletroforese em gel de SDS/PAGE, compatível com as exigências das agências reguladoras de medicamentos. Entretanto, no processo atualmente utilizado, verificam-se perdas significativas da L-asparaginase, pois apenas 70% das células são rompidas, 20% da atividade da enzima é retida na membrana (na superfície e nos poros) de filtração tangencial empregada para remoção dos fragmentos celulares, 10% da atividade da enzima é perdida durante a etapa de ultrafiltração utilizada na pré-purificação, antes da purificação de alta resolução, e o rendimento da cromatografia de troca iônica é de apenas 65%.

Como forma de aumentar o rendimento global na produção de L-asparaginase é possível modificar geneticamente a bactéria *E. coli*, inserindo um vetor contendo gene de expressão com sequência sinal de exportação da enzima para o periplasma. A enzima situada no espaço periplásmico pode ser exportada para o meio extracelular com a adição de substâncias que desestabilizam os componentes estruturais da membrana celular e aumentam a permeabilidade da parede celular. Essas substâncias são: glicina (0,8% m/v) e n-dodecano (6% v/v). Por meio dessas alterações na construção e na permeabilidade da célula resulta que 90% da atividade enzimática é liberada para o meio extracelular, de forma que, após separação das células por centrifugação, o sobrenadante contendo o biofármaco é ultrafiltrado nas mesmas condições anteriores (ou seja, membrana com *cutoff* de 500 kDa) e apenas 5% da L-asparaginase é retida na membrana. Na sequência, aplicam-se as mesmas matrizes cromatográficas utilizadas na purificação de alta resolução do processo convencional (troca iônica e exclusão molecular), entretanto, o rendimento da cromatografia de troca iônica é elevado para 91%, enquanto o rendimento da cromatografia de exclusão molecular permanece o mesmo. Em função disso, responda:

a) Por que no segundo processo de produção as perdas na ultrafiltração caíram pela metade?

b) O que deve acontecer com o fluxo de permeado na operação de ultrafiltração (Capítulo 5, equação 5.8) quando se comparam os dois processos? Por quê?

c) Por que as matrizes utilizadas nas etapas cromatográficas não foram alteradas quando se modificou o processo de expressão da enzima?

d) Por que o rendimento da operação de troca iônica aumentou no segundo processo, quando não houve rompimento celular?

e) Calcule, em unidades de atividade enzimática, U, de quanto foi o ganho na produção de L-asparaginase após a permeabilização da parede celular considerando os seguintes dados: volume do meio fermentado de 100 L; concentração celular de 50 g/L; e atividade enzimática intracelular de 200 $U/g_{célula}$.

Resolução:

a) Porque há menor número de contaminantes e, consequentemente, menor interferência (entupimento dos poros) na permeabilidade e na eficiência das membranas ultrafiltrantes.

b) Ocorrerá aumento do fluxo de permeado no segundo processo (sem rompimento celular). Sem a presença de fragmentos celulares haverá menos entupimento causado por macromoléculas ou partículas em suspensão, menos depósito na superfície da membrana e, consequentemente, menor resistência à passagem do meio líquido através dos poros da membrana, proporcionando, portanto, maior permeabilidade à membrana. Esse aumento de fluxo está em acordo com a equação 5.8 (Capítulo 5), segundo a qual, sob condições constantes de pressão de operação, o fluxo de permeado é inversamente proporcional à soma das resistências à transferência de massa em membranas, como aquelas decorrentes de adsorção (R_a), bloqueio de poros (R_b), efeitos de gelificação da solução (R_g) e polarização de concentração (R_{pc}).

c) Porque as características físico-químicas da enzima permaneceram as mesmas, como carga líquida total, forma e tamanho.

d) Porque havia menos proteínas contaminantes intracelulares presentes no meio e, portanto, menor interferência durante adsorção e eluição da L-asparaginase.

e) Atividade enzimática inicial → 100 × 50 × 200 = 1.000.000 U

Processo 1 = Atividade no sobrenadante após rompimento celular por homogeneizador → 1.000.000 × 0,7 = 700.000 U

Processo 2 = Atividade no sobrenadante após permeabilização celular → 1.000.000 × 0,9 = 900.000 U

Processo 1 = Atividade remanescente após remoção dos fragmentos celulares → 700.000 × 0,8 = 560.000 U

Atividade remanescente após ultrafiltração:

Processo 1 = 560.000 × 0,9 = 504.000 U

Processo 2 900.000 × 0,95 = 855.000 U

Atividade enzimática obtida após cromatografia de troca iônica:

Processo 1 = 504.000 × 0,65 – 327.600 U

Processo 2 = 855.000 × 0,91 – 778.050 U

Rendimento final:

Processo 1 = 327.000 × 100/1.000.000 = 32,76%

Processo 2 = 778.050 × 100/1.000.000 = 77,81%

Ganho em atividade de L-asparaginase = 778.050 – 327.600 = 450.450 U

Caso	Condição	$U_{inicial}$	$U_{após\ rompimento\ ou\ permeabilização}$	$U_{remanescente\ após\ filtração\ dos\ fragmentos}$	$U_{remanescente\ após\ UF}$	$U_{remanescente\ após\ troca\ iônica}$	Rendimento final
1	Com rompimento mecânico	1.000.000	700.000	560.000	504.000	327.600	32,76%
2	Com permeabilização celular	1.000.000	900.000	900.000	855.000	778.050	77,81%

REFERÊNCIAS BIBLIOGRÁFICAS

BERLEC, A.; STRUKELJ, B. Current state and recent advances in biopharmaceutical production in *Escherichia coli*, yeasts and mammalian cells. *Journal of Industrial Microbiology & Biotechnology*, v. 40, n. 3-4, p. 257-74, 2013.

CALADO, C. R. C. et al. Direct product sequestration of a recombinant cutinase from batch fermentation of *Saccharomyces cerevisiae*. *Bioseparation*, v. 10, n. 1-3, p. 87-97, 2001.

CHRISTIAN, S. et al. Using an *E. coli* Type 1 secretion system to secrete the mammalian, intracellular protein IFABP in its active form. *Journal of Biotechnology*, v. 159, n. 3, p. 155-161, 2012.

DYR, J. E.; SUTTNAR, J. Separation used for purification of recombinant proteins. *Journal of Chromatography B*, v. 699, p. 383-401, 1997.

ENFORS, S. O. et al. Impact of genetic engineering on downstream processing of proteins produced in *E. coli*. *Advanced in Biochemical Engineering*, v. 43, p. 31-42, 1990.

FARIA, L. F., PEREIRA-JR, N.; NOBREGA, R. Xylitol production from D-xylose in a membrane bioreactor. *Desalination*, v. 149, p. 231-236, 2002.

HAMILTON, G. E. et al. Development of a mixed mode adsorption process for the direct sequestration of an extracellular protease from microbial batch cultures. *Journal of Biotechnology*, v. 79, p. 103-115, 2000.

HART, R. A. et al. Large scale, *in situ* isolation of periplasmic IGF-I from *E. coli*. *Nature*, v. 12, p. 1113-1117, 1994.

HEEL, T. et al. Dissection of an old protein reveals a novel application: domain D of *Staphylococcus aureus* Protein A (sSpAD) as a secretion-tag. *Microbial Cell Factories*, v. 9, p. 92, 2010.

ROLF, H. Expanded-bed adsorption in industrial bioprocessing: recent developments. *Tibtech*, v. 15, p. 230-235, 1997.

SOMMER, B. et al. Extracellular production and affinity purification of recombinant proteins with *Escherichia coli* using the versatility of the maltose binding protein. *Journal of Biotechnology*, v. 140, p. 194-202, 2009.

STREDANSKÝ, M. et al. A. Simultaneous production and purification of *Bacillus subtilis* α-amylase. *Applied Biochemical Biotechnology*, v. 38, p. 269-276, 1993.

VASQUEZ-ALVAREZ, E.; PINTO, J. M. Efficient MILP formulations for the optimal synthesis of chromatographic protein purification processes. *Journal of Biotechnology*, v. 110, n. 3, p. 295-311, 2004.

WIEHN, M. et al. *In situ* butanol recovery from *Clostridium acetobutylicum* fermentations by Expanded bed adsorption. *Biotechnology Progress*, v. 30, p. 68-78, 2014.

WILKINSON, D. L. et al. Purification by immobilized metal affinity chromatography of human atrial natriuretic peptide expressed in a novel thioredoxin fusion protein. *Biotechnology Progress*, v. 11, p. 265-269, 1995.

YANG, X.; TSAO, G. T. Enhanced acetone-butanol fermentation using repeated fed-batch operation coupled with cell recycle by membrane and simultaneous removal of inhibitory products by adsorption. *Biotechnology Bioengineering*, v. 47, p. 444-450, 1995.

Sobre os autores

Adalberto Pessoa Jr. – Professor titular do Departamento de Tecnologia Bioquímico-Farmacêutica da Faculdade de Ciências Farmacêuticas da Universidade de São Paulo (USP). São Paulo, Brasil. E-mail: pessoajr@usp.br.

Adriana Célia Lucarini – Professora doutora, Departamento de Engenharia Química, Centro Universitário FEI. São Paulo, Brasil. E-mail: lucarini@fei.edu.br.

Alberto Cláudio Habert – Professor titular do Instituto Alberto Luiz Coimbra de Pós-Graduação e Pesquisa de Engenharia da Universidade Federal do Rio de Janeiro (COPPE/UFRJ), Programa de Engenharia Química. Rio de Janeiro, Brasil. E-mail: habert@peq.coppe.ufrj.br.

Alirio Egídio Rodrigues – Professor emérito do Laboratory of Separation and Reaction Engineering da Faculdade de Engenharia da Universidade do Porto. Porto, Portugal. E-mail: arodrig@fe.up.pt.

Ana Margarida Azevedo – Professora auxiliar do Departamento de Bioengenharia, Instituto de Bioengenharia e Biociências, Instituto Superior Técnico, Universidade de Lisboa. Lisboa, Portugal. E-mail: a.azevedo@tecnico.ulisboa.pt.

Ângela Maria Moraes – Professora titular do Departamento de Engenharia de Materiais e Bioprocessos da Faculdade de Engenharia Química da Universidade Estadual de Campinas (Unicamp). Campinas, Brasil. E-mail: ammoraes@feq.unicamp.br.

Antonio J. A. Meirelles – Professor titular da Faculdade de Engenharia de Alimentos da Unicamp. Campinas, Brasil. E-mail: tomze@fea.unicamp.br.

Beatriz Farruggia – Professora associada do Departamento de Química e Física da Facultad de Ciencias Bioquímicas y Farmacéuticas, Universidad Nacional de Rosario. Pesquisadora independente do IPROByQ-CONICET. Rosário, Argentina. E-mail: bfarrug@fbioyf.unr.edu.ar.

Beatriz Vahan Kilikian – Professora associada do Departamento de Engenharia Química da Escola Politécnica da USP. São Paulo, Brasil. E-mail: kilikian@usp.br.

Bibiana Beatriz Nerli – Professora associada do Departamento de Química e Física da Facultad de Ciencias Bioquímicas y Farmacéuticas, Universidad Nacional de Rosario. Pesquisadora principal do IPROByQ-CONICET. Rosário, Argentina. E-mail: bnerli@fbioyf.un.edu.ar.

Cesar Costapinto Santana – Professor titular do Departamento de Materiais e Processos Biotecnológicos da Faculdade de Engenharia Química, Unicamp, e professor sênior da Universidade Tiradentes. Aracaju, Brasil. E-mail: cesarcsantana@gmail.com.

Cleber Wanderlei Liria – Especialista de laboratório (doutor) - Laboratório de Química de Peptídeos, Departamento de Bioquímica, Instituto de Química, USP. São Paulo, Brasil. E-mail: cwliria@iq.usp.br.

Cristiano Piacsek Borges – Professor associado do Instituto Alberto Luiz Coimbra de Pós-Graduação e Pesquisa de Engenharia da Universidade Federal do Rio de Janeiro (COPPE/UFRJ), Programa de Engenharia Química. Rio de Janeiro, Brasil. E-mail: cristiano@peq.coppe.ufrj.br.

Daniela Aparecida Marc – MSc., gerente de vendas na BIA Separations, Eslovênia. E-mail: daniela.marc@biaseparations.com.

Diana Cristina Silva de Azevedo – Professora titular do Departamento de Engenharia Química da Universidade Federal do Ceará. Fortaleza, Ceará. E-mail: diana@gpsa.ufc.br.

Diana Romanini – Professora associada do Departamento de Tecnología da Facultad de Ciencias Bioquímicas y Farmacéuticas, Universidad Nacional de Rosario. Pesquisadora independente do IPROByQ-CONICET. Rosário, Argentina. E-mail: dromanini@conicet.gov.ar.

Duarte Miguel Prazeres – Professor catedrático, Departamento de Bioengenharia, Instituto de Bioengenharia e Biociências, Instituto Superior Técnico, Universidade de Lisboa. Lisboa, Portugal. E-mail: miguelprazeres@tecnico.ulisboa.pt

Eliana Setsuko Kamimura – Professora Associada da Faculdade de Zootecnia e Engenharia de Alimentos (ZAZ) da Universidade de São Paulo. E-mail: elianask@usp.br.

Everaldo Silvino dos Santos – Professor doutor, Programa de Pós-Graduação em Engenharia Química, Departamento de Engenharia Química, Universidade Federal do Rio Grande do Norte (UFRN), Centro de Tecnologia. Natal, Brasil. E-mail: everaldo @eq.ufrn.br.

Fernanda Rodriguez – Professora adjunta do Departamento de Química Física da Facultad de Ciencias Bioquímicas y Farmacéuticas, Universidad Nacional de Rosario. Pesquisadora adjunta do IPROByQ-CONICET. Rosário, Argentina. E-mail: rodriguez@iprobyq-conicet.gob.ar.

Francisco Maugeri Filho – Professor titular da Faculdade de Engenharia de Alimentos da Unicamp. Campinas, Brasil. E-mail: maugeri@unicamp.br.

Francislene Andreia Hasmann – Professora doutora do Programa de Pós-Graduação em Desenvolvimento e Meio Ambiente Urbano (PPDMU) da Universidade da Amazônia (Unama) e diretora adjunta de regulação do Grupo Ser Educacional S.A. Recife, Brasil. E-mail: fhasmann@sereducacional.com.

Frederico de Araujo Kronemberger – Professor adjunto do Instituto Alberto Luiz Coimbra de Pós-Graduação e Pesquisa de Engenharia da Universidade Federal do Rio de Janeiro (COPPE/UFRJ), Programa de Engenharia Química. Rio de Janeiro, Brasil. E-mail: frederico@peq.coppe.ufrj.br.

Gisele Monteiro – Professora associada do Departamento de Tecnologia Bioquímico-Farmacêutica da Faculdade de Ciências Farmacêuticas da USP. E-mail: smgisele@usp.br.

Guillermo Alfredo Picó – Professor titular do Departamento de Tecnología da Facultad de Ciencias Bioquímicas y Farmacéuticas, Universidad Nacional de Rosario. Pesquisador superior do IPROByQ-CONICET. Rosário, Argentina. E-mail: gpico@fbioyf.unr.edu.ar.

Helen Conceição Ferraz – Professora associada do Instituto Alberto Luiz Coimbra de Pós-Graduação e Pesquisa de Engenharia da Universidade Federal do Rio de Janeiro (COPPE/UFRJ), Programa de Engenharia Química. Rio de Janeiro, Brasil. E-mail: helen@peq.coppe.ufrj.br.

Inês F. Pinto – Instituto de Bioengenharia e Biociências, Instituto Superior Técnico, Universidade de Lisboa. Lisboa, Portugal. E-mail: ines.f.pinto@tecnico.ulisboa.pt.

Jane S. R. Coimbra – Professora titular do Departamento de Tecnologia de Alimentos da Universidade Federal de Viçosa. Viçosa, Brasil. E-mail: jcoimbra@ufv.br.

Jorge F. B. Pereira – Professor assistente doutor do Departamento de Bioprocessos e Biotecnologia da Faculdade de Ciências Farmacêuticas da Universidade Estadual Paulista "Júlio de Mesquita Filho" (UNESP). Araraquara, Brasil. E-mail: jfb.pereira@unesp.br.

José Luis Pires Camacho – Professor doutor do Departamento de Engenharia Química da Escola Politécnica da USP. São Paulo, Brasil. E-mail: jlpcam@usp.br.

Lidija Urbas – PhD, gerente de projetos na farmacêutica KRKA, Eslovênia. E-mail: lidija.urbas@gmail.com.

Luciana Pellegrini Malpiedi – Chefa de trabalhos práticos do Departamento de Química Física da Facultad de Ciencias Bioquímicas y Farmacéuticas, Universidad Nacional de Rosario. Pesquisadora adjunta do IPROByQ-CONICET. Rosário, Argentina. E-mail: lpellegrini@fbioyf.un.edu.ar.

M. Raquel Aires-Barros – Professora catedrática, Departamento de Bioengenharia, Instituto de Bioengenharia e Biociências, Instituto Superior Técnico, Universidade de Lisboa. Lisboa, Portugal. E-mail: rabarros@tecnico.ulisboa.pt.

Marcel Mafei Serracchiani – MSc, mestre em Engenharia Química, Unicamp. Campinas, Brasil. E-mail: marcel.serracchiani@gmail.com.

Marcelo Martins Seckler – Professor titular, Departamento de Engenharia Química, Escola Politécnica, USP. São Paulo, Brasil. E-mail: marcelo.seckler@usp.br.

Marco Giulietti (*in memoriam*) – Professor titular, Departamento de Engenharia Química, Universidade Federal de São Carlos (UFSCar). São Carlos, Brasil.

Marcus Bruno Soares Forte – Professor doutor da Faculdade de Engenharia de Alimentos da Unicamp. Campinas, Brasil. E-mail: forte@unicamp.br.

Maria Elena Santos Taqueda – Professora associada do Departamento de Engenharia Química da Escola Politécnica, USP. São Paulo, Brasil. E-mail: mtaqueda@usp.br.

Maria Teresa de Carvalho Pinto Ribela – Doutora, Instituto de Pesquisas Energéticas e Nucleares (IPEN) do Centro de Biologia Molecular. São Paulo, Brasil. E-mail: mtribela@ ipen.br.

Maria Terêsa Machini – Professora associada (livre docente) do Laboratório de Química de Peptídeos, Departamento de Bioquímica, Instituto de Química, USP. São Paulo, Brasil. Citada como Machini, M. T. ou Miranda, M. T. M. E-mail: mtmachini@iq.usp.br.

Mauricio Javier Braia – Chefe de trabalhos práticos do Departamento de Tecnología da Facultad de Ciencias Bioquímicas y Farmacéuticas, Universidad Nacional de Rosario. Pesquisador assistente do IPROByQ-CONICET. Rosário, Argentina. E-mail: mbraia@fbioyf.unr.edu.ar.

Oscar Mendieta-Taboada – Professor principal da Facultad de Ingeniería Agroindustrial da Universidad Nacional de San Martín. Tarapoto, Peru. E-mail: fia@unsm.edu.pe.

Paolo Bartolini – Doutor, IPEN, Centro de Biologia Molecular. São Paulo, Brasil. E-mail: pbartoli@ipen.br.

Paulo de Tarso Vieira e Rosa – Professor doutor do Departamento de Físico-Química do Instituto de Química da Unicamp. Campinas, Brasil. E-mail: paulorosa@iqm.unicamp.br.

Roberto Guardani – Professor titular, Departamento de Engenharia Química, Escola Politécnica da USP. São Paulo, Brasil. E-mail: guardani@usp.br.

Ronaldo Nobrega – Professor aposentado do Instituto Alberto Luiz Coimbra de Pós-Graduação e pesquisa de Engenharia da Universidade Federal do Rio de Janeiro (COPPE/UFRJ), Programa de Engenharia Química. Rio de Janeiro, Brasil. E-mail: nobrega@peq.coppe.ufrj.br.

Telma Teixeira Franco – Professora titular do Departamento de Processos Químicos da Faculdade de Engenharia Química da Unicamp. Campinas, Brasil. E-mail: franco@feq.unicamp.br.

GRÁFICA PAYM
Tel. [11] 4392-3344
paym@graficapaym.com.br